☆☆☆☆☆

高等院校数学经典教材
同步辅导及考研复习用书

三峡大学学科建设项目资助
Supported by the Project of Discipline Construction in CTGU

高等代数九讲

北大·五版
配套

主　编 ◎ 江明辉
副主编 ◎ 柳福祥　关海艳

華中科技大學出版社
http://www.hustp.com
中国·武汉

内 容 简 介

本书是对高等代数重点、难点内容的数学本质的探索与挖掘，是作者多年的教学经验的总结. 本书基于北京大学数学系前代数小组编写，王萼芳、石生明修订的《高等代数》(第 5 版)介绍的高等代数理论和方法而编写的.

全书分为九讲，包括多项式、行列式、线性方程组、矩阵、二次型、线性空间、线性变换、λ-矩阵和欧氏空间，每一讲包括概述、难点分析、实例讲解、同步练习，同时精选了各大高校研究生入学考试历年真题(1991—2019)，并进行了详细的讲解和分析.

本书既可以作为数学系及相关专业的高等代数课程选讲的教材，也可以作为数学系及相关专业学生的学习和考研辅导书，还可供有关教师及数学爱好者参考.

图书在版编目(CIP)数据

高等代数九讲/江明辉主编. —武汉：华中科技大学出版社，2019.12
ISBN 978-7-5680-5803-2

Ⅰ. ①高… Ⅱ. ①江… Ⅲ. ①高等代数-高等学校-教学参考资料 Ⅳ. ①O15

中国版本图书馆 CIP 数据核字(2019)第 230264 号

高等代数九讲
Gaodeng Daishu Jiujiang

江明辉 主编

策划编辑：王汉江 杜 雄
责任编辑：王汉江
封面设计：杨玉凡 赵慧萍
责任校对：曾 婷
责任监印：徐 露
出版发行：华中科技大学出版社(中国·武汉) 电话：(027)81321913
武汉市东湖新技术开发区华工科技园 邮编：430223
录 排：武汉市洪山区佳年华文印部
印 刷：武汉市籍缘印刷厂
开 本：787mm×1092mm 1/16
印 张：21
字 数：644 千字(含网络资源 98 千字)
版 次：2019 年 12 月第 1 版第 1 次印刷
定 价：59.80 元

扫码看真题

线上资源网的使用说明

建议学员在PC端完成注册、登录、完善个人信息及验证学习码的操作。

一、PC端学员学习码验证操作步骤

1. 登录

(1) 登录网址 http://dzdq.hustp.com，完成注册后点击登录。输入账号密码(学员自设)后，提示登录成功。

(2) 完善个人信息(姓名、学号、班级、学院、任课老师等)，将个人信息补充完整后，点击保存即可完成注册登录。

2. 学习码验证

(1) 刮开《高等代数九讲》封底所附学习码的防伪涂层，可以看到一串学习码。

(2) 在个人中心页点击“学习码验证”，输入学习码，点击提交，即可验证成功。点击“学习码验证”→“已激活学习码”，即可查看刚才激活的课程学习码。

3. 查看课程

点击“我的资源”→“我的课程”，即可看到新激活的课程，点击课程，进入课程详情页。

4. 获取真题

点开“进入学习”按钮即可查看相关资源，进入文档即可以看到各高校的真题，如需下载点击“下载”按钮即可获取。

二、手机端学员扫码操作步骤

1. 手机扫描二维码，提示登录；新用户先注册，然后再登录。

2. 登录之后，按页面要求完善个人信息。

3. 按要求输入《高等代数九讲》的学习码。

4. 学习码验证成功后，即可扫码查看真题，如需下载点击“下载”按钮即可获取。

若在操作上遇到什么问题可咨询陈老师(QQ:514009164)和王老师(QQ:14458270)。

为了方便同学们学习和交流，特建立了数学专业考研QQ交流群:489256103，欢迎广大读者进入交流。

前　言

高等代数是数学与应用数学、信息与计算科学、统计学等专业学习中的一门学位专业基础课程，也是数学及相关专业硕士研究生入学考试的专业课之一，因此，学好高等代数是学生迈向数学领域高峰的必经之路.

众所周知，高等代数概念繁多、理论抽象，而且技巧性很强，因而很多学生在学习高等代数时虽然投入了大量时间和精力，但收效往往不大. 为了帮助学生更好地理解课程中的概念和难点，并有效提高解决问题的技巧和能力，也为同行在高等代数的教学中提供参考，作者总结了多年来教学过程中的经验，从数学思想和方法入手，以经典题型和历年考研真题为载体阐述了课程中的主要内容. 该书是以北京大学数学系前代数小组编、王萼芳和石生明修订的《高等代数》(第 5 版)的主要内容作为参考模块，每一讲具有如下特点：

1. 对每一节的主要和重要的内容或思想进行概述.

2. 对每一节的难点内容进行简要说明，然后通过实例进行演示.

3. 针对难点内容给出同步练习，以便加强对难点知识的巩固.

4. 给出了每一讲的知识点之间的联系示意图.

5. 针对每一讲的主要难点，给出综合性的例子(以往年真题为主)进行分析解答，以提高知识的综合分析能力和解题技巧的能力.

6. 精选各高校往年的真题，并给出了详细的解题步骤.

本书初稿的很多素材得到了王尊全教授的帮助，柳福祥副教授和关海艳博士对全书的修改和校对提供了帮助，同时也要感谢宋来忠教授、郑胜院长、沈忠环副院长、别群益副教授和崔盛博士对本书出版的关心和支持.

该书可作为学生学习高等代数的参考书，也可作为教师进行课程提高班教学的参考资料. 感谢三峡大学学科建设项目资助和华中科技大学出版社对该书出版的大力支持，由于作者的能力有限，书中的叙述难免有不妥之处，敬请广大读者不吝指正.

江明辉

目　录

第1讲　多　项　式

1.1　数　　域

一、概述

数是人类在认识客观世界过程中发展起来的一个最基本的概念. 由于数在不同的范围内对同一个问题的回答是不相同的，例如讨论方程 $x^2+1=0$ 在实数集和复数集合中的解的存在性时是有很大的差异的，因此数是代数学中研究集合系统的基本对象之一. 从有理数域、实数域、复数域全体所共有的代数性质中提炼出的集合共性——特殊集合系统，是非空集合与其上定义的代数运算形成的一个整体，运算的封闭性是其基本要求之一，其中数域是有关数的四则运算的非空集合形成的域，这也是数域的来源.

二、难点及相关实例

通过本节的学习，我们知道数域有无穷多个，例如 $Q(\sqrt{p})$，其中 p 是素数，该集合描述了在有理数域和实数域之间存在的无限多个数域，另外可利用定义判断下例中集合是否为数域.

例　判断集合 $V=\{a+b\mathrm{i}\,|\,a,b\in\mathbf{Q},\mathrm{i}^2=-1\}$ 是否为数域？

解　是. 因为

(1) $0=0+0\mathrm{i}\in V, 1=1+0\mathrm{i}\in V$；

(2) $\forall\, a+b\mathrm{i}, c+d\mathrm{i}\in V, a,b,c,d\in\mathbf{Q}$，则

$$(a+b\mathrm{i})\pm(c+d\mathrm{i})=(a\pm c)+(b\pm d)\mathrm{i}\in V\quad(\because a\pm c\in\mathbf{Q}, b\pm d\in\mathbf{Q}),$$

故加法和减法封闭. 又

$$(a+b\mathrm{i})(c+d\mathrm{i})=(ac-bd)+(ad+bc)\mathrm{i}\in V\quad(\because ac-bd\in\mathbf{Q}, ad+bc\in\mathbf{Q}),$$

故乘法封闭.

当 c,d 不全为零，则

$$\frac{a+b\mathrm{i}}{c+d\mathrm{i}}=\frac{(a+b\mathrm{i})(c-d\mathrm{i})}{(c+d\mathrm{i})(c-d\mathrm{i})}=\frac{(ac+bd)+(bc-ad)\mathrm{i}}{c^2+d^2}=\frac{ac+bd}{c^2+d^2}+\frac{bc-ad}{c^2+d^2}\mathrm{i}\in V,$$

因为

$$\frac{ac+bd}{c^2+d^2},\quad \frac{bc-ad}{c^2+d^2}\in\mathbf{Q}.$$

【注】　V 是介于有理数域和复数域之间但不同于有理数域和复数域的数域，而在实数域与复数域之间现在还未发现其他数域.

三、同步练习

1. 判断 $U=\left\{\frac{m}{2^n}\middle| m,n\in\mathbf{Z}^+\right\}$是否为数域？$V=\left\{\frac{m}{2^n}\middle| m,n\in\mathbf{Z}\right\}$是否为数域？

【思路】 利用数域定义判断.

解 U 不是，零不在集合中. V 也不是，因为$\frac{1}{2}\in V$，$\frac{3}{2}\in V$，但$\frac{1/2}{3/2}=\frac{1}{3}\notin V$，除法不封闭.

2. 若 U，V 是数域，则 $U\cap V$ 也是数域.

证 (1) 因为 U，V 是数域，故 $0,1\in U,V\Rightarrow 0,1\in U\cap V$；

(2) $\forall a,b\in U\cap V\Rightarrow a,b\in U,V\Rightarrow a\pm b\in U,V\Rightarrow a\pm b\in U\cap V$，故 $U\cap V$ 对加减封闭，同理可证对乘法和除法(除数不为零)也是封闭的.

由(1)(2)及数域的定义可知结论成立.

1.2　一元多项式

一、概述

本节研究的一元多项式的定义与运算理论是对中学一元多项式的内容的延展和规范，能为高等代数其他章节的有关内容的学习打下基础.

二、难点及相关实例

1. 定义：强调在中学阶段的一元多项式 $a_nx^n+a_{n-1}x^{n-1}+\cdots+a_1x+a_0$，$a_i\in P$，$i=0,1,\cdots,n$，其中 n 是一个非负整数. 为了应用的方便，在高等代数中，将中学阶段的多项式中 x 的"取值"范围从"数集合"扩展到其他任何可能的"集合". 例如在以后的学习中我们会学到"矩阵"，一种新的集合元素，x 可取矩阵，故从现在开始，我们称一元多项式为形式表达式，而 x 为"文字".

2. 高等代数中一元多项式的加法和乘法运算及运算律与中学阶段的完全一致.

例 已知 $f(x)$，$g(x)$，$h(x)$ 是实数域上的多项式.

(1) 如果 $f^2(x)=xg^2(x)+xh^2(x)$，证明 $f(x)=g(x)=h(x)=0$.

(2) 在复数域上，上述命题是否成立？

证 (1) 假定 $f(x)$，$g(x)$，$h(x)$中至少有一个不是零多项式，不妨假定 $f(x)\neq 0$，则

$$xg^2(x)+xh^2(x)\neq 0.$$

因为$\partial(f^2(x))$是偶数，而$\partial(xg^2(x)+xh^2(x))$是奇数，故矛盾.

(2) 在复数域上，上述结论不成立. 例如：$g(x)=\mathrm{i}x$，$h(x)=x$，$f(x)=0$，则

$$f^2(x)=xg^2(x)+xh^2(x).$$

三、同步练习

求 a、b、c 使

$$ax(x-1)+b(x+1)(0.5x+1)+c(0.5x-1)(x+3)=2x^2-3x+2.$$

【思路】 利用多项式的乘法运算及相等的定义可得 $a=-1,b=5,c=1$.

1.3　整除的概念

一、概述

本节由中学代数中一元多项式的除法引入带余除法定理，并由余项的两种情形给出整除和不整除的概念，整除的定义是本节的重点，要从不同角度来加深理解，本节还介绍了整除的性质、应用.

二、难点及相关实例

1. 带余除法：带余除法是一元多项式理论重要的基础，给出了两个多项式相除(除式不为零)必有唯一的商和余式的结论，从而引入了整除的概念，为因式分解定理奠定了基础.

2. 整除的性质：自反性和传递性，但不具有对称性；不会因为数域的扩大而改变.

例　求 $x^3-3px+29$ 能被 $x^2+2ax+a^2$ 整除的条件.

解　因为

$$
\begin{array}{r|l}
 & x-2a \\
x^2+2ax+a^2 & x^3 \qquad -3px \quad +2q \\
 & x^3+2ax^2+a^2x \\
\hline
 & -2ax^2-(3p+a^2)x+2q \\
 & -2ax^2-4a^2x-2a^3 \\
\hline
 & (3a^2-3p)x+2q+2a^3
\end{array}
$$

由整除的条件可知，必有

$$3a^2-3p=0,\quad 2q+2a^3=0\Rightarrow a^2=p,\quad q=-a^3.$$

因此，$x^3-3px+29$ 能被 $x^2+2ax+a^2$ 整除的条件为 $a^2=p,q=-a^3$.

三、同步练习

证明：如果 $d\mid n$，则 $x^d-1\mid x^n-1$.

证　当 $d\mid n\Rightarrow \exists\, p\in \mathbf{Z}$, s. t. , $n=dp$，从而

$$x^n-1=(x^d)^q-1=(x^d-1)[1+x^d+\cdots+(x^d)^{q-1}]\Rightarrow x^d-1\mid x^n-1,$$

因此结论成立.

1.4　最大公因式

一、概述

本节由整除中因式的定义给出了公因式的概念，从而引出了公因式中的最大公因式. 以带余除法定理为依据，推导出最大公因式的存在性定理，并得到了最大公因式的计算方法——辗转相除法，还给出了多项式互素的定义及相关性质. 最大公因式是本章的一个重难点.

二、难点及相关实例

1. 最大公因式存在性定理的证明：该定理的证明过程是构造性的，其过程实际上给出了求两个多项式的最大公因式的具体方法——**辗转相除法**.

2. 利用定义给出最大公因式的证明.

例 1 求下列两个多项式的最大公因式：

$$f(x)=x^4+2x^3-x^2-4x-2,\quad g(x)=x^4+x^3-x^2-2x-2.$$

解 利用辗转相除法计算如下：

	$f(x)$	$g(x)$	
$q_1(x)=1$	$x^4+2x^3-x^2-4x-2$ $x^4+x^3-x^2-2x-2$	$x^4+x^3-x^2-2x-2$ x^4-2x^2	$q_2(x)=x+1$
$q_3(x)=x$	$r_1(x)=x^3-2x$ x^3-2x	x^3+x^2-2x-2 x^3-2x	
	0	$r_2(x)=x^2-2$	

所以$(f(x),g(x))=x^2-2$.

例 2 设 $f(x),g(x)\in P[x]$，$a,b,c,d\in P$，且 $ad-bc\neq 0$. 证明：

$$(af(x)+bg(x),cf(x)+dg(x))=(f(x),g(x)).$$

证 利用最大公因式定义中满足的两个条件来证明.

设$(f(x),g(x))=d(x)\Rightarrow d(x)\mid f(x),d(x)\mid g(x)$

$$\Rightarrow d(x)\mid (af(x)+bg(x)),d(x)\mid (cf(x)+dg(x)).$$

$\forall h(x)\mid (af(x)+bg(x)),h(x)\mid (cf(x)+dg(x))$，则

$\exists q_1(x),q_2(x)$，s. t，

$$af(x)+bg(x)=h(x)q_1(x),\tag{1}$$

$$cf(x)+dg(x)=h(x)q_2(x).\tag{2}$$

因 $ad-bc\neq 0$，由(1)$\times d-$(2)$\times b$ 可得

$$(ad-bc)f(x)=h(x)(dq_1(x)-bq_2(x))\Rightarrow h(x)\mid f(x).$$

同理可知，$h(x)\mid g(x)$. 因此$h(x)\mid d(x)$.

综上所述，$(af(x)+bg(x),cf(x)+dg(x))=d(x)$，即

$$(af(x)+bg(x),cf(x)+dg(x))=(f(x),g(x)).$$

三、同步练习

当 k 为何值时，$f(x)=x^2+(k+6)x+4k+2$ 和 $g(x)=x^2+(k+2)x+2k$ 的最大公因式是 1 次的？并求出这时的最大公因式.

解 因为

$$f(x)=g(x)+(4x+2k+2),$$

$$g(x)=(4x+2k+2)\left[\frac{1}{4}x+\frac{1}{4}(k+3)\right]-\frac{1}{4}(k-1)(k-3),$$

所以当 $k=1$ 或 $k=3$ 时，$(f(x),g(x))$是 1 次的，并且当 $k=1$ 时，$(f(x),g(x))=x+1$，当 $k=3$ 时，$(f(x),g(x))=x+2$.

1.5 因式分解定理

一、概述

本节首先给出不可约多项式的定义和性质，然后给出数域 P 上多项式标准分解式的存在性及唯一性，其中难点是多项式因式分解的存在性及唯一性的证明，重点是不可约多项式的定义及性质.

二、难点及相关实例

1. 多项式因式分解的存在性及唯一性：该定理在理论上证明了数域 P 上的一个次数大于 0 的多项式分解因式的存在性及表达式的唯一性，为多项式因式分解提供了理论依据，从而可以利用因式分解解决一些理论上的问题.

2. 因式分解定理的不足：由于在有理数域上任意次数的多项式都有可能不可约，而且判定一个有理数域的多项式的不可约性都非常困难. 到目前为止，一元多项式在数域 P 上还没有普遍的具体分解因式的方法，并且证明了 4 次以上的一元高次方程是没有公式解的，从而即使把一元多项式放在复数域上也不能给出其因式分解公式.

例 试证 $(f(x),g(x))^n=(f^n(x),g^n(x))$.

证 如果 $f(x),g(x)$ 中有零多项式或零次多项式，结论显然成立. 下面不妨设 $\partial(f(x))\geqslant 1$，$\partial(g(x))\geqslant 1$，且 $f(x),g(x)$ 的标准分解式分别为

$$f(x)=ap_1^{k_1}(x)p_2^{k_2}(x)\cdots p_s^{k_s}(x),\quad k_i\geqslant 0, i=1,2,\cdots,s;$$

$$g(x)=bp_1^{r_1}(x)p_2^{r_2}(x)\cdots p_s^{r_s}(x),\quad r_i\geqslant 0.$$

取 $e_i=\min(k_i,r_i)$，则

$$(f(x),g(x))=d(x)=p_1^{e_1}(x)p_1^{e_2}(x)\cdots p_s^{e_s}(x),$$

$$f^n(x)=a^np_1^{nk_1}(x)p_2^{nk_2}\cdots p_s^{nk_s}(x),\quad g^n(x)=b^np_1^{nr_1}(x)p_2^{nr_2}(x)\cdots p_s^{nr_s}(x).$$

所以，

$$\begin{aligned}ne_i=\min(nk_i,nr_i)\Rightarrow(f^n(x),g^n(x))&=p_1^{ne_1}(x)p_2^{ne_2}(x)\cdots p_s^{ne_s}(x)\\&=(p_1^{e_1}(x)p_2^{e_2}(x)\cdots p_s^{e_s}(x))^n\\&=(f(x),g(x))^n.\end{aligned}$$

三、同步练习

已知 $f(x),g(x)$ 的标准分解式分别为

$$f(x)=ap_1^{k_1}(x)p_2^{k_2}(x)\cdots p_s^{k_s}(x),\quad k_i\geqslant 0,\quad i=1,2,\cdots,s;$$

$$g(x)=bp_1^{r_1}(x)p_2^{r_2}(x)\cdots p_s^{r_s}(x),\quad r_i\geqslant 0.$$

求 $[f(x),g(x)]$.

【思路】 设 $l_i=\max(k_i,r_i)$，则 $[f(x),g(x)]=p_1^{l_1}(x)p_2^{l_2}(x)\cdots p_s^{l_s}(x)$.

1.6 重 因 式

一、概述

本节利用整除及数学分析中导数工具讨论多项式的重因式以及重数，从重因式的角度来研究多项式的标准分解式，是因式分解定理理论的一个完善，为一元多项式方程的重根提供了理论基础.

二、难点及相关实例

1. 重因式的判别方法.

结论 1：不可约多项式 $p(x)$ 是 $f(x)$ 的重因式$\Leftrightarrow p(x)$ 是 $f(x)$ 与 $f'(x)$ 的公因式. 该结论是判断不可约多项式是否为重因式的充要条件.

结论 2：$f(x)$ 没有重因式$\Leftrightarrow (f(x),f'(x))=1$. 该结论用于判断多项式是否有重因式.

2. 重因式的求法：利用辗转相除法求重因式.

例 1 当 p,q 满足什么条件时，多项式 $f(x)=x^3+px+q$ 有重因式.

解 利用辗转相除法可得

$$
\begin{array}{r|l|l|l}
 & f'(x)=3x^2+p & & \\
 & 3x^2+\frac{9q}{2p}x & f(x)=x^3\quad+px+q & \\
\cline{2-2}
q_1(x)=\frac{9q}{2p}x-\frac{27q^2}{4p^2} & -\frac{9q}{2p}x+p & \qquad x^3\quad+\frac{p}{3}x & q(x)=\frac{x}{3}. \\
\cline{3-3}
 & -\frac{9q}{2p}x-\frac{27q^2}{4p^2} & r(x)=\quad\frac{2}{3}px+q & \\
\cline{2-2}
 & r_1(x)=p+\frac{27q^2}{4p^2} & &
\end{array}
$$

当 $r(x)=0$ 即 $p=q=0$ 时，$f(x)$ 有重因式；

当 $r_1(x)=0$ 即 $4p^3+27q^2=0$ 时，$f(x)$ 有重因式.

例 2 已知 $f(x)=8x^4-4x^3-18x^2-11x-2$，(1) 判断 $f(x)$ 有无重因式；(2) 试将 $f(x)$ 分解因式.

解 (1) 由已知可得 $f'(x)=32x^3-12x^2-36x-11$. 利用辗转相除法求得

$$(f(x),f'(x))=(4x^2+4x+1)\cdot\frac{1}{4}=x^2+x+\frac{1}{4},$$

故 $f(x)$ 有重因式 $x+\frac{1}{2}$.

(2) 由(1)计算可知，

$$h(x)=\frac{f(x)}{(f(x),f'(x))}=2x^2-3x-2=(2x+1)(x-2).$$

因此，

$$f(x)=(2x+1)^{r_1}(x-2)^{r_2}=(2x+1)^3(x-2).$$

三、同步练习

当 k 为何值时，$f(x)=x^3+3x^2+kx+1$ 有重因式.

解答过程略. $k=3,-\frac{15}{4}$.

1.7　多项式函数

一、概述

本节将多项式作为函数，以因式分解为理论基础，根据带余除法给出了余数定理，并利用重因式与重根的关系，得到了多项式有重根的方法. 最后利用根的个数不超过多项式的次数给出了多项式函数相等的一个充分条件，从而为下节复数域及实数域上的因式分解做铺垫.

二、难点及相关实例

多项式的重根的判别方法.

结论1：多项式 $f(x)$ 的有重根$\Leftrightarrow f(x)$ 与 $f'(x)$ 有一次因式的公因式. 该结论是判断 $f(x)$ 有重根的充要条件.

结论2：若 $(f(x),f'(x))=1$，则 $f(x)$ 没有重因式，从而 $f(x)$ 没有重根. 该结论是判断多项式没有重根的充分条件.

例　当 t 为何值时，多项式函数 $f(x)=x^3-3x^2+tx-1$ 有重根.

解　对 f 和 f' 用辗转相除法，利用 f 与 f' 有公因式(不互素)的充要条件 $r_1(x)=0$，$r_2(x)=0$，从中解出 t.

	$f'(x)$	$f(x)$	
	$3x^2-6x+t$	x^3-3x^2+tx-1	
$\frac{3}{2}x-\frac{15}{4}$	$3x^2+\frac{3}{2}x$	$x^3-2x^2+\frac{1}{3}tx$	$\frac{1}{3}x-\frac{1}{3}$
	$-\frac{15}{2}x+t$	$-x^2+\frac{2}{3}tx-1$	
	$-\frac{15}{2}x-\frac{15}{4}$	$-x^2+2x-\frac{1}{3}t$	
	$t+\frac{15}{4}$	$\left(\frac{2}{3}t-2\right)x-\left(1-\frac{1}{3}t\right)=r_1(x)$	
		$t\neq 3,\ \frac{3}{t-3}r_1(x)=2x+1$	

当 $r_1(x)=0$ 即 $t=3$ 时，$(f(x),f'(x))=(x-1)^2$，从而1为 $f(x)$ 的三重根.

当 $r_1(x)\neq 0$，$t+\frac{15}{4}=0$ 时，$(f(x),f'(x))=x+\frac{1}{2}$，此时 $-\frac{1}{2}$ 为 $f(x)$ 的二重根.

三、同步练习

求多项式 x^3+px+q 有重根的条件.

解 设 $f(x)=x^3+px+q$，则 $f'(x)=3x^2+p$. 如果 $p=0$，显然只有当 $q=0$ 时，$f(x)=x^3$ 才会有三重根.

现假设 $p\neq 0$，且 α 为 $f(x)$ 的重根，则 α 也是 $f'(x)$ 的根，即

$$\begin{cases}\alpha^3+p\alpha+q=0, & (1)\\ 3\alpha^2+p=0. & (2)\end{cases}$$

由式(1)，有 $\alpha(\alpha^2+p)=-q$；由式(2)，有 $\alpha^2=-\dfrac{1}{3}p$. 因此，

$$\alpha\left(-\frac{p}{3}+p\right)=-q,\quad \alpha=-\frac{3q}{2p}.$$

上式两边平方，得 $\dfrac{9q^2}{4p^2}=\alpha^2=-\dfrac{p}{3}$，故 $4p^3+27q^2=0$.

综合所述，可知当 $4p^3+27q^2=0$ 时，多项式 x^3+px+q 有重根.

1.8 复系数与实系数多项式的因式分解

一、概述

本节给出了复系数多项式的因式分解定理，进一步说明了任何次数大于 1 的复系数多项式必可约；同时利用代数基本定理及数学归纳法证明了实系数多项式的因式分解定理，得到了次数为 2 的判别式大于等于零及所有次数大于 2 的实系数多项式必可约.

二、难点及相关实例

在复数域上的三次多项式的求根公式由意大利的数学家塔尔塔利亚(N. Tartaglia)和卡尔达诺(G. Cardano)给出；四次多项式的求根公式由卡尔达诺的学生费拉里(L. Ferrari)给出；法国数学家伽罗瓦(Galois)证明了五次及以上的多项式的求根公式是不存在的. 下例给出了特殊三次多项式的求根公式.

例 给出特殊三次多项式 $f(x)=x^3+sx+t$ 的在复数域上的因式分解.

解 设其三个复根为 $x_i(i=1,2,3)$，则由意大利的数学家塔尔塔利亚和卡尔达诺给出的公式可得

$$x_1=\sqrt[3]{-\frac{t}{2}+A}+\sqrt[3]{-\frac{t}{2}-A},\quad x_2=\sqrt[3]{-\frac{t}{2}+Aw}+\sqrt[3]{-\frac{t}{2}-Aw^2},$$

$$x_3=\sqrt[3]{-\frac{t}{2}+Aw^2}+\sqrt[3]{-\frac{t}{2}-Aw},$$

其中

$$A=\sqrt{\frac{1}{4}t^2+\frac{1}{27}s^3},\quad w=-\frac{1}{2}+\frac{\sqrt{3}}{2}\mathrm{i}.$$

故可利用根与一次因式的关系可得到其因式分解：

$$f(x)=x^3+sx+t=(x-x_1)(x-x_2)(x-x_3).$$

【注】 一般三次多项式 $g(x)=ax^3+bx^2+cx+d(a\neq 0)$ 的因式分解，可令 $y=x+\dfrac{b}{3a}$，则可将其转化为上述特殊三次多项式的形式，然后求解即可.

三、同步练习

分别求多项式 $f(x)=x^5-3x^4+4x^3-4x^2+3x-1$ 在复数域和实数域上的标准分解式.

解 观察可得 $x=1$ 是 $f(x)$的根，进一步利用综合除法，可求解 $x=1$ 是 $f(x)$的 3 重根，从而 $f(x)=(x-1)^3(x^2+1)$.

所以，$f(x)$在复数域上的标准分解式为 $f(x)=(x-1)^3(x+\mathrm{i})(x-\mathrm{i})$；

在实数域上的标准分解式为 $f(x)=(x-1)^3(x^2+1)$.

【注】 也可利用下节的有理根的方法确定若干个有理根，再作进一步的分解.

1.9 有理系数多项式

一、概述

本节利用艾森斯坦(Eisenstein)判别法给出了任意次数的有理多项式都有可能为不可约多项式，从而解决有理多项式的因式分解比复系数和实系数的更困难些；利用本原多项式的性质(高斯引理)得到了整系数多项式的有理根的判别条件.

二、难点及相关实例

整系数多项式的有理根的求法.

例 1 求 $f(x)=x^3-6x^2+15x-14$ 的所有有理根.

解 因为 $f(x)$的奇次项数>0，偶次项数<0，而没有负根，且 $f(1)=-6$，$f(14)>0$，所以 $f(x)$可能的有理根只有 2，7. 利用综合除法检验得 $f(x)$的有理根为 2.

【注】 不考虑本身的特点，也可直接由文献[1]第一章定理 12 来判定 $f(x)$可能的有理根可能为±1，±2，±7，±14，同样用综合除法检验得 $f(x)$的有理根为 2，但计算量较大.

例 2 利用艾森斯坦判别法证明 $\sqrt[n]{p_1p_2\cdots p_t}$（$p_1p_2\cdots p_t$ 是质数，n 是正整数）是无理数.

证 设 $f(x)=x^n-p_1p_2\cdots p_t$，则 $f(x)$是整系数多项式，$\sqrt[n]{p_1p_2\cdots p_t}$是 $f(x)$的实根. 现取素数 p_1，符合艾森斯坦判别法的条件，从而可得 $f(x)$在有理数域上不可约，因此 $f(x)$没有有理根，故 $\sqrt[n]{p_1p_2\cdots p_t}$是无理数.

三、同步练习

1. 求 $f(x)=2x^3-6x^2+11x-6$ 的有理根.（解略）

2. 证明：若有理多项式 $f(x)$有无理根 $a+b\sqrt{2}(a,b\in\mathbf{Q})$，则 $a-b\sqrt{2}(a,b\in\mathbf{Q})$必为 $f(x)$的另一个无理根.

证 设 $f(x)=\sum_{i=0}^{n}a_ix^i(a_i\in\mathbf{Q};i=0,1,2,\cdots,n)$，记

$$\alpha=a+b\sqrt{2}(a,b\in\mathbf{Q}),\quad \beta=c+d\sqrt{2}(c,d\in\mathbf{Q}),$$

定义 $\bar{\alpha}=a-b\sqrt{2}(a,b\in\mathbf{Q})$，则可证明

$$\overline{\alpha+\beta}=\bar{\alpha}+\bar{\beta},\quad \overline{\alpha^i}=\bar{\alpha}^i,\quad i=0,1,2,\cdots,n.$$

由条件可知，
$$f(\alpha)=\sum_{i=0}^{n}a_i\alpha^i=0.$$

因此 $f(\bar{\alpha})=\sum_{i=0}^{n}a_i\bar{\alpha}^i=\overline{\sum_{i=0}^{n}a_i\alpha^i}=0$，命题得证.

考测中涉及的相关知识点联系示意图

高等代数的内容由多项式理论与线性代数两部分组成，多项式理论是中学多项式知识的提高和扩展，也是代数学的基础. 下面图示列出了考测中应掌握的基本概念及知识点.

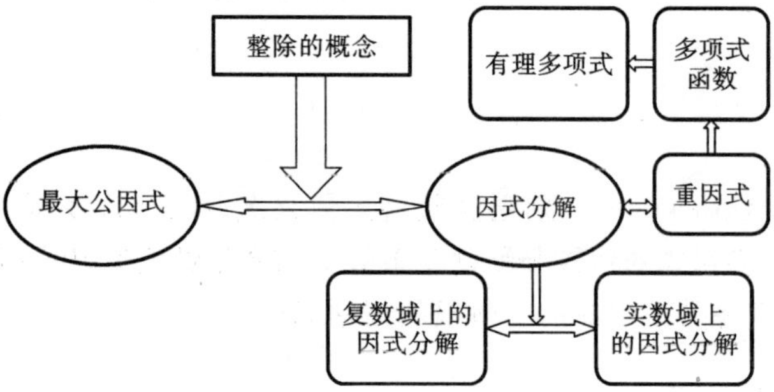

综合例题讲解

例 1（**大连理工大学，2007**）* 证明 $x^d-1\mid x^n-1$ 的充要条件是 d/n.

【分析】 关于整除性问题的解答，一般都是利用定义、带余除法定理.

涉及的主要知识点：数域 P 上的多项式 $g(x)$ 称为整除 $g(x)$，如果有数域 P 上的多项式 $h(x)$ 使等式 $f(x)=g(x)h(x)$ 成立，$g(x)\mid f(x)$ 表示 $g(x)$ 整除 $f(x)$.

证 **充分性.** 若 $d\mid n$，则存在整数 m，使 $n=dm$，从而有

$$x^n-1=(x^d)^m-1=(x^d-1)(1+x^d+\cdots+(x^d)^{m-1}),$$

所以 $x^d-1\mid x^n-1$.

必要性. 对于 n，存在整数 q,r，使得 $n=dq+r,0\leqslant r\leqslant d$，故有

$$x^n-1=x^{dq+r}-1=x^{dq+r}-x^r+x^r-1=x^r(x^{dq}-1)+x^r-1,$$

从而 $x^d-1\mid[x^r(x^{dq}-1)+x^r-1]$. 由于 $x^d-1\mid x^{dq}-1$，因此 $x^d-1\mid x^r-1$，但是 $r<d$，所以 $r=0$，即 $d\mid n$.

例 2（**上海交通大学，2004**） 假设 $f_1(x)$ 与 $f_2(x)$ 为次数不超过 3 的首项系数为 1 的互异多项式，假设 x^4+x^2+1 整除 $f_1(x^3)+x^4f_2(x^3)$，试求 $f_1(x)$ 与 $f_2(x)$ 的最大公因式.

【分析】 最大公因式是考测的重点之一，主要考测两个多项式的最大公因式的定义、求法以及有关最大公因式的证明，一般有以下几种方法.

* 括号内注明的大学与年份，表示该例为 2007 年大连理工大学硕士研究生入学考试高等代数的试题. 下同.

(1) 利用定义——$f(x),g(x)\in P[x]$,$P[x]$中多项式$d(x)$称为$f(x)$与$g(x)$的一个最大公因式,如果它满足以下两个条件:

(ⅰ) $d(x)\mid f(x),d(x)\mid g(x)$;

(ⅱ) $f(x),g(x)$的任意公因式全是$d(x)$的因式.

(2) 如果$f(x)=q(x)g(x)+r(x)g(x)\neq 0$,那么$(f(x),g(x))=(g(x),r(x))$.

(3) 如果$d(x)\mid f(x),d(x)\mid g(x)$,且有$u(x),v(x)\in P[x]$,使$d(x)=f(x)u(x)+g(x)v(x)$,则$d(x)$是$f(x),g(x)$的一个最大公因式.

解 因为$x^4+x^2+1=(x^2+1)^2-x^2=(x^2+x+1)(x^2-x+1)$,设它的4个根分别为$\omega_1,\omega_2,\varepsilon_1,\varepsilon_2$,其中

$$\omega_1=\frac{-1+\sqrt{3}\mathrm{i}}{2},\quad \omega_2=\frac{-1-\sqrt{3}\mathrm{i}}{2},\quad \varepsilon_1=\frac{1+\sqrt{3}\mathrm{i}}{2},\quad \varepsilon_2=\frac{1-\sqrt{3}\mathrm{i}}{2}.$$

由条件假设和整除的定义可知:存在$g(x)$使得

$$f_1(x^3)+x^4f_2(x^3)=(x^4+x^2+1)g(x).$$

将4个根代入上式可得下列方程组:

$$\begin{cases}f_1(1)+\omega_1f_2(1)=0,\\ f_1(1)+\omega_2f_2(1)=0,\end{cases}\quad \begin{cases}f_1(-1)-\varepsilon_1f_2(-1)=0,\\ f_1(-1)-\varepsilon_2f_2(-1)=0,\end{cases}$$

解上述方程组可得 $f_1(1)=f_2(1)=0,\quad f_1(-1)=f_2(-1)=0.$

于是利用根与一次因式的关系可得

$$(x+1)(x-1)\mid f_1(x),\quad (x+1)(x-1)\mid f_2(x).$$

又因为$f_1(x),f_2(x)$是互异的次数不超过3的多项式,因此

$$(f_1(x),f_2(x))=x^2-1.$$

例3(天津大学,2002) 设$f(x)=d(x)f_1(x),g(x)=d(x)g_1(x)$,证明:若$(f(x),g(x))=d(x)$,$f(x)g(x)\neq 0$,则$(f_1(x),g_1(x))=1$.反之,若$(f_1(x),g_1(x))=1$,则$d(x)$是$f(x)$与$g(x)$的一个最大公因式.

【分析】 本题主要考测最大公因式的定义、互素的充要条件.

证 因为$f(x)g(x)\neq 0$,故$d(x)\neq 0$.由条件知,存在$u(x),v(x)\in P[x]$使得

$$d(x)=f(x)u(x)+g(x)v(x).$$

由上述等式可知,

$$f_1(x)u(x)+g_1(x)v(x)=1,$$

由互素的充要条件知,$(f_1(x),g_1(x))=1$.

反之,因为$(f_1(x),g_1(x))=1$,故存在$u(x),v(x)\in P[x]$使得

$$f_1(x)u(x)+g_1(x)v(x)=1.$$

在上述方程两端同时乘以$d(x)$,可得

$$d(x)=f(x)u(x)+g(x)v(x).$$

设$\forall h(x)$为$f(x)$与$g(x)$的一个最大公因式,则$h(x)\mid f(x)$且$h(x)\mid g(x)$,从而$h(x)\mid d(x)$,因此结论成立.

例4 证明$(f(x),g(x))h(x)=(f(x)h(x),g(x)h(x))$,其中$h(x)$的最高次项系数为1.

【分析】 证明的关键是理解最大公因式的概念及明确$(f(x)h(x),g(x)h(x))$中$h(x)$的最高次项系数为1这个条件,利用互素的性质就可以得到结论.

证 (1) 若$f(x)$与$g(x)$中有一个为0,则等式成立.

(2) 当 $f(x)g(x)\neq 0$ 时,不妨设$(f(x),g(x))=d(x)\neq 0$,则存在 $f_1(x),g_1(x)$,使得

$$f(x)=d(x)f_1(x),\quad g(x)=d(x)g_1(x),$$

于是$(f_1(x),g_1(x))=1$. 否则,与$(f(x),g(x))=d(x)$矛盾. 从而

$$\begin{aligned}(f(x)h(x),g(x)h(x))&=(d(x)f_1(x)h(x),d(x)g_1(x)h(x))\\&=d(x)h(x)=(f(x),g(x))h(x).\end{aligned}$$

例 5(上海交通大学,2002) 设 $f(x),g(x)\in P[x]$,$a,b,c,d\in P$,且 $ad-bc\neq 0$. 证明:

$$(af(x)+bg(x),cf(x)+dg(x))=(f(x),g(x)).$$

【分析】 考查最大公因式及整除的性质,本题有多种解法.

证 方法 1 主要利用最大公因式的定义及整除的性质证明.

设$(f(x),g(x))=k(x)\Rightarrow k(x)\mid f(x),\quad k(x)\mid g(x)$

$$\Rightarrow k(x)\mid[af(x)+bg(x)],\quad k(x)\mid[cf(x)+dg(x)].$$

$\forall h(x)\mid[af(x)+bg(x)]$,$h(x)\mid[cf(x)+dg(x)]$,则存在 $q_1(x),q_2(x)$使得

$$af(x)+bg(x)=h(x)q_1(x),\tag{1}$$

$$cf(x)+dg(x)=h(x)q_2(x).\tag{2}$$

因 $ad-bc\neq 0$,由(1)$\times d-$(2)$\times b$ 可得

$$(ad-bc)f(x)=h(x)[dq_1(x)-bq_2(x)]\Rightarrow h(x)\mid f(x),\quad h(x)\mid g(x).$$

所以$h(x)\mid k(x)\Rightarrow(af(x)+bg(x),cf(x)+dg(x))=k(x)$,即结论得证.

方法 2 利用结论:$\forall f(x),g(x)\in P[x]$,在 $P[x]$中存在一个最大公因式 $d(x)$且有 $u(x),v(x)\in P[x]$,使 $d(x)=f(x)u(x)+g(x)v(x)$.

设$(f(x),g(x))=k(x)$,可得

$$k(x)=f(x)u(x)+g(x)v(x).\tag{3}$$

又 $k(x)\mid f(x),k(x)\mid g(x)\Rightarrow k(x)\mid[af(x)+bg(x)],k(x)\mid[cf(x)+dg(x)]$.

设 $f_1(x)=af(x)+bg(x),\quad f_2(x)=cf(x)+dg(x)$.

由 $ad-bc\neq 0$, 解上述方程组得

$$f(x)=\frac{d}{ad-bc}f_1(x)-\frac{b}{ad-bc}f_2(x),\quad g(x)=\frac{-c}{ad-bc}f_1(x)+\frac{a}{ad-bc}f_2(x).$$

将其代入式(3)可得

$$\begin{aligned}k(x)&=\frac{d}{ad-bc}f_1(x)u(x)-\frac{b}{ad-bc}f_2(x)u(x)-\frac{c}{ad-bc}f_1(x)v(x)+\frac{a}{ad-bc}f_2(x)v(x)\\&=f_1(x)\left[\frac{d}{ad-bc}u(x)-\frac{c}{ad-bc}v(x)\right]+f_2(x)\left[\frac{a}{ad-bc}v(x)-\frac{b}{ad-bc}u(x)\right].\end{aligned}$$

所以$(f_1(x),f_2(x))=k(x)$. 即结论得证.

方法 3 可利用互相整除的性质:如果 $f(x)\mid g(x),g(x)\mid f(x)$,那么 $f(x)=cg(x)$,其中 c 为非零常数.

设$(af(x)+bg(x),cf(x)+dg(x))=d_0(x)$,$(f(x),g(x))=k(x)$,则

$$k(x)\mid[af(x)+bg(x)],\quad k(x)\mid[cf(x)+dg(x)].$$

由公因式的定义可知,能整除最大公因式$k(x)\mid d_0(x)$.

同方法 2 可知,

$$f(x)=\frac{d}{ad-bc}f_1(x)-\frac{b}{ad-bc}f_2(x),$$

$$g(x)=\frac{-c}{ad-bc}f_1(x)+\frac{a}{ad-bc}f_2(x),$$

从而由$d_0(x)\mid f_1(x)$,$d_0(x)\mid f_2(x)$可得$d_0(x)\mid f(x)$,$d_0(x)\mid g(x)$. 因此,

$$d_0(x)\mid k(x)\Rightarrow d_0(x)=ck(x),\quad c\neq 0,$$

又两边首项系数为1,故 $d_0(x)=k(x)$.

例6(大连理工大学, 2004) 设**R**,**Q**分别表示实数域和有理数域,$f(x)$,$g(x)$属于$Q[x]$. 证明:

(1) 若在$R[x]$中有$g(x)\mid f(x)$,则在$Q[x]$中也有$g(x)\mid f(x)$;

(2) $f(x)$与$g(x)$在$Q[x]$中互素,当且仅当$f(x)$与$g(x)$在$R[x]$中互素;

(3) 设$f(x)$是$Q[x]$中的不可约多项式,则$f(x)$的根都是单根.

【分析】 有关多项式互素、不可约、重因式的判定及因式分解问题,主要是考测学生对互素、不可约的定义及性质与因式分解的整体理解.

证 (1) 反证法:假设在$Q[x]$中$g(x)$不能整除$f(x)$,那么

$$f(x)=q(x)g(x)+r(x),\quad q(x),r(x)\in Q[x],$$

其中$\partial(r(x))<\partial(g(x))$. 由上述等式可知在$R[x]$中也成立,因此在$R[x]$中$g(x)$不能整除$f(x)$,与已知矛盾. 因此,结论成立.

(2) 如果$f(x)$与$g(x)$在$Q[x]$中互素,那么存在$u(x)$,$v(x)\in Q[x]$,使得

$$f(x)u(x)+g(x)v(x)=1.$$

由上述等式可知在$R[x]$中也成立,所以$f(x)$与$g(x)$在$R[x]$中互素.

反之,如果$f(x)$与$g(x)$在$Q[x]$中不互素,那么必存在

$$d(x)\in Q[x],\quad \partial(d(x))\geqslant 1,\quad f(x)=d(x)f_1(x),$$
$$g(x)=d(x)g_1(x),f_1(x),g_1(x)\in Q[x],$$

故由以上两个等式可知在$R[x]$中成立,因此$f(x)$,$g(x)$在$R[x]$中不互素.

(3) $f(x)$是$Q[x]$中的不可约多项式,则$(f(x),f'(x))=1$,否则$(f(x),f'(x))=d(x)\neq 1$,则$f(x)$有重因式,与$f(x)$不可约矛盾. 于是$f(x)$没有重因式,所以$f(x)$的根都是单根.

例7(中国科学院,2007) 设多项式$f(x)$,$g(x)$,$h(x)$只有非零常数公因式,证明:存在多项式$u(x)$,$v(x)$,$w(x)$使得$u(x)f(x)+v(x)g(x)+w(x)h(x)=1$.

【分析】 本题主要是对最大公因式及多个多项式互素的概念、性质及类比能力的考查.

证 设$d(x)=(f(x),g(x))$,则存在$u_1(x)$,$v_1(x)$使得

$$u_1(x)f(x)+v_1(x)g(x)=d(x). \tag{1}$$

由最大公因式的定义可知

$$(f(x),g(x),h(x))=(d(x),h(x))=1.$$

故存在$u_2(x)$,$w(x)$使得

$$u_2(x)d(x)+w(x)h(x)=1. \tag{2}$$

将式(1)代入式(2)可得

$$u_1(x)u_2(x)f(x)+v_1(x)u_2(x)g(x)+w(x)h(x)=1.$$

取$u(x)=u_1(x)u_2(x)$,$v(x)=v_1(x)u_2(x)$,则命题得证.

例8(北京理工大学,2004) 给定不全为零的多项式$f_1(x)$,$f_2(x)$,$f_3(x)$,证明:存在六个多项式$g_1(x)$,$g_2(x)$,$g_3(x)$,$h_1(x)$,$h_2(x)$,$h_3(x)$使

$$\begin{vmatrix} f_1(x) & f_2(x) & f_3(x) \\ g_1(x) & g_2(x) & g_3(x) \\ h_1(x) & h_2(x) & h_3(x) \end{vmatrix}=(f_1(x),f_2(x),f_3(x)),$$

这里$(f_1(x),f_2(x),f_3(x))$表示$f_1(x),f_2(x),f_3(x)$的首项系数为1的最大公因式.

【分析】 本题主要是对多项式的最大公因式、互素、行列式的性质及综合能力的考测.

证 为了证明上述结论,设$d(x)=(f_1(x),f_2(x),f_3(x))$,将要证的等式化为

$$\begin{vmatrix} \frac{f_1(x)}{d(x)} & \frac{f_2(x)}{d(x)} & \frac{f_3(x)}{d(x)} \\ g_1(x) & g_2(x) & g_3(x) \\ h_1(x) & h_2(x) & h_3(x) \end{vmatrix}=1.$$

设$\frac{f_i(x)}{d(x)}=a_i(x),i=1,2,3$,则$(a_1(x),a_2(x),a_3(x))=1$.故由例7可知,存在$u_1(x)$,$u_2(x),u_3(x)$使得

$$\begin{aligned} u_1(x)a_1(x)+u_2(x)a_2(x)+u_3(x)a_3(x)=1 \\ =\begin{vmatrix} 1 & 0 & 0 \\ 0 & 1 & 0 \\ 0 & 0 & 1 \end{vmatrix}=\begin{vmatrix} 1 & a_2(x) & a_3(x) \\ 0 & 1 & 0 \\ 0 & 0 & 1 \end{vmatrix} \\ =\begin{vmatrix} u_1(x)a_1(x) & a_2(x) & a_3(x) \\ -u_2(x) & 1 & 0 \\ -u_3(x) & 0 & 1 \end{vmatrix}. \end{aligned}$$

不失一般性,不妨设$\partial(u_2(x))\leqslant\partial(u_3(x))$,则存在

$$q_i(x),r_i(x)(i=1,2,\cdots,s+1),\quad \partial(r_i(x))<\partial(r_{i-1}(x)),$$

使得

$$\begin{aligned} u_3(x)&=q_1(x)v_3(x)+r_1(x)=0,\\ v_3(x)&=q_2(x)r_1(x)+r_2(x)=0,\\ r_1(x)&=q_3(x)r_2(x)+r_3(x)=0,\\ &\vdots\\ r_{i-2}(x)&=q_i(x)r_{i-1}(x)+r_i(x)=0,\\ &\vdots\\ r_{s-2}(x)&=q_s(x)r_{s-1}(x)+r_s(x)=0,\\ r_{s-1}(x)&=q_{s+1}(x)r_s(x)+0. \end{aligned}$$

下面分两种情况讨论:

(1) 若$\partial(r_s(x))\geqslant1$,则$(u_2(x),u_3(x))\neq1$,即可利用上述等式及反复利用行列式的运算性质可得

$$\begin{aligned} \begin{vmatrix} u_1(x)a_1(x) & a_2(x) & a_3(x) \\ -u_2(x) & 1 & 0 \\ -u_3(x) & 0 & 1 \end{vmatrix}=\cdots=\begin{vmatrix} u_1(x)a_1(x) & a_2(x) & a_3(x) \\ r_s(x) & p_1(x) & p_2(x) \\ 0 & p_3(x) & p_4(x) \end{vmatrix} \\ =\begin{vmatrix} a_1(x) & a_2(x) & a_3(x) \\ r_s(x) & u_1(x)p_1(x) & u_1(x)p_2(x) \\ 0 & p_3(x) & p_4(x) \end{vmatrix}=1, \end{aligned}$$

其中$p_i(x)(i=1,2,3,4)$是$q_i(x)(i=1,2,\cdots,s+1)$的组合.

取
$$g_1(x)=r_s(x),\quad g_2(x)=u_1(x)p_1(x),\quad g_3(x)=u_1(x)p_2(x),$$
$$h_1(x)=0,\quad h_2(x)=p_3(x),\quad h_3(x)=p_4(x),$$

则
$$\begin{vmatrix} \frac{f_1(x)}{d(x)} & \frac{f_2(x)}{d(x)} & \frac{f_3(x)}{d(x)} \\ g_1(x) & g_2(x) & g_3(x) \\ h_1(x) & h_2(x) & h_3(x) \end{vmatrix}=1,$$

从而 $\begin{vmatrix} f_1(x) & f_2(x) & f_3(x) \\ g_1(x) & g_2(x) & g_3(x) \\ h_1(x) & h_2(x) & h_3(x) \end{vmatrix}=(f_1(x),f_2(x),f_3(x))$成立.

(2) 若$\partial(r_s(x))=0$,即 $r_s(x)=c\neq 0$,则$(u_2(x),u_3(x))=1$,则同(1)即可利用辗转相除法及行列式的运算性质得

$$\begin{vmatrix} u_1(x)a_1(x) & a_2(x) & a_3(x) \\ -u_2(x) & 1 & 0 \\ -u_3(x) & 0 & 1 \end{vmatrix}=\cdots=\begin{vmatrix} u_1(x)a_1(x) & a_2(x) & a_3(x) \\ c & t_1(x) & t_2(x) \\ 0 & t_3(x) & t_4(x) \end{vmatrix}$$
$$=\begin{vmatrix} a_1(x) & a_2(x) & a_3(x) \\ c & u_1(x)t_1(x) & u_1(x)t_2(x) \\ 0 & t_3(x) & t_4(x) \end{vmatrix}=1,$$

其中 $t_i(x)(i=1,2,3,4)$是 $q_i(x)(i=1,2,\cdots,s+1)$的组合.

取
$$g_1(x)=c,\quad g_2(x)=u_1(x)t_1(x),\quad g_3(x)=u_1(x)t_2(x),$$
$$h_1(x)=0,\quad h_2(x)=t_3(x),\quad h_3(x)=t_4(x),$$

则显然满足题意.证毕.

例 9(**哈尔滨工业大学,2006**) 证明:只要$\frac{f(x)}{(f(x),g(x))}$,$\frac{g(x)}{(f(x),g(x))}$的次数都大于零,就可以适当选择适合等式 $u(x)f(x)+v(x)g(x)=(f(x),g(x))$的 $u(x)$与 $v(x)$,使

$$\partial(u(x))<\partial\left(\frac{g(x)}{(f(x),g(x))}\right),\quad \partial(v(x))<\partial\left(\frac{f(x)}{(f(x),g(x))}\right).$$

【分析】 对带余除法及互素的考测.

证 首先,由最大公因式的性质可知:存在多项式 $u_1(x)$,$v_1(x)$,使得

$$u_1(x)f(x)+v_1(x)g(x)=(f(x),g(x)), \tag{1}$$

从而
$$u_1(x)\frac{f(x)}{(f(x),g(x))}+v_1(x)\frac{g(x)}{(f(x),g(x))}=1. \tag{2}$$

这时 $u_1(x)$有两种可能:

(1) 当$\partial(u_1(x))<\partial\left(\frac{g(x)}{(f(x),g(x))}\right)$,这时可证$\partial(v_1(x))\geqslant\partial\left(\frac{f(x)}{(f(x),g(x))}\right)$. 利用反证法可证:若$\partial(v_1(x))\geqslant\partial\left(\frac{f(x)}{(f(x),g(x))}\right)$,那么式(2)中,

$$\text{左边第一项的次数}<\partial\left(\frac{g(x)}{(f(x),g(x))}\right)+\partial\left(\frac{f(x)}{(f(x),g(x))}\right),$$
$$\text{左边第二项的次数}\geqslant\partial\left(\frac{g(x)}{(f(x),g(x))}\right)+\partial\left(\frac{f(x)}{(f(x),g(x))}\right),$$

于是,式(2)左边的次数$\geqslant\partial\left(\frac{g(x)}{(f(x),g(x))}\right)+\partial\left(\frac{f(x)}{(f(x),g(x))}\right)>0$,但式(2)右边的次数$=0$,得出矛盾,因此

$$\partial(u_1(x))<\partial\left(\frac{g(x)}{(f(x),g(x))}\right),\quad \partial(v_1(x))<\partial\left(\frac{f(x)}{(f(x),g(x))}\right).$$

对于这种情况，$u_1(x),v_1(x)$即为所求.

(2) $\partial(u_1(x))\geqslant\partial\left(\frac{g(x)}{(f(x),g(x))}\right)$，用$\frac{g(x)}{(f(x),g(x))}$除以 $u_1(x)$，得

$$u_1(x)=s(x)\frac{g(x)}{(f(x),g(x))}+r(x),\quad 其中\partial(r(x))<\partial\left(\frac{g(x)}{(f(x),g(x))}\right).$$

因为 $r(x)=0$，则 $u_1(x)=s(x)\frac{g(x)}{(f(x),g(x))}$，代入式(1)得

$$[s(x)+v_1(x)]\frac{g(x)}{(f(x),g(x))}=1,$$

得出矛盾.

将 $u_1(x)=s(x)\frac{g(x)}{(f(x),g(x))}+r(x)$代入式(1)，得

$$r(x)\frac{f(x)}{(f(x),g(x))}+\left[s(x)\frac{f(x)}{(f(x),g(x))}+v_1(x)\right]\frac{g(x)}{(f(x),g(x))}=1.$$

令 $u(x)=r(x)$，$v(x)=s(x)\frac{f(x)}{(f(x),g(x))}+v_1(x)$，再利用本题(1)的结果，即得证.

例 10(中南大学，2013) 设 $a_1,a_2,\cdots,a_n$ 是 $n(n>1)$个互不相同的整数，证明：

$$f(x)=(x-a_1)(x-a_2)\cdots(x-a_n)-1$$

不能表示成两个次数大于零的整系数多项式的乘积.

【分析】 本题主要考测因式分解、可约及证明方法的使用.

证 反证法. 假设 $f(x)$可以表示成两个次数大于零的整系数多项式 $f_1(x)$，$f_2(x)$的乘积，即 $f(x)=f_1(x)f_2(x)$.

因 $\deg(f(x))=\deg(f_1(x))+\deg(f_2(x))$，又 $\deg(f_1(x))>0$，$\deg(f_2(x))>0$，故 $n>\deg(f_1(x))>0$，$n>\deg(f_2(x))>0$. 设

$$f_1(x)=x^m+c_{m-1}x^{m-1}+\cdots+c_1x+c_0,$$
$$f_2(x)=x^s+b_{s-1}x^{s-1}+\cdots+b_1x+b_0,$$

其中 $c_i\in\mathbf{Z}$；$i=0,1,2,\cdots,m-1$；$b_j\in\mathbf{Z}$；$j=0,1,2,\cdots,s-1$.

不妨设 $m\geqslant s$，则 $\deg(f_1(x)+f_2(x))=m<n$.

由条件知，$f(a_i)=-1=f_1(a_i)f_2(a_i)$，则

$$f_1(a_i)=-1,\quad f_2(a_i)=1,\quad i=1,2,\cdots,n;$$

或者

$$f_1(a_i)=1,\quad f_2(a_i)=-1,\quad i=1,2,\cdots,n.$$

综上所述，$f_1(a_i)+f_2(a_i)=0,\quad i=1,2,\cdots,n$.

因为 $a_1,a_2,\cdots,a_n$ 是 $n(n>1)$个互不相同的整数，则 $f_1(x)+f_2(x)=0$，否则与代数基本定理矛盾，所以 $f(x)=-f_1^2(x)$.

取 $x=x_0=\max\limits_{1\leqslant i\leqslant n}\{a_i\}+1$，则 $f(x_0)>0$，但 $f(x_0)=-f_1^2(x_0)<0$ 矛盾，故假设不成立.

例 11(南京航空航天大学，2014) 设 $f(x)$，$g(x)$是两个非零多项式，n 是一个自然数，证明：若$(f(x),g(x))=1$，则$(f^n(x)+g^n(x),f^n(x)-g^n(x))=1$.

【分析】 对互素及归纳法的考测.

证 先证：若$(f(x),g(x))=1$，则$(f^n(x),g(x))=1$.

对 n 用数学归纳法证明.

(1) 当 $n=2$ 时，因为 $(f(x),g(x))=1$，所以存在 $u(x),v(x)\in P[x]$，使得

$$u(x)f(x)+v(x)g(x)=1, \tag{1}$$

则 $[u(x)f(x)+v(x)g(x)]^2=1$，即

$$u^2(x)f^2(x)+[2u(x)f(x)v(x)+v^2(x)g(x)]g(x)=1\Rightarrow(f^2(x),g(x))=1.$$

(2) 假设 $n=k$ 时也成立，即 $(f^k(x),g(x))=1$.

(3) 当 $n=k+1$ 时，$(f^k(x),g(x))=1\Rightarrow\exists\, u_1(x),v_1(x)$, s. t.

$$u_1(x)f^k(x)+v_1(x)g(x)=1. \tag{2}$$

由式(1)×式(2)得

$$u(x)u_1(x)f^{k+1}(x)+[u(x)f^k(x)+u(x)v_1(x)f(x)+v(x)v_1(x)g(x)]g(x)$$
$$=1\Rightarrow(f^{k+1}(x),g(x))=1.$$

因此，由(1)、(2)和(3)知，对一切自然数都有 $(f^n(x),g(x))=1$.

同理，可得 $(f^n(x),g^n(x))=1$.

再证：若 $(f(x),g(x))=1$，则 $(f(x)+g(x),g(x))=1$，$(f(x)-g(x),g(x))=1$(见文献[1]第一章练习的第 11 题)，从而结论成立.

例 12(四川大学,2018) 已知 $f(x)$ 为首项系数为 1 的三次实系数多项式，

(1) 证明：如果 $f(x)$ 有重根，则 $f(x)$ 的根都是实根.

(2) 设 $\dfrac{f(x)}{(f(x),f'(x))}=(x-1)(x-2)$，写出所有以 $f(x)$ 为特征多项式的若尔当标准形.

【分析】 考查实系数多项式的根的性质以及与特征多项式有关的若尔当标准形的关系.

解 (1) $f(x)$ 是实系数多项式，故其复根必成对出现，由于 $f(x)$ 有重根，如果 $f(x)$ 的重根为复根，则与 $f(x)$ 的次数矛盾，因此 $f(x)$ 的根都是实根.

(2) 因为 $\dfrac{f(x)}{(f(x),f'(x))}=(x-1)(x-2)$，所以 $f(x)$ 有重根，重根有两种可能，故 $f(x)$ 的根为两种情形：

① 当 $f(x)$ 的根为 1,1,2 时，以 $f(x)$ 为特征多项式的若尔当标准形(不考虑若尔当块顺序)可能为下面两种之一：

$$\begin{pmatrix}1&&\\&1&\\&&2\end{pmatrix},\quad\begin{pmatrix}1&1&\\&1&\\&&2\end{pmatrix}.$$

② 当 $f(x)$ 的根为 1,2,2 时，以 $f(x)$ 为特征多项式的若尔当标准形(不考虑若尔当块顺序)可能为下面两种种之一：

$$\begin{pmatrix}1&&\\&2&\\&&2\end{pmatrix},\quad\begin{pmatrix}1&&\\&2&1\\&&2\end{pmatrix}.$$

历年考研试题精选

1.(兰州大学,2002) 设 $f(x)$ 是整系数多项式，如果 $g(x)=f(x)+1$ 至少有三个互不相等的整数根，证明：$f(x)$ 没有整数根.

2.(兰州大学,2004) 设 $f(x)$ 和 $g(x)$ 是数域 F 上的两个不完全为零的多项式，设 $I=$

$\{u(x)f(x)+v(x)g(x)\mid u(x),v(x)\in F[x]\}$，证明：(1) I 关于多项式的加法和乘法封闭，并且对任意的 $h(x)\in I$ 和任意的 $k(x)\in F[x]$，有 $h(x)k(x)\in I$.

(2) I 中存在次数最小的首项系数为 1 的多项式 $d(x)$，并且 $d(x)=(f(x),g(x))$.

3.（苏州大学，2005） 设 $f(x)$是一个整系数多项式，证明：如果存在一个偶数 m 和一个奇数 n 使得 $f(m)$和 $f(n)$都是奇数，则 $f(x)$没有整数根.

4.（上海大学，2005） 已知 $f(x)=x^{n+1}+x^n-2(n\geqslant 1)$，求 $f(x)$在有理数域上的不可约因式，并说明理由.

5.（上海大学，2005） 设 $x^n-1\mid(x-1)[f_1(x^n)+xf_2(x^n)+x^2f_3(x^n)+\cdots+x^{n-2}f_{n-1}(x^n)]$ $(n\geqslant 2)$，求证 $x-1\mid f_i(x)(i=1,2,\cdots,n-1)$.

6.（大连理工大学，2002） 已知 $P[x]$为数域 P 上的多项式环，$f_1(x),f_2(x)\in P[x]$，且 $f_1(x),f_2(x)$互素. 证明：对于任意 $g_1(x),g_2(x)\in P[x]$，必存在 $g(x)\in P[x]$使得

$$f_i(x)\mid g(x)-g_i(x),i=1,2.$$

7.（大连理工大学，2000） 设 $p(x)$是次数大于零的多项式，如果对于任何多项式 $f(x)$，$g(x)$，由 $p(x)\mid f(x)g(x)$，可以推出 $p(x)\mid f(x)$或者 $p(x)\mid g(x)$，试证 $p(x)$是不可约多项式.

8.（南京大学，2002） 证明多项式 $f(x)=1+x+\dfrac{x^2}{2!}+\dfrac{x^3}{3!}+\cdots+\dfrac{x^p}{p!}$在有理数域上不可约，其中 p 为一素数.

9.（四川大学，2001） 设 $a_1,a_2,\cdots,a_n$ 是不同的整数，证明 $f(x)=(x-a_1)(x-a_2)\cdots(x-a_n)+1$ 在有理数域上不可约或是某一有理系数多项式的平方.

10.（广西师范大学，1996） $f_1(x),f_2(x)$是数域 F 上两个互素的多项式，$r_1(x),r_2(x)$是 $F[x]$中任意两个多项式，且 $r_1(x),r_2(x)$的次数分别小于 $f_1(x),f_2(x)$的次数，证明存在多项式 $g(x)\in F[x]$，它被 $f_1(x)$除余式为 $r_1(x)$，被 $f_2(x)$除余式为 $r_2(x)$.

11.（广西师范大学，1997） $f(x),p(x)\in Q[x]$，$p(x)$在 $\mathbf{Q}$ 上不可约，且 $f(x)$与 $p(x)$有一个公共复根，证明 $p(x)\mid f(x)$.

12.（四川大学，1998） 已知 $f(x)\in P[x]$，$f(x)=f(-x)$，如果 $x-a\mid f(x)$，证明 $x^2-a^2\mid f(x)$.

13.（北京大学，1997） 设 $f(x)$是有理数域 $\mathbf{Q}$ 上的一个 m 次多项式($m\geqslant 0$)，n 是大于 m 的正整数，证明$\sqrt[n]{2}$不是 $f(x)$的实根.

14.（华南理工大学，2000） $p(x)$是数域 F 上的不可约多项式，若 $p(x)\mid f(x)+g(x)$，且 $p(x)\mid f(x)g(x)$，则 $p(x)\mid f(x)$且 $p(x)\mid g(x)$，其中 $f(x),g(x)\in F[x]$.

15.（南京师范大学，1998） 求以$\sqrt{2}+\sqrt{3}$为根的有理系数不可约多项式 $f(x)$.

16.（南京大学，1997） F 是任意一数域，$f(x)$是 F 上的一元多项式，首项系数为 a，次数为 n，证明 $f'(x)\mid f(x)$当且仅当存在 $b\in F$，使 $f(x)=a(x-b)^n$.

17.（北京大学，2002） 设 $f_n(x)=x^{n+2}-(x+1)^{2n+1}$，证明：对任意的非负整数 n，$(x^2+x+1,f_n(x))=1$.

18.（上海交通大学，2002） $f_1(x)=af(x)+bg(x)$，$g_1(x)=cf(x)+dg(x)$，且 $\begin{vmatrix}a&b\\c&d\end{vmatrix}\neq 0$，证明$(f(x),g(x))=(f_1(x),g_1(x))$.

19.（华东师范大学，1992） $f(x)\in P[x]$，对任意 $a,b\in P$，$f(a+b)=f(a)+f(b)$，证明

$f(x)=kx,k\in P$.

20.（华东师范大学,1993） 设 m,n 是两个正整数,$f(x)=x^{m-1}+x^{m-2}+\cdots+x+1,g(x)=x^{n-1}+x^{n-2}+\cdots+x+1$, 证明$(f(x),g(x))=1$ 当且仅当 $m,n=1$.

21.（华东师范大学,1994） 设 $f(x),g(x)\in Q[x]$,$f(x)$是有理数域 **Q** 上的不可约多项式,α 是复数,使 $f(\alpha)=0,g(\alpha)\neq 0$. 证明存在多项式 $h(x)\in Q[x]$使 $h(\alpha)=\dfrac{1}{g(\alpha)}$.

22.（华东师范大学,1996） 已知 $f(x),g(x)$是数域 P 上的两个一元多项式,k 是给定的正整数,求证:若 $f^k(x)\mid g^k(x)$,则 $f(x)\mid g(x)$.

23.（华东师范大学,1997 ） 证明:一个非零复数 α 是某一有理系数非零多项式的根的充分必要条件是存在有理系数多项式 $f(x)$,使$\dfrac{1}{\alpha}=f(\alpha)$.

24.（华东师范大学,1998） $f(x)=x^3+ax^2+bx+c$ 是整系数多项式,证明:若 $ac+bc$ 为奇数,则 $f(x)$在有理数域上不可约.

25.（浙江大学,2002） 设两个多项式 $f(x)$和 $g(x)$不全为零,求证:对于任意的正整 n,有$(f(x),g(x))^n=(f^n(x),g^n(x))$.

26.（中山大学,2007） 试求一个 9 次多项式 $f(x)$,使得 $f(x)+1$ 能被$(x-1)^5$ 整除,而且能被$(x+1)^5$ 整除.

27.（南京理工大学,2006） 判断对错:设 F 是一个数域,$a\in F,f(x)\in F[x]$,如果 a 是 $f(x)$的一阶导数 $f'(x)$的一个二重根,那么 a 是 $f(x)$的 3 重根.

28.（三峡大学,2008） 若$(f(x),g(x))=1$, 且$(f(x),h(x))=1$,证明:$(f(x),g(x)h(x))=1$.

29.（三峡大学,2009） 若 $f(x)\in P[x]$,$f(x)=f(-x)$,如果 $x-1\mid f(x)$,证明$x^2-1\mid f(x)$.

30.（陕西师范大学,2007） 证明:如果$(x^2+x+1)\mid f_1(x^3)+xf_2(x^3)$,那么$(x-1)\mid f_1(x)$, $(x-1)\mid f_2(x)$.

31.（哈尔滨工业大学,2009） 设 P 是一个数域,$f(x),g(x)\in P[x]$,证明:若$(f(x),g(x))=1$,则$(f(x)g(x),f(x)+g(x))=1$.

32.（三峡大学,2010） 如果 $f(x),g(x)$不全为零,证明:$\left(\dfrac{f(x)}{(f(x),g(x))},\dfrac{g(x)}{(f(x),g(x))}\right)=1$.

33.（华中师范大学,2011） 设多项式$(f(x),g(x))=1$,并设多项式 $f^2(x)+g^2(x)$有重根,证明:$f^2(x)+g^2(x)$的重根是 $f'^2(x)+g'^2(x)$的根.

34.（中山大学,2015） 已知多项式 $f(x)=x^4+2x^3-x^2-4x-2,g(x)=x^4+x^3-x^2-2x-2$.(1) 求 $f(x)$的所有有理根及重数;(2) 求$(f(x),g(x))$.

35.（厦门大学,2014） 已知 $f(x)$为 **R** 上的首项系数为 1 的没有实根的多项式,证明存在 **R** 上的多项式 $g(x),h(x)$,使得 $f(x)=g^2(x)+h^2(x)$,其中 $\deg(g(x))>\deg(h(x))$.

36.（陕西师范大学,2014） 已知多项式 $f(x),g(x)\in P[x]$,$\deg(g(x))>1$,证明:在 $P[x]$上存在唯一的多项式序列 $f_0(x),f_1(x),\cdots,f_r(x)$,使得

$$f(x)=f_0(x)+f_1(x)g(x)+f_2(x)g^2(x)+\cdots+f_r(x)g^r(x),$$

其中 $\deg(f_i(x))<\deg(g(x)),i=1,2,\cdots,r$ 或者 $f_i(x)=0$.

37.（东北师范大学,2011） 设多项式 $p(x),q(x),r(x),s(x)$满足

$$p(x^5)+xq(x^5)+x^2r(x^5)=(1+x+x^2+x^3+x^4)s(x),$$

证明 $p(1)=q(1)=r(1)=s(1)=0$.

38.（南京师范大学,2015） 已知 $f(x)=x^3+2x^2-2$,$g(x)=x^2+x-1$,α,β,γ 为 $f(x)$的根,求一整系数的多项式 $h(x)$使得 $g(\alpha)$,$g(\beta)$,$g(\gamma)$为其根.

39.（北京科技大学,2014） 已知 $f(x)=a_nx^n+a_{n-1}x^{n-1}+\cdots+a_1x_1+a_0$ 为整系数多项式,证明:如果 $a_n+a_{n-1}+\cdots+a_1+a_0$ 为奇数,则 $f(x)$即不能由 $x-1$ 整除,也不能被 $x+1$ 整除.

40.（华南师范大学,2012） $f(x)$为有理系数多项式,$a+\sqrt{c}$为 $f(x)$的无理根($a,c\in\mathbf{Q}$,$\sqrt{c}$为无理数),证明 $x^2-2ax+a^2-c\mid f(x)$.

41.（厦门大学,2016） 已知 $f(x)$,$g(x)$为多项式,若对任意实数 a,总有 $f(a)$为实数,问 $f(x)$是否为实系数多项式？若对任意的整数 k,总有 $g(k)$为整数,问 $g(x)$是否为整系数多项式？说明理由.

42.（中国科学院,2017） 证明:实系数多项式 $f(x)$对所有实数 x 均有 $f(x)\geqslant 0$,求证 $f(x)$可以写成两实系数多项式的平方和 $g^2(x)+h^2(x)$.

43.（大连理工大学,2015） 设 $f(x)$,$g(x)$是数域 P 上的多项式,证明:在数域 P 上,若 $f^3(x)\mid g^3(x)$,则 $f(x)\mid g(x)$.

44.（中国科学院,2018） 设 $p(x)$,$q(x)$,$r(x)$都是数域 P 上的正次数的多项式,而且 $p(x)$,$q(x)$互素,且 $\deg(r(x))<\deg(p(x))+\deg(q(x))$. 证明:存在数域 P 上的多项式 $f(x)$,$g(x)$,满足 $\deg(f(x))<\deg(p(x))$,$\deg(g(x))<\deg(q(x))$,使得

$$\frac{r(x)}{p(x)q(x)}=\frac{f(x)}{p(x)}+\frac{g(x)}{q(x)}.$$

45.（浙江大学,2019） 设 $a_1,a_2,\cdots,a_n$ 是互不相同的整数,且 $a_1a_2\cdots a_n+1$ 不是某个整数的平方,证明 $f(x)=(x+a_1)(x+a_2)\cdots(x+a_n)+1$ 不能分解成两个次数不小于 1 的有理系数多项式的平方.

历年考研试题精选参考答案

1. 证明:反证法.假设 $f(x)$有整数根 m,则 $f(x)=(x-m)h(x)$. 由于 $x-m$ 是本原多项式, 所以 $h(x)$是整系数多项式. 设 n_1,n_2,n_3 是 $g(x)$的三个互不相等的整数根, 则 $g(x)=(x-n_1)(x-n_2)(x-n_3)p(x)$,其中 $p(x)$是整系数多项式.

$$g(m)=f(m)+1=1=(m-n_1)(m-n_2)(m-n_3)p(m),$$

于是 $m-n_1,m-n_2,m-n_3,p(m)$只能是 1 或 -1,那么,$m-n_1,m-n_2,m-n_3$ 中至少有两个同为 1 或同为 -1,与 n_1,n_2,n_3 互不相等矛盾,因此 $f(x)$没有整数根.

2. 证明:(1) 容易证明,略.

(2) 考虑集合

$$I_0=\{\partial(u(x)f(x)+v(x)g(x))\mid u(x),v(x)\in F[x],u(x)f(x)+v(x)g(x)\neq 0\},$$

则 I_0 是非负整数的一个子集, 由最小数原理知,I_0 中存在最小数, 即在 I 中存在次数最小的首项系数为 1 的多项式 $d(x)$. 设 $h(x)=u(x)f(x)+v(x)g(x)$是 I 中任意多项式.

设 $h(x)=d(x)q(x)+r(x)$,$r(x)=0$ 或者$\partial(r(x))<\partial(d(x))$.

若$\partial(r(x))<\partial(d(x))$,则 $r(x)=h(x)-d(x)q(x)$. 由(1)知,$r(x)\in I$,矛盾,于是 $r(x)=0$, 所以 $d(x)\mid h(x)$. 显然 $f(x),g(x)\in I$,那么 $d(x)\mid f(x)$,$d(x)\mid g(x)$. 对任意的 $p(x)$

$|f(x),p(x)|g(x)$，由整除的性质可知，$p(x)|u_1(x)f(x)+v_1(x)g(x)$，从而 $p(x)|d(x)$，由最大公因式的定义知 $d(x)=(f(x),g(x))$.

3. 证明：反证法.假设 $f(x)$有整数根 k，则 $f(x)=(x-k)g(x)$. 由于 $x-k$ 是本原多项式，那么 $g(x)$是整系数多项式. $f(m)=(m-k)g(m)$，$f(n)=(n-k)g(n)$，$f(m)$，$f(n)$都是奇数，那么 $m-k$，$n-k$ 都是奇数，从而与 m 是偶数且 n 是奇数矛盾，因此 $f(x)$没有整数根.

【注】 第 1 题、第 3 题都是证明的一个否定的结果，一般情况下，用反证法证明.

4. 解：因为

$$\begin{aligned}f(x)&=x^{n+1}+x^n-2=(x^{n+1}-1)+(x^n-1)\\&=(x-1)(x^n+x^{n-1}+\cdots+1)+(x-1)(x^{n-1}+x^{n-2}+\cdots+1)\\&=(x-1)(x^n+2x^{n-1}+2x^{n-2}+\cdots+2x+2)\\&=(x-1)g(x),\end{aligned}$$

对 $g(x)$，令 $p=2$，用艾森斯坦(Eisenstein)判别法容易证明 $g(x)$在有理数域上不可约，因此 $f(x)$在有理数域上的不可约因式为 $x-1$ 及 $x^n+2x^{n-1}+\cdots+2x+2$.

5. 证明：$x^{n-1}+x^{n-2}+\cdots+x+1|f_1(x^n)+xf_2(x^n)+x^2f_3(x^n)+\cdots+x^{n-2}f_{n-1}(x^n)$，

令 ε 是 n 次本原单位根，那么

$$\begin{cases}f_1(1)+\varepsilon f_2(1)+\varepsilon^2 f_3(1)+\cdots+\varepsilon^{n-2}f_{n-1}(1)=0,\\f_1(1)+\varepsilon^2 f_2(1)+(\varepsilon^2)^2 f_3(1)+\cdots+(\varepsilon^2)^{n-2}f_{n-1}(1)=0,\\\qquad\vdots\\f_1(1)+\varepsilon^{n-1} f_2(1)+(\varepsilon^{n-1})^2 f_3(1)+\cdots+(\varepsilon^{n-1})^{n-2}f_{n-1}(1)=0.\end{cases}$$

以上关于 $f_1(1),f_2(1),\cdots,f_{n-1}(1)$的齐次线性方程组的系数行列式为

$$\begin{vmatrix}1&\varepsilon&\varepsilon^2&\cdots&\varepsilon^{n-2}\\1&\varepsilon^2&(\varepsilon^2)^2&\cdots&(\varepsilon^2)^{n-2}\\\vdots&\vdots&\vdots&&\vdots\\1&\varepsilon^{n-1}&(\varepsilon^{n-1})^2&\cdots&(\varepsilon^{n-1})^{n-2}\end{vmatrix}\neq0,$$

故齐次线性方程组只有零解，于是 $f_1(1)=f_2(1)=\cdots=f_{n-1}(1)=0$，所以

$$x-1|f_i(x),i=1,2,\cdots,n-1.$$

6. 证明：由 $f_1(x),f_2(x)$互素，那么存在 $u_1(x),u_2(x)\in P[x]$，使得 $f_1(x)u_1(x)+f_2(x)u_2(x)=1$，于是

$$f_1(x)u_1(x)g_1(x)+f_2(x)u_2(x)g_1(x)=g_1(x),$$
$$f_1(x)u_1(x)g_2(x)+f_2(x)u_2(x)g_2(x)=g_2(x).$$

令 $g(x)=g_1(x)+g_2(x)-f_1(x)u_1(x)g_1(x)-f_2(x)u_2(x)g_2(x)$，于是

$$\begin{aligned}g(x)-g_1(x)&=f_1(x)u_1(x)g_2(x)+f_2(x)u_2(x)g_2(x)-f_1(x)u_1(x)g_1(x)-f_2(x)u_2(x)g_2(x)\\&=f_1(x)(u_1(x)g_2(x)-u_1(x)g_1(x)),\end{aligned}$$

所以 $f_1(x)|g(x)-g_1(x)$. 同理可证 $f_2(x)|g-g_2(x)$.

7. 证明：反证法. 假设 $p(x)$可约，则存在 $p_1(x),p_2(x)$，且$\partial(p_1(x))<\partial(p(x))$，$\partial(p_2(x))<\partial(p(x))$，使得 $p(x)=p_1(x)p_2(x)$，$p(x)|p_1(x)p_2(x)$而 $p(x)$不能整除 $p_1(x)$，这与已知条件矛盾，所以 $p(x)$是不可约多项式.

8. 证明：$p!f(x)=p!+p!x+3+\cdots+(p-1)px^2+4+\cdots+(p-1)px^3+\cdots+px^{p-1}+x^p$，存在素数 p.

(i) p 不能整除 1；

(ii) $p\mid p,\cdots,3\cdots(p-1)p,p!$；

(iii) p^2 不能整除 $p!$.

由艾森斯坦(Eisenstein)判别法知，$p!f(x)$在有理数域上不可约，故 $f(x)$在有理数域上不可约.

9. 证明：如果 $f(x)$在有理数域上不可约，则结论成立；如果 $f(x)$在有理数域上可约，则 $f(x)$可以写成两个次数比它低的整系数多项式的乘积.

设 $f(x)=f_1(x)f_2(x),\partial(f_1(x))<n,\partial(f_2(x))<n$. 由 $f(a_i)=1,i=1,2,\cdots,n$，则 $f_1(a_i)f_2(a_i)=1$. 又 $f_1(a_i),f_2(a_i)\in\mathbf{Z}$，于是 $f_1(a_i)=f_2(a_i)=1$ 或者 $-1,i=1,2,\cdots,n$，那么 $f_1(x)=f_2(x)$，所以 $f(x)=f_1^2(x)$.

10. 证明：由于$(f_1(x),f_2(x))=1$，那么存在 $u_1(x),u_2(x)\in F[x]$，使得 $f_1(x)u_1(x)+f_2(x)u_2(x)=1$. 于是

$$f_1(x)u_1(x)[r_2(x)-r_1(x)]+f_2(x)u_2(x)[r_2(x)-r_1(x)]=r_2(x)-r_1(x).$$

令 $u_1(x)[r_2(x)-r_1(x)]=q_1(x),u_2(x)[r_1(x)-r_2(x)]=q_2(x)$，则

$$f_1(x)q_1(x)+r_1(x)-f_2(x)q_2(x)+r_2(x).$$

令 $g(x)=f_1(x)q_1(x)+r_1(x)\in F[x]$，那么结论成立.

11. 证明：因为 $p(x)$不可约，所以$(p(x),f(x))=1$ 或者 $p(x)\mid f(x)$.

反证法. 假设$(p(x),f(x))=1$，则存在 $u(x),v(x)\in Q[x]$，使得

$$f(x)u(x)+p(x)v(x)=1.$$

设 α 是 $f(x)$ 与 $p(x)$ 的公共复根，则 $f(\alpha)u(\alpha)+g(\alpha)v(\alpha)=0=1$，显然矛盾，因此$p(x)\mid f(x)$.

12. 证明：由条件可知，$f(x)=(x-a)q(x),q(x)\in P[x]$.

$$f(x)=f(-x)=(-x-a)q(-x)=(x+a)r(x).$$

当 $a=0$ 时，$x\mid f(x)$，$f(x)$的常数项为 0，又 $f(x)=f(-x)$，则 $f(x)$奇次项系数为 0，于是 $x^2\mid f(x)$，当 $a\neq0$ 时，$(x+a,x-a)=1$，于是 $x^2-a^2\mid f(x)$.

13. 证明：反证法. 假设$\sqrt[n]{2}$是 $f(x)$的实根，而$\sqrt[n]{2}$是有理数域上的不可约多项式 x^n-2 的一个根，那么$(x^n-2,f(x))=1$ 或者$x^n-2\mid f(x)$.

如果$(x^n-2,f(x))=1$，那么存在 $u(x),v(x)\in Q[x]$，使$(x^n-2)u(x)+f(x)v(x)=1$. 于是$[(\sqrt[n]{2})^n-2]u(\sqrt[n]{2})+f(\sqrt[n]{2})v(\sqrt[n]{2})=0$，矛盾. 所以 $x^n-2\mid f(x)$，而 $n>m$，显然矛盾. 故$\sqrt[n]{2}$不是 $f(x)$的根.

14. 证明：反证法. 假设 $p(x)\mid f(x)$且 $p(x)\mid g(x)$不成立. 因为 $p(x)$是数域 F 上的不可约多项式，如果$p(x)\mid f(x)g(x)$，那么 $p(x)\mid g(x)$或者 $p(x)\mid f(x)$，因此根据假设，只有两种情形成立：(1) $p(x)\mid f(x)$且 $p(x)$不能整除 $g(x)$；(2) $p(x)$不能整除 $f(x)$且$p(x)\mid g(x)$.

对第一种情况，$p(x)$不能整除 $f(x)+g(x)$，矛盾.

对第二种情况，同样可以推出矛盾，因此假设不成立，故结论成立.

15. 解：因为$[(x-\sqrt{2})-\sqrt{3}][(x-\sqrt{2})+\sqrt{3}]=x^2-2\sqrt{2}x-1$，

$$[(x^2-1)-2\sqrt{2}x][(x^2-1)+2\sqrt{2}x]=x^4-10x^2+1=f(x),$$

由于 $f(\pm1)\neq0$，于是 $f(x)$无有理根，即 $f(x)$不能表示成一个一次与一个三次的有理系数多项式之积.

如果 $f(x)$ 能表示成两个次数都为 2 的有理数多项式之积，$f(x)=f_1(x)f_2(x)$. 此式当然也可以看成是实数域上的分解. 由 $f(x)$ 在实数域上的分解的唯一性知，

$$f_1(x)=x^2-2\sqrt{2}x-1,\quad f_2(x)=x^2+2\sqrt{2}x-1,$$

矛盾，所以 $f(x)$ 在有理数域上的不可约.

16. 证明：如果 $f(x)=a\,(x-b)^n$，显然有 $f'(x)\mid f(x)$.

反之，设 $f(x)=ap_1^{k_1}(x)p_2^{k_2}(x)\cdots p_t^{k_t}(x)$，$k_1+k_2+\cdots+k_t=n$，则

$$f'(x)=cp_1^{k_1-1}(x)p_2^{k_2-1}(x)\cdots p_t^{k_t-1}(x)g(x),$$

其中 $p_i(x)$ 不能整除 $g(x)$，$i=1,2,\cdots,t$，$\partial(f'(x))=n-1$.

因 $f'(x)\mid f(x)$，故可设 $(f(x),f'(x))=df'(x)$，其中 d 是 $f'(x)$ 首项系数的倒数，而

$$h(x)=\frac{f(x)}{(f(x),f'(x))}=ap_1(x)p_2(x)\cdots p_t(x)=\frac{f(x)}{df'(x)}$$

是一次多项式，令 $h(x)=a(x-b)$，于是 $t=1$，$p_1(x)=x-b$. 所以 $f(x)=a\,(x-b)^n$.

17. 证明：因为 x^2+x+1 是有理数域上的不可约多项式，于是 $x^2+x+1\mid f_n(x)$ 或者 $(x_2+x+1,f_n(x))=1$.

反证法. 假设 $x^2+x+1\mid f_n(x)$，令 ε 是三次本原单位根，则 $\varepsilon^3=1$，$\varepsilon^2+\varepsilon+1=0$，且 $f_n(\varepsilon)=0$. 又

$$\begin{aligned}f_n(\varepsilon)&=\varepsilon^{n+2}-(\varepsilon+1)^{2n+1}=\varepsilon^{n+2}-(-\varepsilon^2)^{2n+1}\\&=\varepsilon^{n+2}+\varepsilon^{4n+2}=\varepsilon^{n+2}(1+\varepsilon^{3n})=2\varepsilon^{n+2}\neq 0,\end{aligned}$$

矛盾. 因此，$(x^2+x+1,f(x))=1$.

18. 证明：利用定义证. 设 $d_1(x)=(f_1(x),g_1(x))$，$d(x)=(f(x),g(x))$.

因为
$$f_1(x)=af(x)+bg(x),\tag{1}$$
$$g_1(x)=cf(x)+dg(x),\tag{2}$$

所以 $d(x)\mid f_1(x)$，$d(x)\mid g_1(x)$，那么 $d(x)\mid d_1(x)$. 下面证明 $d_1(x)\mid d(x)$.

式(1)和式(2)可以看成是关于 $f(x)$，$g(x)$ 的线性方程组，解方程组可得

$$g(x)=\frac{1}{ad-bc}(ag_1(x)-cf_1(x)),$$

$$f(x)=\frac{1}{ad-bc}(df_1(x)-bg_1(x)),$$

从而 $d_1(x)\mid f(x)$，$d_1(x)\mid g(x)$，那么 $d_1(x)\mid d(x)$. 因此 $(f(x),g(x))=(f_1(x),g_1(x))$.

19. 证明：由条件可知 $f(0)=f(0+0)=f(0)+f(0)$，从而 $f(0)=0$，$f(x)$ 的常数项为零，因此可设 $f(x)=xg(x)$.

$\forall a\in p$，$f(2a)=2ag(2a)=f(a)+f(a)=2f(a)=2ag(a)$，于是 $g(a)=g(2a)$. 故可知 $g(a)=g(2a)=g(4a)=\cdots$，令 $g(a)=k$，则 $g(x)-k=0$ 有无穷多解，因此 $g(x)-k$ 是零多项式，即 $g(x)=k$，所以 $f(x)=kx$.

20. 证明：题目等价证明 $(x^m-1,x^n-1)=x-1\Leftrightarrow(m,n)=1$. 下面我们证明 $(x^m-1,x^n-1)=x^{(m,n)}-1$（不妨假定 $m\geqslant n$）.

令 $(m,n)=d$，由整数的带余除法，有

$$m=q_1n+r_1,\quad 0\leqslant r_1<n;$$
$$n=q_2r_1+r_2,\quad 0\leqslant r_2<r_1.$$

类似辗转相除法，可得 $r_1=q_3r_2+r_3$，$0\leqslant r_3<r_2$，$\cdots$，$r_{k-1}=q_{k+1}r_k$，可得 $d=(m,n)=r_k$.

$$
\begin{aligned}
(x^m-1,x^n-1)&=((x^{nq_1}-1)x^{r_1}+x^{r_1}-1,x^n-1)\\
&=((x^n-1)g(x)+x^{r_1}-1,x^n-1)\\
&=(x^n-1,x^{r_1}-1).
\end{aligned}
$$

类似地，我们有

$$(x^n-1,x^{r_1}-1)=(x^{r_1}-1,x^{r_2}-1)=\cdots=(x^{r_{k-1}}-1,x^{r_k}-1)=x^d-1=x^{(m,n)}-1,$$

因此结论成立.

21. 证明：由于 $f(x)$在 Q 上不可约，则$(f(x),g(x))=1$ 或者 $f(x)\mid g(x)$. 若后者成立，则 $f(x)$的根都是 $g(x)$的根，与已知矛盾，因而$(f(x),g(x))=1$. 故存在 $u(x),h(x)\in Q[x]$，使得 $f(x)u(x)+g(x)h(x)=1$，那么 $f(\alpha)u(\alpha)+g(\alpha)h(\alpha)=1$.

因此 $h(\alpha)=\dfrac{1}{g(\alpha)}$，从而结论成立.

22. 证明：设 $f(x),g(x)$的标准分解式为

$$f(x)=ap_1^{r_1}(x)p_2^{r_2}(x)\cdots p_t^{r_t}(x),$$
$$g(x)=bp_1^{s_1}(x)p_2^{s_2}(x)\cdots p_t^{s_t}(x),$$

其中 $p_i(x)$是首项系数为 1 的互不相同的不可约多项式，r_i,s_i 是非负整数，$i=1,2,\cdots,t$.

$$f^k(x)=a^kp_1^{kr_1}(x)p_2^{kr_2}(x)\cdots p_t^{kr_t}(x),$$
$$g^k(x)=b^kp_1^{ks_1}(x)p_2^{ks_2}(x)\cdots p_t^{ks_t}(x),$$

由于 $f^k(x)\mid g^k(x)$，所以必有 $kr_i\leqslant ks_i$，$i=1,2,\cdots,t$. 于是 $r_i\leqslant s_i$，$i=1,2,\cdots,t$，因此$f(x)\mid g(x)$.

23. 证明：先证必要性. 设 $g(x)=a_nx^n+a_{n-1}x^{n-1}+\cdots+a_1x+a_0$，$g(\alpha)=0$，则

$$g(\alpha)=a_n\alpha^n+a_{n-1}\alpha^{n-1}+\cdots+a_1\alpha+a_0=0,$$

从而 $a_n\alpha^n+a_{n-1}\alpha^{n-1}+\cdots+a_1\alpha=-a_0$，若 $a_0\neq0$，则

$$\left(-\frac{a_n}{a_0}\alpha^{n-1}-\cdots-\frac{a_2}{a_0}\alpha-\frac{a_1}{a_0}\right)\alpha=1,$$

令 $f(x)=-\dfrac{a_n}{a_0}x^{n-1}-\cdots-\dfrac{a_2}{a_0}x-\dfrac{a_1}{a_0}$，则$\dfrac{1}{\alpha}=f(\alpha)$.

若 $a_0=0$，设 $g(x)$的系数 $a_0,a_1,\cdots,a_n$ 中第一个不为零的是 a_k，则

$$g(x)=a_nx^n+a_{n-1}x^{n-1}+\cdots+a_kx^k,$$
$$g(\alpha)=a_n\alpha^n+a_{n-1}\alpha^{n-1}+\cdots+a_{k+1}\alpha^{k+1}+a_k\alpha^k=0.$$

于是

$$\alpha^k(a_n\alpha^{n-k}+a_{n-1}\alpha^{n-k-1}+\cdots+a_{k+1}\alpha+a_k)=0,\quad \alpha\neq0,$$

从而 $a_n\alpha^{n-k}+a_{n-1}\alpha^{n-k-1}+\cdots+a_{k+1}\alpha+a_k=0$.

设 $f(x)=-\dfrac{1}{a_k}(a_nx^{n-k-1}+a_{n-1}x^{n-k-2}+\cdots+a_{k+1})$，则$\dfrac{1}{\alpha}=f(\alpha)$.

再证充分性. 如果 $f(x)\in Q[x]$，使$\dfrac{1}{\alpha}=f(\alpha)$，那么有 $\alpha f(\alpha)-1=0$. 令 $g(x)=xf(x)-1$，显然 $g(x)$是非零的有理系数多项式，使 $g(\alpha)=\alpha f(\alpha)-1=0$.

24. 证明：反证法. 假设 $f(x)$在有理数域上可约，则 $f(x)$可以表示成两个次数都比 3 低的整系数多项式的积. 因为$\partial(f(x))=3$，所以 $f(x)$必有整数根 α，且 $\alpha\mid c$，

$$f(\alpha)=\alpha^3+a\alpha^2+b\alpha+c=0.$$

由于$(a+b)c$ 是奇数，那么 $a+b,c$ 都是奇数，从而 a,b 为一偶一奇且 α 是奇数，故 α^3+c

是偶数，于是 $a\alpha^2+b\alpha$ 是偶数. 而由于 a,b 一奇一偶，α 是奇数，则 $a\alpha^2+b\alpha$ 是奇数，显然前后矛盾，所以 $f(x)$ 在有理数域上不可约.

25. 证法一：利用因式分解的标准形式证明结论. 设 $f(x)$，$g(x)$ 的标准分解式分别为

$$f(x)=ap_1^{r_1}(x)p_2^{r_2}(x)\cdots p_t^{r_t}(x),$$
$$g(x)=bp_1^{s_1}(x)p_2^{s_2}(x)\cdots p_t^{s_t}(x),$$

其中 $p_i(x)$ 是首项系数为 1 的互不相同的不可约多项式，r_i,s_i 是非负整数，令 $k_i=\min(r_i,s_i)$，$i=1,2,\cdots,t$，那么 $(f(x),g(x))=p_1^{k_1}(x)p_2^{k_2}(x)\cdots p_t^{k_t}(x)$. 又因

$$f^n(x)=a^np_1^{nr_1}(x)p_2^{nr_2}(x)\cdots p_t^{nr_t}(x),$$
$$g^n(x)=b^np_1^{ns_1}(x)p_2^{ns_2}(x)\cdots p_t^{ns_t}(x),$$

那么 $nk_i=\min(nr_i,ns_i)\,i=1,2,\cdots,t$. 于是

$$(f^n(x),g^n(x))=p_1^{nk_1}(x)p_2^{nk_2}(x)\cdots p_t^{nk_t}(x)=(p_1^{k_1}(x)p_2^{k_2}(x)\cdots p_t^{k_t}(x))^n=(f(x),g(x))^n.$$

证法二：利用最大公式式互素的性质可证. 设 $(f(x),g(x))=d(x)$，$f(x)=d(x)f_1(x)$，$g(x)=d(x)g_1(x)$，且 $(f_1(x),g_1(x))=1$，则 $(f_1^n(x),g_1^n(x))=1$. 又由于

$$f^n(x)=d^n(x)f_1^n(x),g^n(x)=d^n(x)g_1^n(x),$$

因此 $(f^n(x),g^n(x))=d^n(x)=(f(x),g(x))^n$.

26. 提示：可利用重因式与导数的关系，再利用积分可得

$$f(x)=-\frac{35}{128}x^9+\frac{45}{32}x^7-\frac{189}{64}x^5+\frac{105}{32}x^3-\frac{315}{128}x.$$

27. 答案：错. 举反例，$f'(x)=(x-1)^3$，但 $f(x)=\frac{1}{4}(x-1)^4+1$.

28. 证明：由 $(f(x),g(x))=1$ 及 $(f(x),h(x))=1$ 知，存在多项式 $u_i(x),v_i(x)(i=1,2)$，使

$$u_1(x)f(x)+v_1(x)g(x)=1,\quad u_2(x)f(x)+v_2(x)h(x)=1,$$

上两式相乘得

$$(u_1(x)u_2(x)f(x)+u_1(x)v_2(x)h(x)+u_2(x)v_1(x)g(x))f(x)+(v_1(x)v_2(x))g(x)h(x)=1,$$

所以 $$(f(x),g(x)h(x))=1.$$

29. 证明：由条件 $x-1\mid f(x)$ 得 $f(x)=(x-1)q(x)$，$q(x)\in P[x]$. 又因为

$$f(x)=f(-x)=(-x-1)q(-x)=(x+1)r(x),$$

且 $(x+1,x-1)=1$，于是 $x^2-1\mid f(x)$.

30. 证明：设 $x^2+x+1=0$ 的两个复数根为 α,β，且 $\alpha=\frac{-1+\mathrm{i}\sqrt{3}}{2}$，$\beta=\frac{-1-\mathrm{i}\sqrt{3}}{2}$.

由于 $x^3-1=(x-1)(x^2+x+1)$，所以 $\alpha^3=\beta^3=1$. 又 $x^2+x+1=(x-\alpha)(x-\beta)$，且 $(x-\alpha)(x-\beta)\mid f_1(x^3)+xf_2(x^3)$，因此有 $f_1(\alpha^3)+\alpha f_2(\alpha^3)=0$，$f_1(\beta^3)+\beta f_2(\beta^3)=0$，即

$$f_1(1)+\alpha f_2(1)=0,f_1(1)+\beta f_2(1)=0,$$

可得 $f_1(1)=f_2(1)=0$，从而可证得 $(x-1)\mid f_1(x)$，$(x-1)\mid f_2(x)$ 成立.

31. 证法一：由条件 $(f(x),g(x))=1$ 容易证明

$$(f(x),f(x)+g(x))=1,\quad (g(x),f(x)+g(x))=1,$$

故 $\exists\, u_1(x),v_1(x),u_2(x),v_2(x)$ 使得

$$u_1(x)f(x)+v_1(x)(f(x)+g(x))=1, \tag{1}$$
$$u_2(x)g(x)+v_2(x)(f(x)+g(x))=1. \tag{2}$$

由式(1)×式(2)得

$$u_1(x)u_2(x)f(x)g(x)+[u_1(x)v_2(x)f(x)+v_1(x)u_2(x)g(x)$$
$$+v_1(x)v_2(x)(f(x)+g(x))](f(x)+g(x))=1,$$

故 $(f(x)g(x),f(x)+g(x))=1$.

证法二：反证法. 假设 $(f(x)g(x),f(x)+g(x))=d(x)\neq 1$，则

$$d(x)\mid f(x)g(x),d(x)\mid f(x)+g(x).$$

令 $d(x)=f_1(x)g_1(x)$，其中 $f_1(x)\mid f(x)$，$g_1(x)\mid g(x)$，且 $(f_1(x),g_1(x))=1$，从而

$$f_1(x)\mid f(x)+g(x),\quad g_1(x)\mid f(x)+g(x),\quad 即\ f_1(x)\mid g(x),\ g_1(x)\mid f(x),$$

故
$$f_1(x)g_1(x)\mid f(x),f_1(x)g_1(x)\mid g(x),\quad 即\ d(x)\mid f(x),d(x)\mid g(x).$$

与 $(f(x),g(x))=1$ 矛盾，故假设不成立.

因此，原命题 $(f(x)g(x),f(x)+g(x))=1$ 成立.

32. 证明：存在 $u(x),v(x)$，使 $(f(x),g(x))=u(x)f(x)+v(x)g(x)$.

因为 $f(x),g(x)$ 不全为 0，所以 $(f(x),g(x))\neq 0$. 由消去律可得

$$1=u(x)\frac{f(x)}{(f(x),g(x))}+v(x)\frac{g(x)}{(f(x),g(x))},$$

所以
$$\left(\frac{f(x)}{(f(x),g(x))},\frac{g(x)}{(f(x),g(x))}\right)=1.$$

33. 证明：设 α 是 $h(x)=f^2(x)+g^2(x)$ 的重根，则

$$h(\alpha)=f^2(\alpha)+g^2(\alpha)=0, \tag{1}$$

$$h'(\alpha)=2(f(\alpha)f'(\alpha)+g(\alpha)f'(\alpha))=0. \tag{2}$$

因为 $(f(x),g(x))=1$，所以 $\exists u(x),v(x)$，s. t.，

$$u(x)f(x)+v(x)g(x)=1. \tag{3}$$

所以，由式(1)、式(2)和式(3)知，$f(\alpha),g(\alpha)$ 是虚数，否则矛盾.

反证法. 若 $f(\alpha),g(\alpha)$ 中有一个为实数，由式(1)知另一个必然为实数，从而 $f(\alpha)=g(\alpha)=0$，这与式(3)矛盾(将 α 代入式(3)可得 $0=1$，故矛盾).

因此，由式(1)可得

$$f(\alpha)=\mathrm{i}g(\alpha)\neq 0. \tag{4}$$

将式(4)代入式(2)可得

$$f'(\alpha)=-\mathrm{i}g'(\alpha), \tag{5}$$

将式(5)两边平方可得 $f'^2(\alpha)+g'^2(\alpha)=0$，从而结论成立.

34. 解 (1) 由 $f(x)$ 的表达式知 $f(x)$ 的有理根只可能是 $\pm 1,\pm 2$. 经检验 -1 是二重根.

(2) 由辗转相除法可得 $(f(x),g(x))=1$.

35. 证明：因为 $f(x)$ 在 **R** 上无实根，故在 **C** 上的复根与其共轭复根一定是成对出现，因此 $f(x)$ 的次数 n 一定是偶数次，且 $f(0)>0$. 不妨设 $n=2m$，对 m 作数学归纳法：

(1) 当 $m=1$ 时，假设 $f(x)$ 有复根 $a+b\mathrm{i},a-b\mathrm{i}$，则

$$f(x)=(x-a-b\mathrm{i})(x-a+b\mathrm{i})=x^2-2ax+a^2+b^2=(x-a)^2+b^2.$$

取 $g(x)=x-a,h(x)=b$，显然满足题意，结论成立.

(2) 假设当 $m=k$ 时也成立，即存在 $g_1(x),h_1(x)\in R[x]$，使得

$$f_1(x)=g_1^2(x)+h_1^2(x),$$

其中 $\deg(g_1(x))>\deg(h_1(x))$.

(3) 当 $m=k+1$ 时,假设此时 $f(x)$ 有复根 $a+bi,a-bi$,则

$$f(x)=(x-a-bi)(x-a+bi)f_1(x)=[(x-a)^2+b^2]f_1(x),$$

其中 $\deg(f_1(x))=2k$.

利用假设(2)可知,

$$\begin{aligned}f(x)&=[(x-a)^2+b^2][(g_1^2(x)+h_1^2(x)]\\&=(x-a)^2g_1^2(x)+b^2h_1^2(x)+(x-a)^2h_1^2(x)+b^2g_1^2(x)\\&=[(x-a)g_1(x)-bh_1(x)]^2+[(x-a)h_1(x)+bg_1(x)]^2.\end{aligned}$$

取 $g(x)=(x-a)g_1(x)-bh_1(x),\quad h(x)=(x-a)h_1(x)+bg_1(x)$,

显然 $\deg(g(x))>\deg(h(x))$,从而结论成立.

36. 证明:由带余除法定理知:存在唯一 $f_0(x),q(x)$ 使得

$$f(x)=q(x)g(x)+f_0(x), \tag{1}$$

其中 $\deg(f_0(x))<\deg(g(x))$ 或者 $f_0(x)=0$.

(1) 若 $\deg(q(x))<\deg(g(x))$,或者 $q(x)=0$,则取 $f_1(x)=q(x)$,结论成立.

(2) 若 $\deg(q(x))>\deg(g(x))$,则用 $g(x)$ 除 $q(x)$. 由带余除法定理知,存在唯一 $f_1(x)$, $q_1(x)$ 使得

$$q(x)=q_1(x)g(x)+f_1(x), \tag{2}$$

其中 $\deg(f_1(x))<\deg(g(x))$ 或者 $f_1(x)=0$.

将式(2)代入式(1)可得

$$f(x)=(q_1(x)g(x)+f_1(x))g(x)+f_0(x)=f_0(x)+f_1(x)g(x)+q_1(x)g^2(x).$$

同理,若 $\deg(q_1(x))<\deg(g(x))$,或者 $q_1(x)=0$,则取 $f_2(x)=q(x)$,结论成立;否则用带余除法继续上述过程,由于次数有限,所以有限步后,必存在 r,使得

$$f(x)=f_0(x)+f_1(x)g(x)+f_2(x)g^2(x)+\cdots+f_r(x)g^r(x),$$

其中 $\deg(f_i(x))<\deg(g(x)),i=1,2,\cdots,r$ 或者 $f_i(x)=0$,结论成立.

37. 证明:设五次单位根为 ε,因为

$$x^5-1=(x-1)(1+x+x^2+x^3+x^4)=0,$$

故 $\varepsilon^5=1$. 由条件知

$$\begin{cases}p(1)+\varepsilon q(1)+\varepsilon^2 r(1)=0,\\p(1)+\varepsilon^2 q(1)+\varepsilon^4 r(1)=0,\\p(1)+\varepsilon^3 q(1)+\varepsilon r(1)=0.\end{cases}$$

上述方程的系数矩阵的行列式不为零,所以 $p(1)=q(1)=r(1)=0$. 又

$$p(1)+q(1)+r(1)=5s(1)=0\Rightarrow s(1)=0,$$

故结论成立.

38. **解**:显然经验证,$f(x)=x^3+2x^2-2$ 没有有理根,且由韦达定理知,

$$\begin{cases}\alpha+\beta+\gamma=-2,\\\alpha\beta+\beta\gamma+\alpha\gamma=0,\\\alpha\beta\gamma=2.\end{cases}$$

用带余除法可知,$f(x)=(x+1)g(x)-1,\alpha+1,\beta+1,\gamma+1\neq 0$,故

$$f(\alpha)=(\alpha+1)g(\alpha)-1=0,\quad 即\quad g(\alpha)=\frac{1}{\alpha+1}.$$

同理,可得

$$f(\beta)=(\beta+1)g(\beta)-1=0,\quad g(\beta)=\frac{1}{\beta+1};$$

$$f(\gamma)=(\gamma+1)g(\gamma)-1=0,\quad g(\gamma)=\frac{1}{\gamma+1}.$$

令 $h(x)=[(\alpha+1)x-1][(\beta+1)x-1][(\gamma+1)x-1]$，显然它是以 $g(\alpha),g(\beta),g(\gamma)$ 为其根的多项式. 利用韦达定理可得

$$\begin{aligned}h(x)&=[(\alpha+1)x-1][(\beta+1)x-1][(\gamma+1)x-1]\\&=(\alpha+1)(\beta+1)(\gamma+1)x^3-[(\alpha+1)(\beta+1)+(\beta+1)(\gamma+1)+(\alpha+1)(\gamma+1)]x^2\\&\quad+(\alpha+1+\beta+1+\gamma+1)x-1\\&=x^3+x^2+x-1,\end{aligned}$$

故它也是一个满足题意的整系数多项式.

39. 证明：因为 $f(1)=a_n+a_{n-1}+\cdots+a_1+a_0$ 为奇数，故

$$f(1)=a_n+a_{n-1}+\cdots+a_1+a_0\neq 0,$$

因此 $f(x)$ 不能由 $x-1$ 整除.

下面用反证法来证 $f(x)$ 不能被 $x+1$ 整除.

假设 $f(x)$ 能被 $x+1$ 整除，则

$$f(-1)=a_n(-1)^n+a_{n-1}(-1)^{n-1}+\cdots+a_1(-1)+a_0=0.$$

(1) 当 n 为奇数时，$f(1)+f(-1)=2(a_{n-1}+\cdots+a_2+a_0)$ 为偶数，显然与 $f(1)+f(-1)$ = 奇数 + 0(假设所得结论) = 奇数相矛盾，故假设不成立；

(2) 当 n 为偶数时，$f(1)+f(-1)=2(a_n+\cdots+a_1+a_0)$ 为偶数，显然 $f(1)+f(-1)$ = 奇数 + 0(假设所得结论) = 奇数相矛盾，故假设不成立.

综上所述，$f(x)$ 不能被 $x+1$ 整除.

40. 证明：因为 $x^2-2ax+a^2-c=(x-a-\sqrt{c})(x-a+\sqrt{c})$，故 $x^2-2ax+a^2-c$ 在 $\mathbf{Q}$ 上不可约，因此在 $\mathbf{Q}$ 上有 $(x^2-2ax+a^2-c,f(x))=1$ 或者 $x^2-2ax+a^2-c\mid f(x)$.

下面证明 $(x^2-2ax+a^2-c,f(x))=1$ 不成立，用反证法证明.

假设 $(x^2-2ax+a^2-c,f(x))=1$，互素不因数域的扩大而改变，这与已知条件 $a+\sqrt{c}$ 为 $f(x)$ 的无理根相矛盾 $(x-a-\sqrt{c}\mid f(x))$，因此 $x^2-2ax+a^2-c\mid f(x)$.

41. (1) 答：$f(x)$ 必为实系数多项式.

事实上，设 $f(x)=a_0+a_1x+\cdots+a_nx^n$，任取 $n+1$ 个不同的实数 $b_1,b_2,\cdots,b_{n+1}$，都有

$$\begin{aligned}f(b_1)&=a_0+a_1b_1+\cdots+a_nb_1^n=c_1,\quad c_1\in\mathbf{R},\\f(b_2)&=a_0+a_1b_2+\cdots+a_nb_2^n=c_2,\quad c_2\in\mathbf{R},\\&\vdots\\f(b_{n+1})&=a_0+a_1b_{n+1}+\cdots+a_nb_{n+1}^n=c_{n+1},\quad c_{n+1}\in\mathbf{R}.\end{aligned}$$

这样得到一个关于 $a_0,a_1,a_2,\cdots,a_n$ 的一个线性方程组，显然其范德蒙行列式不为 0，可得其唯一解为实数解，从而 $f(x)$ 必为实系数多项式.

(2) 答：$g(x)$ 不一定是整数多项式.

例如，$g(x)=1+\frac{1}{2}x+\frac{3}{2}x^2$ 不是整系数多项式，但是任取整数 k，都有

$$g(k)=1+\frac{1}{2}k+\frac{3}{2}k^2\in\mathbf{Z}.$$

事实上，当 $k=2m, m\in \mathbf{Z}$ 时，

$$g(2m)=1+\frac{1}{2}\times 2m+\frac{3}{2}\times 4m^2=1+m+6m^2\in \mathbf{Z};$$

当 $k=2m+1$ 时，

$$g(2m+1)=1+\frac{1}{2}(2m+1)+\frac{3}{2}(4m^2+4m+1)=3+7m+6m^2\in \mathbf{Z},$$

故此时总有 $g(k)=1+\frac{1}{2}k+\frac{3}{2}k^2\in \mathbf{Z}$.

42. 证明:设 $f(x)$ 的标准分解式为

$$f(x)=c(x-a_1)^{l_1}\cdots(x-a_r)^{l_r}(x^2+b_1x+c_1)^{k_1}\cdots(x^2+b_sx+c_s)^{k_s},$$

其中 $l_i, k_j\in \mathbf{Z}^+; i=1,2,\cdots,r; j=1,2,\cdots,s$.

上式中的一次、二次多项式互异，$\Delta_i=b_i^2-4c_i<0, i=1,2,\cdots,s$.

由条件取 x 足够大时 $f(x)>0$，容易知道 $c>0$.

首先证明所有的 l_i 为偶数，用反证法. 假设存在某个奇数 l_i，不妨设 l_1 为奇数，则可令

$$f(x)=(x-a_1)^{l_1}p(x).$$

因为 $p(a_1)\neq 0$，则 $p(a_1)>0$ 或者 $p(a_1)<0$.

若 $p(a_1)>0$，取 $b<a_1$，则

$$f(b)=(b-a_1)^{l_1}p(b)>0\Rightarrow p(b)<0.$$

因为 $p(x)$ 为连续函数，故存在 $\xi\in(b,a_1)$，使得 $p(\xi)=0$. 设 $\xi_0=\max\{\xi \mid p(\xi)=0, \xi\in(b,a_1)\}$，则 $\forall d\in(\xi_0,a_1)$，有 $p(d)>0$，但是 $f(d)=(d-a_1)^{l_1}p(d)<0$，与已知矛盾.

同理，可知 $p(a_1)<0$，取 $a>a_1$，则

$$f(a)=(a-a_1)^{l_1}p(a)>0\Rightarrow p(a)>0.$$

因为 $p(x)$ 为连续函数，故存在 $\xi\in(a_1,a)$，使得 $p(\xi)=0$. 设 $\xi_0=\min\{\xi \mid p(\xi)=0, \xi\in(a_1,a)\}$，则 $\forall d\in(a_1,\xi_0)$，则 $p(d)<0$，但是 $f(d)=(d-a_1)^{l_1}p(d)<0$，与已知矛盾，因此所有的 l_i 为偶数.

设 $t(x)=(x^2+b_1x+c_1)^{k_1}\cdots(x^2+b_sx+c_s)^{k_s}, k_j\in \mathbf{Z}^+, j=1,2,\cdots,s$.

下面证明 $t(x)$ 可以表示为两个实系数多项式平方之和.

$$\because\ x^2+b_jx+c_j=\left(x+\frac{b_j}{2}\right)^2+\left(\frac{\sqrt{-\Delta_j}}{2}\right)^2,$$

$$\therefore\ (x^2+b_ix+c_i)(x^2+b_jx+c_j)=\left[\left(x+\frac{b_i}{2}\right)^2+\left(\frac{\sqrt{-\Delta_i}}{2}\right)^2\right]\left[\left(x+\frac{b_j}{2}\right)^2+\left(\frac{\sqrt{-\Delta_j}}{2}\right)^2\right]$$

$$=\left[\left(x+\frac{b_i}{2}\right)\left(x+\frac{b_j}{2}\right)+\frac{\sqrt{\Delta_i\Delta_j}}{4}\right]^2+\left[\left(x+\frac{b_i}{2}\right)\frac{\sqrt{-\Delta_j}}{2}-\left(x+\frac{b_j}{2}\right)\frac{\sqrt{-\Delta_i}}{2}\right]^2.$$

结合数学归纳法可知结论成立. 不妨设 $t(x)=g_1^2(x)+h_1^2(x)$，$g_1(x), h_1(x)$ 为实系数多项式.

再设 $l_i=2m_i, m_i\in \mathbf{Z}^+, i=1,2,\cdots,r$，因此

$$\begin{aligned}f(x)&=c(x-a_1)^{2m_1}\cdots(x-a_r)^{2m_r}t(x)\\&=c(x-a_1)^{2m_1}\cdots(x-a_r)^{2m_r}(g_1^2(x)+h_1^2(x)).\end{aligned}$$

取 $g(x)=\sqrt{c}(x-a_1)^{m_1}\cdots(x-a_r)^{m_r}g_1(x)$，$h(x)=\sqrt{c}(x-a_1)^{m_1}\cdots(x-a_r)^{m_r}h_1(x)$，则

$$f(x)=g^2(x)+h^2(x),$$

命题得证.

43. 证明:设 $f(x)$,$g(x)$在数域 P 上的因式分解为

$$f(x)=c_1p_1^{r_1}(x)p_2^{r_2}(x)\cdots p_k^{r_k}(x),$$

$$g(x)=c_2p_1^{l_1}(x)p_2^{l_2}(x)\cdots p_k^{l_k}(x),$$

其中 $p_i(x)(i=1,2,\cdots,k)$为数域 P 上互素的不可约因式,r_i,l_i 为非负整数,则

$$f^3(x)=c_1^3p_1^{3r_1}(x)p_2^{3r_2}(x)\cdots p_k^{3r_k}(x),$$

$$g^3(x)=c_2^3p_1^{3l_1}(x)p_2^{3l_2}(x)\cdots p_k^{3l_k}(x).$$

假设 $f(x)\nmid g(x)$,则必存在 j,s. t. $r_j>l_j\ (1\leqslant j\leqslant k)$,则 $f^3(x)\nmid g^3(x)$,矛盾,故$f(x)|g(x)$.

44. 证明:因为 $p(x)$,$q(x)$互素,所以存在数域 P 上的多项式 $u(x)$,$v(x)$使得

$$u(x)p(x)+v(x)q(x)=1.$$

上式两端同乘以 $r(x)$得

$$r(x)u(x)p(x)+r(x)v(x)q(x)=r(x).$$

令 $g_1(x)=u(x)r(x)$,$f_1(x)=v(x)r(x)$,分别用 $p(x)$,$q(x)$去除 $f_1(x)$,$g_1(x)$可得

$$f_1(x)=p(x)Q_1(x)+f(x),\quad g_1(x)=q(x)Q_2(x)+g(x),$$

其中 $\deg(f(x))<\deg(p(x))$,$\deg(g(x))<\deg(q(x))$.

因此,
$$\begin{aligned}&r(x)u(x)p(x)+r(x)v(x)q(x)=g_1(x)p(x)+f_1(x)q(x)=r(x)\\&\Rightarrow(p(x)Q_1(x)+f(x))q(x)+(q(x)Q_2(x)+g(x))p(x)=r(x)\\&\Rightarrow(p(x)q(x)Q_1(x)+p(x)q(x)Q_2(x))+(f(x)q(x)+g(x)p(x))=r(x).\end{aligned}$$

因为 $\deg(r(x))<\deg(p(x))+\deg(q(x))$,比较两端次数,所以上式的第一项必为零,即

$$p(x)q(x)Q_1(x)+p(x)q(x)Q_2(x)=0,$$

则 $f(x)q(x)+g(x)p(x)=r(x)$,等式两边同除以 $p(x)q(x)$得

$$\frac{r(x)}{p(x)q(x)}=\frac{f(x)}{p(x)}+\frac{g(x)}{q(x)}.$$

45. 证明:反证法. 假设 $f(x)$在有理数域上可约,则 $f(x)$可以写成两个次数比它低的整系数多项式的乘积.

设 $f(x)=f_1(x)f_2(x)$,$1\leqslant\partial(f_1(x))<n$,$1\leqslant\partial(f_2(x))<n$.

由 $f(-a_i)=1(i=1,2,\cdots,n)$,则 $f_1(-a_i)f_2(-a_i)=1$.

又 $f_1(-a_i)$,$f_2(-a_i)\in\mathbf{Z}$,于是 $f_1(-a_i)=f_2(-a_i)=1$ 或者 $-1(i=1,2,\cdots,n)$,那么 $f_1(x)=f_2(x)$,所以 $f(x)=f_1^2(x)$,从而 $f(0)=f_1^2(0)=a_1a_2\cdots a_n+1$,与已知矛盾,故 $f(x)$在有理数域上不可约,即结论成立.

第2讲 行 列 式

2.1 定义、性质及计算

一、概述

行列式的定义，西方数学史认为是由著名的德国数学家Leibniz在1693年提出的，而日本数学史认为是在1683年由日本数学家关孝和在受中国古代数学《九章算术》中方程术的启发下提出的.世界数学史界普遍认为是1812年由法国著名数学家Cauchy首先使用的，而行列式的符号的两条竖线是在1841年由近代英国数学家Cayley给出的，该符号被国际数学界认定为行列式的使用符号.

二、难点及相关实例

1. 行列式的第一种定义的理解：n阶行列式的通项$(-1)^{\tau(j_1j_2\cdots j_n)}a_{1j_1}a_{2j_2}\cdots a_{nj_n}$中的$a_{ij_i}$是取自行列式的第$i$行第$j_i$列，即通项表明行指标是自然排列，其符号由其列指标的逆序数的奇偶性来决定.

2. 本章的核心内容是行列式的计算，当行列式比较简单时，例如行列式中零元素较多时可以利用定义来计算；当行列式较为复杂时可通过行列式的特点及性质来简化行列式的计算.

例1 利用定义计算n阶行列式

$$D_n=\begin{vmatrix} n & 0 & \cdots & 0 & 0 & 0 \\ 0 & 0 & \cdots & 0 & 0 & 1 \\ 0 & 0 & \cdots & 0 & 2 & 0 \\ \vdots & \vdots & & \vdots & \vdots & \vdots \\ 0 & n-1 & \cdots & 0 & 0 & 0 \end{vmatrix}.$$

解 由定义知，行列式的通项为$(-1)^{\tau(j_1j_2\cdots j_n)}a_{1j_1}a_{2j_2}\cdots a_{nj_n}$.现只考虑通项不为零的项，显然当且仅当$j_1=1,j_2=n,j_3=n-1,\cdots,j_k=n-k+2,\cdots,j_n=2$时展开式中的通项才不为零.因此，

$$D_n=\begin{vmatrix} n & 0 & \cdots & 0 & 0 & 0 \\ 0 & 0 & \cdots & 0 & 0 & 1 \\ 0 & 0 & \cdots & 0 & 2 & 0 \\ \vdots & \vdots & & \vdots & \vdots & \vdots \\ 0 & n-1 & \cdots & 0 & 0 & 0 \end{vmatrix}=\sum_{j_1j_2\cdots j_n}(-1)^{\tau(j_1j_2\cdots j_n)}a_{1j_1}a_{2j_2}\cdots a_{nj_n}$$

$$=(-1)^{\tau(1n(n-1)\cdots 2)}n!=(-1)^{\frac{(n-1)(n-2)}{2}}n!.$$

例 2 计算 n 阶行列式

$$D_n=\begin{vmatrix} a & b & b & \cdots & b \\ b & a & b & \cdots & b \\ b & b & a & \cdots & b \\ \vdots & \vdots & \vdots & & \vdots \\ b & b & b & \cdots & a \end{vmatrix}.$$

解
$$D_n=\begin{vmatrix} a & b & b & \cdots & b \\ b & a & b & \cdots & b \\ b & b & a & \cdots & b \\ \vdots & \vdots & \vdots & & \vdots \\ b & b & b & \cdots & a \end{vmatrix}=\begin{vmatrix} a+(n-1)b & b & b & \cdots & b \\ a+(n-1)b & a & b & \cdots & b \\ a+(n-1)b & b & a & \cdots & b \\ \vdots & \vdots & \vdots & & \vdots \\ a+(n-1)b & b & b & \cdots & a \end{vmatrix}$$

$$=[a+(n-1)b]\begin{vmatrix} 1 & b & b & \cdots & b \\ 1 & a & b & \cdots & b \\ 1 & b & a & \cdots & b \\ \vdots & \vdots & \vdots & & \vdots \\ 1 & b & b & \cdots & a \end{vmatrix}=[a+(n-1)b]\begin{vmatrix} 1 & b & b & \cdots & b \\ 0 & a-b & 0 & \cdots & 0 \\ 0 & 0 & a-b & \cdots & 0 \\ \vdots & \vdots & \vdots & & \vdots \\ 0 & 0 & 0 & \cdots & a-b \end{vmatrix}$$

$$=[a+(n-1)b](a-b)^{n-1}.$$

三、同步练习

1. 利用定义计算 n 级行列式 $D_n=\begin{vmatrix} 0 & 1 & 0 & \cdots & 0 & 0 \\ 0 & 0 & 2 & \cdots & 0 & 0 \\ \vdots & \vdots & \vdots & & \vdots & \vdots \\ 0 & 0 & 0 & \cdots & 0 & n-1 \\ n & 0 & 0 & \cdots & 0 & 0 \end{vmatrix}$.

解略. $D_n=(-1)^{\tau(234\cdots n1)}n!\ =(-1)^{n-1}n!$.

2. 计算 n 级行列式 $D_n=\begin{vmatrix} b_1 & b_2 & b_3 & \cdots & b_n \\ a_1 & 1 & 0 & \cdots & 0 \\ a_2 & 0 & 1 & \cdots & 0 \\ \vdots & \vdots & \vdots & & \vdots \\ a_{n-1} & 0 & 0 & \cdots & 1 \end{vmatrix}$.

【提示】 利用行列式的对角元素的特点，将第 1 列元素消去，从而化为简单的上三角行列式来计算可得 $D_n=b_1-\sum_{i=1}^{n-1}a_ib_{i+1}$.

2.2 行列式的按一行(列)定理及拉普拉斯定理

一、概述

行列式的计算是该章的核心，对于一般的行列式利用定义计算显然计算量较大，应用行列式的性质可以大大简化行列式的计算. 利用行列式的按任意一行(列)展开及拉普拉斯定理降阶对简化行列式的计算具有很重要的作用.

二、难点及相关实例

当行列式中某一行(列)或多行(列)中的零较多时，可利用行列式的按任意一行(列)展开及拉普拉斯定理进行降阶计算.

例 1 计算 n 阶行列式 $D_n=\begin{vmatrix}0&0&\cdots&0&0&n\\1&0&\cdots&0&0&0\\0&2&\cdots&0&0&0\\\vdots&\vdots&&\vdots&\vdots&\vdots\\0&0&\cdots&0&n-1&0\end{vmatrix}$.

解 行列式的第 1 行只有一个非零数，可按第 1 行展开：

$$D_n=\begin{vmatrix}0&0&\cdots&0&0&n\\1&0&\cdots&0&0&0\\0&2&\cdots&0&0&0\\\vdots&\vdots&&\vdots&\vdots&\vdots\\0&0&\cdots&0&n-1&0\end{vmatrix}=(-1)^{n+1}n\begin{vmatrix}1&0&\cdots&0&0&0\\0&2&\cdots&0&0&0\\0&0&\cdots&0&0&0\\\vdots&\vdots&&\vdots&\vdots&\vdots\\0&0&\cdots&0&0&n-1\end{vmatrix}$$

$$=(-1)^{n+1}n!.$$

例 2 计算行列式 $D_4=\begin{vmatrix}a&0&b&0\\0&e&0&f\\c&0&d&0\\0&g&0&h\end{vmatrix}$.

解 观察到第 1 行及第 3 行和第 1 列及第 3 列的零的特点，按第 1 行及第 3 行展开(拉普拉斯定理)可得

$$D_4=\begin{vmatrix}a&0&b&0\\0&e&0&f\\c&0&d&0\\0&g&0&h\end{vmatrix}=\begin{vmatrix}a&b\\c&d\end{vmatrix}\begin{vmatrix}e&f\\g&h\end{vmatrix}=(ad-bc)(eh-fg).$$

三、同步练习

1. 计算行列式 $D_4=\begin{vmatrix}5&-2&0&3\\2&1&0&0\\56&-78&3&12\\-2&3&0&4\end{vmatrix}$.

解略. $D_4=180$.

2. 计算 n 阶行列式 $D_6=\begin{vmatrix}1&1&0&0&2&0\\1&1&0&0&3&0\\c&d&1&1&g&2\\1&2&0&0&3&0\\b&e&1&1&3&3\\1&2&1&2&a&3\end{vmatrix}$.

【提示】 利用拉普拉斯定理来计算. $D_6=\begin{vmatrix}1&1&2\\1&1&3\\1&2&3\end{vmatrix}\begin{vmatrix}1&1&2\\1&1&3\\1&2&3\end{vmatrix}=1.$

2.3 克拉默法则

一、概述

克拉默(Cramer)法则是解决一类线性方程组中方程个数与未知数个数相同且方程组的系数行列式不为零的解的存在性及唯一性定理. 由于用克拉默法则解线性方程组时需转化为求多个行列式,其计算量较大,故利用其作为解线性方程组的方法和意义不大,但其理论意义非常大.

二、难点及相关实例

利用克拉默法则解决其他问题的存在唯一性.

例 已知 $a_i(i=1,2,\cdots,n)$是数域 P 中互不相等的数, $b_i(i=1,2,\cdots,n)$是数域 P 中给定的一组数. 证明: 在数域 P 上存在唯一不超过 $n-1$ 次的多项式 $f(x)=d_0+d_1x+\cdots+d_{n-1}x^{n-1}$使得 $f(a_i)=b_i,i=1,2,\cdots,n$.

证 由条件 $f(a_i)=b_i$ 可得关于 $d_0,d_1,\cdots,d_{n-1}$的线性方程组

$$d_0+d_1a_i+\cdots+d_{n-1}a_i^{n-1}=b_i(i=1,2,\cdots,n).$$

上述线性方程组的系数行列式为范德蒙行列式

$$D=\begin{vmatrix}1&a_1&a_1^2&\cdots&a_1^{n-1}\\1&a_2&a_2^2&\cdots&a_2^{n-1}\\1&a_3&a_3^2&\cdots&a_3^{n-1}\\\vdots&\vdots&\vdots&&\vdots\\1&a_n&a_n^2&\cdots&a_n^{n-1}\end{vmatrix}.$$

因为 $a_i(i=1,2,\cdots,n)$互不相同,所以 $D\neq0$, 因此由克拉默法则知,$d_0,d_1,\cdots,d_{n-1}$被唯一确定,命题成立.

三、同步练习

解线性方程组$\begin{cases}x_1+x_2+x_3=1,\\ax_1+bx_2+cx_3=k,\\a^2x_1+b^2x_2+c^2x_3=k^2,\end{cases}$ 其中 a,b,c,k 为互不相同的数.

【提示】 利用克拉默法则及范德蒙行列式求解.

考测中涉及的相关知识点联系示意图

行列式是高等代数的线性代数部分的基础内容,行列式的性质及计算是考研中的一个必

考内容. 下图列出了考测中应掌握的基本概念及知识点.

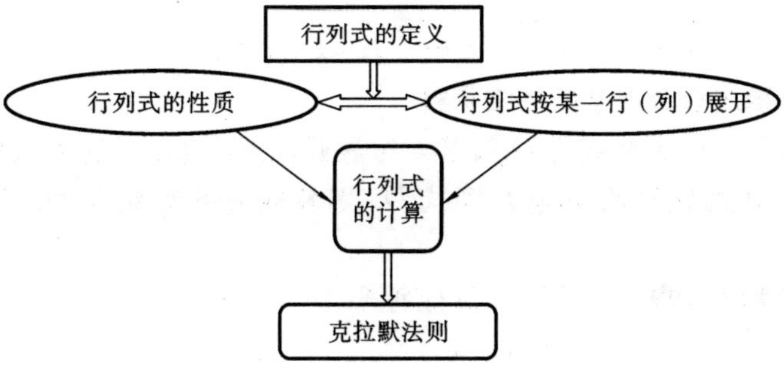

综合例题讲解

行列式在线性代数和高等代数中具有工具性的作用,本讲中考测的重点是行列式的计算.

行列式的计算，关键是观察、分析行列式的特点，探索、寻找最佳的解题思路. 下面介绍几种常见的行列式计算方法.

1. 化三角形法

利用行列式的性质(互换两行(列)的位置、某行(列)非零常数倍、某行(列)倍数加到另一行(列))，将行列式化成上(下)三角行列式，它是计算行列式的最基本的方法.

例 1(华中师范大学,1998) 计算行列式

$$D_n=\begin{vmatrix} a_0 & -1 & 0 & \cdots & 0 & 0 \\ a_1 & x & -1 & \cdots & 0 & 0 \\ a_2 & 0 & x & \cdots & 0 & 0 \\ \vdots & \vdots & \vdots & & \vdots & \vdots \\ a_{n-2} & 0 & 0 & \cdots & x & -1 \\ a_{n-1} & 0 & 0 & \cdots & 0 & x \end{vmatrix}.$$

【分析】 利用该行列式中的-1的位置特点,合理应用行列式性质可将其化为下三角行列式来计算.

解 (1) 若 $x=0$,则将第 i 列乘以 $a_{i-2}(i=2,3,\cdots,n)$加到第 1 列,再按第 n 行第 1 列展开,可得 $D_n=a_{n-1}$.

(2) 若 $x\neq 0$,则从第 n 行起,每一行都乘以$\frac{1}{x}$加到上一行,得

$$D_n=\begin{vmatrix} a_0+\frac{a_1}{x}+\frac{a_2}{x^2}+\cdots+\frac{a_{n-1}}{x^{n-1}} & 0 & 0 & \cdots & 0 & 0 \\ a_1+\frac{a_2}{x}+\frac{a_3}{x^2}+\cdots+\frac{a_{n-1}}{x^{n-2}} & x & 0 & \cdots & 0 & 0 \\ a_2+\frac{a_3}{x}+\frac{a_4}{x^2}+\cdots+\frac{a_{n-1}}{x^{n-3}} & 0 & x & \cdots & 0 & 0 \\ \vdots & \vdots & \vdots & & \vdots & \vdots \\ a_{n-2}+\frac{a_{n-1}}{x} & 0 & 0 & \cdots & x & 0 \\ a_{n-1} & 0 & 0 & \cdots & 0 & x \end{vmatrix}$$

$$=\left(a_0+\frac{a_1}{x}+\frac{a_2}{x^2}+\cdots+\frac{a_{n-1}}{x^{n-1}}\right)x^{n-1}$$
$$=a_0x^{n-1}+a_1x^{n-2}+\cdots+a_{n-2}x+a_{n-1}.$$

2. 降阶法和递推法结合数学归纳法求解

将行列式 D 按某一行展开或将 D 按某 k 行展开，将较高阶的行列式化成较低阶的行列式计算；或利用行列式的性质将 n 阶行列式 D_n 用较低阶的形状与 D_n 完全一样的行列式 D_{n-1}、D_{n-2} 来表示.

例 2（华东师范大学，1995） 计算 n 阶行列式

$$D_n=\begin{vmatrix} 0 & 1 & & & & \\ 1 & 0 & 1 & & & \\ & 1 & 0 & \ddots & & \\ & & \ddots & \ddots & \ddots & \\ & & & \ddots & 0 & 1 \\ & & & & 1 & 0 \end{vmatrix}$$

【分析】 上述行列式具有三对角线行列式的相似结构的特点，一般采用降阶方法导出递推式，从而可利用数列的方法求出原行列式的值.

解 将 D_n 先按第 1 行展开，然后按第 1 列展开，有 $D_n=-D_{n-2}$，所以

$$D_n=-D_{n-2}=-(-D_{n-4})=D_{n-4}=-D_{n-6}=\cdots=(-1)^kD_{n-2k}.$$

当 n 为奇数时，令 $n=2m+1$，则

$$D_{2m+1}=(-1)^mD_{n-2m}=(-1)^mD_1=0.$$

当 n 为偶数时，令 $n=2m$，则

$$D_{2m}=(-1)^{\frac{n-2}{2}}D_{n-(n-2)}=(-1)^{m-1}D_2=(-1)^{m-1}(-1)=(-1)^m$$
$$=\begin{cases}1, & m=2t,\\ -1, & m=2t+1,\end{cases}\quad t=1,2,\cdots.$$

例 3（华东师范大学，1996） 计算 n 阶行列式

$$D_n=\begin{vmatrix} 1+x & y & 0 & \cdots & 0 & 0 \\ z & 1+x & y & \cdots & 0 & 0 \\ 0 & z & 1+x & \cdots & 0 & 0 \\ \vdots & \vdots & \vdots & & \vdots & \vdots \\ 0 & 0 & 0 & \cdots & 1+x & y \\ 0 & 0 & 0 & \cdots & z & 1+x \end{vmatrix}，其中\ x=yz.$$

【分析】 根据该行列式的特点，可采用多种方法求解，注意每种解法的特点.

解　方法一 数学归纳法.

$$D_1=1+x,\quad D_2=(1+x)^2-yz=1+x+x^2,\quad D_3=1+x+x^2+x^3.$$

猜想 $D_n=1+x+x^2+\cdots+x^n$.

用数学归纳法证明. 当 $n=1$ 时，$D_1=1+x$，结论成立.

假定小于 n 时结论成立，将 D_n 按第 1 行展开：

$$D_n=(1+x)D_{n-1}-yzD_{n-2}=(1+x)(1+x+x^2+\cdots+x^{n-1})-x(1+x+x^2+\cdots+x^{n-2})$$
$$=1+x+x^2+\cdots+x^n,$$

所以结论成立.

方法二　递推法.

$$D_n=(1+x)D_{n-1}-yzD_{n-2}=(1+x)D_{n-1}-xD_{n-2},$$

于是

$$\begin{aligned}D_n-D_{n-1}&=x(D_{n-1}-D_{n-2})=x^2(D_{n-2}-D_{n-3})\\&=x^3(D_{n-3}-D_{n-4})=\cdots=x^{n-2}(D_2-D_1)=x^n.\end{aligned}$$

以上等式对所有 $n>1$ 都成立，那么有

$$D_n-D_{n-1}=x^n,\quad D_{n-1}-D_{n-2}=x^{n-1},\quad \cdots,\quad D_3-D_2=x^3,\quad D_2-D_1=x^2.$$

将以上 $n-1$ 个等式相加，有 $D_n-D_1=x^n+x^{n-1}+\cdots+x^3+x^2$，所以

$$D_n=1+x+x^2+\cdots+x^n.$$

方法三　拆项法——将行列式 D 的某一行都写成两个元素和的形式，将 D 表示成两个行列式的和.

将 D_n 的第 1 列都写成两个数的和的形式：$1+x,z+0,\cdots,0+0$，那么

$$D_n=\begin{vmatrix}1&y&0&\cdots&0&0\\z&1+x&y&\cdots&0&0\\0&z&1+x&\cdots&0&0\\\vdots&\vdots&\vdots&&\vdots&\vdots\\0&0&0&\cdots&1+x&y\\0&0&0&\cdots&z&1+x\end{vmatrix}+xD_{n-1}.$$

将以上行列式的第 1 列的 $-y$ 倍加到第 2 列，第 2 列的 $-y$ 倍加到第 3 列，…，第 $n-1$ 列的 $-y$ 倍加到第 n 列，那么

$$\begin{aligned}D_n&=1+xD_{n-1}=1+x(1+xD_{n-2})=1+x+x^2D_{n-2}\\&=1+x+x^2(1+xD_{n-3})=1+x+x^2+x^3D_{n-3}=\cdots\\&=1+x+x^2+\cdots+x^{n-1}D_1=1+x+x^2+\cdots+x^n.\end{aligned}$$

3. 特殊结构的行列式的计算——爪形行列式的计算

例 4(大连理工大学,2007)　计算行列式

$$D_n=\begin{vmatrix}a_1&1&1&\cdots&1\\1&a_2&0&\cdots&0\\1&0&a_3&\cdots&0\\\vdots&\vdots&\vdots&&\vdots\\1&0&0&\cdots&a_n\end{vmatrix},\text{其中 } a_i\neq0(i=1,2,\cdots,n).$$

【分析】　上述结构的行列式形似爪子，习惯称为爪形行列式，可利用行列式的性质化为上(下)三角行列式来计算.

解　从第 2 行起，将第 i 行$(i=2,3,\cdots,n)$的$-\dfrac{1}{a_i}$倍加到第 1 行，则

$$D_n=\begin{vmatrix}a_1-\sum\limits_{i=2}^{n}\dfrac{1}{a_i}&0&0&\cdots&0\\1&a_2&0&\cdots&0\\1&0&a_3&\cdots&0\\\vdots&\vdots&\vdots&&\vdots\\1&0&0&\cdots&a_n\end{vmatrix}=a_2\cdots a_n\left(a_1-\sum_{i=2}^{n}\frac{1}{a_i}\right).$$

4. 升阶法

升阶法主要用于经过升阶以后为特殊行列式(如范德蒙行列式等)的情形.

值得注意的是，三对角行列式经常在试题中出现，一般都可用递推法来解.

例 5 证明

$$\begin{vmatrix} 1+a_1 & 1 & 1 & \cdots & 1 & 1 \\ 1 & 1+a_2 & 1 & \cdots & 1 & 1 \\ 1 & 1 & 1+a_3 & \cdots & 1 & 1 \\ \vdots & \vdots & \vdots & & \vdots & \vdots \\ 1 & 1 & 1 & \cdots & 1 & 1+a_n \end{vmatrix} = a_1a_2\cdots a_n\left(1+\sum_{i=1}^{n}\frac{1}{a_i}\right),$$

其中 $a_1a_2\cdots a_n\neq 0$.

【分析】 该行列式的非对角元素为一常数，利用行列式的性质将其化为爪形行列式，从而再化为上(下)三角行列式来计算.

证 左式 $=\begin{vmatrix} 1 & 1 & 1 & 1 & \cdots & 1 & 1 \\ 0 & 1+a_1 & 1 & 1 & \cdots & 1 & 1 \\ 0 & 1 & 1+a_2 & 1 & \cdots & 1 & 1 \\ \vdots & \vdots & \vdots & \vdots & & \vdots & \vdots \\ 0 & 1 & 1 & 1 & \cdots & 1 & 1+a_n \end{vmatrix}$(增加一行和一列)

$$=\begin{vmatrix} 1 & 1 & 1 & \cdots & 1 & 1 \\ -1 & a_1 & 0 & \cdots & 0 & 0 \\ -1 & 0 & a_2 & \cdots & 0 & 0 \\ \vdots & \vdots & \vdots & & \vdots & \vdots \\ -1 & 0 & 0 & \cdots & 0 & a_n \end{vmatrix}=\begin{vmatrix} 1+\sum\limits_{i=1}^{n}\frac{1}{a_i} & 1 & 1 & \cdots & 1 \\ 0 & a_1 & 0 & \cdots & 0 \\ 0 & 0 & a_2 & \cdots & 0 \\ \vdots & \vdots & \vdots & & \vdots \\ 0 & 0 & 0 & \cdots & a_n \end{vmatrix}$$

$$=a_1a_2\cdots a_n\left(1+\sum_{i=1}^{n}\frac{1}{a_i}\right)=\text{右式}.$$ 证毕.

例 6 证明 $\begin{vmatrix} \alpha+\beta & \alpha\beta & 0 & \cdots & 0 & 0 \\ 1 & \alpha+\beta & \alpha\beta & \cdots & 0 & 0 \\ 0 & 1 & \alpha+\beta & \cdots & 0 & 0 \\ \vdots & \vdots & \vdots & & \vdots & \vdots \\ 0 & 0 & 0 & \cdots & 1 & \alpha+\beta \end{vmatrix}=\dfrac{\alpha^{n+1}-\beta^{n+1}}{\alpha-\beta}$，$\alpha\neq\beta$.

【分析】 该三角行列式可利用前面介绍的降阶递推的方法求解，利用递推式时可以将数列加减的方式化为等差数列或等比数列，也可以通过特征根的方法求解.

证 方法一

将原式左边的行列式记为 D_n，按第 1 列展开得

$$D_n=(\alpha+\beta)D_{n-1}-\alpha\beta D_{n-2},$$

移项后得

$$D_n-\alpha D_{n-1}=\beta(D_{n-1}-\alpha D_{n-2}),$$

利用递推可得

$$D_n-\alpha D_{n-1}=\beta^2(D_{n-2}-\alpha D_{n-3})=\beta^3(D_{n-3}-\alpha D_{n-4})=\cdots=\beta^{n-2}(D_2-\alpha D_1)$$

$$=\beta^{n-2}[(\alpha+\beta)^2-\alpha\beta-\alpha(\alpha+\beta)]=\beta^n. \tag{1}$$

在原式中，α,β 的位置是对称的，故交换位置可得

$$D_n-\beta D_{n-1}=\alpha^n. \tag{2}$$

由式(2)×α－式(1)×β 得 $(\alpha-\beta)D_n=\alpha^{n+1}-\beta^{n+1}$，所以

$$D_n=\frac{\alpha^{n+1}-\beta^{n+1}}{\alpha-\beta}，得证.$$

方法二 用差分方法.

如果 n 阶行列式 D_n 满足 $aD_n+bD_{n-1}+cD_{n-2}=0$，作特征方程 $ax^2+bx+c=0$.

如果 $\Delta\neq0$，则特征方程有两个不相等的复根 x_1,x_2，设 $D_n=Ax_1^{n-1}+Bx_2^{n-1}$，其中 A,B 为待定常数，取$n=1,2$ 可求出 A,B.

如果 $\Delta=0$，则特征方程有重根 $x_1=x_2$，设 $D_n=(A+nB)x_1^{n-1}$，其中 A,B 为待定常数，取 $n=1,2$ 可求出 A,B.

根据 $D_n=(\alpha+\beta)D_{n-1}-\alpha\beta D_{n-2}$，则特征方程为 $\lambda^2-(\alpha+\beta)\lambda+\alpha\beta=0$，根据韦达定理得 $\lambda_1=\alpha$，$\lambda_2=\beta$.

当 $\alpha\neq\beta$ 时，$D_n=c_1\alpha^n+c_2\beta^n$，由

$$D_1=\alpha+\beta,\quad D_2=(\alpha+\beta)^2-\alpha\beta=\alpha^2+\alpha\beta+\beta^2$$

解得 $c_1=\dfrac{\alpha}{\alpha-\beta}$，$c_2=\dfrac{\beta}{\alpha-\beta}$，因此 $D_n=\dfrac{\alpha^{n+1}-\beta^{n+1}}{\alpha-\beta}$.

5. 其他方法

结合行列式的特点，灵活利用行列式的性质化为较简单的行列式，再利用定义或降阶的方法来计算.

例 7（西北大学，2010） 计算 $n+1$ 阶行列式

$$D=\begin{vmatrix} a_1 & a_2 & \cdots & a_n & 0 \\ 1 & 0 & \cdots & 0 & b_1 \\ 0 & 1 & \cdots & 0 & b_2 \\ \vdots & \vdots & & \vdots & \vdots \\ 0 & 0 & 0 & 1 & b_n \end{vmatrix}.$$

【分析】 先利用行列式的中 1 的位置，根据行列式的性质将其化为零元素更多的行列式，再利用定义来计算.

解 从第 i 列 $(i=1,2,\cdots,n)$ 乘以 $-b_i$ 加到第 n 列，再利用定义可得

$$D=\begin{vmatrix} a_1 & a_2 & \cdots & a_n & 0 \\ 1 & 0 & \cdots & 0 & b_1 \\ 0 & 1 & \cdots & 0 & b_2 \\ \vdots & \vdots & & \vdots & \vdots \\ 0 & 0 & 0 & 1 & b_n \end{vmatrix}=\begin{vmatrix} a_1 & a_2 & \cdots & a_n & -\sum\limits_{i=1}^{n}a_ib_i \\ 1 & 0 & \cdots & 0 & 0 \\ 0 & 1 & \cdots & 0 & 0 \\ \vdots & \vdots & & \vdots & \vdots \\ 0 & 0 & 0 & 1 & 0 \end{vmatrix}$$

$$=(-1)^{\tau(n12\cdots n-1)}\left(-\sum_{i=1}^{n}a_ib_i\right)=(-1)^n\sum_{i=1}^{n}a_ib_i.$$

例 8（三峡大学，2012） 计算行列式

$$D=\begin{vmatrix} \lambda-a_1^2 & -a_1a_2 & \cdots & -a_1a_{n-1} & -a_1a_n \\ -a_1a_2 & \lambda-a_2^2 & \cdots & -a_2a_{n-1} & -a_2a_n \\ -a_1a_3 & -a_2a_3 & \cdots & -a_3a_{n-1} & -a_3a_n \\ \vdots & \vdots & & \vdots & \vdots \\ -a_1a_n & -a_2a_n & \cdots & -a_{n-1}a_n & \lambda-a_n^2 \end{vmatrix}.$$

【分析】 考查矩阵的特征值与行列式之间的关系.

解 因

$$D=\begin{vmatrix} \lambda-a_1^2 & -a_1a_2 & \cdots & -a_1a_{n-1} & -a_1a_n \\ -a_1a_2 & \lambda-a_2^2 & \cdots & -a_2a_{n-1} & -a_2a_n \\ -a_1a_3 & -a_2a_3 & \cdots & -a_3a_{n-1} & -a_3a_n \\ \vdots & \vdots & & \vdots & \vdots \\ -a_1a_n & -a_2a_n & \cdots & -a_{n-1}a_n & \lambda-a_n^2 \end{vmatrix}=|\lambda\boldsymbol{E}-\boldsymbol{A}|,$$

$$\boldsymbol{A}=\begin{pmatrix} a_1^2 & a_1a_2 & \cdots & a_1a_{n-1} & a_1a_n \\ a_1a_2 & a_2^2 & \cdots & a_2a_{n-1} & a_2a_n \\ a_1a_3 & a_2a_3 & \cdots & a_3a_{n-1} & a_3a_n \\ \vdots & \vdots & & \vdots & \vdots \\ a_1a_n & a_2a_n & \cdots & a_{n-1}a_n & a_n^2 \end{pmatrix},$$

所以求 D,即转化为求矩阵 $\boldsymbol{A}$ 的特征多项式.

由于 $\boldsymbol{A}=\begin{pmatrix} a_1^2 & a_1a_2 & \cdots & a_1a_{n-1} & a_1a_n \\ a_1a_2 & a_2^2 & \cdots & a_2a_{n-1} & a_2a_n \\ a_1a_3 & a_2a_3 & \cdots & a_3a_{n-1} & a_3a_n \\ \vdots & \vdots & & \vdots & \vdots \\ a_1a_n & a_2a_n & \cdots & a_{n-1}a_n & a_n^2 \end{pmatrix}=\begin{pmatrix} a_1 \\ a_2 \\ \vdots \\ a_n \end{pmatrix}(a_1,a_2,\cdots,a_n)$,故 $R(\boldsymbol{A})\leqslant 1$, 显然

$$\boldsymbol{A}\begin{pmatrix} a_1 \\ a_2 \\ \vdots \\ a_n \end{pmatrix}=\begin{pmatrix} a_1 \\ a_2 \\ \vdots \\ a_n \end{pmatrix}(a_1,a_2,\cdots,a_n)\begin{pmatrix} a_1 \\ a_2 \\ \vdots \\ a_n \end{pmatrix}=\begin{pmatrix} a_1 \\ a_2 \\ \vdots \\ a_n \end{pmatrix}\left[(a_1,a_2,\cdots,a_n)\begin{pmatrix} a_1 \\ a_2 \\ \vdots \\ a_n \end{pmatrix}\right]=\left(\sum_{i=1}^{n}a_i^2\right)\begin{pmatrix} a_1 \\ a_2 \\ \vdots \\ a_n \end{pmatrix},$$

所以 $\boldsymbol{A}$ 有一个特征值为 $\sum\limits_{i=1}^{n}a_i^2$,而其余特征值为 0($n-1$ 重根),因此

$$D=\begin{vmatrix} \lambda-a_1^2 & -a_1a_2 & \cdots & -a_1a_{n-1} & -a_1a_n \\ -a_1a_2 & \lambda-a_2^2 & \cdots & -a_2a_{n-1} & -a_2a_n \\ -a_1a_3 & -a_2a_3 & \cdots & -a_3a_{n-1} & -a_3a_n \\ \vdots & \vdots & & \vdots & \vdots \\ -a_1a_n & -a_2a_n & \cdots & -a_{n-1}a_n & \lambda-a_n^2 \end{vmatrix}=\lambda^{n-1}\left(\lambda-\sum_{i=1}^{n}a_i^2\right).$$

例 9(华中科技大学,2012) 已知矩阵

$$\boldsymbol{A}=\begin{pmatrix} 1 & 1 & \cdots & 1 & 1 \\ 0 & 1 & \cdots & 1 & 1 \\ 0 & 0 & & \vdots & \vdots \\ 0 & 0 & \cdots & 1 & 1 \\ 0 & 0 & \cdots & 0 & 1 \end{pmatrix}_{n\times n},$$

求 $\boldsymbol{A}$ 的所有代数余子式之和.

【分析】 考查行列式按某一行(列)展开的定理.

解 显然，行列式$|\boldsymbol{A}|$按最后一列展开可得$|\boldsymbol{A}|=1=A_{1n}+A_{2n}+\cdots+A_{nn}$. 又

$$A_{1k}+A_{2k}+\cdots+A_{nk}=\begin{vmatrix}1&1&\cdots&1&\cdots&1&1\\0&1&\cdots&1&\cdots&1&1\\\vdots&\vdots&\ddots&\vdots&\ddots&\vdots&\vdots\\0&0&\cdots&1&\cdots&1&1\\\vdots&\vdots&\ddots&\vdots&\ddots&\vdots&\vdots\\0&0&\cdots&1&\ddots&1&1\\0&0&\cdots&1&\cdots&0&1\end{vmatrix}=0,\quad k=1,2,\cdots,n-1,$$

故$\sum\limits_{j=1}^{n}\sum\limits_{i=1}^{n}A_{ij}=1$.

例 10(青岛大学,2018) 已知矩阵$\boldsymbol{A}=\left(\dfrac{1-a_i^nb_j^n}{1-a_ib_j}\right)_{n\times n}$,$i,j=1,2,\cdots,n$,求行列式$|\boldsymbol{A}|$.

【分析】 考查行列式的通项及性质.

解 因$\dfrac{1-a_i^nb_j^n}{1-a_ib_j}=1+a_ib_j+(a_ib_j)^2+\cdots+(a_ib_j)^{n-1}$,故

当$n=1$时,$|\boldsymbol{A}|=1$.

当$n=2$时,

$$|\boldsymbol{A}|=\begin{vmatrix}1+a_1b_1&1+a_2b_1\\1+a_1b_2&1+a_2b_2\end{vmatrix}=\begin{vmatrix}1&1\\1&1\end{vmatrix}+\begin{vmatrix}1&a_2b_1\\1&a_2b_2\end{vmatrix}+\begin{vmatrix}a_1b_1&1\\a_1b_2&1\end{vmatrix}+\begin{vmatrix}a_1b_1&a_2b_1\\a_1b_2&a_2b_2\end{vmatrix}$$
$$=(a_2-a_1)(b_2-b_1).$$

当$n\geqslant 3$时,

$$|\boldsymbol{A}|=\begin{vmatrix}\sum\limits_{i=0}^{n-1}(a_1b_1)^i&\sum\limits_{i=0}^{n-1}(a_1b_2)^i&\cdots&\sum\limits_{i=0}^{n-1}(a_1b_n)^i\\\sum\limits_{i=0}^{n-1}(a_2b_1)^i&\sum\limits_{i=0}^{n-1}(a_2b_2)^i&\cdots&\sum\limits_{i=0}^{n-1}(a_2b_n)^i\\\vdots&\vdots&&\vdots\\\sum\limits_{i=0}^{n-1}(a_nb_1)^i&\sum\limits_{i=0}^{n-1}(a_nb_2)^i&\cdots&\sum\limits_{i=0}^{n-1}(a_nb_n)^i\end{vmatrix}$$

$$\xlongequal{r_j-r_1(j=2,3,\cdots,n)}\begin{vmatrix}\sum\limits_{i=0}^{n-1}(a_1b_1)^i&\sum\limits_{i=1}^{n-1}(a_1)^i[(b_2)^i-(b_1)^i]&\cdots&\sum\limits_{i=1}^{n-1}(a_1)^i[(b_n)^i-(b_1)^i]\\\sum\limits_{i=0}^{n-1}(a_2b_1)^i&\sum\limits_{i=1}^{n-1}(a_2)^i[(b_2)^i-(b_1)^i]&\cdots&\sum\limits_{i=1}^{n-1}(a_2)^i[(b_n)^i-(b_1)^i]\\\vdots&\vdots&&\vdots\\\sum\limits_{i=0}^{n-1}(a_nb_1)^i&\sum\limits_{i=1}^{n-1}(a_n)^i[(b_2)^i-(b_1)^i]&\cdots&\sum\limits_{i=1}^{n-1}(a_n)^i[(b_n)^i-(b_1)^i]\end{vmatrix}$$

$=0$.

【注】 上述行列式按行列式的第二条性质可分解为$n(n-1)^{n-1}$个行列式的和,其中每个行列式中必有两列成比例,故每个行列式都为0.

历年考研试题精选

1.（华东师范大学，1991） 计算 n 阶行列式

$$D_n=\begin{vmatrix} 1 & 2 & 3 & \cdots & n-1 & n \\ 1 & 1 & 1 & \cdots & 1 & 1-n \\ 1 & 1 & 1 & \cdots & 1-n & 1 \\ \vdots & \vdots & \vdots & & \vdots & \vdots \\ 1 & 1 & 1-n & \cdots & 1 & 1 \\ 1 & 1-n & 1 & \cdots & 1 & 1 \end{vmatrix}.$$

2.（华东师范大学，1991） 计算 n 阶行列式

$$D_n=\begin{vmatrix} 0 & 1 & & & & \\ -1 & 0 & 1 & & & \\ & -1 & 0 & \ddots & & \\ & & \ddots & \ddots & \ddots & \\ & & & \ddots & 0 & 1 \\ & & & & -1 & 0 \end{vmatrix}.$$

3.（华东师范大学，1994） 计算 n 阶行列式

$$D_n=\begin{vmatrix} a_1+x_1 & a_2 & a_3 & \cdots & a_{n-1} & a_n \\ -x_1 & x_2 & 0 & \cdots & 0 & 0 \\ 0 & -x_2 & x_3 & \cdots & 0 & 0 \\ \vdots & \vdots & \vdots & & \vdots & \vdots \\ 0 & 0 & 0 & \cdots & -x_{n-1} & x_n \end{vmatrix},\text{其中}\prod_{i=1}^{n}x_i\neq 0.$$

4.（华东师范大学，2002） 计算 n 阶行列式

$$D_n=\begin{vmatrix} x & 4 & 4 & 4 & \cdots & 4 \\ 1 & x & 2 & 2 & \cdots & 2 \\ 1 & 2 & x & 2 & \cdots & 2 \\ 1 & 2 & 2 & x & \cdots & 2 \\ \vdots & \vdots & \vdots & \vdots & & \vdots \\ 1 & 2 & 2 & 2 & \cdots & x \end{vmatrix}$$

5.（北京交通大学，2005） 计算 n 阶行列式

$$D_n=\begin{vmatrix} x^{n-1} & (x+1)^{n-1} & (x+2)^{n-1} & \cdots & (x+n-1)^{n-1} \\ x^{n-2} & (x+1)^{n-2} & (x+2)^{n-2} & \cdots & (x+n-1)^{n-2} \\ \vdots & \vdots & \vdots & & \vdots \\ x & x+1 & x+2 & \cdots & x+n-1 \\ 1 & 1 & 1 & \cdots & 1 \end{vmatrix}.$$

6.（浙江大学，2004；北京工业大学，2018） 计算 n 阶行列式

$$D_n=\begin{vmatrix}1&2&3&\cdots&n-1&n\\2&3&4&\cdots&n&1\\3&4&5&\cdots&1&2\\\vdots&\vdots&\vdots&&\vdots&\vdots\\n-1&n&1&\cdots&n-3&n-2\\n&1&2&\cdots&n-2&n-1\end{vmatrix}$$

7.（江苏大学，2004；西南交通大学，2007） 计算 n 阶行列式

$$D_n=\begin{vmatrix}x&\alpha&\alpha&\cdots&\alpha&\alpha\\-\alpha&x&\alpha&\cdots&\alpha&\alpha\\-\alpha&-\alpha&x&\cdots&\alpha&\alpha\\\vdots&\vdots&\vdots&&\vdots&\vdots\\-\alpha&-\alpha&-\alpha&\cdots&-\alpha&x\end{vmatrix}$$

8.（武汉大学，1998） 设 $n\geqslant2$，$f_1(x),f_2(x),\cdots,f_n(x)$ 是关于 x 的次数 $\leqslant n-2$ 的多项式，$a_1,a_2,\cdots,a_n$ 为任意数，证明：行列式

$$\begin{vmatrix}f_1(a_1)&f_2(a_1)&\cdots&f_n(a_1)\\f_1(a_2)&f_2(a_2)&\cdots&f_n(a_2)\\\vdots&\vdots&&\vdots\\f_1(a_n)&f_2(a_n)&\cdots&f_n(a_n)\end{vmatrix}=0,$$

并举例说明条件"次数 $\leqslant n-2$"是不可缺少的.

9.（南京师范大学，1995） 计算 n 阶行列式

$$D_n=\begin{vmatrix}x+1&x&x&\cdots&x\\x&x+2&x&\cdots&x\\x&x&x+3&\cdots&x\\\vdots&\vdots&\vdots&&\vdots\\x&x&x&\cdots&x+n\end{vmatrix}.$$

10.（中南大学，2002） 计算行列式

$$D_n=\begin{vmatrix}1&2&3&\cdots&n\\2&3&4&\cdots&n+1\\3&4&5&\cdots&n+2\\\vdots&\vdots&\vdots&&\vdots\\n&n+1&n+2&\cdots&2n-1\end{vmatrix}.$$

11.（中南大学，2001） 求证：

$$D_n=\begin{vmatrix}x_1&a&a&\cdots&a\\b&x_2&a&\cdots&a\\b&b&x_3&\cdots&a\\\vdots&\vdots&\vdots&&\vdots\\b&b&b&\cdots&x_n\end{vmatrix}=\frac{af(b)-bf(a)}{a-b},$$

其中 $f(x)=(x_1-x)\cdots(x_n-x)$，$a\neq b$.

12.（华东师范大学，1998） 计算行列式

$$D=\begin{vmatrix} 2^n-2 & 2^{n-1}-2 & \cdots & 2^3-2 & 2^2-2 \\ 3^n-3 & 3^{n-1}-3 & \cdots & 3^3-3 & 3^2-3 \\ \vdots & \vdots & & \vdots & \vdots \\ n^n-n & n^{n-1}-n & \cdots & n^3-n & n^2-n \end{vmatrix}.$$

13.（四川大学,2001） 计算行列式

$$D=\begin{vmatrix} 1 & 1 & 1 & \cdots & 1 \\ x_1 & x_2 & x_3 & \cdots & x_n \\ \vdots & \vdots & \vdots & & \vdots \\ x_1^{n-3} & x_2^{n-3} & x_3^{n-3} & \cdots & x_n^{n-3} \\ x_1^{n-1} & x_2^{n-1} & x_3^{n-1} & \cdots & x_n^{n-1} \\ x_1^n & x_2^n & x_3^n & \cdots & x_n^n \end{vmatrix}.$$

14.（大连理工大学,2004） n 阶行列式

$$D_n=\begin{vmatrix} 1 & 1 & \cdots & 1 & 2-n \\ 1 & 1 & \cdots & 2-n & 1 \\ \vdots & \vdots & & \vdots & \vdots \\ 2-n & 1 & \cdots & 1 & 1 \end{vmatrix}=\_\_\_\_\_\_.$$

15.（北京交通大学，2004） 计算行列式

$$\Delta=\begin{vmatrix} 1 & 1 & 1 & \cdots & 1 \\ 1 & C_2^1 & C_3^1 & \cdots & C_n^1 \\ \vdots & \vdots & \vdots & & \vdots \\ 1 & C_{n-1}^{n-2} & C_n^{n-2} & \cdots & C_{2n-3}^{n-2} \\ 1 & C_n^{n-1} & C_{n+1}^{n-1} & \cdots & C_{2n-2}^{n-1} \end{vmatrix}.$$

16.（上海交通大学,2004） 求下面多项式的所有根：

$$f(x)=\begin{vmatrix} x-3 & -a_2 & -a_3 & \cdots & -a_n \\ -a_2 & x-2-a_2^2 & -a_2a_3 & \cdots & -a_2a_n \\ -a_3 & -a_3a_2 & x-2-a_3^2 & \cdots & -a_3a_n \\ \vdots & \vdots & \vdots & & \vdots \\ -a_n & -a_na_2 & -a_na_3 & \cdots & x-2-a_n^2 \end{vmatrix}.$$

17.（南京大学,2000） n 阶行列式.

$$D_n=\begin{vmatrix} 5 & 1 & 0 & \cdots & 0 & 0 \\ 6 & 5 & 1 & \cdots & 0 & 0 \\ 0 & 6 & 5 & \cdots & 0 & 0 \\ \vdots & \vdots & \vdots & & \vdots & \vdots \\ 0 & 0 & 0 & \cdots & 5 & 1 \\ 0 & 0 & 0 & \cdots & 6 & 5 \end{vmatrix}.$$

18.（南京大学,2001） 求 n 阶行列式

$$D_n=\begin{vmatrix} 2 & -1 & 0 & \cdots & 0 & 0 \\ -1 & 2 & -1 & \cdots & 0 & 0 \\ 0 & -1 & 2 & \cdots & 0 & 0 \\ \vdots & \vdots & \vdots & & \vdots & \vdots \\ 0 & 0 & 0 & \cdots & 2 & -1 \\ 0 & 0 & 0 & \cdots & -1 & 2 \end{vmatrix}.$$

19.（华中师范大学,1994） 计算 $n+1$ 阶行列式

$$D_{n+1}=\begin{vmatrix} a & -1 & 0 & 0 & \cdots & 0 \\ ax & a & -1 & 0 & \cdots & 0 \\ ax^2 & ax & a & -1 & \cdots & 0 \\ \vdots & \vdots & \vdots & \vdots & & \vdots \\ ax^n & ax^{n-1} & ax^{n-2} & ax^{n-3} & \cdots & a \end{vmatrix}$$

20.（华中师范大学,1994） 设 n 阶行列式

$$D=\begin{vmatrix} 1 & -1 & -1 & \cdots & -1 & -1 \\ 1 & 1 & -1 & \cdots & -1 & -1 \\ \vdots & \vdots & \vdots & & \vdots & \vdots \\ 1 & 1 & 1 & \cdots & 1 & -1 \\ 1 & 1 & 1 & \cdots & 1 & 1 \end{vmatrix},$$

求 D 展开式的正项总数.

21.（华东师范大学,2005） 证明:如果 n 阶行列式 D_n 中所有元素为 1 或 -1,则当 $n\geqslant 3$ 时,$|D_n|\leqslant(n-1)!\,(n-1)$.

22.（三峡大学,2008） 计算 $n(n\geqslant 2)$阶行列式

$$\begin{vmatrix} 1 & 1 & \cdots & 1 & 1+a \\ 1 & 1 & \cdots & 1+a & 1 \\ \vdots & \vdots & & \vdots & \vdots \\ 1 & 1+a & \cdots & 1 & 1 \\ 1+a & 1 & \cdots & 1 & 1 \end{vmatrix}.$$

23.（华东师范大学,2006） 判断对错:若 $j_1j_2\cdots j_n$ 是偶排列,则 $a_1a_2\cdots a_n$ 是奇排列,其中 $a_1=j_2,a_2=j_n,a_k=j_k(k=3,\cdots,n-1),a_n=j_1$.

24.（哈尔滨理工大学,2007） 设 $n(n>1)$阶方阵 $\boldsymbol{A}$ 的伴随矩阵为 $\boldsymbol{A}^*$,证明:

(1) 当$|\boldsymbol{A}|=0$ 时,$|\boldsymbol{A}^*|=0$;

(2) 当$|\boldsymbol{A}|\neq 0$ 时,$|\boldsymbol{A}^*|=|\boldsymbol{A}|^{n-1}$.

25.（三峡大学,2009） 计算 n 阶行列式

$$\begin{vmatrix} 0 & 2 & & & & \\ 2 & 0 & 2 & & & \\ & 2 & 0 & \ddots & & \\ & & \ddots & \ddots & \ddots & \\ & & & \ddots & 0 & 2 \\ & & & & 2 & 0 \end{vmatrix}.$$

26.（南开大学,2006） 试证明行列式 $\begin{vmatrix} 127 & 91 & 35 & 69 \\ 77 & 133 & 251 & 17 \\ 51 & 43 & 25 & 99 \\ 13 & 155 & 87 & 71 \end{vmatrix}$ 的值能被 8 整除.

27.（东北师范大学,2009;南开大学,2007） 计算下列行列式

$$\begin{vmatrix} 1 & 1 & \cdots & 1 \\ x_1+1 & x_2+1 & \cdots & x_n+1 \\ x_1^2+x_1 & x_2^2+x_2 & \cdots & x_n^2+x_n \\ \vdots & \vdots & & \vdots \\ x_1^{n-1}+x_1^{n-2} & x_2^{n-1}+x_2^{n-2} & \cdots & x_n^{n-1}+x_n^{n-2} \end{vmatrix}, n\geqslant 2,$$

28.（南京大学,2008） 设 $\boldsymbol{A}$ 是一个 n 阶实矩阵，$\boldsymbol{a}$ 是一个 n 维实列向量，$\alpha,\beta\in\mathbf{R}$,证明：如果 $\begin{vmatrix} \boldsymbol{A} & \boldsymbol{a} \\ \boldsymbol{a}^{\mathrm{T}} & \beta \end{vmatrix}=0$，则有 $\begin{vmatrix} \boldsymbol{A} & \boldsymbol{a} \\ \boldsymbol{a}^{\mathrm{T}} & \alpha \end{vmatrix}=(\alpha-\beta)|\boldsymbol{A}|$.

29.（西南大学,2007） 计算行列式

$$\Delta=\begin{vmatrix} a^n & (a-1)^n & \cdots & (a-n)^n \\ a^{n-1} & (a-1)^{n-1} & \cdots & (a-n)^{n-1} \\ \vdots & \vdots & & \vdots \\ a & a-1 & \cdots & a-n \\ 1 & 1 & \cdots & 1 \end{vmatrix}.$$

30.（南开大学,2004） 设 k 阶行列式

$$\begin{vmatrix} b_{11} & b_{12} & \cdots & b_{1k} \\ b_{21} & b_{22} & \cdots & b_{2k} \\ \vdots & \vdots & & \vdots \\ b_{k1} & b_{k2} & \cdots & b_{kk} \end{vmatrix}=1,$$

且满足 $b_{ij}=-b_{ji},i,j=1,2,\cdots,k$. 对任意数域中的数 a,求 k 阶行列式：

$$\begin{vmatrix} a+b_{11} & a+b_{12} & \cdots & a+b_{1k} \\ a+b_{21} & a+b_{22} & \cdots & a+b_{2k} \\ \vdots & \vdots & & \vdots \\ a+b_{k1} & a+b_{k2} & \cdots & a+b_{kk} \end{vmatrix}.$$

31.（中国科学院,2010） 设 $\boldsymbol{A},\boldsymbol{B}$ 分别是 $n\times m$ 和 $m\times n$ 的矩阵，$\boldsymbol{I}_k$ 是 k 阶单位矩阵.

(1) 证明：$|\boldsymbol{I}_n-\boldsymbol{AB}|=|\boldsymbol{I}_m-\boldsymbol{BA}|$；

(2) 计算行列式 $D=\begin{vmatrix} 1+a_1+x_1 & a_1+x_2 & \cdots & a_1+x_n \\ a_2+x_1 & 1+a_2+x_2 & \cdots & a_2+x_n \\ \vdots & \vdots & & \vdots \\ a_n+x_1 & a_n+x_2 & \cdots & 1+a_n+x_n \end{vmatrix}$.

32.（湖南大学,2013） 计算 n 阶行列式

$$D_n=\begin{vmatrix} x & -1 & \cdots & -1 \\ 1 & x & \cdots & -1 \\ \vdots & \vdots & & \vdots \\ 1 & 1 & \cdots & x \end{vmatrix}.$$

33.（华中师范大学,2011） 计算 n 阶行列式

$$D=\begin{vmatrix} 2+x_1 & 2+x_1^2 & \cdots & 2+x_1^n \\ 2+x_2 & 2+x_2^2 & \cdots & 2+x_2^n \\ \vdots & \vdots & & \vdots \\ 2+x_n & 2+x_n^2 & \cdots & 2+x_n^n \end{vmatrix}.$$

34.（南开大学,2014） 若 n 阶矩阵 $\boldsymbol{A}=(a_{ij})$ 的行列式的值为 $d\neq 0$，A_{ij} 为 a_{ij} 的代数余子式，计算下列 $n-1$ 阶行列式：

$$D_{n-1}=\begin{vmatrix} A_{11} & A_{12} & \cdots & A_{1,n-1} \\ A_{21} & A_{22} & \cdots & A_{2,n-1} \\ \vdots & \vdots & & \vdots \\ A_{n-1,1} & A_{n-1,2} & \cdots & A_{n-1,n-1} \end{vmatrix}.$$

35.（重庆大学,2013） 计算下列 l 阶行列式

$$D=\begin{vmatrix} 2 & -1 & 0 & \cdots & 0 & -m \\ -1 & 2 & -1 & \cdots & 0 & 0 \\ 0 & -1 & 2 & \cdots & 0 & 0 \\ \vdots & \vdots & \vdots & & \vdots & \vdots \\ 0 & 0 & 0 & \cdots & 2 & -1 \\ -n & 0 & 0 & \cdots & -1 & 2 \end{vmatrix}.$$

36.（中国科学院,2016） 设 $a_i+b_j\neq 0$，求以下矩阵的行列式的值：

$$\boldsymbol{A}=\begin{pmatrix} (a_1+b_1)^{-1} & (a_1+b_2)^{-1} & \cdots & (a_1+b_n)^{-1} \\ (a_2+b_1)^{-1} & (a_2+b_2)^{-1} & \cdots & (a_2+b_n)^{-1} \\ \vdots & \vdots & & \vdots \\ (a_n+b_1)^{-1} & (a_n+b_2)^{-1} & \cdots & (a_n+b_n)^{-1} \end{pmatrix}.$$

37.（中国科学院,2017） 求

$$\begin{vmatrix} 1-a_1 & a_2 & & & \\ -1 & 1-a_2 & a_3 & & \\ & -1 & \ddots & \ddots & \\ & & \ddots & \ddots & a_n \\ & & & -1 & 1-a_n \end{vmatrix}.$$

38.（中山大学,2017） 计算下列矩阵的行列式：

$$\begin{pmatrix} a & 1 & \cdots & 1 \\ 1 & a & \cdots & 1 \\ \vdots & \vdots & & \vdots \\ 1 & 1 & \cdots & a \end{pmatrix}.$$

39.（中国科学院,2018） 设 n 阶矩阵 $\boldsymbol{M}_n=(|i-j|)_{1\leqslant i,j\leqslant n}$，令 $D_n=\det\boldsymbol{M}_n$.

(1) 计算 D_4；

(2) 证明 D_n 满足递推式 $D_n=-4D_{n-1}-4D_{n-2}$；

(3) 求 n 阶方阵 $\boldsymbol{M}_n=\left(\left|\dfrac{1}{i}-\dfrac{1}{j}\right|\right)_{1\leqslant i,j\leqslant n}$ 的行列式 $\det\boldsymbol{A}_n$.

40.（北京大学,2018） 试确定实数域上所有3阶(0,1)行列式(即所有元素只能是0或1的行列式)的最大值，给出证明及取得最大值的一个构造.

历年考研试题精选参考答案

1. 解:将原行列式的第 2 列,第 3 列,…,第 n 列加到第 1 列上可得

$$D_n=\begin{vmatrix} \frac{n(n+1)}{2} & 2 & 3 & \cdots & n-1 & n \\ 0 & 1 & 1 & \cdots & 1 & 1-n \\ 0 & 1 & 1 & \cdots & 1-n & 1 \\ \vdots & \vdots & \vdots & & \vdots & \vdots \\ 0 & 1 & 1-n & \cdots & 1 & 1 \\ 0 & 1-n & 1 & \cdots & 1 & 1 \end{vmatrix}_{n\times n}$$

$$=\frac{n(n+1)}{2}\begin{vmatrix} 1 & 1 & \cdots & 1 & 1-n \\ 1 & 1 & \cdots & 1-n & 1 \\ \vdots & \vdots & & \vdots & \vdots \\ 1 & 1-n & \cdots & 1 & 1 \\ 1-n & 1 & \cdots & 1 & 1 \end{vmatrix}_{(n-1)\times(n-1)}$$

$$=\frac{n(n+1)}{2}\begin{vmatrix} -1 & 1 & \cdots & 1 & 1-n \\ -1 & 1 & \cdots & 1-n & 1 \\ \vdots & \vdots & & \vdots & \vdots \\ -1 & 1-n & \cdots & 1 & 1 \\ -1 & 1 & \cdots & 1 & 1 \end{vmatrix}_{(n-1)\times(n-1)}$$

$$=\frac{n(n+1)}{2}\begin{vmatrix} 0 & 0 & \cdots & 0 & -n \\ 0 & 0 & \cdots & -n & 0 \\ \vdots & \vdots & & \vdots & \vdots \\ 0 & -n & \cdots & 0 & 0 \\ -1 & 1 & \cdots & 1 & 1 \end{vmatrix}_{(n-1)\times(n-1)}$$

$$=\frac{n(n+1)}{2}(-1)^{\tau(n-1,n-2\cdots 21)}(-1)\cdot(-n)^{n-2}$$

$$=\frac{n(n+1)}{2}(-1)^{\frac{(n-1)(n-2)}{2}}(-1)^{n-1}\cdot n^{n-2}$$

$$=(-1)^{\frac{n(n-1)}{2}}\cdot\frac{n^{n-1}(n+1)}{2}.$$

【注】 对 n 阶行列式的计算结果,一般情况下都应当检验特殊情形是否成立,可用 $n=1,2,3$ 代入,即可检验结果是否正确. 例如本题 $n=1$ 时,$D_1=|1|=1$,用 $n=1$ 代入,结果也等于 1.

2. 解:将 D_n 按第 1 行展开,再按第 1 列展开.

$$D_n=D_{n-2}=D_{n-4}=\cdots.$$

当 n 为偶数时,$D_n=D_{n-1}=\cdots=D_2=1$.

当 n 为奇数时,设 $n=2m+1$,$D_n=D_{n-2}=\cdots=D_{n-2m}=D_1=0$.

3. 解:将 D_n 第 1 列都写成两个数之和的形式:a_1+x_1,$0-x_1$,$0+0$,…,$0+0$. 利用行列式

的性质可得

$$D_n=a_1x_2x_3\cdots x_n+x_1\begin{vmatrix}1 & a_2 & a_3 & \cdots & a_{n-1} & a_n\\ -1 & x_2 & 0 & \cdots & 0 & 0\\ 0 & -x_2 & x_3 & \cdots & 0 & 0\\ \vdots & \vdots & \vdots & & \vdots & \vdots\\ 0 & 0 & 0 & \cdots & -x_{n-1} & x_n\end{vmatrix}$$

$$=a_1x_2x_3\cdots x_n+x_1\begin{vmatrix}1 & a_2 & a_3 & \cdots & a_{n-1} & a_n\\ -1 & x_2 & 0 & \cdots & 0 & 0\\ -1 & 0 & x_3 & \cdots & 0 & 0\\ \vdots & \vdots & \vdots & & \vdots & \vdots\\ -1 & 0 & 0 & 0 & \cdots & x_n\end{vmatrix}$$

$$=a_1x_2x_3\cdots x_n+x_1\begin{vmatrix}1+\frac{a_2}{x_2}+\frac{a_3}{x_3}+\cdots+\frac{a_n}{x_n} & a_2 & a_3 & \cdots & a_{n-1} & a_n\\ 0 & x_2 & 0 & \cdots & 0 & 0\\ 0 & 0 & x_3 & \cdots & 0 & 0\\ \vdots & \vdots & \vdots & & \vdots & \vdots\\ 0 & 0 & 0 & \cdots & 0 & x_n\end{vmatrix}$$

$$=a_1x_2x_3\cdots x_n+x_1x_2\cdots x_n\left(1+\frac{a_2}{x_2}+\frac{a_3}{x_3}+\cdots+\frac{a_n}{x_n}\right)$$

$$=x_1x_2\cdots x_n\left(1+\frac{a_1}{x_1}+\frac{a_2}{x_2}+\cdots+\frac{a_n}{x_n}\right).$$

4. 解：将原行列式的第 1 列的 -2 倍依次加到第 i 列($i=2,3,\cdots,n$)可得

$$D_n=\begin{vmatrix}x & 4-2x & 4-2x & 4-2x & \cdots & 4-2x\\ 1 & x-2 & 0 & 0 & \cdots & 0\\ 1 & 0 & x-2 & 0 & \cdots & 0\\ \vdots & \vdots & \vdots & \vdots & & \vdots\\ 1 & 0 & 0 & 0 & \cdots & x-2\end{vmatrix}$$

$$=\begin{vmatrix}x+2(n-1) & 0 & 0 & 0 & \cdots & 0\\ 1 & x-2 & 0 & 0 & \cdots & 0\\ 1 & 0 & x-2 & 0 & \cdots & 0\\ \vdots & \vdots & \vdots & \vdots & & \vdots\\ 1 & 0 & 0 & 0 & \cdots & x-2\end{vmatrix}$$

$$=[x+2(n-1)](x-2)^{n-1}.$$

5. 解：(1) 当 n 为奇数时，将原行列式的第 1 行与第 n 行交换位置，第 2 行与第 $n-1$ 行交换位置，以此类推可得范德蒙行列式.

$$D_n=\begin{vmatrix}x^{n-1} & (x+1)^{n-1} & (x+2)^{n-1} & \cdots & (x+n-1)^{n-1}\\ x^{n-2} & (x+1)^{n-2} & (x+2)^{n-2} & \cdots & (x+n-1)^{n-2}\\ \vdots & \vdots & \vdots & & \vdots\\ x & x+1 & x+2 & \cdots & x+n-1\\ 1 & 1 & 1 & \cdots & 1\end{vmatrix}$$

$$=(-1)^{\frac{n-1}{2}}\begin{vmatrix}1&1&1&\cdots&1\\x&x+1&x+2&\cdots&x+n-1\\\vdots&\vdots&\vdots&&\vdots\\x^{n-2}&(x+1)^{n-2}&(x+2)^{n-2}&\cdots&(x+n-1)^{n-2}\\x^{n-1}&(x+1)^{n-1}&(x+2)^{n-1}&\cdots&(x+n-1)^{n-1}\end{vmatrix}$$

$$=(-1)^{\frac{n-1}{2}}\prod_{1\leqslant i<j\leqslant n-1}((x+j)-(x+i))$$

$$=(-1)^{\frac{n-1}{2}}\prod_{1\leqslant i<j\leqslant n-1}(j-i).$$

(2) 当 n 为偶数时,同理可得

$$D_n=(-1)^{\frac{n}{2}}\prod_{1\leqslant i<j\leqslant n-1}((x+j)-(x+i))=(-1)^{\frac{n}{2}}\prod_{1\leqslant i<j\leqslant n-1}(j-i).$$

6. 解:将原行列式的第 $n-1$ 行的 -1 倍加到第 n 行,第 $n-2$ 行的 -1 倍加到第 $n-1$ 行,…,第 1 行的 -1 倍加到第 2 行,再利用行列式的定义可得

$$D_n=\begin{vmatrix}1&2&3&\cdots&n-1&n\\1&1&1&\cdots&1&1-n\\1&1&1&\cdots&1-n&1\\\vdots&\vdots&\vdots&&\vdots&\vdots\\1&1&1-n&\cdots&1&1\\1&1-n&1&\cdots&1&1\end{vmatrix}=\begin{vmatrix}1&1&2&\cdots&n-2&n-1\\1&0&0&\cdots&0&-n\\1&0&0&\cdots&-n&0\\\vdots&\vdots&\vdots&&\vdots&\vdots\\1&0&-n&\cdots&0&0\\1&-n&0&\cdots&0&0\end{vmatrix}$$

$$=\begin{vmatrix}1+\frac{1}{n}+\frac{2}{n}+\cdots+\frac{n-1}{n}&1&2&\cdots&n-2&n-1\\0&0&0&\cdots&0&-n\\0&0&0&\cdots&-n&0\\\vdots&\vdots&\vdots&&\vdots&\vdots\\0&0&-n&\cdots&0&0\\0&-n&0&\cdots&0&0\end{vmatrix}$$

$$=\left(1+\frac{1+2+\cdots+(n-1)}{n}\right)(-n)^{n-1}(-1)^{\tau(n-1,n-2\cdots1)}$$

$$=(-1)^{\frac{n(n-1)}{2}}\cdot n^{n-1}\cdot\frac{n+1}{2}.$$

7. 解法一:利用拆项及降阶的方法得到递推公式如下:

$$D_n=\begin{vmatrix}-\alpha+(x+\alpha)&\alpha&\alpha&\cdots&\alpha&\alpha\\-\alpha+0&x&\alpha&\cdots&\alpha&\alpha\\-\alpha+0&-\alpha&x&\cdots&\alpha&\alpha\\\vdots&\vdots&\vdots&&\vdots&\vdots\\-\alpha+0&-\alpha&-\alpha&\cdots&-\alpha&x\end{vmatrix}$$

$$=(x+\alpha)D_{n-1}+\begin{vmatrix}-\alpha&0&0&\cdots&0&0\\-\alpha&x-\alpha&0&\cdots&0&0\\-\alpha&-2\alpha&x-\alpha&\cdots&0&0\\\vdots&\vdots&\vdots&&\vdots&\vdots\\-\alpha&-2\alpha&-2\alpha&\cdots&-2\alpha&x-\alpha\end{vmatrix}$$

$$=(x+\alpha)D_{n-1}-\alpha(x-\alpha)^{n-1}.$$

由于行列式与其转置行列式相等,于是有

$$\begin{cases}D_n=(x+\alpha)D_{n-1}-\alpha(x-\alpha)^{n-1},\\ D_n=(x-\alpha)D_{n-1}+\alpha(x+\alpha)^{n-1},\end{cases}$$

解关于 D_n,D_{n-1} 的方程组得 $D_n=\dfrac{(x+\alpha)^n+(x-\alpha)^n}{2}$.

解法二:利用构造特殊函数的方法求解行列式.设

$$D_n(y)=\begin{vmatrix}x+y & \alpha+y & \alpha+y & \cdots & \alpha+y & \alpha+y\\ -\alpha+y & x+y & \alpha+y & \cdots & \alpha+y & \alpha+y\\ -\alpha+y & -\alpha+y & x+y & \cdots & \alpha+y & \alpha+y\\ \vdots & \vdots & \vdots & & \vdots & \vdots\\ -\alpha+y & -\alpha+y & -\alpha+y & \cdots & -\alpha+y & x+y\end{vmatrix},$$

则 $D_n(0)=D_n$. 又

$$D_n(y)=D_n(0)+y\begin{vmatrix}1 & \alpha & \alpha & \cdots & \alpha & \alpha\\ 1 & x & \alpha & \cdots & \alpha & \alpha\\ 1 & -\alpha & x & \cdots & \alpha & \alpha\\ \vdots & \vdots & \vdots & & \vdots & \vdots\\ 1 & -\alpha & -\alpha & \cdots & -\alpha & x\end{vmatrix}+y\begin{vmatrix}x & 1 & \alpha & \cdots & \alpha & \alpha\\ -\alpha & 1 & \alpha & \cdots & \alpha & \alpha\\ -\alpha & 1 & x & \cdots & \alpha & \alpha\\ \vdots & \vdots & \vdots & & \vdots & \vdots\\ -\alpha & 1 & -\alpha & \cdots & -\alpha & x\end{vmatrix}$$

$$+\cdots+y\begin{vmatrix}x & \alpha & \alpha & \cdots & \alpha & 1\\ -\alpha & x & \alpha & \cdots & \alpha & 1\\ -\alpha & -\alpha & x & \cdots & \alpha & 1\\ \vdots & \vdots & \vdots & & \vdots & \vdots\\ -\alpha & -\alpha & -\alpha & \cdots & -\alpha & 1\end{vmatrix},$$

则 $D_n(y)=D_n(0)+y\sum\limits_{i,j=1}^{n}A_{ij}$. 故

$$\begin{cases}D_n(\alpha)=D_n(0)+\alpha\sum\limits_{i,j=1}^{n}A_{ij}=(x+\alpha)^n\\ D_n(-\alpha)=D_n(0)-\alpha\sum\limits_{i,j=1}^{n}A_{ij}=(x-\alpha)^n\end{cases}\Rightarrow D_n(0)=\frac{(x+\alpha)^n+(x-\alpha)^n}{2}.$$

8. 证法一:$f_1(x),f_2(x),\cdots,f_n(x)\in P[x]_{n-1}$,$\dim P[x]_{n-1}=n-1$,因此 $f_1(x),f_2(x),\cdots,f_n(x)$线性相关,不妨假设

$$f_n(x)=k_1f_1(x)+k_2f_2(x)+\cdots+k_{n-1}f_{n-1}(x).$$

显然有

$$f_n(a_i)=k_1f_1(a_i)+k_2f_2(a_i)+\cdots+k_{n-1}f_{n-1}(a_i),\quad i=1,2,\cdots,n.$$

将原行列式第 1 列的 $-k_1$ 倍,第 2 列的 $-k_2$ 倍,…,第 $n-1$ 列的 $-k_{n-1}$ 倍加到第 n 列,那么它的第 n 列全变成零,因此行列式为零.

证法二:当 $a_1,a_2,\cdots,a_n$ 中有两个数相等时,等式显然成立.当 $a_1,a_2,\cdots,a_n$ 是 n 个互不相等的数时,令

$$F(x)=\begin{vmatrix}f_1(x) & f_2(x) & \cdots & f_n(x)\\ f_1(a_2) & f_2(a_2) & \cdots & f_n(a_2)\\ \vdots & \vdots & & \vdots\\ f_1(a_n) & f_2(a_n) & \cdots & f_n(a_n)\end{vmatrix}.$$

假定 $F(x)$不是零多项式，则$\partial(F(x))\leqslant n-2$，取 $x=a_2,a_3,\cdots,a_n$，则 $F(a_2)=F(a_3)=\cdots=F(a_n)=0$. $F(x)$有 $n-1$ 个根，矛盾，所以 $F(x)$是零多项式，因此 $F(a_1)=0$，因此结论成立.

举例说明"次数$\leqslant n-2$"是不可缺少的. 例如当 $n=3$ 时，可取 $f_1(x)=1$，$f_2(x)=x+1$，$f_3(x)=x^2-1$，多项式的次数不满足条件. 取 $a_1=1,a_2=2,a_3=-1$，那么

$$\begin{vmatrix} f_1(1) & f_2(1) & f_3(1) \\ f_1(2) & f_2(2) & f_3(2) \\ f_1(-1) & f_2(-1) & f_3(-1) \end{vmatrix}=\begin{vmatrix} 1 & 2 & 0 \\ 1 & 3 & 3 \\ 1 & 0 & 0 \end{vmatrix}=6\neq 0.$$

因此，条件"次数$\leqslant n-2$"是不可缺少的.

9. 解：利用升阶法求解.

$$D_n=D_{n+1}\begin{vmatrix} 1 & x & x & x & \cdots & x \\ 0 & x+1 & x & x & \cdots & x \\ 0 & x & x+2 & x & \cdots & x \\ 0 & x & x & x+3 & \cdots & x \\ \vdots & \vdots & \vdots & \vdots & & \vdots \\ 0 & x & x & x & \cdots & x+n \end{vmatrix}_{(n+1)\times(n+1)}$$

$$=\begin{vmatrix} 1 & x & x & x & \cdots & x \\ -1 & 1 & 0 & 0 & \cdots & 0 \\ -1 & 0 & 2 & 0 & \cdots & 0 \\ -1 & 0 & 0 & 3 & \cdots & 0 \\ \vdots & \vdots & \vdots & \vdots & & \vdots \\ -1 & 0 & 0 & 0 & \cdots & n \end{vmatrix}_{(n+1)\times(n+1)}$$

$$=\begin{vmatrix} 1+x+\frac{x}{2}+\cdots+\frac{x}{n} & x & x & x & \cdots & x \\ 0 & 1 & 0 & 0 & \cdots & 0 \\ 0 & 0 & 2 & 0 & \cdots & 0 \\ 0 & 0 & 0 & 3 & \cdots & 0 \\ \vdots & \vdots & \vdots & \vdots & & \vdots \\ 0 & 0 & 0 & 0 & \cdots & n \end{vmatrix}_{(n+1)\times(n+1)}$$

$$=n!\left(1+x+\frac{x}{2}+\cdots+\frac{x}{n}\right).$$

10. 解：$D_1=1,D_2=-1$，当 $n\geqslant 3$ 时，将原行列式的第 2 行的-1 倍加到第 3 行，第 1 行的-1 倍加到第 2 行，则第 2 行与第 3 行完全相同，因此当 $n\geqslant 3$ 时 $D_n=0$.

11. 证明：将原行列式的最后 1 列分成两个数之和，再降阶可得

$$D_n=\begin{vmatrix} x_1 & a & a & \cdots & a+0 \\ b & x_2 & a & \cdots & a+0 \\ b & b & x_3 & \cdots & a+0 \\ \vdots & \vdots & \vdots & & \vdots \\ b & b & b & \cdots & a+x_n-a \end{vmatrix}=\begin{vmatrix} x_1 & a & a & \cdots & a \\ b & x_2 & a & \cdots & a \\ \vdots & \vdots & \vdots & & \vdots \\ b & b & b & \cdots & a \end{vmatrix}+(x_n-a)D_{n-1},$$

$$D_n=a(x_1-b)(x_2-b)\cdots(x_{n-1}-b)+(x_n-a)D_{n-1}. \tag{1}$$

由行列式与其转置行列式相等，于是有

$$D_n=b(x_1-a)(x_2-a)\cdots(x_{n-1}-a)+(x_n-b)D_{n-1}. \tag{2}$$

解上述由式(1)和式(2)组成的关于 D_n,D_{n-1} 的方程组,可得

$$D_n=\frac{af(b)-bf(a)}{a-b}.$$

12. 解：将 D 添上第 1 行和最后 1 列，然后将最后 1 列依次加到第 1 列至倒数第 2 列可得

$$D=(-1)^{n+1}\begin{vmatrix}1-1 & 1-1 & \cdots & 1-1 & 1-1 & 1\\ 2^n-2 & 2^{n-1}-2 & \cdots & 2^3-2 & 2^2-2 & 2\\ 3^n-3 & 3^{n-1}-3 & \cdots & 3^3-3 & 3^2-3 & 3\\ \vdots & \vdots & & \vdots & \vdots & \vdots\\ n^n-n & n^{n-1}-n & \cdots & n^3-n & n^2-n & n\end{vmatrix}$$

$$=(-1)^{n+1}\begin{vmatrix}1 & 1 & \cdots & 1 & 1 & 1\\ 2^n & 2^{n-1} & \cdots & 2^3 & 2^2 & 2\\ 3^n & 3^{n-1} & \cdots & 3^3 & 3^2 & 3\\ \vdots & \vdots & & \vdots & \vdots & \vdots\\ n^n & n^{n-1} & \cdots & n^3 & n^2 & n\end{vmatrix}=(-1)^{n+1}n!\begin{vmatrix}1 & 1 & \cdots & 1 & 1 & 1\\ 2^{n-1} & 2^{n-2} & \cdots & 2^2 & 2 & 1\\ 3^{n-1} & 3^{n-2} & \cdots & 3^2 & 3 & 1\\ \vdots & \vdots & & \vdots & \vdots & \vdots\\ n^{n-1} & n^{n-2} & \cdots & n^2 & n & 1\end{vmatrix}.$$

再将以上行列式逐列进行交换可得范德蒙行列式,利用公式可导出

$$D=(-1)^{n+1}n!(-1)^{\frac{n(n-1)}{2}}\begin{vmatrix}1 & 1 & 1 & \cdots & 1 & 1\\ 1 & 2 & 2^2 & \cdots & 2^{n-2} & 2^{n-1}\\ 1 & 3 & 3^2 & \cdots & 3^{n-2} & 3^{n-1}\\ \vdots & \vdots & \vdots & & \vdots & \vdots\\ 1 & n & n^2 & \cdots & n^{n-2} & n^{n-1}\end{vmatrix}$$

$$=(-1)^{\frac{n^2+n+2}{2}}n!\prod_{i\leqslant j<i\leqslant n}(i-j).$$

13. 解：将 D 添上一行一列变成下列范德蒙行列式：

$$d=\begin{vmatrix}1 & 1 & 1 & \cdots & 1 & 1\\ x_1 & x_2 & x_3 & \cdots & x_n & x_{n+1}\\ \vdots & \vdots & \vdots & & \vdots & \vdots\\ x_1^{n-3} & x_2^{n-3} & x_3^{n-3} & \cdots & x_n^{n-3} & x_{n+1}^{n-3}\\ x_1^{n-2} & x_2^{n-2} & x_3^{n-2} & \cdots & x_n^{n-2} & x_{n+1}^{n-2}\\ x_1^{n-1} & x_2^{n-1} & x_3^{n-1} & \cdots & x_n^{n-1} & x_{n+1}^{n-1}\\ x_1^{n} & x_2^{n} & x_3^{n} & \cdots & x_n^{n} & x_{n+1}^{n}\end{vmatrix}=\prod_{1\leqslant j<i\leqslant n+1}(x_i-x_j)$$

$$=\prod_{1\leqslant j<i\leqslant n}(x_i-x_j)(x_{n+1}-x_1)(x_{n+1}-x_2)\cdots(x_{n+1}-x_n)$$

$D=M_{n-1,n+1}=A_{n-1,n+1}=d$ 中 x_{n+1}^{n-2} 的系数

$$=(x_1x_2+\cdots+x_1x_n+x_2x_3+\cdots+x_2x_n+\cdots+x_{n-1}x_n)\prod_{1\leqslant j<i\leqslant n}(x_i-x_j).$$

14. 答案:$(-1)^{\frac{n(n-1)}{2}}(1-n)^{n-1}$.对行列式 D_n 增加一行和一列,有

$$D_n=D_{n+1}=\begin{vmatrix}1 & 1 & 1 & \cdots & 1 & 1\\ 0 & 1 & 1 & \cdots & 1 & 2-n\\ 0 & 1 & 1 & \cdots & 2-n & 1\\ \vdots & \vdots & \vdots & & \vdots & \vdots\\ 0 & 2-n & 1 & \cdots & 1 & 1\end{vmatrix}_{(n+1)\times(n+1)}.$$

将第 1 行的 -1 倍依次加到第 2 行至第 $n+1$ 行，得

$$D_n=D_{n+1}=\begin{vmatrix}1&1&1&\cdots&1&1\\-1&0&0&\cdots&0&1-n\\-1&0&0&\cdots&1-n&0\\\vdots&\vdots&\vdots&&\vdots&\vdots\\-1&1-n&0&\cdots&0&0\end{vmatrix}_{(n+1)\times(n+1)}.$$

将第 2 列，第 3 列，…，第 $n+1$ 列的 $\frac{1}{1-n}$ 倍都加到第 1 列，则

$$D_n=D_{n+1}=\begin{vmatrix}1+\frac{n}{1-n}&1&1&\cdots&1&1\\0&0&0&\cdots&0&1-n\\0&0&0&\cdots&1-n&0\\\vdots&\vdots&\vdots&&\vdots&\vdots\\0&1-n&0&\cdots&0&0\end{vmatrix}$$

$$=\left(1+\frac{n}{1-n}\right)(1-n)^n(-1)^{\tau(n,n-1\cdots1)}$$

$$=(-1)^{\frac{n(n-1)}{2}}(1-n)^{n-1}.$$

【提示】 也可用第 7 题的解法二中的方法.

15. 解：将原行列式从最后一行开始减去前面一行，利用公式 $C_n^k=C_{n-1}^k+C_{n-1}^{k-1}$，将行列式化简，然后降一阶，再对降阶后的行列式按前面的方法做同样的处理，一直做下去，可得 $\Delta=1$.

16. 解：将原行列式的第 1 列的 $-a_2$ 倍，$-a_3$ 倍，…，$-a_n$ 倍分别加到第 2 列，第 3 列，…，第 n 列，则

$$f(x)=\begin{vmatrix}x-3&a_2(2-x)&a_3(2-x)&\cdots&a_n(2-x)\\-a_2&x-2&0&\cdots&0\\-a_3&0&x-2&\cdots&0\\\vdots&\vdots&\vdots&&\vdots\\-a_n&0&0&\cdots&x-2\end{vmatrix}$$

$$=(x-2)^{n-1}\begin{vmatrix}x-3&-a_2&-a_3&\cdots&-a_n\\-a_2&1&0&\cdots&0\\-a_3&0&1&\cdots&0\\\vdots&\vdots&\vdots&&\vdots\\-a_n&0&0&\cdots&1\end{vmatrix}.$$

再将上述行列式的第 2 列的 a_2 倍，第 3 列的 a_3 倍，…，第 n 列的 a_n 倍都加到第 1 列，可得

$$f(x)=(x-2)^{n-1}\begin{vmatrix}x-3-a_2^2-\cdots-a_n^2&-a_2&-a_3&\cdots&-a_n\\0&1&0&\cdots&0\\0&0&1&\cdots&0\\\vdots&\vdots&\vdots&&\vdots\\0&0&0&\cdots&1\end{vmatrix}$$

$$=(x-2)^{n-1}(x-3-a_2^2-\cdots-a_n^2).$$

所以，$x=2$ 是 $f(x)$ 的 $n-1$ 重根，$3+a_2^2+\cdots+a_n^2$ 是 $f(x)$ 的单根.

17. 答案：$3^{n+1}-2^{n+1}$. 事实上，降阶可得递推式 $D_n=5D_{n-1}-6D_{n-2}$.

利用特征根法，构造特征方程 $x^2-5x+6=0$. 它的两个根是 2,3，令

$$D_n=A2^{n-1}+B3^{n-1}.$$

令 $n=1,2$ 可得 $\begin{cases}A+B=5,\\2A+3B=19,\end{cases}$ 解得 $A=-4,B=9$. 所以 $D_n=3^{n+1}-2^{n+1}$.

18. 解：降价可得递推式 $D_n=2D_{n-1}-D_{n-2}$，于是

$$D_n-D_{n-1}=D_{n-1}-D_{n-2}=\cdots=D_3-D_2=D_2-D_1=1,$$

从而 $$D_n-D_{n-1}=1,\quad D_{n-1}-D_{n-2}=1,\quad \cdots,\quad D_3-D_2=1,\quad D_2-D_1=1.$$

将以上 $n-1$ 个等式相加可得 $D_n-D_1=n-1$，而 $D_1=2$，故 $D_n=n+1$.

19. 解：将原行列式的第 2 列的 $-x$ 倍加到第 1 列，第 3 列的 $-x$ 倍加到第 2 列，…，第 $n+1$ 列的 $-x$ 倍加到第 n 列，则

$$D_{n+1}=\begin{vmatrix}a+x & -1 & 0 & 0 & \cdots & 0 & 0\\ 0 & a+x & -1 & 0 & \cdots & 0 & 0\\ 0 & 0 & a+x & -1 & \cdots & 0 & 0\\ \vdots & \vdots & \vdots & \vdots & & \vdots & \vdots\\ 0 & 0 & 0 & 0 & \cdots & a+x & -1\\ 0 & 0 & 0 & 0 & \cdots & 0 & a\end{vmatrix}=a(a+x)^n.$$

20. 解：D 的展开式中有 $n!$ 项，每一项是 1 或者 -1，令正项个数为 x，负项个数为 y，则有 $\begin{cases}x+y=n!,\\x-y=D,\end{cases}$ 解得 $x=\dfrac{D+n!}{2}$.

将原行列式的第 n 行分别加到以上各行可计算出原行列式的值，即

$$D=\begin{vmatrix}2 & 0 & 0 & \cdots & 0 & 0\\ 2 & 2 & 0 & \cdots & 0 & 0\\ \vdots & \vdots & \vdots & & \vdots & \vdots\\ 2 & 2 & 2 & \cdots & 2 & 0\\ 1 & 1 & 1 & \cdots & 1 & 1\end{vmatrix}=2^{n-1},$$

所以 $x=\dfrac{1}{2}(2^{n-1}+n!)$.

21. 证明：数学归纳法.

当 $n=3$ 时，$D_3=\begin{vmatrix}a_{11} & a_{12} & a_{13}\\ a_{21} & a_{22} & a_{23}\\ a_{31} & a_{32} & a_{33}\end{vmatrix}$.

用行变换将 D_3 的第 1 列全变成 1，如果 $a_{11}=-1$，则用 -1 乘以第 1 行，同样可用列变换将 a_{12},a_{13} 变为 -1，然后将第 1 列分别加到第 2,3 列上，那么

$$|D_3|=\left\|\begin{matrix}1 & 0 & 0\\ 1 & b_{22} & b_{23}\\ 1 & b_{32} & b_{33}\end{matrix}\right\|,$$

其中 b_{ij} 只可能取 0 或 2，于是 $|D_3|\leqslant 4=(3-1)!\,(3-1)$.

假设 D 为 $n-1$ 阶行列式，结论成立，即 $|D_{n-1}|\leqslant(n-2)!\,(n-2)$.

当 D 为 n 阶行列式时，按第 1 行展开，然后两边取绝对值，可得

$$|D_n|=|a_{11}A_{11}+a_{12}A_{12}+\cdots+a_{1n}A_{1n}|,$$

其中 $a_{ij}=1$ 或 -1. 于是，利用绝对值不等式及归纳假设可得

$$|D_n|\leqslant|A_{11}|+|A_{12}|+\cdots+|A_{1n}|\leqslant(n-2)!\,(n-2)n.$$

而

$$\begin{aligned}(n-1)!\,(n-1)-(n-2)!\,(n-2)n&=(n-2)!\,[(n-1)^2-n^2+2n]\\&=(n-2)!\geqslant 0,\end{aligned}$$

即

$$(n-1)!\,(n-1)\geqslant(n-2)!\,(n-2)n,$$

于是 $|D_n|\leqslant(n-1)!\,(n-1)$.

22. 提示：可利用升阶的方法将行列式化为较为简单的零元素较多的行列式，然后可利用定义求解；也可分别将第 2 列至第 n 列加到第 1 列，然后提公因式化简可得行列式的值为 $(-1)^{\frac{n(n-1)}{2}}(a+n)a^{n-1}$.

23. 错. 事实上，作偶数次 $2(n-2)$ 相邻对换不改变排列的奇偶性.

24. 证明：$|\boldsymbol{AA}^*|=|\boldsymbol{A}|^n$，$|\boldsymbol{AA}^*|=|\boldsymbol{A}||\boldsymbol{A}^*|$.

(1) 当 $|\boldsymbol{A}|=0$ 时，而 $\boldsymbol{AA}^*=|\boldsymbol{A}|\boldsymbol{E}=\boldsymbol{O}$，因此 $R(\boldsymbol{A})+R(\boldsymbol{A}^*)\leqslant n$，故 $R(\boldsymbol{A}^*)<n$，所以 $|\boldsymbol{A}^*|=0$.

(2) 当 $|\boldsymbol{A}|\neq 0$ 时，$|\boldsymbol{A}^*|=\dfrac{|\boldsymbol{A}|^n}{|\boldsymbol{A}|}=|\boldsymbol{A}|^{n-1}$.

25. 解：

$$\begin{vmatrix}0&2&&&&\\2&0&2&&&\\&2&0&\ddots&&\\&&\ddots&\ddots&\ddots&\\&&&\ddots&0&2\\&&&&2&0\end{vmatrix}=2^n\begin{vmatrix}0&1&&&&\\1&0&1&&&\\&1&0&\ddots&&\\&&\ddots&\ddots&\ddots&\\&&&\ddots&0&1\\&&&&1&0\end{vmatrix}=2^nD_n.$$

将 D_n 先按第 1 行展开，然后按第 1 列展开，有 $D_n=-D_{n-2}$，所以

$$D_n=-D_{n-2}=-(-D_{n-4})=D_{n-4}=-D_{n-6}=\cdots=(-1)^kD_{n-2k}.$$

当 n 为奇数时，令 $n=2m+1$，则

$$D_{2m+1}=(-1)^mD_{n-2m}=(-1)^mD_1=0.$$

故所求行列式为 0.

当 n 为偶数时，令 $n=2m$，则

$$\begin{aligned}D_{2m}&=(-1)^{\frac{n-2}{2}}D_{n-(n-2)}=(-1)^{m-1}D_2\\&=(-1)^{m-1}(-1)=(-1)^m\\&=\begin{cases}1,&m=2t,\\-1,&m=2t+1,\end{cases}\quad t=1,2,\cdots.\end{aligned}$$

故原行列式为 2^n 或 -2^n.

26. 提示：原行列式中的每个元素都为奇数，那么将第 2 行、第 3 行和第 4 行依次减去第 1 行可得三行的元素都为偶数，每行可提 2 即证.

27. 解：由行列式性质可得

$$\begin{vmatrix} 1 & 1 & \cdots & 1 \\ x_1+1 & x_2+1 & \cdots & x_n+1 \\ x_1^2+x_1 & x_2^2+x_2 & \cdots & x_n^2+x_n \\ \vdots & \vdots & & \vdots \\ x_1^{n-1}+x_1^{n-2} & x_2^{n-1}+x_2^{n-2} & \cdots & x_n^{n-1}+x_n^{n-2} \end{vmatrix} = \begin{vmatrix} 1 & 1 & \cdots & 1 \\ x_1 & x_2 & \cdots & x_n \\ x_1^2+x_1 & x_2^2+x_2 & \cdots & x_n^2+x_n \\ \vdots & \vdots & & \vdots \\ x_1^{n-1}+x_1^{n-2} & x_2^{n-1}+x_2^{n-2} & \cdots & x_n^{n-1}+x_n^{n-2} \end{vmatrix} + \begin{vmatrix} 1 & 1 & \cdots & 1 \\ 1 & 1 & \cdots & 1 \\ x_1^2+x_1 & x_2^2+x_2 & \cdots & x_n^2+x_n \\ \vdots & \vdots & & \vdots \\ x_1^{n-1}+x_1^{n-2} & x_2^{n-1}+x_2^{n-2} & \cdots & x_n^{n-1}+x_n^{n-2} \end{vmatrix}.$$

显然,第二个行列式为0,连续运用此性质得

$$\begin{vmatrix} 1 & 1 & \cdots & 1 \\ x_1+1 & x_2+1 & \cdots & x_n+1 \\ x_1^2+x_1 & x_2^2+x_2 & \cdots & x_n^2+x_n \\ \vdots & \vdots & & \vdots \\ x_1^{n-1}+x_1^{n-2} & x_2^{n-1}+x_2^{n-2} & \cdots & x_n^{n-1}+x_n^{n-2} \end{vmatrix} = \begin{vmatrix} 1 & 1 & \cdots & 1 \\ x_1 & x_2 & \cdots & x_n \\ x_1^2 & x_2^2 & \cdots & x_n^2 \\ \vdots & \vdots & & \vdots \\ x_1^{n-1} & x_2^{n-1} & \cdots & x_n^{n-1} \end{vmatrix} = \prod_{1\leqslant j<i\leqslant n}(x_i-x_j).$$

28. 证:$\begin{vmatrix} \boldsymbol{A} & \boldsymbol{a} \\ \boldsymbol{a}^{\mathrm{T}} & \alpha \end{vmatrix} = \begin{vmatrix} \boldsymbol{A} & \boldsymbol{a}+\boldsymbol{0} \\ \boldsymbol{a}^{\mathrm{T}} & \beta+(\alpha-\beta) \end{vmatrix} = \begin{vmatrix} \boldsymbol{A} & \boldsymbol{a} \\ \boldsymbol{a}^{\mathrm{T}} & \beta \end{vmatrix} + \begin{vmatrix} \boldsymbol{A} & \boldsymbol{0} \\ \boldsymbol{a}^{\mathrm{T}} & \alpha-\beta \end{vmatrix} = (\alpha-\beta)|\boldsymbol{A}|.$

29. 解:将行列式逐行交换得

$$\begin{aligned}\Delta &= (-1)^{\frac{n(n+1)}{2}} \begin{vmatrix} 1 & 1 & \cdots & 1 \\ a & a-1 & \cdots & a-n \\ \vdots & \vdots & & \vdots \\ a^{n-1} & (a-1)^{n-1} & \cdots & (a-n)^{n-1} \\ a^n & (a-1)^n & \cdots & (a-n)^n \end{vmatrix} \\ &= (-1)^{\frac{n(n+1)}{2}} \prod_{0\leqslant j<i\leqslant n}[(a-i)-(a-j)] \\ &= (-1)^{\frac{n(n+1)}{2}} \prod_{0\leqslant j<i\leqslant n}(j-i).\end{aligned}$$

30. 解:设 $\boldsymbol{A}=(b_{ij})_{n\times n}$,则由条件可知 $\boldsymbol{A}^{\mathrm{T}}=-\boldsymbol{A}$. 又 $|\boldsymbol{A}|=1$,故 k 必为偶数. 事实上,可用反证法证明. 假设 k 为奇数,则 $\boldsymbol{A}^{\mathrm{T}}=-\boldsymbol{A}\Rightarrow|\boldsymbol{A}^{\mathrm{T}}|=|\boldsymbol{A}|=|-\boldsymbol{A}|=-|\boldsymbol{A}|\Rightarrow|\boldsymbol{A}|=0$,矛盾.

因为 k 必为偶数,又 $\boldsymbol{A}^{\mathrm{T}}=-\boldsymbol{A}$,所以 $\sum\limits_{i,j=1}^{k}A_{ij}=0$.

由行列式性质,将计算的行列式依次按第1列到最后1列展开可得

$$\begin{vmatrix} a+b_{11} & a+b_{12} & \cdots & a+b_{1k} \\ a+b_{21} & a+b_{22} & \cdots & a+b_{2k} \\ \vdots & \vdots & & \vdots \\ a+b_{k1} & a+b_{k2} & \cdots & a+b_{kk} \end{vmatrix} = |\boldsymbol{A}|+a\sum_{i,j=1}^{k}A_{ij} = |\boldsymbol{A}|=1.$$

31. 解:(1) 因 $\begin{pmatrix} \boldsymbol{O} & \boldsymbol{I}_m \\ \boldsymbol{I}_n & \boldsymbol{O} \end{pmatrix}^{-1}\begin{pmatrix} \boldsymbol{I}_m & \boldsymbol{B} \\ \boldsymbol{A} & \boldsymbol{I}_n \end{pmatrix}\begin{pmatrix} \boldsymbol{O} & \boldsymbol{I}_m \\ \boldsymbol{I}_n & \boldsymbol{O} \end{pmatrix}=\begin{pmatrix} \boldsymbol{O} & \boldsymbol{I}_n \\ \boldsymbol{I}_m & \boldsymbol{O} \end{pmatrix}\begin{pmatrix} \boldsymbol{I}_m & \boldsymbol{B} \\ \boldsymbol{A} & \boldsymbol{I}_n \end{pmatrix}\begin{pmatrix} \boldsymbol{O} & \boldsymbol{I}_m \\ \boldsymbol{I}_n & \boldsymbol{O} \end{pmatrix}=\begin{pmatrix} \boldsymbol{I}_m & \boldsymbol{A} \\ \boldsymbol{B} & \boldsymbol{I}_n \end{pmatrix}$,

故
$$\begin{vmatrix} \boldsymbol{I}_m & \boldsymbol{B} \\ \boldsymbol{A} & \boldsymbol{I}_n \end{vmatrix} = \begin{vmatrix} \boldsymbol{I}_m & \boldsymbol{A} \\ \boldsymbol{B} & \boldsymbol{I}_n \end{vmatrix}.$$

又因
$$\begin{vmatrix} I_m & B \\ A & I_n \end{vmatrix}=\begin{vmatrix} I_m & O \\ -A & I_n \end{vmatrix}\begin{vmatrix} I_m & B \\ A & I_n \end{vmatrix}=\left|\begin{pmatrix} I_m & O \\ -A & I_n \end{pmatrix}\begin{pmatrix} I_m & B \\ A & I_n \end{pmatrix}\right|=\begin{vmatrix} I_m & B \\ O & I_n-AB \end{vmatrix},$$
$$\begin{vmatrix} I_n & A \\ B & I_m \end{vmatrix}=\begin{vmatrix} I_n & O \\ -B & I_m \end{vmatrix}\begin{vmatrix} I_n & A \\ B & I_m \end{vmatrix}=\left|\begin{pmatrix} I_n & O \\ -B & I_m \end{pmatrix}\begin{pmatrix} I_n & A \\ B & I_m \end{pmatrix}\right|=\begin{vmatrix} I_n & A \\ O & I_m-BA \end{vmatrix},$$
故
$$\begin{vmatrix} I_m & B \\ O & I_n-AB \end{vmatrix}=\begin{vmatrix} I_n & A \\ O & I_m-BA \end{vmatrix},\quad \text{即} \quad |I_n-AB|=|I_m-BA|.$$

(2) 设 $\boldsymbol{\alpha}=(a_1,a_2,\cdots,a_n)^{\mathrm{T}}$，$\boldsymbol{X}=(x_1,x_2,\cdots,x_n)^{\mathrm{T}}$，$\boldsymbol{e}=(1,1,\cdots,1)^{\mathrm{T}}\in\mathbf{C}^n$，则
$$D=|I_n+\boldsymbol{\alpha}\boldsymbol{e}^{\mathrm{T}}+\boldsymbol{e}\boldsymbol{X}^{\mathrm{T}}|=\left|I_n-(-\boldsymbol{\alpha},-\boldsymbol{e})\begin{pmatrix}\boldsymbol{e}^{\mathrm{T}}\\ \boldsymbol{X}^{\mathrm{T}}\end{pmatrix}\right|.$$
利用(1)可得
$$D=\left|I_2-\begin{pmatrix}\boldsymbol{e}^{\mathrm{T}}\\ \boldsymbol{X}^{\mathrm{T}}\end{pmatrix}(-\boldsymbol{\alpha},-\boldsymbol{e})\right|=\begin{vmatrix}1+\boldsymbol{e}^{\mathrm{T}}\boldsymbol{\alpha} & \boldsymbol{e}^{\mathrm{T}}\boldsymbol{e}\\ \boldsymbol{X}\boldsymbol{\alpha}^{\mathrm{T}} & 1+\boldsymbol{X}^{\mathrm{T}}\boldsymbol{e}\end{vmatrix}$$
$$=\begin{vmatrix}1+\sum_{i=1}^n a_i & n\\ \sum_{i=1}^n a_ix_i & 1+\sum_{i=1}^n x_i\end{vmatrix}=\left(1+\sum_{i=1}^n a_i\right)\left(1+\sum_{i=1}^n x_i\right)-n\sum_{i=1}^n a_ix_i$$
$$=\sum_{i=1}^n a_i\sum_{i=1}^n x_i+\sum_{i=1}^n a_i+\sum_{i=1}^n x_i-n\sum_{i=1}^n a_ix_i+1.$$

32. 解：
$$D_n=\begin{vmatrix}-1+x+1 & -1 & \cdots & -1\\ 1 & x & \cdots & -1\\ \vdots & \vdots & & \vdots\\ 1 & 1 & \cdots & x\end{vmatrix}=\begin{vmatrix}-1 & -1 & \cdots & -1\\ 1 & x & \cdots & -1\\ \vdots & \vdots & & \vdots\\ 1 & 1 & \cdots & x\end{vmatrix}+\begin{vmatrix}x+1 & -1 & \cdots & -1\\ 0 & x & \cdots & -1\\ \vdots & \vdots & & \vdots\\ 0 & 1 & \cdots & x\end{vmatrix}$$
$$=\begin{vmatrix}-1 & -1 & \cdots & -1\\ 0 & x-1 & \cdots & -2\\ \vdots & \vdots & & \vdots\\ 0 & 0 & \cdots & x-1\end{vmatrix}+\begin{vmatrix}x+1 & -1 & \cdots & -1\\ 0 & x & \cdots & -1\\ \vdots & \vdots & & \vdots\\ 0 & 1 & \cdots & x\end{vmatrix}$$
$$=-(x-1)^{n-1}+(x+1)D_{n-1}. \tag{1}$$
同理，可得
$$D_n=\begin{vmatrix}1+x-1 & -1 & \cdots & -1\\ 1 & x & \cdots & -1\\ \vdots & \vdots & & \vdots\\ 1 & 1 & \cdots & x\end{vmatrix}=\begin{vmatrix}1 & -1 & \cdots & -1\\ 1 & x & \cdots & -1\\ \vdots & \vdots & & \vdots\\ 1 & 1 & \cdots & x\end{vmatrix}+\begin{vmatrix}x-1 & 0 & \cdots & 0\\ 1 & x & \cdots & -1\\ \vdots & \vdots & & \vdots\\ 1 & 1 & \cdots & x\end{vmatrix}$$
$$=(x+1)^{n-1}+(x-1)D_{n-1}. \tag{2}$$
联立式(1)和式(2)，可得
$$D_n=\frac{1}{2}[(x+1)^n+(x-1)^n].$$

33. 解：$D=\begin{vmatrix}2+x_1 & 2+x_1^2 & \cdots & 2+x_1^n\\ 2+x_2 & 2+x_2^2 & \cdots & 2+x_2^n\\ \vdots & \vdots & & \vdots\\ 2+x_n & 2+x_n^2 & \cdots & 2+x_n^n\end{vmatrix}$.

利用两列之间的特征，将第 1 项拆项计算即可.

34. 解：因 $d\neq 0$，故 $\exists A_{ij}\neq 0$. 不妨设 $A_{nn}\neq 0$，

$$\left|\begin{pmatrix} A_{11} & A_{12} & \cdots & A_{1,n-1} \\ A_{21} & A_{22} & \cdots & A_{2,n-1} \\ \vdots & \vdots & & \vdots \\ A_{n-1,1} & A_{n-1,2} & \cdots & A_{n-1,n-1} \end{pmatrix}\begin{pmatrix} a_{11} & a_{21} & \cdots & a_{n-1,1} \\ a_{12} & a_{22} & \cdots & a_{n-1,2} \\ \vdots & \vdots & & \vdots \\ a_{1,n-1} & a_{2,n-1} & \cdots & a_{n-1,n-1} \end{pmatrix}\right|$$

$$=\begin{vmatrix} d-a_{1n}A_{1n} & -a_{2n}A_{1n} & \cdots & -a_{n-1,n}A_{1n} \\ -a_{1n}A_{2n} & d-a_{2n}A_{2n} & \cdots & -a_{n-1,n}A_{2n} \\ \vdots & \vdots & & \vdots \\ -a_{1n}A_{n-1,n} & -a_{2n}A_{n-1,n} & \cdots & d-a_{n-1,n}A_{n-1,n} \end{vmatrix}. \qquad (*)$$

下面计算

$$\Delta_{n-1}=\begin{vmatrix} d-a_{1n}A_{1n} & -a_{2n}A_{1n} & \cdots & -a_{n-1,n}A_{1n} \\ -a_{1n}A_{2n} & d-a_{2n}A_{2n} & \cdots & -a_{n-1,n}A_{2n} \\ \vdots & \vdots & & \vdots \\ -a_{1n}A_{n-1,n} & -a_{2n}A_{n-1,n} & \cdots & d-a_{n-1,n}A_{n-1,n} \end{vmatrix}.$$

按最后 1 列拆两项得

$$\Delta_{n-1}=\begin{vmatrix} d-a_{1n}A_{1n} & -a_{2n}A_{1n} & \cdots & 0 \\ -a_{1n}A_{2n} & d-a_{2n}A_{2n} & \cdots & 0 \\ \vdots & \vdots & & \vdots \\ -a_{1n}A_{n-1,n} & -a_{2n}A_{n-1,n} & \cdots & d \end{vmatrix}+\begin{vmatrix} d-a_{1n}A_{1n} & -a_{2n}A_{1n} & \cdots & -a_{n-1,n}A_{1n} \\ -a_{1n}A_{2n} & d-a_{2n}A_{2n} & \cdots & -a_{n-1,n}A_{2n} \\ \vdots & \vdots & & \vdots \\ -a_{1n}A_{n-1,n} & -a_{2n}A_{n-1,n} & \cdots & -a_{n-1,n}A_{n-1,n} \end{vmatrix}$$

$$=d\Delta_{n-2}+(-a_{n-1,n})\begin{vmatrix} d-a_{1n}A_{1n} & -a_{2n}A_{1n} & \cdots & A_{1n} \\ -a_{1n}A_{2n} & d-a_{2n}A_{2n} & \cdots & A_{2n} \\ \vdots & \vdots & & \vdots \\ -a_{1n}A_{n-1,n} & -a_{2n}A_{n-1,n} & \cdots & A_{n-1,n} \end{vmatrix}$$

$$=d\Delta_{n-2}+(-a_{n-1,n})\begin{vmatrix} d & 0 & \cdots & A_{1n} \\ 0 & d & \cdots & A_{2n} \\ \vdots & \vdots & & \vdots \\ 0 & 0 & \cdots & A_{n-1,n} \end{vmatrix}$$

$$=d\Delta_{n-2}+d^{n-2}(-a_{n-1,n})A_{n-1,n},$$

从而用归纳法可得

$$\Delta_{n-1}=-d^{n-2}(a_{1n}A_{1n}+a_{2n}A_{2n}+\cdots+a_{n-1,n}A_{n-1,n})=d^{n-2}a_{nn}A_{nn}.$$

由(∗)式可知 $D_{n-1}A_{nn}=\Delta_{n-1}=d^{n-2}a_{nn}A_{nn}$，所以 $D_{n-1}=d^{n-2}a_{nn}$.

35. 解：当 $l=1$ 时，$D=|2|=2$.

当 $l=2$ 时，

$$D=\begin{vmatrix} 2 & -1 \\ -1 & 2 \end{vmatrix}=3.$$

当 $l\geqslant 3$ 时，把第 2 列到第 l 列加到第 1 列，再按第 1 列展开得

$$D=(1-m)\begin{vmatrix} 2 & -1 & 0 & \cdots & 0 & 0 \\ -1 & 2 & -1 & \cdots & 0 & 0 \\ 0 & -1 & 2 & \cdots & 0 & 0 \\ \vdots & \vdots & \vdots & & \vdots & \vdots \\ 0 & 0 & 0 & \cdots & 2 & -1 \\ 0 & 0 & 0 & \cdots & -1 & 2 \end{vmatrix}+(-1)^{l+1}(1-n)\begin{vmatrix} -1 & 0 & 0 & \cdots & 0 & -m \\ 2 & -1 & 0 & \cdots & 0 & 0 \\ -1 & 2 & -1 & \cdots & 0 & 0 \\ \vdots & \vdots & \vdots & & \vdots & \vdots \\ 0 & 0 & 0 & \cdots & -1 & 0 \\ 0 & 0 & 0 & \cdots & 2 & -1 \end{vmatrix}.$$

设

$$B_{l-1}=\begin{vmatrix} 2 & -1 & 0 & \cdots & 0 & 0 \\ -1 & 2 & -1 & \cdots & 0 & 0 \\ 0 & -1 & 2 & \cdots & 0 & 0 \\ \vdots & \vdots & \vdots & & \vdots & \vdots \\ 0 & 0 & 0 & \cdots & 2 & -1 \\ 0 & 0 & 0 & \cdots & -1 & 2 \end{vmatrix},$$

再将上式中的第 2 个行列式按第 1 行展开得

$$\begin{aligned} D&=(1-m)B_{l-1}+(-1)^{l+1}(1-n)[(-1)^{l-1}+(-1)^{l+1}mB_{l-2}] \\ &=(1-m)B_{l-1}+(1-n)mB_{l-2}+1-n. \end{aligned}$$

下面求 B_{l-1}. 对 B_{l-1} 按第 1 行展开可得递推式

$$B_{l-1}=2B_{l-2}-B_{l-3}\Rightarrow B_{l-1}-B_{l-2}=B_{l-2}-B_{l-3},$$

从而数列 $B_{l-1}-B_{l-2}$ 为等比数列,公比为 1. 故 $B_{l-1}-B_{l-2}=B_2-B_1=3-2=1$, 从而数列 B_{l-1} 为等差数列,公差为 1,所以

$$B_{l-1}=B_1+(l-2)d=3+l-2=l+1.$$

综上所述, $D=(1-m)(l+1)+(1-n)ml+1-n=2+l+n-m-nml.$

36. 解:将行列式的第 1 行乘以 $-\dfrac{a_1+b_1}{a_i+b_1}$ 加到第 i 行($i=2,3,\cdots,n$)可得

$$D_n=|\boldsymbol{A}|=\begin{vmatrix} \dfrac{1}{a_1+b_1} & \dfrac{1}{a_1+b_2} & \cdots & \dfrac{1}{a_1+b_n} \\ 0 & \dfrac{(b_2-b_1)(a_2-a_1)}{(a_2+b_1)(a_1+b_2)(a_2+b_2)} & \cdots & \dfrac{(b_n-b_1)(a_2-a_1)}{(a_2+b_1)(a_1+b_n)(a_2+b_n)} \\ \vdots & \vdots & & \vdots \\ 0 & \dfrac{(b_2-b_1)(a_2-a_n)}{(a_2+b_1)(a_n+b_2)(a_n+b_2)} & \cdots & \dfrac{(b_n-b_1)(a_n-a_1)}{(a_n+b_1)(a_1+b_n)(a_n+b_n)} \end{vmatrix}.$$

将上式按第 1 列展开得

$$\begin{aligned} D_n&=\frac{1}{a_1+b_1}\begin{vmatrix} \dfrac{(b_2-b_1)(a_2-a_1)}{(a_2+b_1)(a_1+b_2)(a_2+b_2)} & \cdots & \dfrac{(b_n-b_1)(a_2-a_1)}{(a_2+b_1)(a_1+b_n)(a_2+b_n)} \\ \vdots & & \vdots \\ \dfrac{(b_2-b_1)(a_n-a_1)}{(a_n+b_1)(a_1+b_2)(a_n+b_2)} & \cdots & \dfrac{(b_n-b_1)(a_n-a_1)}{(a_n+b_1)(a_1+b_n)(a_n+b_n)} \end{vmatrix}\text{(按第 1 列展开)} \\ &=\frac{\prod\limits_{i=2}^{n}(b_i-b_1)(a_i-a_1)}{(a_1+b_1)\prod\limits_{i=2}^{n}(a_i+b_1)(b_i+a_1)}\begin{vmatrix} \dfrac{1}{a_2+b_2} & \cdots & \dfrac{1}{a_2+b_n} \\ \vdots & & \vdots \\ \dfrac{1}{a_n+b_2} & \cdots & \dfrac{1}{a_n+b_n} \end{vmatrix} \end{aligned}$$

$$=\frac{\prod_{i=2}^{n}(b_i-b_1)(a_i-a_1)}{(a_1+b_1)\prod_{i=2}^{n}(a_i+b_1)(b_i+a_1)}D_{n-1},$$

从而利用递推可得

$$D_n=\frac{\prod_{i=2}^{n}(b_i-b_1)(a_i-a_1)}{(a_1+b_1)\prod_{i=2}^{n}(a_i+b_1)(b_i+a_1)}D_{n-1}$$

$$=\frac{\prod_{i=2}^{n}(b_i-b_1)(a_i-a_1)}{(a_1+b_1)\prod_{i=2}^{n}(a_i+b_1)(b_i+a_1)}\frac{\prod_{i=3}^{n}(b_i-b_2)(a_i-a_2)}{(a_2+b_2)\prod_{i=3}^{n}(a_i+b_2)(b_i+a_2)}D_{n-2}=\cdots$$

$$=\frac{\prod_{i=2}^{n}(b_i-b_1)(a_i-a_1)}{(a_1+b_1)\prod_{i=2}^{n}(a_i+b_1)(b_i+a_1)}\frac{\prod_{i=3}^{n}(b_i-b_2)(a_i-a_2)}{(a_2+b_2)\prod_{i=3}^{n}(a_i+b_2)(b_i+a_2)}$$

$$\cdots\frac{\prod_{i=n-1}^{n}(b_i-b_{n-2})(a_i-a_{n-2})}{(a_{n-2}+b_{n-2})\prod_{i=n-1}^{n}(a_i+b_{n-2})(b_i+a_{n-2})}D_2$$

$$=\frac{\prod_{1\leqslant i<j\leqslant n}^{n}(b_j-b_i)(a_j-a_i)}{\prod_{j=1}^{n}\prod_{i=1}^{n}(a_i+b_j)}.$$

37. 解:设 $D_n=\begin{vmatrix}1-a_1 & a_2 & & & \\ -1 & 1-a_2 & a_3 & & \\ & -1 & \ddots & \ddots & \\ & & \ddots & \ddots & a_n \\ & & & -1 & 1-a_n\end{vmatrix}$,按最后1行展开得

$$D_n=(1-a_n)D_{n-1}+a_nD_{n-2},$$

$$D_n-D_{n-1}=-a_n(D_{n-1}-D_{n-2})=a_na_{n-1}(D_{n-2}-D_{n-3})=\cdots$$

$$=(-1)^{n-2}\prod_{i=3}^{n}a_i(D_2-D_1)=(-1)^{n-2}\prod_{i=1}^{n}a_i,\qquad(1)$$

又

$$D_n+a_nD_{n-1}=D_{n-1}+a_nD_{n-2}=\cdots=D_2+a_nD_1$$
$$=1-a_1+a_n+a_1a_2-a_1a_n.\qquad(2)$$

联立式(1)和式(2)可求得 D_n(略).

38. 解:$D=\begin{vmatrix}a & 1 & \cdots & 1\\ 1 & a & \cdots & 1\\ \vdots & \vdots & & \vdots\\ 1 & 1 & \cdots & a\end{vmatrix}\xlongequal{r_1+\sum_{2}^{n}r_i}\begin{vmatrix}a+n-1 & 1 & \cdots & 1\\ a+n-1 & a & \cdots & 1\\ \vdots & \vdots & & \vdots\\ a+n-1 & 1 & \cdots & a\end{vmatrix}$

$$=(a+n-1)\begin{vmatrix}1&1&\cdots&1\\1&a&\cdots&1\\\vdots&\vdots&&\vdots\\1&1&\cdots&a\end{vmatrix}=(a+n-1)\begin{vmatrix}1&1&\cdots&1\\0&a-1&\cdots&0\\\vdots&\vdots&&\vdots\\0&0&\cdots&a-1\end{vmatrix}$$

$$=(a+n-1)(a-1)^{n-1}.$$

39. (1) 解：

$$D_4=\begin{vmatrix}0&1&2&3\\1&0&1&2\\2&1&0&1\\3&2&1&0\end{vmatrix}=\begin{vmatrix}0&1&2&3\\1&-1&-1&-1\\1&1&-1&-1\\1&1&1&-1\end{vmatrix}=\begin{vmatrix}0&1&2&3\\1&0&0&0\\1&2&0&0\\1&2&2&0\end{vmatrix}=(-1)^{\tau(4321)}12=-12.$$

(2) 证明：

$$D_n=\begin{vmatrix}0&1&2&\cdots&n-1\\1&0&1&\cdots&n-2\\2&1&0&\cdots&n-3\\\vdots&\vdots&\vdots&&\vdots\\n-1&n-2&n-3&\cdots&0\end{vmatrix}=\begin{vmatrix}0&1&2&\cdots&n-1\\1&-1&-1&\cdots&-1\\1&1&-1&\cdots&-1\\\vdots&\vdots&\vdots&&\vdots\\1&1&1&\cdots&-1\end{vmatrix}$$

$$=\begin{vmatrix}0&1&2&\cdots&n-1\\1&0&0&\cdots&0\\1&2&0&\cdots&0\\\vdots&\vdots&\vdots&&\vdots\\1&2&2&\cdots&0\end{vmatrix}$$

$$=(-1)^{\tau(n12\cdots n-1)}(n-1)2^{n-2}=(-1)^{n-1}(n-1)2^{n-2},n\geqslant 2.$$

当 $n=1$ 时，$D_1=0$；当 $n=2$ 时，$D_2=-1$.

当 $n\geqslant 3$ 时，

$$\begin{aligned}-4D_{n-1}-4D_{n-2}&=-4(-1)^{n-2}(n-2)2^{n-3}-4(-1)^{n-3}(n-3)2^{n-4}\\&=(-1)^{n-1}(n-1)2^{n-2}=D_n.\end{aligned}$$

综上所述，结论成立.

(3) 解：因 $\boldsymbol{M}_n=\left(\left|\frac{1}{i}-\frac{1}{j}\right|\right)_{1\leqslant i,j\leqslant n}$，故

$$\boldsymbol{M}_n=\left(|j-i|\frac{1}{ij}\right)_{1\leqslant i,j\leqslant n}=\operatorname{diag}\left(1,\frac{1}{2},\cdots,\frac{1}{i},\cdots,\frac{1}{n}\right)(|j-i|)_{1\leqslant i,j\leqslant n}\operatorname{diag}\left(1,\frac{1}{2},\cdots,\frac{1}{j},\cdots,\frac{1}{n}\right),$$

即

$$|\boldsymbol{M}_n|=(-1)^{n-1}\left(\prod_{i=1}^{n}\frac{1}{i}\right)^2(n-1)2^{n-2}.$$

40. 解：由题意知

$$D=\begin{vmatrix}a_{11}&a_{12}&a_{13}\\a_{21}&a_{22}&a_{23}\\a_{31}&a_{32}&a_{33}\end{vmatrix}=\sum_{i_1i_2i_3}(-1)^{\tau(i_1i_2i_3)}a_{1i_1}a_{1i_2}a_{1i_3}=D_1+D_2,$$

$a_{1i_j}=0$ 或 1，$j=1,2,3$，

其中 $i_1i_2i_3$ 为 1,2,3 的任意一个排列.

当 $i_1i_2i_3$ 为偶排列时的三项和记为 D_1，当 $i_1i_2i_3$ 为奇排列时的三项和记为 D_2，则 $0\leqslant D_1\leqslant 3$，$0\geqslant D_2\geqslant -3$.

结论：D 的最大值为 2.

证明：考虑行列式中求和的通项$(-1)^{\tau(i_1i_2i_3)}a_{1i_1}a_{1i_2}a_{1i_3}$中的非零项.

下面讨论$i_1i_2i_3$为偶排列的情况.

(1) 若$D_1=3\Rightarrow a_{1i_1}=a_{1i_2}=a_{1i_3}=1$，则

$$D=\begin{vmatrix} a_{11} & a_{12} & a_{13} \\ a_{21} & a_{22} & a_{23} \\ a_{31} & a_{32} & a_{33} \end{vmatrix}=\sum_{i_1i_2i_3}(-1)^{\tau(i_1i_2i_3)}a_{1i_1}a_{1i_2}a_{1i_3}=0;$$

(2) 若$D_1=2\Rightarrow D\leqslant 2$；

(3) 若$D_1=1\Rightarrow D\leqslant 1$；

(4) 若$D_1=0\Rightarrow D\leqslant 0$.

通过上述分析可知，只有当$i_1i_2i_3$为偶排列时，$D_1=2\Rightarrow D\leqslant 2$.

取$D=\begin{vmatrix} 1 & 1 & 0 \\ 0 & 1 & 1 \\ 1 & 0 & 1 \end{vmatrix}\Rightarrow D=2$，故命题成立.

第 3 讲　线性方程组

3.1　消元法与矩阵初等行变换

一、概述

为了研究线性方程组的解的性质及结构，有必要对解线性方程组的消元法进行再研究，找到一种新的方法或工具对其简化，从中找到问题的本质，为解线性方程组开辟新的路径.

消元法的过程是用线性方程组的三种同解变换将复杂方程组转化为简单方程组进而求解的过程，用符号简化其过程，可以看作是利用矩阵的三类初等行变换将复杂矩阵化为行最简形的过程.

二、难点及相关实例

通过本节的学习，可以利用矩阵的初等行变换简化求解线性方程组的过程.

例　判定线性方程组$\begin{cases} x_1+x_2+x_3+x_4=4 \\ x_1+2x_2+x_3-x_4=0 \\ 2x_1-x_2+x_3-x_4=1 \end{cases}$是否有解？若有解，求其解.

解　对增广矩阵进行初等行变换将其化为行最简形，可得

$$\bar{\boldsymbol{A}}=\left(\begin{array}{cccc:c} 1 & 1 & 1 & 1 & 4 \\ 1 & 2 & 1 & -1 & 0 \\ 2 & -1 & 1 & -1 & 1 \end{array}\right) \to \left(\begin{array}{cccc:c} 1 & 1 & 1 & 1 & 4 \\ 0 & 1 & 0 & -2 & -4 \\ 0 & -3 & -1 & -3 & -7 \end{array}\right)$$

$$\to \left(\begin{array}{cccc:c} 1 & 0 & 0 & -6 & -11 \\ 0 & 1 & 0 & -2 & -4 \\ 0 & 0 & 1 & 9 & 19 \end{array}\right),$$

故原方程组有解，且有无穷多组解，选 x_4 为自由未知量，则方程组的通解为

$$\begin{cases} x_1=6x_4-11, \\ x_2=2x_4-4, \\ x_3=-9x_4+19, \end{cases}$$

其中 x_4 为任意数.

三、同步练习

判断线性方程组$\begin{cases} x_1+x_2+x_3+x_4+x_5=5 \\ 2x_1+2x_2+x_3-x_4-x_5=3 \\ 4x_1-x_2+x_3-x_4+x_5=4 \end{cases}$是否有解？若有解，求其解.

解　略.

3.2 向量空间中的线性相关性与矩阵的秩

一、概述

为了深入研究线性方程组解的性质及结构，引入了 n 维向量的定义，就是把线性方程组中的每一个方程的系数组成一个有序数组 $(a_{i1},a_{i2},\cdots,a_{i,n-1},a_{in})$——$n$ 维向量，若方程组有解，其解也为一个 n 维向量. 这样我们将研究所有 n 维向量组成的集合中的关系，引入了向量的两种运算，定义了向量之间的线性关系，为研究线性方程组的解奠定基础. 特别是将矩阵的秩定义为向量组的秩，从而利用矩阵的秩给出了线性方程组有解的判定定理.

二、难点及相关实例

本节的难点是向量组的线性相关性，极大线性无关组的求法.

例 1 已知向量组 $\boldsymbol{\alpha}_1,\boldsymbol{\alpha}_2,\boldsymbol{\alpha}_3$ 线性无关，判断向量组 $3\boldsymbol{\alpha}_1+\boldsymbol{\alpha}_2,3\boldsymbol{\alpha}_2+\boldsymbol{\alpha}_3,3\boldsymbol{\alpha}_3+\boldsymbol{\alpha}_1$ 的线性相关性.

【提示】 关于向量组的线性相关性，最常用的方法是利用定义来证明，令向量组的线性组合等于零，然后通过已知条件得到线性组合系数满足的线性方程组的零解或非零解来判断向量组的相关性.

解 令 $k_1(3\boldsymbol{\alpha}_1+\boldsymbol{\alpha}_2)+k_2(3\boldsymbol{\alpha}_2+\boldsymbol{\alpha}_3)+k_3(3\boldsymbol{\alpha}_3+\boldsymbol{\alpha}_1)=\mathbf{0}$，则

$$(3k_1+k_3)\boldsymbol{\alpha}_1+(k_1+3k_2)\boldsymbol{\alpha}_2+(k_2+3k_3)\boldsymbol{\alpha}_3=\mathbf{0}.$$

由条件向量组 $\boldsymbol{\alpha}_1,\boldsymbol{\alpha}_2,\boldsymbol{\alpha}_3$ 线性无关可知下列线性方程组成立：

$$\begin{cases}3k_1+k_3=0,\\k_1+3k_2=0,\\k_2+3k_3=0.\end{cases}$$

上述方程组的系数行列式不等于零，故有唯一零解，因此向量组 $3\boldsymbol{\alpha}_1+\boldsymbol{\alpha}_2,3\boldsymbol{\alpha}_2+\boldsymbol{\alpha}_3,3\boldsymbol{\alpha}_3+\boldsymbol{\alpha}_1$ 线性无关.

例 2 已知向量组 $\boldsymbol{\alpha}_1=(1,1,-2,3)^{\mathrm{T}},\boldsymbol{\alpha}_2=(-1,0,2,-2)^{\mathrm{T}},\boldsymbol{\alpha}_3=(1,-3,-1,1)^{\mathrm{T}},\boldsymbol{\alpha}_4=(2,-1,-2,4)^{\mathrm{T}},\boldsymbol{\alpha}_5=(0,-1,2,0)^{\mathrm{T}}$，求向量组的秩及其一个极大线性无关组，并将剩余向量用这个极大线性无关组线性表出.

【提示】 求解一个向量组的极大线性无关组的方法是基于如下理论：线性方程组的消元法不改变方程组的解，即不改变向量组之间向量的线性组合系数，从而不改变向量组之间的部分和整体之间的线性关系. 下面用完整的过程演示如何求一个向量组的极大线性无关组.

解 令向量组的线性组合等于零向量，即

$$k_1\boldsymbol{\alpha}_1+k_2\boldsymbol{\alpha}_2+k_3\boldsymbol{\alpha}_3+k_4\boldsymbol{\alpha}_4+k_5\boldsymbol{\alpha}_5=\mathbf{0},$$

从而

$$\begin{cases}k_1-k_2+k_3+2k_4=0,\\k_1-3k_3-k_4-k_5=0,\\-2k_1+2k_2-k_3-2k_4+2k_5=0,\\3k_1-2k_2+k_3+4k_4=0.\end{cases}$$

对上述方程组的系数矩阵进行行变换，将其化为阶梯形矩阵：

$$\begin{pmatrix} 1 & -1 & 1 & 2 & 0 \\ 1 & 0 & -3 & -1 & -1 \\ -2 & 2 & -1 & -2 & 2 \\ 3 & -2 & 1 & 4 & 0 \end{pmatrix} \xrightarrow[4_4-3r_1]{\substack{r_2-r_1 \\ r_3+2r_1}} \begin{pmatrix} 1 & -1 & 1 & 2 & 0 \\ 0 & 1 & -4 & -3 & -1 \\ 0 & 0 & 1 & 2 & 2 \\ 0 & 1 & -2 & -2 & 0 \end{pmatrix}$$

$$\xrightarrow{r_4-r_2} \begin{pmatrix} 1 & -1 & 1 & 2 & 0 \\ 0 & 1 & -4 & -3 & -1 \\ 0 & 0 & 1 & 2 & 2 \\ 0 & 0 & 2 & 1 & 1 \end{pmatrix} \xrightarrow{r_4-2r_3} \begin{pmatrix} 1 & -1 & 1 & 2 & 0 \\ 0 & 1 & -4 & -3 & -1 \\ 0 & 0 & 1 & 2 & 2 \\ 0 & 0 & 0 & -3 & -3 \end{pmatrix}$$

$$\longrightarrow \begin{pmatrix} 1 & -1 & 1 & 2 & 0 \\ 0 & 1 & -4 & -3 & -1 \\ 0 & 0 & 1 & 2 & 2 \\ 0 & 0 & 0 & 1 & 1 \end{pmatrix}.$$

由上式可知，$\boldsymbol{\alpha}_1,\boldsymbol{\alpha}_2,\boldsymbol{\alpha}_3,\boldsymbol{\alpha}_4$ 线性无关，而 $\boldsymbol{\alpha}_1,\boldsymbol{\alpha}_2,\boldsymbol{\alpha}_3,\boldsymbol{\alpha}_4,\boldsymbol{\alpha}_5$ 线性相关，故 $\boldsymbol{\alpha}_1,\boldsymbol{\alpha}_2,\boldsymbol{\alpha}_3,\boldsymbol{\alpha}_4$ 为向量组的一个极大线性无关组，向量组的秩为 4.

为了求出剩余向量 $\boldsymbol{\alpha}_5$ 由 $\boldsymbol{\alpha}_1,\boldsymbol{\alpha}_2,\boldsymbol{\alpha}_3,\boldsymbol{\alpha}_4$ 的线性表出式，利用行变换（不能用列变换）再将上述阶梯形矩阵化为行标准形矩阵：

$$\begin{pmatrix} 1 & -1 & 1 & 2 & 0 \\ 0 & 1 & -4 & -3 & -1 \\ 0 & 0 & 1 & 2 & 2 \\ 0 & 0 & 0 & 1 & 1 \end{pmatrix} \to \begin{pmatrix} 1 & 0 & 0 & 0 & 0 \\ 0 & 1 & 0 & 0 & 2 \\ 0 & 0 & 1 & 0 & 0 \\ 0 & 0 & 0 & 1 & 1 \end{pmatrix}.$$

因此由最后一个矩阵的列向量组之间的线性关系，可知原系数矩阵的列向量之间具有相同的线性关系（因为行变换是消元法的同解变换），从而 $\boldsymbol{\alpha}_5=2\boldsymbol{\alpha}_2+\boldsymbol{\alpha}_4$.

三、同步练习

1. 已知向量组 $\boldsymbol{\alpha}_1,\boldsymbol{\alpha}_2,\boldsymbol{\alpha}_3$ 线性无关，问当 t 满足什么条件时，向量组 $t\boldsymbol{\alpha}_1+\boldsymbol{\alpha}_2,-t\boldsymbol{\alpha}_2+\boldsymbol{\alpha}_3,\boldsymbol{\alpha}_3+\boldsymbol{\alpha}_1$ 线性相关.

【思路】 由于 $(t\boldsymbol{\alpha}_1+\boldsymbol{\alpha}_2,-t\boldsymbol{\alpha}_2+\boldsymbol{\alpha}_3,\boldsymbol{\alpha}_3+\boldsymbol{\alpha}_1)=(\boldsymbol{\alpha}_1,\boldsymbol{\alpha}_2,\boldsymbol{\alpha}_3)\begin{pmatrix} t & 0 & 1 \\ 1 & -t & 0 \\ 0 & 1 & 1 \end{pmatrix}$，再利用 $\boldsymbol{A}=\begin{pmatrix} t & 0 & 1 \\ 1 & -t & 0 \\ 0 & 1 & 1 \end{pmatrix}$ 的行列式的值是否为零来判定.

2. 已知矩阵 $\boldsymbol{A}=\begin{pmatrix} 1 & 1 & -2 & 1 \\ 2 & 1 & 2 & 0 \\ -1 & 1 & 1 & -1 \end{pmatrix}$，求该矩阵的列向量组的一个极大线性无关组及秩.

【思路】 同例 2，略.

3.3 线性方程组解的判定定理与解的结构

一、概述

本节利用向量组之间的等价关系证明了线性方程组有解的充要条件是其系数矩阵的秩等于增广矩阵的秩，并利用齐次线性方程组与非齐次线性方程组的解的性质给出了它们的解的结构.

二、难点及相关实例

通过本节的学习，会对参数线性方程组有解的条件进行判定，并能求齐次线性方程组的基础解系及利用特解及其导出组的基础解系表示非齐次线性方程组的通解.

例 当参数 λ 为何值时，下列参数方程组有解？并求出其解.

$$\begin{cases} x_1+x_2+x_3+x_4=0, \\ \lambda x_1+x_2+x_3+x_4=5-5\lambda, \\ x_1+x_2+x_3+\lambda x_4=\lambda-1. \end{cases}$$

解 对增广矩阵进行初等行变换，化为阶梯形矩阵：

$$\left(\begin{array}{cccc:c} 1 & 1 & 1 & 1 & 0 \\ \lambda & 1 & 1 & 1 & 5-5\lambda \\ 1 & 1 & 1 & \lambda & \lambda-1 \end{array}\right) \to \left(\begin{array}{cccc:c} 1 & 1 & 1 & 1 & 0 \\ 0 & 1-\lambda & 1-\lambda & 1-\lambda & 5-5\lambda \\ 0 & 0 & 0 & \lambda-1 & \lambda-1 \end{array}\right).$$

(1) 当 $\lambda-1\neq 0$ 即 $\lambda\neq 1$ 时，方程组有解并且有无穷多个解，其特解 $\boldsymbol{\gamma}=(-5,4,0,1)^{\mathrm{T}}$，其导出组的基础解系为 $\boldsymbol{\eta}=(0,-1,1,0)^{\mathrm{T}}$，故原方程组的任意解为

$$\boldsymbol{x}=\boldsymbol{\gamma}+k\boldsymbol{\eta}, \quad k\in P.$$

(2) 当 $\lambda-1=0$ 时，方程组为齐次线性方程组，也有无穷多个解，其基础解系为

$$\boldsymbol{e}_1=\begin{pmatrix} -1 \\ 1 \\ 0 \\ 0 \end{pmatrix}, \quad \boldsymbol{e}_2=\begin{pmatrix} -1 \\ 0 \\ 1 \\ 0 \end{pmatrix}, \quad \boldsymbol{e}_3=\begin{pmatrix} -1 \\ 0 \\ 0 \\ 1 \end{pmatrix},$$

故原方程组的任意解为

$$\boldsymbol{x}=k_1\boldsymbol{e}_1+k_2\boldsymbol{e}_2+k_3\boldsymbol{e}_3 \quad (k_i\in P;i=1,2,3).$$

三、同步练习

1. 证明：若 $\boldsymbol{\eta}_1,\boldsymbol{\eta}_2,\cdots,\boldsymbol{\eta}_s$ 为线性方程组 $\boldsymbol{AX}=\boldsymbol{\beta},\boldsymbol{A}\in P^{m\times n},\boldsymbol{X},\boldsymbol{\beta}\in P^n$ 的解向量，则 $k_1\boldsymbol{\eta}_1+k_2\boldsymbol{\eta}_2+\cdots+k_s\boldsymbol{\eta}_s$ 也是该方程组的解向量，其中 $k_1+k_2+\cdots+k_s=1$.

证 由条件可知 $\boldsymbol{A\eta}_i=\boldsymbol{\beta},i=1,2,\cdots,n$，所以

$$\boldsymbol{A}\sum_{i=1}^{n}k_i\boldsymbol{\eta}_i = \sum_{i=1}^{n}k_i\boldsymbol{A\eta}_i = \sum_{i=1}^{n}k_i\boldsymbol{\beta} = \boldsymbol{\beta}\sum_{i=1}^{n}k_i = \boldsymbol{\beta},$$

因此结论成立.

2. 当参数 λ 为何值时，下列参数方程组无解、有解？有解并求出其解.

$$\begin{cases}x_1+x_2+x_3+x_4=-1,\\ x_1+x_2-x_3+x_4=2,\\ 2x_1+2x_2+x_3+\lambda x_4=-2.\end{cases}$$

解 对增广矩阵进行初等行变换，化为阶梯形矩阵：

$$\left(\begin{array}{cccc:c}1&1&1&1&-1\\1&1&-1&1&2\\2&2&1&\lambda&-2\end{array}\right)\to\left(\begin{array}{cccc:c}1&1&1&1&0\\0&0&-2&0&3\\0&0&-1&\lambda-2&0\end{array}\right)\to\left(\begin{array}{cccc:c}1&1&1&1&0\\0&0&-1&\lambda-2&0\\0&0&0&-2(\lambda-2)&3\end{array}\right).$$

当 $\lambda=2$ 时，方程组无解；

当 $\lambda\neq2$ 时，方程组有解，且解有无穷多个（略）.

考测中涉及的相关知识点联系示意图

线性方程组的理论是线性代数的重要理论基础，也是几乎所有应用学科的基础，因此它是研究生入学必考的内容之一. 学习和考测中相关知识点联系示意图如下：

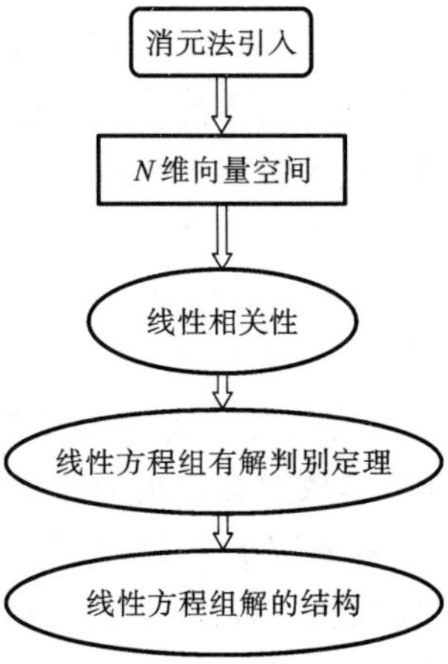

综合例题讲解

例 1（**上海大学，2005**） 设 $\boldsymbol{\beta}$ 是非齐次线性方程组 $\boldsymbol{AX}=\boldsymbol{b}$ 的一个解，$\boldsymbol{\alpha}_1,\cdots,\boldsymbol{\alpha}_{n-r}$ 是其导出组的一个基础解系，求证：

(1) $\boldsymbol{\alpha}_1,\cdots,\boldsymbol{\alpha}_{n-r},\boldsymbol{\beta}$ 线性无关；

(2) $\boldsymbol{\beta}+\boldsymbol{\alpha}_1,\boldsymbol{\beta}+\boldsymbol{\alpha}_2,\cdots,\boldsymbol{\beta}+\boldsymbol{\alpha}_{n-r},\boldsymbol{\beta}$ 线性无关.

【分析】 将线性方程组用矩阵表示成 $\boldsymbol{AX}=\boldsymbol{b}$，或用向量表示成 $x_1\boldsymbol{\alpha}_1+x_2\boldsymbol{\alpha}_2+\cdots+x_n\boldsymbol{\alpha}_n=\boldsymbol{\beta}$，线性方程组有解与向量的线性表示互相转化，会给解题带来一些方便.

证 (1) 反证法. 假设 $\boldsymbol{\alpha}_1,\cdots,\boldsymbol{\alpha}_{n-r},\boldsymbol{\beta}$ 线性相关，而 $\boldsymbol{\alpha}_1,\cdots,\boldsymbol{\alpha}_{n-r}$ 线性无关，那么 $\boldsymbol{\beta}$ 可由 $\boldsymbol{\alpha}_1,\cdots,\boldsymbol{\alpha}_{n-r}$ 线性表出，则 $\boldsymbol{\beta}$ 是导出组 $\boldsymbol{AX}=\boldsymbol{0}$ 的一个解与 $\boldsymbol{\beta}$ 是 $\boldsymbol{AX}=\boldsymbol{b}$ 的一个解，显然矛盾. 因此 $\boldsymbol{\alpha}_1,\cdots,\boldsymbol{\alpha}_{n-r},\boldsymbol{\beta}$ 线性无关.

(2) 令 $x_1(\boldsymbol{\beta}+\boldsymbol{\alpha}_1)+x_2(\boldsymbol{\beta}+\boldsymbol{\alpha}_2)+\cdots+x_{n-r}(\boldsymbol{\beta}+\boldsymbol{\alpha}_{n-r})+x\boldsymbol{\beta}=\boldsymbol{0}$，则

$$x_1\boldsymbol{\alpha}_1+x_2\boldsymbol{\alpha}_2+\cdots+x_{n-r}\boldsymbol{\alpha}_{n-r}+(x_1+x_2+\cdots+x_{n-r}+x)\boldsymbol{\beta}=\boldsymbol{0}.$$

因为 $\boldsymbol{\alpha}_1,\cdots,\boldsymbol{\alpha}_{n-r},\boldsymbol{\beta}$ 线性无关，所以 $x_1=x_2=\cdots=x_{n-r}=0$. 又 $x_1+x_2+\cdots+x_{n-r}+x=0$，

从而 $x_1=x_2=\cdots=x_{n-r}=x=0$,所以(2)的结论成立.

例 2 已知 $\boldsymbol{\alpha}_1,\boldsymbol{\alpha}_2,\cdots,\boldsymbol{\alpha}_s$ 为某齐次线性方程组(Ⅰ)的基础解系,

$$\boldsymbol{\beta}_1=t_1\boldsymbol{\alpha}_1+t_2\boldsymbol{\alpha}_2,\quad \boldsymbol{\beta}_2=t_1\boldsymbol{\alpha}_2+t_2\boldsymbol{\alpha}_3,\quad \cdots,\quad \boldsymbol{\beta}_s=t_1\boldsymbol{\alpha}_s+t_2\boldsymbol{\alpha}_1,$$

其中 t_1,t_2 为实数. 问当 t_1,t_2 满足什么关系时,$\boldsymbol{\beta}_1,\boldsymbol{\beta}_2,\cdots,\boldsymbol{\beta}_s$ 也是(Ⅰ)的基础解系.

【分析】 显然 $\boldsymbol{\alpha}_i\in P^n,i=1,2,\cdots,s$. 令 $x_1\boldsymbol{\alpha}_1+x_2\boldsymbol{\alpha}_2+\cdots+x_s\boldsymbol{\alpha}_s=\mathbf{0}$, 如果只有零解, 则 $\boldsymbol{\alpha}_1,\boldsymbol{\alpha}_2,\cdots,\boldsymbol{\alpha}_s$ 线性无关. 如果存在非零解, 则 $\boldsymbol{\alpha}_1,\boldsymbol{\alpha}_2,\cdots,\boldsymbol{\alpha}_s$ 线性相关, 这是证明 $\boldsymbol{\alpha}_1,\boldsymbol{\alpha}_2,\cdots,\boldsymbol{\alpha}_s$ 线性无关(或线性相关)的一种常用的基本方法.

解 因为齐次线性方程组解的线性组合仍为其解,所以 $\boldsymbol{\beta}_1,\boldsymbol{\beta}_2,\cdots,\boldsymbol{\beta}_s$ 是(Ⅰ)的解.

设 $k_1\boldsymbol{\beta}_1+k_2\boldsymbol{\beta}_2+\cdots+k_s\boldsymbol{\beta}_s=\mathbf{0}$,将 $\boldsymbol{\beta}_1,\boldsymbol{\beta}_2,\cdots,\boldsymbol{\beta}_s$ 代入整理可得

$$(t_1k_1+t_2k_s)\boldsymbol{\alpha}_1+(t_2k_1+t_1k_2)\boldsymbol{\alpha}_2+\cdots+(t_2k_{s-1}+t_1k_s)\boldsymbol{\alpha}_s=\mathbf{0}.$$

由于 $\boldsymbol{\alpha}_1,\boldsymbol{\alpha}_2,\cdots,\boldsymbol{\alpha}_s$ 线性无关,因此

$$\begin{cases}t_1k_1+t_2k_s=0,\\ t_2k_1+t_1k_2=0,\\ \qquad\qquad\vdots\\ t_2k_{s-1}+t_1k_s=0.\end{cases}$$

上述方程组是关于 $k_1,k_2,\cdots,k_s$ 的一个齐次线性方程组,记为(Ⅱ),其系数行列式为

$$\begin{vmatrix}t_1&0&0&\cdots&0&t_2\\ t_2&t_1&0&\cdots&0&0\\ 0&t_2&t_1&\cdots&0&0\\ \vdots&\vdots&\vdots&&\vdots&\vdots\\ 0&0&0&\cdots&t_2&t_1\end{vmatrix}=t_1^s+(-1)^{s-1}t_2^s.$$

当 $t_1^s+(-1)^{s-1}t_2^s\neq0$ 时,(Ⅱ)只有零解 $k_1=k_2=\cdots=k_s=0$,从而 $\boldsymbol{\beta}_1,\boldsymbol{\beta}_2,\cdots,\boldsymbol{\beta}_s$ 线性无关. 因此,

当 s 为偶数且 $t_1\neq\pm t_2$ 时,$\boldsymbol{\beta}_1,\boldsymbol{\beta}_2,\cdots,\boldsymbol{\beta}_s$ 也是(Ⅰ)的基础解系;

当 s 为奇数且 $t_1\neq-t_2$ 时,$\boldsymbol{\beta}_1,\boldsymbol{\beta}_2,\cdots,\boldsymbol{\beta}_s$ 也是(Ⅰ)的基础解系.

例 3 (武汉大学, 2002) 线性方程组

$$\begin{cases}2x_1+x_2-x_3=1\\ x_1-x_2+x_3=2\\ 4x_1+5x_2-5x_3=-1\end{cases}\quad 与\quad \begin{cases}ax_1+bx_2-x_3=0\\ 2x_1-x_2+ax_3=3\end{cases}$$

同解, 求通解及 a,b.

【分析】 称阶梯形矩阵中每行第一个不为零的元素为主元, 称满足以下两个条件的阶梯形矩阵为行最简形:

(1) 主元都等于1;

(2) 主元所在的列除主元以外全为零.

将齐次线性方程组 $\boldsymbol{AX}=\mathbf{0}$ 的系数矩阵 $\boldsymbol{A}$ 进行行初等变换,将其化为行最简形, 再将主元所在的未知量保留在方程的左边, 而将其他未知量移到方程的右边, 容易求出其基础解系.

同时,将非齐次线性方程组 $\boldsymbol{AX}=\boldsymbol{b}$ 的增广矩阵用初等行变换化成行最简形, 也容易求出它的通解.

解 对增广矩阵进行初等行变换可得

$$\overline{A}=\left(\begin{array}{ccc:c}2&1&-1&1\\1&-1&1&2\\4&5&-5&-1\end{array}\right)\to\left(\begin{array}{ccc:c}1&-1&1&2\\2&1&-1&1\\4&5&-5&-1\end{array}\right)\to\left(\begin{array}{ccc:c}1&-1&1&2\\0&3&-3&-3\\0&9&-9&-9\end{array}\right)$$

$$\to\left(\begin{array}{ccc:c}1&-1&1&2\\0&1&-1&-1\\0&0&0&0\end{array}\right)\to\left(\begin{array}{ccc:c}1&0&0&1\\0&1&-1&-1\\0&0&0&0\end{array}\right),$$

则等价的阶梯形方程组为

$$\begin{cases}x_1=1,\\x_2-x_3=-1,\end{cases}\quad 即\begin{cases}x_1=1,\\x_2=-1+x_3.\end{cases}$$

其导出组的基础解系为 $\boldsymbol{\eta}=(0,1,1)^{\mathrm{T}}$. 令 $x_3=0$,方程组的特解为 $\boldsymbol{\alpha}_0=(1,-1,0)^{\mathrm{T}}$,从而可得方程组的通解为

$$\boldsymbol{\alpha}=\boldsymbol{\alpha}_0+k\boldsymbol{\eta}=\begin{pmatrix}1\\-1\\0\end{pmatrix}+k\begin{pmatrix}0\\1\\1\end{pmatrix}=\begin{pmatrix}1\\k-1\\k\end{pmatrix},$$

其中 k 为任意数. 取 $k=2$,则 $x_1=1,x_2=1,x_3=2$ 是它的一个解,于是

$$\begin{cases}a+b-2=0,\\2-1+2a=3,\end{cases}$$

解上述方程组可得 $a=1,b=1$.

例 4 (武汉大学,1996) 求向量组

$\boldsymbol{\alpha}_1=(4,-5,2,6)^{\mathrm{T}}$, $\boldsymbol{\alpha}_2=(2,-2,1,3)^{\mathrm{T}}$, $\boldsymbol{\alpha}_3=(4,-1,5,6)^{\mathrm{T}}$, $\boldsymbol{\alpha}_4=(6,-3,3,9)^{\mathrm{T}}$

的一个最大无关组,并用最大无关组中的向量表示其余向量.

【分析】 设 $\boldsymbol{A}=(a_{ij})_{n\times n}=(\boldsymbol{\alpha}_1,\boldsymbol{\alpha}_2,\cdots,\boldsymbol{\alpha}_n)$,如果 $k_1\boldsymbol{\alpha}_1+k_2\boldsymbol{\alpha}_2+\cdots+k_s\boldsymbol{\alpha}_s=\boldsymbol{0}$,设 $\boldsymbol{P}$ 是 n 阶可逆的初等矩阵,用 $\boldsymbol{P}$ 左乘上式两边,有

$$k_1(\boldsymbol{P}\boldsymbol{\alpha}_1)+k_2(\boldsymbol{P}\boldsymbol{\alpha}_2)+\cdots+k_s(\boldsymbol{P}\boldsymbol{\alpha}_s)=\boldsymbol{0},$$

故初等行变换不改变矩阵列向量组之间的线性关系. 因此求向量组 $\boldsymbol{\alpha}_1,\boldsymbol{\alpha}_2,\cdots,\boldsymbol{\alpha}_s$ 的一个极大无关组,只需将 $\boldsymbol{\alpha}_1,\boldsymbol{\alpha}_2,\cdots,\boldsymbol{\alpha}_s\in P^n$ 按列排放组成矩阵 $\boldsymbol{A}=(a_{ij})_{n\times n}=(\boldsymbol{\alpha}_1,\boldsymbol{\alpha}_2,\cdots,\boldsymbol{\alpha}_n)$,然后利用初等行变换将 $\boldsymbol{A}$ 化成行最简形,利用最简形其主元所在的列来确定复杂矩阵 $\boldsymbol{A}$ 的列向量 $\boldsymbol{\alpha}_1$, $\boldsymbol{\alpha}_2,\cdots,\boldsymbol{\alpha}_s$ 的一个极大无关组,其余的列向量的线性关系也可容易用行最简形中相对应的列之间的线性关系来确定.

解 将 $\boldsymbol{\alpha}_1,\boldsymbol{\alpha}_2,\boldsymbol{\alpha}_3,\boldsymbol{\alpha}_4$ 按列构成矩阵 $\boldsymbol{A}$,然后对 $\boldsymbol{A}$ 施行初等行变换.

$$\boldsymbol{A}=\begin{pmatrix}4&2&4&6\\-5&-2&-1&-3\\2&1&5&3\\6&3&6&9\end{pmatrix}\to\begin{pmatrix}-1&0&3&3\\-5&-2&-1&-3\\2&1&5&3\\6&3&6&9\end{pmatrix}\to\begin{pmatrix}-1&0&3&3\\0&-2&-16&-18\\0&1&11&9\\0&3&24&27\end{pmatrix}$$

$$\to\begin{pmatrix}-1&0&3&3\\0&1&11&9\\0&0&6&0\\0&0&-9&0\end{pmatrix}\to\begin{pmatrix}-1&0&3&3\\0&1&11&9\\0&0&1&0\\0&0&0&0\end{pmatrix}\to\begin{pmatrix}1&0&0&-3\\0&1&0&9\\0&0&1&0\\0&0&0&0\end{pmatrix}.$$

显然,上式中的行最简形的列向量组之间与矩阵 $\boldsymbol{A}$ 的列向量之间具有完全相同的线性关系,因此 $\boldsymbol{\alpha}_1,\boldsymbol{\alpha}_2,\boldsymbol{\alpha}_3$ 是向量组 $\boldsymbol{\alpha}_1,\boldsymbol{\alpha}_2,\boldsymbol{\alpha}_3,\boldsymbol{\alpha}_4$ 的一个最大无关组,$\boldsymbol{\alpha}_4=-3\boldsymbol{\alpha}_1+9\boldsymbol{\alpha}_2$.

例 5 已知非齐次线性方程组

$$\begin{cases}x_1+x_2+x_3+x_4=-1\\4x_1+3x_2+5x_3-x_4=-1\\ax_1+x_2+3x_3-bx_4=1\end{cases}$$

有 3 个线性无关的解.

(1) 证明方程组系数矩阵 $\boldsymbol{A}$ 的秩 $R(\boldsymbol{A})=2$.

(2) 求 a,b 的值及方程组的通解.

【分析】 考测含参数的线性方程组的解的结构也是历年考研的重点内容,主要掌握一般方程的系数矩阵与方程解的关系及如何利用基础解系来表示通解.

证 (1) 设 $\boldsymbol{\alpha}_1,\boldsymbol{\alpha}_2,\boldsymbol{\alpha}_3$ 是方程组的 3 个线性无关的解向量,则由性质可知,$\boldsymbol{\alpha}_2-\boldsymbol{\alpha}_1,\boldsymbol{\alpha}_3-\boldsymbol{\alpha}_1$ 是方程组的导出组 $\boldsymbol{AX}=\boldsymbol{0}$ 的两个线性无关的解向量,故 $\boldsymbol{AX}=\boldsymbol{0}$ 的基础解系中解向量的个数不少于 2 个,即 $4-R(\boldsymbol{A})\geqslant 2$,所以 $R(\boldsymbol{A})\leqslant 2$.

又因为 $\boldsymbol{A}$ 的行向量组中有两个是线性无关的,所以 $R(\boldsymbol{A})\geqslant 2$. 故 $R(\boldsymbol{A})=2$.

解 (2) 对方程组的增广矩阵作初等行变换:

$$\overline{\boldsymbol{A}}=\left(\begin{array}{cccc:c}1&1&1&1&-1\\4&3&5&-1&-1\\a&1&3&b&1\end{array}\right)\to\left(\begin{array}{cccc:c}1&1&1&1&-1\\0&-1&1&-5&3\\0&1-a&3-a&b-a&1+a\end{array}\right)$$

$$\to\left(\begin{array}{cccc:c}1&1&1&1&-1\\0&-1&1&-5&3\\0&0&4-2a&-5+b+4a&4-2a\end{array}\right).$$

利用(1)的结论 $R(\boldsymbol{A})=2$,可得 $a=2,b=-3$,代入增广矩阵后可将其化成阶梯形矩阵,则得与原方程组同解的方程组为

$$\begin{cases}x_1+x_2+x_3+x_4=-1,\\-x_2+x_3-5x_4=3.\end{cases}$$

显然,原方程组有一个特解为 $\boldsymbol{\eta}_0=(2,-3,0,0)^{\mathrm{T}}$.

又容易得到导出组的一组基础解系为

$$\boldsymbol{\eta}_1=(-2,1,1,0)^{\mathrm{T}},\quad \boldsymbol{\eta}_2=(4,-5,0,1)^{\mathrm{T}},$$

因此方程组的通解为 $\boldsymbol{X}=\boldsymbol{\eta}_0+k_1\boldsymbol{\eta}_1+k_2\boldsymbol{\eta}_2$,其中 k_1,k_2 为任意常数.

例 6(北京大学,2007) $\boldsymbol{A},\boldsymbol{B}$ 都是 $m\times n$ 矩阵,线性方程组 $\boldsymbol{AX}=\boldsymbol{0}$ 与 $\boldsymbol{BX}=\boldsymbol{0}$ 同解,问 $\boldsymbol{A}$ 与 $\boldsymbol{B}$ 的列向量是否等价?行向量是否等价?若是,给出证明;若不是,请举出反例.

【分析】 显然本题是考测方程解的空间结构与等价及矩阵秩的关系.

答 若方程组 $\boldsymbol{AX}=\boldsymbol{0}$ 与 $\boldsymbol{BX}=\boldsymbol{0}$ 同解,那么系数矩阵的列向量不一定等价,但是它们的行向量必定等价.

例如:已知

$$\boldsymbol{A}=\begin{pmatrix}1&0&0\\0&1&0\\0&0&0\end{pmatrix},\quad \boldsymbol{B}=\begin{pmatrix}1&0&0\\0&1&0\\0&2&0\end{pmatrix},$$

显然方程组 $\boldsymbol{AX}=\boldsymbol{0}$ 与 $\boldsymbol{BX}=\boldsymbol{0}$ 同解,但是系数矩阵的列向量不等价(不能相互线性表出). 现证明下面结论:若方程组 $\boldsymbol{AX}=\boldsymbol{0}$ 与 $\boldsymbol{BX}=\boldsymbol{0}$ 同解,那么系数矩阵的行向量必定等价.

证 设 $\boldsymbol{AX}=\boldsymbol{0}$ 与 $\boldsymbol{BX}=\boldsymbol{0}$ 的解空间为 V, 则 $\dim(V)=n-R(\boldsymbol{A})=n-R(\boldsymbol{B})$,故

$$\dim(V^{\perp})=n-\dim(V)=R(\boldsymbol{A})=R(\boldsymbol{B}),$$

显然矩阵 $\boldsymbol{A}^{\mathrm{T}}$ 和 $\boldsymbol{B}^{\mathrm{T}}$ 的列向量都可生成空间 $V^{\perp}$，即系数矩阵的行向量必定等价.

例 7（中国科学院，2007） 设 $\boldsymbol{\alpha}_1,\boldsymbol{\alpha}_2,\cdots,\boldsymbol{\alpha}_k\in\mathbf{R}^n$ 是齐次线性方程组 $\boldsymbol{AX}=\mathbf{0}$ 的基础解系，$s,t\in\mathbf{R}$，$\boldsymbol{\beta}_1=s\boldsymbol{\alpha}_1+t\boldsymbol{\alpha}_2,\cdots,\boldsymbol{\beta}_{k-1}=s\boldsymbol{\alpha}_{k-1}+t\boldsymbol{\alpha}_k,\boldsymbol{\beta}_k=s\boldsymbol{\alpha}_k+t\boldsymbol{\alpha}_1$. 试问：当 s,t 满足什么关系时，使得 $\boldsymbol{\beta}_1,\cdots,\boldsymbol{\beta}_{k-1},\boldsymbol{\beta}_k$ 是方程组 $\boldsymbol{AX}=\mathbf{0}$ 的基础解系；反之，当 $\boldsymbol{\beta}_1,\boldsymbol{\beta}_2,\cdots,\boldsymbol{\beta}_k$ 是方程组的基础解系时，这个关系必须成立.

【分析】 利用基础解系的定义和线性方程组的理论来回答之.

解 令 $c_1\boldsymbol{\beta}_1+c_2\boldsymbol{\beta}_2+\cdots+c_k\boldsymbol{\beta}_k=\mathbf{0}$，则由 $\boldsymbol{\beta}_1,\boldsymbol{\beta}_2,\cdots,\boldsymbol{\beta}_k$ 的表达式代入及 $\boldsymbol{\alpha}_1,\boldsymbol{\alpha}_2,\cdots,\boldsymbol{\alpha}_k\in\mathbf{R}^n$ 的线性无关性可得下列关于 $c_i(i=1,2,\cdots,k)$ 的齐次线性方程组：

$$\begin{pmatrix} s & 0 & \cdots & t \\ t & s & \cdots & 0 \\ \vdots & \vdots & & \vdots \\ 0 & 0 & \cdots & s \end{pmatrix}\begin{pmatrix} c_1 \\ c_2 \\ \vdots \\ c_k \end{pmatrix}=\mathbf{0}. \tag{$*$}$$

若 $\boldsymbol{\beta}_1,\boldsymbol{\beta}_2,\cdots,\boldsymbol{\beta}_k$ 是方程组 $\boldsymbol{AX}=\mathbf{0}$ 的基础解系，只要 $\boldsymbol{\beta}_1,\boldsymbol{\beta}_2,\cdots,\boldsymbol{\beta}_k$ 线性无关，即齐次线性方程组（$*$）只有零解，而方程组（$*$）的系数矩阵的行列式为 $s^k+(-1)^{k+1}t^k$.

所以，若 $s^k+(-1)^{k+1}t^k\neq 0$ 时，$\boldsymbol{\beta}_1,\boldsymbol{\beta}_2,\cdots,\boldsymbol{\beta}_k$ 是方程组 $\boldsymbol{AX}=\mathbf{0}$ 的基础解系；反之，若 $\boldsymbol{\beta}_1,\boldsymbol{\beta}_2,\cdots,\boldsymbol{\beta}_k$ 是方程组 $\boldsymbol{AX}=\mathbf{0}$ 的基础解系，则 $s^k+(-1)^{k+1}t^k\neq 0$.

例 8（中山大学，2013） 已知 $\boldsymbol{A}\in P^{m\times n}$，对任意 $\boldsymbol{b}\in P^m$，线性方程组 $\boldsymbol{AX}=\boldsymbol{b}$ 都有解，证明 $\boldsymbol{A}$ 的秩为 m.

【分析】 通常可利用命题中“任意性”来构造与证明的结果之间的联系.

证 由条件可知，取 $\boldsymbol{b}=(\boldsymbol{e}_1,\boldsymbol{e}_2,\cdots,\boldsymbol{e}_m)$，线性方程组 $\boldsymbol{AX}=\boldsymbol{b}$ 都有解，设其解分别为 $\boldsymbol{X}_1,\boldsymbol{X}_2,\cdots,\boldsymbol{X}_m$，则

$$\boldsymbol{A}(\boldsymbol{X}_1,\boldsymbol{X}_2,\cdots,\boldsymbol{X}_m)=(\boldsymbol{e}_1,\boldsymbol{e}_2,\cdots,\boldsymbol{e}_m)=\boldsymbol{E}_m,$$

故 $\boldsymbol{A}$ 的秩等于矩阵 $(\boldsymbol{A},\boldsymbol{E}_m)$ 的秩，从而 $\boldsymbol{A}$ 的秩为 m.

例 9（重庆大学，2013） 已知齐次线性方程组

$$\begin{cases} a_{11}x_1+a_{12}x_2+\cdots+a_{1n}x_n=0 \\ a_{21}x_1+a_{22}x_2+\cdots+a_{2n}x_n=0 \\ \qquad\qquad\vdots \\ a_{m1}x_1+a_{m2}x_2+\cdots+a_{mn}x_n=0 \end{cases}$$

的一组基础解系为

$$\begin{pmatrix} b_{11} \\ b_{12} \\ \vdots \\ b_{1n} \end{pmatrix},\begin{pmatrix} b_{21} \\ b_{22} \\ \vdots \\ b_{2n} \end{pmatrix},\cdots,\begin{pmatrix} b_{p1} \\ b_{p2} \\ \vdots \\ b_{pn} \end{pmatrix}.$$

试写出齐次线性方程组 $\begin{cases} b_{11}x_1+b_{12}x_2+\cdots+b_{1n}x_n=0 \\ b_{21}x_1+b_{22}x_2+\cdots+b_{2n}x_n=0 \\ \qquad\qquad\vdots \\ b_{p1}x_1+b_{p2}x_2+\cdots+b_{pn}x_n=0 \end{cases}$ 的通解，并说明理由.

【分析】 本题为考查线性空间的正交与线性方程组的解的结构的一类综合题.

解　设 $\boldsymbol{\alpha}_1=\begin{pmatrix}a_{11}\\a_{12}\\\vdots\\a_{1n}\end{pmatrix},\boldsymbol{\alpha}_2=\begin{pmatrix}a_{21}\\a_{22}\\\vdots\\a_{2n}\end{pmatrix},\cdots,\boldsymbol{\alpha}_m=\begin{pmatrix}a_{m1}\\a_{m2}\\\vdots\\a_{mn}\end{pmatrix},\boldsymbol{\beta}_1=\begin{pmatrix}b_{11}\\b_{12}\\\vdots\\b_{1n}\end{pmatrix},\boldsymbol{\beta}_2=\begin{pmatrix}b_{21}\\b_{22}\\\vdots\\b_{2n}\end{pmatrix},\cdots,\boldsymbol{\beta}_p=\begin{pmatrix}b_{p1}\\b_{p2}\\\vdots\\b_{pn}\end{pmatrix}$，

显然 $\boldsymbol{\alpha}_1,\boldsymbol{\alpha}_2,\cdots,\boldsymbol{\alpha}_m;\boldsymbol{\beta}_1,\boldsymbol{\beta}_2,\cdots,\boldsymbol{\beta}_p\in P^n$.

由已知条件知，向量组 $\boldsymbol{\alpha}_1,\boldsymbol{\alpha}_2,\cdots,\boldsymbol{\alpha}_m$ 与向量组 $\boldsymbol{\beta}_1,\boldsymbol{\beta}_2,\cdots,\boldsymbol{\beta}_p$ 正交，正交是相互的，且 $P^n=L(\boldsymbol{\alpha}_1,\boldsymbol{\alpha}_2,\cdots,\boldsymbol{\alpha}_m)+L(\boldsymbol{\beta}_1,\boldsymbol{\beta}_2,\cdots,\boldsymbol{\beta}_p)$，其中 $L(\boldsymbol{\alpha}_1,\boldsymbol{\alpha}_2,\cdots,\boldsymbol{\alpha}_m)\perp L(\boldsymbol{\beta}_1,\boldsymbol{\beta}_2,\cdots,\boldsymbol{\beta}_p)$.

因此，齐次线性方程组

$$\begin{cases}b_{11}x_1+b_{12}x_2+\cdots+b_{1n}x_n=0\\b_{21}x_1+b_{22}x_2+\cdots+b_{2n}x_n=0\\\qquad\qquad\vdots\\b_{p1}x_1+b_{p2}x_2+\cdots+b_{pn}x_n=0\end{cases}$$

的通解集合为生成子空间 $W=L(\boldsymbol{\alpha}_1,\boldsymbol{\alpha}_2,\cdots,\boldsymbol{\alpha}_m)$.

历年考研试题精选

1.（武汉大学，2005）　设 $\boldsymbol{A}$ 是 $m\times n$ 矩阵，$\boldsymbol{\beta}=(b_1,b_2,\cdots,b_m)^{\mathrm{T}}$ 是 m 维列向量，证明下面命题相互等价.

(1) 线性方程组 $\boldsymbol{AX}=\boldsymbol{\beta}$ 有解；

(2) 齐次方程组 $\boldsymbol{A}^{\mathrm{T}}\boldsymbol{X}=\boldsymbol{0}$ 的任一解 $(x_1,x_2,\cdots,x_m)^{\mathrm{T}}$ 必满足 $x_1b_1+x_2b_2+\cdots+x_mb_m=0$；

(3) 线性方程组 $\begin{pmatrix}\boldsymbol{A}^{\mathrm{T}}\\\boldsymbol{\beta}^{\mathrm{T}}\end{pmatrix}\boldsymbol{X}=\begin{pmatrix}\boldsymbol{0}\\1\end{pmatrix}$ 无解，其中 $\boldsymbol{0}$ 是 n 维列向量.

2.（北京大学，1997）　设 $\boldsymbol{A},\boldsymbol{B}$ 是数域 P 上的 n 阶方阵，$\boldsymbol{X}$ 是未知量 $x_1,x_2,\cdots,x_n$ 所构成的 $n\times1$ 矩阵，已知齐次线性方程组 $\boldsymbol{AX}=\boldsymbol{0}$ 和 $\boldsymbol{BX}=\boldsymbol{0}$ 分别有 l,m 个线性无关解向量，这里 $l\geqslant0,m\geqslant0$.

(1) 证明 $(\boldsymbol{AB})\boldsymbol{X}=\boldsymbol{0}$ 至少有 $\max(l,m)$ 个线性无关的解向量；

(2) 如果 $l+m>n$，证明 $(\boldsymbol{A}+\boldsymbol{B})\boldsymbol{X}=\boldsymbol{0}$ 必有非零解；

(3) 如果 $\boldsymbol{AX}=\boldsymbol{0}$ 和 $\boldsymbol{BX}=\boldsymbol{0}$ 无公共的非零解向量，且 $l+m=n$，证明 P^n 中任一向量 $\boldsymbol{\alpha}$ 可唯一地表示成 $\boldsymbol{\alpha}=\boldsymbol{\beta}+\boldsymbol{\gamma}$，这里 $\boldsymbol{\beta},\boldsymbol{\gamma}$ 分别是 $\boldsymbol{AX}=\boldsymbol{0}$ 和 $\boldsymbol{BX}=\boldsymbol{0}$ 的解向量.

3.（武汉大学，2001）　平面上三条不同直线 $ax+by+c=0,bx+cy+a=0,cx+ay+b=0$，请证明：当 $a+b+c=0$ 时，这三条直线正好交于一点.

4.（武汉大学，2001）　$\boldsymbol{A}\in P^{m\times n}$，$R(\boldsymbol{A})=r$，且 $\boldsymbol{A}$ 的前 r 行线性无关，前 r 列也线性无关，证明：$\boldsymbol{A}$ 的左上角的 r 阶子式 D 不为零.

5.（武汉大学，2003）　设 $\boldsymbol{A}$ 是 $m\times n$ 矩阵，$\boldsymbol{B}$ 是 $n\times m$ 矩阵（$m\leqslant n$），若 $\boldsymbol{AB}=\boldsymbol{E}_m$ 是 m 阶单位矩阵，证明：$\boldsymbol{B}$ 的列向量组线性无关.

6.（华东师范大学，1997）　已知 3 阶实矩阵 $\boldsymbol{A}=(a_{ij})$ 满足条件 $a_{ij}=A_{ij}\,(i=1,2,3)$，其中 A_{ij} 是 a_{ij} 的代数余子式，且 $a_{33}=-1$. 求：

(1) $|\boldsymbol{A}|$；

(2) 方程组 $A\begin{pmatrix}x_1\\x_2\\x_3\end{pmatrix}=\begin{pmatrix}0\\0\\1\end{pmatrix}$ 的解.

7.（华中科技大学,2001;中南大学,2002） 设 $\boldsymbol{A}$ 是一个 m 行 n 列的实矩阵,$\boldsymbol{b}$ 是一个 m 行 1 列的实矩阵,证明：线性方程组 $\boldsymbol{A}^{\mathrm T}\boldsymbol{A}\boldsymbol{X}=\boldsymbol{A}^{\mathrm T}\boldsymbol{b}$ 一定有解，其中 $\boldsymbol{A}^{\mathrm T}$ 表示 $\boldsymbol{A}$ 的转置.

8.（中山大学,2003） 设 $\boldsymbol{Ax}=\boldsymbol{b}$ 为四元非齐次线性方程组，矩阵 $\boldsymbol{A}$ 的秩为 3，已知 $\boldsymbol{x}_1$，$\boldsymbol{x}_2$,$\boldsymbol{x}_3$ 是它的 3 个解向量，且 $\boldsymbol{x}_1=(4,1,0,2)^{\mathrm T}$,$\boldsymbol{x}_2+\boldsymbol{x}_3=(1,0,1,2)^{\mathrm T}$，试求该线性方程组的通解.

9.（中山大学,2003） 设向量组 $\boldsymbol{\alpha}_1,\boldsymbol{\alpha}_2,\cdots,\boldsymbol{\alpha}_m$ 线性无关，向量 $\boldsymbol{\beta}_1$ 可由它线性表示，而向量 $\boldsymbol{\beta}_2$ 不能由它线性表示，证明：向量组 $\boldsymbol{\alpha}_1,\boldsymbol{\alpha}_2,\cdots,\boldsymbol{\alpha}_m,\boldsymbol{\beta}_1+\boldsymbol{\beta}_2$ 线性无关.

10.（中山大学,2004） 设 $\boldsymbol{\alpha}_1,\boldsymbol{\alpha}_2,\cdots,\boldsymbol{\alpha}_n$ 是数域 P 上线性空间 V 中一线性无关向量组，讨论向量组 $\boldsymbol{\alpha}_1+\boldsymbol{\alpha}_2,\boldsymbol{\alpha}_2+\boldsymbol{\alpha}_3,\cdots,\boldsymbol{\alpha}_n+\boldsymbol{\alpha}_1$ 的线性相关性.

11.（浙江大学,2003） 令 $\boldsymbol{\alpha}_1,\boldsymbol{\alpha}_2,\cdots,\boldsymbol{\alpha}_s$ 是 $\mathbf{R}^n$ 中 s 个线性无关的向量,证明：存在含 n 个未知量的齐次线性方程组，使得$(\boldsymbol{\alpha}_1,\boldsymbol{\alpha}_2,\cdots,\boldsymbol{\alpha}_s)$是它的一个基础解系.

12.（四川大学,2000） 设 $\boldsymbol{A}$ 是一个 n 阶方阵,$\boldsymbol{A}^*$ 是 $\boldsymbol{A}$ 的伴随矩阵,如果存在 n 维非零列向量 $\boldsymbol{\alpha}$,满足 $\boldsymbol{A\alpha}=\boldsymbol{0}$. 证明：非齐次线性方程组 $\boldsymbol{A}^*\boldsymbol{X}=\boldsymbol{\alpha}$ 有解$\Leftrightarrow R(\boldsymbol{A})=n-1$.

13.（东南大学,1999） (1) 设 $\boldsymbol{A},\boldsymbol{B}$ 依次是 $m\times k,k\times n$ 矩阵，秩$(\boldsymbol{B})=k$，求证 $R(\boldsymbol{AB})=R(\boldsymbol{A})$；

(2) 设 $\boldsymbol{A}$ 是 $m\times n$ 矩阵,$\boldsymbol{b}$ 是 m 维列向量,求证 $\boldsymbol{AX}=\boldsymbol{b}$ 有解的充分必要条件是 $\boldsymbol{A}^{\mathrm T}\boldsymbol{Y}=\boldsymbol{0}$，$\boldsymbol{Y}^{\mathrm T}\boldsymbol{b}\neq\boldsymbol{0}$ 无解.

14.（厦门大学,1998） 求证：实数域 $\mathbf{R}$ 上的线性方程组 $\sum\limits_{j=1}^{n}a_{ij}x_j=b_i(i=1,2,\cdots,n)$ 有解的充要条件是向量 $\boldsymbol{\beta}=(b_1,b_2,\cdots,b_n)^{\mathrm T}$ 与齐次线性方程组 $\sum\limits_{j=1}^{n}a_{ji}x_j=0(i=1,2,\cdots,n)$ 的解空间正交.

15.（华中师范大学,2002） 设 $\boldsymbol{\gamma}_1,\boldsymbol{\gamma}_2,\cdots,\boldsymbol{\gamma}_t$ 是线性方程组 $\boldsymbol{AX}=\boldsymbol{b}(\boldsymbol{b}\neq\boldsymbol{0})$的任意 t 个解，证明：

(1) 若 $k_1\boldsymbol{\gamma}_1+k_2\boldsymbol{\gamma}_2+\cdots+k_t\boldsymbol{\gamma}_t=\boldsymbol{0}$,则 $\sum\limits_{i=1}^{t}k_i=0$；

(2) 若 $k_1\boldsymbol{\gamma}_1+k_2\boldsymbol{\gamma}_2+\cdots+k_t\boldsymbol{\gamma}_t$ 是 $\boldsymbol{AX}=\boldsymbol{b}$ 的解,则 $\sum\limits_{i=1}^{t}k_i=1$.

16.（华南理工大学,2000） 设线性方程组

$$\begin{cases}a_{11}x_1+a_{12}x_2+\cdots+a_{1n}x_n=b_1\\a_{21}x_1+a_{22}x_2+\cdots+a_{2n}x_n=b_2\\\qquad\vdots\\a_{n1}x_1+a_{n2}x_2+\cdots+a_{nn}x_n=b_n\end{cases}\tag{Ⅰ}$$

的系数矩阵 $\boldsymbol{A}$ 的秩等于矩阵

$$\boldsymbol{B}=\begin{pmatrix}a_{11}&a_{12}&\cdots&a_{1n}&b_1\\a_{21}&a_{22}&\cdots&a_{2n}&b_2\\\vdots&\vdots&&\vdots&\vdots\\a_{n1}&a_{n2}&\cdots&a_{nn}&b_n\\b_1&b_2&\cdots&b_n&0\end{pmatrix}$$

的秩. 证明：方程组(Ⅰ)有解. 问其逆命题是否成立？为什么？

17.（大连理工大学,1999） 已知线性方程组

$$(\text{Ⅰ})\begin{cases}a_{11}x_1+a_{12}x_2+\cdots+a_{1,2n}x_{2n}=0\\ a_{21}x_1+a_{22}x_2+\cdots+a_{2,2n}x_{2n}=0\\ \qquad\vdots\\ a_{n1}x_1+a_{n2}x_2+\cdots+a_{n,2n}x_{2n}=0\end{cases}$$

的一个基础解系为$(b_{11},b_{12},\cdots,b_{1,2n})^{\mathrm T}$，$(b_{21},b_{22},\cdots,b_{2,2n})^{\mathrm T}$，$\cdots$，$(b_{n1},b_{n2},\cdots,b_{n,2n})^{\mathrm T}$，试写出线性方程组

$$(\text{Ⅱ})\begin{cases}b_{11}y_1+b_{12}y_2+\cdots+b_{1,2n}y_{2n}=0\\ b_{21}y_1+b_{22}y_2+\cdots+b_{2,2n}y_{2n}=0\\ \qquad\vdots\\ b_{n1}y_1+b_{n2}y_2+\cdots+b_{n,2n}y_{2n}=0\end{cases}$$

的通解，并说明理由.

18.（武汉大学,1994） 试利用线性方程组理论证明：一个 n 次多项式不能有多于 n 个互异的根.

19.（中南大学,2001） 设 n 维列向量 $\boldsymbol{X}_1,\boldsymbol{X}_2,\cdots,\boldsymbol{X}_n$ 线性无关，$\boldsymbol{P}$ 为 n 阶矩阵，证明：$\boldsymbol{PX}_1,\boldsymbol{PX}_2,\cdots,\boldsymbol{PX}_n$ 为线性无关的充要条件是 $\boldsymbol{P}$ 为非奇异矩阵.

20.（华中师范大学,2000） 设 $\boldsymbol{A}\in P^{m\times n}$，$\boldsymbol{\eta}_1,\boldsymbol{\eta}_2,\cdots,\boldsymbol{\eta}_{n-r}$ 是线性方程组 $\boldsymbol{AX}=\boldsymbol{0}$ 的基础解系，$\boldsymbol{B}=(\boldsymbol{\eta}_1,\boldsymbol{\eta}_2,\cdots,\boldsymbol{\eta}_{n-r})$. 证明：如果 $\boldsymbol{AC}=\boldsymbol{O}$，那么存在唯一的矩阵 $\boldsymbol{D}$，使 $\boldsymbol{C}=\boldsymbol{BD}$（其中 $\boldsymbol{C}\in P^{n\times t}$）.

21.（华南理工大学,1999） 已知 $\boldsymbol{A},\boldsymbol{B}\in P^{m\times m}$.（1）证明：矩阵 $\boldsymbol{AX}=\boldsymbol{B}$ 有解的充要条件是 $R(\boldsymbol{A},\boldsymbol{B})=R(\boldsymbol{A})$；（2）试问矩阵 $\boldsymbol{XA}=\boldsymbol{B}$ 有解的充要条件是什么？

22.（北京大学,1991） 已知

$$\begin{vmatrix}a_{11}&a_{12}&\cdots&a_{1n}\\ a_{21}&a_{22}&\cdots&a_{2n}\\ \vdots&\vdots&&\vdots\\ a_{n1}&a_{n2}&\cdots&a_{nn}\end{vmatrix}\neq 0,$$

试证明：线性方程组

$$(\text{Ⅰ})\begin{cases}a_{11}x_1+a_{12}x_2+\cdots+a_{1n}x_n=b_1\\ a_{21}x_1+a_{22}x_2+\cdots+a_{2n}x_n=b_2\\ \qquad\vdots\\ a_{n1}x_1+a_{n2}x_2+\cdots+a_{nn}x_n=b_n\\ c_1x_1+c_2x_2+\cdots+c_nx_n=d\end{cases}$$

与

$$(\text{Ⅱ})\begin{cases}a_{11}x_1+a_{21}x_2+\cdots+a_{n1}x_n=c_1\\ a_{12}x_1+a_{22}x_2+\cdots+a_{n2}x_n=c_2\\ \qquad\vdots\\ a_{1n}x_1+a_{2n}x_2+\cdots+a_{nn}x_n=c_n\\ b_1x_1+b_2x_2+\cdots+b_nx_n=d\end{cases}$$

都有唯一解,或都没有解.

23.(南京大学,2000) 线性方程组

$$\begin{cases}\lambda x+9y+3z=2,\\ -x+(\lambda-1)y=\lambda,\\ 3x-y+z=-4,\end{cases}$$

当 λ 为何值时,方程组有:(1) 唯一解,并求其解;(2) 无穷多解,此时请用对应的齐次线性方程组的基础解系表示所得到的一般解;(3) 无解.

24.(东南大学,2000) 讨论 a,b 为何值时,如下方程组有唯一解、无解、无穷多解.当有无穷多解时,求出结构式通解.

$$\begin{cases}x_1+x_2+x_3+x_4=0,\\ x_2+2x_3+2x_4=1,\\ -x_2+(a-3)x_3-2x_4=b,\\ 3x_1+2x_2+x_3+ax_4=-1.\end{cases}$$

25.(武汉大学,1993) 求 a 与 b,使齐次线性方程组

$$\begin{cases}ax+y+z=0\\ x+2by+z=0\\ x+3by+z=0\end{cases}$$

有非零解,并求相应的基础解系.

26.(武汉大学,2000) $\boldsymbol{A}\in P^{m\times n}$,$\boldsymbol{AX}=\boldsymbol{b}$ 为一非齐次线性方程组,则必有

(1) 若 $m<n$,则 $\boldsymbol{AX}=\boldsymbol{b}$ 有非零解;

(2) 若 $R(\boldsymbol{A})=m$,则 $\boldsymbol{AX}=\boldsymbol{0}$ 有非零解;

(3) 若 $\boldsymbol{A}$ 有 n 阶子式不为零,则 $\boldsymbol{AX}=\boldsymbol{b}$ 有唯一解;

(4) 若 $\boldsymbol{A}$ 有 n 阶子式不为零,则 $\boldsymbol{AX}=\boldsymbol{0}$ 只有零解.

27.(东南大学,1998) 齐次线性方程组.

$$\begin{pmatrix}1&1&1\\ a&b&c\\ a^2&b^2&c^2\\ a^3&b^3&c^3\end{pmatrix}\begin{pmatrix}x_1\\ x_2\\ x_3\end{pmatrix}=\begin{pmatrix}0\\ 0\\ 0\\ 0\end{pmatrix}\qquad(\mathrm{I})$$

有非零解的充要条件是 a,b,c 满足____________________.

28.(东南大学,1998) 对非齐次线性方程组 $\boldsymbol{AX}=\boldsymbol{b}$,下面的结论(　　)是正确的.

(A) 若 $\boldsymbol{AX}=\boldsymbol{0}$ 只有零解,则 $\boldsymbol{AX}=\boldsymbol{b}$ 有唯一解

(B) 若 $\boldsymbol{AX}=\boldsymbol{0}$ 有非零解,则 $\boldsymbol{AX}=\boldsymbol{b}$ 有无穷多解

(C) 若 $\boldsymbol{AX}=\boldsymbol{b}$ 有无穷多解,则 $\boldsymbol{AX}=\boldsymbol{0}$ 只有零解

(D) 若 $\boldsymbol{AX}=\boldsymbol{b}$ 有无穷多解,则 $\boldsymbol{AX}=\boldsymbol{0}$ 有非零解

29.(东南大学,2003) 设向量组 $\boldsymbol{\alpha}_1,\boldsymbol{\alpha}_2,\boldsymbol{\alpha}_3$ 线性无关,向量 $\boldsymbol{\beta}_1$ 可由 $\boldsymbol{\alpha}_1,\boldsymbol{\alpha}_2,\boldsymbol{\alpha}_3$ 线性表示,而向量 $\boldsymbol{\beta}_2$ 不能由 $\boldsymbol{\alpha}_1,\boldsymbol{\alpha}_2,\boldsymbol{\alpha}_3$ 线性表示,则对任意常数 k,必有(　　).

(A) $\boldsymbol{\alpha}_1,\boldsymbol{\alpha}_2,\boldsymbol{\alpha}_3,k\boldsymbol{\beta}_1+\boldsymbol{\beta}_2$ 线性无关　　(B) $\boldsymbol{\alpha}_1,\boldsymbol{\alpha}_2,\boldsymbol{\alpha}_3,k\boldsymbol{\beta}_1+\boldsymbol{\beta}_2$ 线性相关

(C) $\boldsymbol{\alpha}_1,\boldsymbol{\alpha}_2,\boldsymbol{\alpha}_3,\boldsymbol{\beta}_1+k\boldsymbol{\beta}_2$ 线性无关　　(D) $\boldsymbol{\alpha}_1,\boldsymbol{\alpha}_2,\boldsymbol{\alpha}_3,\boldsymbol{\beta}_1+k\boldsymbol{\beta}_2$ 线性相关

30.（东南大学,2003） 已知 $\boldsymbol{\beta}_1,\boldsymbol{\beta}_2$ 是非齐次线性方程组 $\boldsymbol{AX}=\boldsymbol{b}$ 的两个不同的解，$\boldsymbol{\alpha}_1,\boldsymbol{\alpha}_2$ 是 $\boldsymbol{AX}=\boldsymbol{0}$ 的基础解系，k_1,k_2 为任意常数，则方程组 $\boldsymbol{AX}=\boldsymbol{b}$ 的通解（一般解）必是（　　）.

(A) $\dfrac{\boldsymbol{\beta}_1-\boldsymbol{\beta}_2}{2}+k_1\boldsymbol{\alpha}_1+k_2(\boldsymbol{\alpha}_1+\boldsymbol{\alpha}_2)$　　(B) $\dfrac{\boldsymbol{\beta}_1+\boldsymbol{\beta}_2}{2}+k_1\boldsymbol{\alpha}_1+k_2(\boldsymbol{\alpha}_1-\boldsymbol{\alpha}_2)$

(C) $\dfrac{\boldsymbol{\beta}_1-\boldsymbol{\beta}_2}{2}+k_1\boldsymbol{\alpha}_1+k_2(\boldsymbol{\beta}_1+\boldsymbol{\beta}_2)$　　(D) $\dfrac{\boldsymbol{\beta}_1+\boldsymbol{\beta}_2}{2}+k_1\boldsymbol{\alpha}_1+k_2(\boldsymbol{\beta}_1-\boldsymbol{\beta}_2)$

31.（北京大学,2005） 设数域 P 上的 n 阶矩阵 $\boldsymbol{A}=(a_{ij})_{n\times n}$，$a_{ij}=b_i-c_j$.

(1) 求 $|\boldsymbol{A}|$；

(2) 当 $n\geqslant 2$ 时，$b_1\neq b_2$，$c_1\neq c_2$，求齐次线性方程组 $\boldsymbol{AX}=\boldsymbol{0}$ 的解空间的维数及一组基.

32.（华东师范大学,1994） $\boldsymbol{A},\boldsymbol{B}\in P^{m\times n}$，证明 $R(\boldsymbol{AB})=R(\boldsymbol{B})$ 的充分必要条件是 $(\boldsymbol{AB})\boldsymbol{X}=\boldsymbol{0}$ 与 $\boldsymbol{BX}=\boldsymbol{0}$ 同解，其中 $R(\boldsymbol{B})$ 表示 $\boldsymbol{B}$ 的秩，$\boldsymbol{X}=(x_1,x_2,\cdots,x_n)^{\mathrm{T}}$.

33.（三峡大学,2009） 设有线性方程组

$$\begin{cases}(a+2)x+(a+7)y+4z=2,\\2x+(a-2)y+z=a-7,\\5x+(a-3)y+2z=a-5.\end{cases}$$

问当 a 为何值时方程组，有：(1) 唯一解，并求其解；(2) 无穷多解，要求用对应的齐次线性方程组的基础解系表示所得到的一般解；(3) 无解.

34.（华中科技大学,2007） 证明：平面上三条不同的直线 $ax+by+c=0$，$bx+cy+a=0$，$cx+ay+b=0$ 相交的充分必要条件是 $a+b+c=0$.

35.（哈尔滨工业大学,2009） 设向量组（Ⅰ）：$\boldsymbol{\alpha}_1,\boldsymbol{\alpha}_2\cdots,\boldsymbol{\alpha}_r$ 线性无关，并且可由向量组（Ⅱ）：$\boldsymbol{\beta}_1,\boldsymbol{\beta}_2,\cdots,\boldsymbol{\beta}_s$ 线性表出，那么 $r\leqslant s$，并且以适当的向量组（Ⅱ）中向量的次序，使得向量组（Ⅰ）替换向量组（Ⅱ）前 r 个向量后所得到的向量组 $\boldsymbol{\alpha}_1,\boldsymbol{\alpha}_2,\cdots,\boldsymbol{\alpha}_r,\boldsymbol{\beta}_{r+1},\cdots,\boldsymbol{\beta}_s$ 与向量组（Ⅱ）等价.

36.（南京理工大学,2008） 设 $\boldsymbol{\alpha}_i=(a_{i1},a_{i2},\cdots,a_{in})(i=1,2,\cdots,s)$，$\boldsymbol{\beta}=(b_1,b_2,\cdots,b_n)$，证明：如果线性方程组

$$\begin{cases}a_{11}x_1+a_{12}x_2+\cdots+a_{1n}x_n=0\\a_{21}x_1+a_{22}x_2+\cdots+a_{2n}x_n=0\\\qquad\qquad\qquad\vdots\\a_{s1}x_1+a_{s2}x_2+\cdots+a_{sn}x_n=0\end{cases}$$

的解全是方程 $b_1x_1+b_2x_2+\cdots+b_nx_n=0$ 的解，那么 $\boldsymbol{\beta}$ 可以由 $\boldsymbol{\alpha}_1,\boldsymbol{\alpha}_2,\cdots,\boldsymbol{\alpha}_n$ 线性表出.

37.（北京邮电大学,2007） 设有向量组 $\boldsymbol{\alpha}_1=(1,0,2,3)^{\mathrm{T}}$，$\boldsymbol{\alpha}_2=(1,1,3,5)^{\mathrm{T}}$，$\boldsymbol{\alpha}_3=(1,-1,a+2,1)^{\mathrm{T}}$，$\boldsymbol{\alpha}_4=(1,2,4,a+8)^{\mathrm{T}}$，$\boldsymbol{\beta}=(1,1,b+3,5)^{\mathrm{T}}$.

(1) 写出 $\boldsymbol{\beta}$ 不能由向量组 $\boldsymbol{\alpha}_1,\boldsymbol{\alpha}_2,\boldsymbol{\alpha}_3,\boldsymbol{\alpha}_4$ 线性表出的几种情形；

(2) $\boldsymbol{\beta}$ 可由向量组 $\boldsymbol{\alpha}_1,\boldsymbol{\alpha}_2,\boldsymbol{\alpha}_3,\boldsymbol{\alpha}_4$ 线性表出？写出 $\boldsymbol{\beta}$ 的线性表出式.

38.（北京理工大学,2008） 设 $\boldsymbol{\gamma}_0$ 是齐次线性方程组 $\boldsymbol{AX}=\boldsymbol{b}$ 的解，$\boldsymbol{\eta}_1,\boldsymbol{\eta}_2,\cdots,\boldsymbol{\eta}_t$ 是导出组的基础解系. 证明：

(1) 令 $\boldsymbol{\gamma}_0,\boldsymbol{\gamma}_1=\boldsymbol{\gamma}_0+\boldsymbol{\eta}_1,\cdots,\boldsymbol{\gamma}_t=\boldsymbol{\gamma}_0+\boldsymbol{\eta}_t$，则 $\boldsymbol{\gamma}_0,\boldsymbol{\gamma}_1,\cdots,\boldsymbol{\gamma}_t$ 线性无关；

(2) 已知向量组 $\partial_1,\partial_2,\cdots,\partial_s$，或是方程组 $\boldsymbol{AX}=\boldsymbol{\beta}$ 的解或是方程组 $\boldsymbol{AX}=\boldsymbol{0}$ 的解，则 $R\{\partial_1,\partial_2,\cdots,\partial_s\}\leqslant t+1$.

39.（西南大学，2008） 设整系数线性方程组

$$\sum_{j=1}^{n} a_{ij}x_j = b_i \quad (i=1,2,\cdots,n) \tag{Ⅰ}$$

对任意 $b_1,b_2,\cdots,b_n$ 均有整数解，证明系数行列式的绝对值为 1.

40.（三峡大学，2010） 设线性方程组为

$$\begin{cases} x_1+x_2+x_3+x_4=1, \\ x_1+\lambda x_2+x_3+x_4=1, \\ x_1+x_2+\lambda x_3+x_4=1, \\ x_1+x_2+x_3+(\lambda-1)x_4=2, \end{cases}$$

试讨论下列问题：

(1) 当 λ 取什么值时，线性方程组有唯一解？

(2) 当 λ 取什么值时，线性方程组无解？

(3) 当 λ 取什么值时，线性方程组有无穷多解？并在有无穷多解时求其解.（要求用导出组的基础解系及它的特解形式表示其通解）

41.（华中科技大学，2013） 已知四元齐次线性方程组

$$\begin{cases} x_1-x_2=0, \\ x_2+x_4=0; \end{cases} \tag{Ⅰ}$$

$$\begin{cases} x_1+x_2+x_3=0, \\ x_2+x_3-x_4=0. \end{cases} \tag{Ⅱ}$$

(1) 分别求方程组（Ⅰ）和（Ⅱ）的一组基础解系；

(2) 求方程组（Ⅰ）和（Ⅱ）的公共解.

42.（南京师范大学，2015） 已知线性方程组

$$\begin{cases} x_1+2x_2+3x_3=0 \\ 2x_2+3x_3+5x_4=0 \\ x_1+x_2+ax_3=0 \end{cases} \tag{Ⅰ}$$

与

$$\begin{cases} x_1+bx_2+cx_3=0 \\ 2x_1+b^2x_2+(c+1)x_3=0 \end{cases} \tag{Ⅱ}$$

同解，求 a,b,c.

43.（中国科学院，2016） 已知矩阵 $\boldsymbol{A}$ 的 $n-1$ 阶子式不为零，给出齐次线性方程组 $\boldsymbol{A}\boldsymbol{x}=\boldsymbol{0}$ 的所有解，其中 $\boldsymbol{A}=\begin{pmatrix} a_{11} & a_{12} & \cdots & a_{1n} \\ a_{21} & a_{22} & \cdots & a_{2n} \\ \vdots & \vdots & & \vdots \\ a_{n-1,1} & a_{n-1,2} & \cdots & a_{n-1,n} \end{pmatrix}$.

44.（中国科学院，2017） 设

$$\begin{pmatrix} x_{3n} \\ x_{3n+1} \\ x_{3n+2} \end{pmatrix} = \begin{pmatrix} 3 & -2 & 1 \\ 4 & -1 & 0 \\ 4 & -3 & 2 \end{pmatrix} \begin{pmatrix} x_{3n-3} \\ x_{3n-2} \\ x_{3n-1} \end{pmatrix},$$

给定初始值 $x_0=5,x_1=7,x_2=8$，求 x_n 的通项.

45.（中国科学院，2019） 已知 $(x-1)^2(x+1)\mid(ax^4+bx^2+cx+1)$，求 a,b,c.

历年考研试题精选参考答案

1. 证明：(1)⇒(2). $\boldsymbol{A}\boldsymbol{X}=\boldsymbol{\beta}$ 有解，设解为 $\boldsymbol{X}_0\in P^{m\times 1}$，$\boldsymbol{A}\boldsymbol{X}_0=\boldsymbol{\beta}$，则 $\boldsymbol{X}_0^{\mathrm{T}}\boldsymbol{A}^{\mathrm{T}}=\boldsymbol{\beta}^{\mathrm{T}}$. 设 $(x_1,x_2,\cdots,x_m)^{\mathrm{T}}=\boldsymbol{X}_1$ 是 $\boldsymbol{A}^{\mathrm{T}}\boldsymbol{X}=\boldsymbol{0}$ 的解，则 $\boldsymbol{A}^{\mathrm{T}}\boldsymbol{X}_1=\boldsymbol{0}$. 于是 $\boldsymbol{X}_0^{\mathrm{T}}\boldsymbol{A}^{\mathrm{T}}\boldsymbol{X}_1=\boldsymbol{\beta}^{\mathrm{T}}\boldsymbol{X}_1=0$，从而 $x_1b_1+x_2b_2+\cdots+x_mb_m=0$.

(2)⇒(3). 线性方程组 $\begin{pmatrix}\boldsymbol{A}^{\mathrm{T}}\\ \boldsymbol{\beta}^{\mathrm{T}}\end{pmatrix}\boldsymbol{X}=\begin{pmatrix}\boldsymbol{0}\\ 1\end{pmatrix}$ 可得 $\begin{cases}\boldsymbol{A}^{\mathrm{T}}\boldsymbol{X}=\boldsymbol{0},\\ \boldsymbol{\beta}^{\mathrm{T}}\boldsymbol{X}=1.\end{cases}$

由(2)知，$\boldsymbol{A}^{\mathrm{T}}\boldsymbol{X}=\boldsymbol{0}$ 的任一解 $(x_1,x_2,\cdots,x_m)^{\mathrm{T}}$ 必满足 $\boldsymbol{\beta}^{\mathrm{T}}\boldsymbol{X}=0$. 因此上述线性方程无解.

(3)⇒(1). 线性方程组

$$\begin{pmatrix}\boldsymbol{A}^{\mathrm{T}}\\ \boldsymbol{\beta}^{\mathrm{T}}\end{pmatrix}\boldsymbol{X}=\begin{pmatrix}\boldsymbol{0}\\ 1\end{pmatrix}$$

无解，于是

$$R\begin{pmatrix}\boldsymbol{A}^{\mathrm{T}}\\ \boldsymbol{\beta}^{\mathrm{T}}\end{pmatrix}<R\begin{pmatrix}\boldsymbol{A}^{\mathrm{T}} & \boldsymbol{0}\\ \boldsymbol{\beta}^{\mathrm{T}} & 1\end{pmatrix}=R\begin{pmatrix}\boldsymbol{A}^{\mathrm{T}}\\ \boldsymbol{\beta}^{\mathrm{T}}\end{pmatrix}+1,\text{ 而 }R\begin{pmatrix}\boldsymbol{A}^{\mathrm{T}} & \boldsymbol{0}\\ \boldsymbol{\beta}^{\mathrm{T}} & 1\end{pmatrix}=R\begin{pmatrix}\boldsymbol{A}^{\mathrm{T}} & \boldsymbol{0}\\ \boldsymbol{0} & 1\end{pmatrix}=R(\boldsymbol{A}^{\mathrm{T}})+1,$$

故 $R\begin{pmatrix}\boldsymbol{A}^{\mathrm{T}}\\ \boldsymbol{\beta}^{\mathrm{T}}\end{pmatrix}=R(\boldsymbol{A}^{\mathrm{T}})$，即 $R(\boldsymbol{A})=R(\boldsymbol{A},\boldsymbol{\beta})$，因此线性方程组 $\boldsymbol{A}\boldsymbol{X}=\boldsymbol{\beta}$ 有解.

2. 证明：(1) 由已知条件 $R(\boldsymbol{A})\leqslant n-l$，$R(\boldsymbol{B})\leqslant n-m$，则 $R(\boldsymbol{AB})\leqslant\min(n-l,n-m)$. 于是 $(\boldsymbol{AB})\boldsymbol{X}=\boldsymbol{0}$ 的基础解系所含解向量的个数 $=n-R(\boldsymbol{AB})\geqslant\max(l,m)$.

(2) $R(\boldsymbol{A}+\boldsymbol{B})\leqslant R(\boldsymbol{A})+R(\boldsymbol{B})\leqslant 2n-(l+m)$. 因为 $l+m>n$，所以 $R(\boldsymbol{A}+\boldsymbol{B})<n$，于是 $(\boldsymbol{A}+\boldsymbol{B})\boldsymbol{X}=\boldsymbol{0}$ 必有非零解.

(3) 令 $\boldsymbol{A}\boldsymbol{X}=\boldsymbol{0}$ 与 $\boldsymbol{B}\boldsymbol{X}=\boldsymbol{0}$ 的解空间分别为 V_1,V_2，则 $\dim V_1\geqslant l$，$\dim V_2\geqslant m$，由已知条件可得 $V_1\cap V_2=\{0\}$，因此 V_1 与 V_2 的和是直和，又

$$\dim(V_1+V_2)=\dim V_1+\dim V_2\geqslant l+m=n,$$

于是 $P^n=V_1\oplus V_2$，所以结论成立.

3. 证明：

$$\begin{cases}ax+by=-c,\\ cx+ay=-b,\\ bx+cy=-a,\end{cases}\quad \boldsymbol{A}=\begin{pmatrix}a & b\\ c & a\\ b & c\end{pmatrix},\quad \bar{\boldsymbol{A}}=\left(\begin{array}{cc:c}a & b & -c\\ c & a & -b\\ b & c & -a\end{array}\right),$$

$$|\bar{\boldsymbol{A}}|=\left|\begin{array}{cc:c}a & b & -c\\ c & a & -b\\ b & c & -a\end{array}\right|=\left|\begin{array}{cc:c}a+b+c & a+b+c & -(a+b+c)\\ c & a & -b\\ b & c & -a\end{array}\right|=0(\text{因 }a+b+c=0),$$

而 $ax+by+c=0$，$bx+cy+a=0$，$cx+ay+b=0$ 是三条不同直线，于是 $R(\boldsymbol{A})=R(\bar{\boldsymbol{A}})=2$，故线性方程组有唯一解，于是结论成立.

4. 证明：由于 $\boldsymbol{A}$ 的前 r 行线性无关，则后 $m-r$ 行可由前 r 行线性表出，依次将前 r 行的适当倍数分别加到后 $m-r$ 行，可将后 $m-r$ 行全变成零，令为 $\boldsymbol{B}$，则

$$\boldsymbol{A}\to\boldsymbol{B}=\begin{pmatrix}\boldsymbol{A}_r & \boldsymbol{C}\\ \boldsymbol{0} & \boldsymbol{0}\end{pmatrix}.$$

而初等行变换不改变列向量组的线性关系，于是 $\boldsymbol{B}$ 的前 r 列也线性无关，所以 $D=|\boldsymbol{A}_r|\neq 0$.

5. 证明：因为 $R(\boldsymbol{AB})\leqslant R(\boldsymbol{B})$，所以 $m\leqslant R(\boldsymbol{B})$，又 $\boldsymbol{B}$ 是 $n\times m$ 矩阵，则 $R(\boldsymbol{B})\leqslant m$，那么

$R(\boldsymbol{B})=m$,所以 $\boldsymbol{B}$ 的列向量组线性无关.

6. 解:因为

$$|\boldsymbol{A}|^2=|\boldsymbol{A}|\cdot|\boldsymbol{A}^{\mathrm{T}}|=|\boldsymbol{A}\boldsymbol{A}^{\mathrm{T}}|=\left|\begin{pmatrix}a_{11}&a_{12}&a_{13}\\a_{21}&a_{22}&a_{23}\\a_{31}&a_{32}&a_{33}\end{pmatrix}\begin{pmatrix}A_{11}&A_{21}&A_{31}\\A_{12}&A_{22}&A_{32}\\A_{13}&A_{23}&A_{33}\end{pmatrix}\right|$$

$$=\begin{vmatrix}|\boldsymbol{A}|&0&0\\0&|\boldsymbol{A}|&0\\0&0&|\boldsymbol{A}|\end{vmatrix}=|\boldsymbol{A}|^3,$$

所以 $|\boldsymbol{A}|^3-|\boldsymbol{A}|^2=|\boldsymbol{A}|^2(|\boldsymbol{A}|-1)=0$,于是 $|\boldsymbol{A}|=0$ 或 $|\boldsymbol{A}|=1$.

又因 $\boldsymbol{A}\boldsymbol{A}^{\mathrm{T}}=\boldsymbol{A}\boldsymbol{A}^*=|\boldsymbol{A}|\boldsymbol{E}$,故

$$\begin{pmatrix}a_{11}^2+a_{12}^2+a_{13}^2 & a_{11}a_{21}+a_{12}a_{22}+a_{13}a_{23} & a_{11}a_{31}+a_{12}a_{32}+a_{13}a_{33}\\ a_{21}a_{11}+a_{22}a_{12}+a_{23}a_{13} & a_{21}^2+a_{22}^2+a_{23}^2 & a_{21}a_{31}+a_{22}a_{32}+a_{23}a_{33}\\ a_{31}a_{11}+a_{32}a_{12}+a_{33}a_{13} & a_{31}a_{21}+a_{32}a_{22}+a_{33}a_{23} & a_{31}^2+a_{32}^2+a_{33}^2\end{pmatrix}$$

$$=\begin{pmatrix}|\boldsymbol{A}|&0&0\\0&|\boldsymbol{A}|&0\\0&0&|\boldsymbol{A}|\end{pmatrix},$$

即

$$\begin{cases}a_{11}^2+a_{12}^2+a_{13}^2=|\boldsymbol{A}|,\\ a_{21}^2+a_{22}^2+a_{23}^2=|\boldsymbol{A}|,\\ a_{31}^2+a_{32}^2+a_{33}^2=|\boldsymbol{A}|,\\ a_{11}a_{21}+a_{12}a_{22}+a_{13}a_{23}=0,\\ a_{11}a_{31}+a_{12}a_{32}+a_{13}a_{33}=0,\\ a_{21}a_{31}+a_{22}a_{32}+a_{23}a_{33}=0.\end{cases}$$

因为 $a_{ij}\in\mathbf{R}$,且 $a_{33}=-1$,所以 $|\boldsymbol{A}|=1$,那么 $a_{31}=a_{32}=0$,代入最后两个式子得 $a_{13}=a_{23}=0$. 于是

$$\boldsymbol{A}=\begin{pmatrix}a_{11}&a_{12}&0\\a_{21}&a_{22}&0\\0&0&-1\end{pmatrix}.$$

由 Cramer 法则可知,

$$x_1=\frac{D_1}{|\boldsymbol{A}|}=\begin{vmatrix}0&a_{12}&0\\0&a_{22}&0\\1&0&-1\end{vmatrix}=0,\quad x_2=\frac{D_2}{|\boldsymbol{A}|}=\begin{vmatrix}a_{11}&0&0\\a_{21}&0&0\\0&1&-1\end{vmatrix}=0,$$

$$x_3=\frac{D_3}{|\boldsymbol{A}|}=\begin{vmatrix}a_{11}&a_{12}&0\\a_{21}&a_{22}&0\\0&0&1\end{vmatrix}=-1.$$

7. 证明:首先证明 $R(\boldsymbol{A}^{\mathrm{T}}\boldsymbol{A})=R(\boldsymbol{A})$,设 $\boldsymbol{X}=(x_1,x_2,\cdots,x_n)^{\mathrm{T}}$,考虑齐次线性方程组

$$\boldsymbol{A}\boldsymbol{X}=\boldsymbol{0},\tag{Ⅰ}$$

$$(\boldsymbol{A}^{\mathrm{T}}\boldsymbol{A})\boldsymbol{X}=\boldsymbol{0}.\tag{Ⅱ}$$

显然,方程组(Ⅰ)的解是方程组(Ⅱ)的解. 设 $\boldsymbol{X}_0$ 是(Ⅱ)的一个解,则 $(\boldsymbol{A}^{\mathrm{T}}\boldsymbol{A})\boldsymbol{X}_0=\boldsymbol{0}$,于是 $\boldsymbol{X}_0^{\mathrm{T}}\boldsymbol{A}^{\mathrm{T}}\boldsymbol{A}\boldsymbol{X}_0=(\boldsymbol{A}\boldsymbol{X}_0)^{\mathrm{T}}(\boldsymbol{A}\boldsymbol{X}_0)=0$,而 $\boldsymbol{A}\boldsymbol{X}_0$ 是实向量,那么 $\boldsymbol{A}\boldsymbol{X}_0=\boldsymbol{0}$,即 $\boldsymbol{X}_0$ 是方程组(Ⅰ)的一个

解,那么齐次线性方程组(Ⅰ)与(Ⅱ)同解,于是 $R(\boldsymbol{A}^{\mathrm{T}}\boldsymbol{A})=R(\boldsymbol{A})$. 又因

$$R(\boldsymbol{A}^{\mathrm{T}}\boldsymbol{A})\leqslant R(\boldsymbol{A}^{\mathrm{T}}\boldsymbol{A},\boldsymbol{A}^{\mathrm{T}}\boldsymbol{b})=R(\boldsymbol{A}^{\mathrm{T}}(\boldsymbol{A},\boldsymbol{b}))\leqslant R(\boldsymbol{A}^{\mathrm{T}})=R(\boldsymbol{A})=R(\boldsymbol{A}^{\mathrm{T}}\boldsymbol{A}),$$

所以 $R(\boldsymbol{A}^{\mathrm{T}}\boldsymbol{A})=R(\boldsymbol{A}^{\mathrm{T}}\boldsymbol{A},\boldsymbol{A}^{\mathrm{T}}\boldsymbol{b})$,于是结论成立.

8. 解:因为 $\boldsymbol{x}_2,\boldsymbol{x}_3$ 是 $\boldsymbol{A}\boldsymbol{x}=\boldsymbol{b}$ 的两个解,所以

$$\frac{1}{2}(\boldsymbol{x}_1+\boldsymbol{x}_2)=\left(\frac{1}{2},0,\frac{1}{2},1\right)^{\mathrm{T}}$$

是 $\boldsymbol{A}\boldsymbol{x}=\boldsymbol{b}$ 的一个解,那么

$$(4,1,0,2)^{\mathrm{T}}-\left(\frac{1}{2},0,\frac{1}{2},1\right)^{\mathrm{T}}=\left(\frac{7}{2},1,-\frac{1}{2},1\right)^{\mathrm{T}}$$

是导出组的一个解. 因为 $R(\boldsymbol{A})=3$,所以其导出组的基础解系由一个解向量组成,于是线性方程的通解可以表示为

$$\boldsymbol{\alpha}=(4,1,0,2)^{\mathrm{T}}+k\left(\frac{7}{2},1,-\frac{1}{2},1\right)^{\mathrm{T}},\quad k\text{ 为任意常数}.$$

9. 证明:反证法. 假设 $\boldsymbol{\alpha}_1,\boldsymbol{\alpha}_2,\cdots,\boldsymbol{\alpha}_m,\boldsymbol{\beta}_1+\boldsymbol{\beta}_2$ 线性相关,而 $\boldsymbol{\alpha}_1,\boldsymbol{\alpha}_2,\cdots,\boldsymbol{\alpha}_m$ 线性无关,则 $\boldsymbol{\beta}_1+\boldsymbol{\beta}_2$ 能由 $\boldsymbol{\alpha}_1,\boldsymbol{\alpha}_2,\cdots,\boldsymbol{\alpha}_m$ 线性表示. 又 $\boldsymbol{\beta}_1$ 能由 $\boldsymbol{\alpha}_1,\boldsymbol{\alpha}_2,\cdots,\boldsymbol{\alpha}_m$ 线性表示,于是 $\boldsymbol{\beta}_2$ 也可以由 $\boldsymbol{\alpha}_1,\boldsymbol{\alpha}_2,\cdots,\boldsymbol{\alpha}_m$ 线性表示,与已知矛盾,所以 $\boldsymbol{\alpha}_1,\boldsymbol{\alpha}_2,\cdots,\boldsymbol{\alpha}_m,\boldsymbol{\beta}_1+\boldsymbol{\beta}_2$ 线性无关.

10. 解:令

$$x_1(\boldsymbol{\alpha}_1+\boldsymbol{\alpha}_2)+x_2(\boldsymbol{\alpha}_2+\boldsymbol{\alpha}_3)+\cdots+x_{n-1}(\boldsymbol{\alpha}_{n-1}+\boldsymbol{\alpha}_n)+x_n(\boldsymbol{\alpha}_n+\boldsymbol{\alpha}_1)=\boldsymbol{0},$$

其中 $x_i\in P,i=1,2,\cdots,n$. 整理上式得

$$(x_1+x_n)\boldsymbol{\alpha}_1+(x_1+x_2)\boldsymbol{\alpha}_2+(x_2+x_3)\boldsymbol{\alpha}_3+\cdots+(x_{n-1}+x_n)\boldsymbol{\alpha}_n=\boldsymbol{0}.$$

由于 $\boldsymbol{\alpha}_1,\boldsymbol{\alpha}_2,\cdots,\boldsymbol{\alpha}_n$ 线性无关,所以

$$\begin{cases}x_1+x_n=0,\\x_1+x_2=0,\\x_2+x_3=0,\\\qquad\vdots\\x_{n-1}+x_n=0.\end{cases}$$

上述齐次线性方程组的系数行列式

$$D=\begin{vmatrix}1&0&0&\cdots&0&1\\1&1&0&\cdots&0&0\\0&1&1&\cdots&0&0\\\vdots&\vdots&\vdots&&\vdots&\vdots\\0&0&0&\cdots&1&0\\0&0&0&\cdots&1&1\end{vmatrix}=1+(-1)^{1+n}.$$

当 n 为奇数时,$D=2$,齐次线性方程组只有零解,那么 $\boldsymbol{\alpha}_1+\boldsymbol{\alpha}_2,\boldsymbol{\alpha}_2+\boldsymbol{\alpha}_3,\cdots,\boldsymbol{\alpha}_n+\boldsymbol{\alpha}_1$ 线性无关.

当 n 为偶数时,$D=0$,齐次线性方程组有非零解,那么 $\boldsymbol{\alpha}_1+\boldsymbol{\alpha}_2,\boldsymbol{\alpha}_2+\boldsymbol{\alpha}_3,\cdots,\boldsymbol{\alpha}_n+\boldsymbol{\alpha}_1$ 线性相关.

11. 证明:设以列向量 $\boldsymbol{\alpha}_1,\boldsymbol{\alpha}_2,\cdots,\boldsymbol{\alpha}_s$ 的转置作行构成矩阵 $\boldsymbol{A}$,即

$$\boldsymbol{A}=\begin{pmatrix}\boldsymbol{\alpha}_1^{\mathrm{T}}\\\boldsymbol{\alpha}_2^{\mathrm{T}}\\\vdots\\\boldsymbol{\alpha}_s^{\mathrm{T}}\end{pmatrix}.$$

考虑以 $\boldsymbol{A}$ 为系数矩阵的齐次线性方程组 $\boldsymbol{AX}=\boldsymbol{0}$，它的基础解系由 $n-s$ 个 n 维列向量组成，设为 $\boldsymbol{\beta}_1,\boldsymbol{\beta}_2,\cdots,\boldsymbol{\beta}_{n-s}$. 令 $\boldsymbol{\beta}_1^{\mathrm{T}},\boldsymbol{\beta}_2^{\mathrm{T}},\cdots,\boldsymbol{\beta}_{n-s}^{\mathrm{T}}$ 为行向量构成矩阵 $\boldsymbol{B}$，则以 $\boldsymbol{B}$ 为系数矩阵的齐次线性方程组 $\boldsymbol{BX}=\boldsymbol{0}$ 满足要求.

因为 $\boldsymbol{\beta}_1,\boldsymbol{\beta}_2,\cdots,\boldsymbol{\beta}_{n-s}$ 是 $\boldsymbol{AX}=\boldsymbol{0}$ 的解，则 $\boldsymbol{\alpha}_i^{\mathrm{T}}\boldsymbol{\beta}_j=0(i=1,2,\cdots,s;j=1,2,\cdots,n-s)$. 因此 $\boldsymbol{\alpha}_1,\boldsymbol{\alpha}_2,\cdots,\boldsymbol{\alpha}_s$ 是齐次线性方程组 $\boldsymbol{BX}=\boldsymbol{0}$ 的解，而 $R(\boldsymbol{B})=n-s$，故 $\boldsymbol{\alpha}_1,\boldsymbol{\alpha}_2,\cdots,\boldsymbol{\alpha}_s$ 是 $\boldsymbol{BX}=\boldsymbol{0}$ 的一个基础解系.

12. 证明：必要性. 若齐次线性方程组 $\boldsymbol{AX}=\boldsymbol{0}$ 有非零解 $\boldsymbol{\alpha}$，那么 $R(\boldsymbol{A})\leqslant n-1$. $\boldsymbol{A}^*\boldsymbol{X}=\boldsymbol{\alpha}$ 有解，于是 $\boldsymbol{A}^*\neq\boldsymbol{O}$，那么 $\boldsymbol{A}$ 中至少有一个 $n-1$ 阶子式不为零，所以 $R(\boldsymbol{A})=n-1$.

充分性. $R(\boldsymbol{A})=n-1$，而 $\boldsymbol{\alpha}\neq\boldsymbol{0},\boldsymbol{A\alpha}=\boldsymbol{0}$，那么 $\boldsymbol{\alpha}$ 是齐次线性方程组 $\boldsymbol{AX}=\boldsymbol{0}$ 的一个基础解系，而 $\boldsymbol{AA}^*=\boldsymbol{O},\boldsymbol{A}^*$ 的列向量是齐次线性方程组 $\boldsymbol{AX}=\boldsymbol{O}$ 的解，于是 $\boldsymbol{A}^*$ 的列向量可由 $\boldsymbol{\alpha}$ 线性表示，那么 $R(\boldsymbol{A}^*)=R(\boldsymbol{A}^*,\boldsymbol{\alpha})=1$，所以 $\boldsymbol{A}^*\boldsymbol{X}=\boldsymbol{\alpha}$ 有解.

13. 证明：(1) 设 $\boldsymbol{B}\in P^{k\times n},R(\boldsymbol{B})=k$，于是存在 n 阶可逆矩阵 $\boldsymbol{C}$，使 $\boldsymbol{BC}=(\boldsymbol{E}_k,\boldsymbol{0})$，那么

$$\boldsymbol{AB}=\boldsymbol{A}(\boldsymbol{E}_k,\boldsymbol{0})\boldsymbol{C}^{-1}=(\boldsymbol{A},\boldsymbol{0})\boldsymbol{C}^{-1}=(\boldsymbol{AC}^{-1},\boldsymbol{0}),$$

所以秩$(\boldsymbol{AB})$=秩$(\boldsymbol{AC}^{-1})$=秩$(\boldsymbol{A})$.

(2) 必要性. 用反证法. 假设 $\boldsymbol{A}^{\mathrm{T}}\boldsymbol{Y}=\boldsymbol{0},\boldsymbol{Y}^{\mathrm{T}}\boldsymbol{b}\neq\boldsymbol{0}$ 有解 $\boldsymbol{\alpha}$，那么 $\boldsymbol{A}^{\mathrm{T}}\boldsymbol{\alpha}=\boldsymbol{0},\boldsymbol{\alpha}^{\mathrm{T}}\boldsymbol{b}\neq\boldsymbol{0}$. 由已知条件知 $\boldsymbol{AX}=\boldsymbol{b}$ 有解，不妨设为 $\boldsymbol{\beta}$，则 $\boldsymbol{\beta}^{\mathrm{T}}\boldsymbol{A}^{\mathrm{T}}=\boldsymbol{b}^{\mathrm{T}}$，于是 $\boldsymbol{\beta}^{\mathrm{T}}\boldsymbol{A}^{\mathrm{T}}\boldsymbol{\alpha}=\boldsymbol{b}^{\mathrm{T}}\boldsymbol{\alpha}=\boldsymbol{0}$，即 $\boldsymbol{\alpha}^{\mathrm{T}}\boldsymbol{b}=\boldsymbol{0}$，矛盾，所以 $\boldsymbol{A}^{\mathrm{T}}\boldsymbol{Y}=\boldsymbol{0},\boldsymbol{Y}^{\mathrm{T}}\boldsymbol{b}\neq\boldsymbol{0}$ 无解.

充分性. 若 $\boldsymbol{A}^{\mathrm{T}}\boldsymbol{Y}=\boldsymbol{0},\boldsymbol{Y}^{\mathrm{T}}\boldsymbol{b}\neq\boldsymbol{0}$ 无解，换句话说，$\boldsymbol{A}^{\mathrm{T}}\boldsymbol{Y}=\boldsymbol{0}$ 的解 $\boldsymbol{Y}_0$ 一定满足 $\boldsymbol{b}^{\mathrm{T}}\boldsymbol{Y}_0=\boldsymbol{0}$，从而 $\begin{cases}\boldsymbol{A}^{\mathrm{T}}\boldsymbol{Y}=\boldsymbol{0}\\ \boldsymbol{b}^{\mathrm{T}}\boldsymbol{Y}=\boldsymbol{0}\end{cases}$ 与 $\boldsymbol{A}^{\mathrm{T}}\boldsymbol{Y}=\boldsymbol{0}$ 同解，那么 $R\begin{pmatrix}\boldsymbol{A}^{\mathrm{T}}\\ \boldsymbol{b}^{\mathrm{T}}\end{pmatrix}=R(\boldsymbol{A}^{\mathrm{T}})$，即 $R(\boldsymbol{A},\boldsymbol{b})=R(\boldsymbol{A})$，所以线性方程组 $\boldsymbol{AX}=\boldsymbol{b}$ 有解.

14. 证明：必要性. $\sum\limits_{j=1}^{n}a_{ij}x_j=b_i(i=1,2,\cdots,n)$ 可表示为

$$\boldsymbol{AX}=\boldsymbol{\beta}. \qquad (\mathrm{I})$$

令 $\boldsymbol{X}_0$ 是方程组(Ⅰ)的一个解，则 $\boldsymbol{AX}_0=\boldsymbol{\beta}$. 设 $R(\boldsymbol{A})=n-t$，齐次线性方程组 $\sum\limits_{j=1}^{n}a_{ji}x_j=0(i=1,2,\cdots,n)$ 可表示为

$$\boldsymbol{A}^{\mathrm{T}}\boldsymbol{X}=\boldsymbol{0}. \qquad (\mathrm{II})$$

由 $R(\boldsymbol{A}^{\mathrm{T}})=R(\boldsymbol{A})$，令 $\boldsymbol{\alpha}_1,\boldsymbol{\alpha}_2,\cdots,\boldsymbol{\alpha}_t$ 是方程组(Ⅱ)的一个基础解系，则(Ⅱ)的解空间

$$V=L(\boldsymbol{\alpha}_1,\boldsymbol{\alpha}_2,\cdots,\boldsymbol{\alpha}_t),$$

于是 $\boldsymbol{\beta}^{\mathrm{T}}\boldsymbol{\alpha}_i=\boldsymbol{X}_0^{\mathrm{T}}\boldsymbol{A}^{\mathrm{T}}\boldsymbol{\alpha}_i=0(i=1,2,\cdots,t)$. 因此 $\boldsymbol{\beta}$ 与方程组(Ⅱ)的解空间正交.

充分性. 令 $\boldsymbol{A}=(\boldsymbol{A}_1,\boldsymbol{A}_2,\cdots,\boldsymbol{A}_n)$，令 $R(\boldsymbol{A})=t$，那么 $\boldsymbol{A}^{\mathrm{T}}\boldsymbol{X}=\boldsymbol{0}$ 的基础解系由 $n-t$ 个解向量组成，设为 $\boldsymbol{\alpha}_1,\boldsymbol{\alpha}_2,\cdots,\boldsymbol{\alpha}_{n-t}$，令 $V=L(\boldsymbol{\alpha}_1,\boldsymbol{\alpha}_2,\cdots,\boldsymbol{\alpha}_{n-t})$，那么

$$\boldsymbol{A}_i^{\mathrm{T}}\boldsymbol{\alpha}_j=\boldsymbol{0}\quad(i=1,2,\cdots,n;\quad j=1,2,\cdots,n-t).$$

于是 $V^{\perp}=L(\boldsymbol{A}_1,\boldsymbol{A}_2,\cdots,\boldsymbol{A}_n)$.

因为 $\boldsymbol{\beta}^{\mathrm{T}}\boldsymbol{\alpha}_i=0(i=1,2,\cdots,n-t)$，所以 $\boldsymbol{\beta}\in V^{\perp}=L(\boldsymbol{A}_1,\boldsymbol{A}_2,\cdots,\boldsymbol{A}_n)$. 因此 $\boldsymbol{\beta}$ 可由 $\boldsymbol{A}_1,\boldsymbol{A}_2,\cdots,\boldsymbol{A}_n$ 线性表示，即 $\boldsymbol{AX}=\boldsymbol{\beta}$ 有解.

15. 证明：(1) $k_1\boldsymbol{\gamma}_1+k_2\boldsymbol{\gamma}_2+\cdots+k_t\boldsymbol{\gamma}_t=\boldsymbol{0}$，那么 $\boldsymbol{A}(k_1\boldsymbol{\gamma}_1+k_2\boldsymbol{\gamma}_2+\cdots+k_t\boldsymbol{\gamma}_t)=\boldsymbol{0}$.

由于 $\boldsymbol{A\gamma}_i=\boldsymbol{b}(i=1,2,\cdots,t)$，所以 $\left(\sum\limits_{i=1}^{t}k_i\right)\boldsymbol{b}=\boldsymbol{0}$，又 $\boldsymbol{b}\neq\boldsymbol{0}$，故而 $\sum\limits_{i=1}^{t}k_i=0$.

(2) 如果 $\boldsymbol{A}(k_1\boldsymbol{\gamma}_1+k_2\boldsymbol{\gamma}_2+\cdots+k_t\boldsymbol{\gamma}_t)=\boldsymbol{b}$，那么 $\left(\sum_{i=1}^{t}k_i\right)\boldsymbol{b}=\boldsymbol{b}$，于是 $\left(\sum_{i=1}^{t}k_i-1\right)\boldsymbol{b}=\boldsymbol{0}$，而 $\boldsymbol{b}\neq\boldsymbol{0}$，从而 $\sum_{i=1}^{t}k_i=1$.

16. 证明：设 $\boldsymbol{\beta}=(b_1,b_2,\cdots,b_n)^{\mathrm{T}}$，那么 $R(\boldsymbol{A})\leqslant R(\boldsymbol{A},\boldsymbol{\beta})\leqslant R(\boldsymbol{B})$. 由已知条件知 $R(\boldsymbol{A})=R(\boldsymbol{B})$，于是 $R(\boldsymbol{A})=R(\boldsymbol{A},\boldsymbol{\beta})$，所以方程组（Ⅰ）有解.

该逆命题不成立. 例如，线性方程组 $\begin{cases}x_1+x_2=2\\x_1+2x_2=3\end{cases}$ 有解.

再例如，$\boldsymbol{A}=\begin{pmatrix}1&1\\1&2\end{pmatrix}$，$\quad\boldsymbol{B}=\begin{pmatrix}1&2&2\\3&4&3\\2&3&0\end{pmatrix}$，

容易计算出 $R(\boldsymbol{A})=2$，$R(\boldsymbol{B})=3$，故 $R(\boldsymbol{A})\neq R(\boldsymbol{B})$.

17. 解：设

$$\boldsymbol{\alpha}_i=(a_{i1},a_{i2},\cdots,a_{i,2n})^{\mathrm{T}}(i=1,2,\cdots,n),\quad \boldsymbol{A}=(a_{ij})_{n\times 2n};$$
$$\boldsymbol{\beta}_j=(b_{j1},b_{j2},\cdots,b_{j,2n})^{\mathrm{T}}(j=1,2,\cdots,n),\quad \boldsymbol{B}=(b_{ji})_{n\times 2n}.$$

由已知条件得 $\boldsymbol{\beta}_1,\boldsymbol{\beta}_2,\cdots,\boldsymbol{\beta}_n$ 是方程组（Ⅰ）的一个基础解系，那么 $R(\boldsymbol{A})=n$，$\boldsymbol{\alpha}_i^{\mathrm{T}}\boldsymbol{\beta}_j=0(i,j=1,2,\cdots,n)$. 因此 $\boldsymbol{\alpha}_1,\boldsymbol{\alpha}_2,\cdots,\boldsymbol{\alpha}_n$ 线性无关.

又齐次线性方程组（Ⅱ）的系数矩阵 $\boldsymbol{B}$ 的秩为 n，且 $\boldsymbol{\beta}_j^{\mathrm{T}}\boldsymbol{\alpha}_i=0(i,j=1,2,\cdots,n)$. 于是线性无关向量组 $\boldsymbol{\alpha}_1,\boldsymbol{\alpha}_2,\cdots,\boldsymbol{\alpha}_n$ 是方程组（Ⅱ）的解，所以 $\boldsymbol{\alpha}_1,\boldsymbol{\alpha}_2,\cdots,\boldsymbol{\alpha}_n$ 是方程组（Ⅱ）的一个基础解系，因此方程组（Ⅱ）的通解为 $c_1\boldsymbol{\alpha}_1+c_2\boldsymbol{\alpha}_2+\cdots+c_n\boldsymbol{\alpha}_n$.

18. 证明：反证法. 假设存在一个 n 次多项式

$$f(x)=a_nx^n+a_{n-1}x^{n-1}+\cdots+a_1x+a_0\quad(a_n\neq 0)$$

有 $n+1$ 个互异的根 $c_1,c_2,\cdots,c_{n+1}$，那么

$$a_nc_i^n+a_{n-1}c_i^{n-1}+\cdots+a_1c_i+a_0=0\quad(i=1,2,\cdots,n+1).$$

上述等式组可以看成是关于 $a_0,a_1,\cdots,a_n$ 的由 $n+1$ 个方程组成的齐次线性方程组，其系数行列式为范德蒙行列式

$$D=\begin{vmatrix}1&c_1&c_1^2&\cdots&c_1^n\\1&c_2&c_2^2&\cdots&c_2^n\\\vdots&\vdots&\vdots&&\vdots\\1&c_{n+1}&c_{n+1}^2&\cdots&c_{n+1}^n\end{vmatrix}=\prod_{1\leqslant j<i\leqslant n+1}(c_i-c_j)\neq 0.$$

因此 $a_0=a_1=\cdots=a_n=0$，矛盾，从而结论成立.

19. 证明：充分性. 令

$$a_1(\boldsymbol{PX}_1)+a_2(\boldsymbol{PX}_2)+\cdots+a_n(\boldsymbol{PX}_n)=\boldsymbol{0},$$

上式可写成 $\boldsymbol{P}(a_1\boldsymbol{X}_1+a_2\boldsymbol{X}_2+\cdots+a_n\boldsymbol{X}_n)=\boldsymbol{0}$. 由于 $\boldsymbol{P}$ 为非奇异矩阵，故

$$a_1\boldsymbol{X}_1+a_2\boldsymbol{X}_2+\cdots+a_n\boldsymbol{X}_n=\boldsymbol{0}.$$

因为 $\boldsymbol{X}_1,\boldsymbol{X}_2,\cdots,\boldsymbol{X}_n$ 线性无关，所以 $a_1=a_2=\cdots=a_n=0$，于是 $\boldsymbol{PX}_1,\boldsymbol{PX}_2,\cdots,\boldsymbol{PX}_n$ 线性无关.

必要性. 设以 $\boldsymbol{PX}_1,\boldsymbol{PX}_2,\cdots,\boldsymbol{PX}_n$ 为列构成矩阵 $\boldsymbol{A}$，即

$$\boldsymbol{A}=(\boldsymbol{PX}_1,\boldsymbol{PX}_2,\cdots,\boldsymbol{PX}_n),$$

那么 $\boldsymbol{A}=\boldsymbol{P}(\boldsymbol{X}_1,\boldsymbol{X}_2,\cdots,\boldsymbol{X}_n)$，因为 $\boldsymbol{PX}_1,\boldsymbol{PX}_2,\cdots,\boldsymbol{PX}_n$ 线性无关，所以 $\boldsymbol{A}$ 非奇异，于是 $\boldsymbol{P}$ 非奇异.

20. 证明:存在性. 设 $\boldsymbol{C}=(\boldsymbol{C}_1,\boldsymbol{C}_2,\cdots,\boldsymbol{C}_t)$,则

$$\boldsymbol{AC}=\boldsymbol{A}(\boldsymbol{C}_1,\boldsymbol{C}_2,\cdots,\boldsymbol{C}_t)=(\boldsymbol{AC}_1,\boldsymbol{AC}_2,\cdots,\boldsymbol{AC}_t)=(\boldsymbol{0},\boldsymbol{0},\cdots,\boldsymbol{0}),$$

于是 $\boldsymbol{AC}_i=\boldsymbol{0}(i=1,2,\cdots,t)$. 而 $\boldsymbol{\eta}_1,\boldsymbol{\eta}_2,\cdots,\boldsymbol{\eta}_{n-r}$ 是 $\boldsymbol{AX}=\boldsymbol{0}$ 的基础解系，那么 $\boldsymbol{C}_i$ 可由 $\boldsymbol{\eta}_1,\boldsymbol{\eta}_2,\cdots,\boldsymbol{\eta}_{n-r}$ 线性表示. 令

$$\boldsymbol{C}_i=d_{1i}\boldsymbol{\eta}_1+d_{2i}\boldsymbol{\eta}_2+\cdots d_{n-r,i}\boldsymbol{\eta}_{n-r}=(\boldsymbol{\eta}_1,\boldsymbol{\eta}_2,\cdots,\boldsymbol{\eta}_{n-r})\begin{pmatrix}d_{1i}\\d_{2i}\\\vdots\\d_{n-r,i}\end{pmatrix},$$

于是

$$\boldsymbol{C}=(\boldsymbol{C}_1,\boldsymbol{C}_2,\cdots,\boldsymbol{C}_t)=(\boldsymbol{\eta}_1,\boldsymbol{\eta}_2,\cdots,\boldsymbol{\eta}_{n-r})\begin{pmatrix}d_{11}&d_{12}&\cdots&d_{1t}\\d_{21}&d_{22}&\cdots&d_{2t}\\\vdots&\vdots&&\vdots\\d_{n-r,1}&d_{n-r,2}&\cdots&d_{n-r,t}\end{pmatrix}=\boldsymbol{BD}.$$

唯一性. 假设还存在矩阵 $\boldsymbol{F}\in P^{(n-r)\times t}$,使得 $\boldsymbol{C}=\boldsymbol{BF}$,又 $\boldsymbol{C}=\boldsymbol{BD}$，所以 $\boldsymbol{B}(\boldsymbol{D}-\boldsymbol{F})=\boldsymbol{O}$,$\boldsymbol{D}-\boldsymbol{F}$ 的列向量是以 $\boldsymbol{B}$ 为系数矩阵的齐次线性方程组 $\boldsymbol{BX}=\boldsymbol{0}$ 的解，而 $\boldsymbol{B}$ 是列满秩的. 因此 $\boldsymbol{BX}=\boldsymbol{0}$ 只有零解，于是 $\boldsymbol{D}=\boldsymbol{F}$.

21. 证明:(1) 必要性. 设 $\boldsymbol{C}$ 是 $\boldsymbol{AX}=\boldsymbol{B}$ 的解,则 $\boldsymbol{AC}=\boldsymbol{B}$,$\boldsymbol{C}\in P^{m\times m}$.

令 $\boldsymbol{C}=(\boldsymbol{C}_1,\boldsymbol{C}_2,\cdots,\boldsymbol{C}_m)$,$\boldsymbol{B}=(\boldsymbol{B}_1,\boldsymbol{B}_2,\cdots,\boldsymbol{B}_m)$，则

$$\boldsymbol{AC}=\boldsymbol{A}(\boldsymbol{C}_1,\boldsymbol{C}_2,\cdots,\boldsymbol{C}_m)=(\boldsymbol{AC}_1,\boldsymbol{AC}_2,\cdots,\boldsymbol{AC}_m)=(\boldsymbol{B}_1,\boldsymbol{B}_2,\cdots,\boldsymbol{B}_m),$$

故 $\boldsymbol{AC}_j=\boldsymbol{B}_j$,$(\boldsymbol{A}_1,\boldsymbol{A}_2,\cdots,\boldsymbol{A}_m)\boldsymbol{C}_j=\boldsymbol{B}_j$,$j=1,2,\cdots,m$.

上式说明 $\boldsymbol{B}_j(j=1,2,\cdots,m)$ 可由 $\boldsymbol{A}$ 的列向量 $\boldsymbol{A}_1,\boldsymbol{A}_2,\cdots,\boldsymbol{A}_m$ 线性表示，因此向量组 $(\boldsymbol{A}_1,\boldsymbol{A}_2,\cdots,\boldsymbol{A}_m)$的秩等于向量组$(\boldsymbol{A}_1,\cdots,\boldsymbol{A}_m,\boldsymbol{B}_1,\cdots,\boldsymbol{B}_m)$的秩，即 $R(\boldsymbol{A}\vdots\boldsymbol{B})=R(\boldsymbol{A})$.

充分性. 如果 $R(\boldsymbol{A}\vdots\boldsymbol{B})=R(\boldsymbol{A})$，那么 $R(\boldsymbol{A}\vdots\boldsymbol{B}_j)=R(\boldsymbol{A})(j=1,2,\cdots,m)$. 于是线性方程组 $\boldsymbol{AX}=\boldsymbol{B}_j$ 有解,设解为 $\boldsymbol{C}_j(j=1,2,\cdots,m)$,那么

$$\boldsymbol{AC}_1=\boldsymbol{B}_1,\quad \boldsymbol{AC}_2=\boldsymbol{B}_2,\quad \cdots,\quad \boldsymbol{AC}_m=\boldsymbol{B}_m.$$

令$(\boldsymbol{C}_1,\boldsymbol{C}_2,\cdots,\boldsymbol{C}_m)=\boldsymbol{C}$，则

$$\boldsymbol{AC}=(\boldsymbol{AC}_1,\boldsymbol{AC}_2,\cdots,\boldsymbol{AC}_m)=(\boldsymbol{B}_1,\boldsymbol{B}_2,\cdots,\boldsymbol{B}_m)=\boldsymbol{B},$$

所以 $\boldsymbol{C}$ 就是 $\boldsymbol{AX}=\boldsymbol{B}$ 的解.

(2) $\boldsymbol{XA}=\boldsymbol{B}$ 有解$\Leftrightarrow(\boldsymbol{XA})^{\mathrm{T}}=\boldsymbol{B}^{\mathrm{T}}$ 有解$\Leftrightarrow\boldsymbol{A}^{\mathrm{T}}\boldsymbol{X}^{\mathrm{T}}=\boldsymbol{B}^{\mathrm{T}}$ 有解$\Leftrightarrow R(\boldsymbol{A}^{\mathrm{T}}\vdots\boldsymbol{B}^{\mathrm{T}})=R(\boldsymbol{A}^{\mathrm{T}})$

$$\Leftrightarrow R\begin{pmatrix}\boldsymbol{A}\\\boldsymbol{B}\end{pmatrix}^{\mathrm{T}}=R(\boldsymbol{A}^{\mathrm{T}})$$

$$\Leftrightarrow R\begin{pmatrix}\boldsymbol{A}\\\boldsymbol{B}\end{pmatrix}=R(\boldsymbol{A}).$$

22. 证明:由于方程组(Ⅰ)的增广矩阵 $\overline{\boldsymbol{A}}$ 是方程组(Ⅱ)的增广矩阵的转置矩阵.

如果$|\overline{\boldsymbol{A}}|\neq 0$,那么方程组(Ⅰ)与(Ⅱ)的增广矩阵的秩都是 $n+1$，而方程组(Ⅰ)与(Ⅱ)的系数矩阵的秩都是 n,因此方程组(Ⅰ)与(Ⅱ)都没有解.

如果$|\overline{\boldsymbol{A}}|=0$，那么方程组(Ⅰ)与(Ⅱ)的系数矩阵的秩与增广矩阵的秩都等于 n，因此方程组(Ⅰ)与(Ⅱ)都有唯一解.

23. 解:方程组的系数行列式

$$D=\begin{vmatrix}\lambda & 9 & 3\\ -1 & \lambda-1 & 0\\ 3 & -1 & 1\end{vmatrix}=\lambda^2-10\lambda+21=(\lambda-3)(\lambda-7).$$

(1) 当 $\lambda\neq3$ 且 $\lambda\neq7$ 时,方程组有唯一解:

$$x=\frac{D_1}{D}=\frac{2}{\lambda-3},\quad y=\frac{D_2}{D}=\frac{\lambda-2}{\lambda-3},\quad z=\frac{D_3}{D}=\frac{3\lambda-4}{\lambda-3}.$$

(2) 当 $\lambda=3$ 时,

$$\bar{\boldsymbol{A}}=\left(\begin{array}{ccc:c}3 & 9 & 3 & 2\\ -1 & 2 & 0 & 3\\ 3 & -1 & 1 & -4\end{array}\right)\to\left(\begin{array}{ccc:c}-1 & 2 & 0 & 3\\ 3 & 9 & 3 & 2\\ 3 & -1 & 1 & -4\end{array}\right)$$

$$\to\left(\begin{array}{ccc:c}-1 & 2 & 0 & 3\\ 0 & 15 & 3 & 11\\ 0 & 5 & 1 & 5\end{array}\right)\to\left(\begin{array}{ccc:c}-1 & 2 & 0 & 3\\ 0 & 5 & 1 & 5\\ 0 & 0 & 0 & -4\end{array}\right).$$

由于 $R(\bar{\boldsymbol{A}})\neq R(\boldsymbol{A})$,故方程组无解.

(3) 当 $\lambda=7$ 时,

$$\bar{\boldsymbol{A}}=\left(\begin{array}{ccc:c}7 & 9 & 3 & 2\\ -1 & 6 & 0 & 7\\ 3 & -1 & 1 & -4\end{array}\right)\to\left(\begin{array}{ccc:c}-1 & 6 & 0 & 7\\ 7 & 9 & 3 & 2\\ 3 & -1 & 1 & -4\end{array}\right)$$

$$\to\left(\begin{array}{ccc:c}-1 & 6 & 0 & 7\\ 0 & 51 & 3 & 51\\ 0 & 17 & 1 & 17\end{array}\right)\to\left(\begin{array}{ccc:c}-1 & 6 & 0 & 7\\ 0 & 17 & 1 & 17\\ 0 & 0 & 0 & 0\end{array}\right),$$

其等价方程组为

$$\begin{cases}-x+6y=7,\\ 17y+z=17.\end{cases}$$

易知方程组的一个特解为 $\boldsymbol{\alpha}_0=(-7,0,17)^{\mathrm{T}}$,导出组的基础解系为 $\boldsymbol{\eta}=(6,1,-17)^{\mathrm{T}}$.
于是当 $\lambda=7$ 时,方程组有无穷多解,其一般解为

$$\boldsymbol{\alpha}=\boldsymbol{\alpha}_0+k\boldsymbol{\eta}=\begin{pmatrix}-7\\0\\17\end{pmatrix}+k\begin{pmatrix}6\\1\\-17\end{pmatrix}=\begin{pmatrix}6k-7\\k\\-17k+17\end{pmatrix}.$$

24. 解:对线性方程组的增广矩阵进行初等行变换可得

$$\bar{\boldsymbol{A}}=\left(\begin{array}{cccc:c}1 & 1 & 1 & 1 & 0\\ 0 & 1 & 2 & 2 & 1\\ 0 & -1 & a-3 & -2 & b\\ 3 & 2 & 1 & a & -1\end{array}\right)\to\left(\begin{array}{cccc:c}1 & 1 & 1 & 1 & 0\\ 0 & 1 & 2 & 2 & 1\\ 0 & -1 & a-3 & -2 & b\\ 0 & -1 & -2 & a-3 & -1\end{array}\right)$$

$$\to\left(\begin{array}{cccc:c}1 & 1 & 1 & 1 & 0\\ 0 & 1 & 2 & 2 & 1\\ 0 & 0 & a-1 & 0 & b+1\\ 0 & 0 & 0 & a-1 & 0\end{array}\right).$$

(1) 当 $a\neq1$ 时,方程组有唯一的解.

(2) 当 $a=1$ 且 $b\neq -1$ 时,方程组无解.

(3) 当 $a=1$ 且 $b=-1$ 时,方程组有无穷多解,其等价方程组为

$$\begin{cases}x_1+x_2+x_3+x_4=0,\\ x_2+2x_3+2x_4=1.\end{cases}$$

方程组的特解为 $\boldsymbol{\alpha}_0=(-1,1,0,0)^{\mathrm{T}}$,其导出组的一组基础解系为

$$\boldsymbol{\eta}_1=(1,-2,1,0)^{\mathrm{T}},\quad \boldsymbol{\eta}_2=(1,-2,0,1)^{\mathrm{T}}.$$

所以通解为 $\boldsymbol{\alpha}=\boldsymbol{\alpha}_0+k_1\boldsymbol{\eta}_1+k_2\boldsymbol{\eta}_2$,其中 $k_1,k_2\in\mathbf{R}$.

25. 解:线性方程组的系数行列式

$$D=\begin{vmatrix}a&1&1\\1&2b&1\\1&3b&1\end{vmatrix}=b(1-a).$$

当 $b\neq 0$ 且 $a\neq 1$ 时,方程组只有零解.

当 $a=1$ 时, 对系数矩阵进行初等行变换可得

$$\boldsymbol{A}=\begin{pmatrix}1&1&1\\1&2b&1\\1&3b&1\end{pmatrix}\to\begin{pmatrix}1&1&1\\0&2b-1&0\\0&3b-1&0\end{pmatrix}\to\begin{pmatrix}1&1&1\\0&-1&0\\0&0&0\end{pmatrix},$$

其基础解系为 $\boldsymbol{\eta}_1=(1,0,-1)^{\mathrm{T}}$.

当 $b=0$ 时,

$$\boldsymbol{A}=\begin{pmatrix}a&1&1\\1&0&1\\1&0&1\end{pmatrix}\to\begin{pmatrix}1&0&1\\0&1&1-a\\0&0&0\end{pmatrix},$$

其基础解系为 $\boldsymbol{\eta}_2=(-1,a-1,1)^{\mathrm{T}}$.

26. 答:(4)成立. 事实上,

(1) $m<n$,$R(\boldsymbol{A})$与$R(\boldsymbol{A},\boldsymbol{B})$不一定相等.

(2) $R(\boldsymbol{A})=m$,m 不一定小于 n.

(3) $\boldsymbol{A}$ 有 n 阶子式不为零,$R(\boldsymbol{A})$与$R(\boldsymbol{A},\boldsymbol{b})$不一定相等,若 $R(\boldsymbol{A})=R(\boldsymbol{A},\boldsymbol{b})$,则 $\boldsymbol{AX}=\boldsymbol{b}$ 有唯一解.

(4) 因为未知量个数与系数矩阵的秩相等,所以 $\boldsymbol{AX}=\boldsymbol{0}$ 只有零解.

27. 解:因为

$$\boldsymbol{A}=\begin{pmatrix}1&1&1\\a&b&c\\a^2&b^2&c^2\\a^3&b^3&c^3\end{pmatrix}\to\begin{pmatrix}1&0&0\\0&b-a&c-a\\0&b(b-a)&c(c-a)\\0&b^2(b-a)&c^2(c-a)\end{pmatrix},$$

方程组(Ⅰ)有非零解$\Leftrightarrow R(\boldsymbol{A})<3\Leftrightarrow \begin{pmatrix}b-a\\b(b-a)\\b^2(b-a)\end{pmatrix}$与$\begin{pmatrix}c-a\\c(c-a)\\c^2(c-a)\end{pmatrix}$成比例.

28. 答:(D). 事实上,

(A) $\boldsymbol{AX}=\boldsymbol{0}$ 只有零解, 则 $\boldsymbol{A}$ 的秩等于未知量个数,$R(\boldsymbol{A})$与$R(\boldsymbol{A},\boldsymbol{b})$不一定相等.

(B) $\boldsymbol{AX}=\boldsymbol{0}$ 有非零解$\Leftrightarrow\boldsymbol{A}$ 的秩小于未知量个数，但是 $R(\boldsymbol{A})$ 与 $R(\boldsymbol{A},\boldsymbol{b})$ 不一定相等.

(C) 若 $\boldsymbol{AX}=\boldsymbol{b}$ 有无穷多解，则 $\boldsymbol{AX}=\boldsymbol{0}$ 只有零解，但是 $\boldsymbol{AX}=\boldsymbol{0}$ 有无穷多解.

(D) $\boldsymbol{AX}=\boldsymbol{b}$ 有无穷多解$\Leftrightarrow R(\boldsymbol{A})=R(\boldsymbol{A},\boldsymbol{b})<$未知量个数$\Rightarrow\boldsymbol{AX}=\boldsymbol{0}$ 有非零解.

29. 答：(A). 因为

(A) $\boldsymbol{\beta}_1$ 可由 $\boldsymbol{\alpha}_1,\boldsymbol{\alpha}_2,\boldsymbol{\alpha}_3$ 线性表示，则 $k\boldsymbol{\beta}_1$ 可由 $\boldsymbol{\alpha}_1,\boldsymbol{\alpha}_2,\boldsymbol{\alpha}_3$ 线性表示. 若 $k\boldsymbol{\beta}_1+\boldsymbol{\beta}_2$ 可由 $\boldsymbol{\alpha}_1,\boldsymbol{\alpha}_2,\boldsymbol{\alpha}_3$ 线性表示，则 $\boldsymbol{\beta}_2$ 也可由 $\boldsymbol{\alpha}_1,\boldsymbol{\alpha}_2,\boldsymbol{\alpha}_3$ 线性表示，矛盾，因此 $\boldsymbol{\alpha}_1,\boldsymbol{\alpha}_2,\boldsymbol{\alpha}_3,k\boldsymbol{\beta}_1+\boldsymbol{\beta}_2$ 线性无关.

(C)、(D) 当 $k=0$ 时，$\boldsymbol{\alpha}_1,\boldsymbol{\alpha}_2,\boldsymbol{\alpha}_3,\boldsymbol{\beta}_1+k\boldsymbol{\beta}_2$ 线性相关；当 $k\neq0$ 时，$\boldsymbol{\alpha}_1,\boldsymbol{\alpha}_2,\boldsymbol{\alpha}_3,\boldsymbol{\beta}_1+k\boldsymbol{\beta}_2$ 线性无关.

30. 答：(B). 事实上，$\boldsymbol{\beta}_1,\boldsymbol{\beta}_2$ 是 $\boldsymbol{AX}=\boldsymbol{b}$ 的两个不同的解，则$\dfrac{\boldsymbol{\beta}_1+\boldsymbol{\beta}_2}{2}$是 $\boldsymbol{AX}=\boldsymbol{b}$ 的一个解，因此(A)、(C)不成立. $\boldsymbol{\beta}_1-\boldsymbol{\beta}_2$ 是 $\boldsymbol{AX}=\boldsymbol{0}$ 的一个解，但是有可能 $\boldsymbol{\alpha}_1$ 与 $\boldsymbol{\beta}_1-\boldsymbol{\beta}_2$ 线性相关，所以(D)不一定成立. $\boldsymbol{\alpha}_1,\boldsymbol{\alpha}_1-\boldsymbol{\alpha}_2$ 是 $\boldsymbol{AX}=\boldsymbol{0}$ 的两个线性无关的解，于是(B)成立.

31. 解：(1) 由条件可得

$$\boldsymbol{A}=\begin{pmatrix} b_1 & -1 & 0 & \cdots & 0 \\ b_2 & -1 & 0 & \cdots & 0 \\ b_3 & -1 & 0 & \cdots & 0 \\ \vdots & \vdots & \vdots & & \vdots \\ b_n & -1 & 0 & \cdots & 0 \end{pmatrix}\begin{pmatrix} 1 & 1 & 1 & \cdots & 1 \\ c_1 & c_2 & c_3 & \cdots & c_n \\ 0 & 0 & 0 & \cdots & 0 \\ \vdots & \vdots & \vdots & & \vdots \\ 0 & 0 & 0 & \cdots & 0 \end{pmatrix}.$$

当 $n=1$ 时，$|\boldsymbol{A}|=b_1-c_1$.

当 $n=2$ 时，$|\boldsymbol{A}|=(b_1-b_2)(c_1-c_2)$.

当 $n\geqslant3$ 时，$|\boldsymbol{A}|=\begin{vmatrix} b_1 & -1 & 0 & \cdots & 0 \\ b_2 & -1 & 0 & \cdots & 0 \\ b_3 & -1 & 0 & \cdots & 0 \\ \vdots & \vdots & \vdots & & \vdots \\ b_n & -1 & 0 & \cdots & 0 \end{vmatrix}\begin{vmatrix} 1 & 1 & 1 & \cdots & 1 \\ c_1 & c_2 & c_3 & \cdots & c_n \\ 0 & 0 & 0 & \cdots & 0 \\ \vdots & \vdots & \vdots & & \vdots \\ 0 & 0 & 0 & \cdots & 0 \end{vmatrix}=0.$

(2) 当 $n=2$ 时，由条件可知，$|\boldsymbol{A}|=(b_1-b_2)(c_1-c_2)\neq0$，所以方程组 $\boldsymbol{AX}=\boldsymbol{0}$ 只有零解，其解空间的维数为 0，不存在基.

当 $n\geqslant3$ 时，由上面的计算可知矩阵 $\boldsymbol{A}$ 的左上角的二阶顺序主子式不等于零，故 $R(\boldsymbol{A})\geqslant2$.

设 $\boldsymbol{B}=\begin{pmatrix} b_1 & -1 & 0 & \cdots & 0 \\ b_2 & -1 & 0 & \cdots & 0 \\ b_3 & -1 & 0 & \cdots & 0 \\ \vdots & \vdots & \vdots & & \vdots \\ b_n & -1 & 0 & \cdots & 0 \end{pmatrix}$，$\boldsymbol{C}=\begin{pmatrix} 1 & 1 & 1 & \cdots & 1 \\ c_1 & c_2 & c_3 & \cdots & c_n \\ 0 & 0 & 0 & \cdots & 0 \\ \vdots & \vdots & \vdots & & \vdots \\ 0 & 0 & 0 & \cdots & 0 \end{pmatrix}$，则

$$\boldsymbol{A}=\boldsymbol{BC},\quad R(\boldsymbol{A})=R(\boldsymbol{BC})\leqslant R(\boldsymbol{B})R(\boldsymbol{C})\leqslant\min\{R(\boldsymbol{B}),R(\boldsymbol{C})\}=2,$$

因此 $R(\boldsymbol{A})=2$，从而 $\boldsymbol{AX}=\boldsymbol{0}$ 的解空间的维数为 $n-R(\boldsymbol{A})=n-2$.

由于 $\boldsymbol{A}=\boldsymbol{BC}$，所以线性方程组 $\boldsymbol{CX}=\boldsymbol{0}$ 的解空间必为 $\boldsymbol{AX}=\boldsymbol{0}$ 的解空间的子集. 又 $R(\boldsymbol{C})=2$，故 $\boldsymbol{CX}=\boldsymbol{0}$ 的解空间的维数也为 $n-R(\boldsymbol{C})=n-2$. 因此，$\boldsymbol{CX}=\boldsymbol{0}$ 的解空间也为 $\boldsymbol{AX}=\boldsymbol{0}$ 的解空间. 容易求出 $\boldsymbol{CX}=\boldsymbol{0}$ 的解空间的一组基：

$$\boldsymbol{\eta}_1=\begin{pmatrix}\frac{c_3-c_2}{c_2-c_1}\\ \frac{c_1-c_3}{c_2-c_1}\\ 1\\ 0\\ \vdots\\ 0\end{pmatrix},\quad \boldsymbol{\eta}_2=\begin{pmatrix}\frac{c_4-c_2}{c_2-c_1}\\ \frac{c_1-c_4}{c_2-c_1}\\ 0\\ 1\\ \vdots\\ 0\end{pmatrix},\quad \cdots,\quad \boldsymbol{\eta}_{n-2}=\begin{pmatrix}\frac{c_n-c_2}{c_2-c_1}\\ \frac{c_1-c_n}{c_2-c_1}\\ 0\\ 0\\ \vdots\\ 1\end{pmatrix}.$$

该基也为 $\boldsymbol{AX}=\boldsymbol{0}$ 的解空间的一组基.

32. 证明:充分性. 若

$$(\boldsymbol{AB})\boldsymbol{X}=\boldsymbol{0} \tag{Ⅰ}$$

与

$$\boldsymbol{BX}=\boldsymbol{0} \tag{Ⅱ}$$

同解，则方程组(Ⅰ)与(Ⅱ)的解空间的维数相等，并设为 k，则 $R(\boldsymbol{B})=R(\boldsymbol{AB})=n-k$.

必要性. 如果 $R(\boldsymbol{AB})=R(\boldsymbol{B})=t$，那么方程组(Ⅰ)与(Ⅱ)的基础解系所含解向量的个数都是 $n-t$，而方程组(Ⅱ)的解都是方程组(Ⅰ)的解，则方程组(Ⅱ)的基础解系也是方程组(Ⅰ)的基础解系，因此方程组(Ⅰ)与(Ⅱ)同解.

33. 解:方法一　线性方程组的系数行列式

$$D=\begin{vmatrix}a+2 & a+7 & 4\\ 2 & a-2 & 1\\ 5 & a-3 & 2\end{vmatrix}=a^2-10a+21=(a-3)(a-7).$$

(1) 当 $a\neq3$ 且 $a\neq7$ 时，方程组有唯一的解：

$$x_1=\frac{D_1}{D}=\frac{-a-15}{a-3},\quad y=\frac{D_2}{D}=\frac{a-12}{a-3},\quad z=\frac{D_3}{D}=\frac{6a+27}{a-3}.$$

(2) 当 $a=3$ 时，

$$\overline{\mathbf{A}}=\left(\begin{array}{ccc:c}5 & 10 & 4 & 2\\ 2 & 1 & 1 & -4\\ 5 & 0 & 2 & -2\end{array}\right)\to\left(\begin{array}{ccc:c}-1 & 7 & 1 & 14\\ 0 & 15 & 3 & 24\\ 0 & 5 & 1 & 2\end{array}\right)\to\left(\begin{array}{ccc:c}-1 & 7 & 1 & 14\\ 0 & 5 & 1 & 2\\ 0 & 0 & 0 & 18\end{array}\right),$$

显然，$R(\overline{\mathbf{A}})\neq R(\mathbf{A})$，方程组无解.

(3) 当 $a=7$ 时，

$$\overline{\mathbf{A}}=\left(\begin{array}{ccc:c}9 & 14 & 4 & 2\\ 2 & 5 & 1 & 0\\ 5 & 4 & 2 & 2\end{array}\right)\to\left(\begin{array}{ccc:c}-1 & 6 & 0 & -2\\ 2 & 5 & 1 & 0\\ 5 & 4 & 2 & 2\end{array}\right)$$

$$\to\left(\begin{array}{ccc:c}-1 & 6 & 0 & -2\\ 0 & 17 & 1 & -4\\ 0 & 34 & 2 & -8\end{array}\right)\to\left(\begin{array}{ccc:c}-1 & 6 & 0 & -2\\ 0 & 17 & 1 & -4\\ 0 & 0 & 0 & 0\end{array}\right),$$

即原方程组与 $\begin{cases}-x+6y=-2\\ 17y+z=-4\end{cases}$ 同解.

易知方程组的一个特解为 $\boldsymbol{\alpha}_0=(-4,-1,13)^{\mathrm{T}}$，导出组的基础解系为 $\boldsymbol{\eta}=(6,1,-17)^{\mathrm{T}}$.

于是当 $a=7$ 时，方程组有无穷多解，其一般解为

$$\boldsymbol{\alpha}=\boldsymbol{\alpha}_0+k\boldsymbol{\eta}=\begin{pmatrix}-4\\-1\\13\end{pmatrix}+k\begin{pmatrix}6\\1\\-17\end{pmatrix}=\begin{pmatrix}6k-4\\k-1\\-17k+13\end{pmatrix},\quad k \text{ 为任意数}.$$

方法二 利用初等变换化增广矩阵为阶梯形矩阵来讨论解的存在性. 略.

34. 证明:(1) 必要性.

若三条直线相交,则三条直线方程组有解,于是

$$R\begin{pmatrix}a&b\\b&c\\c&a\end{pmatrix}=R\begin{pmatrix}a&b&-c\\b&c&-a\\c&a&-b\end{pmatrix}<3.$$

显然,

$$\begin{vmatrix}a&b&-c\\b&c&-a\\c&a&-b\end{vmatrix}=[(a-c)^2+(a-b)^2+(b-c)^2](a+b+c)=0.$$

由条件知 a,b,c 为不全等的,故 $a+b+c=0$.

(2) 充分性.

若 $a+b+c=0$,则

$$R\begin{pmatrix}a&b&-c\\b&c&-a\\c&a&-b\end{pmatrix}=R\begin{pmatrix}a&b&-c\\b&c&-a\\0&0&0\end{pmatrix}<3.$$

因为三条直线互不相同,故

$$R\begin{pmatrix}a&b\\b&c\\c&a\end{pmatrix}=2=R\begin{pmatrix}a&b&-c\\b&c&-a\end{pmatrix}=R\begin{pmatrix}a&b&-c\\b&c&-a\\0&0&0\end{pmatrix}.$$

因此三条直线方程组有解,即三条直线相交.

35. 分析:要证 $r\leqslant s$,用文献[1]中第 82 面的定理的逆否命题能直接可得.

不妨记向量组(Ⅱ)的极大线性无关组为(Ⅲ):$\boldsymbol{\beta}_{i1},\boldsymbol{\beta}_{i2},\cdots,\boldsymbol{\beta}_{it}$,即向量组(Ⅰ)可以由向量组(Ⅲ)线性表出,得 $r\leqslant t\leqslant s$.

把向量组(Ⅱ)做适当调整使向量组(Ⅱ)的前 r 个向量线性无关且与向量组(Ⅰ)等价. 不妨设调整后的前 r 个向量为 $\boldsymbol{\beta}_1,\boldsymbol{\beta}_2,\cdots,\boldsymbol{\beta}_r$.

记 $\boldsymbol{\alpha}_1,\boldsymbol{\alpha}_2,\cdots,\boldsymbol{\alpha}_r,\boldsymbol{\beta}_{r+1},\cdots,\boldsymbol{\beta}_s$ 为向量组(Ⅳ),记 $V_1=L(\boldsymbol{\alpha}_1,\boldsymbol{\alpha}_2,\cdots,\boldsymbol{\alpha}_r)$,$V_2=L(\boldsymbol{\beta}_1,\boldsymbol{\beta}_2,\cdots,\boldsymbol{\beta}_s)$,

从而 $\boldsymbol{\alpha}_1,\boldsymbol{\alpha}_2,\cdots,\boldsymbol{\alpha}_r$ 可以扩充为 V_2 的一组基.

记 $\boldsymbol{\alpha}_1,\boldsymbol{\alpha}_2,\cdots,\boldsymbol{\alpha}_r,\boldsymbol{\alpha}_{r+1},\cdots,\boldsymbol{\alpha}_t$ 为向量组(Ⅴ),则它与向量组(Ⅱ)等价.

显然,向量组(Ⅳ)可以由向量组(Ⅴ)线性表出,且 $\boldsymbol{\alpha}_{r+1},\cdots,\boldsymbol{\alpha}_t$ 可由 $\boldsymbol{\beta}_{r+1},\cdots,\boldsymbol{\beta}_s$ 表出,所以 $\boldsymbol{\alpha}_{r+1},\cdots,\boldsymbol{\alpha}_t$ 与 $\boldsymbol{\beta}_{r+1},\cdots,\boldsymbol{\beta}_s$ 等价,从而向量组(Ⅴ)与(Ⅳ)等价,于是可知向量组(Ⅳ)与(Ⅱ)等价.

36. 证明:用(Ⅰ)表示原方程组,再构造新方程组

$$\begin{cases}a_{11}x_1+a_{12}x_2+\cdots+a_{1n}x_n=0,\\ \qquad\vdots\\ a_{s1}x_1+a_{s2}x_2+\cdots+a_{sn}x_n=0,\\ b_1x_1+b_2x_2+\cdots+b_nx_n=0.\end{cases}\tag{Ⅱ}$$

由题设不难知道方程组(Ⅰ)与(Ⅱ)同解,因而它们具有相同的基础解系,而基础解系所含向量个数与系数矩阵之秩的和等于 n,所以方程组(Ⅰ)与(Ⅱ)的系数矩阵的秩相等,即 $\boldsymbol{\alpha}_1,\boldsymbol{\alpha}_2,\cdots,\boldsymbol{\alpha}_s$ 与 $\boldsymbol{\alpha}_1,\boldsymbol{\alpha}_2,\cdots,\boldsymbol{\alpha}_s,\boldsymbol{\beta}$ 的秩相等,因此 $\boldsymbol{\alpha}_1,\boldsymbol{\alpha}_2,\cdots,\boldsymbol{\alpha}_s$ 与 $\boldsymbol{\alpha}_1,\boldsymbol{\alpha}_2,\cdots,\boldsymbol{\alpha}_s,\boldsymbol{\beta}$ 的极大线性无关组所含向量个数相等.这样 $\boldsymbol{\alpha}_1,\boldsymbol{\alpha}_2,\cdots,\boldsymbol{\alpha}_s$ 的极大线性无关组也必为 $\boldsymbol{\alpha}_1,\boldsymbol{\alpha}_2,\cdots,\boldsymbol{\alpha}_s,\boldsymbol{\beta}$ 的极大线性无关组,从而它们有相同的极大线性无关组.另外,因为它们分别与极大线性无关组等价,从而它们也等价,所以 $\boldsymbol{\beta}$ 可由 $\boldsymbol{\alpha}_1,\boldsymbol{\alpha}_2,\cdots,\boldsymbol{\alpha}_s$ 线性表出.

37. 解:(1) 令 $\boldsymbol{A}=(\boldsymbol{\alpha}_1,\boldsymbol{\alpha}_2,\boldsymbol{\alpha}_3,\boldsymbol{\alpha}_4)$,对增广矩阵进行初等变换:

$$(\boldsymbol{A},\boldsymbol{\beta})=\begin{pmatrix}1&1&1&1&1\\0&1&-1&2&1\\2&3&a+2&4&b+3\\3&5&1&a+8&5\end{pmatrix}\to\begin{pmatrix}1&1&1&1&1\\0&1&-1&2&1\\0&1&a&2&b+1\\0&2&-2&a+5&2\end{pmatrix}$$

$$\to\begin{pmatrix}1&1&1&1&1\\0&1&-1&2&1\\0&0&a+1&0&b\\0&0&0&a+1&0\end{pmatrix}.$$

若 $\boldsymbol{\beta}$ 不能由 $\boldsymbol{\alpha}_1,\boldsymbol{\alpha}_2,\boldsymbol{\alpha}_3,\boldsymbol{\alpha}_4$ 线性表出,则 $R(\boldsymbol{A})\neq R(\boldsymbol{A},\boldsymbol{\beta})$.

当 $a+1\neq0$ 且 $b=0$,则满足题意.

(2) $\boldsymbol{\beta}$ 可由向量组 $\boldsymbol{\alpha}_1,\boldsymbol{\alpha}_2,\boldsymbol{\alpha}_3,\boldsymbol{\alpha}_4$ 线性表出,即 $R(\boldsymbol{A})=R(\boldsymbol{A},\boldsymbol{\beta})$,此时有两种情况:

① 当 $a+1\neq0$ 时,$R(\boldsymbol{A})=R(\boldsymbol{A},\boldsymbol{\beta})$,继续对增广矩阵进行初等行变换可得

$$\begin{pmatrix}1&1&1&1&1\\0&1&-1&2&1\\0&0&a+1&0&b\\0&0&0&a+1&0\end{pmatrix}\to\begin{pmatrix}1&0&0&0&\dfrac{-2b}{a+1}\\0&1&0&0&\dfrac{a+b+1}{a+1}\\0&0&1&0&\dfrac{b}{a+1}\\0&0&0&1&0\end{pmatrix}.$$

因为初等行变换不改变列向量组间的线性关系,所以由上式可知

$$\boldsymbol{\beta}=\frac{-2b}{a+1}\boldsymbol{\alpha}_1+\frac{a+b+1}{a+1}\boldsymbol{\alpha}_2+\frac{b}{a+1}\boldsymbol{\alpha}_3.$$

② 当 $a+1=0,b=0$ 时,$R(\boldsymbol{A})=R(\boldsymbol{A},\boldsymbol{\beta})$,显然 $\boldsymbol{\beta}=\boldsymbol{\alpha}_2$.

38. 证明:(1) 令 $k_0\boldsymbol{\gamma}_0+k_1\boldsymbol{\gamma}_1+\cdots+k_t\boldsymbol{\gamma}_t=\mathbf{0}$,则

$$k_0\boldsymbol{\gamma}_0+k_1(\boldsymbol{\gamma}_0+\boldsymbol{\eta}_1)+\cdots+k_t(\boldsymbol{\gamma}_0+\boldsymbol{\eta}_t)=\mathbf{0},$$

故

$$(k_0+k_1+\cdots+k_t)\boldsymbol{\gamma}_0+k_1\boldsymbol{\eta}_1+\cdots+k_t\boldsymbol{\eta}_t=\mathbf{0}.\tag{1}$$

两边同乘 $\boldsymbol{A}$,则

$$(k_0+k_1+\cdots+k_t)\boldsymbol{A}\boldsymbol{\gamma}_0+k_1\boldsymbol{A}\boldsymbol{\eta}_1+\cdots+k_t\boldsymbol{A}\boldsymbol{\eta}_t=\mathbf{0}.$$

又因 $\boldsymbol{\gamma}_0$ 为 $\boldsymbol{AX}=\boldsymbol{b}$ 的解,$\boldsymbol{\eta}_1,\boldsymbol{\eta}_2,\cdots,\boldsymbol{\eta}_t$ 为 $\boldsymbol{AX}=\mathbf{0}$ 的基础解系,故

$$\boldsymbol{A\gamma}_0=\boldsymbol{b},\quad \boldsymbol{A\eta}_1=\boldsymbol{0},\quad \cdots,\quad \boldsymbol{A\eta}_t=\boldsymbol{0}.$$

将上式代入(1)得

$$(k_1+k_2+\cdots+k_t)\boldsymbol{b}=\boldsymbol{0}.$$

又因 $\boldsymbol{b}\neq\boldsymbol{0}$,故

$$k_1+k_2+\cdots+k_t=0. \tag{2}$$

此时式(1)变为 $k_1\boldsymbol{\eta}_1+k_2\boldsymbol{\eta}_2+\cdots+k_t\boldsymbol{\eta}_t=\boldsymbol{0}$. 又因 $\boldsymbol{\eta}_1,\boldsymbol{\eta}_2,\cdots,\boldsymbol{\eta}_t$ 为 $\boldsymbol{AX}=\boldsymbol{0}$ 的基础解系,故 $\boldsymbol{\eta}_1,\boldsymbol{\eta}_2,\cdots,\boldsymbol{\eta}_t$ 线性无关,所以 $k_1=k_2=\cdots=k_t=0$,因此 $k_0=0$,即 $\boldsymbol{\gamma}_0,\boldsymbol{\gamma}_1,\cdots,\boldsymbol{\gamma}_t$ 线性无关.

(2) 因为 $\boldsymbol{AX}=\boldsymbol{b}$ 的解是

$$\boldsymbol{X}=\boldsymbol{\gamma}_0+k_1\boldsymbol{\gamma}_1+k_2\boldsymbol{\gamma}_2+\cdots+k_t\boldsymbol{\gamma}_t,$$

$\boldsymbol{AX}=\boldsymbol{0}$ 的通解为

$$\boldsymbol{X}=l_1\boldsymbol{\gamma}_1+l_2\boldsymbol{\gamma}_2+\cdots+l_t\boldsymbol{\gamma}_t,$$

所以$\partial_1,\partial_2,\cdots,\partial_s$ 总可以由 $\boldsymbol{\gamma}_0,\boldsymbol{\gamma}_1,\cdots,\boldsymbol{\gamma}_t$ 的某种组合线性表出,故

$$R(\partial_1,\partial_2,\cdots,\partial_s)\leqslant R(\boldsymbol{\gamma}_0,\boldsymbol{\gamma}_1,\cdots,\boldsymbol{\gamma}_t).$$

由(1)知 $R(\boldsymbol{\gamma}_0,\boldsymbol{\gamma}_1,\cdots,\boldsymbol{\gamma}_t)=t+1$,故

$$R(\partial_1,\partial_2,\cdots,\partial_s)\leqslant t+1.$$

39. 解:方程组(Ⅰ)为 $\boldsymbol{AX}=\boldsymbol{b}$,其中

$$\boldsymbol{A}=(a_{ij})_{n\times n},\quad \boldsymbol{b}=(b_1,b_2,\cdots,b_n)^{\mathrm{T}},\quad \boldsymbol{X}=(x_1,x_2,\cdots,x_n)^{\mathrm{T}}.$$

令 $\boldsymbol{b}=\boldsymbol{\varepsilon}_i(i=1,2,\cdots,n)$,其中 $\boldsymbol{\varepsilon}_i$ 满足$(\boldsymbol{\varepsilon}_1,\boldsymbol{\varepsilon}_2,\cdots,\boldsymbol{\varepsilon}_n)=\boldsymbol{E}$,那么存在 $\boldsymbol{C}_1,\boldsymbol{C}_2,\cdots,\boldsymbol{C}_n$ 使 $\boldsymbol{AC}_i=\boldsymbol{\varepsilon}_i$ $(i=1,2,\cdots,n)$,于是

$$\boldsymbol{A}(\boldsymbol{C}_1,\boldsymbol{C}_2,\cdots,\boldsymbol{C}_n)=(\boldsymbol{\varepsilon}_1,\boldsymbol{\varepsilon}_2,\cdots,\boldsymbol{\varepsilon}_n)=\boldsymbol{E}.$$

令 $\boldsymbol{C}=(\boldsymbol{C}_1,\boldsymbol{C}_2,\cdots,\boldsymbol{C}_n)$,则 $\boldsymbol{C}$ 是元素均为整数的 n 阶矩阵,于是

$$\boldsymbol{AC}=\boldsymbol{E},$$

那么$|\boldsymbol{A}||\boldsymbol{C}|=1$,$|\boldsymbol{A}|$,$|\boldsymbol{C}|$是整数,于是$|\boldsymbol{A}|=|\boldsymbol{C}|=1$ 或$|\boldsymbol{A}|=|\boldsymbol{C}|=-1$.

40. 解:系数行列式$|\boldsymbol{A}|=(\lambda-1)^2(\lambda-2)$.

(1) 由克拉默法则知,当 $\lambda\neq1$ 且 $\lambda\neq2$ 时,方程组有唯一解.

(2) 当 $\lambda=1$ 时,

$$\left(\begin{array}{cccc:c}1&1&1&1&1\\1&1&1&1&1\\1&1&1&1&1\\1&1&1&0&2\end{array}\right)\to\left(\begin{array}{cccc:c}1&1&1&1&1\\0&0&0&-1&1\\0&0&0&0&0\\0&0&0&0&0\end{array}\right),$$

方程组有无穷多解:

$$\begin{pmatrix}x_1\\x_2\\x_3\\x_4\end{pmatrix}=\begin{pmatrix}2\\0\\0\\-1\end{pmatrix}+k_1\begin{pmatrix}-3\\1\\0\\1\end{pmatrix}+k_2\begin{pmatrix}-3\\0\\1\\1\end{pmatrix},$$

其中 k_1,k_2 为任意数.

41. 解:(1) 取 x_3,x_4 为自由未知量,可得方程组(Ⅰ)的基础解系:

$$\boldsymbol{\xi}_1=(0,0,1,0),\quad \boldsymbol{\xi}_2=(-1,-1,0,1).$$

同理,可得方程组(Ⅱ)的基础解系:

$$\boldsymbol{\eta}_1=(0,-1,1,0),\quad \boldsymbol{\eta}_2=(-1,1,0,1).$$

(2) 联立方程组(Ⅰ)和(Ⅱ)可得

$$\begin{pmatrix}1&-1&0&0\\0&1&0&1\\1&1&1&0\\0&1&1&-1\end{pmatrix}\to\begin{pmatrix}1&-1&0&0\\0&1&0&1\\0&0&1&-2\\0&0&0&0\end{pmatrix}.$$

取 $x_4=1$，可得 $x_3=2,x_2=-1,x_1=-1$，故所有公共解为 $k\boldsymbol{\xi}$，其中 k 为任意数，$\boldsymbol{\xi}=(-1,-1,2,1)$.

42. 解：对方程组(Ⅰ)的系数矩阵进行初等行变换：

$$\boldsymbol{A}=\begin{pmatrix}1&2&3\\2&3&5\\1&1&a\end{pmatrix}\to\begin{pmatrix}1&2&3\\0&-1&-1\\0&0&a-2\end{pmatrix}.$$

对方程组(Ⅱ)的系数矩阵进行初等行变换：

$$\boldsymbol{B}=\begin{pmatrix}1&b&c\\2&b^2&c+1\end{pmatrix}\to\begin{pmatrix}1&b&c\\0&b^2-2b&-c+1\end{pmatrix}.$$

由于方程组(Ⅰ)与(Ⅱ)同解，故两方程组的系数矩阵的秩相等. 又

$$2\leqslant R(\boldsymbol{A})=R(\boldsymbol{B})\leqslant 2\Rightarrow R(\boldsymbol{A})=R(\boldsymbol{B})=2,$$

故 $a=2,(b^2-2b)^2+(1-c)^2\neq 0$.

方程组(Ⅰ)的基础解系为 $\boldsymbol{\xi}=(-1,-1,1)^{\mathrm{T}}$，将其代入方程组(Ⅱ)得

$$\begin{cases}-b+c=1\\-b^2+c=1\end{cases}\Rightarrow b^2-b=0\Rightarrow\begin{cases}b=0,\\c=1,\end{cases}\quad\text{或者}\begin{cases}b=1,\\c=2.\end{cases}$$

显然只有 $\begin{cases}b=1\\c=2\end{cases}$ 符合题意，故 $a=c=2,b=1$.

43. 解：设 $\boldsymbol{x}=(x_1,x_2,\cdots,x_n)^{\mathrm{T}}$，由条件可知 $R(\boldsymbol{A})=n-1$，不妨设 $\boldsymbol{A}$ 的前 $n-1$ 列线性无关，选 x_n 为自由未知量，取 $x_n=1$，则得到关于 $x_1,x_2,\cdots,x_{n-1}$ 的线性方程组：

$$\begin{cases}a_{11}x_1+a_{12}x_2+\cdots+a_{1,n-1}x_{n-1}=-a_{1n},\\a_{21}x_1+a_{22}x_2+\cdots+a_{2,n-1}x_{n-1}=-a_{2n},\\\qquad\vdots\\a_{n-1,1}x_1+a_{n-1,2}x_2+\cdots+a_{n-1,n-1}x_{n-1}=-a_{n-1,n}.\end{cases}$$

设上述方程组的系数矩阵的行列式为 $D=|a_{ij}|_{n-1}$，而 D_i 为上述方程组的常数列代替系数矩阵行列式的第 i 列($i=1,2,\cdots,n-1$)后的行列式，显然 $D=|a_{ij}|_{n-1}\neq 0$，则由克拉默法则知

$$x_i=\frac{D_i}{D}\quad(i=1,2,\cdots,n-1).$$

令 $\boldsymbol{\eta}=\left(\dfrac{D_1}{D},\dfrac{D_2}{D},\cdots,\dfrac{D_{n-1}}{D},1\right)$，则 $\boldsymbol{\eta}$ 为原齐次线性方程组的一个基础解系，故原方程的所有解为 $\boldsymbol{x}=k\boldsymbol{\eta},k\in P$.

44. 解：设 $\boldsymbol{A}=\begin{pmatrix}3&-2&1\\4&-1&0\\4&-3&2\end{pmatrix}$，$\boldsymbol{X}_n=\begin{pmatrix}x_{3n}\\x_{3n+1}\\x_{3n+2}\end{pmatrix}$，则 $\boldsymbol{X}_n=\boldsymbol{A}\boldsymbol{X}_{n-1}=\cdots=\boldsymbol{A}^n\boldsymbol{X}_0$.

下面计算 $\boldsymbol{A}^n$. 先求 $\boldsymbol{A}$ 的特征值：

$$|\lambda E-A|=\begin{vmatrix}\lambda-3 & 2 & -1\\ -4 & \lambda+1 & 0\\ -4 & 3 & \lambda-2\end{vmatrix}=(\lambda-1)^2(\lambda-2)\Rightarrow\lambda_1=\lambda_2=1,\lambda_3=2.$$

再求特征值的特征向量.

将 $\lambda_1=\lambda_2=1$ 代入特征向量方程可得两个线性无关的广义特征向量：

$$\boldsymbol{\xi}_1=(1,2,2)^{\mathrm{T}},\quad \boldsymbol{\xi}_2=(1,1,1)^{\mathrm{T}},$$

其中 $\boldsymbol{A\xi}_1=\boldsymbol{\xi}_1,\boldsymbol{A\xi}_2=\boldsymbol{\xi}_1+\boldsymbol{\xi}_2$.

可求得 $\lambda_3=2$ 的一个线性无关的特征向量，$\boldsymbol{\xi}_3=(3,4,5)^{\mathrm{T}}$.

取 $\boldsymbol{P}=(\boldsymbol{\xi}_1,\boldsymbol{\xi}_2,\boldsymbol{\xi}_3)$，则

$$\boldsymbol{P}^{-1}\boldsymbol{AP}=\begin{pmatrix}1&1&0\\0&1&0\\0&0&2\end{pmatrix}\Rightarrow\boldsymbol{A}^n=\boldsymbol{P}\begin{pmatrix}1&1&0\\0&1&0\\0&0&2\end{pmatrix}^n\boldsymbol{P}^{-1},$$

$$\boldsymbol{A}^n=\begin{pmatrix}1&1&3\\2&1&4\\2&1&5\end{pmatrix}\begin{pmatrix}1&n&0\\0&1&0\\0&0&2^n\end{pmatrix}\begin{pmatrix}-1&2&-1\\2&1&-2\\0&-1&1\end{pmatrix}$$

$$=\begin{pmatrix}2n+1 & 3+n-3\cdot 2^n & -3-2n+3\cdot 2^n\\ 4n & 5+2n-4\cdot 2^n & -4-4n+4\cdot 2^n\\ 4n & 5+2n-5\cdot 2^n & -4-4n+5\cdot 2^n\end{pmatrix},$$

故
$$\boldsymbol{X}_n=\boldsymbol{AX}_{n-1}=\cdots=\boldsymbol{A}^n\boldsymbol{X}_0=\begin{pmatrix}2n+1 & 3+n-3\cdot 2^n & -3-2n+3\cdot 2^n\\ 4n & 5+2n-4\cdot 2^n & -4-4n+4\cdot 2^n\\ 4n & 5+2n-5\cdot 2^n & -4-4n+5\cdot 2^n\end{pmatrix}\begin{pmatrix}5\\7\\8\end{pmatrix}$$

$$=\begin{pmatrix}2+n+3\cdot 2^n\\3+2n+4\cdot 2^n\\3+2n+5\cdot 2^n\end{pmatrix},$$

即
$$\begin{pmatrix}x_{3n}\\x_{3n+1}\\x_{3n+2}\end{pmatrix}=\begin{pmatrix}2+n+3\cdot 2^n\\3+2n+4\cdot 2^n\\3+2n+5\cdot 2^n\end{pmatrix}.$$

45. 解：设 $g(x)=(x-1)^2(x+1),f(x)=ax^4+bx^2+cx+1$.

因为 $g(x)\mid f(x)\Rightarrow x-1\mid f(x),x-1\mid f'(x)$，所以 $f(1)=0,f(-1)=0,f'(1)=0$，因此

$$\begin{cases}f(1)=a+b+c+1=0,\\ f(-1)=a+b-c+1=0,\\ f'(1)=4a+2b+c=0,\end{cases}$$

解上述线性方程组可得 $a=1,b=-2,c=0$.

第4讲　矩　阵

4.1　矩阵的运算及性质

一、概述

矩阵作为高等代数最重要的概念之一，它的理论应用已经渗透到数学和其他学科的很多分支(如物理学、力学及医学等).而矩阵的理论发展是以矩阵的运算作为基础，在矩阵的运算中，矩阵的乘法运算与我们以前见到的其他元素的乘法运算有很大的不同，导出的性质也有很多的不同.

二、难点及相关实例

通过本节的学习，掌握矩阵的加法、数乘、转置，以及矩阵的乘法运算及性质，其中矩阵的乘法运算及性质是重点，特别注意的是矩阵的乘法不满足交换律和消去律.

例 1　已知矩阵 $\boldsymbol{A}=\begin{pmatrix}-1 & -1\\ 1 & 1\end{pmatrix}$，$\boldsymbol{B}=\begin{pmatrix}1 & -1\\ -1 & 1\end{pmatrix}$，求 $\boldsymbol{AB}$，$\boldsymbol{BA}$.

解

$$\boldsymbol{AB}=\begin{pmatrix}-1 & -1\\ 1 & 1\end{pmatrix}\begin{pmatrix}1 & -1\\ -1 & 1\end{pmatrix}=\begin{pmatrix}0 & 0\\ 0 & 0\end{pmatrix};$$

$$\boldsymbol{BA}=\begin{pmatrix}1 & -1\\ -1 & 1\end{pmatrix}\begin{pmatrix}-1 & -1\\ 1 & 1\end{pmatrix}=\begin{pmatrix}-2 & -2\\ 2 & 2\end{pmatrix}.$$

【注】　从上述结果知，矩阵的乘法不满足交换律 $\boldsymbol{AB}\neq\boldsymbol{BA}$，从而 $(\boldsymbol{AB})^n\neq\boldsymbol{A}^n\boldsymbol{B}^n$.

例 2　已知矩阵 $\boldsymbol{A}=\begin{pmatrix}-1 & -1\\ 1 & 1\end{pmatrix}$，$\boldsymbol{B}=\begin{pmatrix}3 & -2\\ 2 & 2\end{pmatrix}$，$\boldsymbol{C}=\begin{pmatrix}2 & -1\\ 3 & 1\end{pmatrix}$，求 $\boldsymbol{AB}$，$\boldsymbol{AC}$.

解

$$\boldsymbol{AB}=\begin{pmatrix}-1 & -1\\ 1 & 1\end{pmatrix}\begin{pmatrix}3 & -2\\ 2 & 2\end{pmatrix}=\begin{pmatrix}-5 & 0\\ 5 & 0\end{pmatrix};$$

$$\boldsymbol{AC}=\begin{pmatrix}-1 & -1\\ 1 & 1\end{pmatrix}\begin{pmatrix}2 & -1\\ 3 & 1\end{pmatrix}=\begin{pmatrix}-5 & 0\\ 5 & 0\end{pmatrix}.$$

【注】　从上面可以看到，$\boldsymbol{AB}=\boldsymbol{AC}=\begin{pmatrix}-5 & 0\\ 5 & 0\end{pmatrix}\not\Rightarrow\boldsymbol{B}=\boldsymbol{C}$，故矩阵乘法不满足消去律.

三、同步练习

1. 计算 $\begin{pmatrix}\cos\theta & \sin\theta\\ -\sin\theta & \cos\theta\end{pmatrix}^k$，$\theta\in\mathbf{R}$，$k\in\mathbf{Z}^+$.

【思路】 先看几种特殊情形,进行猜想,再用数学归纳法证明之.

2. 已知 $\boldsymbol{A}=\boldsymbol{BC},\boldsymbol{B}=\begin{pmatrix}1\\1\\1\end{pmatrix},\boldsymbol{C}=(-1,1,-1)$,求 $\boldsymbol{A}^{2018}$.

【思路】 利用矩阵乘法的结合律.

4.2 矩阵的逆

一、概述

在矩阵的乘法运算中由于单位矩阵 $\boldsymbol{E}$ 与任何可乘的矩阵相乘仍然为任何矩阵,这个性质在矩阵的运算中类似于数的乘法运算中 1 的作用. 为此我们有理由提出:对矩阵 $\boldsymbol{A}$ 来说是否也存在某个矩阵 $\boldsymbol{B}$ 使得 $\boldsymbol{AB}=\boldsymbol{BA}=\boldsymbol{E}$,可以应用在乘法运算中的很多技巧中.

二、难点及相关实例

通过本节的学习,掌握矩阵的逆的判定及求法.

例 1 判断矩阵 $\boldsymbol{A}=\begin{pmatrix}a & b\\c & d\end{pmatrix},\boldsymbol{B}=\begin{pmatrix}4 & -1 & 2\\2 & 5 & 1\\-2 & 1 & 3\end{pmatrix}$是否可逆?在可逆时求出其逆.

解 因 $|\boldsymbol{A}|=ad-bc$,故 $|\boldsymbol{A}|\neq 0$ 时可逆,即当 $ad-bc\neq 0$ 时矩阵 $\boldsymbol{A}$ 可逆,且

$$\boldsymbol{A}^{-1}=\frac{1}{|\boldsymbol{A}|}\boldsymbol{A}^{*}=\frac{1}{ad-bc}\begin{pmatrix}d & -b\\-c & a\end{pmatrix}.$$

因为 $|\boldsymbol{B}|=88\neq 0$,所以 $\boldsymbol{B}$ 可逆,

$$\boldsymbol{B}^{-1}=\frac{1}{|\boldsymbol{B}|}\boldsymbol{B}^{*}=\begin{pmatrix}\frac{7}{44} & \frac{5}{88} & -\frac{1}{8}\\-\frac{1}{11} & \frac{2}{11} & 0\\\frac{3}{22} & -\frac{1}{44} & \frac{1}{4}\end{pmatrix}.$$

例 2 已知方阵 $\boldsymbol{A}$ 满足方程 $\boldsymbol{A}^2+\boldsymbol{A}-3\boldsymbol{E}=\boldsymbol{O}$, 证明 $\boldsymbol{A}+2\boldsymbol{E}$ 可逆,并且$(\boldsymbol{A}+2\boldsymbol{E})^{-1}=\boldsymbol{A}-\boldsymbol{E}$.

证 因为 $\boldsymbol{A}^2+\boldsymbol{A}-3\boldsymbol{E}=\boldsymbol{O}$,即 $\boldsymbol{A}^2+\boldsymbol{A}-2\boldsymbol{E}=\boldsymbol{E}$,亦即$(\boldsymbol{A}-\boldsymbol{E})(\boldsymbol{A}+2\boldsymbol{E})=\boldsymbol{E}$,因此,$\boldsymbol{A}+2\boldsymbol{E}$ 可逆,并且$(\boldsymbol{A}+2\boldsymbol{E})^{-1}=\boldsymbol{A}-\boldsymbol{E}$.

【注】 可利用多项式的因式分解来对矩阵 $\boldsymbol{A}$ 的多项式进行分解,例如将矩阵的多项 $\boldsymbol{A}^2+\boldsymbol{A}-2\boldsymbol{E}=\boldsymbol{A}^2+\boldsymbol{A}-2\boldsymbol{A}^0$ 中的 $\boldsymbol{A}$ 换成 x,即为 $x^2+x-2=(x-1)(x+2)$,再将 x 换成 $\boldsymbol{A}$,即可得 $\boldsymbol{A}^2+\boldsymbol{A}-2\boldsymbol{E}=(\boldsymbol{A}-\boldsymbol{E})(\boldsymbol{A}+2\boldsymbol{E})$.

三、同步练习

1. 判断矩阵$\begin{pmatrix}\cos\theta & \sin\theta\\-\sin\theta & \cos\theta\end{pmatrix}(\theta\in\mathbf{R})$是否可逆?若可逆,求出其逆.

【思路】 利用行列式的值判定,及伴随矩阵求逆.

2. 已知矩阵方阵 $\boldsymbol{A}$ 满足方程 $\boldsymbol{A}^2+2\boldsymbol{A}-4\boldsymbol{E}=\boldsymbol{O}$, 证明 $\boldsymbol{A}-\boldsymbol{E}$ 可逆,并且 $(\boldsymbol{A}-\boldsymbol{E})^{-1}=\boldsymbol{A}+3\boldsymbol{E}$.

【思路】 同例 2.

4.3 初等矩阵与初等变换及矩阵乘法之间的关系

一、概述

初等矩阵的引入,为矩阵的初等变换和矩阵乘法之间建立了一个重要的桥梁,对深入理解矩阵乘法中的相关问题提供了一个很好的理论工具.例如矩阵逆的求法、矩阵乘法中的秩的关系以及矩阵方程的初等变换方法,等等.

二、难点及相关实例

通过本节的学习,掌握矩阵的初等变换与矩阵乘法之间的关系,利用它求解矩阵方程(包括矩阵的逆的计算),求分块矩阵的逆.

例 1 已知矩阵 $\boldsymbol{A}=\begin{pmatrix}1&-1\\-1&2\end{pmatrix}$, $\boldsymbol{B}=\begin{pmatrix}1&3&1\\0&-2&4\end{pmatrix}$,求矩阵方程的解 $\boldsymbol{AX}=\boldsymbol{B}$.

解 对下述矩阵进行初等行变换:

$$(\boldsymbol{A},\boldsymbol{B})=\left(\begin{array}{cc:ccc}1&-1&1&3&1\\-1&2&0&-2&4\end{array}\right)\to\left(\begin{array}{cc:ccc}1&-1&1&3&1\\0&1&1&1&5\end{array}\right)\to\left(\begin{array}{cc:ccc}1&0&2&4&6\\0&1&1&1&5\end{array}\right),$$

故 $\boldsymbol{X}=\boldsymbol{A}^{-1}\boldsymbol{B}=\begin{pmatrix}2&4&6\\1&1&5\end{pmatrix}$.

【注】 从上述过程可以看到:$\boldsymbol{A}$ 的标准形为单位矩阵,故可逆,同时利用可逆矩阵可分解为若干初等矩阵的乘积,从而利用初等矩阵与初等变换及矩阵乘法之间的关系可得上述矩阵方程的解.

例 2 已知矩阵 $\boldsymbol{A}=\begin{pmatrix}1&-1\\-1&2\end{pmatrix}$,利用矩阵方程的解 $\boldsymbol{AX}=\boldsymbol{E}$(单位矩阵)求矩阵 $\boldsymbol{A}$ 的逆,并给出矩阵 $\boldsymbol{A}$ 的初等矩阵分解式.

解 $$(\boldsymbol{A},\boldsymbol{E})=\left(\begin{array}{cc:cc}1&-1&1&0\\-1&2&0&1\end{array}\right)\xrightarrow{r_2+r_1}\left(\begin{array}{cc:cc}1&-1&1&0\\0&1&1&1\end{array}\right)\xrightarrow{r_1+r_2}\left(\begin{array}{cc:cc}1&0&2&1\\0&1&1&1\end{array}\right),$$

故 $$\boldsymbol{X}=\boldsymbol{A}^{-1}\boldsymbol{E}=\boldsymbol{A}^{-1}=\begin{pmatrix}2&1\\1&1\end{pmatrix}.$$

由初等行变换的过程,可以知道矩阵 $\boldsymbol{A}$ 与初等矩阵及单位矩阵之间的关系:

$$\begin{aligned}\boldsymbol{P}(1,2(1))\boldsymbol{P}(2,1(1))\boldsymbol{A}=\boldsymbol{E}\Rightarrow\boldsymbol{A}&=\boldsymbol{P}^{-1}(2,1(1))\boldsymbol{P}^{-1}(1,2(1))\boldsymbol{E}\\&=\boldsymbol{P}(2,1(-1))\boldsymbol{P}(1,2(-1)).\end{aligned}$$

故 $\boldsymbol{A}=\begin{pmatrix}1&0\\-1&1\end{pmatrix}\begin{pmatrix}1&-1\\0&1\end{pmatrix}$.

例 3 已知分块矩阵 $A=\begin{pmatrix} D & O \\ C & B \end{pmatrix}$，其中 D,B 可逆，利用矩阵方程的解 $AX=E$（单位矩阵）求矩阵 A 的逆.

解 对下列矩阵进行初等行变换：

$$(A,E)=\left(\begin{array}{cc:cc} D & O & E & O \\ C & B & O & E \end{array}\right)\to\left(\begin{array}{cc:cc} E & O & D^{-1} & O \\ C & B & O & E \end{array}\right)\to\left(\begin{array}{cc:cc} E & O & D^{-1} & O \\ O & B & -CD^{-1} & E \end{array}\right)$$

$$\to\left(\begin{array}{cc:cc} E & O & D^{-1} & O \\ O & E & -B^{-1}CD^{-1} & B^{-1} \end{array}\right),$$

因此，$A^{-1}=\begin{pmatrix} D^{-1} & O \\ -B^{-1}CD^{-1} & B^{-1} \end{pmatrix}$.

三、同步练习

1. 已知矩阵 $A=\begin{pmatrix} 3 & 1 & 1 \\ 1 & 3 & 1 \\ 1 & 1 & 3 \end{pmatrix}$，$B=\begin{pmatrix} 1 & 1 & 1 \\ -2 & 0 & 1 \\ -1 & 1 & 4 \end{pmatrix}$，求矩阵方程 $AX=B$ 的解.

【思路】 利用初等变换求比较简单.

2. 已知分块矩阵 $A=\begin{pmatrix} O & B \\ D & O \end{pmatrix}$，其中 D,B 可逆，利用矩阵方程的解 $AX=E$（单位矩阵）求 A 矩阵的逆.

【思路】 同上.

考测中涉及的相关知识点联系示意图

矩阵理论的应用已经渗透到数学、物理、生物、医学的很多分支及其他所有工程技术类学科；它是现代科学技术发展的最重要的工具之一，因此它是理科专业研究生入学考测重点内容. 下图是矩阵中的相关知识点联系示意图：

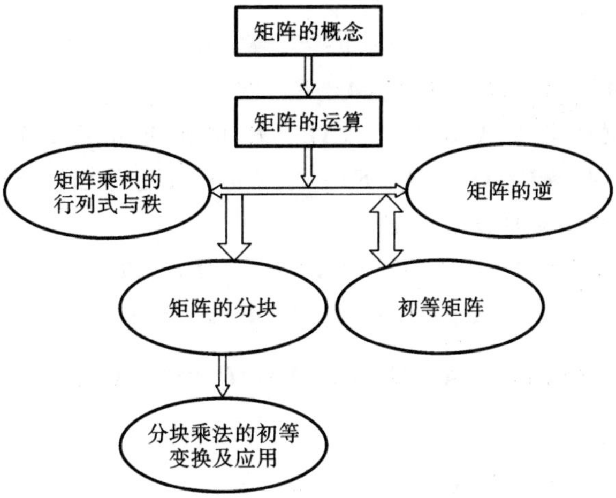

综合例题讲解

例 1 设 $\boldsymbol{A}=\begin{pmatrix}1&3&5\\3&4&7\\1&2&2\end{pmatrix}$，$\boldsymbol{AX}=\boldsymbol{A}-\boldsymbol{X}$，求矩阵 $\boldsymbol{X}$.

【分析】 矩阵方程的求解一般涉及矩阵的求逆，若 $\boldsymbol{A}$ 可逆，求 $\boldsymbol{A}^{-1}$ 一般有两种方法（当 $\boldsymbol{A}$ 具体给出时）.

(1) 伴随矩阵的方法：$\boldsymbol{A}^{-1}=\dfrac{\boldsymbol{A}^*}{|\boldsymbol{A}|}$.

(2) 初等变换方法：$(\boldsymbol{A},\boldsymbol{E})\xrightarrow{\text{初等行变换}}(\boldsymbol{E},\boldsymbol{A}^{-1})$.

该题可利用(2)介绍的方法和原理求解.

解 因为 $\boldsymbol{AX}=\boldsymbol{A}-\boldsymbol{X}\Rightarrow\boldsymbol{X}+\boldsymbol{AX}=\boldsymbol{A}$，所以 $(\boldsymbol{A}+\boldsymbol{E})\boldsymbol{X}=\boldsymbol{A}$.

因为 $|\boldsymbol{A}+\boldsymbol{E}|=\begin{vmatrix}2&3&5\\3&5&7\\1&2&3\end{vmatrix}=1$，所以 $\boldsymbol{A}+\boldsymbol{E}$ 可逆，从而 $\boldsymbol{X}=(\boldsymbol{A}+\boldsymbol{E})^{-1}\boldsymbol{A}$，因此可用初等变换求 $(\boldsymbol{A}+\boldsymbol{E})^{-1}\boldsymbol{A}$.

$$\left(\begin{array}{ccc:ccc}2&3&5&1&3&5\\3&5&7&3&4&7\\1&2&3&1&2&2\end{array}\right)\to\left(\begin{array}{ccc:ccc}1&2&3&1&2&2\\3&5&7&3&4&7\\2&3&5&1&3&5\end{array}\right)\to\left(\begin{array}{ccc:ccc}1&2&3&1&2&2\\0&-1&-2&0&-2&1\\0&-1&-1&-1&-1&1\end{array}\right)$$

$$\to\left(\begin{array}{ccc:ccc}1&2&3&1&2&2\\0&1&2&0&2&-1\\0&0&1&-1&1&0\end{array}\right)\to\left(\begin{array}{ccc:ccc}1&2&0&4&-1&2\\0&1&0&2&0&1\\0&0&1&-1&1&0\end{array}\right)$$

$$\to\left(\begin{array}{ccc:ccc}1&0&0&0&-1&4\\0&1&0&2&0&-1\\0&0&1&-1&1&0\end{array}\right).$$

所以，$\boldsymbol{X}=(\boldsymbol{A}+\boldsymbol{E})^{-1}\boldsymbol{A}=\begin{pmatrix}0&-1&4\\2&0&-1\\-1&1&0\end{pmatrix}$.

例 2 若 $\boldsymbol{A}$ 满足 $\boldsymbol{A}^2+\boldsymbol{A}-4\boldsymbol{E}=\boldsymbol{O}$，则 $(\boldsymbol{A}-\boldsymbol{E})^{-1}=$______.

【分析】 矩阵可逆的定义：$\boldsymbol{A},\boldsymbol{B}\in P^{n\times n}$，$\boldsymbol{AB}=\boldsymbol{E}$，则 $\boldsymbol{A},\boldsymbol{B}$ 可逆且 $\boldsymbol{A}^{-1}=\boldsymbol{B}$ 是求 $\boldsymbol{A}^{-1}$ 的一种常用方法. 要根据 $\boldsymbol{A}^2+\boldsymbol{A}-4\boldsymbol{E}=\boldsymbol{O}$ 求 $(\boldsymbol{A}-\boldsymbol{E})^{-1}$ 时需要把 $\boldsymbol{A}$ 看作已知的矩阵，再将等式的左端构造出一个 $\boldsymbol{A}-\boldsymbol{E}$，且右端为单位矩阵 $\boldsymbol{E}$.

解 因为 $\boldsymbol{A}^2+\boldsymbol{A}-4\boldsymbol{E}=\boldsymbol{O}\Rightarrow(\boldsymbol{A}^2-\boldsymbol{E})+(\boldsymbol{A}-\boldsymbol{E})=2\boldsymbol{E}$，所以

$$(\boldsymbol{A}+\boldsymbol{E})(\boldsymbol{A}-\boldsymbol{E})+(\boldsymbol{A}-\boldsymbol{E})=2\boldsymbol{E},$$

从而 $(\boldsymbol{A}+2\boldsymbol{E})(\boldsymbol{A}-\boldsymbol{E})=2\boldsymbol{E}$，故 $\frac{1}{2}(\boldsymbol{A}+2\boldsymbol{E})(\boldsymbol{A}-\boldsymbol{E})=\boldsymbol{E}$，因此 $(\boldsymbol{A}-\boldsymbol{E})^{-1}=\frac{1}{2}(\boldsymbol{A}+2\boldsymbol{E})$.

例 3(2004，江苏大学)

(1) $\boldsymbol{A},\boldsymbol{B}\in P^{n\times n}$，若 $\boldsymbol{AB}=\boldsymbol{O}$，则 $R(\boldsymbol{A})+R(\boldsymbol{B})\leqslant n$.

(2) $\boldsymbol{A}\in P^{n\times n}$，$R(\boldsymbol{A})=r$，证明存在 n 阶可逆矩阵 $\boldsymbol{P}$，使 $\boldsymbol{PAP}^{-1}$ 的后 $n-r$ 行全为零.

【分析】 关于矩阵秩的命题常见的有：矩阵秩的不等式的证明和矩阵与向量乘积秩的判别. 对这类问题，通常是构造分块矩阵，并结合初等变换及齐次线性方程组或向量组进行分析，是证明有关矩阵秩的结论的一种常用、有效的方法.

证 (1) 对矩阵分块 $\boldsymbol{B}=(\boldsymbol{B}_1,\boldsymbol{B}_2,\cdots,\boldsymbol{B}_n)$，则

$$\boldsymbol{AB}=\boldsymbol{O}\Rightarrow \boldsymbol{AB}=\boldsymbol{A}(\boldsymbol{B}_1,\boldsymbol{B}_2,\cdots,\boldsymbol{B}_n)=(\boldsymbol{AB}_1,\boldsymbol{AB}_2,\cdots,\boldsymbol{AB}_n)=(\boldsymbol{0},\boldsymbol{0},\cdots,\boldsymbol{0}),$$

所以，$\boldsymbol{B}$ 的列向量是齐次线性方程组 $\boldsymbol{AX}=\boldsymbol{0}$ 的解.

因为 $R(\boldsymbol{A})=r\Rightarrow\boldsymbol{AX}=\boldsymbol{0}$ 的基础解系由 $n-r$ 个解向量组成，所以 $\boldsymbol{B}$ 的列向量组的秩不超过 $n-r$，即 $R(\boldsymbol{B})\leqslant n-r$. 因此，$R(\boldsymbol{A})+R(\boldsymbol{B})\leqslant n$.

(2) 若 $R(\boldsymbol{A})=r$，$\exists\,\boldsymbol{P},\boldsymbol{Q}$，使得

$$\boldsymbol{PAQ}=\begin{pmatrix}\boldsymbol{E}_r & \boldsymbol{O}\\ \boldsymbol{O} & \boldsymbol{O}\end{pmatrix}.$$

用 $\boldsymbol{Q}^{-1}\boldsymbol{P}^{-1}$ 右乘等式两边可得

$$\boldsymbol{PAP}^{-1}=\begin{pmatrix}\boldsymbol{E}_r & \boldsymbol{O}\\ \boldsymbol{O} & \boldsymbol{O}\end{pmatrix}\boldsymbol{Q}^{-1}\boldsymbol{P}^{-1}.$$

它的后 $n-r$ 行全为零.

例 4(**上海交通大学，2003**) $\boldsymbol{A}\in P^{n\times n}$，$\boldsymbol{A}=\boldsymbol{A}^2$ 充要条件是 $n=R(\boldsymbol{A})+R(\boldsymbol{E}-\boldsymbol{A})$.

【分析】 可利用上题结论证明必要性，也可利用分块矩阵的初等变换不改变矩阵的秩的大小的性质来证明.

证 **必要性.**

方法一 若 $\boldsymbol{A}^2=\boldsymbol{A}$，则 $\boldsymbol{A}(\boldsymbol{A}-\boldsymbol{E})=\boldsymbol{O}$.

由例 3 可知，
$$R(\boldsymbol{A})+R(\boldsymbol{A}-\boldsymbol{E})\leqslant n,$$
$$R(\boldsymbol{A})+R(\boldsymbol{A}-\boldsymbol{E})=R(\boldsymbol{A})+R(-\boldsymbol{A}+\boldsymbol{E})\geqslant R(\boldsymbol{A}-\boldsymbol{A}+\boldsymbol{E})=n,$$

因此，$R(\boldsymbol{A})+R(\boldsymbol{A}-\boldsymbol{E})=n$.

方法二 如果 $\boldsymbol{A}^2=\boldsymbol{A}$，构造分块矩阵，然后作初等变换，将第 2 行加到第 1 行，接着将第 2 列加到第 1 列可得

$$\begin{pmatrix}\boldsymbol{E}-\boldsymbol{A} & \boldsymbol{O}\\ \boldsymbol{O} & \boldsymbol{A}\end{pmatrix}\rightarrow\begin{pmatrix}\boldsymbol{E}-\boldsymbol{A} & \boldsymbol{A}\\ \boldsymbol{O} & \boldsymbol{A}\end{pmatrix}\rightarrow\begin{pmatrix}\boldsymbol{E} & \boldsymbol{A}\\ \boldsymbol{A} & \boldsymbol{A}\end{pmatrix}.$$

再接着将第 1 行乘以 $-\boldsymbol{A}$ 加到第 2 行，再利用条件 $\boldsymbol{A}^2=\boldsymbol{A}$，可得

$$\begin{pmatrix}\boldsymbol{E} & \boldsymbol{A}\\ \boldsymbol{A} & \boldsymbol{A}\end{pmatrix}\rightarrow\begin{pmatrix}\boldsymbol{E} & \boldsymbol{A}\\ \boldsymbol{O} & \boldsymbol{O}\end{pmatrix}\rightarrow\begin{pmatrix}\boldsymbol{E} & \boldsymbol{O}\\ \boldsymbol{O} & \boldsymbol{O}\end{pmatrix}.$$

因为初等变换不改变矩阵的秩，所以 $R(\boldsymbol{A})+R(\boldsymbol{E}-\boldsymbol{A})=n$.

充分性. 类似以上的方法，可得

$$\begin{pmatrix}\boldsymbol{E}-\boldsymbol{A} & \boldsymbol{O}\\ \boldsymbol{O} & \boldsymbol{A}\end{pmatrix}\rightarrow\begin{pmatrix}\boldsymbol{E} & \boldsymbol{A}\\ \boldsymbol{A} & \boldsymbol{A}\end{pmatrix}\rightarrow\begin{pmatrix}\boldsymbol{E} & \boldsymbol{A}\\ \boldsymbol{O} & \boldsymbol{A}-\boldsymbol{A}^2\end{pmatrix}\rightarrow\begin{pmatrix}\boldsymbol{E} & \boldsymbol{O}\\ \boldsymbol{O} & \boldsymbol{A}-\boldsymbol{A}^2\end{pmatrix}.$$

因为 $R(\boldsymbol{A})+R(\boldsymbol{E}-\boldsymbol{A})=n\Rightarrow R(\boldsymbol{E})+R(\boldsymbol{A}-\boldsymbol{A}^2)=n\Rightarrow R(\boldsymbol{A}-\boldsymbol{A}^2)=0$，所以 $\boldsymbol{A}=\boldsymbol{A}^2$.

例 5(**中国科学院，2004**) 设 $\boldsymbol{A},\boldsymbol{B}$ 是 n 阶实方阵，而 $\boldsymbol{I}$ 是 n 阶单位阵，证明：若 $\boldsymbol{I}-\boldsymbol{AB}$ 可逆，则 $\boldsymbol{I}-\boldsymbol{BA}$ 可逆.

【分析】 可利用初等变换不改变矩阵的秩的性质来证明，该命题的条件实际上是充要条件.

证 构造分块矩阵，对其进行分块矩阵的初等变换：

$$\begin{pmatrix} I & A \\ B & I \end{pmatrix} \to \begin{pmatrix} I-AB & O \\ B & I \end{pmatrix} \to \begin{pmatrix} I-AB & O \\ O & I \end{pmatrix};$$

$$\begin{pmatrix} I & A \\ B & I \end{pmatrix} \to \begin{pmatrix} I & A \\ O & I-BA \end{pmatrix} \to \begin{pmatrix} I & O \\ O & I-BA \end{pmatrix}.$$

因为初等变换不改变矩阵的秩，所以 $R(\boldsymbol{I}-\boldsymbol{AB})=R(\boldsymbol{I}-\boldsymbol{BA})$，故命题成立.

例 6 证明：$|\boldsymbol{A}^*|=|\boldsymbol{A}|^{n-1}$，其中 $\boldsymbol{A}$ 是 $n\times n$ 矩阵($n\geqslant 2$).

【分析】 如果已知条件中出现 $\boldsymbol{A}^*$，一般会用到 $\boldsymbol{AA}^*=\boldsymbol{A}^*\boldsymbol{A}=|\boldsymbol{A}|\boldsymbol{E}$ 这一结论，再结合题中条件可以解决伴随矩阵方面的问题.

证 因为 $|\boldsymbol{AA}^*|=|\boldsymbol{A}|^n$，又 $|\boldsymbol{AA}^*|=|\boldsymbol{A}||\boldsymbol{A}^*|$，所以

当 $|\boldsymbol{A}|\neq 0$ 时，$|\boldsymbol{A}^*|=\dfrac{|\boldsymbol{A}|^n}{|\boldsymbol{A}|}=|\boldsymbol{A}|^{n-1}$.

当 $|\boldsymbol{A}|=0$ 时，

(1) $R(\boldsymbol{A})=0, \boldsymbol{A}=\boldsymbol{O}, \boldsymbol{A}^*=\boldsymbol{O}, |\boldsymbol{A}^*|=|\boldsymbol{A}|^{n-1}$；

(2) $R(\boldsymbol{A})>0$，而 $\boldsymbol{AA}^*=|\boldsymbol{A}|\boldsymbol{E}=\boldsymbol{O}$.

由例 3 的结论得 $R(\boldsymbol{A})+R(\boldsymbol{A}^*)\leqslant n$，故 $R(\boldsymbol{A}^*)<n$，所以 $|\boldsymbol{A}^*|=0$，也得 $|\boldsymbol{A}^*|=|\boldsymbol{A}|^{n-1}$.

例 7 已知 $\boldsymbol{A}=\boldsymbol{PQ}, \boldsymbol{P}=(1,2,1)^{\mathrm{T}}, \boldsymbol{Q}=(2,-1,2)$，求 $\boldsymbol{A}^{100}$.

【分析】 求矩阵的高次方幂 $\boldsymbol{A}^n$，由于 $\boldsymbol{A}=\boldsymbol{\alpha\beta}^{\mathrm{T}}$，其中 $\boldsymbol{\alpha},\boldsymbol{\beta}$ 为 n 维向量，则

$$\boldsymbol{A}^n=\boldsymbol{\alpha\beta}^{\mathrm{T}}\cdot\boldsymbol{\alpha\beta}^{\mathrm{T}}\cdot\cdots\cdot\boldsymbol{\alpha\beta}^{\mathrm{T}}=\boldsymbol{\alpha}(\boldsymbol{\beta}^{\mathrm{T}}\boldsymbol{\alpha})\boldsymbol{\beta}^{\mathrm{T}}=(\boldsymbol{\beta}^{\mathrm{T}}\boldsymbol{\alpha})^{n-1}\boldsymbol{A},$$

其中 $\boldsymbol{\beta}^{\mathrm{T}}\boldsymbol{\alpha}$ 是数.

解 $\boldsymbol{A}=\boldsymbol{PQ}=\begin{pmatrix}1\\2\\1\end{pmatrix}(2,-1,2)=\begin{pmatrix}2&-1&2\\4&-2&4\\2&-1&2\end{pmatrix}, \boldsymbol{QP}=(2,-1,2)\begin{pmatrix}1\\2\\1\end{pmatrix}=2$，则

$$\boldsymbol{A}^{100}=2^{99}\boldsymbol{A}=2^{99}\begin{pmatrix}2&-1&2\\4&-2&4\\2&-1&2\end{pmatrix}.$$

例 8 求 $\begin{pmatrix}\cos\varphi & -\sin\varphi\\ \sin\varphi & \cos\varphi\end{pmatrix}^n$.

【分析】 因为 $\boldsymbol{A}^2,\boldsymbol{A}^3,\cdots,\boldsymbol{A}^n$ 具有规律性，则可用数学归纳法求解.

解 因为
$$\begin{pmatrix}\cos\varphi & -\sin\varphi\\ \sin\varphi & \cos\varphi\end{pmatrix}^2=\begin{pmatrix}\cos2\varphi & -\sin2\varphi\\ \sin2\varphi & \cos2\varphi\end{pmatrix},$$
$$\begin{pmatrix}\cos\varphi & -\sin\varphi\\ \sin\varphi & \cos\varphi\end{pmatrix}^3=\begin{pmatrix}\cos3\varphi & -\sin3\varphi\\ \sin3\varphi & \cos3\varphi\end{pmatrix},$$

所以猜想

$$\begin{pmatrix}\cos\varphi & -\sin\varphi\\ \sin\varphi & \cos\varphi\end{pmatrix}^n=\begin{pmatrix}\cos n\varphi & -\sin n\varphi\\ \sin n\varphi & \cos n\varphi\end{pmatrix}.$$

然后利用数学归纳法可证上述猜想.(略)

例 9 设 $\boldsymbol{A}=\begin{pmatrix}1&4&2\\0&-3&4\\0&4&3\end{pmatrix}$，求 $\boldsymbol{A}^k$.

【分析】 利用相似矩阵将复杂矩阵的幂的计算转换为对角矩阵来计算. 即若 $\boldsymbol{P}^{-1}\boldsymbol{AP}=\boldsymbol{B}$，

而 $\boldsymbol{B}^n$ 容易计算(如 $\boldsymbol{B}$ 是对角阵)，则

$$\boldsymbol{A}=\boldsymbol{PBP}^{-1},\quad \boldsymbol{A}^n=\boldsymbol{PBP}^{-1}\cdot\boldsymbol{PBP}^{-1}\cdot\cdots\cdot\boldsymbol{PBP}^{-1}=\boldsymbol{PB}^n\boldsymbol{P}^{-1}.$$

解 先判断矩阵 $\boldsymbol{A}$ 是否对角化，如可即得. 特征多项式

$$|\lambda\boldsymbol{E}-\boldsymbol{A}|=\begin{vmatrix}\lambda-1 & -4 & -2\\ 0 & \lambda+3 & -4\\ 0 & -4 & \lambda-3\end{vmatrix}=(\lambda-1)(\lambda-5)(\lambda+5),$$

得特征值 $\lambda_1=1,\lambda_2=5,\lambda_3=-5$. 属于特征值1的特征向量为 $\boldsymbol{\xi}_1=\boldsymbol{\varepsilon}_1$；属于特征值5的特征向量为 $\boldsymbol{\xi}_2=2\boldsymbol{\varepsilon}_1+\boldsymbol{\varepsilon}_2+2\boldsymbol{\varepsilon}_3$；属于特征值$-5$的特征向量为 $\boldsymbol{\xi}_3=\boldsymbol{\varepsilon}_1-2\boldsymbol{\varepsilon}_2+\boldsymbol{\varepsilon}_3$.

综上所述，

$$(\boldsymbol{\xi}_1,\boldsymbol{\xi}_2,\boldsymbol{\xi}_3)=(\boldsymbol{\varepsilon}_1,\boldsymbol{\varepsilon}_2,\boldsymbol{\varepsilon}_3)\begin{pmatrix}1 & 2 & 1\\ 0 & 1 & -2\\ 0 & 2 & 1\end{pmatrix}.$$

令 $\boldsymbol{T}=(\boldsymbol{\xi}_1,\boldsymbol{\xi}_2,\boldsymbol{\xi}_3)$，则

$$\boldsymbol{T}^{-1}\boldsymbol{AT}=\begin{pmatrix}1 & 0 & -1\\ 0 & 1/5 & 2/5\\ 0 & -2/5 & 1/5\end{pmatrix}\begin{pmatrix}1 & 4 & 2\\ 0 & -3 & 4\\ 0 & 4 & 3\end{pmatrix}\begin{pmatrix}1 & 2 & 1\\ 0 & 1 & -2\\ 0 & 2 & 1\end{pmatrix}=\begin{pmatrix}1 & 0 & 0\\ 0 & 5 & 0\\ 0 & 0 & -5\end{pmatrix}\xlongequal{\text{def}}\boldsymbol{B},$$

$$\boldsymbol{B}^k=\begin{pmatrix}1 & 0 & 0\\ 0 & 5^k & 0\\ 0 & 0 & (-5)^k\end{pmatrix},$$

所以 $$\boldsymbol{A}^k=\boldsymbol{TB}^k\boldsymbol{T}^{-1}=\begin{pmatrix}1 & 2 & 1\\ 0 & 1 & -2\\ 0 & 2 & 1\end{pmatrix}\begin{pmatrix}1 & 0 & 0\\ 0 & 5^k & 0\\ 0 & 0 & (-5)^k\end{pmatrix}\begin{pmatrix}1 & 0 & -1\\ 0 & 1/5 & 2/5\\ 0 & -2/5 & 1/5\end{pmatrix}$$

$$=\begin{pmatrix}1 & 2\cdot5^{k-1}[1+(-1)^{k+1}] & 5^{k-1}[4+(-1)^{k+1}]-1\\ 0 & 5^{k-1}[1+4(-1)^k] & 2\cdot5^{k-1}[1+(-1)^{k+1}]\\ 0 & 2\cdot5^{k-1}[1+(-1)^{k+1}] & 5^{k-1}[4+(-1)^k]\end{pmatrix}.$$

例 10(广西师范大学,1997) $\boldsymbol{A}\in P^{n\times n}$，证明：

(1) 在 $F[x]$ 中一定有次数小于等于 n^2 的非零多项式 $f(x)$，使 $f(\boldsymbol{A})=\boldsymbol{0}$.

(2) 若 $f(x),g(x)$ 是 F 上两个非零多项式，且 $f(\boldsymbol{A})=g(\boldsymbol{A})=\boldsymbol{0}$，则 $d(\boldsymbol{A})=0$，其中 $d(x)=(f(x),g(x))$.

(3) 当 $\boldsymbol{A}$ 可逆时，在 $F[x]$ 中一定存在一个常数项不为零的多项式 $f(x)$，使 $f(\boldsymbol{A})=\boldsymbol{0}$.

【分析】 本题考测线性空间的维数、最大公因式与矩阵的多项式，可利用多项式的一些性质来求解，是对考生综合能力的检测.

证 (1) 由于 $\dim F^{n\times n}=n^2$，那么 $\boldsymbol{E},\boldsymbol{A},\boldsymbol{A}^2,\cdots,\boldsymbol{A}^{n^2}$ 一定线性相关. 于是存在不全为零的数 $a_0,a_1,\cdots,a_{n^2}$ 使得 $a_0\boldsymbol{E}+a_1\boldsymbol{A}+a_2\boldsymbol{A}^2+\cdots+a_{n^2}\boldsymbol{A}^{n^2}=\boldsymbol{0}$. 令

$$f(x)=a_0+a_1x+a_2x^2+\cdots+a_{n^2}x^{n^2},$$

则 $f(\boldsymbol{A})=\boldsymbol{0}$，且 $\partial(f(x))\leqslant n^2$.

(2) 因为 $d(x)=(f(x),g(x))$，那么存在 $u(x),v(x)\in F[x]$，使

$$d(x)=f(x)u(x)+g(x)v(x).$$

而 $f(\boldsymbol{A})=g(\boldsymbol{A})=\boldsymbol{0}$，将 $\boldsymbol{A}$ 代入上式，有 $d(\boldsymbol{A})=0$.

(3) 假定 $\boldsymbol{A}$ 的最小多项式 $f(x)$ 的常数项为零，令

$$f(x)=a_mx^m+a_{m-1}x^{m-1}+\cdots+a_1x,$$

$$f(\boldsymbol{A})=a_m\boldsymbol{A}^m+a_{m-1}\boldsymbol{A}^{m-1}+\cdots+a_1\boldsymbol{A}=\boldsymbol{0},$$

于是

$$\boldsymbol{A}(a_m\boldsymbol{A}^{m-1}+\cdots+a_2\boldsymbol{A}+a_1\boldsymbol{E})=\boldsymbol{0}.$$

由 $\boldsymbol{A}$ 可逆，则 $a_m\boldsymbol{A}^{m-1}+\cdots+a_2\boldsymbol{A}+a_1\boldsymbol{E}=\boldsymbol{0}$，与 $f(x)$ 是 $\boldsymbol{A}$ 的最小多项式矛盾，所以 $f(x)$ 的常数项不为零.

例 11(**北京大学,2007**) n 阶矩阵 $\boldsymbol{A}$ 的各行元素之和为常数 c，则 $\boldsymbol{A}^3$ 的各行元素之和是否为常数？若是，是多少？说明理由.

【分析】 本题主要考测矩阵的乘法及连加运算的性质.

解 令 $\boldsymbol{A}=(a_{ij})_{n\times n}$，由条件可知 $\sum\limits_{j=1}^{n}a_{ij}=c\ (i=1,2,\cdots,n)$，于是可得

$$\begin{aligned}\sum_{j=1}^{n}A^3(i,j)&=\sum_{k=1}^{n}\sum_{l=1}^{n}\sum_{j=1}^{n}a_{ik}a_{kl}a_{lj}=\sum_{k=1}^{n}\sum_{l=1}^{n}a_{ik}a_{kl}\Big(\sum_{j=1}^{n}a_{lj}\Big)\\&=\sum_{k=1}^{n}\sum_{l=1}^{n}ca_{ik}a_{kl}=\sum_{k=1}^{n}c^2a_{ik}=c^3\quad(i=1,2,\cdots,n),\end{aligned}$$

即 $\boldsymbol{A}^3$ 的各行元素之和为 c^3.

例 12(**厦门大学,2012**) 已知 $\boldsymbol{A}\in P^{m\times n}$，$\boldsymbol{B}\in P^{n\times s}$，且 $R(\boldsymbol{A})=R(\boldsymbol{AB})$，证明存在矩阵 $\boldsymbol{C}\in P^{s\times n}$，使得 $\boldsymbol{A}=\boldsymbol{ABC}$.

【分析】 本题考测特殊矩阵的秩、线性相关性与矩阵之间的关系.

证 设 $\boldsymbol{A}=(\boldsymbol{\alpha}_1,\boldsymbol{\alpha}_2,\cdots,\boldsymbol{\alpha}_n)$，$\boldsymbol{AB}=(\boldsymbol{\beta}_1,\boldsymbol{\beta}_2,\cdots,\boldsymbol{\beta}_s)=(\boldsymbol{\alpha}_1,\boldsymbol{\alpha}_2,\cdots,\boldsymbol{\alpha}_n)\boldsymbol{B}$.

因为 $R(\boldsymbol{A})=R(\boldsymbol{AB})$，由文献[1]第 106 页补充题第四题结论知，向量组 $\boldsymbol{\alpha}_1,\boldsymbol{\alpha}_2,\cdots,\boldsymbol{\alpha}_n$ 与 $\boldsymbol{\beta}_1,\boldsymbol{\beta}_2,\cdots,\boldsymbol{\beta}_s$ 等价，因此 $\boldsymbol{\alpha}_1,\boldsymbol{\alpha}_2,\cdots,\boldsymbol{\alpha}_n$ 可以由 $\boldsymbol{\beta}_1,\boldsymbol{\beta}_2,\cdots,\boldsymbol{\beta}_s$ 线性表示，故 $\boldsymbol{A}=\boldsymbol{ABC}$.

例 13(**华中科技大学,2013**) 已知 $\boldsymbol{A}^2=\boldsymbol{A}$，$\boldsymbol{B}^2=\boldsymbol{B}$，并且 $\boldsymbol{E}-\boldsymbol{A}-\boldsymbol{B}$ 可逆，证明 $R(\boldsymbol{A})=R(\boldsymbol{B})$.

【分析】 本题主要考测初等变换不改变矩阵的秩的性质或一个矩阵乘以可逆矩阵其秩不变的原理.

证 已知 $\boldsymbol{A}^2=\boldsymbol{A}$，$\boldsymbol{B}^2=\boldsymbol{B}$，则 $\boldsymbol{A}(\boldsymbol{E}-\boldsymbol{A}-\boldsymbol{B})=\boldsymbol{A}-\boldsymbol{A}^2-\boldsymbol{AB}=-\boldsymbol{AB}$，故 $R(\boldsymbol{A})=R(-\boldsymbol{AB})$.

同理可知，

$$(\boldsymbol{E}-\boldsymbol{A}-\boldsymbol{B})\boldsymbol{B}=\boldsymbol{B}-\boldsymbol{B}^2-\boldsymbol{AB}=-\boldsymbol{AB},$$

故 $R(\boldsymbol{B})=R(-\boldsymbol{AB})$. 因此，$R(\boldsymbol{A})=R(\boldsymbol{B})$.

例 14(**中南大学,2015**) 若 n 阶矩阵 $\boldsymbol{A}$ 满足 $\boldsymbol{A}^{\mathrm{T}}\boldsymbol{A}=\boldsymbol{E}$，且 $|\boldsymbol{A}|<0$，求 $|\boldsymbol{A}+\boldsymbol{E}|$.

【分析】 本题主要考测方阵的乘积的行列式及正交矩阵的性质.

解 因为 $\boldsymbol{A}^{\mathrm{T}}\boldsymbol{A}=\boldsymbol{E}$，又 $|\boldsymbol{A}|<0$，则 $|\boldsymbol{A}|=-1$.

$$|\boldsymbol{A}^{\mathrm{T}}(\boldsymbol{A}+\boldsymbol{E})|=|\boldsymbol{E}+\boldsymbol{A}^{\mathrm{T}}|=|\boldsymbol{E}+\boldsymbol{A}|=|\boldsymbol{A}|\,|\boldsymbol{A}+\boldsymbol{E}|=-|\boldsymbol{A}+\boldsymbol{E}|,$$

因此 $|\boldsymbol{A}+\boldsymbol{E}|=0$.

例 15(**中南大学,2015**) 设 $\boldsymbol{A}$ 是 n 阶非奇异实对称方阵，$\boldsymbol{B}$ 是反对称实矩阵，且 $\boldsymbol{AB}=\boldsymbol{BA}$，证明 $\boldsymbol{A}+\boldsymbol{B}$ 可逆.

【分析】 考测交换矩阵可同时上三角化.

证 因 $\boldsymbol{AB}=\boldsymbol{BA}$，故存在可逆矩阵 $\boldsymbol{P}$ 使得 $\boldsymbol{P}^{-1}\boldsymbol{AP}$，$\boldsymbol{P}^{-1}\boldsymbol{BP}$ 同为上三角阵，且上三角主对角元素是它们的特征值，所以 $\boldsymbol{P}^{-1}(\boldsymbol{A}+\boldsymbol{B})\boldsymbol{P}$ 为上三角阵，且主对角元素是 $\boldsymbol{A}$，$\boldsymbol{B}$ 的特征值之和.

又因为 $\boldsymbol{A}$ 可逆，$\boldsymbol{B}$ 是反对称实矩阵，故 $\boldsymbol{A}$ 的特征值全不为 0，$\boldsymbol{B}$ 的特征值都为 0 或纯虚数.

因此 $A+B$ 的特征值的实部全不为 0,从而 $A+B$ 可逆.

【注】 若 $AB=BA$,则存在可逆矩阵 P 使得 $P^{-1}AP$,$P^{-1}BP$ 同为上三角阵,且上三角主对角元素是它们的特征值.

证明:对阶数 n 作数学归纳法.

(1) 当 $n=1$ 时,显然成立.

(2) 假设当 $n=k-1$ 时也成立.

(3) 现证当 $n=k$ 时也成立.

由文献[1]222 页的第 25 题知,A 与 B 至少有一个公共的特征向量 ξ_1,使得

$$A\xi_1=\lambda_1\xi_1,\quad B\xi_1=\mu_1\xi_1.$$

现将 ξ_1 扩充为一组基:$\xi_1,\xi_2,\cdots,\xi_n$,令 $P=(\xi_1,\xi_2,\cdots,\xi_n)$,则

$$P^{-1}AP=\begin{pmatrix}\lambda_1 & * \\ O & A_1\end{pmatrix},P^{-1}BP=\begin{pmatrix}\mu_1 & * \\ O & B_1\end{pmatrix},\quad A_1,B_1\in\mathbf{R}^{(k-1)\times(k-1)}.$$

由假设可知,存在 Q,使得

$$Q^{-1}A_1Q=\begin{pmatrix}\lambda_2 & * & * & * \\ & \lambda_3 & * & * \\ & & \ddots & * \\ & & & \lambda_n\end{pmatrix},\quad Q^{-1}B_1Q=\begin{pmatrix}\mu_2 & * & * & * \\ & \mu_3 & * & * \\ & & \ddots & * \\ & & & \mu_n\end{pmatrix}.$$

令 $H=\begin{pmatrix}1 & O \\ O & Q\end{pmatrix}$,则

$$H^{-1}\begin{pmatrix}\lambda_1 & * \\ O & A_1\end{pmatrix}H=\begin{pmatrix}\lambda_1 & * & * & * \\ & \lambda_2 & * & * \\ & & \ddots & * \\ & & & \lambda_n\end{pmatrix},\quad H^{-1}\begin{pmatrix}\mu_1 & * \\ O & B_1\end{pmatrix}H=\begin{pmatrix}\mu_1 & * & * & * \\ & \mu_2 & * & * \\ & & \ddots & * \\ & & & \mu_n\end{pmatrix},$$

故可令 $G=PH$,则

$$G^{-1}AG=\begin{pmatrix}\lambda_1 & * & * & * \\ & \lambda_2 & * & * \\ & & \ddots & * \\ & & & \lambda_n\end{pmatrix},\quad G^{-1}BG=\begin{pmatrix}\mu_1 & * & * & * \\ & \mu_2 & * & * \\ & & \ddots & * \\ & & & \mu_n\end{pmatrix}.$$

例 16(西南交通大学,2002) 已知 A,B,C,D 是 n 阶矩阵,且 $A=BC,B=AD$,证明:存在可逆矩阵 T,使得 $A=BT$.

【分析】 利用向量组之间的等价性研究矩阵之间的关系.

证 设 $A=(a_{ij}),B=(b_{ij}),C=(c_{ij}),D=(d_{ij})$,将其分块如下:

$$A=(\alpha_1,\alpha_2,\cdots,\alpha_n),\quad B=(\beta_1,\beta_2,\cdots,\beta_n),$$

则 $$A=(\alpha_1,\alpha_2,\cdots,\alpha_n)=BC=(\beta_1,\beta_2,\cdots,\beta_n)C\Rightarrow\alpha_i=\sum_{s=1}^{n}c_{si}\beta_s\quad(i=1,2,\cdots,n).$$

同理,可得

$$\beta_i=\sum_{s=1}^{n}d_{si}\alpha_s\quad(i=1,2,\cdots,n).$$

因此,向量组 $\alpha_1,\alpha_2,\cdots,\alpha_n$ 与向量组 $\beta_1,\beta_2,\cdots,\beta_n$ 等价,分别设它们的极大线性无关组为 α_1,

$\boldsymbol{\alpha}_2,\cdots,\boldsymbol{\alpha}_r$ 与 $\boldsymbol{\beta}_1,\boldsymbol{\beta}_2,\cdots,\boldsymbol{\beta}_r$，则存在可逆矩阵 $\boldsymbol{P},\boldsymbol{Q},\boldsymbol{F}$ 使得

$$\boldsymbol{AP}=(\boldsymbol{\alpha}_1,\boldsymbol{\alpha}_2,\cdots,\boldsymbol{\alpha}_r,\boldsymbol{0},\boldsymbol{0},\cdots,\boldsymbol{0}),$$
$$\boldsymbol{BQ}=(\boldsymbol{\beta}_1,\boldsymbol{\beta}_2,\cdots,\boldsymbol{\beta}_r,\boldsymbol{0},\boldsymbol{0},\cdots,\boldsymbol{0}),$$
$$(\boldsymbol{\alpha}_1,\boldsymbol{\alpha}_2,\cdots,\boldsymbol{\alpha}_r)=(\boldsymbol{\beta}_1,\boldsymbol{\beta}_2,\cdots,\boldsymbol{\beta}_r)\boldsymbol{F}.$$

因此，

$$\boldsymbol{AP}=(\boldsymbol{\beta}_1,\boldsymbol{\beta}_2,\cdots,\boldsymbol{\beta}_r,\boldsymbol{0},\boldsymbol{0},\cdots,\boldsymbol{0})\begin{pmatrix}\boldsymbol{F}&\boldsymbol{O}\\\boldsymbol{O}&\boldsymbol{E}\end{pmatrix}=\boldsymbol{BQ}\begin{pmatrix}\boldsymbol{F}&\boldsymbol{O}\\\boldsymbol{O}&\boldsymbol{E}\end{pmatrix},$$

从而 $\boldsymbol{A}=\boldsymbol{BQ}\begin{pmatrix}\boldsymbol{F}&\boldsymbol{O}\\\boldsymbol{O}&\boldsymbol{E}\end{pmatrix}\boldsymbol{P}^{-1}$，取 $\boldsymbol{T}=\boldsymbol{Q}\begin{pmatrix}\boldsymbol{F}&\boldsymbol{O}\\\boldsymbol{O}&\boldsymbol{E}\end{pmatrix}\boldsymbol{P}^{-1}\Rightarrow\boldsymbol{A}=\boldsymbol{BT}$.

例 17（西南交通大学，2006） 已知矩阵 $\boldsymbol{A}=\begin{pmatrix}1&1&-1&2&1\\1&1&2&8&4\\2&2&1&10&5\\3&3&0&12&6\end{pmatrix}$，求五阶矩阵 $\boldsymbol{B}$ 使得 $\boldsymbol{AB}=\boldsymbol{O}$，且 $\boldsymbol{B}$ 的秩为 3.

【分析】 这是对矩阵的初等变换与矩阵乘法之间的关系以及矩阵分块乘法的考测.

解 对矩阵进行初等行变换化为行标准形矩阵 $\boldsymbol{A}_1$，再做列变换化为矩阵的标准形 $\boldsymbol{A}_2$，要记住每一次的列变换，并写出对应的初等矩阵.

$$\boldsymbol{A}=\begin{pmatrix}1&1&-1&2&1\\1&1&2&8&4\\2&2&1&10&5\\3&3&0&12&6\end{pmatrix}\to\begin{pmatrix}1&1&0&4&2\\0&0&1&2&1\\0&0&0&0&0\\0&0&0&0&0\end{pmatrix}=\boldsymbol{A}_1,$$

$$\boldsymbol{A}_1\xrightarrow[\substack{c_4-2c_2\\c_5-2c_1\\c_5-c_2}]{\substack{c_2\leftrightarrow c_3\\c_3-c_1\\c_4-4c_1}}\begin{pmatrix}1&0&0&0&0\\0&1&0&0&0\\0&0&0&0&0\\0&0&0&0&0\end{pmatrix}=\boldsymbol{A}_2=\begin{pmatrix}\boldsymbol{E}_2&\boldsymbol{O}\\\boldsymbol{O}&\boldsymbol{O}\end{pmatrix},\quad \boldsymbol{E}_2=\begin{pmatrix}1&\boldsymbol{O}\\\boldsymbol{O}&1\end{pmatrix}.$$

取 $\boldsymbol{B}_1=\begin{pmatrix}\boldsymbol{O}&\boldsymbol{O}\\\boldsymbol{O}&\boldsymbol{E}_3\end{pmatrix}$，则

$$\boldsymbol{A}_2\boldsymbol{B}_1=\boldsymbol{O}=\boldsymbol{A}_1\boldsymbol{P}[2,3]\boldsymbol{P}[1,3(-1)]\boldsymbol{P}[1,4(-1)]\boldsymbol{P}[2,4(-2)]\boldsymbol{P}[1,5(-2)]\boldsymbol{P}[2,5(-1)]\boldsymbol{B}_1$$
$$\Rightarrow\boldsymbol{AP}[2,3]\boldsymbol{P}[1,3(-1)]\boldsymbol{P}[1,4(-1)]\boldsymbol{P}[2,4(-2)]\boldsymbol{P}[1,5(-2)]\boldsymbol{B}_1=\boldsymbol{O}.$$

取 $\boldsymbol{B}=\boldsymbol{P}[2,3]\boldsymbol{P}[1,3(-1)]\boldsymbol{P}[1,4(-1)]\boldsymbol{P}[2,4(-2)]\boldsymbol{P}[1,5(-2)]\boldsymbol{P}[2,5(-1)]\boldsymbol{B}_1$，

则
$$\boldsymbol{B}=\begin{pmatrix}0&0&-1&-4&-2\\0&0&1&0&0\\0&0&0&-2&-1\\0&0&0&1&0\\0&0&0&0&1\end{pmatrix},$$

显然 $R(\boldsymbol{B})=R(\boldsymbol{B}_1)=2$.

例 18（华中师范大学，2008） 若 $\boldsymbol{A},\boldsymbol{B}$ 是 n 阶矩阵，$\boldsymbol{AB}=\boldsymbol{O}$，令 $[n]$ 为取 n 的整数部分，则

(1) $\min(R(\boldsymbol{A}),R(\boldsymbol{B}))\leqslant\left[\dfrac{n}{2}\right]$；

(2) 对任意正整数 n，都存在 n 阶矩阵 $\boldsymbol{A},\boldsymbol{B}$ 使得 $\boldsymbol{AB}=\boldsymbol{O}$，且 $R(\boldsymbol{BA})=\left[\dfrac{n}{2}\right]$.

【分析】 考查矩阵秩的不等式及分块思想构造满足矩阵秩的等量关系.

证 (1) 由本部分例 3 知，$R(\boldsymbol{A})+R(\boldsymbol{B})\leqslant n\Rightarrow \min(R(\boldsymbol{A}),R(\boldsymbol{B}))\leqslant\left[\frac{n}{2}\right]$.

(2) 当 $n=2m$，现构造 n 阶矩阵

$$\boldsymbol{A}=\begin{pmatrix}\boldsymbol{E}_m & \boldsymbol{E}_m\\ \boldsymbol{E}_m & \boldsymbol{E}_m\end{pmatrix},\quad \boldsymbol{B}=\begin{pmatrix}\boldsymbol{E}_m & \boldsymbol{E}_m\\ -\boldsymbol{E}_m & -\boldsymbol{E}_m\end{pmatrix}\Rightarrow \boldsymbol{BA}=\begin{pmatrix}2\boldsymbol{E}_m & 2\boldsymbol{E}_m\\ -2\boldsymbol{E}_m & -2\boldsymbol{E}_m\end{pmatrix},$$

使得 $\boldsymbol{AB}=\boldsymbol{O}$.

当 $n=2m+1$，构造 n 阶矩阵

$$\boldsymbol{A}=\begin{pmatrix}\boldsymbol{E}_m & \boldsymbol{E}_m & \boldsymbol{O}\\ \boldsymbol{E}_m & \boldsymbol{E}_m & \boldsymbol{O}\\ \boldsymbol{O} & \boldsymbol{O} & \boldsymbol{O}\end{pmatrix}\boldsymbol{B}=\begin{pmatrix}\boldsymbol{E}_m & \boldsymbol{E}_m & \boldsymbol{O}\\ -\boldsymbol{E}_m & -\boldsymbol{E}_m & \boldsymbol{O}\\ \boldsymbol{O} & \boldsymbol{O} & \boldsymbol{O}\end{pmatrix}\Rightarrow \boldsymbol{BA}=\begin{pmatrix}2\boldsymbol{E}_m & 2\boldsymbol{E}_m & \boldsymbol{O}\\ -2\boldsymbol{E}_m & -2\boldsymbol{E}_m & \boldsymbol{O}\\ \boldsymbol{O} & \boldsymbol{O} & \boldsymbol{O}\end{pmatrix}\Rightarrow R(\boldsymbol{BA})=m,$$

且使得 $\boldsymbol{AB}=\boldsymbol{O}$.

例 19（东北师范大学，2017） 若 $\boldsymbol{A},\boldsymbol{B}$ 是 n 阶矩阵，证明：

$$R\begin{pmatrix}\boldsymbol{A} & \boldsymbol{B}\\ \boldsymbol{B} & \boldsymbol{A}\end{pmatrix}=R(\boldsymbol{A}+\boldsymbol{B})+R(\boldsymbol{A}-\boldsymbol{B}).$$

【分析】 考查分块矩阵的初等变换不改变矩阵的秩的性质及其相关技巧.

证 对$\begin{pmatrix}\boldsymbol{A} & \boldsymbol{B}\\ \boldsymbol{B} & \boldsymbol{A}\end{pmatrix}$进行初等变换，因 $\boldsymbol{B}=\frac{1}{2}(\boldsymbol{A}+\boldsymbol{B})-\frac{1}{2}(\boldsymbol{A}-\boldsymbol{B})$，则

$$\begin{pmatrix}\boldsymbol{A} & \boldsymbol{B}\\ \boldsymbol{B} & \boldsymbol{A}\end{pmatrix}\xrightarrow{r_2+r_1}\begin{pmatrix}\boldsymbol{A} & \boldsymbol{B}\\ \boldsymbol{A}+\boldsymbol{B} & \boldsymbol{A}+\boldsymbol{B}\end{pmatrix}\xrightarrow[c_1-c_2]{}\begin{pmatrix}\boldsymbol{A}-\boldsymbol{B} & \boldsymbol{B}\\ \boldsymbol{O} & \boldsymbol{A}+\boldsymbol{B}\end{pmatrix}=\begin{pmatrix}\boldsymbol{A}-\boldsymbol{B} & \frac{1}{2}(\boldsymbol{A}+\boldsymbol{B})-\frac{1}{2}(\boldsymbol{A}-\boldsymbol{B})\\ \boldsymbol{O} & \boldsymbol{A}+\boldsymbol{B}\end{pmatrix}$$

$$\xrightarrow[c_2+\frac{1}{2}c_1]{}\begin{pmatrix}\boldsymbol{A}-\boldsymbol{B} & \frac{1}{2}(\boldsymbol{A}+\boldsymbol{B})\\ \boldsymbol{O} & \boldsymbol{A}+\boldsymbol{B}\end{pmatrix}\xrightarrow{r_1-\frac{1}{2}r_2}\begin{pmatrix}\boldsymbol{A}-\boldsymbol{B} & \boldsymbol{O}\\ \boldsymbol{O} & \boldsymbol{A}+\boldsymbol{B}\end{pmatrix},$$

故 $R\begin{pmatrix}\boldsymbol{A} & \boldsymbol{B}\\ \boldsymbol{B} & \boldsymbol{A}\end{pmatrix}=R(\boldsymbol{A}+\boldsymbol{B})+R(\boldsymbol{A}-\boldsymbol{B})$.

历年考研试题精选

1.（武汉大学，2005） 设 $\boldsymbol{E}$ 是 n 阶单位矩阵，证明：

(1) 若 $\boldsymbol{A},\boldsymbol{B}$ 是 n 阶矩阵，$\boldsymbol{A}^2=\boldsymbol{A}$，且 $\boldsymbol{E}-\boldsymbol{A}-\boldsymbol{B}$ 是可逆矩阵，则 $R(\boldsymbol{AB})=R(\boldsymbol{BA})$；

(2) 若 $\boldsymbol{A}=\boldsymbol{E}-\boldsymbol{\xi}\boldsymbol{\xi}^{\mathrm{T}}$，其中 $\boldsymbol{\xi}$ 是 n 维列向量，$\boldsymbol{\xi}^{\mathrm{T}}$ 是 $\boldsymbol{\xi}$ 的转置，则 $\boldsymbol{\xi}^{\mathrm{T}}\boldsymbol{\xi}=1$ 的充分必要条件是 $R(\boldsymbol{A})<n$；

(3) 若 $\boldsymbol{A}$ 是 n 阶实矩阵，且 $\boldsymbol{A}+\boldsymbol{A}^{\mathrm{T}}=\boldsymbol{E}$，其中 $\boldsymbol{A}^{\mathrm{T}}$ 是 $\boldsymbol{A}$ 的转置矩阵，则 $\boldsymbol{A}$ 是可逆矩阵.

2.（武汉大学，2004） 设 $\boldsymbol{A}$ 为 $m\times n$ 矩阵，$\boldsymbol{A}$ 的秩 $R(\boldsymbol{A})=r$，证明存在 $m\times r$ 矩阵 $\boldsymbol{B}$ 和 $r\times n$矩阵 $\boldsymbol{C}$ 且 $R(\boldsymbol{B})=R(\boldsymbol{C})=r$，使 $\boldsymbol{A}=\boldsymbol{BC}$.

3.（武汉大学，2004） 已知 $\boldsymbol{A}^3=2\boldsymbol{E},\boldsymbol{B}=\boldsymbol{A}^2-2\boldsymbol{A}+2\boldsymbol{E}$，证明 $\boldsymbol{B}$ 可逆，并求出其逆.

4.（哈尔滨理工大学，2007） 设 λ 是非零实数，已知 n 阶方阵 $\boldsymbol{A}$ 满足 $\boldsymbol{A}^2-\boldsymbol{A}-\lambda\boldsymbol{E}=\boldsymbol{O}$，证明：$\boldsymbol{A}$ 及 $\boldsymbol{A}+\lambda\boldsymbol{E}$ 都可逆，并求它们的逆.

5.（浙江大学，2004） $\boldsymbol{A}\in P^{n\times n}$，$f(x)\in P[x]$，已知 $f(\boldsymbol{A})$可逆，求证存在 $g(x)\in P[x]$，

使 $(f(\boldsymbol{A}))^{-1}=g(\boldsymbol{A})$.

6.（浙江大学,2004） $\boldsymbol{A},\boldsymbol{B}\in P^{n\times n}$,且 $R(\boldsymbol{A})+R(\boldsymbol{B})\leqslant n$,证明存在 n 阶可逆矩阵 $\boldsymbol{M}$,使 $\boldsymbol{AMB}=\boldsymbol{O}$.

7.（华中科技大学,2002） $\boldsymbol{A},\boldsymbol{B}$ 为 n 阶矩阵,$\boldsymbol{A},\boldsymbol{B},\boldsymbol{A}+\boldsymbol{B}$ 均可逆,证明 $\boldsymbol{A}^{-1}+\boldsymbol{B}^{-1}$ 也可逆,并求其逆.

8.（华中科技大学,2002） 设 $\boldsymbol{A}$ 为二阶方阵,且存在正整数 $n\geqslant 2$,使得 $\boldsymbol{A}^n=\boldsymbol{O}$,证明 $\boldsymbol{A}^2=\boldsymbol{O}$.

9.（华中科技大学,2002） 设 $R(\boldsymbol{A}-\boldsymbol{I})=p$,$R(\boldsymbol{B}-\boldsymbol{I})=q$,证明 $R(\boldsymbol{AB}-\boldsymbol{I})\leqslant p+q$.

10.（中国科学院,2002） 设 $\boldsymbol{A},\boldsymbol{I}-\boldsymbol{A},\boldsymbol{I}-\boldsymbol{A}^{-1}$ 均为可逆矩阵,证明 $(\boldsymbol{I}-\boldsymbol{A})^{-1}+(\boldsymbol{I}-\boldsymbol{A}^{-1})^{-1}=\boldsymbol{I}$.（注:这里的 $\boldsymbol{I}$ 是单位阵）

11.（大连理工大学,2001;三峡大学,2008） 设 $\boldsymbol{A}$ 为 n 阶方阵,证明:

(1) 如果 $\boldsymbol{A}^{k-1}\boldsymbol{\alpha}\neq\boldsymbol{0}$,但 $\boldsymbol{A}^k\boldsymbol{\alpha}=\boldsymbol{0}$,则 $\boldsymbol{\alpha},\boldsymbol{A\alpha},\cdots,\boldsymbol{A}^{k-1}\boldsymbol{\alpha}(k>0)$ 线性无关;

(2) $R(\boldsymbol{A}^{n+1})=R(\boldsymbol{A}^n)$.

12.（四川大学,1997） 设 P 为任意数域,$\boldsymbol{A}(\neq\boldsymbol{O})\in P^{n\times n}$,若 $\boldsymbol{A}^2=\boldsymbol{A}$(幂等阵),$\mathrm{tr}(\boldsymbol{A})=\sum\limits_{i=1}^{n}a_{ii}=s$. 证明:$s$ 为自然数,且存在 s 个秩为 1 的幂等阵 $\boldsymbol{B}_i\in P^{n\times n}$,满足 $\boldsymbol{A}=\sum\limits_{i=1}^{s}\boldsymbol{B}_i$.

13.（厦门大学,1999） $\boldsymbol{A}\in P^{s\times n}$,$\boldsymbol{B}\in P^{n\times m}$,则 $R(\boldsymbol{A})+R(\boldsymbol{B})-n\leqslant R(\boldsymbol{AB})$.

14.（厦门大学,2001） 设 $\boldsymbol{A},\boldsymbol{B},\boldsymbol{C}\in F^{n\times n}$,证明:$R(\boldsymbol{AB})+R(\boldsymbol{BC})\leqslant R(\boldsymbol{ABC})+R(\boldsymbol{B})$.

15.（北京师范大学,2006） $\boldsymbol{A},\boldsymbol{B}$ 是 n 阶矩阵,证明:

(1) $R(\boldsymbol{A}-\boldsymbol{ABA})=R(\boldsymbol{A})+R(\boldsymbol{I}_n-\boldsymbol{BA})-n$;

(2) 若 $\boldsymbol{A}+\boldsymbol{B}=\boldsymbol{I}_n$,且 $R(\boldsymbol{A})+R(\boldsymbol{B})=n$,则 $\boldsymbol{A}^2=\boldsymbol{A},\boldsymbol{B}^2=\boldsymbol{B}$,且 $\boldsymbol{AB}=\boldsymbol{O}=\boldsymbol{BA}$.

16.（南京大学,1999） 设 $\boldsymbol{A}$ 为数域 P 上 n 阶方阵,$\boldsymbol{E}$ 为 n 阶单位矩阵,证明:

$$\boldsymbol{A}^2=\boldsymbol{E}\Leftrightarrow R(\boldsymbol{A}+\boldsymbol{E})+R(\boldsymbol{A}-\boldsymbol{E})=n.$$

17.（东南大学,1998） $\boldsymbol{A}$ 是 n 阶可逆阵,试证存在唯一的方阵 $\boldsymbol{B}$,使 $\begin{pmatrix}\boldsymbol{A} & \boldsymbol{I}\\ \boldsymbol{I} & \boldsymbol{B}\end{pmatrix}$ 的秩等于 n,并求出此矩阵 $\boldsymbol{B}$,其中 $\boldsymbol{I}$ 是 n 阶单位矩阵.

18.（华中科技大学,2000） $\boldsymbol{A}\in P^{n\times n}$,$\boldsymbol{A}+\boldsymbol{E}$ 可逆,且 $f(\boldsymbol{A})=(\boldsymbol{E}-\boldsymbol{A})(\boldsymbol{E}+\boldsymbol{A})^{-1}$,证明:

(1) $[\boldsymbol{E}+f(\boldsymbol{A})](\boldsymbol{E}+\boldsymbol{A})=2\boldsymbol{E}$;

(2) $f[f(\boldsymbol{A})]=\boldsymbol{A}$.

19.（南京大学,2001） $\boldsymbol{A}$ 是 n 阶矩阵,t 是复数,证明:当复数的模 $|t|$ 充分大时,$t\boldsymbol{E}+\boldsymbol{A}$ 是可逆矩阵.

20.（南京大学,1997） $\boldsymbol{A}$ 为二阶方阵,若存在矩阵 $\boldsymbol{B}$,使 $\boldsymbol{A}+\boldsymbol{AB}=\boldsymbol{BA}$,证明 $\boldsymbol{A}^2=\boldsymbol{O}$.

21.（东南大学,2000） $\boldsymbol{A}\in P^{n\times n}$,$\boldsymbol{A}^2+2\boldsymbol{A}-3\boldsymbol{E}=\boldsymbol{O}$.

(1) 求证 $\boldsymbol{A}+4\boldsymbol{E}$ 可逆,并求其逆;

(2) 讨论 $\boldsymbol{A}+t\boldsymbol{E}$ 的可逆性.

22.（上海大学,2005） 设 $\boldsymbol{A}$ 是秩为 r 的 n 阶矩阵,证明 $\boldsymbol{A}^2=\boldsymbol{A}$ 的充要条件是存在秩为 r 的 $r\times n$ 矩阵 $\boldsymbol{B}$ 和秩为 r 的 $n\times r$ 矩阵 $\boldsymbol{C}$,使 $\boldsymbol{A}=\boldsymbol{CB}$ 且 $\boldsymbol{BC}=\boldsymbol{E}$.

23.（大连理工大学,2004） 设 $\boldsymbol{A}$ 是 n 阶方阵,证明存在一可逆矩阵 $\boldsymbol{B}$ 及一幂等矩阵 $\boldsymbol{C}$,使 $\boldsymbol{A}=\boldsymbol{BC}$.

24.（华东师范大学,1996） $\boldsymbol{A}$ 为一方阵,$g(\lambda)$ 是 $\boldsymbol{A}$ 的最小多项式,$f(\lambda)$ 是任一次数大于

零的多项式，证明方阵 $f(\boldsymbol{A})$ 为非奇异的充分必要条件是 $(f(\lambda),g(\lambda))=1$.

25.（广西师范大学，1996） $\boldsymbol{A},\boldsymbol{B},\boldsymbol{C}\in P^{n\times n}$，$\boldsymbol{B}\neq\boldsymbol{O}$，$R(\boldsymbol{A})=n-1$，证明：如果 $\boldsymbol{AB}=\boldsymbol{O}$，$\boldsymbol{AC}=\boldsymbol{O}$，那么 $\boldsymbol{C}$ 的列向量是 $\boldsymbol{B}$ 的列向量的线性组合.

26.（武汉大学，2001） 设 $\boldsymbol{A}$ 是 n 阶非零实矩阵，$\boldsymbol{A}^*$ 是 $\boldsymbol{A}$ 的伴随矩阵，$\boldsymbol{A}^{\mathrm{T}}$ 是 $\boldsymbol{A}$ 的转置矩阵，证明：当 $\boldsymbol{A}^{\mathrm{T}}=\boldsymbol{A}^*$ 时，$|\boldsymbol{A}|\neq 0$.

27.（复旦大学，2001） 设 $\boldsymbol{A}=\begin{pmatrix}1&0&0&2\\0&0&0&1\\-3&0&0&0\end{pmatrix}$，求3阶可逆矩阵 $\boldsymbol{P}$，4阶可逆矩阵 $\boldsymbol{Q}$，使

$$\boldsymbol{A}=\boldsymbol{P}\begin{pmatrix}1&0&0&0\\0&1&0&0\\0&0&0&0\end{pmatrix}\boldsymbol{Q}.$$

28.（南京师范大学，1997） n 阶可逆矩阵 $\boldsymbol{A}$ 中每一列元素之和都等于数域 P 中一个常数 a，证明 $a\neq 0$，且 $\boldsymbol{A}^{-1}$ 中每一列元素之和等于 a^{-1}.

29.（华东师范大学，2000） 设 n 阶方阵 $\boldsymbol{A},\boldsymbol{B}$ 满足条件 $\boldsymbol{A}+\boldsymbol{B}=\boldsymbol{AB}$.

（1）证明：$\boldsymbol{A}-\boldsymbol{E}$ 为可逆矩阵.

（2）证明：$\boldsymbol{AB}=\boldsymbol{BA}$.

（3）已知 $\boldsymbol{B}=\begin{pmatrix}1&-3&0\\2&1&0\\0&0&2\end{pmatrix}$，求 $\boldsymbol{A}$.

30.（武汉大学，2002） 设 $\boldsymbol{A}$ 为 n 阶正交矩阵（即满足 $\boldsymbol{AA}^{\mathrm{T}}=\boldsymbol{E}$，其中 $\boldsymbol{E}$ 是 n 阶单位矩阵，$\boldsymbol{A}^{\mathrm{T}}$ 表示矩阵 $\boldsymbol{A}$ 的转置），且 $\boldsymbol{E}+\boldsymbol{A}$ 为可逆矩阵，证明 $(\boldsymbol{E}-\boldsymbol{A})(\boldsymbol{E}+\boldsymbol{A})^{-1}$ 是反对称矩阵.

31.（中山大学，2004） 设 $\boldsymbol{A}=\begin{pmatrix}1&0&0\\1&0&1\\0&1&0\end{pmatrix}$，(1) 证明 $\boldsymbol{A}^n=\boldsymbol{A}^{n-2}+\boldsymbol{A}^2-\boldsymbol{E}$；(2) 求 $\boldsymbol{A}^{100}$.

32.（中国科技大学，1997） (1) 设 n 阶矩阵 $\boldsymbol{A}=\begin{pmatrix}\boldsymbol{I}_k&\boldsymbol{A}_{12}\\\boldsymbol{A}_{21}&\boldsymbol{A}_{22}\end{pmatrix}$，其中 $\boldsymbol{I}_k$ 是 k 阶单位矩阵，$\boldsymbol{A}_{22}$ 是 $n-k$ 阶矩阵，证明 $k\leqslant R(\boldsymbol{A})\leqslant n$，其中 $R(\boldsymbol{A})$ 是 $\boldsymbol{A}$ 的秩，并证明 $R(\boldsymbol{A})=k$ 的充要条件是 $\boldsymbol{A}_{22}=\boldsymbol{A}_{21}\boldsymbol{A}_{12}$.

(2) 设 $\boldsymbol{A}$ 是 n 阶可逆矩阵，$\boldsymbol{\alpha}$ 和 $\boldsymbol{\beta}$ 分别是 n 维列向量，证明：$n-1\leqslant R(\boldsymbol{A}-\boldsymbol{\alpha\beta}^{\mathrm{T}})\leqslant n$，并且 $R(\boldsymbol{A}-\boldsymbol{\alpha\beta}^{\mathrm{T}})=n-1$ 的充要条件是 $\boldsymbol{\beta}^{\mathrm{T}}\boldsymbol{A}^{-1}\boldsymbol{\alpha}=1$，这里 $\boldsymbol{\beta}^{\mathrm{T}}$ 表示 $\boldsymbol{\beta}$ 的转置.

33.（四川大学，1998） 设 $\boldsymbol{A}\in P^{s\times n}$，证明：对任意矩阵 $\boldsymbol{B}\in P^{s\times m}$，矩阵方程 $\boldsymbol{AX}=\boldsymbol{B}$ 有解 $\Leftrightarrow R(\boldsymbol{A})=s$.

34.（华中科技大学，2005） 设 Ω 是一些 n 阶方阵组成的集合，其中元素满足 $\forall\boldsymbol{A},\boldsymbol{B}\in\Omega$，都有 $\boldsymbol{AB}\in\Omega$ 且 $(\boldsymbol{AB})^3=\boldsymbol{BA}$. 证明：

（1）交换律在 Ω 中成立；

（2）当 $\boldsymbol{E}\in\Omega$ 时，Ω 中矩阵的行列式的值只可能是 $0,\pm 1$.

35.（华中科技大学，2005） 证明：不存在 n 阶正交阵 $\boldsymbol{A},\boldsymbol{B}$，使得 $\boldsymbol{A}^2=\boldsymbol{AB}+\boldsymbol{B}^2$.

36.（华中科技大学，2007） 设 $\boldsymbol{A}$ 为 n 阶方阵，若存在唯一的 n 阶方阵 $\boldsymbol{B}$，使得 $\boldsymbol{ABA}=\boldsymbol{A}$，证明 $\boldsymbol{BAB}=\boldsymbol{B}$.

37.（四川大学，2006） 设 $\boldsymbol{u}=\begin{pmatrix}1\\2\\3\end{pmatrix}$，$\boldsymbol{v}=\begin{pmatrix}2\\-1\\0\end{pmatrix}$，对任意的正整数 n，求矩阵 $(\boldsymbol{E}+\boldsymbol{u}\boldsymbol{v}^{\mathrm{T}})^n$，其中 $\boldsymbol{E}$ 是三阶单位矩阵，$\boldsymbol{v}^{\mathrm{T}}$ 表示 $\boldsymbol{v}$ 的转置.

38.（清华大学，2006） 设 $\boldsymbol{A},\boldsymbol{B},\boldsymbol{C}$ 均为 n 阶方阵，且 $\boldsymbol{A}$ 和 $\boldsymbol{B}$ 是可逆的，证明矩阵 $\boldsymbol{M}=\begin{pmatrix}\boldsymbol{A}&\boldsymbol{A}\\\boldsymbol{C}-\boldsymbol{B}&\boldsymbol{C}\end{pmatrix}$ 可逆，并求 $\boldsymbol{M}^{-1}$.

39.（深圳大学，2007） 已知 $\boldsymbol{A},\boldsymbol{B}$ 均为 n 阶矩阵，且它们的前 $n-1$ 列相同，$|\boldsymbol{A}|=8$，$|\boldsymbol{B}|=3$，求 $|3\boldsymbol{A}-\boldsymbol{B}|$.

40.（哈尔滨工业大学，2009） 称矩阵 $\boldsymbol{A}$ 为幂零矩阵，如果存在正整数 m 使得 $\boldsymbol{A}^m=\boldsymbol{O}$，试证：(1) 若 $\boldsymbol{A}$ 为 n 阶复幂零矩阵，则 $\boldsymbol{A}^n=\boldsymbol{O}$；

(2) 若 $\boldsymbol{A}$ 为 n 阶复幂零矩阵，则对任意非零常数 k，$\boldsymbol{A}+k\boldsymbol{E}_n$ 都可逆.

41.（哈尔滨工业大学，2009） 设 $\boldsymbol{X}=\begin{pmatrix}\boldsymbol{A}&\boldsymbol{B}\\\boldsymbol{C}&\boldsymbol{D}\end{pmatrix}$，其中 $\boldsymbol{A},\boldsymbol{B},\boldsymbol{C},\boldsymbol{D}$ 均为 n 阶矩阵，且 $\boldsymbol{A}$ 是可逆对称矩阵，$\boldsymbol{B}^{\mathrm{T}}=\boldsymbol{C}$. 证明：存在可逆矩阵 $\boldsymbol{T}$，使 $\boldsymbol{T}^{\mathrm{T}}\boldsymbol{X}\boldsymbol{T}$ 为分块对角阵.

42.（中山大学，2008） 已知 n 阶方阵

$$\boldsymbol{A}=\begin{pmatrix}2&2&2&\cdots&2\\0&1&1&\cdots&1\\0&0&1&\cdots&1\\\vdots&\vdots&\vdots&&\vdots\\0&0&0&\cdots&1\end{pmatrix},$$

求 $\boldsymbol{A}$ 中所有元素的代数余子式之和 $\sum\limits_{i,j=1}^{n}A_{ij}$.

43.（中国科学院，2010） (1) 设 $\boldsymbol{A},\boldsymbol{B}$ 是 n 阶方阵，$\boldsymbol{A}$ 可逆，$\boldsymbol{B}$ 是幂零阵，且 $\boldsymbol{AB}=\boldsymbol{BA}$，证明 $\boldsymbol{A}+\boldsymbol{B}$ 可逆；(2) 试举例说明上述问题中 $\boldsymbol{A},\boldsymbol{B}$ 可交换的条件不能去掉.

44.（华东师范大学，2011） 设 $\boldsymbol{A}$ 是秩等于 r 的 n 阶方阵 $(0<r<n)$，证明：

(1) $\exists R(\boldsymbol{B}_i)=1(i=1,2,\cdots,r)$ 使得 $\boldsymbol{A}=\sum\limits_{i=1}^{r}\boldsymbol{B}_i$；

(2) $\exists R(\boldsymbol{C}_j)=n-1(i=1,2,\cdots,n-r)$ 使得 $\boldsymbol{A}=\boldsymbol{C}_1\boldsymbol{C}_2\cdots\boldsymbol{C}_{n-r}$.

45.（华中师范大学，2011） 设 $\boldsymbol{A}$ 为 n 阶复方阵，$R(\boldsymbol{A})$ 表示矩阵的秩，证明下列三个命题等价：

(1) $R(\boldsymbol{A})=R(\boldsymbol{A}^2)$；

(2) 存在可逆矩阵 $\boldsymbol{P},\boldsymbol{Q}$ 使得 $\boldsymbol{A}=\boldsymbol{P}\begin{pmatrix}\boldsymbol{Q}&\boldsymbol{O}\\\boldsymbol{O}&\boldsymbol{O}\end{pmatrix}\boldsymbol{P}^{-1}$；

(3) 存在可逆矩阵 $\boldsymbol{B}$ 使得 $\boldsymbol{A}^2=\boldsymbol{AB}$.

46.（南开大学，2014） 设 $\boldsymbol{A}$ 为 n 阶实方阵，证明 $\boldsymbol{A}$ 是反对称矩阵的充要条件是 $\boldsymbol{A}\boldsymbol{A}^{\mathrm{T}}=-\boldsymbol{A}^2$.

47.（北京大学，2014） 设 $\boldsymbol{A},\boldsymbol{B}$ 为 n 阶方阵，$\boldsymbol{ABAB}$ 为零矩阵，问 $\boldsymbol{BABA}$ 为零矩阵吗？

48.（厦门大学，2014） 已知矩阵 $\boldsymbol{A}$ 的伴随矩阵 $\boldsymbol{A}^*=\begin{pmatrix}1&0&0&0\\0&1&0&0\\1&0&1&0\\0&-3&0&8\end{pmatrix}$，且 $\boldsymbol{ABA}^{-1}=$

$\boldsymbol{BA}^{-1}+3\boldsymbol{E}$.

(1) 求 $\boldsymbol{A},\boldsymbol{B}$;

(2) 计算 $\boldsymbol{A}^{2014}\boldsymbol{\beta}$,其中 $\boldsymbol{\beta}=(0,7,0,3)^{\mathrm{T}}$.

49.(燕山大学,2015) V 是 n 维线性空间,证明:V 上的任意线性变换 τ 一定可以表示为 V 上的一个可逆线性变换 Q 与一个幂等变换 σ(即 $\sigma^2=\sigma$)的乘积.

50.(湘潭大学,2011) 已知 $\boldsymbol{A},\boldsymbol{B}$ 均为 n 阶方阵,且 $\boldsymbol{AB}=\boldsymbol{A}+\boldsymbol{B}$,证明:

(1) 1 不是 $\boldsymbol{A},\boldsymbol{B}$ 的特征值,且 $\boldsymbol{AB}=\boldsymbol{BA}$;

(2) 若 $\boldsymbol{A},\boldsymbol{B}$ 均可对角化,则存在可逆矩阵 $\boldsymbol{P}$ 使得 $\boldsymbol{P}^{-1}\boldsymbol{AP},\boldsymbol{P}^{-1}\boldsymbol{BP}$ 同时为对角阵.

51.(济南大学,2012) 证明:不存在 n 阶矩阵 $\boldsymbol{A},\boldsymbol{B}$ 使得 $\boldsymbol{AB}-\boldsymbol{BA}=\boldsymbol{E}$.

52.(吉林大学,2010) 已知 $\boldsymbol{A},\boldsymbol{B},\boldsymbol{C}$ 均为 n 阶方阵, $\boldsymbol{A}$ 可逆,并且 $\boldsymbol{CB}=\boldsymbol{O},\boldsymbol{CA}^i\boldsymbol{B}=\boldsymbol{O}(i=1,2,\cdots,n)$.

证明 $\begin{pmatrix}\boldsymbol{A} & \boldsymbol{B}\\ \boldsymbol{C} & \boldsymbol{A}\end{pmatrix}$可逆,并求其逆.

53.(中国科学院,2016) 已知 n 阶矩阵 $\boldsymbol{A}$ 的每行每列恰有一个元素为 1 或 -1,证明:存在一个正整数 m,使得 $\boldsymbol{A}^m=\boldsymbol{E}$,$\boldsymbol{E}$ 为单位矩阵.

54.(大连理工大学,2015) 已知 n 阶矩阵 $\boldsymbol{A}$ 满足 $R(\boldsymbol{A})=R(\boldsymbol{A}^2)$,证明:对任意的自然数 k,都有 $R(\boldsymbol{A})=R(\boldsymbol{A}^k)$.

55.(武汉大学,2015) 已知 $\boldsymbol{A},\boldsymbol{B},\boldsymbol{C}$ 为 n 阶矩阵.

(1) 证明矩阵 $\begin{pmatrix}\boldsymbol{A} & \boldsymbol{A}\\ \boldsymbol{C}-\boldsymbol{B} & \boldsymbol{C}\end{pmatrix}$可逆的充要条件是 $\boldsymbol{AB}$ 可逆;

(2) 若 $\begin{pmatrix}\boldsymbol{A} & \boldsymbol{A}\\ \boldsymbol{C}-\boldsymbol{B} & \boldsymbol{C}\end{pmatrix}$可逆,求其逆.

56.(中国科学院, 2017) 证明:对任意 n 阶矩阵 $\boldsymbol{A}$,总存在可逆矩阵 $\boldsymbol{P}$ 和上三角矩阵 $\boldsymbol{U}$,使得 $\boldsymbol{A}=\boldsymbol{PU}$,且 $\boldsymbol{P}$ 可表示为形如

$$\begin{pmatrix}1 &&&&&\\ &\ddots&&&&\\ &&1&&&\\ &&\vdots&\ddots&&\\ &&a&\cdots&1&\\ &&&&&\ddots&\\ &&&&&&1\end{pmatrix}\text{或}\begin{pmatrix}1 &&&&&\\ &\ddots&&&&\\ &&0&\cdots&1&\\ &&\vdots&\ddots&\vdots&\\ &&1&\cdots&0&\\ &&&&&\ddots&\\ &&&&&&1\end{pmatrix}$$

的初等矩阵的乘积.

57.(中国科学院,2018) 已知 $\boldsymbol{A},\boldsymbol{B}$ 为 n 阶矩阵,满足 $\boldsymbol{AB}=\boldsymbol{O}$. 证明:

(1) $R(\boldsymbol{A})+R(\boldsymbol{B})\leqslant n$;

(2) 对于方阵 $\boldsymbol{A}$ 和正整数 $R(\boldsymbol{A})\leqslant k\leqslant n$,必存在方阵 $\boldsymbol{B}$ 使得 $R(\boldsymbol{A})+R(\boldsymbol{B})=k$.

58.(中国科学院,2019) 已知实数矩阵 $\boldsymbol{A}=(a_{ij})_{3\times 3}$,$a_{ij}\leqslant 0(i\neq j;i,j=1,2,3)$,请问:

(1) 若 $a_{ii}>0(i=1,2,3)$,$\boldsymbol{A}$ 是否为可逆矩阵?

(2) 若 $a_{1j}+a_{2j}+a_{3j}>0(j=1,2,3)$,$\boldsymbol{A}$ 是否为可逆矩阵?

历年考研试题精选参考答案

1. 证明:(1) 因为 $\boldsymbol{A}^2=\boldsymbol{A},\boldsymbol{A}(\boldsymbol{E}-\boldsymbol{A}-\boldsymbol{B})=\boldsymbol{A}-\boldsymbol{A}^2-\boldsymbol{AB}=-\boldsymbol{AB}$,

$$(\boldsymbol{E}-\boldsymbol{A}-\boldsymbol{B})\boldsymbol{A}=\boldsymbol{A}-\boldsymbol{A}^2-\boldsymbol{BA}=-\boldsymbol{BA},$$

而 $\boldsymbol{E}-\boldsymbol{A}-\boldsymbol{B}$ 是可逆矩阵, 所以 $R(\boldsymbol{AB})=R(\boldsymbol{BA})=R(\boldsymbol{A})$.

(2) **必要性.**(反证法)假设 $R(\boldsymbol{A})=n$,则 $\boldsymbol{A}$ 是可逆矩阵. 因 $\boldsymbol{\xi}^{\mathrm{T}}\boldsymbol{\xi}=1$,故 $\boldsymbol{\xi}\boldsymbol{\xi}^{\mathrm{T}}$ 不是 n 阶零矩阵.

$$\boldsymbol{A}\boldsymbol{\xi}\boldsymbol{\xi}^{\mathrm{T}}=(\boldsymbol{E}-\boldsymbol{\xi}\boldsymbol{\xi}^{\mathrm{T}})\boldsymbol{\xi}\boldsymbol{\xi}^{\mathrm{T}}=\boldsymbol{\xi}\boldsymbol{\xi}^{\mathrm{T}}-\boldsymbol{\xi}(\boldsymbol{\xi}^{\mathrm{T}}\boldsymbol{\xi})\boldsymbol{\xi}^{\mathrm{T}}=\boldsymbol{0},$$

那么 $\boldsymbol{\xi}\boldsymbol{\xi}^{\mathrm{T}}=\boldsymbol{0}$,矛盾,于是 $R(\boldsymbol{A})<n$.

充分性. 设 $\boldsymbol{\xi}^{\mathrm{T}}\boldsymbol{\xi}=a$,因 $R(\boldsymbol{E}-\boldsymbol{\xi}\boldsymbol{\xi}^{\mathrm{T}})<n$,则存在非零 n 维列向量 $\boldsymbol{\alpha}$,使得

$$(\boldsymbol{E}-\boldsymbol{\xi}\boldsymbol{\xi}^{\mathrm{T}})\boldsymbol{\alpha}=\boldsymbol{0}.$$

于是 $\boldsymbol{\xi}\boldsymbol{\xi}^{\mathrm{T}}\boldsymbol{\alpha}=\boldsymbol{\alpha}$, 用 $\boldsymbol{\xi}\boldsymbol{\xi}^{\mathrm{T}}$ 左乘等式两边可得

$$\boldsymbol{\xi}\boldsymbol{\xi}^{\mathrm{T}}\boldsymbol{\xi}\boldsymbol{\xi}^{\mathrm{T}}\boldsymbol{\alpha}=\boldsymbol{\xi}(\boldsymbol{\xi}^{\mathrm{T}}\boldsymbol{\xi})\boldsymbol{\xi}^{\mathrm{T}}\boldsymbol{\alpha}=a\boldsymbol{\xi}\boldsymbol{\xi}^{\mathrm{T}}\boldsymbol{\alpha}=a\boldsymbol{\alpha}.$$

于是 $a\boldsymbol{\alpha}=\boldsymbol{\alpha}$,且 $\boldsymbol{\alpha}\neq\boldsymbol{0}$,所以 $a=1$.

(3) (反证法)假设 $\boldsymbol{A}$ 不可逆,那么存在实数域上的 n 维列向量 $\boldsymbol{\alpha}\neq\boldsymbol{0}$. 使 $\boldsymbol{A}\boldsymbol{\alpha}=\boldsymbol{0}$,那么 $\boldsymbol{\alpha}^{\mathrm{T}}\boldsymbol{A}^{\mathrm{T}}=\boldsymbol{0}$. 于是 $\boldsymbol{\alpha}^{\mathrm{T}}(\boldsymbol{A}+\boldsymbol{A}^{\mathrm{T}})\boldsymbol{\alpha}=\boldsymbol{\alpha}^{\mathrm{T}}\boldsymbol{\alpha}\neq\boldsymbol{0}$.

另一方面,

$$\boldsymbol{\alpha}^{\mathrm{T}}(\boldsymbol{A}+\boldsymbol{A}^{\mathrm{T}})\boldsymbol{\alpha}=\boldsymbol{\alpha}^{\mathrm{T}}\boldsymbol{A}\boldsymbol{\alpha}+\boldsymbol{\alpha}^{\mathrm{T}}\boldsymbol{A}^{\mathrm{T}}\boldsymbol{\alpha}=\boldsymbol{0},$$

与上面矛盾,因此 $\boldsymbol{A}$ 可逆.

2. 证明:因为 $R(\boldsymbol{A})=r$,所以存在 m 阶可逆矩阵 $\boldsymbol{P}$ 及 n 阶可逆矩阵 $\boldsymbol{Q}$,使得

$$\boldsymbol{PAQ}=\begin{pmatrix}\boldsymbol{E}_r & \boldsymbol{O}\\ \boldsymbol{O} & \boldsymbol{O}\end{pmatrix},$$

从而

$$\boldsymbol{A}=\boldsymbol{P}^{-1}\begin{pmatrix}\boldsymbol{E}_r & \boldsymbol{O}\\ \boldsymbol{O} & \boldsymbol{O}\end{pmatrix}\boldsymbol{Q}^{-1}=\boldsymbol{P}^{-1}\begin{pmatrix}\boldsymbol{E}_r\\ \boldsymbol{O}\end{pmatrix}(\boldsymbol{E}_r,\boldsymbol{O})\boldsymbol{Q}^{-1}=\boldsymbol{BC},$$

其中 $\boldsymbol{B}=\boldsymbol{P}^{-1}\begin{pmatrix}\boldsymbol{E}_r\\ \boldsymbol{O}\end{pmatrix}\boldsymbol{C}=(\boldsymbol{E}_r,\boldsymbol{O})\boldsymbol{Q}^{-1}$.

3. 证明:$\boldsymbol{B}=\boldsymbol{A}^3+\boldsymbol{A}^2-2\boldsymbol{A}=\boldsymbol{A}(\boldsymbol{A}+2\boldsymbol{E})(\boldsymbol{A}-\boldsymbol{E})$.

由于 $\boldsymbol{A}^3-2\boldsymbol{E}=\boldsymbol{O}$,那么 $\boldsymbol{A}$ 的最小多项式能整除 x^3-2,而最小多项式与特征多项式有相同的根(可能重数不同),于是 0,1,-2 不是 $\boldsymbol{A}$ 的特征值, 故 $\boldsymbol{B}$ 可逆. 于是

$$\boldsymbol{B}^{-1}=(\boldsymbol{A}-\boldsymbol{E})^{-1}(\boldsymbol{A}+2\boldsymbol{E})^{-1}\boldsymbol{A}^{-1}.$$

由 $\boldsymbol{A}\left(\dfrac{\boldsymbol{A}^2}{2}\right)=\boldsymbol{E}\Rightarrow\boldsymbol{A}^{-1}=\dfrac{\boldsymbol{A}^2}{2}$. 因为 $\boldsymbol{A}^3+(2\boldsymbol{E})^3=10\boldsymbol{E}$,故

$$(\boldsymbol{A}+2\boldsymbol{E})(\boldsymbol{A}^2-2\boldsymbol{A}+4\boldsymbol{E})=10\boldsymbol{E},$$

则

$$(\boldsymbol{A}+2\boldsymbol{E})^{-1}=\frac{1}{10}(\boldsymbol{A}^2-2\boldsymbol{A}+4\boldsymbol{E}).$$

由于 $\boldsymbol{A}^3-\boldsymbol{E}=\boldsymbol{E}\Rightarrow(\boldsymbol{A}-\boldsymbol{E})(\boldsymbol{A}^2+\boldsymbol{A}+\boldsymbol{E})=\boldsymbol{E}$,于是 $(\boldsymbol{A}-\boldsymbol{E})^{-1}=\boldsymbol{A}^2+\boldsymbol{A}+\boldsymbol{E}$,则

$$\boldsymbol{B}^{-1}=(\boldsymbol{A}^2+\boldsymbol{A}+\boldsymbol{E})\frac{1}{10}(\boldsymbol{A}^2-2\boldsymbol{A}+4\boldsymbol{E})\frac{\boldsymbol{A}^2}{2}=\frac{1}{10}(\boldsymbol{A}^2+3\boldsymbol{A}+4\boldsymbol{E}).$$

4. 解:因为 $\boldsymbol{A}^2-\boldsymbol{A}-\lambda\boldsymbol{E}=\boldsymbol{O}$,所以

$$A^2-A=\lambda E\Rightarrow A\left[\frac{1}{\lambda}(A-E)\right]=E,$$

故 A 可逆，且 $A^{-1}=\frac{1}{\lambda}(A-E)$.

又 $A+\lambda E=A^2$，因为 A 可逆，所以 $A+\lambda E$ 也可逆，且

$$(A+\lambda E)^{-1}=(A^2)^{-1}=(A^{-1})^2=\frac{1}{\lambda^2}[(\lambda+1)E-A].$$

5. 证明：设 $h(x)=|xE-A|$，$h(x)$ 是 A 的特征多项式，首先证 $(f(x),h(x))=1$.

(反证法)假设 $(f(x),h(x))=d(x)\neq 1$，故存在 A 的特征值 λ_0，使 $x-\lambda_0\mid f(x)$，$x-\lambda_0\mid h(x)$，且存在 $\xi\in P^n$，$\xi\neq 0$，使得 $A\xi=\lambda_0\xi$. 设 $f(x)=r(x)(x-\lambda_0)$，那么

$$f(A)\xi=r(A)(A-\lambda_0E)\xi=0=0\xi,$$

于是 0 是 $f(A)$ 的特征值，与 $f(A)$ 可逆矛盾，因此

$$(f(x),h(x))=1.$$

故存在 $u(x),v(x)\in P[x]$，使 $f(x)u(x)+h(x)v(x)=1$. 因此

$$f(A)u(A)+h(A)v(A)=E.$$

因 $h(A)=0\Rightarrow f(A)u(A)=E$，故 $(f(A))^{-1}=u(A)$.

6. 证明：设 $R(A)=s$，$R(B)=t$，则 $s+t\leqslant n$，从而存在 n 阶可逆矩阵 P_1,P_2,Q_1,Q_2，使得

$$P_1AQ_1=\begin{pmatrix}E_s & O\\ O & O\end{pmatrix},\quad P_2BQ_2=\begin{pmatrix}O & O\\ O & E_t\end{pmatrix}.$$

(1) 当 $s+t=n$ 时，

$$P_1AQ_1P_2BQ_2=\begin{pmatrix}E_s & O\\ O & O\end{pmatrix}\begin{pmatrix}O & O\\ O & E_t\end{pmatrix}=O.$$

(2) 当 $s+t<n$ 时，

$$P_1AQ_1=\begin{pmatrix}E_r & & \\ & O & \\ & & O\end{pmatrix},\quad P_2BQ_2=\begin{pmatrix}O & & \\ & O & \\ & & E_t\end{pmatrix},$$

则 $P_1AQ_1P_2BQ_2=O$.

由于 P_1,Q_2 可逆，所以 $A(Q_1P_2)B=O$. 令 $M=Q_1P_2$，则 M 可逆且 $AMB=O$.

7. 证明：由于 $A,B,A+B$ 均可逆，于是有

$$A(A^{-1}+B^{-1})B=A+B,$$

所以 $A^{-1}+B^{-1}$ 可逆. 分别用 A^{-1} 左乘，B^{-1} 右乘上述等式两边，可得

$$A^{-1}+B^{-1}=A^{-1}(A+B)B^{-1},$$

所以 $(A^{-1}+B^{-1})^{-1}=B(A+B)^{-1}A$.

8. 证明：A 是二阶方阵，且 $A^n=O$，则 $R(A)\leqslant 1$. 不妨设

$$A=\begin{pmatrix}1\\ k\end{pmatrix}(a,b),$$

那么 $A^2=\begin{pmatrix}1\\ k\end{pmatrix}\left((a,b)\begin{pmatrix}1\\ k\end{pmatrix}\right)(a,b)=(a+kb)A$.

令 $c=a+kb$. 类似地，有 $A^3=c^2A,\cdots,A^n=c^{n-1}A=O$. 如果 $A=O$，显然 $A^2=O$. 如果 $A\neq O$，则 $c=0$，于是 $A^2=cA=O$.

9. 证明：首先构造分块矩阵，然后右乘 B 加到第 2 列，再将第 2 行的 -1 倍加到第 1

行,即

$$\begin{pmatrix} A-I & O \\ O & B-I \end{pmatrix} \to \begin{pmatrix} A-I & AB-B \\ O & B-I \end{pmatrix} \to \begin{pmatrix} A-I & AB-I \\ O & B-I \end{pmatrix}.$$

显然,$R(AB-I) \leqslant R\begin{pmatrix} A-I & O \\ O & B-I \end{pmatrix} = R(A-I) + R(B-I) = p+q.$

10. 证明:$A(I-A^{-1}) = A-I$,求逆有 $(I-A^{-1})^{-1}A^{-1} = (A-I)^{-1}$,从而

$$(I-A^{-1})^{-1} = (A-I)^{-1}A.$$

$$(I-A)^{-1} + (I-A^{-1})^{-1} = (I-A)^{-1} + (A-I)^{-1}A = (I-A)^{-1} - (I-A)^{-1}A$$
$$= (I-A)^{-1}(I-A) = I.$$

11. 证明:(1) 令

$$x_0\boldsymbol{\alpha} + x_1(A\boldsymbol{\alpha}) + x_2(A^2\boldsymbol{\alpha}) + \cdots + x_{k-1}(A^{k-1}\boldsymbol{\alpha}) = \mathbf{0}, \quad x_i \in P, k > 0. \qquad (*)$$

用 A^{k-1} 左乘等式两边,则由 $A^k\boldsymbol{\alpha} = \mathbf{0}$ 得 $x_0(A^{k-1}\boldsymbol{\alpha}) = \mathbf{0}$.而 $A^{k-1}\boldsymbol{\alpha} \neq \mathbf{0}$,故 $x_0 = 0$,$(*)$ 式变成

$$x_1(A\boldsymbol{\alpha}) + x_2(A^2\boldsymbol{\alpha}) + \cdots + x_{k-1}(A^{k-1}\boldsymbol{\alpha}) = \mathbf{0}.$$

用 A^{k-2} 左乘等式两边,可得 $x_1(A^{k-1}\boldsymbol{\alpha}) = \mathbf{0}$,则 $x_1 = 0$.

类似地,可证明 $x_2 = \cdots = x_{k-1} = 0$,所以 $\boldsymbol{\alpha}, A\boldsymbol{\alpha}, \cdots, A^{k-1}\boldsymbol{\alpha}$ 线性无关.

(2)(反证法)假设 $R(A^{n+1}) \neq R(A^n)$,那么 $R(A^{n+1}) < R(A^n)$.于是 $A^{n+1}X = \mathbf{0}$ 的解不全是 $A^nX = \mathbf{0}$ 的解,则存在非零的 n 维列向量 $\boldsymbol{\beta}$,使 $A^n\boldsymbol{\beta} \neq \mathbf{0}$,但 $A^{n+1}\boldsymbol{\beta} = \mathbf{0}$.由(1)知 $\boldsymbol{\beta}, A\boldsymbol{\beta}, \cdots, A^n\boldsymbol{\beta}$ 线性无关,矛盾,所以 $R(A^{n+1}) = R(A^n)$.

12. 证明:s 为自然数,且存在 s 个秩为 1 的幂等阵 $B_i \in P^{n \times n}$,满足 $A = \sum\limits_{i=1}^{s} B_i$.

因为 $A^2 = A \Rightarrow A^2 - A = O$,所以 A 的最小多项式能整除 $x^2 - x$,于是 A 的最小多项式没有重根,可得 A 与对角阵相似.设 $R(A) = r$,由 $A^2 = A$ 容易证明,A 的特征值只能是 0 或 1,于是 1 是 A 的 r 重特征值,0 是 A 的 $n-r$ 重特征值,所以

$$s = \text{tr}(A) = \sum_{i=1}^{n} a_{ii} = A \text{ 的特征值的和} = r.$$

因此,存在 n 阶可逆矩阵 P,使

$$P^{-1}AP = \begin{pmatrix} E_r & O \\ O & O \end{pmatrix}.$$

于是

$$A = P\begin{pmatrix} E_r & O \\ O & O \end{pmatrix}P^{-1} = P\begin{pmatrix} 1 & & & \\ & 0 & & \\ & & \ddots & \\ & & & 0 \end{pmatrix}P^{-1}P\begin{pmatrix} 0 & & & \\ & 1 & & \\ & & \ddots & \\ & & & 0 \end{pmatrix}P^{-1}\cdots P\begin{pmatrix} 0 & & & \\ & \ddots & {}^{r} & \\ & & 1 & \\ & & & \ddots \\ & & & & 0 \end{pmatrix}P^{-1}.$$

容易证明 $P\begin{pmatrix} 0 & & & \\ & \ddots & {}^{t} & \\ & & 1 & \\ & & & \ddots \\ & & & & 0 \end{pmatrix}P^{-1} (t = 1, 2, \cdots, r)$ 是 r 个秩为 1 的幂等矩阵.

13. 证明:构造分块矩阵

$$\begin{pmatrix} E_n & B \\ A & O \end{pmatrix} \to \begin{pmatrix} E_n & B \\ O & -AB \end{pmatrix} \to \begin{pmatrix} E_n & O \\ O & AB \end{pmatrix},$$

故
$$R\begin{pmatrix} E_n & B \\ A & O \end{pmatrix} = n + R(AB). \tag{1}$$

设 $R(A)=s, R(B)=t$,容易证明 $\begin{pmatrix} E_n & B \\ A & O \end{pmatrix}$ 中至少有一个 $s+t$ 阶子式不为 0,因此

$$R\begin{pmatrix} E_n & B \\ A & O \end{pmatrix} \geqslant R(A)+R(B). \tag{2}$$

将式(2)代入式(1),则 $R(A)+R(B)-n \leqslant R(AB)$.

14. 证明:构造分块矩阵

$$\begin{pmatrix} B & BC \\ AB & O \end{pmatrix} \to \begin{pmatrix} B & BC \\ O & -ABC \end{pmatrix} \to \begin{pmatrix} B & O \\ O & ABC \end{pmatrix},$$

所以

$$r(B)+R(ABC) = R\begin{pmatrix} B & O \\ O & ABC \end{pmatrix} = R\begin{pmatrix} B & BC \\ AB & O \end{pmatrix} \geqslant R(AB)+R(BC).$$

15. 证明:(1)构造分块矩阵

$$\begin{pmatrix} I_n & BA \\ A & A \end{pmatrix} \to \begin{pmatrix} I_n & BA \\ O & A-ABA \end{pmatrix} \to \begin{pmatrix} I_n & O \\ O & A-ABA \end{pmatrix},$$

另一方面,

$$\begin{pmatrix} I_n & BA \\ A & A \end{pmatrix} \to \begin{pmatrix} I_n-BA & O \\ A & A \end{pmatrix} \to \begin{pmatrix} I_n-BA & O \\ O & A \end{pmatrix}.$$

因此,$n+R(A-ABA)=R(A)+R(I_n-BA)$,从而

$$R(A-ABA)=R(A)+R(I_n-BA)-n.$$

(2) 构造分块矩阵. 由 $A+B=I_n$,则

$$\begin{pmatrix} A & O \\ O & B \end{pmatrix} \to \begin{pmatrix} A & B \\ O & B \end{pmatrix} \to \begin{pmatrix} A+B & B \\ B & B \end{pmatrix} = \begin{pmatrix} I_n & B \\ B & B \end{pmatrix} \to \begin{bmatrix} I_n & B \\ O & B-B^2 \end{bmatrix} \to \begin{bmatrix} I_n & O \\ O & B-B^2 \end{bmatrix},$$

因此 $R(A)+R(B)=n+R(B-B^2)=n \Rightarrow R(B-B^2)=0$,故 $B^2=B$.

由于 $A^2=A$,则

$$\begin{pmatrix} A & O \\ O & B \end{pmatrix} \to \begin{pmatrix} I_n & B \\ B & B \end{pmatrix} \to \begin{pmatrix} I_n & B \\ A+B & B+AB \end{pmatrix} = \begin{bmatrix} I_n & B \\ I_n & B+AB \end{bmatrix} \to \begin{pmatrix} I_n & B \\ O & AB \end{pmatrix} \to \begin{pmatrix} I_n & O \\ O & AB \end{pmatrix},$$

所以 $R(A)+R(B)=n+R(AB)=n \Rightarrow R(AB)=0$,从而 $AB=O$. 由对称性可得 $BA=O$.

16. 证明:构造分块矩阵

$$\begin{pmatrix} A+E & O \\ O & A-E \end{pmatrix} \to \begin{pmatrix} A+E & O \\ A+E & A-E \end{pmatrix} \to \begin{pmatrix} A+E & O \\ 2E & A-E \end{pmatrix},$$

将第 2 行左乘 $-\frac{1}{2}(A+E)$ 加到第 1 行,得

$$\begin{bmatrix} O & -\frac{1}{2}(A^2-E) \\ 2E & A-E \end{bmatrix} \to \begin{pmatrix} O & A^2-E \\ E & O \end{pmatrix}.$$

故 $R(A+E)+R(A-E)=n+R(A^2-E)$,从而

$$R(\boldsymbol{A}+\boldsymbol{E})+R(\boldsymbol{A}-\boldsymbol{E})=n \Leftrightarrow \boldsymbol{A}^2=\boldsymbol{E}.$$

17. 证明:对分块矩阵进行初等变换,得

$$\begin{pmatrix} \boldsymbol{A} & \boldsymbol{I} \\ \boldsymbol{I} & \boldsymbol{B} \end{pmatrix} \to \begin{pmatrix} \boldsymbol{A} & \boldsymbol{I}-\boldsymbol{AB} \\ \boldsymbol{I} & \boldsymbol{O} \end{pmatrix} \to \begin{pmatrix} \boldsymbol{O} & \boldsymbol{I}-\boldsymbol{AB} \\ \boldsymbol{I} & \boldsymbol{O} \end{pmatrix},$$

从而
$$R\begin{pmatrix} \boldsymbol{A} & \boldsymbol{I} \\ \boldsymbol{I} & \boldsymbol{B} \end{pmatrix}=R\begin{pmatrix} \boldsymbol{O} & \boldsymbol{I}-\boldsymbol{AB} \\ \boldsymbol{I} & \boldsymbol{O} \end{pmatrix}=n+R(\boldsymbol{I}-\boldsymbol{AB}),$$

则
$$R\begin{pmatrix} \boldsymbol{A} & \boldsymbol{I} \\ \boldsymbol{I} & \boldsymbol{B} \end{pmatrix}=n \Leftrightarrow R(\boldsymbol{I}-\boldsymbol{AB})=0 \Leftrightarrow \boldsymbol{I}=\boldsymbol{AB} \Leftrightarrow \boldsymbol{B}=\boldsymbol{A}^{-1}.$$

18. 证明:(1) 由已知条件可得 $f(\boldsymbol{A})(\boldsymbol{E}+\boldsymbol{A})=\boldsymbol{E}-\boldsymbol{A}$,故

$$(\boldsymbol{E}+f(\boldsymbol{A}))(\boldsymbol{E}+\boldsymbol{A})=\boldsymbol{E}+\boldsymbol{A}+f(\boldsymbol{A})(\boldsymbol{E}+\boldsymbol{A})=\boldsymbol{E}+\boldsymbol{A}+\boldsymbol{E}-\boldsymbol{A}=2\boldsymbol{E}.$$

(2) 由(1)可知,$[\boldsymbol{E}+f(\boldsymbol{A})]^{-1}=\frac{1}{2}(\boldsymbol{E}+\boldsymbol{A})$,且 $f(\boldsymbol{A})(\boldsymbol{E}+\boldsymbol{A})=\boldsymbol{E}-\boldsymbol{A}$,因此

$$\begin{aligned} f[f(\boldsymbol{A})] &= [\boldsymbol{E}-f(\boldsymbol{A})][\boldsymbol{E}+f(\boldsymbol{A})]^{-1}=[\boldsymbol{E}-f(\boldsymbol{A})]\cdot\frac{1}{2}(\boldsymbol{E}+\boldsymbol{A}) \\ &= \frac{1}{2}(\boldsymbol{E}+\boldsymbol{A})-\frac{1}{2}f(\boldsymbol{A})(\boldsymbol{E}+\boldsymbol{A})=\frac{1}{2}(\boldsymbol{E}+\boldsymbol{A})-\frac{1}{2}(\boldsymbol{E}-\boldsymbol{A})=\boldsymbol{A}. \end{aligned}$$

19. 证明:(反证法)假设 $|t|$ 充分大时,$t\boldsymbol{E}+\boldsymbol{A}$ 不可逆,那么齐次线性方程组 $(t\boldsymbol{E}+\boldsymbol{A})\boldsymbol{X}=\boldsymbol{0}$ 有非零解 $\boldsymbol{\alpha}=(\boldsymbol{c}_1,\boldsymbol{c}_2,\cdots,\boldsymbol{c}_n)^{\mathrm{T}}$.

设 $|\boldsymbol{c}_k|=\max(|\boldsymbol{c}_1|,|\boldsymbol{c}_2|,\cdots,|\boldsymbol{c}_n|)$,考虑第 k 个等式

$$a_{k1}\boldsymbol{c}_1+\cdots+a_{k,k-1}\boldsymbol{c}_{k-1}+(t+a_{kk})\boldsymbol{c}_k+a_{k,k+1}\boldsymbol{c}_{k+1}+\cdots+a_{kn}\boldsymbol{c}_n=\boldsymbol{0}.$$

不妨令 $|t|>\sum\limits_{j=1}^{n}|a_{kj}|$,则

$$(|t|-|a_{kk}|)|\boldsymbol{c}_k|\leqslant|t+a_{kk}||\boldsymbol{c}_k|\leqslant\sum_{\substack{j=1\\ j\neq k}}^{n}|a_{kj}||\boldsymbol{c}_k|,$$

消去 $|\boldsymbol{c}_k|$,于是 $|t|\leqslant\sum\limits_{j=1}^{n}|a_{kj}|$,矛盾,所以当 $|t|$ 充分大时,$t\boldsymbol{E}+\boldsymbol{A}$ 是可逆矩阵.

20. 证明:如果 $\boldsymbol{A}=\boldsymbol{BA}-\boldsymbol{AB}$,那么 $\mathrm{tr}(\boldsymbol{A})=\mathrm{tr}(\boldsymbol{BA}-\boldsymbol{AB})=0$. 不妨令

$$\boldsymbol{A}=\begin{pmatrix} a_{11} & a_{12} \\ a_{21} & -a_{11} \end{pmatrix},$$

则
$$\boldsymbol{A}^2=\begin{pmatrix} a_{11}^2+a_{12}a_{21} & 0 \\ 0 & a_{11}^2+a_{12}a_{21} \end{pmatrix}=a\boldsymbol{E}, \tag{1}$$

其中 $a=a_{11}^2+a_{12}a_{21}$.

由于 $\boldsymbol{A}=\boldsymbol{BA}-\boldsymbol{AB}$,可得 $\boldsymbol{A}^2=\boldsymbol{ABA}-\boldsymbol{A}^2\boldsymbol{B}$,$\boldsymbol{A}^2=\boldsymbol{BA}^2-\boldsymbol{ABA}$,两式相加可得

$$2\boldsymbol{A}^2=\boldsymbol{BA}^2-\boldsymbol{A}^2\boldsymbol{B}. \tag{2}$$

将式(1)代入式(2),则 $a=0$,代入式(1)得 $\boldsymbol{A}^2=\boldsymbol{O}$.

21. 证明:(1) 因为

$$\begin{aligned} (\boldsymbol{A}+4\boldsymbol{E})^2 &= \boldsymbol{A}^2+8\boldsymbol{A}+16\boldsymbol{E}=(\boldsymbol{A}^2+2\boldsymbol{A}-3\boldsymbol{E})+(6\boldsymbol{A}+19\boldsymbol{E}) \\ &= 6(\boldsymbol{A}+4\boldsymbol{E})-5\boldsymbol{E}, \end{aligned}$$

所以 $(\boldsymbol{A}+4\boldsymbol{E})(\boldsymbol{A}-2\boldsymbol{E})=-5\boldsymbol{E}$,因此 $(\boldsymbol{A}+4\boldsymbol{E})$ 可逆,且

$$(\boldsymbol{A}+4\boldsymbol{E})^{-1}=-\frac{1}{5}(\boldsymbol{A}-2\boldsymbol{E}).$$

(2) 令 $f(x)=x^2+2x-3$，则 $f(\boldsymbol{A})=\boldsymbol{O}$，于是 $\boldsymbol{A}$ 的最小多项式只可能是 $x+3$，$x-1$，x^2+2x-3.

当 $\boldsymbol{A}$ 的最小多项式是 $x+3$ 时，$\boldsymbol{A}+3\boldsymbol{E}=\boldsymbol{O}$，则 $\boldsymbol{A}=-3\boldsymbol{E}$，$\boldsymbol{A}+t\boldsymbol{E}=(t-3)\boldsymbol{E}$. 当 $t\neq 3$ 时，$\boldsymbol{A}+t\boldsymbol{E}$ 可逆；当 $t=3$ 时，$\boldsymbol{A}+t\boldsymbol{E}$ 不可逆.

当 $\boldsymbol{A}$ 的最小多项式是 $x-1$ 时，$\boldsymbol{A}-\boldsymbol{E}=\boldsymbol{O}\Rightarrow\boldsymbol{A}=\boldsymbol{E}$，$\boldsymbol{A}+t\boldsymbol{E}=(t+1)\boldsymbol{E}$. 当 $t\neq -1$ 时，$\boldsymbol{A}+t\boldsymbol{E}$ 可逆；当 $t=-1$ 时，$\boldsymbol{A}+t\boldsymbol{E}$ 不可逆.

当 $\boldsymbol{A}$ 的最小多项式是 x^2+2x-3 时，$\boldsymbol{A}$ 的最小多项式的根与特征多项式的根相同(可能重数不同)，从而 $\boldsymbol{A}$ 的不同特征值为 $1,-3$，则

$$|\boldsymbol{A}+t\boldsymbol{E}|=(-1)^n|-t\boldsymbol{E}-\boldsymbol{A}|.$$

当 $-t=1$ 或 -3 即 $t=-1$ 或 3 时，$\boldsymbol{A}+t\boldsymbol{E}$ 不可逆. 当 t 取其他值时，$\boldsymbol{A}+t\boldsymbol{E}$ 可逆.

22. 证明：**必要性.**

$\boldsymbol{A}^2=\boldsymbol{A}$，那么存在 n 阶可逆矩阵 $\boldsymbol{P}$，使得 $\boldsymbol{P}^{-1}\boldsymbol{A}\boldsymbol{P}=\begin{pmatrix}\boldsymbol{E}_r & \boldsymbol{O}\\ \boldsymbol{O} & \boldsymbol{O}\end{pmatrix}$，即

$$\boldsymbol{A}=\boldsymbol{P}\begin{pmatrix}\boldsymbol{E}_r & \boldsymbol{O}\\ \boldsymbol{O} & \boldsymbol{O}\end{pmatrix}\boldsymbol{P}^{-1}=\boldsymbol{P}\begin{pmatrix}\boldsymbol{E}_r\\ \boldsymbol{O}\end{pmatrix}(\boldsymbol{E}_r,\boldsymbol{O})\boldsymbol{P}^{-1}=\boldsymbol{C}\boldsymbol{B},$$

其中 $\boldsymbol{C}=\boldsymbol{P}\begin{pmatrix}\boldsymbol{E}_r\\ \boldsymbol{O}\end{pmatrix}$，$\boldsymbol{B}=(\boldsymbol{E}_r,\boldsymbol{O})\boldsymbol{P}^{-1}$，那么 $\boldsymbol{B}\boldsymbol{C}=\boldsymbol{E}$.

充分性.

当 $\boldsymbol{A}=\boldsymbol{C}\boldsymbol{B}$ 且 $\boldsymbol{B}\boldsymbol{C}=\boldsymbol{E}$ 时，则

$$\boldsymbol{A}^2=(\boldsymbol{C}\boldsymbol{B})^2=\boldsymbol{C}(\boldsymbol{B}\boldsymbol{C})\boldsymbol{B}=\boldsymbol{C}\boldsymbol{B}=\boldsymbol{A}.$$

23. 证明：设 $R(\boldsymbol{A})=r$，那么存在 n 阶可逆矩阵 $\boldsymbol{P}$ 与 $\boldsymbol{Q}$，使 $\boldsymbol{P}\boldsymbol{A}\boldsymbol{Q}=\begin{pmatrix}\boldsymbol{E}_r & \boldsymbol{O}\\ \boldsymbol{O} & \boldsymbol{O}\end{pmatrix}$，那么

$$\boldsymbol{A}=\boldsymbol{P}^{-1}\begin{pmatrix}\boldsymbol{E}_r & \boldsymbol{O}\\ \boldsymbol{O} & \boldsymbol{O}\end{pmatrix}\boldsymbol{Q}^{-1}=\boldsymbol{P}^{-1}\boldsymbol{Q}^{-1}\boldsymbol{Q}\begin{pmatrix}\boldsymbol{E}_r & \boldsymbol{O}\\ \boldsymbol{O} & \boldsymbol{O}\end{pmatrix}\boldsymbol{Q}^{-1}=\boldsymbol{B}\boldsymbol{C},$$

其中 $\boldsymbol{B}=\boldsymbol{P}^{-1}\boldsymbol{Q}^{-1}$ 是可逆矩阵，$\boldsymbol{C}=\boldsymbol{Q}\begin{pmatrix}\boldsymbol{E}_r & \boldsymbol{O}\\ \boldsymbol{O} & \boldsymbol{O}\end{pmatrix}\boldsymbol{Q}^{-1}$ 是幂等矩阵.

24. 证明：**必要性.**

注意到 $\boldsymbol{A}$ 的最小多项式能整除 $\boldsymbol{A}$ 的特征多项式. 设 $|\lambda\boldsymbol{E}-\boldsymbol{A}|=h(\lambda)$.

(反证法)假设 $(f(\lambda),g(\lambda))=d(\lambda)\neq 1$，那么 $d(\lambda)$ 的次数大于等于 1. $d(\lambda)|g(\lambda)$，而 $g(\lambda)|h(\lambda)$，那么 $d(\lambda)|h(\lambda)$. 又 $d(\lambda)|f(\lambda)$，令 α 是 $d(\lambda)$ 的一个根，那么 α 是 $\boldsymbol{A}$ 的特征值，且 $f(\lambda)=(\lambda-\alpha)q(\lambda)$. 于是

$$f(\boldsymbol{A})=(\boldsymbol{A}-\alpha\boldsymbol{E})q(\boldsymbol{A}).$$

而 $|\boldsymbol{A}-\alpha\boldsymbol{E}|=0$，于是 $|f(\boldsymbol{A})|=0$，与 $f(\boldsymbol{A})$ 非奇异矛盾，所以 $(f(\lambda),g(\lambda))=1$.

充分性.

如果 $(f(\lambda),g(\lambda))=1$，则存在 $u(\lambda)$，$v(\lambda)$，使得

$$f(\lambda)u(\lambda)+g(\lambda)v(\lambda)=1.$$

用 $\boldsymbol{A}$ 代入，由于 $g(\boldsymbol{A})=\boldsymbol{0}$，故 $f(\boldsymbol{A})u(\boldsymbol{A})=\boldsymbol{E}$. 因此 $f(\boldsymbol{A})$ 非奇异.

25. 证明：因为 $\boldsymbol{B}\neq\boldsymbol{O}$，不妨令 $b_{ij}\neq 0$. 令 $\boldsymbol{B}=(\boldsymbol{B}_1,\boldsymbol{B}_2,\cdots,\boldsymbol{B}_n)$，由 $\boldsymbol{A}\boldsymbol{B}=\boldsymbol{O}$，那么 $\boldsymbol{B}$ 的列向量是 $\boldsymbol{A}\boldsymbol{X}=\boldsymbol{0}$ 的解. 而 $R(\boldsymbol{A})=n-1$，那么 $\boldsymbol{A}\boldsymbol{X}=\boldsymbol{0}$ 的基础解系由一个解向量组成. $\boldsymbol{B}_j\neq\boldsymbol{0}$，则 $\boldsymbol{B}_j$ 是 $\boldsymbol{A}\boldsymbol{X}=\boldsymbol{0}$ 的一个基础解系. 令 $\boldsymbol{C}=(\boldsymbol{C}_1,\boldsymbol{C}_2,\cdots,\boldsymbol{C}_n)$，由 $\boldsymbol{A}\boldsymbol{C}=\boldsymbol{O}$，那么 $\boldsymbol{C}$ 的列向量也是 $\boldsymbol{A}\boldsymbol{X}=\boldsymbol{0}$ 的解，

于是 $\boldsymbol{C}$ 的列向量可由 $\boldsymbol{B}_j$ 表示,因此结论成立.

26. 证明:因为 $\boldsymbol{AA}^{\mathrm{T}}=\boldsymbol{AA}^*=|\boldsymbol{A}|\boldsymbol{E}$,则

$$\boldsymbol{AA}^*=\begin{pmatrix}\sum_{j=1}^{n}a_{1j}^2 & & & * \\ & \sum_{j=1}^{n}a_{2j}^2 & & \\ & & \ddots & \\ * & & & \sum_{j=1}^{n}a_{nj}^2\end{pmatrix}=\begin{pmatrix}|\boldsymbol{A}| & & & \\ & |\boldsymbol{A}| & & \\ & & \ddots & \\ & & & |\boldsymbol{A}|\end{pmatrix},$$

所以
$$\sum_{j=1}^{n}a_{ij}^2=|\boldsymbol{A}|\,(i=1,2,\cdots,n).$$

由于 $\boldsymbol{A}$ 是非零实矩阵,则至少有一个元素 $a_{ij}\neq 0$,于是 $|\boldsymbol{A}|\neq 0$.

27. 解:用初等变换将 $\boldsymbol{A}$ 化成标准形:

$$\boldsymbol{A}=\begin{pmatrix}1&0&0&2\\0&0&0&1\\-3&0&0&0\end{pmatrix}\to\begin{pmatrix}1&0&0&2\\0&0&0&1\\0&0&0&6\end{pmatrix}\to\begin{pmatrix}1&0&0&0\\0&0&0&1\\0&0&0&6\end{pmatrix}\to\begin{pmatrix}1&0&0&0\\0&1&0&0\\0&0&0&0\end{pmatrix}=\boldsymbol{B}.$$

由初等变换与初等矩阵及矩阵乘法之间的关系可得

$$\boldsymbol{P}(3,2(-6))\boldsymbol{P}(1,2(-2))\boldsymbol{P}(3,1(3))\boldsymbol{AP}(2,4)=\boldsymbol{B},$$

从而 $\boldsymbol{A}=\boldsymbol{P}(3,1(-3))\boldsymbol{P}(1,2(2))\boldsymbol{P}(3,2(6))\boldsymbol{BP}(2,4)$. 故

$$\boldsymbol{P}=\begin{pmatrix}1&0&0\\0&1&0\\-3&0&1\end{pmatrix}\begin{pmatrix}1&2&0\\0&1&0\\0&0&1\end{pmatrix}\begin{pmatrix}1&0&0\\0&1&0\\0&6&1\end{pmatrix}=\begin{pmatrix}1&2&0\\0&1&0\\-3&0&1\end{pmatrix},$$

$$\boldsymbol{Q}=\begin{pmatrix}1&0&0&0\\0&0&0&1\\0&0&1&0\\0&1&0&0\end{pmatrix}.$$

28. 证明:(反证法)假设 $a=0$,将矩阵 $\boldsymbol{A}$ 的其他行都加到第 1 行,则第 1 行的元素都变成 0,与 $\boldsymbol{A}$ 可逆矛盾,因此 $a\neq 0$. 由已知条件

$$\begin{pmatrix}1&1&\cdots&1\\1&1&\cdots&1\\\vdots&\vdots&&\vdots\\1&1&\cdots&1\end{pmatrix}\boldsymbol{A}=a\begin{pmatrix}1&1&\cdots&1\\1&1&\cdots&1\\\vdots&\vdots&&\vdots\\1&1&\cdots&1\end{pmatrix},$$

故
$$\frac{1}{a}\begin{pmatrix}1&1&\cdots&1\\1&1&\cdots&1\\\vdots&\vdots&&\vdots\\1&1&\cdots&1\end{pmatrix}=\begin{pmatrix}1&1&\cdots&1\\1&1&\cdots&1\\\vdots&\vdots&&\vdots\\1&1&\cdots&1\end{pmatrix}\boldsymbol{A}^{-1},$$

即 $\boldsymbol{A}^{-1}$ 中每一列元素之和等于 a^{-1}.

29. 证明:(1) 由 $\boldsymbol{A}+\boldsymbol{B}=\boldsymbol{AB}$,可得

$$(\boldsymbol{A}-\boldsymbol{E})(\boldsymbol{B}-\boldsymbol{E})=\boldsymbol{AB}-\boldsymbol{B}-\boldsymbol{A}+\boldsymbol{E}=\boldsymbol{E},\quad 且(\boldsymbol{A}-\boldsymbol{E})^{-1}=\boldsymbol{B}-\boldsymbol{E}.$$

(2) 因为 $(\boldsymbol{B}-\boldsymbol{E})(\boldsymbol{A}-\boldsymbol{E})=\boldsymbol{BA}-\boldsymbol{A}-\boldsymbol{B}+\boldsymbol{E}=\boldsymbol{E}$,所以 $\boldsymbol{BA}=\boldsymbol{A}+\boldsymbol{B}$. 故 $\boldsymbol{AB}=\boldsymbol{BA}$.

(3) 因 $(\boldsymbol{B}-\boldsymbol{E})^{-1}=\boldsymbol{A}-\boldsymbol{E}$,故

$$\boldsymbol{A}=(\boldsymbol{B}-\boldsymbol{E})^{-1}+\boldsymbol{E}=\begin{pmatrix}1 & \frac{1}{2} & 0\\ -\frac{1}{3} & 1 & 0\\ 0 & 0 & 2\end{pmatrix}.$$

30. 证明:因为

$$(\boldsymbol{E}-\boldsymbol{A})^{\mathrm{T}}=\boldsymbol{E}-\boldsymbol{A}^{\mathrm{T}}=\boldsymbol{A}^{\mathrm{T}}\boldsymbol{A}-\boldsymbol{A}^{\mathrm{T}}=\boldsymbol{A}^{\mathrm{T}}(\boldsymbol{A}-\boldsymbol{E}),$$

$$[(\boldsymbol{E}+\boldsymbol{A})^{-1}]^{\mathrm{T}}=[(\boldsymbol{E}+\boldsymbol{A})^{\mathrm{T}}]^{-1}=(\boldsymbol{E}+\boldsymbol{A}^{\mathrm{T}})^{-1}=[\boldsymbol{A}^{\mathrm{T}}(\boldsymbol{A}+\boldsymbol{E})]^{-1}=(\boldsymbol{A}+\boldsymbol{E})^{-1}\boldsymbol{A},$$

所以,

$$[(\boldsymbol{E}-\boldsymbol{A})(\boldsymbol{E}+\boldsymbol{A})^{-1}]^{\mathrm{T}}=[(\boldsymbol{E}+\boldsymbol{A})^{-1}]^{\mathrm{T}}(\boldsymbol{E}-\boldsymbol{A})^{\mathrm{T}}=(\boldsymbol{E}+\boldsymbol{A})^{-1}\boldsymbol{A}\boldsymbol{A}^{\mathrm{T}}(\boldsymbol{A}-\boldsymbol{E})=(\boldsymbol{E}+\boldsymbol{A})^{-1}(\boldsymbol{A}-\boldsymbol{E}).$$

由前面的内容可知,$(\boldsymbol{E}+\boldsymbol{A})^{-1}$ 可表示成 $\boldsymbol{A}$ 的多项式,所以 $(\boldsymbol{E}+\boldsymbol{A})^{-1}$ 与 $\boldsymbol{A}-\boldsymbol{E}$ 可交换. 因此,

$$[(\boldsymbol{E}-\boldsymbol{A})(\boldsymbol{E}+\boldsymbol{A})^{-1}]^{\mathrm{T}}=-(\boldsymbol{E}-\boldsymbol{A})(\boldsymbol{E}+\boldsymbol{A})^{-1},$$

即 $(\boldsymbol{E}-\boldsymbol{A})(\boldsymbol{E}+\boldsymbol{A})^{-1}$ 是反对称矩阵.

31. 证明:(1) 数学归纳法. 当 $n=2$ 时,结论显然成立.

当 $n=3$ 时,

$$\boldsymbol{A}^2=\begin{pmatrix}1 & 0 & 0\\ 1 & 1 & 0\\ 1 & 0 & 1\end{pmatrix},\quad \boldsymbol{A}^3=\begin{pmatrix}1 & 0 & 0\\ 2 & 0 & 1\\ 1 & 1 & 0\end{pmatrix},$$

所以

$$\boldsymbol{A}+\boldsymbol{A}^2-\boldsymbol{E}=\begin{pmatrix}1 & 0 & 0\\ 1 & 0 & 1\\ 0 & 1 & 0\end{pmatrix}+\begin{pmatrix}1 & 0 & 0\\ 1 & 1 & 0\\ 1 & 0 & 1\end{pmatrix}-\begin{pmatrix}1 & 0 & 0\\ 0 & 1 & 0\\ 0 & 0 & 1\end{pmatrix}=\begin{pmatrix}1 & 0 & 0\\ 2 & 0 & 1\\ 1 & 1 & 0\end{pmatrix}=\boldsymbol{A}^3.$$

结论成立.

假定小于 n 时结论成立,那么

$$\boldsymbol{A}^n=\boldsymbol{A}\cdot\boldsymbol{A}^{n-1}=\boldsymbol{A}(\boldsymbol{A}^{n-3}+\boldsymbol{A}^2-\boldsymbol{E})=\boldsymbol{A}^{n-2}+\boldsymbol{A}^3-\boldsymbol{A}=\boldsymbol{A}^{n-2}+\boldsymbol{A}^2-\boldsymbol{E}.$$

(2) 设 $g(x)=x^3-x^2-x+1$,则 $g(x)=(x+1)(x-1)^2$. 令

$$x^{100}=g(x)q(x)+ax^2+bx+c, \tag{1}$$

在式(1)两边求导得

$$100x^{99}=g'(x)q(x)+g(x)q'(x)+2ax+b. \tag{2}$$

将 $x=1,x=-1$ 代入式(1),将 $x=1$ 代入式(2),得如下方程组:

$$\begin{cases}a+b+c=1,\\ a-b+c=1,\\ 2a+b=100,\end{cases}$$

解得 $a=50,b=0,c=-49$.

将以上 a,b,c 的值代入式(1),且 $\boldsymbol{A}^3-\boldsymbol{A}^2-\boldsymbol{A}+\boldsymbol{E}=\boldsymbol{O}$,则

$$\boldsymbol{A}^{100}=50\boldsymbol{A}^2-49\boldsymbol{E}=\begin{pmatrix}1 & 0 & 0\\ 50 & 1 & 0\\ 50 & 0 & 1\end{pmatrix}$$

32. 证明：(1) $\boldsymbol{A}$ 是 n 阶矩阵，且有一个 k 阶子式不为 0，因此 $k\leqslant R(\boldsymbol{A})\leqslant n$.

$$\boldsymbol{A}=\begin{pmatrix}\boldsymbol{I}_k & \boldsymbol{A}_{12}\\ \boldsymbol{A}_{21} & \boldsymbol{A}_{22}\end{pmatrix}\rightarrow\begin{pmatrix}\boldsymbol{I}_k & \boldsymbol{A}_{12}\\ \boldsymbol{O} & \boldsymbol{A}_{22}-\boldsymbol{A}_{21}\boldsymbol{A}_{12}\end{pmatrix}\rightarrow\begin{pmatrix}\boldsymbol{I}_k & \boldsymbol{O}\\ \boldsymbol{O} & \boldsymbol{A}_{22}-\boldsymbol{A}_{21}\boldsymbol{A}_{12}\end{pmatrix},$$

$$R(\boldsymbol{A})=k+R(\boldsymbol{A}_{22}-\boldsymbol{A}_{21}\boldsymbol{A}_{12}),$$

于是

$$R(\boldsymbol{A})=k\Leftrightarrow\boldsymbol{A}_{22}=\boldsymbol{A}_{21}\boldsymbol{A}_{12}.$$

(2) 构造分块矩阵

$$\begin{pmatrix}\boldsymbol{A} & \boldsymbol{\alpha}\\ \boldsymbol{\beta}^{\mathrm{T}} & 1\end{pmatrix}\rightarrow\begin{pmatrix}\boldsymbol{A}-\boldsymbol{\alpha\beta}^{\mathrm{T}} & \boldsymbol{O}\\ \boldsymbol{\beta}^{\mathrm{T}} & 1\end{pmatrix}\rightarrow\begin{pmatrix}\boldsymbol{A}-\boldsymbol{\alpha\beta}^{\mathrm{T}} & \boldsymbol{O}\\ \boldsymbol{O} & 1\end{pmatrix},$$

另一方面，

$$\begin{pmatrix}\boldsymbol{A} & \boldsymbol{\alpha}\\ \boldsymbol{\beta}^{\mathrm{T}} & 1\end{pmatrix}\rightarrow\begin{pmatrix}\boldsymbol{A} & \boldsymbol{O}\\ \boldsymbol{\beta}^{\mathrm{T}} & 1-\boldsymbol{\beta}^{\mathrm{T}}\boldsymbol{A}^{-1}\boldsymbol{\alpha}\end{pmatrix}\rightarrow\begin{pmatrix}\boldsymbol{A} & \boldsymbol{O}\\ \boldsymbol{O} & 1-\boldsymbol{\beta}^{\mathrm{T}}\boldsymbol{A}^{-1}\boldsymbol{\alpha}\end{pmatrix}.$$

所以

$$R(\boldsymbol{A}-\boldsymbol{\alpha\beta}^{\mathrm{T}})+1=n+R(1-\boldsymbol{\beta}^{\mathrm{T}}\boldsymbol{A}^{-1}\boldsymbol{\alpha}),\qquad(*)$$

于是 $n-1\leqslant R(\boldsymbol{A}-\boldsymbol{\alpha\beta}^{\mathrm{T}})\leqslant n$.

由(*)式容易看出，$R(\boldsymbol{A}-\boldsymbol{\alpha\beta}^{\mathrm{T}})=n-1\Leftrightarrow\boldsymbol{\beta}^{\mathrm{T}}\boldsymbol{A}^{-1}\boldsymbol{\alpha}=1$.

33. 证明：**必要性.**

取矩阵 $\boldsymbol{B}$，使 $R(\boldsymbol{B})=s$，则存在 $\boldsymbol{X}_0\in P^{n\times m}$ 使 $\boldsymbol{AX}_0=\boldsymbol{B}$，则 $R(\boldsymbol{A})\geqslant R(\boldsymbol{B})=s$. 而 $\boldsymbol{A}\in P^{s\times m}$，那么 $R(\boldsymbol{A})=s$.

充分性.

设 $\boldsymbol{B}=(\boldsymbol{B}_1,\boldsymbol{B}_2,\cdots,\boldsymbol{B}_m)$，对 n 元线性方程组 $\boldsymbol{AX}=\boldsymbol{B}_j$，$R(\boldsymbol{A})=R(\boldsymbol{A},\boldsymbol{B}_j)=s$. 方程组 $\boldsymbol{AX}=\boldsymbol{B}_j$ 有解 $\boldsymbol{X}_j(j=1,2,\cdots,m)$. 令 $\boldsymbol{X}_0=(x_1,x_2,\cdots,x_n)$，则 $\boldsymbol{X}_0$ 是矩阵方程 $\boldsymbol{AX}=\boldsymbol{B}$ 的解.

34. 证明：(1) $\forall\boldsymbol{A},\boldsymbol{B}\in\Omega$，$(\boldsymbol{AB}^m\boldsymbol{A}^{n-1})^3=\boldsymbol{A}^n\boldsymbol{B}^m=\boldsymbol{B}^m\boldsymbol{A}^n$，$m,n$ 中至少有一个大于 1 时上式都成立，那么

$$\begin{aligned}\boldsymbol{BA}&=(\boldsymbol{AB})^3=\boldsymbol{ABABAB}=\boldsymbol{A}(\boldsymbol{BA})^2\boldsymbol{B}=(\boldsymbol{BA})^2\boldsymbol{AB}\\&=\boldsymbol{BABA}^2\boldsymbol{B}=\boldsymbol{BA}^3\boldsymbol{B}^2=\boldsymbol{A}^3\boldsymbol{B}^3=\boldsymbol{B}^3\boldsymbol{A}^3.\end{aligned}$$

同理，可证 $\boldsymbol{AB}=\boldsymbol{B}^3\boldsymbol{A}^3=\boldsymbol{A}^3\boldsymbol{B}^3$. 因此，$\boldsymbol{AB}=\boldsymbol{BA}$.

(2) 当 $\boldsymbol{E}\in\Omega$ 时，$(\boldsymbol{AE})^3=\boldsymbol{A}^3=\boldsymbol{A}$，于是 $|\boldsymbol{A}|^3=|\boldsymbol{A}|$，因此，$\Omega$ 中矩阵的行列式的值只可能是 0，±1.

35. 证明：(反证法)假设存在 n 阶正交阵 $\boldsymbol{A},\boldsymbol{B}$，使得 $\boldsymbol{A}^2=\boldsymbol{AB}+\boldsymbol{B}^2$，则 $\boldsymbol{A}^2=(\boldsymbol{A}+\boldsymbol{B})\boldsymbol{B}$，其中 $\boldsymbol{A}+\boldsymbol{B}$ 是正交阵. 由 $\boldsymbol{A}(\boldsymbol{A}-\boldsymbol{B})=\boldsymbol{B}^2$，则 $\boldsymbol{A}-\boldsymbol{B}$ 是正交阵，于是

$$\begin{aligned}(\boldsymbol{A}+\boldsymbol{B})(\boldsymbol{A}+\boldsymbol{B})^{\mathrm{T}}&=(\boldsymbol{A}+\boldsymbol{B})(\boldsymbol{A}^{\mathrm{T}}+\boldsymbol{B}^{\mathrm{T}})=\boldsymbol{AA}^{\mathrm{T}}+\boldsymbol{AB}^{\mathrm{T}}+\boldsymbol{BA}^{\mathrm{T}}+\boldsymbol{BB}^{\mathrm{T}}\\&=\boldsymbol{AB}^{\mathrm{T}}+\boldsymbol{BA}^{\mathrm{T}}+2\boldsymbol{E}=\boldsymbol{E},\qquad(1)\\(\boldsymbol{A}-\boldsymbol{B})(\boldsymbol{A}-\boldsymbol{B})^{\mathrm{T}}&=(\boldsymbol{A}-\boldsymbol{B})(\boldsymbol{A}^{\mathrm{T}}-\boldsymbol{B}^{\mathrm{T}})=\boldsymbol{AA}^{\mathrm{T}}-\boldsymbol{AB}^{\mathrm{T}}-\boldsymbol{BA}^{\mathrm{T}}+\boldsymbol{BB}^{\mathrm{T}}\\&=-\boldsymbol{AB}^{\mathrm{T}}-\boldsymbol{BA}^{\mathrm{T}}+2\boldsymbol{E}=\boldsymbol{E}.\qquad(2)\end{aligned}$$

将式(1)与式(2)相加得 $2\boldsymbol{E}=\boldsymbol{O}$，矛盾，故不存在 n 阶正交阵 $\boldsymbol{A},\boldsymbol{B}$，使得 $\boldsymbol{A}^2=\boldsymbol{AB}+\boldsymbol{B}^2$.

36. 证明：(反证法)先证 $\boldsymbol{A}$ 可逆. 若 $\boldsymbol{A}$ 不可逆，则 $R(\boldsymbol{A})=r<n$，于是存在可逆矩阵 $\boldsymbol{P},\boldsymbol{Q}$，使

$$\boldsymbol{A}=\boldsymbol{P}\begin{pmatrix}\boldsymbol{E}_r & \boldsymbol{O}\\ \boldsymbol{O} & \boldsymbol{O}\end{pmatrix}\boldsymbol{Q}.$$

取 $\boldsymbol{C}=\boldsymbol{Q}^{-1}\begin{pmatrix}\boldsymbol{O} & \boldsymbol{O}\\ \boldsymbol{O} & \boldsymbol{E}_{n-r}\end{pmatrix}$，则

$$ACA=P\begin{pmatrix}E_r & O\\ O & O\end{pmatrix}QQ^{-1}\begin{pmatrix}O & O\\ O & E_r\end{pmatrix}A=O.$$

若存在 B 使得 $ABA=A$，那么

$$A(B+C)A=ABA+ACA=A.$$

这与 B 的唯一性矛盾，因此 A 可逆，从而

$$A^{-1}ABAB=A^{-1}AB\Rightarrow BAB=B.$$

37. 解：由于 $v^{\mathrm{T}}u=0$，所以

$$(E+uv^{\mathrm{T}})^n=E+nuv^{\mathrm{T}}=\begin{bmatrix}1+2n & -n & 0\\ 4n & 1-2n & 0\\ 6n & -3n & 1\end{bmatrix}.$$

38. 解：因为

$$\begin{pmatrix}E & O\\ -(C-B)A^{-1} & E\end{pmatrix}\begin{pmatrix}A & A\\ C-B & C\end{pmatrix}\begin{pmatrix}E & -E\\ O & E\end{pmatrix}=\begin{pmatrix}A & O\\ O & B\end{pmatrix},\tag{1}$$

取行列式得

$$|M|=\begin{vmatrix}A & O\\ O & B\end{vmatrix}=|A|\,|B|\neq 0,$$

所以矩阵 M 可逆. 对式(1)两边求逆得

$$\begin{pmatrix}E & -E\\ O & E\end{pmatrix}^{-1}\begin{pmatrix}A & A\\ C-B & C\end{pmatrix}^{-1}\begin{pmatrix}E & O\\ -(C-B)A^{-1} & E\end{pmatrix}^{-1}=\begin{pmatrix}A & O\\ O & B\end{pmatrix}^{-1},$$

即

$$M^{-1}=\begin{pmatrix}E & -E\\ O & E\end{pmatrix}\begin{bmatrix}A^{-1} & O\\ O & B^{-1}\end{bmatrix}\begin{pmatrix}E & O\\ -(C-B)A^{-1} & E\end{pmatrix}=\begin{bmatrix}B^{-1}CA^{-1} & -B^{-1}\\ A^{-1}-B^{-1}CA^{-1} & B^{-1}\end{bmatrix}.$$

39. 解：$|3A-B|=2^{n-1}(3|A|-|B|)=21\cdot 2^{n-1}$.

40. 证明：(1) 由于 A 为 n 阶复幂零矩阵，$\exists\, m$ 使得 $A^m=O$，即 A 的特征值全为 0，亦即 A 的特征多项式为 $f(\lambda)=\lambda^n$.

又由哈密尔顿-凯莱定理知，$f(A)=0$，从而 $A^n=O$.

(2) A 的特征值全为 0，$A+kE_n$ 的特征值全为 k.

事实上，由于 $|kE-(kE+A)|=0$，所以 $|kE+A|=k^n$.

因此，对于任意非零常数 k，有 $|kE+A|\neq 0$，即对任意非零常数 k，$A+kE_n$ 都可逆.

41. 分析：第一步，$r_1^*(-CA^{-1})+r_2$，即进行行初等变换 $T_1=\begin{pmatrix}E & O\\ -CA^{-1} & E\end{pmatrix}$：

$$X=\begin{pmatrix}A & B\\ C & D\end{pmatrix}\to\begin{pmatrix}A & B\\ O & D-CA^{-1}B\end{pmatrix}.$$

第二步，$c_1^*(-A^{-1}B)+c_2$，即进行列初等变换 $T_2=\begin{pmatrix}E & -A^{-1}B\\ O & E\end{pmatrix}=T_1^{\mathrm{T}}$.

$$X\to\begin{pmatrix}A & O\\ O & D-CA^{-1}B\end{pmatrix}\to\begin{pmatrix}O & O\\ O & D\end{pmatrix}+\begin{pmatrix}A & O\\ O & -CA^{-1}B\end{pmatrix}.$$

$\exists\, 2n$ 阶可逆 P，使

$$P^{\mathrm{T}}\begin{pmatrix}O & O\\ O & D\end{pmatrix}P=\begin{bmatrix}O & O & O\\ O & -E_s & O\\ O & O & E_t\end{bmatrix}\quad (s+t\text{ 为 }D\text{ 的秩}).$$

又 $P^{\mathrm{T}}\begin{pmatrix}A & O\\ O & -CA^{-1}B\end{pmatrix}P$ 为对角阵，故存在正交矩阵 Q，使得 $Q^{\mathrm{T}}P^{\mathrm{T}}\begin{pmatrix}A & O\\ O & -CA^{-1}B\end{pmatrix}PQ$ 为对角阵，且有

$$Q^{\mathrm{T}}P^{\mathrm{T}}\begin{pmatrix}O & O\\ O & D\end{pmatrix}PQ=\begin{pmatrix}O & O & O\\ O & -E_s & O\\ O & O & E_t\end{pmatrix}.$$

取 $T=T_2PQ$ 为可逆，则 $Q^{\mathrm{T}}P^{\mathrm{T}}T_1=T^{\mathrm{T}}=Q^{\mathrm{T}}P^{\mathrm{T}}T_2^{\mathrm{T}}$，从而有 $T^{\mathrm{T}}XT$ 为分块对角阵.

42. 解：由于 $|A|=2\neq0$，所以 A 可逆，则 $A^*=|A|A^{-1}$.

而
$$A^{-1}=\begin{pmatrix}\frac{1}{2} & -1 & 0 & 0 & \cdots & 0\\ 0 & 1 & -1 & 0 & \cdots & 0\\ 0 & 0 & 1 & -1 & \ddots & \vdots\\ 0 & 0 & 0 & 1 & \ddots & 0\\ \vdots & \vdots & \vdots & \ddots & \ddots & -1\\ 0 & 0 & 0 & \cdots & 0 & 1\end{pmatrix},$$

故
$$A^*=2\begin{pmatrix}\frac{1}{2} & -1 & 0 & 0 & \cdots & 0\\ 0 & 1 & -1 & 0 & \cdots & 0\\ 0 & 0 & 1 & -1 & \ddots & \vdots\\ 0 & 0 & 0 & 1 & \ddots & 0\\ \vdots & \vdots & \vdots & \ddots & \ddots & -1\\ 0 & 0 & 0 & \cdots & 0 & 1\end{pmatrix}.$$

所以 A 中所有元素的代数余子式之和即为 A^* 的所有元素之和，亦即

$$2\left[\frac{1}{2}+(n-1)-(n-1)\right]=1.$$

43. 证明：(1) 因 $AB=BA$，故存在可逆矩阵 P 使得 $P^{-1}AP$，$P^{-1}BP$ 同为上三角阵，且上三角主对角元素是它们的特征值，所以 $P^{-1}(A+B)P$ 为上三角阵，且主对角元素是 A,B 的特征值之和.

又因为 A 可逆，B 是幂零阵，故 A 的特征值全不为 0，B 的特征值都为 0.

综上所述，$P^{-1}(A+B)P$ 是 A 的特征值，所以 $P^{-1}(A+B)P$ 可逆，即 $A+B$ 可逆.

(2) 取 $A=\begin{pmatrix}2 & 1\\ 2 & 2\end{pmatrix}$，$B=\begin{pmatrix}0 & 1\\ 0 & 0\end{pmatrix}$，显然 A 可逆，B 是幂零阵，但

$$AB=\begin{pmatrix}0 & 2\\ 0 & 2\end{pmatrix}\neq\begin{pmatrix}2 & 2\\ 0 & 0\end{pmatrix}=BA,$$

而 $A+B$ 不可逆，故 A,B 可交换的条件不能去掉.

44. (1) 证明：由条件可知存在可逆矩阵 P,Q 使得

$$PAQ=\begin{pmatrix}E_r & O\\ O & O\end{pmatrix}=\begin{pmatrix}1 & & & & \\ & 0 & & & \\ & & \ddots & & \\ & & & 0 & \\ & & & & 0\end{pmatrix}+\begin{pmatrix}0 & & & & \\ & 1 & & & \\ & & 0 & & \\ & & & \ddots & \\ & & & & 0\end{pmatrix}+\cdots+\begin{pmatrix}0 & & & & \\ & \ddots & & & \\ & & 1 & & \\ & & & 0 & \\ & & & & \ddots\end{pmatrix}$$

$$\Rightarrow \boldsymbol{A}=\boldsymbol{P}^{-1}\left\{\begin{pmatrix}1&&&&\\&0&&&\\&&\ddots&&\\&&&0&\\&&&&0\end{pmatrix}+\begin{pmatrix}0&&&&\\&1&&&\\&&0&&\\&&&\ddots&\\&&&&0\end{pmatrix}+\cdots+\begin{pmatrix}0&&&&\\&\ddots&&&\\&&1&&\\&&&0&\\&&&&\ddots\end{pmatrix}\right\}\boldsymbol{Q}^{-1}.$$

设 $\boldsymbol{B}_i=\boldsymbol{P}^{-1}\boldsymbol{E}_{ii}\boldsymbol{Q}^{-1}\Rightarrow \boldsymbol{A}=\sum_{i=1}^{r}\boldsymbol{B}_i, R(\boldsymbol{B}_i)=1$.

(2) 证明：由条件可知，存在可逆矩阵 $\boldsymbol{P},\boldsymbol{Q}$ 使得 $\boldsymbol{PAQ}=\begin{pmatrix}\boldsymbol{O}&\boldsymbol{E}_r\\\boldsymbol{O}&\boldsymbol{O}\end{pmatrix}$. 现设

$$\boldsymbol{D}=\begin{pmatrix}0&1&&&\\&0&1&&\\&&\ddots&\ddots&\\&&&0&1\\&&&&0\end{pmatrix}_{n\times n}\Rightarrow R(\boldsymbol{D})=n-1,\quad \boldsymbol{D}^{n-r}=\begin{pmatrix}\boldsymbol{O}&\boldsymbol{E}_r\\\boldsymbol{O}&\boldsymbol{O}\end{pmatrix},$$

故 $\boldsymbol{PAQ}=\begin{pmatrix}\boldsymbol{O}&\boldsymbol{E}_r\\\boldsymbol{O}&\boldsymbol{O}\end{pmatrix}=\boldsymbol{D}^{n-r}\Rightarrow \boldsymbol{A}=\boldsymbol{P}^{-1}\boldsymbol{D}^{n-r}\boldsymbol{Q}^{-1}=\boldsymbol{P}^{-1}\boldsymbol{DD}\cdots\boldsymbol{DDQ}^{-1}$.

令 $\boldsymbol{C}_1=\boldsymbol{P}^{-1}\boldsymbol{D}, \boldsymbol{C}_i=\boldsymbol{D}(i=2,3,\cdots,n-r-1),\quad \boldsymbol{C}_{n-r}=\boldsymbol{DQ}^{-1}$,

故 $\boldsymbol{A}=\boldsymbol{C}_1\boldsymbol{C}_2\cdots\boldsymbol{C}_{n-r-1}\boldsymbol{C}_{n-r}$, $R(\boldsymbol{C}_i)=n-1$.

45. 证明：下面先证(3)⇒(1). 显然成立.

再证(1)⇒(3). 设

$$\boldsymbol{A}=(\boldsymbol{\alpha}_1,\boldsymbol{\alpha}_2,\cdots,\boldsymbol{\alpha}_n),\quad \boldsymbol{A}^2=(\boldsymbol{\beta}_1,\boldsymbol{\beta}_2,\cdots,\boldsymbol{\beta}_n)=(\boldsymbol{\alpha}_1,\boldsymbol{\alpha}_2,\cdots,\boldsymbol{\alpha}_n)\boldsymbol{A},$$

因为 $R(\boldsymbol{A})=R(\boldsymbol{A}^2)$，由文献[1]第 106 页补充题第四题结论知，向量组 $\boldsymbol{\alpha}_1,\boldsymbol{\alpha}_2,\cdots,\boldsymbol{\alpha}_n$ 与 $\boldsymbol{\beta}_1,\boldsymbol{\beta}_2,\cdots,\boldsymbol{\beta}_n$ 等价，因此 $\boldsymbol{\beta}_1,\boldsymbol{\beta}_2,\cdots,\boldsymbol{\beta}_n$ 可以由 $\boldsymbol{\alpha}_1,\boldsymbol{\alpha}_2,\cdots,\boldsymbol{\alpha}_n$ 线性表示，故 $\boldsymbol{A}^2=\boldsymbol{AB}$.

再证(2)⇒(1).

由条件知，$R(\boldsymbol{A})=R(\boldsymbol{Q})$.

又 $\boldsymbol{A}^2=\boldsymbol{P}\begin{pmatrix}\boldsymbol{Q}^2&\boldsymbol{O}\\\boldsymbol{O}&\boldsymbol{O}\end{pmatrix}\boldsymbol{P}$，故 $R(\boldsymbol{A}^2)=R(\boldsymbol{Q}^2)=R(\boldsymbol{Q})=R(\boldsymbol{A})$，显然成立.

然后，证明(1)⇒(2).

设 $R(\boldsymbol{A})=l$，则存在可逆矩阵 $\boldsymbol{P}$ 使得 $\boldsymbol{A}$ 相似于下面若尔当标准形：

$$\boldsymbol{P}^{-1}\boldsymbol{AP}=\begin{pmatrix}\boldsymbol{J}_1&&&&\\&\boldsymbol{J}_2&&&\\&&\ddots&&\\&&&\boldsymbol{J}_k&\\&&&&\boldsymbol{O}\end{pmatrix},$$

其中 $\boldsymbol{J}_i(i=1,2,\cdots,k)$ 为若尔当块，其对角元素不为 0. 令

$$\boldsymbol{Q}=\begin{pmatrix}\boldsymbol{J}_1&&&\\&\boldsymbol{J}_2&&\\&&\ddots&\\&&&\boldsymbol{J}_k\end{pmatrix}\in\mathbf{C}^{l\times l},$$

所以
$$A=P\begin{pmatrix}Q & O\\ O & O\end{pmatrix}P^{-1},\quad A^2=P\begin{pmatrix}Q^2 & O\\ O & O\end{pmatrix}P^{-1}.$$

又 $R(A)=R(A^2)=l$，故 $R(Q)=R(Q^2)=l$，显然 Q 可逆.

46. 证明：**必要性.**

因 $A^T=-A$，故 $AA^T=A(-A)=-A^2$.

充分性.

因 $AA^T=-A^2\Rightarrow A(A+A^T)=O$，故
$$A^TA=-(A^T)^2\Rightarrow A^T(A+A^T)=O,$$
从而得到
$$(A+A^T)(A+A^T)=O,$$
故
$$(A+A^T)(A+A^T)^T=O. \tag{1}$$

又由于 A 为实矩阵，所以 $(A+A^T)^T=A+A^T$ 也是实对称矩阵.

由(1)可知，$A+A^T=O\Rightarrow A^T=-A$.

47. 答：$BABA$ 不一定为零矩阵. 例如，取
$$A=\begin{pmatrix}0&0&0\\0&1&0\\0&0&1\end{pmatrix},\quad B=\begin{pmatrix}0&1&0\\0&0&1\\0&0&0\end{pmatrix},\quad ABAB=O,$$
但是
$$BABA=\begin{pmatrix}0&0&1\\0&0&0\\0&0&0\end{pmatrix}.$$

48. 解：由于 $A^*=\begin{pmatrix}1&0&0&0\\0&1&0&0\\1&0&1&0\\0&-3&0&8\end{pmatrix}$，故 $|A^*|=|A|^3=8\Rightarrow|A|=2$.

又因为 $ABA^{-1}=BA^{-1}+3E$，所以 $AB=B+3A$，从而
$$A^*AB=A^*B+3A^*A=|A|B=A^*B+3|A|E,$$
故 $(2E-A^*)B=6E$. 用初等变换来解矩阵方程可得
$$B=\begin{pmatrix}6&0&0&0\\0&6&0&0\\6&0&6&0\\0&3&0&-1\end{pmatrix}.$$

又 $A^*A=2E$，可得
$$A=\begin{pmatrix}2&0&0&0\\0&2&0&0\\-2&0&2&0\\0&\frac{3}{4}&0&\frac{1}{4}\end{pmatrix}.$$

(2) $A^{2014}\beta=A^{2013}(A\beta)=A^{2013}2\begin{pmatrix}0\\7\\0\\3\end{pmatrix}=A^{2013}(2\beta)=\cdots=2^{2014}\beta=\begin{pmatrix}0\\7\cdot2^{2014}\\0\\3\cdot2^{2014}\end{pmatrix}$.

49. 证明：设线性变换 τ 在 V 中的一组基 $\boldsymbol{\varepsilon}_1,\boldsymbol{\varepsilon}_2,\cdots,\boldsymbol{\varepsilon}_n$ 下的矩阵为 $\boldsymbol{A}$，可逆线性变换 Q 与一个幂等变换 σ 分别在基 $\boldsymbol{\varepsilon}_1,\boldsymbol{\varepsilon}_2,\cdots,\boldsymbol{\varepsilon}_n$ 下的矩阵为 $\boldsymbol{B},\boldsymbol{C}$，则等价命题转换为：

任意矩阵 $\boldsymbol{A}$ 一定可以表示为可逆矩阵 $\boldsymbol{B}$ 与一个幂等矩阵 $\boldsymbol{C}$(即 $\boldsymbol{C}^2=\boldsymbol{C}$)的乘积.

设 $R(\boldsymbol{A})=r$，则存在可逆矩阵 $\boldsymbol{P},\boldsymbol{S}$ 使得

$$\boldsymbol{A}=\boldsymbol{P}\begin{pmatrix}\boldsymbol{E}_r & \boldsymbol{O}\\ \boldsymbol{O} & \boldsymbol{O}\end{pmatrix}\boldsymbol{S}=\boldsymbol{PS}\left(\boldsymbol{S}^{-1}\begin{pmatrix}\boldsymbol{E}_r & \boldsymbol{O}\\ \boldsymbol{O} & \boldsymbol{O}\end{pmatrix}\boldsymbol{S}\right).$$

令 $\boldsymbol{B}=\boldsymbol{PS},\boldsymbol{C}=\boldsymbol{S}^{-1}\begin{pmatrix}\boldsymbol{E}_r & \boldsymbol{O}\\ \boldsymbol{O} & \boldsymbol{O}\end{pmatrix}\boldsymbol{S}\Rightarrow\boldsymbol{C}^2=\boldsymbol{C}$ 且 $\boldsymbol{B}$ 为可逆矩阵，并且 $\boldsymbol{A}=\boldsymbol{BC}$.

50. 证明：(1) 只需证明 $|\boldsymbol{E}-\boldsymbol{A}|\neq0,|\boldsymbol{E}-\boldsymbol{B}|\neq0$，即可知 1 均不是 $\boldsymbol{A},\boldsymbol{B}$ 的特征值.

$\boldsymbol{AB}=\boldsymbol{A}+\boldsymbol{B}\Rightarrow(\boldsymbol{E}-\boldsymbol{A})(\boldsymbol{E}-\boldsymbol{B})=\boldsymbol{E}\Rightarrow|(\boldsymbol{E}-\boldsymbol{B})(\boldsymbol{E}-\boldsymbol{A})|=1\Rightarrow|\boldsymbol{E}-\boldsymbol{A}|\neq0,|\boldsymbol{E}-\boldsymbol{B}|\neq0$，故 1 均不是 $\boldsymbol{A},\boldsymbol{B}$ 的特征值，且

$$(\boldsymbol{E}-\boldsymbol{A})(\boldsymbol{E}-\boldsymbol{B})=\boldsymbol{E}\Rightarrow(\boldsymbol{E}-\boldsymbol{B})(\boldsymbol{E}-\boldsymbol{A})=\boldsymbol{E}\Rightarrow\boldsymbol{BA}=\boldsymbol{A}+\boldsymbol{B}=\boldsymbol{AB}.$$

(2) 因为 $\boldsymbol{A},\boldsymbol{B}$ 都能对角化，所以它们都有 n 个线性无关的特征向量，需证它们都是对方的特征向量即可证它们同时能对角化.

令 $\lambda_1,\lambda_2,\cdots,\lambda_n$ 是 $\boldsymbol{A}$ 的所有特征值，$\boldsymbol{\alpha}_i$ 是 $\boldsymbol{A}$ 的属于特征值 λ_i 的 n 个线性无关列特征向量，即 $\boldsymbol{A\alpha}_i=\lambda_i\boldsymbol{\alpha}_i(\boldsymbol{\alpha}_i\neq\boldsymbol{0};i=1,2,\cdots,n)$，则 $\boldsymbol{\alpha}_1,\boldsymbol{\alpha}_2,\cdots,\boldsymbol{\alpha}_n$ 是 $\boldsymbol{P}^n$ 的一组基. 令 $\boldsymbol{P}=(\boldsymbol{\alpha}_1,\boldsymbol{\alpha}_2,\cdots,\boldsymbol{\alpha}_n)$，则

$$\boldsymbol{P}^{-1}\boldsymbol{AP}=\mathrm{diag}(\lambda_1,\lambda_2,\cdots,\lambda_n).$$

由于 $\boldsymbol{AB}=\boldsymbol{BA}$，所以等式两边左乘 $\boldsymbol{\alpha}_i$ 后得

$$\boldsymbol{AB\alpha}_i=\boldsymbol{BA\alpha}_i=\lambda_i\boldsymbol{B\alpha}_i,$$

因此 $\exists\mu_i\in P$，使得 $\boldsymbol{B\alpha}_i=\mu_i\boldsymbol{\alpha}_i(i=1,2,\cdots,n)$，故 $\boldsymbol{\alpha}_1,\boldsymbol{\alpha}_2,\cdots,\boldsymbol{\alpha}_n$ 也是 $\boldsymbol{B}$ 的属于特征值 u_i 的 n 个线性无关特征向量，因此 $\boldsymbol{P}^{-1}\boldsymbol{BP}=\mathrm{diag}(u_1,u_2,\cdots,u_n)$，从而它们对应的矩阵同时对角化.

51. 证明：(反证法)假设存在 n 阶矩阵 $\boldsymbol{A},\boldsymbol{B}$ 使得 $\boldsymbol{AB}-\boldsymbol{BA}=\boldsymbol{E}$，故

$$\mathrm{tr}(\boldsymbol{AB}-\boldsymbol{BA})=\mathrm{tr}(\boldsymbol{AB})-\mathrm{tr}(\boldsymbol{BA})=0,$$

这与 $\mathrm{tr}(\boldsymbol{E})=n$ 矛盾. 因此命题成立.

52. 证明：下证命题：若 $\boldsymbol{A}$ 可逆，则 $\boldsymbol{A}^{-1}$ 可以由矩阵 $\boldsymbol{E},\boldsymbol{A},\boldsymbol{A}^2,\cdots,\boldsymbol{A}^{n-1}$ 线性表示.

设 $\boldsymbol{A}$ 的特征多项式为 $f(\lambda)=\lambda^n+a_{n-1}\lambda^{n-1}+\cdots+a_1\lambda+a_0$，因为 $\boldsymbol{A}$ 可逆，所以

$$a_0=(-1)^n|\boldsymbol{A}|\neq0.$$

由哈密尔顿-凯莱定理知，

$$f(\boldsymbol{A})=\boldsymbol{O}=\boldsymbol{A}^n+a_{n-1}\boldsymbol{A}^{n-1}+\cdots+a_1\boldsymbol{A}+a_0\boldsymbol{E}\Rightarrow\boldsymbol{A}[(-a_0)^{-1}(\boldsymbol{A}^{n-1}+a_{n-1}\boldsymbol{A}^{n-2}+\cdots+a_1\boldsymbol{E})]=\boldsymbol{E},$$

可推出

$$\boldsymbol{A}^{-1}=(-a_0)^{-1}(\boldsymbol{A}^{n-1}+a_{n-1}\boldsymbol{A}^{n-2}+\cdots+a_1\boldsymbol{E}),$$

从而由条件 $\boldsymbol{CB}=\boldsymbol{O},\boldsymbol{CA}^i\boldsymbol{B}=\boldsymbol{O}(i=1,2,\cdots,n)$ 可知

$$\begin{aligned}\boldsymbol{CA}^{-1}\boldsymbol{B}&=(-a_0)^{-1}\boldsymbol{C}(\boldsymbol{A}^{n-1}+a_{n-1}\boldsymbol{A}^{n-2}+\cdots+a_1\boldsymbol{E})\boldsymbol{B}\\&=(-a_0)^{-1}(\boldsymbol{CA}^{n-1}\boldsymbol{B}+a_{n-1}\boldsymbol{CA}^{n-2}\boldsymbol{B}+\cdots+a_1\boldsymbol{CB})=\boldsymbol{O}.\end{aligned}$$

由于

$$\begin{pmatrix}\boldsymbol{E} & \boldsymbol{O}\\ -\boldsymbol{CA}^{-1} & \boldsymbol{E}\end{pmatrix}\begin{pmatrix}\boldsymbol{A} & \boldsymbol{B}\\ \boldsymbol{C} & \boldsymbol{A}\end{pmatrix}\begin{pmatrix}\boldsymbol{E} & -\boldsymbol{A}^{-1}\boldsymbol{B}\\ \boldsymbol{O} & \boldsymbol{E}\end{pmatrix}=\begin{pmatrix}\boldsymbol{A} & \boldsymbol{O}\\ \boldsymbol{O} & \boldsymbol{A}-\boldsymbol{CA}^{-1}\boldsymbol{B}\end{pmatrix}=\begin{pmatrix}\boldsymbol{A} & \boldsymbol{O}\\ \boldsymbol{O} & \boldsymbol{A}\end{pmatrix},$$

又 $\begin{pmatrix}\boldsymbol{A} & \boldsymbol{O}\\ \boldsymbol{O} & \boldsymbol{A}\end{pmatrix}$ 可逆，故 $\begin{pmatrix}\boldsymbol{A} & \boldsymbol{B}\\ \boldsymbol{C} & \boldsymbol{A}\end{pmatrix}$ 可逆，且

$$\begin{pmatrix}\boldsymbol{A} & \boldsymbol{B}\\ \boldsymbol{C} & \boldsymbol{A}\end{pmatrix}^{-1}=\begin{pmatrix}\boldsymbol{E} & -\boldsymbol{A}^{-1}\boldsymbol{B}\\ \boldsymbol{O} & \boldsymbol{E}\end{pmatrix}\begin{bmatrix}\boldsymbol{A}^{-1} & \boldsymbol{O}\\ \boldsymbol{O} & \boldsymbol{A}^{-1}\end{bmatrix}\begin{pmatrix}\boldsymbol{E} & \boldsymbol{O}\\ -\boldsymbol{CA}^{-1} & \boldsymbol{E}\end{pmatrix}$$

$$=\begin{pmatrix} A^{-1}+A^{-1}BA^{-1}CA^{-1} & -A^{-1}BA^{-1} \\ A^{-1}CA^{-1} & A^{-1} \end{pmatrix}.$$

53. 证明：由条件可知，矩阵 $\boldsymbol{A}$ 的行向量组 $\boldsymbol{\alpha}_1,\boldsymbol{\alpha}_2,\cdots,\boldsymbol{\alpha}_n$ 和列向量组 $\boldsymbol{\beta}_1,\boldsymbol{\beta}_2,\cdots,\boldsymbol{\beta}_n$ 都为正交向量组，并且 1 或 -1 不在矩阵的同行同列，故 $|\boldsymbol{A}|=1$ 或 -1，则 $\boldsymbol{A}$ 可逆，因此对任意正整数 m，$\boldsymbol{A}^m$ 产生的矩阵必可逆，并且又由于 $\boldsymbol{\alpha}_i\boldsymbol{\beta}_j=0$ 或 1 或 -1，所以 $\boldsymbol{A}^m$ 矩阵的每行每列有一个 1 或 -1，其余元素都为 0. 因此 $\boldsymbol{A}^m$ 产生的矩阵序列 $\boldsymbol{A},\boldsymbol{A}^2,\cdots,\boldsymbol{A}^{n^2},\cdots$ 最多有有限个 3^{n^2} 不同，因此存在正整数 $s>t\in\mathbf{N}$，使得

$$\boldsymbol{A}^s=\boldsymbol{A}^t\Rightarrow\boldsymbol{A}^{s-t}=\boldsymbol{E},$$

取 $m=s-t$ 即为所求.

54. 证明：设 $\boldsymbol{J}(\lambda_i,k_i)=\begin{pmatrix} \lambda_i & 1 & \cdots & 0 & 0 \\ 0 & \lambda_i & 1 & 0 & 0 \\ \vdots & \vdots & \ddots & \ddots & \vdots \\ 0 & 0 & \cdots & \lambda_i & 1 \\ 0 & 0 & \cdots & 0 & \lambda_i \end{pmatrix}_{k_i\times k_i}$，$R(\boldsymbol{A})=r$，则存在可逆矩阵 $\boldsymbol{P}$ 使得

$$\boldsymbol{P}^{-1}\boldsymbol{A}\boldsymbol{P}=\begin{pmatrix} \boldsymbol{J}(\lambda_1,k_1) & 0 & \cdots & 0 & 0 \\ 0 & \boldsymbol{J}(\lambda_2,k_2) & \cdots & 0 & 0 \\ \vdots & \vdots & & \vdots & \vdots \\ 0 & 0 & \cdots & \boldsymbol{J}(\lambda_{s-1},k_{s-1}) & 0 \\ 0 & 0 & \cdots & 0 & \boldsymbol{J}(\lambda_s,k_s) \end{pmatrix},$$

则

$$\boldsymbol{P}^{-1}\boldsymbol{A}^2\boldsymbol{P}=\begin{pmatrix} \boldsymbol{J}^2(\lambda_1,k_1) & 0 & \cdots & 0 & 0 \\ 0 & \boldsymbol{J}^2(\lambda_2,k_2) & \cdots & 0 & 0 \\ \vdots & \vdots & & \vdots & \vdots \\ 0 & 0 & \cdots & \boldsymbol{J}^2(\lambda_{s-1},k_{s-1}) & 0 \\ 0 & 0 & \cdots & 0 & \boldsymbol{J}^2(\lambda_s,k_s) \end{pmatrix}.$$

由此可知，

$$R(\boldsymbol{A})=\sum_{i=1}^{s}R(\boldsymbol{J}(\lambda_i,k_i)),\quad R(\boldsymbol{A}^2)=\sum_{i=1}^{s}R(\boldsymbol{J}^2(\lambda_i,k_i)).$$

又若 $\lambda_i\neq0$ 时，显然 $R(\boldsymbol{J}^k(\lambda_i,k_i))=R(\boldsymbol{J}(\lambda_i,k_i))$；若 $\lambda_i=0$ 时，$k_i=1$ 是 $R(\boldsymbol{J}^k(\lambda_i,k_i))=R(\boldsymbol{J}(\lambda_i,k_i))$ 的充要条件. 又因 $R(\boldsymbol{A})=R(\boldsymbol{A}^2)=r$，所以 $\boldsymbol{A}$ 的特征值有 r 个非零特征值（包括重根），并且当特征值 $\lambda_i=0$ 时 $k_i=1$.

又

$$\boldsymbol{P}^{-1}\boldsymbol{A}^k\boldsymbol{P}=\begin{pmatrix} \boldsymbol{J}^k(\lambda_1,k_1) & 0 & \cdots & 0 & 0 \\ 0 & \boldsymbol{J}^k(\lambda_2,k_2) & \cdots & 0 & 0 \\ \vdots & \vdots & & \vdots & \vdots \\ 0 & 0 & \cdots & \boldsymbol{J}^k(\lambda_{s-1},k_{s-1}) & 0 \\ 0 & 0 & \cdots & 0 & \boldsymbol{J}^k(\lambda_s,k_s) \end{pmatrix},$$

则

$$R(\boldsymbol{A}^k)=\sum_{i=1}^{s}R(\boldsymbol{J}^k(\lambda_i,k_i))=\sum_{i=1}^{s}R(\boldsymbol{J}(\lambda_i,k_i))=R(\boldsymbol{A}).$$

命题得证.

55. (1) 证明:**必要性.**

若$\begin{pmatrix} \boldsymbol{A} & \boldsymbol{A} \\ \boldsymbol{C}-\boldsymbol{B} & \boldsymbol{C} \end{pmatrix}$可逆,则 $R\begin{pmatrix} \boldsymbol{A} & \boldsymbol{A} \\ \boldsymbol{C}-\boldsymbol{B} & \boldsymbol{C} \end{pmatrix}=2n$,

又 $$\begin{pmatrix} \boldsymbol{A} & \boldsymbol{A} \\ \boldsymbol{C}-\boldsymbol{B} & \boldsymbol{C} \end{pmatrix}\xrightarrow[c_2-c_1]{}\begin{pmatrix} \boldsymbol{A} & \boldsymbol{O} \\ \boldsymbol{C}-\boldsymbol{B} & \boldsymbol{B} \end{pmatrix},$$

故 $$R\begin{pmatrix} \boldsymbol{A} & \boldsymbol{A} \\ \boldsymbol{C}-\boldsymbol{B} & \boldsymbol{C} \end{pmatrix}=R\begin{pmatrix} \boldsymbol{A} & \boldsymbol{O} \\ \boldsymbol{C}-\boldsymbol{B} & \boldsymbol{B} \end{pmatrix}=2n\Rightarrow\begin{vmatrix} \boldsymbol{A} & \boldsymbol{O} \\ \boldsymbol{C}-\boldsymbol{B} & \boldsymbol{B} \end{vmatrix}=|\boldsymbol{AB}|\neq 0,$$

所以 $\boldsymbol{AB}$ 可逆.

充分性. 上述过程可逆.

(2) 解:因为$\begin{pmatrix} \boldsymbol{A} & \boldsymbol{A} \\ \boldsymbol{C}-\boldsymbol{B} & \boldsymbol{C} \end{pmatrix}$可逆,所以 $\boldsymbol{AB}$ 可逆,故 $\boldsymbol{A},\boldsymbol{B}$ 分别可逆. 又

$$\begin{pmatrix} \boldsymbol{E} & \boldsymbol{O} \\ \boldsymbol{O} & \boldsymbol{B}^{-1} \end{pmatrix}\begin{pmatrix} \boldsymbol{E} & \boldsymbol{O} \\ \boldsymbol{B}-\boldsymbol{C} & \boldsymbol{E} \end{pmatrix}\begin{pmatrix} \boldsymbol{A}^{-1} & \boldsymbol{O} \\ \boldsymbol{O} & \boldsymbol{E} \end{pmatrix}\begin{pmatrix} \boldsymbol{A} & \boldsymbol{A} \\ \boldsymbol{C}-\boldsymbol{B} & \boldsymbol{C} \end{pmatrix}\begin{pmatrix} \boldsymbol{E} & -\boldsymbol{E} \\ \boldsymbol{O} & \boldsymbol{E} \end{pmatrix}=\begin{pmatrix} \boldsymbol{E} & \boldsymbol{O} \\ \boldsymbol{O} & \boldsymbol{E} \end{pmatrix},$$

所以 $$\begin{pmatrix} \boldsymbol{A} & \boldsymbol{A} \\ \boldsymbol{C}-\boldsymbol{B} & \boldsymbol{C} \end{pmatrix}^{-1}=\begin{pmatrix} \boldsymbol{E} & -\boldsymbol{E} \\ \boldsymbol{O} & \boldsymbol{E} \end{pmatrix}\begin{pmatrix} \boldsymbol{E} & \boldsymbol{O} \\ \boldsymbol{O} & \boldsymbol{B}^{-1} \end{pmatrix}\begin{pmatrix} \boldsymbol{E} & \boldsymbol{O} \\ \boldsymbol{B}-\boldsymbol{C} & \boldsymbol{E} \end{pmatrix}\begin{pmatrix} \boldsymbol{A}^{-1} & \boldsymbol{O} \\ \boldsymbol{O} & \boldsymbol{E} \end{pmatrix}$$

$$=\begin{pmatrix} \boldsymbol{B}^{-1}\boldsymbol{C}\boldsymbol{A}^{-1} & -\boldsymbol{B}^{-1} \\ \boldsymbol{A}^{-1}-\boldsymbol{B}^{-1}\boldsymbol{C}\boldsymbol{A}^{-1} & \boldsymbol{B}^{-1} \end{pmatrix}=\begin{pmatrix} \boldsymbol{B}^{-1}\boldsymbol{C}\boldsymbol{A}^{-1} & -\boldsymbol{B}^{-1} \\ \boldsymbol{A}^{-1} & \boldsymbol{O} \end{pmatrix}.$$

56. 证明:对 n 作数学归纳法.

(1) 当 $n=1$ 时,结论显然成立.

(2) 假设当 $n=k$ 时,结论成立.

(3) 当 $n=k+1$ 时,设 $\boldsymbol{A}=\begin{pmatrix} a_{11} & a_{12} & \cdots & a_{1n} \\ a_{21} & a_{22} & \cdots & a_{2n} \\ \vdots & \vdots & & \vdots \\ a_{n1} & a_{n2} & \cdots & a_{nn} \end{pmatrix}$,若 $a_{11}\neq 0$,则

$$\begin{pmatrix} 1 & 0 & 0 & \cdots & 0 \\ 0 & 1 & 0 & \cdots & 0 \\ 0 & 0 & 1 & \cdots & 0 \\ \vdots & \vdots & \vdots & & \vdots \\ -\frac{a_{n1}}{a_{11}} & 0 & 0 & \cdots & 1 \end{pmatrix}\cdots\begin{pmatrix} 1 & 0 & 0 & \cdots & 0 \\ 0 & 1 & 0 & \cdots & 0 \\ -\frac{a_{31}}{a_{11}} & 0 & 1 & \cdots & 0 \\ \vdots & \vdots & \vdots & & \vdots \\ 0 & 0 & 0 & \cdots & 1 \end{pmatrix}\begin{pmatrix} 1 & 0 & 0 & \cdots & 0 \\ -\frac{a_{21}}{a_{11}} & 1 & 0 & \cdots & 0 \\ 0 & 0 & 1 & \cdots & 0 \\ \vdots & \vdots & \vdots & & \vdots \\ 0 & 0 & 0 & \cdots & 1 \end{pmatrix}\boldsymbol{A}$$

$$=\begin{pmatrix} a_{11} & a_{12} & \cdots & a_{1n} \\ 0 & a_{22}^{\mathrm{T}} & \cdots & a_{2n}^{\mathrm{T}} \\ \vdots & \vdots & & \vdots \\ 0 & a_{n2}^{\mathrm{T}} & \cdots & a_{nn}^{\mathrm{T}} \end{pmatrix}=\begin{pmatrix} a_{11} & \boldsymbol{\alpha} \\ \boldsymbol{0} & \boldsymbol{A}_1 \end{pmatrix},$$

其中,

$$\boldsymbol{\alpha}=(a_{12},a_{13},\cdots,a_{1,k+1}),\quad \boldsymbol{A}_1=\begin{pmatrix} a_{22}^{\mathrm{T}} & a_{23}^{\mathrm{T}} & \cdots & a_{2,k+1}^{\mathrm{T}} \\ a_{32}^{\mathrm{T}} & a_{33}^{\mathrm{T}} & \cdots & a_{3,k+1}^{\mathrm{T}} \\ \vdots & \vdots & & \vdots \\ a_{k+1,2}^{\mathrm{T}} & a_{k+1,3}^{\mathrm{T}} & \cdots & a_{k+1,k+1}^{\mathrm{T}} \end{pmatrix}.$$

由假设可知,存在一个可逆矩阵 $\boldsymbol{P}_1$ 和上三角矩阵 $\boldsymbol{U}_1$ 使得 $\boldsymbol{A}_1=\boldsymbol{P}_1\boldsymbol{U}_1$,因此,

$$\begin{pmatrix}1&0&0&\cdots&0\\0&1&0&\cdots&0\\0&0&1&\cdots&0\\\vdots&\vdots&\vdots&&\vdots\\-\frac{a_{n1}}{a_{11}}&0&0&\cdots&1\end{pmatrix}\cdots\begin{pmatrix}1&0&0&\cdots&0\\0&1&0&\cdots&0\\-\frac{a_{31}}{a_{11}}&0&1&\cdots&0\\\vdots&\vdots&\vdots&&\vdots\\0&0&0&\cdots&1\end{pmatrix}\begin{pmatrix}1&0&0&\cdots&0\\-\frac{a_{21}}{a_{11}}&1&0&\cdots&0\\0&0&1&\cdots&0\\\vdots&\vdots&\vdots&&\vdots\\0&0&0&\cdots&1\end{pmatrix}\boldsymbol{A}$$

$$=\begin{pmatrix}a_{11}&\boldsymbol{\alpha}\\\boldsymbol{0}&\boldsymbol{A}_1\end{pmatrix}=\begin{pmatrix}a_{11}&\boldsymbol{\alpha}\\\boldsymbol{0}&\boldsymbol{P}_1\boldsymbol{U}_1\end{pmatrix}=\begin{pmatrix}1&0\\\boldsymbol{0}&\boldsymbol{P}_1\end{pmatrix}\begin{pmatrix}a_{11}&\boldsymbol{\alpha}\\0&\boldsymbol{U}_1\end{pmatrix},$$

从而设

$$\boldsymbol{P}=\begin{pmatrix}1&0&0&\cdots&0\\\frac{a_{21}}{a_{11}}&1&0&\cdots&0\\0&0&1&\cdots&0\\\vdots&\vdots&\vdots&&\vdots\\0&0&0&\cdots&1\end{pmatrix}\begin{pmatrix}1&0&0&\cdots&0\\0&1&0&\cdots&0\\\frac{a_{31}}{a_{11}}&0&1&\cdots&0\\\vdots&\vdots&\vdots&&\vdots\\0&0&0&\cdots&1\end{pmatrix}\cdots\begin{pmatrix}1&0&0&\cdots&0\\0&1&0&\cdots&0\\0&0&1&\cdots&0\\\vdots&\vdots&\vdots&&\vdots\\\frac{a_{n1}}{a_{11}}&0&0&\cdots&1\end{pmatrix}\begin{pmatrix}1&0\\\boldsymbol{0}&\boldsymbol{P}_1\end{pmatrix},$$

$$\boldsymbol{U}=\begin{pmatrix}a_{11}&\boldsymbol{\alpha}\\0&\boldsymbol{U}_1\end{pmatrix},$$

则 $\boldsymbol{A}=\boldsymbol{PU}$.

若 $a_{11}=0$,分两种情形讨论,用到置换矩阵,容易证明(略).
故由数学归纳法知,结论成立.

57. 证明:(1) 设 $W=\{\boldsymbol{X}\mid\boldsymbol{AX}=\boldsymbol{0},R(\boldsymbol{A})=r,\boldsymbol{X}\in\mathbf{R}^n\}$,则 $\dim(\boldsymbol{W})=n-r$,

将 $\boldsymbol{B}$ 分块为 $\boldsymbol{B}=(\boldsymbol{B}_1,\boldsymbol{B}_2,\cdots,\boldsymbol{B}_n)$,因为

$$\boldsymbol{AB}=\boldsymbol{O}=\boldsymbol{A}(\boldsymbol{B}_1,\boldsymbol{B}_2,\cdots,\boldsymbol{B}_n)\Rightarrow\boldsymbol{AB}_i=\boldsymbol{0}(i=1,2,\cdots,n),$$

因此,
$$\boldsymbol{B}_i\in W=\{\boldsymbol{X}\mid\boldsymbol{AX}=\boldsymbol{0},R(\boldsymbol{A})=r,\boldsymbol{X}\in\mathbf{R}^n\},$$
从而
$$R(\boldsymbol{B})=R(\boldsymbol{B}_1,\boldsymbol{B}_2,\cdots,\boldsymbol{B}_n)\leqslant n-r\Rightarrow R(\boldsymbol{A})+R(\boldsymbol{B})\leqslant n.$$

(2) 分两种情况讨论:当 $n=r$ 时,取 $\boldsymbol{B}=\boldsymbol{O}$,结论显然成立;当 $n>r$ 时,取线性空间

$$W=\{\boldsymbol{X}\mid\boldsymbol{AX}=\boldsymbol{0},R(\boldsymbol{A})=r,\boldsymbol{X}\in\mathbf{R}^n\}$$

中 $k-r$ 个线性无关的向量组 $\boldsymbol{\eta}_1,\boldsymbol{\eta}_2,\cdots,\boldsymbol{\eta}_{k-r}$,令 $\boldsymbol{B}=(\boldsymbol{\eta}_1,\boldsymbol{\eta}_2,\cdots,\boldsymbol{\eta}_{k-r},\boldsymbol{0},\cdots,\boldsymbol{0})\in\mathbf{R}^{n\times n}$ 即为所求.

58. 答:(1) 不一定可逆. 例如,

$$\boldsymbol{A}=\begin{pmatrix}2&-2&0\\-2&2&0\\0&0&1\end{pmatrix},\quad\boldsymbol{B}=\begin{pmatrix}3&-2&0\\-2&3&0\\0&0&1\end{pmatrix},\quad|\boldsymbol{A}|=0,\quad|\boldsymbol{B}|\neq0.$$

(2) 可逆. 事实上,由条件可知 $\boldsymbol{A}$ 为严格对角占优矩阵,故结论成立.

第5讲　二　次　型

5.1　二次型的矩阵表示与标准形

一、概述

为了研究二次型的性质，利用矩阵作为工具，引入了二次型的矩阵表示，并给出了非线性替换将二次型化为标准形的配方法，从而对应给出了二次型矩阵的合同概念，进一步给出了合同变换化二次型为标准形的方法.

二、难点及相关实例

通过本节的学习，可以利用配方法及合同变换化二次型为标准形.

例1　分别用配方法和合同变换求所用的非线性替换，化二次型 $f(x_1,x_2,x_3)=2x_1x_2+4x_2x_3-x_2^2+x_3^2$ 为标准形，并用矩阵的合同来验证结果的正确性.

解法一　配方法. 观察到二次型中有平方项和交叉项，先从 x_3 开始配方，将含有 x_3 的平方项和交叉项配成平方项，再将剩下的两个字母的二次型按刚才的原则配方即可：

$$f(x_1,x_2,x_3)=(x_3+2x_2)^2-5x_2^2+2x_1x_2=(x_3+2x_2)^2-5\left(x_2-\frac{1}{5}x_1\right)^2+\frac{1}{5}x_1^2.$$

令 $\begin{cases} y_1=2x_2+x_3, \\ y_2=-\dfrac{1}{5}x_1+x_2, \\ y_3=x_1, \end{cases}$ 即 $\begin{cases} x_1=y_3, \\ x_2=y_2+\dfrac{1}{5}y_3, \\ x_3=y_1-2y_2-\dfrac{2}{5}y_3. \end{cases}$

此为所用的非退化线性替换，可将原二次型化为下列标准形：

$$f(x_1,x_2,x_3)=g(y_1,y_2,y_3)=y_1^2-5y_2^2+\frac{1}{5}y_3^2.$$

验证：原二次型对应的矩阵为 $\boldsymbol{A}=\begin{pmatrix} 0 & 1 & 0 \\ 1 & -1 & 2 \\ 0 & 2 & 1 \end{pmatrix}$，标准形对应的矩阵为 $\boldsymbol{B}=\begin{pmatrix} 1 & 0 & 0 \\ 0 & -5 & 0 \\ 0 & 0 & \frac{1}{5} \end{pmatrix}$，所用的非退化线性替换对应的矩阵 $\boldsymbol{C}=\begin{pmatrix} 0 & 0 & 1 \\ 0 & 1 & \frac{1}{5} \\ 1 & -2 & -\frac{2}{5} \end{pmatrix}$，可验证 $\boldsymbol{B}=\boldsymbol{C}^{\mathrm{T}}\boldsymbol{A}\boldsymbol{C}$.

解法二　合同变换.

$$\begin{pmatrix} \boldsymbol{A} \\ \cdots \\ \boldsymbol{E} \end{pmatrix}=\begin{pmatrix} 0 & 1 & 0 \\ 1 & -1 & 2 \\ 0 & 2 & 1 \\ \hdashline 1 & 0 & 0 \\ 0 & 1 & 0 \\ 0 & 0 & 1 \end{pmatrix} \xrightarrow[c_1+c_2]{r_1+r_2} \begin{pmatrix} 1 & 0 & 2 \\ 0 & -1 & 2 \\ 2 & 2 & 1 \\ \hdashline 1 & 0 & 0 \\ 1 & 1 & 0 \\ 0 & 0 & 1 \end{pmatrix} \xrightarrow[c_3-2c_1]{r_3-2r_1} \begin{pmatrix} 1 & 0 & 0 \\ 0 & -1 & 2 \\ 0 & 2 & -3 \\ \hdashline 1 & 0 & -2 \\ 1 & 1 & -2 \\ 0 & 0 & 1 \end{pmatrix}$$

$$\xrightarrow[c_3+2c_2]{r_3+2r_2} \begin{pmatrix} 1 & 0 & 0 \\ 0 & -1 & 0 \\ 0 & 0 & 1 \\ \hdashline 1 & 0 & -2 \\ 1 & 1 & 0 \\ 0 & 0 & 1 \end{pmatrix}=\begin{pmatrix} \boldsymbol{B} \\ \cdots \\ \boldsymbol{C} \end{pmatrix},$$

故所用的非退化线性替换为

$$\boldsymbol{X}=\boldsymbol{CY},\quad \boldsymbol{X}=\begin{pmatrix} x_1 \\ x_2 \\ x_3 \end{pmatrix},\quad \boldsymbol{Y}=\begin{pmatrix} y_1 \\ y_2 \\ y_3 \end{pmatrix},$$

其标准形为 $f(x_1,x_2,x_3)=g(y_1,y_2,y_3)=y_1^2-y_2^2+y_3^2$.

可验证 $\boldsymbol{B}=\boldsymbol{C}^{\mathrm{T}}\boldsymbol{AC}$.

【注】 从上述两种解法可以看出不同的非退化线性替换，得到的标准形可以不一样.

例 2 分别用配方法和合同变换求所用的非线性替换化二次型 $f(x_1,x_2,x_3)=2x_1x_2+4x_2x_3$ 为标准形，并用矩阵的合同来验证结果的正确性.

解法一 配方法. 观察到二次型中没有平方项，只有交叉项，先利用非退化线性替换

$$\begin{cases} x_1=y_1+y_2, \\ x_2=y_1-y_2, \\ x_3=y_3, \end{cases} \text{或 } \boldsymbol{X}=\boldsymbol{C}_1\boldsymbol{Y},\quad \boldsymbol{C}_1=\begin{pmatrix} 1 & 1 & 0 \\ 1 & -1 & 0 \\ 0 & 0 & 1 \end{pmatrix}.$$

将原二次型化为例 1 的情形：既含有平方项又含有交叉项，如

$$f(x_1,x_2,x_3)=2x_1x_2+4x_2x_3=2y_1^2+4y_1y_3-4y_2y_3-2y_2^2.$$

先从 y_1 开始配方，同例 1 的方法：

$$f(x_1,x_2,x_3)=2y_1^2+4y_1y_3-4y_2y_3-2y_2^2=2(y_1+y_3)^2-2\,(y_2+y_3)^2.$$

令 $\begin{cases} z_1=y_1+y_2, \\ z_2=y_2+y_3, \\ z_3=y_3, \end{cases}$ 即 $\begin{cases} y_1=z_1-z_2+z_3, \\ y_2=z_2-z_3, \\ y_3=z_3, \end{cases}$ 亦即

$$\boldsymbol{Y}=\boldsymbol{C}_2\boldsymbol{Z},\quad \boldsymbol{Z}=\begin{pmatrix} z_1 \\ z_2 \\ z_3 \end{pmatrix},\quad \boldsymbol{C}_2=\begin{pmatrix} 1 & -1 & 1 \\ 0 & 1 & -1 \\ 0 & 0 & 1 \end{pmatrix},$$

则所用的非退化线性替换为 $\boldsymbol{X}=\boldsymbol{C}_1\boldsymbol{C}_2\boldsymbol{Z}=\boldsymbol{CZ}$，$\boldsymbol{C}=\boldsymbol{C}_1\boldsymbol{C}_2$. 可将上述二次型化为下列标准形：

$$f(x_1,x_2,x_3)=g(z_1,z_2,z_3)=2z_1^2-2z_2^2.$$

验证：原二次型对应的矩阵为 $\boldsymbol{A}=\begin{pmatrix}0&1&0\\1&0&2\\0&2&0\end{pmatrix}$，标准形对应的矩阵为 $\boldsymbol{B}=\begin{pmatrix}2&0&0\\0&-2&0\\0&0&0\end{pmatrix}$，所用的非退化线性替换对应的矩阵 $\boldsymbol{C}=\boldsymbol{C}_1\boldsymbol{C}_2=\begin{pmatrix}1&0&0\\1&-2&2\\0&0&1\end{pmatrix}$，可验证 $\boldsymbol{B}=\boldsymbol{C}^{\mathrm{T}}\boldsymbol{AC}$.

解法二 合同变换，略.

三、同步练习

分别用配方法和合同变换求所用的非线性替换化下列二次型为标准形，并用矩阵的合同来验证结果的正确性.

(1) $f(x_1,x_2,x_3)=x_1^2-2x_1x_2+2x_2x_3$；

(2) $f(x_1,x_2,x_3)=-2x_1x_3+2x_2x_3$.

【思路】 利用配方法或者合同变换.

5.2 唯 一 性

一、概述

通过上节的学习可以知道，二次型的标准形与所使用的非退化线性替换有关，那么在不同数域上的二次型是否能进行分类？本节给出了复数域和实数域上的一种特殊标准形——规范形，它具有唯一性.复数域上的二次型的规范形是由二次型的矩阵的秩唯一决定的，而实数域上的二次型的规范形是由二次型的矩阵的秩及正惯性指数（或者负惯性指数）唯一决定的.因此，可以利用二次型的规范形对二次型进行复数域和实数域上的分类，进而也可对对称矩阵进行相同的合同分类.

二、难点及相关实例

通过本节的学习，理解实二次型的分类.

例1 求上节例1中的实二次型 $f(x_1,x_2,x_3)=2x_1x_2+4x_2x_3$ 的正惯性指数和负惯性指数及符号差.

解 通过配方法利用非退化线性替换可将上述二次型化为下列标准形：

$$f(x_1,x_2,x_3)=g(z_1,z_2,z_3)=2z_1^2-2z_2^2.$$

因此，原二次型的正惯性指数和负惯性指数及符号差分别为1、1和0.

例2 如果 n 元实二次型 $f(\boldsymbol{X})=\boldsymbol{X}^{\mathrm{T}}\boldsymbol{AX},\boldsymbol{A}^{\mathrm{T}}=\boldsymbol{A}$ 可以通过实的非退化线性替换 $\boldsymbol{X}=\boldsymbol{CY}$，$\boldsymbol{X}=\begin{pmatrix}x_1\\x_2\\x_3\end{pmatrix}$，$\boldsymbol{Y}=\begin{pmatrix}y_1\\y_2\\y_3\end{pmatrix}$ 化为二次型 $f(\boldsymbol{X})=g(\boldsymbol{Y})=\boldsymbol{Y}^{\mathrm{T}}\boldsymbol{BY},\boldsymbol{B}^{\mathrm{T}}=\boldsymbol{B}$，则称二次型 $f(\boldsymbol{X})$ 与二次型 $g(\boldsymbol{Y})$

等价.试问:n元实二次型按等价分类有多少类? n阶实对称矩阵按合同分类有多少类?

解 由惯性定律可知,两个n元实二次型等价的充要条件是它们所对应的矩阵秩相等,并且正惯性指数相等.因此,等价分类应当按矩阵的秩r及正惯性指数p进行分别讨论,现列表如下:

秩r的可能取值	正惯性指数p的可能取值	n元实二次型的等价分类数
0	0	1
1	0,1	2
2	0,1,2	3
⋮	⋮	⋮
n	$0,1,2,\cdots,n$	$n+1$

综上所述,n元实二次型按等价分类共有$1+2+3+\cdots+(n+1)=\dfrac{(n+1)(n+2)}{2}$类,从而$n$阶实对称矩阵按合同分类也有$\dfrac{(n+1)(n+2)}{2}$类.

三、同步练习

化下列二次型为规范形,并求出其正惯性指数和负惯性指数及符号差.

(1) $f(x_1,x_2,x_3)=x_1^2-4x_1x_2-2x_2x_3+x_3^2$;

(2) $f(x_1,x_2,x_3)=x_1x_3-x_2x_3$.

【思路】 利用合同变换.

5.3 正定二次型及正定矩阵

一、概述

本节将讨论一类特殊的实n元二次型,其正惯性指数为n.通过上节的学习,我们知道了可以判断一个二次型是否为正定矩阵,即只需要通过配方法或合同变换将其化为标准形或规范形.但能否无需通过化标准形的方法,而是通过二次型的矩阵或其他工具来判断二次型的正定性呢?

事实上,我们可以通过定义正定二次型对应的实对称矩阵的正定性来判定,例如实对称矩阵为正定矩阵的充要条件是其顺序主子式全大于零.

二、难点及相关实例

通过本节的学习,能对实二次型的正定性进行判定.

例1 判别实二次型$f(x_1,x_2,x_3)=2x_1x_2+4x_2x_3$的正定性.

解法一 按照5.1节的例子通过配方法利用非退化线性替换可将上述二次型化为标准形:

$$f(x_1,x_2,x_3)=g(z_1,z_2,z_3)=2z_1^2-2z_2^2,$$

可知原二次型的正惯性指数为1,故该二次型不是正定二次型.

解法二 因为二次型的矩阵为

$$\boldsymbol{A}=\begin{pmatrix}0&1&0\\1&0&2\\0&2&0\end{pmatrix},$$

则 $\boldsymbol{A}$ 的1阶顺序主子式为0,故它不是正定矩阵,从而对应的二次型不是正定矩阵.

例2 当 t 取何值时,实的三元二次型 $f(x_1,x_2,x_3)=x_1^2+2tx_1x_2+2x_2^2-4x_2x_3+4x_3^2$ 是正定的.

解 因为二次型的矩阵为

$$\boldsymbol{A}=\begin{pmatrix}1&t&0\\t&2&-2\\0&-2&4\end{pmatrix},$$

故 $\boldsymbol{A}$ 为正定矩阵的充要条件是各阶顺序主子式大于0,即

$$1>0,\quad \begin{vmatrix}1&t\\t&2\end{vmatrix}=2-t^2>0,\quad |\boldsymbol{A}|=4-4t^2>0.$$

解上述不等式组得 $-1<t<1$,故当 $-1<t<1$ 时二次型为正定的.

例3 已知矩阵 $\boldsymbol{A},\boldsymbol{B}$ 为 n 阶正定矩阵,证明:$\forall k,l>0$,$k\boldsymbol{A}+l\boldsymbol{B}$ 也是正定矩阵.

证 因为 $\boldsymbol{A},\boldsymbol{B}$ 为 n 阶正定矩阵,所以对任意实的非零的 n 维列向量 $\boldsymbol{X}$,都有 $\boldsymbol{X}^{\mathrm{T}}\boldsymbol{A}\boldsymbol{X}>0$,$\boldsymbol{X}^{\mathrm{T}}\boldsymbol{B}\boldsymbol{X}>0$,从而

$$\boldsymbol{X}^{\mathrm{T}}(k\boldsymbol{A}+l\boldsymbol{B})\boldsymbol{X}=k\boldsymbol{X}^{\mathrm{T}}\boldsymbol{A}\boldsymbol{X}+l\boldsymbol{X}^{\mathrm{T}}\boldsymbol{B}\boldsymbol{X}>0,\quad \text{且 } k\boldsymbol{A}+l\boldsymbol{B} \text{ 为实对称阵}$$

因此 $k\boldsymbol{A}+l\boldsymbol{B}$ 为正定矩阵.

三、同步练习

1. 判定下列实二次型是否为正定的.

(1) $f(x_1,x_2,x_3)=5x_1^2-4x_1x_2+x_2^2-2x_2x_3+6x_3^2$;

(2) $f(x_1,x_2,x_3)=x_1x_3+x_2x_3$.

【思路】 利用二次型的矩阵的正定性来判定.

2. 证明实的矩阵 $\boldsymbol{A}=\begin{pmatrix}4&\sin\alpha&\cos\beta&1\\\sin\alpha&4&-\cos\beta&1\\\cos\beta&-\cos\beta&4&\sin\gamma\\1&1&\sin\gamma&4\end{pmatrix}$ 是正定矩阵.

【思路】 正定矩阵的定义.

考测中涉及的相关知识点联系示意图

本章利用非退化的线性替换将二次型化为标准形,是解析几何中二次曲线方程化标准方程的思想的推广,现已广泛应用于其他有关学科(如力学、工程几何等),其研究方法与思想是

高等代数及数学其他分支的重要内容.

下图列出了考测中应掌握的基本概念及知识点.

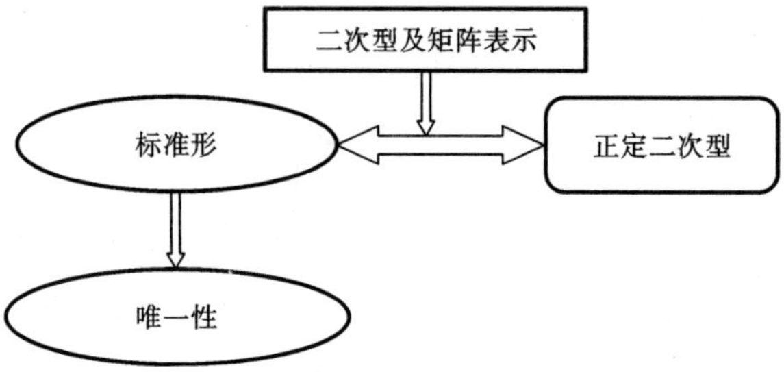

综合例题讲解

例 1(华中师范大学,1996) 求二次型

$$f(x_1,x_2,x_3)=x_1^2+4x_2^2+x_3^2+2x_1x_2-10x_1x_3+6x_2x_3$$

的正惯性指数与符号差.

【分析】 将二次型化成标准形,一般采用配方法或用初等变换的方法,而后者往往比较简单. 对矩阵施行一次合同变换,相当于对矩阵左乘一个相应的初等矩阵和右乘这个初等矩阵的转置.

解 对下列增广矩阵进行合同变换:

$$\begin{pmatrix} \boldsymbol{A} \\ \hline \boldsymbol{E} \end{pmatrix}=\left(\begin{array}{ccc} 1 & 1 & -5 \\ 1 & 4 & 3 \\ -5 & 3 & 1 \\ \hline 1 & 0 & 0 \\ 0 & 1 & 0 \\ 0 & 0 & 1 \end{array}\right)\rightarrow\left(\begin{array}{ccc} 1 & 1 & -5 \\ 0 & 3 & 8 \\ 0 & 8 & -24 \\ \hline 1 & 0 & 0 \\ 0 & 1 & 0 \\ 0 & 0 & 1 \end{array}\right)\rightarrow\left(\begin{array}{ccc} 1 & 0 & 0 \\ 0 & 3 & 8 \\ 0 & 8 & -24 \\ \hline 1 & -1 & 5 \\ 0 & 1 & 0 \\ 0 & 0 & 1 \end{array}\right)$$

$$\rightarrow\left(\begin{array}{ccc} 1 & 0 & 0 \\ 0 & 3 & 8 \\ 0 & 0 & -\frac{136}{3} \\ \hline 1 & -1 & 5 \\ 0 & 1 & 0 \\ 0 & 0 & 1 \end{array}\right)\rightarrow\left(\begin{array}{ccc} 1 & 0 & 0 \\ 0 & 3 & 0 \\ 0 & 0 & -\frac{136}{3} \\ \hline 1 & -1 & \frac{23}{3} \\ 0 & 1 & -\frac{8}{3} \\ 0 & 0 & 1 \end{array}\right).$$

令 $\begin{pmatrix} x_1 \\ x_2 \\ x_3 \end{pmatrix}=\begin{pmatrix} 1 & -1 & \frac{23}{3} \\ 0 & 1 & -\frac{8}{3} \\ 0 & 0 & 1 \end{pmatrix}\begin{pmatrix} y_1 \\ y_2 \\ y_3 \end{pmatrix}$,则可将二次型化为标准形:

$$f(x_1,x_2,x_3)=y_1^2+3y_2^2-\frac{136}{3}y_3^2.$$

故 $f(x_1,x_2,x_3)$ 的正惯性指数为2,符号差为1.

例2 证明:秩等于 r 的对称矩阵可以表示成 r 个秩为1的对称矩阵之和.

【分析】 本题考查对称矩阵的一些性质的证明. 可利用对称矩阵合同于对角形矩阵、对角形矩阵的主对角线上的非零元素的个数等于矩阵的秩的性质来证明.

证 设数域 P 上的 n 阶对称矩阵 $\boldsymbol{A}$ 的秩等于 r,因为数域 P 上的任意一个对称矩阵都合同于一个对角形矩阵,所以存在数域 P 上的 n 阶可逆矩阵 $\boldsymbol{C}$,使得 $\boldsymbol{C}^{\mathrm{T}}\boldsymbol{A}\boldsymbol{C}$ 为对角形. 不妨设

$$\boldsymbol{C}^{\mathrm{T}}\boldsymbol{A}\boldsymbol{C}=\begin{pmatrix} d_1 & & & & & & \\ & d_2 & & & & & \\ & & \ddots & & & & \\ & & & d_r & & & \\ & & & & 0 & & \\ & & & & & \ddots & \\ & & & & & & 0 \end{pmatrix}$$

$$=\begin{pmatrix} d_1 & & & \\ & 0 & & \\ & & \ddots & \\ & & & 0 \end{pmatrix}+\begin{pmatrix} 0 & & & \\ & d_2 & & \\ & & \ddots & \\ & & & 0 \end{pmatrix}+\cdots+\begin{pmatrix} 0 & & & & \\ & \ddots & & & \\ & & d_r & & \\ & & & \ddots & \\ & & & & 0 \end{pmatrix}$$

$$=\boldsymbol{D}_1+\boldsymbol{D}_2+\cdots+\boldsymbol{D}_r,$$

这里 $\boldsymbol{D}_i$ 是主对角线上第 i 个元素为 $d_i\neq 0$,其余元素为0的 n 阶对称矩阵. 显然 $R(\boldsymbol{D}_i)=1(i=1,2,\cdots,r)$,则

$$\begin{aligned}\boldsymbol{A}&=(\boldsymbol{C}^{\mathrm{T}})^{-1}(\boldsymbol{D}_1+\boldsymbol{D}_2+\cdots+\boldsymbol{D}_r)\boldsymbol{C}^{-1}=(\boldsymbol{C}^{-1})^{\mathrm{T}}(\boldsymbol{D}_1+\boldsymbol{D}_2+\cdots+\boldsymbol{D}_r)\boldsymbol{C}^{-1}\\&=(\boldsymbol{C}^{-1})^{\mathrm{T}}\boldsymbol{D}_1\boldsymbol{C}^{-1}+(\boldsymbol{C}^{-1})^{\mathrm{T}}\boldsymbol{D}_2\boldsymbol{C}^{-1}+\cdots+(\boldsymbol{C}^{-1})^{\mathrm{T}}\boldsymbol{D}_r\boldsymbol{C}^{-1}.\end{aligned}$$

由于 $(\boldsymbol{C}^{-1})^{\mathrm{T}}$ 与 $\boldsymbol{C}^{-1}$ 是可逆矩阵,因此 $(\boldsymbol{C}^{-1})^{\mathrm{T}}\boldsymbol{D}_i\boldsymbol{C}^{-1}(i=1,2,\cdots,r)$ 是秩为1的对称矩阵,所以结论得证.

实二次型正定的判别或证明是考研中常常涉及的内容. 由于实二次型与实对称矩阵具有一一对应的关系,因此可以用实对称矩阵正定来判别或证明相应的实二次型正定,也可以用实二次型的正定来判别,或利用实对称矩阵的全部特征值为正来判断.

例3 t 取什么值时,二次型 $x_1^2+4x_2^2+x_3^2+2tx_1x_2+10x_1x_3+6x_2x_3$ 是正定的.

【分析】 本题考查实对称矩阵为正定的充要条件.

解 二次型的矩阵为

$$\boldsymbol{A}=\begin{pmatrix} 1 & t & 5 \\ t & 4 & 3 \\ 5 & 3 & 1 \end{pmatrix}.$$

二次型为正定的充要条件是 $\boldsymbol{A}$ 的所有顺序主子式都大于0时,即当

$$1>0,\quad \begin{vmatrix} 1 & t \\ t & 4 \end{vmatrix}=4-t^2>0,\quad \begin{vmatrix} 1 & t & 5 \\ t & 4 & 3 \\ 5 & 3 & 1 \end{vmatrix}=-t^2+30t-105>0$$

时,原二次型为正定的,联立上述不等式得

$$\begin{cases}4-t^2>0,\\-t^2+30t-105>0.\end{cases}$$

但该不等式组无解，即不存在 t 值使原二次型正定.

例 4(南京大学,1997) k 是实数，$\boldsymbol{\alpha}$ 为实数域上的 n 维行向量，$1+k\boldsymbol{\alpha}\boldsymbol{\alpha}^{\mathrm{T}}>0$. 证明：$\boldsymbol{E}+k\boldsymbol{\alpha}^{\mathrm{T}}\boldsymbol{\alpha}$ 为实正定矩阵.

【分析】 考查特殊矩阵的正定性判断，可利用特殊矩阵的特征值方法证明.

证 因为 $(\boldsymbol{E}+k\boldsymbol{\alpha}^{\mathrm{T}}\boldsymbol{\alpha})^{\mathrm{T}}=\boldsymbol{E}+k\boldsymbol{\alpha}^{\mathrm{T}}\boldsymbol{\alpha}$，所以 $\boldsymbol{E}+k\boldsymbol{\alpha}^{\mathrm{T}}\boldsymbol{\alpha}$ 是实对称矩阵.

显然 $R(k\boldsymbol{\alpha}^{\mathrm{T}}\boldsymbol{\alpha})\leqslant 1$. 下面分两种情形讨论：

(1) 当 $R(k\boldsymbol{\alpha}^{\mathrm{T}}\boldsymbol{\alpha})=0$ 时，则 $k=0$ 或 $\boldsymbol{\alpha}=\boldsymbol{0}$，结论成立.

(2) 当 $R(k\boldsymbol{\alpha}^{\mathrm{T}}\boldsymbol{\alpha})=1$ 时，则 0 是 n 阶实对称矩阵 $k\boldsymbol{\alpha}^{\mathrm{T}}\boldsymbol{\alpha}$ 的 $n-1$ 重特征值.

令 $\boldsymbol{\alpha}=(a_1,a_2,\cdots,a_n)$，则

$$k\boldsymbol{\alpha}^{\mathrm{T}}\boldsymbol{\alpha}=(ka_ia_j)_{n\times n},\quad \mathrm{tr}(k\boldsymbol{\alpha}^{\mathrm{T}}\boldsymbol{\alpha})=k\sum_{i=1}^{n}a_i^2=k\boldsymbol{\alpha}\boldsymbol{\alpha}^{\mathrm{T}}.$$

因而 $k\boldsymbol{\alpha}\boldsymbol{\alpha}^{\mathrm{T}}$ 是 $k\boldsymbol{\alpha}^{\mathrm{T}}\boldsymbol{\alpha}$ 的唯一非零特征值. 所以，$\boldsymbol{E}+k\boldsymbol{\alpha}^{\mathrm{T}}\boldsymbol{\alpha}$ 的 n 个特征值为 $1,\cdots,1,1+k\boldsymbol{\alpha}\boldsymbol{\alpha}^{\mathrm{T}}$. 而 $1+k\boldsymbol{\alpha}\boldsymbol{\alpha}^{\mathrm{T}}>0$，故 $\boldsymbol{E}+k\boldsymbol{\alpha}^{\mathrm{T}}\boldsymbol{\alpha}$ 为实正定矩阵.

例 5 证明：(1) 如果 $\sum_{i=1}^{n}\sum_{j=1}^{n}a_{ij}x_ix_j\,(a_{ij}=a_{ji})$ 是正定二次型，那么

$$f(y_1,y_2,\cdots,y_n)=\begin{vmatrix}a_{11}&a_{12}&\cdots&a_{1n}&y_1\\a_{21}&a_{22}&\cdots&a_{2n}&y_2\\\vdots&\vdots&&\vdots&\vdots\\a_{n1}&a_{n2}&\cdots&a_{nn}&y_n\\y_1&y_2&\cdots&y_n&0\end{vmatrix}$$

是负定二次型；

(2) 如果 $\boldsymbol{A}$ 是正定矩阵，那么 $|\boldsymbol{A}|\leqslant a_{nn}|\boldsymbol{P}_{n-1}|$，这里 $|\boldsymbol{P}_{n-1}|$ 是 $\boldsymbol{A}$ 的 $n-1$ 阶的顺序主子式；

(3) 如果 $\boldsymbol{A}$ 是正定矩阵，那么 $|\boldsymbol{A}|\leqslant a_{11}a_{22}\cdots a_{nn}$；

(4) 如果 $\boldsymbol{T}=(t_{ij})$ 是 n 阶实可逆矩阵，那么 $|\boldsymbol{T}|^2\leqslant\prod_{i=1}^{n}(t_{1i}^2+t_{2i}^2+\cdots+t_{ni}^2)$.

【分析】 本题主要考查分块矩阵的初等变换及合同变换不改变矩阵的正定性.

证 (1) 作变换 $\boldsymbol{Y}=\boldsymbol{A}\boldsymbol{Z}$，即

$$\begin{pmatrix}y_1\\y_2\\\vdots\\y_n\end{pmatrix}=\begin{pmatrix}a_{11}&a_{12}&\cdots&a_{1n}\\a_{21}&a_{22}&\cdots&a_{2n}\\\vdots&\vdots&&\vdots\\a_{n1}&a_{n2}&\cdots&a_{nn}\end{pmatrix}\begin{pmatrix}z_1\\z_2\\\vdots\\z_n\end{pmatrix},$$

则

$$\begin{pmatrix}a_{11}&\cdots&a_{1n}&y_1\\\vdots&&\vdots&\vdots\\a_{n1}&\cdots&a_{nn}&y_n\\y_1&\cdots&y_n&0\end{pmatrix}=\begin{pmatrix}\boldsymbol{A}&\boldsymbol{Y}\\\boldsymbol{Y}^{\mathrm{T}}&0\end{pmatrix}\xrightarrow{c_2-c_1\boldsymbol{A}^{-1}\boldsymbol{Y}}\begin{pmatrix}\boldsymbol{A}&\boldsymbol{O}\\\boldsymbol{Y}^{\mathrm{T}}&-\boldsymbol{Y}^{\mathrm{T}}\boldsymbol{A}^{-1}\boldsymbol{Y}\end{pmatrix}$$

$$=\begin{pmatrix}a_{11}&\cdots&a_{1n}&0\\\vdots&&\vdots&\vdots\\a_{n1}&\cdots&a_{nn}&0\\y_1&\cdots&y_n&-(y_1z_1+\cdots+y_nz_n)\end{pmatrix},$$

$$\begin{pmatrix} A & Y \\ Y^{\mathrm{T}} & 0 \end{pmatrix}\begin{pmatrix} E & -A^{-1}Y \\ 0 & E \end{pmatrix}=\begin{pmatrix} A & O \\ Y^{\mathrm{T}} & -Y^{\mathrm{T}}AY \end{pmatrix},$$

因此，

$$\begin{aligned} f(y_1,y_2,\cdots,y_n)&=\begin{vmatrix} a_{11} & \cdots & a_{1n} & 0 \\ \vdots & & \vdots & \vdots \\ a_{n1} & \cdots & a_{nn} & 0 \\ y_1 & \cdots & y_n & -(y_1z_1+\cdots+y_nz_n) \end{vmatrix} \\ &=-|A|(y_1z_1+\cdots+y_nz_n) \\ &=-|A|Y^{\mathrm{T}}Z=-|A|Z^{\mathrm{T}}A^{\mathrm{T}}Z=-|A|Z^{\mathrm{T}}AZ. \end{aligned}$$

因为 A 为正定矩阵，所以 $|A|>0$，故 $f(y_1,y_2,\cdots,y_n)$ 是负定二次型.

(2) 因为 A 为正定矩阵，故 P_{n-1} 也是正定矩阵，由(1)可知

$$f_{n-1}(y_1,y_2,\cdots,y_{n-1})=\begin{vmatrix} a_{11} & \cdots & a_{1,n-1} & y_1 \\ \vdots & & \vdots & \vdots \\ a_{n-1,1} & \cdots & a_{n-1,n-1} & y_{n-1} \\ y_1 & \cdots & y_{n-1} & 0 \end{vmatrix}$$

为负定二次型.

由于

$$|A|=\begin{vmatrix} a_{11} & \cdots & a_{1,n-1} & a_{1n} \\ \vdots & & \vdots & \vdots \\ a_{n-1,1} & \cdots & a_{n-1,n-1} & a_{n-1,n} \\ a_{n1} & \cdots & a_{n,n-1} & a_{nn} \end{vmatrix}=\begin{vmatrix} a_{11} & \cdots & a_{1,n-1} & a_{1n} \\ \vdots & & \vdots & \vdots \\ a_{n-1,1} & \cdots & a_{n-1,n-1} & a_{n-1,n} \\ a_{n1} & \cdots & a_{n,n-1} & 0 \end{vmatrix}+\begin{vmatrix} a_{11} & \cdots & a_{1,n-1} & 0 \\ \vdots & & \vdots & \vdots \\ a_{n-1,1} & \cdots & a_{n-1,n-1} & 0 \\ a_{n1} & \cdots & a_{n,n-1} & a_{nn} \end{vmatrix}$$

$$=f_{n-1}(a_{1n},a_{2n},\cdots,a_{n-1,n})+a_{nn}|P_{n-1}|.$$

又因 $f_{n-1}(a_{1n},a_{2n},\cdots,a_{n-1,n})<0$ (a_{in} 中至少有一不为 0 时)，所以 $|A|<a_{nn}|P_{n-1}|$.

当 $a_{1n}=a_{2n}=\cdots=a_{n-1,n}=0$ 时，$|A|=a_{nn}|P_{n-1}|$.

综合以上两个结论，可得 $|A|\leqslant a_{nn}|P_{n-1}|$.

(3) 由(2)证明的结果可得

$$|A|\leqslant a_{nn}|P_{n-1}|\leqslant a_{nn}a_{n-1,n-1}|P_{n-2}|\leqslant\cdots\leqslant a_{nn}a_{n-1,n-1}\cdots a_{11}.$$

(4) 作变换 $X=TY$，因为 $T=(t_{ij})$ 可逆，所以 $X^{\mathrm{T}}X=Y^{\mathrm{T}}T^{\mathrm{T}}TY$ 仍为正定二次型，因此 $T^{\mathrm{T}}T$ 是正定矩阵.

$$\begin{aligned} T^{\mathrm{T}}T&=\begin{pmatrix} t_{11} & \cdots & t_{n1} \\ \vdots & & \vdots \\ t_{1n} & \cdots & t_{nn} \end{pmatrix}\begin{pmatrix} t_{11} & \cdots & t_{1n} \\ \vdots & & \vdots \\ t_{n1} & \cdots & t_{nn} \end{pmatrix} \\ &=\begin{bmatrix} t_{11}^2+t_{21}^2+\cdots+t_{n1}^2 & & & * \\ & t_{12}^2+t_{22}^2+\cdots+t_{n2}^2 & & \\ & & \ddots & \\ * & & & t_{1n}^2+t_{2n}^2+\cdots+t_{nn}^2 \end{bmatrix}. \end{aligned}$$

由(3)得

$$|T|^2=|T^{\mathrm{T}}T|\leqslant\prod_{i=1}^{n}(t_{1i}^2+t_{2i}^2+\cdots+t_{ni}^2).$$

例 6(武汉大学,2001;华南理工大学,2008) A 为 m 阶正定矩阵，B 为 $m\times n$ 的实矩阵，

证明 B^TAB 为正定的充要条件是 B 的秩为 n.

【分析】 本题直接证明有一定的难度,可转化为利用二次型及线性方程组的理论来证明.

证 **必要性.**

A,B^TAB 分别为 m 阶,n 阶正定矩阵.(反证法)假设 B 的秩小于 n,则齐次线性方程组 $BY=0$ 有非零解.不妨设为 $Y_0,Y_0\neq 0$,而 $BY_0=0$,考虑下面 n 元二次型:

$$g(y_1,y_2,\cdots,y_n)=Y_0^T(B^TAB)Y_0=(BY_0)^TA(BY_0)=0,$$

这与 B^TAB 为 n 阶正定矩阵相矛盾.因此假设不成立,故 B 的秩等于 n.

充分性.

对任意 n 维非零列向量 Y_0,有

$$g(Y_0)=Y_0^T(B^TAB)Y_0=(BY_0)^TA(BY_0).$$

若 $R(B)=n,\forall Y_0\neq 0$,有 $X_0=BY_0\neq 0$.

因为 A 为正定矩阵,所以 $g(Y_0)>0$,从而 B^TAB 正定.

例 7(华中师范大学,2011) 设 $M_n(\mathbf{R})$ 表示所有实 n 阶矩阵的集合.

(1) 设 $A\in M_n(\mathbf{R}),A^T=A$,且满足 $A^3+6A-7E=O$,证明 A 是正定矩阵.

(2) 设 $A\in M_n(\mathbf{R})$,证明存在唯一的实对称矩阵 B,使得对任意的 $X\in\mathbf{R}^n$ 有 $X^TAX=X^TBX$.

【分析】 考查正定矩阵的判定与唯一性的证明的技巧.

证 (1) 设 A 的任意特征值为 λ,则由条件可知

$$\lambda^3+6\lambda-7=(\lambda-1)(\lambda^2+\lambda+7)=0,$$

故 $\lambda=1$.因此,A 合同相似于单位矩阵,故 A 是正定矩阵.

(2) 取 $B=\frac{1}{2}(A+A^T)$,显然 B 是实对称矩阵,且对任意的 $X\in\mathbf{R}^n$,有 $X^TAX=X^TBX$.

下证唯一性.假设还存在矩阵 D 是实对称矩阵,且对任意的 $X\in\mathbf{R}^n$,有

$$X^TAX=X^TDX.$$

因此,$X^TBX=X^TDX$.

取 $X=e_1,e_2,\cdots,e_n,e_i+e_j(i,j=1,2,\cdots,n;i\neq j)$,其中 $e_1,e_2,\cdots,e_n$ 为 $\mathbf{R}^n$ 中的单位向量基,从而

$$b_{ij}=d_{ij},\quad B=(b_{ij}),\quad D=(d_{ij}).$$

因此,$B=D$,唯一性得证.

例 8(华南理工大学,2013) 已知 n 阶实对称矩阵 $A=(a_{ij})$ 是正定的,$b_1,b_2,\cdots,b_n$ 为任意不为零的实数,证明矩阵 $B=(a_{ij}b_ib_j)$ 也是正定的.

【分析】 利用二次型的合同变换不改变二次型的正定性来证明矩阵的正定性.

证 显然由 $A=(a_{ij})$ 的对称性,可知矩阵 $B=(a_{ij}b_ib_j)$ 也是实对称矩阵.

$$\forall X=(x_1,x_2,\cdots,x_j)^T\in\mathbf{R}^n,$$

$$X^TBX=\sum_{i=1}^n\sum_{j=1}^n(x_ia_{ij}b_ib_jx_j)=\sum_{i=1}^n\sum_{j=1}^n(b_ix_i)a_{ij}(b_jx_j)=Y^TAY,$$

其中,$Y=(y_1,y_2,\cdots,y_n),y_i=b_ix_i$.

又因 $A=(a_{ij})$ 是正定的,所以

$$X^TBX=Y^TAY\geqslant 0,$$

等号成立时当且仅当 $Y=0\Leftrightarrow X=0$(因为 $b_1,b_2,\cdots,b_n$ 都不为零),从而命题成立.

例9(上海大学,2013) 已知 A 为 n 阶实对称矩阵,C 为 n 阶实矩阵,证明矩阵 $B=\begin{pmatrix}A & C^{\mathrm{T}}\\ C & O\end{pmatrix}$为半正定矩阵的充要条件是 A 为半正定矩阵且 $C=O$.

【分析】 本题主要考查半正定性矩阵的性质.

证 充分性.

因为 $B=\begin{pmatrix}A & C^{\mathrm{T}}\\ C & O\end{pmatrix}$为半正定矩阵,不妨设 $R(A)=r$,故存在可逆矩阵 $P=\begin{bmatrix}P_1 & P_2\\ P_3 & P_4\end{bmatrix}$,使得

$$\begin{bmatrix}P_1 & P_2\\ P_3 & P_4\end{bmatrix}^{\mathrm{T}}\begin{pmatrix}E_r & O\\ O & O\end{pmatrix}\begin{bmatrix}P_1 & P_2\\ P_3 & P_4\end{bmatrix}=\begin{pmatrix}A & C^{\mathrm{T}}\\ C & O\end{pmatrix},$$

从而

$$P_2^{\mathrm{T}}P_2=0,\quad P_2^{\mathrm{T}}P_1=C,\quad P_1^{\mathrm{T}}\begin{pmatrix}E_r & O\\ O & O\end{pmatrix}P_1=A.$$

下面证明 $P_2^{\mathrm{T}}P_2=0\Rightarrow P_2=O$.

$\forall X\in\mathbf{R}^n\Rightarrow X^{\mathrm{T}}P_2^{\mathrm{T}}P_2X=0$. 令

$$\begin{aligned}Y&=P_2X=(y_1,y_2,\cdots,y_n)^{\mathrm{T}}\Rightarrow Y^{\mathrm{T}}Y=0\\ &\Rightarrow y_1^2+y_2^2+\cdots+y_n^2=0\\ &\Rightarrow y_i=0\Rightarrow Y=O=P_2X.\end{aligned}$$

由 X 的任意性知,$P_2=O$(即取 $X=e_i(i=1,2,\cdots,n)$可得结论),所以

$$C=P_2^{\mathrm{T}}P_1=O.$$

必要性.

因为 A 为半正定矩阵,存在可逆矩阵 Q 使得

$$Q^{\mathrm{T}}AQ=\begin{pmatrix}E_r & O\\ O & O\end{pmatrix}\Rightarrow\begin{pmatrix}Q & O\\ O & E_n\end{pmatrix}^{\mathrm{T}}\begin{pmatrix}A & O\\ O & O\end{pmatrix}\begin{pmatrix}Q & O\\ O & E_n\end{pmatrix}=\begin{pmatrix}E_r & O\\ O & O\end{pmatrix}.$$

因为合同变换不改变矩阵的正定性,所以结论成立.(上述利用了 $C=O$)

例10(湘潭大学,2018) 已知 A,B 均为 n 阶实正定矩阵,证明:

(1) 存在可逆矩阵 P,使得 $A=P^{\mathrm{T}}P$;

(2) $B-A$ 为正定矩阵的充要条件是 AB^{-1} 的特征值小于1.

【分析】 本题主要考查正定矩阵的性质及矩阵合同不改变矩阵正定性的性质.

证 (1) 因为 A 为 n 阶实正定矩阵,故其合同于单位矩阵,即存在可逆矩阵 Q 使得

$$Q^{\mathrm{T}}AQ=E\Rightarrow A=(Q^{\mathrm{T}})^{-1}Q^{-1}=(Q^{-1})^{\mathrm{T}}Q^{-1}.$$

令 $Q^{-1}=P$, 故 P 可逆,且 $A=P^{\mathrm{T}}P$.

(2) 因为 B 为 n 阶实正定矩阵,所以$(P^{-1})^{\mathrm{T}}BP^{-1}$也是正定矩阵. 设$(P^{-1})^{\mathrm{T}}BP^{-1}$的特征值为 $\lambda_i(i=1,2,\cdots,n)$,则存在正交矩阵 H 使得

$$H^{\mathrm{T}}(P^{-1})^{\mathrm{T}}BP^{-1}H=\begin{pmatrix}\lambda_1 & & & \\ & \lambda_2 & & \\ & & \ddots & \\ & & & \lambda_n\end{pmatrix},\quad \lambda_i>0.$$

由(1)可知,

$$B-A=B-P^{\mathrm{T}}P=P^{\mathrm{T}}[(P^{\mathrm{T}})^{-1}BP^{-1}-E]P=P^{\mathrm{T}}H[H^{\mathrm{T}}(P^{\mathrm{T}})^{-1}BP^{-1}H-E]H^{\mathrm{T}}P$$

$$=\boldsymbol{P}^{\mathrm{T}}\boldsymbol{H}\begin{pmatrix}\lambda_1-1 & & & \\ & \lambda_2-1 & & \\ & & \ddots & \\ & & & \lambda_n-1\end{pmatrix}\boldsymbol{H}^{\mathrm{T}}\boldsymbol{P}$$

$$=(\boldsymbol{H}^{\mathrm{T}}\boldsymbol{P})^{\mathrm{T}}\begin{pmatrix}\lambda_1-1 & & & \\ & \lambda_2-1 & & \\ & & \ddots & \\ & & & \lambda_n-1\end{pmatrix}(\boldsymbol{H}^{\mathrm{T}}\boldsymbol{P}).$$

由于合同不改变正定性，故 $\boldsymbol{B}-\boldsymbol{A}$ 为正定矩阵的充要条件是

$$\lambda_i-1>0(i=1,2,\cdots,n)\Leftrightarrow\lambda_i>1.$$

下面证明 $\boldsymbol{AB}^{-1}$ 的特征值为 $\frac{1}{\lambda_i}(i=1,2,\cdots,n)$. 因为

$$\boldsymbol{H}^{\mathrm{T}}(\boldsymbol{P}^{-1})^{\mathrm{T}}\boldsymbol{BP}^{-1}\boldsymbol{H}=\begin{pmatrix}\lambda_1 & & & \\ & \lambda_2 & & \\ & & \ddots & \\ & & & \lambda_n\end{pmatrix},\quad \lambda_i>0,$$

所以两边求逆可得

$$\boldsymbol{H}^{-1}\boldsymbol{PB}^{-1}\boldsymbol{P}^{\mathrm{T}}(\boldsymbol{H}^{\mathrm{T}})^{-1}=\begin{pmatrix}\frac{1}{\lambda_1} & & & \\ & \frac{1}{\lambda_2} & & \\ & & \ddots & \\ & & & \frac{1}{\lambda_n}\end{pmatrix},\quad \lambda_i>0,$$

故 $\boldsymbol{AB}^{-1}$ 的特征值为 $\frac{1}{\lambda_i}(i=1,2,\cdots,n)$，从而命题成立.

历年考研试题精选

1.（华中师范大学，1997） 当 t 为何值时，二次型

$$f(x_1,x_2,x_3)=2x_1^2+5x_2^2+5x_3^2+4x_1x_2-4x_1x_3-2tx_2x_3$$

是正定的，并说明理由.

2.（华东师范大学，2005） 求实二次型

$$f(x_1,x_2,\cdots,x_n)=2\sum_{i=1}^{n}x_i^2-2(x_1x_2+x_2x_3+\cdots+x_{n-1}x_n+x_nx_1)$$

的正惯性指数、负惯性指数、符号差以及秩.

3.（厦门大学，1999） 已知 $\boldsymbol{A}$ 为正定矩阵，证明 $\boldsymbol{A}^*$ 也是正定矩阵.

4.（南京大学，1998） 已知 $\boldsymbol{B}$ 为 n 阶可逆实反对称矩阵.

(1) 证明 $|\boldsymbol{B}|>0$；

(2) 设 $\varphi(\lambda)=|\lambda\boldsymbol{E}-\boldsymbol{B}|$，证明对任意实数 b，$\varphi(b)>0$；

(3) 若 $\boldsymbol{A}$ 为 n 阶实正定矩阵，证明 $|\boldsymbol{A}+\boldsymbol{B}|>0$.

5.（上海交通大学,2003） 已知 $\boldsymbol{A},\boldsymbol{B}$ 是 n 阶正定矩阵,证明 $\boldsymbol{AB}$ 的特征值为实数.

6.（华中科技大学,2001） 已知 $\boldsymbol{A}$ 为 n 阶非零半正定矩阵,证明 $|\boldsymbol{A}+\boldsymbol{E}|>1$.

7.（华中科技大学,2002） 已知 $\boldsymbol{A}$ 为 n 阶半正定矩阵，证明 $|\boldsymbol{A}+2\boldsymbol{E}|\geqslant 2^n$.

8.（武汉大学,2001） $\boldsymbol{A},\boldsymbol{B}$ 为正定矩阵,请证明 $\boldsymbol{AB}$ 正定的充分必要条件为 $\boldsymbol{AB}=\boldsymbol{BA}$.

9.（武汉大学,2002） $\boldsymbol{A},\boldsymbol{C}$ 为 n 阶实正定矩阵,$\boldsymbol{B}$ 是矩阵方程 $\boldsymbol{AX}+\boldsymbol{XA}=\boldsymbol{C}$ 的唯一解,证明:(1) $\boldsymbol{B}$ 是对称矩阵;(2) $\boldsymbol{B}$ 是正定矩阵.

10.（浙江大学,2003） 设 $\boldsymbol{A}=(a_{ij})_{n\times n}$是可逆的对称实矩阵，证明：二次型

$$f(x_1,x_2,\cdots,x_n)=\begin{vmatrix} 0 & x_1 & \cdots & x_n \\ -x_1 & a_{11} & \cdots & a_{1n} \\ \vdots & \vdots & & \vdots \\ -x_n & a_{n1} & \cdots & a_{nn} \end{vmatrix}$$

的矩阵是 $\boldsymbol{A}$ 的伴随矩阵 $\boldsymbol{A}^*$.

11.（清华大学,2000） 设 n 阶实方阵 $\boldsymbol{A}$ 如下,试求 b 的取值范围,使 $\boldsymbol{A}$ 为正定方阵.

$$\boldsymbol{A}=\begin{pmatrix} b+8 & 3 & 3 & \cdots & 3 \\ 3 & b & 1 & \cdots & 1 \\ 3 & 1 & b & \cdots & 1 \\ \vdots & \vdots & \vdots & & \vdots \\ 3 & 1 & 1 & \cdots & b \end{pmatrix}$$

12.（厦门大学,1998） 证明：实二次型 $f(\boldsymbol{X})=\boldsymbol{X}^{\mathrm{T}}\boldsymbol{AX}$ 在向量 $\boldsymbol{X}$ 的模 $\|\boldsymbol{X}\|=1$ 时的最大值即为实对称矩阵 $\boldsymbol{A}$ 的最大特征值.

13.（厦门大学,2000） 设 $\boldsymbol{A}$ 是 n 阶实对称正定阵，求证:存在唯一的实对称正交阵 $\boldsymbol{B}$,使得 $\boldsymbol{A}=\boldsymbol{B}^2$.

14.（华中科技大学,2005） 设 $\boldsymbol{A}$ 为 $m\times n$ 实矩阵,$\boldsymbol{E}$ 为 n 阶单位阵,$\boldsymbol{B}=\lambda\boldsymbol{E}+\boldsymbol{A}^{\mathrm{T}}\boldsymbol{A}$,证明：当 $\lambda>0$ 时,$\boldsymbol{B}$ 为正定矩阵.

15.（华中科技大学,2005） 证明:任一 n 阶实可逆阵 $\boldsymbol{A}$ 可以分解成一个正交阵 $\boldsymbol{Q}$ 与一个正定阵 $\boldsymbol{S}$ 之积,即 $\boldsymbol{A}=\boldsymbol{QS}$.

16.（北京师范大学,2006） 证明：

(1) 若 $\boldsymbol{A}$ 是实的可逆矩阵,则 $\boldsymbol{AA}^{\mathrm{T}}$ 是正定矩阵；

(2) 若 $\boldsymbol{A}$ 是实对称矩阵,则存在实数 c,使得 $\boldsymbol{E}+c\boldsymbol{A}$ 为正定矩阵.

17.（中山大学,2003） 设 $\boldsymbol{A},\boldsymbol{B},\boldsymbol{C}\in\mathbf{R}^{n\times n}$,若矩阵$\begin{pmatrix}\boldsymbol{A} & \boldsymbol{B}^{\mathrm{T}}\\ \boldsymbol{B} & \boldsymbol{C}\end{pmatrix}$是正定的，证明 $\boldsymbol{C}-\boldsymbol{BA}^{-1}\boldsymbol{B}^{\mathrm{T}}$ 也是正定的.

18.（华东师范大学,2002） 设 $\boldsymbol{B}$ 是 n 阶正定矩阵，$\boldsymbol{C}\in\mathbf{R}^{n\times m}$,$R(\boldsymbol{C})=m$,$n>m$,令

$$\boldsymbol{A}=\begin{pmatrix}\boldsymbol{B} & \boldsymbol{C}\\ \boldsymbol{C}^{\mathrm{T}} & \boldsymbol{O}\end{pmatrix},$$

求证:$\boldsymbol{A}$ 有 n 个正的特征值和 m 个负的特征值.

19.（东南大学,2003） 设有 n 元实二次型

$$f(x_1,x_2,\cdots,x_n)=(x_1+a_1x_2)^2+(x_2+a_2x_3)^2+\cdots+(x_{n-1}+a_{n-1}x_n)^2+(x_n+a_nx_1)^2,$$

其中 $a_i(i=1,\cdots,n)$为实数,试问:当 $a_1,a_2,\cdots,a_n$ 满足何种条件时,二次型 $f(x_1,x_2,\cdots,x_n)$为正定二次型.

20.（东南大学，1999）

（1）证明正定实对称矩阵的主对角元素全为正数.

（2）若 $\boldsymbol{A}$ 及 $\boldsymbol{A}-\boldsymbol{B}^{\mathrm{T}}\boldsymbol{A}\boldsymbol{B}$ 都是正定实对称矩阵，λ 是 $\boldsymbol{B}$ 的任一实特征值，证明 $|\lambda|<1$.

21.（东南大学，2000） 设 $\boldsymbol{A}$ 为 n 阶正定阵，$\boldsymbol{B}$ 为 n 阶实反对称阵，求证：$\boldsymbol{A}-\boldsymbol{B}^2$ 为正定阵.

22.（厦门大学，2002） 设 $\boldsymbol{A}$ 是实数域上的 n 阶对称矩阵，求证：存在实数 c，使得对实数域上任何 n 维列向量 $\boldsymbol{X}$，都有 $|\boldsymbol{X}^{\mathrm{T}}\boldsymbol{A}\boldsymbol{X}|\leqslant c\boldsymbol{X}^{\mathrm{T}}\boldsymbol{X}$，这里 $\boldsymbol{X}^{\mathrm{T}}$ 是 $\boldsymbol{X}$ 的转置矩阵.

23.（中国科学院，2004） 证明：若 $\boldsymbol{S}$ 为 n 阶对称正定阵，则

(i) 存在唯一的对称正定矩阵 $\boldsymbol{S}_1$，使得 $\boldsymbol{S}=\boldsymbol{S}_1^2$；

(ii) 若 $\boldsymbol{A}$ 是 n 阶实对称矩阵，则 $\boldsymbol{AS}$ 的特征值是实数.

24.（中国科学院，2004） 设 $\boldsymbol{A}$ 为 $n\times n$ 实对称矩阵，$\boldsymbol{b}$ 为 n 维实列向量，证明：$\boldsymbol{A}-\boldsymbol{b}\boldsymbol{b}^{\mathrm{T}}$ 正定的充分必要条件是 $\boldsymbol{A}$ 正定及 $\boldsymbol{b}^{\mathrm{T}}\boldsymbol{A}^{-1}\boldsymbol{b}<1$，其中 $\boldsymbol{b}^{\mathrm{T}}$ 表示 $\boldsymbol{b}$ 的转置.

25.（武汉大学，2003） 求实二次型

$$f(x_1,x_2,\cdots,x_n)=n\sum_{i=1}^{n}x_i^2-\Big(\sum_{i=1}^{n}x_i\Big)^2\ (n\geqslant 2)$$

的秩和正、负惯性指数.

26.（四川大学，1997） 已知 $\boldsymbol{A}\in\mathbf{R}^{m\times n}$，线性方程组 $\boldsymbol{AX}=\boldsymbol{\beta}$ 有解，证明：$\boldsymbol{AX}=\boldsymbol{\beta}$ 有唯一解 $\Leftrightarrow\boldsymbol{A}^{\mathrm{T}}\boldsymbol{A}$ 为正定阵（$\boldsymbol{A}^{\mathrm{T}}$ 表示 $\boldsymbol{A}$ 的转置阵）.

27.（武汉大学，1991） 设 $\boldsymbol{A}$ 为 n 阶实对称矩阵，λ_1,λ_n 分别为 $\boldsymbol{A}$ 的最小特征值和最大特征值，证明：对于实二次型 $f(x_1,x_2,\cdots,x_n)=\boldsymbol{X}^{\mathrm{T}}\boldsymbol{A}\boldsymbol{X}$，恒有

$$\lambda_1\boldsymbol{X}^{\mathrm{T}}\boldsymbol{X}\leqslant\boldsymbol{X}^{\mathrm{T}}\boldsymbol{A}\boldsymbol{X}\leqslant\lambda_n\boldsymbol{X}^{\mathrm{T}}\boldsymbol{X}.$$

28.（武汉大学，1992；中国科学院，2019） $\boldsymbol{A},\boldsymbol{B}$ 是正定矩阵，证明：$|\boldsymbol{A}+\boldsymbol{B}|>|\boldsymbol{A}|+|\boldsymbol{B}|$.

29.（华中科技大学，1998） 已知 $\boldsymbol{A}$ 为 $n\times n$ 正定实对称矩阵，$\boldsymbol{S}$ 为实反对称矩阵，试证明：$\det(\boldsymbol{A}+\boldsymbol{S})>0$.

30.（华东师范大学，1992） 已知 $\boldsymbol{A},\boldsymbol{B}$ 都是正定的，证明：

（1）方程 $|\lambda\boldsymbol{A}-\boldsymbol{B}|=0$ 的根都大于零；

（2）方程 $|\lambda\boldsymbol{A}-\boldsymbol{B}|=0$ 的所有根等于 $1\Leftrightarrow\boldsymbol{A}=\boldsymbol{B}$.

31.（西北工业大学） 设 $\boldsymbol{A}$ 为 n 阶对称正定矩阵，$\boldsymbol{B}$ 为 n 阶实对称矩阵，证明：

（1）存在 n 阶正定矩阵 $\boldsymbol{G}$，使 $\boldsymbol{A}=\boldsymbol{G}^2$；

（2）$\boldsymbol{AB}$ 的特征值为实数.

32.（华东师范大学，2005） 设 $f(\lambda)=\lambda^n+a_1\lambda^{n-1}+\cdots+a_{n-1}\lambda+a_n$ 是实对称矩阵 $\boldsymbol{A}$ 的特征多项式，证明：$\boldsymbol{A}$ 是负定矩阵的充要条件是 $a_1,a_2,\cdots,a_n$ 均大于 0.

33.（华东师范大学，2002） 设 $\boldsymbol{B}$ 为 $n\times n$ 正定矩阵，$\boldsymbol{C}$ 是秩为 m 的 $n\times m$ 实矩阵，且 $n>m$. 令

$$\boldsymbol{A}=\begin{pmatrix}\boldsymbol{B} & \boldsymbol{C}\\ \boldsymbol{C}^{\mathrm{T}} & \boldsymbol{O}\end{pmatrix},$$

证明：$\boldsymbol{A}$ 有 n 个正的特征值，m 个负的特征值.

34.（山东大学，2008） 实二次型 $f=2x_1^2+3x_2^2+3x_3^2+2ax_2x_3\ (a>0)$.

（1）当 a 取何值时 f 正定；

(2) 若实二次型 f 可通过正交变换化成标准形 $f=y_1^2+2y_2^2+5y_3^2$，求参数 a 的值及所用的正交变换矩阵.

35.（陕西师范大学，2009） 已知 $\boldsymbol{A}$ 为 n 阶正定矩阵，$\boldsymbol{C}$ 为 n 阶半正定矩阵，证明 $|\boldsymbol{A}+\boldsymbol{C}|\geqslant|\boldsymbol{A}|$，且 $\boldsymbol{C}=\boldsymbol{O}$ 时等号成立.

36.（南开大学，2011） 设 $\boldsymbol{A}$ 为 n 阶实反对称矩阵，证明 $\boldsymbol{E}-\boldsymbol{A}^{10}$ 是正定矩阵.

37.（厦门大学，2014） 设 $\boldsymbol{A}=\begin{pmatrix} a_{11} & \boldsymbol{X}^{\mathrm{T}} \\ \boldsymbol{X} & \boldsymbol{B}\end{pmatrix}$，其中 $a_{11}<0$，$\boldsymbol{B}$ 为 $n-1$ 阶的正定矩阵，证明：

(1) $\boldsymbol{B}-a_{11}^{-1}\boldsymbol{X}\boldsymbol{X}^{\mathrm{T}}$ 也为正定矩阵；

(2) $\boldsymbol{A}$ 的符号差为 $n-2$.

38.（东南大学，2013） 已知 $\boldsymbol{A}$ 为 n 阶正定矩阵，证明：存在正数 m 和正定矩阵 $\boldsymbol{B}$ 使得 $\boldsymbol{A}=\boldsymbol{B}^m$.

39.（南京师范大学，2014） 已知 $\boldsymbol{A},\boldsymbol{B}$ 为两个 n 阶正定矩阵.

(1) 若 $\boldsymbol{AB}=\boldsymbol{BA}$，则 $\boldsymbol{AB}$ 也是正定矩阵.

(2) 若 $\boldsymbol{A}-\boldsymbol{B}$ 为正定矩阵，则 $\boldsymbol{B}^{-1}-\boldsymbol{A}^{-1}$ 也是正定矩阵.

40.（湘潭大学，2011） 已知矩阵 $\boldsymbol{A}$ 为 n 阶实对称矩阵，证明 $\boldsymbol{A}$ 的秩为 n 的充要条件是存在实矩阵 $\boldsymbol{B}$，使得 $\boldsymbol{AB}+\boldsymbol{B}^{\mathrm{T}}\boldsymbol{A}$ 为正定矩阵.

41.（中国科学院，2016） 已知二次型 $f(x_1,x_2,x_3)=5x_1^2+5x_2^2+\beta x_3^2-2x_1x_2+6x_1x_3-6x_2x_3$ 的秩为 2.

(1) 求 β；

(2) 求实正交变换，将上述二次型化为标准形.

42.（中国科学院，2017） $f(\boldsymbol{x})=\boldsymbol{x}^{\mathrm{T}}\boldsymbol{A}\boldsymbol{x}$ 是 n 元实二次型，存在 $\boldsymbol{\xi}\neq\boldsymbol{\eta}$ 使得 $f(\boldsymbol{\xi})+f(\boldsymbol{\eta})=0$，证明存在 $\boldsymbol{x}\neq\boldsymbol{0}$，使得 $f(\boldsymbol{x})=0$.

43. （武汉大学，2015） (1) 已知 $\boldsymbol{A},\boldsymbol{B}$ 都是正定矩阵，则存在可逆矩阵 $\boldsymbol{P}$，使得 $\boldsymbol{P}^{\mathrm{T}}\boldsymbol{AP}$，$\boldsymbol{P}^{\mathrm{T}}\boldsymbol{BP}$ 同时对角化.

(2) 若 $\boldsymbol{A},\boldsymbol{B}$ 都是半正定矩阵，上述结论是否成立？若不成立，说明理由；若成立证明之.

44.（中国科学院，2014） 设 $\boldsymbol{A},\boldsymbol{B}$ 是两个 n 阶半正定矩阵，并且 $\boldsymbol{A}=(a_{ij})$，$\boldsymbol{B}=(b_{ij})$，证明：$\boldsymbol{C}=(a_{ij}b_{ij})_{n\times n}$ 也是半正定矩阵.

45.（中国科学院，2018） 设 $\boldsymbol{A},\boldsymbol{B}$ 是两个实数矩阵，并且 $\boldsymbol{A}$ 是对称正定矩阵，$\boldsymbol{B}$ 是反对称矩阵，证明：$\boldsymbol{A}+\boldsymbol{B}$ 是可逆矩阵.

46.（深圳大学，2019） 设实对称矩阵 $\boldsymbol{A}$ 的阶数为偶数，且 $\boldsymbol{A}^3+6\boldsymbol{A}^2+11\boldsymbol{A}+6\boldsymbol{E}=\boldsymbol{O}$，证明：$\boldsymbol{A}$ 的伴随矩阵 $\boldsymbol{A}^*$ 为负定矩阵.

47.（浙江大学，2019） 设 $\boldsymbol{A}$ 是 n 阶负定矩阵，证明：$\boldsymbol{A}$ 的行列式的绝对值至多为 $\boldsymbol{A}$ 的对角线上 n 个数的乘积的绝对值.

历年考研试题精选参考答案

1. 解：二次型的矩阵为 $\boldsymbol{A}=\begin{pmatrix} 2 & 2 & -2 \\ 2 & 5 & -t \\ -2 & -t & 5\end{pmatrix}$. $|2|>0$，$\begin{vmatrix} 2 & 2 \\ 2 & 5\end{vmatrix}=6>0$.

因为 $|\boldsymbol{A}|=-2(t-5)(t+1)$，所以

二次型 f 正定 $\Leftrightarrow \boldsymbol{A}$ 的顺序主子式全大于零

$$\Leftrightarrow (t-5)(t+1)<0 \Leftrightarrow -1<t<5.$$

2. 解：因为

$$f(x_1,x_2,\cdots,x_n)=(x_1-x_2)^2+(x_2-x_3)^2+\cdots+(x_{n-1}-x_n)^2+(x_n-x_1)^2\geqslant 0,$$

于是 f 是半正定，负惯性指数为 0.

此二次型的矩阵为 $\boldsymbol{A}$，当 $x_1=x_2=\cdots=x_n$ 时，$f(x_1,x_2,\cdots,x_n)=0$，则 f 不是正定的. 因此 $R(\boldsymbol{A})\leqslant n-1$.

$$\boldsymbol{A}=\begin{pmatrix} 2 & -1 & 0 & \cdots & 0 & -1 \\ -1 & 2 & -1 & \cdots & 0 & 0 \\ 0 & -1 & 2 & \cdots & 0 & 0 \\ \vdots & \vdots & \vdots & & \vdots & \vdots \\ 0 & 0 & 0 & \cdots & 2 & -1 \\ -1 & 0 & 0 & \cdots & -1 & 2 \end{pmatrix},$$

由于 $\boldsymbol{A}$ 的前 $n-1$ 行、前 $n-1$ 列构成的 $n-1$ 阶子式等于 n，那么 $R(\boldsymbol{A})\geqslant n-1$.

综上所述，$R(\boldsymbol{A})=n-1$，f 的正惯性指数为 $n-1$，符号差为 $n-1$.

3. 证明：因为 $\boldsymbol{A}$ 为正定矩阵，所以 $|\boldsymbol{A}|>0$，$\exists \boldsymbol{P}$，$|\boldsymbol{P}|\neq 0$，$\boldsymbol{A}=\boldsymbol{P}^{\mathrm{T}}\boldsymbol{P}$，因为 $\boldsymbol{A}\boldsymbol{A}^*=|\boldsymbol{A}|\boldsymbol{E}$，所以 $\boldsymbol{A}^*=|\boldsymbol{A}|\boldsymbol{A}^{-1}$. 于是 $\boldsymbol{A}^*=|\boldsymbol{A}|(\boldsymbol{P}^{\mathrm{T}}\boldsymbol{P})^{-1}=|\boldsymbol{A}|\boldsymbol{P}^{-1}(\boldsymbol{P}^{-1})^{\mathrm{T}}$，故 $\boldsymbol{A}^*$ 正定.

4. 证明：(1) 首先证明 n 为偶数，因为 $\boldsymbol{B}^{\mathrm{T}}=-\boldsymbol{B}$，所以 $|\boldsymbol{B}|=|-\boldsymbol{B}|=(-1)^n|\boldsymbol{B}|$，$|\boldsymbol{B}|\neq 0 \Rightarrow (-1)^n=1\Rightarrow n$ 为偶数.

不妨设 $n=2t$. 由于 $\boldsymbol{B}$ 是可逆实反对称矩阵，则 $\boldsymbol{B}$ 的特征值只能是纯虚数，而 $\varphi(\lambda)$ 是实系数多项式，故虚根是成对出现，并设为 $\pm b_1\mathrm{i},\pm b_2\mathrm{i},\cdots,\pm b_t\mathrm{i}$，其中 $b_j\in\mathbf{R}$，$b_j\neq 0(j=1,2,\cdots,t)$，则存在可逆矩阵 $\boldsymbol{P}$，使得

$$\boldsymbol{P}^{-1}\boldsymbol{B}\boldsymbol{P}=\begin{pmatrix} b_1\mathrm{i} & & & & & & * \\ & -b_1\mathrm{i} & & & & & \\ & & b_2\mathrm{i} & & & & \\ & & & -b_2\mathrm{i} & & & \\ & & & & \ddots & & \\ & \boldsymbol{O} & & & & b_t\mathrm{i} & \\ & & & & & & -b_t\mathrm{i} \end{pmatrix}.$$

因此，$|\boldsymbol{B}|=b_1^2b_2^2\cdots b_t^2>0$，命题成立.

(2) 因为 $\varphi(0)=|-\boldsymbol{B}|=(-1)^n|\boldsymbol{B}|>0$，显然对任意实数 c，$\varphi(c)\neq 0$.

下面用反证法证明. 假设存在实数 c，使 $\varphi(c)<0$，而 $\varphi(\lambda)$ 是 λ 的 n 次多项式，$\varphi(\lambda)$ 是连续函数，那么存在 $a\in\mathbf{R}$，使 $\varphi(a)=0$，矛盾. 因此对任意实数 b，$\varphi(b)>0$.

(3) 因为 $\boldsymbol{A}$ 正定，所以存在可逆矩阵 $\boldsymbol{P}$，使 $\boldsymbol{P}^{\mathrm{T}}\boldsymbol{A}\boldsymbol{P}=\boldsymbol{E}$，则 $\boldsymbol{P}^{\mathrm{T}}(\boldsymbol{A}+\boldsymbol{B})\boldsymbol{P}=\boldsymbol{E}+\boldsymbol{P}^{\mathrm{T}}\boldsymbol{B}\boldsymbol{P}$，$\boldsymbol{P}^{\mathrm{T}}\boldsymbol{B}\boldsymbol{P}$ 仍是可逆实反对称矩阵. 由(1)知，存在可逆矩阵 $\boldsymbol{Q}$，使

$$\boldsymbol{Q}^{-1}(\boldsymbol{P}^{\mathrm{T}}\boldsymbol{B}\boldsymbol{P})\boldsymbol{Q}=\begin{pmatrix} c_1\mathrm{i} & & & & * \\ & -c_1\mathrm{i} & & & \\ & & \ddots & & \\ & \boldsymbol{O} & & c_t\mathrm{i} & \\ & & & & -c_t\mathrm{i} \end{pmatrix},$$

其中 $c_j\in\mathbf{R},c_j\neq0,j=1,2,\cdots,t$.

因此，
$$\boldsymbol{Q}^{-1}\boldsymbol{P}^{\mathrm{T}}(\boldsymbol{A}+\boldsymbol{B})\boldsymbol{P}\boldsymbol{Q}=\boldsymbol{Q}^{-1}(\boldsymbol{P}^{\mathrm{T}}\boldsymbol{A}\boldsymbol{P})\boldsymbol{Q}+\boldsymbol{Q}^{-1}(\boldsymbol{P}^{\mathrm{T}}\boldsymbol{B}\boldsymbol{P})\boldsymbol{Q}$$
$$=\begin{pmatrix}1+c_1\mathrm{i} & & & & \\ & 1-c_1\mathrm{i} & & * & \\ & & \ddots & & \\ & \boldsymbol{O} & & 1+c_t\mathrm{i} & \\ & & & & 1-c_t\mathrm{i}\end{pmatrix},$$

从而 $|\boldsymbol{P}|^2|\boldsymbol{A}+\boldsymbol{B}|=(1+c_1^2)(1+c_2^2)\cdots(1+c_t^2)>0$，因此 $|\boldsymbol{A}+\boldsymbol{B}|>0$.

5. 证明：因为 $\boldsymbol{A},\boldsymbol{B}$ 是 n 阶正定矩阵，所以存在 n 阶可逆矩阵 $\boldsymbol{P},\boldsymbol{Q}$，使得
$$\boldsymbol{A}=\boldsymbol{P}^{\mathrm{T}}\boldsymbol{P},\quad \boldsymbol{B}=\boldsymbol{Q}^{\mathrm{T}}\boldsymbol{Q},$$
从而
$$(\boldsymbol{P}^{\mathrm{T}})^{-1}(\boldsymbol{A}\boldsymbol{B})\boldsymbol{P}^{\mathrm{T}}=(\boldsymbol{P}^{\mathrm{T}})^{-1}\boldsymbol{P}^{\mathrm{T}}\boldsymbol{P}\boldsymbol{Q}^{\mathrm{T}}\boldsymbol{Q}\boldsymbol{P}^{\mathrm{T}}=\boldsymbol{P}\boldsymbol{Q}^{\mathrm{T}}\cdot\boldsymbol{Q}\boldsymbol{P}^{\mathrm{T}}=\boldsymbol{C}^{\mathrm{T}}\boldsymbol{C},$$
其中 $\boldsymbol{C}=\boldsymbol{Q}\boldsymbol{P}^{\mathrm{T}}$，$\boldsymbol{C}$ 是可逆矩阵. 由上式可知，$\boldsymbol{A}\boldsymbol{B}$ 与 $\boldsymbol{C}^{\mathrm{T}}\boldsymbol{C}$ 有相同的特征值，而 $\boldsymbol{C}^{\mathrm{T}}\boldsymbol{C}$ 的特征值全为实数，故 $\boldsymbol{A}\boldsymbol{B}$ 的特征值为实数.

6. 证明：因 $\boldsymbol{A}$ 为 n 阶半正定矩阵，则 $\boldsymbol{A}$ 的特征值都大于等于 0，故存在可逆矩阵 $\boldsymbol{T}$，使得
$$\boldsymbol{T}^{-1}\boldsymbol{A}\boldsymbol{T}=\begin{pmatrix}\lambda_1 & & & \\ & \lambda_2 & & \\ & & \ddots & \\ & & & \lambda_n\end{pmatrix},$$
其中 $\lambda_i\geqslant0$，而 $\boldsymbol{A}\neq\boldsymbol{O}$，则 $\lambda_i(i=1,2,\cdots,n)$ 中至少有一个大于 0，故
$$|\boldsymbol{A}+\boldsymbol{E}|=|\boldsymbol{T}^{-1}(\boldsymbol{A}+\boldsymbol{E})\boldsymbol{T}|=\begin{vmatrix}\lambda_1+1 & & & \\ & \lambda_2+1 & & \\ & & \ddots & \\ & & & \lambda_n+1\end{vmatrix}$$
$$=(\lambda_1+1)(\lambda_2+1)\cdots(\lambda_n+1)>1.$$

7. 证明：因 $\boldsymbol{A}$ 为 n 阶半正定矩阵，故 $\boldsymbol{A}$ 的特征值都大于等于 0，于是存在 n 阶可逆矩阵 $\boldsymbol{T}$，使得
$$\boldsymbol{T}^{-1}\boldsymbol{A}\boldsymbol{T}=\begin{pmatrix}\lambda_1 & & & \\ & \lambda_2 & & \\ & & \ddots & \\ & & & \lambda_n\end{pmatrix},$$
其中 $\lambda_i\geqslant0,i=1,2,\cdots,n$. 因此，
$$|\boldsymbol{A}+2\boldsymbol{E}|=|\boldsymbol{T}^{-1}(\boldsymbol{A}+2\boldsymbol{E})\boldsymbol{T}|=\begin{vmatrix}\lambda_1+2 & & & \\ & \lambda_2+2 & & \\ & & \ddots & \\ & & & \lambda_n+2\end{vmatrix}$$
$$=(\lambda_1+2)(\lambda_2+2)\cdots(\lambda_n+2)\geqslant2^n.$$

8. 证明：**必要性.**

由于 $\boldsymbol{A}\boldsymbol{B}$ 是正定矩阵，故 $\boldsymbol{A}\boldsymbol{B}$ 是实对称矩阵，$(\boldsymbol{A}\boldsymbol{B})^{\mathrm{T}}=\boldsymbol{B}^{\mathrm{T}}\boldsymbol{A}^{\mathrm{T}}=\boldsymbol{B}\boldsymbol{A}\Rightarrow\boldsymbol{A}\boldsymbol{B}=\boldsymbol{B}\boldsymbol{A}$.

充分性.

因为 $BA=B^{T}A^{T}=(AB)^{T}=AB$，所以 AB 是实对称矩阵. 又由于 A 为正定矩阵，因此存在可逆矩阵 P，使得 $P^{T}AP=E$，则

$$P^{T}(AB)P=P^{T}AP\cdot P^{-1}BP=P^{-1}BP.$$

因为 B 为正定矩阵，所以 $P^{-1}BP$ 的所有特征值都大于 0，即 $P^{T}(AB)P$ 的特征值全大于 0，故 $P^{T}(AB)P$ 正定，因此 AB 正定.

9. 证明：(1) 因为 $AB+BA=C$，所以 $B^{T}A^{T}+A^{T}B^{T}=C^{T}$.

由 $A^{T}=A, C^{T}=C\Rightarrow B^{T}A+AB^{T}=C$.

而矩阵方程 $AX+XA=C$ 的解唯一，则 $B^{T}=B$，即 B 是对称矩阵.

(2) 因为 A 为 n 阶正定矩阵，所以存在可逆矩阵 P，使得 $P^{T}AP=E$. 故

$$\begin{aligned}&P^{T}(AB)P+P^{T}(BA)P=P^{T}CP,\\&P^{T}AP\cdot P^{-1}BP+P^{T}B(P^{T})^{-1}\cdot P^{T}AP=P^{T}CP,\\&P^{-1}BP+P^{T}B(P^{T})^{-1}=P^{T}CP.\end{aligned}\qquad(1)$$

设 $P^{-1}BP=H$，则 $P^{T}B(P^{T})^{-1}=H^{T}$，从而式(1)可以写为

$$H+H^{T}-P^{T}CP.$$

设 ξ 是 H 的属于特征值 λ_0 的特征向量，即 $H\xi=\lambda_0\xi, \xi\neq 0$，故

$$\xi^{T}H\xi+\xi^{T}H^{T}\xi=\xi^{T}P^{T}CP\xi.$$

而 $\xi^{T}H\xi=\xi^{T}H^{T}\xi$，又 C 是正定矩阵，$P\xi\neq 0$，所以

$$2\xi^{T}H\xi>0.$$

因此 $2\lambda_0\xi^{T}\xi>0$，而 $\xi^{T}\xi>0\Rightarrow\lambda_0>0$，即 B 的特征值都大于 0，所以 B 是正定矩阵.

10. 证明：设 $X^{T}=(x_1,x_2,\cdots,x_n)$. 考虑如下分块矩阵，并进行变换可得

$$\begin{pmatrix}O & X^{T}\\ -X & A\end{pmatrix}\xrightarrow{r_1+(-X^{T}A^{-1})r_2}\begin{pmatrix}X^{T}A^{-1}X & O\\ -X & A\end{pmatrix}\xrightarrow[c_1+c_2A^{-1}X]{}\begin{pmatrix}X^{T}A^{-1}X & O\\ O & A\end{pmatrix},$$

故

$$\begin{pmatrix}E & -X^{T}A^{-1}\\ O & E\end{pmatrix}\begin{pmatrix}O & X^{T}\\ -X & A\end{pmatrix}\begin{pmatrix}E & O\\ A^{-1}X & E\end{pmatrix}=\begin{pmatrix}X^{T}A^{-1}X & O\\ O & A\end{pmatrix}.$$

因此，

$$\begin{aligned}f(x_1,x_2,\cdots,x_n)&=\begin{vmatrix}O & X^{T}\\ -X & A\end{vmatrix}=\begin{vmatrix}X^{T}A^{-1}X & O\\ O & A\end{vmatrix}=|A|(X^{T}A^{-1}X)\\&=X^{T}|A|A^{-1}X=X^{T}A^{*}X.\end{aligned}$$

因为 A 是对称矩阵，所以

$$(A^{*})^{T}=(|A|A^{-1})^{T}=|A|A^{-1}=A^{*}.$$

因此，二次型 $f(x_1,x_2,\cdots,x_n)$ 的矩阵是 A^{*}.

11. 解：现考察 A 的 k 阶顺序主子式 $A_k(k=1,2,\cdots,n)$.

$$A_k=\begin{vmatrix}b+8 & 3 & 3 & \cdots & 3\\ 3 & b & 1 & \cdots & 1\\ 3 & 1 & b & \cdots & 1\\ \vdots & \vdots & \vdots & & \vdots\\ 3 & 1 & 1 & \cdots & b\end{vmatrix}=\begin{vmatrix}1 & 3 & 1 & 1 & \cdots & 1\\ 0 & b+8 & 3 & 3 & \cdots & 3\\ 0 & 3 & b & 1 & \cdots & 1\\ 0 & 3 & 1 & b & \cdots & 1\\ \vdots & \vdots & \vdots & \vdots & & \vdots\\ 0 & 3 & 1 & 1 & \cdots & b\end{vmatrix}\left(\begin{array}{l}\text{对原行列式加}\\\text{一行和一列，行}\\\text{列式的值不变}\end{array}\right)$$

$$=\begin{vmatrix} 1 & 3 & 1 & 1 & \cdots & 1 \\ -3 & b-1 & 0 & 0 & \cdots & 0 \\ -1 & 0 & b-1 & 0 & \cdots & 0 \\ -1 & 0 & 0 & b-1 & \cdots & 0 \\ \vdots & \vdots & \vdots & \vdots & & \vdots \\ -1 & 0 & 0 & 0 & \cdots & b-1 \end{vmatrix}$$

$$=\begin{vmatrix} \dfrac{b+k+7}{b-1} & 3 & 1 & 1 & \cdots & 1 \\ 0 & b-1 & 0 & 0 & \cdots & 0 \\ 0 & 0 & b-1 & 0 & \cdots & 0 \\ 0 & 0 & 0 & b-1 & \cdots & 0 \\ \vdots & \vdots & \vdots & \vdots & & \vdots \\ 0 & 0 & 0 & 0 & 0 & b-1 \end{vmatrix}=(b+k+7)(b-1)^{k-1}.$$

(1) 当 k 为奇数且 $k>-b-7, k\neq 1$ 时，$\boldsymbol{A}_k$ 正定，则 $\boldsymbol{A}$ 正定.

(2) 当 k 为偶数且 $b>1$ 时，$\boldsymbol{A}_k$ 正定，则 $\boldsymbol{A}$ 正定.

12. 证明：因为 $\boldsymbol{A}$ 是实对称矩阵，所以存在正交矩阵 $\boldsymbol{Q}$，使得

$$\boldsymbol{Q}^{\mathrm{T}}\boldsymbol{A}\boldsymbol{Q}=\boldsymbol{Q}^{-1}\boldsymbol{A}\boldsymbol{Q}=\begin{pmatrix} \lambda_1 & & & \\ & \lambda_2 & & \\ & & \ddots & \\ & & & \lambda_n \end{pmatrix},$$

其中 $\lambda_1\leqslant\lambda_2\leqslant\cdots\leqslant\lambda_n$. 对二次型 $f(\boldsymbol{X})$ 作线性替换 $\boldsymbol{X}=\boldsymbol{Q}\boldsymbol{Y}$，且令 $\|\boldsymbol{X}\|_2=1$，即 $\boldsymbol{X}^{\mathrm{T}}\boldsymbol{X}=1$，则

$$f(\boldsymbol{X})=\boldsymbol{X}^{\mathrm{T}}\boldsymbol{A}\boldsymbol{X}=\frac{\boldsymbol{X}^{\mathrm{T}}\boldsymbol{A}\boldsymbol{X}}{\boldsymbol{X}^{\mathrm{T}}\boldsymbol{X}}=\frac{\boldsymbol{Y}^{\mathrm{T}}\boldsymbol{Q}^{\mathrm{T}}\boldsymbol{A}\boldsymbol{Q}\boldsymbol{Y}}{\boldsymbol{Y}^{\mathrm{T}}\boldsymbol{Q}^{\mathrm{T}}\boldsymbol{Q}\boldsymbol{Y}}=\frac{\lambda_1 y_1^2+\lambda_2 y_2^2+\cdots+\lambda_n y_n^2}{\boldsymbol{Y}^{\mathrm{T}}\boldsymbol{Y}}\leqslant\lambda_n.$$

取 $\boldsymbol{Y}_0^{\mathrm{T}}=(0,\cdots,0,1)$，则存在 $\boldsymbol{X}_0=\boldsymbol{Q}\boldsymbol{Y}_0$，使得

$$f(\boldsymbol{X}_0)=\frac{\lambda_n y_n^2}{y_n^2}=\lambda_n.$$

因此结论成立.

13. 证明：**存在性.**

因为 $\boldsymbol{A}$ 是实对称正定阵，所以存在正交矩阵 $\boldsymbol{Q}$，使得

$$\boldsymbol{Q}^{\mathrm{T}}\boldsymbol{A}\boldsymbol{Q}=\begin{pmatrix} \lambda_1 & & & \\ & \lambda_2 & & \\ & & \ddots & \\ & & & \lambda_n \end{pmatrix},$$

其中 $\lambda_i>0, i=1,\cdots,n$. 因此

$$\boldsymbol{A}=\boldsymbol{Q}\begin{pmatrix} \lambda_1 & & & \\ & \lambda_2 & & \\ & & \ddots & \\ & & & \lambda_n \end{pmatrix}\boldsymbol{Q}^{\mathrm{T}}=\boldsymbol{Q}\begin{pmatrix} \sqrt{\lambda_1} & & & \\ & \sqrt{\lambda_2} & & \\ & & \ddots & \\ & & & \sqrt{\lambda_n} \end{pmatrix}\boldsymbol{Q}^{\mathrm{T}}\boldsymbol{Q}\begin{pmatrix} \sqrt{\lambda_1} & & & \\ & \sqrt{\lambda_2} & & \\ & & \ddots & \\ & & & \sqrt{\lambda_n} \end{pmatrix}\boldsymbol{Q}^{\mathrm{T}}=\boldsymbol{B}^2,$$

其中

$$B=Q\begin{pmatrix}\sqrt{\lambda_1}&&&\\&\sqrt{\lambda_2}&&\\&&\ddots&\\&&&\sqrt{\lambda_n}\end{pmatrix}Q^{\mathrm{T}}.$$

显然，$\boldsymbol{B}$ 是实对称正定阵.

唯一性.

假设还存在实对称正定阵 $\boldsymbol{B}_1$，使得 $\boldsymbol{A}=\boldsymbol{B}_1^2=\boldsymbol{B}^2$.

$\boldsymbol{B}^2$ 是实对称正定阵，令 $\boldsymbol{B}^2\boldsymbol{\xi}=\lambda\boldsymbol{\xi}$，$\boldsymbol{\xi}\neq\boldsymbol{0}$，则

$$(\lambda\boldsymbol{E}-\boldsymbol{B}^2)\boldsymbol{\xi}=\boldsymbol{0},\quad(\sqrt{\lambda}\boldsymbol{E}+\boldsymbol{B})(\sqrt{\lambda}\boldsymbol{E}-\boldsymbol{B})\boldsymbol{\xi}=\boldsymbol{0},$$

而$\sqrt{\lambda}\boldsymbol{E}+\boldsymbol{B}$ 是正定阵，于是

$$(\sqrt{\lambda}\boldsymbol{E}-\boldsymbol{B})\boldsymbol{\xi}=\boldsymbol{0},\quad\boldsymbol{\xi}\neq\boldsymbol{0}.$$

这就是说，如果 $\boldsymbol{\xi}$ 是 $\boldsymbol{B}^2$ 的属于特征值 λ 的特征向量，那么 $\boldsymbol{\xi}$ 是 $\boldsymbol{B}$ 的属于特征值$\sqrt{\lambda}$的特征向量，于是

$$\boldsymbol{Q}^{\mathrm{T}}\boldsymbol{B}\boldsymbol{Q}=\begin{pmatrix}\sqrt{\lambda_1}&&&\\&\sqrt{\lambda_2}&&\\&&\ddots&\\&&&\sqrt{\lambda_n}\end{pmatrix}.$$

同理，可得

$$\boldsymbol{Q}^{\mathrm{T}}\boldsymbol{B}_1\boldsymbol{Q}=\begin{pmatrix}\sqrt{\lambda_1}&&&\\&\sqrt{\lambda_2}&&\\&&\ddots&\\&&&\sqrt{\lambda_n}\end{pmatrix}.$$

所以 $\boldsymbol{B}=\boldsymbol{B}_1$，唯一性得证.

14. 证明：考察 n 元二次型 $f(x_1,x_2,\cdots,x_n)=\boldsymbol{X}^{\mathrm{T}}(\lambda\boldsymbol{E}+\boldsymbol{A}^{\mathrm{T}}\boldsymbol{A})\boldsymbol{X}$. 对实数域上的任意非零 n 维列向量 $\boldsymbol{X}_0$，有

$$f(\boldsymbol{X}_0)=\boldsymbol{X}_0^{\mathrm{T}}(\lambda\boldsymbol{E}+\boldsymbol{A}^{\mathrm{T}}\boldsymbol{A})\boldsymbol{X}_0=\lambda\boldsymbol{X}_0^{\mathrm{T}}\boldsymbol{X}_0+(\boldsymbol{A}\boldsymbol{X}_0)^{\mathrm{T}}(\boldsymbol{A}\boldsymbol{X}_0).$$

已知 $\lambda>0\Rightarrow\lambda\boldsymbol{X}_0^{\mathrm{T}}\boldsymbol{X}_0>0$，又 $(\boldsymbol{A}\boldsymbol{X}_0)^{\mathrm{T}}(\boldsymbol{A}\boldsymbol{X}_0)\geqslant0$，则 $f(\boldsymbol{X}_0)>0$，故 $\boldsymbol{B}$ 正定.

15. 证明：因为 $\boldsymbol{A}$ 是实可逆矩阵，则 $\boldsymbol{A}^{\mathrm{T}}\boldsymbol{A}$ 是正定矩阵，故存在正定阵 $\boldsymbol{S}$，使 $\boldsymbol{S}^2=\boldsymbol{A}^{\mathrm{T}}\boldsymbol{A}$，取 $\boldsymbol{Q}=\boldsymbol{A}\boldsymbol{S}^{-1}$，则 $\boldsymbol{A}=\boldsymbol{Q}\boldsymbol{S}$.

可验证

$$\boldsymbol{Q}\boldsymbol{Q}^{\mathrm{T}}=\boldsymbol{A}\boldsymbol{S}^{-1}(\boldsymbol{S}^{-1})^{\mathrm{T}}\boldsymbol{A}^{\mathrm{T}}=\boldsymbol{A}(\boldsymbol{S}^{-1})^2\boldsymbol{A}^{\mathrm{T}}=\boldsymbol{A}(\boldsymbol{A}^{\mathrm{T}}\boldsymbol{A})^{-1}\boldsymbol{A}^{\mathrm{T}}=\boldsymbol{A}\boldsymbol{A}^{-1}(\boldsymbol{A}^{\mathrm{T}})^{-1}\boldsymbol{A}^{\mathrm{T}}=\boldsymbol{E},$$

故 $\boldsymbol{Q}$ 是正交矩阵，因此命题成立.

16. 证明：(1) 设 $\boldsymbol{X}$ 是实数域上的 n 维非零列向量，因为 $\boldsymbol{A}$ 可逆，所以

$$\boldsymbol{A}\boldsymbol{X}\neq\boldsymbol{0}\Rightarrow f(x_1,x_2,\cdots,x_n)=\boldsymbol{X}^{\mathrm{T}}(\boldsymbol{A}\boldsymbol{A}^{\mathrm{T}})\boldsymbol{X}=(\boldsymbol{A}^{\mathrm{T}}\boldsymbol{X})^{\mathrm{T}}(\boldsymbol{A}^{\mathrm{T}}\boldsymbol{X})>0.$$

因此，$\boldsymbol{A}\boldsymbol{A}^{\mathrm{T}}$ 是正定矩阵.

(2) 因为 $\boldsymbol{A}$ 为实对称矩阵，所以不妨设 $\boldsymbol{A}$ 的 n 个实特征值为 $\lambda_1\leqslant\lambda_2\leqslant\cdots\leqslant\lambda_n$.

显然 $\boldsymbol{E}+c\boldsymbol{A}$ 为实对称矩阵，其特征值为 $1+s\lambda_1,1+s\lambda_2,\cdots,1+s\lambda_n$，故只需找到实数 c 使得

其全部特征值大于零即可.

如果 $\lambda_1\geqslant 0$,取 $c=1$,则 $\boldsymbol{E}+c\boldsymbol{A}$ 是正定矩阵.

如果 $\lambda_n\leqslant 0$,取 $c=-1$,则 $\boldsymbol{E}+c\boldsymbol{A}$ 是正定矩阵.

如果 $\lambda_1<0,\lambda_n>0$,取 $-\dfrac{1}{\lambda_1}>c>-\dfrac{1}{\lambda_n}$,则 $\boldsymbol{E}+c\boldsymbol{A}$ 是正定矩阵.

17. 证明:因为 $\begin{pmatrix}\boldsymbol{A} & \boldsymbol{B}^{\mathrm T}\\ \boldsymbol{B} & \boldsymbol{C}\end{pmatrix}$ 正定,所以 $\boldsymbol{A}^{\mathrm T}=\boldsymbol{A}$.

取 $\boldsymbol{P}=\begin{bmatrix}\boldsymbol{E}_n & -\boldsymbol{A}^{-1}\boldsymbol{B}^{\mathrm T}\\ \boldsymbol{O} & \boldsymbol{E}_n\end{bmatrix}$,则 $\boldsymbol{P}^{\mathrm T}=\begin{bmatrix}\boldsymbol{E}_n & \boldsymbol{O}\\ -\boldsymbol{B}\boldsymbol{A}^{-1} & \boldsymbol{E}_n\end{bmatrix}$,故

$$\boldsymbol{P}^{\mathrm T}\begin{pmatrix}\boldsymbol{A} & \boldsymbol{B}^{\mathrm T}\\ \boldsymbol{B} & \boldsymbol{C}\end{pmatrix}\boldsymbol{P}=\begin{pmatrix}\boldsymbol{A} & \boldsymbol{O}\\ \boldsymbol{O} & \boldsymbol{C}-\boldsymbol{B}\boldsymbol{A}^{-1}\boldsymbol{B}^{\mathrm T}\end{pmatrix}.$$

因为 $\begin{pmatrix}\boldsymbol{A} & \boldsymbol{B}^{\mathrm T}\\ \boldsymbol{B} & \boldsymbol{C}\end{pmatrix}$ 正定,所以 $\begin{pmatrix}\boldsymbol{A} & \boldsymbol{O}\\ \boldsymbol{O} & \boldsymbol{C}-\boldsymbol{B}\boldsymbol{A}^{-1}\boldsymbol{B}^{\mathrm T}\end{pmatrix}$ 也正定.

18. 证明:因为 $\boldsymbol{B}$ 是正定矩阵,所以 $\boldsymbol{B}$ 可逆,并且 $\boldsymbol{B}^{-1}$ 为正定矩阵. 可利用合同变换将矩阵 $\boldsymbol{A}$ 化为准对角矩阵:

$$\begin{pmatrix}\boldsymbol{E} & \boldsymbol{O}\\ -\boldsymbol{C}^{\mathrm T}\boldsymbol{B}^{-1} & \boldsymbol{E}\end{pmatrix}\begin{pmatrix}\boldsymbol{B} & \boldsymbol{C}\\ \boldsymbol{C}^{\mathrm T} & \boldsymbol{O}\end{pmatrix}\begin{pmatrix}\boldsymbol{E} & -\boldsymbol{B}^{-1}\boldsymbol{C}\\ \boldsymbol{O} & \boldsymbol{E}\end{pmatrix}=\begin{pmatrix}\boldsymbol{B} & \boldsymbol{O}\\ \boldsymbol{O} & -\boldsymbol{C}^{\mathrm T}\boldsymbol{B}^{-1}\boldsymbol{C}\end{pmatrix}.$$

设 $\boldsymbol{D}=\boldsymbol{C}^{\mathrm T}\boldsymbol{B}^{-1}\boldsymbol{C}$,可知 $\boldsymbol{D}$ 为 m 阶正定矩阵,

事实上,$\boldsymbol{D}^{\mathrm T}=(\boldsymbol{C}^{\mathrm T}\boldsymbol{B}^{-1}\boldsymbol{C})^{\mathrm T}=\boldsymbol{C}^{\mathrm T}(\boldsymbol{B}^{-1})^{\mathrm T}(\boldsymbol{C}^{\mathrm T})^{\mathrm T}=\boldsymbol{C}^{\mathrm T}\boldsymbol{B}^{-1}\boldsymbol{C}=\boldsymbol{D}$,$\boldsymbol{D}$ 为 m 阶实对称矩阵.

又 $\forall\,\boldsymbol{x}\in\mathbf{R}^m$,设 $\boldsymbol{y}=\boldsymbol{C}\boldsymbol{x}$,则 $\boldsymbol{x}^{\mathrm T}\boldsymbol{D}\boldsymbol{x}=\boldsymbol{x}^{\mathrm T}\boldsymbol{C}^{\mathrm T}\boldsymbol{B}^{-1}\boldsymbol{C}\boldsymbol{x}=\boldsymbol{y}^{\mathrm T}\boldsymbol{B}^{-1}\boldsymbol{y}\geqslant 0$.

如果 $\boldsymbol{x}^{\mathrm T}\boldsymbol{D}\boldsymbol{x}=0\Leftrightarrow\boldsymbol{y}^{\mathrm T}\boldsymbol{B}^{-1}\boldsymbol{y}=0\Leftrightarrow\boldsymbol{y}=\boldsymbol{C}^{\mathrm T}\boldsymbol{x}=\boldsymbol{0}$,又 $R(\boldsymbol{C})=m$,则 $\boldsymbol{y}=\boldsymbol{C}^{\mathrm T}\boldsymbol{x}=\boldsymbol{0}\Leftrightarrow\boldsymbol{x}=\boldsymbol{0}$.

故 $\boldsymbol{D}$ 为 m 阶正定矩阵,合同变换不改变矩阵特征值的正负性,因此结论成立.

19. 解:由条件知 $f(x_1,x_2,\cdots,x_n)$ 是半正定的.

而 $f(x_1,x_2,\cdots,x_n)$ 是正定的 $\Leftrightarrow f(x_1,x_2,\cdots,x_n)=0$ 必可以推出 $x_1=x_2=\cdots=x_n=0$,故只需证明下面的齐次线性方程组只有零解时,$f(x_1,x_2,\cdots,x_n)$ 必为正定的. 事实上,

$$\begin{cases}x_1+a_1x_2=0,\\ x_2+a_2x_3=0,\\ \quad\vdots\\ x_{n-1}+a_{n-1}x_n=0,\\ a_nx_1+x_n=0,\end{cases}$$

则其系数行列式

$$\begin{vmatrix}1 & a_1 & 0 & \cdots & 0 & 0\\ 0 & 1 & a_2 & \cdots & 0 & 0\\ \vdots & \vdots & \vdots & & \vdots & \vdots\\ 0 & 0 & 0 & \cdots & 1 & a_{n-1}\\ a_n & 0 & 0 & \cdots & 0 & 1\end{vmatrix}=1+(-1)^{n+1}a_1a_2\cdots a_n\neq 0,$$

故当 $1+(-1)^{n+1}a_1a_2\cdots a_n\neq 0$ 时,$f(x_1,x_2,\cdots,x_n)$ 是正定二次型.

20. 证明:(1) 设 $\boldsymbol{D}=\boldsymbol{P}(1,i)\boldsymbol{A}\boldsymbol{P}(1,i)$,因为 $\boldsymbol{A}$ 正定,所以 $\boldsymbol{D}$ 正定,从而 $\boldsymbol{D}$ 的左上角元素 $a_{ii}>0,i=1,2,\cdots,n$.

(2) 设 $\boldsymbol{B}\boldsymbol{\xi}=\lambda\boldsymbol{\xi},\lambda\in\mathbf{R},\boldsymbol{\xi}\neq\boldsymbol{0}$,则 $\boldsymbol{\xi}^{\mathrm T}\boldsymbol{B}^{\mathrm T}=\lambda\boldsymbol{\xi}^{\mathrm T}$. 又 $\boldsymbol{A}-\boldsymbol{B}^{\mathrm T}\boldsymbol{A}\boldsymbol{B}$ 正定,则

$$\xi^{\mathrm{T}}(\boldsymbol{A}-\boldsymbol{B}^{\mathrm{T}}\boldsymbol{A}\boldsymbol{B})\xi=\xi^{\mathrm{T}}\boldsymbol{A}\xi-\xi^{\mathrm{T}}\boldsymbol{B}^{\mathrm{T}}\boldsymbol{A}\boldsymbol{B}\xi=\xi^{\mathrm{T}}\boldsymbol{A}\xi-\lambda^2\xi^{\mathrm{T}}\boldsymbol{A}\xi=(1-\lambda^2)\xi^{\mathrm{T}}\boldsymbol{A}\xi>0.$$

因为 $\boldsymbol{A}$ 正定，所以 $\xi^{\mathrm{T}}\boldsymbol{A}\xi>0$，于是 $1-\lambda^2>0$，所以 $|\lambda|<1$.

21. 证明：因为 $\boldsymbol{A}$ 为 n 阶正定阵，所以存在 n 阶可逆阵 $\boldsymbol{P}$，使得 $\boldsymbol{P}^{\mathrm{T}}\boldsymbol{A}\boldsymbol{P}=\boldsymbol{E}$. 因为 $\boldsymbol{B}$ 为 n 阶实反对称矩阵，可设 $\boldsymbol{B}$ 的特征值为 $b_1\mathrm{i},\cdots,b_t\mathrm{i},0,\cdots,0$，那么 $\boldsymbol{B}^2$ 的特征值为 $-b_1^2,\cdots,-b_t^2,0,\cdots,0$. 显然 $\boldsymbol{B}^2$ 是实对称矩阵，则 $\boldsymbol{P}^{\mathrm{T}}\boldsymbol{B}^2\boldsymbol{P}$ 也是实对称矩阵，故存在正交矩阵 $\boldsymbol{Q}$，使得

$$\boldsymbol{Q}^{\mathrm{T}}\boldsymbol{P}^{\mathrm{T}}\boldsymbol{B}^2\boldsymbol{P}\boldsymbol{Q}=\begin{pmatrix}-c_1^2 & & & & & \\ & \ddots & & & & \\ & & -c_t^2 & & & \\ & & & 0 & & \\ & & & & \ddots & \\ & & & & & 0\end{pmatrix},$$

其中 $c_i\in\mathbf{R},c_i\neq0,i=1,2,\cdots,t$，从而

$$\boldsymbol{Q}^{\mathrm{T}}\boldsymbol{P}^{\mathrm{T}}(\boldsymbol{A}-\boldsymbol{B}^2)\boldsymbol{P}\boldsymbol{Q}=\begin{pmatrix}1+c_1^2 & & & & & \\ & \ddots & & & & \\ & & 1+c_t^2 & & & \\ & & & 1 & & \\ & & & & \ddots & \\ & & & & & 1\end{pmatrix},$$

因此 $\boldsymbol{A}-\boldsymbol{B}^2$ 为正定矩阵.

22. 证明：考虑下面的 n 元二次型，利用正交线性替换 $\boldsymbol{X}=\boldsymbol{Q}\boldsymbol{Y}$ 将二次型化成平方和：

$$f(x_1,x_2,\cdots,x_n)=\boldsymbol{X}^{\mathrm{T}}\boldsymbol{A}\boldsymbol{X}=\lambda_1y_1^2+\lambda_2y_2^2+\cdots+\lambda_ny_n^2.$$

令 $c=\max(|\lambda_1|,|\lambda_2|,\cdots,|\lambda_n|)$，那么

$$\begin{aligned}-c\boldsymbol{X}^{\mathrm{T}}\boldsymbol{X}&=-c\boldsymbol{Y}^{\mathrm{T}}\boldsymbol{Y}=-c(y_1^2+\cdots+y_n^2)\leqslant\lambda_1y_1^2+\cdots+\lambda_ny_n^2\\&\leqslant c(y_1^2+\cdots+y_n^2)=c\boldsymbol{Y}^{\mathrm{T}}\boldsymbol{Y}=c\boldsymbol{X}^{\mathrm{T}}\boldsymbol{X},\end{aligned}$$

所以 $|\boldsymbol{X}^{\mathrm{T}}\boldsymbol{A}\boldsymbol{X}|\leqslant c\boldsymbol{X}^{\mathrm{T}}\boldsymbol{X}$.

23. 证明：

(i) 见第 13 题的解析.

(ii) 设
$$(\boldsymbol{A}\boldsymbol{S})\xi=\lambda\xi,\quad \xi\neq\mathbf{0},\tag{1}$$
则
$$(\overline{\boldsymbol{A}\boldsymbol{S}\xi})^{\mathrm{T}}=\overline{\lambda\xi^{\mathrm{T}}},\quad 即\overline{\xi^{\mathrm{T}}}\boldsymbol{S}\boldsymbol{A}=\bar{\lambda}\,\overline{\xi^{\mathrm{T}}}.\tag{2}$$

用 $\boldsymbol{S}$ 左乘式(1)两边可得
$$(\boldsymbol{S}\boldsymbol{A})\boldsymbol{S}\xi=\lambda\boldsymbol{S}\xi.\tag{3}$$

用 $\boldsymbol{S}\xi$ 右乘式(2)两边，由式(3)可得
$$\lambda\,\bar{\xi}^{\mathrm{T}}\boldsymbol{S}\xi=\bar{\lambda}\,\bar{\xi}^{\mathrm{T}}\boldsymbol{S}\xi.$$

因为 $\boldsymbol{S}$ 是正定矩阵，所以 $\boldsymbol{S}=\boldsymbol{B}^2$，其中 $\boldsymbol{B}$ 是对称正定矩阵，从而
$$\lambda(\overline{\boldsymbol{B}\xi})^{\mathrm{T}}(\boldsymbol{B}\xi)=\bar{\lambda}(\overline{\boldsymbol{B}\xi})^{\mathrm{T}}(\boldsymbol{B}\xi).$$

因为 $\boldsymbol{B}\xi\neq\mathbf{0}$，所以 $(\overline{\boldsymbol{B}\xi})^{\mathrm{T}}(\boldsymbol{B}\xi)>0$. 因此，$\lambda=\bar{\lambda}$.

24. 证明：**充分性.**

因为 $\boldsymbol{A}$ 正定及 $\boldsymbol{b}^{\mathrm{T}}\boldsymbol{A}^{-1}\boldsymbol{b}<1$，所以

$$\begin{pmatrix}\boldsymbol{E}_n & -\boldsymbol{b}\\ 0 & 1\end{pmatrix}\begin{pmatrix}\boldsymbol{A} & \boldsymbol{b}\\ \boldsymbol{b}^{\mathrm{T}} & 1\end{pmatrix}\begin{pmatrix}\boldsymbol{E}_n & 0\\ -\boldsymbol{b}^{\mathrm{T}} & 1\end{pmatrix}=\begin{pmatrix}\boldsymbol{A}-\boldsymbol{b}\boldsymbol{b}^{\mathrm{T}} & 0\\ 0 & 1\end{pmatrix},\tag{1}$$

$$\begin{pmatrix} \boldsymbol{E}_n & 0 \\ -\boldsymbol{b}^{\mathrm{T}}\boldsymbol{A}^{-1} & 1 \end{pmatrix}\begin{pmatrix} \boldsymbol{A} & \boldsymbol{b} \\ \boldsymbol{b}^{\mathrm{T}} & 1 \end{pmatrix}\begin{pmatrix} \boldsymbol{E}_n & -\boldsymbol{A}^{-1}\boldsymbol{b} \\ 0 & 1 \end{pmatrix}=\begin{pmatrix} \boldsymbol{A} & 0 \\ 0 & 1-\boldsymbol{b}^{\mathrm{T}}\boldsymbol{A}^{-1}\boldsymbol{b} \end{pmatrix}, \tag{2}$$

则式(2)的右端是正定的，故 $\boldsymbol{A}-\boldsymbol{b}\boldsymbol{b}^{\mathrm{T}}$ 正定.

必要性.

由上面的式(1)及 $\boldsymbol{A}-\boldsymbol{b}\boldsymbol{b}^{\mathrm{T}}$ 正定可知 $\begin{pmatrix} \boldsymbol{A} & \boldsymbol{b} \\ \boldsymbol{b}^{\mathrm{T}} & 1 \end{pmatrix}$ 是正定矩阵，因此 $\begin{pmatrix} \boldsymbol{A} & 0 \\ 0 & 1-\boldsymbol{b}^{\mathrm{T}}\boldsymbol{A}^{-1}\boldsymbol{b} \end{pmatrix}$ 也为正定矩阵，从而 $\boldsymbol{b}^{\mathrm{T}}\boldsymbol{A}^{-1}\boldsymbol{b}<1$.

25. 解：由条件可知，

$$f(x_1,x_2,\cdots,x_n)=(n-1)\sum_{i=1}^{n}x_i^2-2\sum_{n\geqslant i>j\geqslant 1}x_ix_j.$$

设 $\boldsymbol{A}$ 是这个二次型的矩阵，则

$$\boldsymbol{A}=\begin{pmatrix} n-1 & -1 & -1 & \cdots & -1 \\ -1 & n-1 & -1 & \cdots & -1 \\ \vdots & \vdots & \vdots & & \vdots \\ -1 & -1 & -1 & \cdots & n-1 \end{pmatrix},$$

容易计算 $|\lambda\boldsymbol{E}-\boldsymbol{A}|=(\lambda-n)^{n-1}\lambda$.

因此，秩和正惯性指数都为 $n-1$，负惯性指数为 0.

26. 证明：**必要性.**

$\boldsymbol{A}\boldsymbol{X}=\boldsymbol{\beta}$ 有唯一解，则 $R(\boldsymbol{A})=n$. 考虑下面二次型：

$$f(\boldsymbol{X})=\boldsymbol{X}^{\mathrm{T}}\boldsymbol{A}^{\mathrm{T}}\boldsymbol{A}\boldsymbol{X}.$$

$\forall\, \boldsymbol{X}_0\neq\boldsymbol{0},\boldsymbol{X}_0\in\mathbf{R}^{n\times 1},\boldsymbol{A}\boldsymbol{X}_0\neq\boldsymbol{0}$，则

$$f(\boldsymbol{X}_0)=(\boldsymbol{A}\boldsymbol{X}_0)^{\mathrm{T}}(\boldsymbol{A}\boldsymbol{X}_0)>0.$$

故 $f(\boldsymbol{X})$ 是正定二次型，所以 $\boldsymbol{A}^{\mathrm{T}}\boldsymbol{A}$ 为正定阵.

充分性.

因为 $\boldsymbol{A}^{\mathrm{T}}\boldsymbol{A}$ 为正定阵，所以 $R(\boldsymbol{A}^{\mathrm{T}}\boldsymbol{A})=R(\boldsymbol{A})=n$. 故线性方程组 $\boldsymbol{A}\boldsymbol{X}=\boldsymbol{\beta}$ 有唯一解.

27. 证明：因为 $\boldsymbol{A}$ 为 n 阶实对称矩阵，所以存在正交线性替换 $\boldsymbol{X}=\boldsymbol{U}\boldsymbol{Y}$，$|\boldsymbol{U}|^2=1$，$\boldsymbol{X}^{\mathrm{T}}=\boldsymbol{Y}^{\mathrm{T}}\boldsymbol{U}^{\mathrm{T}}$，$\boldsymbol{X}^{\mathrm{T}}\boldsymbol{X}=\boldsymbol{Y}^{\mathrm{T}}\boldsymbol{U}^{\mathrm{T}}\boldsymbol{U}\boldsymbol{Y}=\boldsymbol{Y}^{\mathrm{T}}\boldsymbol{Y}$. 因此，

$$\lambda_1\boldsymbol{Y}^{\mathrm{T}}\boldsymbol{Y}\leqslant\boldsymbol{X}^{\mathrm{T}}\boldsymbol{A}\boldsymbol{X}=\boldsymbol{Y}^{\mathrm{T}}(\boldsymbol{U}^{\mathrm{T}}\boldsymbol{A}\boldsymbol{U})\boldsymbol{Y}=\lambda_1y_1^2+\lambda_2y_2^2+\cdots+\lambda_ny_n^2\leqslant\lambda_n\boldsymbol{Y}^{\mathrm{T}}\boldsymbol{Y},$$

即 $\lambda_1\boldsymbol{X}^{\mathrm{T}}\boldsymbol{X}\leqslant\boldsymbol{X}^{\mathrm{T}}\boldsymbol{A}\boldsymbol{X}\leqslant\lambda_n\boldsymbol{X}^{\mathrm{T}}\boldsymbol{X}$.

28. 证明：因为 $\boldsymbol{A}$ 正定，所以存在可逆矩阵 $\boldsymbol{P}$，使 $\boldsymbol{P}^{\mathrm{T}}\boldsymbol{A}\boldsymbol{P}=\boldsymbol{E}$. 因为 $\boldsymbol{P}^{\mathrm{T}}\boldsymbol{B}\boldsymbol{P}$ 正定，故存在正交矩阵 $\boldsymbol{U}$ 使 $\boldsymbol{U}^{\mathrm{T}}\boldsymbol{P}^{\mathrm{T}}\boldsymbol{A}\boldsymbol{P}\boldsymbol{U}=\boldsymbol{E}$，且

$$\boldsymbol{U}^{\mathrm{T}}\boldsymbol{P}^{\mathrm{T}}\boldsymbol{B}\boldsymbol{P}\boldsymbol{U}=\begin{pmatrix} \lambda_1 & & & \\ & \lambda_2 & & \\ & & \ddots & \\ & & & \lambda_n \end{pmatrix},$$

其中 $\lambda_1,\lambda_2,\cdots,\lambda_n>0$. 令 $\boldsymbol{P}\boldsymbol{U}=\boldsymbol{Q}$，则 $\boldsymbol{Q}$ 可逆，且

$$|\boldsymbol{Q}^{\mathrm{T}}|\,|\boldsymbol{A}+\boldsymbol{B}|\,|\boldsymbol{Q}|=|\boldsymbol{Q}^{\mathrm{T}}\boldsymbol{A}\boldsymbol{Q}+\boldsymbol{Q}^{\mathrm{T}}\boldsymbol{B}\boldsymbol{Q}|=\begin{vmatrix} 1+\lambda_1 & & & \\ & 1+\lambda_2 & & \\ & & \ddots & \\ & & & 1+\lambda_n \end{vmatrix}$$

$$=(1+\lambda_1)(1+\lambda_2)\cdots(1+\lambda_n).$$

$$|\boldsymbol{A}+\boldsymbol{B}|=\frac{1}{|\boldsymbol{Q}|^2}(1+\lambda_1)(1+\lambda_2)\cdots(1+\lambda_n),$$

$$|\boldsymbol{Q}^{\mathrm{T}}|(|\boldsymbol{A}|+|\boldsymbol{B}|)|\boldsymbol{Q}|=|\boldsymbol{Q}^{\mathrm{T}}\boldsymbol{A}\boldsymbol{Q}|+|\boldsymbol{Q}^{\mathrm{T}}\boldsymbol{B}\boldsymbol{Q}|=1+\lambda_1\lambda_2\cdots\lambda_n,$$

则 $|\boldsymbol{A}|+|\boldsymbol{B}|=\frac{1}{|\boldsymbol{Q}|^2}(1+\lambda_1\lambda_2\cdots\lambda_n)$，所以 $|\boldsymbol{A}|+|\boldsymbol{B}|>|\boldsymbol{A}|+|\boldsymbol{B}|$.

29. 证明：先证明 $|\boldsymbol{A}+\boldsymbol{S}|\neq 0$.（反证法）假设 $|\boldsymbol{A}+\boldsymbol{S}|=0$，则齐次线性方程组 $(\boldsymbol{A}+\boldsymbol{S})\boldsymbol{X}=\boldsymbol{0}$ 有非零解 $\boldsymbol{X}_0$，即 $(\boldsymbol{A}+\boldsymbol{S})\boldsymbol{X}_0=\boldsymbol{0}$，从而

$$0=\boldsymbol{X}_0^{\mathrm{T}}(\boldsymbol{A}+\boldsymbol{S})\boldsymbol{X}_0=\boldsymbol{X}_0^{\mathrm{T}}\boldsymbol{A}\boldsymbol{X}_0+\boldsymbol{X}_0^{\mathrm{T}}\boldsymbol{S}\boldsymbol{X}_0.$$

因为 $\boldsymbol{S}$ 是实反对称矩阵，所以 $\boldsymbol{X}_0^{\mathrm{T}}\boldsymbol{S}\boldsymbol{X}_0=0$，$\boldsymbol{X}_0^{\mathrm{T}}\boldsymbol{A}\boldsymbol{X}_0=0$，这与 $\boldsymbol{A}$ 是正定矩阵矛盾. 因此，

$$|\boldsymbol{A}+\boldsymbol{S}|\neq 0.$$

现在构造 $[0,1]$ 上的连续函数 $f(x)=|\boldsymbol{A}+x\boldsymbol{S}|$，$\forall x_0\in\mathbf{R}$，$x_0\boldsymbol{S}$ 仍是实反对称矩阵. 故由上面证明及已知条件可得 $f(x_0)\neq 0$，$f(0)=|\boldsymbol{A}|>0$.

如果 $f(1)=|\boldsymbol{A}+\boldsymbol{S}|<0$，那么存在 $c\in(0,1)$，使 $f(c)=0$，矛盾. 故 $f(1)=|\boldsymbol{A}+\boldsymbol{S}|>0$.

30. 证明：(1) 因为 $\boldsymbol{A}$ 正定，所以存在可逆矩阵 $\boldsymbol{C}$，使 $\boldsymbol{C}^{\mathrm{T}}\boldsymbol{A}\boldsymbol{C}=\boldsymbol{E}$，$\boldsymbol{B}$ 正定，那么 $\boldsymbol{C}^{\mathrm{T}}\boldsymbol{B}\boldsymbol{C}$ 正定，则存在正交矩阵 $\boldsymbol{Q}$，使得

$$\boldsymbol{Q}^{\mathrm{T}}(\boldsymbol{C}^{\mathrm{T}}\boldsymbol{B}\boldsymbol{C})\boldsymbol{Q}=\begin{pmatrix}\lambda_1 & & & \\ & \lambda_2 & & \\ & & \ddots & \\ & & & \lambda_n\end{pmatrix},$$

其中 $\lambda_1,\lambda_2,\cdots,\lambda_n>0$，且 $\boldsymbol{Q}^{\mathrm{T}}\boldsymbol{C}^{\mathrm{T}}\boldsymbol{A}\boldsymbol{C}\boldsymbol{Q}=\boldsymbol{E}$. 令 $\boldsymbol{C}\boldsymbol{Q}=\boldsymbol{P}$，那么

$$|\boldsymbol{P}^{\mathrm{T}}||\lambda\boldsymbol{A}-\boldsymbol{B}||\boldsymbol{P}|=|\lambda\boldsymbol{E}-\mathrm{diag}(\lambda_1,\lambda_2,\cdots,\lambda_n)|=(\lambda-\lambda_1)(\lambda-\lambda_2)\cdots(\lambda-\lambda_n).$$

因此 $\lambda_1,\lambda_2,\cdots,\lambda_n>0$ 是方程 $|\lambda\boldsymbol{A}-\boldsymbol{B}|=0$ 的根.

(2) 方程 $|\lambda\boldsymbol{A}-\boldsymbol{B}|=0$ 的所有根等于 1 $\Leftrightarrow\lambda_1=\lambda_2=\cdots=\lambda_n=1$

$$\Leftrightarrow\boldsymbol{P}^{\mathrm{T}}\boldsymbol{B}\boldsymbol{P}=\boldsymbol{E},\boldsymbol{P}^{\mathrm{T}}\boldsymbol{A}\boldsymbol{P}=\boldsymbol{E}\Leftrightarrow\boldsymbol{A}=\boldsymbol{B}.$$

31. 证明：(1) 解析见 13 题.

(2) $\boldsymbol{A}$ 正定，由(1)可知，存在正定矩阵 $\boldsymbol{G}$，使 $\boldsymbol{A}=\boldsymbol{G}^2$，那么 $\boldsymbol{A}\boldsymbol{B}=\boldsymbol{G}^2\boldsymbol{B}$ 相似于 $\boldsymbol{G}^{-1}(\boldsymbol{G}^2\boldsymbol{B})\boldsymbol{G}=\boldsymbol{G}\boldsymbol{B}\boldsymbol{G}$，而 $\boldsymbol{G}\boldsymbol{B}\boldsymbol{G}$ 是实对称矩阵，因此 $\boldsymbol{A}\boldsymbol{B}$ 的特征值为实数.

32. 证明：**充分性.**

因为 $\boldsymbol{A}$ 是实对称矩阵，所以 $\boldsymbol{A}$ 的特征值都是实数. 因为 $f(\lambda)$ 的系数都大于 0，所以 $f(\lambda)$ 的根不可能是 0 和正数，故 $\boldsymbol{A}$ 是负定矩阵.

必要性.

已知 $\boldsymbol{A}$ 负定，则 $f(\lambda)$ 的根都是负数，设为 $\lambda_1,\lambda_2,\cdots,\lambda_n$，则由根与系数的关系（韦达定理）知，

$$a_1=-\sum_{i=1}^{n}\lambda_i>0,$$

$$a_2=\lambda_1\lambda_2+\lambda_1\lambda_3+\cdots+\lambda_{n-1}\lambda_n>0,$$

$$a_3=-(\lambda_1\lambda_2\lambda_3+\lambda_1\lambda_2\lambda_4+\cdots+\lambda_{n-2}\lambda_{n-1}\lambda_n)>0,$$

$$\vdots$$

$$a_{n-1}=(-1)^{n-1}(\lambda_1\lambda_2\cdots\lambda_{n-1}+\lambda_1\cdots\lambda_{n-2}\lambda_n+\cdots+\lambda_n\lambda_3\cdots\lambda_n)>0,$$

$$a_n=(-1)^n(\lambda_1\lambda_2\cdots\lambda_n)>0.$$

33. 证明:作合同变换可得

$$\begin{pmatrix} E_n & O \\ -C^T B^{-1} & E_m \end{pmatrix}\begin{pmatrix} B & C \\ C^T & O \end{pmatrix}\begin{pmatrix} E_n & -B^{-1}C \\ O & E_m \end{pmatrix}=\begin{pmatrix} B & O \\ O & -C^T B^{-1} C \end{pmatrix}.$$

因为 $R(C)=m$,所以对任意 m 维非零实列向量 X_0,$CX_0\neq 0$.

又因为 B 为正定,所以 B^{-1} 正定,于是

$$-X_0^T C^T B^{-1} CX_0=-(CX_0^T)B^{-1}(CX_0)<0.$$

故 $-C^T B^{-1} C$ 负定,所以结论成立.

34. 解:(1) 二次型的矩阵式 $A=\begin{pmatrix} 2 & 0 & 0 \\ 0 & 3 & a \\ 0 & a & 3 \end{pmatrix}$,现在要使矩阵 A 为正定.

因为 $$|2|>0,\quad \begin{vmatrix} 2 & 0 \\ 0 & 3 \end{vmatrix}=6>0,\quad \begin{vmatrix} 2 & 0 & 0 \\ 0 & 3 & a \\ 0 & a & 3 \end{vmatrix}>0,$$

从而 $\begin{vmatrix} 2 & 0 & 0 \\ 0 & 3 & a \\ 0 & a & 3 \end{vmatrix}=2(9-a^2)>0$,可得 $-3<a<3$. 而 $a>0$,因此 $0<a<3$.

综上可知,当 $0<a<3$ 时,f 正定.

(2) 由题意知,该二次型的特征多项式为

$$|A-\lambda E|=\begin{vmatrix} 2-\lambda & 0 & 0 \\ 0 & 3-\lambda & a \\ 0 & a & 3-\lambda \end{vmatrix}=(2-\lambda)[(3-\lambda)^2-a^2]=0. \quad (*)$$

由标准形 $f=y_1^2+2y_2^2+5y_3^2$ 可知 1,2,5 是 A 的特征值.

根据(*)式知,1 和 5 必是 $(3-\lambda)^2-a^2=0$ 的两个根,所以有 $a=2$.

不妨设 $\lambda_1=1,\lambda_2=2,\lambda_3=5$. 求解正交矩阵如下:

当 $\lambda_1=1$ 时,则有

$$A-E=\begin{pmatrix} 1 & 0 & 0 \\ 0 & 2 & 2 \\ 0 & 2 & 2 \end{pmatrix}\xrightarrow{\text{经过行变换}}\begin{pmatrix} 1 & 0 & 0 \\ 0 & 1 & 1 \\ 0 & 0 & 0 \end{pmatrix},$$

故对应的特征向量为 $\varepsilon_1=\begin{pmatrix} 0 \\ -1 \\ 1 \end{pmatrix}$,单位化后为 $p_1=\begin{pmatrix} 0 \\ -\frac{1}{\sqrt{2}} \\ \frac{1}{\sqrt{2}} \end{pmatrix}$.

当 $\lambda_2=2$ 时,则有

$$A-2E=\begin{pmatrix} 0 & 0 & 0 \\ 0 & 1 & 2 \\ 0 & 2 & 1 \end{pmatrix}\xrightarrow{\text{经过行变换}}\begin{pmatrix} 0 & 1 & 0 \\ 0 & 0 & 1 \\ 0 & 0 & 0 \end{pmatrix},$$

故对应的特征向量为 $\varepsilon_2=\begin{pmatrix} 1 \\ 0 \\ 0 \end{pmatrix}$,对应 $p_2=\begin{pmatrix} 1 \\ 0 \\ 0 \end{pmatrix}$.

当 $\lambda_3=5$ 时，则有

$$A-5E=\begin{pmatrix}-3&0&0\\0&-2&2\\0&2&-2\end{pmatrix}\xrightarrow{\text{经过行变换}}\begin{pmatrix}1&0&0\\0&1&-1\\0&0&0\end{pmatrix},$$

故对应的特征向量为 $\boldsymbol{\varepsilon}_3=\begin{pmatrix}0\\1\\1\end{pmatrix}$，单位化后为 $\boldsymbol{p}_3=\begin{pmatrix}0\\\frac{1}{\sqrt{2}}\\\frac{1}{\sqrt{2}}\end{pmatrix}$.

综上所述，正交变化矩阵为

$$P=(\boldsymbol{p}_1,\boldsymbol{p}_2,\boldsymbol{p}_3)=\begin{pmatrix}0&1&0\\-\frac{1}{\sqrt{2}}&0&\frac{1}{\sqrt{2}}\\\frac{1}{\sqrt{2}}&0&\frac{1}{\sqrt{2}}\end{pmatrix}.$$

35. 证明：因为 A 为 n 阶正定矩阵，所以存在 n 阶可逆矩阵 Q，使得

$$Q^{\mathrm{T}}AQ=E\Rightarrow|Q^{\mathrm{T}}AQ|=|Q|^2|A|=|E|=1\Rightarrow|A|=\frac{1}{|Q|^2}.$$

又 C 为半正定矩阵，则 $Q^{\mathrm{T}}CQ$ 也为半正定矩阵，故存在 n 阶可逆矩阵 P，使得

$$P^{-1}CP=\begin{pmatrix}\lambda_1&&&\\&\lambda_2&&\\&&\ddots&\\&&&\lambda_n\end{pmatrix}=B\quad(\lambda_i\geqslant0;i=1,2,\cdots,n).$$

故
$$|P^{-1}||Q^{\mathrm{T}}||A+C||Q||P|=|P^{-1}Q^{\mathrm{T}}(A+C)QP|=|E+B|$$

$$=\begin{vmatrix}\lambda_1+1&&&\\&\lambda_2+1&&\\&&\ddots&\\&&&\lambda_n+1\end{vmatrix}=\prod_{i=1}^{n}(\lambda_i+1)$$

$$\Rightarrow|A+C|=\frac{1}{|Q|^2}\prod_{i=1}^{n}(\lambda_i+1)\geqslant|A|.$$

显然等号成立时，$\lambda_i=0(i=1,2,\cdots,n)\Rightarrow C=O$.

36. 证明：由条件可知

$$A^{\mathrm{T}}=-A\Rightarrow(E-A^{10})^{\mathrm{T}}=E^{\mathrm{T}}-(A^{10})^{\mathrm{T}}=E-(A^{\mathrm{T}})^{10}=E-(-A)^{10}=E-A^{10},$$

故 $E-A^{10}$ 为实对称矩阵.

设 λ 为反对称矩阵 A 的特征值，则 λ 只可能为 0 或纯虚根，故 $E-A^{10}$ 的特征值必为 $1-\lambda^{10}$，且 $1-\lambda^{10}>0$. 因此，命题成立.

37. 证明：(1) 因为 B 为正定矩阵，故对任意不为零的 n 维实向量 Y，有 $Y^{\mathrm{T}}BY>0$，且对任意 n 维实向量 X 都有

$$(X^{\mathrm{T}}Y)^{\mathrm{T}}(X^{\mathrm{T}}Y)\geqslant0\Rightarrow-a_{11}^{-1}(X^{\mathrm{T}}Y)^{\mathrm{T}}(X^{\mathrm{T}}Y)\geqslant0\quad(\text{因 }a_{11}^{-1}<0).$$

因此

$$Y^{T}(B-a_{11}^{-1}XX^{T})Y=Y^{T}BY-a_{11}^{-1}Y^{T}XX^{T}Y=Y^{T}BY-a_{11}^{-1}(X^{T}Y)^{T}(X^{T}Y)>0,$$

故结论成立.

(2) 对矩阵 A 进行合同变换:

$$A=\begin{pmatrix}a_{11}&X^{T}\\X&B\end{pmatrix}\xrightarrow{r_2+(-a_{11}^{-1}X)r_1}\begin{pmatrix}a_{11}&X^{T}\\O&B-a_{11}^{-1}XX^{T}\end{pmatrix}\xrightarrow{c_2+(-a_{11}^{-1}X^{T})c_1}\begin{pmatrix}a_{11}&O\\O&B-a_{11}^{-1}XX^{T}\end{pmatrix},$$

即
$$\begin{pmatrix}E&O\\-a_{11}^{-1}X&E\end{pmatrix}\begin{pmatrix}a_{11}&X^{T}\\X&B\end{pmatrix}\begin{pmatrix}E&-a_{11}^{-1}X^{T}\\O&E\end{pmatrix}=\begin{pmatrix}a_{11}&O\\O&B-a_{11}^{-1}XX^{T}\end{pmatrix}.$$

因合同变换不改变矩阵的规范形,又由(1)知 $\begin{pmatrix}a_{11}&O\\O&B-a_{11}^{-1}XX^{T}\end{pmatrix}$ 的符号差为 $n-2$,所以结论成立.

38. 证明:因为 A 正定,所以存在正交矩阵 P,使得

$$A=P\begin{pmatrix}\lambda_1&0&0&\cdots&0\\0&\lambda_2&0&\cdots&0\\\vdots&\vdots&\vdots&&\vdots\\0&0&0&\cdots&\lambda_n\end{pmatrix}P^{T}$$

$$=P\begin{pmatrix}\sqrt{\lambda_1}&0&0&\cdots&0\\0&\sqrt{\lambda_2}&0&\cdots&0\\\vdots&\vdots&\vdots&&\vdots\\0&0&0&\cdots&\sqrt{\lambda_n}\end{pmatrix}P^{T}P\begin{pmatrix}\sqrt{\lambda_1}&0&0&\cdots&0\\0&\sqrt{\lambda_2}&0&\cdots&0\\\vdots&\vdots&\vdots&&\vdots\\0&0&0&\cdots&\sqrt{\lambda_n}\end{pmatrix}P^{T}.$$

取 $B=P\begin{pmatrix}\sqrt{\lambda_1}&0&0&\cdots&0\\0&\sqrt{\lambda_2}&0&\cdots&0\\\vdots&\vdots&\vdots&&\vdots\\0&0&0&\cdots&\sqrt{\lambda_n}\end{pmatrix}P^{T}$,若 $m=2$,则 $A=B^{2}$.

39. 解:因为 A 为 n 阶正定矩阵,所以存在同一个可逆矩阵 P 使得 $P^{T}AP=E$.

(1) 若 $AB=BA$,则 $(AB)^{T}=B^{T}A^{T}=BA=AB$,故 AB 为实对称矩阵,因此

$$P^{T}ABP=(P^{T}AP)P^{-1}BP=EP^{-1}BP=P^{-1}BP$$

也为实对称矩阵. 由于 B 也为正定矩阵,故 $P^{-1}BP$ 的特征值 $\lambda_i(i=1,2,\cdots,n)$ 全为正,所以存在正交矩阵 Q 使得

$$(PQ)^{T}(AB)(PQ)=Q^{T}P^{T}ABPQ=Q^{T}P^{-1}BPQ=\begin{pmatrix}\lambda_1&&&\\&\lambda_2&&\\&&\ddots&\\&&&\lambda_n\end{pmatrix}.$$

令 $PQ=G$,则 G 显然可逆,故由上式可知 AB 为正定矩阵.

(2) 利用(1)的证明方法可证:若 A,B 为两个 n 阶正定矩阵,则存在同一的可逆矩阵 H 使得

$$H^{T}AH=E,$$

$$H^TBH=\begin{pmatrix}\lambda_1&&&\\&\lambda_2&&\\&&\ddots&\\&&&\lambda_n\end{pmatrix}\Rightarrow H^{-1}A^{-1}(H^{-1})^T=E,$$

$$H^{-1}B^{-1}(H^{-1})^T=\begin{pmatrix}1/\lambda_1&&&\\&1/\lambda_2&&\\&&\ddots&\\&&&1/\lambda_n\end{pmatrix}$$

$$\Rightarrow H^T(A-B)H=\begin{pmatrix}1-\lambda_1&&&\\&1-\lambda_2&&\\&&\ddots&\\&&&1-\lambda_n\end{pmatrix}\quad(\lambda_i>0;i=1,2,\cdots,n).$$

因为 $A-B$ 为正定,所以 $1-\lambda_i>0,i=1,2,\cdots,n$,故

$$H^{-1}(B^{-1}-A^{-1})(H^{-1})^T=\begin{pmatrix}\frac{1-\lambda_1}{\lambda_1}&&&\\&\frac{1-\lambda_2}{\lambda_2}&&\\&&\ddots&\\&&&\frac{1-\lambda_n}{\lambda_n}\end{pmatrix}$$

为正定的,从而命题成立.

40. 证明:**必要性.**

因为 A 的秩为 n,所以 A 可逆,取 $B=A^{-1}$,A 为 n 阶实对称矩阵,故 B 也为 n 阶实对称矩阵,则 $AB+B^TA=2E$,所以必要性得证.

充分性.

因为 $AB+B^TA$ 为正定矩阵,故 $AB+B^TA$ 的秩为 n.下面证明命题:

若 $C+C^T$ 正定,$C\in \mathbf{R}^{n\times n}\Rightarrow \mathbf{R}(C)=n$.

用反证法证明:假设 $R(C)<n$,则存在一个非零 n 维实向量 X 使得 $CX=0$.故

$$X^TCX=0\Rightarrow X^TC^TX=0,$$

因此 $X^T(C+C^T)X=0$ 与 $C+C^T$ 正定矛盾,因此结论成立.

由此结论可得 $R(AB)=n$, 又

$$R(AB)=n\leqslant\min(R(A),\ R(B))\leqslant n\Rightarrow R(A)=n.$$

41. 解:(1) 设二次型的矩阵为 A, 则

$$A=\begin{pmatrix}5&-1&3\\-1&5&-3\\3&-3&\beta\end{pmatrix}.$$

由条件知,$R(A)=2\Rightarrow|A|=24(\beta-3)=0\Rightarrow\beta=3$.

(2) 对二次型进行合同变换如下:

$$\begin{pmatrix} A \\ \cdots \\ E \end{pmatrix}=\begin{pmatrix} 5 & -1 & 3 \\ -1 & 5 & -3 \\ 3 & -3 & 3 \\ \hdashline 1 & 0 & 0 \\ 0 & 1 & 0 \\ 0 & 0 & 1 \end{pmatrix}\longrightarrow\begin{pmatrix} 5 & 0 & 0 \\ 0 & \frac{24}{5} & \frac{-12}{5} \\ 0 & \frac{-12}{5} & \frac{6}{5} \\ \hdashline 1 & \frac{1}{5} & -\frac{3}{5} \\ 0 & 1 & 0 \\ 0 & 0 & 1 \end{pmatrix}\longrightarrow\begin{pmatrix} 5 & 0 & 0 \\ 0 & \frac{24}{5} & 0 \\ 0 & 0 & 0 \\ \hdashline 1 & \frac{1}{5} & -\frac{1}{2} \\ 0 & 1 & \frac{1}{2} \\ 0 & 0 & 1 \end{pmatrix},$$

故所求实的正交变换为

$$\begin{pmatrix} y_1 \\ y_2 \\ y_3 \end{pmatrix}=\begin{pmatrix} 1 & \frac{1}{5} & -\frac{1}{2} \\ 0 & 1 & \frac{1}{2} \\ 0 & 0 & 1 \end{pmatrix}\begin{pmatrix} x_1 \\ x_2 \\ x_3 \end{pmatrix}.$$

将二次型可化为如下标准形：

$$f(x_1,x_2,x_3)=5y_1^2+\frac{24}{5}y_2^2.$$

42. 证明：(1) 当 $R(\boldsymbol{A})=n$ 时，由题设知，存在非线性替换 $\boldsymbol{x}=\boldsymbol{P}\boldsymbol{y}$，$|\boldsymbol{P}|\neq 0$，$\boldsymbol{y}=(y_1,y_2,\cdots,y_n)^{\mathrm{T}}$ 使

$$f(\boldsymbol{x})=\boldsymbol{x}^{\mathrm{T}}\boldsymbol{A}\boldsymbol{x}\xlongequal{\boldsymbol{x}=\boldsymbol{P}\boldsymbol{y}}y_1^2+y_2^2+\cdots+y_r^2-y_{r+1}^2-\cdots-y_n^2.$$

下面证明正惯性指数 $r<n$. 反证法：假设 $r=n$，即

$$f(\boldsymbol{x})=\boldsymbol{x}^{\mathrm{T}}\boldsymbol{A}\boldsymbol{x}\xlongequal{\boldsymbol{x}=\boldsymbol{P}\boldsymbol{y}}y_1^2+y_2^2+\cdots+y_n^2=g(\boldsymbol{y}).$$

由题设知，存在 $\boldsymbol{\xi}\neq\boldsymbol{\eta}$，使 $\boldsymbol{P}\boldsymbol{\xi}=\boldsymbol{\alpha}_1\neq\boldsymbol{\alpha}_2=\boldsymbol{P}\boldsymbol{\eta}$（因 $|\boldsymbol{P}|\neq 0$）.

而对任意的 $\boldsymbol{\xi}\neq\boldsymbol{\eta}$，都有 $f(\boldsymbol{\xi})+f(\boldsymbol{\eta})=g(\boldsymbol{\alpha}_1)+g(\boldsymbol{\alpha}_2)>0$，这与已知矛盾，故 $r<n$. 取

$$\boldsymbol{y}=(y_1,y_2,\cdots,y_n)^{\mathrm{T}}=(1,0,\cdots,0,-1)\neq\boldsymbol{0}\Rightarrow\boldsymbol{x}=\boldsymbol{P}\boldsymbol{y}\neq\boldsymbol{0},$$

显然，

$$f(\boldsymbol{x})=\boldsymbol{x}^{\mathrm{T}}\boldsymbol{A}\boldsymbol{x}\xlongequal{\boldsymbol{x}=\boldsymbol{P}\boldsymbol{y}}y_1^2+y_2^2+\cdots+y_r^2-y_{r+1}^2-\cdots-y_n^2=0.$$

(2) 当 $R(\boldsymbol{A})<n$ 时，由题设知存在非线性替换 $\boldsymbol{x}=\boldsymbol{P}\boldsymbol{y}$（$|\boldsymbol{P}|\neq\boldsymbol{0}$），使得

$$f(\boldsymbol{x})=\boldsymbol{x}^{\mathrm{T}}\boldsymbol{A}\boldsymbol{x}\xlongequal{\boldsymbol{x}=\boldsymbol{P}\boldsymbol{y}}y_1^2+y_2^2+\cdots+y_r^2-y_{r+1}^2-\cdots-y_{r+s}^2,\quad r+s<n.$$

显然可取 $\boldsymbol{y}=(y_1,y_2,\cdots,y_n)^{\mathrm{T}}=(0,0,\cdots,0,1)\neq\boldsymbol{0}\Rightarrow\boldsymbol{x}=\boldsymbol{P}\boldsymbol{y}\neq\boldsymbol{0}$，总有

$$f(\boldsymbol{x})=\boldsymbol{x}^{\mathrm{T}}\boldsymbol{A}\boldsymbol{x}\xlongequal{\boldsymbol{x}=\boldsymbol{P}\boldsymbol{y}}y_1^2+y_2^2+\cdots+y_r^2-y_{r+1}^2-\cdots-y_{r+s}^2=0.$$

43. (1) 证明：因为 $\boldsymbol{A}$ 是正定矩阵，故存在可逆矩阵 $\boldsymbol{Q}$，使得 $\boldsymbol{Q}^{\mathrm{T}}\boldsymbol{A}\boldsymbol{Q}=\boldsymbol{E}$，

因为 $\boldsymbol{B}$ 是正定矩阵，从而 $\boldsymbol{B}$ 为实对称矩阵，所以 $\boldsymbol{Q}^{\mathrm{T}}\boldsymbol{B}\boldsymbol{Q}$ 也是对称矩阵，故存在正交矩阵 $\boldsymbol{Q}_1$，使得 $\boldsymbol{Q}_1^{\mathrm{T}}\boldsymbol{Q}^{\mathrm{T}}\boldsymbol{B}\boldsymbol{Q}\boldsymbol{Q}_1$ 为对角阵.

令 $\boldsymbol{P}=\boldsymbol{Q}\boldsymbol{Q}_1$，则 $\boldsymbol{P}$ 可逆，且 $\boldsymbol{P}^{\mathrm{T}}\boldsymbol{A}\boldsymbol{P}=\boldsymbol{Q}_1^{\mathrm{T}}\boldsymbol{Q}^{\mathrm{T}}\boldsymbol{A}\boldsymbol{Q}\boldsymbol{Q}_1=\boldsymbol{E}$，故结论成立.

(2) 若 $\boldsymbol{A}$，$\boldsymbol{B}$ 是半正定矩阵，上述结论不一定成立. 因为上述证明过程中 $\boldsymbol{P}^{\mathrm{T}}\boldsymbol{A}\boldsymbol{P}=\boldsymbol{Q}_1^{\mathrm{T}}\boldsymbol{Q}^{\mathrm{T}}\boldsymbol{A}\boldsymbol{Q}\boldsymbol{Q}_1$ 不一定是对角阵，因为 $\boldsymbol{Q}^{\mathrm{T}}\boldsymbol{A}\boldsymbol{Q}=\begin{pmatrix}\boldsymbol{E}_r & \boldsymbol{O} \\ \boldsymbol{O} & \boldsymbol{O}\end{pmatrix}$，$r$ 为 $\boldsymbol{A}$ 的秩.

44. 证明：因为 $a_{ij}=a_{ji}$，$b_{ij}=b_{ji}\Rightarrow a_{ij}b_{ij}=a_{ji}b_{ji}\Rightarrow\boldsymbol{C}^{\mathrm{T}}=\boldsymbol{C}$.

又 $\boldsymbol{A}$ 是半正定矩阵，故存在正交矩阵 $\boldsymbol{P}=(\boldsymbol{\xi}_1,\boldsymbol{\xi}_2,\cdots,\boldsymbol{\xi}_n)$，$\lambda_1,\lambda_2,\cdots,\lambda_n\geqslant 0$，使得

$$\boldsymbol{A}=\boldsymbol{P}^{\mathrm{T}}\begin{pmatrix}\lambda_1 & & & & \\ & \lambda_2 & & & \\ & & \ddots & & \\ & & & \lambda_{n-1} & \\ & & & & \lambda_n\end{pmatrix}\boldsymbol{P}=\sum_{i=1}^{n}\lambda_i\boldsymbol{\xi}_i^{\mathrm{T}}\boldsymbol{\xi}_i,$$

故 $a_{ij}=\sum_{k=1}^{n}\lambda_k\xi_{ki}\xi_{kj}$，其中 ξ_{ki} 为 ξ_k 的第 i 个分量.

因此，

$$\forall\,\boldsymbol{x}=\begin{pmatrix}x_1\\x_2\\\vdots\\x_n\end{pmatrix}\in\mathbf{R}^n,\quad \boldsymbol{x}^{\mathrm{T}}\boldsymbol{C}\boldsymbol{x}=\sum_{j=1}^{n}\sum_{i=1}^{n}x_ix_ja_{ij}b_{ij}=\sum_{j=1}^{n}\sum_{i=1}^{n}\sum_{k=1}^{n}\lambda_k\xi_{ki}\xi_{kj}b_{ij}x_ix_j,$$

$$\sum_{k=1}^{n}\sum_{i=1}^{n}\sum_{j=1}^{n}\lambda_k\xi_{ki}\xi_{kj}b_{ij}x_ix_j=\sum_{k=1}^{n}\lambda_k\Big(\sum_{i=1}^{n}\sum_{j=1}^{n}\xi_{ki}x_ib_{ij}\xi_{kj}x_j\Big)=\sum_{k=1}^{n}\lambda_k\boldsymbol{y}_k^{\mathrm{T}}\boldsymbol{B}\boldsymbol{y}_k,$$

其中

$$\boldsymbol{y}_k=\begin{pmatrix}y_{k1}\\y_{k2}\\\vdots\\y_{kn}\end{pmatrix}=\begin{pmatrix}x_1\xi_{k1}\\x_2\xi_{k2}\\\vdots\\x_n\xi_{kn}\end{pmatrix}\in\mathbf{R}^n.$$

因为 $\boldsymbol{B}$ 为半正定矩阵，所以 $\boldsymbol{y}_k^{\mathrm{T}}\boldsymbol{B}\boldsymbol{y}_k\geqslant 0$，故

$$\forall\,\boldsymbol{x}=\begin{pmatrix}x_1\\x_2\\\vdots\\x_n\end{pmatrix}\in\mathbf{R}^n,\quad \boldsymbol{x}^{\mathrm{T}}\boldsymbol{C}\boldsymbol{x}=\sum_{k=1}^{n}\lambda_k\boldsymbol{y}_k^{\mathrm{T}}\boldsymbol{B}\boldsymbol{y}_k\geqslant 0,$$

因此 $\boldsymbol{C}$ 为半正定矩阵.

45. 证明：因为 $\boldsymbol{A}$ 是正定矩阵，$\boldsymbol{B}$ 是反对称矩阵，所以对任意 $\boldsymbol{0}\neq\boldsymbol{x}\in\mathbf{R}^n$ 都有

$$\boldsymbol{x}^{\mathrm{T}}\boldsymbol{A}\boldsymbol{x}>0,\quad \boldsymbol{x}^{\mathrm{T}}\boldsymbol{B}\boldsymbol{x}=0,$$

从而

$$\boldsymbol{x}^{\mathrm{T}}(\boldsymbol{A}+\boldsymbol{B})\boldsymbol{x}=\boldsymbol{x}^{\mathrm{T}}\boldsymbol{A}\boldsymbol{x}+\boldsymbol{x}^{\mathrm{T}}\boldsymbol{B}\boldsymbol{x}>0.\qquad (*)$$

利用反证法：假设 $\boldsymbol{A}+\boldsymbol{B}$ 不可逆，则存在 $\exists\,\boldsymbol{0}\neq\boldsymbol{x}\in\mathbf{R}^n$，使得 $(\boldsymbol{A}+\boldsymbol{B})\boldsymbol{x}=\boldsymbol{0}$，因此 $\boldsymbol{x}^{\mathrm{T}}(\boldsymbol{A}+\boldsymbol{B})\boldsymbol{x}=\boldsymbol{0}$，这与(*)式矛盾，故假设不成立，从而结论成立.

46. 证明：设 $\boldsymbol{A}$ 的特征值为 λ，由等式 $\boldsymbol{A}^3+6\boldsymbol{A}^2+11\boldsymbol{A}+6\boldsymbol{E}=\boldsymbol{O}$ 知

$$\lambda^3+6\lambda^2+11\lambda+6=0,$$

因此，$\lambda=-1,\lambda=-2,\lambda=-3$，故 $\boldsymbol{A}$ 的所有特征值为负数. 由于其阶数为偶数，故 $|\boldsymbol{A}|>0$，则 $\boldsymbol{A}$ 可逆.

又 $\boldsymbol{A}^*=|\boldsymbol{A}|\boldsymbol{A}^{-1}$，所以 $\boldsymbol{A}^*$ 的特征值为 $|\boldsymbol{A}|\lambda^{-1}$，故 $\boldsymbol{A}^*$ 所有特征值全为负数，并且由

$$\boldsymbol{A}^{\mathrm{T}}=\boldsymbol{A}\Rightarrow(\boldsymbol{A}^{-1})^{\mathrm{T}}=\boldsymbol{A}^{-1}\Rightarrow(\boldsymbol{A}^*)^{\mathrm{T}}=\boldsymbol{A}^*,$$

因此 $\boldsymbol{A}^*$ 为负定矩阵.

47. 证明：因为 $\boldsymbol{A}=(-a_{ij})_{n\times n}$ 是负定矩阵，所以 $\boldsymbol{B}=-\boldsymbol{A}=(a_{ij})$ 是正定矩阵，则 $a_{ii}>0(i=1,2,\cdots,n)$.

下面证明 $|\boldsymbol{B}|\leqslant a_{11}a_{22}\cdots a_{nn}$. 因为 $\boldsymbol{B}$ 为正定矩阵，故其 $n-1$ 阶的顺序主子矩阵 $\boldsymbol{P}_{n-1}$ 也是

正定矩阵. 由第 134 面例 5 知,

$$f_{n-1}(y_1,y_2,\cdots,y_{n-1})=\begin{vmatrix} a_{11} & \cdots & a_{1,n-1} & y_1 \\ \vdots & & \vdots & \vdots \\ a_{n-1,1} & \cdots & a_{n-1,n-1} & y_{n-1} \\ y_1 & \cdots & y_{n-1} & 0 \end{vmatrix}$$

是负定二次型.

$$|\boldsymbol{B}|=\begin{vmatrix} a_{11} & \cdots & a_{1,n-1} & a_{1n} \\ \vdots & & \vdots & \vdots \\ a_{n-1,1} & \cdots & a_{n-1,n-1} & a_{n-1,n} \\ a_{n1} & \cdots & a_{n,n-1} & a_{nn} \end{vmatrix}$$

$$=\begin{vmatrix} a_{11} & \cdots & a_{1,n-1} & a_{1n} \\ \vdots & & \vdots & \vdots \\ a_{n-1,1} & \cdots & a_{n-1,n-1} & a_{n-1,n} \\ a_{n1} & \cdots & a_{n,n-1} & 0 \end{vmatrix}+\begin{vmatrix} a_{11} & \cdots & a_{1,n-1} & 0 \\ \vdots & & \vdots & \vdots \\ a_{n-1,1} & \cdots & a_{n-1,n-1} & 0 \\ a_{n1} & \cdots & a_{n,n-1} & a_{nn} \end{vmatrix}$$

$$=f_{n-1}(a_{1n},a_{2n},\cdots,a_{n-1,n})+a_{nn}|\boldsymbol{P}_{n-1}|.$$

又因为 $f_{n-1}(a_{1n},a_{2n},\cdots,a_{n-1,n})<0$ (a_{in} 中至少有一不为 0 时), 所以 $|\boldsymbol{B}|<a_{nn}|\boldsymbol{P}_{n-1}|$.

当 $a_{1n}=a_{2n}=\cdots=a_{n-1,n}=0$ 时, $|\boldsymbol{B}|=a_{nn}|\boldsymbol{P}_{n-1}|$.

由以上结论可得 $|\boldsymbol{B}|\leqslant a_{nn}|\boldsymbol{P}_{n-1}|$. 因此,

$$|-\boldsymbol{A}|=|\boldsymbol{B}|\leqslant a_{nn}|\boldsymbol{P}_{n-1}|\leqslant a_{nn}a_{n-1,n-1}|\boldsymbol{P}_{n-2}|\leqslant\cdots\leqslant a_{nn}a_{n-1,n-1}\cdots a_{11}$$

$$\Rightarrow \|\boldsymbol{A}\|\leqslant a_{nn}a_{n-1,n-1}\cdots a_{11}.$$

第 6 讲　线 性 空 间

6.1　集合与映射

一、概述

集合与映射是代数学中最基本概念，集合是由某些特定事物组成的一个整体，而映射是指两个集合之间的一种特定的对应法则.

二、难点及相关实例

1. 关于集合相等

在证明集合 $A=B$ 时一般需要验证：$A\subseteq B$ 且 $A\supseteq B$，这是充要条件.

2. 关于映射 $\sigma:A\to B$ 是一一对应(双射)

映射 σ 是一一对应(双射)的充要条件是映射 σ 既是单射又是满射.

如果 $\sigma(x_1)=\sigma(x_2)$，$x_1,x_2\in A$ 时，都有 $x_1=x_2$，则称映射 σ 是单射.

如果 $\sigma(A)=B$，即 $\forall y\in B$，$\exists x\in A$，使得 $\sigma(x)=y$，则称 σ 是满射.

例 1　已知 A,B 是两个集合，证明：$A\subseteq B\Leftrightarrow A\cap B=A$.

证　(1) **必要性.**

显然，

$$A\subseteq B\Rightarrow \forall x\in A\cap B\Rightarrow x\in A\Rightarrow A\cap B\subseteq A;\tag{1}$$

$$A\subseteq B\Rightarrow \forall x\in A\Rightarrow x\in B\Rightarrow x\in A\cap B\Rightarrow A\cap B\supseteq A.\tag{2}$$

由式(1)和式(2)可知 $A\cap B=A$.

(2) **充分性.**

要证 $A\subseteq B$，只需证 $\forall x\in A\Rightarrow x\in B$(可用反证法，假设 $\exists x\in A$，但 $x\notin B$，显然这与 $A\cap B=A$ 矛盾). 也可直接证明：因为 $A\cap B=A$，所以

$$\forall x\in A\Rightarrow x\in A\cap B\Rightarrow x\in B.$$

例 2　设 $A=\{x\in\mathbf{R}\mid x\geqslant 0\}$，$B=\{x\in\mathbf{R}\mid 0\leqslant x<1\}$，$f:A\to B$，$x\to\frac{x}{1+x}$. 证明 f 是 A，到 B 上的一一对应(或双射).

证　首先证明 f 是 A 到 B 上的一个映射(这是很多学生容易忽视的一点).

$$\forall x\in A\Rightarrow x\geqslant 0,f(x)=\frac{x}{1+x},$$

故 $0\leqslant\frac{x}{1+x}<1\Rightarrow f(x)\in B\Rightarrow f$ 是 A 到 B 的映射.

证 f 是满射. $\forall y\in B\Rightarrow 0\leqslant y<1$. 令 $f(x)=y\Rightarrow\frac{x}{1+x}=y\Rightarrow x=\frac{y}{1-y}$. 由

$$0\leqslant y<1\Rightarrow 1-y>0\Rightarrow \frac{y}{1-y}\geqslant 0\Rightarrow \exists\ \frac{y}{1-y}\in A \quad 使\ f\left(\frac{y}{1-y}\right)=y.$$

再证 f 是单射. 设 $x_1, x_2\in A$,

$$令\ f(x_1)=f(x_2)\Rightarrow \frac{x_1}{1+x_1}=\frac{x_2}{1+x_2}\Rightarrow x_1=x_2\Rightarrow f\ 是单射.$$

三、同步练习

1. 已知 A,B 是两个集合,证明 $A\cap B=A\Leftrightarrow A\cup B=B$.

【思路】 方法一,利用集合相等的充要条件来证;方法二,利用例 1 来证即利用 $A\subseteq B\Leftrightarrow A\cap B=A$,可导出 $A\subseteq B\Leftrightarrow A\cup B=B$,方法与例 1 雷同.

2. (1) 判断映射 $\sigma: R[x]\rightarrow R[x]$,$\sigma(f(x))=f'(x)$是否为单射? 是否为满射?

(2) 如果映射 $\sigma: R[x]_n\rightarrow R[x]_n$,结果有什么不同?

解 (1) 是满射但不是单射,证明略.

当 $\sigma: R[x]_n\rightarrow R[x]_n$ 时,映射既不是满射也不是单射,因为 $1+x^{n-1}\in R[x]_n$,但它没有原象,故不是满射. 又因为 $1\neq 2$,但 $\sigma(1)=\sigma(2)$,因此它不是单射.

6.2 线性空间的定义与简单性质

一、概述

线性空间是大学数学专业遇到的第一个较为抽象的定义,它是第 3 讲中向量空间的一个推广,主要研究抽象集合中元素的线性运算(加法和数量乘法)的关系.

二、难点及相关实例

1. 线性空间中元素的广泛性(抽象性)

在第 3 讲中,为了研究线性方程组解的结构理论引入了 n 维向量空间的定义,向量空间中的元素为确定的数域 P 上的 n 维向量,而线性空间是以 n 维向量空间、几何空间等为特例中元素之间的运算及规律所具有的共性而提炼出的定义,从而符合线性空间的定义的集合,例子有无限多种. 例如,数域 P 上所有的 $m\times n$ 矩阵组成的集合 $P^{m\times n}$ 针对的是普通意义上的矩阵加法与数乘构成数域 P 上的线性空间,数域 P 上的一元多项式环 $P[x]$ 针对的是普通意义上的加法和数乘构成数域 P 上的线性空间,等等,因此集合中的元素已不仅限于数域 P 上的 n 维向量.

2. 线性空间中运算的一般性(抽象性)

线性空间中的加法和数乘(数量乘法的简称)运算,实际上是两种不同的二元映射(两个集合中的元素与第三个集合之间的一种对应法则),是高中阶段映射(可看作是一元映射:一个集合到另一集合的一种对应法则)的推广.

例 对于全体正实数 $\mathbf{R}^+$,加法与数量乘法定义为

$$\forall\, a,b\in \mathbf{R}^+,\quad k\in \mathbf{R},\quad a\oplus b=ab,\quad k\circ a=a^k.$$

证明:(1) $\mathbf{R}^+$ 针对上述加法与数量乘法构成实数域 $\mathbf{R}$ 上的线性空间;

(2) $\mathbf{R}^+$ 针对普通意义上的加法与数量乘法不构成实数域 $\mathbf{R}$ 上的线性空间.

【分析】 本例中的加法与数乘与普通意义上(中学阶段学)的是不一样的,但它们的本质上都是一样的.对加法来说,它们是 $\mathbf{R}^+\times\mathbf{R}^+\to\mathbf{R}^+$ 上的二元映射;而对数乘来说,它们是 $\mathbf{R}\times\mathbf{R}^+\to\mathbf{R}^+$ 上的二元映射.

证 (1) 显然 $\mathbf{R}^+$ 非空(因 $1\in\mathbf{R}^+$),则

$$\forall a,b\in\mathbf{R}^+,\quad a\oplus b=ab\in\mathbf{R}^+;\quad \forall k\in\mathbf{R},a\in\mathbf{R}^+,\quad k\circ a=a^k\in\mathbf{R}^+.$$

根据本题的结论,可以推广到其他的结论:

① $a\oplus b=ab=ba=b\oplus a$;

② $(a\oplus b)\oplus c=(ab)c=a(bc)=a\oplus(b\oplus c)$;

③ 令 $a\oplus x=a\Rightarrow ax=a\Rightarrow x=1$,即 1 是 $\mathbf{R}^+$ 的零元;

④ 令 $a\oplus y=1\Rightarrow ay=1\Rightarrow y=\dfrac{1}{a}\Rightarrow a$ 的负元是 $\dfrac{1}{a}$;

⑤ $1\circ a=a^1=a$;

⑥ $k\circ(l\circ a)=k\circ(a^l)=(a^l)^k=a^{kl}$,$(kl)\circ a=a^{kl}$;

⑦ $(k+l)\circ a=a^{k+l}$, $k\circ a\oplus l\circ a=a^k\oplus a^l=a^ka^l=a^{k+l}$;

⑧ $k\circ(a\oplus b)=k\circ(ab)=(ab)^k$,$k\circ a\oplus k\circ b=a^k\oplus b^k=a^kb^k=(ab)^k$.

综上所述,由线性空间的定义可知,$\mathbf{R}^+$ 针对上述加法与数量乘法构成实数域 $\mathbf{R}$ 上的线性空间.

(2) 显然 $-2\times3=-6\notin\mathbf{R}^+$,数乘不封闭,故 $\mathbf{R}^+$ 针对普通意义上的加法与数乘运算不构成实数域 $\mathbf{R}$ 上的线性空间.

三、同步练习

1. 在 $P^{n\times n}$ 中定义加法 $\boldsymbol{A}\oplus\boldsymbol{B}=\boldsymbol{AB}-\boldsymbol{BA}$ 及通常的数乘运算,问 $P^{n\times n}$ 针对上述加法与通常的数乘是否构成数域 P 上的线性空间?

答 不构成.因为 $\boldsymbol{A}\oplus\boldsymbol{B}=\boldsymbol{B}\oplus\boldsymbol{A}$ 不一定成立,例如在 $P^{2\times2}$ 中取

$$\boldsymbol{A}=\begin{pmatrix}1&0\\0&0\end{pmatrix},\boldsymbol{B}=\begin{pmatrix}0&1\\0&1\end{pmatrix}\Rightarrow\boldsymbol{A}\oplus\boldsymbol{B}=\boldsymbol{AB}-\boldsymbol{BA}=\begin{pmatrix}0&1\\0&0\end{pmatrix}-\begin{pmatrix}0&0\\0&0\end{pmatrix},$$

$$\boldsymbol{B}\oplus\boldsymbol{A}=\boldsymbol{BA}-\boldsymbol{AB}=-\begin{pmatrix}0&1\\0&0\end{pmatrix}\neq\boldsymbol{A}\oplus\boldsymbol{B}.$$

2. $V=\{\boldsymbol{A}\in P^{n\times n}\mid \mathrm{tr}(\boldsymbol{A})=a_{11}+a_{22}+\cdots+a_{nn}=0\}$,问 V 针对普通意义上的矩阵加法与通常的数乘是否构成数域 P 上的线性空间?

答 构成.证明略.

6.3 维数、基与坐标

一、概述

维数是从一个侧面描述线性空间的"大小",基是描述线性空间的基本结构,而坐标是将线性空间中抽象的向量通过基具体化,使得抽象的向量之间的关系可以利用其具体的坐标的关

系来刻画.

二、难点及相关实例

1. 求线性空间中基及维数、坐标

利用线性空间的结构或满足的条件，寻找空间中满足基的两个条件（一组特殊向量）：线性无关性和线性表出性. 同一集合在不同的数域上的结构和大小是不一样的.

例 已知集合 $V=\left\{\begin{pmatrix} a+bi & c+di \\ 0 & a+bi \end{pmatrix} \middle| \forall a,b,c,d\in P\right\}$，$V$ 针对矩阵的加法与数乘构成数域 P 上的线性空间.

（1）当数域 P 为实数域时，求线性空间的一组基和维数；当 $\mathbf{A}=\begin{pmatrix} -2 & 3+\mathrm{i} \\ 0 & -2 \end{pmatrix}$，求 $\mathbf{A}$ 在这组基下的坐标；

（2）当数域 P 为复数域时，求线性空间的一组基和维数；当 $\mathbf{A}=\begin{pmatrix} -2 & 3+\mathrm{i} \\ 0 & -2 \end{pmatrix}$，求 $\mathbf{A}$ 在这组基下的坐标.

解 （1）$\forall \boldsymbol{\alpha}\in V=\left\{\begin{pmatrix} a+bi & c+di \\ 0 & a+bi \end{pmatrix} \middle| \forall a,b,c,d\in \mathbf{R}\right\}$，$\exists a,b,c,d\in\mathbf{R}$，使得

$$\forall \boldsymbol{\alpha}=\begin{pmatrix} a+bi & c+di \\ 0 & a+bi \end{pmatrix}=\begin{pmatrix} a & 0 \\ 0 & a \end{pmatrix}+\begin{pmatrix} bi & 0 \\ 0 & bi \end{pmatrix}+\begin{pmatrix} 0 & c \\ 0 & 0 \end{pmatrix}+\begin{pmatrix} 0 & di \\ 0 & 0 \end{pmatrix}$$

$$=a\begin{pmatrix} 1 & 0 \\ 0 & 1 \end{pmatrix}+b\begin{pmatrix} \mathrm{i} & 0 \\ 0 & \mathrm{i} \end{pmatrix}+c\begin{pmatrix} 0 & 1 \\ 0 & 0 \end{pmatrix}+d\begin{pmatrix} 0 & \mathrm{i} \\ 0 & 0 \end{pmatrix}.$$

下面证明 $\begin{pmatrix} 1 & 0 \\ 0 & 1 \end{pmatrix},\begin{pmatrix} \mathrm{i} & 0 \\ 0 & \mathrm{i} \end{pmatrix},\begin{pmatrix} 0 & 1 \\ 0 & 0 \end{pmatrix},\begin{pmatrix} 0 & \mathrm{i} \\ 0 & 0 \end{pmatrix}$ 是线性空间 V 的线性无关的向量.

$$k_1\begin{pmatrix} 1 & 0 \\ 0 & 1 \end{pmatrix}+k_2\begin{pmatrix} \mathrm{i} & 0 \\ 0 & \mathrm{i} \end{pmatrix}+k_3\begin{pmatrix} 0 & 1 \\ 0 & 0 \end{pmatrix}+k_4\begin{pmatrix} 0 & \mathrm{i} \\ 0 & 0 \end{pmatrix}=\mathbf{O}\quad (k_i\in\mathbf{R};i=1,2,3,4),$$

则 $k_1=k_2=k_3=k_4=0$，故结论成立.

因此 $\begin{pmatrix} 1 & 0 \\ 0 & 1 \end{pmatrix},\begin{pmatrix} \mathrm{i} & 0 \\ 0 & \mathrm{i} \end{pmatrix},\begin{pmatrix} 0 & 1 \\ 0 & 0 \end{pmatrix},\begin{pmatrix} 0 & \mathrm{i} \\ 0 & 0 \end{pmatrix}$ 是线性空间 V 的一组基，故维数为 4.

因为

$$\mathbf{A}=\begin{pmatrix} -2 & 3+\mathrm{i} \\ 0 & -2 \end{pmatrix}=-2\begin{pmatrix} 1 & 0 \\ 0 & 1 \end{pmatrix}+0\begin{pmatrix} \mathrm{i} & 0 \\ 0 & \mathrm{i} \end{pmatrix}+3\begin{pmatrix} 0 & 1 \\ 0 & 0 \end{pmatrix}+1\begin{pmatrix} 0 & \mathrm{i} \\ 0 & 0 \end{pmatrix}=\mathbf{O},$$

所以 $\mathbf{A}$ 在这组基下的坐标为 $(-2,0,3,1)^{\mathrm{T}}$.

（2）$\forall \boldsymbol{\alpha}\in V=\left\{\begin{pmatrix} a+bi & c+di \\ 0 & a+bi \end{pmatrix} \middle| \forall a,b,c,d\in \mathbf{R}\right\}$，$\exists a,b,c,d\in\mathbf{R}$，使得

$$\forall \boldsymbol{\alpha}=\begin{pmatrix} a+bi & c+di \\ 0 & a+bi \end{pmatrix}=\begin{pmatrix} a+bi & 0 \\ 0 & a+bi \end{pmatrix}+\begin{pmatrix} 0 & c+di \\ 0 & 0 \end{pmatrix}=(a+bi)\begin{pmatrix} 1 & 0 \\ 0 & 1 \end{pmatrix}+(c+di)\begin{pmatrix} 0 & 1 \\ 0 & 0 \end{pmatrix}.$$

下面证明 $\begin{pmatrix} 1 & 0 \\ 0 & 1 \end{pmatrix},\begin{pmatrix} 0 & 1 \\ 0 & 0 \end{pmatrix}$ 是线性空间 V 的线性无关的向量：

$$k_1\begin{pmatrix} 1 & 0 \\ 0 & 1 \end{pmatrix}+k_2\begin{pmatrix} 0 & 1 \\ 0 & 0 \end{pmatrix}=0\quad (k_i\in\mathbf{C};i=1,2),$$

则 $k_1=k_2=0$，故结论成立.

因此$\begin{pmatrix}1&0\\0&1\end{pmatrix}$,$\begin{pmatrix}0&1\\0&0\end{pmatrix}$是线性空间 V 的一组基,其维数为 2.

因为 $$\boldsymbol{A}=\begin{pmatrix}-2&3+\mathrm{i}\\0&-2\end{pmatrix}=-2\begin{pmatrix}1&0\\0&1\end{pmatrix}+(3+\mathrm{i})\begin{pmatrix}0&1\\0&0\end{pmatrix},$$

所以 $\boldsymbol{A}$ 在这组基下的坐标为$\begin{pmatrix}-2\\3+\mathrm{i}\end{pmatrix}$.

三、同步练习

设 $V=\left\{\boldsymbol{A}=\begin{bmatrix}a_{11}&a_{12}\\a_{21}&a_{22}\end{bmatrix}\in P^{2\times 2}\ \middle|\ \mathrm{tr}(\boldsymbol{A})=a_{11}+a_{22}=0\right\}$,$V$ 是针对普通意义上的矩阵加法与通常的数乘构成数域 P 上的线性空间.

(1) 求线性空间的一组基和维数;

(2) 当 $\boldsymbol{A}=\begin{pmatrix}-2&3\\0&2\end{pmatrix}$,求 $\boldsymbol{A}$ 在这组基下的坐标.

【思路】 同例 1.

解 (1) 维数为 3,一组基为 $\boldsymbol{A}_1=\begin{pmatrix}-1&0\\0&1\end{pmatrix}$,$\boldsymbol{A}_2=\begin{pmatrix}0&1\\0&0\end{pmatrix}$,$\boldsymbol{A}_3=\begin{pmatrix}0&0\\1&0\end{pmatrix}$.

(2) $\boldsymbol{A}=\begin{pmatrix}-2&3\\0&2\end{pmatrix}$在上述基下的坐标为$(2,3,0)^T$.

6.4 线性子空间、子空间的交与和、直和

一、概述

为了从局部研究线性空间的结构和性质,有必要引入子空间的定义以及子空间之间的运算,特别是关于线性空间的分解,即关于线性空间的直和分解,这些内容为后继课程的学习奠定了很好的数学思想.

二、难点及相关实例

1. 子空间的判定及维数与基

给定一个集合的特征及集合中元素的两种运算,判定其是否为某个线性空间的子空间,并且给出一组基来确定其维数.

例 1 已知集合 $W=\{\boldsymbol{A}\in\mathbf{R}^{n\times n}\mid\boldsymbol{A}^{\mathrm{T}}=\boldsymbol{A}\}$,证明 W 是针对矩阵的加法与数乘构成数域 $\mathbf{R}$ 上的线性空间 $\mathbf{R}^{n\times n}$的一个子空间,并求子空间 W 的一组基和维数.

【分析】 考查子空间的判定定理及利用集合的特征给出子空间的一组基和维数.

证 显然 W 为 $\mathbf{R}^{n\times n}$的一个非空子集,因为 $\boldsymbol{O}^{\mathrm{T}}=\boldsymbol{O}\Rightarrow\boldsymbol{O}\in W\subseteq\mathbf{R}^{n\times n}$,

$$\forall\boldsymbol{A},\boldsymbol{B}\in W\Rightarrow\boldsymbol{A}^{\mathrm{T}}=\boldsymbol{A},\quad\boldsymbol{B}^{\mathrm{T}}=\boldsymbol{B}\Rightarrow\forall k,\quad l\in\mathbf{R},\quad(k\boldsymbol{A}+l\boldsymbol{B})^{\mathrm{T}}=k\boldsymbol{A}^{\mathrm{T}}+l\boldsymbol{B}^{\mathrm{T}}=k\boldsymbol{A}+l\boldsymbol{B},$$

因此,$k\boldsymbol{A}+l\boldsymbol{B}\in W$,故 W 是线性空间 $\mathbf{R}^{n\times n}$的一个子空间.

下面证明

$$E_{11},E_{12}+E_{21},\cdots,E_{1n}+E_{n1},E_{22},E_{23}+E_{32},\cdots,E_{ii},\cdots,E_{ij}+E_{ji},\cdots,E_{in}+E_{ni},\cdots,E_{nn}$$

是线性空间 W 的一组基.

(1) 先证明它线性无关,令

$$k_1E_{11}+k_2(E_{12}+E_{21})+\cdots+k_{\frac{n(n+1)}{2}}E_{nn}=O,$$

则 $k_1=k_2=\cdots=k_{\frac{n(n+1)}{2}}=0$, 故结论成立.

(2) $\forall A=(a_{ij})\in W\Rightarrow A=a_{11}E_{11}+a_{12}(E_{12}+E_{21})+\cdots+a_{nn}E_{nn}$,因此

$$E_{11},E_{12}+E_{21},\cdots,E_{1n}+E_{n1},E_{22},E_{23}+E_{32},\cdots,E_{ii},\cdots,E_{ij}+E_{ji},\cdots,E_{in}+E_{ni},\cdots,E_{nn}$$

是线性空间 W 的一组基,因此维数为$\frac{n(n+1)}{2}$.

2. 关于子空间的和与直和

例 2 已知集合 $W=\{A\in \mathbf{R}^{n\times n}\mid A^{\mathrm{T}}=A\}$,$U=\{A\in \mathbf{R}^{n\times n}\mid A^{\mathrm{T}}=-A\}$, 证明 W,U 是针对矩阵的加法与数乘构成数域 $\mathbf{R}$ 上的线性空间 $\mathbf{R}^{n\times n}$的两个子空间,并且 $V=W\oplus U$.

【分析】 考查子空间的和与直和的定义,以及直和判定定理.

证 显然 U 为 $\mathbf{R}^{n\times n}$的一个非空子集,因为 $O^{\mathrm{T}}=-O\Rightarrow O\in U\subseteq \mathbf{R}^{n\times n}$,

$$\forall A,B\in U\Rightarrow A^{\mathrm{T}}=-A,B^{\mathrm{T}}=-B\Rightarrow \forall k,l\in \mathbf{R},(kA+lB)^{\mathrm{T}}=kA^{\mathrm{T}}+lB^{\mathrm{T}}=-(kA+lB),$$

因此,$kA+lB\in U$, 故 U 是线性空间 $\mathbf{R}^{n\times n}$的一个子空间.

同理可证:W 是线性空间 $\mathbf{R}^{n\times n}$的一个子空间.

又 $$\forall A\in V\Rightarrow A=\frac{A+A^{\mathrm{T}}}{2}+\frac{A-A^{\mathrm{T}}}{2}=B+D,\quad B=\frac{A+A^{\mathrm{T}}}{2},\quad D=\frac{A-A^{\mathrm{T}}}{2},$$

容易证明

$$B^{\mathrm{T}}=\left(\frac{A+A^{\mathrm{T}}}{2}\right)^{\mathrm{T}}=B,\quad D^{\mathrm{T}}=\left(\frac{A-A^{\mathrm{T}}}{2}\right)^{\mathrm{T}}=D\Rightarrow V=W+U.$$

下面证明

$$E_{12}-E_{21},\cdots,E_{1n}-E_{n1},E_{22},E_{23}-E_{32},\cdots,E_{ii},\cdots,E_{ij}-E_{ji}(i\neq j),\cdots,E_{in}-E_{ni},\cdots,E_{n-1,n}-E_{n,n-1}$$

是线性空间 U 的一组基,同例 1 容易证明(略).

线性空间 U 的维数为$\frac{n(n-1)}{2}$, 同理可证线性空间 W 的维数为$\frac{n(n+1)}{2}$,故

$$\dim(W)+\dim(U)=n.$$

因此,$V=W\oplus U$.

三、同步练习

已知 $V=\left\{A=\begin{pmatrix} a & b \\ 0 & c \end{pmatrix}\middle| a,b,c\in \mathbf{R}\right\}$,$V$ 是针对普通意义上的矩阵加法与通常的数乘构成数域 $\mathbf{R}$ 上的线性空间,

$$W=\left\{A=\begin{pmatrix} d & 0 \\ 0 & 0 \end{pmatrix}\middle| d\in \mathbf{R}\right\},\quad U=\left\{A=\begin{pmatrix} 0 & e \\ 0 & f \end{pmatrix}\middle| e,f\in \mathbf{R}\right\}.$$

证明:(1) W,U 针对普通意义上矩阵的加法与数乘构成数域 $\mathbf{R}$ 上的线性空间 W 的两个个子空间,并分别求出其一组基和维数;

(2) $V=W\oplus U$.

【思路】 同例 1、例 2.

6.5 基变换与坐标变换公式、同构

一、概述

除零空间外的其他线性空间中的基有无穷多组，并且任意两组基是等价的.利用过渡矩阵给出了两组基等价的数量描述，同时也为线性空间中的同一向量在不同基下的坐标的刻画得到了坐标变换公式，并且给出了线性空间自身的同构映射，进而对不同线性空间的同构给出了相应的定义.

二、难点及相关实例

(1) 基变换公式与坐标变换公式、过渡矩阵.

(2) 同构.

例 1 已知线性空间 $P[x]_2$，

(1) 求出基 $x-1,x-x^2,x^2$ 到基 $-1,x+x^2,x-x^2$ 的过渡矩阵 $\boldsymbol{A}$；

(2) 分别求 $P[x]_2$ 中向量 $f(x)=1+x+x^2$ 在基 $x-1,x-x^2,x^2$ 下的坐标.

【分析】 考查利用过渡矩阵给出基变换公式及用坐标变换公式给出向量的坐标计算，一般是从相对简单的基入手找出基与基之间的过渡矩阵.

解 (1) 由于 $1,x,x^2$ 为 $P[x]_2$ 的一组基，并且

$$(x-1,x-x^2,x^2)=(1,x,x^2)\begin{pmatrix}-1&0&0\\1&1&0\\0&-1&1\end{pmatrix},$$

所以

$$(1,x,x^2)=(x-1,x-x^2,x^2)\begin{pmatrix}-1&0&0\\1&1&0\\0&-1&1\end{pmatrix}^{-1}=(x-1,x-x^2,x^2)\begin{pmatrix}-1&0&0\\1&1&0\\1&1&1\end{pmatrix},\tag{1}$$

又

$$(-1,x+x^2,x-x^2)=(1,x,x^2)\begin{pmatrix}-1&0&0\\0&1&1\\0&1&-1\end{pmatrix},\tag{2}$$

将式 (1)代入式(2)得

$$\begin{aligned}(-1,x+x^2,x-x^2)&=(x-1,x-x^2,x^2)\begin{pmatrix}-1&0&0\\1&1&0\\1&1&1\end{pmatrix}\begin{pmatrix}-1&0&0\\0&1&1\\0&1&-1\end{pmatrix}\\&=(x-1,x-x^2,x^2)\begin{pmatrix}1&0&0\\-1&1&1\\-1&2&0\end{pmatrix},\end{aligned}$$

故 $\boldsymbol{A}=\begin{pmatrix}1&0&0\\-1&1&1\\-1&2&0\end{pmatrix}$.

(2) 由于 $f(x)=1+x+x^2=(1,x,x^2)\begin{pmatrix}1\\1\\1\end{pmatrix}$,所以由式(1)可得

$$f(x)=1+x+x^2=(1,x,x^2)\begin{pmatrix}1\\1\\1\end{pmatrix}=(x-1,x-x^2,x^2)\begin{pmatrix}-1&0&0\\1&1&0\\1&1&1\end{pmatrix}\begin{pmatrix}1\\1\\1\end{pmatrix}$$

$$=(x-1,x-x^2,x^2)\begin{pmatrix}-1\\2\\3\end{pmatrix},$$

所以,向量 $f(x)=1+x+x^2$ 在基 $x-1,x-x^2,x^2$ 下的坐标为 $\begin{pmatrix}-1\\2\\3\end{pmatrix}$.

例 2 已知线性空间 $V=\left\{\mathbf{A}=\begin{pmatrix}a&b\\0&c\end{pmatrix}\middle|a,b,c\in\mathbf{R}\right\}$针对普通的矩阵的加法与数乘构成数域 $\mathbf{R}$ 上的线性空间 $\mathbf{R}^{2\times2}$ 的一个子空间,证明存在一个同构映射 σ 使得 $R[x]_2\cong V$.

【分析】 考查线性空间同构的定义及映射的构造,一般利用两个线性空间中的基作为对应来建立同构映射.

证 建立映射 $\forall f(x)=a+bx+cx^2\in P[x]_2$,使得

$$\sigma(f(x))=\sigma(a+bx+cx^2)=\begin{pmatrix}a&b\\0&c\end{pmatrix},\quad a,b,c\in\mathbf{R},$$

先证 σ 是线性空间 $R[x]_2\cong V$ 到线性空间 $P[x]_2\cong V$ 上的一个双射.

显然,σ 是线性空间 $R[x]_2$ 到线性空间 V 上的一个映射. 下面证明 σ 是一个单射:

$$\forall f_1(x)=a_1+b_1x+c_1x^2\neq f_2(x)=a_2+b_2x+c_2x^2\in R[x]_2,$$

则

$$\sigma(f_1(x))=\begin{pmatrix}a_1&b_1\\0&c_1\end{pmatrix}\neq\sigma(f_2(x))=\begin{pmatrix}a_2&b_2\\0&c_2\end{pmatrix},$$

所以 σ 是线性空间 $R[x]_2$ 到线性空间 V 上的一个单射.

接着证明 σ 是一个满射.

事实上,$\forall\begin{pmatrix}a&b\\0&c\end{pmatrix}\in V$,总存在

$$f(x)=a+bx+cx^2\in R[x]_2\Rightarrow\sigma(f(x))=\begin{pmatrix}a&b\\0&c\end{pmatrix},$$

因此 σ 是线性空间 $R[x]_2$ 到线性空间 V 上的一个满射.

再证 σ 保持线性运算不变.

$$\forall f(x)=a+bx+cx^2,\quad g(x)=d+ex+fx^2\in R[x]_2,\quad k,l\in\mathbf{R},$$

$$\sigma(kf(x)+lg(x))=\sigma((ka+ld)+(kb+le)x+(kc+lf)x^2)=\begin{pmatrix}ka+ld&kb+le\\0&kc+lf\end{pmatrix}$$

$$=k\sigma(f(x))+l\sigma(g(x)),$$

由同构的定义可知,$R[x]_2\cong V$.

三、同步练习

1. 已知线性空间 $P[x]_2$，

(1) 求由基 $2x-1, x^2, x+x^2$ 到基 $-1, x+x^2, x-x^2$ 的过渡矩阵 $\mathbf{A}$；

(2) 分别求 $P[x]_2$ 中向量 $f(x)=1-2x-x^2$ 在基 $2x-1, x^2, x+x^2$ 下的坐标.

2. 证明存在一个同构映射 σ 使得 $R[x]_3 \cong \mathbf{R}^{2\times 2}$.

【思路】 解同例 1 和例 2，略.

考测中涉及的相关知识点联系示意图

线性空间的理论及结构化思想是高等代数中第一个采取公理化方法引入的，它是整个高等代数的中心内容之一. 通过本讲的学习，对于培养学生的严谨的逻辑思维能力和演绎能力起着非常重要的作用，也是数学专业后继课程（近世代数、泛函分析等）的基础，因此是研究生入学考测的重点. 下面列出考测中应掌握的基本概念及知识点联系示意图.

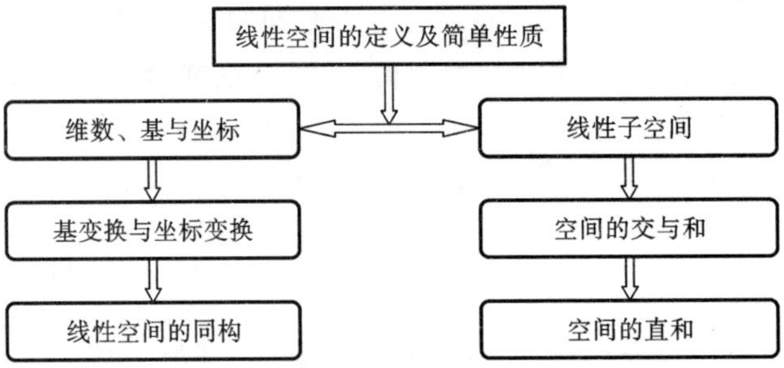

综合例题讲解

例 1 求由矩阵 $\mathbf{A}$ 的全体实系数多项式组成的空间的维数与一组基，其中

$$\mathbf{A}=\begin{pmatrix}1&0&0\\0&w&0\\0&0&w^2\end{pmatrix},\quad w=\frac{-1+\sqrt{3}\mathrm{i}}{2}.$$

【分析】 如何确定线性空间的基和维数是研究线性空间结构的基本问题，为此可以先找到 V 的一个生成元组 $\boldsymbol{\alpha}_1, \boldsymbol{\alpha}_2, \cdots, \boldsymbol{\alpha}_n$，然后证明 $\boldsymbol{\alpha}_1, \boldsymbol{\alpha}_2, \cdots, \boldsymbol{\alpha}_n$ 线性无关.

解 设 $V=\left\{f(\mathbf{A}) \mid f(x)\in R[x], \mathbf{A}=\begin{pmatrix}1&0&0\\0&w&0\\0&0&w^2\end{pmatrix}, w=\dfrac{-1+\sqrt{3}\mathrm{i}}{2}\right\}$，

因 $w^3=1$，可以验证

$$\mathbf{A}^2=\begin{pmatrix}1&&\\&w^2&\\&&w^4\end{pmatrix}=\begin{pmatrix}1&&\\&w^2&\\&&w\end{pmatrix},\quad \mathbf{A}^3=\begin{pmatrix}1&&\\&w^3&\\&&w^6\end{pmatrix}=\begin{pmatrix}1&&\\&1&\\&&1\end{pmatrix},$$

$\mathbf{A}^4=\mathbf{A}, \mathbf{A}^5=\mathbf{A}^2, \cdots$. 因此 $\forall f(\mathbf{A})\in V$，$f(\mathbf{A})$ 可由 $\mathbf{E}, \mathbf{A}, \mathbf{A}^2$ 表示，即

$$f(\mathbf{A})=a_0\mathbf{E}+a_1\mathbf{A}+a_2\mathbf{A}^2.$$

下面证明 $\boldsymbol{E},\boldsymbol{A},\boldsymbol{A}^2$ 线性无关.

令 $a_0\boldsymbol{E}+a_1\boldsymbol{A}+a_2\boldsymbol{A}^2=\boldsymbol{O}$,则

$$\begin{pmatrix} a_0+a_1+a_2 & & \\ & a_0+a_1w+a_2w^2 & \\ & & a_0+a_1w^2+a_2w \end{pmatrix}=\boldsymbol{O},$$

于是

$$\begin{cases} a_0+a_1+a_2=0 \\ a_0+a_1w+a_2w^2=0 \\ a_0+a_1w^2+a_2w=0 \end{cases}\Rightarrow\begin{vmatrix} 1 & 1 & 1 \\ 1 & w & w^2 \\ 1 & w^2 & w \end{vmatrix}=\begin{vmatrix} 1 & 1 & 1 \\ 0 & w-1 & w^2-1 \\ 0 & w^2-1 & w-1 \end{vmatrix}$$

$$=\begin{vmatrix} w-1 & w^2-1 \\ w^2-1 & w-1 \end{vmatrix}=(w-1)^2[1-(w+1)^2]$$

$$=-w(w-1)^2(w+2)\neq 0,$$

故方程只有零解,即 $a_0=a_1=a_2=0$,所以 $\boldsymbol{E},\boldsymbol{A},\boldsymbol{A}^2$ 线性无关. 显然任意 $f(\boldsymbol{A})$ 均可表示成 $\boldsymbol{E},\boldsymbol{A},\boldsymbol{A}^2$ 的线性组合,从而 $f(\boldsymbol{A})$ 组成的线性空间是三维的,且 $\boldsymbol{E},\boldsymbol{A},\boldsymbol{A}^2$ 是空间中的一组基.

例 2(武汉大学,2003) 已知 $\boldsymbol{A}=\begin{pmatrix} 1 & 2 & 1 & 2 \\ 0 & 1 & k & 1 \\ 1 & k & 0 & 1 \end{pmatrix}$.

(1) 求 $\boldsymbol{A}$ 的秩;

(2) 求 $\boldsymbol{A}$ 的零化子空间 $N(\boldsymbol{A})$(即满足 $\boldsymbol{AX}=\boldsymbol{0}$ 的所有四维向量组成的子空间)的维数和一组基.

【分析】 通过空间或集合的性质和特征,利用线性方程组的基础解系来构造空间的一组基.

解:(1) 对矩阵进行初等变换:

$$\boldsymbol{A}=\begin{pmatrix} 1 & 2 & 1 & 2 \\ 0 & 1 & k & 1 \\ 1 & k & 0 & 1 \end{pmatrix}\to\begin{pmatrix} 1 & 2 & 1 & 2 \\ 0 & 1 & k & 1 \\ 0 & k-2 & -1 & -1 \end{pmatrix}\to\begin{pmatrix} 1 & 2 & 1 & 2 \\ 0 & 1 & k & 1 \\ 0 & 0 & -(k-1)^2 & -(k-1) \end{pmatrix},$$

因此,当 $k=1$ 时,$R(\boldsymbol{A})=2$;当 $k\neq 1$ 时,$R(\boldsymbol{A})=3$.

(2) 当 $k=1$ 时,$\boldsymbol{A}\to\begin{pmatrix} 1 & 2 & 1 & 2 \\ 0 & 1 & 1 & 1 \\ 0 & 0 & 0 & 0 \end{pmatrix}\to\begin{pmatrix} 1 & 0 & -1 & 0 \\ 0 & 1 & 1 & 1 \\ 0 & 0 & 0 & 0 \end{pmatrix}$,其对应的线性方程组为

$$\begin{cases} x_1=x_3, \\ x_2=-x_3-x_4, \end{cases}$$

那么 $\boldsymbol{\xi}_1=(1,-1,1,0)^{\mathrm{T}},\boldsymbol{\xi}_2=(0,-1,0,1)^{\mathrm{T}}$ 是 $N(\boldsymbol{A})$ 的一组基,且 $\dim N(\boldsymbol{A})=2$.

当 $k\neq 1$ 时,

$$\boldsymbol{A}\to\begin{pmatrix} 1 & 2 & 1 & 2 \\ 0 & 1 & k & 1 \\ 0 & 0 & k-1 & 1 \end{pmatrix}\to\begin{pmatrix} 1 & 0 & 1-2k & 0 \\ 0 & 1 & k & 1 \\ 0 & 0 & k-1 & 1 \end{pmatrix}\to\begin{pmatrix} 1 & 0 & 1-2k & 0 \\ 0 & 1 & 1 & 0 \\ 0 & 0 & k-1 & 1 \end{pmatrix},$$

其对应的方程组为

$$\begin{cases}x_1=(2k-1)x_3,\\ x_2=-x_3,\\ x_4=(1-k)x_3.\end{cases}$$

取 $x_3=1$，则 $\boldsymbol{\eta}=(2k-1,-1,1,1-k)^{\mathrm{T}}$ 是 $N(\boldsymbol{A})$ 的一组基，$\dim N(\boldsymbol{A})=1$.

从子空间的局部角度研究整体线性空间的代数结构是代数学的重要方法，其思想方法是考测的重点内容，主要包括线性空间的子空间的判别或证明，以及有关子空间直和的问题（见例 3）；生成子空间的和或交的基与维数（见例 4）.

例 3（北京师范大学，2006） 设 V 是 n 维线性空间，W_1,W_2 是 V 的两个真子空间，且 $\dim(W_1)=\dim(W_2)$，证明存在子空间 W_3 使得 $V=W_1\oplus W_3=W_2\oplus W_3$.

【分析】 证明和构造空间的直和分解是考研中常见的题型，可先利用给出的具体集合特征，再利用生成子空间的构造、和的定义及子空间的直和的判断定理，不难证明上述试题中的命题.

证 (1) 设 $\dim(W_1\cap W_2)=r$，$\dim(W_1)=\dim(W_2)=l$，则利用维数公式可得

$$\dim(W_1+W_2)=\dim(W_1)+\dim(W_2)-\dim(W_1\cap W_2)=2l-r.$$

设 $W_1\cap W_2$ 的一组基为 $\boldsymbol{\varepsilon}_1,\boldsymbol{\varepsilon}_2,\cdots,\boldsymbol{\varepsilon}_r$，分别将其扩充为 W_1,W_2 的一组基：$\boldsymbol{\varepsilon}_1,\boldsymbol{\varepsilon}_2,\cdots,\boldsymbol{\varepsilon}_r,\boldsymbol{\varepsilon}_{r+1},\cdots,\boldsymbol{\varepsilon}_l$ 及 $\boldsymbol{\varepsilon}_1,\boldsymbol{\varepsilon}_2,\cdots,\boldsymbol{\varepsilon}_r,\boldsymbol{\alpha}_{r+1},\cdots,\boldsymbol{\alpha}_l$，从而利用生成子空间的性质可证（见教材）：

$$\boldsymbol{\varepsilon}_1,\boldsymbol{\varepsilon}_2,\cdots,\boldsymbol{\varepsilon}_r,\boldsymbol{\varepsilon}_{r+1},\cdots,\boldsymbol{\varepsilon}_l,\boldsymbol{\alpha}_{r+1},\cdots,\boldsymbol{\alpha}_l \text{ 为 } W_1+W_2 \text{ 的一组基}.$$

将其再扩充为 V 的一组基：$\boldsymbol{\varepsilon}_1,\boldsymbol{\varepsilon}_2,\cdots,\boldsymbol{\varepsilon}_r,\boldsymbol{\varepsilon}_{r+1},\cdots,\boldsymbol{\varepsilon}_l,\boldsymbol{\alpha}_{r+1},\cdots,\boldsymbol{\alpha}_l,\boldsymbol{\beta}_{r+2l+1},\cdots,\boldsymbol{\beta}_n$.

令 $W_3=L(\boldsymbol{\varepsilon}_{r+1}+\boldsymbol{\alpha}_{r+1},\cdots,\boldsymbol{\varepsilon}_l+\boldsymbol{\alpha}_l,\cdots,\boldsymbol{\beta}_{r+2l+1},\cdots,\boldsymbol{\beta}_n)$，容易证明 $\boldsymbol{\varepsilon}_{r+1}+\boldsymbol{\alpha}_{r+1},\cdots,\boldsymbol{\varepsilon}_l+\boldsymbol{\alpha}_l,\cdots,\boldsymbol{\beta}_{r+2l+1},\cdots,\boldsymbol{\beta}_n$ 线性无关，故 $\dim(W_3)=n-l$.

$\forall\boldsymbol{\alpha}\in W_1\cap W_3$，则

$$\begin{aligned}\boldsymbol{\alpha}&=k_1\boldsymbol{\varepsilon}_1+k_2\boldsymbol{\varepsilon}_2+k_r\boldsymbol{\varepsilon}_r+k_{r+1}\boldsymbol{\varepsilon}_{r+1}+\cdots+k_l\boldsymbol{\varepsilon}_l\\&=c_{r+1}(\boldsymbol{\varepsilon}_{r+1}+\boldsymbol{\alpha}_{r+1})+\cdots+c_l(\boldsymbol{\varepsilon}_l+\boldsymbol{\alpha}_l)+c_{l+1}\boldsymbol{\beta}_{r+2l+1}+\cdots+c_{n-r-l}\boldsymbol{\beta}_n,\end{aligned}$$

移项得

$$\begin{aligned}&k_1\boldsymbol{\varepsilon}_1+k_2\boldsymbol{\varepsilon}_2+k_r\boldsymbol{\varepsilon}_r+(k_{r+1}-c_{r+1})\boldsymbol{\varepsilon}_{r+1}+\cdots+(k_l-c_l)\boldsymbol{\varepsilon}_l\\&-c_{r+1}\boldsymbol{\alpha}_{r+1}-\cdots-c_l\boldsymbol{\alpha}_l-c_{l+1}\boldsymbol{\beta}_{r+2l+1}-\cdots-c_{n-r-l}\boldsymbol{\beta}_n=\boldsymbol{0},\end{aligned}$$

由线性无关性知，$k_i=0$，$c_j=0(i=1,2,\cdots,l;j=l+1,\cdots,n-r-l)$.

综上所述，$\boldsymbol{\alpha}=0\Rightarrow W_1\cap W_3=\{0\}\Rightarrow V=W_1\oplus W_3$. 同理，可证 $V=W_2\oplus W_3$.

例 4 在线性空间 P^3 中，已知两向量组

$$\begin{cases}\boldsymbol{\alpha}_1=(1,2,1,0),\\ \boldsymbol{\alpha}_2=(-1,1,1,1),\end{cases}\qquad\begin{cases}\boldsymbol{\beta}_1=(2,-1,0,1),\\ \boldsymbol{\beta}_2=(1,-1,3,7),\end{cases}$$

求 $L(\boldsymbol{\alpha}_1,\boldsymbol{\alpha}_2)+L(\boldsymbol{\beta}_1,\boldsymbol{\beta}_2)$ 与 $L(\boldsymbol{\alpha}_1,\boldsymbol{\alpha}_2)\cap L(\boldsymbol{\beta}_1,\boldsymbol{\beta}_2)$ 的基和维数.

解　方法一 利用生成子空间的结论

$$L(\boldsymbol{\alpha}_1,\boldsymbol{\alpha}_2)+L(\boldsymbol{\beta}_1,\boldsymbol{\beta}_2)=L(\boldsymbol{\alpha}_1,\boldsymbol{\alpha}_2,\boldsymbol{\beta}_1,\boldsymbol{\beta}_2),$$

先可求出 $L(\boldsymbol{\alpha}_1,\boldsymbol{\alpha}_2)+L(\boldsymbol{\beta}_1,\boldsymbol{\beta}_2)$ 的基，即求向量组 $\boldsymbol{\alpha}_1,\boldsymbol{\alpha}_2,\boldsymbol{\beta}_1,\boldsymbol{\beta}_2$ 的一个极大线性无关组. 用求极大线性无关组的方法，求得 $\boldsymbol{\alpha}_1,\boldsymbol{\alpha}_2,\boldsymbol{\beta}_1$ 是一个极大线性无关组，所以 $\boldsymbol{\alpha}_1,\boldsymbol{\alpha}_2,\boldsymbol{\beta}_1$ 是 $L(\boldsymbol{\alpha}_1,\boldsymbol{\alpha}_2)+L(\boldsymbol{\beta}_1,\boldsymbol{\beta}_2)$ 的一组基，$\dim(L(\boldsymbol{\alpha}_1,\boldsymbol{\alpha}_2)+L(\boldsymbol{\beta}_1,\boldsymbol{\beta}_2))=3$.

因为 $\boldsymbol{\alpha}_1,\boldsymbol{\alpha}_2$ 线性无关，$\boldsymbol{\beta}_1,\boldsymbol{\beta}_2$ 线性无关，所以

$$\dim L(\boldsymbol{\alpha}_1,\boldsymbol{\alpha}_2)=\dim L(\boldsymbol{\beta}_1,\boldsymbol{\beta}_2)=2,$$

于是由维数公式得

$$\dim(L(\boldsymbol{\alpha}_1,\boldsymbol{\alpha}_2)\cap L(\boldsymbol{\beta}_1,\boldsymbol{\beta}_2))=2+2-3=1.$$

又因为 $\boldsymbol{\alpha}_1-4\boldsymbol{\alpha}_2=3\boldsymbol{\beta}_1-\boldsymbol{\beta}_2$，所以

$$\boldsymbol{\alpha}_1-4\boldsymbol{\alpha}_2=(5,-2,-3,-4)\in L(\boldsymbol{\alpha}_1,\boldsymbol{\alpha}_2)\cap L(\boldsymbol{\beta}_1,\boldsymbol{\beta}_2).$$

而 $(5,-2,-3,-4)\neq 0$，因此 $\boldsymbol{\alpha}_1-4\boldsymbol{\alpha}_2=(5,-2,-3,-4)$ 是 $L(\boldsymbol{\alpha}_1,\boldsymbol{\alpha}_2)\cap L(\boldsymbol{\beta}_1,\boldsymbol{\beta}_2)$ 的一组基.

方法二 设 $L(\boldsymbol{\alpha}_1,\boldsymbol{\alpha}_2)\cap L(\boldsymbol{\beta}_1,\boldsymbol{\beta}_2)$ 中的向量 $\boldsymbol{\gamma}=k_1\boldsymbol{\alpha}_1+k_2\boldsymbol{\alpha}_2=l_1\boldsymbol{\beta}_1+l_2\boldsymbol{\beta}_2$，则有 $k_1\boldsymbol{\alpha}_1+k_2\boldsymbol{\alpha}_2-l_1\boldsymbol{\beta}_1-l_2\boldsymbol{\beta}_2=\mathbf{0}$，即

$$\begin{cases}k_1-k_2-2l_1-l_2=0,\\2k_1+k_2+l_1+l_2=0,\\k_1+k_2-3l_2=0,\\k_2-l_1-7l_2=0,\end{cases}\tag{1}$$

可得

$$D=\begin{vmatrix}1&-1&-2&-1\\2&1&1&1\\1&1&0&-3\\0&1&-1&-7\end{vmatrix}=0,\quad 且\begin{vmatrix}1&-1&-2\\2&1&1\\1&1&0\end{vmatrix}\neq 0,$$

所以方程组(1)的解空间维数为1，交的维数也为1. 任取一非零解 $(k_1,k_2,l_1,l_2)=(-1,4,-3,1)$，得 $L(\boldsymbol{\alpha}_1,\boldsymbol{\alpha}_2)\cap L(\boldsymbol{\beta}_1,\boldsymbol{\beta}_2)$ 的一组基：

$$\boldsymbol{\gamma}=-\boldsymbol{\alpha}_1+4\boldsymbol{\alpha}_2=(-5,2,3,4),$$

即它们的交为 $L(\boldsymbol{\gamma})$，是1维的，$\boldsymbol{\gamma}$ 就是一组基.

例 5(**浙江大学,2006**) 设 W,W_1,W_2 是向量空间 V 的子空间，$W_1\subseteq W_2$，$W_1\cap W=W_2\cap W$，$W_1+W=W_2+W$，证明 $W_1=W_2$.

【分析】 考测多个线性子空间的关系，利用集合相等的判断定理(两集合相等的充要条件是两集合相互包含)与子空间的运算性质来证明子空间相等.

证 $\forall\boldsymbol{\alpha}_2\in W_2$，因为 $W_1+W=W_2+W$，所以存在 $\boldsymbol{\alpha}_1\in W_1$，$\boldsymbol{\alpha}\in W$，使得 $\boldsymbol{\alpha}_2=\boldsymbol{\alpha}_1+\boldsymbol{\alpha}$. 又已知 $W_1\subseteq W_2$，则 $\boldsymbol{\alpha}=\boldsymbol{\alpha}_2-\boldsymbol{\alpha}_1\in W_2\cap W=W_1\cap W$.

因此，$\boldsymbol{\alpha}_2-\boldsymbol{\alpha}_1\in W_1$. 又 $\boldsymbol{\alpha}_1\in W_1$，$W_1$ 是 V 的子空间，故 $a_2\in W_1$，$W_2\subseteq W_1$，所以 $W_1=W_2$.

例 6(**武汉大学,2004**) 设 $\boldsymbol{A},\boldsymbol{B}$ 是数域 K 上的 $m\times n$ 矩阵，且 $R(\boldsymbol{A})=R(\boldsymbol{B})$ ($R(\boldsymbol{A})$ 是 $\boldsymbol{A}$ 的秩). 设齐次线性方程组 $\boldsymbol{AX}=\mathbf{0}$ 和 $\boldsymbol{BX}=\mathbf{0}$ 的解空间分别是 U,V. 证明存在 K 上的可逆 n 阶方阵 $\boldsymbol{T}$，使得 $f(\boldsymbol{Y})=\boldsymbol{TY}$ ($\forall\boldsymbol{Y}\in U$) 是 U 到 V 的同构映射.

【分析】 两线性空间同构的充要条件是两线性空间的维数相同. 如何构造两线性空间之间的同构映射，需根据题目中的条件的提示(隐含的结果). 由该题中条件 $R(\boldsymbol{A})=R(\boldsymbol{B})$ 及 U,V 的定义知，两线性空间同构，因此它们之间一定存在一同构映射使得 U 的基与 V 的基一一对应，这为题目的解答提供了思路.

证 设 $R(\boldsymbol{A})=R(\boldsymbol{B})=n-r$，则 $\dim U=\dim V=r$. 令 $\boldsymbol{\xi}_1,\boldsymbol{\xi}_1,\cdots,\boldsymbol{\xi}_r$ 是 U 的一组基；$\boldsymbol{\eta}_1,\boldsymbol{\eta}_2,\cdots,\boldsymbol{\eta}_r$ 是 V 的一组基. 将它们以列的形式分别看作 $n\times r$ 矩阵 $\boldsymbol{C},\boldsymbol{D}$，即

$$\boldsymbol{C}=(\boldsymbol{\xi}_1,\boldsymbol{\xi}_2,\cdots,\boldsymbol{\xi}_r),\quad \boldsymbol{D}=(\boldsymbol{\eta}_1,\boldsymbol{\eta}_2,\cdots,\boldsymbol{\eta}_r),$$

那么存在 n 阶可逆矩阵 $\boldsymbol{P}_1,\boldsymbol{P}_2$ 及 r 阶可逆矩阵 $\boldsymbol{Q}_1,\boldsymbol{Q}_2$，使得

$$\boldsymbol{P}_1\boldsymbol{CQ}_1=\begin{pmatrix}\boldsymbol{E}_r&\boldsymbol{O}\\\boldsymbol{O}&\boldsymbol{O}\end{pmatrix},\quad \boldsymbol{P}_2\boldsymbol{DQ}_2=\begin{pmatrix}\boldsymbol{E}_r&\boldsymbol{O}\\\boldsymbol{O}&\boldsymbol{O}\end{pmatrix},$$

从而

$$D=P_2^{-1}P_1CQ_1Q_2^{-1},\quad BD=BP_2^{-1}P_1CQ_1Q_2^{-1}=O,\quad BP_2^{-1}P_1C=O.$$

设 $T=P_2^{-1}P_1$，$\forall Y\in U$，令 $f(Y)=TY$，$Y=a_1\xi_1+\cdots+a_r\xi_r=(\xi_1,\cdots,\xi_r)\begin{pmatrix}a_1\\ \vdots\\ a_r\end{pmatrix}$，因此

$$f(Y)=TY=P_2^{-1}P_1C\begin{pmatrix}a_1\\ \vdots\\ a_r\end{pmatrix},\quad BTY=BP_2^{-1}P_1C\begin{pmatrix}a_1\\ \vdots\\ a_r\end{pmatrix}=O.$$

故 $TY\in V$. 利用同构映射的定义，容易证明 f 是 U 到 V 的同构映射.

例 7(北京大学,2002) 设 V 是数域 P 上的 n 维线性空间，$V_1,V_2,\cdots,V_s$ 是 V 的 s 个非平凡的子空间，证明：

(1) 存在 $\alpha\in V$，使得 $\alpha\notin V_1\cup V_2\cup\cdots\cup V_s$；

(2) 存在 V 中的一组基 $\varepsilon_1,\varepsilon_2,\cdots,\varepsilon_n$，使得 $\{\varepsilon_1,\varepsilon_2,\cdots,\varepsilon_n\}\cap(V_1\cup V_2\cup\cdots\cup V_s)=\varnothing$.

【分析】 本题主要考查线性空间中元素与线性空间的子空间的关系.

证 (1) 对 s 用数学归纳法证明.

当 $s=1$ 时，结论显然成立.

假设 $s=k$ 时结论成立，即存在 $\alpha\in V$，$\alpha\notin V_i$，$i=1,2,\cdots,k$.

当 $s=k+1$ 时，设 V_{k+1} 是 V 的真子空间，如果 $\alpha\notin V_{k+1}$，则结论成立.

如果 $\alpha\in V_{k+1}$，则存在 $\beta\notin V_{k+1}$，$\forall a\in P$，$a\alpha+\beta\notin V_{k+1}$. 当 $a_1\neq a_2$ 时，$a_1\alpha+\beta$，$a_2\alpha+\beta$ 不同时属于 $V_i(i=1,2,\cdots,k)$，否则 $\alpha\in V_i$，矛盾.

设 $a_1,a_2,\cdots,a_{k+1}$ 是数域 P 中互不相等的数，则有不同的 $k+1$ 个向量 $a_i\alpha+\beta(i=1,2,\cdots,k+1)$，其中一定有一个向量不属于 $V_i(i=1,2,\cdots,k)$，不妨设为 $a_1\alpha+\beta$，则 $a_1\alpha+\beta\notin V_i(i=1,2,\cdots,k+1)$，于是结论成立.

(2) 由(1)知，存在向量 $\varepsilon_1\in V$，$\varepsilon_1\notin V_1\cup V_2\cup\cdots\cup V_s$. 令 $V_{s+1}=L(\varepsilon_1)$，如果 $V_{s+1}=V$，则 V 没有非平凡子空间，结论成立.

若 $V_{s+1}\neq V$，由(1)知，存在 $\varepsilon_2\in V$，$\varepsilon_2\notin V_1\cup\cdots\cup V_s\cup V_{s+1}$，则 $\varepsilon_1,\varepsilon_2$ 线性无关，令

$$V_{s+2}=L(\varepsilon_1,\varepsilon_2).$$

如果 $V_{s+2}=V$，则 $\varepsilon_1,\varepsilon_2$ 是满足条件的一组基. 否则，V_{s+2} 是 V 的非平凡子空间，如此继续下去，总可以找到 V 的一组基 $\varepsilon_1,\varepsilon_2,\cdots,\varepsilon_n$，使得

$$\{\varepsilon_1,\varepsilon_2,\cdots,\varepsilon_n\}\cap(V_1\cup V_2\cup\cdots\cup V_s)=\varnothing.$$

例 8(四川大学,1999) 设 A 和 B 是 n 维线性空间 V 的两个线性变换，证明：

$$\dim A^{-1}(0)+\dim B^{-1}(0)\geqslant\dim(AB)^{-1}(0)\geqslant\dim B^{-1}(0).$$

【分析】 线性子空间之间的维数公式及子空间的基的扩展，能考查线性空间部分与整体之间的联系.

证 $\forall\xi\in B^{-1}(0)$，$B\xi=0$，$AB\xi=0$，则 $\xi\in(AB)^{-1}(0)$. 因此，

$$\dim(AB)^{-1}(0)\geqslant\dim B^{-1}(0).$$

设
$$\dim B^{-1}(0)=t,\quad \dim(AB)^{-1}(0)=t+s,\quad \dim A^{-1}(0)=k,$$

令 $A^{-1}(0)=L(\gamma_1,\gamma_2,\cdots,\gamma_k)$，$B^{-1}(0)=L(\alpha_1,\alpha_2,\cdots,\alpha_t)$，将 $B^{-1}(0)$ 的一组基扩充成 $(AB)^{-1}(0)$ 的一组基 $\alpha_1,\cdots,\alpha_t,\beta_1,\cdots,\beta_s$，则

$$(AB)^{-1}(0)=L(\alpha_1,\cdots,\alpha_t,\beta_1,\cdots,\beta_s),$$

$$(AB)(\beta_j)=A(B(\beta_j))=0\Rightarrow B(\beta_j)\in A^{-1}(0)\quad(j=1,2,\cdots,s).$$

令 $$x_1B(\boldsymbol{\beta}_1)+x_2B(\boldsymbol{\beta}_2)+\cdots+x_sB(\boldsymbol{\beta}_s)=\mathbf{0}\quad (x_i\in P;i=1,2,\cdots,s),$$
则
$$B(x_1\boldsymbol{\beta}_1+x_2\boldsymbol{\beta}_2+\cdots+x_s\boldsymbol{\beta}_s)=\mathbf{0}\Rightarrow x_1\boldsymbol{\beta}_1+x_2\boldsymbol{\beta}_2+\cdots+x_s\boldsymbol{\beta}_s\in B^{-1}(0),$$
故存在 $y_1,y_2,\cdots,y_t\in P$ 使得
$$x_1\boldsymbol{\beta}_1+x_2\boldsymbol{\beta}_2+\cdots+x_s\boldsymbol{\beta}_s=y_1\boldsymbol{\alpha}_1+y_2\boldsymbol{\alpha}_2+\cdots+y_t\boldsymbol{\alpha}_t,$$
移项后得
$$x_1\boldsymbol{\beta}_1+x_2\boldsymbol{\beta}_2+\cdots+x_s\boldsymbol{\beta}_s-y_1\boldsymbol{\alpha}_1-y_2\boldsymbol{\alpha}_2-\cdots-y_t\boldsymbol{\alpha}_t=\mathbf{0}.$$
因为 $\boldsymbol{\beta}_1,\cdots,\boldsymbol{\beta}_s,\boldsymbol{\alpha}_1,\cdots,\boldsymbol{\alpha}_t$ 线性无关，所以 $x_1=\cdots=x_s=y_1=\cdots=y_t=0$.

因此，$B(\boldsymbol{\beta}_1),B(\boldsymbol{\beta}_2),\cdots,B(\boldsymbol{\beta}_s)$线性无关，从而 $s\leqslant k$，故
$$t+k=\dim B^{-1}(0)+\dim A^{-1}(0)\geqslant t+s=\dim(AB)^{-1}(0)\geqslant\dim B^{-1}(0).$$

例 9（**中山大学，2013**） 已知 E 为数域，$F\subset E$，E 为数域 F 上的 m 维线性空间，V 为数域 E 上的 n 维线性空间，证明 V 为数域 F 上的 mn 维线性空间.

【分析】 考查数域之间的包含关系对线性空间维数的影响.

证 设 E 为数域 F 上的 m 维线性空间的一组基为 $l_1,l_2,\cdots,l_m$，V 为数域 E 上的 n 维线性空间的一组基为 $\boldsymbol{\alpha}_1,\boldsymbol{\alpha}_2,\cdots,\boldsymbol{\alpha}_n$，容易证明 V 为数域 F 上的线性空间.

下面证明 $l_1\boldsymbol{\alpha}_1,l_1\boldsymbol{\alpha}_2,\cdots,l_1\boldsymbol{\alpha}_n;l_2\boldsymbol{\alpha}_1,l_2\boldsymbol{\alpha}_2,\cdots,l_2\boldsymbol{\alpha}_n;\cdots;l_m\boldsymbol{\alpha}_1,l_m\boldsymbol{\alpha}_2,\cdots,l_m\boldsymbol{\alpha}_n$ 为 V 为数域 F 上的线性空间的一组基.

(1) 先证线性无关性. 令
$$k_{11}l_1\boldsymbol{\alpha}_1+k_{12}l_1\boldsymbol{\alpha}_2+\cdots+k_{1n}l_1\boldsymbol{\alpha}_n+k_{21}l_2\boldsymbol{\alpha}_1+k_{22}l_2\boldsymbol{\alpha}_2+\cdots+k_{2n}l_2\boldsymbol{\alpha}_n+\cdots+k_{m1}l_m\boldsymbol{\alpha}_1+k_{m2}l_m\boldsymbol{\alpha}_2+\cdots+k_{mn}l_m\boldsymbol{\alpha}_n=\mathbf{0},\quad k_{ij}\in F,$$
下面证 $k_{ij}=0(i=1,2,\cdots,m;j=1,2,\cdots,n)$. 上式整理得
$$(k_{11}l_1+k_{21}l_2+\cdots+k_{m1}l_m)\boldsymbol{\alpha}_1+(k_{12}l_1+k_{22}l_2+\cdots+k_{m2}l_m)\boldsymbol{\alpha}_2+\cdots+(k_{1n}l_1+k_{2n}l_2+\cdots+k_{mn}l_m)\boldsymbol{\alpha}_n=\mathbf{0}.$$
由于 $\boldsymbol{\alpha}_1,\boldsymbol{\alpha}_2,\cdots,\boldsymbol{\alpha}_n$ 为基，所以
$$k_{11}l_1+k_{21}l_2+\cdots+k_{m1}l_m=k_{12}l_1+k_{22}l_2+\cdots+k_{m2}l_m=\cdots=k_{1n}l_1+k_{2n}l_2+\cdots+k_{mn}l_{mn}=0.$$
又由于 $l_1,l_2,\cdots,l_m$ 为基，所以 $k_{ij}=0(i=1,2,\cdots,m;j=1,2,\cdots,n)$.

(2) 再证线性表示性.

由条件可知，$\forall\boldsymbol{\alpha}\in V$，则存在 $c_i\in E(i=1,2,\cdots,n)$使得
$$\boldsymbol{\alpha}=\sum_{i=1}^{n}c_i\boldsymbol{\alpha}_i.\tag{1}$$
同理，存在 $r_{pi}\in E(p=1,2,\cdots,m)$，使得
$$c_i=\sum_{p=1}^{m}r_{pi}l_i.\tag{2}$$
将式(2)代入式(1)可知，$\forall\boldsymbol{\alpha}\in V$ 都可以由
$$l_1\boldsymbol{\alpha}_1,l_1\boldsymbol{\alpha}_2,\cdots,l_1\boldsymbol{\alpha}_n;l_2\boldsymbol{\alpha}_1,l_2\boldsymbol{\alpha}_2,\cdots,l_2\boldsymbol{\alpha}_n;\cdots;l_m\boldsymbol{\alpha}_1,l_m\boldsymbol{\alpha}_2,\cdots,l_m\boldsymbol{\alpha}_n$$
线性表示，故结论成立.

例 10（**北京交通大学，2012**） 已知向量组 $\boldsymbol{\beta}_1,\boldsymbol{\beta}_2,\cdots,\boldsymbol{\beta}_m$ 线性无关，且
$$\boldsymbol{\xi}_i=a_{i1}\boldsymbol{\beta}_1+a_{i2}\boldsymbol{\beta}_2+\cdots+a_{im}\boldsymbol{\beta}_m\quad(a_{ij}\in P;i=1,2,\cdots,s;j=1,2,\cdots,m),$$
证明：向量组 $\boldsymbol{\xi}_1,\boldsymbol{\xi}_2,\cdots,\boldsymbol{\xi}_s$ 的秩=矩阵$(a_{ij})_{s\times m}$的秩.

【分析】 抽象向量组的线性相关性与具体矩阵之间的秩之间的关系，使我们想到了同构

的思想方法，可得方法一.

证　方法一　令 $V=L(\boldsymbol{\beta}_1,\boldsymbol{\beta}_2,\cdots,\boldsymbol{\beta}_m)$，显然 V 是一个 m 维的线性空间，建立映射：

$$\sigma(\boldsymbol{\xi})=(x_1,x_2,\cdots,x_m),\quad \forall \boldsymbol{\xi}=x_1\boldsymbol{\beta}_1+x_2\boldsymbol{\beta}_1+\cdots+x_m\boldsymbol{\beta}_m\in V,\quad x_i\in P,$$

则可以证明 σ 是 V 到 P^m 上的同构映射(见文献[1]).

向量组 $\boldsymbol{\xi}_1,\boldsymbol{\xi}_2,\cdots,\boldsymbol{\xi}_s$ 在 σ 下的象为矩阵 $(a_{ij})_{s\times m}$ 的行向量组，由于同构映射不改变向量组的线性相关性，故结论成立.

方法二　利用向量组的秩和矩阵秩的概念证明(略).

例 11(**四川大学,2018**)　已知

$$V_1=\{\boldsymbol{X}\in\mathbf{R}^n\mid \boldsymbol{A}^{\mathrm{T}}\boldsymbol{A}\boldsymbol{X}=\boldsymbol{X}\},\quad V_2=\{\boldsymbol{Y}\in\mathbf{R}^s\mid \boldsymbol{A}\boldsymbol{A}^{\mathrm{T}}\boldsymbol{Y}=\boldsymbol{Y}\},$$

证明：V_1,V_2 分别是 $\mathbf{R}^n,\mathbf{R}^s$ 的子空间，且 V_1 与 V_2 同构.

【分析】　考查对子空间的判定及线性空间同构.

证　因

$$V_1=\{\boldsymbol{X}\in\mathbf{R}^n\mid (\boldsymbol{A}^{\mathrm{T}}\boldsymbol{A}-\boldsymbol{E}_n)\boldsymbol{X}=\boldsymbol{0}\},\quad V_2=\{\boldsymbol{Y}\in\mathbf{R}^s\mid (\boldsymbol{A}\boldsymbol{A}^{\mathrm{T}}-\boldsymbol{E}_s)\boldsymbol{Y}=\boldsymbol{0}\},$$

故 V_1,V_2 都是齐次线性方程组的解集合，因此 V_1,V_2 分别是 P^n,P^s 的子空间.

事实上，　$\boldsymbol{0}\in V_1=\{\boldsymbol{X}\in\mathbf{R}^n\mid (\boldsymbol{A}^{\mathrm{T}}\boldsymbol{A}-\boldsymbol{E}_n)\boldsymbol{X}=\boldsymbol{0}\}$.

$$\forall \boldsymbol{X}_1,\boldsymbol{X}_2\in V_1\Rightarrow(\boldsymbol{A}^{\mathrm{T}}\boldsymbol{A}-\boldsymbol{E}_n)\boldsymbol{X}_1=\boldsymbol{0},\quad (\boldsymbol{A}^{\mathrm{T}}\boldsymbol{A}-\boldsymbol{E}_n)\boldsymbol{X}_2=\boldsymbol{0},$$

从而

$$\forall k,l\in\mathbf{R}\Rightarrow(\boldsymbol{A}^{\mathrm{T}}\boldsymbol{A}-\boldsymbol{E}_n)(k\boldsymbol{X}_1+l\boldsymbol{X}_2)=\boldsymbol{0}\Rightarrow k\boldsymbol{X}_1+l\boldsymbol{X}_2\in V_1,$$

所以 V_1 是 $\mathbf{R}^n$ 的子空间. 同理，可知 V_2 是 $\mathbf{R}^n$ 的子空间.

下面证 $V_1\cong V_2$，只需证 $\dim(V_1)=\dim(V_2)$，不妨设 $n\geqslant s$.

因为 V_1,V_2 都是齐次线性方程组的解空间，所以

$$\dim(V_1)=n-R(\boldsymbol{A}^{\mathrm{T}}\boldsymbol{A}-\boldsymbol{E}_n),\quad \dim(V_2)=s-R(\boldsymbol{A}\boldsymbol{A}^{\mathrm{T}}-\boldsymbol{E}_s).$$

(1) 先证明 $\boldsymbol{A}^{\mathrm{T}}\boldsymbol{A}$ 为半正定矩阵.

事实上，$(\boldsymbol{A}^{\mathrm{T}}\boldsymbol{A})^{\mathrm{T}}=\boldsymbol{A}^{\mathrm{T}}(\boldsymbol{A}^{\mathrm{T}})^{\mathrm{T}}=\boldsymbol{A}^{\mathrm{T}}\boldsymbol{A}$，因此 $\boldsymbol{A}^{\mathrm{T}}\boldsymbol{A}$ 为实对称矩阵.

$$\forall \boldsymbol{X}\in\mathbf{R}^n\Rightarrow\boldsymbol{X}^{\mathrm{T}}\boldsymbol{A}^{\mathrm{T}}\boldsymbol{A}\boldsymbol{X}=(\boldsymbol{A}\boldsymbol{X})^{\mathrm{T}}(\boldsymbol{A}\boldsymbol{X})=\boldsymbol{Y}^{\mathrm{T}}\boldsymbol{Y}=\sum_{i=1}^{n}y_i^2\geqslant 0,\quad \boldsymbol{Y}=\boldsymbol{A}\boldsymbol{X}=\begin{pmatrix}y_1\\y_2\\\vdots\\y_n\end{pmatrix},$$

故 $\boldsymbol{A}^{\mathrm{T}}\boldsymbol{A}$ 为半正定矩阵. 因此，存在可逆矩阵 $\boldsymbol{Q}$，使得

$$\boldsymbol{Q}^{-1}\boldsymbol{A}^{\mathrm{T}}\boldsymbol{A}\boldsymbol{Q}=\begin{pmatrix}\lambda_1&&&\\&\lambda_2&&\\&&\ddots&\\&&&\lambda_n\end{pmatrix}(\lambda_i\geqslant 0)\Rightarrow\boldsymbol{Q}^{-1}(\boldsymbol{A}^{\mathrm{T}}\boldsymbol{A}-\boldsymbol{E}_n)\boldsymbol{Q}=\begin{pmatrix}\lambda_1-1&&&\\&\lambda_2-1&&\\&&\ddots&\\&&&\lambda_n-1\end{pmatrix}.$$

由于　$R(\boldsymbol{A}^{\mathrm{T}}\boldsymbol{A})=R(\boldsymbol{A}),R(\boldsymbol{A}\boldsymbol{A}^{\mathrm{T}})=R(\boldsymbol{A}^{\mathrm{T}})\Rightarrow R(\boldsymbol{A}^{\mathrm{T}}\boldsymbol{A})=R(\boldsymbol{A}\boldsymbol{A}^{\mathrm{T}})$，

且　$|\lambda\boldsymbol{E}_n-\boldsymbol{A}^{\mathrm{T}}\boldsymbol{A}|=\lambda^{n-s}|\lambda\boldsymbol{E}_s-\boldsymbol{A}\boldsymbol{A}^{\mathrm{T}}|$，

故 $\boldsymbol{A}^{\mathrm{T}}\boldsymbol{A}$ 与 $\boldsymbol{A}\boldsymbol{A}^{\mathrm{T}}$ 有相同的非零特征值. 不妨设非零特征值中为 1 的特征值的重数为 h，则

$$\boldsymbol{Q}^{-1}(\boldsymbol{A}^{\mathrm{T}}\boldsymbol{A}-\boldsymbol{E}_n)\boldsymbol{Q}=\begin{pmatrix}\lambda_1-1&&&\\&\lambda_2-1&&\\&&\ddots&\\&&&\lambda_n-1\end{pmatrix}\Rightarrow R(\boldsymbol{A}^{\mathrm{T}}\boldsymbol{A}-\boldsymbol{E}_n)=n-h.$$

同理,可知 $R(\boldsymbol{A}\boldsymbol{A}^{\mathrm{T}}-\boldsymbol{E}_s)=s-h$. 因此,

$$\dim(V_1)=n-R(\boldsymbol{A}^{\mathrm{T}}\boldsymbol{A}-\boldsymbol{E}_n)=h,\quad \dim(V_2)=s-R(\boldsymbol{A}\boldsymbol{A}^{\mathrm{T}}-\boldsymbol{E}_s)=h,$$

则 $\dim(V_1)=\dim(V_2)$,所以 V_1 与 V_2 同构.

历年考研试题精选

1.(北京大学,1996) 设线性空间 V 中的向量组 $\boldsymbol{\alpha}_1,\boldsymbol{\alpha}_2,\boldsymbol{\alpha}_3,\boldsymbol{\alpha}_4$ 线性无关.

(1) 试问:向量组 $\boldsymbol{\alpha}_1+\boldsymbol{\alpha}_2,\boldsymbol{\alpha}_2+\boldsymbol{\alpha}_3,\boldsymbol{\alpha}_3+\boldsymbol{\alpha}_4,\boldsymbol{\alpha}_4+\boldsymbol{\alpha}_1$ 是否线性无关? 要求说明理由.

(2) 求向量组 $\boldsymbol{\alpha}_1+\boldsymbol{\alpha}_2,\boldsymbol{\alpha}_2+\boldsymbol{\alpha}_3,\boldsymbol{\alpha}_3+\boldsymbol{\alpha}_4,\boldsymbol{\alpha}_4+\boldsymbol{\alpha}_1$ 生成的线性空间 W 的一个基以及 W 的维数.

2.(南京师范大学,1995) 设 P 是一个数域,

$$\boldsymbol{A}=\begin{pmatrix}-1 & -2 & 6\\ -1 & 0 & 3\\ -1 & -1 & 4\end{pmatrix},$$

$$S=\left\{\sum_{i=0}^{n}a_i\boldsymbol{A}^i\,\middle|\,a_i\in P,n\text{ 是非负整数}\right\}.$$

(1) 证明 S 关于矩阵的加法和数乘构成 P 上的线性空间;

(2) 求 $\boldsymbol{A}$ 的特征多项式与最小多项式;

(3) 求 S 的一组基.

3.(武汉大学,1993) 若 $\boldsymbol{e}_1,\boldsymbol{e}_2,\cdots,\boldsymbol{e}_n$ 为 n 维线性空间 V 的一组基,设 $\boldsymbol{e}_{n+1}=-\boldsymbol{e}_1-\boldsymbol{e}_2-\cdots-\boldsymbol{e}_n$,证明:

(1) $\boldsymbol{e}_1,\boldsymbol{e}_2,\cdots,\boldsymbol{e}_n,\boldsymbol{e}_{n+1}$ 中任意去掉一个向量,余下的 n 个总组成 V 的一组基;

(2) $\forall\,\boldsymbol{x}\in V$,在(1)中的 $n+1$ 组基中,必存在一组基,在此组基下的坐标是非负的;

(3) $\boldsymbol{x}$ 的这种非负坐标表达式是唯一的.

4.(武汉大学,2000) 设 $\boldsymbol{\alpha}_1,\boldsymbol{\alpha}_2,\cdots,\boldsymbol{\alpha}_n$ 与 $\boldsymbol{\beta}_1,\boldsymbol{\beta}_2,\cdots,\boldsymbol{\beta}_n$ 为空间 $\mathbf{R}^n$ 的两组基,且

$$(\boldsymbol{\alpha}_1,\boldsymbol{\alpha}_2,\cdots,\boldsymbol{\alpha}_n)=(\boldsymbol{\beta}_1,\boldsymbol{\beta}_2,\cdots,\boldsymbol{\beta}_n)\boldsymbol{A},$$

$$\boldsymbol{\alpha}\in\mathbf{R}^n,\quad \boldsymbol{\alpha}=x_1\boldsymbol{\alpha}_1+x_2\boldsymbol{\alpha}_2+\cdots+x_n\boldsymbol{\alpha}_n=y_1\boldsymbol{\beta}_1+y_2\boldsymbol{\beta}_2+\cdots+y_n\boldsymbol{\beta}_n,$$

$$(x_1,x_2,\cdots,x_n)=(y_1,y_2,\cdots,y_n)\boldsymbol{B},$$

则(A)$\boldsymbol{B}=\boldsymbol{A}^{\mathrm{T}}(B)\boldsymbol{B}=\boldsymbol{A}^*(C)\boldsymbol{B}=(\boldsymbol{A}^{\mathrm{T}})^{-1}(D)\boldsymbol{B}=\boldsymbol{A}$.

5.(华中师范大学,2000) 已知

$$\boldsymbol{\alpha}_1=(1,2,1,-2),\quad \boldsymbol{\alpha}_2=(2,3,1,0),\quad \boldsymbol{\alpha}_3=(1,2,2,-3),$$

$$\boldsymbol{\beta}_1=(1,1,1,1),\quad \boldsymbol{\beta}_2=(1,0,1,-1),\quad \boldsymbol{\beta}_3=(1,3,0,-4),$$

(1) 求 $W_1=L(\boldsymbol{\alpha}_1,\boldsymbol{\alpha}_2,\boldsymbol{\alpha}_3)$的基与维数;

(2) 求 $W_2=L(\boldsymbol{\beta}_1,\boldsymbol{\beta}_2,\boldsymbol{\beta}_3)$的基与维数;

(3) 求 W_1+W_2 及 $W_1\cap W_2$ 的基与维数.

6.(东南大学,2003) 设 V 是数域 P 上全体次数小于 4 的多项式与零多项式组成的线性空间,且 $x^3,x^3+x,x^2+1,x+1$ 是 V 的一组基,则 x^2+2x+3 在这组基下的坐标为______.

7.(东南大学,2003) 设 V 是数域 P 上的 n 维线性空间,$\boldsymbol{\alpha}_1,\boldsymbol{\alpha}_2,\cdots,\boldsymbol{\alpha}_n$ 是 V 的一个基,用 V_1 表示由 $\boldsymbol{\alpha}_1+\boldsymbol{\alpha}_2+\cdots+\boldsymbol{\alpha}_n$ 生成的线性子空间,令 $V_2=\left\{\sum_{i=1}^{n}k_i\boldsymbol{\alpha}_i\,\middle|\,\sum_{i=1}^{n}k_i=0,k_i\in P\right\}$.

(1) 证明 V_2 是 V 的子空间;

(2) 证明 $V=V_1\oplus V_2$;

(3) 设 V 上线性变换 $\mathscr{A}$ 在基 $\boldsymbol{\alpha}_1,\boldsymbol{\alpha}_2,\cdots,\boldsymbol{\alpha}_n$ 下的矩阵 $\boldsymbol{A}$ 是置换矩阵(即 $\boldsymbol{A}$ 的每一行每一列都只有一个元素为 1,其余全为 0),证明 V_1,V_2 都是 $\mathscr{A}$ 的不变子空间.

8.(天津大学,1998) 设 V 是实函数空间,V_1 与 V_2 是 V 的子空间,其中

$$V_1=L(1,x,\sin x),\quad V_2=L(\cos 2x,\cos^2 x).$$

(1) 求 V_1 的一组基与维数;

(2) 求 V_2 的一组基与维数;

(3) 求 V_1+V_2 的一组基与维数;

(4) 求 $V_1\cap V_2$ 的一组基与维数.

9.(北京大学,2005) 用 $M_n(k)$表示数域 K 上所有 n 阶矩阵组成的集合,它对于矩阵的加法和数量乘法成为数域 K 上的线性空间,数域 K 上 n 阶矩阵 $\boldsymbol{A}$ 称为循环矩阵:

$$\boldsymbol{A}=\begin{pmatrix} a_1 & a_2 & a_3 & \cdots & a_n \\ a_n & a_1 & a_2 & \cdots & a_{n-1} \\ \vdots & \vdots & \vdots & & \vdots \\ a_2 & a_3 & a_4 & \cdots & a_1 \end{pmatrix}.$$

用 U 表示数域 K 上所有 n 阶循环矩阵组成的集合,证明:U 是 $M_n(K)$的一个子空间,并求 U 的一个基和维数.

10.(东南大学,1999) 设 $\boldsymbol{A}$ 是 4 阶实对称矩阵,其正、负惯性指数依次为 2,1,证明:

(1) $\mathbf{R}^4$ 中存在一个 2 维子空间 W_2,使 $\boldsymbol{X}^{\mathrm{T}}\boldsymbol{A}\boldsymbol{X}=\mathbf{0},\forall \boldsymbol{X}\in W_2$;

(2) $W=\{\boldsymbol{X}\mid \boldsymbol{X}^{\mathrm{T}}\boldsymbol{A}\boldsymbol{X}=\mathbf{0}\}$不是 $\mathbf{R}^4$ 的子空间;

(3) $V=\{\boldsymbol{X}\mid \boldsymbol{X}^{\mathrm{T}}\boldsymbol{A}^2\boldsymbol{X}=\mathbf{0}\}$是 $\mathbf{R}^4$ 的子空间并求维(V).

11.(华南理工大学,2000) 设 $\boldsymbol{\alpha}_1,\boldsymbol{\alpha}_2,\cdots,\boldsymbol{\alpha}_n$ 是 V 的一组基,证明:

$$V=L(\boldsymbol{\alpha}_1,\cdots,\boldsymbol{\alpha}_r)\oplus L(\boldsymbol{\alpha}_{r+1},\cdots,\boldsymbol{\alpha}_n),r=1,2,\cdots,n-1.$$

12.(大连理工大学,1998) 证明:对 n 维线性空间 V 中的任两子空间 V_1,V_2,它们的并 $V_1\cup V_2$ 是 V 的子空间的充要条件是 $V_1\subseteq V_2$ 或者 $V_2\subseteq V_1$.

13.(上海交通大学,2002) 设 $\boldsymbol{A}$ 为数域 P 上 n 阶可逆矩阵,任意将 $\boldsymbol{A}$ 分为两个子块 $\boldsymbol{A}_1$,$\boldsymbol{A}_2$,且 $\boldsymbol{A}=\begin{pmatrix}\boldsymbol{A}_1\\ \boldsymbol{A}_2\end{pmatrix}$,证明:$n$ 维线性空间 P^n 是齐次线性方程组 $\boldsymbol{A}_1\boldsymbol{X}=\mathbf{0}$ 的解空间 V_1 与 $\boldsymbol{A}_2\boldsymbol{X}=\mathbf{0}$ 的解空间 V_2 的直和.

14.(北京大学,2000) 设 V 和 V^{T} 都是数域 P 上的有限维线性空间,σ 是 V 到 V^{T} 的线性映射,即 σ 满足

$$\sigma(\boldsymbol{\alpha}+\boldsymbol{\beta})=\sigma(\boldsymbol{\alpha})+\sigma(\boldsymbol{\beta}),\quad \forall\,\boldsymbol{\alpha},\boldsymbol{\beta}\in V;$$

$$\sigma(k\boldsymbol{\alpha})=k\sigma(\boldsymbol{\alpha}),\quad \forall\, k\in P,\quad \boldsymbol{\alpha}\in V.$$

证明:存在直和分解 $V=U\oplus W,V^{\mathrm{T}}=M\oplus N$,使得 $\ker\sigma=U,W\cong M$.

15.(中山大学,2003) 设 P 是一个数域,$\boldsymbol{A}$ 是 $P^{n\times n}$中一个矩阵,令

$$F(\boldsymbol{A})=\{f(\boldsymbol{A})\mid f(x)\in P[x]\}.$$

证明:(1) $F(\boldsymbol{A})$是 $P^{n\times n}$的一个线性子空间;

(2) 可以找到非负整数 m,使 $\boldsymbol{E},\boldsymbol{A},\boldsymbol{A}^2,\cdots,\boldsymbol{A}^m$ 是 $F(\boldsymbol{A})$的一组基;

(3) $F(\boldsymbol{A})$的维数等于 $\boldsymbol{A}$ 的最小多项式的次数.

16.（华中科技大学,2005） 设 $M\in P^{n\times n}$，$f(x),g(x)\in P[x]$，且 $(f(x),g(x))=1$. 令 $\boldsymbol{A}=f(M)$，$\boldsymbol{B}=g(M)$，W,W_1,W_2 分别为线性方程组 $\boldsymbol{ABX}=\boldsymbol{0}$，$\boldsymbol{AX}=\boldsymbol{0}$，$\boldsymbol{BX}=\boldsymbol{0}$ 的解空间，证明 $W=W_1\oplus W_2$.

17.（浙江大学,2003） 设 V 是数域 P 上的线性空间，$\boldsymbol{\alpha}_1,\boldsymbol{\alpha}_2,\boldsymbol{\alpha}_3,\boldsymbol{\alpha}_4\in V$，$W=L(\boldsymbol{\alpha}_1,\boldsymbol{\alpha}_2,\boldsymbol{\alpha}_3,\boldsymbol{\alpha}_4)$，又有 $\boldsymbol{\beta}_1,\boldsymbol{\beta}_2\in W$ 且 $\boldsymbol{\beta}_1,\boldsymbol{\beta}_2$ 线性无关. 求证：可用 $\boldsymbol{\beta}_1,\boldsymbol{\beta}_2$ 替换 $\boldsymbol{\alpha}_1,\boldsymbol{\alpha}_2,\boldsymbol{\alpha}_3,\boldsymbol{\alpha}_4$ 中的两个向量 $\boldsymbol{\alpha}_{i_1},\boldsymbol{\alpha}_{i_2}$，使得剩下的两个向量 $\boldsymbol{\alpha}_{i_3},\boldsymbol{\alpha}_{i_4}$ 与 $\boldsymbol{\beta}_1,\boldsymbol{\beta}_2$ 仍然生成子空间 W，即 $W=L(\boldsymbol{\beta}_1,\boldsymbol{\beta}_2,\boldsymbol{\alpha}_{i_3},\boldsymbol{\alpha}_{i_4})$.

18.（大连理工大学,2002） 设 V_1,V_2 分别是齐次线性方程组 $x_1+x_2+\cdots+x_n=0$ 与 $x_1=x_2=\cdots=x_n$ 的解空间，证明 n 维实向量空间 $\mathbf{R}^n$ 是 V_1 与 V_2 的直和.

19.（江苏大学,2004） 设 $W=\{f(x)\mid f(1)=0,f(x)\in R[x]_n\}$，

(1) 试证 W 是 $R[x]_n$ 的子空间；

(2) 求 W 的一组基与维数.

20.（厦门大学,2001） 令 $F[x]_n$ 表示数域 F 上所有次数小于 n 的多项式及零多项式作成的线性空间，$a_1,a_2,\cdots,a_n\in F$ 两两互异. 令

$$f_i(x)=\prod_{\substack{j=1\\ j\neq i}}^{n}(x-a_j)\ (i=1,2,\cdots,n),$$

证明 $f_1(x),f_2(x),\cdots,f_n(x)$ 是 $F[x]_n$ 的一个基.

21.（上海大学,2005） 设 F 为数域，$\boldsymbol{A}$ 为数域 F 上 n 阶矩阵，且

$$V_1=\{\boldsymbol{X}\in F^n\mid \boldsymbol{AX}=\boldsymbol{0}\},\quad V_2=\{\boldsymbol{X}\in F^n\mid (\boldsymbol{A}-\boldsymbol{E})\boldsymbol{X}=\boldsymbol{0}\}.$$

求证：$\boldsymbol{A}^2=\boldsymbol{A}\Leftrightarrow F^n=V_1\oplus V_2$.

22.（上海交通大学,2003） 以 $P^{2\times2}$ 表示数域 P 上的 2 阶矩阵的集合，假设 a_1,a_2,a_3,a_4 为两两互异的数而且它们的和不等于零. 试证明

$$\boldsymbol{A}_1=\begin{pmatrix}1&a_1\\a_1^2&a_1^4\end{pmatrix},\quad \boldsymbol{A}_2=\begin{pmatrix}1&a_2\\a_2^2&a_2^4\end{pmatrix},\quad \boldsymbol{A}_3=\begin{pmatrix}1&a_3\\a_3^2&a_3^4\end{pmatrix},\quad \boldsymbol{A}_4=\begin{pmatrix}1&a_4\\a_4^2&a_4^4\end{pmatrix}$$

是 P 上线性空间 $P^{2\times2}$ 的一组基.

23.（上海交通大学,2004） 以 $P^{3\times3}$ 表示数域 P 上所有 3×3 矩阵组成的线性空间，求所有与 $\boldsymbol{A}$ 可交换（即满足 $\boldsymbol{AB}=\boldsymbol{BA}$）的矩阵 $\boldsymbol{B}$ 组成的线性子空间的维数及一组基，其中

$$\boldsymbol{A}=\begin{pmatrix}1&0&1\\0&1&1\\0&2&2\end{pmatrix}.$$

24.（南京师范大学,1997） 设 $\boldsymbol{A}=(a_{ij})$ 是 n 阶矩阵，其中 $a_{ij}=\begin{cases}a,i\neq j,\\1,i=j.\end{cases}$

(1) 求行列式 $\det\boldsymbol{A}$ 的值；

(2) 设 $W=\{\boldsymbol{X}\mid \boldsymbol{AX}=\boldsymbol{0}\}$，求 W 的维数及 W 的一组基.

25.（南京师范大学,1999） 设

$$V=\left\{\begin{pmatrix}a_{11}&a_{12}\\a_{21}&a_{22}\end{pmatrix}\middle|\, a_{ij}\in\mathbf{C}(i,j=1,2;a_{11}+a_{22}=0)\right\},$$

(1) 证明 V 对于矩阵加法和数与矩阵的乘法构成实数域 $\mathbf{R}$ 上的线性空间；

(2) 找出 V 的一组基，并求其维数.

26.（华中师范大学,1993） 设 W,W_1,W_2 都是线性空间 V 的子空间，$W_1\subseteq W$，$V=W_1\oplus$

W_2，证明：$\dim W=\dim W_1+\dim(W_2\cap W)$.

27.（厦门大学，1999） 设 V 是数域 F 上所有 n 阶对称矩阵关于矩阵的加法与数乘构成的线性空间，令 $U=\{\boldsymbol{A}\in V \mid \mathrm{tr}(\boldsymbol{A})=0\}$，$W=\{\lambda\boldsymbol{E} \mid \lambda\in F\}$，这里 $\boldsymbol{E}$ 为单位矩阵，$\mathrm{tr}(\boldsymbol{A})$ 为 $\boldsymbol{A}$ 的对角线元素之和.

（1）求证 U,W 为 V 的子空间；

（2）分别求 U,W 的一组基与维数；

（3）求证 $V=U\oplus W$.

28.（武汉大学，2003） 设 V_1 和 V_2 是向量空间 V 的子空间，且有 $V=V_1\oplus V_2$（即 V 是 V_1 与 V_2 的直和），若定义映射：$f_1:\boldsymbol{\alpha}=\boldsymbol{\alpha}_1+\boldsymbol{\alpha}_2\mapsto\boldsymbol{\alpha}_1$；$f_2:\boldsymbol{\alpha}=\boldsymbol{\alpha}_1+\boldsymbol{\alpha}_2\mapsto\boldsymbol{\alpha}_2$. 证明：

（1）f_1,f_2 是 V 的线性变换；

（2）$f_1^2=f_1,f_2^2=f_2$；

（3）$f_1f_2=f_2f_1=0$（零变换）；$f_1+f_2=\mathrm{id}_v$（V 的恒等变换）.

29.（天津大学，2004） 已知

$$W=\left\{\begin{pmatrix}a&0&b\\c&0&b\\0&c&d\end{pmatrix}\middle|\, a,b,c,d\in\mathbf{R}\right\},\quad U=\left\{\begin{pmatrix}x&0&y\\0&z&0\\0&0&0\end{pmatrix}\middle|\, x,y,z\in\mathbf{R}\right\},$$

求 $U+W,U\cap W$ 的一组基和维数.

30.（华中师范大学，1995） 设 $\boldsymbol{\alpha}_1,\boldsymbol{\alpha}_2,\cdots,\boldsymbol{\alpha}_n$ 是数域 P 上 n 维线性空间 V 的 n 个向量，其秩为 r，证明：满足 $k_1\boldsymbol{\alpha}_1+k_2\boldsymbol{\alpha}_2+\cdots+k_n\boldsymbol{\alpha}_n=\boldsymbol{0}$ 的 $(k_1,k_2,\cdots,k_n)$ 的全体构成 P^n 的 $n-r$ 维子空间.

31.（华中科技大学，1999） 设 $\boldsymbol{\alpha}_1,\boldsymbol{\alpha}_2,\cdots,\boldsymbol{\alpha}_n$ 为数域 K 上的 n 维线性空间 V 的基，$x_i=c_i$（$c_i\in K$；$i=1,2,\cdots,n$）是方程 $\sum\limits_{i=1}^{n}a_ix_i=0$ 的解（$a_1,a_2,\cdots,a_n$ 是 K 中不全为 0 的数）. 试证所有 $\sum\limits_{i=1}^{n}c_i\boldsymbol{\alpha}_i$ 组成 V 的一个 $n-1$ 维子空间.

32.（厦门大学，2000） 在线性空间 $R[x]_3$ 中，求基 $x+1,x+x^2,x^2$ 到基 $1,x^2-x,x^2+x$ 的过渡矩阵，并求向量 $1+2x+x^2$ 在这两个基下的坐标.

33.（华中师范大学，2001） 设 P 是数域，$m<n$，$\boldsymbol{A}\in P^{m\times n}$，$\boldsymbol{B}\in P^{(n-m)\times n}$，$V_1$ 和 V_2 分别是齐次线性方程 $\boldsymbol{AX}=\boldsymbol{0}$ 和 $\boldsymbol{BX}=\boldsymbol{0}$ 的解空间，证明：$P^n=V_1\oplus V_2$ 的充分必要条件是 $\begin{pmatrix}\boldsymbol{A}\\\boldsymbol{B}\end{pmatrix}\boldsymbol{X}=\boldsymbol{0}$ 只有零解.

34.（华中师范大学，1994） 设 $\boldsymbol{A},\boldsymbol{B}$ 分别为 $n\times m$ 和 $m\times n$ 矩阵，$\boldsymbol{B}$ 的列向量为 $\boldsymbol{\alpha}_1,\boldsymbol{\alpha}_2,\cdots,\boldsymbol{\alpha}_n$，且 $\boldsymbol{\beta}_1,\boldsymbol{\beta}_2,\cdots,\boldsymbol{\beta}_r$ 是 $\boldsymbol{AX}=\boldsymbol{0}$ 的一个基础解系，$\boldsymbol{\gamma}_1,\boldsymbol{\gamma}_2,\cdots,\boldsymbol{\gamma}_t$ 是 $\boldsymbol{ABX}=\boldsymbol{0}$ 的一个基础解系. 令

$$\boldsymbol{C}=(\boldsymbol{\beta}_1,\boldsymbol{\beta}_2,\cdots,\boldsymbol{\beta}_r),\quad \boldsymbol{D}=(\boldsymbol{\gamma}_1,\boldsymbol{\gamma}_2,\cdots,\boldsymbol{\gamma}_t).$$

设 $\boldsymbol{BD}$ 的列向量为 $\boldsymbol{\delta}_1,\boldsymbol{\delta}_2,\cdots,\boldsymbol{\delta}_t$，证明：

$$L(\boldsymbol{\alpha}_1,\boldsymbol{\alpha}_2,\cdots,\boldsymbol{\alpha}_n)\cap L(\boldsymbol{\beta}_1,\boldsymbol{\beta}_2,\cdots,\boldsymbol{\beta}_r)=L(\boldsymbol{\delta}_1,\boldsymbol{\delta}_2,\cdots,\boldsymbol{\delta}_t),$$

其中 $L(\boldsymbol{\theta}_1,\boldsymbol{\theta}_2,\cdots,\boldsymbol{\theta}_m)$ 表示 $\{k_1\boldsymbol{\theta}_1+k_2\boldsymbol{\theta}_2+\cdots+k_m\boldsymbol{\theta}_m \mid k_i\in P\}$.

35.（全国硕士研究生入学统一考试（数学一），2006） 设 3 阶实对称矩阵 $\boldsymbol{A}$ 的各行元素之和均为 3，向量 $\boldsymbol{\alpha}_1=(-1,2,-1)^{\mathrm{T}}$，$\boldsymbol{\alpha}_2=(0,-1,1)^{\mathrm{T}}$ 是线性方程组 $\boldsymbol{Ax}=\boldsymbol{0}$ 的两个解.

(1) 求 $\boldsymbol{A}$ 的特征值与特征向量；

(2) 求正交矩阵 Q 和对角矩阵 $\boldsymbol{\Lambda}$，使得 $Q^{\mathrm{T}}AQ=\boldsymbol{\Lambda}$.

36.（华南理工大学，2008） 设 $F^{3\times 3}$ 是数域 F 上的 3 阶方阵的全体.

(1) 证明在数量乘法以及矩阵的加法运算下，构成一线性空间；

(2) 令 $\boldsymbol{E}_{ij}$ 是第 i 行第 j 列元素为 1 而其他元素为 0 的矩阵，证明 $\{\boldsymbol{E}_{ij}\mid 1\leqslant i,j\leqslant 3\}$ 为 $F^{3\times 3}$ 的基；

(3) 令 $\boldsymbol{A}=\begin{pmatrix}1&0&0\\0&0&1\\0&1&0\end{pmatrix}$，在 $F^{3\times 3}$ 中定义映射 $\sigma(\boldsymbol{Z})=\boldsymbol{AZ}-\boldsymbol{ZA}$，证明 σ 为 $F^{3\times 3}$ 上的线性映射，并给出 σ 在基 $\{\boldsymbol{E}_{ij}\mid 1\leqslant i,j\leqslant 3\}$ 上的矩阵表示；

(4) 求 σ 的特征值.

37.（北京理工大学，2009） 设 V 是数域 K 上的一个线性空间，证明：

(1) 若 $V_1,V_2,\cdots,V_s$ 是 V 的 s 个真子空间，则 $V_1\cup V_2\cup\cdots\cup V_s\neq V$；

(2) 若 $\boldsymbol{A}_1,\boldsymbol{A}_2,\cdots,\boldsymbol{A}_s$ 是 V 的 s 个两两不同的线性变换，则存在 $\boldsymbol{\alpha}\in V$，使得 $\boldsymbol{A}_1\boldsymbol{\alpha},\boldsymbol{A}_2\boldsymbol{\alpha},\cdots,\boldsymbol{A}_s\boldsymbol{\alpha}$ 两两不同.

38.（西南大学，2008） 设 $\boldsymbol{A},\boldsymbol{B},\boldsymbol{C},\boldsymbol{D}$ 都是数域 P 上 n 阶方阵，且关于乘法两两互换，还满足 $\boldsymbol{AC}+\boldsymbol{BD}=\boldsymbol{E}$（$\boldsymbol{E}$ 为 n 阶单位矩阵）. 设方程 $\boldsymbol{ABX}=\boldsymbol{0}$ 的解空间为 W，$\boldsymbol{BX}=\boldsymbol{0}$ 与 $\boldsymbol{AX}=\boldsymbol{0}$ 的解空间分别为 V_1,V_2，证明 $W=V_1\oplus V_2$.

39.（中国科学院，2010） 设 $\boldsymbol{A}$ 是 n 维实线性空间 V 的线性变换，$n\geqslant 1$，证明：$\boldsymbol{A}$ 至少有一个维数为 1 或 2 的不变子空间.

40.（中国科学院，2010） 设 $M_n(\boldsymbol{C})$ 是复数域上所有 n 阶方阵构成的线性空间，T：$M_n(\boldsymbol{C})\to\boldsymbol{C}$ 是一个线性映射，满足 $T(\boldsymbol{AB})=T(\boldsymbol{BA})$，证明：存在 $\lambda\in\boldsymbol{C}$ 使得对任意的 $\boldsymbol{A}\in M_n(\boldsymbol{C})$ 有 $T(\boldsymbol{A})=\lambda\mathrm{tr}(\boldsymbol{A})$，其中 $\mathrm{tr}(\boldsymbol{A})$ 表示矩阵 $\boldsymbol{A}$ 的迹.

41.（南京航空航天大学，2014） 已知 V_1 是向量组 $\boldsymbol{\alpha}_1=(1,1,a)$，$\boldsymbol{\alpha}_2=(1,a,1)$，$\boldsymbol{\alpha}_3=(a,1,3+a)$ 生成的子空间，V_2 是向量组 $\boldsymbol{\beta}_1=(1,1,a)$，$\boldsymbol{\beta}_2=(-2,a,4)$，$\boldsymbol{\beta}_3=(-2,a,a)$ 生成的子空间，并且 V_1 和 V_2 都是 2 维的.

(1) 求参数 a；

(2) 求 $V_1\cap V_2$ 基和维数；

(3) 求出 $\mathbf{R}^3$ 中所有 $\boldsymbol{\gamma}\notin V_1$ 且 $\boldsymbol{\gamma}\notin V_2$ 的全部向量，并说明理由.

42.（中国科学院，2016） 已知 V 是 n 维线性空间，V_1,V_2 是线性空间 V 的子空间，且

$$\dim(V_1+V_2)=\dim(V_1\cap V_2)+1.$$

求证：$V_1+V_2=V_1$，$V_1\cap V_2=V_2$ 或 $V_1+V_2=V_2$，$V_1\cap V_2=V_1$.

43.（中国科学院，2017） n 维线性空间 V 有两个子空间 U_1 和 U_2，维数 $\dim U_1\leqslant m$，$\dim U_2\leqslant m<n$. 证明：V 中存在子空间 W，且 $\dim W=n-m$，满足 $W\cap U_1=W\cap U_2=\{0\}$.

44.（中国科学院，2019） 设 V 是次数不超过 n 的一元实系数多项式组成的实线性空间，对于每一个自然数 $k\geqslant 0$，定义

$$\binom{x}{k}=\frac{x(x-1)\cdots(x-k+1)}{k!},\quad \binom{x}{0}=1.$$

(1) 证明$\begin{pmatrix}x\\0\end{pmatrix},\begin{pmatrix}x\\1\end{pmatrix},\cdots,\begin{pmatrix}x\\n\end{pmatrix}$构成$V$的一组基；

(2) $\forall f(x)\in V$,写出$f(x)$相对这组基的线性组合.

历年考研试题精选答案

1. 解:(1) 设向量组在$\boldsymbol{\alpha}_1+\boldsymbol{\alpha}_2,\boldsymbol{\alpha}_2+\boldsymbol{\alpha}_3,\boldsymbol{\alpha}_3+\boldsymbol{\alpha}_4,\boldsymbol{\alpha}_4+\boldsymbol{\alpha}_1$在线性无关向量组$\boldsymbol{\alpha}_1,\boldsymbol{\alpha}_2,\boldsymbol{\alpha}_3,\boldsymbol{\alpha}_4$(可看作一组基)下的矩阵为$\boldsymbol{A}$,则

$$(\boldsymbol{\alpha}_1+\boldsymbol{\alpha}_2,\boldsymbol{\alpha}_2+\boldsymbol{\alpha}_3,\boldsymbol{\alpha}_3+\boldsymbol{\alpha}_4,\boldsymbol{\alpha}_4+\boldsymbol{\alpha}_1)=(\boldsymbol{\alpha}_1,\boldsymbol{\alpha}_2,\boldsymbol{\alpha}_3,\boldsymbol{\alpha}_4)\begin{pmatrix}1&0&0&1\\1&1&0&0\\0&1&1&0\\0&0&1&1\end{pmatrix},$$

因为
$$|\boldsymbol{A}|=\begin{vmatrix}1&0&0&1\\1&1&0&0\\0&1&1&0\\0&0&1&1\end{vmatrix}=0,$$
所以$\boldsymbol{\alpha}_1+\boldsymbol{\alpha}_2,\boldsymbol{\alpha}_2+\boldsymbol{\alpha}_3,\boldsymbol{\alpha}_3+\boldsymbol{\alpha}_4,\boldsymbol{\alpha}_4+\boldsymbol{\alpha}_1$线性相关.

(2) 利用同构的定义知,$\boldsymbol{A}$的左上角的3阶子式不为0,所以$\boldsymbol{\alpha}_1+\boldsymbol{\alpha}_2,\boldsymbol{\alpha}_2+\boldsymbol{\alpha}_3,\boldsymbol{\alpha}_3+\boldsymbol{\alpha}_4$线性无关,于是这3个向量就是$W$的一组基,$\dim W=3$.

2. 证明:(1) $\boldsymbol{A}\in S,S\neq\varnothing$,$\forall\sum_{i=0}^{n}a_i\boldsymbol{A}^i,\sum_{j=0}^{m}b_j\boldsymbol{A}^j\in S$,若$n\geqslant m$,令$b_{m+1}=\cdots=b_n=0$,则

$$\sum_{i=0}^{n}a_i\boldsymbol{A}^i+\sum_{j=0}^{m}b_j\boldsymbol{A}^j=\sum_{i=0}^{n}(a_i+b_i)\boldsymbol{A}^i\in S,\quad\forall k\in P,k\sum_{i=0}^{n}a_i\boldsymbol{A}^i=\sum_{i=0}^{n}ka_i\boldsymbol{A}^i\in S,$$
于是S是$P^{3\times 3}$的一个子空间.

(2) $$f(\lambda)=|\lambda\boldsymbol{E}-\boldsymbol{A}|=\begin{vmatrix}\lambda+1&2&-6\\1&\lambda&-3\\1&1&\lambda-4\end{vmatrix}=-(\lambda-1)^3.$$

$\boldsymbol{A}$的最小多项式$m(\lambda)\mid f(\lambda)$,$\boldsymbol{A}-\boldsymbol{E}\neq\boldsymbol{O}$,$(\boldsymbol{A}-\boldsymbol{E})^2=\boldsymbol{O}$,那么$m(\lambda)=(\lambda-1)^2$.

(3) 设$\forall g(x)\in P[x]$,$g(x)=(x-1)^2q(x)+bx+c$,所以
$$g(\boldsymbol{A})=(\boldsymbol{A}-\boldsymbol{E})^2q(\boldsymbol{A})+b\boldsymbol{A}+c\boldsymbol{E}=b\boldsymbol{A}+c\boldsymbol{E},$$
即$\forall g(\boldsymbol{A})\in S$,$g(\boldsymbol{A})$可由$\boldsymbol{E},\boldsymbol{A}$线性表示,而$\boldsymbol{E},\boldsymbol{A}$显然是线性无关的,因此$\boldsymbol{E},\boldsymbol{A}$是$S$的一组基.

3. 证明:(1) 将$\boldsymbol{e}_1,\boldsymbol{e}_2,\cdots,\boldsymbol{e}_n,\boldsymbol{e}_{n+1}$去掉$\boldsymbol{e}_i$,令
$$k_1\boldsymbol{e}_1+k_2\boldsymbol{e}_2+\cdots+k_{i-1}\boldsymbol{e}_{i-1}+k_{i+1}\boldsymbol{e}_{i+1}+\cdots+k_n\boldsymbol{e}_n+k_{n+1}\boldsymbol{e}_{n+1}=\boldsymbol{0}\quad(i=1,2,\cdots,n+1),$$
则
$$(k_1-k_{n+1})\boldsymbol{e}_1+\cdots+(k_{i-1}-k_{n+1})\boldsymbol{e}_{i-1}-k_{n+1}\boldsymbol{e}_i+(k_{i+1}-k_{n+1})\boldsymbol{e}_{i+1}+\cdots+(k_n-k_{n+1})\boldsymbol{e}_n=\boldsymbol{0}.$$

因为$\boldsymbol{e}_1,\boldsymbol{e}_2,\cdots,\boldsymbol{e}_n$线性无关,所以
$$k_1-k_{n+1}=\cdots=k_{i-1}-k_{n+1}=-k_{n+1}=\cdots=k_n-k_{n+1}=0,$$
故$k_1=k_2=\cdots=k_{i-1}=k_{i+1}=\cdots=k_{n+1}=0$. 因此$\boldsymbol{e}_1,\cdots,\boldsymbol{e}_{i-1},\boldsymbol{e}_{i+1},\cdots,\boldsymbol{e}_n,\boldsymbol{e}_{n+1}$线性无关,故(1)的结论成立.

(2) 因为

$$(\boldsymbol{e}_1,\cdots,\boldsymbol{e}_{i-1},\boldsymbol{e}_i,\boldsymbol{e}_{i+1},\cdots,\boldsymbol{e}_n)=(\boldsymbol{e}_1,\cdots,\boldsymbol{e}_{i-1},\boldsymbol{e}_{i+1},\cdots,\boldsymbol{e}_n,\boldsymbol{e}_{n+1})\begin{pmatrix} +1 & & & -1 & & & \\ & \ddots & & \vdots & & & \\ & & +1 & -1 & & & \\ & & & -1 & 1 & & \\ & & & \vdots & & \ddots & \\ & & & -1 & & & 1 \\ & & & -1 & & & \end{pmatrix},$$

$\forall\, \boldsymbol{x}\in V, \boldsymbol{x}=a_1\boldsymbol{e}_1+\cdots+a_i\boldsymbol{e}_i+\cdots+a_n\boldsymbol{e}_n$，若 $a_1,a_2,\cdots,a_n\geqslant 0$，则结论成立. 否则，令 a_i 是负坐标中绝对值最大的，则

$$\boldsymbol{x}=(\boldsymbol{e}_1,\boldsymbol{e}_2,\cdots,\boldsymbol{e}_n)\begin{pmatrix} a_1\\ a_2\\ \vdots\\ a_n\end{pmatrix}=(\boldsymbol{e}_1,\cdots,\boldsymbol{e}_{i-1},\boldsymbol{e}_{i+1},\cdots,\boldsymbol{e}_n,\boldsymbol{e}_{n+1})\begin{pmatrix} +1 & & & -1 & & & \\ & \ddots & & \vdots & & & \\ & & +1 & -1 & & & \\ & & & -1 & 1 & & \\ & & & \vdots & & \ddots & \\ & & & -1 & & & 1 \\ & & & -1 & & & \end{pmatrix}\begin{pmatrix} a_1\\ \vdots\\ a_{i-1}\\ a_i\\ \vdots\\ a_{n-1}\\ a_n\end{pmatrix}$$

$$=(\boldsymbol{e}_1,\cdots,\boldsymbol{e}_{i-1},\boldsymbol{e}_{i+1},\cdots,\boldsymbol{e}_n,\boldsymbol{e}_{n+1})\begin{pmatrix} a_1-a_i\\ \vdots\\ a_{i-1}-a_i\\ a_{i+1}-a_i\\ \vdots\\ a_n-a_i\\ -a_i\end{pmatrix}.$$

显然，$\boldsymbol{e}_1,\cdots,\boldsymbol{e}_{i-1},\boldsymbol{e}_{i+1},\cdots,\boldsymbol{e}_n,\boldsymbol{e}_{n+1}$ 就是要求的一组基.

(3) 设 $\boldsymbol{x}=a_1\boldsymbol{e}_1+\cdots+a_i\boldsymbol{e}_i+\cdots+a_n\boldsymbol{e}_n, a_i<0(i=1,2,\cdots,n)$，且 a_i 是负坐标中绝对值最大的，剩下来的基中，证明对任意的 $k\neq i$，$\boldsymbol{x}$ 无论用哪一组基表示都有负坐标.

$$\boldsymbol{x}=(\boldsymbol{e}_1,\boldsymbol{e}_2,\cdots,\boldsymbol{e}_n)\begin{pmatrix} a_1\\ a_2\\ \vdots\\ a_n\end{pmatrix}=(\boldsymbol{e}_1,\cdots,\boldsymbol{e}_{k-1},\boldsymbol{e}_{k+1},\cdots,\boldsymbol{e}_n,\boldsymbol{e}_{n+1})\begin{pmatrix} a_1-a_k\\ \vdots\\ a_i-a_k\\ \vdots\\ a_n-a_k\\ -a_k\end{pmatrix}$$

其中 $a_i-a_k<0$，并且向量在基下的坐标是唯一的，从而结论成立.

4. 解：因为

$$\boldsymbol{\alpha}=(\boldsymbol{\alpha}_1,\boldsymbol{\alpha}_2,\cdots,\boldsymbol{\alpha}_n)\begin{pmatrix} x_1\\ x_2\\ \vdots\\ x_n\end{pmatrix}=(\boldsymbol{\beta}_1,\boldsymbol{\beta}_2,\cdots,\boldsymbol{\beta}_n)\begin{pmatrix} y_1\\ y_2\\ \vdots\\ y_n\end{pmatrix}=(\boldsymbol{\beta}_1,\boldsymbol{\beta}_2,\cdots,\boldsymbol{\beta}_n)\boldsymbol{A}\begin{pmatrix} x_1\\ x_2\\ \vdots\\ x_n\end{pmatrix},$$

所以
$$A\begin{pmatrix}x_1\\x_2\\\vdots\\x_n\end{pmatrix}=\begin{pmatrix}y_1\\y_2\\\vdots\\y_n\end{pmatrix}\Rightarrow\begin{pmatrix}x_1\\x_2\\\vdots\\x_n\end{pmatrix}=A^{-1}\begin{pmatrix}y_1\\y_2\\\vdots\\y_n\end{pmatrix}.$$

将上述等式两边转置可得
$$(x_1,x_2,\cdots,x_n)=(y_1,y_2,\cdots,y_n)(A^{-1})^{\mathrm{T}}=(y_1,y_2,\cdots,y_n)(A^{\mathrm{T}})^{-1},$$
所以 $B=(A^{\mathrm{T}})^{-1}$.

5. 解:(1),(2)容易证明向量组 $\boldsymbol{\alpha}_1,\boldsymbol{\alpha}_2,\boldsymbol{\alpha}_3$ 线性无关,向量组 $\boldsymbol{\beta}_1,\boldsymbol{\beta}_2,\boldsymbol{\beta}_3$ 线性无关.因此,$\boldsymbol{\alpha}_1,\boldsymbol{\alpha}_2,\boldsymbol{\alpha}_3$ 是 W_1 的一组基,$\dim W_1=3$;$\boldsymbol{\beta}_1,\boldsymbol{\beta}_2,\boldsymbol{\beta}_3$ 是 W_2 的一组基,$\dim W_2=3$.

(3) 将 $\boldsymbol{\alpha}_1,\boldsymbol{\alpha}_2,\boldsymbol{\alpha}_3,\boldsymbol{\beta}_1,\boldsymbol{\beta}_2,\boldsymbol{\beta}_3$ 看成是列向量,由行初等变换不改变列向量组之间的线性关系,可得
$$A=\begin{pmatrix}1&2&1&1&1&1\\2&3&2&1&0&3\\1&1&2&1&1&0\\-2&0&-3&1&-1&-4\end{pmatrix}\to\begin{pmatrix}1&2&1&1&1&1\\0&-1&0&-1&-2&1\\0&-1&1&0&0&-1\\0&4&-1&3&1&-2\end{pmatrix}$$
$$\to\begin{pmatrix}1&0&1&-1&-3&3\\0&-1&0&-1&-2&1\\0&0&1&1&2&-2\\0&0&-1&-1&-7&2\end{pmatrix}\to\begin{pmatrix}1&0&0&-2&-5&5\\0&-1&0&-1&-2&1\\0&0&1&1&2&-2\\0&0&0&0&-5&0\end{pmatrix}$$
$$\to\begin{pmatrix}1&0&0&-2&-5&5\\0&1&0&1&2&-1\\0&0&1&1&2&-2\\0&0&0&0&5&0\end{pmatrix},$$
则 $\boldsymbol{\beta}_1=-2\boldsymbol{\alpha}_1+\boldsymbol{\alpha}_2+\boldsymbol{\alpha}_3,\boldsymbol{\beta}_3=5\boldsymbol{\alpha}_1-\boldsymbol{\alpha}_2-2\boldsymbol{\alpha}_3$,故 $\boldsymbol{\beta}_1,\boldsymbol{\beta}_3$ 是 $W_1\cap W_2$ 的一组基,$\dim(W_1\cap W_2)=2$.

因 $\boldsymbol{\alpha}_1,\boldsymbol{\alpha}_2,\boldsymbol{\alpha}_3,\boldsymbol{\beta}_2$ 线性无关,故 $\boldsymbol{\alpha}_1,\boldsymbol{\alpha}_2,\boldsymbol{\alpha}_3,\boldsymbol{\beta}_2$ 是 W_1+W_2 的一组基,因此 $\dim(W_1+W_2)=4$.

6. 解:因为 $x^2+2x+3=x^2+1+2(x+1)$,所以 x^2+2x+3 在基 $x^3,x^3+x,x^2+1,x+1$ 下的坐标为$(0,0,1,2)$.

7. 证明:(1) $\because 0\in V_2,\therefore V_2\neq\varphi$, $\forall\boldsymbol{\alpha}=\sum_{i=1}^{n}a_i\boldsymbol{\alpha}_i,\boldsymbol{\beta}=\sum_{i=1}^{n}b_i\boldsymbol{\alpha}_i\in V_2$,则 $\sum_{i=1}^{n}a_i=\sum_{i=1}^{n}b_i=0$. 于是,$\forall c,d\in P$,
$$c\boldsymbol{\alpha}+d\boldsymbol{\beta}=\sum_{i=1}^{n}(ca_i+db_i)\boldsymbol{\alpha}_i,$$
其中 $\sum_{i=1}^{n}(ca_i+db_i)=c\sum_{i=1}^{n}a_i+d\sum_{i=1}^{n}b_i=0$,所以 $c\boldsymbol{\alpha}+d\boldsymbol{\beta}\in V_2$.

因此 V_2 是 V 的子空间.

(2) $\forall\boldsymbol{\xi}\in V_1\cap V_2$,那么 $\boldsymbol{\xi}=a(\boldsymbol{\alpha}_1+\boldsymbol{\alpha}_2+\cdots+\boldsymbol{\alpha}_n)=\sum_{i=1}^{n}b_i\boldsymbol{\alpha}_i$,且 $\sum_{i=1}^{n}b_i=0$. 由坐标唯一性可知 $b_1=b_2=\cdots=b_n=a$,因此 $na=0$,则 $a=0\Rightarrow\boldsymbol{\xi}=\mathbf{0}$,故 $V_1\cap V_2=\{0\}$.

显然 $\dim V_1=1,\boldsymbol{\alpha}_2-\boldsymbol{\alpha}_1,\boldsymbol{\alpha}_3-\boldsymbol{\alpha}_1,\cdots,\boldsymbol{\alpha}_n-\boldsymbol{\alpha}_1\in V_2$. 令
$$x_2(\boldsymbol{\alpha}_2-\boldsymbol{\alpha}_1)+x_3(\boldsymbol{\alpha}_3-\boldsymbol{\alpha}_1)+\cdots+x_n(\boldsymbol{\alpha}_n-\boldsymbol{\alpha}_1)=\mathbf{0},$$

从而

$$x_2\boldsymbol{\alpha}_2+x_3\boldsymbol{\alpha}_3+\cdots+x_n\boldsymbol{\alpha}_n-(x_2+x_3+\cdots+x_n)\boldsymbol{\alpha}_1=\mathbf{0}.$$

因为 $\boldsymbol{\alpha}_1,\boldsymbol{\alpha}_2,\cdots,\boldsymbol{\alpha}_n$ 线性无关，所以 $x_2=x_3=\cdots=x_n=0$. 故 $\boldsymbol{\alpha}_2-\boldsymbol{\alpha}_1,\boldsymbol{\alpha}_3-\boldsymbol{\alpha}_1,\cdots,\boldsymbol{\alpha}_n-\boldsymbol{\alpha}_1$ 线性无关.

显然 $V_2\neq V,\dim V_2=n-1$. 故 $V=V_1\oplus V_2$.

(3) 因为 $\boldsymbol{A}$ 是置换矩阵，不妨设

$$\boldsymbol{A}\boldsymbol{\alpha}_1=\boldsymbol{\alpha}_{j_1},\quad \boldsymbol{A}\boldsymbol{\alpha}_2=\boldsymbol{\alpha}_{j_2},\quad \cdots,\quad \boldsymbol{A}\boldsymbol{\alpha}_n=\boldsymbol{\alpha}_{j_n},$$

其中 $j_1,j_2,\cdots,j_n$ 是 $1,2,\cdots,n$ 的一个排列. 因为

$$\boldsymbol{A}(\boldsymbol{\alpha}_1+\boldsymbol{\alpha}_2+\cdots+\boldsymbol{\alpha}_n)=\boldsymbol{\alpha}_{j_1}+\boldsymbol{\alpha}_{j_2}+\cdots+\boldsymbol{\alpha}_{j_n}=\boldsymbol{\alpha}_1+\boldsymbol{\alpha}_2+\cdots+\boldsymbol{\alpha}_n,$$

所以 V_1 是 $\boldsymbol{A}$ 的不变子空间.

$\forall\,\boldsymbol{\alpha}=\sum\limits_{i=1}^{n}k_i\boldsymbol{\alpha}_i\in V_2$，则 $\sum\limits_{i=1}^{n}k_i=0$. 故

$$\boldsymbol{A}\boldsymbol{\alpha}=\boldsymbol{A}\Big(\sum_{i=1}^{n}k_i\boldsymbol{\alpha}_i\Big)=\sum_{i=1}^{n}k_i\boldsymbol{A}(\boldsymbol{\alpha}_i)=\sum_{i=1}^{n}k_i\boldsymbol{\alpha}_{j_i},$$

且 $\sum\limits_{i=1}^{n}k_i=0$，因此 $\boldsymbol{A}(\boldsymbol{\alpha})\in V_2$. 故 V_2 是 $\boldsymbol{A}$ 的不变子空间.

8. 解：(1) 令 $a_1\cdot 1+a_2\cdot x+a_3\cdot\sin x=0$，其中 $a_1,a_2,a_3\in\mathbf{R}$，该式对所有实数 x 都成立，于是可取 $x=0,\pi,\frac{\pi}{2}$，有

$$\begin{cases}a_1=0,\\ a_2\pi=0,\\ a_2\cdot\dfrac{\pi}{2}+a_3=0,\end{cases}$$

解得 $a_1=a_2=a_3=0$. 所以 $1,x,\sin x$ 线性无关，因此 $1,x,\sin x$ 是 V_1 的一组基，且 $\dim V_1=3$.

(2) 令 $a_1\cos2x+a_2\cos^2x=0,a_1,a_2\in\mathbf{R}$，该式对所有实数 x 都成立，可取 $x=0,\frac{\pi}{2}$，有

$$\begin{cases}a_1+a_2=0,\\ \quad -a_1=0,\end{cases}$$

可解得 $a_1=a_2=0$，故 $\cos2x,\cos^2x$ 线性无关，所以 $\cos2x,\cos^2x$ 是 V_2 的一组基，且 $\dim V_2=2$.

(3) 因为 $\cos2x=2\cos^2x-1$，所以

$$V_1+V_2=L(1,x,\sin x)+L(\cos2x,\cos^2x)=L(1,x,\sin x,\cos^2x).$$

令

$$a_1\cdot 1+a_2\cdot x+a_3\cdot\sin x+a_4\cdot\cos^2x=0,$$

取 $x=0,\frac{\pi}{6},\frac{\pi}{2},\pi$，用以上类似的方法可以证明 $1,x,\sin x,\cos^2x$ 是 V_1+V_2 的一组基，从而 $\dim V_1+V_2=4$.

(4) 因为 $\dim(V_1\cap V_2)=\dim V_1+\dim V_2-\dim(V_1+V_2)=1$，又 $1\in V_1,1=2\cos^2x-1\in V_2$，故 1 是 $V_1\cap V_2$ 的基.

9. 证明：因 $\mathbf{0}\in U,U\neq\varnothing$，循环矩阵由第 1 行元素唯一确定. 不妨设 $\boldsymbol{A}=\boldsymbol{C}(a_1,a_2,\cdots,a_n)$.

令 $\boldsymbol{B}=\boldsymbol{C}(b_1,b_2,\cdots,b_n)$，则

$$\boldsymbol{A}+\boldsymbol{B}=\boldsymbol{C}(a_1+b_1,a_2+b_2,\cdots,a_n+b_n)\in U,$$

$\forall a\in K, a\boldsymbol{A}=\boldsymbol{C}(aa_1,aa_2,\cdots,aa_n)\in U$,故 U 是 $M_n(K)$ 的一个子空间.

取 $\boldsymbol{S}=\begin{pmatrix}\boldsymbol{O} & \boldsymbol{E}_{n-1}\\ 1 & \boldsymbol{O}\end{pmatrix}$,则 $\boldsymbol{S}^k=\begin{pmatrix}\boldsymbol{O} & \boldsymbol{E}_{n-k}\\ \boldsymbol{E}_k & \boldsymbol{O}\end{pmatrix}$,其中 $k=1,2,\cdots,n-1$.

$$\boldsymbol{A}=\begin{pmatrix}a_1 & a_2 & a_3 & \cdots & a_n\\ a_n & a_1 & a_2 & \ddots & \vdots\\ \vdots & \ddots & \ddots & \ddots & a_3\\ a_3 & \ddots & \ddots & \ddots & a_2\\ a_2 & a_3 & \cdots & a_n & a_1\end{pmatrix}=a_1\boldsymbol{E}_n+a_2\boldsymbol{S}+a_3\boldsymbol{S}^2+\cdots+a_n\boldsymbol{S}^{n-1},$$

则 $\forall \boldsymbol{A}\in U$,$\boldsymbol{A}$ 可由 $\boldsymbol{E}_n,\boldsymbol{S},\boldsymbol{S}^2,\cdots,\boldsymbol{S}^{n-1}$ 线性表出. 令

$$a_1\boldsymbol{E}_n+a_2\boldsymbol{S}+a_3\boldsymbol{S}^2+\cdots+a_n\boldsymbol{S}^{n-1}=\boldsymbol{O},$$

即 $\boldsymbol{A}=\boldsymbol{O}$,则 $a_1=a_2=\cdots=a_n=0$,所以 $\boldsymbol{E}_n,\boldsymbol{S},\cdots,\boldsymbol{S}^{n-1}$ 线性无关,故 $\boldsymbol{E}_n,\boldsymbol{S},\cdots,\boldsymbol{S}^{n-1}$ 是 U 的一个基,且 $\dim U=n$.

10. 解:(1) 由题设知,存在正交线性替换 $\boldsymbol{X}=\boldsymbol{QY}$(其中 $\boldsymbol{Q}$ 为 4 阶正交矩阵),使得

$$f(\boldsymbol{X})=\boldsymbol{X}^{\mathrm{T}}\boldsymbol{AX}=\boldsymbol{Y}^{\mathrm{T}}(\boldsymbol{Q}^{\mathrm{T}}\boldsymbol{AQ})\boldsymbol{Y}=\boldsymbol{Y}^{\mathrm{T}}\begin{pmatrix}1 & & & \\ & 1 & & \\ & & -1 & \\ & & & 0\end{pmatrix}\boldsymbol{Y}.$$

取 $\boldsymbol{Y}_1^{\mathrm{T}}=(0,1,1,0)$,$\boldsymbol{Y}_2^{\mathrm{T}}=(0,0,0,1)$,设 $\boldsymbol{X}_1^{\mathrm{T}}=\boldsymbol{QY}_1$,$\boldsymbol{X}_2^{\mathrm{T}}=\boldsymbol{QY}_2$,则

$$f(\boldsymbol{X}_1)=f(\boldsymbol{X}_2)=0,\quad \boldsymbol{X}_1,\boldsymbol{X}_2\in W_2.$$

令 $L(\boldsymbol{X}_1,\boldsymbol{X}_2)=W_2$,显然 $k\boldsymbol{X}\in W_2$,$\forall k\in\mathbf{R}$,$\boldsymbol{X}\in W_2$,则

$$\begin{aligned}f(\boldsymbol{X}_1+\boldsymbol{X}_2)&=(\boldsymbol{X}_1+\boldsymbol{X}_2)^{\mathrm{T}}\boldsymbol{A}(\boldsymbol{X}_1+\boldsymbol{X}_2)=\boldsymbol{X}_1^{\mathrm{T}}\boldsymbol{AX}_1+\boldsymbol{X}_1^{\mathrm{T}}\boldsymbol{AX}_2+\boldsymbol{X}_2^{\mathrm{T}}\boldsymbol{AX}_1+\boldsymbol{X}_2^{\mathrm{T}}\boldsymbol{AX}_2\\ &=\boldsymbol{X}_2^{\mathrm{T}}\boldsymbol{AX}_1+\boldsymbol{X}_1^{\mathrm{T}}\boldsymbol{AX}_2=\boldsymbol{Y}_2^{\mathrm{T}}(\boldsymbol{Q}^{\mathrm{T}}\boldsymbol{AQ})\boldsymbol{Y}_1+\boldsymbol{Y}_1^{\mathrm{T}}(\boldsymbol{Q}^{\mathrm{T}}\boldsymbol{AQ})\boldsymbol{Y}_2\\ &=(0,0,0,1)\begin{pmatrix}1 & & & \\ & 1 & & \\ & & -1 & \\ & & & 0\end{pmatrix}\begin{pmatrix}0\\1\\1\\0\end{pmatrix}+(0,1,1,0)\begin{pmatrix}1 & & & \\ & 1 & & \\ & & -1 & \\ & & & 0\end{pmatrix}\begin{pmatrix}0\\0\\0\\1\end{pmatrix}\\ &=0.\end{aligned}$$

容易证明 $\boldsymbol{X}_1,\boldsymbol{X}_2$ 线性无关,故 $\dim W_2=2$.

(2) 取 $\boldsymbol{Y}_1^{\mathrm{T}}=(0,1,1,0)$,$\boldsymbol{Y}_2^{\mathrm{T}}=(1,0,1,0)$,则 $\boldsymbol{X}_1=\boldsymbol{QY}_1$,$\boldsymbol{X}_2=\boldsymbol{QY}_2$. 显然 $\boldsymbol{X}_1,\boldsymbol{X}_2\in W$,

$$\begin{aligned}f(\boldsymbol{X}_1+\boldsymbol{X}_2)&=(\boldsymbol{X}_1+\boldsymbol{X}_2)^{\mathrm{T}}\boldsymbol{A}(\boldsymbol{X}_1+\boldsymbol{X}_2)=(\boldsymbol{Y}_1+\boldsymbol{Y}_2)^{\mathrm{T}}\boldsymbol{Q}^{\mathrm{T}}\boldsymbol{AQ}(\boldsymbol{Y}_1+\boldsymbol{Y}_2)\\ &=(1,1,2,0)\begin{pmatrix}1 & & & \\ & 1 & & \\ & & -1 & \\ & & & 0\end{pmatrix}\begin{pmatrix}1\\1\\2\\0\end{pmatrix}=-2\neq 0,\end{aligned}$$

故 W 不是 $\mathbf{R}^4$ 的子空间.

(3) 因为

$$g(\boldsymbol{X})=\boldsymbol{X}^{\mathrm{T}}\boldsymbol{A}^2\boldsymbol{X}=\boldsymbol{Y}^{\mathrm{T}}(\boldsymbol{Q}^{\mathrm{T}}\boldsymbol{AQ}\cdot\boldsymbol{Q}^{\mathrm{T}}\boldsymbol{AQ})\boldsymbol{Y}=\boldsymbol{Y}^{\mathrm{T}}\begin{pmatrix}1 & & & \\ & 1 & & \\ & & 1 & \\ & & & 0\end{pmatrix}\boldsymbol{Y},$$

所以 $\boldsymbol{X}\in V\Leftrightarrow g(\boldsymbol{X})=0\Leftrightarrow \boldsymbol{Y}^{\mathrm{T}}=(0,0,0,a),a\in\mathbf{R},\boldsymbol{X}=\boldsymbol{QY}$. 因此，

$$V=\left\{Y\mid Y=\begin{pmatrix}0\\ \vdots\\ 0\\ a\end{pmatrix},a\in\mathbf{R}\right\}=L(\boldsymbol{e}_n),\quad \boldsymbol{e}_n=\begin{pmatrix}0\\ \vdots\\ 0\\ 1\end{pmatrix}.$$

显然，$V=L(\boldsymbol{e}_n)$是 $\mathbf{R}^4$ 的子空间，且 $\dim V=1$.

11. 证明：$\forall\boldsymbol{\beta}\in V,\boldsymbol{\beta}=a_1\boldsymbol{\alpha}_1+\cdots+a_r\boldsymbol{\alpha}_r+a_{r+1}\boldsymbol{\alpha}_{r+1}+\cdots+a_n\boldsymbol{\alpha}_n$. 令

$$V_1=L(\boldsymbol{\alpha}_1,\cdots,\boldsymbol{\alpha}_r),\quad V_2=L(\boldsymbol{\alpha}_{r+1},\cdots,\boldsymbol{\alpha}_n),$$

那么 $V=V_1+V_2$. $\forall\boldsymbol{\xi}\in V_1\cap V_2$，则

$$\boldsymbol{\xi}=b_1\boldsymbol{\alpha}_1+\cdots+b_r\boldsymbol{\alpha}_r=d_{r+1}\boldsymbol{\alpha}_{r+1}+\cdots+d_n\boldsymbol{\alpha}_n,$$

故 $b_1\boldsymbol{\alpha}_1+\cdots+b_r\boldsymbol{\alpha}_r-d_{r+1}\boldsymbol{\alpha}_{r+1}+\cdots+d_n\boldsymbol{\alpha}_n=\mathbf{0}$.

由于 $\boldsymbol{\alpha}_1,\boldsymbol{\alpha}_2,\cdots,\boldsymbol{\alpha}_n$ 线性无关，则

$$b_1=\cdots=b_r=d_{r+1}=\cdots=d_n=0.$$

因此 $\boldsymbol{\xi}=\mathbf{0},V_1\cap V_2=\{0\}$. 故 $V=V_1\oplus V_2$.

12. 证明：充分性显然成立. 下面证明必要性.

(反证法)假设 $V_1\not\subset V_2$ 且 $V_2\not\subset V_1$，那么存在 $\boldsymbol{\alpha}_1\in V_1,\boldsymbol{\alpha}_1\notin V_2,\boldsymbol{\alpha}_2\in V_2,\boldsymbol{\alpha}_2\notin V_1,\boldsymbol{\alpha}_1,\boldsymbol{\alpha}_2\in V_1\cup V_2$. 因为 $V_1\cup V_2$ 是 V 的子空间，所以

$$\boldsymbol{\alpha}_1+\boldsymbol{\alpha}_2\in V_1\cup V_2,$$

故 $\boldsymbol{\alpha}_1+\boldsymbol{\alpha}_2\in V_1$ 或者 $\boldsymbol{\alpha}_1+\boldsymbol{\alpha}_2\in V_2$.

如果 $\boldsymbol{\alpha}_1+\boldsymbol{\alpha}_2\in V_1$，而 $\boldsymbol{\alpha}_1\in V_1$，由 V_1 是 V 的子空间，那么 $\boldsymbol{\alpha}_2\in V_1$，矛盾.

如果 $\boldsymbol{\alpha}_1+\boldsymbol{\alpha}_2\in V_2$，同样可以推出矛盾，因此 $V_1\subseteq V_2$ 或者 $V_2\subseteq V_1$.

13. 证明：$\forall\boldsymbol{\xi}\in V_1\cap V_2$，那么 $\mathbf{A}_1\boldsymbol{\xi}=\mathbf{0}$ 且 $\mathbf{A}_2\boldsymbol{\xi}=\mathbf{0}$，故 $\begin{pmatrix}\mathbf{A}_1\\ \mathbf{A}_2\end{pmatrix}\boldsymbol{\xi}=\mathbf{0}$.

因为 $\mathbf{A}$ 可逆，所以 $\boldsymbol{\xi}=\mathbf{0}\Rightarrow V_1\cap V_2=\{0\}$.

设 $R(\mathbf{A}_1)=r$，则 $R(\mathbf{A}_2)=n-r$. 于是 $\dim V_1=n-r,\dim V_2=r$，因此

$$P^n=V_1\oplus V_2.$$

14. 证明：设 $\dim V=n,\ker\sigma=U=L(\boldsymbol{\alpha}_1,\boldsymbol{\alpha}_2,\cdots,\boldsymbol{\alpha}_r),\dim U=r$，将 $\boldsymbol{\alpha}_1,\boldsymbol{\alpha}_2,\cdots,\boldsymbol{\alpha}_r$ 扩充成 V 的一组基：$\boldsymbol{\alpha}_1,\cdots,\boldsymbol{\alpha}_r,\boldsymbol{\alpha}_{r+1},\cdots,\boldsymbol{\alpha}_n$. 令 $W=L(\boldsymbol{\alpha}_{r+1},\cdots,\boldsymbol{\alpha}_n)$，则 $V=U\oplus W$.

令 $M=L(\sigma(\boldsymbol{\alpha}_{t+1}),\cdots,\sigma(\boldsymbol{\alpha}_n))$. 下面证 $\sigma(\boldsymbol{\alpha}_{t+1}),\cdots,\sigma(\boldsymbol{\alpha}_n)$线性无关. 令

$$x_{r+1}\sigma(\boldsymbol{\alpha}_{r+1})+\cdots+x_n\sigma(\boldsymbol{\alpha}_n)=\mathbf{0},$$

则 $\sigma(x_{r+1}\boldsymbol{\alpha}_{r+1}+\cdots+x_n\boldsymbol{\alpha}_n)=\mathbf{0}\Rightarrow x_{r+1}\boldsymbol{\alpha}_{r+1}+\cdots+x_n\boldsymbol{\alpha}_n\in\ker\sigma$，故

$$x_{r+1}\boldsymbol{\alpha}_{r+1}+\cdots+x_n\boldsymbol{\alpha}_n=x_1\boldsymbol{\alpha}_1+\cdots+x_r\boldsymbol{\alpha}_r,$$

从而 $x_1\boldsymbol{\alpha}_1+\cdots+x_t\boldsymbol{\alpha}_t-x_{t+1}\boldsymbol{\alpha}_{t+1}-\cdots-x_n\boldsymbol{\alpha}_n=\mathbf{0}$.

而 $\boldsymbol{\alpha}_1,\cdots,\boldsymbol{\alpha}_r,\boldsymbol{\alpha}_{r+1},\cdots,\boldsymbol{\alpha}_n$ 线性无关，因此，$x_1=x_2=\cdots=x_n=0$，即 $\sigma(\boldsymbol{\alpha}_{t+1}),\cdots,\sigma(\boldsymbol{\alpha}_n)$线性无关，于是

$$\dim W=\dim M=n-r,\quad M=\sigma(W).$$

所以 $\sigma|_W$ 是 W 到 M 的双射，又 σ 是 V 到 V'的线性映射，故

$$W\cong M.$$

因 M 是 V'的子空间，显然存在 V'的子空间 N，使 $V'=M\oplus N$.

15. 证明：(1) 因为 $\mathbf{A}\in F(\mathbf{A})$，所以 $F(\mathbf{A})\neq\varnothing,\forall f(x),g(x)\in P[x]$.

设 $f(x)=\sum_{i=0}^{n}a_ix^i, g(x)=\sum_{i=0}^{m}b_ix^i$. 不失一般性，假设 $n\geqslant m$，取 $b_{m+1}=\cdots=b_n=0$，则

$$h(x)=f(x)+g(x)=\sum_{i=0}^{n}(a_i+b_i)x^i.$$

$\forall f(\boldsymbol{A}),g(\boldsymbol{A})\in F(\boldsymbol{A})$，则 $h(\boldsymbol{A})=f(\boldsymbol{A})+g(\boldsymbol{A})\in F(\boldsymbol{A})$. $\forall k\in P$，显然 $kf(\boldsymbol{A})\in F(\boldsymbol{A})$，所以 $F(\boldsymbol{A})$ 是 $P^{n\times n}$ 的一个子空间.

(2)、(3) 设 $\boldsymbol{A}$ 的最小多项式次数为 s，$m(x)=x^s+\cdots+a_1x+a_0$ 是 $\boldsymbol{A}$ 的最小多项式. $\forall f(x)\in P[x]$，由带余除法知，

$$f(x)=m(x)q(x)+r(x),\quad r(x)=0 \quad 或 \quad \partial(r(x)<\partial(m(x)),$$

则
$$f(\boldsymbol{A})=m(\boldsymbol{A})q(\boldsymbol{A})+R(\boldsymbol{A})=b_{s-1}\boldsymbol{A}^{s-1}+\cdots+b_1\boldsymbol{A}+b\boldsymbol{E}=R(\boldsymbol{A}).$$

令
$$x_0\boldsymbol{E}+x_1\boldsymbol{A}+\cdots+x_{s-1}\boldsymbol{A}^{s-1}=\boldsymbol{0},$$

则 $x_0=x_1=\cdots=x_{s-1}=0$. 否则，与 $m(x)$ 是 $\boldsymbol{A}$ 的最小多项式矛盾. 因此，$\boldsymbol{E},\boldsymbol{A},\cdots,\boldsymbol{A}^{s-1}$ 是 $F(\boldsymbol{A})$ 的一组基，且 $\dim F(\boldsymbol{A})=s$.

16. 证明：因为 $\boldsymbol{A}=f(M)$，$\boldsymbol{B}=g(M)$，所以 $\boldsymbol{AB}=\boldsymbol{BA}$. 显然可知 W_1,W_2 是 W 的子空间，故 W_1+W_2 也是 W 的子空间.

设 $\dim W_1=s,\dim W_2=t$，则 $R(\boldsymbol{A})=n-s,R(\boldsymbol{B})=n-t$.

因为 $(f(x),g(x))=1$，所以存在 $u(x),v(x)\in P[x]$，使得 $f(x)u(x)+g(x)v(x)=1$，从而

$$f(M)u(M)+g(M)v(M)=\boldsymbol{E}. \tag{1}$$

任取 $\boldsymbol{\xi}\in W_1\cap W_2$，则 $\boldsymbol{A\xi}=\boldsymbol{0},\boldsymbol{B\xi}=\boldsymbol{0}$. 用 $\boldsymbol{\xi}$ 右乘式(1)两边可得

$$f(M)u(M)\boldsymbol{\xi}+g(M)v(M)\boldsymbol{\xi}=\boldsymbol{E\xi}=\boldsymbol{0},$$

所以 $\boldsymbol{\xi}=\boldsymbol{0}$. 于是 $W_1\cap W_2=\{0\}$，故 W_1+W_2 是直和，因此

$$\dim(W_1+W_2)=\dim W_1+\dim W_2=s+t.$$

由 Frobenius 范数不等式知

$$R(\boldsymbol{AB})\geqslant R(\boldsymbol{A})+R(\boldsymbol{B})-n=n-(s+t),$$

从而 $\dim W\leqslant s+t$. 而 W_1+W_2 是 W 的 $s+t$ 维子空间，因此 $W=W_1\oplus W_2$.

17. 证明：由条件可知，存在数域 P 上的数使得

$$\boldsymbol{\beta}_1=a_1\boldsymbol{\alpha}_1+a_2\boldsymbol{\alpha}_2+a_3\boldsymbol{\alpha}_3+a_4\boldsymbol{\alpha}_4, \tag{1}$$

$$\boldsymbol{\beta}_2=b_1\boldsymbol{\alpha}_1+b_2\boldsymbol{\alpha}_2+b_3\boldsymbol{\alpha}_3+b_4\boldsymbol{\alpha}_4. \tag{2}$$

由于 $\boldsymbol{\beta}_1,\boldsymbol{\beta}_2$ 线性无关，一定存在 $i\neq j,a_i\neq0,b_j\neq0$，使上述两式成立. 不妨设 $a_1\neq0,b_2\neq0$，从而

$$\boldsymbol{\alpha}_1=\frac{1}{a_1}(\boldsymbol{\beta}_1-a_2\boldsymbol{\alpha}_2-a_3\boldsymbol{\alpha}_3-a_4\boldsymbol{\alpha}_4), \tag{3}$$

$$\boldsymbol{\alpha}_2=\frac{1}{b_2}(\boldsymbol{\beta}_2-b_1\boldsymbol{\alpha}_1-b_3\boldsymbol{\alpha}_3-b_4\boldsymbol{\alpha}_4). \tag{4}$$

将式(3)代入式(4)，则 $\boldsymbol{\alpha}_2$ 可由 $\boldsymbol{\beta}_1,\boldsymbol{\beta}_2,\boldsymbol{\alpha}_3,\boldsymbol{\alpha}_4$ 线性表示. 同理可知，$\boldsymbol{\alpha}_1$ 可由 $\boldsymbol{\beta}_1,\boldsymbol{\beta}_2,\boldsymbol{\alpha}_3,\boldsymbol{\alpha}_4$ 线性表示. 综上所述，$\boldsymbol{\alpha}_1,\boldsymbol{\alpha}_2,\boldsymbol{\alpha}_3,\boldsymbol{\alpha}_4$ 与 $\boldsymbol{\beta}_1,\boldsymbol{\beta}_2,\boldsymbol{\alpha}_3,\boldsymbol{\alpha}_4$ 相互线性表出，即两向量组等价，因此

$$W=L(\boldsymbol{\beta}_1,\boldsymbol{\beta}_2,\boldsymbol{\alpha}_3,\boldsymbol{\alpha}_4).$$

18. 证明：任取 $\boldsymbol{\xi}\in V_1\cap V_2$，且 $\boldsymbol{\xi}^{\mathrm{T}}=(x_1,x_2,\cdots,x_n)$，则

$$x_1+x_2+\cdots+x_n=0, \quad 且\ x_1=x_2=\cdots=x_n,$$

于是 $x_1=x_2=\cdots=x_n=0,\boldsymbol{\xi}=\boldsymbol{0}\Rightarrow V_1\cap V_2=\{0\}$.

因为齐次线性方程组 $x_1+x_2+\cdots+x_n=0$ 系数矩阵的秩为 1，所以 $\dim V_1=n-1$.

又因齐次线性方程组 $x_1=x_2=\cdots=x_n$ 系数矩阵的秩为 $n-1$，故 $\dim V_2=1$，因此

$$\mathbf{R}^n=V_1\oplus V_2.$$

19. 证明：(1) 因为 $x-1\in W$，所以 $W\neq\varnothing$. $\forall f(x),g(x)\in W$，则 $f(1)=g(1)=0$. 于是，$\forall a,b\in\mathbf{R}$，

$$af(1)+bg(1)=0,$$

从而 $af(x)+bg(x)\in W$，因此 W 是 $R[x]_n$ 的子空间.

(2) $\forall f(x)\in W$，设 $f(x)=a_0+a_1x+\cdots+a_{n-1}x^{n-1}$，因为 $f(1)=0$，所以

$$a_0=-a_1-a_2-\cdots-a_{n-1},$$

从而 $f(x)=a_1(x-1)+a_2(x^2-1)+\cdots+a_{n-1}(x^n-1)$.

令
$$c_1(x-1)+c_2(x^2-1)+\cdots+c_{n-1}(x^{n-1}-1)=0,$$
则
$$-(c_1+c_2+\cdots+c_{n-1})+c_1x+c_2x^2+\cdots+c_{n-1}x^{n-1}=0,$$
故 $c_1=c_2=\cdots=c_{n-1}=0$. 因此 $x-1,x^2-1,\cdots,x^{n-1}-1$ 线性无关，所以 $x-1,x^2-1,\cdots,x^{n-1}-1$ 是 W 的一组基，且 $\dim W=n-1$.

20. 证明：设 $c_1f_1(x)+c_2f_2(x)+\cdots+c_nf_n(x)=0$. 取 $x=a_i(i=1,2,\cdots,n)$，则

$$c_i(a_i-a_1)\cdots(a_i-a_{i-1})(a_i-a_{i+1})\cdots(a_i-a_n)=0,$$

因为 $a_1,a_2,\cdots,a_n\in F$ 两两互异，故 $c_i=0(i=1,2,\cdots,n)$.

因此，$f_1(x),f_2(x),\cdots,f_n(x)$ 线性无关，又因为 $\dim(F[x]_n)=n$，故 $f_1(x),f_2(x),\cdots,f_n$ 是 $F[x]_n$ 的一个基.

21. 证明：**必要性.**

因为 $\boldsymbol{A}^2=\boldsymbol{A}$，所以对下列分块矩阵进行初等变换可得

$$\begin{pmatrix}\boldsymbol{A}-\boldsymbol{E} & \boldsymbol{O}\\ \boldsymbol{O} & \boldsymbol{A}\end{pmatrix}\to\begin{pmatrix}\boldsymbol{A}-\boldsymbol{E} & \boldsymbol{O}\\ \boldsymbol{E}-\boldsymbol{A} & \boldsymbol{A}\end{pmatrix}\to\begin{pmatrix}\boldsymbol{A}-\boldsymbol{E} & \boldsymbol{O}\\ \boldsymbol{E}-\boldsymbol{A}+\boldsymbol{A}^2 & \boldsymbol{A}\end{pmatrix}=\begin{pmatrix}\boldsymbol{A}-\boldsymbol{E} & \boldsymbol{O}\\ \boldsymbol{E} & \boldsymbol{A}\end{pmatrix}\to\begin{pmatrix}\boldsymbol{O} & \boldsymbol{O}\\ \boldsymbol{E} & \boldsymbol{O}\end{pmatrix}.$$

因初等变换不改变矩阵的秩，故 $R(\boldsymbol{A})+R(\boldsymbol{A}-\boldsymbol{E})=n$. 设 $R(\boldsymbol{A})=r$，则 $R(\boldsymbol{A}-\boldsymbol{E})=n-r$，且

$$\dim V_1=n-r,\quad \dim V_2=r,\quad \dim V_1+\dim V_2=n.$$

任取 $\boldsymbol{\xi}\in V_1\cap V_2$，则 $\boldsymbol{A\xi}=\boldsymbol{0}$，$(\boldsymbol{A}-\boldsymbol{E})\boldsymbol{\xi}=\boldsymbol{0}\Rightarrow\boldsymbol{\xi}=\boldsymbol{A\xi}=\boldsymbol{0}$，因此 $V_1\cap V_2=\{0\}$，故

$$F^n=V_1\oplus V_2.$$

充分性.

如果 $F^n=V_1\oplus V_2$，设 $\boldsymbol{\alpha}_1,\cdots,\boldsymbol{\alpha}_r$ 与 $\boldsymbol{\beta}_{r+1},\cdots,\boldsymbol{\beta}_n$ 分别是 V_1,V_2 的一组基，则

$$\boldsymbol{A\alpha}_i=\boldsymbol{0}(i=1,\cdots,r),\quad (\boldsymbol{A}-\boldsymbol{E})\boldsymbol{\beta}_j=\boldsymbol{0}(j=r+1,\cdots,n).$$

取 $\boldsymbol{T}=(\boldsymbol{\alpha}_1,\cdots,\boldsymbol{\alpha}_r,\boldsymbol{\beta}_{r+1},\cdots,\boldsymbol{\beta}_n)$，则

$$\boldsymbol{T}^{-1}\boldsymbol{AT}=\begin{pmatrix}\boldsymbol{O} & \boldsymbol{O}\\ \boldsymbol{O} & \boldsymbol{E}_{n-r}\end{pmatrix}\Rightarrow\boldsymbol{T}^{-1}\boldsymbol{A}^2\boldsymbol{T}=\begin{pmatrix}\boldsymbol{O} & \boldsymbol{O}\\ \boldsymbol{O} & \boldsymbol{E}_{n-r}\end{pmatrix}.$$

因此，$\boldsymbol{A}^2=\boldsymbol{A}$.

22. 证明：因为 $\dim P^{2\times 2}=4$，显然 $\boldsymbol{E}_{11},\boldsymbol{E}_{12},\boldsymbol{E}_{21},\boldsymbol{E}_{22}$ 是它的一组基，由题设条件可得

$$(\boldsymbol{A}_1,\boldsymbol{A}_2,\boldsymbol{A}_3,\boldsymbol{A}_4)=(\boldsymbol{E}_{11},\boldsymbol{E}_{12},\boldsymbol{E}_{21},\boldsymbol{E}_{22})\begin{pmatrix}1 & 1 & 1 & 1\\ a_1 & a_2 & a_3 & a_4\\ a_1^2 & a_2^2 & a_3^2 & a_4^2\\ a_1^4 & a_2^4 & a_3^4 & a_4^4\end{pmatrix},$$

设
$$A=\begin{pmatrix}1&1&1&1\\a_1&a_2&a_3&a_4\\a_1^2&a_2^2&a_3^2&a_4^2\\a_1^4&a_2^4&a_3^4&a_4^4\end{pmatrix},\quad D=\begin{vmatrix}1&1&1&1\\a_1&a_2&a_3&a_4\\a_1^2&a_2^2&a_3^2&a_4^2\\a_1^4&a_2^4&a_3^4&a_4^4\end{vmatrix},$$

作五阶范德蒙行列式

$$d=\begin{vmatrix}1&1&1&1&1\\a_1&a_2&a_3&a_4&a_5\\a_1^2&a_2^2&a_3^2&a_4^2&a_5^2\\a_1^3&a_2^3&a_3^3&a_4^3&a_5^3\\a_1^4&a_2^4&a_3^4&a_4^4&a_5^4\end{vmatrix},$$

则

$$d=\prod_{1\leqslant j<i\leqslant 5}(a_i-a_j)=(a_5-a_1)(a_5-a_2)(a_5-a_3)(a_5-a_4)\prod_{1\leqslant j<i\leqslant 4}(a_i-a_j).$$

而 D 是 d 中的 M_{45} 为

$$M_{45}=-A_{45}=-a_5^3\text{ 的系数}=-(a_1+a_2+a_3+a_4)\prod_{1\leqslant j<i\leqslant 4}(a_i-a_j).$$

因为 a_1,a_2,a_3,a_4 两两互异，且 $a_1+a_2+a_3+a_4\neq 0$，所以

$$D=|A|\neq 0.$$

因此，A_1,A_2,A_3,A_4 是 $P^{2\times 2}$ 的一组基.

23. 解：因为 $A=\begin{pmatrix}0&0&1\\0&0&1\\0&2&1\end{pmatrix}+E_3=A_1+E_3$，所以可得 $AB=BA\Leftrightarrow A_1B=BA_1$.

设 $B=\begin{pmatrix}a_1&a_2&a_3\\b_1&b_2&b_3\\c_1&c_2&c_3\end{pmatrix}$，则

$$A_1B=\begin{pmatrix}0&0&1\\0&0&1\\0&2&1\end{pmatrix}\begin{pmatrix}a_1&a_2&a_3\\b_1&b_2&b_3\\c_1&c_2&c_3\end{pmatrix}=\begin{pmatrix}c_1&c_2&c_3\\c_1&c_2&c_3\\2b_1+c_1&2b_2+c_2&2b_3+c_3\end{pmatrix},$$

$$BA_1=\begin{pmatrix}a_1&a_2&a_3\\b_1&b_2&b_3\\c_1&c_2&c_3\end{pmatrix}\begin{pmatrix}0&0&1\\0&0&1\\0&2&1\end{pmatrix}=\begin{pmatrix}0&2a_3&a_1+a_2+a_3\\0&2b_3&b_1+b_2+b_3\\0&2c_3&c_1+c_2+c_3\end{pmatrix},$$

比较可得

$$\begin{cases}c_1=0,\\2b_1+c_1=0,\\c_2=2a_3=2b_3,\\2b_2+c_2=2c_3,\\c_3=a_1+a_2+a_3=b_1+b_2+b_3,\\2b_3+c_3=c_1+c_2+c_3,\end{cases}$$

解上述方程组可得

$$\begin{cases} b_1=c_1=0, \\ a_1=-a_2-\dfrac{1}{2}c_2+c_3, \\ a_3=b_3=\dfrac{1}{2}c_2, \\ b_2=-\dfrac{1}{2}c_2+c_3. \end{cases}$$

分别取 (a_2,c_2,c_3) 为 $(1,0,0),(0,2,0),(0,0,1)$，可得

$$\boldsymbol{B}_1=\begin{pmatrix} -1 & 1 & 0 \\ 0 & 0 & 0 \\ 0 & 0 & 0 \end{pmatrix}, \quad \boldsymbol{B}_2=\begin{pmatrix} -1 & 0 & 1 \\ 0 & -1 & 1 \\ 0 & 2 & 0 \end{pmatrix}, \quad \boldsymbol{B}_3=\begin{pmatrix} 1 & 0 & 0 \\ 0 & 1 & 0 \\ 0 & 0 & 1 \end{pmatrix}.$$

显然，$\boldsymbol{B}_1,\boldsymbol{B}_2,\boldsymbol{B}_3$ 线性无关. 因此，与 $\boldsymbol{A}$ 可交换的矩阵 $\boldsymbol{B}$ 组成的子空间 W 的维数为 3，$\boldsymbol{B}_1,\boldsymbol{B}_2,\boldsymbol{B}_3$ 是 W 的一组基.

24. 解：(1)

$$\det\boldsymbol{A}=\begin{vmatrix} 1 & a & a & \cdots & a \\ a & 1 & a & \cdots & a \\ a & a & 1 & \cdots & a \\ \vdots & \vdots & \vdots & & \vdots \\ a & a & a & \cdots & 1 \end{vmatrix}=((n-1)a+1)\begin{vmatrix} 1 & 1 & 1 & \cdots & 1 \\ a & 1 & a & \cdots & a \\ a & a & 1 & \cdots & a \\ \vdots & \vdots & \vdots & & \vdots \\ a & a & a & \cdots & 1 \end{vmatrix}$$

$$=((n-1)a+1)\begin{vmatrix} 1 & 1 & 1 & \cdots & 1 \\ 0 & 1-a & 0 & \cdots & 0 \\ 0 & 0 & 1-a & \cdots & 0 \\ \vdots & \vdots & \vdots & & \vdots \\ 0 & 0 & 0 & \cdots & 1-a \end{vmatrix}$$

$$=((n-1)a+1)(1-a)^{n-1}.$$

(2) 当 $a\neq 1$ 且 $a\neq\dfrac{1}{1-n}$ 时，$W=\{0\}$.

当 $a=1$ 时，方程组为 $x_1+x_2+\cdots+x_n=0$，显然方程组有 $n-1$ 个自由未知量，又

$$\boldsymbol{\alpha}_1=(1,-1,0,\cdots,0)^{\mathrm{T}}, \quad \boldsymbol{\alpha}_2=(1,0,-1,\cdots,0)^{\mathrm{T}}, \quad \cdots, \quad \boldsymbol{\alpha}_{n-1}=(1,0,\cdots,0,-1)^{\mathrm{T}}$$

是方程组的 $n-1$ 个线性无关的解向量. 所以，$\boldsymbol{\alpha}_1,\boldsymbol{\alpha}_2,\cdots,\boldsymbol{\alpha}_{n-1}$ 是 W 的一组基，且 $\dim W=n-1$.

当 $a=\dfrac{1}{1-n}$ 时，A 的左下角的 $n-1$ 阶子式不为 0，则 $\dim W=1$.

将矩阵的第 1 行至第 $n-1$ 行加到第 n 行，则可得

$$\boldsymbol{A}=\begin{pmatrix} 1 & a & a & \cdots & a & a \\ a & 1 & a & \cdots & a & a \\ a & a & 1 & \cdots & a & a \\ \vdots & \vdots & \vdots & & \vdots & \vdots \\ a & a & a & \cdots & 1 & a \\ a & a & a & \cdots & a & 1 \end{pmatrix}\rightarrow\begin{pmatrix} 1 & a & a & \cdots & a & a \\ a & 1 & a & \cdots & a & a \\ a & a & 1 & \cdots & a & a \\ \vdots & \vdots & \vdots & & \vdots & \vdots \\ a & a & a & \cdots & 1 & a \\ 0 & 0 & 0 & \cdots & 0 & 0 \end{pmatrix}$$

$$\rightarrow\begin{pmatrix}1 & a & a & \cdots & a & a\\ a-1 & 1-a & 0 & \cdots & 0 & 0\\ a-1 & 0 & 1-a & \cdots & 0 & 0\\ \vdots & \vdots & \vdots & & \vdots & \vdots\\ a-1 & 0 & 0 & \cdots & 1-a & 0\\ 0 & 0 & 0 & \cdots & 0 & 0\end{pmatrix},$$

则 $\boldsymbol{\alpha}=(1,1,\cdots,1)^{\mathrm{T}}$ 是 W 的一组基.

25. 证明：(1) $\forall\begin{pmatrix}a_{11} & a_{12}\\ a_{21} & -a_{11}\end{pmatrix},\begin{pmatrix}b_{11} & b_{12}\\ b_{21} & -b_{11}\end{pmatrix}\in V$,则

$$\begin{pmatrix}a_{11} & a_{12}\\ a_{21} & -a_{11}\end{pmatrix}+\begin{pmatrix}b_{11} & b_{12}\\ b_{21} & -b_{11}\end{pmatrix}=\begin{pmatrix}a_{11}+b_{11} & a_{12}+b_{12}\\ a_{21}+b_{21} & -(a_{11}+b_{11})\end{pmatrix}\in V.$$

$\forall k\in\mathbf{R}$,

$$k\begin{pmatrix}a_{11} & a_{12}\\ a_{21} & -a_{11}\end{pmatrix}=\begin{pmatrix}ka_{11} & ka_{12}\\ ka_{21} & -ka_{11}\end{pmatrix}\in V.$$

因此,V 构成实数域 $\mathbf{R}$ 上的线性空间.

(2) 可证$\begin{pmatrix}1 & 0\\ 0 & -1\end{pmatrix},\begin{pmatrix}\mathrm{i} & 0\\ 0 & -\mathrm{i}\end{pmatrix},\begin{pmatrix}0 & 1\\ 0 & 0\end{pmatrix},\begin{pmatrix}0 & \mathrm{i}\\ 0 & 0\end{pmatrix},\begin{pmatrix}0 & 0\\ 1 & 0\end{pmatrix},\begin{pmatrix}0 & 0\\ \mathrm{i} & 0\end{pmatrix}$是 V 的一个基.

事实上,令

$$l_1\begin{pmatrix}1 & 0\\ 0 & -1\end{pmatrix}+l_2\begin{pmatrix}\mathrm{i} & 0\\ 0 & -\mathrm{i}\end{pmatrix}+l_3\begin{pmatrix}0 & 1\\ 0 & 0\end{pmatrix}+l_4\begin{pmatrix}0 & \mathrm{i}\\ 0 & 0\end{pmatrix}+l_5\begin{pmatrix}0 & 0\\ 1 & 0\end{pmatrix}+l_6\begin{pmatrix}0 & 0\\ \mathrm{i} & 0\end{pmatrix}=\boldsymbol{O},$$

则 $\begin{pmatrix}l_1+l_2\mathrm{i} & l_3+l_4\mathrm{i}\\ l_5+l_6\mathrm{i} & -l_1-l_2\mathrm{i}\end{pmatrix}=\boldsymbol{O}\Rightarrow l_i=0\quad(i=1,2,\cdots,6)$.

综 上 所 述, $\begin{pmatrix}1 & 0\\ 0 & -1\end{pmatrix},\begin{pmatrix}\mathrm{i} & 0\\ 0 & -\mathrm{i}\end{pmatrix},\begin{pmatrix}0 & 1\\ 0 & 0\end{pmatrix},\begin{pmatrix}0 & \mathrm{i}\\ 0 & 0\end{pmatrix},\begin{pmatrix}0 & 0\\ 1 & 0\end{pmatrix},\begin{pmatrix}0 & 0\\ \mathrm{i} & 0\end{pmatrix}$ 线 性 无 关.

$\forall\begin{pmatrix}l_1+l_2\mathrm{i} & l_3+l_4\mathrm{i}\\ l_5+l_6\mathrm{i} & -l_1-l_2\mathrm{i}\end{pmatrix}\in V$,都有

$$\begin{pmatrix}l_1+l_2\mathrm{i} & l_3+l_4\mathrm{i}\\ l_5+l_6\mathrm{i} & -l_1-l_2\mathrm{i}\end{pmatrix}=l_1\begin{pmatrix}1 & 0\\ 0 & -1\end{pmatrix}+l_2\begin{pmatrix}\mathrm{i} & 0\\ 0 & -\mathrm{i}\end{pmatrix}+l_3\begin{pmatrix}0 & 1\\ 0 & 0\end{pmatrix}$$
$$+l_4\begin{pmatrix}0 & \mathrm{i}\\ 0 & 0\end{pmatrix}+l_5\begin{pmatrix}0 & 0\\ 1 & 0\end{pmatrix}+l_6\begin{pmatrix}0 & 0\\ \mathrm{i} & 0\end{pmatrix},$$

故结论成立,且 $\dim V=6$.

26. 证明：显然 $W_1,W_2\cap W$ 都是 W 的子空间. $\forall\boldsymbol{\xi}\in W$,由 $V=W_1\oplus W_2$,$\boldsymbol{\xi}=\boldsymbol{\xi}_1+\boldsymbol{\xi}_2$,$\boldsymbol{\xi}_1\in W_1$,$\boldsymbol{\xi}_2\in W_2$,则 $\boldsymbol{\xi}_2=\boldsymbol{\xi}-\boldsymbol{\xi}_1$. 又 $W_1\subseteq W$,于是 $\boldsymbol{\xi}_2\in W_2\cap W$,所以

$$W=W_1+(W_2\cap W).$$

$\forall\boldsymbol{\xi}\in W_1\cap(W_2\cap W)$,则 $\boldsymbol{\xi}\in W_1$,$\boldsymbol{\xi}\in W_2$.

又因为 $V=W_1\oplus W_2\Rightarrow\boldsymbol{\xi}=\mathbf{0}\Rightarrow W_1\cap(W_2\cap W)=\{0\}$,故

$$W=W_1\oplus(W_2\cap W).$$

因此 $\dim W=\dim W_1+\dim(W_2\cap W)$.

27. 证明：(1) 容易证明 U,W 是 V 的子空间(略).

(2) $W=\{\lambda\boldsymbol{E}\mid\lambda\in F\}=L(\boldsymbol{E})$，$\boldsymbol{E}$ 是 W 的基，$\dim W=1$. 设 $\boldsymbol{E}_{ij}$ 为 i 行 j 列元素为 1 而其余元素为 0 的 n 阶矩阵，则

$$\boldsymbol{E}_{11}-\boldsymbol{E}_{nn},\quad \boldsymbol{E}_{22}-\boldsymbol{E}_{nn},\quad \cdots,\quad \boldsymbol{E}_{n-1,n-1}-\boldsymbol{E}_{nn},\quad \boldsymbol{E}_{ij}+\boldsymbol{E}_{ji}\quad (i\neq j;i,j=1,2,\cdots,n)\quad (*)$$

是 U 中的 $\frac{1}{2}(n^2+n-2)$ 个向量. 令

$$a_{11}(\boldsymbol{E}_{11}-\boldsymbol{E}_{nn})+\cdots+a_{n-1,n-1}(\boldsymbol{E}_{n-1,n-1}-\boldsymbol{E}_{bb})+\sum_{i\neq j}a_{ij}(\boldsymbol{E}_{ij}+\boldsymbol{E}_{ji})=\boldsymbol{O}.$$

则
$$\begin{pmatrix} a_{11} & a_{12} & \cdots & a_{1n} \\ a_{12} & a_{22} & \cdots & a_{2n} \\ \vdots & \vdots & & \vdots \\ a_{1n} & a_{2n} & \cdots & -(a_{11}+\cdots+a_{n-1,n-1}) \end{pmatrix}=\boldsymbol{O},$$

从而 $a_{11}=\cdots=a_{n-1,n-1}=0$，$a_{ij}=0(i\neq j;i,j=1,2,\cdots,n)$.

因此，向量组 $(*)$ 线性无关，$\boldsymbol{E}\in V$，$\boldsymbol{E}\notin U$，$\dim V=\frac{n(n+1)}{2}$，因此 $\dim U=\frac{n^2+n-2}{2}$，向量组 $(*)$ 是 U 的一组基.

(3) $\forall \boldsymbol{A}\in U\cap W$，则 $\boldsymbol{A}=\lambda\boldsymbol{E}$，$\operatorname{tr}(\boldsymbol{A})=0\Rightarrow n\lambda=0$，$\lambda=0$，则 $\boldsymbol{A}=\boldsymbol{O}$，$U\cap W=\{0\}$.

又因为 $U+W$ 是 V 的子空间，且 $\dim(U+W)=\frac{1}{2}n(n+1)=\dim V$，因此

$$V=U\oplus W.$$

28. 证明：(1) $\forall \boldsymbol{\alpha},\boldsymbol{\beta}\in V$，$\boldsymbol{\alpha}=\boldsymbol{\alpha}_1+\boldsymbol{\alpha}_2$，$\boldsymbol{\beta}=\boldsymbol{\beta}_1+\boldsymbol{\beta}_2$，其中 $\boldsymbol{\alpha}_1,\boldsymbol{\beta}_1\in V_1$，$\boldsymbol{\alpha}_2,\boldsymbol{\beta}_2\in V_2$. 因为

$$f_1(\boldsymbol{\alpha}+\boldsymbol{\beta})=f_1((\boldsymbol{\alpha}_1+\boldsymbol{\beta}_1)+(\boldsymbol{\alpha}_2+\boldsymbol{\beta}_2))=\boldsymbol{\alpha}_1+\boldsymbol{\beta}_1=f_1(\boldsymbol{\alpha})+f_1(\boldsymbol{\beta}),$$

$$\forall k\in P,\ f_1(k\boldsymbol{\alpha})=f_1(k\boldsymbol{\alpha}_1+k\boldsymbol{\alpha}_2)=k\boldsymbol{\alpha}_1=kf(\boldsymbol{\alpha}).$$

所以 f_1 是 V 的线性变换，同理可知 f_2 也是 V 的线性变换.

(2) 因为 $\forall \boldsymbol{\alpha}\in V$，$f_1^2(\boldsymbol{\alpha})=f_1(f_1(\boldsymbol{\alpha}_1+\boldsymbol{\alpha}_2))=f_1(\boldsymbol{\alpha}_1)=\boldsymbol{\alpha}_1=f_1(\boldsymbol{\alpha})$，

所以 $f_1^2=f_1$，同理可得 $f_2^2=f_2$.

(3) $\forall \boldsymbol{\alpha}\in V$，$(f_1f_2)(\boldsymbol{\alpha})=f_1(f_2(\boldsymbol{\alpha}_1+\boldsymbol{\alpha}_2))=f_1(\boldsymbol{\alpha}_2)=\boldsymbol{0}$，

于是 $f_1f_2=\boldsymbol{0}$，同理可得 $f_2f_1=\boldsymbol{0}$.

$$(f_1+f_2)(\boldsymbol{\alpha})=(f_1+f_2)(\boldsymbol{\alpha}_1+\boldsymbol{\alpha}_2)=f_1(\boldsymbol{\alpha}_1+\boldsymbol{\alpha}_2)+f_2(\boldsymbol{\alpha}_1+\boldsymbol{\alpha}_2)=\boldsymbol{\alpha}_1+\boldsymbol{\alpha}_2=\boldsymbol{\alpha},$$

于是 $f_1+f_2=\mathrm{id}_v$.

29. 解：$\forall \begin{pmatrix} x & 0 & y \\ 0 & z & 0 \\ 0 & 0 & 0 \end{pmatrix}\in U$，则 $\begin{pmatrix} x & 0 & y \\ 0 & z & 0 \\ 0 & 0 & 0 \end{pmatrix}=x\boldsymbol{E}_{11}+y\boldsymbol{E}_{13}+z\boldsymbol{E}_{22}$.

又 $\boldsymbol{E}_{11},\boldsymbol{E}_{13},\boldsymbol{E}_{22}$ 线性无关，故 $\boldsymbol{E}_{11},\boldsymbol{E}_{13},\boldsymbol{E}_{22}$ 为 U 的一组基，且

$$U=L(\boldsymbol{E}_{11},\boldsymbol{E}_{13},\boldsymbol{E}_{22}),\quad \dim(U)=3.$$

$\forall \begin{pmatrix} a & 0 & b \\ c & 0 & b \\ 0 & c & d \end{pmatrix}\in W$，则

$$\begin{pmatrix} a & 0 & b \\ c & 0 & b \\ 0 & c & d \end{pmatrix}=a\boldsymbol{E}_{11}+b(\boldsymbol{E}_{13}+\boldsymbol{E}_{23})+c(\boldsymbol{E}_{21}+\boldsymbol{E}_{32})+d\boldsymbol{E}_{33}.$$

又显然 $\boldsymbol{E}_{11},\boldsymbol{E}_{13}+\boldsymbol{E}_{23},\boldsymbol{E}_{21}+\boldsymbol{E}_{32},\boldsymbol{E}_{33}$ 线性无关，故 $\boldsymbol{E}_{11},\boldsymbol{E}_{13}+\boldsymbol{E}_{23},\boldsymbol{E}_{21}+\boldsymbol{E}_{32},\boldsymbol{E}_{33}$ 为 W 的一组

基，且 $W=L(\boldsymbol{E}_{11},\boldsymbol{E}_{13}+\boldsymbol{E}_{23},\boldsymbol{E}_{21}+\boldsymbol{E}_{32},\boldsymbol{E}_{33})$，$\dim(W)=4$.

因此，

$$\begin{aligned}W+U&=L(\boldsymbol{E}_{11},\boldsymbol{E}_{13}+\boldsymbol{E}_{23},\boldsymbol{E}_{21}+\boldsymbol{E}_{32},\boldsymbol{E}_{33})+L(\boldsymbol{E}_{11},\boldsymbol{E}_{13},\boldsymbol{E}_{22})\\&=L(\boldsymbol{E}_{11},\boldsymbol{E}_{13}+\boldsymbol{E}_{23},\boldsymbol{E}_{21}+\boldsymbol{E}_{32},\boldsymbol{E}_{33},\boldsymbol{E}_{13},\boldsymbol{E}_{22}).\end{aligned}$$

容易证明 $\boldsymbol{E}_{11},\boldsymbol{E}_{13}+\boldsymbol{E}_{23},\boldsymbol{E}_{21}+\boldsymbol{E}_{32},\boldsymbol{E}_{33},\boldsymbol{E}_{13},\boldsymbol{E}_{22}$ 线性无关，故 $\boldsymbol{E}_{11},\boldsymbol{E}_{13}+\boldsymbol{E}_{23},\boldsymbol{E}_{21}+\boldsymbol{E}_{32},\boldsymbol{E}_{33}$，$\boldsymbol{E}_{13},\boldsymbol{E}_{22}$ 为 $W+U$ 的一组基，且维数为 6.

由维数公式可得

$$\dim(W\cap U)=\dim(W)+\dim(U)-\dim(W\cap U)=1,$$

又

$$\boldsymbol{E}_{11}\in W\cap U\Rightarrow W\cap U=L(\boldsymbol{E}_{11}),$$

故 $\boldsymbol{E}_{11}$ 为 $W\cap U$ 的一组基.

30. 证明：设 $W=\{(k_1,k_2,\cdots,k_n)\mid k_1\boldsymbol{\alpha}_1+k_2\boldsymbol{\alpha}_2+\cdots+k_n\boldsymbol{\alpha}_n=\boldsymbol{0}\}$. 显然 $\boldsymbol{0}\in W$，故 $W\neq\varnothing$.

$\forall(a_1,a_2,\cdots,a_n),(b_1,b_2,\cdots,b_n)\in W$，则

$$a_1\boldsymbol{\alpha}_1+a_2\boldsymbol{\alpha}_2+\cdots+a_n\boldsymbol{\alpha}_n=\boldsymbol{0},$$
$$b_1\boldsymbol{\alpha}_1+b_2\boldsymbol{\alpha}_2+\cdots+b_n\boldsymbol{\alpha}_n=\boldsymbol{0}.$$

上面两式相加可得

$$(a_1+b_1)\boldsymbol{\alpha}_1+(a_2+b_2)\boldsymbol{\alpha}_2+\cdots+(a_n+b_n)\boldsymbol{\alpha}_n=\boldsymbol{0},$$

从而 $(a_1+b_1,a_2+b_2,\cdots,a_n+b_n)\in W$.

$\forall k\in P$，有 $ka_1\boldsymbol{\alpha}_1+ka_2\boldsymbol{\alpha}_2+\cdots+ka_n\boldsymbol{\alpha}_n=\boldsymbol{0}$，故 $k(a_1,a_2,\cdots,a_n)\in W$，因此 W 是 P^n 的子空间.

设 $\boldsymbol{\varepsilon}_1,\boldsymbol{\varepsilon}_2,\cdots,\boldsymbol{\varepsilon}_n$ 是 V 的一组基，则

$$(\boldsymbol{\alpha}_1,\boldsymbol{\alpha}_2,\cdots,\boldsymbol{\alpha}_n)=(\boldsymbol{\varepsilon}_1,\boldsymbol{\varepsilon}_2,\cdots,\boldsymbol{\varepsilon}_n)\boldsymbol{A}.$$

显然，向量组 $\boldsymbol{\alpha}_1,\boldsymbol{\alpha}_2,\cdots,\boldsymbol{\alpha}_n$ 的秩等于 $\boldsymbol{A}$ 的秩. 由 $\boldsymbol{\varepsilon}_1,\boldsymbol{\varepsilon}_2,\cdots,\boldsymbol{\varepsilon}_n$ 的线性无关性可知

$$k_1\boldsymbol{\alpha}_1+k_2\boldsymbol{\alpha}_2+\cdots+k_n\boldsymbol{\alpha}_n=\boldsymbol{0}\Leftrightarrow(\boldsymbol{\varepsilon}_1,\boldsymbol{\varepsilon}_2,\cdots,\boldsymbol{\varepsilon}_n)\boldsymbol{A}\begin{pmatrix}k_1\\k_2\\\vdots\\k_n\end{pmatrix}=\boldsymbol{0}\Leftrightarrow\boldsymbol{A}\begin{pmatrix}k_1\\k_2\\\vdots\\k_n\end{pmatrix}=\boldsymbol{0},$$

因此 $\dim W=n-r$.

31. 证明：设 $W=\left\{\sum_{i=1}^n c_i\boldsymbol{\alpha}_i\,\middle|\,\sum_{i=1}^n a_ic_i=0\right\}$.

$\forall\boldsymbol{\alpha}=\sum_{i=1}^n c_i\boldsymbol{\alpha}_i,\boldsymbol{\beta}=\sum_{i=1}^n d_i\boldsymbol{\alpha}_i\in W$，则

$$\sum_{i=1}^n a_ic_i=0,\quad\sum_{i=1}^n a_id_i=0\Rightarrow\sum_{i=1}^n a_i(c_i+d_i)=0,$$

因此，

$$\boldsymbol{\alpha}+\boldsymbol{\beta}=\sum_{i=1}^n(c_i+d_i)\boldsymbol{\alpha}_i\in W.$$

$$\forall k\in K,\quad k\boldsymbol{\alpha}=k\sum_{i=1}^n c_i\boldsymbol{\alpha}_i=\sum_{i=1}^n kc_i\boldsymbol{\alpha}_i\Rightarrow\sum_{i=1}^n kc_ia_i=k\sum_{i=1}^n a_ic_i=0,$$

从而 $k\boldsymbol{\alpha}\in W$. 因此，$W$ 是 V 的一个子空间.

设 $\boldsymbol{\xi}_j=(d_{1j},d_{2j},\cdots,d_{nj})^{\mathrm{T}}(j=1,2,\cdots,n-1)$ 为 $a_1x_1+a_2x_2+\cdots+a_nx_n=0$ 的一个基础解

系，设 $U=\{(x_1,x_2,\cdots,x_n)^{\mathrm{T}}\mid a_1x_1+a_2x_2+\cdots+a_nx_n=0,a_i\in K,i=1,2,\cdots,n\}$，作一映射：

$$\sigma:U\to W,$$

$$\begin{pmatrix}x_1\\x_2\\\vdots\\x_n\end{pmatrix}\mapsto x_1\boldsymbol{\alpha}_1+x_2\boldsymbol{\alpha}_2+\cdots+x_n\boldsymbol{\alpha}_n,$$

则容易证明 σ 是 U 到 W 的一个同构映射.

设

$$\boldsymbol{\beta}_j=d_{1j}\boldsymbol{\alpha}_1+d_{2j}\boldsymbol{\alpha}_2+\cdots+d_{nj}\boldsymbol{\alpha}_n,\quad j=1,2,\cdots,n-1,$$

由于 $\boldsymbol{\xi}_1,\boldsymbol{\xi}_2,\cdots,\boldsymbol{\xi}_{n-1}$ 线性无关，则 $\boldsymbol{\beta}_1,\boldsymbol{\beta}_2,\cdots,\boldsymbol{\beta}_{n-1}$ 线性无关.

所以，$\dim U=\dim W=n-1$，且 $\boldsymbol{\beta}_1,\boldsymbol{\beta}_2,\cdots,\boldsymbol{\beta}_{n-1}$ 是 V 的 $n-1$ 维子空间.

32. 解：因为

$$(1,x^2-x,x^2+x)=(1,x,x^2)\begin{pmatrix}1&0&0\\0&-1&1\\0&1&1\end{pmatrix},\quad \boldsymbol{A}=\begin{pmatrix}1&0&0\\0&-1&1\\0&1&1\end{pmatrix},$$

$$(x+1,x+x^2,x^2)=(1,x,x^2)\begin{pmatrix}1&0&0\\1&1&0\\0&1&1\end{pmatrix},\quad \boldsymbol{B}=\begin{pmatrix}1&0&0\\1&1&0\\0&1&1\end{pmatrix},$$

所以

$$(1,x^2-x,x^2+x)=(1,x,x^2)\boldsymbol{A}=(x+1,x+x^2,x^2)\boldsymbol{B}^{-1}\boldsymbol{A},$$

则

$$\boldsymbol{B}^{-1}\boldsymbol{A}=\begin{pmatrix}1&0&0\\-1&1&0\\1&-1&1\end{pmatrix}\begin{pmatrix}1&0&0\\0&-1&1\\0&1&1\end{pmatrix}=\begin{pmatrix}1&0&0\\-1&-1&1\\1&2&0\end{pmatrix}.$$

于是，

$$f(x)=1+2x+x^2=(1,x,x^2)\begin{pmatrix}1\\2\\1\end{pmatrix}=(1,x^2-x,x^2+x)\boldsymbol{A}^{-1}\begin{pmatrix}1\\2\\1\end{pmatrix}$$

$$=(1,x^2-x,x^2+x)\begin{pmatrix}1\\-\frac{1}{2}\\\frac{3}{2}\end{pmatrix},$$

$$f(x)=1+2x+x^2=(1,x,x^2)\begin{pmatrix}1\\2\\1\end{pmatrix}=(x+1,x+x^2,x^2)\boldsymbol{B}^{-1}\begin{pmatrix}1\\2\\1\end{pmatrix}$$

$$=(x+1,x+x^2,x^2)\begin{pmatrix}1\\1\\0\end{pmatrix}.$$

33. 证明：**必要性.**

反证法. 假设 $\begin{pmatrix}\boldsymbol{A}\\\boldsymbol{B}\end{pmatrix}\boldsymbol{X}=\boldsymbol{0}$ 有非零解 $\boldsymbol{\xi}$，则 $\boldsymbol{A\xi}=\boldsymbol{0},\boldsymbol{B\xi}=\boldsymbol{0}$，故而，$\boldsymbol{\xi}\in V_1\cap V_2$，与 $P^n=V_1\oplus V_2$

矛盾，因此结论成立.

充分性.

如果$\begin{pmatrix}\boldsymbol{A}\\ \boldsymbol{B}\end{pmatrix}\boldsymbol{X}=\boldsymbol{0}$只有零解，那么$R\begin{pmatrix}\boldsymbol{A}\\ \boldsymbol{B}\end{pmatrix}=n, R(\boldsymbol{A})=m, R(\boldsymbol{B})=n-m$，所以

$$\dim V_1=n-m,\quad \dim V_2=m\Rightarrow \dim V_1+\dim V_2=\dim P^n.$$

任取$\boldsymbol{\xi}\in V_1\cap V_2$，则$\boldsymbol{A\xi}=\boldsymbol{0}, \boldsymbol{B\xi}=\boldsymbol{0}$，所以

$$\begin{pmatrix}\boldsymbol{A}\\ \boldsymbol{B}\end{pmatrix}\boldsymbol{\xi}=\boldsymbol{0}.$$

因此，$\boldsymbol{\xi}=\boldsymbol{0}, V_1\cap V_2=\{0\}$，所以$\dim(V_1+V_2)=\dim V_1+\dim V_2=n$，从而

$$P^n=V_1\oplus V_2.$$

34. 证明：

$\forall\boldsymbol{\alpha}\in L(\boldsymbol{\delta}_1,\boldsymbol{\delta}_2,\cdots,\boldsymbol{\delta}_t)$，则$\exists a_i\in P(i=1,2,\cdots,t)$使得

$$\begin{aligned}\boldsymbol{\alpha}&=a_1\boldsymbol{\delta}_1+a_2\boldsymbol{\delta}_2+\cdots+a_t\boldsymbol{\delta}_t=(\boldsymbol{\delta}_1,\boldsymbol{\delta}_2,\cdots,\boldsymbol{\delta}_t)\begin{pmatrix}a_1\\a_2\\ \vdots\\a_t\end{pmatrix}\\&=\boldsymbol{BD}\begin{pmatrix}a_1\\a_2\\ \vdots\\a_t\end{pmatrix}=(\boldsymbol{\alpha}_1,\boldsymbol{\alpha}_2,\cdots,\boldsymbol{\alpha}_n)\left[(\boldsymbol{\gamma}_1,\boldsymbol{\gamma}_2,\cdots,\boldsymbol{\gamma}_t)\begin{pmatrix}a_1\\a_2\\ \vdots\\a_t\end{pmatrix}\right]\\&=(\boldsymbol{\alpha}_1,\boldsymbol{\alpha}_2,\cdots,\boldsymbol{\alpha}_n)\begin{pmatrix}k_1\\k_2\\ \vdots\\k_n\end{pmatrix}.\end{aligned}$$

故$\boldsymbol{\alpha}\in L(\boldsymbol{\alpha}_1,\boldsymbol{\alpha}_2,\cdots,\boldsymbol{\alpha}_n)$，从而

$$\boldsymbol{A\alpha}=\boldsymbol{ABD}\begin{pmatrix}a_1\\a_2\\ \vdots\\a_t\end{pmatrix}=\boldsymbol{AB}(\boldsymbol{\gamma}_1,\boldsymbol{\gamma}_2,\cdots,\boldsymbol{\gamma}_t)\begin{pmatrix}a_1\\a_2\\ \vdots\\a_t\end{pmatrix},$$

而$\boldsymbol{\gamma}_1,\boldsymbol{\gamma}_2,\cdots,\boldsymbol{\gamma}_t$是$\boldsymbol{ABX}=\boldsymbol{0}$基础解系，于是$\boldsymbol{A\alpha}=\boldsymbol{0}$. 因此，$\boldsymbol{\alpha}\in L(\boldsymbol{\beta}_1,\boldsymbol{\beta}_2,\cdots,\boldsymbol{\beta}_r)$. 所以

$$L(\boldsymbol{\delta}_1,\boldsymbol{\delta}_2,\cdots,\boldsymbol{\delta}_t)\subseteq L(\boldsymbol{\alpha}_1,\boldsymbol{\alpha}_2,\cdots,\boldsymbol{\alpha}_n)\cap L(\boldsymbol{\beta}_1,\boldsymbol{\beta}_2,\cdots,\boldsymbol{\beta}_r).$$

$\forall\boldsymbol{\beta}\in L(\boldsymbol{\alpha}_1,\boldsymbol{\alpha}_2,\cdots,\boldsymbol{\alpha}_n)\cap L(\boldsymbol{\beta}_1,\boldsymbol{\beta}_2,\cdots,\boldsymbol{\beta}_r)$，则存在$c_i,d_i\in P(i=1,2,\cdots,t)$使得

$$\begin{aligned}\boldsymbol{\beta}&=c_1\boldsymbol{\alpha}_1+c_2\boldsymbol{\alpha}_2+\cdots+c_n\boldsymbol{\alpha}_n=d_1\boldsymbol{\beta}_1+d_2\boldsymbol{\beta}_2+\cdots+d_r\boldsymbol{\beta}_r\\&=(\boldsymbol{\alpha}_1,\boldsymbol{\alpha}_2,\cdots,\boldsymbol{\alpha}_n)\begin{pmatrix}c_1\\c_2\\ \vdots\\c_n\end{pmatrix}=(\boldsymbol{\beta}_1,\boldsymbol{\beta}_2,\cdots,\boldsymbol{\beta}_r)\begin{pmatrix}d_1\\d_2\\ \vdots\\d_r\end{pmatrix}=\boldsymbol{B}\begin{pmatrix}c_1\\c_2\\ \vdots\\c_n\end{pmatrix},\end{aligned}\tag{1}$$

$$\boldsymbol{AB}\begin{pmatrix}c_1\\c_2\\ \vdots\\c_n\end{pmatrix}=\boldsymbol{A}(\boldsymbol{\beta}_1,\boldsymbol{\beta}_2,\cdots,\boldsymbol{\beta}_r)\begin{pmatrix}d_1\\d_2\\ \vdots\\d_r\end{pmatrix}=\boldsymbol{0},$$

所以$\begin{pmatrix} c_1 \\ c_2 \\ \vdots \\ c_n \end{pmatrix} \in L(\boldsymbol{\gamma}_1, \boldsymbol{\gamma}_2, \cdots, \boldsymbol{\gamma}_t)$.

设

$$\begin{pmatrix} c_1 \\ c_2 \\ \vdots \\ c_n \end{pmatrix} = b_1\boldsymbol{\gamma}_1 + b_2\boldsymbol{\gamma}_2 + \cdots + b_t\boldsymbol{\gamma}_t = (\boldsymbol{\gamma}_1, \boldsymbol{\gamma}_2, \cdots, \boldsymbol{\gamma}_t)\begin{pmatrix} b_1 \\ b_2 \\ \vdots \\ b_t \end{pmatrix}, \tag{2}$$

将式(2)代入式(1)，则有

$$\boldsymbol{\beta} = \boldsymbol{BD}\begin{pmatrix} b_1 \\ b_2 \\ \vdots \\ b_t \end{pmatrix} = (\boldsymbol{\delta}_1, \boldsymbol{\delta}_2, \cdots, \boldsymbol{\delta}_t)\begin{pmatrix} b_1 \\ b_2 \\ \vdots \\ b_t \end{pmatrix},$$

故 $\boldsymbol{\beta} \in L(\boldsymbol{\delta}_1, \boldsymbol{\delta}_2, \cdots, \boldsymbol{\delta}_t)$，从而

$$L(\boldsymbol{\alpha}_1, \boldsymbol{\alpha}_2, \cdots, \boldsymbol{\alpha}_n) \cap L(\boldsymbol{\beta}_1, \boldsymbol{\beta}_2, \cdots, \boldsymbol{\beta}_r) = L(\boldsymbol{\delta}_1, \boldsymbol{\delta}_2, \cdots, \boldsymbol{\delta}_t).$$

35. 解：(1) 由于矩阵 $\boldsymbol{A}$ 的各行元素之和均为 3，所以

$$\boldsymbol{A}\begin{pmatrix} 1 \\ 1 \\ 1 \end{pmatrix} = \begin{pmatrix} 3 \\ 3 \\ 3 \end{pmatrix} = 3\begin{pmatrix} 1 \\ 1 \\ 1 \end{pmatrix}.$$

由 $\boldsymbol{A}\boldsymbol{\alpha}_1 = \boldsymbol{0}, \boldsymbol{A}\boldsymbol{\alpha}_2 = \boldsymbol{0}$，可得 $\boldsymbol{A}\boldsymbol{\alpha}_1 = 0\boldsymbol{\alpha}_1, \boldsymbol{A}\boldsymbol{\alpha}_2 = 0\boldsymbol{\alpha}_2$，故 $\lambda_1 = \lambda_2 = 0$ 是 $\boldsymbol{A}$ 的二重特征值，$\boldsymbol{\alpha}_1, \boldsymbol{\alpha}_2$ 为 $\boldsymbol{A}$ 的属于特征值 0 的两个线性无关特征向量；$\lambda_3 = 3$ 是 $\boldsymbol{A}$ 的一个特征值，$\boldsymbol{\alpha}_3 = (1,1,1)^{\mathrm{T}}$ 为 $\boldsymbol{A}$ 的属于特征值 3 的一个线性无关特征向量.

总之，$\boldsymbol{A}$ 的特征值为 0,0,3. 属于特征值 0 的全体特征向量为 $k\boldsymbol{\alpha}_1 + k\boldsymbol{\alpha}_2$（$k_1, k_2$ 不全为零），属于特征值 3 的全体特征向量为 $k_3\boldsymbol{\alpha}_3$（$k_3 \neq 0$）.

(2) 对 $\boldsymbol{\alpha}_1, \boldsymbol{\alpha}_2$ 正交化，令

$$\boldsymbol{\xi}_1 = \boldsymbol{\alpha}_1 = (-1, 2, -1)^{\mathrm{T}}, \quad \boldsymbol{\xi}_2 = \boldsymbol{\alpha}_2 - \frac{(\boldsymbol{\alpha}_2, \boldsymbol{\xi}_1)}{(\boldsymbol{\xi}_1, \boldsymbol{\xi}_1)}\boldsymbol{\xi}_1 = \frac{1}{2}(-1, 0, 1)^{\mathrm{T}},$$

再分别将 $\boldsymbol{\xi}_1, \boldsymbol{\xi}_2, \boldsymbol{\alpha}_3$ 单位化得

$$\boldsymbol{\beta}_1 = \frac{\boldsymbol{\xi}_1}{\|\boldsymbol{\xi}_1\|} = \frac{1}{\sqrt{6}}(-1, 2, -1)^{\mathrm{T}},$$

$$\boldsymbol{\beta}_2 = \frac{\boldsymbol{\xi}_2}{\|\boldsymbol{\xi}_2\|} = \frac{1}{\sqrt{2}}(-1, 0, 1)^{\mathrm{T}},$$

$$\boldsymbol{\beta}_3 = \frac{\boldsymbol{\xi}_3}{\|\boldsymbol{\xi}_3\|} = \frac{1}{\sqrt{3}}(1, 1, 1)^{\mathrm{T}}.$$

取
$$\boldsymbol{Q} = (\boldsymbol{\beta}_1, \boldsymbol{\beta}_2, \boldsymbol{\beta}_3) = \begin{pmatrix} -\frac{1}{\sqrt{6}} & -\frac{1}{\sqrt{2}} & \frac{1}{\sqrt{3}} \\ \frac{2}{\sqrt{6}} & 0 & \frac{1}{\sqrt{3}} \\ -\frac{1}{\sqrt{6}} & \frac{1}{\sqrt{2}} & \frac{1}{\sqrt{3}} \end{pmatrix}, \quad \boldsymbol{\Lambda} = \begin{pmatrix} 0 & & \\ & 0 & \\ & & 3 \end{pmatrix},$$

那么 $\boldsymbol{Q}$ 为正交矩阵,且 $\boldsymbol{Q}^{\mathrm{T}}\boldsymbol{A}\boldsymbol{Q}=\boldsymbol{\Lambda}$.

36. 证明:(1) 因为 $O^{3\times3}\in F^{3\times3}$,所以对任意的 3 阶方阵 $\boldsymbol{A},\boldsymbol{B}\in F^{3\times3}$,$K_1,K_2\in F^{3\times3}$,易知 $K_1\boldsymbol{A}\in F^{3\times3}$,$K_2\boldsymbol{B}\in F^{3\times3}$,故 $K_1\boldsymbol{A}+K_2\boldsymbol{B}\in F^{3\times3}$,所以 $F^{3\times3}$ 对加法和数乘运算封闭,可以构成一线性空间.

(2) 任取 $\boldsymbol{A}=\begin{pmatrix}a_1 & a_2 & a_3\\ b_1 & b_2 & b_3\\ c_1 & c_2 & c_3\end{pmatrix}\in F^{3\times3}$,则可取 $a_1,a_2,a_3,b_1,b_2,b_3,c_1,c_2,c_3\in F^{3\times3}$,使得

$$\boldsymbol{A}=a_1\boldsymbol{E}_{11}+a_2\boldsymbol{E}_{12}+\cdots+c_3\boldsymbol{E}_{33}.$$

若 $k_1\boldsymbol{E}_{11}+k_2\boldsymbol{E}_{12}+\cdots+k_9\boldsymbol{E}_{33}=\boldsymbol{O}$,则 $\begin{pmatrix}k_1 & k_2 & k_3\\ k_4 & k_5 & k_6\\ k_7 & k_8 & k_9\end{pmatrix}=\boldsymbol{O}$,故 $k_i=0(i=1,2,\cdots,9)$,从而 $\{\boldsymbol{E}_{ij}\mid 1\leqslant i,j\leqslant3\}$ 为 $F^{3\times3}$ 的基.

(3) ① 证明:任取 $x,y\in F^{3\times3}$,$k,l\in F^{3\times3}$,则

$$\begin{aligned}\sigma(kx+ly)&=\mathbf{A}(kx+ly)-(kx+ly)\mathbf{A}=k\mathbf{A}x+l\mathbf{A}y-kx\mathbf{A}-ly\mathbf{A}\\&=k(\mathbf{A}x-x\mathbf{A})+l(\mathbf{A}y-y\mathbf{A})=k\sigma(x)+l\sigma(y),\end{aligned}$$

所以 σ 为 $F^{3\times3}$ 上的线性映射.

② 由 σ 的定义可知

$$\sigma(\boldsymbol{E}_{11})=\begin{pmatrix}0&0&0\\0&0&0\\0&0&0\end{pmatrix},\quad \sigma(\boldsymbol{E}_{12})=\begin{pmatrix}0&1&-1\\0&0&0\\0&0&0\end{pmatrix},\quad \sigma(\boldsymbol{E}_{13})=\begin{pmatrix}0&-1&1\\0&0&0\\0&0&0\end{pmatrix},$$

$$\sigma(\boldsymbol{E}_{21})=\begin{pmatrix}0&0&0\\-1&0&0\\1&0&0\end{pmatrix},\quad \sigma(\boldsymbol{E}_{22})=\begin{pmatrix}0&0&0\\0&0&-1\\0&1&0\end{pmatrix},\quad \sigma(\boldsymbol{E}_{23})=\begin{pmatrix}0&0&0\\0&-1&0\\0&0&1\end{pmatrix},$$

$$\sigma(\boldsymbol{E}_{31})=\begin{pmatrix}0&0&0\\1&0&0\\-1&0&0\end{pmatrix},\quad \sigma(\boldsymbol{E}_{32})=\begin{pmatrix}0&0&0\\0&1&0\\0&0&-1\end{pmatrix},\quad \sigma(\boldsymbol{E}_{33})=\begin{pmatrix}0&0&0\\0&0&1\\0&-1&0\end{pmatrix},$$

所以 σ 在基 $\{\boldsymbol{E}_{ij}\mid 1\leqslant i,j\leqslant3\}$ 下的矩阵可表示为

$$\sigma(x)=(\boldsymbol{E}_{11},\boldsymbol{E}_{12},\cdots,\boldsymbol{E}_{33})\boldsymbol{D}\boldsymbol{X}^{\mathrm{T}},$$

其中 $\boldsymbol{X}^{\mathrm{T}}$ 为 x 在基 $\boldsymbol{E}_{11},\boldsymbol{E}_{12},\cdots,\boldsymbol{E}_{33}$ 下的坐标,其中

$$\boldsymbol{D}=\begin{pmatrix}0&0&0&0&0&0&0&0&0\\0&1&-1&0&0&0&0&0&0\\0&-1&1&0&0&0&0&0&0\\0&0&0&-1&0&0&1&0&0\\0&0&0&0&0&-1&0&1&0\\0&0&0&0&-1&0&0&0&1\\0&0&0&1&0&0&-1&0&0\\0&0&0&0&1&0&0&0&-1\\0&0&0&0&0&1&0&-1&0\end{pmatrix}.$$

(4) 由(3)行列的分块方法可求得

$$|\boldsymbol{D}-\lambda\boldsymbol{E}|=\lambda\begin{vmatrix}1-\lambda & -1\\ -1 & 1-\lambda\end{vmatrix}\begin{vmatrix}-1-\lambda & 0 & 0 & 1 & 0 & 0\\ 0 & -\lambda & -1 & 0 & 1 & 0\\ 0 & -1 & -\lambda & 0 & 0 & 1\\ 1 & 0 & 0 & -1-\lambda & 0 & 0\\ 0 & 1 & 0 & 0 & -\lambda & 0\\ 0 & 0 & 1 & 0 & 0 & -\lambda\end{vmatrix}=\lambda^5(\lambda+2)^3(\lambda-2),$$

所以，σ 的特征值为 $\lambda_1=0$(五重)，$\lambda_2=-2$(三重)，$\lambda_3=2$(单重).

37. 证明：(1) 采用第一数学归纳法证明.

当 $s=1$ 时，因 V_1 为 V 的真子空间，故 $V_1\neq V$.

假设 $s=k$ 时，结论成立，即 $V_1\cup V_2\cup\cdots\cup V_k\neq V$，从而存在 $\boldsymbol{\alpha}\in V$，但 $\boldsymbol{\alpha}\notin V_1\cup V_2\cup\cdots\cup V_k$.

当 $s=k+1$ 时，由于 V_{k+1} 是 V 的真子空间，存在 $\boldsymbol{\beta}\notin V_{k+1}$ 且 $\boldsymbol{\beta}\in V$.

若 $\boldsymbol{\beta}\notin V_1\cup V_2\cup\cdots\cup V_k$，则有 $\boldsymbol{\beta}\notin V_1\cup V_2\cup\cdots\cup V_k\cup V_{k+1}$，即

$$V_1\cup V_2\cup\cdots\cup V_k\cup V_{k+1}\neq V;$$

若 $\boldsymbol{\beta}\in V_1\cup V_2\cup\cdots\cup V_k$，当 $\boldsymbol{\alpha}\notin V_{k+1}$ 时，结论成立.

当 $\boldsymbol{\alpha}\in V_{k+1}$ 时，$\boldsymbol{\alpha}+\boldsymbol{\beta}\notin V_{k+1}$ 且 $\boldsymbol{\alpha}+\boldsymbol{\beta}\notin V_1\cup V_2\cup\cdots\cup V_k$，则

$$\boldsymbol{\alpha}+\boldsymbol{\beta}\notin V_1\cup V_2\cup\cdots\cup V_k\cup V_{k+1},\quad 即\ V_1\cup V_2\cup\cdots\cup V_k\cup V_{k+1}\neq V.$$

(2) 设 $V_i=\{\boldsymbol{\alpha}\mid \boldsymbol{A}_i\boldsymbol{\alpha}=\boldsymbol{A}_j\boldsymbol{\alpha}(j=1,2,\cdots,i-1,i+1,\cdots,s;\boldsymbol{\alpha}\in V)\}$，$i=1,2,\cdots,s$.

因为 $\boldsymbol{A}_i\neq\boldsymbol{A}_j(i\neq j)$，所以 $V_i(i=1,2,\cdots,s)$ 为 V 的真子空间，故由(1)可知存在 $\boldsymbol{\alpha}\notin\bigcup\limits_{i=1}^{s}V_i$，即 $\boldsymbol{A}_i\boldsymbol{\alpha}\neq\boldsymbol{A}_j\boldsymbol{\alpha}(i\neq j)$，故结论成立.

38. 解：由 $\boldsymbol{AB}=\boldsymbol{BA}$，则 $\boldsymbol{AX}=\boldsymbol{0}$，$\boldsymbol{BX}=\boldsymbol{0}$ 的解都是 $\boldsymbol{ABX}=\boldsymbol{0}$ 的解，故 V_1，V_2 是 W 的子空间.

$\forall\boldsymbol{\alpha}\in V_1\cap V_2$，则 $\boldsymbol{A\alpha}=\boldsymbol{0}$，$\boldsymbol{B\alpha}=\boldsymbol{0}$. 由于 $\boldsymbol{AC}+\boldsymbol{BD}=\boldsymbol{E}$，那么 $\boldsymbol{\alpha}=\boldsymbol{CA\alpha}+\boldsymbol{BD\alpha}=\boldsymbol{0}$，于是 $V_1\cap V_2=\{0\}$.

$\forall\boldsymbol{\alpha}\in W$，$\boldsymbol{\alpha}=\boldsymbol{AC\alpha}+\boldsymbol{BD\alpha}$，那么

$$\boldsymbol{B}(\boldsymbol{AC\alpha})=\boldsymbol{C}(\boldsymbol{AB})\boldsymbol{\alpha}=\boldsymbol{0},\quad \boldsymbol{A}(\boldsymbol{BD\alpha})=\boldsymbol{D}(\boldsymbol{AB})\boldsymbol{\alpha}=\boldsymbol{0},$$

于是 $\boldsymbol{AC\alpha}\in V_1$，$\boldsymbol{BD\alpha}\in V_2$，因此 $W=V_1+V_2$，所以 $W=V_1\oplus V_2$.

39. 证明：若 $\boldsymbol{A}$ 有是特征值 λ，并设 $\boldsymbol{A\alpha}=\lambda\boldsymbol{\alpha}$ 且 $\boldsymbol{\alpha}\neq\boldsymbol{0}$，则 $\boldsymbol{\alpha}\in\mathbf{R}^n$，且 $L(\boldsymbol{\alpha})$ 是 $\boldsymbol{A}$ 的一个一维不变子空间.

若 $\boldsymbol{A}$ 无实特征值，由于 $\boldsymbol{A}$ 是 n 维实线性空间 V 的线性变换，则 $\boldsymbol{A}$ 的虚特征值必共轭成对出现. 不妨设 λ，$\bar{\lambda}$ 是 $\boldsymbol{A}$ 的一对虚特征值，并设 $\boldsymbol{A\alpha}=\lambda\boldsymbol{\alpha}$ 且 $\boldsymbol{\alpha}\neq\boldsymbol{0}$，则 $\boldsymbol{\alpha}\in\mathbf{C}^n$，$\boldsymbol{\alpha}\notin\mathbf{R}^n$，$\boldsymbol{A}\bar{\boldsymbol{\alpha}}=\overline{\lambda\boldsymbol{\alpha}}$，可设 $\lambda=a+b\mathrm{i}$，$\boldsymbol{\alpha}=\boldsymbol{\alpha}_1+\mathrm{i}\boldsymbol{\alpha}_2$，其中 $a,b\in\mathbf{R}$，$b\neq0$，$\boldsymbol{\alpha}_1$，$\boldsymbol{\alpha}_2\in\mathbf{R}^n$，$\boldsymbol{\alpha}_2\neq\boldsymbol{0}$，那么

$$\boldsymbol{A\alpha}_1+\mathrm{i}\boldsymbol{A\alpha}_2=\boldsymbol{A\alpha}=(a+b\mathrm{i})(\boldsymbol{\alpha}_1+\mathrm{i}\boldsymbol{\alpha}_2)=(a\boldsymbol{\alpha}_1-b\boldsymbol{\alpha}_2)+\mathrm{i}(a\boldsymbol{\alpha}_2+b\boldsymbol{\alpha}_1),\tag{1}$$

$$\boldsymbol{A\alpha}_1-\mathrm{i}\boldsymbol{A\alpha}_2=\boldsymbol{A}\bar{\boldsymbol{\alpha}}=(a-b\mathrm{i})(\boldsymbol{\alpha}_1-\mathrm{i}\boldsymbol{\alpha}_2)=(a\boldsymbol{\alpha}_1-b\boldsymbol{\alpha}_2)-\mathrm{i}(a\boldsymbol{\alpha}_2+b\boldsymbol{\alpha}_1),\tag{2}$$

由式(1)和式(2)得

$$\boldsymbol{A\alpha}_1=(a\boldsymbol{\alpha}_1-b\boldsymbol{\alpha}_2),\quad \boldsymbol{A\alpha}_2=(a\boldsymbol{\alpha}_2+b\boldsymbol{\alpha}_1).$$

所以，$L(\boldsymbol{\alpha}_1,\boldsymbol{\alpha}_2)$ 是 $\boldsymbol{A}$ 的一个二维不变子空间.

综上所述，$\boldsymbol{A}$ 至少有一个维数为 1 或 2 的不变子空间.

40. 证明：**方法一** 因为 $T(\boldsymbol{AB})=T(\boldsymbol{BA})$，所以 $\forall k\in\{1,2,\cdots,n\}$，

$$T(\boldsymbol{E}_{ij})=T(\boldsymbol{E}_{ik}\boldsymbol{E}_{kj})=T(\boldsymbol{E}_{kj}\boldsymbol{E}_{ik})=\begin{cases}T(\boldsymbol{E}_{kk}), & i=j,\\ 0, & i\neq j.\end{cases}$$

因此，$\forall \boldsymbol{A}=(a_{ij})\in M_n(\mathbf{C})$，有

$$T(\boldsymbol{A}) = T\left(\sum_{j=1}^{n}\sum_{i=1}^{n}a_{ij}\boldsymbol{E}_{ij}\right)=\sum_{i=1}^{n}a_{ii}T(\boldsymbol{E}_{ii}) = T(\boldsymbol{E}_{11})\sum_{i=1}^{n}a_{ii} = T(\boldsymbol{E}_{11})\mathrm{tr}(\boldsymbol{A}).$$

令 $\lambda=T(\boldsymbol{E}_{11})$，则 $T(\boldsymbol{A})=\lambda\mathrm{tr}(\boldsymbol{A})$.

方法二 （反证法）$\forall \boldsymbol{A}\in M_n(\mathbf{C})$，假设 $\forall\lambda\in\mathbf{C}$，恒有 $T(\boldsymbol{A})\neq\lambda\mathrm{tr}(\boldsymbol{A})$. 设 $T(\boldsymbol{A})=t_{\boldsymbol{A}}\in\mathbf{C}$，若 $t_{\boldsymbol{A}}=0$，取 $\lambda=0$，有 $t_{\boldsymbol{A}}=\lambda\mathrm{tr}(\boldsymbol{A})$. 这与假设矛盾，故 $t_{\boldsymbol{A}}\neq0$.

若 $\mathrm{tr}(\boldsymbol{A})\neq0$，取 $\lambda=\dfrac{t_{\boldsymbol{A}}}{\mathrm{tr}(\boldsymbol{A})}$，则 $t_{\boldsymbol{A}}=\lambda\mathrm{tr}(\boldsymbol{A})$. 这与假设矛盾，故 $\mathrm{tr}(\boldsymbol{A})=0$.

下面证明假设不成立.

若取 $\boldsymbol{B}\in M_n(\mathbf{C})$，设 $T(\boldsymbol{B})=t_{\boldsymbol{B}}\in\mathbf{C}$，则对 $t_{\boldsymbol{A}},t_{\boldsymbol{B}}$ 总存在 $a,b\in\mathbf{C}$，使 $at_{\boldsymbol{A}}+bt_{\boldsymbol{B}}=0$.

由前面可知，$\mathrm{tr}(a\boldsymbol{A}+b\boldsymbol{B})=0$.

又因为 T 是线性映射，所以

$$T(a\boldsymbol{A}+b\boldsymbol{B})=aT(\boldsymbol{A})+bT(\boldsymbol{B})=at_{\boldsymbol{A}}+bt_{\boldsymbol{B}}=0=\lambda\mathrm{tr}(a\boldsymbol{A}+b\boldsymbol{B}).$$

这与假设矛盾，故假设不成立.

因此，$\forall \boldsymbol{A}\in M_n(\mathbf{C})$，$\exists\lambda\in\mathbf{C}$ 使得 $T(\boldsymbol{A})=\lambda\mathrm{tr}(\boldsymbol{A})$. 又由于 $T(\boldsymbol{AB})=T(\boldsymbol{BA})$，所以

$$T(\boldsymbol{AB})=\lambda\mathrm{tr}(\boldsymbol{AB})=\lambda\mathrm{tr}(\boldsymbol{BA})=T(\boldsymbol{BA})$$

满足题意，故 $\forall \boldsymbol{A}\in M_n(\mathbf{C})$，$\exists\lambda\in\mathbf{C}$ 使得 $T(\boldsymbol{A})=\lambda\mathrm{tr}(\boldsymbol{A})$.

41. 解：(1) 因 V_1 是 2 维的，故 $\boldsymbol{\alpha}_1=(1,1,a)$，$\boldsymbol{\alpha}_2=(1,a,1)$，$\boldsymbol{\alpha}_3=(a,1,3+a)$ 线性相关，因此

$$\begin{vmatrix}1 & 1 & a\\ 1 & a & 1\\ a & 1 & 3+a\end{vmatrix}=(a-1)(4-a^2)=0. \tag{1}$$

同理，由于 V_2 是 2 维的，所以有

$$\begin{vmatrix}1 & 1 & a\\ -2 & a & 4\\ -2 & a & a\end{vmatrix}=(a+2)(a-4)=0. \tag{2}$$

联立式(1)和式(2)可求得 $a=-2$.

(2) 对

$$\boldsymbol{B}=(\boldsymbol{\alpha}_1^{\mathrm{T}},\boldsymbol{\alpha}_2^{\mathrm{T}},\boldsymbol{\alpha}_3^{\mathrm{T}},\boldsymbol{\beta}_1^{\mathrm{T}},\boldsymbol{\beta}_2^{\mathrm{T}},\boldsymbol{\beta}_3^{\mathrm{T}})=\begin{pmatrix}1 & 1 & -2 & 1 & -2 & -2\\ 1 & -2 & 1 & 1 & -2 & -2\\ -2 & 1 & 1 & -2 & 4 & -2\end{pmatrix}$$

进行初等行变换得行标准形：

$$\boldsymbol{B}\rightarrow\begin{pmatrix}1 & 0 & -1 & 1 & -2 & 0\\ 0 & 1 & -1 & 0 & 0 & 0\\ 0 & 0 & 0 & 0 & 0 & 1\end{pmatrix}.$$

故 $\dim(V_1+V_2)=3$. 由维数公式知

$$\dim(V_1\cap V_2)=\dim(V_1)+\dim(V_2)-\dim(V_1+V_2)=1.$$

由初等行变换不改变列向量之间的线性关系（因为是同解变换）知，$\boldsymbol{\beta}_1=\boldsymbol{\alpha}_1\neq\boldsymbol{0}$，故 $\boldsymbol{\beta}_1=$

$\boldsymbol{\alpha}_1 \neq \mathbf{0}$ 可以作为 $V_1 \cap V_2$ 的基.

(3) 由(2)可知

$$V_1 = L(\boldsymbol{\alpha}_1, \boldsymbol{\alpha}_2, \boldsymbol{\alpha}_3) = L(\boldsymbol{\alpha}_1, \boldsymbol{\alpha}_2), \quad V_2 = L(\boldsymbol{\beta}_1, \boldsymbol{\beta}_2, \boldsymbol{\beta}_3) = L(\boldsymbol{\beta}_1, \boldsymbol{\beta}_3), \quad V_1 \cap V_2 = L(\boldsymbol{\alpha}_1).$$

$\mathbf{R}^3$ 中所有 $\boldsymbol{\gamma} \notin V_1$ 且 $\boldsymbol{\gamma} \notin V_2$ 的全部向量为

$$\boldsymbol{\gamma} = l_1 \boldsymbol{\alpha}_1 + l_2 \boldsymbol{\alpha}_2 + l \boldsymbol{\beta}_3, \quad \boldsymbol{\gamma} = c_1 \boldsymbol{\beta}_1 + c_2 \boldsymbol{\beta}_3 + c \boldsymbol{\alpha}_2,$$

其中 l_1, l_2, l, c_1, c_2, c 均不为零.

(反证法)假设 $\boldsymbol{\gamma} = l_1 \boldsymbol{\alpha}_1 + l_2 \boldsymbol{\alpha}_2 + l \boldsymbol{\beta}_3 \in V_1$，$\exists a_1, a_2$ 使得

$$\boldsymbol{\gamma} = l_1 \boldsymbol{\alpha}_1 + l_2 \boldsymbol{\alpha}_2 + l \boldsymbol{\beta}_3 = a_1 \boldsymbol{\alpha}_1 + a_2 \boldsymbol{\alpha}_2 \Rightarrow (l_1 - a_1) \boldsymbol{\alpha}_1 + (l_2 - a_2) \boldsymbol{\alpha}_2 + l \boldsymbol{\beta}_3 = \mathbf{0},$$

由(2)知 $\boldsymbol{\alpha}_1, \boldsymbol{\alpha}_2, \boldsymbol{\beta}_3$ 线性无关,故 $l_1 - a_1 = l_2 - a_2 = l = 0$,显然矛盾.

同理可证 $\boldsymbol{\gamma} = l_1 \boldsymbol{\alpha}_1 + l_2 \boldsymbol{\alpha}_2 + l \boldsymbol{\beta}_3 \notin V_2$.

42. 证明:由条件可知,V_1 和 V_2 不能同时为零空间.若 V_1 和 V_2 中有一个为零空间,结论显然成立.若 V_1 和 V_2 都不是零空间,则 $\dim(V_1) \geqslant 1, \dim(V_2) \geqslant 1$.下面证明

$$V_1 \subseteq V_2 \text{ 或 } V_1 \supseteq V_2.$$

(反证法)假设 $V_1 \not\subset V_2, V_2 \not\subset V_1$,取 $V_1 \cap V_2$ 的一组基 $\boldsymbol{\eta}_1, \boldsymbol{\eta}_2, \cdots, \boldsymbol{\eta}_r$,由于 $V_1 \not\subset V_2, V_2 \not\subset V_1$,必存在 $\boldsymbol{\alpha}_{r+1}, \cdots, \boldsymbol{\alpha}_{r+s} \in V_1$ 使得 $\boldsymbol{\eta}_1, \boldsymbol{\eta}_2, \cdots, \boldsymbol{\eta}_r, \boldsymbol{\alpha}_{r+1}, \cdots, \boldsymbol{\alpha}_{r+s}$ 为 V_1 的一组基,且 $s \geqslant 1$.

同样可知,必存在 $\boldsymbol{\beta}_{r+1}, \cdots, \boldsymbol{\beta}_{r+t} \in V_2$ 使得 $\boldsymbol{\eta}_1, \boldsymbol{\eta}_2, \cdots, \boldsymbol{\eta}_r, \boldsymbol{\beta}_{r+1}, \cdots, \boldsymbol{\beta}_{r+t}$ 为 V_2 的一组基,且 $t \geqslant 1$，容易证向量组 $\boldsymbol{\eta}_1, \boldsymbol{\eta}_2, \cdots, \boldsymbol{\eta}_r, \boldsymbol{\alpha}_{r+1}, \cdots, \boldsymbol{\alpha}_{r+s}, \boldsymbol{\beta}_{r+1}, \cdots, \boldsymbol{\beta}_{r+t}$ 为 $V_1 + V_2$ 的一组基,所以

$$\dim(V_1 + V_2) = r + s + t \geqslant r + 2.$$

而 $\dim(V_1 \cap V_2) + 1 = r + 1$,这与已知 $\dim(V_1 + V_2) = \dim(V_1 \cap V_2) + 1$ 相矛盾,故假设不成立.所以 $V_1 \subseteq V_2$ 或 $V_1 \supseteq V_2$,因此命题成立.

43. 证明:(1) 若 $U_1 = U_2$,则将 U_1, U_2 的基 $\boldsymbol{\alpha}_1, \boldsymbol{\alpha}_2, \cdots, \boldsymbol{\alpha}_r$ 扩展为线性空间 V 的基 $\boldsymbol{\alpha}_1, \boldsymbol{\alpha}_2, \cdots, \boldsymbol{\alpha}_r, \boldsymbol{\alpha}_{r+1}, \cdots, \boldsymbol{\alpha}_{r+n-m}$,取 $W = L(\boldsymbol{\alpha}_{r+1}, \cdots, \boldsymbol{\alpha}_{r+n-m})$满足题意,即为所求.

(2) 当 $U_1 \neq U_2$ 时,设 $\dim(U_1 \cap U_2) = p, \boldsymbol{\gamma}_1, \boldsymbol{\gamma}_2, \cdots, \boldsymbol{\gamma}_p$ 为 $U_1 \cap U_2$ 的一组基,分别将其扩充为子空间 U_1 和 U_2 的基 $\boldsymbol{\gamma}_1, \boldsymbol{\gamma}_2, \cdots, \boldsymbol{\gamma}_p, \boldsymbol{\alpha}_{p+1}, \boldsymbol{\alpha}_{p+2}, \cdots, \boldsymbol{\alpha}_r$ 和 $\boldsymbol{\gamma}_1, \boldsymbol{\gamma}_2, \cdots, \boldsymbol{\gamma}_p, \boldsymbol{\beta}_{p+1}, \boldsymbol{\beta}_{p+2}, \cdots, \boldsymbol{\beta}_s$ 再分别将其扩展为线性空间 V 的基 $\boldsymbol{\gamma}_1, \boldsymbol{\gamma}_2, \cdots, \boldsymbol{\gamma}_p, \boldsymbol{\alpha}_{p+1}, \cdots, \boldsymbol{\alpha}_r, \boldsymbol{\alpha}_{r+1}, \cdots, \boldsymbol{\alpha}_n$ 和 $\boldsymbol{\gamma}_1, \boldsymbol{\gamma}_2, \cdots, \boldsymbol{\gamma}_p, \boldsymbol{\beta}_{p+1}, \cdots, \boldsymbol{\beta}_s, \boldsymbol{\beta}_{s+1}, \cdots, \boldsymbol{\beta}_n$,则

$$r < n, \quad s < n, \quad \boldsymbol{\alpha}_{p+1}, \cdots, \boldsymbol{\alpha}_r, \boldsymbol{\alpha}_{r+1}, \cdots, \boldsymbol{\alpha}_n \notin U_2 \text{ 及 } \boldsymbol{\beta}_{p+1}, \cdots, \boldsymbol{\beta}_s, \boldsymbol{\beta}_{s+1}, \cdots, \boldsymbol{\beta}_n \notin U_1,$$

于是线性无关的向量组 $\boldsymbol{\alpha}_{p+1}, \cdots, \boldsymbol{\alpha}_r, \boldsymbol{\alpha}_{r+1}, \cdots, \boldsymbol{\alpha}_n$ 中至少有一个向量不能由线性无关的向量组 $\boldsymbol{\beta}_{p+1}, \cdots, \boldsymbol{\beta}_s, \boldsymbol{\beta}_{s+1}, \cdots, \boldsymbol{\beta}_n$ 线性表出,或者线性无关的向量组 $\boldsymbol{\beta}_{p+1}, \cdots, \boldsymbol{\beta}_s, \boldsymbol{\beta}_{s+1}, \cdots, \boldsymbol{\beta}_n$ 中至少有一个向量不能由线性无关的向量组 $\boldsymbol{\alpha}_{r+1}, \cdots, \boldsymbol{\alpha}_n$ 线性表出.否则,$\boldsymbol{\alpha}_{p+1}, \cdots, \boldsymbol{\alpha}_r, \boldsymbol{\alpha}_{r+1}, \cdots, \boldsymbol{\alpha}_n$ 与 $\boldsymbol{\beta}_{p+1}, \cdots, \boldsymbol{\beta}_s, \boldsymbol{\beta}_{s+1}, \cdots, \boldsymbol{\beta}_n$ 等价,从而 $U_1 = U_2$ 与 $U_1 \neq U_2$ 矛盾.

不妨设 $\boldsymbol{\alpha}_{p+1}$不能由线性无关的向量组 $\boldsymbol{\beta}_{p+1}, \cdots, \boldsymbol{\beta}_s, \boldsymbol{\beta}_{s+1}, \cdots, \boldsymbol{\beta}_n$ 线性表出,从而 $\boldsymbol{\alpha}_{p+1}, \boldsymbol{\beta}_{s+1}, \cdots, \boldsymbol{\beta}_n$ 线性无关,故 $\boldsymbol{\alpha}_{p+1}, \boldsymbol{\beta}_{s+1}, \cdots, \boldsymbol{\beta}_{s+n-m}$也线性无关.

(1) 下面证明向量组 $\boldsymbol{\alpha}_{p+1} + \boldsymbol{\beta}_{s+1}, \boldsymbol{\alpha}_{p+1} + \boldsymbol{\beta}_{s+2}, \cdots, \boldsymbol{\alpha}_{p+1} + \boldsymbol{\beta}_{s+n-m}$也线性无关.

令 $l_1(\boldsymbol{\alpha}_{p+1} + \boldsymbol{\beta}_{s+1}) + l_2(\boldsymbol{\alpha}_{p+1} + \boldsymbol{\beta}_{s+2}) + \cdots + l_{n-m}(\boldsymbol{\alpha}_{p+1} + \boldsymbol{\beta}_{s+n-m}) = \mathbf{0}$,整理后得

$$(l_1 + l_2 + \cdots + l_{n-m}) \boldsymbol{\alpha}_{p+1} + l_1 \boldsymbol{\beta}_{s+1} + l_2 \boldsymbol{\beta}_{s+2} + \cdots + l_{n-m} \boldsymbol{\beta}_{s+n-m} = \mathbf{0}.$$

因为 $\boldsymbol{\alpha}_{p+1}, \boldsymbol{\beta}_{s+1}, \cdots, \boldsymbol{\beta}_{s+n-m}$线性无关,故

$$l_1 + l_2 + \cdots + l_{n-m} = l_1 = l_2 = \cdots = l_{n-m} = 0,$$

从而 $\boldsymbol{\alpha}_{p+1} + \boldsymbol{\beta}_{s+1}, \boldsymbol{\alpha}_{p+1} + \boldsymbol{\beta}_{s+2}, \cdots, \boldsymbol{\alpha}_{p+1} + \boldsymbol{\beta}_{s+n-m}$也线性无关.

(2) 下面证明 $\boldsymbol{\alpha}_{p+1} + \boldsymbol{\beta}_{s+1}, \boldsymbol{\alpha}_{p+1} + \boldsymbol{\beta}_{s+2}, \cdots, \boldsymbol{\alpha}_{p+1} + \boldsymbol{\beta}_{s+n-m} \notin U_1, U_2$.

令 $\boldsymbol{\gamma}_i=\boldsymbol{\alpha}_{p+1}+\boldsymbol{\beta}_{s+i}(i=1,2,\cdots,n-m)$，用反证法证明. 假设 $\boldsymbol{\gamma}_i=\boldsymbol{\alpha}_{p+1}+\boldsymbol{\beta}_{s+i}\in U_1$，则与 $\boldsymbol{\gamma}_i-\boldsymbol{\alpha}_{p+1}=\boldsymbol{\beta}_{s+i}\in U_1$ 矛盾.

假设 $\boldsymbol{\gamma}_i=\boldsymbol{\alpha}_{p+1}+\boldsymbol{\beta}_{s+i}\in U_2$，则与 $\boldsymbol{\gamma}_i-\boldsymbol{\beta}_{s+i}=\boldsymbol{\alpha}_{p+1}\in U_2$ 也矛盾.

综上所述，$\boldsymbol{\alpha}_{p+1}+\boldsymbol{\beta}_{s+1},\boldsymbol{\alpha}_{p+1}+\boldsymbol{\beta}_{s+2},\cdots,\boldsymbol{\alpha}_{p+1}+\boldsymbol{\beta}_{s+n-m}\notin U_1,U_2$，令

$$W=L(\boldsymbol{\alpha}_{p+1}+\boldsymbol{\beta}_{s+1},\boldsymbol{\alpha}_{p+1}+\boldsymbol{\beta}_{s+2},\cdots,\boldsymbol{\alpha}_{p+1}+\boldsymbol{\beta}_{s+n-m}),$$

则此即为所求，满足题意.

44. 证明：(1) 令 $\sum_{i=0}^{n} l_i\binom{x}{i}=0(l_i\in\mathbf{R};i=0,1,2,\cdots,n)$，因为 $\binom{x}{k}$ 为 k 次多项式，所以必有 $l_i=0(i=0,1,2,\cdots,n)$，故线性无关. 又 $\dim V=n+1$，所以 $\binom{x}{0},\binom{x}{1},\cdots,\binom{x}{n}$ 构成 V 的一组基.

(2) 显然 $1,x,\cdots,x^n$ 为线性空间 V 的一组基，可设基 $1,x,\cdots,x^n$ 到基 $\binom{x}{0},\binom{x}{1},\cdots,\binom{x}{n}$ 的过渡矩阵为 $\mathbf{A}$，则 $\mathbf{A}$ 可逆.

$\forall f(x)=a_0+a_1x+\cdots+a_nx^n,a_i\in\mathbf{R},i=1,2,\cdots,n$，则

$$f(x)=a_0+a_1x+\cdots+a_nx^n=(1,x,\cdots,x^n)\begin{pmatrix}a_0\\a_1\\\vdots\\a_n\end{pmatrix}=\left(\binom{x}{0},\binom{x}{1},\cdots,\binom{x}{n}\right)\mathbf{A}^{-1}\begin{pmatrix}a_0\\a_1\\\vdots\\a_n\end{pmatrix},$$

$$=b_0\binom{x}{0}+b_1\binom{x}{1}+\cdots+b_n\binom{x}{n},$$

其中 $(b_0,b_1,\cdots,b_n)^{\mathrm{T}}=\mathbf{A}^{-1}(a_0,a_1,\cdots,a_n)^{\mathrm{T}}$.

第7讲 线性变换

7.1 线性变换的定义及运算

一、概述

线性变换是线性空间到自身的一种简单映射，本节从映射的角度来分析线性空间中向量之间的内在联系以及线性空间的结构问题.

二、难点及相关实例

(1) 如何利用定义验证一个线性空间上的映射为该空间上的一个线性变换.

(2) 线性变换的运算与矩阵的运算性质具有一致性，特别要注意线性变换的运算中乘法一般不满足交换律.

例1 实数域上的可导函数组成的线性空间 $R[x]$ 上定义的映射：

$$\forall f(x), D(f(x)) = f'(x), \quad I(f(x)) = \int_0^x f(t)\mathrm{d}t.$$

证明：(1) D, I 都是 $R[x]$ 上的线性变换；(2) $DI=E$；(3) 若 $f(0)\neq 0$，则 $ID\neq E$.

证 (1) 显然 D 是 $R[x]$ 上的变换，$\forall f_1(x), f_2(x)\in R[x], k_1, k_2\in\mathbf{R}$，

$$\begin{aligned}D(k_1f_1(x)+k_2f_2(x))&=(k_1f_1(x)+k_2f_2(x))'=k_1f'_1(x)+k_2f'_2(x)\\&=k_1D(f_1(x))+k_2D(f_2(x)),\end{aligned}$$

故 D 是 $R[x]$ 上的线性变换.

显然 $I(\cdot)$ 是 $R[x]$ 上的变换，$\forall f_1(x), f_2(x)\in R[x], k_1, k_2\in\mathbf{R}$，

$$\begin{aligned}I(k_1f_1(x)+k_2f_2(x))&=\int_0^x(k_1f_1(t)+k_2f_2(t))\mathrm{d}t=k_1\int_0^x f_1(t)\mathrm{d}t+k_2\int_0^x f_2(t)\mathrm{d}t\\&=k_1I(f_1(x))+k_2I(f_2(x)),\end{aligned}$$

故 $I(\cdot)$ 是 $R[x]$ 上的线性变换.

(2) $\forall f(x), DI(f(x)) = D(I(f(x))) = D\left(\int_0^x f(t)\mathrm{d}t\right)$

$$=\left(\int_0^x f(t)\mathrm{d}t\right)' = f(x) = E(f(x)),$$

所以 $DI=E$.

(3) $\forall f(x), ID(f(x)) = I(D(f(x))) = I(f'(x)) = \left(\int_0^x f'(t)\mathrm{d}t\right) = f(x)-f(0)$，

因为 $f(0)\neq 0$，所以 $\forall f(x)$，

$$ID(f(x))=f(x)-f(0)\neq f(x)=E(f(x)),$$

从而 $DI\neq E$.

例 2 在 P^3 中，$\forall (x_1,x_2,x_3)\in P^3$，$\tau(x_1,x_2,x_3)=(x_1+x_3^2,x_2,0)$，判断变换 τ 是否为 P^3 上的线性变换.

解 反例法(反例法是反证法的一种，这是很多学生容易忽略的).

若取 $\boldsymbol{\alpha}=(1,1,2)$，$k=2$，则

$$k\tau(\boldsymbol{\alpha})=(10,2,0)\neq\tau(k\boldsymbol{\alpha})=(18,2,0),$$

故不满足线性变换的定义，因此 τ 不是 P^3 上的线性变换.

三、同步练习

1. 在 $P^{n\times n}$ 中的变换 $\sigma(\boldsymbol{X})=\boldsymbol{AXB}$，$\forall \boldsymbol{A},\boldsymbol{B}\in P^{n\times n}$ 为两个已知矩阵，判断 σ 是否为 $P^{n\times n}$ 上的线性变换.

【思路】 线性变换的定义证明.

2. 在几何平面空间 $\mathbf{R}^2$ 中，设 τ 是 $\mathbf{R}^2$ 中绕原点逆时针方向旋转 θ 角度的变换.

(1) 证明 τ 是 $\mathbf{R}^2$ 上的一个线性变换.

(2) 说明变换 τ^{-1} 代表的几何意义.

【思路】 同上.

7.2 线性变换的矩阵

一、概述

线性变换是研究线性空间的向量之间的内在联系以及线性空间的结构问题的工具，如何对这个工具本身的性质进行研究，更有利于研究向量之间的关系. 将抽象的线性变换数量化是研究线性变换的基础.

二、难点及相关实例

(1) 如何利用定义求一个线性变换的矩阵表示及不唯一性.

(2) 同一线性变换在不同基下的矩阵的相似关系.

(3) 同一线性空间上的线性变换与其矩阵对应的同构关系.

例 1 在 $\mathbf{R}^3$ 中，$\forall (x_1,x_2,x_3)\in\mathbf{R}^3$，$\tau(x_1,x_2,x_3)=(x_3,x_2,0)$.

(1) 证明变换 τ 是 $\mathbf{R}^3$ 上的一个线性变换；

(2) 求 τ 在基 $\boldsymbol{\varepsilon}_1=(1,0,0)$，$\boldsymbol{\varepsilon}_2=(0,1,0)$，$\boldsymbol{\varepsilon}_3=(0,0,1)$ 下的一个矩阵表示；

(3) 求 τ 在另一组基 $\boldsymbol{\eta}_1=(1,1,1)$，$\boldsymbol{\eta}_2=(1,1,0)$，$\boldsymbol{\eta}_3=(1,0,0)$ 下的一个矩阵表示.

证 (1) 显然 $\tau(\cdot)$ 是 $\mathbf{R}^3$ 上的变换，$\forall \boldsymbol{\alpha}=(x_1,x_2,x_3)$，$\boldsymbol{\beta}=(y_1,y_2,y_3)\in\mathbf{R}^3$，$k_1,k_2\in\mathbf{R}$，

$$\begin{aligned}\tau(k_1\boldsymbol{\alpha}+k_2\boldsymbol{\beta})&=\tau(k_1x_1+k_2y_1,k_1x_2+k_2y_2,k_1x_3+k_2y_3)\\&=(k_1x_3+k_2y_3,k_1x_2+k_2y_2,0)\\&=k_1(x_3,x_2,0)+k_2(y_3,y_2,0)\\&=k_1\tau(\boldsymbol{\alpha})+k_2\tau(\boldsymbol{\beta}),\end{aligned}$$

故 $\tau(\cdot)$ 是 $\mathbf{R}^3$ 上的线性变换.

(2) 利用变换规则可得 τ 作用基 $\boldsymbol{\varepsilon}_1=(1,0,0)$，$\boldsymbol{\varepsilon}_2=(0,1,0)$，$\boldsymbol{\varepsilon}_3=(0,0,1)$ 的象分别为

$$\tau(\boldsymbol{\varepsilon}_1)=\mathbf{0}=0\boldsymbol{\varepsilon}_1+0\boldsymbol{\varepsilon}_2+0\boldsymbol{\varepsilon}_3,$$
$$\tau(\boldsymbol{\varepsilon}_2)=\boldsymbol{\varepsilon}_2=0\boldsymbol{\varepsilon}_1+1\boldsymbol{\varepsilon}_2+0\boldsymbol{\varepsilon}_3,$$
$$\tau(\boldsymbol{\varepsilon}_3)=\boldsymbol{\varepsilon}_1=1\boldsymbol{\varepsilon}_1+0\boldsymbol{\varepsilon}_2+0\boldsymbol{\varepsilon}_3,$$

从而
$$\tau(\boldsymbol{\varepsilon}_1,\boldsymbol{\varepsilon}_2,\boldsymbol{\varepsilon}_3)=(\boldsymbol{\varepsilon}_1,\boldsymbol{\varepsilon}_2,\boldsymbol{\varepsilon}_3)\begin{pmatrix}0&0&1\\0&1&0\\0&0&0\end{pmatrix},$$

故 τ 在基 $\boldsymbol{\varepsilon}_1,\boldsymbol{\varepsilon}_2,\boldsymbol{\varepsilon}_3$ 下的一个矩阵表示 $\boldsymbol{A}=\begin{pmatrix}0&0&1\\0&1&0\\0&0&0\end{pmatrix}$.

(3) 先计算基 $\boldsymbol{\varepsilon}_1,\boldsymbol{\varepsilon}_2,\boldsymbol{\varepsilon}_3$ 到基 $\boldsymbol{\eta}_1,\boldsymbol{\eta}_2,\boldsymbol{\eta}_3$ 的过渡矩阵. 因为

$$\boldsymbol{\eta}_1=1\boldsymbol{\varepsilon}_1+1\boldsymbol{\varepsilon}_2+1\boldsymbol{\varepsilon}_3,$$
$$\boldsymbol{\eta}_2=1\boldsymbol{\varepsilon}_1+1\boldsymbol{\varepsilon}_2+0\boldsymbol{\varepsilon}_3,$$
$$\boldsymbol{\eta}_3=1\boldsymbol{\varepsilon}_1+0\boldsymbol{\varepsilon}_2+0\boldsymbol{\varepsilon}_3,$$

所以
$$(\boldsymbol{\eta}_1,\boldsymbol{\eta}_2,\boldsymbol{\eta}_3)=(\boldsymbol{\varepsilon}_1,\boldsymbol{\varepsilon}_2,\boldsymbol{\varepsilon}_3)\begin{pmatrix}1&1&1\\1&1&0\\1&0&0\end{pmatrix}.$$

因此,$\boldsymbol{\varepsilon}_1,\boldsymbol{\varepsilon}_2,\boldsymbol{\varepsilon}_3$ 到基 $\boldsymbol{\eta}_1,\boldsymbol{\eta}_2,\boldsymbol{\eta}_3$ 的过渡矩阵为 $\boldsymbol{X}=\begin{pmatrix}1&1&1\\1&1&0\\1&0&0\end{pmatrix}$,则 τ 在基 $\boldsymbol{\eta}_1,\boldsymbol{\eta}_2,\boldsymbol{\eta}_3$ 下的一个矩阵表示

$$\boldsymbol{B}=\boldsymbol{X}^{-1}\boldsymbol{A}\boldsymbol{X}=\begin{pmatrix}0&0&0\\1&1&0\\0&-1&0\end{pmatrix}.$$

例 2 已知 $\boldsymbol{A}=\begin{pmatrix}\lambda_1&&&\\&\lambda_2&&\\&&\ddots&\\&&&\lambda_n\end{pmatrix}$,$\boldsymbol{B}=\begin{pmatrix}\lambda_{i_1}&&&\\&\lambda_{i_2}&&\\&&\ddots&\\&&&\lambda_{i_n}\end{pmatrix}$,其中 $i_1,i_2,\cdots,i_n$ 是 $1,2,\cdots,n$ 的一个排列,证明 $\boldsymbol{A}$ 与 $\boldsymbol{B}$ 相似.

证 方法一 利用同构思想证明. 设 $\boldsymbol{A}$ 是数域 P 上的线性空间 W 上的一个线性变换 τ 在 W 的一组基 $\boldsymbol{\varepsilon}_1,\boldsymbol{\varepsilon}_2,\cdots,\boldsymbol{\varepsilon}_n$ 下的矩阵,即

$$\tau(\boldsymbol{\varepsilon}_1,\boldsymbol{\varepsilon}_2,\cdots,\boldsymbol{\varepsilon}_n)=(\boldsymbol{\varepsilon}_1,\boldsymbol{\varepsilon}_2,\cdots,\boldsymbol{\varepsilon}_n)\boldsymbol{A},$$

从而 $\tau(\boldsymbol{\varepsilon}_{i_1},\boldsymbol{\varepsilon}_{i_2},\cdots,\boldsymbol{\varepsilon}_{i_n})=(\boldsymbol{\varepsilon}_{i_1},\boldsymbol{\varepsilon}_{i_2},\cdots,\boldsymbol{\varepsilon}_{i_n})\boldsymbol{B}$,所以 $\boldsymbol{A}$ 与 $\boldsymbol{B}$ 相似.

方法二 利用第 8 讲参数矩阵的结论(两个数字矩阵相似的充要条件是其对应的特征矩阵等价)来证明. 略.

三、同步练习

1. 在 $\mathbf{R}^{2\times2}$ 中的变换 $\sigma(\boldsymbol{X})=\boldsymbol{X}\boldsymbol{B}_0$,$\boldsymbol{B}_0=\begin{pmatrix}1&0\\0&0\end{pmatrix}$.

(1) 证明变换 σ 是 $\mathbf{R}^{2\times2}$ 上的一个线性变换;

(2) 求 σ 在一组基下的一个矩阵表示.

【思路】 线性变换的矩阵表示的定义.

2. 证明矩阵:$\boldsymbol{A}=\begin{pmatrix}1&1&0\\0&1&0\\0&0&1\end{pmatrix}$与 $\boldsymbol{B}=\begin{pmatrix}1&0&0\\0&1&0\\0&1&1\end{pmatrix}$相似.

【思路】 利用矩阵构造线性变换,然后可知上述两个矩阵为同一线性变换的矩阵.

7.3 特征值与特征向量

一、概述

研究抽象的线性变换,可以利用其矩阵表示的特征值和特征向量的方法间接研究线性变换,同时也可利用线性变换来探讨矩阵的某些性质,例如对角化问题.

二、难点及相关实例

(1) 用线性变换的矩阵表示来求线性变换的特征值与特征子空间.

(2) 利用哈密尔顿-凯莱(Hamilton-Cayley)定理来计算矩阵的幂.

例 1 在 $\mathbf{R}^{3\times3}$ 中,$\forall \boldsymbol{B}\in\mathbf{R}^{3\times3}$,$\tau(\boldsymbol{B})=\boldsymbol{AB}-\boldsymbol{BA}$,$\boldsymbol{A}=\begin{pmatrix}0&0&0\\0&1&0\\0&0&2\end{pmatrix}$,求变换 τ 的所有特征值与特征子空间.

【分析】 一般利用线性变换的矩阵来求特征值与特征向量.

解 显然 $\tau(\cdot)$是 $\mathbf{R}^{3\times3}$ 上的线性变换,利用变换规则可得 τ 作用基 $\boldsymbol{E}_{ij}\,(i,j=1,2,3)$的象分别为

$$\tau(\boldsymbol{E}_{11})=\boldsymbol{AE}_{11}-\boldsymbol{E}_{11}\boldsymbol{A}=\boldsymbol{O},\qquad \tau(\boldsymbol{E}_{12})=\boldsymbol{AE}_{12}-\boldsymbol{E}_{12}\boldsymbol{A}=-\boldsymbol{E}_{12},$$
$$\tau(\boldsymbol{E}_{13})=\boldsymbol{AE}_{13}-\boldsymbol{E}_{13}\boldsymbol{A}=-2\boldsymbol{E}_{13},\qquad \tau(\boldsymbol{E}_{21})=\boldsymbol{AE}_{21}-\boldsymbol{E}_{21}\boldsymbol{A}=\boldsymbol{E}_{21},$$
$$\tau(\boldsymbol{E}_{22})=\boldsymbol{AE}_{22}-\boldsymbol{E}_{22}\boldsymbol{A}=\boldsymbol{O},\qquad \tau(\boldsymbol{E}_{23})=\boldsymbol{AE}_{23}-\boldsymbol{E}_{23}\boldsymbol{A}=-\boldsymbol{E}_{23},$$
$$\tau(\boldsymbol{E}_{31})=\boldsymbol{AE}_{31}-\boldsymbol{E}_{31}\boldsymbol{A}=2\boldsymbol{E}_{31},\qquad \tau(\boldsymbol{E}_{32})=\boldsymbol{AE}_{32}-\boldsymbol{E}_{32}\boldsymbol{A}=\boldsymbol{E}_{32},$$
$$\tau(\boldsymbol{E}_{33})=\boldsymbol{AE}_{33}-\boldsymbol{E}_{33}\boldsymbol{A}=\boldsymbol{O},$$

从而 τ 的所有特征值为

$$\lambda_1=\lambda_2=\lambda_3=0,\quad \lambda_4=\lambda_5=1,\quad \lambda_6=\lambda_7=-1,\quad \lambda_8=2,\quad \lambda_9=-2,$$

并且 τ 在基 $\boldsymbol{E}_{ij}\,(i,j=1,2,3)$下的矩阵为对角矩阵,故由基象知,其属于 0 的特征子空间 $V_0=L(\boldsymbol{E}_{11},\boldsymbol{E}_{22},\boldsymbol{E}_{33})$,属于 1 的特征子空间 $V_1=L(\boldsymbol{E}_{21},\boldsymbol{E}_{32})$,属于$-1$ 的特征子空间 $V_{-1}=L(\boldsymbol{E}_{12},\boldsymbol{E}_{23})$,属于 2 的特征子空间 $V_2=L(\boldsymbol{E}_{31})$,属于$-2$ 的特征子空间 $V_{-2}=L(\boldsymbol{E}_{13})$.

例 2 已知 $\boldsymbol{A}=\begin{pmatrix}-7&0&2\\8&1&-2\\-36&0&10\end{pmatrix}$,求 $\boldsymbol{A}^{100}$.

【分析】 求矩阵的幂,利用哈密尔顿-凯莱定理是常用的方法之一,也可利用矩阵的对角

化的性质(后面有介绍)来求解.

解 先求矩阵的特征多项式

$$f(\lambda)=|\lambda\boldsymbol{E}-\boldsymbol{A}|=(\lambda-1)^2(\lambda-2).$$

由哈密尔顿-凯莱定理知 $f(\boldsymbol{A})=\boldsymbol{0}$.

设 $g(\lambda)=\lambda^{100}$，由多项式的带余除法可设

$$g(\lambda)=\lambda^{100}=f(\lambda)q(\lambda)+r(\lambda)=f(\lambda)q(\lambda)+a\lambda^2+b\lambda+c\quad(a,b,c\text{ 为常数}),$$

$$g'(\lambda)=100\lambda^{99}=f'(\lambda)q(\lambda)+f(\lambda)q'(\lambda)+r'(\lambda)=f'(\lambda)q(\lambda)+f(\lambda)q'(\lambda)+2a\lambda+b,$$

将 $\lambda=1,\lambda=2$,分别代入上面两式可得

$$g(1)=1^{100}=a+b+c,$$
$$g(2)=2^{100}=4a+2b+c,$$
$$g'(1)=100=2a+b,$$

可求出 $a=2^{100}-101,b=302-2^{101},c=2^{100}-200$. 故

$$g(\boldsymbol{A})=\boldsymbol{A}^{100}=f(\boldsymbol{A})q(\boldsymbol{A})+a\boldsymbol{A}^2+b\boldsymbol{A}+c\boldsymbol{E}=a\boldsymbol{A}^2+b\boldsymbol{A}+c\boldsymbol{E},$$

将上述计算的值代入即可算出.

三、同步练习

1. 在 $\mathbf{R}^{2\times2}$ 中的变换 $\sigma(\boldsymbol{X})=\boldsymbol{XB}_0,\boldsymbol{B}_0=\begin{pmatrix}1&0\\0&0\end{pmatrix}$，求线性变换 σ 的所有特征值及特征子空间.

【思路】 利用特征值与特征子空间的定义求解.

2. 已知 $\boldsymbol{A}=\begin{pmatrix}-1&6&2\\2&-5&-2\\-9&27&10\end{pmatrix}$,求 $\boldsymbol{A}^{100}$.

【思路】 同例 2.

7.4 对角矩阵

一、概述

矩阵(线性变换)对角化问题是在研究矩阵和线性变换的应用及理论问题中比较常见的问题,例如应用在矩阵幂的计算和线性变换的性质研究.本节利用特征值和特征向量的性质给出矩阵对角化的判定条件,也可利用后面介绍的最小多项式来判定.

二、难点及相关实例

矩阵的对角化的应用.

例 已知 $\boldsymbol{A}=\begin{pmatrix}-7&0&2\\8&1&-2\\-36&0&10\end{pmatrix}$,求 $\boldsymbol{A}^{100}$.

【分析】 上一节利用哈密尔顿-凯莱定理给出了矩阵幂的计算方法,现在利用矩阵的对角

化给出矩阵的幂的计算方法.

解 (1) 求矩阵的特征多项式 $f(\lambda)=|\lambda\boldsymbol{E}-\boldsymbol{A}|=(\lambda-1)^2(\lambda-2)$.

(2) 求不同特征值的线性无关的特征向量个数(或特征子空间的维数之和是否为 3),将 $\lambda=1$ 代入特征向量方程 $(\lambda\boldsymbol{E}-\boldsymbol{A})\boldsymbol{X}=\boldsymbol{0}$,可得属于 1 的线性无关的特征向量为

$$\boldsymbol{\eta}_1=\begin{pmatrix}0\\1\\0\end{pmatrix},\quad \boldsymbol{\eta}_2=\begin{pmatrix}1\\0\\4\end{pmatrix}.$$

将 $\lambda=2$ 代入特征向量方程 $(\lambda\boldsymbol{E}-\boldsymbol{A})\boldsymbol{X}=\boldsymbol{0}$,可得属于 2 的线性无关的特征向量为

$$\boldsymbol{\eta}_3=\begin{pmatrix}2\\2\\9\end{pmatrix}.$$

因此,矩阵有三个线性无关的特征向量,故能对角化. 令 $\boldsymbol{T}=\begin{pmatrix}0&1&2\\1&0&2\\0&4&9\end{pmatrix}$,则

$$\boldsymbol{T}^{-1}\boldsymbol{A}\boldsymbol{T}=\begin{pmatrix}1&0&0\\0&1&0\\0&0&2\end{pmatrix}\Rightarrow\boldsymbol{A}=\boldsymbol{T}\begin{pmatrix}1&0&0\\0&1&0\\0&0&2\end{pmatrix}\boldsymbol{T}^{-1}\Rightarrow\boldsymbol{A}^{100}=\boldsymbol{T}\begin{pmatrix}1&0&0\\0&1&0\\0&0&2^{100}\end{pmatrix}\boldsymbol{T}^{-1}.$$

将上述计算的值代入即可算出.

三、同步练习

利用对角化方法求 $\boldsymbol{A}^{100}$,其中 $\boldsymbol{A}=\begin{pmatrix}-1&6&2\\2&-5&-2\\-9&27&10\end{pmatrix}$.

【提示】 同例 1. 略.

7.5 线性变换的值域与核

一、概述

线性空间中的子空间构成有很多种形式,本节讨论了两类特殊的子空间——线性变换的值域与核及相关性质.

二、难点及相关实例

(1) 给定一个线性变换,求它的值域与核的维数及一组基.

(2) 值域与核的性质.

例 1 在 $\mathbf{R}^{2\times2}$ 中,$\forall\boldsymbol{B}\in\mathbf{R}^{2\times2}$,$\tau(\boldsymbol{B})=\boldsymbol{AB}-\boldsymbol{BA}$,$\boldsymbol{A}=\begin{pmatrix}0&0\\0&1\end{pmatrix}$,求线性变换 τ 的值域与核的维数及一组基.

【分析】 本题主要考查线性变换 τ 的值域 $\tau(\mathbf{R}^{2\times2})$ 与核 $\tau^{-1}(0)$ 的定义及性质.

解 (1) 先取线性空间 $\mathbf{R}^{2\times 2}$ 中的一组基 $\boldsymbol{E}_{11},\boldsymbol{E}_{12},\boldsymbol{E}_{21},\boldsymbol{E}_{22}$，求线性变换 τ 的值域 $\tau(\mathbf{R}^{2\times 2})=L(\tau(\boldsymbol{E}_{11}),\tau(\boldsymbol{E}_{12}),\tau(\boldsymbol{E}_{21}),\tau(\boldsymbol{E}_{22}))$ 中的一组基：

$$\tau(\boldsymbol{E}_{11})=\boldsymbol{A}\boldsymbol{E}_{11}-\boldsymbol{E}_{11}\boldsymbol{A}=\boldsymbol{O},\qquad \tau(\boldsymbol{E}_{12})=\boldsymbol{A}\boldsymbol{E}_{12}-\boldsymbol{E}_{12}\boldsymbol{A}=-\boldsymbol{E}_{12},$$

$$\tau(\boldsymbol{E}_{21})=\boldsymbol{A}\boldsymbol{E}_{21}-\boldsymbol{E}_{21}\boldsymbol{A}=\boldsymbol{E}_{21},\quad \tau(\boldsymbol{E}_{22})=\boldsymbol{A}\boldsymbol{E}_{22}-\boldsymbol{E}_{22}\boldsymbol{A}=\boldsymbol{O}.$$

故 $\tau(\boldsymbol{E}_{11}),\tau(\boldsymbol{E}_{12}),\tau(\boldsymbol{E}_{21}),\tau(\boldsymbol{E}_{22})$ 的极大无关组为 $\tau(\boldsymbol{E}_{12})=-\boldsymbol{E}_{12},\tau(\boldsymbol{E}_{21})=\boldsymbol{E}_{21}$，其他为 $\tau(\mathbf{R}^{2\times 2})$ 的一组基且维数为 2.

(2) 因为线性变换 τ 的值域与核的维数之和为 4，故线性变换 τ 的核的维数为 2，且

$$\tau^{-1}(\mathbf{0})=\{\boldsymbol{B}\,|\,\boldsymbol{AB}-\boldsymbol{BA}=\mathbf{0}\}=\{\boldsymbol{B}\,|\,\boldsymbol{AB}=\boldsymbol{BA}\}.$$

设 $\boldsymbol{B}=\begin{bmatrix} b_1 & b_2 \\ b_3 & b_4 \end{bmatrix}$，则

$$\boldsymbol{AB}=\boldsymbol{BA}\Rightarrow\begin{pmatrix} 0 & 0 \\ b_3 & b_4 \end{pmatrix}=\begin{bmatrix} 0 & b_2 \\ 0 & b_4 \end{bmatrix}\Rightarrow b_2=b_3=0,$$

故线性变换 τ 的核的一组基为 $\boldsymbol{E}_{11},\boldsymbol{E}_{22}$.

例 2 设 τ 是线性空间 V 的一个线性变换，证明：$\tau(V)\subseteq\tau^{-1}(\mathbf{0})$ 的充要条件是 $\tau^2=0$.

【分析】 本题主要考查线性变换值域与核的定义和性质.

证 **必要性.**

$\forall\boldsymbol{\alpha}\in V\Rightarrow\tau(\boldsymbol{\alpha})\in\tau(V)$，又 $\tau(V)\subseteq\tau^{-1}(\mathbf{0})$，所以

$$\tau^2\boldsymbol{\alpha}=\tau(\tau(\boldsymbol{\alpha}))=\mathbf{0}\Rightarrow\tau^2=0.$$

充分性.

$\forall\boldsymbol{\beta}\in\tau(V)\Rightarrow\exists\boldsymbol{\alpha}\in V,\boldsymbol{\beta}=\tau(\boldsymbol{\alpha})$，所以

$$\tau(\boldsymbol{\beta})=\tau(\tau(\boldsymbol{\alpha}))=\tau^2\boldsymbol{\alpha}=0\boldsymbol{\alpha}=\mathbf{0}\Rightarrow\boldsymbol{\beta}\in\tau^{-1}(\mathbf{0}).$$

三、同步练习

在 $\mathbf{R}^{2\times 2}$ 中的变换 $\sigma(\boldsymbol{X})=\boldsymbol{X}\boldsymbol{B}_0,\boldsymbol{B}_0=\begin{pmatrix} 1 & 0 \\ 0 & 0 \end{pmatrix}$，求线性变换 σ 的值域与核的维数及一组基.

【思路】 利用线性变换的值域与核的定义求解，同例 1.

7.6 不变子空间

一、概述

如果线性变换不能对角化，那么线性变换在线性空间的哪组基下的矩阵形式比较简单，能否找到线性变换作用于线性空间的一个子空间后仍然保留在这个子空间上？本节将给出不变子空间的定义及性质.

二、难点及相关实例

给定一个线性变换，如何求它的所有不变子空间.

例 1 在 $\mathbf{R}^2$ 中，$\forall\boldsymbol{\alpha}=(x_1,x_2)\in\mathbf{R}^2,\tau(\boldsymbol{\alpha})=(x_1+x_2,-x_1)$，求线性变换 τ 的所有不变子空间.

【分析】 本题主要考查不变子空间的定义及性质.

解 显然零空间和 $\mathbf{R}^2$ 是线性变换 τ 的两个平凡不变子空间,下面求线性变换 τ 的其他不变子空间 W,若 W 是线性变换 τ 的非平凡不变子空间,则 $\dim(W)=1$.

令 $W=L(\boldsymbol{\alpha})$,则 $\tau(\boldsymbol{\alpha})=\lambda\boldsymbol{\alpha}$,故 λ 为线性变换 τ 的特征值.

容易计算线性变换 τ 在基 $\boldsymbol{\varepsilon}_1=(1,0),\boldsymbol{\varepsilon}_2=(0,1)$ 下的矩阵为 $\boldsymbol{A}=\begin{pmatrix}1&1\\-1&0\end{pmatrix}$,而 $|\lambda\boldsymbol{E}-\boldsymbol{A}|=\lambda^2-\lambda+1=0$ 无实根,因此 W 是线性变换 τ 的非平凡不变子空间不存在.

例 2 设 τ,ρ 是复数域上线性空间 V 的两个线性变换,且 $\tau\rho=\rho\tau$,证明:如果 λ 是 ρ 的一个特征值,则特征子空间 V_λ 是 τ 的不变子空间.

证 $\forall\boldsymbol{\alpha}\in V_\lambda\Rightarrow\rho(\boldsymbol{\alpha})=\lambda\boldsymbol{\alpha}$,由于 $\tau\rho=\rho\tau$,所以

$$\tau(\rho(\boldsymbol{\alpha}))=\rho(\tau(\boldsymbol{\alpha}))=\lambda\tau(\boldsymbol{\alpha})\Rightarrow\tau(\boldsymbol{\alpha})\in V_\lambda,$$

结论成立.

三、同步练习

在 $\mathbf{R}^2$ 中,$\forall\boldsymbol{\alpha}=(x_1,x_2)\in\mathbf{R}^2,\tau(\boldsymbol{\alpha})=(2x_2,x_2-x_1)$,求线性变换 τ 的所有不变子空间.

【思路】 同例 1.

考测中涉及的相关知识点联系示意图

线性变换是线性空间到自身的一个同态映射,它从映射的角度来研究线性空间中向量之间的内在联系及线性空间的结构. 而同态映射研究问题的方法是后继课程的一种重要方法,因此是数学专业考测的重点内容之一. 下面列出考测中应掌握的基本概念及知识点联系示意图.

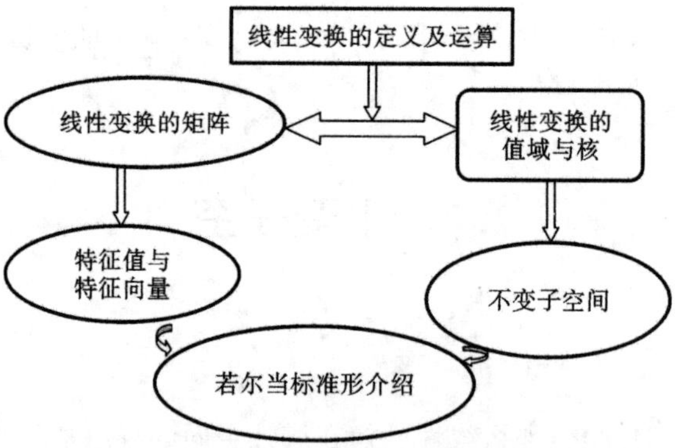

综合例题讲解

例 1(武汉大学,1997) 以 $R_n[x]$ 表示次数不超过 n 的实系数多项式构成的实向量空间,其加法是多项式加法,数乘运算是实数乘多项式,以 $D=\frac{\mathrm{d}}{\mathrm{d}x}$ 表示求多项式导数的求导算子,则 D 为 $R_n[x]$ 上的线性变换.

(1) 试证$\{1,x,\cdots,x^n\}$是$R_n[x]$的一组基；

(2) 求D在上述基下的矩阵；

(3) 试证：$n\geqslant 1$时D不能对角化(即$R_n[x]$没有基使D的相应矩阵为对角矩阵).

【分析】 有限维线性空间的线性变换可否对角化问题的关键是判别线性无关的特征向量的个数是否等于空间维数，当可以对角化时，以特征值作为主对角线元素的矩阵为相似对角矩阵，用相应的特征向量构成的矩阵作为相似变换矩阵. 这类问题实际上是转化为求特征值与特征向量来解决.

求线性变换σ的特征值与特征向量的方法如下：

(1) 取定V的一组基$\boldsymbol{\varepsilon}_1,\boldsymbol{\varepsilon}_1,\cdots,\boldsymbol{\varepsilon}_n$，写出$\sigma$在这组基下的矩阵$\boldsymbol{A}$；

(2) 求出$|\lambda\boldsymbol{E}-\boldsymbol{A}|$在数域$P$中的全部根，它们就是$\sigma$的全部特征值；

(3) 对每个特征值λ_i，解齐次线性方程组$(\lambda_i\boldsymbol{E}-\boldsymbol{A})\boldsymbol{X}=\boldsymbol{0}$，求出一组基础解系，它们就是属于这个特征值的几个线性无关的特征向量在基$\boldsymbol{\varepsilon}_1,\boldsymbol{\varepsilon}_1,\cdots,\boldsymbol{\varepsilon}_n$下的坐标.

注意：在解方程$|\lambda\boldsymbol{E}-\boldsymbol{A}|=0$时，最好能分离出关于$\lambda$的因式，也可用求整系数的有理根的方法求它的根(一般地，$\boldsymbol{A}$的元素是整数).

证 (1) 令$a_0\cdot 1+a_1\cdot x+\cdots+a_n\cdot x^n=0$，它为零多项式，于是

$$a_0=a_1=\cdots=a_n=0,$$

那么$1,x,x^2,\cdots,x^n$线性无关.

$\forall f(x)\in R_n[x]$，$f(x)$显然可以由$1,x,\cdots,x^n$线性表示，于是$1,x,\cdots,x^n$是$R_n[x]$的一组基.

(2) $$D(1,x,x^2,\cdots,x^n)=(1,x,x^2,\cdots,x^n)\begin{pmatrix}0&1&0&\cdots&0\\0&0&2&\cdots&0\\\vdots&\vdots&\vdots&&\vdots\\0&0&0&\cdots&n\\0&0&0&\cdots&0\end{pmatrix}=(1,x,x^2,\cdots,x^n)\boldsymbol{A}.$$

(3) $f(\lambda)=|\lambda\boldsymbol{E}-\boldsymbol{A}|=\lambda^{n+1}$. 0是$\boldsymbol{A}$的$n+1$重特征值，而属于0的特征子空间的维数为1，因此当$n\geqslant 1$时，$D$不能对角化.

例2 求矩阵$\boldsymbol{A}=\begin{pmatrix}3&-3&2\\-1&5&-2\\-1&3&0\end{pmatrix}$的最小多项式$m(x)$，并判断它是否相似于一个对角形.

【分析】 可利用最小多项式来判断矩阵是否相似于一个对角形.

求n阶矩阵$\boldsymbol{A}$的最小多项式的方法如下：

(1) $\boldsymbol{A}$的最小多项式是$\boldsymbol{A}$的特征多项式$f(\lambda)=|\lambda\boldsymbol{E}-\boldsymbol{A}|$的因式，且与$f(\lambda)$有相同的一次因式(可能重数不同). 这样可以确定$\boldsymbol{A}$的最小多项式的范围；

(2) 将$\lambda\boldsymbol{E}-\boldsymbol{A}$化成标准形，$d_n(\lambda)$就是$\boldsymbol{A}$的最小多项式；

(3) 如果$\boldsymbol{A}$是分块对角矩阵：

$$\boldsymbol{A}=\begin{pmatrix}\boldsymbol{A}_1&&&\\&\boldsymbol{A}_2&&\\&&\ddots&\\&&&\boldsymbol{A}_s\end{pmatrix},$$

$\boldsymbol{A}_i$ 的最小多项式是 $g_i(x)(i=1,2,\cdots,s)$，则 $\boldsymbol{A}$ 的最小多项式是 $[g_1(x),g_2(x),\cdots,g_s(x)]$.

解 因为 $\boldsymbol{A}$ 的特征多项式为

$$f(\lambda)=|\lambda\boldsymbol{E}-\boldsymbol{A}|=(\lambda-2)^2(\lambda-4),$$

所以矩阵 $\boldsymbol{A}$ 的最小多项式只能是

$$m(\lambda)=(\lambda-2)(\lambda-4)\quad 或\quad m(x)=f(\lambda).$$

直接计算可得

$$m(\boldsymbol{A})=(\boldsymbol{A}-2\boldsymbol{E})(\boldsymbol{A}-4\boldsymbol{E})=\boldsymbol{A}^2-6\boldsymbol{A}+8\boldsymbol{E}=\boldsymbol{O},$$

所以 $\boldsymbol{A}$ 的最小多项式为 $m(x)=(\lambda-2)(\lambda-4)$. 可见，$\boldsymbol{A}$ 相似于矩阵

$$\boldsymbol{B}=\begin{pmatrix}2&0&0\\0&2&0\\0&0&4\end{pmatrix}.$$

例 3（中国科学院，2004） 设 V 是 n 维向量空间，f,g 是 V 上的线性变换（即 $f,g\in L(V)$），且 f 有 n 个互异的特征根. 证明：$fg=gf$ 的充要条件为 g 是 $f^0=I$（恒等变换），$f,f^2,\cdots,f^{n-1}$ 的线性组合.

【分析】 利用同构思想将线性变换的问题与矩阵的问题互相转化，同时注意到线性变换与矩阵有完全相同的运算性质.

证法一 如果 g 是 $f^0,f,f^2,\cdots,f^{n-1}$ 的线性组合，则 $fg=gf$ 是显然的，因此充分性成立. 下证必要性.

令 $\lambda_1,\lambda_2,\cdots,\lambda_n$ 是 f 的 n 个互异的特征值，则

$$f(\boldsymbol{\alpha}_i)=\lambda_i\boldsymbol{\alpha}_i\quad(\boldsymbol{\alpha}_i\neq\boldsymbol{0};i=1,2,\cdots,n),$$

则 $\boldsymbol{\alpha}_1,\boldsymbol{\alpha}_2,\cdots,\boldsymbol{\alpha}_n$ 是 V 的一组基，且

$$f(\boldsymbol{\alpha}_1,\boldsymbol{\alpha}_2,\cdots,\boldsymbol{\alpha}_n)=(\boldsymbol{\alpha}_1,\boldsymbol{\alpha}_2,\cdots,\boldsymbol{\alpha}_n)\begin{pmatrix}\lambda_1&&&\\&\lambda_2&&\\&&\ddots&\\&&&\lambda_n\end{pmatrix}=(\boldsymbol{\alpha}_1,\boldsymbol{\alpha}_2,\cdots,\boldsymbol{\alpha}_n)\boldsymbol{A}.$$

令 $g(\boldsymbol{\alpha}_1,\boldsymbol{\alpha}_2,\cdots,\boldsymbol{\alpha}_n)=(\boldsymbol{\alpha}_1,\boldsymbol{\alpha}_2,\cdots,\boldsymbol{\alpha}_n)\boldsymbol{B}$.

由 $fg=gf$，则 $\boldsymbol{AB}=\boldsymbol{BA}$，于是 $\boldsymbol{B}$ 是对角阵，令

$$\boldsymbol{B}=\begin{pmatrix}\mu_1&&&\\&\mu_2&&\\&&\ddots&\\&&&\mu_n\end{pmatrix}.$$

又令 $h(x)$ 是一个 $n-1$ 次多项式，$h(x)=a_0+a_1x+\cdots+a_{n-1}x^{n-1}$. 考虑线性方程组

$$\begin{cases}a_0+a_1\lambda_1+a_2\lambda_1^2+\cdots+a_{n-1}\lambda_1^{n-1}=\mu_1\\a_0+a_1\lambda_2+a_2\lambda_2^2+\cdots+a_{n-1}\lambda_2^{n-1}=\mu_2\\\qquad\vdots\\a_0+a_1\lambda_n+a_2\lambda_n^2+\cdots+a_{n-1}\lambda_n^{n-1}=\mu_n\end{cases}$$

的系数行列式是范得蒙行列式 $D\neq0$，因此满足 $h(\lambda_i)=\mu_i(i=1,2,\cdots,n)$ 这 n 个条件的多项式 $h(x)$ 存在. 因为

$$\begin{aligned}h(f)\boldsymbol{\alpha}_i&=(a_0I+a_1f+\cdots+a_{n-1}f^{n-1})\boldsymbol{\alpha}_i=a_0\boldsymbol{\alpha}_i+a_1\lambda_i\boldsymbol{\alpha}_i+a_2\lambda_i^2\boldsymbol{\alpha}_i+\cdots+a_{n-1}\lambda_i^{n-1}\boldsymbol{\alpha}_i\\&=(a_0+a_1\lambda_i+a_2\lambda_i^2+\cdots+a_{n-1}\lambda_i^{n-1})\boldsymbol{\alpha}_i=h(\lambda_i)\boldsymbol{\alpha}_i\quad(i=1,2,\cdots,n),\end{aligned}$$

所以

$$g(\boldsymbol{\alpha}_1,\boldsymbol{\alpha}_2,\cdots,\boldsymbol{\alpha}_n)=(\boldsymbol{\alpha}_1,\boldsymbol{\alpha}_2,\cdots,\boldsymbol{\alpha}_n)\begin{pmatrix}\mu_1&&&\\&\mu_2&&\\&&\ddots&\\&&&\mu_n\end{pmatrix}$$

$$=(\boldsymbol{\alpha}_1,\boldsymbol{\alpha}_2,\cdots,\boldsymbol{\alpha}_n)\begin{pmatrix}h(\lambda_1)&&&\\&h(\lambda_2)&&\\&&\ddots&\\&&&h(\lambda_n)\end{pmatrix}$$

$$=h(f)(\boldsymbol{\alpha}_1,\boldsymbol{\alpha}_2,\cdots,\boldsymbol{\alpha}_n),$$

于是 $g=h(f)$.

证法二 (1) **充分性.**

若存在 $c_1,c_2,\cdots,c_n\in P$,有

$$g=c_1I+c_2f+\cdots+c_nf^{n-1},$$

显然 $fg=gf$.

(2) **必要性.**

令 $\lambda_1,\lambda_2,\cdots,\lambda_n$ 是 f 的 n 个互异的特征值,$\boldsymbol{\alpha}_i$ 是 f 的属于特征值 λ_i 的特征向量，即

$$f(\boldsymbol{\alpha}_i)=\lambda_i\boldsymbol{\alpha}_i\quad(\boldsymbol{\alpha}_i\neq\boldsymbol{0};i=1,2,\cdots,n),\tag{1}$$

则 $\boldsymbol{\alpha}_1,\boldsymbol{\alpha}_2,\cdots,\boldsymbol{\alpha}_n$ 是 V 的一组基.

由于 $fg=gf$，所以等式两边作用 $\boldsymbol{\alpha}_i$ 后得

$$f(g(\boldsymbol{\alpha}_i))=fg\boldsymbol{\alpha}_i=gf\boldsymbol{\alpha}_i=\lambda_ig\boldsymbol{\alpha}_i=\lambda_ig(\boldsymbol{\alpha}_i),$$

因此 $\exists\,\mu_i\in P$，使得

$$g(\boldsymbol{\alpha}_i)=\mu_i\boldsymbol{\alpha}_i\quad(i=1,2,\cdots,n).\tag{2}$$

构造集合 $W=\{g\,|\,fg=gf,f,g\in L(V)\}$，下面首先证明 W 是 $L(V)$的子空间.

显然 $I\in W$，故 W 是 $L(V)$的非空子集.

$\forall\, g_1,g_2\in W,k_1,k_2\in P$,则

$$(k_1g_1+k_2g_2)f=k_1g_1f+k_2g_2f=k_1fg_1+k_2fg_2=f(k_1g_1+k_2g_2),$$

故 $k_1g_1+k_2g_2\in W$，因此 W 是 $L(V)$的子空间.

接着证明 $I,f,f^2,\cdots,f^{n-1}$是 W 的一组基.

令

$$l_1I+l_2f+l_3f^2+\cdots+l_nf^{n-1}=0\quad(l_i\in P;i=1,2,\cdots,n),\tag{3}$$

用 $\boldsymbol{\alpha}_i$ 作用于上式两端，由式(1)可得

$$(l_1I+l_2f+l_3f^2+\cdots+l_nf^{n-1})\boldsymbol{\alpha}_i=\boldsymbol{0}\quad(i=1,2,\cdots,n)$$

$$\Rightarrow l_1\boldsymbol{\alpha}_i+l_2\lambda_i\boldsymbol{\alpha}_i+l_3\lambda_i^2\boldsymbol{\alpha}_i+\cdots+l_n\lambda_i^{n-1}\boldsymbol{\alpha}_i=\boldsymbol{0}$$

$$\Rightarrow(l_1+l_2\lambda_i+l_3\lambda_i^2+\cdots+l_n\lambda_i^{n-1})\boldsymbol{\alpha}_i=\boldsymbol{0}.$$

由于 $\boldsymbol{\alpha}_i\neq\boldsymbol{0}$，故

$$l_1+l_2\lambda_i+l_3\lambda_i^2+\cdots+l_n\lambda_i^{n-1}=0\quad(i=1,2,\cdots,n).$$

上述齐次线性方程组系数行列式是范德蒙行列式 D，因为 $\lambda_1,\lambda_2,\cdots,\lambda_n$ 是 f 的 n 个互异的特征值，因此 $D\neq0$，故 $l_1=l_2=\cdots=l_n=0$,所以 $I,f,f^2,\cdots,f^{n-1}$线性无关.

$\forall\, g\in W$，下面证明 $I,f,f^2,\cdots,f^{n-1}$，g 线性相关.

令

$$d_1I+d_2f+d_3f^2+\cdots+d_nf^{n-1}+dg=\mathbf{0}\quad(d_1,d_2,\cdots,d_n,d\in P),\tag{4}$$

用 $\boldsymbol{\alpha}_i$ 作用于式(4)两端，由式(1)和式(2)可得

$$\begin{aligned}&(d_1I+d_2f+d_3f^2+\cdots+d_nf^{n-1}+dg)\boldsymbol{\alpha}_i=\mathbf{0}\quad(i=1,2,\cdots,n)\\ \Rightarrow&(d_1+d_2\lambda_i+d_3\lambda_i^2+\cdots+d_n\lambda_i^{n-1}+d\mu_i)\boldsymbol{\alpha}_i=\mathbf{0}\\ \Rightarrow&d_1+d_2\lambda_i+d_3\lambda_i^2+\cdots+d_n\lambda_i^{n-1}+d\mu_i=0.\end{aligned}\tag{5}$$

把上式看作是关于 $d_1,d_2,\cdots,d_n,d\in P$ 的齐次线性方程组，其系数矩阵为

$$\boldsymbol{A}=\begin{pmatrix}1&\lambda_1&\cdots&\lambda_1^{n-1}&\mu_1\\1&\lambda_2&\cdots&\lambda_2^{n-1}&\mu_2\\\vdots&\vdots&&\vdots&\vdots\\1&\lambda_n&\cdots&\lambda_n^{n-1}&\mu_n\end{pmatrix}_{n\times(n+1)},$$

显然 $\boldsymbol{A}$ 的秩为 n，故齐次线性方程组(5)有非零解. 下面用反证法可证 $d\neq0$.

事实上，若 $d=0$，由式(4)得

$$d_1I+d_2f+d_3f^2+\cdots+d_nf^{n-1}=0.$$

由于 $I,f,f^2,\cdots,f^{n-1}$ 线性无关，故 $d_1=d_2=\cdots=d_n=0$. 这与齐次线性方程组(5)有非零解矛盾，因此 $d\neq0$. 于是由式(4)可得

$$g=\frac{1}{d}(d_1I+d_2f+d_3f^2+\cdots+d_nf^{n-1}).$$

命题得证.

证法三 利用同构思想给出考题的等价命题.

设 $\boldsymbol{A},\boldsymbol{B}\in P^{n\times n}$ 且 $\boldsymbol{A}$ 有 n 个互异的特征根，证明 $\boldsymbol{AB}=\boldsymbol{BA}$ 的充要条件是 $\boldsymbol{B}$ 为 $\boldsymbol{E},\boldsymbol{A},\boldsymbol{A}^2,\cdots,\boldsymbol{A}^{n-1}$ 的线性组合.

因为 $\boldsymbol{A}$ 有 n 个互异的特征根，则存在可逆矩阵 $\boldsymbol{Q}$ 使得

$$\boldsymbol{Q}^{-1}\boldsymbol{AQ}=\begin{pmatrix}\lambda_1&0&\cdots&0\\0&\lambda_2&\cdots&0\\\vdots&\vdots&&\vdots\\0&0&\cdots&\lambda_n\end{pmatrix}=\boldsymbol{H},$$

故 $\boldsymbol{Q}^{-1}\boldsymbol{AQQ}^{-1}\boldsymbol{BQ}=\boldsymbol{Q}^{-1}\boldsymbol{BQQ}^{-1}\boldsymbol{AQ}\Rightarrow\boldsymbol{HC}=\boldsymbol{CH},\quad\boldsymbol{C}=\boldsymbol{Q}^{-1}\boldsymbol{BQ}$.

由于 $\lambda_1,\lambda_2,\cdots,\lambda_n$ 互不相同，由文献[1]中第 133 页的习题 5 结论知，$\boldsymbol{C}=\boldsymbol{Q}^{-1}\boldsymbol{BQ}$ 是对角阵，即线性空间

$$V=\left\{\boldsymbol{C}\mid\boldsymbol{HC}=\boldsymbol{CH},\boldsymbol{H}=\begin{pmatrix}\lambda_1&0&\cdots&0\\0&\lambda_2&\cdots&0\\\vdots&\vdots&&\vdots\\0&0&\cdots&\lambda_n\end{pmatrix},\boldsymbol{C}\in P^{n\times n}\right\}$$

的维数为 n.

利用 $\lambda_1,\lambda_2,\cdots,\lambda_n$ 互不相同容易证明 $\boldsymbol{H}^0=\boldsymbol{E},\boldsymbol{H},\boldsymbol{H}^2,\cdots,\boldsymbol{H}^{n-1}$ 线性无关，故 $\boldsymbol{E},\boldsymbol{H},\boldsymbol{H}^2,\cdots,\boldsymbol{H}^{n-1}$ 是 V 的一组基，因此 $\forall\boldsymbol{C}\in V$，存在 $a_1,a_2,\cdots,a_n\in P$，有

$$\boldsymbol{C}=a_1\boldsymbol{E}+a_2\boldsymbol{H}+\cdots+a_n\boldsymbol{H}^{n-1},$$

从而

$$\boldsymbol{Q}^{-1}\boldsymbol{BQ}=a_1\boldsymbol{Q}^{-1}\boldsymbol{EQ}+a_2\boldsymbol{Q}^{-1}\boldsymbol{AQ}+\cdots+a_n\boldsymbol{Q}^{-1}\boldsymbol{A}^{n-1}\boldsymbol{Q},$$

故有 $\boldsymbol{B}=a_1\boldsymbol{E}+a_2\boldsymbol{A}+\cdots+a_n\boldsymbol{A}^{n-1}$. 命题得证.

例 4 设 σ,τ 是数域 P 上的 n 维线性空间 V 的线性变换，且 $\sigma^2=\sigma,\tau^2=\tau$. 证明：

(1) $\ker\sigma=\{\boldsymbol{\xi}-\sigma(\boldsymbol{\xi})\mid\boldsymbol{\xi}\in V\}$；

(2) $V=\ker\sigma\oplus\mathrm{Im}(\sigma)$；

(3) σ,τ 有相同值域的充分必要条件是 $\sigma\tau=\tau,\tau\sigma=\sigma$；

(4) σ,τ 有相同核的充分必要条件是 $\sigma\tau=\tau,\tau\sigma=\tau$.

【分析】 有关线性变换的值域与核的证明及不变子空间的证明，可利用其定义及两个不同的线性变换可交换的性质.

证 (1) $\forall\boldsymbol{\xi}\in V$，由 $\sigma^2=\sigma$ 有

$$\sigma(\boldsymbol{\xi}-\sigma(\boldsymbol{\xi}))=\sigma(\boldsymbol{\xi})-\sigma^2(\boldsymbol{\xi})=\sigma(\boldsymbol{\xi})-\sigma(\boldsymbol{\xi})=\mathbf{0},$$

因此 $\boldsymbol{\xi}-\sigma(\boldsymbol{\xi})\in\ker\sigma$，所以 $\{\boldsymbol{\xi}-\sigma(\boldsymbol{\xi})\mid\boldsymbol{\xi}\in V\}\subseteq\ker\sigma$.

又 $\forall\boldsymbol{\xi}\in\ker\sigma,\sigma(\boldsymbol{\xi})=\mathbf{0}$，于是 $\boldsymbol{\xi}=\boldsymbol{\xi}-\sigma(\boldsymbol{\xi})$，从而 $\boldsymbol{\xi}\in\{\boldsymbol{\xi}-\sigma(\boldsymbol{\xi})\mid\boldsymbol{\xi}\in V\}$，因此

$$\ker\sigma\subseteq\{\boldsymbol{\xi}-\sigma(\boldsymbol{\xi})\mid\boldsymbol{\xi}\in V\}.$$

综上所述，$\ker\sigma=\{\boldsymbol{\xi}-\sigma(\boldsymbol{\xi})\mid\boldsymbol{\xi}\in V\}$.

(2) $\forall\boldsymbol{\xi}\in V,\boldsymbol{\xi}=\boldsymbol{\xi}-\sigma(\boldsymbol{\xi})+\sigma(\boldsymbol{\xi})$，所以 $V=\ker\sigma+\mathrm{Im}(\sigma)$.

$\forall\boldsymbol{\alpha}\in\ker\sigma\mathrm{Im}(\sigma)$，则 $\sigma(\boldsymbol{\alpha})=\mathbf{0}$ 且 $\boldsymbol{\alpha}\in\mathrm{Im}(\sigma)$，于是存在 $\boldsymbol{\beta}\in V$，使得

$$\boldsymbol{\alpha}=\sigma(\boldsymbol{\beta})=\sigma^2(\boldsymbol{\beta})=\sigma(\sigma(\boldsymbol{\beta}))=\sigma(\boldsymbol{\alpha})=\mathbf{0},$$

所以 $V=\ker\sigma\oplus\mathrm{Im}(\sigma)$.

(3) **必要性.**

设 $\boldsymbol{\alpha}_1,\boldsymbol{\alpha}_2,\cdots,\boldsymbol{\alpha}_n$ 是 V 的一组基，若 $\mathrm{Im}(\sigma)=\mathrm{Im}(\tau)$，则因

$$\mathrm{Im}(\sigma)=L(\sigma(\boldsymbol{\alpha}_1),\sigma(\boldsymbol{\alpha}_2),\cdots,\sigma(\boldsymbol{\alpha}_n)),$$

$$\mathrm{Im}(\tau)=L(\tau(\boldsymbol{\alpha}_1),\tau(\boldsymbol{\alpha}_2),\cdots,\tau(\boldsymbol{\alpha}_n)),$$

$$\tau(\boldsymbol{\alpha}_i)=\boldsymbol{\alpha}_{i1}\sigma(\boldsymbol{\alpha}_1)+\boldsymbol{\alpha}_{i2}\sigma(\boldsymbol{\alpha}_2)+\cdots+\boldsymbol{\alpha}_{in}\sigma(\boldsymbol{\alpha}_n),$$

$$\begin{aligned}\sigma\tau(\boldsymbol{\alpha}_i)&=\boldsymbol{\alpha}_{i1}\sigma^2(\boldsymbol{\alpha}_1)+\boldsymbol{\alpha}_{i2}\sigma^2(\boldsymbol{\alpha}_2)+\cdots+\boldsymbol{\alpha}_{in}\sigma^2(\boldsymbol{\alpha}_n)\\&=\boldsymbol{\alpha}_{i1}\sigma(\boldsymbol{\alpha}_1)+\boldsymbol{\alpha}_{i2}\sigma(\boldsymbol{\alpha}_2)+\cdots+\boldsymbol{\alpha}_{in}\sigma(\boldsymbol{\alpha}_n)\\&=\tau(\boldsymbol{\alpha}_i)\quad(i=1,2,\cdots,n),\end{aligned}$$

所以 $\sigma\tau=\tau$. 同理可证 $\tau\sigma=\sigma$.

充分性.

若 $\sigma\tau=\tau,\tau\sigma=\sigma$，则 $\forall\boldsymbol{\alpha}\in V$，有

$$\tau(\boldsymbol{\alpha})=\sigma\tau(\boldsymbol{\alpha})=\sigma(\tau(\boldsymbol{\alpha}))\in\mathrm{Im}(\sigma),\quad\sigma(\boldsymbol{\alpha})=\tau\sigma(\boldsymbol{\alpha})=\tau(\sigma(\boldsymbol{\alpha}))\in\mathrm{Im}(\sigma),$$

而 $\tau(\boldsymbol{\alpha})\in\mathrm{Im}(\tau),\sigma(\boldsymbol{\alpha})\in\mathrm{Im}(\sigma)$，所以 $\mathrm{Im}(\sigma)=\mathrm{Im}(\tau)$.

(4) **必要性.**

因为 $\sigma^2=\sigma,\tau^2=\tau$，所以由(2)得

$$V=\ker\sigma\oplus\mathrm{Im}(\sigma)=\ker\tau\oplus\mathrm{Im}(\tau).$$

由于 $\ker\sigma=\ker\tau$，设 $\boldsymbol{\alpha}_1,\boldsymbol{\alpha}_2,\cdots,\boldsymbol{\alpha}_r$ 是 $\ker\sigma$ 的一组基，则它也是 $\ker\tau$ 的一组基，从而 $\sigma(\boldsymbol{\alpha}_{r+1}),\cdots,\sigma(\boldsymbol{\alpha}_n)$ 是 $\mathrm{Im}(\sigma)$ 的一组基，$\tau(\boldsymbol{\alpha}_{r+1}),\cdots,\tau(\boldsymbol{\alpha}_n)$ 是 $\mathrm{Im}(\tau)$ 的一组基. 于是

$$\boldsymbol{\alpha}_1,\boldsymbol{\alpha}_2,\cdots,\boldsymbol{\alpha}_r,\sigma(\boldsymbol{\alpha}_{r+1}),\cdots,\sigma(\boldsymbol{\alpha}_n);$$

$$\boldsymbol{\alpha}_1,\boldsymbol{\alpha}_2,\cdots,\boldsymbol{\alpha}_r,\tau(\boldsymbol{\alpha}_{r+1}),\cdots,\tau(\boldsymbol{\alpha}_n)$$

都是 V 的基，因此二者互相等价. 于是有

$$\sigma(\boldsymbol{\alpha}_i)=a_{i1}\boldsymbol{\alpha}_1+\cdots+a_{ir}\boldsymbol{\alpha}_r+a_{i,r+1}\tau(\boldsymbol{\alpha}_{r+1})+\cdots+a_{in}\tau(\boldsymbol{\alpha}_n),$$

$$\tau(\boldsymbol{\alpha}_i)=\mathbf{0}\quad(i=1,2,\cdots,r),$$

$$\tau(\sigma(\boldsymbol{\alpha}_i))=a_{i,r+1}\tau^2(\boldsymbol{\alpha}_{r+1})+\cdots+a_{in}\tau^2(\boldsymbol{\alpha}_n)=a_{i,r+1}\tau(\boldsymbol{\alpha}_{r+1})+\cdots+a_{in}\tau(\boldsymbol{\alpha}_n)\quad(i=r+1,\cdots n),$$

$$(\tau\sigma)(\boldsymbol{\alpha}_i)=\tau(\sigma(\boldsymbol{\alpha}_i))=\tau(\mathbf{0})=\mathbf{0}=\tau(\boldsymbol{\alpha}_i)\quad(i=1,2,\cdots,r),$$

$$(\tau\sigma)(\sigma(\boldsymbol{\alpha}_i))=\tau(\sigma^2(\boldsymbol{\alpha}_i))=\tau\sigma(\boldsymbol{\alpha}_i)=a_{i,r+1}\tau(\boldsymbol{\alpha}_{r+1})+\cdots+a_{in}\tau(\boldsymbol{\alpha}_n),$$

所以 $\tau\sigma=\tau$. 同理可证 $\sigma\tau=\sigma$.

充分性.

若 $\sigma\tau=\tau,\tau\sigma=\sigma$,则 $\forall\boldsymbol{\xi}\in\ker\tau$,有 $\sigma(\boldsymbol{\xi})=\sigma\tau(\boldsymbol{\xi})=\sigma(\mathbf{0})=\mathbf{0}$,因此 $\ker\tau\subseteq\ker\sigma$.

$\forall\boldsymbol{\xi}\in\ker\sigma,\tau(\boldsymbol{\xi})=\tau\sigma(\boldsymbol{\xi})=\mathbf{0}$,因此 $\ker\sigma\subseteq\ker\tau$,所以 $\ker\sigma=\ker\tau$.

例 5(武汉大学,2015) 已知 $\boldsymbol{\alpha}_1,\boldsymbol{\alpha}_2,\boldsymbol{\alpha}_3,\boldsymbol{\alpha}_4,\boldsymbol{\alpha}_5,\boldsymbol{\alpha}_6$ 为线性空间 V 的一组基,$\phi\in L(V)$,且

$$\phi(\boldsymbol{\alpha}_1)=\boldsymbol{\alpha}_1,\quad\phi(\boldsymbol{\alpha}_2)=\boldsymbol{\alpha}_1+\boldsymbol{\alpha}_2,\quad\phi(\boldsymbol{\alpha}_3)=\boldsymbol{\alpha}_2+\boldsymbol{\alpha}_3,$$

$$\phi(\boldsymbol{\alpha}_4)=\boldsymbol{\alpha}_3+2\boldsymbol{\alpha}_4,\quad\phi(\boldsymbol{\alpha}_5)=2\boldsymbol{\alpha}_5,\quad\phi(\boldsymbol{\alpha}_6)=\boldsymbol{\alpha}_5+3\boldsymbol{\alpha}_6.$$

(1) 求所有二维 ϕ 的不变子空间,并说明理由.

(2) 证明 ϕ 不是循环变换,即 $\forall\boldsymbol{\alpha}\in V$, $\boldsymbol{\alpha},\phi(\boldsymbol{\alpha}),\phi^2(\boldsymbol{\alpha}),\cdots,\phi^5(\boldsymbol{\alpha})$都不构成 V 的一组基.

解 (1) 设 ϕ 在基 $\boldsymbol{\alpha}_1,\boldsymbol{\alpha}_2,\boldsymbol{\alpha}_3,\boldsymbol{\alpha}_4,\boldsymbol{\alpha}_5,\boldsymbol{\alpha}_6$ 的矩阵为 $\boldsymbol{A}$,由条件可知

$$\phi(\boldsymbol{\alpha}_1,\boldsymbol{\alpha}_2,\boldsymbol{\alpha}_3,\boldsymbol{\alpha}_4,\boldsymbol{\alpha}_5,\boldsymbol{\alpha}_6)=(\boldsymbol{\alpha}_1,\boldsymbol{\alpha}_2,\boldsymbol{\alpha}_3,\boldsymbol{\alpha}_4,\boldsymbol{\alpha}_5,\boldsymbol{\alpha}_6)\boldsymbol{A},$$

则

$$\boldsymbol{A}=\begin{pmatrix}1&1&0&0&0&0\\0&1&1&0&0&0\\0&0&1&1&0&0\\0&0&0&2&0&0\\0&0&0&0&2&1\\0&0&0&0&0&3\end{pmatrix}=\begin{pmatrix}\boldsymbol{A}_{11}&\boldsymbol{O}\\\boldsymbol{O}&\boldsymbol{A}_{22}\end{pmatrix},$$

其中 $\boldsymbol{A}_{11}=\begin{pmatrix}1&1&0&0\\0&1&1&0\\0&0&1&1\\0&0&0&2\end{pmatrix},\boldsymbol{A}_{22}=\begin{pmatrix}2&1\\0&3\end{pmatrix}$.

显然,$\boldsymbol{A}_{11}$ 的初等因子为$(\lambda-1)^3,\lambda-2$,故其相似于若尔当标准形 $\begin{pmatrix}1&1&0&0\\0&1&1&0\\0&0&1&0\\0&0&0&2\end{pmatrix}$;$\boldsymbol{A}_{22}$ 的初等因子为 $\lambda-3,\lambda-2$,故其相似于若尔当标准形 $\begin{pmatrix}2&0\\0&3\end{pmatrix}$,所以 $\boldsymbol{A}$ 相似于若尔当标准形

$$\begin{pmatrix}1&1&0&0&0&0\\0&1&1&0&0&0\\0&0&1&0&0&0\\0&0&0&2&0&0\\0&0&0&0&2&0\\0&0&0&0&0&3\end{pmatrix}.$$

因此,由哈密尔顿-凯莱定理将空间 V 按特征值分解成不变子空间的直和:

$$V=V_1\oplus V_2\oplus V_3\oplus V_4.$$

显然,属于特征值 2 的特征子空间中有两个线性无关的特征向量

$$\boldsymbol{\xi}_1=\boldsymbol{\alpha}_1+\boldsymbol{\alpha}_2+\boldsymbol{\alpha}_3+\boldsymbol{\alpha}_4,\quad\boldsymbol{\xi}_2=\boldsymbol{\alpha}_5;$$

属于特征值 3 的特征子空间中有一个线性无关的特征向量 $\boldsymbol{\xi}_3=\boldsymbol{\alpha}_5+\boldsymbol{\alpha}_6$.

综上所述,$V_1=\{\boldsymbol{\xi}\mid(\boldsymbol{\phi}-\boldsymbol{\varepsilon})^3\boldsymbol{\xi}=\boldsymbol{0},\boldsymbol{\xi}\in V\}$,$V_2=L(\boldsymbol{\xi}_1)$,$V_3=L(\boldsymbol{\xi}_2)$,$V_4=L(\boldsymbol{\xi}_3)$.

因 V_1 是三维不变子空间,V_2,V_3,V_4 是一维不变子空间,故所有二维不变子空间有 3 个:

$$W_1=L(\boldsymbol{\xi}_1,\boldsymbol{\xi}_2),\quad W_2=L(\boldsymbol{\xi}_2,\boldsymbol{\xi}_3),\quad W_3=L(\boldsymbol{\xi}_1,\boldsymbol{\xi}_3).$$

证 (2) $\forall\boldsymbol{\alpha}\in V,\exists c_i\in P(i=1,2,\cdots,6)$, s. t. ,$\boldsymbol{\alpha}=\sum_{i=1}^{6}c_i\boldsymbol{\alpha}_i$.

设 $\boldsymbol{\alpha},\phi(\boldsymbol{\alpha}),\cdots,\phi^5(\boldsymbol{\alpha})$ 在基 $\boldsymbol{\alpha}_1,\boldsymbol{\alpha}_2,\boldsymbol{\alpha}_3,\boldsymbol{\alpha}_4,\boldsymbol{\alpha}_5,\boldsymbol{\alpha}_6$ 下的坐标为 $\boldsymbol{x}_0=(c_1,c_2,\cdots,c_6)^{\mathrm{T}}$,则

$$\phi(\boldsymbol{\alpha})=\sum_{i=1}^{6}c_i\phi(\boldsymbol{\alpha}_i),\quad \phi^2(\boldsymbol{\alpha})=\sum_{i=1}^{6}c_i\phi^2(\boldsymbol{\alpha}_i),\quad\cdots,\quad \phi^5(\boldsymbol{\alpha})=\sum_{i=1}^{6}c_i\phi^5(\boldsymbol{\alpha}_i),$$

故 $\boldsymbol{\alpha},\phi(\boldsymbol{\alpha}),\cdots,\phi^5(\boldsymbol{\alpha})$ 在基 $\boldsymbol{\alpha}_1,\boldsymbol{\alpha}_2,\boldsymbol{\alpha}_3,\boldsymbol{\alpha}_4,\boldsymbol{\alpha}_5,\boldsymbol{\alpha}_6$ 下的坐标分别为 $\boldsymbol{x}_0,\boldsymbol{A}\boldsymbol{x}_0,\boldsymbol{A}^2\boldsymbol{x}_0,\cdots,\boldsymbol{A}^5\boldsymbol{x}_0$.

由(1)可知矩阵 $\boldsymbol{A}$ 的最小多项式为一个五次多项式 $g(\lambda)=(\lambda-1)^3(\lambda-2)(\lambda-3)$,从而

$$g(\boldsymbol{A})=(\boldsymbol{A}-\boldsymbol{E})^3(\boldsymbol{A}-2\boldsymbol{E})(\boldsymbol{A}-3\boldsymbol{E})=\boldsymbol{O},$$

故 $\boldsymbol{A}^5=8\boldsymbol{A}^4-25\boldsymbol{A}^3+34\boldsymbol{A}^2-23\boldsymbol{A}+6\boldsymbol{E}$.

因此在 $\boldsymbol{x}_0,\boldsymbol{A}\boldsymbol{x}_0,\boldsymbol{A}^2\boldsymbol{x}_0,\cdots,\boldsymbol{A}^5\boldsymbol{x}_0$ 中,$\boldsymbol{A}^5\boldsymbol{x}_0$ 可由 $\boldsymbol{x}_0,\boldsymbol{A}\boldsymbol{x}_0,\boldsymbol{A}^2\boldsymbol{x}_0,\cdots,\boldsymbol{A}^4\boldsymbol{x}_0$ 线性表示,故 $\boldsymbol{x}_0,\boldsymbol{A}\boldsymbol{x}_0,\boldsymbol{A}^2\boldsymbol{x}_0,\cdots,\boldsymbol{A}^5\boldsymbol{x}_0$ 线性相关,从而 $\boldsymbol{\alpha},\phi(\boldsymbol{\alpha}),\cdots,\phi^5(\boldsymbol{\alpha})$ 也线性相关.

例 6(北京大学,2016) 3 阶实矩阵 $\boldsymbol{A}$ 的特征多项式为 $f(\lambda)=\lambda^3-3\lambda^2+4\lambda-2$,证明 $\boldsymbol{A}$ 不是实对称矩阵也不是正交矩阵.

证 因为

$$f(\lambda)=\lambda^3-3\lambda^2+4\lambda-2=(\lambda-1)(\lambda^2-2\lambda+2),$$

所以 3 阶实矩阵 $\boldsymbol{A}$ 的特征值为 $\lambda_1=1,\lambda_{2,3}=1\pm\mathrm{i}$.

因为实对称矩阵特征值为实数,正交矩阵的特征值的模长为 1,故 $\boldsymbol{A}$ 既不是实对称矩阵也不是正交矩阵.

例 7(中山大学,2014) n 阶实矩阵 $\boldsymbol{A}$ 的主对角线元素为 0,其余元素为 1.

(1) 求 $\boldsymbol{A}$ 的行列式及逆;

(2) 求 $\boldsymbol{A}$ 的特征值及特征向量.

解 (1) $$|\boldsymbol{A}|=\begin{vmatrix}n-1&1&\cdots&1\\n-1&0&\cdots&1\\\vdots&\vdots&&\vdots\\n-1&1&\cdots&0\end{vmatrix}=(n-1)\begin{vmatrix}1&1&\cdots&1\\0&-1&\cdots&0\\\vdots&\vdots&&\vdots\\0&0&\cdots&-1\end{vmatrix}=(-1)^{n-1}(n-1).$$

用初等变换求逆:

$$\left(\begin{array}{cccc:cccc}0&1&\cdots&1&1&0&\cdots&0\\1&0&\cdots&1&0&1&\cdots&0\\\vdots&\vdots&&\vdots&\vdots&\vdots&&\vdots\\1&1&\cdots&0&0&0&\cdots&1\end{array}\right)\to\left(\begin{array}{cccc:cccc}n-1&n-1&\cdots&n-1&1&1&\cdots&1\\1&0&\cdots&1&0&1&\cdots&0\\\vdots&\vdots&&\vdots&\vdots&\vdots&&\vdots\\1&1&\cdots&0&0&0&\cdots&1\end{array}\right)$$

$$\to\left(\begin{array}{cccc:cccc}1&1&\cdots&1&\frac{1}{n-1}&\frac{1}{n-1}&\cdots&\frac{1}{n-1}\\0&-1&\cdots&0&-\frac{1}{n-1}&1-\frac{1}{n-1}&\cdots&-\frac{1}{n-1}\\\vdots&\vdots&&\vdots&\vdots&\vdots&&\vdots\\0&0&\cdots&-1&-\frac{1}{n-1}&-\frac{1}{n-1}&\cdots&1-\frac{1}{n-1}\end{array}\right)$$

$$\rightarrow\left(\begin{array}{cccc:cccc} 1 & 0 & \cdots & 0 & \frac{1}{n-1}-1 & \frac{1}{n-1} & \cdots & \frac{1}{n-1} \\ 0 & -1 & \cdots & 0 & -\frac{1}{n-1} & 1-\frac{1}{n-1} & \cdots & -\frac{1}{n-1} \\ \vdots & \vdots & & \vdots & \vdots & \vdots & & \vdots \\ 0 & 0 & \cdots & -1 & -\frac{1}{n-1} & -\frac{1}{n-1} & \cdots & 1-\frac{1}{n-1} \end{array}\right)$$

$$\rightarrow\left(\begin{array}{cccc:cccc} 1 & 0 & \cdots & 0 & \frac{1}{n-1}-1 & \frac{1}{n-1} & \cdots & \frac{1}{n-1} \\ 0 & 1 & \cdots & 0 & \frac{1}{n-1} & \frac{1}{n-1}-1 & \cdots & \frac{1}{n-1} \\ \vdots & \vdots & & \vdots & \vdots & \vdots & & \vdots \\ 0 & 0 & \cdots & 1 & \frac{1}{n-1} & \frac{1}{n-1} & \cdots & \frac{1}{n-1}-1 \end{array}\right),$$

故 $\boldsymbol{A}^{-1}=\begin{pmatrix} \frac{1}{n-1}-1 & \frac{1}{n-1} & \cdots & \frac{1}{n-1} \\ \frac{1}{n-1} & \frac{1}{n-1}-1 & \cdots & \frac{1}{n-1} \\ \vdots & \vdots & & \vdots \\ \frac{1}{n-1} & \frac{1}{n-1} & \cdots & \frac{1}{n-1}-1 \end{pmatrix}$.

（2）**方法一** 构造多项式 $f(\lambda)=\lambda+\lambda^2+\cdots+\lambda^{n-1}$，设 $\boldsymbol{P}$ 是 n 阶初等置换矩阵，且

$$\boldsymbol{P}=\begin{pmatrix} 0 & 1 & 0 & \cdots & 0 \\ 0 & 0 & 1 & \cdots & 0 \\ \vdots & \vdots & \vdots & & \vdots \\ 0 & 0 & 0 & \cdots & 1 \\ 1 & 0 & 0 & \cdots & 0 \end{pmatrix},$$

则 $\boldsymbol{C}=f(\boldsymbol{P})$. 因

$$|\lambda\boldsymbol{E}-\boldsymbol{P}|=\lambda^n-1=\prod_{k=0}^{n-1}(\lambda-w^k),$$

其中 $w=e^{i\frac{2\pi}{n}}$ 是 $\lambda^n-1=0$ 的单位根，故 $w^0,w^1,\cdots,w^{n-1}$ 为 $\boldsymbol{P}$ 的所有特征值.

因此，$f(w^0),f(w^1),\cdots,f(w^{n-1})$ 是循环矩阵 $\boldsymbol{C}$ 的所有特征值，即 $n-1,-1,-1,\cdots,-1$ 为 $\boldsymbol{C}$ 的所有特征值.

$\forall k\in\{0,1,2,\cdots,n-1\}$，令 $\boldsymbol{x}_k=(1,w^k,w^{2k},\cdots,w^{(n-1)k})^{\mathrm{T}}$，则

$$\boldsymbol{P}\boldsymbol{x}_k=(w^k,w^{2k},\cdots,w^{(n-1)k},1)^{\mathrm{T}}=w^k\boldsymbol{x}_k,$$

故 $\boldsymbol{C}\boldsymbol{x}_k=f(P)\boldsymbol{x}_k=-\boldsymbol{x}_k$.

所以，循环矩阵 $\boldsymbol{C}$ 的所有特征值为 $n-1,-1,-1,\cdots,-1$，它们对应的特征向量分别为

$$\boldsymbol{x}_0=(1,1,1,\cdots,1)^{\mathrm{T}},\cdots,$$

$$\boldsymbol{x}_k=(1,w^k,w^{2k},\cdots,w^{(n-1)k})^{\mathrm{T}},$$

$$\vdots$$

$$\boldsymbol{x}_n=(1,w^{n-1},w^{2(n-1)},\cdots,w^{(n-1)^2})^{\mathrm{T}}.$$

方法二 因为

$$f(\lambda)=|\lambda E-A|=\begin{vmatrix}\lambda & -1 & \cdots & -1\\ -1 & \lambda & \cdots & -1\\ \vdots & \vdots & & \vdots\\ -1 & -1 & \cdots & \lambda\end{vmatrix}=(\lambda-n+1)\begin{vmatrix}1 & -1 & \cdots & -1\\ 1 & \lambda & \cdots & -1\\ \vdots & \vdots & & \vdots\\ 1 & -1 & \cdots & \lambda\end{vmatrix}$$

$$=(\lambda-n+1)\begin{vmatrix}1 & 0 & \cdots & 0\\ 1 & \lambda+1 & \cdots & 0\\ \vdots & \vdots & & \vdots\\ 1 & 0 & \cdots & \lambda+1\end{vmatrix}=(\lambda-n+1)(\lambda+1)^{n-1},$$

所以其特征值为 $n-1,-1,-1,\cdots,-1$. 其他略.

例 8(**厦门大学,2012**) 已知 n 阶矩阵 $\boldsymbol{A}$ 满足 $\boldsymbol{A}^2=2\boldsymbol{A}$,且 $R(\boldsymbol{A})=r$.

(1) 计算 $|\boldsymbol{A}-\boldsymbol{E}|$;

(2) 问 $\boldsymbol{A}$ 是否能对角化?

解 (1) 设矩阵 $\boldsymbol{A}$ 的特征值为 λ,由 $\boldsymbol{A}^2=2\boldsymbol{A}$,则 $\lambda^2=2\lambda$,故 $\lambda=2$ 或 0.

又因为 $R(\boldsymbol{A})=r$,故矩阵 $\boldsymbol{A}$ 的特征值为 2 的 r 重根和 0 的 $n-r$ 重根,从而 $\boldsymbol{A}-\boldsymbol{E}$ 的特征值为 1 的 r 重根和 -1 的 $n-r$ 重根,因此 $|\boldsymbol{A}-\boldsymbol{E}|=(-1)^{n-r}$.

(2) 因为 $\boldsymbol{A}^2=2\boldsymbol{A}$,故 $\boldsymbol{A}$ 的最小多项式没有重根,因此 $\boldsymbol{A}$ 是能对角化.

例 9(**华中师范大学,2011**) 设 P 是数域,V 是表示所有次数小于 n 的数域 P 上的多项式加上零多项式组成的线性空间,令 $T:V\to V,f(x)\to f(x+1)-f(x)$.

(1) 证明 T 是 V 上的一个线性变换;

(2) 证明 $g_1(x)=1,g_2(x)=\dfrac{x}{1},\cdots,g_n(x)=\dfrac{x(x-1)\cdots(x-n+2)}{(n-1)!}$是 V 的一组基;

(3) 求 $\boldsymbol{T}$ 在上述基下的矩阵;

(4) 证明 $\boldsymbol{T}$ 不能对角化.

证 (1) $\forall f(x),g(x)\in V,k,l\in P$,则

$$\begin{aligned}T(kf(x)+lg(x))&=kf(x+1)+lg(x+1)-(kf(x)+lg(x))\\&=kT(f(x))-lT(g(x)),\end{aligned}$$

故 T 是 V 上的一个线性变换.

(2) 显然 V 是 n 维线性空间,下面只需证

$$g_1(x)=1,g_2(x)=\frac{x}{1},\cdots,g_n(x)=\frac{x(x-1)\cdots(x-n+2)}{(n-1)!}$$

线性无关. 令 $l_1g_1(x)+l_2g_2(x)+\cdots+l_ng_n(x)=0$,下面证明 $l_1=l_2=\cdots=l_n=0$.

$$l_1 1+l_2\frac{x}{1}+\cdots+l_n\frac{x(x-1)\cdots(x-n+2)}{(n-1)!}=0,$$

比较上式两端常数项知 $l_1=0$,从而

$$l_2\frac{x}{1}+\cdots+l_n\frac{x(x-1)\cdots(x-n+2)}{(n-1)!}=x\left(l_2\frac{1}{1}+\cdots+l_n\frac{(x-1)\cdots(x-n+2)}{(n-1)!}\right)=0,$$

故 $l_2\dfrac{1}{1}+\cdots+l_n\dfrac{(x-1)\cdots(x-n+2)}{(n-1)!}=0$.

比较上式两端常数项知,$l_2=0$.

同理,可得 $l_3=\cdots=l_n=0$,因此命题得证.

解 (3) 设 T 在上述基下的矩阵为 A. 因

$$Tg_1(x)=0, Tg_2(x)=1, Tg_3(x)=\frac{x}{1}, \cdots, Tg_n(x)=\frac{x(x-1)\cdots(x-n+1)}{(n-2)!},$$

故 $$T(g_1(x), g_2(x), \cdots, g_n(x))=(g_1(x), g_2(x), \cdots, g_n(x))\begin{pmatrix} 0 & 1 & 0 & 0 & 0 \\ 0 & 0 & 0 & 0 & 0 \\ 0 & 0 & 1 & \cdots & 0 \\ \vdots & \vdots & \vdots & & \vdots \\ 0 & 0 & 0 & \cdots & 1 \\ 0 & 0 & 0 & 0 & 0 \end{pmatrix},$$

则 $$\boldsymbol{A}=\begin{pmatrix} 0 & 1 & 0 & 0 & 0 \\ 0 & 0 & 0 & 0 & 0 \\ 0 & 0 & 1 & \cdots & 0 \\ \vdots & \vdots & \vdots & & \vdots \\ 0 & 0 & 0 & \cdots & 1 \\ 0 & 0 & 0 & 0 & 0 \end{pmatrix}.$$

(4) 由(3)知 T 的特征值全部为零，而 $R(\boldsymbol{A})=n-1$，故属于 0 的特征值只有一个线性无关的特征向量，因此 T 不能对角化.

例 10(厦门大学,2014) 在 $\mathbf{C}$ 上定义变换 $\varphi: a+bi \to a-bi$，$\mathbf{C}$ 作为 $\mathbf{R}$ 上的线性空间，φ 是否为线性变换？$\mathbf{C}$ 作为 $\mathbf{C}$ 上的线性空间，φ 是否为线性变换？

答 $\mathbf{C}$ 作为 $\mathbf{R}$ 上的线性空间，φ 是为线性变换. 事实上，$\forall a+bi, c+di \in \mathbf{C}$，$k, l \in \mathbf{R}$，有

$$\begin{aligned}\varphi(k(a+bi)+l(c+di)) &= \varphi((ka+lc)+(kb+ld)i) \\ &= (ka+lc)-(kb+ld)i \\ &= k\varphi(a+bi)+l\varphi(c+di).\end{aligned}$$

而 $\mathbf{C}$ 作为 $\mathbf{C}$ 上的线性空间，φ 不是线性变换，例如 $\forall a+bi \in \mathbf{C}$，取 $k=i \in \mathbf{C}$，有

$$\varphi(k(a+bi))=\varphi(i(a+bi))=\varphi(-b+ai)=-b-ai,$$

而 $k\varphi(a+bi)=i(a-bi)=b+ai$，从而

$$\varphi(k(a+bi)) \neq k\varphi((a+bi)).$$

例 11(南京航空航天大学,2014) 已知 3 阶矩阵 $\boldsymbol{A}, \boldsymbol{B}$ 满足 $\boldsymbol{AB}=3\boldsymbol{A}+\boldsymbol{B}$，并且 $\boldsymbol{A}$ 的特征值均为正，$\boldsymbol{A}$ 的伴随矩阵为 $\boldsymbol{A}^*=\begin{pmatrix} 1 & 0 & 0 \\ 0 & 1 & 0 \\ -3 & 0 & 4 \end{pmatrix}$.

(1) 求 $\boldsymbol{A}$ 的行列式和其全部特征值；

(2) 求 $\boldsymbol{B}$ 和 $(\boldsymbol{A}-\boldsymbol{E})^{-1}$，其中 $\boldsymbol{E}$ 为 3 阶单位矩阵.

解 (1) 因 $|\boldsymbol{A}^*|=|\boldsymbol{A}|^2 \Rightarrow |\boldsymbol{A}|=\pm\sqrt{|\boldsymbol{A}^*|}=\pm 2$，又 $\boldsymbol{A}$ 的特征值均为正，故 $|\boldsymbol{A}|=2$. 而

$$\boldsymbol{A}^{-1}=\frac{\boldsymbol{A}^*}{|\boldsymbol{A}|}=\frac{1}{2}\begin{pmatrix} 1 & 0 & 0 \\ 0 & 1 & 0 \\ -3 & 0 & 4 \end{pmatrix},$$

故 $\boldsymbol{A}^{-1}$ 的特征值为 $\frac{1}{2}, \frac{1}{2}, 2$，从而 $\boldsymbol{A}$ 全部特征值为 $2, 2, \frac{1}{2}$.

(2) 因为 $\boldsymbol{AB}=3\boldsymbol{A}+\boldsymbol{B}$,所以等式两边同乘以 $\boldsymbol{A}^*$ 可得

$$\boldsymbol{A}^*\boldsymbol{AB}=|\boldsymbol{A}|\boldsymbol{B}=3|\boldsymbol{A}|\boldsymbol{E}+\boldsymbol{A}^*\boldsymbol{B}\Rightarrow(2\boldsymbol{E}-\boldsymbol{A}^*)\boldsymbol{B}=6\boldsymbol{E}.$$

用初等变换求上述矩阵方程,可得

$$\boldsymbol{B}=\begin{pmatrix}6&0&0\\0&6&0\\9&0&-3\end{pmatrix}.$$

又 $\boldsymbol{AB}=3\boldsymbol{A}+\boldsymbol{B}$,则 $(\boldsymbol{A}-\boldsymbol{E})\boldsymbol{B}=3\boldsymbol{A}$,故

$$(\boldsymbol{A}-\boldsymbol{E})^{-1}=\frac{1}{3}\boldsymbol{BA}^{-1}=\frac{1}{3}\begin{pmatrix}6&0&0\\0&6&0\\9&0&-3\end{pmatrix}\frac{1}{2}\begin{pmatrix}1&0&0\\0&1&0\\-3&0&4\end{pmatrix}=\begin{pmatrix}1&0&0\\0&1&0\\3&0&-2\end{pmatrix}.$$

例 12 已知复数域上线性空间 V 的线性变换 $\boldsymbol{\Psi}$ 在一组基 $\boldsymbol{\varepsilon}_1,\boldsymbol{\varepsilon}_2,\boldsymbol{\varepsilon}_3$ 下的矩阵为

$$\boldsymbol{A}=\begin{pmatrix}3&1&0\\-4&-1&0\\4&-8&-2\end{pmatrix},$$

求线性空间 V 的不变子空间的直和分解,并利用其结果给出矩阵的相似准对角阵.

解 先求线性变换的特征多项式:

$$|\lambda\boldsymbol{E}-\boldsymbol{A}|=\begin{vmatrix}\lambda-3&-1&0\\4&\lambda+1&0\\-4&8&\lambda+2\end{vmatrix}=(\lambda+2)(\lambda-1)^2.$$

由哈密尔顿-凯莱定理知,$V=V_1\oplus V_2$,其中

$$V_1=\{\boldsymbol{\xi}\,|\,(\boldsymbol{\Psi}+2\boldsymbol{E})\boldsymbol{\xi}=\boldsymbol{0},\boldsymbol{\xi}\in V\},\quad V_2=\{\boldsymbol{\xi}\,|\,(\boldsymbol{\Psi}-\boldsymbol{E})^2\boldsymbol{\xi}=\boldsymbol{0},\boldsymbol{\xi}\in V\}.$$

设 $\boldsymbol{\xi}$ 在基 $\boldsymbol{\varepsilon}_1,\boldsymbol{\varepsilon}_2,\boldsymbol{\varepsilon}_3$ 下的坐标为 $\begin{pmatrix}x_1\\x_2\\x_3\end{pmatrix}=\boldsymbol{X}$,则在 V_1 中 $(\boldsymbol{A}+2\boldsymbol{E})\boldsymbol{X}=\boldsymbol{0}$,即

$$\begin{pmatrix}5&1&0\\-4&1&0\\4&-8&0\end{pmatrix}\begin{pmatrix}x_1\\x_2\\x_3\end{pmatrix}=\begin{pmatrix}0\\0\\0\end{pmatrix},$$

可得一基础解系 $\boldsymbol{\eta}_1=\begin{pmatrix}0\\0\\1\end{pmatrix}$,则 $\boldsymbol{A\eta}_1=-2\boldsymbol{\eta}_1$.

同理在 V_2 中,$(\boldsymbol{A}-\boldsymbol{E})^2\boldsymbol{X}=\boldsymbol{0}$,即

$$\begin{pmatrix}0&0&0\\0&0&0\\28&44&9\end{pmatrix}\begin{pmatrix}x_1\\x_2\\x_3\end{pmatrix}=\begin{pmatrix}0\\0\\0\end{pmatrix},$$

可得一基础解系:$\boldsymbol{\eta}_2=\begin{pmatrix}-11\\7\\0\end{pmatrix}$,$\boldsymbol{\eta}_3=\begin{pmatrix}-9\\0\\28\end{pmatrix}$,则

$$\boldsymbol{A\eta}_2=\frac{37}{7}\boldsymbol{\eta}_2-\frac{100}{28}\boldsymbol{\eta}_3,\quad \boldsymbol{A\eta}_3=\frac{36}{7}\boldsymbol{\eta}_2-\frac{92}{28}\boldsymbol{\eta}_3.$$

因此,线性变换 $\boldsymbol{\Psi}$ 在基 $\boldsymbol{\varepsilon}_3$,$-11\boldsymbol{\varepsilon}_1+7\boldsymbol{\varepsilon}_2$,$-9\boldsymbol{\varepsilon}_1+28\boldsymbol{\varepsilon}_3$ 下的矩阵为

$$B=\begin{pmatrix}-2&0&0\\0&\frac{37}{7}&\frac{36}{7}\\0&\frac{-100}{28}&\frac{-92}{28}\end{pmatrix},$$

其中

$$V_1=\{\boldsymbol{\xi}\mid(\boldsymbol{\Psi}+2\boldsymbol{E})\boldsymbol{\xi}=\boldsymbol{0},\boldsymbol{\xi}\in V\}=L(\boldsymbol{\varepsilon}_3),$$

$$V_2=\{\boldsymbol{\xi}\mid(\boldsymbol{\Psi}-\boldsymbol{E})^2\boldsymbol{\xi}=\boldsymbol{0},\boldsymbol{\xi}\in V\}=L(\boldsymbol{\varepsilon}_3,-11\boldsymbol{\varepsilon}_1+7\boldsymbol{\varepsilon}_2,-9\boldsymbol{\varepsilon}_1+28\boldsymbol{\varepsilon}_3).$$

例 13(西南交通大学,2002) 设 $\mathbf{A}$ 是 n 阶正交矩阵,

$$V_1=\{\boldsymbol{\xi}\mid\mathbf{A}\boldsymbol{\xi}=\boldsymbol{\xi},\boldsymbol{\xi}\in\mathbf{R}^n\},\quad V_2=\{\boldsymbol{\xi}-\mathbf{A}\boldsymbol{\xi}\mid\boldsymbol{\xi}\in\mathbf{R}^n\},$$

证明 $\mathbf{R}^n=V_1\oplus V_2$.

【分析】 考测正交矩阵的性质、直和判定及综合能力.

证 因为

$$V_1=\{\boldsymbol{\xi}\mid\mathbf{A}\boldsymbol{\xi}=\boldsymbol{\xi},\boldsymbol{\xi}\in\mathbf{R}^n\}=\{\boldsymbol{\xi}\mid(\boldsymbol{E}-\mathbf{A})\boldsymbol{\xi}=\boldsymbol{0},\boldsymbol{\xi}\in\mathbf{R}^n\},\quad V_2=\{(\boldsymbol{E}-\mathbf{A})\boldsymbol{\xi}\mid\boldsymbol{\xi}\in\mathbf{R}^n\},$$

所有 V_1,V_2 分别是 $\boldsymbol{E}-\mathbf{A}$ 的核与值域,故

$$\dim(V_1)+\dim(V_2)=\dim(\mathbf{R}^n)=n. \tag{1}$$

下面证明 $V_1\cap V_2=\{0\}$.

$\forall\boldsymbol{\alpha}\in V_1\cap V_2\Rightarrow\boldsymbol{\alpha}\in V_2$,故 $\exists\boldsymbol{\eta}$,有 $\boldsymbol{\alpha}=(\boldsymbol{E}-\mathbf{A})\boldsymbol{\eta}$.

又 $\forall\boldsymbol{\alpha}\in V_1\cap V_2\Rightarrow\boldsymbol{\alpha}\in V_1$,故

$$(\boldsymbol{E}-\mathbf{A})\boldsymbol{\alpha}=(\boldsymbol{E}-\mathbf{A})^2\boldsymbol{\eta}=\boldsymbol{0}. \tag{2}$$

下面证明 $(\boldsymbol{E}-\mathbf{A})\boldsymbol{\eta}=\boldsymbol{0}\Leftrightarrow(\boldsymbol{E}-\mathbf{A})^2\boldsymbol{\eta}=\boldsymbol{0}$.

(1) 首先易得 $(\boldsymbol{E}-\mathbf{A})\boldsymbol{\eta}=\boldsymbol{0}\Rightarrow(\boldsymbol{E}-\mathbf{A})^2\boldsymbol{\eta}=\boldsymbol{0}$.

(2) 再证 $R(\boldsymbol{E}-\mathbf{A})=R\,(\boldsymbol{E}-\mathbf{A})^2$ 即可.

因为 $\forall\boldsymbol{B}\in\mathbf{R}^{n\times n}$,$R(\boldsymbol{B})=R(\boldsymbol{B}^{\mathrm{T}}\boldsymbol{B})$,$\mathbf{A}^{\mathrm{T}}\mathbf{A}=\boldsymbol{E}$,所以

$$\begin{aligned}R(\boldsymbol{E}-\mathbf{A})&=R[(\boldsymbol{E}-\mathbf{A})^{\mathrm{T}}(\boldsymbol{E}-\mathbf{A})]=R[(\boldsymbol{E}-\mathbf{A}^{-1})(\boldsymbol{E}-\mathbf{A})]\\&=R[\mathbf{A}(\boldsymbol{E}-\mathbf{A}^{-1})(\boldsymbol{E}-\mathbf{A})]=R[(\mathbf{A}-\boldsymbol{E})(\boldsymbol{E}-\mathbf{A})]\\&=R\,(\boldsymbol{E}-\mathbf{A})^2,\end{aligned}$$

因此 $(\boldsymbol{E}-\mathbf{A})\boldsymbol{\eta}=\boldsymbol{0}\Leftrightarrow(\boldsymbol{E}-\mathbf{A})^2\boldsymbol{\eta}=\boldsymbol{0}$.

综上所述,由式(2)可知 $\boldsymbol{\alpha}=(\boldsymbol{E}-\mathbf{A})\boldsymbol{\eta}=\boldsymbol{0}\Rightarrow V_1\cap V_2=\{0\}$,再由式(1)可知

$$\mathbf{R}^n=V_1\oplus V_2.$$

例 14(深圳大学,2016) 已知线性空间 V 上的 $s(s\geqslant 2)$ 个不同的线性变换 $\Psi_1,\Psi_2,\cdots,\Psi_s$,证明:存在向量 $\boldsymbol{\alpha}\in V$ 使得 $\Psi_1(\boldsymbol{\alpha}),\Psi_2(\boldsymbol{\alpha}),\cdots,\Psi_s(\boldsymbol{\alpha})$ 互不相同.

【分析】 考查线性变换的定义、子空间的构造及满足条件的向量的构造.

证 构造集合 $V_{ij}=\{\boldsymbol{\alpha}\mid\Psi_i(\boldsymbol{\alpha})=\Psi_j(\boldsymbol{\alpha})\}$,$i\neq j=1,2,\cdots,s$.

下面证明 $V_{ij}=\{\boldsymbol{\alpha}\mid\Psi_i(\boldsymbol{\alpha})=\Psi_j(\boldsymbol{\alpha})\}(i\neq j=1,2,\cdots,s)$ 为线性空间 V 的子空间.

(1) 显然 V_{ij} 为 V 的非空子集,因为 $\Psi_1,\Psi_2,\cdots,\Psi_s$ 为线性空间 V 上的 s 个不同的线性变换,所以 $\Psi_i(\boldsymbol{0})=\Psi_j(\boldsymbol{0})\Rightarrow\boldsymbol{0}\in V_{ij}\subseteq V$.

(2) 证明 V 对向量的加法和数量乘法是封闭的,$\forall\boldsymbol{\alpha},\boldsymbol{\beta}\in V_{ij}$,$k,l\in P$,则

$$\begin{aligned}\Psi_i(k\boldsymbol{\alpha}+l\boldsymbol{\beta})&=\Psi_i(k\boldsymbol{\alpha})+\Psi_i(l\boldsymbol{\beta})=k\Psi_i(\boldsymbol{\alpha})+l\Psi_i(\boldsymbol{\beta})\\&=k\Psi_j(\boldsymbol{\alpha})+l\Psi_j(\boldsymbol{\beta})=\Psi_j(k\boldsymbol{\alpha}+l\boldsymbol{\beta}).\end{aligned}$$

故 $k\boldsymbol{\alpha}+l\boldsymbol{\beta}\in V_{ij}$，因此

$$V_{ij}=\{\boldsymbol{\alpha}\mid\Psi_i(\boldsymbol{\alpha})=\Psi_j(\boldsymbol{\alpha})\}(i\neq j=1,2,\cdots,s)$$

为线性空间 V 的子空间，并且为 V 的真子空间.

对 s 作数学归纳法：

① 当 $s=2$ 时，V_{12} 为 V 的真子空间，故存在 $\boldsymbol{\alpha}\in V$ 使得 $\boldsymbol{\alpha}\notin V_{12}$，因此 $\Psi_1(\boldsymbol{\alpha})\neq\Psi_2(\boldsymbol{\alpha})$.

② 假设 $s=k$ 时结论成立，即证明存在向量 $\boldsymbol{\alpha}\in V$ 使得 $\Psi_1(\boldsymbol{\alpha}),\Psi_2(\boldsymbol{\alpha}),\cdots,\Psi_k(\boldsymbol{\alpha})$ 互不相同，即 $\boldsymbol{\alpha}\notin\bigcup\limits_{i\neq j=1}^{n}V_{ij}$.

③ 当 $s=k+1$ 时，由于 $V_{i,k+1}=\{\boldsymbol{\alpha}\mid\Psi_i(\boldsymbol{\alpha})=\Psi_{k+1}(\boldsymbol{\alpha})\}(i=1,2,\cdots,k)$ 为线性空间 V 的真子空间，故 $\bigcap\limits_{i=1}^{n}V_{i,k+1}$ 也为 V 的真子空间，

若 $\boldsymbol{\alpha}\notin\bigcup\limits_{i\neq j=1}^{n+1}V_{ij}$，则 $\Psi_1(\boldsymbol{\alpha}),\Psi_2(\boldsymbol{\alpha}),\cdots,\Psi_s(\boldsymbol{\alpha})$ 互不相同. 否则，

$$\boldsymbol{\alpha}\in\bigcup_{i\neq j=1}^{n+1}V_{ij}\Rightarrow\boldsymbol{\alpha}\in\bigcup_{i=1}^{k}V_{i,k+1}\Rightarrow\exists\, t\in\{1,2,\cdots,k\},\text{s. t. },\boldsymbol{\alpha}\in V_{tk+1},$$

则取 $\boldsymbol{\alpha}_0\in\bigcap\limits_{\substack{i=1\\i\neq t}}^{n}V_{i,k+1}$，则存在向量 $\boldsymbol{\alpha}_0+\boldsymbol{\alpha}\in V$，使得

$$\Psi_1(\boldsymbol{\alpha}_0+\boldsymbol{\alpha}),\cdots,\Psi_t(\boldsymbol{\alpha}_0+\boldsymbol{\alpha}),\cdots,\Psi_k(\boldsymbol{\alpha}_0+\boldsymbol{\alpha}),\Psi_{k+1}(\boldsymbol{\alpha}_0+\boldsymbol{\alpha})$$

互不相同(反证法略). 故由归纳法知结论成立.

例 15(北京工业大学,2018) $\forall\boldsymbol{A}\in P^{n\times n},\sigma(\boldsymbol{A})=\boldsymbol{A}^{\mathrm{T}}$，

(1) 求 σ 的所有特征值；

(2) 求 σ 的所有特征子空间；

(3) 证明 $P^{n\times n}$ 可分解为 σ 的所有特征子空间的直和.

【分析】 考查具体线性变换的特征值、特征子空间的定义和计算，以及线性空间的直和分解.

解 (1) 取 $P^{n\times n}$ 中的一组基 $\boldsymbol{E}_{11},\boldsymbol{E}_{12},\cdots,\boldsymbol{E}_{1n},\cdots\boldsymbol{E}_{i1},\boldsymbol{E}_{i2},\cdots,\boldsymbol{E}_{in},\cdots,\boldsymbol{E}_{n1},\boldsymbol{E}_{n2},\cdots,\boldsymbol{E}_{nn}$，$\sigma$ 在此组基下的象为

$$\sigma(\boldsymbol{E}_{ii})=\boldsymbol{E}_{ii}^{\mathrm{T}}=\boldsymbol{E}_{ii}(i=1,2,\cdots,n),\quad\sigma(\boldsymbol{E}_{ij})=\boldsymbol{E}_{ij}^{\mathrm{T}}=\boldsymbol{E}_{ji}(i\neq j)$$

$$\Rightarrow\sigma(\boldsymbol{E}_{ij}+\boldsymbol{E}_{ji})=\boldsymbol{E}_{ij}+\boldsymbol{E}_{ji},\quad\sigma(\boldsymbol{E}_{ij}-\boldsymbol{E}_{ji})=-(\boldsymbol{E}_{ij}-\boldsymbol{E}_{ji})\ (i\neq j),$$

因此，σ 的所有特征值为 1 的 $\dfrac{n(n+1)}{2}$，-1 的 $\dfrac{n(n-1)}{2}$.

(2) 由(1)的计算可知，属于特征值 1 和 -1 的特征子空间分别为

$$V_1=L(\boldsymbol{E}_{11},\boldsymbol{E}_{22},\cdots,\boldsymbol{E}_{nn},\boldsymbol{E}_{ij}+\boldsymbol{E}_{ji})\quad(i\neq j=1,2,\cdots,n),$$

$$V_{-1}=L(\boldsymbol{E}_{ij}-\boldsymbol{E}_{ji})\quad(i\neq j=1,2,\cdots,n).$$

证 (3) 显然 $\boldsymbol{E}_{11},\boldsymbol{E}_{22},\cdots,\boldsymbol{E}_{nn},\boldsymbol{E}_{ij}+\boldsymbol{E}_{ji},\boldsymbol{E}_{ij}-\boldsymbol{E}_{ji}(i\neq j=1,2,\cdots,n)$ 线性无关，所以

$$\dim(V_1)=\frac{n(n+1)}{2},\quad\dim(V_{-1})=\frac{n(n-1)}{2},\quad\text{且 }V_1\cap V_2=\{0\},$$

因此 $P^{n\times n}=V_1\oplus V_2$.

例 16(湘潭大学,2018) 令矩阵方程 $\boldsymbol{AX}-\boldsymbol{XB}=\boldsymbol{0}$，其中 $\boldsymbol{A}$ 是 n 阶矩阵，$\boldsymbol{B}$ 是 m 阶矩阵，$\boldsymbol{X}$ 是 $n\times m$ 阶矩阵，

(1) 叙述哈密尔顿-凯莱定理；

(2) 证明:如果 $\boldsymbol{A}$ 和 $\boldsymbol{B}$ 没有公共特征值时,矩阵方程只有唯一零解,即 $\boldsymbol{X}=\boldsymbol{0}$.

【分析】 考测哈密尔顿-凯莱定理在矩阵方程中的应用.

解 (1) 见教材(文献[1]),略.

(2) 设 $\boldsymbol{A}$ 的特征多项式为 $f(\lambda)=\lambda^n+a_{n-1}\lambda^{n-1}+\cdots+a_1\lambda+a_0$,则由哈密尔顿-凯莱定理得 $f(\boldsymbol{A})=\boldsymbol{A}^n+a_{n-1}\boldsymbol{A}^{n-1}+\cdots+a_1\boldsymbol{A}+a_0\boldsymbol{E}=\boldsymbol{0}$,从而

$$\begin{aligned}f(\boldsymbol{A})\boldsymbol{X}&=\boldsymbol{A}^n\boldsymbol{X}+a_{n-1}\boldsymbol{A}^{n-1}\boldsymbol{X}+\cdots+a_1\boldsymbol{A}\boldsymbol{X}+a_0\boldsymbol{X}\\&=\boldsymbol{X}\boldsymbol{B}^n+a_{n-1}\boldsymbol{X}\boldsymbol{B}^{n-1}+\cdots+a_1\boldsymbol{X}\boldsymbol{B}+a_0\boldsymbol{X}\\&=\boldsymbol{X}f(\boldsymbol{B})=\boldsymbol{0}.\end{aligned}$$

因为 $\boldsymbol{A}$ 和 $\boldsymbol{B}$ 没有公共特征值时,$f(\boldsymbol{B})$可逆,故 $\boldsymbol{X}=\boldsymbol{0}$.

历年考研试题精选

1.(武汉大学,2003) 设 $\boldsymbol{A},\boldsymbol{B}$ 是 n 阶非零矩阵,且有 $\boldsymbol{A}^2=\boldsymbol{A},\boldsymbol{B}^2=\boldsymbol{B},\boldsymbol{AB}=\boldsymbol{BA}=\boldsymbol{O}$. 证明:

(1) 0,1 必然是 $\boldsymbol{A},\boldsymbol{B}$ 的特征值;

(2) 若 $\boldsymbol{X}$ 是 $\boldsymbol{A}$ 的属于特征值 1 的特征向量,则 $\boldsymbol{X}$ 也是 $\boldsymbol{B}$ 的属于特征值 0 的特征向量.

2.(武汉大学,2002) 设 $\boldsymbol{A}$ 是 n 阶矩阵 $\boldsymbol{A}=\begin{pmatrix}1&1&\cdots&1\\1&1&\cdots&1\\\vdots&\vdots&&\vdots\\1&1&\cdots&1\end{pmatrix}$.

(1) 求 $\boldsymbol{A}$ 的特征值和特征向量;

(2) 求可逆矩阵 $\boldsymbol{P}$,使 $\boldsymbol{P}^{-1}\boldsymbol{AP}$ 为对角矩阵.

3.(武汉大学,2003) $\boldsymbol{\alpha}=(a_1,a_2,\cdots,a_n)$是 $n(n\geqslant2)$维非零向量,证明:$\boldsymbol{\alpha}^{\mathrm{T}}\boldsymbol{\alpha}$ 可相似于一对角矩阵,并求此对角矩阵.

4.(东南大学,2003) 设 $\boldsymbol{\sigma}$ 是 n 维线性空间 V 的可逆线性变换.

(1) 试证 $\boldsymbol{\sigma}$ 的逆变换 $\boldsymbol{\sigma}^{-1}$ 可表示成 $\boldsymbol{\sigma}$ 的多项式;

(2) 令 $f(\lambda)$是 $\boldsymbol{\sigma}$ 的特征多项式,试证当多项式 $g(\lambda)$与 $f(\lambda)$互素时,$g(\boldsymbol{\sigma})$是可逆线性变换.

5.(东南大学,2003) 设 $\boldsymbol{A}_1,\boldsymbol{A}_2,\cdots,\boldsymbol{A}_n$ 都是 n 阶非零矩阵,满足 $\boldsymbol{A}_i\boldsymbol{A}_j=\begin{cases}\boldsymbol{A}_j, & i=j,\\ \boldsymbol{O}, & i\neq j,\end{cases}$

证明:每个 $\boldsymbol{A}_i(i=1,2,\cdots,n)$都相似于 $\begin{pmatrix}1&&&\\&0&&\\&&\ddots&\\&&&0\end{pmatrix}$.

6.(南京大学,2002) 三阶方阵 $\boldsymbol{A}$ 的特征值为 $\lambda_1=1,\lambda_2=2,\lambda_3=3$,对应的特征向量依次为 $\boldsymbol{\xi}_1=\begin{pmatrix}1\\1\\1\end{pmatrix},\boldsymbol{\xi}_2=\begin{pmatrix}1\\2\\4\end{pmatrix},\boldsymbol{\xi}_3=\begin{pmatrix}1\\3\\9\end{pmatrix}$,设向量 $\boldsymbol{\beta}=\begin{pmatrix}1\\1\\3\end{pmatrix}$.

(1) 将 $\boldsymbol{\beta}$ 用 $\boldsymbol{\xi}_1,\boldsymbol{\xi}_2,\boldsymbol{\xi}_3$ 表示;

(2) 求 $\boldsymbol{A}^n\boldsymbol{\beta}$($n$ 为自然数).

7.(南京大学,2002) 设 $\boldsymbol{A}$ 为 n 阶复数矩阵,$\boldsymbol{A}^*$ 为 $\boldsymbol{A}$ 的伴随矩阵,λ 是 $\boldsymbol{A}$ 的一个特征值,$\boldsymbol{\alpha}$ 是 $\boldsymbol{A}$ 的对应于 λ 的一个特征向量,证明:存在数 μ,使 μ 是 $\boldsymbol{A}^*$ 的一个特征值且使 $\boldsymbol{\alpha}$ 是 $\boldsymbol{A}^*$ 对应于 μ

的一个特征向量(分 $\lambda\neq0$,$\lambda=0$ 两种情况,当 $\lambda=0$ 时,再按 0 为单根及重根等情况予以讨论).

8.(北京大学,2007) 设 n 阶复矩阵 $\boldsymbol{A}$ 满足 $\forall k$,$\mathrm{tr}(\boldsymbol{A}^k)=0$,求 $\boldsymbol{A}$ 的特征值.

9.(上海交通大学,2003) 设 λ_0 是 $\boldsymbol{BA}$ 的非零特征值,以 $V_{\lambda_0}^{\boldsymbol{BA}}$ 表示 $\boldsymbol{BA}$ 关于 λ_0 的特征子空间.证明:(1) λ_0 也是 $\boldsymbol{AB}$ 的特征值;(2) $\dim V_{\lambda_0}^{\boldsymbol{BA}}=\dim V_{\lambda_0}^{\boldsymbol{AB}}$.

10.(四川大学,1996) $\boldsymbol{A},\boldsymbol{B}\in P^{n\times n}$,$\boldsymbol{A}$ 在数域 P 中有 n 个不同特征值,证明:$\boldsymbol{A}$ 的特征向量都是 $\boldsymbol{B}$ 的特征向量$\Leftrightarrow\boldsymbol{AB}=\boldsymbol{BA}$.

11.(四川大学,1999) 设 $\boldsymbol{C}$ 是 $n\times m$ 矩阵,$R(\boldsymbol{C})=m$,矩阵 $\boldsymbol{A}$ 和 $\boldsymbol{B}$ 满足等式 $\boldsymbol{AC}=\boldsymbol{CB}$.证明:

(a) $\boldsymbol{A},\boldsymbol{B}$ 分别是 $n\times n$ 矩阵,$m\times m$ 矩阵;

(b) 若 $n=m$,则 $\boldsymbol{A}$ 与 $\boldsymbol{B}$ 相似;

(c) 若 $n>m$,则 $|\lambda\boldsymbol{E}_m-\boldsymbol{B}|$ 整除 $|\lambda\boldsymbol{E}_n-\boldsymbol{A}|$.

12.(北京大学,2001) (1) 设

$$\boldsymbol{A}=\begin{pmatrix}0&1&0\\0&0&-1\\-2&3&-1\end{pmatrix}.$$

a. 若把 $\boldsymbol{A}$ 看成有理数域上的矩阵,判断 $\boldsymbol{A}$ 是否可对角化,写出理由;

b. 若把 $\boldsymbol{A}$ 看成复数域上的矩阵,判断 $\boldsymbol{A}$ 是否可对角化,写出理由.

(2) 设 $\boldsymbol{A}$ 是有理数域上的 n 阶对称矩阵,并且在有理数域上 $\boldsymbol{A}$ 合同于单位矩阵 $\boldsymbol{I}$.用 $\boldsymbol{\delta}$ 表示元素全为 1 的列向量,b 是有理数,证明:在有理数域上,

$$\begin{pmatrix}\boldsymbol{A}&b\boldsymbol{\delta}\\b\boldsymbol{\delta}^{\mathrm{T}}&b\end{pmatrix}\cong\begin{pmatrix}\boldsymbol{I}&\boldsymbol{O}\\\boldsymbol{O}&b-b^2\boldsymbol{\delta}^{\mathrm{T}}\boldsymbol{A}^{-1}\boldsymbol{\delta}\end{pmatrix}.$$

13.(北京大学,2001) 设 $\boldsymbol{\sigma}$ 是数域 K 上 n 维线性空间 V 上的一个线性变换,在 $K[x]$中,$f(x)=f_1(x)f_2(x)$,且 $f_1(x)$与 $f_2(x)$互素.用 $\ker\boldsymbol{\sigma}$ 表示线性变换 $\boldsymbol{\sigma}$ 的核.证明:

$$\ker f(\boldsymbol{\sigma})=\ker f_1(\boldsymbol{\sigma})\oplus\ker f_2(\boldsymbol{\sigma}).$$

14.(武汉大学,2004) 设 V 是复数域上的 n 维线性空间,f,g 是 V 的线性变换,且 $fg=gf$,证明:

(1) 如果 λ 是 f 的特征值,那么 V_λ(λ 的特征子空间)是 g 的不变子空间;

(2) f,g 至少有一个公共的特征向量.

15.(浙江大学,2004) 设 $V=P^{n\times n}$,看成 P 上的线性空间,取 $\boldsymbol{A},\boldsymbol{B},\boldsymbol{C},\boldsymbol{D}\in P^{n\times n}$,对任意 $\boldsymbol{X}\in P^{n\times n}$,令 $\sigma(\boldsymbol{X})=\boldsymbol{AXB}+\boldsymbol{CX}+\boldsymbol{XD}$.求证:

(1) σ 是 V 的线性变换;

(2) 当 $\boldsymbol{C}=\boldsymbol{D}=\boldsymbol{O}$ 时,σ 可逆的充要条件是 $|\boldsymbol{AB}|\neq0$.

16.(南京大学,2001) 设 F 是数域,V 是 F 上的 n 维线性空间,σ 是 V 上的线性变换.求证:如果 V 没有非平凡的 σ-子空间,则 σ 的最小多项式是不可约的.

17.(华中科技大学,2002) 设 V 为数域 P 上字母 x 的次数小于 n 的全体多项式与零多项式构成的向量空间,定义 V 上线性变换 $\sigma(f(x))=xf'(x)-f(x)$.

(1) 求 σ 的核 $\sigma^{-1}(0)$与值域 $\sigma(V)$;

(2) 证明:$V=\sigma^{-1}(0)\oplus\sigma(V)$.

18.(北京大学,1990) 设 V 是全体实 2×2 矩阵所构成的实线性空间,$\boldsymbol{A}=\begin{pmatrix}a&b\\c&d\end{pmatrix}\in V$,定义 V 的变换 $\underline{\boldsymbol{A}}$:$\underline{\boldsymbol{A}}\boldsymbol{X}=\boldsymbol{AX}$,$\forall\boldsymbol{X}\in V$.

(1) 证明 $\underline{\boldsymbol{A}}$ 是线性的；

(2) 证明 $\underline{\boldsymbol{A}}$ 可逆⇔矩阵 $\boldsymbol{A}$ 可逆；

(3) 当 $\boldsymbol{A}=\begin{pmatrix}1 & 2\\ -2 & -4\end{pmatrix}$ 时，求 $\underline{\boldsymbol{A}}$ 的核 $\underline{\boldsymbol{A}}^{-1}(0)$ 和值域 $\underline{\boldsymbol{A}}V$ 及它们的一组基.

19.（中南大学，2003） 设 $\mathbf{R}^2$ 是实数域 $\mathbf{R}$ 上的 2 维向量空间，

$$T:\mathbf{R}^2\to\mathbf{R}^2,\quad (x_1,x_2)\mapsto(-x_2,x_1)$$

是线性变换.

(1) 求 $\boldsymbol{T}$ 在基 $\boldsymbol{\alpha}_1=(1,2)$，$\boldsymbol{\alpha}_2=(1,-1)$ 下的矩阵；

(2) 证明对每个实数 c，线性变换 $\boldsymbol{T}-c\boldsymbol{E}$ 是可逆变换，这里 $\boldsymbol{E}$ 是 $\mathbf{R}^2$ 上的恒等变换；

(3) 设 $\boldsymbol{T}$ 在 $\mathbf{R}^2$ 的某一基下的矩阵为 $\begin{bmatrix}a_{11} & a_{12}\\ a_{21} & a_{22}\end{bmatrix}$，证明乘积 $a_{12}\times a_{21}$ 不等于零.

20.（四川大学，2001） (1) 请找出两个 $n\times n$ 矩阵 $\boldsymbol{A},\boldsymbol{B}$，使 $\boldsymbol{A}$ 和 $\boldsymbol{B}$ 的特征值全为零，但 $\boldsymbol{AB}$ 的特征值不全为零.

(2) 设 σ 是 n 维线性空间 V 的线性变换，σ 的核为 $\sigma^{-1}(0)$，σ 的值域为 σV，举例说明 V 不一定等于 $\sigma^{-1}(0)+\sigma V$.

21.（四川大学，1997） 设 V 为数域 P 上的 n 维线性空间，σ 是 V 上的线性变换. 若 $0<\dim\sigma V=\dim\sigma^2 V<n$，证明：

(1) $V=\sigma V+\sigma^{-1}(0)$；

(2) 存在向量 $\boldsymbol{\alpha}\in V$，使得子空间 $W=(\sigma V+L(\boldsymbol{\alpha}))\cap(\sigma^{-1}(0)+L(\boldsymbol{\alpha}))$ 的维数大于 1，并求 W 的一组基.

22.（中南大学，2002） 设 n 阶矩阵 $\boldsymbol{A}$ 的 n 个特征值互异，且 $\boldsymbol{B}$ 与 $\boldsymbol{A}$ 有相同的特征值，试证明：存在 n 阶可逆矩阵 $\boldsymbol{P}$ 及 n 阶矩阵 $\boldsymbol{Q}$，使得 $\boldsymbol{A}=\boldsymbol{PQ}$，$\boldsymbol{B}=\boldsymbol{QP}$.

23.（浙江大学，2003；大连理工大学，2007） 设 $\boldsymbol{A}$ 为 n 阶复矩阵，若存在正整数 n 使得 $\boldsymbol{A}^n=\boldsymbol{O}$，则称 $\boldsymbol{A}$ 为幂零矩阵. 求证：

(1) $\boldsymbol{A}$ 为幂零矩阵的充要条件是 $\boldsymbol{A}$ 的特征值全为零；

(2) 设 $\boldsymbol{A}$ 不可逆，也不是幂零矩阵，那么存在 n 阶可逆矩阵 $\boldsymbol{P}$，使

$$\boldsymbol{P}^{-1}\boldsymbol{AP}=\begin{pmatrix}\boldsymbol{B} & \boldsymbol{O}\\ \boldsymbol{O} & \boldsymbol{C}\end{pmatrix}.$$

其中 $\boldsymbol{B}$ 是幂零矩阵，$\boldsymbol{C}$ 是可逆矩阵.

24.（复旦大学，2001） 设 $\boldsymbol{A}$ 是一个 n 阶实方阵，满足 $\boldsymbol{A}^{\mathrm{T}}=-\boldsymbol{A}$. 设 λ 是 $\boldsymbol{A}$ 的一个特征值，求证 λ 的实部等于零.

25.（中国科技大学，1998） 证明：复方阵 $\boldsymbol{A}$ 的最小多项式与特征多项式相等的充分必要条件是 $\boldsymbol{A}$ 的特征子空间都是一维的.

26.（中国科技大学，1999） 设 $F_n[x]$ 是数域 F 上次数小于 n 的全体多项式构成的线性空间，$F_n[x]$ 上线性变换 $\boldsymbol{D}$ 将每个 $f(x)$ 映到其导数 $f'(x)$.

(1) 求 $\boldsymbol{D}$ 的特征多项式和最小多项式；

(2) 找出 $F_n[x]$ 的一组基，使 $\boldsymbol{D}$ 在这组基下的矩阵是若尔当标准形；

(3) 设 $\boldsymbol{I}$ 是 $F_n[x]$ 上的单位变换，$\boldsymbol{A}=\boldsymbol{I}+\sum\limits_{k=1}^{n-1}\dfrac{\boldsymbol{D}^k}{k!}$，求证 $\boldsymbol{A}$ 是 $F_n[x]$ 上的可逆变换，并求出 $\boldsymbol{A}$ 的逆.

27.（北京大学，2005） 设 σ 是数域 $\mathbf{R}$ 上 n 维线性空间 V 的一个线性变换，用 τ 表示 V 上的恒等变换，证明：$\sigma^3=\tau \Leftrightarrow R(\tau-\sigma)+R(\tau+\sigma+\sigma^2)=n$.

28.（兰州大学，2002） 设 σ 是属于 P 上线性空间 V 上的线性变换，$f(x)=g(x)h(x)\in P[x]$ 是使 $f(\sigma)=0$ 的多项式，并且 $g(x)$ 与 $h(x)$ 互素，令 $V_1=(g(\sigma))^{-1}(0)$，$V_2=(h(\sigma))^{-1}(0)$. 证明：

(1) V_1 与 V_2 都是 σ-子空间；

(2) $V=V_1\oplus V_2$.

29.（华东师范大学，2002） 设 σ 为数域 K 上 n 维线性空间 V 的一个线性变换，满足 $\sigma^2=\sigma$，$\boldsymbol{A}$ 为 σ 在 V 的某组基下的矩阵，$R(\boldsymbol{A})=r$.

(1) 证明：(i) $\sigma+\tau$ 为 V 的可逆线性变换，其中 τ 为 V 上的恒等变换；(ii) $R(\boldsymbol{A})=\mathrm{tr}(\boldsymbol{A})$.

(2) 试求 $|2\boldsymbol{E}-\boldsymbol{A}|$，这里 $\boldsymbol{E}$ 为单位矩阵，τ 为恒等变换，R 与 tr 分别表示秩与迹.

30.（华东理工大学，2004） (1) 令 $\boldsymbol{\alpha}=(a_1,a_2,\cdots,a_n)^{\mathrm{T}}$，$\boldsymbol{\beta}=(b_1,b_2,\cdots,b_n)^{\mathrm{T}}$，求方阵 $\boldsymbol{A}=\boldsymbol{\alpha\beta}^{\mathrm{T}}$ 的特征多项式及特征值.

(2) 设 $\boldsymbol{\omega}=(\omega_1,\omega_2,\cdots,\omega_n)^{\mathrm{T}}$ 为 n 维实单位向量，证明 $\boldsymbol{H}=\boldsymbol{E}-2\boldsymbol{\omega\omega}^{\mathrm{T}}$ 为实对称正交阵，并求 $\boldsymbol{H}$ 的所有特征值.

31.（武汉大学，1995） 设 $\boldsymbol{A},\boldsymbol{B}$ 是 n 阶矩阵，$\boldsymbol{AB}=\boldsymbol{A}+\boldsymbol{B}$.

(1) 证明 $\boldsymbol{A},\boldsymbol{B}$ 的特征根不等于 1；

(2) 设 $\lambda_1,\lambda_2,\cdots,\lambda_n$ 是 $\boldsymbol{A}$ 的特征根，求 $\boldsymbol{B}$ 的特征根.

32.（东南大学，1999） 设 $\boldsymbol{A}=2\boldsymbol{E}-\boldsymbol{\alpha\beta}^{\mathrm{T}}$，$\boldsymbol{I}$ 是 n 阶单位矩阵，$\boldsymbol{\alpha},\boldsymbol{\beta}$ 是 n 维向量，$\boldsymbol{\alpha}^{\mathrm{T}}\boldsymbol{\beta}=2$，求 $\boldsymbol{A}$ 的特征多项式和最小多项式.

33.（东南大学，2000） 设 λ 是方阵 $\boldsymbol{A}$ 的一个特征值，$f(x)$ 是一个多项式，求证 $f(\lambda)$ 是 $f(\boldsymbol{A})$ 的一个特征值.

34.（南京师范大学，1998） 设 $\boldsymbol{A}$ 是 n 个特征值互不相同的 n 阶方阵，$\boldsymbol{B},\boldsymbol{C}$ 是适合 $\boldsymbol{AB}=\boldsymbol{BA}$，$\boldsymbol{AC}=\boldsymbol{CA}$ 的两个 n 阶方阵，证明 $\boldsymbol{BC}=\boldsymbol{CB}$.

35.（南京师范大学，1998） 在 $\mathbf{R}^{2\times 2}$ 中设 $\boldsymbol{M}=\begin{pmatrix}1 & 2\\ 0 & 3\end{pmatrix}$，令 $\sigma(\boldsymbol{X})=\boldsymbol{XM}-\boldsymbol{MX}$，$\boldsymbol{X}\in\mathbf{R}^{2\times 2}$，则 σ 是 $\mathbf{R}^{2\times 2}$ 的一个变换.

(1) 证明 σ 是 $\mathbf{R}^{2\times 2}$ 的一个线性变换；

(2) 求 σ 的核 $\sigma^{-1}(0)$，$\sigma^{-1}(0)$ 的维数和一组基.

36. 设 σ 是 n 维线性空间 V 的线性变换，$\ker\sigma=\{\boldsymbol{\alpha}\in V\mid\sigma(\boldsymbol{\alpha})=\boldsymbol{0}\}$. 求证：存在自然数 r 使得 $\ker\sigma^r=\ker\sigma^{r+1}$，且对于任意自然数 s，均有 $\ker\sigma^r=\ker\sigma^{r+s}$.

37.（武汉大学，1998） 设 $\boldsymbol{A}$ 是 $n\times n$ 复矩阵，且有正整数 k，使 $\boldsymbol{A}^k=\boldsymbol{E}$（单位矩阵），$\boldsymbol{A}=(a_{ij})_{n\times n}$，$\mathrm{tr}(\boldsymbol{A})=\sum\limits_{j=1}^{n}a_{ij}$ 称为 $\boldsymbol{A}$ 的迹，用 $\bar{a}$ 表示复数 a 的共轭. 证明：

(1) $\boldsymbol{A}$ 是可逆矩阵；

(2) $\mathrm{tr}(\boldsymbol{A}^{-1})=\mathrm{tr}(\overline{\boldsymbol{A}})$.

38.（中国科技大学，1998） 设 V 是实数域上全体 2×2 矩阵组成的线性空间（维数为 4），V 上的线性变换 τ 将每个矩阵 $\boldsymbol{X}$ 映到它的转置 $\boldsymbol{X}^{\mathrm{T}}$，求 V 的一组基使 τ 在这组基下的矩阵为对角阵.

39.（武汉大学，2005） 设 $\boldsymbol{A}$ 是 n 阶矩阵，λ_0 是 $\boldsymbol{A}$ 的 n 重特征值，$R(\lambda_0\boldsymbol{E}-\boldsymbol{A})=n-1$.

(1) 求使$(\lambda_0\boldsymbol{E}-\boldsymbol{A})^m=\boldsymbol{0}$的最小正整数$m$；

(2) 证明：$(\lambda_0\boldsymbol{E}-\boldsymbol{A})^{n-1}$必有一个列向量是$\boldsymbol{A}$的属于$\lambda_0$的特征向量.

40.（浙江大学,2004） 设$\boldsymbol{A}$是n阶复矩阵，且存在正整数m，使得$\boldsymbol{A}^m=\boldsymbol{E}$，这里$\boldsymbol{E}$是$n$阶单位阵.证明：$\boldsymbol{A}$与对角矩阵相似.

41.（中国科技大学,1998） 设$\boldsymbol{A},\boldsymbol{B}$是$n$阶复矩阵，且$\boldsymbol{AB}=\boldsymbol{BA}$，证明：

(1) $\boldsymbol{A},\boldsymbol{B}$有公共的特征向量；

(2) 如果$\boldsymbol{A},\boldsymbol{B}$都相似于对角阵，则存在同一个可逆复方阵$\boldsymbol{T}$，使$\boldsymbol{T}^{-1}\boldsymbol{AT}$与$\boldsymbol{T}^{-1}\boldsymbol{BT}$同时为对角阵.

42.（西安交通大学,2009） 设σ,τ是二维线性空间V上的两个线性变换，$\boldsymbol{\varepsilon}_1,\boldsymbol{\varepsilon}_2$为$V$的一组基，$\boldsymbol{\beta}_1,\boldsymbol{\beta}_2\in V$，且满足

$$\sigma\boldsymbol{\varepsilon}_1=\boldsymbol{\beta}_1,\quad \sigma\boldsymbol{\varepsilon}_2=\boldsymbol{\beta}_2,\quad \tau(\boldsymbol{\varepsilon}_1+\boldsymbol{\varepsilon}_2)=\boldsymbol{\beta}_1+\boldsymbol{\beta}_2,\quad \tau(\boldsymbol{\varepsilon}_1-\boldsymbol{\varepsilon}_2)=\boldsymbol{\beta}_1-\boldsymbol{\beta}_2.$$

证明$\sigma=\tau$.

43.（哈尔滨工业大学,2009） 设矩阵

$$\boldsymbol{A}=\begin{pmatrix}1&-1&1\\2&4&-2\\-3&-3&a\end{pmatrix},\quad \boldsymbol{B}=\begin{pmatrix}2&0&0\\0&2&0\\0&0&b\end{pmatrix},$$

且$\boldsymbol{A}$与$\boldsymbol{B}$相似.(1) 求a,b;(2) 求一个可逆阵$\boldsymbol{P}$，使$\boldsymbol{P}^{-1}\boldsymbol{AP}=\boldsymbol{B}$.

44.（清华大学, 2006） 已知$P^{n\times n}$的变换$\sigma(\boldsymbol{X})=\boldsymbol{AXB}$，$\forall\,\boldsymbol{X}\in P^{n\times n}$，

$$\boldsymbol{A}=\begin{pmatrix}1&-1\\-1&1\end{pmatrix},\quad \boldsymbol{B}=\begin{pmatrix}0&1\\1&0\end{pmatrix}.$$

(1) 证明σ是线性变换；

(2) 求σ在$P^{n\times n}$的基$\boldsymbol{E}_{11}=\begin{pmatrix}1&0\\0&0\end{pmatrix}$，$\boldsymbol{E}_{12}=\begin{pmatrix}0&1\\0&0\end{pmatrix}$，$\boldsymbol{E}_{21}=\begin{pmatrix}0&0\\1&0\end{pmatrix}$，$\boldsymbol{E}_{22}=\begin{pmatrix}0&0\\0&1\end{pmatrix}$下的矩阵；

(3) 问σ是否可在$P^{2\times 2}$的某组基下的矩阵为对角矩阵？若可以，试求出这组基和相对应的对角矩阵.

45.（武汉科技大学, 2008） T为平面中的变换：它将平面中的任何一点$\boldsymbol{\alpha}=(x,y)$变成关于直线$l$的对称点，其中$l$为第一、三象限的角平分线.

(1) 写出$T(\boldsymbol{\alpha})$的表达式；

(2) 验证T为线性变换；

(3) 求T的特征值.

46.（中国科学院,2010） 设n阶循环矩阵$\boldsymbol{C}=\begin{pmatrix}c_0&c_1&\cdots&c_{n-1}\\c_{n-1}&c_0&\cdots&c_{n-2}\\\vdots&\vdots&&\vdots\\c_1&c_2&\cdots&c_0\end{pmatrix}$.

(1) 求$\boldsymbol{C}$的所有特征值以及特征向量；

(2) 求$|\boldsymbol{C}|$.

47.（北京大学,2014） 设V是n维线性空间，φ是V上的线性变换，它的最小多项式为n次多项式.

(1) 证明：存在一个非零向量$\boldsymbol{\alpha}$，使得$\boldsymbol{\alpha},\varphi(\boldsymbol{\alpha}),\cdots,\varphi^{n-1}(\boldsymbol{\alpha})$为$V$的一组基；

(2) 若ϕ是与φ可交换的线性变换，则ϕ可以由φ的多项式表示.

48.（北京大学 2016） 设 V 是全体次数不超过 n 的实系数多项式组成的线性空间，定义线性变换 $A:f(x)\to f(1-x)$，求线性变换的所有特征值和特征向量.

49.（华中科技大学，2013） 已知矩阵 $\boldsymbol{A}=(a_{ij})$，$0\leqslant i,j\leqslant n$，并且 $a_{ij}>0$ 及 $\sum\limits_{j=1}^{n}a_{ij}=1$.

（1）证明 $\boldsymbol{A}$ 的特征值 λ，均有 $|\lambda|\leqslant 1$，且 1 是 $\boldsymbol{A}$ 的特征值.

（2）若 $\boldsymbol{A}$ 可逆，求 $\boldsymbol{A}^{-1}$ 的每行之和.

50.（西北大学，2010） 已知 $\boldsymbol{A},\boldsymbol{B}$ 都是 n 阶实对称矩阵，且 $\boldsymbol{B}$ 为正定矩阵，若 $\boldsymbol{BA}=\boldsymbol{AB}$ 的特征值都大于零，证明 $\boldsymbol{A}$ 是正定矩阵.

51.（南京师范大学，2015） 已知 σ,τ 是 n 维线性空间 V 的两个线性变换，且 $\sigma+\tau=\varepsilon$（恒等变换），$\sigma\tau=0$，证明 $V=\sigma(V)\oplus\tau(V)$.

52.（南京航空航天大学，2015） 已知 n 维向量 $\boldsymbol{\alpha}=(1,1,\cdots,1)^{\mathrm{T}}$，$\boldsymbol{\beta}=(n,0,\cdots,0)$，并且矩阵 $\boldsymbol{A}=\boldsymbol{\alpha}\boldsymbol{\alpha}^{\mathrm{T}}$，$\boldsymbol{B}=\boldsymbol{\alpha}\boldsymbol{\beta}^{\mathrm{T}}$.

（1）求矩阵 $\boldsymbol{A}$ 的特征值和特征向量；

（2）求矩阵 $\boldsymbol{B}$ 的特征值和特征向量；

（3）证明 $\boldsymbol{A}$ 与 $\boldsymbol{B}$ 相似.

53.（山东师范大学，2015） 已知 W_1,W_2 为 n 维线性空间 V 的两个非平凡子空间，且 $\dim(W_1)+\dim(W_2)=n$，证明：存在 V 上的一个线性变换 A 使得 $A^{-1}(0)=W_1$，$AV=W_2$.

54.（上海大学，2013） 已知矩阵 $\boldsymbol{A}=(a_{ij})_{n\times n}$ 满足：$|a_{ii}-1|>\left|\sum\limits_{j=1,i\neq j}^{n}a_{ij}\right|$，$i=1,2,\cdots,n$，求证：1 不是 $\boldsymbol{A}$ 的特征值.

55.（苏州大学，2014） 已知三阶矩阵 $\boldsymbol{A}$ 有三个不同的特征值 $\lambda_1,\lambda_2,\lambda_3$，对应的特征向量为 $\boldsymbol{\alpha}_1,\boldsymbol{\alpha}_2,\boldsymbol{\alpha}_3$，令 $\boldsymbol{\beta}=\boldsymbol{\alpha}_1+\boldsymbol{\alpha}_2+\boldsymbol{\alpha}_3$.

（1）证明 $\boldsymbol{\beta},\boldsymbol{A\beta},\boldsymbol{A}^2\boldsymbol{\beta}$ 线性无关；

（2）若 $\boldsymbol{A\beta}=\boldsymbol{A}^3\boldsymbol{\beta}$，求 $\boldsymbol{A}-\boldsymbol{E}_3$ 的秩.

56.（厦门大学，2016） 已知 σ,τ 是线性空间 V 上的两个线性变换，对任意的 $\boldsymbol{\alpha},\boldsymbol{\beta}\in V$ 都有 $(\sigma(\boldsymbol{\alpha}),\boldsymbol{\beta})=(\boldsymbol{\alpha},\tau(\boldsymbol{\beta}))$，证明：

（1）$\ker\sigma=(\mathrm{im}\tau)^{\perp}$；（2）$V=\ker\sigma\oplus\mathrm{im}\tau$.

57.（中山大学，2017） 已知 σ,τ 是 n 维线性空间 V 的线性变换，id_V 是 V 上的恒等变换，证明：若 $\sigma\tau=id_V$，则 $\tau\sigma=id_V$.

58.（中国科学院，2018） $\mathbf{R}$ 上所有 $n(n\geqslant 2)$ 阶方阵构成的线性空间 $V=\mathbf{R}^{n\times n}$ 的线性变换 $f:V\to V$ 定义为 $f(\boldsymbol{A})=\boldsymbol{A}+\boldsymbol{A}^{\mathrm{T}}$，$\forall\boldsymbol{A}\in V$，其中 $\boldsymbol{A}^{\mathrm{T}}$ 为 $\boldsymbol{A}$ 的转置，求 f 的特征值、特征子空间、最小多项式.

59.（中国科学院，2018） 设 $\boldsymbol{A}$ 是 $n(n\geqslant 2)$ 阶复矩阵，且 $\boldsymbol{A}=\begin{pmatrix}\boldsymbol{A}_1\\ \boldsymbol{A}_2\end{pmatrix}$，令

$$V_1=\{\boldsymbol{x}\in\mathbf{C}^n\mid\boldsymbol{A}_1\boldsymbol{x}=\boldsymbol{0}\},\quad V_2=\{\boldsymbol{x}\in\mathbf{C}^n\mid\boldsymbol{A}_2\boldsymbol{x}=\boldsymbol{0}\}.$$

证明矩阵 $\boldsymbol{A}$ 可逆的充要条件是向量空间 $\mathbf{C}^n$ 能够表示成子空间 V_1 与 V_2 的直和：

$$\mathbf{C}^n=V_1\oplus V_2.$$

60.（北京大学，2014） 设矩阵

$$\boldsymbol{A}=\begin{pmatrix}a_1^2 & a_1a_2+1 & \cdots & a_1a_n+1\\ a_2a_1+1 & a_2^2 & \cdots & a_2a_n+1\\ \vdots & \vdots & & \vdots\\ a_na_1+1 & a_na_2+1 & \cdots & a_n^2\end{pmatrix},$$

其中 $\sum_{i=1}^{n} a_i^2 = 1, \sum_{i=1}^{n} a_i = 1$.

(1) 求矩阵 $\boldsymbol{A}$ 的全部特征值;

(2) 求矩阵 $\boldsymbol{A}$ 的行列式和迹.

61.（浙江大学,2019） 设 $\boldsymbol{A}$ 是 n 阶复矩阵,设 $e^{\boldsymbol{A}} = \sum_{k=0}^{\infty} \frac{\boldsymbol{A}^k}{k!}, \boldsymbol{A}^0 = \boldsymbol{E}$, 证明: $|e^{\boldsymbol{A}}| = \boldsymbol{A}^{\operatorname{tr}(\boldsymbol{A})}$.

历年考研试题精选参考答案

1. 证明:(1) 设 $\boldsymbol{A}\boldsymbol{\xi}=\lambda_0\boldsymbol{\xi},\boldsymbol{\xi}\neq\boldsymbol{0}$,又 $\boldsymbol{A}^2=\boldsymbol{A}\Rightarrow\boldsymbol{A}^2\boldsymbol{\xi}=\lambda^2\boldsymbol{\xi}=\lambda\boldsymbol{\xi}$,故 $\lambda^2=\lambda\Rightarrow\lambda=0$ 或 $\lambda=1$.

如果 $\boldsymbol{A}$ 的特征值全为 0, 而 $\boldsymbol{A}^2=\boldsymbol{A}\Rightarrow$ $\boldsymbol{A}$ 与对角阵相似,从而 $\boldsymbol{A}=\boldsymbol{O}$,矛盾.故 $\boldsymbol{A}$ 的特征值不能全为 0.

如果 $\boldsymbol{A}$ 的特征值全为 1,由 $\boldsymbol{A}$ 与对角阵相似,可推出 $\boldsymbol{A}=\boldsymbol{E}$,又 $\boldsymbol{AB}=\boldsymbol{O}$,则 $\boldsymbol{B}=\boldsymbol{O}$,矛盾,因此 $\boldsymbol{A}$ 的特征值不能全为 1,所以 0,1 一定是 $\boldsymbol{A}$ 的特征值.

同理可证,0,1 一定是 $\boldsymbol{B}$ 的特征值.

(2) 设 $\boldsymbol{AX}=\boldsymbol{X},\boldsymbol{X}\neq\boldsymbol{0}$,则 $\boldsymbol{BX}=\boldsymbol{B}(\boldsymbol{AX})=(\boldsymbol{BA})\boldsymbol{X}=0\boldsymbol{X}=\boldsymbol{0}$. 因此,结论成立.

2. 解:设 $\boldsymbol{A}$ 的任意特征值为 λ,则

(1) $|\lambda\boldsymbol{E}-\boldsymbol{A}|=\lambda^{n-1}(\lambda-n)\Rightarrow\lambda_1=\lambda_2=\cdots=\lambda_{n-1}=0,\lambda_n=n$.

解特征向量方程组 $(n\boldsymbol{E}-\boldsymbol{A})\boldsymbol{X}=\boldsymbol{0}$,可知 $\boldsymbol{\xi}_1=(1,1,\cdots,1)^{\mathrm{T}}$ 是它的基础解系,属于特征值 n 的特征向量为 $c_1\boldsymbol{\xi}_1,c_1\neq0$.

解特征向量方程组 $-\boldsymbol{AX}=\boldsymbol{0}$,即 $\boldsymbol{AX}=\boldsymbol{0}$,它与 $x_1+x_2+\cdots+x_n=0$ 同解,因此属于特征值 0 的特征向量为 $c_2\boldsymbol{\xi}_2+c_3\boldsymbol{\xi}_3+\cdots+c_n\boldsymbol{\xi}_n$ $(c_2,c_3,\cdots,c_n$ 不全为 0),其中

$$\boldsymbol{\xi}_2=\begin{pmatrix}-1\\1\\0\\\vdots\\0\end{pmatrix},\boldsymbol{\xi}_3=\begin{pmatrix}-1\\0\\1\\\vdots\\0\end{pmatrix},\cdots,\boldsymbol{\xi}_n=\begin{pmatrix}-1\\0\\0\\\vdots\\1\end{pmatrix}.$$

(2) 设

$$\boldsymbol{P}=(\boldsymbol{\xi}_1,\boldsymbol{\xi}_2,\cdots,\boldsymbol{\xi}_n)=\begin{pmatrix}1&-1&\cdots&-1\\1&1&\cdots&0\\1&0&\cdots&0\\\vdots&\vdots&&\vdots\\1&0&\cdots&1\end{pmatrix},$$

则 $\boldsymbol{P}^{-1}\boldsymbol{AP}=\operatorname{diag}(n,0,\cdots,0)$.

3. 证明:由条件可知

$$\boldsymbol{A}^2=(\boldsymbol{\alpha}^{\mathrm{T}}\boldsymbol{\alpha})(\boldsymbol{\alpha}^{\mathrm{T}}\boldsymbol{\alpha})=\boldsymbol{\alpha}^{\mathrm{T}}(\boldsymbol{\alpha}\boldsymbol{\alpha}^{\mathrm{T}})\boldsymbol{\alpha}=c\boldsymbol{\alpha}^{\mathrm{T}}\boldsymbol{\alpha}=c\boldsymbol{A},$$

其中 $c=\boldsymbol{\alpha}\boldsymbol{\alpha}^{\mathrm{T}}\neq0$, 即 $\boldsymbol{A}^2-c\boldsymbol{A}=\boldsymbol{O}$.

设 $\boldsymbol{A}$ 的任意特征值为 λ,显然 $\lambda^2-c\lambda$ 没有重根,那么 $\boldsymbol{A}$ 的最小多项式没有重根,因此,$\boldsymbol{A}$ 与对角矩阵相似.

设 $\boldsymbol{A}\boldsymbol{\xi}=\lambda\boldsymbol{\xi}$,则 $\boldsymbol{A}^2\boldsymbol{\xi}=\lambda^2\boldsymbol{\xi}=(c\boldsymbol{A})\boldsymbol{\xi}=c\lambda\boldsymbol{\xi},\boldsymbol{\xi}\neq\boldsymbol{0}$,那么 $\lambda^2-c\lambda=0,\lambda=0,\lambda=c$.

反证 $\boldsymbol{A}$ 的特征值为 0 或 c. 假设 $\boldsymbol{A}$ 的特征值全为 0,则 $\boldsymbol{A}=\boldsymbol{O}$,矛盾,于是 c 是 $\boldsymbol{A}$ 的特征值,而 $0\boldsymbol{E}-\boldsymbol{A}$ 的秩为 1,那么属于特征值 0 有 $n-1$ 个线性无关的特征向量,0 是 $\boldsymbol{A}$ 的 $n-1$ 重特征值,故

$$\boldsymbol{A}\sim\begin{pmatrix} c & & & \\ & 0 & & \\ & & \ddots & \\ & & & 0 \end{pmatrix}.$$

4. 证明:(1) 设 $f(\lambda)=\lambda^n+a_{n-1}\lambda^{n-1}+\cdots+a_1\lambda+a_0$ 是 $\boldsymbol{\sigma}$ 的特征多项式,因为 $\boldsymbol{\sigma}$ 可逆,所以 $f(\lambda)$的常数项 $a_0\neq0$,由哈密尔顿-凯莱定理知,

$$\begin{aligned} &f(\boldsymbol{\sigma})=\boldsymbol{\sigma}^n+a_{n-1}\boldsymbol{\sigma}^{n-1}+\cdots+a_1\boldsymbol{\sigma}+a_0\boldsymbol{E}=\boldsymbol{0}\\ &\Rightarrow a_0\boldsymbol{E}=-\boldsymbol{\sigma}^n-a_{n-1}\boldsymbol{\sigma}^{n-1}-\cdots-a_1\boldsymbol{\sigma}\\ &\Rightarrow\boldsymbol{\sigma}^{-1}=-\frac{1}{a_0}\boldsymbol{\sigma}^{n-1}-\frac{a_{n-1}}{a_0}\boldsymbol{\sigma}^{n-2}-\cdots-\frac{a_1}{a_0}\boldsymbol{E}. \end{aligned}$$

(2) 若 $f(\lambda)$与 $g(\lambda)$互素,则存在 $u(\lambda),v(\lambda)$使得

$$f(\lambda)u(\lambda)+g(\lambda)v(\lambda)=1\Rightarrow f(\boldsymbol{\sigma})u(\boldsymbol{\sigma})+g(\boldsymbol{\sigma})v(\boldsymbol{\sigma})=\boldsymbol{E},$$

而 $f(\boldsymbol{\sigma})=\boldsymbol{0}$,则 $g(\boldsymbol{\sigma})v(\boldsymbol{\sigma})=\boldsymbol{E}$,故 $g(\boldsymbol{\sigma})$是可逆线性变换.

5. 证明:若 $\boldsymbol{A}_i\neq\boldsymbol{O}$,则 $R(\boldsymbol{A}_i)\geqslant1$,由 $\boldsymbol{A}_i^2=\boldsymbol{A}_i$,则

$$\boldsymbol{A}_i\sim\begin{pmatrix}\boldsymbol{E}_r & \boldsymbol{O}\\ \boldsymbol{O} & \boldsymbol{O}\end{pmatrix},$$

其中 $r=R(\boldsymbol{A}_i)$,只要证明 $R(\boldsymbol{A}_i)=1$.

$$\begin{pmatrix}\boldsymbol{A}_1\\ \boldsymbol{A}_2\\ \vdots\\ \boldsymbol{A}_n\end{pmatrix}(\boldsymbol{A}_1,\boldsymbol{A}_2,\cdots,\boldsymbol{A}_n)=\begin{pmatrix}\boldsymbol{A}_1^2 & & & \\ & \boldsymbol{A}_2^2 & & \\ & & \ddots & \\ & & & \boldsymbol{A}_n^2\end{pmatrix}=\begin{pmatrix}\boldsymbol{A}_1 & & & \\ & \boldsymbol{A}_2 & & \\ & & \ddots & \\ & & & \boldsymbol{A}_n\end{pmatrix},$$

从而

$$n\leqslant R(\boldsymbol{A}_1)+R(\boldsymbol{A}_2)+\cdots+R(\boldsymbol{A}_n)\leqslant R(\boldsymbol{A}_1,\boldsymbol{A}_2,\cdots,\boldsymbol{A}_n)\leqslant n.$$

因此 $R(\boldsymbol{A}_1)+R(\boldsymbol{A}_2)+\cdots+R(\boldsymbol{A}_n)=n$,故

$$R(\boldsymbol{A}_1)=R(\boldsymbol{A}_2)=\cdots=R(\boldsymbol{A}_n)=1,$$

从而结论成立.

6. 解:(1) 设 $\boldsymbol{\beta}=x_1\boldsymbol{\xi}_1+x_2\boldsymbol{\xi}_2+x_3\boldsymbol{\xi}_3$,则

$$\begin{cases}x_1+x_2+x_3=1,\\ x_2+2x_2+3x_3=1,\\ x_1+4x_2+9x_3=3,\end{cases}$$

解上述方程组可知有唯一解 $x_1=2,x_2=-2,x_3=1$,从而

$$\boldsymbol{\beta}=2\boldsymbol{\xi}_1-2\boldsymbol{\xi}_2+\boldsymbol{\xi}_3=(\boldsymbol{\xi}_1,\boldsymbol{\xi}_2,\boldsymbol{\xi}_3)\begin{pmatrix}2\\-2\\1\end{pmatrix}.$$

(2) 由已知条件可得

$$\boldsymbol{A}(\boldsymbol{\xi}_1,\boldsymbol{\xi}_2,\boldsymbol{\xi}_3)=(\boldsymbol{\xi}_1,\boldsymbol{\xi}_2,\boldsymbol{\xi}_3)\begin{pmatrix}1&0&0\\0&2&0\\0&0&3\end{pmatrix},$$

则
$$A^n\boldsymbol{\beta}=(\boldsymbol{\xi}_1,\boldsymbol{\xi}_2,\boldsymbol{\xi}_n)\begin{pmatrix}1&0&0\\0&2&0\\0&0&3\end{pmatrix}^n\begin{pmatrix}2\\-2\\1\end{pmatrix}=(\boldsymbol{\xi}_1,\boldsymbol{\xi}_2,\boldsymbol{\xi}_3)\begin{pmatrix}2\\-2^{n+1}\\3^n\end{pmatrix}$$
$$=\begin{pmatrix}2-2^{n+1}+3^n\\2-2^{n+2}+3^{n+1}\\2-2^{n+3}+3^{n+2}\end{pmatrix}.$$

7. 证明:(1) 当 $R(\boldsymbol{A})=n\Rightarrow\lambda\neq0,\boldsymbol{A\alpha}=\lambda\boldsymbol{\alpha},\boldsymbol{\alpha}\neq\boldsymbol{0}$,则
$$\boldsymbol{A}^*\boldsymbol{A\alpha}=\boldsymbol{A}^*\lambda\boldsymbol{\alpha}=|\boldsymbol{A}|\boldsymbol{\alpha},$$
故 $\boldsymbol{A}^*\boldsymbol{\alpha}=\dfrac{|\boldsymbol{A}|}{\lambda}\boldsymbol{\alpha}$,因此 $\mu=\dfrac{|\boldsymbol{A}|}{\lambda}$.

(2) 当 $R(\boldsymbol{A})=n-1\Rightarrow R(\boldsymbol{A}^*)=1$,0 是 $\boldsymbol{A}$ 的特征值且 0 是单根,则存在 $\boldsymbol{\alpha}\neq\boldsymbol{0}$ 使得
$$\boldsymbol{A\alpha}=0\boldsymbol{\alpha}=\boldsymbol{0},$$
故 $\boldsymbol{\alpha}$ 是齐次线性方程组 $\boldsymbol{AX}=\boldsymbol{0}$ 的非零解. 设 $\boldsymbol{\alpha}=(a_1,a_2,\cdots,a_n)^{\mathrm{T}}$,则 $\boldsymbol{\alpha}$ 是 $\boldsymbol{AX}=\boldsymbol{0}$ 基础解系. 又
$$\boldsymbol{AA}^*=|\boldsymbol{A}|\boldsymbol{E}=\boldsymbol{0},$$
故 $\boldsymbol{A}^*$ 的 n 个列向量都是 $\boldsymbol{AX}=\boldsymbol{0}$ 的解. 不妨设
$$\boldsymbol{A}^*=(c_1\boldsymbol{\alpha},c_2\boldsymbol{\alpha},\cdots,c_n\boldsymbol{\alpha})=(\boldsymbol{\alpha},\boldsymbol{\alpha},\cdots,\boldsymbol{\alpha})\begin{pmatrix}c_1&&&\\&c_2&&\\&&\ddots&\\&&&c_n\end{pmatrix},$$
则
$$\boldsymbol{A}^*\boldsymbol{\alpha}=(\boldsymbol{\alpha},\boldsymbol{\alpha},\cdots,\boldsymbol{\alpha})\begin{pmatrix}c_1&&&\\&c_2&&\\&&\ddots&\\&&&c_n\end{pmatrix}\begin{pmatrix}a_1\\a_2\\\vdots\\a_n\end{pmatrix}$$
$$=(\boldsymbol{\alpha},\boldsymbol{\alpha},\cdots,\boldsymbol{\alpha})\begin{pmatrix}c_1a_1\\c_2a_2\\\vdots\\c_na_n\end{pmatrix}=\left(\sum_{i=1}^n c_ia_i\right)\boldsymbol{\alpha},$$
故 $\mu=\sum\limits_{i=1}^n c_ia_i$.

(3) 当 $R(\boldsymbol{A})<n-1$,则 $\boldsymbol{A}^*=\boldsymbol{O}\Rightarrow\mu=0$.

8. 证明:设 n 阶复矩阵 $\boldsymbol{A}$ 的若尔当标准形为 $\boldsymbol{J}$,则 $\boldsymbol{J}$ 的主对角线上的元素为 $\boldsymbol{A}$ 的特征值 $\mu_1,\mu_2,\cdots,\mu_n$,不妨设存在可逆矩阵 $\boldsymbol{Q}$ 使得 $\boldsymbol{A}=\boldsymbol{Q}^{-1}\boldsymbol{JQ}$,从而
$$\boldsymbol{A}^k=\boldsymbol{Q}^{-1}\boldsymbol{J}^k\boldsymbol{Q}\Rightarrow\forall k,\ \mathrm{tr}(\boldsymbol{A}^k)=0=\mathrm{tr}(\boldsymbol{Q}^{-1}\boldsymbol{J}^k\boldsymbol{Q})=\mathrm{tr}(\boldsymbol{QQ}^{-1}\boldsymbol{J}^k)=\mathrm{tr}(\boldsymbol{J}^k).$$
又 $\boldsymbol{J}^k=\begin{pmatrix}\mu_1^k&&&\\ *&\mu_2^k&&\\ \vdots&\vdots&\ddots&\\ *&*&\cdots&\mu_n^k\end{pmatrix}\Rightarrow\mathrm{tr}(\boldsymbol{J}^k)=\sum\limits_{i=1}^n\mu_i^k=0.$

取 $k=1,2,\cdots,n$,得关于特征值 $\mu_1,\mu_2,\cdots,\mu_n$ 的方程组:
$$\sum_{i=1}^n\mu_i^k=0\quad(k=1,2,\cdots,n).$$

令 $\sigma_1=\sum_{i=1}^{n}\mu_i,\sigma_2=\sum_{1\leqslant i<j\leqslant n}\mu_i\mu_j,\cdots,\sigma_n=\mu_1\cdots\mu_i\cdots\mu_n,\ s_k=\sum_{i=1}^{n}\mu_i^k(k=1,2,\cdots,n)$，则

$$\begin{cases}\sigma_1=s_1,\\ s_1\sigma_1-2\sigma_2=s_2,\\ s_2\sigma_1-s_1\sigma_2+3\sigma_3=s_3,\\ \quad\vdots\\ s_{k-1}\sigma_1-s_{k-2}\sigma_2+\cdots+(-1)^{k-1}k\sigma_k=s_k.\end{cases}$$

由已知可得 $s_k=\sum_{i=1}^{n}\mu_i^k=0(k=1,2,\cdots,n)$，故再由上式可得

$$\sigma_1=\sigma_2=\cdots=\sigma_n=0.$$

由韦达定理逆定理知，特征值必为多项式 $\lambda^n+0\lambda^{n-1}+0\lambda^{n-2}+\cdots+0\lambda+0$ 的根，故

$$\mu_1=\mu_2=\cdots=\mu_n=0.$$

9. 证明：只要能证明 $\lambda_0\boldsymbol{E}-\boldsymbol{AB}$ 与 $\lambda_0\boldsymbol{E}-\boldsymbol{BA}$ 的秩相等，则(1)，(2)的命题都成立. 因为 $\lambda_0\neq 0$，所以利用块矩阵的初等变换可得

$$\begin{pmatrix}\boldsymbol{A}&\boldsymbol{E}\\ \lambda_0\boldsymbol{E}&\boldsymbol{B}\end{pmatrix}\rightarrow\begin{pmatrix}\boldsymbol{A}&\boldsymbol{E}\\ \lambda_0\boldsymbol{E}-\boldsymbol{BA}&\boldsymbol{O}\end{pmatrix}\rightarrow\begin{pmatrix}\boldsymbol{E}&\boldsymbol{O}\\ \boldsymbol{O}&\lambda_0\boldsymbol{E}-\boldsymbol{BA}\end{pmatrix}.$$

又 $$\begin{pmatrix}\boldsymbol{A}&\boldsymbol{E}\\ \lambda_0\boldsymbol{E}&\boldsymbol{B}\end{pmatrix}\rightarrow\begin{bmatrix}\boldsymbol{A}&\boldsymbol{E}\\ \boldsymbol{E}&\lambda_0^{-1}\boldsymbol{B}\end{bmatrix}\rightarrow\begin{pmatrix}\boldsymbol{A}&\lambda_0\boldsymbol{E}\\ \boldsymbol{E}&\boldsymbol{B}\end{pmatrix}\rightarrow\begin{pmatrix}\boldsymbol{O}&\lambda_0\boldsymbol{E}-\boldsymbol{AB}\\ \boldsymbol{E}&\boldsymbol{B}\end{pmatrix}\rightarrow\begin{pmatrix}\boldsymbol{E}&\boldsymbol{O}\\ \boldsymbol{O}&\lambda_0\boldsymbol{E}-\boldsymbol{AB}\end{pmatrix},$$

故 $R(\lambda_0\boldsymbol{E}-\boldsymbol{AB})=R(\lambda_0\boldsymbol{E}-\boldsymbol{BA})$.

10. 证明：**必要性.**

设 $\lambda_1,\lambda_2,\cdots,\lambda_n$ 是 $\boldsymbol{A}$ 的 n 个不同特征值，则存在 n 个线性无关特征向量 $\boldsymbol{\xi}_1,\boldsymbol{\xi}_2,\cdots,\boldsymbol{\xi}_n$，使得

$$\boldsymbol{A\xi}_i=\lambda_i\boldsymbol{\xi}_i,\quad 且\ \boldsymbol{B\xi}_i=\mu_i\boldsymbol{\xi}_i,\quad \boldsymbol{\xi}_i\neq\boldsymbol{0}\quad(i=1,2,\cdots,n).$$

设 $\boldsymbol{T}=(\boldsymbol{\xi}_1,\boldsymbol{\xi}_2,\cdots,\boldsymbol{\xi}_n)$，因为 $\boldsymbol{\xi}_1,\boldsymbol{\xi}_2,\cdots,\boldsymbol{\xi}_n$ 线性无关，所以 $\boldsymbol{T}$ 可逆，故

$$\boldsymbol{T}^{-1}(\boldsymbol{AB})\boldsymbol{T}=\boldsymbol{T}^{-1}(\boldsymbol{BA})\boldsymbol{T}=\mathrm{diag}(\lambda_1\mu_1,\lambda_2\mu_2,\cdots,\lambda_n\mu_n).$$

因此，$\boldsymbol{AB}=\boldsymbol{BA}$.

充分性.

$$\boldsymbol{A\xi}_i=\lambda_i\boldsymbol{\xi}_i\Rightarrow\boldsymbol{BA\xi}_i=\lambda_i\boldsymbol{B\xi}_i=\boldsymbol{A}(\boldsymbol{B\xi}_i),$$

所以 $\boldsymbol{B\xi}_i$ 是 $\boldsymbol{A}$ 的属于特征值 λ_i 的特征向量，或者 $\boldsymbol{B\xi}_i=\boldsymbol{0}$.

若 $\boldsymbol{B\xi}_i=\boldsymbol{0}$，则 $\boldsymbol{\xi}_i$ 是 $\boldsymbol{B}$ 的属于特征值 0 的特征向量.

若 $\boldsymbol{B\xi}_i\neq\boldsymbol{0}$，而 $\lambda_1,\lambda_2,\cdots,\lambda_n$ 互异，则 $\dim V_{\lambda_i}=1\Rightarrow\boldsymbol{\xi}_i$ 是 V_{λ_i} 的基，故 $\boldsymbol{B\xi}_i=\mu_i\boldsymbol{\xi}_i$.

综上所述，所证结论成立.

11. 证明：(a) 利用相乘规则易知结论成立.

(b) 若 $n=m,R(\boldsymbol{C})=m\Rightarrow\boldsymbol{C}$ 可逆，从而 $\boldsymbol{C}^{-1}\boldsymbol{AC}=\boldsymbol{B}\Rightarrow\boldsymbol{A},\boldsymbol{B}$ 相似.

(c) 设 $f(\lambda)=|\lambda\boldsymbol{E}_m-\boldsymbol{B}|,g(\lambda)=|\lambda\boldsymbol{E}_n-\boldsymbol{A}|$，只要证明 $f(\lambda)$的根都是 $g(\lambda)$的根.

如果 $f(\lambda_0)=|\lambda_0\boldsymbol{E}_m-\boldsymbol{B}|=0$，那么存在 $\boldsymbol{\xi}\neq\boldsymbol{0}$，使得 $\boldsymbol{B\xi}=\lambda_0\boldsymbol{\xi}$，

$$\boldsymbol{A}(\boldsymbol{C\xi})=(\boldsymbol{AC})\boldsymbol{\xi}=(\boldsymbol{CB})\boldsymbol{\xi}=\boldsymbol{C}(\boldsymbol{B\xi})=\lambda_0(\boldsymbol{C\xi}).$$

因为 $R(\boldsymbol{C})=m$，则齐次线性方程组 $\boldsymbol{CX}=\boldsymbol{0}$ 只有零解，$\boldsymbol{\xi}\neq\boldsymbol{0}$，则 $\boldsymbol{C\xi}\neq\boldsymbol{0}$，故 λ_0 是 $\boldsymbol{A}$ 的特征值，因此 $g(\lambda_0)=|\lambda_0\boldsymbol{E}_n-\boldsymbol{A}|=0$.

综上所述，$|\lambda\boldsymbol{E}_m-\boldsymbol{B}|$ 整除 $|\lambda\boldsymbol{E}_n-\boldsymbol{A}|$.

12. 解：(1) 因为 $f(\lambda)=|\lambda\boldsymbol{E}-\boldsymbol{A}|=\lambda^3+\lambda^2-3\lambda+2$，所以它的有理根只可能是 $\pm1,\pm2$. 经

检验可知$\pm1,\pm2$都不是它的根，所以$f(\lambda)$没有有理根，因此在有理数域上，$\boldsymbol{A}$不能对角化.

因为在复数域上$(f(\lambda),f'(\lambda))=1$，所以$f(x)$无重因式，故在复数域上可以对角化.

(2) 因为$\boldsymbol{A}$合同于$\boldsymbol{E}$，所以存在有理数域上的n阶可逆矩阵$\boldsymbol{P}$使得$\boldsymbol{A}=\boldsymbol{P}\boldsymbol{P}^{\mathrm{T}}$，则

$$\begin{pmatrix}\boldsymbol{P}^{-1} & \boldsymbol{O}\\ \boldsymbol{O} & 1\end{pmatrix}\begin{pmatrix}\boldsymbol{I} & \boldsymbol{O}\\ -b\boldsymbol{\delta}^{\mathrm{T}}\boldsymbol{A}^{-1} & 1\end{pmatrix}\begin{pmatrix}\boldsymbol{A} & b\boldsymbol{\delta}\\ b\boldsymbol{\delta}^{\mathrm{T}} & b\end{pmatrix}\begin{pmatrix}\boldsymbol{I} & -b\boldsymbol{A}^{-1}\boldsymbol{\delta}\\ \boldsymbol{O} & 1\end{pmatrix}\begin{pmatrix}(\boldsymbol{P}^{-1})^{\mathrm{T}} & \boldsymbol{O}\\ \boldsymbol{O} & 1\end{pmatrix}$$

$$=\begin{pmatrix}\boldsymbol{P}^{-1} & \boldsymbol{O}\\ \boldsymbol{O} & 1\end{pmatrix}\begin{pmatrix}\boldsymbol{A} & \boldsymbol{O}\\ \boldsymbol{O} & b-b^2\boldsymbol{\delta}^{\mathrm{T}}\boldsymbol{A}^{-1}\boldsymbol{\delta}\end{pmatrix}\begin{pmatrix}(\boldsymbol{P}^{-1})^{\mathrm{T}} & \boldsymbol{O}\\ \boldsymbol{O} & 1\end{pmatrix}=\begin{pmatrix}\boldsymbol{I} & \boldsymbol{O}\\ \boldsymbol{O} & b-b^2\boldsymbol{\delta}^{\mathrm{T}}\boldsymbol{A}^{-1}\boldsymbol{\delta}\end{pmatrix}.$$

因此，结论成立.

13. 证明：

$$\forall\boldsymbol{\alpha}\in\ker f_1(\boldsymbol{\sigma})\Rightarrow f_1(\boldsymbol{\sigma})\boldsymbol{\alpha}=\boldsymbol{0}\Rightarrow f(\boldsymbol{\sigma})\boldsymbol{\alpha}=f_2(\boldsymbol{\sigma})f_1(\boldsymbol{\sigma})\boldsymbol{\alpha}=\boldsymbol{0}\Rightarrow\boldsymbol{\alpha}\in\ker f(\boldsymbol{\sigma}),$$

因此$\ker f_1(\boldsymbol{\sigma})$是$\ker f(\boldsymbol{\sigma})$的子空间，同理可知$\ker f_2(\boldsymbol{\sigma})$是$\ker f(\boldsymbol{\sigma})$的子空间.

因为$(f_1(x),f_2(x))=1$，所以存在$u(x),v(x)\in K[x]$使得

$$f_1(x)u(x)+f_2(x)v(x)=1,$$

则$f_1(\boldsymbol{\sigma})u(\boldsymbol{\sigma})+f_2(\boldsymbol{\sigma})v(\boldsymbol{\sigma})=\boldsymbol{E}$.

$\forall\boldsymbol{\alpha}\in\ker f(\boldsymbol{\sigma})\Rightarrow f(\boldsymbol{\sigma})\boldsymbol{\alpha}=\boldsymbol{0}$，因此，

$$\boldsymbol{\alpha}=f_1(\boldsymbol{\sigma})u(\boldsymbol{\sigma})\boldsymbol{\alpha}+f_2(\boldsymbol{\sigma})v(\boldsymbol{\sigma})\boldsymbol{\alpha}.\qquad(*)$$

又$f_1(\boldsymbol{\sigma})(f_2(\boldsymbol{\sigma})v(\boldsymbol{\sigma})\boldsymbol{\alpha})=\boldsymbol{0}$，$f_2(\boldsymbol{\sigma})(f_1(\boldsymbol{\sigma})u(\boldsymbol{\sigma})\boldsymbol{\alpha})=\boldsymbol{0}$，因此，

$$f_2(\boldsymbol{\sigma})v(\boldsymbol{\sigma})\boldsymbol{\alpha}\in\ker f_1(\boldsymbol{\sigma}),\quad f_1(\boldsymbol{\sigma})u(\boldsymbol{\sigma})\boldsymbol{\alpha}\in\ker f_2(\boldsymbol{\sigma}),$$

从而$\ker f(\boldsymbol{\sigma})=\ker f_1(\boldsymbol{\sigma})+\ker f_2(\boldsymbol{\sigma})$.

$\forall\boldsymbol{\alpha}\in\ker f_1(\boldsymbol{\sigma})\cap\ker f_2(\boldsymbol{\sigma})\Rightarrow f_1(\boldsymbol{\sigma})=\boldsymbol{0},f_2(\boldsymbol{\sigma})=\boldsymbol{0}$，

由$(*)$式可得$\boldsymbol{\alpha}=\boldsymbol{0}$，故

$$\ker f_1(\boldsymbol{\sigma})\cap\ker f_2(\boldsymbol{\sigma})=\{0\}.$$

因此，$\ker f(\boldsymbol{\sigma})=\ker f_1(\boldsymbol{\sigma})\oplus\ker f_2(\boldsymbol{\sigma})$.

14. 证明：(1) 设$V_\lambda=\{\boldsymbol{\alpha}\in V\mid f(\boldsymbol{\alpha})=\lambda\boldsymbol{\alpha}\}$，则$\forall\boldsymbol{\alpha}\in V_\lambda$，

$$f(g(\boldsymbol{\alpha}))=g(f(\boldsymbol{\alpha}))=g(\lambda\boldsymbol{\alpha})=\lambda g(\boldsymbol{\alpha}).$$

因此，$g(\boldsymbol{\alpha})\in V_\lambda$，所以$V_\lambda$是$g$的不变子空间.

(2) 由(1)可知，V_λ是g的不变子空间，则g在V_λ上的限制$g|_{V_\lambda}$是线性空间V_λ上的一个线性变换，那么存在复数μ及n维非零列向量$\boldsymbol{\beta}\in V_\lambda$，使得

$$(g|_{V_\lambda})(\boldsymbol{\beta})=\mu\boldsymbol{\beta}.$$

因此$f(\boldsymbol{\beta})=\lambda\boldsymbol{\beta},g(\boldsymbol{\beta})=\mu\boldsymbol{\beta}\Rightarrow\boldsymbol{\beta}$为$f,g$的一个公共特征向量.

15. 证明：(1) $\forall\boldsymbol{X},\boldsymbol{Y}\in P^{n\times n}$，$\forall k\in P$，

$$\begin{aligned}\sigma(\boldsymbol{X}+\boldsymbol{Y})&=\boldsymbol{A}(\boldsymbol{X}+\boldsymbol{Y})\boldsymbol{B}+\boldsymbol{C}(\boldsymbol{X}+\boldsymbol{Y})+(\boldsymbol{X}+\boldsymbol{Y})\boldsymbol{D}\\&=(\boldsymbol{AXB}+\boldsymbol{CX}+\boldsymbol{XD})+(\boldsymbol{AYB}+\boldsymbol{CY}+\boldsymbol{YD})\\&=\sigma(\boldsymbol{X})+\sigma(\boldsymbol{Y}),\\\sigma(k\boldsymbol{X})&=\boldsymbol{A}(k\boldsymbol{X})\boldsymbol{B}+\boldsymbol{C}(k\boldsymbol{X})+(k\boldsymbol{X})\boldsymbol{D}\\&=k(\boldsymbol{AXB})+k(\boldsymbol{CX})+k(\boldsymbol{XD})\\&=k\sigma(\boldsymbol{X}),\end{aligned}$$

故σ是V的线性变换.

(2) **必要性.**

(反证法)假设$\boldsymbol{A}$不可逆，则$R(\boldsymbol{A})=r<n\Rightarrow$存在$n$阶可逆矩阵$\boldsymbol{P},\boldsymbol{Q}$，使得

$$PAQ=\begin{pmatrix} E_r & O \\ O & O \end{pmatrix} \Rightarrow PAQ\begin{pmatrix} O & O \\ O & E_{n-r} \end{pmatrix}=O,\quad AQ\begin{pmatrix} O & O \\ O & E_{n-r} \end{pmatrix}=O.$$

取 $X=Q\begin{pmatrix} O & O \\ O & E_{n-r} \end{pmatrix}$,则

$$\sigma(X)=AXB=AQ\begin{pmatrix} O & O \\ O & E_{n-r} \end{pmatrix}B=O.$$

又 σ 是可逆的$\Rightarrow \ker\sigma=\{0\}$,则 $X=0$,矛盾. 故 A 可逆. 同理,可证 B 可逆.

充分性.

若 $|AB|\neq 0$,则 A,B 可逆, 构造映射

$$\tau(X)=A^{-1}XB^{-1},$$

那么 $(\tau\sigma)(X)=\tau(AXB)=A^{-1}(AXB)B^{-1}=X$,且

$$(\sigma\tau)(X)=\sigma(A^{-1}XB^{-1})=A(A^{-1}XB^{-1})B=X,$$

故 $\tau\sigma=\sigma\tau=E$, 所以 σ 可逆.

16. 证明:(反证法)假设 σ 的最小多项式 $m(x)$ 是可约的,则存在 $m_1(x),m_2(x)$ 使得 $m(x)=m_1(x)m_2(x)$,且

$$0<\partial(m_i(x))<\partial(m(x))\ (i=1,2),\quad m_1(\sigma)\neq 0,\quad m_2(\sigma)\neq 0,$$

则

$$m_1(\sigma)V\neq\{0\},\quad m_2(\sigma)V\neq\{0\}.$$

因为 σ 与 $m_1(\sigma),m_2(\sigma)$ 可交换,因此 $m_1(\sigma)V$ 与 $m_2(\sigma)V$ 都是 σ-子空间,而 V 没有非平凡的 σ-子空间, 故 $m_1(\sigma)V=V$.

又因 $m_2(\sigma)V=m_2(\sigma)(m_1(\sigma)V)=m(\sigma)V=\{0\}$,矛盾,因此 σ 的最小多项式是不可约的.

17. 解:(1) 显然 $1,x,x^2,\cdots,x^{n-1}$ 是 n 维线性空间 V 的一组基,那么 σ 的值域

$$\begin{aligned}\sigma(V)&=L(\sigma(1),\sigma(x),\sigma(x^2),\cdots,\sigma(x^{n-1}))\\&=L(-1,x^2,2x^3,\cdots,(n-2)x^{n-1})\\&=L(1,x^2,x^3,\cdots,x^{n-1}).\end{aligned}$$

容易证明,这 $n-1$ 个生成元是线性无关的$\Rightarrow \dim\sigma(V)=n-1$,由于

$$\dim\sigma^{-1}(0)+\dim\sigma(V)=\dim V=n,$$

于是 $\dim\sigma^{-1}(0)=1$,而 $\sigma(x)=0$, 故 $\sigma^{-1}(0)=L(x)$.

(2) $\forall f(x)\in\sigma^{-1}(0)\cap\sigma(V)\Rightarrow\exists a_i(i=0,1,\cdots,n-1)$,使得

$$f(x)=a_1x=a_0\cdot 1+a_2x^2+\cdots+a_{n-1}x^{n-1},$$

从而

$$a_0\cdot 1-a_1x+a_2x^2+\cdots+a_{n-1}x^{n-1}=0.$$

因此,$a_0=a_1=a_2=\cdots=a_{n-1}=0\Rightarrow f(x)=0$. 故 $\sigma^{-1}(0)\cap\sigma(V)=\{0\}$,所以

$$V=\sigma^{-1}(0)\oplus\sigma(V).$$

18. 证明:(1) $\forall X_1,X_2\in V,\forall k\in\mathbf{R}$,

$$\underline{A}(X_1+X_2)=A(X_1+X_2)=AX_1+AX_2=\underline{A}X_1+\underline{A}X_2,$$

又 $\underline{A}(kX)=A(kX)=k(AX)=k\underline{A}X$,所以,$\underline{A}$ 是 V 的线性变换.

(2) $\underline{A}$ 可逆$\Leftrightarrow\underline{A}^{-1}(0)=\{0\}$

$\Leftrightarrow AX=0\Leftrightarrow X=0$,其中 $X\in\mathbf{R}^{2\times 2}$

$\Leftrightarrow$齐次线性方程组 $AY=0$ 只有零解,其中 $Y\in\mathbf{R}^{2\times 1}$

$\Leftrightarrow A$ 可逆.

(3) $\forall X\in\underline{A}^{-1}(0)\Rightarrow AX=0$, 即

$$\boldsymbol{AX}=\begin{pmatrix}1 & 2\\ -2 & -4\end{pmatrix}\begin{pmatrix}x_1 & x_2\\ x_3 & x_4\end{pmatrix}=\begin{pmatrix}x_1+2x_3 & x_2+2x_4\\ -2x_1-4x_3 & -2x_2-4x_4\end{pmatrix}=\boldsymbol{0},$$

故

$$\begin{cases}x_1+2x_3=0,\\ x_2+2x_4=0,\\ -2x_1-4x_3=0,\\ -2x_2-4x_4=0,\end{cases}$$

其基础解系为

$$\boldsymbol{\xi}_1=\begin{pmatrix}-2\\0\\1\\0\end{pmatrix},\quad \boldsymbol{\xi}_2=\begin{pmatrix}0\\-2\\0\\1\end{pmatrix}.$$

取 $\boldsymbol{X}_1=\begin{pmatrix}-2 & 0\\ 1 & 0\end{pmatrix}$，$\boldsymbol{X}_2=\begin{pmatrix}0 & -2\\ 0 & 1\end{pmatrix}$，则$\underline{\boldsymbol{A}}^{-1}(0)=L(\boldsymbol{X}_1,\boldsymbol{X}_2)$. $\boldsymbol{X}_1,\boldsymbol{X}_2$ 是$\underline{\boldsymbol{A}}^{-1}(0)$的一组基.

取 $\mathbf{R}^{2\times 2}$ 的一组基：

$$\boldsymbol{E}_{11}=\begin{pmatrix}1 & 0\\ 0 & 0\end{pmatrix},\quad \boldsymbol{E}_{12}=\begin{pmatrix}0 & 1\\ 0 & 0\end{pmatrix},\quad \boldsymbol{E}_{21}=\begin{pmatrix}0 & 0\\ 1 & 0\end{pmatrix},\quad \boldsymbol{E}_{22}=\begin{pmatrix}0 & 0\\ 0 & 1\end{pmatrix},$$

$$\underline{\boldsymbol{A}}\boldsymbol{E}_{11}=\boldsymbol{AE}_{11}=\begin{pmatrix}1 & 0\\ -2 & 0\end{pmatrix}=\boldsymbol{A}_1,$$

$$\underline{\boldsymbol{A}}\boldsymbol{E}_{12}=\boldsymbol{AE}_{12}=\begin{pmatrix}0 & 1\\ 0 & -2\end{pmatrix}=\boldsymbol{A}_2,$$

因为 $\dim\underline{\boldsymbol{A}}^{-1}(0)+\dim\underline{\boldsymbol{A}}V=\dim\mathbf{R}^{2\times 2}=4$，$\dim\underline{\boldsymbol{A}}^{-1}(0)=2$，所以 $\dim\underline{\boldsymbol{A}}V=2$. 而 $\boldsymbol{A}_1,\boldsymbol{A}_2$ 线性无关，所以 $\underline{\boldsymbol{A}}V=L(\boldsymbol{A}_1,\boldsymbol{A}_2)$，$\boldsymbol{A}_1,\boldsymbol{A}_2$ 是 $\underline{\boldsymbol{A}}V$ 的一组基.

19. 解：(1) 令 $\boldsymbol{\varepsilon}_1=(1,0)$，$\boldsymbol{\varepsilon}_2=(0,1)$，那么

$$(\boldsymbol{\alpha}_1,\boldsymbol{\alpha}_2)=(\boldsymbol{\varepsilon}_1,\boldsymbol{\varepsilon}_2)\begin{pmatrix}1 & 1\\ 2 & -1\end{pmatrix},$$

由已知可得

$$\begin{aligned}\boldsymbol{T}(\boldsymbol{\alpha}_1,\boldsymbol{\alpha}_2)&=(\boldsymbol{\varepsilon}_1,\boldsymbol{\varepsilon}_2)\begin{pmatrix}-2 & 1\\ 1 & 1\end{pmatrix}=(\boldsymbol{\alpha}_1,\boldsymbol{\alpha}_2)\begin{pmatrix}1 & 1\\ 2 & -1\end{pmatrix}^{-1}\begin{pmatrix}-2 & 1\\ 1 & 1\end{pmatrix}\\ &=(\boldsymbol{\alpha}_1,\boldsymbol{\alpha}_2)\begin{pmatrix}-\frac{1}{3} & \frac{2}{3}\\ -\frac{5}{3} & \frac{1}{3}\end{pmatrix}.\end{aligned}$$

设 $\boldsymbol{B}=\begin{pmatrix}-\frac{1}{3} & \frac{2}{3}\\ -\frac{5}{3} & \frac{1}{3}\end{pmatrix}$，$\boldsymbol{B}$ 即为所求.

(2) 由(1)可知，$|\lambda\boldsymbol{E}-\boldsymbol{B}|=\lambda^2+1\Rightarrow\boldsymbol{B}$ 的特征值不是实数.

$\forall c\in\mathbf{R}$，线性变换 $\boldsymbol{T}-c\boldsymbol{E}$ 在基 $\boldsymbol{\alpha}_1,\boldsymbol{\alpha}_2$ 下的矩阵是 $\boldsymbol{B}-c\boldsymbol{E}$，其中 $\boldsymbol{E}$ 是 2 阶单位矩阵.

如果 $|\boldsymbol{B}-c\boldsymbol{E}|=0$，则 c 是 $\boldsymbol{B}$ 的特征值，矛盾. 因此，$|\boldsymbol{B}-c\boldsymbol{E}|\neq 0$，即 $\boldsymbol{T}-c\boldsymbol{E}$ 是可逆线性变换.

(3) 由 $\mathbf{R}^2$ 是实数域上的向量空间,则 $\boldsymbol{T}$ 在 $\mathbf{R}^2$ 的某一基下的矩阵

$$\boldsymbol{A}=\begin{pmatrix} a_{11} & a_{12} \\ a_{21} & a_{22} \end{pmatrix}\in\mathbf{R}^{2\times 2},$$

则 $\boldsymbol{A}$ 与 $\boldsymbol{B}$ 有相同的特征值.

(反证法)如果 $a_{12}a_{21}=0$,则 $a_{12}=0$ 或 $a_{21}=0$,则 $\boldsymbol{A}$ 的特征值为 $a_{11},a_{22}\in\mathbf{R}$,矛盾. 因此,$a_{12}a_{21}\neq 0$.

20. 解:(1) 取

$$\boldsymbol{A}=\begin{pmatrix} 0 & 0 & 0 \\ 1 & 0 & 0 \\ 0 & 0 & 0 \end{pmatrix},\quad \boldsymbol{B}=\begin{pmatrix} 0 & 1 & 0 \\ 0 & 0 & 0 \\ 0 & 0 & 0 \end{pmatrix},\quad \text{则 } \boldsymbol{AB}=\begin{pmatrix} 0 & 0 & 0 \\ 0 & 1 & 0 \\ 0 & 0 & 0 \end{pmatrix}.$$

$\boldsymbol{A},\boldsymbol{B}$ 的特征值全为 0,而 $\boldsymbol{AB}$ 的特征值为 0,1,1.

(2) 取 $V=P[x]_2$. $\forall f(x)\in V$,有 $\sigma(f(x))=f'(x)$,则 $\sigma^{-1}(0)=L(1)=\sigma V=L(1)$,于是

$$\sigma^{-1}(0)+\sigma V=L(1)\neq V.$$

21. 证明:(1) 因为 $0<\dim\sigma V=\dim\sigma^2 V<n$,所以由维数公式知 $\sigma^{-1}(0)\neq\{0\}$.

设 $\boldsymbol{\alpha}_1,\boldsymbol{\alpha}_2,\cdots,\boldsymbol{\alpha}_l$ 是 $\sigma^{-1}(0)$ 的一组基,将它扩充成 V 的一组基 $\boldsymbol{\alpha}_1,\cdots,\boldsymbol{\alpha}_l,\boldsymbol{\alpha}_{l+1},\cdots,\boldsymbol{\alpha}_n$,则

$$\sigma^{-1}(0)=L(\boldsymbol{\alpha}_1,\cdots,\boldsymbol{\alpha}_l),\quad \sigma V=L(\sigma(\boldsymbol{\alpha}_{l+1}),\cdots,\sigma(\boldsymbol{\alpha}_n)).$$

因为 $\dim\sigma^{-1}(0)+\dim\sigma V=n$, 所以 $\dim\sigma V=n-l$,故 $\sigma(\boldsymbol{\alpha}_{l+1}),\cdots,\sigma(\boldsymbol{\alpha}_n)$ 线性无关. 又由于 $\dim\sigma V=\dim\sigma^2 V$,$\sigma^2 V\subseteq\sigma V$, 所以 $\sigma^2 V=\sigma V$,$\dim\sigma^2 V=n-l$,

$$\sigma^2 V=L(\sigma^2(\boldsymbol{\alpha}_1),\cdots,\sigma^2(\boldsymbol{\alpha}_l),\sigma^2(\boldsymbol{\alpha}_{l+1}),\cdots,\sigma^2(\boldsymbol{\alpha}_n))=L(\sigma^2(\boldsymbol{\alpha}_{l+1}),\cdots,\sigma^2(\boldsymbol{\alpha}_n)),$$

所以 $\sigma^2(\boldsymbol{\alpha}_{l+1}),\cdots,\sigma^2(\boldsymbol{\alpha}_n)$ 线性无关.

$\forall\boldsymbol{\xi}\in\sigma^{-1}(0)\cap\sigma V$, $\quad\boldsymbol{\xi}=c_1\boldsymbol{\alpha}_1+\cdots+c_l\boldsymbol{\alpha}_l$, $\quad\boldsymbol{\xi}=c_{l+1}\sigma(\boldsymbol{\alpha}_{l+1})+\cdots+c_n\sigma(\boldsymbol{\alpha}_n)$,则

$$\sigma(\boldsymbol{\xi})=\mathbf{0},\quad \sigma(\boldsymbol{\xi})=c_{l+1}\sigma^2(\boldsymbol{\alpha}_{l+1})+\cdots+c_n\sigma^2(\boldsymbol{\alpha}_n)=\mathbf{0}.$$

又 $\sigma^2(\boldsymbol{\alpha}_{l+1}),\cdots,\sigma^2(\boldsymbol{\alpha}_n)$ 线性无关,所以 $c_{l+1}=\cdots=c_n=0$,故

$$\boldsymbol{\xi}=\mathbf{0},\quad \sigma^{-1}(0)\cap\sigma V=\{0\}.$$

因此,

$$\dim\sigma^{-1}(0)+\dim\sigma V=\dim(\sigma^{-1}(0)+\sigma V)=n,$$

所以 $V=\sigma V+\sigma^{-1}(0)$.

(2) 取 $\boldsymbol{\alpha}=\boldsymbol{\alpha}_1+\sigma(\boldsymbol{\alpha}_{l+1})$,则

$$\boldsymbol{\alpha}\in(\sigma^{-1}(0)+L(\boldsymbol{\alpha}))\cap(\sigma V+L(\boldsymbol{\alpha})),$$

$$\boldsymbol{\alpha}_1=\boldsymbol{\alpha}-\sigma(\boldsymbol{\alpha}_{l+1})\in(\sigma^{-1}(0)+L(\boldsymbol{\alpha}))\cap(\sigma V+L(\boldsymbol{\alpha})).$$

取 $W=L(\boldsymbol{\alpha},\boldsymbol{\alpha}_1)$, 因为 $\boldsymbol{\alpha}_1,\sigma(\boldsymbol{\alpha}_{l+1})$ 线性无关,所以容易证明 $\boldsymbol{\alpha},\boldsymbol{\alpha}_1$ 线性无关,于是 $\dim W=2$, 且 $\boldsymbol{\alpha},\boldsymbol{\alpha}_1$ 是 W 的一组基.

由(1)可知, $V=\sigma V+\sigma^{-1}(0)$,则 $\dim((\sigma V+L(\boldsymbol{\alpha}))+(\sigma^{-1}(0)+L(\boldsymbol{\alpha})))=n$,而

$$\begin{aligned}\dim((\sigma V+L(\boldsymbol{\alpha}))\cap(\sigma^{-1}(0)+L(\boldsymbol{\alpha})))&=\dim(\sigma V+L(\boldsymbol{\alpha}))+\dim(\sigma^{-1}(0)+L(\boldsymbol{\alpha}))\\&\quad-\dim((\sigma V+L(\boldsymbol{\alpha}))+(\sigma^{-1}(0)+L(\boldsymbol{\alpha})))\leqslant 2,\end{aligned}$$

显然, $W\subseteq(\sigma V+L(\boldsymbol{\alpha})\cap(\sigma^{-1}(0)+L(\boldsymbol{\alpha})))$,所以

$$W=(\sigma V+L(\boldsymbol{\alpha}))\cap(\sigma^{-1}(0)+L(\boldsymbol{\alpha})).$$

22. 证明:设 $\lambda_1,\lambda_2,\cdots,\lambda_n$ 是 $\boldsymbol{A},\boldsymbol{B}$ 的 n 个互异的特征值,则存在可逆矩阵 $\boldsymbol{Q}_1,\boldsymbol{Q}_2$ 使得

$$\boldsymbol{Q}_1^{-1}\boldsymbol{A}\boldsymbol{Q}_1=\begin{pmatrix}\lambda_1 & & & \\ & \lambda_2 & & \\ & & \ddots & \\ & & & \lambda_n\end{pmatrix},\quad \boldsymbol{Q}_2^{-1}\boldsymbol{B}\boldsymbol{Q}_2=\begin{pmatrix}\lambda_1 & & & \\ & \lambda_2 & & \\ & & \ddots & \\ & & & \lambda_n\end{pmatrix}.$$

因此，$Q_1^{-1}AQ_1=Q_2^{-1}BQ_2 \Rightarrow Q_2Q_1^{-1}AQ_1Q_2^{-1}=B$.

取 $P=Q_1Q_2^{-1} \Rightarrow B=P^{-1}AP$. 设 $P^{-1}A=Q$,则

$$B=QP,\quad A=PQ.$$

23. 证明:(1) **必要性.**

如果 A 是幂零矩阵,λ 是 A 的特征值,则存在 $\xi \in C^n$,使

$$A\xi=\lambda\xi,\quad \xi \neq 0,$$

那么 $A^n\xi=\lambda^n\xi=0$,于是 $\lambda=0$.

充分性.

如果 A 的特征值全为 0, 则 A 的若尔当标准形为 J,那么存在可逆矩阵 P,使得

$$P^{-1}AP=J,$$

其中 J 由 0 的若尔当块构成,并设为 $J_1,J_2,\cdots,J_l$,即

$$J_r=\begin{pmatrix} 0 & 1 & & \\ & 0 & \ddots & \\ & & \ddots & 1 \\ & & & 0 \end{pmatrix}_{n_r},\quad r=1,2,\cdots,l.$$

不妨设若尔当块中阶数最高的为 J_l,则 $J_l^{n_l}=O$. 因此,

$$P^{-1}A^{n_l}P=\begin{pmatrix} J_1^{n_l} & & & \\ & J_2^{n_l} & & \\ & & \ddots & \\ & & & J_l^{n_l} \end{pmatrix}=O,$$

故 $A^{n_l}=O$.

(2) 因为 A 不可逆, 所以 0 是 A 的一个特征值, 又 A 不是幂零矩阵, 则 A 有不为零的特征值, 设 $J_1,\cdots,J_t$ 是属于特征值 0 的若尔当块,$J_{t+1},\cdots,J_r$ 是属于不为 0 的特征值的若尔当块. 取

$$B=\begin{pmatrix} J_1 & & & \\ & J_2 & & \\ & & \ddots & \\ & & & J_t \end{pmatrix},\quad C=\begin{pmatrix} J_{t+1} & & & \\ & J_{t+2} & & \\ & & \ddots & \\ & & & J_r \end{pmatrix},$$

则存在可逆矩阵 P 使得

$$P^{-1}AP=\begin{pmatrix} B & O \\ O & C \end{pmatrix}.$$

其中,B 是幂零矩阵,C 是可逆矩阵.

24. 证明:不妨设 $A\xi=\lambda\xi,\xi\neq 0$,则 $\overline{A\xi}^{T}=\overline{\lambda\xi}^{T}$, 故

$$-\bar{\xi}^{T}A=\bar{\lambda}\bar{\xi}^{T},$$

上式两边右乘 ξ 可得 $-\bar{\xi}^{T}A\xi=\bar{\lambda}\bar{\xi}^{T}\xi$,因此,

$$-\lambda\bar{\xi}^{T}\xi=\bar{\lambda}\bar{\xi}^{T}\xi,\quad 而\ \bar{\xi}^{T}\xi>0,$$

故 $\bar{\lambda}=-\lambda$, 所以 λ 的实部为 0.

25. 证明:设 A 的特征多项式为

$$f(\lambda)=|\lambda E-A|=(\lambda-\lambda_1)^{r_1}(\lambda-\lambda_2)^{r_2}\cdots(\lambda-\lambda_s)^{r_s},$$

其中 $\lambda_1,\lambda_2,\cdots,\lambda_s$ 是 A 的不同特征值. 令 A 的最小多项式为 $m(\lambda)$, 则

$$f(\lambda)=m(\lambda)\Leftrightarrow d_1(\lambda)=d_2(\lambda)=\cdots=d_{n-1}(\lambda)=1,\text{且 } d_n(\lambda)=m(\lambda)=f(\lambda)$$

$\Leftrightarrow \boldsymbol{A}$ 的初等因子为 $(\lambda-\lambda_1)^{r_1},(\lambda-\lambda_2)^{r_2},\cdots,(\lambda-\lambda_s)^{r_s}$

$\Leftrightarrow$属于 λ_i 的若尔当块只有一个

$\Leftrightarrow \boldsymbol{A}$ 的特征子空间都是一维的

$\Leftrightarrow \dim V_{\lambda_i}=1(i=1,2,\cdots,s)$.

因此,结论成立.

26. 解:(1) 设 λ 是 $\boldsymbol{D}$ 的任一特征值,则存在 $f(x)\in F_n[x](f(x)\neq 0)$,使得

$$\boldsymbol{D}f(x)=f'(x)=\lambda f(x).$$

因为

$$\partial(f'(x))<\partial(f(x))\Rightarrow\lambda f(x)=0\Rightarrow\lambda=0,$$

所以 0 是 $\boldsymbol{D}$ 的 n 重特征值,于是 $\boldsymbol{D}$ 的特征多项式是 λ^n.

又 $\boldsymbol{D}^{n-1}(\lambda^{n-1})\neq 0$,所以 $\boldsymbol{D}$ 的最小多项式也是 λ^n.

(2) 显然 $1,x,\frac{1}{2!}x^2,\cdots,\frac{1}{(n-1)!}x^{n-1}$ 是 $F_n[x]$ 的一组基,$\boldsymbol{D}$ 在这组基下的矩阵

$$\boldsymbol{J}=\begin{pmatrix}0 & 1 & & & \\ & 0 & 1 & & \\ & & 0 & \ddots & \\ & & & \ddots & 1\\ & & & & 0\end{pmatrix},$$

其中 $\boldsymbol{J}$ 是若尔当标准形.

(3) 设 $\boldsymbol{\alpha}_1,\boldsymbol{\alpha}_2,\cdots,\boldsymbol{\alpha}_n$ 是 $F_n[x]$ 的一组基,$\boldsymbol{D}$ 在这组基下的矩阵是 $\boldsymbol{P}$,则线性变换

$$\boldsymbol{A}=\boldsymbol{E}+\sum_{k=1}^{n-1}\frac{1}{k!}\boldsymbol{D}^k$$

在这组基下的矩阵为 $\boldsymbol{C}=\boldsymbol{E}+\sum\limits_{k=1}^{n-1}\frac{1}{k!}\boldsymbol{P}^k$.

因为 $\boldsymbol{D}^n=\boldsymbol{O}$,所以 $\boldsymbol{C}$ 可表示为

$$\boldsymbol{C}=\sum_{k=0}^{\infty}\frac{1}{k!}\boldsymbol{P}^k=e^{\boldsymbol{P}}.$$

因为 $e^{\boldsymbol{P}}$ 可逆,所以 $\boldsymbol{A}$ 是可逆变换,而 $(e^{\boldsymbol{P}})^{-1}=e^{-\boldsymbol{P}}$,故 $\boldsymbol{A}$ 的逆是 $\boldsymbol{E}+\sum\limits_{k=1}^{n-1}\frac{1}{k!}(-\boldsymbol{D})^k$.

27. 证明:设 $\boldsymbol{\alpha}_1,\boldsymbol{\alpha}_2,\cdots,\boldsymbol{\alpha}_n$ 是 V 的一组基,且

$$\sigma(\boldsymbol{\alpha}_1,\boldsymbol{\alpha}_2,\cdots,\boldsymbol{\alpha}_n)=(\boldsymbol{\alpha}_1,\boldsymbol{\alpha}_2,\cdots,\boldsymbol{\alpha}_n)\boldsymbol{A}.$$

下面只要证明 $\boldsymbol{A}^3=\boldsymbol{E}\Leftrightarrow R(\boldsymbol{E}-\boldsymbol{A})+R(\boldsymbol{E}+\boldsymbol{A}+\boldsymbol{A}^2)=n$.

考虑以下的分块矩阵的初等变换:

$$\begin{pmatrix}\boldsymbol{E}-\boldsymbol{A} & \boldsymbol{O}\\ \boldsymbol{O} & \boldsymbol{E}+\boldsymbol{A}+\boldsymbol{A}^2\end{pmatrix}\to\begin{pmatrix}\boldsymbol{E}-\boldsymbol{A} & \boldsymbol{E}-\boldsymbol{A}^2\\ \boldsymbol{O} & \boldsymbol{E}+\boldsymbol{A}+\boldsymbol{A}^2\end{pmatrix}\to\begin{pmatrix}\boldsymbol{E}-\boldsymbol{A} & 2\boldsymbol{E}+\boldsymbol{A}\\ \boldsymbol{O} & \boldsymbol{E}+\boldsymbol{A}+\boldsymbol{A}^2\end{pmatrix}$$

$$\to\begin{pmatrix}3\boldsymbol{E} & 2\boldsymbol{E}+\boldsymbol{A}\\ \boldsymbol{E}+\boldsymbol{A}+\boldsymbol{A}^2 & \boldsymbol{E}+\boldsymbol{A}+\boldsymbol{A}^2\end{pmatrix}\to\begin{bmatrix}3\boldsymbol{E} & 2\boldsymbol{E}+\boldsymbol{A}\\ \boldsymbol{O} & \frac{1}{3}(\boldsymbol{E}-\boldsymbol{A}^3)\end{bmatrix}\to\begin{pmatrix}\boldsymbol{E} & \boldsymbol{O}\\ \boldsymbol{O} & \boldsymbol{E}-\boldsymbol{A}^3\end{pmatrix},$$

因此

$$\boldsymbol{A}^3=\boldsymbol{E}\Leftrightarrow R(\boldsymbol{E}-\boldsymbol{A})+R(\boldsymbol{E}+\boldsymbol{A}+\boldsymbol{A}^2)=R(\boldsymbol{E})=n.$$

28. 证明:(1) $\forall \boldsymbol{\alpha}\in V_1, g(\sigma)\boldsymbol{\alpha}=\mathbf{0}$,可得

$$g(\sigma)(\sigma(\boldsymbol{\alpha}))=(g(\sigma)\sigma)\boldsymbol{\alpha}=\sigma(g(\sigma)\boldsymbol{\alpha})=\sigma(\mathbf{0})=\mathbf{0},$$

故 $\sigma(\boldsymbol{\alpha})\in V_1$,所以 V_1 是 σ-子空间.同理,可证 V_2 是 σ-子空间.

(2) 因为 $(g(x),h(x))=1$,所以 $\exists\, u(x),v(x)\in P[x]$,使得 $g(x)u(x)+h(x)v(x)=1$,从而

$$g(\sigma)u(\sigma)+h(\sigma)u(\sigma)=\tau. \tag{1}$$

$\forall \boldsymbol{\alpha}\in V$,作用式(1)可得

$$\boldsymbol{\alpha}=g(\sigma)u(\sigma)\boldsymbol{\alpha}+h(\sigma)v(\sigma)\boldsymbol{\alpha}.$$

因为 $f(\sigma)=0$,所以

$$h(\sigma)(g(\sigma)u(\sigma)\boldsymbol{\alpha})=\mathbf{0},\quad g(\sigma)(h(\sigma)v(\sigma)\boldsymbol{\alpha})=\mathbf{0},$$

则 $h(\sigma)v(\sigma)\boldsymbol{\alpha}\in V_1$, $g(\sigma)u(\sigma)\boldsymbol{\alpha}\in V_2$,故 $V=V_1+V_2$.

$\forall \boldsymbol{\alpha}\in V_1\cap V_2$,则 $g(\sigma)\boldsymbol{\alpha}=\mathbf{0}$ 且 $h(\sigma)\boldsymbol{\alpha}=\mathbf{0}$,由式(1)可得

$$\boldsymbol{\alpha}=g(\sigma)u(\sigma)\boldsymbol{\alpha}+h(\sigma)v(\sigma)\boldsymbol{\alpha}=\mathbf{0}.$$

因此 $V_1\cap V_2=\{0\}$,所以 $V=V_1\oplus V_2$.

29. 证明:(1) (i) 只要证明 $\boldsymbol{A}+\boldsymbol{E}$ 为可逆矩阵即可.

因为 $\sigma^2=\sigma$,所以 $\boldsymbol{A}^2=\boldsymbol{A},\boldsymbol{A}^2-\boldsymbol{A}=\boldsymbol{O}$,则 $\boldsymbol{A}$ 的最小多项式 $m(\lambda)\mid\lambda^2-\lambda$. 显然 $m(\lambda)$ 无重根,所以 $\boldsymbol{A}$ 与对角阵相似,设 $\boldsymbol{A\alpha}=\lambda\boldsymbol{\alpha},\boldsymbol{\alpha}\neq\mathbf{0}$,则

$$\boldsymbol{A}^2\boldsymbol{\alpha}=\boldsymbol{A\alpha}=\lambda^2\boldsymbol{\alpha}=\lambda\boldsymbol{\alpha}.$$

因此 $\lambda=0,1$,而 $R(\boldsymbol{A})=r$,故存在可逆矩阵 $\boldsymbol{T}$,使得

$$\boldsymbol{T}^{-1}\boldsymbol{AT}=\begin{pmatrix}\boldsymbol{E}_r & \boldsymbol{O}\\ \boldsymbol{O} & \boldsymbol{O}\end{pmatrix}, \tag{1}$$

从而

$$\boldsymbol{T}^{-1}(\boldsymbol{A}+\boldsymbol{E})\boldsymbol{T}=\begin{pmatrix}2\boldsymbol{E}_r & \boldsymbol{O}\\ \boldsymbol{O} & \boldsymbol{E}_{n-r}\end{pmatrix}.$$

因此,$\boldsymbol{A}+\boldsymbol{E}$ 可逆,故而 $\sigma+\tau$ 为 V 的可逆线性变换.

(ii) $\operatorname{tr}(\boldsymbol{A})$等于的特征值的和,由式(1)可知 $R(\boldsymbol{A})=\operatorname{tr}(\boldsymbol{A})=r$.

(2) 由式(1)可得

$$\boldsymbol{T}^{-1}(2\boldsymbol{E}-\boldsymbol{A})\boldsymbol{T}=\begin{pmatrix}\boldsymbol{E}_r & \boldsymbol{O}\\ \boldsymbol{O} & 2\boldsymbol{E}_{n-r}\end{pmatrix},$$

两边取行列式得 $|2\boldsymbol{E}-\boldsymbol{A}|=2^{n-r}$.

30. 解:(1) 若 $\boldsymbol{\alpha}=\mathbf{0}$ 或 $\boldsymbol{\beta}=\mathbf{0}$,则 $\boldsymbol{A}=\boldsymbol{O}$,于是 0 是 $\boldsymbol{A}$ 的 n 重特征值,$\boldsymbol{A}$ 的特征多项式为 λ^n.

若 $\boldsymbol{\alpha}\neq\mathbf{0}$ 且 $\boldsymbol{\beta}\neq\mathbf{0}$,则 $R(\boldsymbol{A})=1$,故 0 是 $\boldsymbol{A}$ 的 $n-1$ 重特征值,$\operatorname{tr}(\boldsymbol{A})=\sum\limits_{i=1}^{n}a_ib_i=c$.

由 $\operatorname{tr}(\boldsymbol{A})$等于 $\boldsymbol{A}$ 的 n 个特征值的和知,c 是 $\boldsymbol{A}$ 的特征值,故 $\boldsymbol{A}$ 的特征多项式为 $\lambda^{n-1}(\lambda-c)$.

(2) 因为 $\boldsymbol{\omega}^{\mathrm{T}}\boldsymbol{\omega}=1,\boldsymbol{H}^{\mathrm{T}}=(\boldsymbol{E}-2\boldsymbol{\omega\omega}^{\mathrm{T}})^{\mathrm{T}}=\boldsymbol{E}-2\boldsymbol{\omega\omega}^{\mathrm{T}}=\boldsymbol{H}$,所以 $\boldsymbol{H}$ 是实对称矩阵,则

$$\begin{aligned}\boldsymbol{HH}^{\mathrm{T}}&=\boldsymbol{H}^2=(\boldsymbol{E}-2\boldsymbol{\omega\omega}^{\mathrm{T}})(\boldsymbol{E}-2\boldsymbol{\omega\omega}^{\mathrm{T}})\\&=\boldsymbol{E}-4\boldsymbol{\omega\omega}^{\mathrm{T}}+4\boldsymbol{\omega}(\boldsymbol{\omega}^{\mathrm{T}}\boldsymbol{\omega})\boldsymbol{\omega}^{\mathrm{T}}\\&=\boldsymbol{E},\end{aligned}$$

故 $\boldsymbol{H}$ 是正交阵.

设 λ 是 $\boldsymbol{H}$ 的任一特征值,则 $\exists\,\boldsymbol{\alpha}\in\mathbf{R}^n,\boldsymbol{\alpha}\neq\mathbf{0}$,使得 $\boldsymbol{H\alpha}=\lambda\boldsymbol{\alpha}$.

因为 $\boldsymbol{H}^2=\boldsymbol{E}$,所以 $\boldsymbol{H}^2\boldsymbol{\alpha}=\lambda^2\boldsymbol{\alpha}=\boldsymbol{\alpha}$,故 $\lambda^2=1$. 又 $\boldsymbol{H}$ 是实对称矩阵,$\boldsymbol{H}$ 的特征值为实数,故

$\lambda=1$ 或 -1.

设1的 $\boldsymbol{H}$ 的 r 重特征值,则 -1 是 $\boldsymbol{H}$ 的 $n-r$ 重特征值,而

$$\operatorname{tr}(\boldsymbol{H})=n-2(\omega_1^2+\omega_2^2+\cdots+\omega_n^2)=n-2,$$

于是 $n-2=r-(n-r)=2r-n$. 所以 $r=n-1$,故1是 $\boldsymbol{H}$ 的 $n-1$ 重特征值,-1 是 $\boldsymbol{H}$ 的1重特征值.

31. 证明:(1) 因为

$$(\boldsymbol{A}-\boldsymbol{E})(\boldsymbol{B}-\boldsymbol{E})=\boldsymbol{AB}-\boldsymbol{A}-\boldsymbol{B}+\boldsymbol{E}=\boldsymbol{E},$$

所以 $|\boldsymbol{A}-\boldsymbol{E}||\boldsymbol{B}-\boldsymbol{E}|=1$,则

$$|\boldsymbol{A}-\boldsymbol{E}|\neq 0,\quad |\boldsymbol{B}-\boldsymbol{E}|\neq 0,$$

故1不是 $\boldsymbol{A},\boldsymbol{B}$ 的特征值.

(2) $(\boldsymbol{A}-\boldsymbol{E})(\boldsymbol{B}-\boldsymbol{E})=\boldsymbol{E}\Rightarrow(\boldsymbol{B}-\boldsymbol{E})(\boldsymbol{A}-\boldsymbol{E})=\boldsymbol{E}=\boldsymbol{BA}-\boldsymbol{A}-\boldsymbol{B}+\boldsymbol{E}\Rightarrow\boldsymbol{AB}=\boldsymbol{BA}$.

设 $\boldsymbol{A\alpha}_i=\lambda_i\boldsymbol{\alpha}_i(i=1,2,\cdots,n)$,由 $\boldsymbol{AB}=\boldsymbol{BA}$,则

$$(\boldsymbol{BA})\boldsymbol{\alpha}_i=\lambda_i\boldsymbol{B\alpha}_i=(\boldsymbol{AB})\boldsymbol{\alpha}_i=\boldsymbol{A\alpha}_i+\boldsymbol{B\alpha}_i,$$

因此

$$(\lambda_i-1)\boldsymbol{B\alpha}_i=\lambda_i\boldsymbol{\alpha}_i,\quad \boldsymbol{B\alpha}_i=\frac{\lambda_i}{\lambda_i-1}\boldsymbol{\alpha}_i\quad(\boldsymbol{\alpha}_i\neq\boldsymbol{0};i=1,2,\cdots,n),$$

故 $\boldsymbol{B}$ 的特征根为 $\frac{\lambda_i}{\lambda_i-1}(i=1,2,\cdots,n)$.

32. 解:$\boldsymbol{A}^2=(2\boldsymbol{E}-\boldsymbol{\alpha\beta}^{\mathrm{T}})(2\boldsymbol{E}-\boldsymbol{\alpha\beta}^{\mathrm{T}})=4\boldsymbol{E}-2\boldsymbol{\alpha\beta}^{\mathrm{T}}=2\boldsymbol{A}$.

设 $\boldsymbol{A\alpha}=\lambda\boldsymbol{\alpha},\boldsymbol{\alpha}\neq\boldsymbol{0}$,则 $\boldsymbol{A}^2\boldsymbol{\alpha}=\lambda^2\boldsymbol{\alpha}=2\boldsymbol{A\alpha}=2\lambda\boldsymbol{\alpha}$,于是 $\lambda^2-2\lambda=0\Rightarrow\lambda=0$ 或 $\lambda=2$.

现设 $\lambda=2$ 是 $\boldsymbol{A}$ 的 s 重特征值,则0是 $\boldsymbol{A}$ 的 $n-s$ 重特征值,由 $\boldsymbol{\alpha}^{\mathrm{T}}\boldsymbol{\beta}=2$,可得 $\operatorname{tr}(\boldsymbol{\alpha\beta}^{\mathrm{T}})=2$,于是 $\operatorname{tr}(\boldsymbol{A})=2n-2$. 因为 $\operatorname{tr}(\boldsymbol{A})$ 等于 $\boldsymbol{A}$ 的所有特征值的和,所以

$$2s=2n-2,\quad 即\ s=n-1.$$

因此,$\boldsymbol{A}$ 的特征多项式是 $f(\lambda)=\lambda(\lambda-2)^{n-1}$.

因为 $\boldsymbol{A}^2-2\boldsymbol{A}=\boldsymbol{O}$,所以 $\boldsymbol{A}$ 的最小多项式 $m(\lambda)|\lambda^2-2\lambda$,且 $m(\lambda)$ 与 $f(\lambda)$ 有相同的一次因式(可能重数不同),因此 $m(\lambda)=\lambda^2-2\lambda$.

33. 证明:设 $\boldsymbol{\alpha}$ 是 $\boldsymbol{A}$ 的属于 λ 的特征向量,则 $\boldsymbol{A\alpha}=\lambda\boldsymbol{\alpha},\boldsymbol{\alpha}\neq\boldsymbol{0}$.

设 $f(x)=a_nx^n+a_{n-1}x^{n-1}+\cdots+a_1x+a_0$,则

$$\begin{aligned}f(\boldsymbol{A})\boldsymbol{\alpha}&=(a_n\boldsymbol{A}^n+a_{n-1}\boldsymbol{A}^{n-1}+\cdots+a_1\boldsymbol{A}+a_0\boldsymbol{E})\boldsymbol{\alpha}\\&=a_n\boldsymbol{A}^n\boldsymbol{\alpha}+a_{n-1}\boldsymbol{A}^{n-1}\boldsymbol{\alpha}+\cdots+a_1\boldsymbol{A\alpha}+a_0\boldsymbol{\alpha}\\&=a_n\lambda^n\boldsymbol{\alpha}+a_{n-1}\lambda^{n-1}\boldsymbol{\alpha}+\cdots+a_1\lambda\boldsymbol{\alpha}+a_0\boldsymbol{\alpha}\\&=(a_n\lambda^n+a_{n-1}\lambda^{n-1}+\cdots+a_1\lambda+a_0)\boldsymbol{\alpha}\\&=f(\lambda)\boldsymbol{\alpha}\quad(\boldsymbol{\alpha}\neq\boldsymbol{0}),\end{aligned}$$

故 $f(\lambda)$ 是 $f(\boldsymbol{A})$ 的一个特征值.

34. 证明:设 $\lambda_1,\lambda_2,\cdots,\lambda_n$ 是 $\boldsymbol{A}$ 的 n 个互不相同的特征值,则 $\boldsymbol{A}$ 与对角阵相似,故存在可逆矩阵 $\boldsymbol{T}$,使得 $\boldsymbol{T}^{-1}\boldsymbol{AT}=\operatorname{diag}(\lambda_1,\lambda_2,\cdots,\lambda_n)$.

由 $\boldsymbol{AB}=\boldsymbol{BA}$,则

$$\boldsymbol{T}^{-1}(\boldsymbol{AB})\boldsymbol{T}=\boldsymbol{T}^{-1}(\boldsymbol{BA})\boldsymbol{T},$$
$$(\boldsymbol{T}^{-1}\boldsymbol{AT})(\boldsymbol{T}^{-1}\boldsymbol{BT})=(\boldsymbol{T}^{-1}\boldsymbol{BT})(\boldsymbol{T}^{-1}\boldsymbol{AT}).$$

设 $\boldsymbol{T}^{-1}\boldsymbol{BT}=\boldsymbol{B}_1=(b_{ij})_{n\times n}$,则

$$\begin{pmatrix}\lambda_1&&&\\&\lambda_2&&\\&&\ddots&\\&&&\lambda_n\end{pmatrix}\begin{pmatrix}b_{11}&b_{12}&\cdots&b_{1n}\\b_{21}&b_{22}&\cdots&b_{2n}\\\vdots&\vdots&&\vdots\\b_{n1}&b_{n2}&\cdots&b_{nn}\end{pmatrix}=\begin{pmatrix}b_{11}&b_{12}&\cdots&b_{1n}\\b_{21}&b_{22}&\cdots&b_{2n}\\\vdots&\vdots&&\vdots\\b_{n1}&b_{n2}&\cdots&b_{nn}\end{pmatrix}\begin{pmatrix}\lambda_1&&&\\&\lambda_2&&\\&&\ddots&\\&&&\lambda_n\end{pmatrix}$$

$\Rightarrow(\lambda_i b_{ij})_{n\times n}=(b_{ij}\lambda_j)_{n\times n}\quad(i,j=1,2,\cdots,n).$

当 $i\neq j$ 时，$b_{ij}=0(i,j,=1,2,\cdots,n)$. 于是 $\boldsymbol{B}_1$ 为对角阵，设 $\boldsymbol{B}_1=\mathrm{diag}(\mu_1,\mu_2,\cdots,\mu_n)$. 同理，$\boldsymbol{T}^{-1}\boldsymbol{CT}=\boldsymbol{C}_1$ 也是对角阵，设 $\boldsymbol{C}_1=\mathrm{diag}(k_1,k_2,\cdots,k_n)$，则

$$\boldsymbol{T}^{-1}(\boldsymbol{BC})\boldsymbol{T}=\boldsymbol{T}^{-1}\boldsymbol{BT}\cdot\boldsymbol{T}^{-1}\boldsymbol{CT}=\mathrm{diag}(\mu_1k_1,\mu_2k_2,\cdots,\mu_nk_n).$$

同理，可知

$$\boldsymbol{T}^{-1}(\boldsymbol{CB})\boldsymbol{T}=\mathrm{diag}(\mu_1k_1,\mu_2k_2,\cdots,\mu_nk_n).$$

因此，$\boldsymbol{BC}=\boldsymbol{CB}$.

35. 证明：(1) $\forall\boldsymbol{X},\boldsymbol{Y}\in\mathbf{R}^{2\times2}$,

$$\begin{aligned}\sigma(\boldsymbol{X}+\boldsymbol{Y})&=(\boldsymbol{X}+\boldsymbol{Y})\boldsymbol{M}-\boldsymbol{M}(\boldsymbol{X}+\boldsymbol{Y})\\&=(\boldsymbol{XM}-\boldsymbol{MX})+(\boldsymbol{YM}-\boldsymbol{MY})\\&=\sigma(\boldsymbol{X})+\sigma(\boldsymbol{Y});\end{aligned}$$

$\forall k\in\mathbf{R}$,

$$\sigma(k\boldsymbol{X})=(k\boldsymbol{X})\boldsymbol{M}-\boldsymbol{M}(k\boldsymbol{X})=k(\boldsymbol{XM}-\boldsymbol{MX})=k\sigma(\boldsymbol{X}).$$

因此 σ 是 $\mathbf{R}^{2\times2}$ 的一个线性变换.

(2) 令 $\sigma(\boldsymbol{X})=\boldsymbol{0}$，那么 $\boldsymbol{XM}-\boldsymbol{MX}=\boldsymbol{0}$，即

$$\begin{pmatrix}x_1&x_2\\x_3&x_4\end{pmatrix}\begin{pmatrix}1&2\\0&3\end{pmatrix}-\begin{pmatrix}1&2\\0&3\end{pmatrix}\begin{pmatrix}x_1&x_2\\x_3&x_4\end{pmatrix}=\boldsymbol{0},$$

则

$$\begin{pmatrix}-2x_3&2x_1+2x_2-2x_4\\-2x_3&2x_3\end{pmatrix}=\boldsymbol{0},$$

故 $x_3=0,x_4=x_1+x_2$.

$$\sigma^{-1}(\boldsymbol{0})=\left\{\boldsymbol{X}\in\mathbf{R}^{2\times2}\,\middle|\,\boldsymbol{X}=\begin{pmatrix}x_1&x_2\\0&x_1+x_2\end{pmatrix},x_1,x_2\in\mathbf{R}\right\}.$$

显然 $\begin{pmatrix}0&1\\0&1\end{pmatrix},\begin{pmatrix}1&0\\0&1\end{pmatrix}$是 $\sigma^{-1}(\boldsymbol{0})$的一组基，所以 $\dim\sigma^{-1}(\boldsymbol{0})=2$.

36. 证明：$\forall\boldsymbol{\alpha}\in\ker\sigma$，则 $\sigma(\boldsymbol{\alpha})=\boldsymbol{0}$，故

$$\sigma^2(\boldsymbol{\alpha})=\sigma(\sigma(\boldsymbol{\alpha}))=\sigma(\boldsymbol{0})=\boldsymbol{0}\Rightarrow\boldsymbol{\alpha}\in\ker\sigma^2,$$

所以 $\ker\sigma\subseteq\ker\sigma^2$.

同理，可证

$$\ker\sigma\subseteq\ker\sigma^2\subseteq\ker\sigma^3\subseteq\cdots\subseteq\ker\sigma^k\subseteq\ker\sigma^{k+1}\subseteq\cdots,$$

因此

$$\dim\ker\sigma\leqslant\dim\ker\sigma^2\leqslant\cdots\leqslant\dim\ker\sigma^k\leqslant\dim\ker\sigma^{k+1}\leqslant\cdots.$$

而维数是非负的有限整数，因此一定存在自然数 r，使得

$$\dim\ker\sigma^r=\dim\ker\sigma^{r+1},\quad 即\ \ker\sigma^r=\ker\sigma^{r+1}.$$

对 s 作数学归纳法证明.

当 $s=1$ 时，由以上证明知，结论成立. 现假设 $s-1$ 时结论成立，即

$$\ker\sigma^r=\ker\sigma^{r+(s-1)}.$$

$\forall \boldsymbol{\alpha} \in \ker\sigma^{r+s}$,则 $\mathbf{0}=\sigma^{r+s}(\boldsymbol{\alpha})=\sigma^{r+(s-1)}(\sigma(\boldsymbol{\alpha}))$. 故 $\sigma(\boldsymbol{\alpha}) \in \ker\sigma^{r+(s-1)}=\ker\sigma^{r}$,从而 $\sigma^{r+1}(\boldsymbol{\alpha})=\mathbf{0}$,于是可得

$$\boldsymbol{\alpha} \in \ker\sigma^{r+1}=\ker\sigma^{r},$$

因此,$\ker\sigma^{r}=\ker\sigma^{r+s}$.

37. 证明:(1) 由条件 $\boldsymbol{A}^{k}=\boldsymbol{E}$,可知 $|\boldsymbol{A}|^{k}=1$,那么 $|\boldsymbol{A}|\neq 0$,于是 $\boldsymbol{A}$ 是可逆矩阵.

(2) 令 λ 是 $\boldsymbol{A}$ 的一个特征值,由 $\boldsymbol{A}^{k}=\boldsymbol{E}$ 知 $\lambda^{k}=1$. 令 $\lambda_1,\lambda_2,\cdots,\lambda_n$ 是 $\boldsymbol{A}$ 的所有特征值,由 $\boldsymbol{A}$ 可逆,则 $\lambda_1^{-1},\lambda_2^{-1},\cdots,\lambda_n^{-1}$ 是 $\boldsymbol{A}^{-1}$ 的 n 个特征值.

由 $\lambda_j^{k}=1$,则可设 $\lambda_j=\mathrm{e}^{\mathrm{i}\theta_j}$,那么 $\bar{\lambda}_j=\mathrm{e}^{-\mathrm{i}\theta_j}=\lambda_j^{-1}$. 故

$$\operatorname{tr}(\boldsymbol{A}^{-1})=\lambda_1^{-1}+\lambda_2^{-1}+\cdots+\lambda_n^{-1}=\bar{\lambda}_1+\bar{\lambda}_2+\cdots+\bar{\lambda}_n=\overline{\operatorname{tr}(\boldsymbol{A})}.$$

38. 解:$\boldsymbol{E}_{11},\boldsymbol{E}_{12},\boldsymbol{E}_{21},\boldsymbol{E}_{22}$ 是 V 的一组基,τ 在这组基下的矩阵为

$$\boldsymbol{A}=\begin{pmatrix}1&0&0&0\\0&0&1&0\\0&1&0&0\\0&0&0&1\end{pmatrix}.$$

设 λ 为 $\boldsymbol{A}$ 的特征值,则

$$|\lambda\boldsymbol{E}-\boldsymbol{A}|=(\lambda-1)^3(\lambda+1)\Rightarrow\lambda_1=\lambda_2=\lambda_3=1,\quad \lambda_4=-1.$$

对 $\lambda=1$,$(\boldsymbol{E}-\boldsymbol{A})\boldsymbol{X}=\mathbf{0}$ 的基础解系为

$$\begin{pmatrix}1\\0\\0\\0\end{pmatrix},\quad\begin{pmatrix}0\\1\\1\\0\end{pmatrix},\quad\begin{pmatrix}0\\0\\0\\1\end{pmatrix}.$$

对 $\lambda=-1$,$(-\boldsymbol{E}-\boldsymbol{A})\boldsymbol{X}=\mathbf{0}$ 的基础解系为 $(0,1,-1,0)^{\mathrm{T}}$.

综上所述,$\boldsymbol{E}_{11},\boldsymbol{E}_{12}+\boldsymbol{E}_{21},\boldsymbol{E}_{22},\boldsymbol{E}_{12}-\boldsymbol{E}_{21}$ 是 V 的一组基. τ 在这组基下的矩阵为对角阵 $\operatorname{diag}(1,1,1,-1)$.

39. 解:(1) 因为 λ_0 是 $\boldsymbol{A}$ 的 n 重特征值,$R(\lambda_0\boldsymbol{E}-\boldsymbol{A})=n-1$,则 $\dim V_{\lambda_0}=1$,故存在可逆矩阵 $\boldsymbol{T}$,使得

$$\boldsymbol{T}^{-1}\boldsymbol{A}\boldsymbol{T}=\begin{pmatrix}\lambda_0&1&&\\&\lambda_0&\ddots&\\&&\ddots&1\\&&&\lambda_0\end{pmatrix}=\boldsymbol{J}\Rightarrow\boldsymbol{T}^{-1}(\lambda_0\boldsymbol{E}-\boldsymbol{A})\boldsymbol{T}=\begin{pmatrix}\boldsymbol{O}&-\boldsymbol{E}_{n-1}\\\boldsymbol{O}&\boldsymbol{O}\end{pmatrix},$$

因此,
$$[\boldsymbol{T}^{-1}(\lambda_0\boldsymbol{E}-\boldsymbol{A})\boldsymbol{T}]^{n-1}=\boldsymbol{T}^{-1}(\lambda_0\boldsymbol{E}-\boldsymbol{A})^{n-1}\boldsymbol{T}=\begin{pmatrix}0&1\\0&0\end{pmatrix},$$

且
$$[\boldsymbol{T}^{-1}(\lambda_0\boldsymbol{E}-\boldsymbol{A})\boldsymbol{T}]^{n}=\boldsymbol{T}^{-1}(\lambda_0\boldsymbol{E}-\boldsymbol{A})^{n}\boldsymbol{T}=\boldsymbol{O}.$$

故 $(\lambda_0\boldsymbol{E}-\boldsymbol{A})^{n-1}\neq\mathbf{0}$,$(\lambda_0\boldsymbol{E}-\boldsymbol{A})^{n}=\mathbf{0}\Rightarrow n$ 是使 $(\lambda_0\boldsymbol{E}-\boldsymbol{A})^{m}=\mathbf{0}$ 的最小正整数.

(2) 由(1)可知,

$$(\lambda_0\boldsymbol{E}-\boldsymbol{A})^{n-1}\neq\mathbf{0},(\lambda_0\boldsymbol{E}-\boldsymbol{A})^{n}=(\lambda_0\boldsymbol{E}-\boldsymbol{A})(\lambda_0\boldsymbol{E}-\boldsymbol{A})^{n-1}=\mathbf{0},$$

则 $(\lambda_0\boldsymbol{E}-\boldsymbol{A})^{n-1}$ 的列向量是齐次线性方程组 $(\lambda_0\boldsymbol{E}-\boldsymbol{A})\boldsymbol{X}=\mathbf{0}$ 的解. 故 $(\lambda_0\boldsymbol{E}-\boldsymbol{A})^{n-1}$ 的非零列向量即为 $\boldsymbol{A}$ 的属于 λ_0 的特征向量.

40. 证明:设 λ 为 $\boldsymbol{A}$ 的特征值,又 $\boldsymbol{A}^{m}-\boldsymbol{E}=\boldsymbol{O}$,则 $\lambda^{m}-1=0$,故 $\boldsymbol{A}$ 的最小多项式 $m(\lambda)$ 能整除 $\lambda^{m}-1$,而 $(\lambda^{m}-1,m\lambda^{m-1})=1$,因此 $\lambda^{m}-1$ 没有重因式,当然也就没有重根,那么 $m(\lambda)$ 没有

重根,故 $\boldsymbol{A}$ 与对角矩阵相似.

41. 证明:(1) 设 λ 是 $\boldsymbol{A}$ 的特征值,$\boldsymbol{\alpha}_1,\boldsymbol{\alpha}_2,\cdots,\boldsymbol{\alpha}_s$ 是 V_λ 的一组基,则 $\boldsymbol{A\alpha}_i=\lambda\boldsymbol{\alpha}_i(i=1,2,\cdots,s)$.

因为 $\boldsymbol{AB}=\boldsymbol{BA}$,所以 $\boldsymbol{A}(\boldsymbol{B\alpha}_i)=\boldsymbol{B}(\boldsymbol{A\alpha}_i)=\lambda(\boldsymbol{B\alpha}_i)$. 因此 $\boldsymbol{B\alpha}_i\in V_\lambda(i=1,2,\cdots,s)$,则存在 $d_{1j}(j=1,2,\cdots,s)$,使得

$$\boldsymbol{B\alpha}_j=(\boldsymbol{\alpha}_1,\boldsymbol{\alpha}_2,\cdots,\boldsymbol{\alpha}_s)\begin{pmatrix}d_{1j}\\d_{2j}\\\vdots\\d_{sj}\end{pmatrix},\quad j=1,2,\cdots,s.$$

故由上式可得 $\boldsymbol{B}(\boldsymbol{\alpha}_1,\boldsymbol{\alpha}_2,\cdots,\boldsymbol{\alpha}_s)=(\boldsymbol{\alpha}_1,\boldsymbol{\alpha}_2,\cdots,\boldsymbol{\alpha}_s)\boldsymbol{D}$,其中 $\boldsymbol{D}=(d_{ij})_{s\times s}$.

设 μ 是 $\boldsymbol{D}$ 的一个特征值,$\boldsymbol{c}=(c_1,c_2,\cdots,c_s)^{\mathrm{T}}\neq\boldsymbol{0}$ 是 $\boldsymbol{D}$ 的属于 μ 的特征向量,令

$$\boldsymbol{\alpha}=c_1\boldsymbol{\alpha}_1+c_2\boldsymbol{\alpha}_2+\cdots+c_s\boldsymbol{\alpha}_s.$$

由 $\boldsymbol{\alpha}_i\in V_\lambda,\boldsymbol{c}\neq\boldsymbol{0}\Rightarrow\boldsymbol{\alpha}$ 是 $\boldsymbol{A}$ 的属于 λ 的特征向量. 又

$$\begin{aligned}\boldsymbol{B\alpha}&=\boldsymbol{B}(\boldsymbol{\alpha}_1,\boldsymbol{\alpha}_2,\cdots,\boldsymbol{\alpha}_s)\begin{pmatrix}c_1\\c_2\\\vdots\\c_s\end{pmatrix}=(\boldsymbol{\alpha}_1,\boldsymbol{\alpha}_2,\cdots,\boldsymbol{\alpha}_s)\boldsymbol{D}\begin{pmatrix}c_1\\c_2\\\vdots\\c_s\end{pmatrix}\\&=(\boldsymbol{\alpha}_1,\boldsymbol{\alpha}_2,\cdots,\boldsymbol{\alpha}_s)\mu\begin{pmatrix}c_1\\c_2\\\vdots\\c_s\end{pmatrix}=\mu\boldsymbol{\alpha},\end{aligned}$$

故结论成立.

(2) 对阶数 n 作数学归纳法.

当 $n=1$ 时,结论显然成立.

假定 $n-1$ 时结论成立,由(1)知,$\boldsymbol{A},\boldsymbol{B}$ 存在公共的特征向量 $\boldsymbol{\alpha}_1$. 因为 $\boldsymbol{A}$ 与对角阵相似,令

$$\boldsymbol{A\alpha}_j=\lambda_j\boldsymbol{\alpha}_j,\quad j=1,2,\cdots,n.$$

设 $V_1=L(\boldsymbol{\alpha}_2,\cdots,\boldsymbol{\alpha}_n)$,$\boldsymbol{A}(\boldsymbol{B\alpha}_i)=\lambda_i(\boldsymbol{B\alpha}_i)$,$i=2,\cdots,n$,则 $\boldsymbol{B\alpha}_i\in V_{\lambda_i}\subseteq V_1$.

因此,

$$\boldsymbol{B}(\boldsymbol{\alpha}_1,\boldsymbol{\alpha}_2,\cdots,\boldsymbol{\alpha}_n)=(\boldsymbol{\alpha}_1,\boldsymbol{\alpha}_2,\cdots,\boldsymbol{\alpha}_n)\begin{pmatrix}\mu&\boldsymbol{O}\\\boldsymbol{O}&\boldsymbol{B}_1\end{pmatrix},$$

$$\boldsymbol{A}(\boldsymbol{\alpha}_1,\boldsymbol{\alpha}_2,\cdots,\boldsymbol{\alpha}_n)=(\boldsymbol{\alpha}_1,\boldsymbol{\alpha}_2,\cdots,\boldsymbol{\alpha}_n)\begin{pmatrix}\lambda_1&\boldsymbol{O}\\\boldsymbol{O}&\boldsymbol{A}_1\end{pmatrix}.$$

设 $\boldsymbol{P}=(\boldsymbol{\alpha}_1,\boldsymbol{\alpha}_2,\cdots,\boldsymbol{\alpha}_n)$,则

$$\boldsymbol{B}=\boldsymbol{P}\begin{pmatrix}\mu&\boldsymbol{O}\\\boldsymbol{O}&\boldsymbol{B}_1\end{pmatrix}\boldsymbol{P}^{-1},\quad\boldsymbol{A}=\boldsymbol{P}\begin{pmatrix}\lambda_1&\boldsymbol{O}\\\boldsymbol{O}&\boldsymbol{A}_1\end{pmatrix}\boldsymbol{P}^{-1}.$$

因为 $\boldsymbol{AB}=\boldsymbol{BA}\Rightarrow\boldsymbol{A}_1\boldsymbol{B}_1=\boldsymbol{B}_1\boldsymbol{A}_1$,所以由归纳假设知,存在 $n-1$ 阶可逆矩阵 $\boldsymbol{Q}_1$,使 $\boldsymbol{Q}_1^{-1}\boldsymbol{A}_1\boldsymbol{Q}_1$,$\boldsymbol{Q}_1^{-1}\boldsymbol{B}_1\boldsymbol{Q}_1$ 同时为对角阵.

取 $\boldsymbol{Q}=\begin{pmatrix}1&\boldsymbol{O}\\\boldsymbol{O}&\boldsymbol{Q}_1\end{pmatrix}$,则 $\boldsymbol{T}=\boldsymbol{PQ}$,故 $\boldsymbol{T}^{-1}\boldsymbol{AT}$ 与 $\boldsymbol{T}^{-1}\boldsymbol{BT}$ 同时为对角阵.

42. 证明:要证 $\sigma=\tau$,只需证 $\sigma\boldsymbol{\varepsilon}_1=\tau\boldsymbol{\varepsilon}_1$,$\sigma\boldsymbol{\varepsilon}_2=\tau\boldsymbol{\varepsilon}_2$.

因为 τ 是线性变换,由 $\tau(\boldsymbol{\varepsilon}_1+\boldsymbol{\varepsilon}_2)=\boldsymbol{\beta}_1+\boldsymbol{\beta}_2$,$\tau(\boldsymbol{\varepsilon}_1-\boldsymbol{\varepsilon}_2)=\boldsymbol{\beta}_1-\boldsymbol{\beta}_2$ 得

$$\tau(\boldsymbol{\varepsilon}_1+\boldsymbol{\varepsilon}_2)+\tau(\boldsymbol{\varepsilon}_1-\boldsymbol{\varepsilon}_2)=\tau(\boldsymbol{\varepsilon}_1+\boldsymbol{\varepsilon}_2+\boldsymbol{\varepsilon}_1-\boldsymbol{\varepsilon}_2)$$
$$\Rightarrow\tau(2\boldsymbol{\varepsilon}_1)=\boldsymbol{\beta}_1+\boldsymbol{\beta}_2+\boldsymbol{\beta}_1-\boldsymbol{\beta}_2=2\boldsymbol{\beta}_1$$
$$\Rightarrow\tau\boldsymbol{\varepsilon}_1=\boldsymbol{\beta}_1=\sigma\boldsymbol{\varepsilon}_1;$$
$$\tau(\boldsymbol{\varepsilon}_1+\boldsymbol{\varepsilon}_2)-\tau(\boldsymbol{\varepsilon}_1-\boldsymbol{\varepsilon}_2)=\tau(\boldsymbol{\varepsilon}_1+\boldsymbol{\varepsilon}_2-\boldsymbol{\varepsilon}_1+\boldsymbol{\varepsilon}_2)$$
$$\Rightarrow\tau(2\boldsymbol{\varepsilon}_2)=\boldsymbol{\beta}_1+\boldsymbol{\beta}_2-\boldsymbol{\beta}_1+\boldsymbol{\beta}_2=2\boldsymbol{\beta}_2$$
$$\Rightarrow\tau\boldsymbol{\varepsilon}_2=\boldsymbol{\beta}_2=\sigma\boldsymbol{\varepsilon}_2.$$

所以，$\sigma=\tau$.

43. 解：由于 $\boldsymbol{A}$ 与 $\boldsymbol{B}$ 相似，故可得 $|\lambda\boldsymbol{E}-\boldsymbol{A}|=|\lambda\boldsymbol{E}-\boldsymbol{B}|$，即

$$\begin{vmatrix}\lambda-1 & 1 & -1\\ -2 & \lambda-4 & 2\\ 3 & 3 & \lambda-a\end{vmatrix}=\begin{vmatrix}\lambda-2 & 0 & 0\\ 0 & \lambda-2 & 0\\ 0 & 0 & \lambda-b\end{vmatrix},$$

可得 $a=5,b=6$.

因此，容易计算 $\boldsymbol{A}$ 的特征值是 $\lambda_1=2,\lambda_2=2,\lambda_3=6$.

对应于 $\lambda=2$ 的特征向量为 $\boldsymbol{\xi}_1=-\boldsymbol{\varepsilon}_1+\boldsymbol{\varepsilon}_2,\boldsymbol{\xi}_2=\boldsymbol{\varepsilon}_1+\boldsymbol{\varepsilon}_3$.

对应于 $\lambda=6$ 的特征向量为 $\boldsymbol{\xi}_3=\frac{1}{3}\boldsymbol{\varepsilon}_1-\frac{2}{3}\boldsymbol{\varepsilon}_2+\boldsymbol{\varepsilon}_3$.

令 $\boldsymbol{P}=\begin{pmatrix}-1 & 1 & \frac{1}{3}\\ 1 & 0 & -\frac{2}{3}\\ 0 & 1 & 1\end{pmatrix}$，则 $\boldsymbol{P}^{-1}\boldsymbol{AP}=\boldsymbol{B}$.

44. 解：(1) 对任意的 $\boldsymbol{X},\boldsymbol{Y}\in P^{2\times2}$ 和对任意 $k,l\in P$，有

$$\sigma(k\boldsymbol{X}+l\boldsymbol{Y})=\boldsymbol{A}(k\boldsymbol{X}+l\boldsymbol{Y})\boldsymbol{B}=k\boldsymbol{AXB}+l\boldsymbol{AXB}=k\sigma(\boldsymbol{X})+l\sigma(\boldsymbol{Y}),$$

所以 $\boldsymbol{A}$ 是线性变换.

(2) 可求得

$$\sigma(\boldsymbol{E}_{11})=\begin{pmatrix}0 & 1\\ 0 & -1\end{pmatrix},\quad \sigma(\boldsymbol{E}_{12})=\begin{pmatrix}1 & 0\\ -1 & 0\end{pmatrix},\quad \sigma(\boldsymbol{E}_{21})=\begin{pmatrix}0 & -1\\ 0 & 1\end{pmatrix},\quad \sigma(\boldsymbol{E}_{22})=\begin{pmatrix}-1 & 0\\ 1 & 0\end{pmatrix},$$

所以 σ 在基 $\boldsymbol{E}_{11},\boldsymbol{E}_{12},\boldsymbol{E}_{21},\boldsymbol{E}_{22}$ 下的矩阵为

$$\boldsymbol{A}=\begin{pmatrix}0 & 1 & 0 & -1\\ 1 & 0 & -1 & 0\\ 0 & -1 & 0 & 1\\ -1 & 0 & 1 & 0\end{pmatrix}.$$

(3) 可求得 $|\lambda\boldsymbol{E}-\boldsymbol{A}|=\lambda^2(\lambda-2)(\lambda+2)$，所以 $\boldsymbol{A}$ 的特征值 $\lambda_1=\lambda_2=0,\lambda_3=2,\lambda_4=-2$. 它们对应的特征向量分别为

$$\boldsymbol{P}_1=\begin{pmatrix}1\\ 0\\ 1\\ 0\end{pmatrix},\quad \boldsymbol{P}_2=\begin{pmatrix}0\\ 1\\ 0\\ 1\end{pmatrix},\quad \boldsymbol{P}_3=\begin{pmatrix}-1\\ -1\\ 1\\ 1\end{pmatrix},\quad \boldsymbol{P}_4=\begin{pmatrix}1\\ -1\\ -1\\ 1\end{pmatrix},$$

从而所求的基 $\boldsymbol{G}_1,\boldsymbol{G}_2,\boldsymbol{G}_3,\boldsymbol{G}_4$ 满足

$$(\boldsymbol{G}_1,\boldsymbol{G}_2,\boldsymbol{G}_3,\boldsymbol{G}_4)=(\boldsymbol{E}_{11},\boldsymbol{E}_{12},\boldsymbol{E}_{21},\boldsymbol{E}_{22})\begin{pmatrix}0&1&0&-1\\1&0&-1&0\\0&-1&0&1\\-1&0&1&0\end{pmatrix},$$

$$\boldsymbol{G}_1=\begin{pmatrix}1&0\\1&0\end{pmatrix},\quad \boldsymbol{G}_2=\begin{pmatrix}0&1\\0&1\end{pmatrix},\quad \boldsymbol{G}_3=\begin{pmatrix}-1&-1\\1&1\end{pmatrix},\quad \boldsymbol{G}_4=\begin{pmatrix}1&-1\\-1&1\end{pmatrix},$$

且 σ 在该基下的矩阵为

$$\begin{pmatrix}0&&&\\&0&&\\&&2&\\&&&-2\end{pmatrix}.$$

45. 解:(1) 由于 T 将平面中的任何一点 $\boldsymbol{\alpha}=(x,y)$ 变成关于直线 l 的对称点,而 l 为第一、三象限的角平分线,故 $T(\boldsymbol{\alpha})=(y,x)$.

(2) 设 $T(\boldsymbol{\alpha}_1)=(y_1,x_1)$,$T(\boldsymbol{\alpha}_2)=(y_2,x_2)$,则

$$\begin{aligned}T(\boldsymbol{\alpha}_1+\boldsymbol{\alpha}_2)&=(y_1+y_2,x_1+x_2)=(y_1,x_1)+(y_2,x_2)\\&=T(\boldsymbol{\alpha}_1)+T(\boldsymbol{\alpha}_2).\end{aligned}$$

又有 $T(k\boldsymbol{\alpha}_1)=(ky_1,kx_1)=k(y_1,x_1)=kT(\boldsymbol{\alpha}_1)$,故 T 为线性变换.

(3) 由于 $T(x,y)=(y,x)\begin{pmatrix}0&1\\1&0\end{pmatrix}$,所以 $\boldsymbol{A}=\begin{pmatrix}0&1\\1&0\end{pmatrix}$,则

$$|\boldsymbol{A}-\lambda\boldsymbol{E}|=\begin{vmatrix}-\lambda&1\\1&-\lambda\end{vmatrix}=\lambda^2-1=0,$$

于是有 $\lambda=\pm1$. 所以 $\boldsymbol{A}$ 的特征值为 ±1,亦即 T 变换的特征值为 ±1.

46. 解:(1)构造多项式 $f(\lambda)=c_0+c_1\lambda+\cdots+c_{n-1}\lambda^{n-1}$,设 $\boldsymbol{P}$ 是 n 阶初等置换矩阵,且

$$\boldsymbol{P}=\begin{pmatrix}0&1&0&\cdots&0\\0&0&1&\cdots&0\\\vdots&\vdots&\vdots&&\vdots\\0&0&0&\cdots&1\\1&0&0&\cdots&0\end{pmatrix},$$

则 $\boldsymbol{C}=f(\boldsymbol{P})$.

因 $$|\lambda\boldsymbol{E}-\boldsymbol{P}|=\lambda^n-1=\prod_{k=0}^{n-1}(\lambda-w^k),$$

其中 $w=\mathrm{e}^{\mathrm{i}\frac{2\pi}{n}}$ 是 $\lambda^n-1=0$ 的单位根,故 $w^0,w^1,\cdots,w^{n-1}$ 为 $\boldsymbol{P}$ 的所有特征值,于是 $f(w^0)$,$f(w^1),\cdots,f(w^{n-1})$是循环矩阵 $\boldsymbol{C}$ 的所有特征值.

$\forall k\in\{0,1,2,\cdots,n-1\}$,令 $\boldsymbol{x}_k=(1,w^k,w^{2k},\cdots,w^{(n-1)k})^{\mathrm{T}}$,则

$$\boldsymbol{P}\boldsymbol{x}_k=(w^k,w^{2k},\cdots,w^{(n-1)k},1)^{\mathrm{T}}=w^k\boldsymbol{x}_k,$$

故 $\boldsymbol{C}\boldsymbol{x}_k=f(\boldsymbol{P})\boldsymbol{x}_k=f(w^k)\boldsymbol{x}_k$.

综上所述,循环矩阵 $\boldsymbol{C}$ 的所有特征值为 $f(w^0),f(w^1),\cdots,f(w^{n-1})$,它们对应的特征向量分别为

$x_0=(1,1,1,\cdots,1)^{\mathrm{T}},\cdots,x_k=(1,w^k,w^{2k},\cdots,w^{(n-1)k})^{\mathrm{T}},\cdots,x_n=(1,w^{n-1},w^{2(n-1)},\cdots,w^{(n-1)^2})^{\mathrm{T}}$.

(2) 由(1)得 $|\boldsymbol{C}|=\prod_{k=0}^{n-1} f(w^k)$.

47. (1) 证明:(反证法) 假设对任意的 $\boldsymbol{\alpha}\in V$, $\boldsymbol{\alpha},\varphi(\boldsymbol{\alpha}),\cdots,\varphi^{n-1}(\boldsymbol{\alpha})$都不是基,则必线性相关,故存在数域 P 中的 n 个不全为零的数 $k_i(i=1,2,\cdots,n)$使得

$$k_1\boldsymbol{\alpha}+k_2\varphi(\boldsymbol{\alpha})+\cdots+k_n\varphi^{n-1}(\boldsymbol{\alpha})=\boldsymbol{0},$$

从而$(k_1\varepsilon+k_2\varphi+\cdots+k_n\varphi^{n-1})(\boldsymbol{\alpha})=\boldsymbol{0}$.

由 $\boldsymbol{\alpha}$ 的任意性知,$k_1\varepsilon+k_2\varphi+\cdots+k_n\varphi^{n-1}=0$. 这与题目已知条件矛盾,故假设不成立,从而命题成立.

(2) 由(1)可知,存在 $\boldsymbol{\alpha}\in V$,使得 $\boldsymbol{\alpha},\varphi(\boldsymbol{\alpha}),\cdots,\varphi^{n-1}(\boldsymbol{\alpha})$是 V 的一组基,则 $\forall\boldsymbol{\beta}\in V$,存在 $\boldsymbol{P}$ 中的 n 个数 $l_i(i=1,2,\cdots,n)$使得

$$\begin{aligned}\boldsymbol{\beta}&=l_1\boldsymbol{\alpha}+l_2\varphi(\boldsymbol{\alpha})+\cdots+l_n\varphi^{n-1}(\boldsymbol{\alpha})\\&=(l_1+l_2\varphi+\cdots+l_n\varphi^{n-1})(\boldsymbol{\alpha})\\&=g(\varphi)(\boldsymbol{\alpha}),\end{aligned}$$

其中,$g(\lambda)=l_1+l_2\lambda+\cdots+l_n\lambda^{n-1}$.

同理,因 ϕ 是 V 上的线性变换,故 $\phi(\boldsymbol{\alpha})\in V$,因此也存在一个多项式 $f(\lambda)$使得

$$\phi(\boldsymbol{\alpha})=f(\varphi)(\boldsymbol{\alpha}).$$

综上所述,

$$\begin{aligned}\phi(\boldsymbol{\beta})&=\phi(l_1\boldsymbol{\alpha}+l_2\varphi(\boldsymbol{\alpha})+\cdots+l_n\varphi^{n-1}(\boldsymbol{\alpha}))\\&=(l_1+l_2\varphi+\cdots+l_n\varphi^{n-1})\phi(\boldsymbol{\alpha})\\&=g(\varphi)\phi(\boldsymbol{\alpha})=g(\varphi)f(\varphi)(\boldsymbol{\alpha})\\&=f(\varphi)g(\varphi)(\boldsymbol{\alpha})=f(\varphi)(\boldsymbol{\beta}),\end{aligned}$$

由于 $\boldsymbol{\beta}$ 的任意性,可得 $\phi=f(\varphi)$.

48. 解:取一组基:$1,x,\cdots,x^n$,从而

$$A(1)=1,\quad A(x)=1-x,\quad A(x^2)=(1-x)^2,\quad\cdots,\quad A(x^n)=(1-x)^n.$$

设 A 在基 $1,x,\cdots,x^n$ 下的矩阵为 $\boldsymbol{H}$,则

$$\boldsymbol{H}=\begin{pmatrix}1&1&1&\cdots&1\\0&-1&-2&\cdots&-\mathrm{C}_n^1\\0&0&1&\cdots&\mathrm{C}_n^2\\\vdots&\vdots&\vdots&&\vdots\\0&0&0&\cdots&(-1)^n\end{pmatrix}.$$

计算 $\boldsymbol{H}$ 的特征值和特征向量,从而可以得到 $\boldsymbol{A}$ 的特征值和特征向量(略).

49. 解:(1) 由条件可知 $1>a_{ij}>0;0\leqslant i,j\leqslant n$.

设 $\boldsymbol{\xi}=(\xi_1,\xi_2,\cdots,\xi_n)^{\mathrm{T}}$, $m=\{\max\limits_{1\leqslant i\leqslant n}|\xi_i|\}$,显然 $|\xi_m|>0$,则

$$\boldsymbol{A\xi}=\lambda\boldsymbol{\xi}\Rightarrow a_{m1}\xi_1+a_{m2}\xi_2+\cdots+a_{mm}\xi_m+\cdots+a_{mn}\xi_n=\lambda\xi_m,$$

从而

$$\begin{aligned}&a_{m1}\xi_1+a_{m2}\xi_2+\cdots+a_{mm}\xi_m+\cdots+a_{mn}\xi_n=\lambda\xi_m\\&\Rightarrow|\lambda\xi_m|=|a_{m1}\xi_1+a_{m2}\xi_2+\cdots+a_{mm}\xi_m+\cdots+a_{mn}\xi_n|,\end{aligned}$$

于是

$$|\lambda||\xi_m|\leqslant a_{m1}|\xi_1|+a_{m2}|\xi_2|+\cdots+a_{mm}|\xi_m|+\cdots+a_{mn}|\xi_n|$$

$$\leqslant (a_{m1}+a_{m2}+\cdots+a_{mm}+\cdots+a_{mn})|\boldsymbol{\xi}_m|=|\boldsymbol{\xi}_m|,$$

故$|\lambda|\leqslant 1$.

取$\boldsymbol{\xi}=(1,1,1,1)^{\mathrm{T}}$,则由$\sum\limits_{j=1}^{n}a_{ij}=1(i=1,2,\cdots,n)$可知$\boldsymbol{A\xi}=\boldsymbol{\xi}\Rightarrow 1$是$\boldsymbol{A}$的特征值.

(2) 由(1)中$\boldsymbol{A\xi}=\boldsymbol{\xi}$知$\boldsymbol{A}^{-1}\boldsymbol{\xi}=\boldsymbol{\xi}$,$\boldsymbol{\xi}=(1,1,1,1)^{\mathrm{T}}$,所以$\boldsymbol{A}^{-1}$的每行之和均为1.

50. 证明:因$\boldsymbol{BA}=\boldsymbol{AB}$,故$(\boldsymbol{BA})^{\mathrm{T}}=\boldsymbol{A}^{\mathrm{T}}\boldsymbol{B}^{\mathrm{T}}=\boldsymbol{AB}=\boldsymbol{BA}$,所以$\boldsymbol{BA}$为实对称矩阵.

设$\boldsymbol{A}$的特征值为$\lambda_i(i=1,2,\cdots,n)$,因为$\boldsymbol{B}$为正定矩阵,所以存在可逆矩阵$\boldsymbol{P}$使得$\boldsymbol{P}^{\mathrm{T}}\boldsymbol{BP}=\boldsymbol{E}$,从而

$$\boldsymbol{P}^{\mathrm{T}}\boldsymbol{BAP}=\boldsymbol{P}^{\mathrm{T}}\boldsymbol{BPP}^{-1}\boldsymbol{AP}=\boldsymbol{EP}^{-1}\boldsymbol{AP}=\boldsymbol{P}^{-1}\boldsymbol{AP},$$

故$\boldsymbol{P}^{\mathrm{T}}\boldsymbol{BAP}$与$\boldsymbol{A}$相似.

设$\boldsymbol{P}^{\mathrm{T}}\boldsymbol{BAP}$的特征值为$\gamma_i(i=1,2,\cdots,n)$,合同变换不改变矩阵的正定性,因此$\gamma_i=\lambda_i>0$ $(i=1,2,\cdots,n)$.又$\boldsymbol{A}$是n阶实对称矩阵,所以$\boldsymbol{A}$是正定矩阵.

51. 证明:先证$V=\sigma(V)+\tau(V)$.显然,$V\supseteq\sigma(V)+\tau(V)$,$\forall\boldsymbol{\alpha}\in V$.

因为$\sigma+\tau=\varepsilon$,所以

$$\varepsilon(\boldsymbol{\alpha})=\boldsymbol{\alpha}=\sigma(\boldsymbol{\alpha})+\tau(\boldsymbol{\alpha})\in\sigma(V)+\tau(V),$$

因此$V\subseteq\sigma(V)+\tau(V)$,故结论成立.

再证$\sigma(V)+\tau(V)$为直和.

因为$\sigma+\tau=\varepsilon$(恒等变换),$\sigma\tau=0$,故可得$\sigma^2=\sigma$,$\tau^2=\tau$.下面证明零向量的分解式唯一.

$\boldsymbol{0}=\boldsymbol{\beta}+\boldsymbol{\gamma}$,$\boldsymbol{\beta}\in\sigma(V)$,$\boldsymbol{\gamma}\in\tau(V)$,下证$\boldsymbol{\beta}=\boldsymbol{0}$,$\boldsymbol{\gamma}=\boldsymbol{0}$.

因 $\boldsymbol{\beta}\in\sigma(V)$, $\boldsymbol{\gamma}\in\tau(V)$, $\exists\boldsymbol{\alpha}_1\in V$, $\boldsymbol{\beta}=\sigma(\boldsymbol{\alpha}_1)$, $\exists\boldsymbol{\alpha}_2\in V$, $\boldsymbol{\gamma}=\tau(\boldsymbol{\alpha}_2)$,

所以

$$\boldsymbol{0}=\boldsymbol{\beta}+\boldsymbol{\gamma}=\sigma(\boldsymbol{\alpha}_1)+\tau(\boldsymbol{\alpha}_2),$$

$$\boldsymbol{0}=\sigma(\boldsymbol{\beta}+\boldsymbol{\gamma})=\sigma^2(\boldsymbol{\alpha}_1)+\sigma\tau(\boldsymbol{\alpha}_2)=\sigma(\boldsymbol{\alpha}_1)=\boldsymbol{\beta}.$$

同理可证$\boldsymbol{\gamma}=\boldsymbol{0}$,故命题成立.

52. 解:(1) 因为$\boldsymbol{A}=\boldsymbol{\alpha\alpha}^{\mathrm{T}}$,故$R(\boldsymbol{A})=1$.又$\boldsymbol{A\alpha}=\boldsymbol{\alpha}(\boldsymbol{\alpha}^{\mathrm{T}}\boldsymbol{\alpha})=n\boldsymbol{\alpha}$,故$\boldsymbol{A}$的特征值为$n$,0($n-1$重).因此,属于$\boldsymbol{A}$的特征值为$n$的所有特征向量为$k\boldsymbol{\alpha}(k\neq 0)$,属于$\boldsymbol{A}$的特征值为0的所有特征向量为$k_1\boldsymbol{\xi}_1+k_2\boldsymbol{\xi}_2+\cdots+k_{n-1}\boldsymbol{\xi}_{n-1}$,其中

$$\boldsymbol{\xi}_i=(-1,0,\cdots,0,0,1,\cdots,0)\quad(i=1,2,\cdots,n-1),$$
$$k_1^2+k_2^2+\cdots+k_{n-1}^2\neq 0.$$

(2) 因为$\boldsymbol{B}=\boldsymbol{\alpha\beta}^{\mathrm{T}}$,故$R(\boldsymbol{A})=1$.又$\boldsymbol{B\alpha}=\boldsymbol{\alpha}(\boldsymbol{\beta}^{\mathrm{T}}\boldsymbol{\alpha})=n\boldsymbol{\alpha}$,故$\boldsymbol{B}$的特征值也为$n$,0($n-1$重).因此,属于$\boldsymbol{B}$的特征值为$n$的所有特征向量为$k\boldsymbol{\alpha}(k\neq 0)$,属于$\boldsymbol{B}$的特征值为0的所有特征向量为$k_1\boldsymbol{\eta}_1+k_2\boldsymbol{\eta}_2+\cdots+k_{n-1}\boldsymbol{\eta}_{n-1}$,其中

$$\boldsymbol{\eta}_i=(0,0,\cdots,0,0,1,\cdots,0)\quad(i=1,2,\cdots,n-1),$$
$$k_1^2+k_2^2+\cdots+k_{n-1}^2\neq 0.$$

(3) 由(1)和(2)的计算可知,对$\boldsymbol{A}$存在可逆矩阵$\boldsymbol{P}$使得

$$\boldsymbol{P}^{-1}\boldsymbol{AP}=\mathrm{diag}(n,0,\cdots,0);$$

对$\boldsymbol{B}$存在可逆矩阵$\boldsymbol{Q}$使得

$$\boldsymbol{Q}^{-1}\boldsymbol{BQ}=\mathrm{diag}(n,0,\cdots,0).$$

综上所述,$\boldsymbol{P}^{-1}\boldsymbol{AP}=\boldsymbol{Q}^{-1}\boldsymbol{BQ}\Rightarrow\boldsymbol{A}=(\boldsymbol{QP}^{-1})^{\mathrm{T}}\boldsymbol{B}(\boldsymbol{QP}^{-1})$,显然$\boldsymbol{G}=\boldsymbol{QP}^{-1}$可逆,故$\boldsymbol{A}$与$\boldsymbol{B}$相似.

53. 证明：设 $W=W_1\cap W_2$，由已知设 $\dim(W_1)=r,\dim(W_2)=n-r$.

(1) 若 $W=W_1\cap W_2=\{0\}$时，设 $\boldsymbol{\varepsilon}_1,\boldsymbol{\varepsilon}_2,\cdots,\boldsymbol{\varepsilon}_r$ 为 W_1 的一组基，不妨设 $\boldsymbol{\varepsilon}_{r+1},\boldsymbol{\varepsilon}_{r+2},\cdots,\boldsymbol{\varepsilon}_n$ 为 W_2 的一组基，显然 $\boldsymbol{\varepsilon}_1,\boldsymbol{\varepsilon}_2,\cdots,\boldsymbol{\varepsilon}_r,\boldsymbol{\varepsilon}_{r+1},\boldsymbol{\varepsilon}_{r+2},\cdots,\boldsymbol{\varepsilon}_n$ 线性无关，并且是 n 维线性空间 V 的一组基.

作 V 上的一个线性变换 A，使得

$$A(\boldsymbol{\varepsilon}_i)=0\ (i=1,2,\cdots,r),\quad A(\boldsymbol{\varepsilon}_i)=\boldsymbol{\varepsilon}_i(i=r+1,r+2,\cdots,n),$$

显然，$\boldsymbol{A}^{-1}(0)=W_1=L(\boldsymbol{\varepsilon}_1,\boldsymbol{\varepsilon}_2,\cdots,\boldsymbol{\varepsilon}_r),AV=W_2=L(\boldsymbol{\varepsilon}_{r+1},\boldsymbol{\varepsilon}_{r+2},\cdots,\boldsymbol{\varepsilon}_n)$.

(2) 若 $W=W_1\cap W_2\neq\{0\}$时，设 $\boldsymbol{\varepsilon}_1,\boldsymbol{\varepsilon}_2,\cdots,\boldsymbol{\varepsilon}_s$ 为 $W_1\cap W_2$ 的一组基，将 $\boldsymbol{\varepsilon}_1,\boldsymbol{\varepsilon}_2,\cdots,\boldsymbol{\varepsilon}_s$ 扩充为 W_1 的一组基 $\boldsymbol{\varepsilon}_1,\boldsymbol{\varepsilon}_2,\cdots,\boldsymbol{\varepsilon}_s,\boldsymbol{\varepsilon}_{s+1},\cdots,\boldsymbol{\varepsilon}_r$，同样将 $\boldsymbol{\varepsilon}_1,\boldsymbol{\varepsilon}_2,\cdots,\boldsymbol{\varepsilon}_s$ 扩充为 W_2 的一组基 $\boldsymbol{\varepsilon}_1,\boldsymbol{\varepsilon}_2,\cdots,\boldsymbol{\varepsilon}_s,\boldsymbol{\beta}_{s+1},\cdots,\boldsymbol{\beta}_{n-r}$，从而 $\boldsymbol{\varepsilon}_1,\boldsymbol{\varepsilon}_2,\cdots,\boldsymbol{\varepsilon}_s,\boldsymbol{\varepsilon}_{s+1},\cdots,\boldsymbol{\varepsilon}_r,\boldsymbol{\beta}_{s+1},\cdots,\boldsymbol{\beta}_{n-r}$ 线性无关，再将 $\boldsymbol{\varepsilon}_1,\boldsymbol{\varepsilon}_2,\cdots,\boldsymbol{\varepsilon}_s,\boldsymbol{\varepsilon}_{s+1},\cdots,\boldsymbol{\varepsilon}_r,\boldsymbol{\beta}_{s+1},\cdots,\boldsymbol{\beta}_{n-r}$ 扩充为 n 维线性空间 V 的一组基

$$\boldsymbol{\varepsilon}_1,\boldsymbol{\varepsilon}_2,\cdots,\boldsymbol{\varepsilon}_s,\boldsymbol{\varepsilon}_{s+1},\cdots,\boldsymbol{\varepsilon}_r,\boldsymbol{\beta}_{s+1},\cdots,\boldsymbol{\beta}_{n-r},\boldsymbol{\gamma}_1,\boldsymbol{\gamma}_2,\cdots,\boldsymbol{\gamma}_s,$$

作 V 上的一个线性变换 A 使得

$$A(\boldsymbol{\varepsilon}_i)=0\ (i=1,2,\cdots,r),$$
$$A(\boldsymbol{\beta}_i)=\boldsymbol{\beta}_i(i=s+1,s+2,\cdots,n-r),$$
$$A(\boldsymbol{\gamma}_i)=\boldsymbol{\varepsilon}_i(i=1,2,\cdots,s),$$

显然，$A^{-1}(0)=W_1=L(\boldsymbol{\varepsilon}_1,\boldsymbol{\varepsilon}_2,\cdots,\boldsymbol{\varepsilon}_r),AV=W_2=L(\boldsymbol{\varepsilon}_1,\boldsymbol{\varepsilon}_2,\cdots,\boldsymbol{\varepsilon}_s,\boldsymbol{\beta}_{s+1},\cdots,\boldsymbol{\beta}_{n-r})$.

54. 证明：等价命题为 $|\boldsymbol{E}-\boldsymbol{A}|\neq0$. 因为

$$|a_{ii}-1|>\left|\sum_{j=1,i\neq j}^{n}a_{ij}\right|\ (i=1,2,\cdots,n)\Rightarrow|1-a_{ii}|>\left|\sum_{j=1,i\neq j}^{n}a_{ij}\right|\ (i=1,2,\cdots,n),$$

故矩阵 $\boldsymbol{E}-\boldsymbol{A}$ 为主对角元素占优，因此 $|\boldsymbol{E}-\boldsymbol{A}|\neq0$，从而 1 不是 A 的特征值.（利用线性方程组理论结合反证法，见文献[1]第 107 页第 10 题）

55. 证明：(1) 令 $k_1\boldsymbol{\beta}+k_2\boldsymbol{A\beta}+k_3\boldsymbol{A}^2\boldsymbol{\beta}=\boldsymbol{0}$ $(k_i\in P;i=1,2,3)$. 下面证明 $k_1=k_2=k_3=0$.

利用已知整理可得

$$k_1\boldsymbol{\beta}+k_2\boldsymbol{A\beta}+k_3\boldsymbol{A}^2\boldsymbol{\beta}=(k_1+k_2\lambda_1+k_3\lambda_1^2)\boldsymbol{\alpha}_1+(k_1+k_2\lambda_2+k_3\lambda_2^2)\boldsymbol{\alpha}_2+(k_1+k_2\lambda_3+k_3\lambda_3^2)\boldsymbol{\alpha}_3=\boldsymbol{0}.$$

由于同一矩阵的不同特征值的特征向量线性无关，所以 $\boldsymbol{\alpha}_1,\boldsymbol{\alpha}_2,\boldsymbol{\alpha}_3$ 线性无关. 由上式可知，

$$k_1+k_2\lambda_1+k_3\lambda_1^2=k_1+k_2\lambda_2+k_3\lambda_2^2=k_1+k_2\lambda_3+k_3\lambda_3^2=0.$$

又 $\lambda_1,\lambda_2,\lambda_3$ 互不相同，所以上述方程组的系数矩阵的行列式为范德蒙行列式，其值不为 0，因此方程组只有零解 $k_1=k_2=k_3=0$，从而命题得证.

(2) 因为 $\boldsymbol{A\beta}=\boldsymbol{A}^3\boldsymbol{\beta}$，所以

$$(\lambda_1-\lambda_1^3)\boldsymbol{\alpha}_1+(\lambda_2-\lambda_2^3)\boldsymbol{\alpha}_2+(\lambda_3-\lambda_3^3)\boldsymbol{\alpha}_3=\boldsymbol{0}.$$

又 $\boldsymbol{\alpha}_1,\boldsymbol{\alpha}_2,\boldsymbol{\alpha}_3$ 线性无关，故

$$\lambda_1-\lambda_1^3=\lambda_2-\lambda_2^3=\lambda_3-\lambda_3^3=0\Rightarrow\lambda_i=0,1,-1\quad(i=1,2,3).$$

由于 $\lambda_1,\lambda_2,\lambda_3$ 互不相同，不妨取

$$\lambda_1=0,\quad\lambda_2=1,\quad\lambda_3=-1.$$

令 $\boldsymbol{P}=(\boldsymbol{\alpha}_1,\boldsymbol{\alpha}_2,\boldsymbol{\alpha}_3)$，则

$$\boldsymbol{P}^{-1}(\boldsymbol{A}-\boldsymbol{E}_3)\boldsymbol{P}=\boldsymbol{P}^{-1}\boldsymbol{AP}-\boldsymbol{E}_3=\begin{pmatrix}-1&&\\&0&\\&&-2\end{pmatrix},$$

$$R(\boldsymbol{A}-\boldsymbol{E}_3)=R(\boldsymbol{P}^{-1}(\boldsymbol{A}-\boldsymbol{E}_3)\boldsymbol{P})=R\left(\begin{pmatrix}-1&&\\&0&\\&&-2\end{pmatrix}\right)=2.$$

56. 证明:(1)先证 $\ker\sigma\subseteq(\mathrm{im}\tau)^{\perp}$.

$\forall \boldsymbol{\xi}\in\ker\sigma,\sigma(\boldsymbol{\xi})=\mathbf{0}$,故 $\forall \boldsymbol{\alpha}\in V$,

$$(\boldsymbol{\xi},\tau(\boldsymbol{\alpha}))=(\sigma(\boldsymbol{\xi}),\boldsymbol{\alpha})=(\mathbf{0},\boldsymbol{\alpha})=\mathbf{0}\Rightarrow\boldsymbol{\xi}\in(\mathrm{im}\tau)^{\perp}.$$

再证 $\ker\sigma\supseteq(\mathrm{im}\tau)^{\perp}$.

设 $\boldsymbol{\varepsilon}_1,\boldsymbol{\varepsilon}_2,\cdots,\boldsymbol{\varepsilon}_n$ 为 V 的一组基,$\forall\boldsymbol{\xi}\in(\mathrm{im}\tau)^{\perp}$,则存在 $k_1,k_2,\cdots,k_n$ 使得

$$\boldsymbol{\xi}=k_1\boldsymbol{\varepsilon}_1+k_2\boldsymbol{\varepsilon}_2+\cdots+k_n\boldsymbol{\varepsilon}_n,$$

则 $\sigma(\boldsymbol{\xi})=k_1\sigma(\boldsymbol{\varepsilon}_1)+k_2\sigma(\boldsymbol{\varepsilon}_2)+\cdots+k_n\sigma(\boldsymbol{\varepsilon}_n)$.

$\forall\boldsymbol{\alpha}\in V,(\boldsymbol{\xi},\tau(\boldsymbol{\alpha}))=\mathbf{0}$,有

$$(\boldsymbol{\xi},\tau(k_1\sigma(\boldsymbol{\varepsilon}_1)))=(\sigma(\boldsymbol{\xi}),k_1\sigma(\boldsymbol{\varepsilon}_1))=\mathbf{0},$$
$$(\boldsymbol{\xi},\tau(k_2\sigma(\boldsymbol{\varepsilon}_2)))=(\sigma(\boldsymbol{\xi}),k_2\sigma(\boldsymbol{\varepsilon}_2))=\mathbf{0},$$
$$\vdots$$
$$(\boldsymbol{\xi},\tau(k_n\sigma(\boldsymbol{\varepsilon}_n)))=(\sigma(\boldsymbol{\xi}),k_n\sigma(\boldsymbol{\varepsilon}_n))=\mathbf{0},$$

从而将上式相加可得

$$(\sigma(\boldsymbol{\xi}),\sigma(\boldsymbol{\xi}))=\mathbf{0}\Rightarrow\sigma(\boldsymbol{\xi})=\mathbf{0}\Rightarrow\boldsymbol{\xi}\in\ker\sigma.$$

故 $\ker\sigma=(\mathrm{im}\tau)^{\perp}$.

(2) 因 $V=(\mathrm{im}\tau)^{\perp}\oplus\mathrm{im}\tau$,由(1)知 $\ker\sigma=(\mathrm{im}\tau)^{\perp}$,故 $V=\ker\sigma\oplus\mathrm{im}\tau$.

57. 证明:设 $\boldsymbol{\varepsilon}_1,\boldsymbol{\varepsilon}_2,\cdots,\boldsymbol{\varepsilon}_n$ 为 V 的一组基,σ,τ 分别在基 $\boldsymbol{\varepsilon}_1,\boldsymbol{\varepsilon}_2,\cdots,\boldsymbol{\varepsilon}_n$ 下的矩阵为 $\boldsymbol{A},\boldsymbol{B}$,显然 id_V 在基 $\boldsymbol{\varepsilon}_1,\boldsymbol{\varepsilon}_2,\cdots,\boldsymbol{\varepsilon}_n$ 下的矩阵为单位矩阵 $\boldsymbol{E}$,由题已知可得 $\boldsymbol{AB}=\boldsymbol{E}$.

下面证明 $\boldsymbol{BA}=\boldsymbol{E}$ 即可.

因为 $\boldsymbol{AB}=\boldsymbol{E}$,所以

$$|\boldsymbol{AB}|=|\boldsymbol{A}||\boldsymbol{B}|=|\boldsymbol{E}|=1\neq0\Rightarrow|\boldsymbol{A}|\neq0,|\boldsymbol{B}|\neq0,\boldsymbol{A},\boldsymbol{B}\text{ 可逆},$$

故存在初等矩阵 $\boldsymbol{P}_1,\boldsymbol{P}_2,\cdots,\boldsymbol{P}_s$ 使得

$$\boldsymbol{A}=\boldsymbol{P}_1\boldsymbol{P}_2\cdots\boldsymbol{P}_s\Rightarrow\boldsymbol{B}=\boldsymbol{P}_s^{-1}\cdots\boldsymbol{P}_2^{-1}\boldsymbol{P}_1^{-1}\Rightarrow\boldsymbol{BA}=\boldsymbol{P}_s^{-1}\cdots\boldsymbol{P}_2^{-1}\boldsymbol{P}_1^{-1}\boldsymbol{P}_1\boldsymbol{P}_2\cdots\boldsymbol{P}=\boldsymbol{E},$$

因此 $\boldsymbol{BA}=\boldsymbol{E}$,从而 $\tau\sigma=id_V$.

58. 解:显然 $\boldsymbol{E}_{ij}(i,j=1,2,\cdots,n)$ 为 V 的一组基,又因为

$$f(\boldsymbol{E}_{ij}+\boldsymbol{E}_{ji})=f(\boldsymbol{E}_{ij})+f(\boldsymbol{E}_{ji})=2(\boldsymbol{E}_{ij}+\boldsymbol{E}_{ji}),\quad i\leqslant j,$$

且 $\boldsymbol{E}_{ij}+\boldsymbol{E}_{ji}(i\leqslant j)$ 为 V 中的$\frac{n(n+1)}{2}$线性无关的向量组,从而可知 f 的特征值至少有 2 的$\frac{n(n+1)}{2}$重根.

又因为

$$f(\boldsymbol{E}_{ij}-\boldsymbol{E}_{ji})=f(\boldsymbol{E}_{ij})-f(\boldsymbol{E}_{ji})=0,\quad i>j,$$

且 $\boldsymbol{E}_{ij}-\boldsymbol{E}_{ji}(i>j)$ 为 V 中的$\frac{n(n-1)}{2}$线性无关的向量组,从而可知 f 的特征值至少有 0 的$\frac{n(n-1)}{2}$重根.

因为 V 为 n^2 维,故 f 的特征值只有 n^2 个,且 f 的特征值为 2 的$\frac{n(n+1)}{2}$重根及 0 的$\frac{n(n-1)}{2}$重根,从而 f 的特征多项式为$\lambda^{\frac{n(n-1)}{2}}(\lambda-2)^{\frac{n(n+1)}{2}}$.

属于 f 的特征值 2 的特征子空间为向量组 $\boldsymbol{E}_{ij}+\boldsymbol{E}_{ji}(i\leqslant j)$ 生成的维数为$\frac{n(n+1)}{2}$子空间;

属于 f 的特征值 0 的特征子空间为向量组 $\boldsymbol{E}_{ij}-\boldsymbol{E}_{ji}(i>j)$生成的维数为$\frac{n(n-1)}{2}$子空间.

因为属于 f 的特征值 2 的特征子空间和属于 f 的特征值 0 的特征子空间的维数之和为 n^2 维,故 f 可对角化,因此 f 的最小多项式无重根,于是 f 的最小多项式为$\lambda(\lambda-2)$.

59. 证明:设 $\boldsymbol{A}_1\in\mathbf{C}^{r\times n},\boldsymbol{A}_2\in\mathbf{C}^{(n-r)\times n}$.

(1) **必要性.**

因 $\boldsymbol{A}$ 可逆,则 $R(\boldsymbol{A}_1)=r,R(\boldsymbol{A}_2)=n-r$,故 $\dim(V_1)=n-r,\dim(V_2)=r$.

设 V_1 的一组基为 $\boldsymbol{\eta}_1,\boldsymbol{\eta}_2,\cdots,\boldsymbol{\eta}_{n-r}$,$V_2$ 的一组基为 $\boldsymbol{\xi}_1,\boldsymbol{\xi}_2,\cdots,\boldsymbol{\xi}_r$,则

$$V_1+V_2=L(\boldsymbol{\eta}_1,\boldsymbol{\eta}_2,\cdots,\boldsymbol{\eta}_{n-r},\boldsymbol{\xi}_1,\cdots,\boldsymbol{\xi}_r)\subseteq\mathbf{C}^n.$$

又 $\forall\,\boldsymbol{x}\in V_1\cap V_2$,则 $\boldsymbol{A}_1\boldsymbol{x}=\mathbf{0},\boldsymbol{A}_2\boldsymbol{x}=\mathbf{0}$, 从而 $\boldsymbol{A}\boldsymbol{x}=\mathbf{0}\Rightarrow\boldsymbol{x}=\mathbf{0}$(因为 $\boldsymbol{A}$ 可逆).

综上所述,$V_1\cap V_2=\{0\}$,从而 $\boldsymbol{\eta}_1,\boldsymbol{\eta}_2,\cdots,\boldsymbol{\eta}_{n-r},\boldsymbol{\xi}_1,\boldsymbol{\xi}_2,\cdots,\boldsymbol{\xi}_r$ 线性无关,故它们为 $\mathbf{C}^n$ 的一组基,所以 $\mathbf{C}^n=V_1\oplus V_2$.

(2) **充分性.**

(反证法)假设矩阵 $\boldsymbol{A}$ 不可逆,则存在非零向量 $\boldsymbol{x}$,使得 $\boldsymbol{A}\boldsymbol{x}=\mathbf{0}$,故

$$\boldsymbol{A}_1\boldsymbol{x}=\mathbf{0},\quad \boldsymbol{A}_2\boldsymbol{x}=\mathbf{0},$$

则 $V_1\cap V_2\neq\{0\}$. 这与子空间 V_1 与 V_2 的和为直和相矛盾,故假设不成立,因此矩阵 $\boldsymbol{A}$ 可逆.

60. 解:(1)

$$\boldsymbol{A}=\begin{pmatrix} a_1^2 & a_1a_2+1 & \cdots & a_1a_n+1\\ a_2a_1+1 & a_2^2 & \cdots & a_2a_n+1\\ \vdots & \vdots & & \vdots\\ a_na_1+1 & a_na_2+1 & \cdots & a_n^2\end{pmatrix}=\begin{pmatrix} a_1^2+1 & a_1a_2+1 & \cdots & a_1a_n+1\\ a_2a_1+1 & a_2^2+1 & \cdots & a_2a_n+1\\ \vdots & \vdots & & \vdots\\ a_na_1+1 & a_na_2+1 & \cdots & a_n^2+1\end{pmatrix}-\boldsymbol{E}=\boldsymbol{B}-\boldsymbol{E},$$

其中 $\boldsymbol{E}$ 为单位矩阵;

$$\boldsymbol{B}=\begin{pmatrix} a_1^2+1 & a_1a_2+1 & \cdots & a_1a_n+1\\ a_2a_1+1 & a_2^2+1 & \cdots & a_2a_n+1\\ \vdots & \vdots & & \vdots\\ a_na_1+1 & a_na_2+1 & \cdots & a_n^2+1\end{pmatrix}=\begin{pmatrix} a_1 & 1\\ a_2 & 1\\ \vdots & \vdots\\ a_n & 1\end{pmatrix}\begin{pmatrix} a_1 & a_2 & \cdots & a_n\\ 1 & 1 & \cdots & 1\end{pmatrix}=\boldsymbol{C}^{\mathrm{T}}\boldsymbol{C},$$

其中 $\boldsymbol{C}=\begin{pmatrix} a_1 & a_2 & \cdots & a_n\\ 1 & 1 & \cdots & 1\end{pmatrix}$.

由条件 $\sum\limits_{i=1}^{n}a_i^2=1,\sum\limits_{i=1}^{n}a_i=1$ 容易知,$R(\boldsymbol{C})=2$,因此 $R(\boldsymbol{B})=2$.

又

$$\boldsymbol{B}\begin{pmatrix} a_1+1\\ a_2+1\\ \vdots\\ a_n+1\end{pmatrix}=(n+1)\begin{pmatrix} a_1+1\\ a_2+1\\ \vdots\\ a_n+1\end{pmatrix},\quad \boldsymbol{B}\begin{pmatrix} a_1-1\\ a_2-1\\ \vdots\\ a_n-1\end{pmatrix}=(n-1)\begin{pmatrix} a_1-1\\ a_2-1\\ \vdots\\ a_n-1\end{pmatrix},$$

因此矩阵 $\boldsymbol{B}$ 有特征值 $n+1,n-1,0(n-2$ 重根$)$,故矩阵 $\boldsymbol{A}$ 的全部特征值为 $n,n-2,-1(n-2$ 重根$)$.

(2) 由(1)知 $|\boldsymbol{A}|=(-1)^{n-2}n(n-2)$,矩阵 $\boldsymbol{A}$ 的迹为 $\operatorname{tr}(\boldsymbol{A})=\sum\limits_{i=1}^{n}a_i^2=n$.

61. 证明:设 $\boldsymbol{A}$ 的全部特征值为$\lambda_i(i=1,2,\cdots,n)$,则存在可逆矩阵 $\boldsymbol{P}$ 使得

$$P^{-1}AP=\begin{pmatrix}\lambda_1 & * & * & * \\ & \lambda_2 & * & * \\ & & \ddots & * \\ & & & \lambda_n\end{pmatrix}\Rightarrow P^{-1}A^kP=\begin{pmatrix}\lambda_1^k & * & * & * \\ & \lambda_2^k & * & * \\ & & \ddots & * \\ & & & \lambda_n^k\end{pmatrix},$$

故 $$P^{-1}e^AP=\sum_{k=0}^{\infty}\frac{P^{-1}A^kP}{k!}=\sum_{k=0}^{\infty}\begin{pmatrix}\frac{\lambda_1^k}{k!} & * & * & * \\ & \frac{\lambda_2^k}{k!} & * & * \\ & & \ddots & * \\ & & & \frac{\lambda_n^k}{k!}\end{pmatrix}=\begin{pmatrix}e^{\lambda_1} & * & * & * \\ & e^{\lambda_2} & * & * \\ & & \ddots & * \\ & & & e^{\lambda_n}\end{pmatrix},$$

因此，$$|e^A|=|P^{-1}e^AP|=\left|\sum_{k=0}^{\infty}\frac{P^{-1}A^kP}{k!}\right|=\begin{vmatrix}e^{\lambda_1} & * & * & * \\ & e^{\lambda_2} & * & * \\ & & \ddots & * \\ & & & e^{\lambda_n}\end{vmatrix}=e^{\lambda_1}e^{\lambda_2}\cdots e^{\lambda_n}=e^{\mathrm{tr}(A)}.$$

第 8 讲　λ-矩阵

8.1　λ-矩阵

一、主要知识点

第 4 讲研究矩阵是以数域 P 中的数为元素的矩阵——数字矩阵，本节则讨论元素为 λ 的多项式的矩阵——λ-矩阵，其加法、乘法、运算与数字矩阵的运算及规律完全相同. 另外，对 λ-矩阵的行列式、秩、可逆的定义以及 λ-矩阵可逆的判定定理也与数字矩阵一致.

数字矩阵可以看作 λ-矩阵的一种特例，但 λ-矩阵的有些性质与数字矩阵有很大差别.

二、难点及相关实例

1. 关于 λ-矩阵的秩

虽然 λ-矩阵的秩与数字矩阵的定义相同，但在下节讨论 λ-矩阵等价时可知，秩相等只是一个必要条件而非充分条件.（见 8.3 节难点）

2. λ-矩阵可逆的判定

在理解定理 1（见文献[1]）时，要注意 λ-矩阵 $\boldsymbol{A}(\lambda)$ 可逆的充要条件是其行列式 $|\boldsymbol{A}(\lambda)|$ 是一个非零数，即 $|\boldsymbol{A}(\lambda)|$ 必须是零次多项式. 另外，$n\times n$ 的 λ-矩阵 $\boldsymbol{A}(\lambda)$ 的秩即使是等于 n，但不能用来判断 $\boldsymbol{A}(\lambda)$ 是可逆的，见下例.

例　判断 λ-矩阵 $\boldsymbol{A}(\lambda)=\begin{pmatrix}1+\lambda & 0\\ 0 & \lambda\end{pmatrix}$ 是否可逆？并求其秩.

解　因为 $|\boldsymbol{A}(\lambda)|=\lambda^2+\lambda$ 不是零次多项式，故 $\boldsymbol{A}(\lambda)$ 不可逆. 由秩的定义知 $\boldsymbol{A}(\lambda)=\begin{pmatrix}1+\lambda & 0\\ 0 & \lambda\end{pmatrix}$ 的秩为 2.

错解一　由于 $|\boldsymbol{A}(\lambda)|=\lambda^2+\lambda\neq 0$，所以 $\boldsymbol{A}(\lambda)$ 可逆.

错解二　因为 $|\boldsymbol{A}(\lambda)|=\lambda^2+\lambda\neq 0$，所以 $\boldsymbol{A}(\lambda)$ 的秩为 2，故 $\boldsymbol{A}(\lambda)$ 可逆.

三、同步练习

1. 已知矩阵 $\boldsymbol{A}(\lambda)=\begin{pmatrix}\lambda^3+\lambda & \lambda^2-\lambda & 2\\ \lambda^2+1 & \lambda & -2\lambda^3+\lambda\\ \lambda^2+\lambda & -\lambda^2+\lambda & 0\end{pmatrix}$，求数字矩阵 $\boldsymbol{A}_0,\boldsymbol{A}_1,\boldsymbol{A}_2,\boldsymbol{A}_3$ 使得

$$\boldsymbol{A}(\lambda)=\boldsymbol{A}_0+\lambda\boldsymbol{A}_1+\lambda^2\boldsymbol{A}_2+\lambda^3\boldsymbol{A}_3.$$

【思路】　多项式矩阵可以表示为以矩阵为“系数”的多项式，可以把多项式矩阵（λ-矩阵）的最高次数定义为 λ-矩阵的次数，在 8.4 节将可以看到“带余除法”在多项式矩阵中的应用.

解 因为

$$A(\lambda)=\begin{pmatrix}\lambda^3+\lambda & \lambda^2-\lambda & 2\\ \lambda^2+1 & \lambda & -2\lambda^3+\lambda\\ \lambda^2+\lambda & -\lambda^2+\lambda & 0\end{pmatrix}$$

$$=\begin{pmatrix}\lambda^3 & 0 & 0\\ 0 & 0 & -2\lambda^3\\ 0 & 0 & 0\end{pmatrix}+\begin{pmatrix}0 & \lambda^2 & 0\\ \lambda^2 & 0 & 0\\ \lambda^2 & -\lambda^2 & 0\end{pmatrix}+\begin{pmatrix}\lambda & -\lambda & 0\\ 0 & \lambda & \lambda\\ \lambda & \lambda & 0\end{pmatrix}+\begin{pmatrix}0 & 0 & 2\\ 1 & 0 & 0\\ 0 & 0 & 0\end{pmatrix}$$

$$=\lambda^3\begin{pmatrix}1 & 0 & 0\\ 0 & 0 & -2\\ 0 & 0 & 0\end{pmatrix}+\lambda^2\begin{pmatrix}0 & 1 & 0\\ 1 & 0 & 0\\ 1 & -1 & 0\end{pmatrix}+\lambda\begin{pmatrix}1 & -1 & 0\\ 0 & 1 & 1\\ 1 & 1 & 0\end{pmatrix}+\begin{pmatrix}0 & 0 & 2\\ 1 & 0 & 0\\ 0 & 0 & 0\end{pmatrix},$$

所以，取

$$A_3=\begin{pmatrix}1 & 0 & 0\\ 0 & 0 & -2\\ 0 & 0 & 0\end{pmatrix},\quad A_2=\begin{pmatrix}0 & 1 & 0\\ 1 & 0 & 0\\ 1 & -1 & 0\end{pmatrix},\quad A_1=\begin{pmatrix}1 & -1 & 0\\ 0 & 1 & 1\\ 1 & 1 & 0\end{pmatrix},\quad A_0=\begin{pmatrix}0 & 0 & 2\\ 1 & 0 & 0\\ 0 & 0 & 0\end{pmatrix}.$$

2. 判断 λ-矩阵 $A(\lambda)-\begin{pmatrix}1 & \lambda-1\\ 1 & \lambda\end{pmatrix}$ 是否可逆？

解 因为 $|A(\lambda)|=1$ 是零次多项式，故 $A(\lambda)$ 可逆.

8.2 λ-矩阵在初等变换下的标准形

一、主要知识点

类似于数字矩阵，本节给出了 λ-矩阵的初等变换，并对 λ-矩阵的等价进行了定义，由此探讨了等价变换中的性质，给出了等价类中的简单 λ-矩阵——标准形.

二、难点及相关实例

1. 关于 λ-矩阵的初等变换与初等矩阵

λ-矩阵的初等变换与初等矩阵是数字矩阵的相关内容的推广，因此关于 λ-矩阵的初等变换与初等矩阵的性质也是数字矩阵的延伸.

例如，λ-矩阵的第三类初等变换：矩阵的第 i 行（列）的 $f(\lambda)$ 倍加到第 j 行（列）$(j\neq i)$，$f(\lambda)\in P[\lambda]$，而相应的第三类初等矩阵为

$$P(j,i(f(\lambda)))=\begin{pmatrix}1 & & & & & & \\ & \ddots & & & & & \\ & & 1 & \cdots & f(\lambda) & & \\ & & & \ddots & \vdots & & \\ & & & & 1 & & \\ & & & & & \ddots & \\ & & & & & & 1\end{pmatrix}.$$

【注】 数字矩阵的初等变换与初等矩阵只是 $f(\lambda)$ 为常数时对应的情形.

2. λ-矩阵的标准形

虽然定理2(见文献[1])的证明过程给出了任意非零的λ-矩阵$\boldsymbol{A}(\lambda)$化标准形的三种情形，但没有证明其唯一性，这个需要在下节引入行列式因子来证明其唯一性.下面就三种情形中的两种分别给出例子.

例1 求λ-矩阵$\boldsymbol{A}(\lambda)=\begin{pmatrix}1+\lambda^2 & 1\\ -1-\lambda^2 & \lambda\end{pmatrix}$的标准形.

解 因为$\boldsymbol{A}(\lambda)=\begin{pmatrix}1+\lambda^2 & 1\\ -1-\lambda^2 & \lambda\end{pmatrix}$的左上角元素$1+\lambda^2$不能整除同行的1，故利用引理知

$$\boldsymbol{A}(\lambda)=\begin{pmatrix}1+\lambda^2 & 1\\ -1-\lambda^2 & \lambda\end{pmatrix}\xrightarrow[{[1,2]}]{}\begin{pmatrix}1 & 1+\lambda^2\\ \lambda & -1-\lambda^2\end{pmatrix}=\boldsymbol{B}(\lambda),$$

此时$\begin{pmatrix}1 & 1+\lambda^2\\ \lambda & -1-\lambda^2\end{pmatrix}=\boldsymbol{B}(\lambda)$的左上角元素1能整除其他所有元素，故

$$\begin{pmatrix}1 & 1+\lambda^2\\ \lambda & -1-\lambda^2\end{pmatrix}=\boldsymbol{B}(\lambda)\xrightarrow{[2,1(-\lambda)]}\begin{pmatrix}1 & 1+\lambda^2\\ 0 & -1-\lambda-\lambda^2-\lambda^3\end{pmatrix}=\boldsymbol{C}(\lambda)\to\begin{pmatrix}1 & 0\\ 0 & 1+\lambda+\lambda^2+\lambda^3\end{pmatrix}=\boldsymbol{D}(\lambda).$$

此为所求标准形.

例2 求λ-矩阵$\boldsymbol{A}(\lambda)=\begin{pmatrix}\lambda & \lambda^2\\ -\lambda & \lambda+1\end{pmatrix}$的标准形.

解 因为$\boldsymbol{A}(\lambda)=\begin{pmatrix}\lambda & \lambda^2\\ -\lambda & \lambda+1\end{pmatrix}$的左上角元素λ能整除同行、同列的其他元素，但不能整除不在同行、同列的其他元素$\lambda+1$，由引理的证明过程知，可作如下变换：

$$\boldsymbol{A}(\lambda)=\begin{pmatrix}\lambda & \lambda^2\\ -\lambda & \lambda+1\end{pmatrix}\xrightarrow{[2,1(1)]}\boldsymbol{B}(\lambda)=\begin{pmatrix}\lambda & \lambda^2\\ 0 & \lambda^2+\lambda+1\end{pmatrix}$$

$$\xrightarrow{[1,2(-1)]}\boldsymbol{C}(\lambda)=\begin{pmatrix}\lambda & -\lambda-1\\ 0 & \lambda^2+\lambda+1\end{pmatrix}.$$

这样就转化成例1的情形，$\boldsymbol{C}(\lambda)=\begin{pmatrix}\lambda & -\lambda-1\\ 0 & \lambda^2+\lambda+1\end{pmatrix}$的左上角元素不能整除同行的元素$-\lambda-1$，同例1可作下列变换：

$$\boldsymbol{C}(\lambda)=\begin{pmatrix}\lambda & -\lambda-1\\ 0 & \lambda^2+\lambda+1\end{pmatrix}\xrightarrow[{[1,2(1)]}]{}\boldsymbol{C}_1(\lambda)=\begin{pmatrix}-1 & -\lambda-1\\ \lambda^2+\lambda+1 & \lambda^2+\lambda+1\end{pmatrix}.$$

此时的左上角元素-1能整除其他所有元素，故

$$\boldsymbol{C}_1(\lambda)=\begin{pmatrix}-1 & -\lambda-1\\ \lambda^2+\lambda+1 & \lambda^2+\lambda+1\end{pmatrix}\xrightarrow[{[2,1(-\lambda-1)]}]{}\boldsymbol{C}_2(\lambda)=\begin{pmatrix}-1 & 0\\ \lambda^2+\lambda+1 & -\lambda^3-\lambda^2-\lambda\end{pmatrix}$$

$$\to\boldsymbol{C}_3(\lambda)=\begin{pmatrix}1 & 0\\ 0 & \lambda^3+\lambda^2+\lambda\end{pmatrix}.$$

此即为所求标准形.

三、同步练习

1. 求λ-矩阵$\boldsymbol{A}(\lambda)=\begin{pmatrix}\lambda & \lambda^2\\ -\lambda+1 & \lambda\end{pmatrix}$的标准形.

解 $\boldsymbol{A}(\lambda)=\begin{pmatrix}\lambda & \lambda^2\\ -\lambda+1 & \lambda\end{pmatrix}\xrightarrow{[1,2(1)]}\begin{pmatrix}1 & \lambda^2+\lambda\\ -\lambda+1 & \lambda\end{pmatrix}\xrightarrow{[2,1(\lambda-1)]}\begin{pmatrix}1 & \lambda^2+\lambda\\ 0 & \lambda^3\end{pmatrix}$

$\rightarrow\begin{pmatrix}1 & 0\\ 0 & \lambda^3\end{pmatrix}$.

2. 求 λ-矩阵 $\boldsymbol{A}(\lambda)=\begin{pmatrix}\lambda+1 & 0\\ 0 & \lambda^2\end{pmatrix}$ 的标准形.

解 $\boldsymbol{A}(\lambda)=\begin{pmatrix}\lambda+1 & 0\\ 0 & \lambda^2\end{pmatrix}\xrightarrow{[1,2(1)]}\begin{pmatrix}\lambda+1 & \lambda^2\\ 0 & \lambda^2\end{pmatrix}\xrightarrow[{[2,1(-\lambda)]}]{}\begin{pmatrix}\lambda+1 & -\lambda\\ 0 & \lambda^2\end{pmatrix}\xrightarrow[{[1,2(1)]}]{}\begin{pmatrix}1 & -\lambda\\ \lambda^2 & \lambda^2\end{pmatrix}$

$\xrightarrow[{[2,1(\lambda)]}]{}\begin{pmatrix}1 & 0\\ \lambda^2 & \lambda^3+\lambda^2\end{pmatrix}\rightarrow\begin{pmatrix}1 & 0\\ 0 & \lambda^3+\lambda^2\end{pmatrix}$.

8.3 不变因子

一、主要知识点

本节给出了关于 λ-矩阵的两个定义——行列式因子和不变因子，给出了两个 λ-矩阵等价的充要条件，即它们具有相同的行列式因子或者不变因子，亦即 λ-矩阵等价的两个不变量——行列式因子和不变因子.

二、难点及相关实例

行列式因子与不变因子的相互唯一确定：

$$d_k(\lambda)=\frac{D_k(\lambda)}{D_{k-1}(\lambda)},\quad k=1,2,\cdots,r.$$

【注】 由行列式因子的定义可知其唯一性，从而由上面公式给出了标准形的唯一性，因此计算行列式因子给出了 λ-矩阵求标准形的另一个方法. 我们把下面例 1 用此法做一遍.

例 1 求 λ-矩阵 $\boldsymbol{A}(\lambda)=\begin{pmatrix}\lambda & \lambda^2\\ -\lambda & \lambda+1\end{pmatrix}$ 的标准形.

【思路】 利用等价矩阵具有相同的不变因子或标准形来求解.

解一 因 $\begin{vmatrix}\lambda & \lambda^2\\ -\lambda & \lambda+1\end{vmatrix}=\lambda^3+\lambda^2+\lambda\neq0$，故 $R(\boldsymbol{A}(\lambda))=2$，所以 λ-矩阵有 2 阶行列式因子，显然 $(\lambda,\lambda+1)=1$，故

$$D_1(\lambda)=1,\quad D_2(\lambda)=\lambda^3+\lambda^2+\lambda.$$

因此，$d_1(\lambda)=D_1(\lambda)=1$，$d_2(\lambda)=\dfrac{D_2(\lambda)}{D_1(\lambda)}=\lambda^3+\lambda^2+\lambda$. 所以其标准形为

$$\begin{pmatrix}1 & 0\\ 0 & \lambda^3+\lambda^2+\lambda\end{pmatrix}.$$

解二 利用初等变换及不变因子结合的方法求解.

因为 $\boldsymbol{A}(\lambda)=\begin{pmatrix}\lambda & \lambda^2\\ -\lambda & \lambda+1\end{pmatrix}$ 的左上角元素 λ 能整除同行同列的其他元素，故可以将其化为

对角形：

$$A(\lambda)=\begin{pmatrix}\lambda & \lambda^2\\ -\lambda & \lambda+1\end{pmatrix}\xrightarrow{[2,1(1)]}A_1(\lambda)=\begin{pmatrix}\lambda & \lambda^2\\ 0 & \lambda^2+\lambda+1\end{pmatrix}\rightarrow A_2(\lambda)=\begin{pmatrix}\lambda & 0\\ 0 & \lambda^2+\lambda+1\end{pmatrix}.$$

此时容易求出 $A_2(\lambda)=\begin{pmatrix}\lambda & 0\\ 0 & \lambda^2+\lambda+1\end{pmatrix}$的不变因子：

$$d_1(\lambda)=D_1(\lambda)=1,\quad d_2(\lambda)=\frac{D_2(\lambda)}{D_1(\lambda)}=\lambda^3+\lambda^2+\lambda.$$

所以其标准形为

$$\begin{pmatrix}1 & 0\\ 0 & \lambda^3+\lambda^2+\lambda\end{pmatrix}.$$

(2) 两个 λ-矩阵的秩相等不是等价的充要条件，只是必要条件而非充分条件.

例 2 已知 $A(\lambda)=\begin{pmatrix}\lambda+1 & 0\\ 0 & \lambda^2\end{pmatrix}$与 $B(\lambda)=\begin{pmatrix}1 & 0\\ 0 & \lambda^2\end{pmatrix}$，判断 $A(\lambda)$与 $B(\lambda)$是否等价.

解 $A(\lambda)$和 $B(\lambda)$的秩都等于 2，但是它们的不变因子分别是

$$A(\lambda):d_1(\lambda)=D_1(\lambda)=1,\quad d_2(\lambda)=\frac{D_2(\lambda)}{D_1(\lambda)}=\lambda^3+\lambda^2;$$

$$B(\lambda):d_1(\lambda)=D_1(\lambda)=1,\quad d_2(\lambda)=\frac{D_2(\lambda)}{D_1(\lambda)}=\lambda^2.$$

因此，它们没有相同的不变因子，所以它们不等价.

三、同步练习

1. 证明 λ-矩阵 $A(\lambda)=\begin{pmatrix}\lambda & \lambda^2\\ -\lambda+1 & \lambda\end{pmatrix}$与 $B(\lambda)=\begin{pmatrix}1 & 0\\ 0 & \lambda^2\end{pmatrix}$ 不等价.

证 因为它们的不变因子分别是

$$A(\lambda):\quad d_1(\lambda)=D_1(\lambda)=1,\quad d_2(\lambda)=\frac{D_2(\lambda)}{D_1(\lambda)}=\lambda^3;$$

$$B(\lambda):\quad d_1(\lambda)=D_1(\lambda)=1,\quad d_2(\lambda)=\frac{D_2(\lambda)}{D_1(\lambda)}=\lambda^2.$$

因此，它们没有相同的不变因子，所以它们不等价.

2. 证明 λ-矩阵 $A(\lambda)=\begin{pmatrix}\lambda+1 & 0\\ 0 & \lambda^2\end{pmatrix}$与 $B(\lambda)=\begin{pmatrix}1 & 0\\ 0 & \lambda^2(\lambda+1)\end{pmatrix}$等价.

证 因为它们的不变因子都是 $d_1(\lambda)=D_1(\lambda)=1, d_2(\lambda)=\dfrac{D_2(\lambda)}{D_1(\lambda)}=\lambda^2(\lambda+1)$，所以它们等价.

8.4 矩阵相似的条件

一、主要知识点

本节给出了数字矩阵相似当且仅当其对应的特征矩阵之间等价，指出行列式因子或者不

变因子是数字矩阵的不变量.

二、难点及相关实例

(1) 文献[1]引理 2 中的 λ-矩阵的"带余除法":任给一个数字矩阵 $\boldsymbol{A}$ 和 λ-矩阵 $\boldsymbol{U}(\lambda)$,存在一个 λ-矩阵 $\boldsymbol{Q}(\lambda)$ 及数字矩阵 $\boldsymbol{U}_0$,使得 $\boldsymbol{U}(\lambda)=(\lambda\boldsymbol{E}-\boldsymbol{A})\boldsymbol{Q}(\lambda)+\boldsymbol{U}_0$.

例 1 已知 $\boldsymbol{A}=\begin{pmatrix}1 & -1\\ 1 & 2\end{pmatrix}$,$\lambda$-矩阵 $\boldsymbol{U}(\lambda)=\begin{pmatrix}\lambda & \lambda^2\\ -\lambda & \lambda+1\end{pmatrix}$,求一个 λ-矩阵 $\boldsymbol{Q}(\lambda)$,$\boldsymbol{R}(\lambda)$ 及数字矩阵 $\boldsymbol{U}_0$,$\boldsymbol{V}_0$ 使得

$$\boldsymbol{U}(\lambda)=(\lambda\boldsymbol{E}-\boldsymbol{A})\boldsymbol{Q}(\lambda)+\boldsymbol{U}_0, \tag{1}$$

$$\boldsymbol{U}(\lambda)=\boldsymbol{R}(\lambda)(\lambda\boldsymbol{E}-\boldsymbol{A})+\boldsymbol{V}_0. \tag{2}$$

解 因为

$$\boldsymbol{U}(\lambda)=\begin{pmatrix}\lambda & \lambda^2\\ -\lambda & \lambda+1\end{pmatrix}=\lambda^2\begin{pmatrix}0 & 1\\ 0 & 0\end{pmatrix}+\lambda\begin{pmatrix}1 & 0\\ -1 & 1\end{pmatrix}+\begin{pmatrix}0 & 0\\ 0 & 1\end{pmatrix}=\lambda^2\boldsymbol{D}_2+\lambda\boldsymbol{D}_1+\boldsymbol{D}_0,$$

可设 $\boldsymbol{Q}(\lambda)=\lambda\boldsymbol{Q}_1+\boldsymbol{Q}_0$,$\boldsymbol{Q}_1,\boldsymbol{Q}_0\in P^{2\times 2}$,将其代入式(1),然后比较两边可得

$$\boldsymbol{Q}_1=\boldsymbol{D}_2=\begin{pmatrix}0 & 1\\ 0 & 0\end{pmatrix},$$

$$\boldsymbol{Q}_0=\boldsymbol{D}_1+\boldsymbol{A}\boldsymbol{Q}_1=\boldsymbol{D}_1+\boldsymbol{A}\boldsymbol{D}_2=\begin{pmatrix}1 & 0\\ -1 & 1\end{pmatrix}+\begin{pmatrix}1 & -1\\ 1 & 2\end{pmatrix}\begin{pmatrix}0 & 1\\ 0 & 0\end{pmatrix}=\begin{pmatrix}1 & 1\\ -1 & 2\end{pmatrix},$$

$$\boldsymbol{U}_0=\boldsymbol{D}_0+\boldsymbol{A}\boldsymbol{Q}_0=\begin{pmatrix}0 & 0\\ 0 & 1\end{pmatrix}+\begin{pmatrix}1 & -1\\ 1 & 2\end{pmatrix}\begin{pmatrix}1 & 1\\ -1 & 2\end{pmatrix}=\begin{pmatrix}2 & -1\\ -1 & 6\end{pmatrix}.$$

同理,设 $\boldsymbol{R}(\lambda)=\lambda\boldsymbol{R}_1+\boldsymbol{R}_0$,$\boldsymbol{R}_1,\boldsymbol{R}_0\in P^{2\times 2}$,代入式(2),比较得

$$\boldsymbol{R}_1=\boldsymbol{D}_2=\begin{pmatrix}0 & 1\\ 0 & 0\end{pmatrix},$$

$$\boldsymbol{R}_0=\boldsymbol{D}_1+\boldsymbol{R}_1\boldsymbol{A}=\boldsymbol{D}_1+\boldsymbol{D}_2\boldsymbol{A}=\begin{pmatrix}1 & 0\\ -1 & 1\end{pmatrix}+\begin{pmatrix}0 & 1\\ 0 & 0\end{pmatrix}\begin{pmatrix}1 & -1\\ 1 & 2\end{pmatrix}=\begin{pmatrix}2 & 2\\ -1 & 1\end{pmatrix},$$

$$\boldsymbol{V}_0=\boldsymbol{D}_0+\boldsymbol{R}_0\boldsymbol{A}=\begin{pmatrix}0 & 0\\ 0 & 1\end{pmatrix}+\begin{pmatrix}2 & 2\\ -1 & 1\end{pmatrix}\begin{pmatrix}1 & -1\\ 1 & 2\end{pmatrix}=\begin{pmatrix}4 & 2\\ 0 & 4\end{pmatrix}.$$

(2) 判定两个数字矩阵是否相似可以利用上一讲相似的定义或将这两个矩阵看作是同一线性变换在不同基下的矩阵,当然也可由它们对应的特征矩阵等价或判定它们具有相同的行列式因子或不变因子来判断.

例 2 已知 $\boldsymbol{A}=\begin{pmatrix}1 & 1\\ 2 & 2\end{pmatrix}$与 $\boldsymbol{B}=\begin{pmatrix}-1 & 2\\ -2 & 4\end{pmatrix}$,判断它们是否相似?说明理由.

【错解】 相似.因为它们具有相同特征多项式 $f(\lambda)=\lambda(\lambda-3)$,所以相似.

解 相似.

因为 $\lambda\boldsymbol{E}-\boldsymbol{A}=\begin{pmatrix}\lambda-1 & -1\\ -2 & \lambda-2\end{pmatrix}$的行列式因子为

$$D_1(\lambda)=1,\quad D_2(\lambda)=\lambda(\lambda-3),$$

而 $\lambda\boldsymbol{E}-\boldsymbol{B}=\begin{pmatrix}\lambda+1 & -2\\ 2 & \lambda-4\end{pmatrix}$的行列式因子也为

$$D_1(\lambda)=1,\quad D_2(\lambda)=\lambda(\lambda-3),$$

故 $\lambda\boldsymbol{E}-\boldsymbol{A}$ 与 $\lambda\boldsymbol{E}-\boldsymbol{B}$ 等价，故 $\boldsymbol{A}$ 与 $\boldsymbol{B}$ 相似.

三、同步练习

1. 判定 $\boldsymbol{A}=\begin{pmatrix}1&0&0\\0&2&1\\0&0&2\end{pmatrix}$ 与 $\boldsymbol{B}=\begin{pmatrix}2&0&0\\0&2&1\\0&0&1\end{pmatrix}$ 是否相似？说明理由.

答 不相似.因为 $\boldsymbol{A}(\lambda)$ 与 $\boldsymbol{B}(\lambda)$ 的不变因子分别为

$$\boldsymbol{A}(\lambda):\quad d_1(\lambda)=1,\quad d_2(\lambda)=1,\quad d_3(\lambda)=(\lambda-2)^2(\lambda-1);$$

$$\boldsymbol{B}(\lambda):\quad d_1(\lambda)=1,\quad d_2(\lambda)=\lambda-2,\quad d_3(\lambda)=(\lambda-2)(\lambda-1).$$

2. 证明矩阵 $\boldsymbol{A}=\begin{pmatrix}3&1\\0&5\end{pmatrix}$ 与 $\boldsymbol{B}=\begin{pmatrix}5&0\\1&3\end{pmatrix}$ 相似.

证 因为 $\boldsymbol{A}(\lambda)$ 与 $\boldsymbol{B}(\lambda)$ 的不变因子都为 $d_1(\lambda)=1,d_2(\lambda)=(\lambda-3)(\lambda-5)$，故 $\boldsymbol{A}$ 与 $\boldsymbol{B}$ 相似.

8.5 初等因子

一、主要知识点

本节给出了初等因子的定义，并说明了数字矩阵的初等因子与不变因子可以相互唯一决定，从而给出了两个 λ-矩阵等价的充要条件是它们具有相同的初等因子，往往初等因子比行列式因子容易求得，从而给出了求 λ-矩阵标准形的另一种方法，同时为寻找数字矩阵的相似若尔当标准形提供了思路.

二、难点及相关实例

1. 数字矩阵的初等因子与不变因子的相互唯一确定

因为 n 阶数字矩阵对应的特征矩阵 $\lambda\boldsymbol{E}-\boldsymbol{A}$ 的秩为 n，故数字矩阵的不变因子有 n 个，从而按照教材上的初等因子的定义与性质可以给出它们相互唯一决定的方法.

例 1 已知三阶矩阵 $\boldsymbol{A}$ 的初等因子为 $(\lambda-1)^2,\lambda-2$，求出 $\boldsymbol{A}$ 的不变因子.

解 作排列：

$(\lambda-1)^2,1,1;$

$\lambda-2,1,1.$

因此，$d_3(\lambda)=(\lambda-1)^2(\lambda-2),d_2(\lambda)=d_1(\lambda)=1.$

2. λ-矩阵为对角形时的不变因子的求法

利用教材中关于对角多项式矩阵之间的等价关系性质，可以给出不变因子的一个简单求法，下面通过例子来说明.

例 2 已知 $\boldsymbol{A}(\lambda)=\begin{pmatrix}\lambda^2-\lambda&&&\\&1&&\\&&\lambda^2-1&\\&&&1\end{pmatrix}$，求 $\boldsymbol{A}$ 的初等因子、不变因子.

解 (1) 先写出次数大于零的对角元素在复数域 **C** 中的标准分解式：

$$\lambda^2-\lambda=\lambda(\lambda-1),\quad \lambda^2-1=(\lambda+1)(\lambda-1),$$

故初等因子为 $\lambda,\lambda-1,\lambda-1,\lambda+1$.

(2) 将上述分解式中的不同一次因式的方幂按从高到低排列，不足部分补 1.

作排列：

$\lambda,1,1,1$；

$\lambda-1,\lambda-1,1,1$；

$\lambda+1,1,1,1$.

因此，不变因子为

$$d_4(\lambda)=\lambda(\lambda-1)(\lambda+1),\quad d_3(\lambda)=\lambda-1,\quad d_2(\lambda)=d_1(\lambda)=1.$$

三、同步练习

1. 已知 5 阶矩阵 $\boldsymbol{A}$ 的初等因子为 $\lambda,(\lambda+1)^2,\lambda,\lambda+1$，写出 $\boldsymbol{A}$ 的不变因子__________________________________.

解 作排列：

$\lambda,\lambda,1,1,1$；

$(\lambda+1)^2,(\lambda+1),1,1,1$.

因此，$d_5(\lambda)=(\lambda+1)^2\lambda,d_4(\lambda)=(\lambda+1)\lambda,d_3(\lambda)=d_2(\lambda)=d_1(\lambda)=1$.

2. 已知 $\boldsymbol{A}(\lambda)=\begin{pmatrix}\lambda^2+\lambda & & & \\ & \lambda^2 & & \\ & & \lambda^3+\lambda & \\ & & & \lambda+1\end{pmatrix}$，求出 $\boldsymbol{A}$ 的标准形.

解 先写出次数大于零的对角元素在复数域 **C** 中的标准分解式：

$$\lambda^2+\lambda=\lambda(\lambda+1),\quad \lambda^3+\lambda=\lambda(\lambda+\mathrm{i})(\lambda-\mathrm{i}).$$

将上述分解式中的不同一次因式的方幂按从高到低排列，不足部分补 1.

作排列：

$\lambda^2,\lambda,\lambda,1$；

$\lambda+1,\lambda+1,1,1$；

$\lambda+\mathrm{i},1,1,1$；

$\lambda-\mathrm{i},1,1,1$.

因此，不变因子为

$$d_4(\lambda)=\lambda^2(\lambda+1)(\lambda-\mathrm{i})(\lambda+\mathrm{i})=\lambda^2(\lambda^2+1)(\lambda+1),$$
$$d_3(\lambda)=\lambda(\lambda+1),\quad d_2(\lambda)=\lambda,\quad d_1(\lambda)=1.$$

于是，其标准形为

$$\begin{pmatrix}1 & & & \\ & \lambda & & \\ & & \lambda^2+\lambda & \\ & & & \lambda^2(\lambda^2+1)(\lambda+1)\end{pmatrix}.$$

3. 已知 $\boldsymbol{A}=\begin{pmatrix}2&-1&1\\-1&1&0\\1&0&1\end{pmatrix}$，求 $\boldsymbol{A}$ 的初等因子.

解
$$\lambda\boldsymbol{E}-\boldsymbol{A}=\begin{pmatrix}\lambda-2&1&-1\\1&\lambda-1&0\\-1&0&\lambda-1\end{pmatrix}\xrightarrow{[1,3]}\begin{pmatrix}-1&1&\lambda-2\\0&\lambda-1&1\\\lambda-1&0&-1\end{pmatrix}$$
$$\xrightarrow{[2,1(1)]}\begin{pmatrix}-1&0&\lambda-2\\0&\lambda-1&1\\\lambda-1&\lambda-1&-1\end{pmatrix}\xrightarrow{[3,1(\lambda-1)]}\begin{pmatrix}-1&0&\lambda-2\\0&\lambda-1&1\\0&\lambda-1&\lambda^2-3\lambda+1\end{pmatrix}$$
$$\xrightarrow{[3,1(\lambda-2)]}\begin{pmatrix}-1&0&0\\0&\lambda-1&1\\0&\lambda-1&\lambda^2-3\lambda+1\end{pmatrix}\xrightarrow{[2,3]}\begin{pmatrix}-1&0&0\\0&1&\lambda-1\\0&\lambda^2-3\lambda+1&\lambda-1\end{pmatrix}$$
$$\xrightarrow{[3,2(-(\lambda-1))]}\begin{pmatrix}-1&0&0\\0&1&0\\0&\lambda^2-3\lambda+1&-\lambda(\lambda-1)(\lambda-3)\end{pmatrix}$$
$$\xrightarrow{[3,2(\lambda^2-3\lambda+1)]}\begin{pmatrix}1&0&0\\0&1&0\\0&0&\lambda(\lambda-1)(\lambda-3)\end{pmatrix},$$

故其初等因子为 $\lambda,\lambda-1,\lambda-3$.

8.6 若尔当标准形的理论推导

一、主要知识点

本节给出了若尔当块与初等因子的一一对应关系，从而导出了数字矩阵的相似若尔当标准形与全部初等因子的一一对应关系（不考虑若尔当块的次序）.

二、难点及相关实例

(1) 若尔当块的初等因子与最小多项式相等.

例 1 已知若尔当块

$$\boldsymbol{A}(\lambda_0,m)=\begin{pmatrix}\lambda_0&0&\cdots&0&0\\1&\lambda_0&\cdots&0&0\\\vdots&\ddots&\ddots&\vdots&\vdots\\0&0&\ddots&\lambda_0&0\\0&0&\cdots&1&\lambda_0\end{pmatrix}_{m\times m},$$

写出 $\boldsymbol{A}$ 的初等因子与最小多项式.

解 由初等因子及最小多项式的定义知，$\boldsymbol{A}$ 的初等因子与最小多项式都是 $(\lambda-\lambda_0)^m$.

(2) 给一个 n 阶复数矩阵 $\boldsymbol{A}$，如何求一个与之相似的若尔当标准形矩阵.

步骤：① 利用对 $\lambda\boldsymbol{E}-\boldsymbol{A}$ 的初等变换化为准对角形矩阵或利用不变因子（或行列式因子）求出其初等因子.

② 利用初等因子写出若尔当标准形矩阵.

例 2 已知 $\boldsymbol{A}=\begin{pmatrix}-3 & -7 & 3\\ 2 & 5 & -2\\ 4 & 10 & -3\end{pmatrix}$，求出 $\boldsymbol{A}$ 的若尔当标准形矩阵.

解 对 $\lambda\boldsymbol{E}-\boldsymbol{A}$ 的初等变换化为对角形矩阵：

$$\lambda\boldsymbol{E}-\boldsymbol{A}=\begin{pmatrix}\lambda+3 & 7 & -3\\ -2 & \lambda-5 & 2\\ -4 & -10 & \lambda+3\end{pmatrix}\xrightarrow{[1,2(1)]}\begin{pmatrix}\lambda+1 & \lambda+2 & -1\\ -2 & \lambda-5 & 2\\ -4 & -10 & \lambda+3\end{pmatrix}$$

$$\xrightarrow{[2,1(2)]}\begin{pmatrix}\lambda+1 & \lambda+2 & -1\\ 2\lambda & 3\lambda-1 & 0\\ -4 & -10 & \lambda+3\end{pmatrix}\xrightarrow{[3,1(\lambda+3)]}\begin{pmatrix}\lambda+1 & \lambda+2 & -1\\ 2\lambda & 3\lambda-1 & 0\\ \lambda^2+4\lambda-1 & \lambda^2+5\lambda-4 & 0\end{pmatrix}$$

$$\xrightarrow[\substack{[1,3]\\ [1(-1)]}]{}\begin{pmatrix}1 & \lambda+2 & \lambda+1\\ 0 & 3\lambda-1 & 2\lambda\\ 0 & \lambda^2+5\lambda-4 & \lambda^2+4\lambda-1\end{pmatrix}$$

$$\xrightarrow[\substack{[2,1(-(\lambda+2))]\\ [3,1(-(\lambda+1))]}]{}\begin{pmatrix}1 & 0 & 0\\ 0 & 3\lambda-1 & 2\lambda\\ 0 & \lambda^2+5\lambda-4 & \lambda^2+4\lambda-1\end{pmatrix}=\boldsymbol{B}(\lambda).$$

设 $\boldsymbol{C}(\lambda)=\begin{pmatrix}3\lambda-1 & 2\lambda\\ \lambda^2+5\lambda-4 & \lambda^2+4\lambda-1\end{pmatrix}$，显然 $(3\lambda-1,2\lambda)=1$，故 $D_1(\lambda)=1$，而

$$D_2(\lambda)=|\boldsymbol{C}(\lambda)|=(\lambda+1)(\lambda^2+1)=(\lambda+1)(\lambda+\mathrm{i})(\lambda-\mathrm{i}),$$

从而 $\boldsymbol{C}(\lambda)=\begin{pmatrix}3\lambda-1 & 2\lambda\\ \lambda^2+5\lambda-4 & \lambda^2+4\lambda-1\end{pmatrix}$ 的不变因子为

$$d_1(\lambda)=1,\quad d_2(\lambda)=(\lambda+1)(\lambda+\mathrm{i})(\lambda-\mathrm{i}).$$

故 $\boldsymbol{A}$ 的初等因子为 $\lambda-\mathrm{i},\lambda+\mathrm{i},\lambda+1$.

综上可知，$\boldsymbol{A}$ 的若尔当标准形矩阵为 $\begin{pmatrix}\mathrm{i} & & \\ & -\mathrm{i} & \\ & & -1\end{pmatrix}$.

【注】 在化多项式矩阵为准对角形时可以灵活处理，例如上例中，对准对角矩阵中的二阶多项式矩阵，可直接利用行列式因子来求不变因子，再求出初等因子. 若上例中继续化对角形矩阵可能计算量要大得多.

三、同步练习

1. 已知 6 阶矩阵 $\boldsymbol{A}$ 的初等因子为 $\lambda^2,\lambda,(\lambda+1)^2,(\lambda+1)$，求 $\boldsymbol{A}$ 的若尔当标准形.

答 $\begin{pmatrix}0 & & & & & \\ 1 & 0 & & & & \\ & & 0 & & & \\ & & & -1 & & \\ & & & 1 & -1 & \\ & & & & & -1\end{pmatrix}$.

2. 已知 $A=\begin{pmatrix}-1&1&-2\\-3&3&-6\\-2&2&-4\end{pmatrix}$，求出 A 的若尔当标准形矩阵.

解 对 $\lambda E-A$ 的初等变换化为对角形矩阵：

$$\lambda E-A=\begin{pmatrix}\lambda+1&-1&2\\3&\lambda-3&6\\2&-2&\lambda+4\end{pmatrix}\xrightarrow[\substack{[1,2(\lambda+1)]\\[3,2(2)]}]{}\begin{pmatrix}0&-1&0\\\lambda^2-2\lambda&\lambda-3&2\lambda\\-2\lambda&-2&\lambda\end{pmatrix}$$

$$\xrightarrow[\substack{[1,2]\\[1(-1)]}]{}\begin{pmatrix}1&0&0\\3-\lambda&\lambda^2-2\lambda&2\lambda\\2&-2\lambda&\lambda\end{pmatrix}\xrightarrow{\substack{[2,1(\lambda-3)]\\[3,1(-2)]}}\begin{pmatrix}1&0&0\\0&\lambda^2-2\lambda&2\lambda\\0&-2\lambda&\lambda\end{pmatrix}.$$

设 $C(\lambda)=\begin{pmatrix}\lambda^2-2\lambda&2\lambda\\-2\lambda&\lambda\end{pmatrix}$，显然 $D_1(\lambda)=\lambda$，而

$$D_2(\lambda)=|C(\lambda)|=(\lambda+2)\lambda^2,$$

从而 $C(\lambda)=\begin{pmatrix}\lambda^2-2\lambda&2\lambda\\-2\lambda&\lambda\end{pmatrix}$ 的不变因子为

$$d_1(\lambda)=\lambda,\quad d_2(\lambda)=(\lambda+2)\lambda,$$

故 A 的初等因子为 $\lambda,\lambda,\lambda+2$.

由上述计算结果知，A 的若尔当标准形矩阵为

$$\begin{pmatrix}0&&\\&0&\\&&-2\end{pmatrix}.$$

考测中涉及的相关知识点联系示意图

λ-矩阵是研究矩阵相似的重要手段之一，并且较好地解决了矩阵标准形的理论推导，在控制工程与理论中具有广泛的应用. 由于 λ-矩阵是选讲内容，部分高校不作为考点，但大多数重点高校把它作为考测的内容之一. 考测中涉及的相关知识点联系示意图如下：

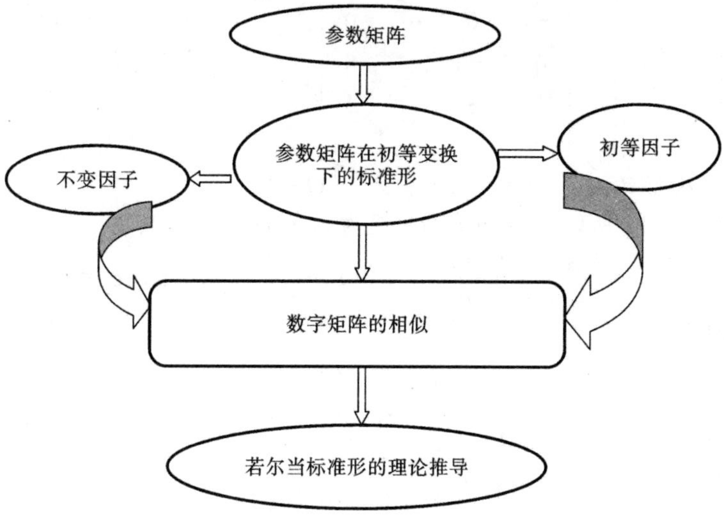

综合例题讲解

例 1 求矩阵

$$A=\begin{pmatrix}0&1&0&\cdots&0&0\\0&0&1&\cdots&0&0\\\vdots&\vdots&\vdots&&\vdots&\vdots\\0&0&0&\cdots&0&1\\1&0&0&\cdots&0&0\end{pmatrix}$$

的若尔当标准形.

【分析】 求方阵 A 的若尔当标准形可利用 n 阶矩阵 A 的全部初等因子

$$(\lambda-\lambda_1)^{r_1},(\lambda-\lambda_2)^{r_2},\cdots,(\lambda-\lambda_s)^{r_s},$$

其中 $\lambda_1,\lambda_2,\cdots,\lambda_s$ 可能相同,指数 $r_1,r_2,\cdots,r_s$ 也可能相同,可得其若尔当标准形由 s 个若尔当块构成:

$$J=\begin{pmatrix}J_1&&&\\&J_2&&\\&&\ddots&\\&&&J_s\end{pmatrix}.$$

一个初等因子 $(\lambda-\lambda_i)^{r_i}$ 对应一个若尔当块 J_i,即

$$J_i=\begin{pmatrix}\lambda_i&&&\\1&\lambda_i&&\\&\ddots&\ddots&\\&&1&\lambda_i\end{pmatrix}_{r_i\times r_i}.$$

解 $\lambda E-A=\begin{pmatrix}\lambda&-1&0&\cdots&0&0\\0&\lambda&-1&\cdots&0&0\\\vdots&\vdots&\vdots&&\vdots&\vdots\\0&0&0&\cdots&\lambda&-1\\-1&0&0&\cdots&0&\lambda\end{pmatrix}$,有一个 $n-1$ 阶子式为

$$\begin{vmatrix}-1&0&\cdots&0\\0&-1&\cdots&0\\\vdots&\vdots&&\vdots\\0&0&\cdots&-1\end{vmatrix}=(-1)^{n-1},$$

因此 $D_{n-1}(\lambda)=1$, 从而 $d_1(\lambda)=d_2(\lambda)=\cdots=d_{n-1}(\lambda)=1$.

又 $|\lambda E-A|=\lambda^n-1$, 所以 A 的初等因子组为 $\varepsilon_0,\varepsilon_1,\cdots,\varepsilon_{n-1}$,其中

$$\varepsilon_k=\cos\frac{2k\pi}{n}+\mathrm{i}\sin\frac{2k\pi}{n}\ (k=0,1,\cdots,n-1),\quad \varepsilon_0=\varepsilon_n=1,$$

故 A 的若尔当标准形为

$$J=\begin{pmatrix}\varepsilon_1&0&\cdots&0\\0&\varepsilon_2&\cdots&0\\\vdots&\vdots&&\vdots\\0&0&\cdots&\varepsilon_n\end{pmatrix}.$$

【注】 也可利用特征向量的方法求 $\boldsymbol{A}$ 的若尔当标准形.

$\boldsymbol{A}\in P^{n\times n}$，如果 λ_i 是 $\boldsymbol{A}$ 的单特征值，则对应一阶若尔当块 $\boldsymbol{J}_i=(\lambda_i)$，如果 λ_i 是 $\boldsymbol{A}$ 的 $r_i(r_i>1)$ 重特征值，属于 λ_i 的有 k 个线性无关的特征向量，则有 k 个以 λ_i 为对角元素的若尔当块，这些若尔当块的阶数之和等于 r_i，如下例.

例 2 若 5 是 4 阶矩阵 $\boldsymbol{A}$ 的 4 重特征值，$R(5\boldsymbol{E}-\boldsymbol{A})=2$，求 $\boldsymbol{A}$ 的若尔当标准形.

【分析】 考查若尔当标准形、若尔当块与矩阵秩的关系.

解 因为 $R(5\boldsymbol{E}-\boldsymbol{A})=2$，又 $\boldsymbol{A}$ 为 4 阶矩阵，所以 $\boldsymbol{A}$ 的若尔当标准形由两个若尔当块组成. 如果 $(5\boldsymbol{E}-\boldsymbol{A})^2=\boldsymbol{O}$，则 $\boldsymbol{A}\sim\boldsymbol{J}_1$，如果 $(5\boldsymbol{E}-\boldsymbol{A})^3=\boldsymbol{O}$，则 $\boldsymbol{A}\sim\boldsymbol{J}_2$，其中

$$\boldsymbol{J}_1=\begin{pmatrix}5&1&&\\&5&&\\&&5&1\\&&&5\end{pmatrix},\quad \boldsymbol{J}_2=\begin{pmatrix}5&&&\\&5&1&\\&&5&1\\&&&5\end{pmatrix}.$$

例 3(华东师范大学,1997) 设 $\boldsymbol{A}$ 是复矩阵，且

$$\boldsymbol{A}=\begin{pmatrix}2&0&0\\a&2&0\\b&c&-1\end{pmatrix}.$$

(1) 求出 $\boldsymbol{A}$ 的一切可能的若尔当标准形；

(2) 给出 $\boldsymbol{A}$ 可以对角化的一个充要条件.

【分析】 利用矩阵的特征值来分析 $\boldsymbol{A}$ 的若尔当标准形的可能性，并考查 n 阶复数矩阵 $\boldsymbol{A}$ 与对角矩阵相似的方法(有三种)：

(1) $\boldsymbol{A}$ 有 n 个线性无关的特征向量；

(2) $\boldsymbol{A}$ 的最小多项式没有重根；

(3) $\boldsymbol{A}$ 的初等因子都是一次的.

解 (1) $f(\lambda)=|\lambda\boldsymbol{E}-\boldsymbol{A}|=(\lambda+1)(\lambda-2)^2$，显然，$\lambda=2$ 是 $\boldsymbol{A}$ 的 2 重特征值.

当 $a\neq0$ 时，$R(2\boldsymbol{E}-\boldsymbol{A})=2$，则属于特征值 2 的线性无关的特征向量只有 1 个，于是

$$\boldsymbol{A}\sim\boldsymbol{J}=\begin{pmatrix}2&1&\\&2&\\&&-1\end{pmatrix}.$$

当 $a=0$ 时，$R(2\boldsymbol{E}-\boldsymbol{A})=1$，则属于特征值 2 的线性无关的特征向量有 2 个，于是

$$\boldsymbol{A}\sim\boldsymbol{J}=\begin{pmatrix}2&&\\&2&\\&&-1\end{pmatrix}.$$

(2) 由(1)的讨论知，$\boldsymbol{A}$ 可以对角化的充要条件是 $a=0$.

例 4(武汉大学,2005) 设矩阵 $\boldsymbol{A}$ 有一个二重特征值，且

$$\boldsymbol{A}=\begin{pmatrix}1&5&5\\0&4&3\\0&a&2\end{pmatrix}.$$

(1) 试求 $\boldsymbol{A}$ 的最小多项式与若尔当标准形；

(2) 确定 $\boldsymbol{A}$ 相似于对角矩阵的充分必要条件.

【分析】 考查最小多项式与若尔当标准形及对角化问题之间的关系.

解 (1) $f(\lambda)=|\lambda\boldsymbol{E}-\boldsymbol{A}|=(\lambda-1)(\lambda^2-6\lambda+8-3a)$. 由 $\boldsymbol{A}$ 有一个二重特征值,并且 $\boldsymbol{A}$ 的 3 个特征值的和等于 7,以下分两种情况讨论.

① 1 是 $\boldsymbol{A}$ 的二重特征值,则 $a=1$,那么 $\boldsymbol{A}$ 的 3 个特征值为 1,1,5. 而 $R(\boldsymbol{E}-\boldsymbol{A})=1$,于是

$$\boldsymbol{A}\sim\boldsymbol{J}=\begin{pmatrix}1&&\\&1&\\&&5\end{pmatrix}.$$

② 1 是 $\boldsymbol{A}$ 的单特征值,则 3 是 $\boldsymbol{A}$ 的二重特征值,则 $a=-\frac{1}{3}$. 而 $R(3\boldsymbol{E}-\boldsymbol{A})=2$,于是

$$\boldsymbol{A}\sim\boldsymbol{J}=\begin{pmatrix}1&&\\&3&1\\&&3\end{pmatrix}.$$

(2) 由(1)知,$\boldsymbol{A}$ 相似于对角矩阵的充分必要条件是 $a=1$.

例 5(厦门大学,2014) 求所有满足 $\boldsymbol{A}^2=\boldsymbol{O}$ 的三阶矩阵 $\boldsymbol{A}$.

【分析】 利用矩阵等式求解矩阵的特征值,利用若尔当标准形给出结论.

解 设矩阵 $\boldsymbol{A}$ 的特征值为 λ,由 $\boldsymbol{A}^2=\boldsymbol{O}$ 知 $\lambda=0$,故 $\boldsymbol{A}$ 不可逆.

(1) 若 $R(\boldsymbol{A})=0$, 则 $\boldsymbol{A}=\boldsymbol{O}$.

(2) 若 $R(\boldsymbol{A})=1$, 则对任意三阶可逆矩阵 $\boldsymbol{P}$, $\boldsymbol{A}=\boldsymbol{P}\begin{pmatrix}0&1&0\\0&0&0\\0&0&0\end{pmatrix}\boldsymbol{P}^{-1}$ 都满足 $\boldsymbol{A}^2=\boldsymbol{O}$.

(3) 若 $R(\boldsymbol{A})=2$,则存在三阶可逆矩阵 $\boldsymbol{T}$, $\boldsymbol{A}=\boldsymbol{T}^{-1}\begin{pmatrix}0&1&0\\0&0&1\\0&0&0\end{pmatrix}\boldsymbol{T}$, 显然

$$\boldsymbol{A}^2=\boldsymbol{T}^{-1}\begin{pmatrix}0&0&1\\0&0&0\\0&0&0\end{pmatrix}\boldsymbol{T}\Rightarrow R(\boldsymbol{A}^2)=1\Rightarrow\boldsymbol{A}\neq\boldsymbol{O}.$$

通过以上分析可知,所有满足 $\boldsymbol{A}^2=\boldsymbol{O}$ 的三阶矩阵为

$$\boldsymbol{A}=\boldsymbol{O}\quad\text{或}\quad\boldsymbol{A}=\boldsymbol{P}\begin{pmatrix}0&1&0\\0&0&0\\0&0&0\end{pmatrix}\boldsymbol{P}^{-1},$$

其中 $\boldsymbol{P}$ 为任意三阶可逆矩阵.

例 6(北京交通大学,2012) 求 λ-矩阵 $\boldsymbol{A}(\lambda)=\begin{pmatrix}0&0&\lambda(\lambda+1)\\0&\lambda&0\\-2(\lambda+1)^2&0&0\end{pmatrix}$ 的标准形.

解 只需将 $\boldsymbol{A}(\lambda)$ 化为对角阵 $\begin{pmatrix}\lambda(\lambda+1)&0&0\\0&\lambda&0\\0&0&(\lambda+1)^2\end{pmatrix}$,即可知其标准形为

$$\begin{pmatrix}1&0&0\\0&\lambda(\lambda+1)&0\\0&0&\lambda(\lambda+1)^2\end{pmatrix}.$$

步骤略.

例 7(南京师范大学,2015)　已知 6 阶矩阵 $\boldsymbol{A}$ 的最小多项式 $g(\lambda)=(\lambda^2-2\lambda+2)^2(\lambda-1)$，且矩阵的迹 $\mathrm{tr}(\boldsymbol{A})=6$，求 $\boldsymbol{A}$ 的若尔当标准形.

【分析】　考查矩阵特征值的性质、最小多项式及若尔当标准形之间的关系.

解　设 $\boldsymbol{A}$ 的特征多项式为 $f(\lambda)$，则 $g(\lambda)\mid f(\lambda)$，故由最小多项式知 $\boldsymbol{A}$ 的 5 个特征值为 $1+\mathrm{i}$(二重根)，$1-\mathrm{i}$(二重根)，1.

又 $\mathrm{tr}(\boldsymbol{A})=6$，故 $\boldsymbol{A}$ 的第 6 个特征值也为 1，从而 $\boldsymbol{A}$ 的初等因子为

$$\lambda-1,\quad \lambda-1,\quad (\lambda-1-\mathrm{i})^2,\quad (\lambda-1+\mathrm{i})^2,$$

故 $\boldsymbol{A}$ 的若尔当标准形为

$$\begin{pmatrix} 1 & 0 & 0 & 0 & 0 & 0 \\ 0 & 1 & 0 & 0 & 0 & 0 \\ 0 & 0 & 1+\mathrm{i} & 0 & 0 & 0 \\ 0 & 0 & 1 & 1+\mathrm{i} & 0 & 0 \\ 0 & 0 & 0 & 0 & 1-\mathrm{i} & 0 \\ 0 & 0 & 0 & 0 & 1 & 1-\mathrm{i} \end{pmatrix}.$$

例 8(湘潭大学,2018)　已知 n 阶矩阵 $\boldsymbol{A}$ 的零特征值的个数为 s，其特征子空间 $V=\{\boldsymbol{X}\mid\boldsymbol{AX}=\boldsymbol{0}\}$ 的维数为 k，证明 $R(\boldsymbol{A})=R(\boldsymbol{A}^2)\Leftrightarrow s=k$.

【分析】　考测若尔当标准形、幂与矩阵秩之间的关系.

证　设 n 阶矩阵 $\boldsymbol{A}$ 的非零特征值为 $\lambda_1,\lambda_2,\cdots,\lambda_{n-s}$(可以有重根)，假设它们分别对应的若尔当块为 $\boldsymbol{J}_1,\boldsymbol{J}_2,\cdots,\boldsymbol{J}_r(r\leqslant n-s)$，其对角元素为这些非零特征值. 设零特征值对应的若尔当块为 $\boldsymbol{J}_{r+1},\boldsymbol{J}_{r+2},\cdots,\boldsymbol{J}_{r+t}(t\leqslant s)$，其对角元素为 0，则存在可逆矩阵 $\boldsymbol{P}$ 使得

$$\boldsymbol{P}^{-1}\boldsymbol{AP}=\begin{pmatrix} \boldsymbol{J}_1 & & & & & \\ & \ddots & & & & \\ & & \boldsymbol{J}_r & & & \\ & & & \boldsymbol{J}_{r+1} & & \\ & & & & \ddots & \\ & & & & & \boldsymbol{J}_{r+t} \end{pmatrix}\quad(r\leqslant n-s;\ t\leqslant s),$$

所以，

$$\boldsymbol{P}^{-1}\boldsymbol{A}^2\boldsymbol{P}=\begin{pmatrix} \boldsymbol{J}_1^2 & & & & & \\ & \ddots & & & & \\ & & \boldsymbol{J}_r^2 & & & \\ & & & \boldsymbol{J}_{r+1}^2 & & \\ & & & & \ddots & \\ & & & & & \boldsymbol{J}_{r+t}^2 \end{pmatrix}\quad(r\leqslant n-s;\ t\leqslant s).$$

因此

$$R(\boldsymbol{A})=R(\boldsymbol{A}^2)\Leftrightarrow R(\boldsymbol{A})=\sum_{i=1}^{r}R(\boldsymbol{J}_i)+\sum_{l=1}^{t}R(\boldsymbol{J}_{r+l})=R(\boldsymbol{A}^2)=\sum_{i=1}^{r}R(\boldsymbol{J}_i^2)+\sum_{k=1}^{t}R(\boldsymbol{J}_{r+l}^2)$$

$$\Leftrightarrow\sum_{k=1}^{t}R(\boldsymbol{J}_{r+k})=\sum_{k=1}^{t}R(\boldsymbol{J}_{r+k}^2)\Leftrightarrow\boldsymbol{J}_{r+k}\text{ 为 1 阶若尔当块}\Leftrightarrow t=s=k.$$

历年考研试题精选

1.（中国科学院，2005） (1) 求矩阵 $\boldsymbol{A}=\begin{pmatrix}0&1&1&1\\0&0&1&1\\0&0&0&1\\0&0&0&0\end{pmatrix}$ 的若尔当标准形，并计算 $e^{\boldsymbol{A}}$（注：按通常定义 $e^{\boldsymbol{A}}=\boldsymbol{E}+\boldsymbol{A}+\frac{1}{2!}\boldsymbol{A}^2+\frac{1}{3!}\boldsymbol{A}^3+\cdots$）；

(2) 设 $\boldsymbol{B}=\begin{pmatrix}4&4.5&-1\\-3&-3.5&1\\-2&-3&1.5\end{pmatrix}$，求 $\boldsymbol{B}^{2005}$（精确到小数点后 4 位）.

2.（大连理工大学，2001） 求矩阵 $\boldsymbol{A}=\begin{pmatrix}-1&-2&6\\-1&0&3\\-1&-1&4\end{pmatrix}$ 的若尔当标准形.

3.（华东师范大学，2005） 已知 $g(\lambda)=(\lambda^2-2\lambda+2)^2(\lambda-1)$ 是 6 阶方阵 $\boldsymbol{A}$ 的最小多项式，且 $\mathrm{tr}(\boldsymbol{A})=6$. 试求：

(1) $\boldsymbol{A}$ 的特征多项式 $f(\lambda)$ 及其若尔当标准形；

(2) $\boldsymbol{A}$ 的伴随矩阵 $\boldsymbol{A}^*$ 的若尔当标准形.

4.（南京大学，2002） 已知矩阵 $\boldsymbol{A}$ 的特征多项式为 $f(\lambda)=(\lambda-2)^3(\lambda-3)^2$，试写出 $\boldsymbol{A}$ 的所有可能的若尔当标准形（不计较其中若尔当块的排列次序）.

5.（东南大学，2003） 已知矩阵 $\boldsymbol{A}$ 的行列式因子为 $1,\lambda-1,(\lambda-1)^3$，则 $\boldsymbol{A}$ 的初等因子为______，$\boldsymbol{A}$ 的若尔当标准形为______.

6.（南京大学，1997） 已知 $\boldsymbol{A}=\begin{pmatrix}1&0&0&0\\2&1&0&0\\3&2&1&0\\4&3&2&1\end{pmatrix}$.

(1) 求 $\boldsymbol{A}$ 的特征矩阵的所有不变因子及所有初等因子；

(2) 求 $\boldsymbol{A}$ 的若尔当标准形.

7.（清华大学，2000） 设 V 是域 F 上的四维线性空间，σ 是 V 上的线性变换，在基 $\boldsymbol{\varepsilon}_1,\boldsymbol{\varepsilon}_2,\boldsymbol{\varepsilon}_3,\boldsymbol{\varepsilon}_4$ 下的方阵表示为

$$\boldsymbol{A}=\begin{pmatrix}1&2&1&0\\0&1&0&0\\1&3&0&0\\0&4&2&1\end{pmatrix}.$$

(1) 试求 σ 的含 $\boldsymbol{\varepsilon}_1$ 的最小不变子空间 W；

(2) 记 σ_1 为 σ 在 W 上的限制，求 σ_1 的方阵表示 $\boldsymbol{A}_1$ 的若尔当标准形 $\boldsymbol{J}_1$.

8.（华中师范大学，1999） 设 σ 是数域 P 上线性空间 V 的线性变换，$f(\lambda)$，$m(\lambda)$ 分别是 σ 的特征多项式和最小多项式，并且 $f(\lambda)=(\lambda+1)^3(\lambda-2)^2(\lambda+3)$，$m(\lambda)=(\lambda+1)^2(\lambda-2)(\lambda+3)$.

(1) 求 σ 的所有不变因子；

(2) 写出 σ 的若尔当标准形.

9.（南京师范大学,1999） 设 $n\times n$ 矩阵

$$A=\begin{pmatrix}0&0&\cdots&0&1\\1&0&\cdots&0&0\\0&1&\cdots&0&0\\\vdots&\vdots&&\vdots&\vdots\\0&0&\cdots&1&0\end{pmatrix}.$$

(1) 求 A 的不变因子和初等因子；

(2) 求 A 的若尔当标准形.

10.（华东师范大学,1991） 求矩阵 $A=\begin{pmatrix}a_1&a_2&a_3&a_4\\0&a_1&a_2&a_3\\0&0&a_1&a_2\\0&0&0&a_1\end{pmatrix}$ 的若尔当标准形.

11.（华东师范大学,1993） 求矩阵 $A=\begin{pmatrix}-1&1&1\\2&1&0\\-2&-2&-1\end{pmatrix}$ 的若尔当标准形.

12.（华东师范大学,1993） 设矩阵 A 的特征多项式 $f(\lambda)=(\lambda-1)^n$，证明 A 与其伴随矩阵 A^* 相似.

13.（华东师范大学,1994） 已知矩阵 $A=\begin{pmatrix}3&-4&0&2\\4&-5&-2&4\\0&0&3&-2\\0&0&2&-1\end{pmatrix}$.

(1) 求 A 的初等因子；

(2) 求 A 的若尔当标准形.

14.（大连理工大学,1999） 已知矩阵

$$A(\lambda)=\begin{pmatrix}\lambda&0&0&0&\cdots&0&a_n\\-1&\lambda&0&0&\cdots&0&a_{n-1}\\0&-1&\lambda&0&\cdots&0&a_{n-2}\\\vdots&\vdots&\vdots&\vdots&&\vdots&\vdots\\0&0&0&0&\cdots&\lambda&a_2\\0&0&0&0&\cdots&-1&\lambda+a_1\end{pmatrix}.$$

证明 $A(\lambda)$ 的不变因子是 $1,1,\cdots,1,f(\lambda)$，其中 $f(\lambda)=\lambda^n+a_1\lambda^{n-1}+\cdots+a_{n-1}\lambda+a_n$.

15.（东南大学，1999） 设 F^3 的线性变换：

$$f(X)=\begin{pmatrix}2x_1&-x_2&-x_3\\2x_1&-x_2&-2x_3\\-x_1&+x_2&+2x_3\end{pmatrix},\quad \forall X=\begin{pmatrix}x_1\\x_2\\x_3\end{pmatrix}\in F^3.$$

(1) 求 $\alpha=\begin{pmatrix}0\\-3\\2\end{pmatrix}$ 的象在基 $\xi_1=\begin{pmatrix}3\\0\\-2\end{pmatrix}$，$\xi_2=\begin{pmatrix}0\\-1\\1\end{pmatrix}$，$\xi_3=\begin{pmatrix}-1\\0\\1\end{pmatrix}$ 下的坐标；

（2）求一组新基，使在该基之下 f 的矩阵是若尔当标准形.

16.（华东理工大学，2004） 求矩阵 $\boldsymbol{A}=\begin{pmatrix}-1&-2&6\\-1&0&3\\-1&-1&4\end{pmatrix}$ 的不变因子、初等因子及若尔当标准形.

17.（江苏大学，2004） 设 n 阶矩阵

$$\boldsymbol{A}=\begin{pmatrix}0&1&0&\cdots&0&0\\0&0&1&\cdots&0&0\\\vdots&\vdots&\vdots&&\vdots&\vdots\\0&0&0&\cdots&0&1\\1&0&0&\cdots&0&0\end{pmatrix}.$$

（1）求 $\boldsymbol{A}$ 的特征多项式；

（2）求 $\boldsymbol{A}$ 的不变因子、行列式因子、初等因子；

（3）求 $\boldsymbol{A}$ 的若尔当标准形.

18.（山东师范大学，2008） 已知矩阵

$$\boldsymbol{A}=\begin{pmatrix}1&0&0\\1&1&1\\0&0&1\end{pmatrix}.$$

（1）求 $\boldsymbol{A}$ 的特征值；

（2）求 $\boldsymbol{A}$ 的一个标准正交的特征向量系；

（3）求 $\boldsymbol{A}$ 的若尔当标准形.

19.（北京大学，2008） 设 n 维线性空间 V 上的线性变换 $\boldsymbol{A}$ 的最小多项式与特征多项式相同，求证：$\exists\boldsymbol{\alpha}\in V$，使得 $\boldsymbol{\alpha},\boldsymbol{A}\boldsymbol{\alpha},\boldsymbol{A}^2\boldsymbol{\alpha},\cdots,\boldsymbol{A}^{n-1}\boldsymbol{\alpha}$ 为 V 的一个基.

20.（中山大学，2015） 已知三阶复矩阵 $\boldsymbol{A}=\begin{pmatrix}2&3&2\\1&8&2\\-2&-14&-3\end{pmatrix}$，定义变换 σ：$\forall\boldsymbol{\alpha}\in\mathbf{C}^3$，$\sigma(\boldsymbol{\alpha})=\boldsymbol{A}\boldsymbol{\alpha}$，求 σ 的最小多项式及若尔当标准形.

21.（南京航空航天大学，2014） 已知三维线性空间 V 上的线性变换 T 在基 $\boldsymbol{\varepsilon}_1,\boldsymbol{\varepsilon}_2,\boldsymbol{\varepsilon}_3$ 下的矩阵为

$$\boldsymbol{A}=\begin{pmatrix}1&-2&6\\-1&0&a\\-1&-1&b\end{pmatrix},$$

且 $\boldsymbol{\alpha}=2\boldsymbol{\varepsilon}_1+\boldsymbol{\varepsilon}_2+\boldsymbol{\varepsilon}_3$ 是 T 的一个特征向量.

（1）求参数 a,b 和向量 $\boldsymbol{\alpha}$ 对应的特征值；

（2）求线性变换 T 在基 $\boldsymbol{\eta}_1=\boldsymbol{\varepsilon}_1+\boldsymbol{\varepsilon}_2,\boldsymbol{\eta}_2=\boldsymbol{\varepsilon}_2+\boldsymbol{\varepsilon}_3,\boldsymbol{\eta}_3=\boldsymbol{\varepsilon}_1+\boldsymbol{\varepsilon}_2+\boldsymbol{\varepsilon}_3$ 下的矩阵 $\boldsymbol{B}$；

（3）求矩阵 $\boldsymbol{A}$ 的初等因子和若尔当标准形.

22.（厦门大学，2016） 求 n 阶矩阵 $\boldsymbol{A}=\begin{pmatrix}&&&a_1\\&&a_2&\\&\iddots&&\\a_{n-1}&&&\\a_n&&&\end{pmatrix}$ $(a_i\neq0)$ 的若尔当标准

形(写出求解过程).

23.(中国科学院,2018) 证明:6个满足 $\boldsymbol{A}^3=\boldsymbol{O}$ 的五阶复数矩阵中必有两个是相似的.

24.(华中师范大学,2017) 设 $\boldsymbol{A}$ 为数域 P 上的 n 阶矩阵,则

$$R(\boldsymbol{A}^n)=R(\boldsymbol{A}^{n+1})=\cdots.$$

25.(国防科技大学,2018) 已知 $\boldsymbol{A}$ 为二阶实矩阵,且 $\boldsymbol{A}^2+\boldsymbol{E}=\boldsymbol{O}$,证明 $\boldsymbol{A}$ 与 $\begin{pmatrix}0&-1\\1&0\end{pmatrix}$ 相似.

26.(中国科学院,2019) 设三维复线性空间 V 上的线性变换 $\boldsymbol{A}$ 在 V 中的一组基 $\boldsymbol{\varepsilon}_1,\boldsymbol{\varepsilon}_2,\boldsymbol{\varepsilon}_3$ 下的矩阵为 $\boldsymbol{A}=\begin{pmatrix}2&3&2\\1&8&2\\-2&-14&-3\end{pmatrix}$,求 $\boldsymbol{A}$ 在另一组基 $\boldsymbol{\eta}_1,\boldsymbol{\eta}_2,\boldsymbol{\eta}_3$ 下的矩阵为 $\boldsymbol{A}$ 的若尔当标准形.

历年考研试题精选参考答案

1. 解:(1) 可计算 $\boldsymbol{A}$ 的特征多项式为 $f(\lambda)=|\lambda\boldsymbol{E}-\boldsymbol{A}|=\lambda^4=D_4(\lambda)$,由于 $\lambda\boldsymbol{E}-\boldsymbol{A}$ 的左上角的三阶子式为 λ^3,右上角的三阶子式为 $-(\lambda+1)^2$,故 $D_3(\lambda)=1$. 因此

$$D_1(\lambda)=D_2(\lambda)=D_3(\lambda)=1,\quad D_4(\lambda)=\lambda^4,$$

所以 $d_1(\lambda)=d_2(\lambda)=d_3(\lambda)=1, d_4(\lambda)=\lambda^4$.

$\boldsymbol{A}$ 只有一个初等因子 λ^4,因此 $\boldsymbol{A}$ 的若尔当标准形为

$$\boldsymbol{J}=\begin{pmatrix}0&1&0&0\\0&0&1&0\\0&0&0&1\\0&0&0&0\end{pmatrix}.$$

由哈密尔顿-凯莱定理知,$f(\boldsymbol{A})=\boldsymbol{A}^4=\boldsymbol{O}$,所以

$$e^{\boldsymbol{A}}=\boldsymbol{E}+\boldsymbol{A}+\frac{1}{2!}\boldsymbol{A}^2+\frac{1}{3!}\boldsymbol{A}^3=\begin{pmatrix}1&1&\frac{3}{2}&\frac{13}{6}\\0&1&1&\frac{3}{2}\\0&0&1&1\\0&0&0&1\end{pmatrix}.$$

(2) 通过计算可知,$\boldsymbol{B}$ 的特征多项式 $f(\lambda)=|\lambda\boldsymbol{E}-\boldsymbol{B}|=(\lambda-1)\left(\lambda-\frac{1}{2}\right)^2$. 又

$$\lambda^{2005}=(\lambda-1)\left(\lambda-\frac{1}{2}\right)^2q(\lambda)+r(\lambda),\quad \partial(r(\lambda))<3. \tag{1}$$

设 $r(\lambda)=a\lambda^2+b\lambda+c$,对式(1)两边求导可得

$$2005\lambda^{2004}=\left(\lambda-\frac{1}{2}\right)^2q(\lambda)+2(\lambda-1)\left(\lambda-\frac{1}{2}\right)q(\lambda)+(\lambda-1)\left(\lambda-\frac{1}{2}\right)^2q'(\lambda)+2a\lambda+b. \tag{2}$$

将 $\lambda=1,\lambda=\frac{1}{2}$ 代入式(1)和式(2)可得下列方程组:

$$\begin{cases}1=a+b+c,\\ \left(\dfrac{1}{2}\right)^{2005}=\dfrac{1}{4}a+\dfrac{1}{2}b+c,\\ 2005\left(\dfrac{1}{2}\right)^{2004}=a+b.\end{cases}$$

由于 $\boldsymbol{B}^{2005}$ 精确到小数点后 4 位，因此上述方程组可写成

$$\begin{cases}a+b+c=1,\\ \dfrac{a}{4}+\dfrac{b}{2}+c=0,\\ a+b=0,\end{cases}$$

解得 $a=4,b=-4,c=1$. 所以

$$\boldsymbol{B}^{2005}=R(\boldsymbol{B})=4\boldsymbol{B}^2-4\boldsymbol{B}+\boldsymbol{E}=\begin{pmatrix}3&3&0\\-2&-2&0\\0&0&0\end{pmatrix}.$$

2. 解：先对矩阵的特征矩阵进行初等变换，求出与之等价的对角矩阵，然后求出初等因子，写出若尔当标准形.

$$\lambda\boldsymbol{E}-\boldsymbol{A}=\begin{pmatrix}\lambda+1&2&-6\\1&\lambda&-3\\1&1&\lambda-4\end{pmatrix}\to\begin{pmatrix}1&\lambda&-3\\\lambda+1&2&-6\\1&1&\lambda-4\end{pmatrix}\to\begin{pmatrix}1&\lambda&-3\\0&-(\lambda-1)(\lambda+2)&3(\lambda-1)\\0&-(\lambda-1)&\lambda-1\end{pmatrix}$$

$$\to\begin{pmatrix}1&0&0\\0&-(\lambda-1)&\lambda-1\\0&-(\lambda-1)(\lambda+2)&3(\lambda-1)\end{pmatrix}\to\begin{pmatrix}1&0&0\\0&\lambda-1&0\\0&0&(\lambda-1)^2\end{pmatrix},$$

故 $\boldsymbol{A}$ 的初等因子为 $\lambda-1,(\lambda-1)^2$，因此 $\boldsymbol{A}$ 的若尔当标准形为

$$\boldsymbol{J}=\begin{pmatrix}1&0&0\\0&1&1\\0&0&1\end{pmatrix}.$$

3. 解：(1) 因为 $g(\lambda)=[\lambda-(1+\mathrm{i})]^2[\lambda-(1-\mathrm{i})]^2(\lambda-1)$，又 $\boldsymbol{A}$ 的 6 个特征值的和等于 $\mathrm{tr}(\boldsymbol{A})=6$，因此 $6-2(1+\mathrm{i})-2(1-\mathrm{i})-1=1$ 是 $\boldsymbol{A}$ 的另一特征值，故 $\boldsymbol{A}$ 的特征多项式为

$$f(\lambda)=(\lambda^2-2\lambda+2)^2(\lambda-1)^2.$$

由于 $g(\lambda)$ 是 $\boldsymbol{A}$ 的最小多项式，而最小多项式等于 $d_6(\lambda)$，所以

$$d_1(\lambda)=d_2(\lambda)=d_3(\lambda)=d_4(\lambda)=1,\quad d_5(\lambda)=\lambda-1,\quad d_6(\lambda)=(\lambda^2-2\lambda+2)^2(\lambda-1).$$

因此，$\boldsymbol{A}$ 的初等因子为 $\lambda-1,\lambda-1,[\lambda-(1+\mathrm{i})]^2,[\lambda-(1-\mathrm{i})]^2$. 故 $\boldsymbol{A}$ 的若尔当标准形为

$$\boldsymbol{J}=\begin{pmatrix}1&&&&&\\&1&&&&\\&&1+\mathrm{i}&1&&\\&&&1+\mathrm{i}&&\\&&&&1-\mathrm{i}&1\\&&&&&1-\mathrm{i}\end{pmatrix}.$$

(2) 因为 $|\boldsymbol{A}|=1\cdot1\cdot(1+\mathrm{i})^2\cdot(1-\mathrm{i})^2=4,\boldsymbol{A}^*=|\boldsymbol{A}|\boldsymbol{A}^{-1}=4\boldsymbol{A}^{-1}$，所以

$$\boldsymbol{P}^{-1}\boldsymbol{A}\boldsymbol{P}=\boldsymbol{J}\Rightarrow\boldsymbol{P}^{-1}\boldsymbol{A}^{-1}\boldsymbol{P}=\boldsymbol{J}^{-1}.$$

故 $$P^{-1}A^*P=4J^{-1}=\begin{pmatrix}4&&&&&\\&4&&&&\\&&2(1-i)&2i&&\\&&&2(1-i)&&\\&&&&2(1+i)&-2i\\&&&&&2(1+i)\end{pmatrix}.$$

因此，A^* 的若尔当标准形为

$$J=\begin{pmatrix}4&&&&&\\&4&&&&\\&&2(1-i)&1&&\\&&&2(1-i)&&\\&&&&2(1+i)&1\\&&&&&2(1+i)\end{pmatrix}.$$

4. 解：因为 A 的特征多项式为 $f(\lambda)=(\lambda-2)^3(\lambda-3)^2$，所以 A 的特征值为 2 的三重根和 3 的二重根，且最小多项式有以下 6 种可能：

$$(\lambda-2)(\lambda-3),\quad (\lambda-2)^2(\lambda-3),\quad (\lambda-2)^3(\lambda-3),$$
$$(\lambda-2)(\lambda-3)^2,\quad (\lambda-2)^2(\lambda-3)^2,\quad (\lambda-2)^3(\lambda-3)^2.$$

因此，A 的若尔当标准形也有以下 6 种可能：

$$\begin{pmatrix}2&&&&\\&2&&&\\&&2&&\\&&&3&\\&&&&3\end{pmatrix},\quad \begin{pmatrix}2&1&&&\\&2&&&\\&&2&&\\&&&3&\\&&&&3\end{pmatrix},\quad \begin{pmatrix}2&1&&&\\&2&1&&\\&&2&&\\&&&3&\\&&&&3\end{pmatrix},$$

$$\begin{pmatrix}2&&&&\\&2&&&\\&&2&&\\&&&3&1\\&&&&3\end{pmatrix},\quad \begin{pmatrix}2&1&&&\\&2&&&\\&&2&&\\&&&3&1\\&&&&3\end{pmatrix},\quad \begin{pmatrix}2&1&&&\\&2&1&&\\&&2&&\\&&&3&1\\&&&&3\end{pmatrix}.$$

5. 解：由条件可得不变因子为

$$d_1(\lambda)=1,\quad d_2(\lambda)=\lambda-1,\quad d_3(\lambda)=(\lambda-1)^2,$$

故 A 的初等因子为 $\lambda-1,(\lambda-1)^2$.

所以，A 的若尔当标准形为 $J=\begin{pmatrix}1&1&\\&1&\\&&1\end{pmatrix}$.

6. 解：(1) 容易计算 A 的特征多项式为 $f(\lambda)=|\lambda E-A|=(\lambda-1)^4$.

又 $\lambda E-A$ 的左下角的三阶子式等于 $-4\lambda(\lambda+1)$，而左上角的三阶子式为 $(\lambda-1)^3$，因此 $\lambda E-A$ 的行列式因式为

$$D_1(\lambda)=D_2(\lambda)=D_3(\lambda)=1,\quad D_4(\lambda)=(\lambda-1)^4.$$

故 $\lambda E-A$ 的所有不变因子为

$$d_1(\lambda)=d_2(\lambda)=d_3(\lambda)=1,\quad d_4(\lambda)=(\lambda-1)^4.$$

因此，$\boldsymbol{A}$ 的所有初等因子为$(\lambda-1)^4$.

(2) 由初等因子可知，$\boldsymbol{A}\sim\boldsymbol{J}=\begin{pmatrix}1&1&&\\&1&1&\\&&1&1\\&&&1\end{pmatrix}$.

7. 解：(1) 由条件可知，

$$\begin{cases}\sigma\boldsymbol{\varepsilon}_1=\boldsymbol{\varepsilon}_1+\boldsymbol{\varepsilon}_3,\\ \sigma\boldsymbol{\varepsilon}_3=\boldsymbol{\varepsilon}_1+2\boldsymbol{\varepsilon}_4,\\ \sigma\boldsymbol{\varepsilon}_4=\boldsymbol{\varepsilon}_4.\end{cases}$$

因为 W 是含 $\boldsymbol{\varepsilon}_1$ 的 σ 一子空间，所以 $\sigma\boldsymbol{\varepsilon}_1\in W\Rightarrow\boldsymbol{\varepsilon}_3\in W\Rightarrow\sigma\boldsymbol{\varepsilon}_3\in W\Rightarrow\boldsymbol{\varepsilon}_4\in W$，因此

$$W=L(\boldsymbol{\varepsilon}_1,\boldsymbol{\varepsilon}_3,\boldsymbol{\varepsilon}_4).$$

(2) σ_1 在 W 的一组基 $\boldsymbol{\varepsilon}_1,\boldsymbol{\varepsilon}_3,\boldsymbol{\varepsilon}_4$ 下的矩阵为 $\boldsymbol{A}_1=\begin{pmatrix}1&1&0\\1&0&0\\0&2&1\end{pmatrix}$.

因为 $\boldsymbol{A}_1$ 的特征多项式为

$$f(\lambda)=|\lambda\boldsymbol{E}-\boldsymbol{A}_1|=(\lambda-1)\left(\lambda-\frac{1+\sqrt{5}}{2}\right)\left(\lambda-\frac{1-\sqrt{5}}{2}\right),$$

所以 $\boldsymbol{A}_1$ 有 3 个单特征值. 故 $\boldsymbol{A}_1$ 的若尔当标准形为

$$\boldsymbol{J}_1=\begin{pmatrix}1&&\\&\frac{1+\sqrt{5}}{2}&\\&&\frac{1-\sqrt{5}}{2}\end{pmatrix}.$$

8. 解：(1) 因为$\partial(f(\lambda))=6$，所以 V 是 6 维线性空间.

又因为 $d_6(\lambda)=m(\lambda)=(\lambda+1)^2(\lambda-2)(\lambda+3)$，所以利用已知特征多项式可得

$$d_5(\lambda)=(\lambda+1)(\lambda-2)\Rightarrow d_1(\lambda)=d_2(\lambda)=d_3(\lambda)=d_4(\lambda)=1.$$

(2) 由(1)可知，$\boldsymbol{A}$ 的初等因子为 $\lambda-2,\lambda-2,\lambda+3,\lambda+1,(\lambda+1)^2$，所以 $\boldsymbol{A}$ 的若尔当标准形为

$$\boldsymbol{J}=\begin{pmatrix}2&&&&&\\&2&&&&\\&&-3&&&\\&&&-1&&1\\&&&&-1&\\&&&&&-1\end{pmatrix}.$$

9. 解：(1) 容易计算 $\boldsymbol{A}$ 的特征多项式为 $f(\lambda)=|\lambda\boldsymbol{E}-\boldsymbol{A}|=\lambda^n-1$，所以 $\boldsymbol{A}$ 的特征值为

$$\omega_k=\cos\frac{2k\pi}{n}+\mathrm{i}\sin\frac{2k\pi}{n}\quad(k=0,1,2,\cdots,n-1).$$

由于 $\lambda\boldsymbol{E}-\boldsymbol{A}$ 的左下角的 $n-1$ 阶子式为$(-1)^{n-1}$，所以 $D_{n-1}(\lambda)=1$，则

$$D_1(\lambda)=D_2(\lambda)=\cdots=D_{n-1}(\lambda)=1,\quad D_n(\lambda)=\lambda^n-1.$$

因此，$\boldsymbol{A}$ 的不变因子为

$$d_1(\lambda)=d_2(\lambda)=\cdots=d_{n-1}(\lambda)=1,\quad d_n(\lambda)=\lambda^n-1,$$

从而 $\boldsymbol{A}$ 的初等因子为 $\lambda-\omega_k(k=0,1,\cdots,n-1)$.

(2) 由(1)可知,$\boldsymbol{A}$ 的若尔当标准形为

$$\boldsymbol{J}=\begin{pmatrix}\omega_0 & & & & \\ & \omega_1 & & & \\ & & \omega_2 & & \\ & & & \ddots & \\ & & & & \omega_{n-1}\end{pmatrix}.$$

10. 解:显然 $\boldsymbol{A}$ 的特征多项式为 $f(\lambda)=|\lambda\boldsymbol{E}-\boldsymbol{A}|=(\lambda-a_1)^4$. 下面分四种情况讨论.

(1) 当 $a_2\neq 0$ 时,$R(a_1\boldsymbol{E}-\boldsymbol{A})=3$,$\boldsymbol{A}$ 的若尔当标准形为

$$\boldsymbol{A}\sim\boldsymbol{J}=\begin{pmatrix}a_1 & 1 & & \\ & a_1 & 1 & \\ & & a_1 & 1\\ & & & a_1\end{pmatrix}.$$

(2) 当 $a_2=0,a_3\neq 0$ 时,$R(a_1\boldsymbol{E}-\boldsymbol{A})=2$,则 $\boldsymbol{A}$ 的若尔当标准形由 2 个若尔当块组成,且若尔当块都是二阶的,即

$$\boldsymbol{A}\sim\boldsymbol{J}=\begin{pmatrix}a_1 & 1 & & \\ & a_1 & & \\ & & a_1 & 1\\ & & & a_1\end{pmatrix}.$$

(3) 当 $a_2=a_3=0,a_4\neq 0$ 时,$R(a_1\boldsymbol{E}-\boldsymbol{A})=1$,则 $\boldsymbol{A}$ 的若尔当标准形由 3 个若尔当块组成,2 个一阶的,1 个二阶的,即

$$\boldsymbol{A}\sim\boldsymbol{J}=\begin{pmatrix}a_1 & & & \\ & a_1 & & \\ & & a_1 & 1\\ & & & a_1\end{pmatrix}.$$

(4) 当 $a_2=a_3=a_4=0$ 时,$\boldsymbol{A}=a_1\boldsymbol{E}$,其自身就是标准形.

11. 解:**方法一** 容易计算 $\boldsymbol{A}$ 的特征多项式为

$$f(\lambda)=(\lambda-1)(\lambda+1)^2,$$

又 $R(-1\boldsymbol{E}-\boldsymbol{A})=2$,故 $\boldsymbol{A}$ 的若尔当标准形为

$$\boldsymbol{J}=\begin{pmatrix}1 & & \\ & -1 & 1\\ & & -1\end{pmatrix}.$$

方法二 考虑 $\lambda\boldsymbol{E}-\boldsymbol{A}$ 的 2 个二阶子式.

$$\begin{vmatrix}\lambda+1 & -1\\ 2 & \lambda+1\end{vmatrix}=\lambda^2+2\lambda+3,\quad \begin{vmatrix}-1 & -1\\ \lambda-1 & 0\end{vmatrix}=\lambda-1,$$

因为 $(\lambda^2+2\lambda+3,\lambda-1)=1$,所以

$$D_1(\lambda)=D_2(\lambda)=1,\quad D_3(\lambda)=(\lambda-1)(\lambda+1)^2,$$

因此,
$$d_1(\lambda)=d_2(\lambda)=1,\quad d_3(\lambda)=(\lambda-1)(\lambda+1)^2.$$

故 $\boldsymbol{A}$ 的初等因子为 $\lambda-1,(\lambda+1)^2$,其若尔当标准形为

$$J=\begin{pmatrix}1&&\\&-1&1\\&&-1\end{pmatrix}.$$

方法三 对 $\lambda E-A$ 进行初等变换：

$$\lambda E-A=\begin{pmatrix}\lambda+1&-1&-1\\-2&\lambda-1&0\\2&2&\lambda+1\end{pmatrix}\to\begin{pmatrix}\lambda+1&-1&-1\\-2&\lambda-1&0\\\lambda^2+2\lambda+3&-\lambda+1&0\end{pmatrix}$$

$$\to\begin{pmatrix}1&0&0\\0&-2&\lambda-1\\0&\lambda^2+2\lambda+3&-\lambda+1\end{pmatrix}\to\begin{pmatrix}1&0&0\\0&1&0\\0&0&(\lambda-1)(\lambda+1)^2\end{pmatrix},$$

所以，A 的不变因子为

$$d_1(\lambda)=d_2(\lambda)=1,\quad d_3(\lambda)=(\lambda-1)(\lambda+1)^2.$$

故 A 的初等因子为 $\lambda-1,(\lambda+1)^2$. 同样可以得到其标准形.

12. 证明：由于 1 是 A 的 n 重特征值，设

$$A\sim J=\begin{pmatrix}J_1&&&\\&J_2&&\\&&\ddots&\\&&&J_r\end{pmatrix},$$

其中 $J_i=\begin{pmatrix}1&1&&\\&1&\ddots&\\&&\ddots&1\\&&&1\end{pmatrix}_{n_i\times n_i}$ ，$i=1,2,\cdots,r$.

因为 $|A|$ 等于其 n 个特征值的乘积，所以 $|A|=1$，故 $AA^*=E,A^*=A^{-1}$，则

$$A^{-1}\sim J^{-1}=\begin{pmatrix}J_1^{-1}&&&\\&J_2^{-1}&&\\&&\ddots&\\&&&J_r^{-1}\end{pmatrix}.$$

而 J_i 与 J_i^{-1} 都有相同的初等因子 $(\lambda-1)^{n_i}$，所以 $J_i^{-1}\sim J_i$，因此

$$A^*=A^{-1}\sim J^{-1}=\begin{pmatrix}J_1^{-1}&&&\\&J_2^{-1}&&\\&&\ddots&\\&&&J_r^{-1}\end{pmatrix}\sim\begin{pmatrix}J_1&&&\\&J_2&&\\&&\ddots&\\&&&J_r\end{pmatrix}=J\sim A.$$

所以，A 与 A^* 相似.

13. 解：

(1) **方法一** 容易计算 A 的特征多项式为

$$f(\lambda)=|\lambda E-A|=(\lambda+1)^2(\lambda-1)^2.$$

计算 A 的下面两个三阶子式，可知它们是互素的.

$$\begin{vmatrix}\lambda-3&4&0\\-4&\lambda+5&2\\0&0&\lambda-3\end{vmatrix}=(\lambda-3)(\lambda+1)^2,\quad\begin{vmatrix}\lambda+5&2&-4\\0&\lambda-3&2\\0&-2&\lambda+1\end{vmatrix}=(\lambda+5)(\lambda-1)^2,$$

所以　$D_1(\lambda)=D_2(\lambda)=D_3(\lambda)=1,\quad D_4(\lambda)=(\lambda+1)^2(\lambda-1)^2.$

因此，$\boldsymbol{A}$ 的不变因子为

$$d_1(\lambda)=d_2(\lambda)=d_3(\lambda)=1,\quad d_4(\lambda)=(\lambda+1)^2(\lambda-1)^2.$$

故 $\boldsymbol{A}$ 的初等因子为$(\lambda+1)^2,(\lambda-1)^2$.

方法二　因为 $R(-\boldsymbol{E}-\boldsymbol{A})=3,R(\boldsymbol{E}-\boldsymbol{A})=3$，所以由特征值及相似的性质知

$$\boldsymbol{A}\sim\boldsymbol{J}=\begin{pmatrix}1&1&&\\&1&&\\&&-1&1\\&&&-1\end{pmatrix},$$

所以 $\boldsymbol{A}$ 的初等因子为$(\lambda+1)^2,(\lambda-1)^2$.

(2) 由(1)可得 $\boldsymbol{A}$ 的若尔当标准形 $\boldsymbol{J}$，即

$$\boldsymbol{J}=\begin{pmatrix}-1&1&&\\&-1&&\\&&1&1\\&&&1\end{pmatrix}.$$

14. 证明：因为 $\boldsymbol{A}(\lambda)$的左上角的 $n-1$ 阶子式等于 λ^{n-1}，$\boldsymbol{A}(\lambda)$的左下角的 $n-1$ 阶子式等于$(-1)^{n-1}$，所以 $D_1(\lambda)=D_2(\lambda)=\cdots=D_{n-1}(\lambda)=1,D_n(\lambda)=|\boldsymbol{A}(\lambda)|$.

下面计算$|\boldsymbol{A}(\lambda)|$. 从第 n 行开始，依次将下一行的 λ 倍加到上一行可得

$$\begin{aligned}|\boldsymbol{A}(\lambda)|&=\begin{vmatrix}0&0&0&\cdots&0&f(\lambda)\\-1&0&0&\cdots&0&\lambda^{n-1}+a_1\lambda^{n-2}+\cdots+a_{n-1}\\0&-1&0&\cdots&0&\lambda^{n-2}+a_1\lambda^{n-3}+\cdots+a_{n-2}\\\vdots&\vdots&\vdots&&\vdots&\vdots\\0&0&0&\cdots&0&\lambda^2+a_1\lambda+a_2\\0&0&0&\cdots&-1&\lambda+a_1\end{vmatrix}\\&=(-1)^{1+n}f(\lambda)(-1)^{n-1}=f(\lambda)\\&=\lambda^n+a_1\lambda^{n-1}+\cdots+a_{n-1}\lambda+a_n,\end{aligned}$$

因此，$\boldsymbol{A}(\lambda)$的不变因子为 $1,1,\cdots,1,f(\lambda)$.

15. 解：(1) 利用线性变换的定义可得 $f(\boldsymbol{\alpha})=\begin{pmatrix}1\\-1\\1\end{pmatrix}$.

设$\begin{pmatrix}1\\-1\\1\end{pmatrix}=x_1\boldsymbol{\xi}_1+x_2\boldsymbol{\xi}_2+x_3\boldsymbol{\xi}_3\Rightarrow x_1=x_2=1,x_3=2$，所以 $f(\boldsymbol{\alpha})$在基 $\boldsymbol{\xi}_1,\boldsymbol{\xi}_2,\boldsymbol{\xi}_3$ 下的坐标为$(1,1,2)$.

(2) 设 $\boldsymbol{\varepsilon}_1=(1,0,0)^{\mathrm T},\boldsymbol{\varepsilon}_2=(0,1,0)^{\mathrm T},\boldsymbol{\varepsilon}_3=(0,0,1)^{\mathrm T}$，则

$$f(\boldsymbol{\varepsilon}_1,\boldsymbol{\varepsilon}_2,\boldsymbol{\varepsilon}_3)=(\boldsymbol{\varepsilon}_1,\boldsymbol{\varepsilon}_2,\boldsymbol{\varepsilon}_3)\begin{pmatrix}2&-1&-1\\2&-1&-2\\-1&1&2\end{pmatrix}=(\boldsymbol{\varepsilon}_1,\boldsymbol{\varepsilon}_2,\boldsymbol{\varepsilon}_3)\boldsymbol{A},$$

计算 $\boldsymbol{A}$ 的特征多项式为$|\lambda\boldsymbol{E}-\boldsymbol{A}|=(\lambda-1)^3$，解得 $\lambda=1$ 是 $\boldsymbol{A}$ 的三重特征值，而 $R(\boldsymbol{E}-\boldsymbol{A})=1$. 于是属于特征值 1 有 2 个线性无关的特征向量，故 $\boldsymbol{A}$ 的若尔当标准形为

$$J=\begin{pmatrix}1&0&0\\0&1&1\\0&0&1\end{pmatrix},$$

则存在可逆矩阵 $\boldsymbol{P}$ 使得 $\boldsymbol{AP}=\boldsymbol{PJ}$. 设 $\boldsymbol{P}=(\boldsymbol{P}_1,\boldsymbol{P}_2,\boldsymbol{P}_3)$,则

$$\begin{cases}\boldsymbol{AP}_1=\boldsymbol{P}_1,\\ \boldsymbol{AP}_2=\boldsymbol{P}_2,\\ \boldsymbol{AP}_3=\boldsymbol{P}_2+\boldsymbol{P}_3,\end{cases}\quad 即\quad \begin{cases}(\boldsymbol{E}-\boldsymbol{A})\boldsymbol{P}_1=\boldsymbol{O},\\ (\boldsymbol{E}-\boldsymbol{A})\boldsymbol{P}_2=\boldsymbol{O},\\ (\boldsymbol{E}-\boldsymbol{A})\boldsymbol{P}_3=-\boldsymbol{P}_2,\end{cases}$$

属于特征值 1 的 2 个线性无关的特征向量为

$$\boldsymbol{\xi}_1=\begin{pmatrix}1\\1\\0\end{pmatrix},\quad \boldsymbol{\xi}_2=\begin{pmatrix}1\\0\\1\end{pmatrix}.$$

令 $\boldsymbol{P}_1=\boldsymbol{\xi}_1,\boldsymbol{P}_2=k_1\boldsymbol{\xi}_1+k_2\boldsymbol{\xi}_2$,则

$$(\boldsymbol{E}-\boldsymbol{A},-\boldsymbol{P}_2)=\begin{pmatrix}-1&1&1&-k_1-k_2\\-2&2&2&-k_1\\1&-1&-1&-k_2\end{pmatrix}\to\begin{pmatrix}-1&1&1&-k_1-k_2\\0&0&0&k_1+2k_2\\0&0&0&-k_1-2k_2\end{pmatrix}$$

$$\to\begin{pmatrix}1&-1&-1&k_1+k_2\\0&0&0&k_1+2k_2\\0&0&0&0\end{pmatrix}.$$

令 $k_2=1\Rightarrow k_1=-2\Rightarrow \boldsymbol{P}_2=-2\boldsymbol{\xi}_1+\boldsymbol{\xi}_2=(-1,-2,1)^{\mathrm{T}}\Rightarrow \boldsymbol{P}_3=(1,1,1)^{\mathrm{T}}$.

因此 $\boldsymbol{P}_1,\boldsymbol{P}_2,\boldsymbol{P}_3$ 就是要求的一组基,使 f 在这组基下的矩阵是 $\boldsymbol{J}$.

【注】 如果直接将 $\boldsymbol{\xi}_1,\boldsymbol{\xi}_2$ 代入 $(\boldsymbol{E}-\boldsymbol{A})\boldsymbol{X}=-\boldsymbol{\xi}$,则此方程组无解,因此需选择适当的 k_1,k_2,使 $\boldsymbol{P}_2=k_1\boldsymbol{\xi}_1+k_2\boldsymbol{\xi}_2$,从而 $(\boldsymbol{E}-\boldsymbol{A})\boldsymbol{X}=-\boldsymbol{P}_2$ 有解.

16. 解:先求特征矩阵的标准形,给出不变因子.

$$\lambda\boldsymbol{E}-\boldsymbol{A}=\begin{pmatrix}\lambda+1&2&-6\\1&\lambda&-3\\1&1&\lambda-4\end{pmatrix}\to\begin{pmatrix}1&\lambda&-3\\0&1-\lambda&\lambda-1\\0&-\lambda^2-\lambda+2&3\lambda-3\end{pmatrix}$$

$$\to\begin{pmatrix}1&0&0\\0&1-\lambda&\lambda-1\\0&0&-(\lambda-1)^2\end{pmatrix}\to\begin{pmatrix}1&0&0\\0&\lambda-1&0\\0&0&(\lambda-1)^2\end{pmatrix},$$

则 $\boldsymbol{A}$ 的不变因子为

$$d_1(\lambda)=1,\quad d_2(\lambda)=\lambda-1,\quad d_3(\lambda)=(\lambda-1)^2.$$

所以 $\boldsymbol{A}$ 的初等因子为 $\lambda-1,(\lambda-1)^2$. 故 $\boldsymbol{A}$ 的若尔当标准形为

$$\boldsymbol{J}=\begin{pmatrix}1&0&0\\0&1&1\\0&0&1\end{pmatrix}.$$

17. 解:(1) 容易计算 $\boldsymbol{A}$ 的特征多项式为 $f(\lambda)=|\lambda\boldsymbol{E}-\boldsymbol{A}|=\lambda^n-1$.

(2) 由 $|\lambda\boldsymbol{E}-\boldsymbol{A}|$ 的右上角的 $n-1$ 阶子式等于 $(-1)^{n-1}$,于是 $\boldsymbol{A}$ 的 $n-1$ 阶行列式因子 $D_{n-1}(\lambda)=1$,所以 $\boldsymbol{A}$ 的 n 个行列式因子为

$$D_1(\lambda)=D_2(\lambda)=\cdots=D_{n-1}(\lambda)=1,\quad D_n(\lambda)=\lambda^n-1.$$

$\boldsymbol{A}$ 的 n 个不变因子为

$$d_1(\lambda)=d_2(\lambda)=\cdots=d_{n-1}(\lambda)=1,\quad d_n(\lambda)=\lambda^n-1.$$

由于$(\lambda^n-1,n\lambda^{n-1})=1$,因此$\lambda^n-1$没有重根,在复数域上$\lambda^n-1$的$n$个根为

$$x_k=\omega_k=\cos\frac{2k\pi}{n}+\mathrm{i}\sin\frac{2k\pi}{n}\ (k=0,1,\cdots,n-1),$$

那么$\boldsymbol{A}$有n个初等因子$\lambda-\omega_k(k=0,1,\cdots,n-1)$.

(3) $\boldsymbol{A}$与对角矩阵相似,$\boldsymbol{A}$的若尔当标准形为

$$\boldsymbol{J}=\begin{pmatrix}\omega_0 & & & \\ & \omega_1 & & \\ & & \ddots & \\ & & & \omega_{n-1}\end{pmatrix}.$$

18. 解:(1) $\boldsymbol{A}$的特征多项式为

$$|\lambda\boldsymbol{E}-\boldsymbol{A}|=\begin{vmatrix}\lambda-1 & 0 & 0\\ -1 & \lambda-1 & -1\\ 0 & 0 & \lambda-1\end{vmatrix}=(\lambda-1)^3,$$

故$\boldsymbol{A}$的特征值为1.

(2) 解方程组$(\boldsymbol{E}-\boldsymbol{A})\boldsymbol{x}=\boldsymbol{0}$得基础解系$\boldsymbol{\alpha}=(1,0,-1)^{\mathrm{T}}$,$\boldsymbol{\beta}=(0,1,0)^{\mathrm{T}}$,将其标准正交化即得$\boldsymbol{A}$的一个标准正交的特征向量系:

$$\boldsymbol{u}=\left(\frac{1}{\sqrt{2}},0,\frac{-1}{\sqrt{2}}\right)^{\mathrm{T}},\quad \boldsymbol{v}=(0,1,0)^{\mathrm{T}}.$$

(3) 用初等变换将$\boldsymbol{A}$的特征矩阵化成对角形:

$$\lambda\boldsymbol{E}-\boldsymbol{A}=\begin{pmatrix}\lambda-1 & 0 & 0\\ -1 & \lambda-1 & -1\\ 0 & 0 & \lambda-1\end{pmatrix}\rightarrow\begin{pmatrix}1 & 0 & 0\\ 0 & \lambda-1 & 0\\ 0 & 0 & (\lambda-1)^2\end{pmatrix},$$

故$\boldsymbol{A}$的初等因子组为$\lambda-1,(\lambda-1)^2$,于是$\boldsymbol{A}$的若尔当标准形为$\begin{pmatrix}1 & 0 & 0\\ 0 & 1 & 1\\ 0 & 0 & 1\end{pmatrix}$.

19. 解:由题意设$\boldsymbol{A}$的最小多项式与特征多项式同为

$$d_n(\lambda)=\lambda^n+b_{n-1}\lambda^{n-1}+\cdots+b_1\lambda+b_0,$$

则$\boldsymbol{A}$的前$n-1$个不变因子为$1,1,\cdots,1$,第n个不变因子为$d_n(\lambda)$.容易知道,矩阵

$$\boldsymbol{A}=\begin{pmatrix}0 & & & -b_0\\ 1 & \ddots & & -b_1\\ & \ddots & \ddots & \vdots\\ & & 0 & -b_{n-2}\\ & & 1 & -b_{n-1}\end{pmatrix}$$

的不变因子也为$1,1,\cdots,1,d_n(\lambda)$,所以存在$V$的一个基$\boldsymbol{\xi}_1,\boldsymbol{\xi}_2,\cdots,\boldsymbol{\xi}_n$,使得$\boldsymbol{\mathcal{A}}$在这个基下的矩阵为$\boldsymbol{A}$,即

$$\boldsymbol{\mathcal{A}}(\boldsymbol{\xi}_1,\boldsymbol{\xi}_2,\cdots,\boldsymbol{\xi}_n)=(\boldsymbol{\xi}_1,\boldsymbol{\xi}_2,\cdots,\boldsymbol{\xi}_n)\boldsymbol{A}.$$

现在令$\boldsymbol{\alpha}=\boldsymbol{\xi}_1\in V$,则

$$\boldsymbol{\mathcal{A}}\boldsymbol{\alpha}=\boldsymbol{\xi}_2,\boldsymbol{\mathcal{A}}^2\boldsymbol{\alpha}=\boldsymbol{\xi}_3,\cdots,\boldsymbol{\mathcal{A}}^{n-1}\boldsymbol{\alpha}=\boldsymbol{\xi}_n,$$

因此$\boldsymbol{\alpha},\boldsymbol{\mathcal{A}}\boldsymbol{\alpha},\boldsymbol{\mathcal{A}}^2\boldsymbol{\alpha},\cdots,\boldsymbol{\mathcal{A}}^{n-1}\boldsymbol{\alpha}$为$V$的一个基.

20. 解：

$$\lambda \boldsymbol{E}-\boldsymbol{A}=\begin{pmatrix}\lambda-2 & -3 & -2\\ -1 & \lambda-8 & -2\\ 2 & 14 & \lambda+3\end{pmatrix}\rightarrow\begin{pmatrix}1 & 0 & 0\\ 0 & \lambda^2-10\lambda+13 & -2\lambda+2\\ 0 & 2\lambda-2 & \lambda-1\end{pmatrix}\rightarrow\begin{pmatrix}1 & 0 & 0\\ 0 & 1 & 0\\ 0 & 0 & (\lambda-1)(\lambda-3)^2\end{pmatrix},$$

故最小多项式为 $f(\lambda)=(\lambda-1)(\lambda-3)^2$.

综上所述，初等因子为 $(\lambda-3)^2,\lambda-1$，从而若尔当标准形为 $\begin{pmatrix}3 & 0 & 0\\ 1 & 3 & 0\\ 0 & 0 & 1\end{pmatrix}$.

21. 解：(1) 因为 $\boldsymbol{\alpha}=2\boldsymbol{\varepsilon}_1+\boldsymbol{\varepsilon}_2+\boldsymbol{\varepsilon}_3$ 是 T 的一个特征向量，所以存在一个数 λ 使得

$$\boldsymbol{A}\begin{pmatrix}2\\1\\1\end{pmatrix}=\begin{pmatrix}1 & -2 & 6\\ -1 & 0 & a\\ -1 & -1 & b\end{pmatrix}\begin{pmatrix}2\\1\\1\end{pmatrix}=\lambda\begin{pmatrix}2\\1\\1\end{pmatrix}=\begin{pmatrix}2\\a-2\\b-3\end{pmatrix},$$

故 $\lambda=1,a=3,b=4$，所以向量 $\boldsymbol{\alpha}$ 对应的特征值为 $\lambda=1$.

(2) 设 $\boldsymbol{\eta}_1=\boldsymbol{\varepsilon}_1+\boldsymbol{\varepsilon}_2,\boldsymbol{\eta}_2=\boldsymbol{\varepsilon}_2+\boldsymbol{\varepsilon}_3,\boldsymbol{\eta}_3=\boldsymbol{\varepsilon}_1+\boldsymbol{\varepsilon}_2+\boldsymbol{\varepsilon}_3$ 到基 $\boldsymbol{\varepsilon}_1,\boldsymbol{\varepsilon}_2,\boldsymbol{\varepsilon}_3$ 的过渡矩阵为 $\boldsymbol{P}$，则

$$\boldsymbol{P}=\begin{pmatrix}1 & 0 & 1\\ 1 & 1 & 1\\ 0 & 1 & 1\end{pmatrix}.$$

由于同一线性变换在不同基下的矩阵是相似的，所以

$$\boldsymbol{B}=\boldsymbol{P}^{-1}\boldsymbol{A}\boldsymbol{P}=\begin{pmatrix}1 & 0 & 0\\ 0 & -1 & -3\\ -2 & 4 & 5\end{pmatrix}.$$

(3) 因为矩阵 $\boldsymbol{A}$ 与 $\boldsymbol{B}$ 相似，故它们有相同的特征值为 $1,2\pm\sqrt{3}\mathrm{i}$，所以 $\boldsymbol{A}$ 的若尔当标准形为对角矩阵 $\begin{pmatrix}1 & 0 & 0\\ 0 & 2+\sqrt{3}\mathrm{i} & 0\\ 0 & 0 & 2-\sqrt{3}\mathrm{i}\end{pmatrix}$，其初等因子为 $\lambda-1,\lambda-2-\sqrt{3}\mathrm{i},\lambda-2+\sqrt{3}\mathrm{i}$.

22. 解：当 n 为奇数时，因

$$\lambda\boldsymbol{E}-\boldsymbol{A}=\begin{pmatrix}\lambda & & & & & & -a_1\\ & \lambda & & & & -a_2 & \\ & & \ddots & & \iddots & & \\ & & & \lambda-a_{\frac{n+1}{2}} & & & \\ & & \iddots & & \ddots & & \\ & -a_{n-1} & & & & \lambda & \\ -a_n & & & & & & \lambda\end{pmatrix}$$

$$\xrightarrow{r_{n-i+1}+\frac{\lambda}{a_i},i=\frac{n+1}{2}+1,\cdots,n}\begin{pmatrix}0 & & & & & & \frac{\lambda^2}{a_n}-a_1\\ & 0 & & & & \frac{\lambda^2}{a_{n-1}}-a_2 & \\ & & \ddots & & \iddots & & \\ & & & \lambda-a_{\frac{n+1}{2}} & & & \\ & & \iddots & & \ddots & & \\ & -a_{n-1} & & & & \lambda & \\ -a_n & & & & & & \lambda\end{pmatrix}$$

$$\rightarrow\begin{pmatrix} \frac{\lambda^2}{a_n}-a_1 & & & & & & & \\ & \frac{\lambda^2}{a_{n-1}}-a_2 & & & & & & \\ & & \ddots & & & & & \\ & & & \frac{\lambda^2}{a_{\frac{n-1}{2}}}-a_{\frac{n+3}{2}} & & & & \\ & & & & \lambda-a_{\frac{n+1}{2}} & & & \\ & & & & & -a_{\frac{n+3}{2}} & & \\ & & & & & & \ddots & \\ & & & & & & & -a_n \end{pmatrix},$$

故初等因子为

$$\lambda-\sqrt{a_1a_n},\quad \lambda+\sqrt{a_1a_n},\quad \lambda-\sqrt{a_2a_{n-1}},\quad \lambda+\sqrt{a_2a_{n-1}},\quad \cdots,$$
$$\lambda-\sqrt{a_{\frac{n+3}{2}}a_{\frac{n-1}{2}}},\quad \lambda+\sqrt{a_{\frac{n+3}{2}}a_{\frac{n-1}{2}}},\quad \lambda-a_{\frac{n+1}{2}},$$

因此若尔当标准形为

$$\begin{pmatrix} \sqrt{a_1a_n} & & & & & & & \\ & -\sqrt{a_1a_n} & & & & & & \\ & & \sqrt{a_2a_{n-1}} & & & & & \\ & & & -\sqrt{a_2a_{n-1}} & & & & \\ & & & & \ddots & & & \\ & & & & & \sqrt{a_{\frac{n+3}{2}}a_{\frac{n-1}{2}}} & & \\ & & & & & & -\sqrt{a_{\frac{n+3}{2}}a_{\frac{n-1}{2}}} & \\ & & & & & & & a_{\frac{n+1}{2}} \end{pmatrix}.$$

当 n 为偶数时,因

$$\lambda\boldsymbol{E}-\boldsymbol{A}=\begin{pmatrix} \lambda & & & & & & & -a_1 \\ & \lambda & & & & & -a_2 & \\ & & \ddots & & & ⋰ & & \\ & & & \lambda & -a_{\frac{n}{2}} & & & \\ & & & -a_{\frac{n+2}{2}} & \lambda & & & \\ & & ⋰ & & & \ddots & & \\ & -a_{n-1} & & & & & \lambda & \\ -a_n & & & & & & & \lambda \end{pmatrix}$$

$$\xrightarrow{r_{n-i+1}+\frac{\lambda}{a_i},i=\frac{n+1}{2},\cdots,n}\begin{pmatrix} & & & & & & & \frac{\lambda^2}{a_n}-a_1 \\ & & & & & & \frac{\lambda^2}{a_{n-1}}-a_2 & \\ & & & & & ⋰ & & \\ & & & & \frac{\lambda^2}{a_{\frac{n+2}{2}}}-a_{\frac{n}{2}} & & & \\ & & & -a_{\frac{n+2}{2}} & \lambda & & & \\ & & ⋰ & & & \lambda & & \\ & -a_{n-1} & & & & & \ddots & \\ -a_n & & & & & & & \lambda \end{pmatrix}$$

$$\rightarrow\begin{pmatrix}\frac{\lambda^2}{a_n}-a_1 &&&&&&&\\ &\frac{\lambda^2}{a_{n-1}}-a_2&&&&&&\\ &&\ddots&&&&&\\ &&&\frac{\lambda^2}{a_{\frac{n+2}{2}}}-a_{\frac{n}{2}}&&&&\\ &&&&-a_{\frac{n+2}{2}}&&&\\ &&&&&\ddots&&\\ &&&&&&-a_{n-1}&\\ &&&&&&&-a_n\end{pmatrix},$$

故初等因子为

$\lambda-\sqrt{a_1a_n}$， $\lambda+\sqrt{a_1a_n}$， $\lambda-\sqrt{a_2a_{n-1}}$， $\lambda+\sqrt{a_2a_{n-1}}$， …， $\lambda-\sqrt{a_{\frac{n+2}{2}}a_{\frac{n}{2}}}$， $\lambda+\sqrt{a_{\frac{n+2}{2}}a_{\frac{n}{2}}}$，

因此若尔当标准形为

$$\begin{pmatrix}\sqrt{a_1a_n}&&&&&&\\ &-\sqrt{a_1a_n}&&&&&\\ &&\sqrt{a_2a_{n-1}}&&&&\\ &&&-\sqrt{a_2a_{n-1}}&&&\\ &&&&\ddots&&\\ &&&&&\sqrt{a_{\frac{n+2}{2}}a_{\frac{n}{2}}}&\\ &&&&&&-\sqrt{a_{\frac{n+2}{2}}a_{\frac{n}{2}}}\end{pmatrix}.$$

23. 证明：设 $\boldsymbol{A}$ 的特征值为 λ，由条件 $\boldsymbol{A}^3=\boldsymbol{O}$ 可知 $\lambda^3=0$，则 $\boldsymbol{A}$ 的最小多项式 $f(\lambda)$ 可能有下面三种情形.

(1) 若 $f(\lambda)=\lambda^3$ 时，$\boldsymbol{A}$ 的初等因子可能有下面两种情形：

① λ^2,λ^3，此时 $\boldsymbol{A}$ 的若尔当标准形为 $\begin{pmatrix}0&1&&&\\ &0&1&&\\ &&0&&\\ &&&0&1\\ &&&&0\end{pmatrix}$；

② $\lambda,\lambda,\lambda^3$，此时 $\boldsymbol{A}$ 的若尔当标准形为 $\begin{pmatrix}0&1&&&\\ &0&1&&\\ &&0&&\\ &&&0&\\ &&&&0\end{pmatrix}$.

(2) 若 $f(\lambda)=\lambda^2$ 时，$\boldsymbol{A}$ 的初等因子可能有下面两种情形：

① $\lambda,\lambda^2,\lambda^2$，此时 $\boldsymbol{A}$ 的若尔当标准形为 $\begin{pmatrix}0&1&&&\\ &0&&&\\ &&0&&\\ &&&0&1\\ &&&&0\end{pmatrix}$；

② $\lambda,\lambda,\lambda,\lambda^2$，此时 $\boldsymbol{A}$ 的若尔当标准形为 $\begin{pmatrix} 0 & 1 & & & \\ & 0 & & & \\ & & 0 & & \\ & & & 0 & \\ & & & & 0 \end{pmatrix}$.

(3) 若 $f(\lambda)=\lambda$ 时，$\boldsymbol{A}=\boldsymbol{O}$.

综上所述，6 个满足 $\boldsymbol{A}^3=\boldsymbol{O}$ 的五阶复数矩阵只有 5 个若尔当标准形，则必有两个具体相同的若尔当标准形，且相似，故命题得证.

24. 证明：因为存在可逆矩阵 $\boldsymbol{P}$，使得

$$\boldsymbol{P}^{-1}\boldsymbol{A}\boldsymbol{P}=\begin{pmatrix} \boldsymbol{J}_1(\lambda_1,t_1) & & & & \\ & \ddots & & & \\ & & \boldsymbol{J}_i(\lambda_i,t_i) & & \\ & & & \ddots & \\ & & & & \boldsymbol{J}_s(\lambda_s,t_s) \end{pmatrix},$$

$$\boldsymbol{J}_i(\lambda_i,t_i)=\begin{pmatrix} \lambda_i & 1 & \cdots & 0 \\ 0 & \ddots & \ddots & \vdots \\ \vdots & \ddots & \lambda_i & 1 \\ 0 & \cdots & 0 & \lambda_i \end{pmatrix}_{t_i\times t_i},i=1,2,\cdots,s.$$

不妨设 $\lambda_1=\cdots=\lambda_r=0,\lambda_j\neq0(j=r+1,r+2,\cdots,s)$，则

$$\boldsymbol{P}^{-1}\boldsymbol{A}^k\boldsymbol{P}=\begin{pmatrix} \boldsymbol{J}_1^k(0,t_1) & & & & & \\ & \ddots & & & & \\ & & \boldsymbol{J}_r^k(0,t_r) & & & \\ & & & \boldsymbol{J}_{r+1}^k(\lambda_{r+1},t_{r+1}) & & \\ & & & & \ddots & \\ & & & & & \boldsymbol{J}_s^k(\lambda_s,t_s) \end{pmatrix}.$$

显然，矩阵的秩 $R(\boldsymbol{A}^k)=\sum\limits_{i=1}^{s}R(\boldsymbol{J}_i^k)$，现设 $a=\max\limits_{1\leqslant i\leqslant r}\{t_i\}$，则

$$a\leqslant n,\quad \boldsymbol{J}_i^a(0,t_i)=\boldsymbol{0}\quad(i=1,2,\cdots,r),$$

从而 $\sum\limits_{i=1}^{r}R(\boldsymbol{J}_i^k(0,t_i))=0(k\geqslant n)$，又 $\sum\limits_{i=r+1}^{r}R(\boldsymbol{J}_i^k(\lambda_i,t_i))=\sum\limits_{i=r+1}^{r}t_i$，故

$$R(\boldsymbol{A}^k)=\sum_{i=1}^{s}R(\boldsymbol{J}_i^k(\lambda_i,t_i))=\sum_{i=r+1}^{n}t_i\quad(k\geqslant n),$$

因此结论成立.

25. 证明：因为 $\boldsymbol{A}^2+\boldsymbol{E}=\boldsymbol{O}$，且 $f(\lambda)=\lambda^2+1$ 无重根，所以 $f(\lambda)=\lambda^2+1$ 为矩阵 $\boldsymbol{A}$ 的最小多项式. 又 $f(\lambda)=\lambda^2+1$ 为二次，故矩阵 $\boldsymbol{A}$ 的不变因子为 $d_1(\lambda)=1,d_2(\lambda)=\lambda^2+1$.

设矩阵 $\boldsymbol{B}=\begin{pmatrix} 0 & -1 \\ 1 & 0 \end{pmatrix}$，下面求 $\boldsymbol{B}$ 的不变因子.

$$\lambda\boldsymbol{E}-\boldsymbol{B}=\begin{pmatrix} \lambda & 1 \\ -1 & \lambda \end{pmatrix}\to\begin{pmatrix} 1 & \lambda \\ \lambda & -1 \end{pmatrix}\to\begin{pmatrix} 1 & \lambda \\ 0 & -1-\lambda^2 \end{pmatrix}\to\begin{pmatrix} 1 & 0 \\ 0 & 1+\lambda^2 \end{pmatrix},$$

故矩阵 $\boldsymbol{B}$ 的不变因子也为 $d_1(\lambda)=1,d_2(\lambda)=\lambda^2+1$，从而矩阵 $\boldsymbol{A}$ 与 $\boldsymbol{B}$ 有相同的不变因子，所以

它们相似.

26. 解:设矩阵 $\boldsymbol{A}=\begin{pmatrix}2&3&2\\1&8&2\\-2&-14&-3\end{pmatrix}$ 的特征多项式为

$$f(\lambda)=|\lambda\boldsymbol{E}-\boldsymbol{A}|=\begin{vmatrix}\lambda-2&-3&-2\\-1&\lambda-8&-2\\2&14&\lambda+3\end{vmatrix}=(\lambda-3)^2(\lambda-1).$$

设 $g(\lambda)=(\lambda-3)(\lambda-1)$,验证 $g(\boldsymbol{A})=(\boldsymbol{A}-3\boldsymbol{E})(\boldsymbol{A}-\boldsymbol{E})\neq\boldsymbol{0}$,故 $f(\lambda)$是矩阵 $\boldsymbol{A}$ 的最小多项式,因此 $\boldsymbol{A}$ 的初等因子为$(\lambda-3)^2$,$\lambda-1$,故 $\boldsymbol{A}$ 的若尔当标准形为 $\begin{pmatrix}1&0&0\\0&3&1\\0&0&3\end{pmatrix}$. 因此,存在可逆矩阵 $\boldsymbol{P}$,使得

$$\boldsymbol{P}^{-1}\boldsymbol{A}\boldsymbol{P}=\begin{pmatrix}1&0&0\\0&3&1\\0&0&3\end{pmatrix}.$$

设 $\boldsymbol{P}=(\boldsymbol{p}_1,\boldsymbol{p}_2,\boldsymbol{p}_3)$,则

$$\boldsymbol{P}^{-1}\boldsymbol{A}\boldsymbol{P}=\begin{pmatrix}1&0&0\\0&3&1\\0&0&3\end{pmatrix}\Rightarrow(\boldsymbol{A}\boldsymbol{p}_1,\boldsymbol{A}\boldsymbol{p}_2,\boldsymbol{A}\boldsymbol{p}_3)=(\boldsymbol{p}_1,\boldsymbol{p}_2,\boldsymbol{p}_3)\begin{pmatrix}1&0&0\\0&3&1\\0&0&3\end{pmatrix},$$

因此,$\boldsymbol{A}\boldsymbol{p}_1=\boldsymbol{p}_1$,$\boldsymbol{A}\boldsymbol{p}_2=3\boldsymbol{p}_2$,$\boldsymbol{A}\boldsymbol{p}_3=\boldsymbol{p}_2+3\boldsymbol{p}_3$,解此方程组中的一组线性无关的解向量:

$$\boldsymbol{p}_1=\begin{pmatrix}-2\\0\\1\end{pmatrix},\quad \boldsymbol{p}_2=\begin{pmatrix}1\\-1\\2\end{pmatrix},\quad \boldsymbol{p}_3=\begin{pmatrix}2\\-1\\2\end{pmatrix}.$$

故所求的另一组基

$$\boldsymbol{\eta}_1=(\boldsymbol{\varepsilon}_1,\boldsymbol{\varepsilon}_2,\boldsymbol{\varepsilon}_3)\boldsymbol{p}_1=-2\boldsymbol{\varepsilon}_1+\boldsymbol{\varepsilon}_3,$$
$$\boldsymbol{\eta}_2=(\boldsymbol{\varepsilon}_1,\boldsymbol{\varepsilon}_2,\boldsymbol{\varepsilon}_3)\boldsymbol{p}_2=\boldsymbol{\varepsilon}_1-\boldsymbol{\varepsilon}_2+2\boldsymbol{\varepsilon}_3,$$
$$\boldsymbol{\eta}_3=(\boldsymbol{\varepsilon}_1,\boldsymbol{\varepsilon}_2,\boldsymbol{\varepsilon}_3)\boldsymbol{p}_3=2\boldsymbol{\varepsilon}_1-\boldsymbol{\varepsilon}_2+2\boldsymbol{\varepsilon}_3.$$

在此组基下的矩阵为 $\boldsymbol{A}$ 的若尔当标准形.

第 9 讲　欧 氏 空 间

9.1　定义与基本性质

一、概述

欧式空间是数学专业后继课程如泛函分析中的度量空间和赋范空间等的基础，本节在线性空间中引入内积的定义，从而给出了欧式空间的定义. 利用内积引入了向量的长度、非零向量之间的夹角等概念，从而把几何空间中向量的度量性质推广到一般的抽象线性空间，为研究抽象欧式空间中的性质作了铺垫.

二、难点及相关实例

1. 欧式空间的定义理解及意义

在实数域的线性空间中引入了满足四条性质(对称性、线性性、可加性、正定性)的二元实函数——内积，称这样的线性空间为欧式空间. 建立欧式空间的意义是赋予了线性空间中的向量的度量性质，从而可以将几何中的向量的运算和性质推广到线性空间.

2. 柯西-布列可夫斯基不等式的应用

柯西-布列可夫斯基不等式在不同的内积下有不同的表现形式，从而为在不同线性空间中的不等式证明提供了一般的形式.

例 1　在 $\mathbf{C}[a,b]$ 上定义函数：$(f(x),g(x))=\int_a^b f(x)g(x)\mathrm{d}x,\ \forall f(x),g(x)\in\mathbf{C}[a,b]$.

(1) 证明：上述函数 $(\cdot,\cdot)$ 是 $\mathbf{C}[a,b]$ 上的一个内积；

(2) 写出 $\mathbf{C}[a,b]$ 上的柯西-布列可夫斯基不等式；

(3) 若 $a=0,b=1,f(x)=1-x,g(x)=x^2$，求 $f(x)$ 的长度 $|f(x)|$ 及 $f(x)$ 与 $g(x)$ 的夹角 $\langle f(x),g(x)\rangle$.

证　(1) 验证函数满足对称性、线性性、可加性、正定性.

$\forall f(x),g(x),h(x)\in\mathbf{C}[a,b],k\in\mathbf{R}$.

对称性：$(f(x),g(x))=\int_a^b f(x)g(x)\mathrm{d}x=\int_a^b g(x)f(x)\mathrm{d}x=(g(x),f(x))$.

线性性：$(kf(x),g(x))=\int_a^b kf(x)g(x)\mathrm{d}x=k\int_a^b f(x)g(x)\mathrm{d}x=k(f(x),g(x))$.

可加性：
$$\begin{aligned}(f(x)+h(x),g(x))&=\int_a^b(f(x)+h(x))g(x)\mathrm{d}x\\&=\int_a^b f(x)g(x)\mathrm{d}x+\int_a^b h(x)g(x)\mathrm{d}x\\&=(f(x),g(x))+(h(x),g(x)).\end{aligned}$$

正定性：$(f(x),f(x))=\int_a^b f^2(x)\mathrm{d}x\geqslant 0$，显然

$$f(x)\neq 0\Leftrightarrow(f(x),f(x))=\int_a^b f^2(x)\mathrm{d}x>0.$$

故函数$(\cdot,\cdot)$是$\mathbf{C}[a,b]$上的一个内积.

解 (2) 柯西-布列可夫斯基不等式的一般形式为

$$(f(x),g(x))^2\leqslant(f(x),f(x))(g(x),g(x)).$$

由内积的定义代入可得

$$(f(x),g(x))^2=\left(\int_a^b f(x)g(x)\mathrm{d}x\right)^2\leqslant(f(x),f(x))(g(x),g(x))=\int_a^b f^2(x)\mathrm{d}x\int_a^b g^2(x)\mathrm{d}x,$$

即$\left(\int_a^b f(x)g(x)\mathrm{d}x\right)^2\leqslant\int_a^b f^2(x)\mathrm{d}x\int_a^b g^2(x)\mathrm{d}x$为所求.

(3) $|f(x)|=\sqrt{(f(x),f(x))}=\sqrt{\int_0^1(1-x)^2\mathrm{d}x}=\dfrac{\sqrt{3}}{3}$；

$$\langle f(x),g(x)\rangle=\arccos\frac{(f(x),g(x))}{|f(x)||g(x)|}=\arccos\frac{\sqrt{15}}{12}.$$

例 2 已知正实数a,b,c满足$a+b+c=1$，证明：$\dfrac{1}{a}+\dfrac{1}{b}+\dfrac{1}{c}\geqslant 9$.

证 设

$$\boldsymbol{\alpha}=(\sqrt{a},\sqrt{b},\sqrt{c}),\quad \boldsymbol{\beta}=\left(\frac{1}{\sqrt{a}},\frac{1}{\sqrt{b}},\frac{1}{\sqrt{c}}\right),$$

在欧式空间$\mathbf{R}^3$上按普通意义上的内积的柯西-布列可夫斯基不等式的一般形式$(\boldsymbol{\alpha},\boldsymbol{\beta})^2\leqslant(\boldsymbol{\alpha},\boldsymbol{\alpha})(\boldsymbol{\beta},\boldsymbol{\beta})$，可得

$$9=(\boldsymbol{\alpha},\boldsymbol{\beta})^2\leqslant(\boldsymbol{\alpha},\boldsymbol{\alpha})(\boldsymbol{\beta},\boldsymbol{\beta})=\frac{1}{a}+\frac{1}{b}+\frac{1}{c}.$$

命题得证.

三、同步练习

1. 在$\mathbf{R}^n$上定义函数：

$$\forall\boldsymbol{\alpha}=(a_1,a_2,\cdots,a_{n-1},a_n),\quad \boldsymbol{\beta}=(b_1,b_2,\cdots,b_{n-1},b_n)\in\mathbf{R}^n,\quad (\boldsymbol{\alpha},\boldsymbol{\beta})=\sum_{i=1}^n ia_ib_i.$$

(1) 证明：上述函数$(\cdot,\cdot)$是$\mathbf{C}[a,b]$上的一个内积.

(2) 写出$\mathbf{R}^n$上的柯西-布列可夫斯基不等式.

(3) 若$\boldsymbol{\alpha}=(1,0,\cdots,0,0)$，$\boldsymbol{\beta}=(0,0,\cdots,0,1)$，求$|\boldsymbol{\beta}|$，$\langle\boldsymbol{\alpha},\boldsymbol{\beta}\rangle$.

2. 设$a_i(i=1,2,\cdots,n)$为实数，证明：$\sum\limits_{i=1}^n|a_i|\leqslant\sqrt{n\sum\limits_{i=1}^n a_i^2}$.

9.2 标准正交基

一、概述

欧式空间中的基的选择之所以很重要，是因为选择不同的基，向量在其下的坐标一般是不

一样的,常常在一组标准正交基下的坐标很简单,并且坐标的向量运算也很简单.因此,研究标准正交基的求法和性质也变得很有意义.

二、难点及相关实例

1. 在给定内积下的标准正交基的求法

2. 正交矩阵的性质

例 1 在 $\mathbf{R}[x]_3$ 上定义多项式的内积为

$$(f(x),g(x))=\int_{-1}^{1}f(x)g(x)\mathrm{d}x,\quad \forall f(x),g(x)\in\mathbf{R}[x],$$

求与 $\mathbf{R}[x]_3$ 中基 $\boldsymbol{\alpha}_1=1,\boldsymbol{\alpha}_2=x,\boldsymbol{\alpha}_3=x^2$ 等价的一组标准正交基.

【分析】 考查施密特正交化方法.

证 (1) 先正交化:

$$\boldsymbol{\beta}_1=\boldsymbol{\alpha}_1=1,$$

$$\boldsymbol{\beta}_2=\boldsymbol{\alpha}_2-\frac{(\boldsymbol{\alpha}_2,\boldsymbol{\beta}_1)}{(\boldsymbol{\beta}_1,\boldsymbol{\beta}_1)}\boldsymbol{\beta}_1=x,$$

$$\boldsymbol{\beta}_3=\boldsymbol{\alpha}_3-\frac{(\boldsymbol{\alpha}_3,\boldsymbol{\beta}_1)}{(\boldsymbol{\beta}_1,\boldsymbol{\beta}_1)}\boldsymbol{\beta}_1-\frac{(\boldsymbol{\alpha}_3,\boldsymbol{\beta}_2)}{(\boldsymbol{\beta}_2,\boldsymbol{\beta}_2)}\boldsymbol{\beta}_2=x^2-\frac{1}{3}.$$

(2) 再单位化:

$$\boldsymbol{\gamma}_1=\frac{\boldsymbol{\beta}_1}{\|\boldsymbol{\beta}_1\|}=\frac{\sqrt{2}}{2},\quad \boldsymbol{\gamma}_2=\frac{\boldsymbol{\beta}_2}{\|\boldsymbol{\beta}_2\|}=\frac{\sqrt{6}}{2}x,\quad \boldsymbol{\gamma}_2=\frac{\boldsymbol{\beta}_3}{\|\boldsymbol{\beta}_3\|}=\frac{3\sqrt{10}}{4}x^2-\frac{\sqrt{10}}{4}.$$

上述向量组 $\boldsymbol{\gamma}_1,\boldsymbol{\gamma}_2,\boldsymbol{\gamma}_3$ 即为所求标准正交基.

例 2 已知矩阵 $\boldsymbol{A}$ 为第二类正交矩阵,证明 $|\boldsymbol{A}+\boldsymbol{E}|=0$.

【分析】 考查正交矩阵的性质.

证 因为矩阵 $\boldsymbol{A}$ 为第二类正交矩阵,所以

$$\begin{aligned}\boldsymbol{A}\boldsymbol{A}^{\mathrm{T}}=\boldsymbol{E},\quad |\boldsymbol{A}|=-1\Rightarrow|\boldsymbol{A}+\boldsymbol{E}|&=|\boldsymbol{A}+\boldsymbol{A}\boldsymbol{A}^{\mathrm{T}}|=|\boldsymbol{A}(\boldsymbol{A}+\boldsymbol{E})^{\mathrm{T}}|\\&=|\boldsymbol{A}||\boldsymbol{A}+\boldsymbol{E}|=-|\boldsymbol{A}+\boldsymbol{E}|\\&\Rightarrow|\boldsymbol{A}+\boldsymbol{E}|=0.\end{aligned}$$

三、同步练习

1. 在 $\mathbf{R}^3$ 上定义函数:$\forall\boldsymbol{\alpha}=(a_1,a_2,a_3),\boldsymbol{\beta}=(b_1,b_2,b_3)\in\mathbf{R}^3$,定义内积 $(\boldsymbol{\alpha},\boldsymbol{\beta})=\sum\limits_{i=1}^{3}ia_ib_i$,求 $\mathbf{R}^3$ 中与一组基 $\boldsymbol{\alpha}_1=(1,-2,1),\boldsymbol{\alpha}_2=(-1,0,1),\boldsymbol{\alpha}_3=(2,1,-3)$ 等价的标准正交基.

【思路】 同例 1.

2. 已知 λ 是正交矩阵 $\boldsymbol{A}$ 的特征值,证明(1)$\lambda\neq0$;(2)$\frac{1}{\lambda}$是 $\boldsymbol{A}^{\mathrm{T}}$ 的特征值.

【思路】 利用矩阵的行列式等于所有特征值的乘积的性质及特征值的定义求解.

9.3 同　构

一、概述

欧式空间中的同构是线性空间同构的一种具体表现,与线性空间中的内积有关,它是对有

限维欧式空间进行分类的工具.

二、难点及相关实例

在给定内积下,如何构造同维不同内积的欧式空间之间的一个同构映射是本节的难点.

例 在 $\mathbf{R}[x]_3$ 上定义多项式的内积为

$$(f(x),g(x))=\int_{-1}^{1}f(x)g(x)\mathrm{d}x,\quad \forall f(x),g(x)\in\mathbf{R}[x],$$

给出 $\mathbf{R}^3$(普通的内积)与 $\mathbf{R}[x]_3$(内积见上式)的一个同构映射.

【分析】 考查一般同构映射的方法,利用给出的两个不同欧式空间中的一组标准正交基建立的双射(线性映射)必为同构映射的性质求解.

解 见上一节的例 1,$\mathbf{R}[x]_3$ 的一组标准正交基为

$$\boldsymbol{\gamma}_1=\frac{\boldsymbol{\beta}_1}{\|\boldsymbol{\beta}_1\|}=\frac{\sqrt{2}}{2},\quad \boldsymbol{\gamma}_2=\frac{\boldsymbol{\beta}_2}{\|\boldsymbol{\beta}_2\|}=\frac{\sqrt{6}}{2}x,\quad \boldsymbol{\gamma}_2=\frac{\boldsymbol{\beta}_3}{\|\boldsymbol{\beta}_3\|}=\frac{3\sqrt{10}}{4}x^2-\frac{\sqrt{10}}{4}.$$

再选 $\mathbf{R}^3$ 中基于普通内积的一组标准正交基为 $\boldsymbol{\varepsilon}_1,\boldsymbol{\varepsilon}_2,\boldsymbol{\varepsilon}_3$. 下面建立如下映射 σ:

$\forall k_1,k_2,k_3,\quad \sigma(k_1\boldsymbol{\varepsilon}_1+k_2\boldsymbol{\varepsilon}_2+k_3\boldsymbol{\varepsilon}_3)=k_1\boldsymbol{\gamma}_1+k_2\boldsymbol{\gamma}_2+k_3\boldsymbol{\gamma}_3$,

则容易证明映射 σ 为双射.

$$\forall \boldsymbol{\alpha},\boldsymbol{\beta}\in\mathbf{R}^3\Rightarrow\exists k_i,l_i\in\mathbf{R},\text{s. t. },\boldsymbol{\alpha}=\sum_{i=1}^{3}k_i\boldsymbol{\varepsilon}_i,\boldsymbol{\beta}=\sum_{i=1}^{3}l_i\boldsymbol{\varepsilon}_i;$$

$$\begin{aligned}\forall k,l\in\mathbf{R}\Rightarrow\sigma(k\boldsymbol{\alpha}+l\boldsymbol{\beta})&=\sigma\Big(\sum_{i=1}^{3}kk_i\boldsymbol{\varepsilon}_i+\sum_{i=1}^{3}ll_i\boldsymbol{\varepsilon}_i\Big)=\sum_{i=1}^{3}kk_i\boldsymbol{\gamma}_i+\sum_{i=1}^{3}ll_i\boldsymbol{\gamma}_i\\&=k\sum_{i=1}^{3}k_i\boldsymbol{\gamma}_i+l\sum_{i=1}^{3}l_i\boldsymbol{\gamma}_i=k\sigma(\boldsymbol{\alpha})+l\sigma(\boldsymbol{\beta}).\end{aligned}$$

又 $(\sigma(\boldsymbol{\alpha}),\sigma(\boldsymbol{\beta}))=\Big(\sigma\Big(\sum_{i=1}^{3}k_i\boldsymbol{\varepsilon}_i\Big),\sigma\Big(\sum_{i=1}^{3}l_i\boldsymbol{\varepsilon}_i\Big)\Big)=\Big(\sum_{i=1}^{3}k_i\boldsymbol{\gamma}_i,\sum_{i=1}^{3}l_i\boldsymbol{\gamma}_i\Big)=\sum_{i=1}^{3}k_il_i=(\boldsymbol{\alpha},\boldsymbol{\beta})$,

故 σ 为同构映射.

三、同步练习

在 $\mathbf{R}^3$ 上定义函数:$\forall\boldsymbol{\alpha}=(a_1,a_2,a_3),\boldsymbol{\beta}=(b_1,b_2,b_3)\in\mathbf{R}^3$,定义内积 $(\boldsymbol{\alpha},\boldsymbol{\beta})=\sum_{i=1}^{3}ia_ib_i$,而在 $\mathbf{R}[x]_3$ 上定义多项式的内积为

$$(f(x),g(x))=\int_{-1}^{1}f(x)g(x)\mathrm{d}x,\quad \forall f(x),g(x)\in\mathbf{R}[x],$$

建立 $\mathbf{R}^3$(上述内积)与 $\mathbf{R}[x]_3$ 的一个同构映射.

【思路】 同上面的例子.

9.4 正交变换 实对称矩阵的标准形

一、概述

欧式空间中的正交变换是解析几何中旋转变换的一个推广,它是研究特殊线性变换和矩

阵的工具之一,实对称矩阵的正交相似对角化在化简实二次型和几何中二次曲线、曲面中代数形式的几何图形的判定有很好的应用.

二、难点及相关实例

(1) 判定在给定内积下验证给定的变换是否为正交变换,是第几类正交变换.

(2) 利用正交变换给出几何中二次曲线或曲面的代数表达式的几何形状的判定.

例 1 $\mathbf{R}^3$(普通的内积)中定义变换

$$\rho(x,y,z)=\left(\frac{2}{3}x+\frac{2}{3}y-\frac{1}{3}z,\frac{2}{3}x-\frac{1}{3}y+\frac{2}{3}z,\frac{1}{3}x-\frac{2}{3}y-\frac{2}{3}z\right).$$

(1) 问上述变换 $\rho(x,y,z)$ 是否为 $\mathbf{R}^3$ 上的一个正交变换?

(2) 如果是正交变换,是第几类?

【分析】 考查正交变换的定义及性质.

解 (1) $\rho(x,y,z)$ 是 $\mathbf{R}^3$ 上的一个正交变换.

容易验证 $\rho(x,y,z)$ 是 $\mathbf{R}^3$ 上的一个线性变换,取一组标准正交基为 $\boldsymbol{\varepsilon}_1,\boldsymbol{\varepsilon}_2,\boldsymbol{\varepsilon}_3$.

下面证明 $\rho(\boldsymbol{\varepsilon}_1),\rho(\boldsymbol{\varepsilon}_2),\rho(\boldsymbol{\varepsilon}_3)$ 也是一组标准正交基.

因为由变换的定义可得

$$\rho(\boldsymbol{\varepsilon}_1)=\rho(1,0,0)=\left(\frac{2}{3},\frac{2}{3},\frac{1}{3}\right)=\frac{2}{3}\boldsymbol{\varepsilon}_1+\frac{2}{3}\boldsymbol{\varepsilon}_2+\frac{1}{3}\boldsymbol{\varepsilon}_3,$$

$$\rho(\boldsymbol{\varepsilon}_2)=\rho(0,1,0)=\left(\frac{2}{3},-\frac{1}{3},-\frac{2}{3}\right)=\frac{2}{3}\boldsymbol{\varepsilon}_1-\frac{1}{3}\boldsymbol{\varepsilon}_2-\frac{2}{3}\boldsymbol{\varepsilon}_3,$$

$$\rho(\boldsymbol{\varepsilon}_3)=\rho(0,0,1)=\left(-\frac{1}{3},\frac{2}{3},-\frac{2}{3}\right)=-\frac{1}{3}\boldsymbol{\varepsilon}_1+\frac{2}{3}\boldsymbol{\varepsilon}_2-\frac{2}{3}\boldsymbol{\varepsilon}_3,$$

所以容易计算 $(\rho(\boldsymbol{\varepsilon}_i),\sigma(\boldsymbol{\varepsilon}_j))=\begin{cases}1,i=j,\\0,i\neq j,\end{cases}$ 故 $\rho(x,y,z)$ 是 $\mathbf{R}^3$ 上的一个正交变换.

或利用 $\rho(x,y,z)$ 在标准正交基下的矩阵为正交矩阵来证明.

设 $\rho(x,y,z)$ 在标准正交基下的矩阵为 $\boldsymbol{A}$,则

$$\boldsymbol{A}=\begin{pmatrix}\frac{2}{3} & \frac{2}{3} & -\frac{1}{3}\\ \frac{2}{3} & -\frac{1}{3} & \frac{2}{3}\\ \frac{1}{3} & -\frac{2}{3} & -\frac{2}{3}\end{pmatrix}.$$

显然 $\boldsymbol{A}^{\mathrm{T}}\boldsymbol{A}=\boldsymbol{E}$,故结论成立.

(2) 易计算

$$|\boldsymbol{A}|=\begin{vmatrix}\frac{2}{3} & \frac{1}{3} & -\frac{1}{3}\\ \frac{2}{3} & -\frac{1}{3} & \frac{2}{3}\\ \frac{1}{3} & -\frac{2}{3} & -\frac{2}{3}\end{vmatrix}=1,$$

故 $\rho(x,y,z)$ 为第一类正交变换.

例 2 已知二次曲面的代数方程为

$$2x^2-4xy+y^2-4yz+3x-6y+\frac{1}{8}=0.$$

(1) 求正交变换 T 化实二次型 $f(x,y,z)=2x^2-4xy+y^2-4yz$ 为标准形；

(2) 问上述二次曲面的代数方程描述的是什么曲面的方程？说明理由.

【分析】 考查实对称矩阵的正交相似对角化问题，利用正交变换的不改变几何图形的性质来判断二次曲面的复杂代数表达式所表示的曲线或曲面.

解 (1) 设实二次型 $f(x,y,z)=2x^2-4xy+y^2-4yz$ 的矩阵表示为 $\boldsymbol{A}$，则

$$\boldsymbol{A}=\begin{pmatrix}2&-2&0\\-2&1&-2\\0&-2&0\end{pmatrix},$$

可计算 $\boldsymbol{A}$ 的特征值为 $\lambda_1=1,\lambda_2=4,\lambda_3=-2$，其对应的线性无关的特征向量为

$$\boldsymbol{\alpha}_1=\begin{pmatrix}-2\\-1\\2\end{pmatrix},\quad \boldsymbol{\alpha}_2=\begin{pmatrix}2\\-2\\1\end{pmatrix},\quad \boldsymbol{\alpha}_3=\begin{pmatrix}1\\2\\2\end{pmatrix}.$$

利用施密特正交化方法可求出与上述三个线性无关的特征向量等价的标准正交特征向量：

$$\boldsymbol{\xi}_1=\begin{pmatrix}-\frac{2}{3}\\-\frac{1}{3}\\\frac{2}{3}\end{pmatrix},\quad \boldsymbol{\xi}_2=\begin{pmatrix}\frac{2}{3}\\-\frac{2}{3}\\\frac{1}{3}\end{pmatrix},\quad \boldsymbol{\xi}_3=\begin{pmatrix}\frac{1}{3}\\\frac{2}{3}\\\frac{2}{3}\end{pmatrix},$$

故 $\boldsymbol{\eta}=(\boldsymbol{\xi}_1,\boldsymbol{\xi}_2,\boldsymbol{\xi}_3)=\begin{pmatrix}-\frac{2}{3}&\frac{2}{3}&\frac{1}{3}\\-\frac{1}{3}&-\frac{2}{3}&\frac{2}{3}\\\frac{2}{3}&\frac{1}{3}&\frac{2}{3}\end{pmatrix}$，显然它为正交矩阵.

作正交变换 $\begin{pmatrix}x\\y\\z\end{pmatrix}=\boldsymbol{\eta}\begin{pmatrix}x'\\y'\\z'\end{pmatrix}$，代入二次型可得

$$f(x,y,z)=2x^2-4xy+y^2-4yz=x'^2+4y'^2-2z'^2.$$

(2) 由(1)的计算结果，利用正交变换，代入二次曲面方程可得

$$x'^2+4y'^2-2z'^2+6y'-3z'+\frac{1}{8}=0.$$

再作平移变换 $\begin{cases}u=x',\\v=y'+\frac{3}{4},\\w=z'+\frac{3}{4},\end{cases}$ 代入上式可得方程 $u^2+4v^2-2w^2=1$.

该方程为单叶双曲面的标准方程. 由于正交变换和平移变换不改变图形的形状，因此原二次曲面方程表示的是单叶双曲面.

三、同步练习

1. $\mathbf{R}^2$(普通的内积)中定义变换

$$\rho(x,y)=\left(-\frac{1}{2}x+\frac{\sqrt{3}}{2}y,\frac{\sqrt{3}}{2}x+\frac{1}{2}y\right).$$

(1) 问上述变换 $\rho(x,y)$是否为 $\mathbf{R}^2$ 上的一个正交变换？

(2) 如果是正交变换，是第几类？

【思路】 同例 1.

2. 已知二次曲面的代数方程为 $x^2-2xy+4y^2+6yz+z^2-4x+2z+1=0$.

(1) 求正交变换 T 化实二次型 $f(x,y,z)=x^2-2xy+4y^2+6yz+z^2$ 为标准形；

(2) 问上述二次曲面的代数方程描述的是什么曲面的方程？并说明理由.

【思路】 同例 2.

9.5 子空间 向量到子空间的距离

一、概述

欧式空间中的子空间之间的正交关系以及向量与子空间的正交关系是基于内积，似乎是解析几何中垂直的一个"推广"，但又有很大的不同. 它为实际问题的应用提供了理论基础，例如向量到子空间的距离——"垂线"最短的原理给出了最小二乘法.

二、难点及相关实例

1. 子空间之间的正交及性质

2. 最小二乘法原理

例 1 已知线性子空间 V 的两个子空间 $V_1=L(\boldsymbol{\alpha}_1,\boldsymbol{\alpha}_2,\cdots,\boldsymbol{\alpha}_s)$，$V_2=L(\boldsymbol{\beta}_1,\boldsymbol{\beta}_2,\cdots,\boldsymbol{\beta}_t)$，证明

$$V_1\perp V_2\Leftrightarrow\boldsymbol{\alpha}_i\perp\boldsymbol{\beta}_j\quad(i=1,2,\cdots,s;j=1,2,\cdots,t).$$

【分析】 考查向量正交、正交子空间的定义及性质.

证 先证"⇒". 由子空间的正交知，结论显然成立.

再证"⇐". $\forall\boldsymbol{\alpha}\in V_1,\boldsymbol{\beta}\in V_2$，$\exists k_m\in P(m=1,2,\cdots,s;l_p\in P;p=1,2,\cdots,t)$，使得

$$\boldsymbol{\alpha}=\sum_{m=1}^{s}k_m\boldsymbol{\alpha}_m,\quad\boldsymbol{\beta}=\sum_{p=1}^{t}l_p\boldsymbol{\beta}_p.$$

下面证明 $\boldsymbol{\alpha}\perp\boldsymbol{\beta}$.

因 $\boldsymbol{\alpha}_i\perp\boldsymbol{\beta}_j$，故$(\boldsymbol{\alpha}_i,\boldsymbol{\beta}_j)=0(i=1,2,\cdots,s;j=1,2,\cdots,t)$，所以

$$(\boldsymbol{\alpha},\boldsymbol{\beta})=\left(\sum_{m=1}^{s}k_m\boldsymbol{\alpha}_m,\sum_{p=1}^{t}l_p\boldsymbol{\beta}_p\right)=\sum_{m=1}^{s}\sum_{p=1}^{t}(\boldsymbol{\alpha}_m,\boldsymbol{\beta}_p)=0,$$

从而 $V_1\perp V_2$.

例 2 已知最小二乘问题方程组：

$$\boldsymbol{A}^{\mathrm{T}}\boldsymbol{A}\boldsymbol{X}=\boldsymbol{A}^{\mathrm{T}}\boldsymbol{\beta},\quad \forall \boldsymbol{A}\in\mathbf{R}^{m\times n},\quad \boldsymbol{X}\in\mathbf{R}^{n},\boldsymbol{\beta}\in\boldsymbol{R}^{m},$$

证明该方程总有解.

【分析】 考查同解方程与系数矩阵的秩的关系及线性方程组有解的判定定理.

证 (1) 先证明 $R(\boldsymbol{A}^{\mathrm{T}}\boldsymbol{A})=R(\boldsymbol{A})$，只需证明线性方程组 $\boldsymbol{A}^{\mathrm{T}}\boldsymbol{A}\boldsymbol{X}=\boldsymbol{0}$ 与 $\boldsymbol{A}\boldsymbol{X}=\boldsymbol{0}$ 同解.

先证"⇒". 若 $\boldsymbol{AX}=\boldsymbol{0}$，则 $\boldsymbol{A}^{\mathrm{T}}\boldsymbol{AX}=\boldsymbol{0}$，故 $\boldsymbol{AX}=\boldsymbol{0}$ 的解一定是 $\boldsymbol{A}^{\mathrm{T}}\boldsymbol{AX}=\boldsymbol{0}$ 的解.

再证"⇐". 若 $\boldsymbol{A}^{\mathrm{T}}\boldsymbol{AX}=\boldsymbol{0}$，两边同时左乘 $\boldsymbol{X}^{\mathrm{T}}$，可得

$$\boldsymbol{X}^{\mathrm{T}}\boldsymbol{A}^{\mathrm{T}}\boldsymbol{AX}=\boldsymbol{0}\Rightarrow(\boldsymbol{AX})^{\mathrm{T}}\boldsymbol{AX}=\boldsymbol{0}.$$

令 $\boldsymbol{Y}=\boldsymbol{AX}=\begin{pmatrix}y_1\\y_2\\\vdots\\y_n\end{pmatrix}$，故

$$(\boldsymbol{AX})^{\mathrm{T}}\boldsymbol{AX}=\boldsymbol{Y}^{\mathrm{T}}\boldsymbol{Y}=\sum_{i=1}^{n}y_i^2=0\Rightarrow y_i=0(i=1,2,\cdots,n)\Rightarrow\boldsymbol{Y}=\boldsymbol{0},$$

即 $\boldsymbol{AX}=\boldsymbol{0}$，所以线性方程组 $\boldsymbol{A}^{\mathrm{T}}\boldsymbol{AX}=\boldsymbol{0}$ 与 $\boldsymbol{AX}=\boldsymbol{0}$ 同解，因此 $R(\boldsymbol{A}^{\mathrm{T}}\boldsymbol{A})=R(\boldsymbol{A})$.

(2) 由于 $R(\boldsymbol{A}^{\mathrm{T}})=R(\boldsymbol{A})$，所以 $R(\boldsymbol{A}^{\mathrm{T}}\boldsymbol{A})=R(\boldsymbol{A}^{\mathrm{T}})$. 下面证明 $R(\boldsymbol{A}^{\mathrm{T}}\boldsymbol{\beta})=R(\boldsymbol{A}^{\mathrm{T}})$.

方法一 设 $\boldsymbol{A}^{\mathrm{T}}$ 的列向量组为 $\boldsymbol{\alpha}_1,\boldsymbol{\alpha}_2,\cdots,\boldsymbol{\alpha}_m$，$\boldsymbol{\beta}=\begin{pmatrix}l_1\\l_2\\\vdots\\l_m\end{pmatrix}$，则

$$\boldsymbol{A}^{\mathrm{T}}\boldsymbol{\beta}=l_1\boldsymbol{\alpha}_1+l_2\boldsymbol{\alpha}_2+\cdots+l_m\boldsymbol{\alpha}_m,$$

因此向量组 $\boldsymbol{\alpha}_1,\boldsymbol{\alpha}_2,\cdots,\boldsymbol{\alpha}_m$ 与向量组 $\boldsymbol{\alpha}_1,\boldsymbol{\alpha}_2,\cdots,\boldsymbol{\alpha}_m,\boldsymbol{A}^{\mathrm{T}}\boldsymbol{\beta}$ 等价，故

$$R(\boldsymbol{A}^{\mathrm{T}}\boldsymbol{\beta})=R(\boldsymbol{A}^{\mathrm{T}}),$$

从而 $R(\boldsymbol{A}^{\mathrm{T}}\boldsymbol{A})=R(\boldsymbol{A}^{\mathrm{T}}\boldsymbol{\beta})$，因此最小二乘方程组有解.

方法二 $R(\boldsymbol{A}^{\mathrm{T}}\boldsymbol{A},\boldsymbol{A}^{\mathrm{T}}\boldsymbol{\beta})\geqslant R(\boldsymbol{A}^{\mathrm{T}}\boldsymbol{A})=R(\boldsymbol{A}^{\mathrm{T}})$，又

$$R(\boldsymbol{A}^{\mathrm{T}}\boldsymbol{A},\boldsymbol{A}^{\mathrm{T}}\boldsymbol{\beta})=R(\boldsymbol{A}^{\mathrm{T}}(\boldsymbol{A},\boldsymbol{\beta}))\leqslant R(\boldsymbol{A}^{\mathrm{T}}),$$

故 $R(\boldsymbol{A}^{\mathrm{T}}\boldsymbol{A},\boldsymbol{A}^{\mathrm{T}}\boldsymbol{\beta})=R(\boldsymbol{A}^{\mathrm{T}})=R(\boldsymbol{A}^{\mathrm{T}}\boldsymbol{A})$，从而题设方程组总有解.

三、同步练习

已知 $\boldsymbol{\alpha},\boldsymbol{\beta}$ 为 n 维欧式空间 V 的两个正交向量，$W=\{\boldsymbol{\gamma}\mid(\boldsymbol{\gamma},\boldsymbol{\alpha})=0,(\boldsymbol{\gamma},\boldsymbol{\beta})=0,\boldsymbol{\gamma}\in V\}$. 证明：

(1) W 是 V 的一个子空间；

(2) $\dim(W)=n-2$；

(3) 存在 V 的一个子空间 U，使得 $V=W\oplus U,W\perp U$.

【思路】 子空间的定义及子空间的正交和正交基的扩展定理.

考测中涉及的相关知识点联系示意图

欧几里得空间理论与方法是公理化体系的具体应用，是初等几何和解析几何中理论方法

的拓展，有助于提高对中学数学知识本质的认识，同时它又是学习实变函数、泛函分析、拓扑等的重要基础，因此该讲的内容也是研究生入学考试的重点.

考测中涉及的相关知识点联系示意图如下：

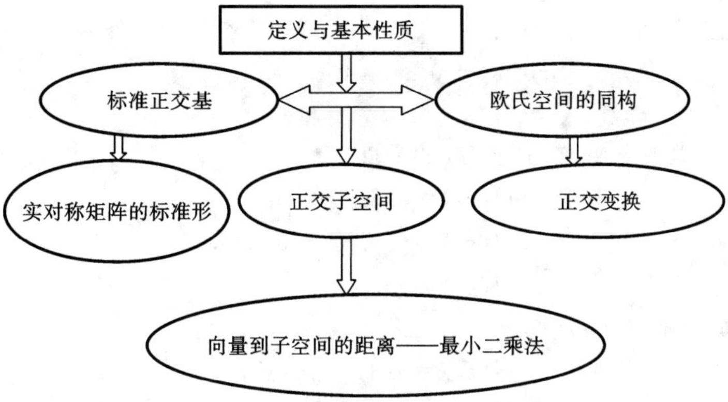

综合例题讲解

例 1(东南大学,2004) 设 $\boldsymbol{\varepsilon}_1,\boldsymbol{\varepsilon}_2,\boldsymbol{\varepsilon}_3$ 为欧氏空间 V 的标准正交基，$\boldsymbol{\alpha}=\boldsymbol{\varepsilon}_1-2\boldsymbol{\varepsilon}_2,\boldsymbol{\beta}=2\boldsymbol{\varepsilon}_1+\boldsymbol{\varepsilon}_3$，求正交变换 H 使 $H(\boldsymbol{\alpha})=\boldsymbol{\beta}$.

【分析】 这是一道答案不唯一的构造性考题，主要考查学生对欧氏空间的结构及正交变换的理解，并要求有一定的解题创新意识. 我们从三个不同的侧面来分析和解答上述考题.

如果直接从正交变换的有关定义及性质，利用欧氏空间的同构思想可以给出解法一.

解法一 设 $\boldsymbol{A}$ 为正交变换 H 在标准正交基下的矩阵，则 $\boldsymbol{A}$ 为正交矩阵.

因
$$\boldsymbol{\alpha}=(\boldsymbol{\varepsilon}_1,\boldsymbol{\varepsilon}_2,\boldsymbol{\varepsilon}_3)\begin{pmatrix}1\\-2\\0\end{pmatrix},\quad \boldsymbol{\beta}=(\boldsymbol{\varepsilon}_1,\boldsymbol{\varepsilon}_2,\boldsymbol{\varepsilon}_3)\begin{pmatrix}2\\0\\1\end{pmatrix},$$

且 $H(\boldsymbol{\alpha})=\boldsymbol{\beta}$，故
$$\boldsymbol{A}\begin{pmatrix}1\\-2\\0\end{pmatrix}=\begin{pmatrix}2\\0\\1\end{pmatrix}. \tag{1}$$

设 $\boldsymbol{A}=\begin{pmatrix}x_1 & x_2 & x_3\\x_4 & x_5 & x_6\\x_7 & x_8 & x_9\end{pmatrix}$，由式(1)可知
$$\begin{cases}x_1-2x_2=2,\\x_4-2x_5=0,\\x_7-2x_8=1.\end{cases} \tag{2}$$

又因为 $\boldsymbol{A}$ 是正交矩阵，故
$$\boldsymbol{A}^{\mathrm{T}}\boldsymbol{A}=\begin{pmatrix}1&0&0\\0&1&0\\0&0&1\end{pmatrix}. \tag{3}$$

为了计算方便，不妨设 $x_4=0$，由式(2)可得 $x_5=0$.

若 $x_1\neq 0$，由式(3)可计算

$$x_1=\frac{4}{5},\quad x_2=-\frac{3}{5},\quad x_3=0,\quad x_6=\pm 1,\quad x_7=-\frac{3}{5},\quad x_8=-\frac{4}{5}.$$

所以，存在第一类正交矩阵 $\boldsymbol{A}=\begin{pmatrix}0.8&-0.6&0\\0&0&-1\\-0.6&-0.8&0\end{pmatrix}$ 或第二类正交矩阵 $\boldsymbol{A}=\begin{pmatrix}0.8&-0.6&0\\0&0&1\\-0.6&-0.8&0\end{pmatrix}$，使得式(1)成立.

因此，存在第一类正交变换 H 使 $H(\boldsymbol{\alpha})=\boldsymbol{\beta}$.

$$\begin{cases}H(\boldsymbol{\varepsilon}_1)=0.8\boldsymbol{\varepsilon}_1-0.6\boldsymbol{\varepsilon}_3,\\ H(\boldsymbol{\varepsilon}_2)=-0.6\boldsymbol{\varepsilon}_1-0.8\boldsymbol{\varepsilon}_3,\\ H(\boldsymbol{\varepsilon}_3)=-\boldsymbol{\varepsilon}_2.\end{cases}$$

或第二类正交变换 H 使 $H(\boldsymbol{\alpha})=\boldsymbol{\beta}$.

$$\begin{cases}H(\boldsymbol{\varepsilon}_1)=0.8\boldsymbol{\varepsilon}_1-0.6\boldsymbol{\varepsilon}_3,\\ H(\boldsymbol{\varepsilon}_2)=-0.6\boldsymbol{\varepsilon}_1-0.8\boldsymbol{\varepsilon}_3,\\ H(\boldsymbol{\varepsilon}_3)=\boldsymbol{\varepsilon}_2.\end{cases}$$

若 $x_1=0$，则由式(3)可计算

$$x_1=0,\quad x_2=-1,\quad x_3=0,\quad x_6=\pm 1,\quad x_7=1,\quad x_8=0.$$

结论类似，略.

【注】 从上述的过程可以看出，解式(2)和式(3)，由于式(3)为非线性的方程，不易求解，我们利用特殊的取值方法，取 $x_4=0$ 等才得到了几种不同的解答. 从数学的逻辑上说是不严格的，因为这种取值可能找不到解，可能 $x_4\neq 0$. 但在现实的世界中寻求实践问题解时需要这种尝试，实际上只要能尝试能得到结果，这种尝试也是允许的. 我们基于对初等变换和正交变换的理解，可以给出更为直接和简洁的做法.

解法二 由正交变换的定义及性质可知，在矩阵的初等变换中置换变换(交换矩阵的某两行或列)以及矩阵的某行或某列乘以 -1 是正交变换. 下面我们利用正交变换来求解.

$$\boldsymbol{\alpha}=(\boldsymbol{\varepsilon}_1,\boldsymbol{\varepsilon}_2,\boldsymbol{\varepsilon}_3)\begin{pmatrix}1\\-2\\0\end{pmatrix},\quad \boldsymbol{\beta}=(\boldsymbol{\varepsilon}_1,\boldsymbol{\varepsilon}_2,\boldsymbol{\varepsilon}_3)\begin{pmatrix}2\\0\\1\end{pmatrix}.$$

现对 $\boldsymbol{\alpha},\boldsymbol{\beta}$ 在标准正交基 $\boldsymbol{\varepsilon}_1,\boldsymbol{\varepsilon}_2,\boldsymbol{\varepsilon}_3$ 下对应的坐标进行正交变换转换.

$$\begin{pmatrix}1\\-2\\0\end{pmatrix}\xrightarrow{(1)\leftrightarrow(3)}\begin{pmatrix}0\\-2\\1\end{pmatrix}\xrightarrow{(2)\leftrightarrow(1)}\begin{pmatrix}-2\\0\\1\end{pmatrix}\xrightarrow{(1)(-1)}\begin{pmatrix}2\\0\\1\end{pmatrix}.$$

由初等变换与初等矩阵之间的关系可知

$$\begin{pmatrix}-1&0&0\\0&1&0\\0&0&1\end{pmatrix}\begin{pmatrix}0&1&0\\1&0&0\\0&0&1\end{pmatrix}\begin{pmatrix}0&0&1\\0&1&0\\1&0&0\end{pmatrix}\begin{pmatrix}1\\-2\\0\end{pmatrix}=\begin{pmatrix}2\\0\\1\end{pmatrix},$$

整理上式得

$$\begin{pmatrix}0&-1&0\\0&0&1\\1&0&0\end{pmatrix}\begin{pmatrix}1\\-2\\0\end{pmatrix}=\begin{pmatrix}2\\0\\1\end{pmatrix}.$$

令
$$H(\boldsymbol{\varepsilon}_1,\boldsymbol{\varepsilon}_2,\boldsymbol{\varepsilon}_3)=(\boldsymbol{\varepsilon}_1,\boldsymbol{\varepsilon}_2,\boldsymbol{\varepsilon}_3)\begin{pmatrix}0&-1&0\\0&0&1\\1&0&0\end{pmatrix},$$
则 H 是正交变换，且 $H(\boldsymbol{\alpha})=\boldsymbol{\beta}$.

上面的解法二相对解法一来说要简洁得多，并且不存在数学上解法的争议，但它给出的解非常有限.

如果我们利用自己熟知的结论(但并不是书中的定理)，可以给出更有创意的解法三.

解法三　利用文献[1]中 P269 的习题 15 来求解 P271 的第 9 题(1)，再利用其结论求解.

由文献[1]中 P269 的习题 15 知，镜面反射为
$$H(\boldsymbol{\alpha})=\boldsymbol{\alpha}-2(\boldsymbol{\eta},\boldsymbol{\alpha})\boldsymbol{\eta},\quad \boldsymbol{\alpha}\in\mathbf{R}^3,\tag{4}$$
其中 $\boldsymbol{\eta}$ 是待定的单位向量，$(\boldsymbol{\alpha},\boldsymbol{\alpha})=1$.

令
$$\boldsymbol{\alpha}-2(\boldsymbol{\eta},\boldsymbol{\alpha})\boldsymbol{\eta}=\boldsymbol{\beta},\tag{5}$$
其中 $(\boldsymbol{\beta},\boldsymbol{\beta})=1$，那么
$$\boldsymbol{\alpha}-\boldsymbol{\beta}=2(\boldsymbol{\eta},\boldsymbol{\alpha})\boldsymbol{\eta}.$$
因为 $\boldsymbol{\alpha}\neq\boldsymbol{\beta}$，所以 $(\boldsymbol{\eta},\boldsymbol{\alpha})\neq0$，得 $\boldsymbol{\eta}=\dfrac{\boldsymbol{\alpha}-\boldsymbol{\beta}}{2(\boldsymbol{\eta},\boldsymbol{\alpha})}$，从而
$$(\boldsymbol{\eta},\boldsymbol{\alpha})=\left(\frac{\boldsymbol{\alpha}-\boldsymbol{\beta}}{2(\boldsymbol{\eta},\boldsymbol{\alpha})},\boldsymbol{\alpha}\right)=\frac{1}{2(\boldsymbol{\eta},\boldsymbol{\alpha})}(\boldsymbol{\alpha}-\boldsymbol{\beta},\boldsymbol{\alpha})=\frac{1}{2(\boldsymbol{\eta},\boldsymbol{\alpha})}[(\boldsymbol{\alpha},\boldsymbol{\alpha})-(\boldsymbol{\alpha},\boldsymbol{\beta})],$$
整理上式得
$$(\boldsymbol{\eta},\boldsymbol{\alpha})^2=\frac{1}{2}[1-(\boldsymbol{\alpha},\boldsymbol{\beta})],$$
其中 $(\boldsymbol{\alpha},\boldsymbol{\alpha})=1$.

取
$$\boldsymbol{\eta}=\frac{\boldsymbol{\alpha}-\boldsymbol{\beta}}{\sqrt{2[1-(\boldsymbol{\alpha},\boldsymbol{\beta})]}}.\tag{6}$$

不难验证 $(\boldsymbol{\eta},\boldsymbol{\eta})=1$. 将式(6)代入式(4)，就得到了一个镜面反射，并且由式(5)及正交变换知 H 是正交变换，且 $H(\boldsymbol{\alpha})=\boldsymbol{\beta}$.

将题中的 $\boldsymbol{\alpha},\boldsymbol{\beta}$ 单位化并代入式(6)，可得 $\boldsymbol{\eta}=\dfrac{\sqrt{6}}{6}\begin{pmatrix}1\\2\\1\end{pmatrix}$.

现将式(4)中 $\boldsymbol{\alpha}$ 由 $\boldsymbol{\varepsilon}_1,\boldsymbol{\varepsilon}_2,\boldsymbol{\varepsilon}_3$ 代替，将 $\boldsymbol{\eta}=(\boldsymbol{\varepsilon}_1,\boldsymbol{\varepsilon}_2,\boldsymbol{\varepsilon}_3)\dfrac{\sqrt{6}}{6}\begin{pmatrix}1\\2\\1\end{pmatrix}$ 代入得
$$\begin{cases}H(\boldsymbol{\varepsilon}_1)=\dfrac{2}{3}\boldsymbol{\varepsilon}_1-\dfrac{2}{3}\boldsymbol{\varepsilon}_2-\dfrac{1}{3}\boldsymbol{\varepsilon}_3,\\[2mm] H(\boldsymbol{\varepsilon}_2)=-\dfrac{2}{3}\boldsymbol{\varepsilon}_1-\dfrac{1}{3}\boldsymbol{\varepsilon}_2-\dfrac{2}{3}\boldsymbol{\varepsilon}_3,\\[2mm] H(\boldsymbol{\varepsilon}_3)=-\dfrac{1}{3}\boldsymbol{\varepsilon}_1-\dfrac{2}{3}\boldsymbol{\varepsilon}_2+\dfrac{2}{3}\boldsymbol{\varepsilon}_3.\end{cases}\tag{7}$$
式(7)即为所求正交变换.

上面的解法给出的是镜面反射的做法，可以知道由此得到的结果是唯一的.

例 2(大连理工大学,2003)　设 V 是一个 n 维欧氏空间，σ 是正交变换，σ 在 V 的标准基下

的矩阵是$\boldsymbol{A}$．证明：

(1) 若 $u+v\mathrm{i}$ 是 σ 的一个虚特征值，则有 $\boldsymbol{\alpha},\boldsymbol{\beta}\in V$，使 $\sigma(\boldsymbol{\alpha})=u\boldsymbol{\alpha}+v\boldsymbol{\beta}$，$\sigma(\boldsymbol{\beta})=-v\boldsymbol{\alpha}+u\boldsymbol{\beta}$；

(2) 若 σ 的特征值皆为实数，则 V 可分解为一些两两正交的一维不变子空间的直和；

(3) 若 σ 的特征值皆为实数，则 $\boldsymbol{A}$ 是对称阵.

【分析】 考测正交变换的性质及空间的不变子空间分解是研究生入学考试中常见的题型.

证 (1) 容易证明，如果 $\boldsymbol{\xi}$ 的坐标是实向量，则 $\sigma(\boldsymbol{\xi})$ 的坐标也是实向量.

设 $\sigma(\boldsymbol{\xi})=(u+v\mathrm{i})\boldsymbol{\xi}$，$u,v\in\mathbf{R}$，$v\neq 0$，$\boldsymbol{\xi}\neq\mathbf{0}$，$\boldsymbol{\xi}\in V$.

设 $\boldsymbol{\xi}=\boldsymbol{\beta}+\mathrm{i}\boldsymbol{\alpha}$，则

$$\begin{aligned}\sigma(\boldsymbol{\xi})&=\sigma(\boldsymbol{\beta}+\mathrm{i}\boldsymbol{\alpha})=\sigma(\boldsymbol{\beta})+\mathrm{i}\sigma(\boldsymbol{\alpha})=(u+\mathrm{i}v)(\boldsymbol{\beta}+\mathrm{i}\boldsymbol{\alpha})\\&=(-v\boldsymbol{\alpha}+u\boldsymbol{\beta})+\mathrm{i}(u\boldsymbol{\alpha}+v\boldsymbol{\beta}),\end{aligned}$$

故 $\sigma(\boldsymbol{\alpha})=u\boldsymbol{\alpha}+v\boldsymbol{\beta}$，$\sigma(\boldsymbol{\beta})=-v\boldsymbol{\alpha}+u\boldsymbol{\beta}$.

(2) 设 $\lambda_1,\lambda_2,\cdots,\lambda_n$ 是 σ 的实特征值，由 Schur 定理知，$\boldsymbol{A}$ 正交相似于一个上三角形矩阵，则存在正交矩阵 $\boldsymbol{Q}$，使得

$$\boldsymbol{Q}^{-1}\boldsymbol{A}\boldsymbol{Q}=\boldsymbol{Q}^{\mathrm{T}}\boldsymbol{A}\boldsymbol{Q}=\begin{pmatrix}\lambda_1 & & & *\\ & \lambda_2 & & \\ & & \ddots & \\ \boldsymbol{O} & & & \lambda_n\end{pmatrix}. \tag{1}$$

在式(1)两边取逆，则

$$\boldsymbol{Q}^{-1}\boldsymbol{A}^{-1}\boldsymbol{Q}=\boldsymbol{Q}^{\mathrm{T}}\boldsymbol{A}^{\mathrm{T}}\boldsymbol{Q}=\begin{pmatrix}\lambda_1^{-1} & & & *\\ & \lambda_2^{-1} & & \\ & & \ddots & \\ \boldsymbol{O} & & & \lambda_n^{-1}\end{pmatrix}. \tag{2}$$

在式(1)两边取转置，则

$$\boldsymbol{Q}^{\mathrm{T}}\boldsymbol{A}^{\mathrm{T}}\boldsymbol{Q}=\begin{pmatrix}\lambda_1 & & & \boldsymbol{O}\\ & \lambda_2 & & \\ & & \ddots & \\ * & & & \lambda_n\end{pmatrix}.$$

由式(2)得

$$\boldsymbol{Q}^{-1}\boldsymbol{A}\boldsymbol{Q}=\boldsymbol{Q}^{\mathrm{T}}\boldsymbol{A}\boldsymbol{Q}=\begin{pmatrix}\lambda_1 & & & \\ & \lambda_2 & & \\ & & \ddots & \\ & & & \lambda_n\end{pmatrix}. \tag{3}$$

设 $\boldsymbol{\varepsilon}_1,\boldsymbol{\varepsilon}_2,\cdots,\boldsymbol{\varepsilon}_n$ 是 V 的一组标准正交基，则

$$\sigma(\boldsymbol{\varepsilon}_1,\boldsymbol{\varepsilon}_2,\cdots,\boldsymbol{\varepsilon}_n)=(\boldsymbol{\varepsilon}_1,\boldsymbol{\varepsilon}_2,\cdots,\boldsymbol{\varepsilon}_n)\boldsymbol{A}.$$

因为 σ 是正交变换，则 $\boldsymbol{A}$ 是正交矩阵.

设 $(\boldsymbol{e}_1,\boldsymbol{e}_2,\cdots,\boldsymbol{e}_n)=(\boldsymbol{\varepsilon}_1,\boldsymbol{\varepsilon}_2,\cdots,\boldsymbol{\varepsilon}_n)\boldsymbol{Q}$，则 $\boldsymbol{e}_1,\boldsymbol{e}_2,\cdots,\boldsymbol{e}_n$ 为 V 的一组标准正交基. 又因为

$$\sigma(\boldsymbol{e}_1,\boldsymbol{e}_2,\cdots,\boldsymbol{e}_n)=(\boldsymbol{e}_1,\boldsymbol{e}_2,\cdots,\boldsymbol{e}_n)\boldsymbol{Q}^{-1}\boldsymbol{A}\boldsymbol{Q}=(\boldsymbol{e}_1,\boldsymbol{e}_2,\cdots,\boldsymbol{e}_n)\begin{pmatrix}\lambda_1 & & & \\ & \lambda_2 & & \\ & & \ddots & \\ & & & \lambda_n\end{pmatrix},$$

从而 $\sigma(\boldsymbol{e}_i)=\lambda_i\boldsymbol{e}_i(i=1,2,\cdots,n)$.

令 $V_i=L(\boldsymbol{e}_i)(i=1,2,\cdots,n)$,则

$$V=V_1\oplus V_2\oplus\cdots\oplus V_n,$$

其中 $V_1,V_2,\cdots,V_n$ 是两两正交的一维不变子空间.

(3) 由式(3)得

$$\boldsymbol{A}=\boldsymbol{Q}\begin{pmatrix}\lambda_1 & & & \\ & \lambda_2 & & \\ & & \ddots & \\ & & & \lambda\end{pmatrix}\boldsymbol{Q}^{\mathrm{T}},$$

显然 $\boldsymbol{A}$ 是对称阵.

例 3 (四川大学,1997) 设 σ 是欧氏空间 V 的一个线性变换,且 σ 在一标准正交基下的矩阵为

$$\boldsymbol{A}=\begin{pmatrix}2 & 1 & 1 & -1\\ 1 & 2 & -1 & 1\\ 1 & -1 & 2 & 1\\ -1 & 1 & 1 & 2\end{pmatrix}.$$

(1) 证明 ε(恒等变换),σ,σ^2 线性相关;

(2) 求 V 的一标准正交基,使 σ 在该基下的矩阵为对角矩阵.

【分析】 已知 n 阶实对称矩阵 $\boldsymbol{A}$(或正交变换),求正交矩阵 $\boldsymbol{T}$(或一组正交基),使得 $\boldsymbol{T}^{\mathrm{T}}\boldsymbol{A}\boldsymbol{T}=\boldsymbol{T}^{-1}\boldsymbol{A}\boldsymbol{T}$ 成对角形(使得变换在上述基下的矩阵为对角阵).

证 (1) 考虑 σ 的特征多项式:

$$f(\lambda)=|\lambda\boldsymbol{E}-\boldsymbol{A}|=(\lambda-3)^3(\lambda+1)\Rightarrow\lambda_1=\lambda_2=\lambda_3=3,\quad \lambda_4=-1.$$

由哈密尔顿-凯莱定理得

$$(\boldsymbol{A}-3\boldsymbol{E})(\boldsymbol{A}+\boldsymbol{E})=\boldsymbol{A}^2-2\boldsymbol{A}-3\boldsymbol{E}=\boldsymbol{O}.$$

从而 $\sigma^2-2\sigma-3\varepsilon=0$,即 $\varepsilon,\sigma,\sigma^2$ 线性相关.

(2) 将特征值代入 $(\lambda\boldsymbol{E}-\boldsymbol{A})\boldsymbol{X}=\boldsymbol{0}$ 求 $\boldsymbol{A}$ 的特征向量,对系数矩阵进行初等行变换可得

$$-\boldsymbol{E}-\boldsymbol{A}=\begin{pmatrix}-3 & -1 & -1 & 1\\ -1 & -3 & 1 & -1\\ -1 & 1 & -3 & -1\\ 1 & -1 & -1 & -3\end{pmatrix}\rightarrow\begin{pmatrix}1 & 0 & 0 & -1\\ 0 & 1 & 0 & 1\\ 0 & 0 & 1 & 1\\ 0 & 0 & 0 & 0\end{pmatrix},$$

所以属于 -1 的一个线性无关的特征向量为

$$\boldsymbol{\eta}=\begin{pmatrix}1\\ -1\\ -1\\ 1\end{pmatrix}.$$

又因

$$3\boldsymbol{E}-\boldsymbol{A}=\begin{pmatrix}1 & -1 & -1 & 1\\ -1 & 1 & 1 & -1\\ -1 & 1 & 1 & -1\\ 1 & -1 & -1 & 1\end{pmatrix}\rightarrow\begin{pmatrix}1 & -1 & -1 & 1\\ 0 & 0 & 0 & 0\\ 0 & 0 & 0 & 0\\ 0 & 0 & 0 & 0\end{pmatrix},$$

所以属于 3 的三个线性无关的特征向量为

$$\boldsymbol{\xi}_1=\begin{pmatrix}1\\1\\1\\1\end{pmatrix},\quad \boldsymbol{\xi}_2=\begin{pmatrix}1\\0\\0\\-1\end{pmatrix},\quad \boldsymbol{\xi}_3=\begin{pmatrix}0\\1\\-1\\0\end{pmatrix},$$

故属于 $\lambda=3$ 的三个两两正交的特征向量.

设 σ 在标准正交基 $\boldsymbol{\alpha}_1,\boldsymbol{\alpha}_2,\boldsymbol{\alpha}_3,\boldsymbol{\alpha}_4$ 下的矩阵为 $\boldsymbol{A}$,即

$$\sigma(\boldsymbol{\alpha}_1,\boldsymbol{\alpha}_2,\boldsymbol{\alpha}_3,\boldsymbol{\alpha}_4)=(\boldsymbol{\alpha}_1,\boldsymbol{\alpha}_2,\boldsymbol{\alpha}_3,\boldsymbol{\alpha}_4)\boldsymbol{A}.$$

令

$$\boldsymbol{\varepsilon}_1=\frac{1}{2}\boldsymbol{\alpha}_1-\frac{1}{2}\boldsymbol{\alpha}_2-\frac{1}{2}\boldsymbol{\alpha}_3+\frac{1}{2}\boldsymbol{\alpha}_4,$$

$$\boldsymbol{\varepsilon}_2=\frac{1}{2}\boldsymbol{\alpha}_1+\frac{1}{2}\boldsymbol{\alpha}_2+\frac{1}{2}\boldsymbol{\alpha}_3+\frac{1}{2}\boldsymbol{\alpha}_4,$$

$$\boldsymbol{\varepsilon}_3=\frac{1}{\sqrt{2}}\boldsymbol{\alpha}_1-\frac{1}{\sqrt{2}}\boldsymbol{\alpha}_4,$$

$$\boldsymbol{\varepsilon}_4=\frac{1}{\sqrt{2}}\boldsymbol{\alpha}_2-\frac{1}{\sqrt{2}}\boldsymbol{\alpha}_3,$$

则 $\boldsymbol{\varepsilon}_1,\boldsymbol{\varepsilon}_2,\boldsymbol{\varepsilon}_3,\boldsymbol{\varepsilon}_4$ 是 V 的一个标准正交基,σ 在标准正交基 $\boldsymbol{\varepsilon}_1,\boldsymbol{\varepsilon}_2,\boldsymbol{\varepsilon}_3,\boldsymbol{\varepsilon}_4$ 下的矩阵为对角矩阵

$$\begin{pmatrix}-1&&&\\&3&&\\&&3&\\&&&3\end{pmatrix}.$$

例 4(华中师范大学,2002) 设 $\boldsymbol{\varepsilon}_1,\boldsymbol{\varepsilon}_2,\boldsymbol{\varepsilon}_3$ 是数域 P 上的线性空间 V 的一组基,f_1,f_2,f_3 是 $\boldsymbol{\varepsilon}_1,\boldsymbol{\varepsilon}_2,\boldsymbol{\varepsilon}_3$ 的对偶基,令 $\boldsymbol{\alpha}_1=\boldsymbol{\varepsilon}_1+\boldsymbol{\varepsilon}_2+\boldsymbol{\varepsilon}_3,\boldsymbol{\alpha}_2=\boldsymbol{\varepsilon}_2+\boldsymbol{\varepsilon}_3,\boldsymbol{\alpha}_3=\boldsymbol{\varepsilon}_3$.

(1) 证明 $\boldsymbol{\alpha}_1,\boldsymbol{\alpha}_2,\boldsymbol{\alpha}_3$ 是 V 的基;

(2) 求 $\boldsymbol{\alpha}_1,\boldsymbol{\alpha}_2,\boldsymbol{\alpha}_3$ 的对偶基,并用 f_1,f_2,f_3 表示 $\boldsymbol{\alpha}_1,\boldsymbol{\alpha}_2,\boldsymbol{\alpha}_3$ 的对偶基.

【分析】 由于对偶空间是文献[1]新加的内容,现在高校考测的较少,一般涉及的就是基本概念及定理的简单应用.

证 (1) 由条件可知

$$(\boldsymbol{\alpha}_1,\boldsymbol{\alpha}_2,\boldsymbol{\alpha}_3)=(\boldsymbol{\varepsilon}_1,\boldsymbol{\varepsilon}_2,\boldsymbol{\varepsilon}_3)\begin{pmatrix}1&0&0\\1&1&0\\1&1&1\end{pmatrix}=(\boldsymbol{\varepsilon}_1,\boldsymbol{\varepsilon}_2,\boldsymbol{\varepsilon}_3)\boldsymbol{A},$$

其中 $|\boldsymbol{A}|=1\neq0$,所以 $\boldsymbol{\alpha}_1,\boldsymbol{\alpha}_2,\boldsymbol{\alpha}_3$ 是 V 的一组基,且 $\boldsymbol{A}$ 是基 $\boldsymbol{\varepsilon}_1,\boldsymbol{\varepsilon}_2,\boldsymbol{\varepsilon}_3$ 到基 $\boldsymbol{\alpha}_1,\boldsymbol{\alpha}_2,\boldsymbol{\alpha}_3$ 过渡矩阵.

(2) 令 g_1,g_2,g_3 是 $\boldsymbol{\alpha}_1,\boldsymbol{\alpha}_2,\boldsymbol{\alpha}_3$ 的对偶基,则

$$(g_1,g_2,g_3)=(f_1,f_2,f_3)(\boldsymbol{A}^{\mathrm{T}})^{-1}=(f_1,f_2,f_3)\begin{pmatrix}1&-1&0\\0&1&-1\\0&0&1\end{pmatrix},$$

因此,$g_1=f_1,g_2=f_2-f_1,g_3=f_3-f_2$.

例 5(浙江大学,2001) 设 $\boldsymbol{A}=(a_{ij})_{n\times n}$ 是 n 阶实矩阵,若对于内积 $(\boldsymbol{\alpha},\boldsymbol{\beta})=\boldsymbol{\alpha}\boldsymbol{A}\boldsymbol{\beta}^{\mathrm{T}},\boldsymbol{\alpha},\boldsymbol{\beta}\in\mathbf{R}^n$ (n 维实行向量空间),$\mathbf{R}^n$ 为一个欧氏空间,证明 $\boldsymbol{A}$ 是正定矩阵.

【分析】 将对称矩阵的理论、二次型的理论及对称双线性函数的理论互相转化,将会使解题更为简便.

证 设 $\boldsymbol{\varepsilon}_i$ 是第 i 个元素为1而其余元素分别为0的 n 维行向量,则

$$a_{ij}=\boldsymbol{\varepsilon}_i\boldsymbol{A}\boldsymbol{\varepsilon}_j^{\mathrm{T}}=(\boldsymbol{\varepsilon}_i,\boldsymbol{\varepsilon}_j),\quad a_{ji}=\boldsymbol{\varepsilon}_j\boldsymbol{A}\boldsymbol{\varepsilon}_i^{\mathrm{T}}=(\boldsymbol{\varepsilon}_j,\boldsymbol{\varepsilon}_i).$$

因为 $(\boldsymbol{\varepsilon}_i,\boldsymbol{\varepsilon}_j)=(\boldsymbol{\varepsilon}_j,\boldsymbol{\varepsilon}_i)$,所以 $a_{ij}=a_{ji}(i,j=1,2,\cdots,n)$.

$\forall\boldsymbol{\alpha}\in\mathbf{R}^n,\boldsymbol{\alpha}\neq\mathbf{0},(\boldsymbol{\alpha},\boldsymbol{\alpha})=\boldsymbol{\alpha}\boldsymbol{A}\boldsymbol{\alpha}^{\mathrm{T}}>0$,故实二次型 $\boldsymbol{XAX}^{\mathrm{T}}$ 是正定二次型,所以 $\boldsymbol{A}$ 是正定矩阵.

例6(华中师范大学,2011) 设 W_1,W_2 是 n 维线性空间 V 的两个子空间,W_1 的维数小于 W_2 的维数,证明在 W_2 空间中必存在一个非零向量使得与 W_1 中的任何向量都正交.

证 设 W_1 中空间的一组正交基为 $\boldsymbol{\alpha}_1,\boldsymbol{\alpha}_2,\cdots,\boldsymbol{\alpha}_r$,将其扩充为 V 的一组正交基

$$\boldsymbol{\alpha}_1,\boldsymbol{\alpha}_2,\cdots,\boldsymbol{\alpha}_r,\boldsymbol{\alpha}_{r+1},\boldsymbol{\alpha}_{r+2},\cdots,\boldsymbol{\alpha}_n.$$

设 $W_1^{\perp}=L(\boldsymbol{\alpha}_{r+1},\boldsymbol{\alpha}_{r+2},\cdots,\boldsymbol{\alpha}_n)$.

因为 W_1 的维数小于 W_2 的维数,所以 $W_1^{\perp}\cap W_2$ 必含有非零向量 $\boldsymbol{\beta}\in W_1^{\perp}\cap W_2$,它与 W_1 中的任何向量都正交.

例7(济南大学,2013) $\boldsymbol{A}$ 是 n 阶实对称矩阵且 $\boldsymbol{A}^2=\boldsymbol{A}$,并且 $\boldsymbol{A}$ 的秩为 r.

(1) 证明 $\boldsymbol{A}$ 是半正定矩阵;

(2) 计算行列式 $|\boldsymbol{E}+\boldsymbol{A}+\boldsymbol{A}^2+\cdots+\boldsymbol{A}^n|$.

【分析】 本题主要考查实对称矩阵的性质及矩阵方程与特征值的关系式,利用对角化计算行列式的值.

证 (1) 设 $\boldsymbol{A}$ 的特征值为 λ,则由 $\boldsymbol{A}^2=\boldsymbol{A}$ 可得 $\lambda^2=\lambda\Rightarrow\lambda=1$ 或 $\lambda=0$.

又因 $\boldsymbol{A}^2=\boldsymbol{A}$,则存在正交矩阵 $\boldsymbol{Q}$,使得 $\boldsymbol{Q}^{\mathrm{T}}\boldsymbol{AQ}$ 是以 $\boldsymbol{A}$ 的特征值为对角元素的对角矩阵,即

$$\boldsymbol{Q}^{\mathrm{T}}\boldsymbol{AQ}=\begin{pmatrix}1&&&&&\\&\ddots&&&&\\&&1&&&\\&&&0&&\\&&&&\ddots&\\&&&&&0\end{pmatrix}.$$

又 $\boldsymbol{A}$ 的秩为 r,故对角元素有 r 个1,因为上述对角矩阵为半正定的,所以 $\boldsymbol{A}$ 是半正定矩阵.

解 (2) 由(1)可知,

$$|\boldsymbol{E}+\boldsymbol{A}+\boldsymbol{A}^2+\cdots+\boldsymbol{A}^n|=|\boldsymbol{Q}^{\mathrm{T}}(\boldsymbol{E}+\boldsymbol{A}+\boldsymbol{A}^2+\cdots+\boldsymbol{A}^n)\boldsymbol{Q}|=|\boldsymbol{E}+n\boldsymbol{Q}^{\mathrm{T}}\boldsymbol{AQ}|$$

$$=\begin{vmatrix}1+n&&&&&\\&\ddots&&&&\\&&1+n&&&\\&&&1&&\\&&&&\ddots&\\&&&&&1\end{vmatrix}=(1+n)^r.$$

例8(兰州大学,2016) 已知 $\boldsymbol{A}$ 是 n 阶实方阵,证明存在正交矩阵 $\boldsymbol{T}_1,\boldsymbol{T}_2$ 使得

$$\boldsymbol{T}_1\boldsymbol{A}\boldsymbol{T}_2=\begin{pmatrix}a_1&&&\\&a_2&&\\&&\ddots&\\&&&a_n\end{pmatrix},$$

其中 $a_i^2(i=1,2,\cdots,n)$ 为矩阵 $\boldsymbol{A}^{\mathrm{T}}\boldsymbol{A}$ 的特征值.

【分析】 考查正交矩阵的性质及半正定矩阵的性质.

证 因为 $\boldsymbol{A}$ 是 n 阶实方阵，所以 $\boldsymbol{A}^{\mathrm{T}}\boldsymbol{A}$ 为实对称矩阵. 事实上，

$$(\boldsymbol{A}^{\mathrm{T}}\boldsymbol{A})^{\mathrm{T}}=\boldsymbol{A}^{\mathrm{T}}(\boldsymbol{A}^{\mathrm{T}})^{\mathrm{T}}=\boldsymbol{A}^{\mathrm{T}}\boldsymbol{A}.$$

$$\forall \boldsymbol{X}\in\mathbf{R}^n,\boldsymbol{X}^{\mathrm{T}}\boldsymbol{A}^{\mathrm{T}}\boldsymbol{A}\boldsymbol{X}=(\boldsymbol{A}\boldsymbol{X})^{\mathrm{T}}(\boldsymbol{A}\boldsymbol{X})=\boldsymbol{Y}^{\mathrm{T}}\boldsymbol{Y}=\sum_{i=1}^{n}y_i^2\geqslant 0,\quad \boldsymbol{Y}=(y_1,y_2,\cdots,y_n)^{\mathrm{T}},$$

故 $\boldsymbol{A}^{\mathrm{T}}\boldsymbol{A}$ 为半正定矩阵. 因此，存在正交矩阵 $\boldsymbol{T}_1$，使得

$$\boldsymbol{T}_1^{\mathrm{T}}\boldsymbol{A}^{\mathrm{T}}\boldsymbol{A}\boldsymbol{T}_1=\begin{pmatrix}a_1^2&&&\\&a_2^2&&\\&&\ddots&\\&&&a_n^2\end{pmatrix}=\begin{pmatrix}a_1&&&\\&a_2&&\\&&\ddots&\\&&&a_n\end{pmatrix}^2.$$

设 $\boldsymbol{T}_2$ 为正交矩阵，则

$$\boldsymbol{T}_1^{\mathrm{T}}\boldsymbol{A}^{\mathrm{T}}\boldsymbol{T}_2\boldsymbol{T}_2^{\mathrm{T}}\boldsymbol{A}\boldsymbol{T}_1=\begin{pmatrix}a_1^2&&&\\&a_2^2&&\\&&\ddots&\\&&&a_n^2\end{pmatrix}=\begin{pmatrix}a_1&&&\\&a_2&&\\&&\ddots&\\&&&a_n\end{pmatrix}^2.$$

令 $\boldsymbol{T}_2^{\mathrm{T}}\boldsymbol{A}\boldsymbol{T}_1=\boldsymbol{B}=\begin{pmatrix}a_1&&&\\&a_2&&\\&&\ddots&\\&&&a_n\end{pmatrix}$，则上述等式成立. 显然这个矩阵方程是有正交矩阵解.

历年考研试题精选

1.（东南大学，2006） 设 f 是有限维欧式空间 V 上的正交变换.

（1）证明：f 的特征值只能是 1 或 -1.

（2）证明：f 的属于不同特征值的特征向量相互正交.

（3）如果 1 和 -1 都是 f 的特征值，并且 V_1 和 V_{-1} 分别表示 f 的属于特征值 1 和 -1 的特征子空间，若 $f^2=I$（I 表示 V 上的恒等变换），证明 $V_{-1}=V_1^{\perp}$.

2.（东南大学，2006） 假设 $\boldsymbol{A}$ 是 $s\times n$ 实矩阵，在通常的内积下 $\boldsymbol{A}$ 的每个行向量的长度为 a，任意两个不同的行向量的内积为 b，其中 a,b 是两个固定的实数.

（1）求矩阵 $\boldsymbol{A}\boldsymbol{A}^{\mathrm{T}}$ 的行列式；

（2）若 $a^2>b\geqslant 0$，证明 $\boldsymbol{A}\boldsymbol{A}^{\mathrm{T}}$ 的特征值均大于零.

3.（东南大学，2005） 设 V 是 n 维欧式空间，f 是 V 上的线性变换，并且满足条件：对任意 $\boldsymbol{\alpha},\boldsymbol{\beta}\in V$，有 $(f(\boldsymbol{\alpha}),\boldsymbol{\beta})=(\boldsymbol{\alpha},f(\boldsymbol{\beta}))$（其中，$(\boldsymbol{\xi},\boldsymbol{\eta})$ 表示向量 $\boldsymbol{\xi},\boldsymbol{\eta}$ 的内积）.

（1）证明：f 的属于不同特征值的特征向量是相互正交的.

（2）证明：若 $f^2=f$，则 $V_0=V_1^{\perp}$，其中 V_1,V_0 分别表示 f 的关于特征值 1 和 0 的特征子空间.

4.（东南大学，2004） 已知 $\boldsymbol{A}$ 是 n 阶实对称阵，$\lambda_1,\cdots,\lambda_n$ 是 $\boldsymbol{A}$ 的特征值，相对应的标准正交特征向量为 $\boldsymbol{\xi}_1,\cdots,\boldsymbol{\xi}_n$. 求证：$\boldsymbol{A}=\lambda_1\boldsymbol{\xi}_1\boldsymbol{\xi}_1^{\mathrm{T}}+\cdots+\lambda_n\boldsymbol{\xi}_n\boldsymbol{\xi}_n^{\mathrm{T}}$，这里“T”表示转置.

5.（大连理工大学，2005） 设 V 是一个 n 维欧氏空间，$\boldsymbol{\alpha}_1,\cdots,\boldsymbol{\alpha}_n$ 是 V 的一个标准正交基，σ 是 V 的一个线性变换，$\boldsymbol{A}=(a_{ij})_{n\times n}$ 是 σ 关于这个基的矩阵，证明：$a_{ji}=(\sigma(\boldsymbol{\alpha}_i),\boldsymbol{\alpha}_j)$，$i,j=1,2,\cdots,n$.

6.（北京交通大学,2002） 设σ是n维欧氏空间V的正交变换,W是σ不变子空间,证明W的正交补$W^{\perp}$也是σ的不变子空间.

7.（北京交通大学,2004） 设σ是欧氏空间V的线性变换,τ是同一空间V的一个变换,且对$\forall \boldsymbol{\alpha},\boldsymbol{\beta}\in V$,有$(\sigma(\boldsymbol{\alpha}),\boldsymbol{\beta})=(\boldsymbol{\alpha},\tau(\boldsymbol{\beta}))$. 证明:

(1) τ是V的线性变换;

(2) σ的核等于τ的值域的正交补.

8.（北京交通大学,2005） 设$\boldsymbol{\alpha}$是n维欧氏空间V中的非零向量,定义变换如下:

$$\widetilde{\boldsymbol{A}}(\boldsymbol{x})=\boldsymbol{x}+k(\boldsymbol{x},\boldsymbol{\alpha})\boldsymbol{\alpha} \quad (\forall \boldsymbol{x}\in V).$$

(1) 证明$\widetilde{\boldsymbol{A}}$是线性变换;

(2) 设$\boldsymbol{\alpha}$在V的一组标准正交基$\boldsymbol{\varepsilon}_1,\boldsymbol{\varepsilon}_2,\cdots,\boldsymbol{\varepsilon}_n$下的坐标为$(a_1,a_2,\cdots,a_n)^{\mathrm{T}}$,求$\widetilde{\boldsymbol{A}}$在这组基下的矩阵;

(3) 证明$\widetilde{\boldsymbol{A}}$是对称变换;

(4) 证明$\widetilde{\boldsymbol{A}}$是正交变换的充分必要条件是$k=-\dfrac{2}{(\boldsymbol{\alpha},\boldsymbol{\alpha})}$.

9.（北京工业大学,2000） 设$\boldsymbol{A}$是正交矩阵,证明:

(1) $\boldsymbol{A}$的行列式等于1或-1;

(2) $\boldsymbol{A}$的特征值的模等于1;

(3) 如果λ是$\boldsymbol{A}$的一个特征值,则$\dfrac{1}{\lambda}$也是$\boldsymbol{A}$的一个特征值;

(4) $\boldsymbol{A}$的伴随矩阵也是正交矩阵;

(5) 如果$\boldsymbol{A}$的行列式等于-1,则-1是$\boldsymbol{A}$的一个特征值;

(6) 设$\boldsymbol{B}$是正交矩阵且$|\boldsymbol{A}|=-|\boldsymbol{B}|$,则$|\boldsymbol{A}+\boldsymbol{B}|=0$.

10.（华中科技大学,2006） 设$\boldsymbol{A}\neq\boldsymbol{O}$是$m\times n$矩阵,$\boldsymbol{b}^{\mathrm{T}}=(b_1,b_2,\cdots,b_m)$,$\boldsymbol{A}^{\mathrm{T}}\boldsymbol{X}=\boldsymbol{0}$的解空间为$W$,证明:线性方程组$\boldsymbol{AX}=\boldsymbol{b}$有解的充要条件为$\boldsymbol{b}\perp W$.

11.（北京大学,1996） 用$\mathbf{R}[x]_4$表示实数域$\mathbf{R}$上次数小于4的一元多项式组成的集合,它是一个欧几里得空间,其上的内积为

$$(f,g)=\int_0^1 f(x)g(x)\mathrm{d}x.$$

设W是由零次多项式及零多项式组成的子空间,求$W^{\perp}$以及它的一个基.

12.（北京大学,1997） 设σ是n维欧氏空间V内的一个线性变换,满足

$$(\sigma(\boldsymbol{\alpha}),\boldsymbol{\beta})=-(\boldsymbol{\alpha},\sigma(\boldsymbol{\beta})),\quad \forall \boldsymbol{\alpha},\boldsymbol{\beta}\in V.$$

(1) 若λ是σ的特征值,证明$\lambda=0$;

(2) 证明V内存在一组标准正交基,使σ^2在此组基下的矩阵为对角矩阵;

(3) 设σ在V的某组基下的矩阵为$\boldsymbol{A}$,证明:把$\boldsymbol{A}$看作复数域$\mathbf{C}$上的n阶方阵,其特征值必为零或纯虚数.

13.（北京大学,2000） 设实数域上的$s\times n$矩阵$\boldsymbol{A}$的元素只有0和1,并且$\boldsymbol{A}$的每一行元素的平方和是常数r,$\boldsymbol{A}$的每两个行向量的内积为常数m,其中$m<r$.

(1) 求$|\boldsymbol{AA}^{\mathrm{T}}|$;

(2) 证明$s\leqslant n$;

(3) 证明$\boldsymbol{AA}^{\mathrm{T}}$的特征值全为正实数.

14.（北京大学,2001） 在实数域上的n维列向量空间$\mathbf{R}^n$中,定义内积为$(\boldsymbol{\alpha},\boldsymbol{\beta})=\boldsymbol{\alpha}^{\mathrm{T}}\boldsymbol{\beta}$,从

而 $\mathbf{R}^n$ 成为欧式空间.

(1) 设实数域上的矩阵 $\boldsymbol{A}=\begin{pmatrix}1&-3&5&-2\\-2&1&-3&1\\-1&-7&9&-4\end{pmatrix}$,求齐次线性方程组 $\boldsymbol{AX}=\mathbf{0}$ 的解空间的一个正交基.

(2) 设 $\boldsymbol{A}$ 是实数域 $\mathbf{R}$ 上的 $s\times n$ 矩阵,以 W 表示齐次线性方程组 $\boldsymbol{AX}=\mathbf{0}$ 的解空间,用 U 表示 $\boldsymbol{A}^{\mathrm{T}}$ 的列空间(即 $\boldsymbol{A}^{\mathrm{T}}$ 的列向量组生成的子空间),证明 $U=W^{\perp}$.

15.(北京理工大学,2003) 设 V 是 n 维欧式空间,证明在 V 中给定的向量 $\boldsymbol{\alpha}$,则 V 上的实函数 $f(\boldsymbol{\beta})=(\boldsymbol{\alpha},\boldsymbol{\beta})$,$\boldsymbol{\beta}\in V$ 是连续的,即任取 $\varepsilon>0$,$\exists\,\delta>0$,使得当 $|\boldsymbol{\gamma}-\boldsymbol{\beta}|<\varepsilon$,必有

$$|f(\boldsymbol{\gamma})-f(\boldsymbol{\beta})|<\varepsilon.$$

16.(中国科学院,2005) 已知两个四维向量

$$\boldsymbol{\alpha}=\left(\frac{1}{3},-\frac{2}{3},0,\frac{2}{3}\right)^{\mathrm{T}},\quad \boldsymbol{\beta}=\left(-\frac{\sqrt{6}}{3},0,\frac{\sqrt{6}}{6},\frac{\sqrt{6}}{6}\right)^{\mathrm{T}},$$

求一个四阶正交矩阵 $\boldsymbol{Q}$ 以 $\boldsymbol{\alpha},\boldsymbol{\beta}$ 作为该矩阵的前两列.

17.(武汉大学,2005) 在欧氏空间 $\mathbf{R}^3$ 中,$\boldsymbol{\xi}=(a,b,c)$ 为一已知单位向量,线性变换 σ 定义为 $\sigma(\boldsymbol{\alpha})=\boldsymbol{\alpha}-2(\boldsymbol{\alpha},\boldsymbol{\xi})\boldsymbol{\xi}$,$\forall\,\boldsymbol{\alpha}\in\mathbf{R}^3$.

(1) 证明 σ 是 $\mathbf{R}^3$ 的一个正交变换;

(2) 求 σ 关于 $\mathbf{R}^3$ 的基 $\boldsymbol{e}_1=(1,0,0)$,$\boldsymbol{e}_2=(0,1,0)$,$\boldsymbol{e}_3=(0,0,1)$ 的矩阵 $\boldsymbol{A}$.

18.(武汉大学,1996) 证明 n 维欧氏空间中至多有 $n+1$ 个向量,其两两之间的夹角都大于 90°.

19.(四川大学,1996) S 为 n 维欧氏空间 V 的非平凡子空间,$\forall\,\boldsymbol{\alpha}\in V$,$\boldsymbol{\alpha}=\boldsymbol{\alpha}_1+\boldsymbol{\alpha}_2$($\boldsymbol{\alpha}_1\in S$,$\boldsymbol{\alpha}_2\in S^{\perp}$),给定 $\varphi(\boldsymbol{\alpha})=\boldsymbol{\alpha}_1$,证明 φ 是 V 的线性、对称、幂等变换.

20.(武汉大学,1997)

$$\boldsymbol{A}=\begin{pmatrix}0&b&-c\\-b&0&a\\c&-a&0\end{pmatrix}$$

为实矩阵,令 $\boldsymbol{B}=\boldsymbol{A}^2+q\boldsymbol{A}+\boldsymbol{E}$,$q=a^2+b^2+c^2$,$\boldsymbol{E}$ 为单位矩阵,问当且仅当 q 为何值时,$\boldsymbol{B}$ 是正交矩阵?

21.(四川大学,1998) 设 $\boldsymbol{\alpha}_1,\cdots,\boldsymbol{\alpha}_n$ 与 $\boldsymbol{\beta}_1,\cdots,\boldsymbol{\beta}_n$ 是 n 维欧氏空间 V 的两个标准正交基,$\boldsymbol{\alpha}_1\neq\boldsymbol{\beta}_1$,$k=|\boldsymbol{\alpha}_1-\boldsymbol{\beta}_1|$,$\boldsymbol{\eta}=\dfrac{1}{k}(\boldsymbol{\alpha}_1-\boldsymbol{\beta}_1)$,$\forall\,\boldsymbol{\alpha}\in V$,定义 $\tau(\boldsymbol{\alpha})=\boldsymbol{\alpha}-2(\boldsymbol{\alpha},\boldsymbol{\eta})\boldsymbol{\eta}$. 证明:

(1) τ 是正交变换,$\tau(\boldsymbol{\alpha}_1)=\boldsymbol{\beta}_1$;

(2) $L(\boldsymbol{\beta}_2,\cdots,\boldsymbol{\beta}_n)=L(\tau(\boldsymbol{\alpha}_2),\cdots,\tau(\boldsymbol{\alpha}_n))$.

22.(四川大学,2000) 设 V 是 n 维欧氏空间,σ_1,σ_2 是 V 上的两个对称变换,τ 是 V 上的一个反对称变换,即 σ_1,σ_2,τ 是 V 的线性变换,且对任意 $\boldsymbol{\alpha},\boldsymbol{\beta}\in V$,有

$$(\sigma_1(\boldsymbol{\alpha}),\boldsymbol{\beta})=(\boldsymbol{\alpha},\sigma_1(\boldsymbol{\beta})),\quad(\sigma_2(\boldsymbol{\alpha}),\boldsymbol{\beta})=(\boldsymbol{\alpha},\sigma_2(\boldsymbol{\beta})),\quad(\tau(\boldsymbol{\alpha}),\boldsymbol{\beta})=-(\boldsymbol{\alpha},\tau(\boldsymbol{\beta})).$$

证明:$\sigma_1^2+\sigma_2^2=\tau^2\Leftrightarrow\sigma_1=\sigma_2=\tau=0$.

23.(同济大学,1999) 设 V 是实数域 $\mathbf{R}$ 上的一个 n 维欧氏空间,对任意向量 $\boldsymbol{v},\boldsymbol{w}\in V$,$(\boldsymbol{v},\boldsymbol{w})$ 表示 $\boldsymbol{v}$ 和 $\boldsymbol{w}$ 的内积,$\|\boldsymbol{v}\|=\sqrt{(\boldsymbol{v},\boldsymbol{v})}$ 表示 $\boldsymbol{v}$ 的长度.

(1) 当 n 是奇数,$\sigma:V\to V$ 是 V 的正交变换,证明:存在 V 中非零向量 $\boldsymbol{v}$,使 $\sigma(\boldsymbol{v})=\boldsymbol{v}$

或$\sigma(\boldsymbol{v})=-\boldsymbol{v}$.

(2) 举例说明：当n为偶数时，(1)的结论不一定成立.

(3) 设变换$\tau:V\to V$满足：(i) $\tau(\mathbf{0})=\mathbf{0}$；(ii) $\|\tau(\boldsymbol{v})-\tau(\boldsymbol{\omega})\|=\|\boldsymbol{v}-\boldsymbol{\omega}\|$，$\forall\,\boldsymbol{v},\boldsymbol{\omega}\in V$. 证明：$\tau$一定是线性变换.

24.（大连理工大学，2000） 设$\boldsymbol{\alpha}_1,\cdots,\boldsymbol{\alpha}_m$与$\boldsymbol{\beta}_1,\cdots,\boldsymbol{\beta}_m$是$n$维欧氏空间中两个向量组，证明必存在一正交变换$\sigma$，使得$\sigma(\boldsymbol{\alpha}_i)=\boldsymbol{\beta}_i(i=1,2,\cdots,n)$的充分必要条件为

$$(\boldsymbol{\alpha}_i,\boldsymbol{\alpha}_j)=(\boldsymbol{\beta}_i,\boldsymbol{\beta}_j)\quad(i,j=1,2,\cdots,m).$$

25.（浙江大学，2003） 设V是n维欧氏空间，内积记为$(\boldsymbol{\alpha},\boldsymbol{\beta})$，又设$T$是$V$的一个正交变换，记$V_1=\{\boldsymbol{\alpha}\in V\mid T(\boldsymbol{\alpha})=\boldsymbol{\alpha}\}$，$V_2=\{\boldsymbol{\alpha}-T(\boldsymbol{\alpha})\mid\boldsymbol{\alpha}\in V\}$，试证明：

(1) V_1,V_2都是V的子空间；

(2) $V=V_1\oplus V_2$.

26.（华东师范大学，2006） 如果$\boldsymbol{\alpha}_1,\boldsymbol{\alpha}_2,\cdots,\boldsymbol{\alpha}_m$是$n$维欧氏空间$V$中的一组非零的向量，且满足$\forall\,i\neq j$，$(\boldsymbol{\alpha}_i,\boldsymbol{\alpha}_j)\leqslant 0$，问$m$的最大值是多少？说明理由.

27.（上海大学，2005） 若W是反对称变换σ的不变子空间，求证$W^{\perp}$(W的正交补)也是σ的不变子空间.

28.（中国科技大学，1999） 设$V=\mathbf{R}^{m\times n}$是实数域上的全体$m\times n$实矩阵组成的向量空间，$\boldsymbol{S}$是正定的n阶实对称方阵，对任意$\boldsymbol{X},\boldsymbol{Y}\in V$，定义$(\boldsymbol{X},\boldsymbol{Y})=\mathrm{tr}(\boldsymbol{XSY}^{\mathrm{T}})$. 证明：$(\boldsymbol{X},\boldsymbol{Y})$是$V$上的欧几里得内积.

29.（厦门大学，2002） 设W是欧氏空间V的一个子空间，$\boldsymbol{\alpha}_1,\boldsymbol{\alpha}_2,\cdots,\boldsymbol{\alpha}_n$是$W$的一组标准正交基，求证下列条件是等价的：

(1) $\boldsymbol{\alpha}\in W$；

(2) $\boldsymbol{\alpha}=(\boldsymbol{\alpha},\boldsymbol{\alpha}_1)\boldsymbol{\alpha}_1+(\boldsymbol{\alpha},\boldsymbol{\alpha}_2)\boldsymbol{\alpha}_2+\cdots+(\boldsymbol{\alpha},\boldsymbol{\alpha}_n)\boldsymbol{\alpha}_n$；

(3) 对任意的$\boldsymbol{\beta}\in V$，都有

$$(\boldsymbol{\alpha},\boldsymbol{\beta})=(\boldsymbol{\alpha},\boldsymbol{\alpha}_1)(\boldsymbol{\beta},\boldsymbol{\alpha}_1)+(\boldsymbol{\alpha},\boldsymbol{\alpha}_2)(\boldsymbol{\beta},\boldsymbol{\alpha}_2)+\cdots+(\boldsymbol{\alpha},\boldsymbol{\alpha}_n)(\boldsymbol{\beta},\boldsymbol{\alpha}_n).$$

30.（天津大学，1999） 设$\boldsymbol{\alpha}_1,\boldsymbol{\alpha}_2,\cdots,\boldsymbol{\alpha}_{n-1}$是欧氏空间$\mathbf{R}^n$中一正交向量组，$\boldsymbol{\beta}_1,\boldsymbol{\beta}_2\in\mathbf{R}^n$，且

$$(\boldsymbol{\beta}_1,\boldsymbol{\alpha}_i)=0,\quad(\boldsymbol{\beta}_2,\boldsymbol{\alpha}_i)=0\quad(i=1,2,\cdots,n-1).$$

证明：$\boldsymbol{\beta}_1,\boldsymbol{\beta}_2$线性相关.

31.（武汉大学，1998） $\mathbf{R}$表示实数域，在欧氏空间$\mathbf{R}^4=\{a_1,a_2,a_3,a_4\mid a_i\in\mathbf{R};i=1,2,3,4\}$中，其内积$((a_1,a_2,a_3,a_4),(b_1,b_2,b_3,b_4))=\sum\limits_{i=1}^{4}a_ib_i$，令

$$\boldsymbol{\alpha}_1=(1,0,0,0),\quad\boldsymbol{\alpha}_2=\left(0,\frac{1}{2},\frac{1}{2},\frac{1}{\sqrt{2}}\right),$$

求$\boldsymbol{\alpha}_3,\boldsymbol{\alpha}_4\in\mathbf{R}^4$，使$\boldsymbol{\alpha}_1,\boldsymbol{\alpha}_2,\boldsymbol{\alpha}_3,\boldsymbol{\alpha}_4$成$\mathbf{R}^4$的标准正交基.

32.（北京大学，1993） 设φ是n维欧氏空间V的一个线性变换，V的线性变换φ^*称为φ的伴随变换，设$(\varphi(\boldsymbol{\alpha}),\boldsymbol{\beta})=(\boldsymbol{\alpha},\varphi^*(\boldsymbol{\beta}))$，$\forall\,\boldsymbol{\alpha},\boldsymbol{\beta}\in V$.

(1) 设φ在V的一组标准正交基下的矩阵为$\mathbf{A}$，证明φ^*在这组标准正交基下的矩阵为$\mathbf{A}^{\mathrm{T}}$；

(2) 证明$\varphi^*(V)=(\varphi^{-1}(\mathbf{0}))^{\perp}$，其中$\varphi^*(V)$为$\varphi^*$的值域，$\varphi^{-1}(\mathbf{0})$为$\varphi$的核.

33.（北京大学，1999） 设实数域上的矩阵为

$$A=\begin{pmatrix}1&0&1\\0&6&-2\\1&-2&2\end{pmatrix}.$$

(1) 判断 A 是否为正定矩阵，要求写出理由；

(2) 设 V 是实数域上的三维线性空间，V 上的一个双线性函数 $f(\boldsymbol{\alpha},\boldsymbol{\beta})$ 在 V 的一组基 $\boldsymbol{\alpha}_1,\boldsymbol{\alpha}_2,\boldsymbol{\alpha}_3$ 下的度量矩阵为 A. 证明 $f(\boldsymbol{\alpha},\boldsymbol{\beta})$ 是 V 的一个内积，并且求出 V 对于这个内积所构成的欧氏空间的一个标准正交基.

34.（北京大学，2000） 设 V 是实数 $\mathbf{R}$ 上的 n 维线性空间，V 上所有复值函数组成的集合，对于函数的加法以及复数与函数的数量乘法，形成复数域 $\mathbf{C}$ 上的一个线性空间，记为 $\mathbf{C}^V$. 证明：如果 $f_1,f_2,\cdots,f_{n+1}$ 是 $\mathbf{C}^V$ 中 $n+1$ 个不同的函数，并且它们满足

$$f_i(\boldsymbol{\alpha}+\boldsymbol{\beta})=f(\boldsymbol{\alpha})+f(\boldsymbol{\beta}),\quad \forall\, \boldsymbol{\alpha},\boldsymbol{\beta}\in V,$$

$$f_i(k\boldsymbol{\alpha})=kf_i(\boldsymbol{\alpha}),\quad \forall\, k\in\mathbf{R},\boldsymbol{\alpha}\in V,$$

则 $f_1,f_2,\cdots,f_{n+1}$ 是 $\mathbf{C}^V$ 中的线性相关的向量组.

35.（大连理工大学，2004） 设 V 是实数域上的 n 维线性空间，f 为 V 上的正定的对称双线性函数，U 是 V 的子空间，$U^{\perp}=\{\boldsymbol{\alpha}\in V\mid f(\boldsymbol{\alpha},\boldsymbol{\beta})=0,\forall\,\boldsymbol{\beta}\in U\}$.

证明：(1) $U^{\perp}$ 是 V 的子空间；

(2) $V=U\oplus U^{\perp}$.

36.（武汉大学，2001） 设线性空间 $\mathbf{R}^3$ 的一组基为

$$\boldsymbol{\alpha}_1=(1,0,0),\quad \boldsymbol{\alpha}_2=(1,1,0),\quad \boldsymbol{\alpha}_3=(1,1,1).$$

$\hat{\mathbf{R}}^3$ 为 $\mathbf{R}^3$ 的对偶空间，求 $\hat{\mathbf{R}}^3$ 的关于 $\boldsymbol{\alpha}_1,\boldsymbol{\alpha}_2,\boldsymbol{\alpha}_3$ 的对偶基 $\hat{\boldsymbol{\alpha}}_1,\hat{\boldsymbol{\alpha}}_2,\hat{\boldsymbol{\alpha}}_3$.

37.（北京理工大学，2005） 设 A 是一个三阶正交矩阵，且 $|A|=1$.

(1) 证明 $\lambda=1$ 必为 A 的特征值；

(2) 证明：存在正交矩阵 Q，使

$$Q^{\mathrm{T}}AQ=\begin{pmatrix}1&0&0\\0&\cos\theta&\sin\theta\\0&-\sin\theta&\cos\theta\end{pmatrix}.$$

38.（华中师范大学，2006） 已知线性变换 $\mathcal{A}$ 是酉空间 V 的对称变换，V 的子空间 W 是 $\mathcal{A}$ 的不变子空间，证明：$W^{\perp}$ 也是 $\mathcal{A}$ 的不变子空间.

39.（华中师范大学，2007） 已知线性变换 $\mathcal{A}$ 是酉空间 V 的正则变换，若 $\boldsymbol{\alpha}$ 是线性变换 $\mathcal{A}$ 的特征值的特征向量，则 $\boldsymbol{\alpha}$ 也是 $\mathcal{A}^*$ 的特征值的特征向量.

40.（三峡大学，2008） 在欧氏空间 $\mathbf{R}^3$ 中，$\boldsymbol{\xi}=(a,b,c)$ 为一已知单位向量，线性变换 σ 定义为 $\sigma(\boldsymbol{\alpha})=\boldsymbol{\alpha}-2(\boldsymbol{\alpha},\boldsymbol{\xi})\boldsymbol{\xi}$，$\forall\,\boldsymbol{\alpha}\in\mathbf{R}^3$.

(1) 证明 σ 是 $\mathbf{R}^3$ 的一个正交变换；

(2) 求 σ 在基 $\boldsymbol{e}_1=(1,0,0),\boldsymbol{e}_2=(0,1,0),\boldsymbol{e}_3=(0,0,1)$ 下的矩阵.

41.（华南理工大学，2008） 在 $\mathbf{R}^5$ 中给定内积：

$$((x_1,x_2,x_3,x_4,x_5),(y_1,y_2,y_3,y_4,y_5))=\sum_{i=1}^{5}x_iy_i,$$

V 是由向量 $\{(1,0,1,0,0),(1,1,0,0,0),(0,0,1,0,0),(1,1,1,0,0)\}$ 构成的 $\mathbf{R}^5$ 的线性子空间.

(1) 求出 V 的维数；

(2) 给出 V 的一组标准正交基;

(3) 给出 V 的正交补.

42.(北京大学,2008) 设 V 是欧几里得空间,U 是 V 的子空间,$\boldsymbol{\beta}\in U$. 求证:$\boldsymbol{\beta}$ 是 $\boldsymbol{\alpha}\in V$ 在 U 上的正交投影的充要条件为:$\forall\,\boldsymbol{\gamma}\in U$,都有 $|\boldsymbol{\alpha}-\boldsymbol{\beta}|\leqslant|\boldsymbol{\alpha}-\boldsymbol{\gamma}|$.

43.(北京理工大学,2008) 设 V 是实数域 $\mathbf{R}$ 上的一个三维线性空间,$\boldsymbol{\alpha}_1,\boldsymbol{\alpha}_2,\boldsymbol{\alpha}_3$ 是 V 的一个基. 设 $f(\boldsymbol{\alpha},\boldsymbol{\beta})$ 是 V 上的一个双线性函数,它在基 $\boldsymbol{\alpha}_1,\boldsymbol{\alpha}_2,\boldsymbol{\alpha}_3$ 下的度量矩阵为

$$\boldsymbol{A}=\begin{pmatrix} a & b & 0\\ -2 & 2 & 0\\ 0 & 0 & 1\end{pmatrix}.$$

(1) 问参数 a,b 满足什么条件时,$f(\boldsymbol{\alpha},\boldsymbol{\beta})$ 是 V 上的一个内积?

(2) 当 $a=4$ 时,求欧式空间 V 的一组标准正交基.

44.(北京大学,2008) 设 f 为双线性函数,且对任意的 $\boldsymbol{\alpha},\boldsymbol{\beta},\boldsymbol{\gamma}$,都有

$$f(\boldsymbol{\alpha},\boldsymbol{\beta})f(\boldsymbol{\gamma},\boldsymbol{\alpha})=f(\boldsymbol{\beta},\boldsymbol{\alpha})f(\boldsymbol{\alpha},\boldsymbol{\gamma}).$$

求证:f 为对称的或反对称的.

45.(中国科学院,2010) n 阶方阵 $\boldsymbol{A}$ 能表示成 $\boldsymbol{A}=\boldsymbol{H}+\boldsymbol{K}$,其中 $\boldsymbol{H}=\overline{H}^{\mathrm{T}},\boldsymbol{K}=-\overline{\boldsymbol{K}}^{\mathrm{T}}$,$\overline{\boldsymbol{B}}^{\mathrm{T}}$ 是矩阵 $\boldsymbol{B}$ 的共轭转置,设 a,h,k 代表 $\boldsymbol{A},\boldsymbol{H},\boldsymbol{K}$ 中元素的最大模,若 $z=x+\mathrm{i}y(x,y\in\mathbf{R})$ 是 $\boldsymbol{A}$ 的任一特征值. 证明:

(1) $|z|\leqslant na,|x|\leqslant nh,|y|\leqslant nk$;

(2) Hermite 矩阵的特征值都是实数;

(3) 反对称矩阵的特征值都是纯虚数.

46.(武汉大学,2015) 已知 $\boldsymbol{A}=\begin{pmatrix}1&1&1\\1&1&0\\1&0&1\end{pmatrix}$,求正交矩阵 $\boldsymbol{Q}$ 和对角元素为负的上三角矩阵 $\boldsymbol{R}$,使得 $\boldsymbol{A}=\boldsymbol{QR}$.

47.(北京大学,2014) 在欧式空间 V 中,对称线性变换 $\boldsymbol{A}$ 称为正的,如果对任意向量 $\boldsymbol{\alpha}\in V$, 都有$(\boldsymbol{\alpha},\boldsymbol{A\alpha})\leqslant 0$, 当且仅当 $\boldsymbol{\alpha}=\boldsymbol{0}$ 时等号成立. 证明:

(1) 若线性变换 $\boldsymbol{A}$ 是正的,则 $\boldsymbol{A}$ 是可逆的;

(2) 若线性变换 $\boldsymbol{B}$ 是正的且 $\boldsymbol{A}-\boldsymbol{B}$ 也是正的,证明 $\boldsymbol{B}^{-1}-\boldsymbol{A}^{-1}$ 是正的.

48.(北京交通大学,2012) 已知三阶实对称矩阵 $\boldsymbol{A}$ 有特征值 0(二重)和 2,且属于 0 的特征向量有 $\boldsymbol{\alpha}_1=\begin{pmatrix}2\\1\\2\end{pmatrix},\boldsymbol{\alpha}_2=\begin{pmatrix}1\\2\\1\end{pmatrix}$.

(1) 求正交矩阵 $\boldsymbol{P}$, 使得 $\boldsymbol{P}^{\mathrm{T}}\boldsymbol{AP}$ 为对角阵;

(2) 求 $\boldsymbol{A}$.

49.(河北大学,2014) 已知 $\boldsymbol{C},\boldsymbol{D}$ 是 n 阶实矩阵,且 $\boldsymbol{A}=\boldsymbol{C}^{\mathrm{T}}\boldsymbol{C},\boldsymbol{B}=\boldsymbol{D}^{\mathrm{T}}\boldsymbol{D}$,证明:

(1) $\boldsymbol{A},\boldsymbol{B}$ 是半正定矩阵;

(2) 若 $\lambda,\mu>0$,则存在 n 阶实矩阵 $\boldsymbol{P}$ 使得 $\lambda\boldsymbol{A}+\mu\boldsymbol{B}=\boldsymbol{P}^{\mathrm{T}}\boldsymbol{P}$.

50.(华中科技大学,2016) 已知 $\boldsymbol{A},\boldsymbol{B}$ 是 n 阶实对称矩阵,证明:$\boldsymbol{AB}=\boldsymbol{BA}$ 的充要条件是存在正交矩阵 $\boldsymbol{Q}$,使得 $\boldsymbol{Q}^{\mathrm{T}}\boldsymbol{AQ},\boldsymbol{Q}^{\mathrm{T}}\boldsymbol{BQ}$ 同时为对角阵.

51.(中国科学院,2017) $f_i(i=1,2,\cdots,m;m<n)$ 是 n 维线性空间 V 上的 m 个线性函

数，证明：存在一非零向量 $\boldsymbol{\alpha}\in V$ 使得 $f_i(\boldsymbol{\alpha})=0$.

52.（中山大学，2016） 已知三阶实对称矩阵 $\boldsymbol{A}$ 的特征值为 2，1，1，且 $\boldsymbol{X}=(1,1,0)^{\mathrm{T}}$ 是 $\boldsymbol{A}$ 的属于 2 的特征向量，求矩阵 $\boldsymbol{A}$.

53.（中国科学院，2018） 通过正交变换将下面的实二次型化成标准形：

$$q(x_1,x_2,x_3)=5x_1^2+5x_2^2+5x_3^2-2x_1x_2-2x_2x_3-2x_1x_3.$$

54.（南京航空航天大学，2018） 设 $\mathbf{A}\in\mathbf{R}^{n\times n}$，证明：

(1) $\forall\boldsymbol{\beta}\in\mathbf{R}^n$，方程组 $\boldsymbol{A}^{\mathrm{T}}\boldsymbol{A}\boldsymbol{X}=\boldsymbol{A}^{\mathrm{T}}\boldsymbol{\beta}$ 总有解；

(2) $\boldsymbol{A}^{\mathrm{T}}\boldsymbol{A}\boldsymbol{X}=\boldsymbol{A}^{\mathrm{T}}\boldsymbol{\beta}$ 有唯一解的充要条件是 $R(\mathbf{A})=n$.

55.（中国科学院，2019） 设实对称矩阵 $\mathbf{A}=\begin{pmatrix}-4 & 2 & 2\\ 2 & -1 & 4\\ 2 & 4 & a\end{pmatrix}$，已知 -5 是 $\mathbf{A}$ 的一个重数为 2 的特征值.(1) 计算 a 的值；(2) 求正交矩阵 $\boldsymbol{Q}$，使得 $\boldsymbol{Q}^{-1}\boldsymbol{A}\boldsymbol{Q}$ 为对角矩阵.

56.（中国科学院，2019） 设有 $n+1$ 个列向量 $\boldsymbol{\alpha}_1,\boldsymbol{\alpha}_2,\cdots,\boldsymbol{\alpha}_n,\boldsymbol{\beta}\in\mathbf{R}^n$，$\mathbf{A}$ 是一个 n 阶实对称正定矩阵，如果满足：

(1) $\boldsymbol{\alpha}_j\neq\mathbf{0},j=1,2,\cdots,n$；

(2) $\boldsymbol{\alpha}_i^{\mathrm{T}}\mathbf{A}\boldsymbol{\alpha}_j=\mathbf{0},i\neq j=1,2,\cdots,n$；

(3) $(\boldsymbol{\beta},\boldsymbol{\alpha}_j)=0,j=1,2,\cdots,n$.

证明：$\boldsymbol{\beta}=\mathbf{0}$.

历年考研试题精选参考答案

1. 证明：(1) 设 λ 为 f 的特征值，则存在 $\boldsymbol{\alpha}\neq\mathbf{0}$ 使得 $f(\boldsymbol{\alpha})=\lambda\boldsymbol{\alpha}$，则

$$(f(\boldsymbol{\alpha}),f(\boldsymbol{\alpha}))=(\lambda\boldsymbol{\alpha},\lambda\boldsymbol{\alpha})=\lambda^2(\boldsymbol{\alpha},\boldsymbol{\alpha})=(\boldsymbol{\alpha},\boldsymbol{\alpha}).$$

因为 $(\boldsymbol{\alpha},\boldsymbol{\alpha})>0$，所以 $\lambda^2=1,\lambda\in\mathbf{R}\Rightarrow\lambda=1$ 或 -1.

(2) 如果 $f(\boldsymbol{\alpha}_1)=\boldsymbol{\alpha}_1,f(\boldsymbol{\alpha}_2)=-\boldsymbol{\alpha}_2$，那么

$$(\boldsymbol{\alpha}_1,\boldsymbol{\alpha}_2)=(f(\boldsymbol{\alpha}_1),f(\boldsymbol{\alpha}_2))=(\boldsymbol{\alpha}_1,-\boldsymbol{\alpha}_2)=-(\boldsymbol{\alpha}_1,\boldsymbol{\alpha}_2)\Rightarrow(\boldsymbol{\alpha}_1,\boldsymbol{\alpha}_2)=0.$$

(3) 如果 $f^2=I$，则 f 可以对角化，故存在 V 的一组基 $\boldsymbol{\alpha}_1,\boldsymbol{\alpha}_2,\cdots,\boldsymbol{\alpha}_n$，使得

$$f(\boldsymbol{\alpha}_1,\boldsymbol{\alpha}_2,\cdots,\boldsymbol{\alpha}_n)=(\boldsymbol{\alpha}_1,\boldsymbol{\alpha}_2,\cdots,\boldsymbol{\alpha}_n)\begin{pmatrix}\boldsymbol{E}_r & \boldsymbol{O}\\ \boldsymbol{O} & -\boldsymbol{E}_{n-r}\end{pmatrix}.$$

显然，$V_1=L(\boldsymbol{\alpha}_1,\boldsymbol{\alpha}_2,\cdots,\boldsymbol{\alpha}_r)$，$V_{-1}=L(\boldsymbol{\alpha}_{r+1},\boldsymbol{\alpha}_{r+2},\cdots,\boldsymbol{\alpha}_n)$.

由(2)可知，$V_{-1}\subseteq V_1^{\perp}$，且 $\dim V_{-1}=n-r,\dim V_1^{\perp}=n-r$，由正交补的唯一性知 $V_{-1}=V_1^{\perp}$.

2. (1) 解：设 $\mathbf{A}_1,\mathbf{A}_2,\cdots,\mathbf{A}_s$ 是 $\mathbf{A}$ 的 s 个行向量，则

$$\mathbf{A}_i\mathbf{A}_i^{\mathrm{T}}=a^2(i=1,2,\cdots,s),\quad \mathbf{A}_i\mathbf{A}_j^{\mathrm{T}}=b(i\neq j;i,j=1,2,\cdots,n).$$

因此，

$$|\boldsymbol{A}\boldsymbol{A}^{\mathrm{T}}|=\left|\begin{pmatrix}\mathbf{A}_1\\ \mathbf{A}_2\\ \vdots\\ \mathbf{A}_s\end{pmatrix}(\mathbf{A}_1^{\mathrm{T}},\mathbf{A}_2^{\mathrm{T}},\cdots,\mathbf{A}_s^{\mathrm{T}})\right|=\begin{vmatrix}a^2 & b & \cdots & b\\ b & a^2 & \cdots & b\\ \vdots & \vdots & & \vdots\\ b & b & \cdots & a^2\end{vmatrix}=[a^2+(s-1)b](a^2-b)^{s-1}.$$

(2) 证明：设 $\lambda_1,\lambda_2,\cdots,\lambda_s$ 是 $\boldsymbol{A}\boldsymbol{A}^{\mathrm{T}}$ 的特征值，则 $|\boldsymbol{A}\boldsymbol{A}^{\mathrm{T}}|=\lambda_1\lambda_2\cdots\lambda_s$.

因为 $\boldsymbol{A}\boldsymbol{A}^{\mathrm{T}}$ 是半正定矩阵，于是 $\lambda_i\geqslant0(i=1,2,\cdots,s)$. 只要证明 $|\boldsymbol{A}\boldsymbol{A}^{\mathrm{T}}|\neq0$，则 $\boldsymbol{A}\boldsymbol{A}^{\mathrm{T}}$ 的特征

值均大于零. 因为 $a^2>b\geqslant 0$，所以$[a^2+(s-1)b](a^2-b)^{s-1}=|\boldsymbol{AA}^{\mathrm{T}}|>0$，故结论成立.

3. 证明：(1) 设 $\boldsymbol{\xi}_1,\boldsymbol{\xi}_2$ 分别是 f 的关于不同特征值 λ_1,λ_2 的特征向量，则

$$f(\boldsymbol{\xi}_1)=\lambda_1\boldsymbol{\xi}_1,\quad f(\boldsymbol{\xi}_2)=\lambda_2\boldsymbol{\xi}_2(\lambda_1,\lambda_2\in\mathbf{R};\lambda_1\neq\lambda_2;\boldsymbol{\xi}_1\neq\mathbf{0},\boldsymbol{\xi}_2\neq\mathbf{0}),$$

因此，$(f(\boldsymbol{\xi}_1),\boldsymbol{\xi}_2)=(\lambda_1\boldsymbol{\xi}_1,\boldsymbol{\xi}_2)=\lambda_1(\boldsymbol{\xi}_1,\boldsymbol{\xi}_2)$.

由已知及上式可知，

$$(f(\boldsymbol{\xi}_1),\boldsymbol{\xi}_2)=(\boldsymbol{\xi}_1,f(\boldsymbol{\xi}_2))=(\boldsymbol{\xi}_1,\lambda_2\boldsymbol{\xi}_2)=\lambda_2(\boldsymbol{\xi}_1,\boldsymbol{\xi}_2)=\lambda_1(\boldsymbol{\xi}_1,\boldsymbol{\xi}_2)$$
$$\Rightarrow(\lambda_1-\lambda_2)(\boldsymbol{\xi}_1,\boldsymbol{\xi}_2)=0\Rightarrow(\boldsymbol{\xi}_1,\boldsymbol{\xi}_2)=0.$$

(2) 设 $m(\lambda)$是 f 的最小多项式，又由条件可知 $f^2=f\Rightarrow f^2-f=0$，所以则 $m(\lambda)\mid\lambda^2-\lambda$，于是 $m(\lambda)$没有重根，因此 f 可以对角化，即存在 V 的一组基 $\boldsymbol{\alpha}_1,\boldsymbol{\alpha}_2,\cdots,\boldsymbol{\alpha}_n$，使得

$$f(\boldsymbol{\alpha}_1,\boldsymbol{\alpha}_2,\cdots,\boldsymbol{\alpha}_n)=(\boldsymbol{\alpha}_1,\boldsymbol{\alpha}_2,\cdots,\boldsymbol{\alpha}_n)\begin{pmatrix}\boldsymbol{E}_r & \boldsymbol{O}\\ \boldsymbol{O} & \boldsymbol{O}\end{pmatrix},$$

故 $\mathbf{V}_1=\boldsymbol{L}(\boldsymbol{\alpha}_1,\boldsymbol{\alpha}_2,\cdots,\boldsymbol{\alpha}_r),V_0=L(\boldsymbol{\alpha}_{r+1},\boldsymbol{\alpha}_{r+2},\cdots,\boldsymbol{\alpha}_n)$.

由(1)可知，$V_0\subseteq V_1^{\perp}$，$\dim V_0=\dim V_1^{\perp}=n-r$，因为正交补的唯一性，所以 $V_0=V_1^{\perp}$.

4. 证明：取 $\boldsymbol{Q}=(\boldsymbol{\xi}_1,\boldsymbol{\xi}_2,\cdots,\boldsymbol{\xi}_n)$，显然 $\boldsymbol{Q}$ 是正交矩阵，则

$$\boldsymbol{AQ}=\boldsymbol{A}(\boldsymbol{\xi}_1,\boldsymbol{\xi}_2,\cdots,\boldsymbol{\xi}_n)=(\boldsymbol{\xi}_1,\boldsymbol{\xi}_2,\cdots,\boldsymbol{\xi}_n)\begin{pmatrix}\lambda_1 & & & \\ & \lambda_2 & & \\ & & \ddots & \\ & & & \lambda_n\end{pmatrix},$$

因此，

$$\boldsymbol{A}=\boldsymbol{Q}\begin{pmatrix}\lambda_1 & & & \\ & \lambda_2 & & \\ & & \ddots & \\ & & & \lambda_n\end{pmatrix}\boldsymbol{Q}^{\mathrm{T}}=(\boldsymbol{\xi}_1,\boldsymbol{\xi}_2,\cdots,\boldsymbol{\xi}_n)\begin{pmatrix}\lambda_1 & & & \\ & \lambda_2 & & \\ & & \ddots & \\ & & & \lambda_n\end{pmatrix}\begin{pmatrix}\boldsymbol{\xi}_1^{\mathrm{T}}\\ \boldsymbol{\xi}_2^{\mathrm{T}}\\ \vdots\\ \boldsymbol{\xi}_n^{\mathrm{T}}\end{pmatrix}$$
$$=\lambda_1\boldsymbol{\xi}_1\boldsymbol{\xi}_1^{\mathrm{T}}+\cdots+\lambda_n\boldsymbol{\xi}_n\boldsymbol{\xi}_n^{\mathrm{T}}.$$

5. 证明：由条件可知，$\sigma(\boldsymbol{\alpha}_1,\boldsymbol{\alpha}_2,\cdots,\boldsymbol{\alpha}_n)=(\boldsymbol{\alpha}_1,\boldsymbol{\alpha}_2,\cdots,\boldsymbol{\alpha}_n)\mathbf{A}$.

又$(\boldsymbol{\alpha}_i,\boldsymbol{\alpha}_j)=\begin{cases}1,i=j,\\0,i\neq j,\end{cases}$则

$$(\sigma(\boldsymbol{\alpha}_i),\boldsymbol{\alpha}_j)=\Big(\sum_{r=1}^{n}a_{ri}\boldsymbol{\alpha}_r,\boldsymbol{\alpha}_j\Big)=a_{ji}(\boldsymbol{\alpha}_j,\boldsymbol{\alpha}_j)=a_{ji}.$$

6. 证明：$\forall\boldsymbol{\alpha}\in W^{\perp}$，$\forall\boldsymbol{\beta}\in W$，下面证明$(\sigma(\boldsymbol{\alpha}),\boldsymbol{\beta})=0$ 即可.

由不变子空间的定义知，$\sigma(W)\subseteq W$，又 σ 是正交变换，则 $\sigma(W)=W$，存在 $\boldsymbol{\beta}_1\in W$，使得$\boldsymbol{\beta}=\sigma(\boldsymbol{\beta}_1)$，所以

$$(\sigma(\boldsymbol{\alpha}),\boldsymbol{\beta})=(\sigma(\boldsymbol{\alpha}),\sigma(\boldsymbol{\beta}_1))=(\boldsymbol{\alpha},\boldsymbol{\beta}_1)=0,$$

因此，$\sigma(\boldsymbol{\alpha})\in W^{\perp}$，故 $W^{\perp}$ 也是 σ 的不变子空间.

7. 证明 (1) $\forall\boldsymbol{\alpha},\boldsymbol{\xi},\boldsymbol{\eta}\in V,k,l\in\mathbf{R}$，由已知可得

$$(\boldsymbol{\alpha},\tau(k\boldsymbol{\xi}+l\boldsymbol{\eta}))=(\sigma(\boldsymbol{\alpha}),k\boldsymbol{\xi}+l\boldsymbol{\eta})=(\sigma(\boldsymbol{\alpha}),k\boldsymbol{\xi})+(\sigma(\boldsymbol{\alpha}),l\boldsymbol{\eta})$$
$$=k(\sigma(\boldsymbol{\alpha}),\boldsymbol{\xi})+l(\sigma(\boldsymbol{\alpha}),\boldsymbol{\eta})=k(\boldsymbol{\alpha},\tau(\boldsymbol{\xi}))+l(\boldsymbol{\alpha},\tau(\boldsymbol{\eta}))$$
$$=(\boldsymbol{\alpha},k\tau(\boldsymbol{\xi}))+(\boldsymbol{\alpha},l\tau(\boldsymbol{\eta}))=(\boldsymbol{\alpha},k\tau(\boldsymbol{\xi})+l\tau(\boldsymbol{\eta})),$$

则 $\forall\boldsymbol{\alpha}\in V$，都有$(\boldsymbol{\alpha},\tau(k\boldsymbol{\xi}+l\boldsymbol{\eta})-k\tau(\boldsymbol{\xi})-l\tau(\boldsymbol{\eta}))=0$.

取 $\boldsymbol{\alpha}=\tau(k\boldsymbol{\xi}+l\boldsymbol{\eta})-(k\tau(\boldsymbol{\xi})+l\tau(\boldsymbol{\eta}))$，则有

$$(\tau(k\boldsymbol{\xi}+l\boldsymbol{\eta})-(k\tau(\boldsymbol{\xi})+l\tau(\boldsymbol{\eta})),\tau(k\boldsymbol{\xi}+l\boldsymbol{\eta})-(k\tau(\boldsymbol{\xi})+l\tau(\boldsymbol{\eta})))=0.$$

故由内积的正定性知，

$$\tau(k\boldsymbol{\xi}+l\boldsymbol{\eta})-(k\tau(\boldsymbol{\xi})+l\tau(\boldsymbol{\eta}))=\mathbf{0}\Rightarrow\tau(k\boldsymbol{\xi}+l\boldsymbol{\eta})=k\tau(\boldsymbol{\xi})+l\tau(\boldsymbol{\eta}).$$

因此 τ 是 V 的线性变换.

(2) $\ker\sigma=\tau(V)^{\perp}\Leftrightarrow\ker\sigma\subseteq\tau(V)^{\perp}$，　$\ker\sigma\supseteq\tau(V)^{\perp}$.

先证 $\ker\sigma\subseteq\tau(V)^{\perp}$.

$\forall\boldsymbol{\xi}\in\ker\sigma\Rightarrow\sigma(\boldsymbol{\xi})=\mathbf{0}$，　$\forall\boldsymbol{\beta}\in\tau(V)$，

则存在 $\boldsymbol{\alpha}\in V$ 使得 $\boldsymbol{\beta}=\tau(\boldsymbol{\alpha})$，则

$$(\boldsymbol{\xi},\boldsymbol{\beta})=(\boldsymbol{\xi},\tau(\boldsymbol{\alpha}))=(\sigma(\boldsymbol{\xi}),\boldsymbol{\alpha})=(\mathbf{0},\boldsymbol{\alpha})=0\Rightarrow\boldsymbol{\xi}\in\tau(V)^{\perp}\Rightarrow\ker\sigma\subseteq\tau(V)^{\perp}.$$

再证 $\ker\sigma\supseteq\tau(V)^{\perp}$.

$\forall\boldsymbol{\xi}\in\tau(V)^{\perp}$，　$\boldsymbol{\eta}\in\tau(V)\Rightarrow(\boldsymbol{\xi},\boldsymbol{\eta})=0$.

取 $\boldsymbol{\eta}=\tau(\sigma\boldsymbol{\xi})$，则

$$(\boldsymbol{\xi},\tau(\sigma\boldsymbol{\xi}))=(\sigma(\boldsymbol{\xi}),\sigma(\boldsymbol{\xi}))=0\Rightarrow\sigma(\boldsymbol{\xi})=\mathbf{0},\boldsymbol{\xi}\in\ker\sigma\Rightarrow\tau(V)^{\perp}\subseteq\ker\sigma,$$

故 $\ker\sigma=\tau(V)^{\perp}$.

8. 证明：(1) $\forall x,y\in V$，
$$\begin{aligned}\widetilde{\mathbf{A}}(\boldsymbol{x}+\boldsymbol{y})&=(\boldsymbol{x}+\boldsymbol{y})+k(\boldsymbol{x}+\boldsymbol{y},\boldsymbol{\alpha})\boldsymbol{\alpha}\\&=\boldsymbol{x}+k(\boldsymbol{x},\boldsymbol{\alpha})\boldsymbol{\alpha}+\boldsymbol{y}+k(\boldsymbol{y},\boldsymbol{\alpha})\boldsymbol{\alpha}\\&=\widetilde{\mathbf{A}}(\boldsymbol{x})+\widetilde{\mathbf{A}}(\boldsymbol{y});\end{aligned}$$

$\forall\lambda\in\mathbf{R}$，$\widetilde{\mathbf{A}}(\lambda\boldsymbol{x})=\lambda\boldsymbol{x}+k(\lambda\boldsymbol{x},\boldsymbol{\alpha})\boldsymbol{\alpha}=\lambda(\boldsymbol{x}+k(\boldsymbol{x},\boldsymbol{\alpha})\boldsymbol{\alpha})=\lambda\widetilde{\mathbf{A}}(\boldsymbol{x})$.

因此，$\widetilde{\mathbf{A}}$ 是线性变换.

(2) 设 $\boldsymbol{\alpha}=a_1\boldsymbol{\varepsilon}_1+a_2\boldsymbol{\varepsilon}_2+\cdots+a_n\boldsymbol{\varepsilon}_n(a_i\in\mathbf{R},i=1,2,\cdots,n)$，则

$$(\boldsymbol{\varepsilon}_i,\boldsymbol{\alpha})=a_i(i=1,2,\cdots,n),$$

故
$$\begin{aligned}\widetilde{\mathbf{A}}(\boldsymbol{\varepsilon}_1)&=\boldsymbol{\varepsilon}_1+k(\boldsymbol{\varepsilon}_1,\boldsymbol{\alpha})\boldsymbol{\alpha}=\boldsymbol{\varepsilon}_1+ka_1(a_1\boldsymbol{\varepsilon}_1+a_2\boldsymbol{\varepsilon}_2+\cdots+a_n\boldsymbol{\varepsilon}_n)\\&=(1+ka_1^2)\boldsymbol{\varepsilon}_1+ka_1a_2\boldsymbol{\varepsilon}_2+\cdots+ka_1a_n\boldsymbol{\varepsilon}_n,\\\widetilde{\mathbf{A}}(\boldsymbol{\varepsilon}_2)&=\boldsymbol{\varepsilon}_2+k(\boldsymbol{\varepsilon}_2,\boldsymbol{\alpha})\boldsymbol{\alpha}=\boldsymbol{\varepsilon}_2+ka_2(a_1\boldsymbol{\varepsilon}_1+a_2\boldsymbol{\varepsilon}_2+\cdots+a_n\boldsymbol{\varepsilon}_n)\\&=ka_2a_1\boldsymbol{\varepsilon}_1+(1+ka_2^2)\boldsymbol{\varepsilon}_2+\cdots+ka_2a_n\boldsymbol{\varepsilon}_n,\\&\vdots\\\widetilde{\mathbf{A}}(\boldsymbol{\varepsilon}_n)&=\boldsymbol{\varepsilon}_n+k(\boldsymbol{\varepsilon}_n,\boldsymbol{\alpha})\boldsymbol{\alpha}=\boldsymbol{\varepsilon}_n+ka_n(a_1\boldsymbol{\varepsilon}_1+a_2\boldsymbol{\varepsilon}_2+\cdots+a_n\boldsymbol{\varepsilon}_n)\\&=ka_na_1\boldsymbol{\varepsilon}_1+ka_na_2\boldsymbol{\varepsilon}_2+\cdots+(1+ka_n^2)\boldsymbol{\varepsilon}_n.\end{aligned}$$

因此，$\widetilde{\mathbf{A}}$ 在基 $\boldsymbol{\varepsilon}_1,\boldsymbol{\varepsilon}_2,\cdots,\boldsymbol{\varepsilon}_n$ 下的矩阵为

$$\mathbf{A}=\begin{pmatrix}1+ka_1^2&ka_2a_1&\cdots&ka_na_1\\ka_1a_2&1+ka_2^2&\cdots&ka_na_2\\\vdots&\vdots&&\vdots\\ka_1a_n&ka_2a_n&\cdots&1+ka_n^2\end{pmatrix}.$$

(3) 由(1)可知，$\widetilde{\mathbf{A}}$ 是 V 的线性变换，$\forall\boldsymbol{x},\boldsymbol{y}\in V$，因为

$$(\widetilde{\mathbf{A}}(\boldsymbol{x}),\boldsymbol{y})=(\boldsymbol{x}+k(\boldsymbol{x},\boldsymbol{\alpha})\boldsymbol{\alpha},\boldsymbol{y})=(\boldsymbol{x},\boldsymbol{y})+k(\boldsymbol{x},\boldsymbol{\alpha})(\boldsymbol{\alpha},\boldsymbol{y}),$$
$$(\boldsymbol{x},\widetilde{\mathbf{A}}(\boldsymbol{y}))=(\boldsymbol{x},\boldsymbol{y}+k(\boldsymbol{y},\boldsymbol{\alpha})\boldsymbol{\alpha})=(\boldsymbol{x},\boldsymbol{y})+k(\boldsymbol{y},\boldsymbol{\alpha})(\boldsymbol{x},\boldsymbol{\alpha}),$$

因此，$(\widetilde{\mathbf{A}}(\boldsymbol{x}),\boldsymbol{y})=(\boldsymbol{x},\widetilde{\mathbf{A}}(\boldsymbol{y}))\Rightarrow\widetilde{\mathbf{A}}$ 是对称变换.

(4) 当 $k=0$ 时，$\widetilde{\mathbf{A}}$ 显然是正交变换. 因为

$$\begin{aligned}(\widetilde{\mathbf{A}}(\boldsymbol{x}),\widetilde{\mathbf{A}}(\boldsymbol{x}))&=(\boldsymbol{x}+k(\boldsymbol{x},\boldsymbol{\alpha})\boldsymbol{\alpha},\boldsymbol{x}+k(\boldsymbol{x},\boldsymbol{\alpha})\boldsymbol{\alpha})\\&=(\boldsymbol{x},\boldsymbol{x})+k(\boldsymbol{x},\boldsymbol{\alpha})^2+k(\boldsymbol{x},\boldsymbol{\alpha})^2+k^2(\boldsymbol{x},\boldsymbol{\alpha})^2(\boldsymbol{\alpha},\boldsymbol{\alpha})\end{aligned}$$

$$=(\boldsymbol{x},\boldsymbol{x})+2k(\boldsymbol{x},\boldsymbol{\alpha})^2+k^2(\boldsymbol{x},\boldsymbol{\alpha})^2(\boldsymbol{\alpha},\boldsymbol{\alpha}),$$

所以，$\widetilde{\boldsymbol{A}}$ 是正交变换$\Leftrightarrow(\widetilde{\boldsymbol{A}}(\boldsymbol{x}),\widetilde{\boldsymbol{A}}(\boldsymbol{x}))=(\boldsymbol{x},\boldsymbol{x})$

$$\Leftrightarrow 2(\boldsymbol{x},\boldsymbol{\alpha})^2+k(\boldsymbol{x},\boldsymbol{\alpha})^2(\boldsymbol{\alpha},\boldsymbol{\alpha})=0$$

$$\Leftrightarrow k=-\frac{2}{(\boldsymbol{\alpha},\boldsymbol{\alpha})}.$$

9. 证明：(1) 由 $\boldsymbol{A}^{\mathrm{T}}\boldsymbol{A}=\boldsymbol{E}\Rightarrow|\boldsymbol{A}^{\mathrm{T}}\boldsymbol{A}|=|\boldsymbol{E}|=1\Rightarrow|\boldsymbol{A}|^2=1,|\boldsymbol{A}|\in\mathbf{R}\Rightarrow|\boldsymbol{A}|=1$ 或-1.

(2) 设 $\boldsymbol{A\alpha}=\lambda\boldsymbol{\alpha},\boldsymbol{\alpha}\neq\boldsymbol{0}$，则

$$\boldsymbol{\alpha}^{\mathrm{H}}\boldsymbol{A}^{\mathrm{H}}=\bar{\lambda}\boldsymbol{\alpha}^{\mathrm{H}}\Rightarrow\boldsymbol{\alpha}^{\mathrm{H}}\boldsymbol{A}^{-1}=\bar{\lambda}\boldsymbol{\alpha}^{\mathrm{H}}\Rightarrow\boldsymbol{\alpha}^{\mathrm{H}}\boldsymbol{A}^{-1}\boldsymbol{\alpha}=\bar{\lambda}\boldsymbol{\alpha}^{\mathrm{H}}\boldsymbol{\alpha}$$

$$\Rightarrow\frac{1}{\lambda}\boldsymbol{\alpha}^{\mathrm{H}}\boldsymbol{\alpha}=\bar{\lambda}\boldsymbol{\alpha}^{\mathrm{H}}\boldsymbol{\alpha}\Rightarrow(\lambda\bar{\lambda}-1)(\boldsymbol{\alpha}^{\mathrm{H}}\boldsymbol{\alpha})=0,$$

又 $\boldsymbol{\alpha}^{\mathrm{H}}\boldsymbol{\alpha}>0$，所以，$\lambda\bar{\lambda}=1$.

(3) 因为 $|\lambda\boldsymbol{E}-\boldsymbol{A}|=\left|\lambda\left(\boldsymbol{E}-\frac{1}{\lambda}\boldsymbol{A}\right)\right|=\lambda^n\left|\boldsymbol{E}-\frac{1}{\lambda}\boldsymbol{A}\right|=\lambda^n\left|\boldsymbol{A}^{\mathrm{T}}\boldsymbol{A}-\frac{1}{\lambda}\boldsymbol{A}\right|$

$$=\lambda^n|\boldsymbol{A}|\left|\boldsymbol{A}^{\mathrm{T}}-\frac{1}{\lambda}\boldsymbol{E}\right|=(-\lambda)^n|\boldsymbol{A}|\left|\frac{1}{\lambda}\boldsymbol{E}-\boldsymbol{A}\right|,$$

如果 $|\lambda\boldsymbol{E}-\boldsymbol{A}|=0$，又 $(-\lambda)^n|\boldsymbol{A}|\neq0$，则 $\left|\frac{1}{\lambda}\boldsymbol{E}-\boldsymbol{A}\right|=0$.

(4) 因为 $\boldsymbol{AA}^*=|\boldsymbol{A}|\boldsymbol{E}\Rightarrow\boldsymbol{A}^*=|\boldsymbol{A}|\boldsymbol{A}^{-1}=|\boldsymbol{A}|\boldsymbol{A}^{\mathrm{T}}\Rightarrow(\boldsymbol{A}^*)^{\mathrm{T}}=|\boldsymbol{A}|\boldsymbol{A}$，所以

$$\boldsymbol{A}^*(\boldsymbol{A}^*)^{\mathrm{T}}=|\boldsymbol{A}|^2\boldsymbol{A}^{-1}\boldsymbol{A}=\boldsymbol{E}.$$

因此，$\boldsymbol{A}^*$ 也是正交矩阵.

(5) $|-\boldsymbol{E}-\boldsymbol{A}|=|-\boldsymbol{AA}^{\mathrm{T}}-\boldsymbol{A}|=|\boldsymbol{A}|\,|-\boldsymbol{A}^{\mathrm{T}}-\boldsymbol{E}|=-|-\boldsymbol{E}-\boldsymbol{A}|$

$\Rightarrow|-\boldsymbol{E}-\boldsymbol{A}|=0\Rightarrow-1$ 为 $\boldsymbol{A}$ 的一个特征值.

(6) $|\boldsymbol{A}+\boldsymbol{B}|=|\boldsymbol{A}|\,|\boldsymbol{E}+\boldsymbol{A}^{-1}\boldsymbol{B}|=|\boldsymbol{A}|\,|\boldsymbol{B}^{\mathrm{T}}\boldsymbol{B}+\boldsymbol{A}^{-1}\boldsymbol{B}|=|\boldsymbol{A}|\,|\boldsymbol{B}^{\mathrm{T}}+\boldsymbol{A}^{\mathrm{T}}|\,|\boldsymbol{B}|$

$=-|\boldsymbol{A}+\boldsymbol{B}|\Rightarrow|\boldsymbol{A}+\boldsymbol{B}|=0$.

10. 证明：**必要性.**

如果 $\boldsymbol{AX}=\boldsymbol{b}$ 有解，那么 $\boldsymbol{b}$ 可由 $\boldsymbol{A}$ 的列向量线性表示，不妨设 $\boldsymbol{A}$ 的列向量生成的线性空间为 V，则 $\boldsymbol{A}^{\mathrm{T}}\boldsymbol{X}=\boldsymbol{0}\Rightarrow V\perp W\Rightarrow\boldsymbol{b}\perp W$.

充分性.

因为 $V\perp W$，且 $\dim V+\dim W=R(\boldsymbol{A}^{\mathrm{T}})+n-R(\boldsymbol{A}^{\mathrm{T}})=n$，所以 $V=W^{\perp}$.

如果 $\boldsymbol{b}\perp W$，则 $\boldsymbol{b}\in V$，因此线性方程组 $\boldsymbol{AX}=\boldsymbol{b}$ 有解.

11. 解：$\forall f(x)\in\mathbf{R}[x]_4$，设 $f(x)=a_3x^3+a_2x^2+a_1x+a_0$，则

$$f(x)\in W^{\perp}\Leftrightarrow(f(x),c)=0,\forall c\in W$$

$$\Leftrightarrow\int_0^1 cf(x)=0$$

$$\Leftrightarrow\int_0^1 f(x)=0$$

$$\Leftrightarrow\frac{1}{4}a_3+\frac{1}{3}a_2+\frac{1}{2}a_1+a_0=0,$$

可得关于 a_3,a_2,a_1,a_0 的齐次线性方程组的一组基础解系为

$$(4,\ 0,\ 0,\ -1),\quad(0,\ 3,\ 0,\ -1),\quad(0,\ 0,\ 2,\ -1).$$

所以，$W^{\perp}=\left\{f(x)\in\mathbf{R}[x]_4\,\middle|\,\int_0^1 f(x)\mathrm{d}x=0\right\}$，$4x^3-1,3x^2-1,2x-1$ 是 $W^{\perp}$ 的一个基.

12. 证明：(1) 设 $\sigma(\boldsymbol{\alpha})=\lambda\boldsymbol{\alpha},\boldsymbol{0}\neq\boldsymbol{\alpha}\in V,\lambda\in\mathbf{R}$，则

$$(\sigma(\boldsymbol{\alpha}),\boldsymbol{\alpha})=(\lambda\boldsymbol{\alpha},\boldsymbol{\alpha})=\lambda(\boldsymbol{\alpha},\boldsymbol{\alpha}). \tag{1}$$

又由已知可得

$$(\sigma(\boldsymbol{\alpha}),\boldsymbol{\alpha})=-(\boldsymbol{\alpha},\sigma(\boldsymbol{\alpha}))=-\lambda(\boldsymbol{\alpha},\boldsymbol{\alpha}), \tag{2}$$

由式(1)和式(2)联立得

$$2\lambda(\boldsymbol{\alpha},\boldsymbol{\alpha})=0 \text{ 且 } \boldsymbol{\alpha}\neq\boldsymbol{0}\Rightarrow\lambda=0.$$

(2) 设 $\boldsymbol{\varepsilon}_1,\boldsymbol{\varepsilon}_2,\cdots,\boldsymbol{\varepsilon}_n$ 是 V 的一个标准正交基，且 σ 在这组基下的矩阵为 $\boldsymbol{A},\boldsymbol{A}=(a_{ij})_{n\times n}$，则

$$a_{ji}=(\sigma(\boldsymbol{\varepsilon}_i),\boldsymbol{\varepsilon}_j)=(a_{1i}\boldsymbol{\varepsilon}_1+\cdots+a_{ji}\boldsymbol{\varepsilon}_j+\cdots+a_{ni}\boldsymbol{\varepsilon}_n,\boldsymbol{\varepsilon}_j),$$

$$a_{ij}=(\boldsymbol{\varepsilon}_i,\sigma\boldsymbol{\varepsilon}_j)=(\boldsymbol{\varepsilon}_i,a_{1j}\boldsymbol{\varepsilon}_1+\cdots+a_{ij}\boldsymbol{\varepsilon}_i+\cdots+a_{nj}\boldsymbol{\varepsilon}_n).$$

又 $(\sigma(\boldsymbol{\varepsilon}_i),\boldsymbol{\varepsilon}_j)=-(\boldsymbol{\varepsilon}_i,\sigma(\boldsymbol{\varepsilon}_j))$，则 $a_{ij}=-a_{ji}(i,j=1,\cdots,n)\Rightarrow\boldsymbol{A}$ 是反对称矩阵，$\boldsymbol{A}^{\mathrm{T}}=-\boldsymbol{A}$. 故

$$(\boldsymbol{A}^2)^{\mathrm{T}}=(\boldsymbol{A}^{\mathrm{T}})^2=(-\boldsymbol{A})^2=\boldsymbol{A}^2.$$

因此，σ^2 在基 $\boldsymbol{\varepsilon}_1,\boldsymbol{\varepsilon}_2,\cdots,\boldsymbol{\varepsilon}_n$ 下的矩阵 $\boldsymbol{A}^2$ 是实对称矩阵. 故 V 内存在一组标准正交基，使得 σ^2 在此组基下的矩阵为对角矩阵.

(3) 设 $\boldsymbol{\varepsilon}_1,\boldsymbol{\varepsilon}_2,\cdots,\boldsymbol{\varepsilon}_n$ 是 V 的一组基，且 σ 在这组基下的矩阵为 $\boldsymbol{A}$，且 $\boldsymbol{A\xi}=\lambda\boldsymbol{\xi},\lambda\in\mathbf{C},\boldsymbol{0}\neq\boldsymbol{\xi}\in V$，则

$$(\boldsymbol{A\xi})^{\mathrm{H}}=(\lambda\boldsymbol{\xi})^{\mathrm{H}},\quad \boldsymbol{\xi}^{\mathrm{H}}\boldsymbol{A}^{\mathrm{H}}=\boldsymbol{\xi}^{\mathrm{H}}\boldsymbol{A}^{\mathrm{T}}=-\boldsymbol{\xi}^{\mathrm{H}}\boldsymbol{A}=\bar{\lambda}\boldsymbol{\xi}^{\mathrm{H}}.$$

最后一个等式两边右乘 $\boldsymbol{\xi}$，则

$$-\lambda\boldsymbol{\xi}^{\mathrm{H}}\boldsymbol{\xi}=\bar{\lambda}\boldsymbol{\xi}^{\mathrm{H}}\boldsymbol{\xi},$$

$$(\lambda+\bar{\lambda})\boldsymbol{\xi}^{\mathrm{H}}\boldsymbol{\xi}=0,\quad \text{且}\quad \boldsymbol{\xi}\neq\boldsymbol{0}\Rightarrow\lambda+\bar{\lambda}=0.$$

因此，λ 是 0 或纯虚数.

13. 解：(1) 设 $\boldsymbol{A}=(a_{ij})_{s\times n},a_{ij}=0$ 或 1，设 $\boldsymbol{A}_i=(a_{i1},a_{i2},\cdots,a_{in})(i=1,2,\cdots,s)$，则 $\boldsymbol{A}_i^{\mathrm{T}}\boldsymbol{A}_j=m\geqslant0(i\neq j;\boldsymbol{A}_i^{\mathrm{T}}\boldsymbol{A}_i=r;i,j=1,2,\cdots,s)$. 所以

$$|\boldsymbol{AA}^{\mathrm{T}}|=\begin{vmatrix}\boldsymbol{A}_1\boldsymbol{A}_1^{\mathrm{T}} & \boldsymbol{A}_1\boldsymbol{A}_2^{\mathrm{T}} & \cdots & \boldsymbol{A}_1\boldsymbol{A}_s^{\mathrm{T}}\\ \boldsymbol{A}_2\boldsymbol{A}_1^{\mathrm{T}} & \boldsymbol{A}_2\boldsymbol{A}_2^{\mathrm{T}} & \cdots & \boldsymbol{A}_2\boldsymbol{A}_s^{\mathrm{T}}\\ \vdots & \vdots & & \vdots\\ \boldsymbol{A}_s\boldsymbol{A}_1^{\mathrm{T}} & \boldsymbol{A}_s\boldsymbol{A}_2^{\mathrm{T}} & \cdots & \boldsymbol{A}_s\boldsymbol{A}_s^{\mathrm{T}}\end{vmatrix}=\begin{vmatrix}r & m & \cdots & m\\ m & r & \cdots & m\\ \vdots & \vdots & & \vdots\\ m & m & \cdots & r\end{vmatrix}=[r+(s-1)m](r-m)^{s-1}.$$

(2) 由 $r>m\geqslant0$，则 $|\boldsymbol{AA}^{\mathrm{T}}|>0$.（反证法）假设 $s>n$，因 $R(\boldsymbol{A})\leqslant n$，故 $R(\boldsymbol{AA}^{\mathrm{T}})\leqslant R(\boldsymbol{A})\leqslant n<s\Rightarrow|\boldsymbol{AA}^{\mathrm{T}}|=0$，矛盾，故假设不成立，因此 $s\leqslant n$.

(3) 设 $\lambda_1,\lambda_2,\cdots,\lambda_s$ 为 $\boldsymbol{AA}^{\mathrm{T}}$ 的特征值，因为 $\boldsymbol{AA}^{\mathrm{T}}$ 是 s 阶半正定矩阵，所以 $\lambda_i\geqslant0(i=1,2,\cdots,s)$. 又 $|\boldsymbol{AA}^{\mathrm{T}}|>0$，则 $\lambda_1\lambda_2\cdots\lambda_s=|\boldsymbol{AA}^{\mathrm{T}}|>0\Rightarrow\lambda_i>0(i=1,2,\cdots,n)$.

14. 解：(1) 对系数矩阵 $\boldsymbol{A}$ 进行初等行变换化为行标准形：

$$\boldsymbol{A}=\begin{pmatrix}1 & -3 & 5 & -2\\ -2 & 1 & -3 & 1\\ -1 & -7 & 9 & -4\end{pmatrix}\rightarrow\begin{pmatrix}1 & -3 & 5 & -2\\ 0 & -5 & 7 & -3\\ 0 & -10 & 14 & -6\end{pmatrix}\rightarrow\begin{pmatrix}1 & 0 & \frac{4}{5} & -\frac{1}{5}\\ 0 & 1 & -\frac{7}{5} & \frac{3}{5}\\ 0 & 0 & 0 & 0\end{pmatrix},$$

即

$$\begin{cases}x_1=-\dfrac{4}{5}x_3+\dfrac{1}{5}x_4,\\ x_2=\dfrac{7}{5}x_3-\dfrac{3}{5}x_4,\end{cases}$$

其一组基础解系为

$$\boldsymbol{\alpha}_1=\begin{pmatrix}-4\\7\\5\\0\end{pmatrix},\quad \boldsymbol{\alpha}_2=\begin{pmatrix}1\\-3\\0\\5\end{pmatrix}.$$

将 $\boldsymbol{\alpha}_1,\boldsymbol{\alpha}_2$ 正交化，令 $\boldsymbol{\beta}_1=\boldsymbol{\alpha}_1$，则

$$\boldsymbol{\beta}_2=\boldsymbol{\alpha}_2-\frac{(\boldsymbol{\alpha}_2,\boldsymbol{\beta}_1)}{(\boldsymbol{\beta}_1,\boldsymbol{\beta}_1)}\boldsymbol{\beta}_1=\frac{1}{18}\begin{pmatrix}-2\\-19\\25\\90\end{pmatrix},$$

则 $\boldsymbol{\beta}_1,\boldsymbol{\beta}_2$ 是 W 的一个正交基.

(2) 设 $\boldsymbol{A}=\begin{pmatrix}\boldsymbol{A}_1\\\boldsymbol{A}_2\\\vdots\\\boldsymbol{A}_s\end{pmatrix}$，则 $\boldsymbol{A}^{\mathrm{T}}=(\boldsymbol{A}_1^{\mathrm{T}},\boldsymbol{A}_2^{\mathrm{T}},\cdots,\boldsymbol{A}_s^{\mathrm{T}})$.

不妨设 $R(\boldsymbol{A})=n-r$，$\boldsymbol{\alpha}_1,\boldsymbol{\alpha}_2,\cdots,\boldsymbol{\alpha}_r$ 是齐次线性方程组 $\boldsymbol{AX}=\boldsymbol{0}$ 的一个基础解系，则

$$W=L(\boldsymbol{\alpha}_1,\boldsymbol{\alpha}_2,\cdots,\boldsymbol{\alpha}_r),\quad 且\quad \dim W=r,$$

$$\boldsymbol{A\alpha}_j=\boldsymbol{0}\quad (j=1,2,\cdots,r),$$

$$\boldsymbol{\alpha}_j^{\mathrm{T}}\boldsymbol{A}^{\mathrm{T}}=\boldsymbol{\alpha}_j^{\mathrm{T}}(\boldsymbol{A}_1^{\mathrm{T}},\boldsymbol{A}_2^{\mathrm{T}},\cdots,\boldsymbol{A}_s^{\mathrm{T}})=(\boldsymbol{\alpha}_j^{\mathrm{T}}\boldsymbol{A}_1^{\mathrm{T}},\boldsymbol{\alpha}_j^{\mathrm{T}}\boldsymbol{A}_2^{\mathrm{T}},\cdots,\boldsymbol{\alpha}_j^{\mathrm{T}}\boldsymbol{A}_s^{\mathrm{T}})=0\quad (j=1,2,\cdots,r),$$

$$U=L(\boldsymbol{A}_1^{\mathrm{T}},\boldsymbol{A}_2^{\mathrm{T}},\cdots,\boldsymbol{A}_s^{\mathrm{T}}).$$

故 $U\subseteq W^{\perp}$，又 $\dim W^{\perp}=n-r=\dim U$，因此 $U=W^{\perp}$.

15. 证明：若 $\boldsymbol{\alpha}=\boldsymbol{0}$，则 $f(\boldsymbol{\beta})=(\boldsymbol{\alpha},\boldsymbol{\beta})=0$，显然结论成立.

若 $\boldsymbol{\alpha}\neq 0$，则 $\|\boldsymbol{\alpha}\|>0$，由 Cauchy 不等式知，

$$|f(\boldsymbol{\gamma})-f(\boldsymbol{\beta})|=|(\boldsymbol{\alpha},\boldsymbol{\gamma})-(\boldsymbol{\alpha},\boldsymbol{\beta})|=|(\boldsymbol{\alpha},\boldsymbol{\gamma}-\boldsymbol{\beta})|\leqslant\|\boldsymbol{\alpha}\|\ \|\boldsymbol{\gamma}-\boldsymbol{\beta}\|.$$

取 $\delta=\dfrac{\varepsilon}{\|\boldsymbol{\alpha}\|}$，则当 $|\boldsymbol{\gamma}-\boldsymbol{\beta}|<\varepsilon$，必有 $|f(\boldsymbol{\gamma})-f(\boldsymbol{\beta})|<\varepsilon$. 故结论成立.

16. 证明：取矩阵 $\boldsymbol{A}=\begin{pmatrix}\boldsymbol{\alpha}^{\mathrm{T}}\\\boldsymbol{\beta}^{\mathrm{T}}\end{pmatrix}$，构造线性方程组 $\boldsymbol{Ax}=\boldsymbol{0}$，解此方程可得其一基础解系为

$$\boldsymbol{\gamma}_1=\begin{pmatrix}2\\1\\4\\0\end{pmatrix},\quad \boldsymbol{\gamma}_2=\begin{pmatrix}-2\\0\\-5\\1\end{pmatrix}.$$

将上述基础解系通过正交化方法，再单位化可得

$$\boldsymbol{\eta}_1=\frac{\sqrt{21}}{21}\begin{pmatrix}2\\1\\4\\0\end{pmatrix},\quad \boldsymbol{\eta}_2=\frac{\sqrt{14}}{42}\begin{pmatrix}2\\8\\-3\\7\end{pmatrix}.$$

令 $Q=(\boldsymbol{\alpha},\boldsymbol{\beta},\boldsymbol{\eta}_1,\boldsymbol{\eta}_2)$，此即为所求正交矩阵.

17. 证明：(1) 由条件可知 $(\boldsymbol{\xi},\boldsymbol{\xi})=1$. 又 σ 是 $\mathbf{R}^3$ 的线性变换，因此

$$\begin{aligned}(\sigma(\boldsymbol{\alpha}),\sigma(\boldsymbol{\alpha}))&=(\boldsymbol{\alpha}-2(\boldsymbol{\alpha},\boldsymbol{\xi})\boldsymbol{\xi},\boldsymbol{\alpha}-2(\boldsymbol{\alpha},\boldsymbol{\xi})\boldsymbol{\xi})\\&=(\boldsymbol{\alpha},\boldsymbol{\alpha})-4\,(\boldsymbol{\alpha},\boldsymbol{\xi})^2+4\,(\boldsymbol{\alpha},\boldsymbol{\xi})^2(\boldsymbol{\xi},\boldsymbol{\xi})\\&=(\boldsymbol{\alpha},\boldsymbol{\alpha}),\end{aligned}$$

故 σ 是正交变换.

(2) 因为 $\sigma(\boldsymbol{e}_1)=\boldsymbol{e}_1-2(\boldsymbol{e}_1,\boldsymbol{\xi})\boldsymbol{\xi}=(1-2a^2)\boldsymbol{e}_1-2ab\boldsymbol{e}_2-2ac\boldsymbol{e}_3$,

$$\sigma(\boldsymbol{e}_2)=\boldsymbol{e}_2-2(\boldsymbol{e}_2,\boldsymbol{\xi})\boldsymbol{\xi}=-2ab\boldsymbol{e}_1+(1-2b^2)\boldsymbol{e}_2-2bc\boldsymbol{e}_3,$$

$$\sigma(\boldsymbol{e}_3)=\boldsymbol{e}_3-2(\boldsymbol{e}_3,\boldsymbol{\xi})\boldsymbol{\xi}=-2ac\boldsymbol{e}_1-2bc\boldsymbol{e}_2+(1-2c^2)\boldsymbol{e}_3,$$

所以,σ 关于基 $\boldsymbol{e}_1,\boldsymbol{e}_2,\boldsymbol{e}_3$ 下的矩阵为

$$\boldsymbol{A}=\begin{pmatrix}1-2a^2 & -2ab & -2ac\\ -2ab & 1-2b^2 & -2bc\\ -2ac & -2bc & 1-2c^2\end{pmatrix}.$$

18. 证明:对 n 作数学归纳法.

当 $n=1$ 时,(反证法)假设 3 个向量 $\boldsymbol{\alpha}_1,\boldsymbol{\alpha}_2,\boldsymbol{\alpha}_3$,其两两之间的夹角都大于 $90°$,显然 $\boldsymbol{\alpha}_1,\boldsymbol{\alpha}_2,\boldsymbol{\alpha}_3$ 为非零向量. 取 $V=L(\boldsymbol{\varepsilon}_1)$,且 $|\boldsymbol{\varepsilon}_1|=1$,则

$$\boldsymbol{\alpha}_1=a_1\boldsymbol{\varepsilon}_1,\quad \boldsymbol{\alpha}_2=a_2\boldsymbol{\varepsilon}_1,\quad \boldsymbol{\alpha}_3=a_3\boldsymbol{\varepsilon}_1,$$

$$(\boldsymbol{\alpha}_1,\boldsymbol{\alpha}_2)=a_1a_2<0,\quad (\boldsymbol{\alpha}_1,\boldsymbol{\alpha}_3)=a_1a_3<0,\quad (\boldsymbol{\alpha}_2,\boldsymbol{\alpha}_3)=a_2a_3<0.$$

因为 a_1,a_2,a_3 两两异号是不可能的,故矛盾. 所以当 $n=1$ 时,结论成立.

假设 $n=k-1$ 时,结论成立.

当 $\dim V=k$,(反证法)假设 V 中有 $k+2$ 个两两夹角都大于 $90°$的非零向量为 $\boldsymbol{\alpha}_1,\cdots,\boldsymbol{\alpha}_k,\boldsymbol{\alpha}_{k+1},\boldsymbol{\alpha}_{k+2}$. 令 $\boldsymbol{\varepsilon}_1=\dfrac{\boldsymbol{\alpha}_1}{|\boldsymbol{\alpha}_1|}$,将 $\boldsymbol{\varepsilon}_1$ 扩充成 V 的一个标准正交基 $\boldsymbol{\varepsilon}_1,\boldsymbol{\varepsilon}_2,\cdots,\boldsymbol{\varepsilon}_k$,则 $\exists\, a_{ij}\,(j=1,2,\cdots,k)$,使得 $\boldsymbol{\alpha}_i=a_{i1}\boldsymbol{\varepsilon}_1+a_{i2}\boldsymbol{\varepsilon}_2+\cdots+a_{ik}\boldsymbol{\varepsilon}_k\,(i=2,\cdots,k+2)$.

由 $(\boldsymbol{\alpha}_1,\boldsymbol{\alpha}_i)=|\boldsymbol{\alpha}_1|a_{i1}<0$,则 $a_{i1}<0\,(i=2,\cdots,k+2)$,

$$\boldsymbol{\alpha}_i-a_{i1}\boldsymbol{\varepsilon}_1\in L(\boldsymbol{\varepsilon}_2,\cdots,\boldsymbol{\varepsilon}_k)\quad(i=2,\cdots,k+2).$$

由假设可知,

$$(\boldsymbol{\alpha}_i-a_{i1}\boldsymbol{\varepsilon}_1,\boldsymbol{\alpha}_j-a_{j1}\boldsymbol{\varepsilon}_1)=(\boldsymbol{\alpha}_i,\boldsymbol{\alpha}_j)-a_{i1}a_{j1}<0\quad(i\neq j;i,j=2,\cdots,k+2),$$

从而 $L(\boldsymbol{\varepsilon}_2,\cdots,\boldsymbol{\varepsilon}_k)$中有 $k+1$ 个两两夹角都大于 $90°$的向量,矛盾.

综上所述,假设不成立,所以命题成立.

19. 证明:$V=S\oplus S^{\perp}$,那么给定的 φ 是 V 的一个变换.

$$\forall\,\boldsymbol{\alpha},\boldsymbol{\beta}\in V,\boldsymbol{\alpha}=\boldsymbol{\alpha}_1+\boldsymbol{\alpha}_2,\boldsymbol{\beta}=\boldsymbol{\beta}_1+\boldsymbol{\beta}_2,\boldsymbol{\alpha}_1,\boldsymbol{\beta}_1\in S,\boldsymbol{\alpha}_2,\boldsymbol{\beta}_2\in S^{\perp},k\in\mathbf{R},$$

则
$$\varphi(\boldsymbol{\alpha}+\boldsymbol{\beta})=\varphi[(\boldsymbol{\alpha}_1+\boldsymbol{\beta}_1)+(\boldsymbol{\alpha}_2+\boldsymbol{\beta}_2)]=\boldsymbol{\alpha}_1+\boldsymbol{\beta}_1=\varphi(\boldsymbol{\alpha})+\varphi(\boldsymbol{\beta}),$$

且
$$\varphi(k\boldsymbol{\alpha})=\varphi(k\boldsymbol{\alpha}_1+k\boldsymbol{\alpha}_2)=k\boldsymbol{\alpha}_1=k\varphi(\boldsymbol{\alpha}),$$

故 φ 是 V 的线性变换. 又

$$(\varphi(\boldsymbol{\alpha}),\boldsymbol{\beta})=(\boldsymbol{\alpha}_1,\boldsymbol{\beta}_1+\boldsymbol{\beta}_2)=(\boldsymbol{\alpha}_1,\boldsymbol{\beta}_1),$$

$$(\boldsymbol{\alpha},\varphi(\boldsymbol{\beta}))=(\boldsymbol{\alpha}_1+\boldsymbol{\alpha}_2,\boldsymbol{\beta}_1)=(\boldsymbol{\alpha}_1,\boldsymbol{\beta}_1),$$

因此$(\varphi(\boldsymbol{\alpha}),\boldsymbol{\beta})=(\boldsymbol{\alpha},\varphi(\boldsymbol{\beta}))$, 从而 φ 是 V 的对称变换.

由于 $\forall\,\boldsymbol{\alpha}\in V,\varphi^2(\boldsymbol{\alpha})=\varphi(\varphi(\boldsymbol{\alpha}))=\varphi(\boldsymbol{\alpha}_1)=\boldsymbol{\alpha}_1=\varphi(\boldsymbol{\alpha})$,因此,$\varphi$ 是幂等变换.

20. 解:因为 $\boldsymbol{B}^{\mathrm{T}}\boldsymbol{B}=(\boldsymbol{A}^2-q\boldsymbol{A}+\boldsymbol{E})(\boldsymbol{A}^2+q\boldsymbol{A}+\boldsymbol{E})$

$$=\boldsymbol{A}^4+2\boldsymbol{A}^2+\boldsymbol{E}-q^2\boldsymbol{A}^2,$$

所以,$\boldsymbol{B}$ 是正交矩阵$\Leftrightarrow\boldsymbol{B}^{\mathrm{T}}\boldsymbol{B}=\boldsymbol{E}\Leftrightarrow\boldsymbol{A}^4=(q^2-2)\boldsymbol{A}^2$.

由条件可知,$\boldsymbol{A}$ 的特征多项式为

$$|\lambda\boldsymbol{E}-\boldsymbol{A}|=\begin{vmatrix}\lambda & -b & c\\ b & \lambda & -a\\ -c & a & \lambda\end{vmatrix}=\lambda^3+(a^2+b^2+c^2)\lambda=\lambda(\lambda^2+q),$$

故 $\lambda_1=0,\lambda_2=\sqrt{q}\mathrm{i},\lambda_3=-\sqrt{q}\mathrm{i}$ 是 $\boldsymbol{A}$ 的特征值，则存在可逆矩阵 $\boldsymbol{P}$ 使得

$$\boldsymbol{P}^{-1}\boldsymbol{A}\boldsymbol{P}=\begin{pmatrix}0 & & \\ & \sqrt{q}\mathrm{i} & \\ & & -\sqrt{q}\mathrm{i}\end{pmatrix},$$

因此， $\boldsymbol{P}^{-1}\boldsymbol{A}^4\boldsymbol{P}=\begin{pmatrix}0 & & \\ & q^2 & \\ & & q^2\end{pmatrix}$， $\boldsymbol{P}^{-1}(q^2-2)\boldsymbol{A}^2\boldsymbol{P}=\begin{pmatrix}0 & & \\ & q(2-q^2) & \\ & & q(2-q^2)\end{pmatrix}$，

从而 $\boldsymbol{A}^4=(q^2-2)\boldsymbol{A}^2\Leftrightarrow q^2=q(2-q^2)$.

当 $q=0$,则 $\boldsymbol{B}$ 是正交矩阵.

当 $q\neq0$ 时，$q=2-q^2$，$q^2+q-2=0$，则 $(q+2)(q-1)=0\Rightarrow q=-2$ 或 $q=1$，那么由 $q=a^2+b^2+c^2\Rightarrow q\geqslant0\Rightarrow q=1$. 因此，当 $q=0,1$ 时 $\boldsymbol{B}$ 是正交矩阵.

21. 证明：(1) $\forall\boldsymbol{\alpha},\boldsymbol{\beta}\in V,\forall k\in\mathbf{R}$，因为

$$\tau(\boldsymbol{\alpha}+\boldsymbol{\beta})=\boldsymbol{\alpha}+\boldsymbol{\beta}-2(\boldsymbol{\alpha}+\boldsymbol{\beta},\boldsymbol{\eta})\boldsymbol{\eta}=\boldsymbol{\alpha}-2(\boldsymbol{\alpha},\boldsymbol{\eta})\boldsymbol{\eta}+\boldsymbol{\beta}-2(\boldsymbol{\beta},\boldsymbol{\eta})\boldsymbol{\eta}=\tau(\boldsymbol{\alpha})+\tau(\boldsymbol{\beta}),$$

$$\tau(k\boldsymbol{\alpha})=k\boldsymbol{\alpha}-2(k\boldsymbol{\alpha},\boldsymbol{\eta})\boldsymbol{\eta}=k(\boldsymbol{\alpha}-2(\boldsymbol{\alpha},\boldsymbol{\eta})\boldsymbol{\eta})=k\tau(\boldsymbol{\alpha}),$$

且

$$\begin{aligned}(\tau(\boldsymbol{\alpha}),\tau(\boldsymbol{\alpha}))&=(\boldsymbol{\alpha}-2(\boldsymbol{\alpha},\boldsymbol{\eta})\boldsymbol{\eta},\boldsymbol{\alpha}-2(\boldsymbol{\alpha},\boldsymbol{\eta})\boldsymbol{\eta})\\&=(\boldsymbol{\alpha},\boldsymbol{\alpha})-4(\boldsymbol{\alpha},\boldsymbol{\eta})^2+4(\boldsymbol{\alpha},\boldsymbol{\eta})^2=(\boldsymbol{\alpha},\boldsymbol{\alpha}),\end{aligned}$$

所以，τ 是正交变换.

由条件可知，

$$k^2=|\boldsymbol{\alpha}_1-\boldsymbol{\beta}_2|^2=(\boldsymbol{\alpha}_1-\boldsymbol{\beta}_1,\boldsymbol{\alpha}_1-\boldsymbol{\beta}_2)=2-2(\boldsymbol{\alpha}_1,\boldsymbol{\beta}_1),$$

因此 $(\boldsymbol{\alpha}_1,\boldsymbol{\beta}_1)=1-\frac{k^2}{2}$，故

$$\begin{aligned}\tau(\boldsymbol{\alpha}_1)=\boldsymbol{\alpha}_1-2(\boldsymbol{\alpha}_1,\boldsymbol{\eta})\boldsymbol{\eta}&=\boldsymbol{\beta}_1+k\boldsymbol{\eta}-2(\boldsymbol{\alpha}_1,\boldsymbol{\eta})\boldsymbol{\eta}=\boldsymbol{\beta}_1+\left[k-2\left(\boldsymbol{\alpha}_1,\frac{1}{k}(\boldsymbol{\alpha}_1-\boldsymbol{\beta}_1)\right)\right]\boldsymbol{\eta}\\&=\boldsymbol{\beta}_1+\left[k-\frac{2}{k}\left(1-\left(1-\frac{k^2}{2}\right)\right)\right]\boldsymbol{\eta}\\&=\boldsymbol{\beta}_1.\end{aligned}$$

(2) 因为 $\boldsymbol{\alpha}_1,\boldsymbol{\alpha}_2,\cdots,\boldsymbol{\alpha}_n$ 是标准正交基，τ 是正交变换，所以 $\tau(\boldsymbol{\alpha}_1),\tau(\boldsymbol{\alpha}_2),\cdots,\tau(\boldsymbol{\alpha}_n)$ 也是标准正交基，故由正交补的唯一性知，

$$L(\tau(\boldsymbol{\alpha}_2),\cdots,\tau(\boldsymbol{\alpha}_n))=L(\tau(\boldsymbol{\alpha}_1))^{\perp}=L(\boldsymbol{\beta}_1)^{\perp}=L(\boldsymbol{\beta}_2,\cdots,\boldsymbol{\beta}_n).$$

22. 证明：**充分性.** 当 $\sigma_1=\sigma_2=\tau=0$ 时，显然有 $\sigma_1^2+\sigma_2^2=\tau^2$.

必要性. 设 $\boldsymbol{e}_1,\boldsymbol{e}_2,\cdots,\boldsymbol{e}_n$ 是 V 的一组标准正交基，σ_1,σ_2,τ 在这组基下的矩阵分别是 $\boldsymbol{A}$、$\boldsymbol{B}$、$\boldsymbol{C}$，则 $\boldsymbol{A},\boldsymbol{B}$ 是实对称矩阵，$\boldsymbol{C}$ 是实反对称矩阵，$\sigma_1^2+\sigma_2^2=\tau^2\Rightarrow\boldsymbol{A}^2+\boldsymbol{B}^2=\boldsymbol{C}^2$. 下面只需证明 $\boldsymbol{A}=\boldsymbol{B}=\boldsymbol{C}=\boldsymbol{O}$ 即可.

因为反对称矩阵 $\boldsymbol{C}$ 的特征值只能是 0 和纯虚数，所以 $\boldsymbol{C}^2$ 的特征值只能是 0 和负数，显然 $\boldsymbol{C}^2$ 是实对称矩阵，故 $\boldsymbol{C}^2$ 为半负定的. 又 $\boldsymbol{A}^2+\boldsymbol{B}^2$ 是半正定的，从而 $\boldsymbol{C}^2=\boldsymbol{O}$，那么 $-\boldsymbol{C}\boldsymbol{C}^{\mathrm{T}}=\boldsymbol{O}$，即 $\boldsymbol{C}\boldsymbol{C}^{\mathrm{T}}=\boldsymbol{O}$. 令 $\boldsymbol{C}^{\mathrm{T}}=(\boldsymbol{C}_1^{\mathrm{T}},\boldsymbol{C}_2^{\mathrm{T}},\cdots,\boldsymbol{C}_n^{\mathrm{T}})$，$\boldsymbol{C}_i=(c_{i1},c_{i2},\cdots,c_{in})$，$i=1,2,\cdots,n$，那么

$$CC^{\mathrm T}=\begin{pmatrix}C_1\\C_2\\\vdots\\C_n\end{pmatrix}(C_1^{\mathrm T},C_2^{\mathrm T},\cdots,C_n^{\mathrm T})=\begin{pmatrix}C_1C_1^{\mathrm T}&\cdots&C_1C_n^{\mathrm T}\\\vdots&&\vdots\\C_nC_1^{\mathrm T}&\cdots&C_nC_n^{\mathrm T}\end{pmatrix}=O.$$

于是 $C_iC_i^{\mathrm T}=O$，即 $c_{i1}^2+c_{i2}^2+\cdots+c_{in}^2=0,c_{i1}=c_{i2}=\cdots=c_{in}=0(i=1,2,\cdots,n)\Rightarrow C=O.$

由 A,B 是实对称矩阵，则 A^2,B^2 都是半正定的.

$\forall X\in\mathbf R^n,X^{\mathrm T}(A^2+B^2)X=X^{\mathrm T}A^2X+X^{\mathrm T}B^2X=0$

$\Rightarrow X^{\mathrm T}A^2X=0,X^{\mathrm T}B^2X=0\Rightarrow\forall X,Y,(X+Y)^{\mathrm T}A^2(X+Y)=0,(X+Y)^{\mathrm T}A^2(X+Y)=0$

$\Rightarrow X^{\mathrm T}A^2Y=0,X^{\mathrm T}B^2Y=0\Rightarrow A^2=B^2=O.$

同理，利用分块矩阵可证 $AA^{\mathrm T}=O,BB^{\mathrm T}=O\Rightarrow A=B=O$，故结论成立.

23. 证明：(1) 取 V 的一个标准正交基，设 σ 在这组基下的矩阵为 A，则 A 是正交矩阵，$|A|=1$ 或 -1.

当 $|A|=1$ 时，则

$$|E-A|=|AA^{\mathrm T}-A|=(-1)^n|A||E-A^{\mathrm T}|=-|E-A|\Rightarrow|E-A|=0,$$

故 1 是 σ 的特征值，因此存在 v，使得

$$\sigma(v)=v,\quad v\neq0,\quad v\in V.$$

当 $|A|=-1$ 时，则

$$|-E-A|=|-AA^{\mathrm T}-A|=(-1)^n|A||E+A^{\mathrm T}|=-|-E-A|\Rightarrow|-E-A|=0,$$

故 -1 是 σ 的特征值，因此存在 $v\in V$，使得

$$\sigma(v)=-v,\quad v\neq0.$$

(2) 在二维几何空间 $\mathbf R^2$ 中，设 σ 是将 $\mathbf R^2$ 中的向量逆时针方向旋转 $\frac{\pi}{6}$，σ 是正交变换，但 $\forall\,0\neq\alpha\in\mathbf R^2$，$\sigma(\alpha)$ 与 α 都不在同一直线上，因此此时结论不成立.

(3) 若取 $\omega=0$，因为 $\sigma(0)=0,\forall v\in V$，所以有

$$\|\sigma(v)-\sigma(\omega)\|=\|v-\omega\|\Rightarrow\|\sigma(v)\|=\|v\|,\quad 即(\sigma(v),\sigma(v))=(v,v).$$

因此，　$\forall v,\omega\in V$，

$$(\sigma(v)-\sigma(\omega),\sigma(v)-\sigma(\omega))=(v-\omega,v-\omega)=(v,v)-2(v,\omega)+(\omega,\omega),$$

又

$$\begin{aligned}(\sigma(v)-\sigma(\omega),\sigma(v)-\sigma(\omega))&=(\sigma(v),\sigma(v))-2(\sigma(v),\sigma(\omega))+(\sigma(\omega),\sigma(\omega))\\&=(v,v)-2(\sigma(v),\sigma(\omega))+(\omega,\omega),\end{aligned}$$

故 $\forall v,\omega\in V,(\sigma(v),\sigma(\omega))=(v,\omega)$. 因此，

$$\begin{aligned}&(\sigma(v+\omega)-\sigma(v)-\sigma(\omega),\sigma(v+\omega)-\sigma(v)-\sigma(\omega))\\&=(\sigma(v+\omega),\sigma(v+\omega))-2(\sigma(v+\omega),\sigma(v))-2(\sigma(v+\omega),\sigma(\omega))\\&\quad-2(\sigma(v),\sigma(\omega))+(\sigma(v),\sigma(v))+(\sigma(v),\sigma(\omega))\\&=(v+\omega,v+\omega)-2(v+\omega,v)-2(v+\omega,\omega)+2(v,\omega)+(v,v)+(\omega,\omega)\\&=0,\end{aligned}$$

故 $\forall v,\omega\in V$，有 $\sigma(v+\omega)=\sigma(v)+\sigma(\omega)$，又

$$\begin{aligned}(\sigma(kv)-k\sigma(v),\sigma(kv)-k\sigma(v))&=(\sigma(kv),\sigma(kv))-2(\sigma(kv),k\sigma(v))+k^2(\sigma(v),\sigma(v))\\&=(kv,kv)-2k(kv,v)+k^2(v,v)=0,\end{aligned}$$

所以，$\forall v\in V,k\in\mathbf R$，有 $\sigma(kv)=k\sigma(v)$.

综上所述，σ 是 V 的线性变换.

24. 证明：**必要性**. 利用正交变换的定义直接可得.

充分性. 设向量组 $\boldsymbol{\alpha}_1,\boldsymbol{\alpha}_2,\cdots,\boldsymbol{\alpha}_m$ 的秩为 r，不妨设 $\boldsymbol{\alpha}_1,\boldsymbol{\alpha}_2,\cdots,\boldsymbol{\alpha}_r$ 是它的一个极大无关组，将 $\boldsymbol{\alpha}_1,\boldsymbol{\alpha}_2,\cdots,\boldsymbol{\alpha}_s$ 标准正交化可得 $\boldsymbol{\xi}_1,\boldsymbol{\xi}_2,\cdots,\boldsymbol{\xi}_r$. 设

$$(\boldsymbol{\xi}_1,\boldsymbol{\xi}_2,\cdots,\boldsymbol{\xi}_r)=(\boldsymbol{\alpha}_1,\boldsymbol{\alpha}_2,\cdots,\boldsymbol{\alpha}_r)\boldsymbol{A},$$

则 $\boldsymbol{A}=(a_{ij})_{r\times r}$ 是可逆矩阵，再设

$$(\boldsymbol{\eta}_1,\boldsymbol{\eta}_2,\cdots,\boldsymbol{\eta}_r)=(\boldsymbol{\beta}_1,\boldsymbol{\beta}_2,\cdots,\boldsymbol{\beta}_r)\boldsymbol{A},$$

则
$$\begin{aligned}(\boldsymbol{\eta}_k,\boldsymbol{\eta}_s)&=\left(\sum_{i=1}^{r}a_{ik}\boldsymbol{\beta}_i,\sum_{j=1}^{r}a_{js}\boldsymbol{\beta}_j\right)=\sum_{i=1}^{r}\sum_{j=1}^{r}a_{ik}a_{js}(\boldsymbol{\alpha}_i,\boldsymbol{\alpha}_j)\\&=(\boldsymbol{\xi}_k,\boldsymbol{\xi}_s)=\begin{cases}0,k\neq s,\\1,k=s.\end{cases}\end{aligned}$$

故 $\boldsymbol{\eta}_1,\boldsymbol{\eta}_2,\cdots,\boldsymbol{\eta}_r$ 也是标准正交组.

现分别将 $\boldsymbol{\xi}_1,\cdots,\boldsymbol{\xi}_r$ 与 $\boldsymbol{\eta}_1,\cdots,\boldsymbol{\eta}_r$ 扩充成 V 的两组标准正交基：

$$\boldsymbol{\xi}_1,\cdots,\boldsymbol{\xi}_r,\boldsymbol{\xi}_{r+1},\cdots,\boldsymbol{\xi}_n;$$
$$\boldsymbol{\eta}_1,\cdots,\boldsymbol{\eta}_r,\boldsymbol{\eta}_{r+1},\cdots,\boldsymbol{\eta}_n.$$

令 $\sigma(\boldsymbol{\xi}_i)=\boldsymbol{\eta}_i(i=1,2,\cdots,n)$，则 σ 必为正交变换.

$$\begin{aligned}\sigma(\boldsymbol{\alpha}_1,\boldsymbol{\alpha}_2,\cdots,\boldsymbol{\alpha}_r)&=\sigma((\boldsymbol{\xi}_1,\boldsymbol{\xi}_2,\cdots,\boldsymbol{\xi}_r)\boldsymbol{A}^{-1})=\sigma(\boldsymbol{\xi}_1,\boldsymbol{\xi}_2,\cdots,\boldsymbol{\xi}_r)\boldsymbol{A}^{-1}\\&=(\boldsymbol{\eta}_1,\boldsymbol{\eta}_2,\cdots,\boldsymbol{\eta}_r)\boldsymbol{A}^{-1}=(\boldsymbol{\beta}_1,\boldsymbol{\beta}_2,\cdots,\boldsymbol{\beta}_r),\end{aligned}$$

因此 $\sigma(\boldsymbol{\alpha}_i)=\boldsymbol{\beta}_i(i=1,2,\cdots,r)$.

设 $\boldsymbol{T}=\begin{pmatrix}(\boldsymbol{\alpha}_1,\boldsymbol{\alpha}_1)&(\boldsymbol{\alpha}_1,\boldsymbol{\alpha}_2)&\cdots&(\boldsymbol{\alpha}_1,\boldsymbol{\alpha}_r)\\(\boldsymbol{\alpha}_2,\boldsymbol{\alpha}_1)&(\boldsymbol{\alpha}_2,\boldsymbol{\alpha}_2)&\cdots&(\boldsymbol{\alpha}_2,\boldsymbol{\alpha}_r)\\\vdots&\vdots&&\vdots\\(\boldsymbol{\alpha}_r,\boldsymbol{\alpha}_1)&(\boldsymbol{\alpha}_r,\boldsymbol{\alpha}_2)&\cdots&(\boldsymbol{\alpha}_r,\boldsymbol{\alpha}_r)\end{pmatrix}\Rightarrow T=\begin{pmatrix}(\boldsymbol{\beta}_1,\boldsymbol{\beta}_1)&(\boldsymbol{\beta}_1,\boldsymbol{\beta}_2)&\cdots&(\boldsymbol{\beta}_1,\boldsymbol{\beta}_r)\\(\boldsymbol{\beta}_2,\boldsymbol{\beta}_1)&(\boldsymbol{\beta}_2,\boldsymbol{\beta}_2)&\cdots&(\boldsymbol{\beta}_2,\boldsymbol{\beta}_r)\\\vdots&\vdots&&\vdots\\(\boldsymbol{\beta}_r,\boldsymbol{\beta}_1)&(\boldsymbol{\beta}_r,\boldsymbol{\beta}_2)&\cdots&(\boldsymbol{\beta}_r,\boldsymbol{\beta}_r)\end{pmatrix}$,

则 $\boldsymbol{T}$ 为可逆矩阵.

设 $\exists\, b_{jk}$，$\exists\, c_{jk}$，$\boldsymbol{\beta}_j=c_{j1}\boldsymbol{\beta}_1+b_{j2}\boldsymbol{\beta}_2+\cdots+b_{jr}\boldsymbol{\beta}_r$，

$$\boldsymbol{\alpha}_j=b_{j1}\boldsymbol{\alpha}_1+b_{j2}\boldsymbol{\alpha}_2+\cdots+b_{jr}\boldsymbol{\alpha}_r\quad(j=r+1,\cdots,m;k=1,2,\cdots,r).$$

则
$$\boldsymbol{T}\begin{pmatrix}b_{j1}\\b_{j2}\\\vdots\\b_{jr}\end{pmatrix}=\begin{pmatrix}(\boldsymbol{\alpha}_1,\boldsymbol{\alpha}_j)\\(\boldsymbol{\alpha}_2,\boldsymbol{\alpha}_j)\\\vdots\\(\boldsymbol{\alpha}_r,\boldsymbol{\alpha}_j)\end{pmatrix}=\begin{pmatrix}(\boldsymbol{\beta}_1,\boldsymbol{\beta}_j)\\(\boldsymbol{\beta}_2,\boldsymbol{\beta}_j)\\\vdots\\(\boldsymbol{\beta}_r,\boldsymbol{\beta}_j)\end{pmatrix}=\boldsymbol{T}\begin{pmatrix}c_{j1}\\c_{j2}\\\vdots\\c_{jr}\end{pmatrix},$$

因此 $(b_{j1},b_{j2},\cdots,b_{jr})^{\mathrm{T}}=(c_{j1},c_{j2},\cdots,c_{jr})^{\mathrm{T}}(j=r+1,\cdots,m)$.

综上所述，
$$\begin{aligned}\sigma(\boldsymbol{\alpha}_j)&=\sigma(\boldsymbol{\alpha}_1,\boldsymbol{\alpha}_2,\cdots,\boldsymbol{\alpha}_r)\begin{pmatrix}b_{j1}\\b_{j2}\\\vdots\\b_{jr}\end{pmatrix}=(\boldsymbol{\beta}_1,\boldsymbol{\beta}_2,\cdots,\boldsymbol{\beta}_r)\begin{pmatrix}b_{j1}\\b_{j2}\\\vdots\\b_{jr}\end{pmatrix}\\&=\boldsymbol{\beta}_j\quad(j=r+1,\cdots,n).\end{aligned}$$

25. 证明：(1) $\forall\,\boldsymbol{\alpha}_1,\boldsymbol{\alpha}_2\in V_1,k,l\in\mathbf{R}$，则 $T(\boldsymbol{\alpha}_1)=\boldsymbol{\alpha}_1,T(\boldsymbol{\alpha}_2)=\boldsymbol{\alpha}_2$，因此

$$T(k\boldsymbol{\alpha}_1+l\boldsymbol{\alpha}_2)=l\boldsymbol{\alpha}_1+l\boldsymbol{\alpha}_2=kT(\boldsymbol{\alpha}_1)+lT(\boldsymbol{\alpha}_2),$$

从而 $k\boldsymbol{\alpha}_1+l\boldsymbol{\alpha}_2\in V_1$，所以 V_1 是 V 的子空间.

类似地，可以证明 V_2 也是 V 的子空间.

(2) 设 $\boldsymbol{\varepsilon}_1,\boldsymbol{\varepsilon}_2,\cdots,\boldsymbol{\varepsilon}_n$ 是 V 的一组标准正交基，且

$$T(\boldsymbol{\varepsilon}_1,\boldsymbol{\varepsilon}_2,\cdots,\boldsymbol{\varepsilon}_n)=(\boldsymbol{\varepsilon}_1,\boldsymbol{\varepsilon}_2,\cdots,\boldsymbol{\varepsilon}_n)\boldsymbol{A},$$

则 $\boldsymbol{A}$ 为正交矩阵.

若 $V_1=\{0\}$,则 1 不是 $\boldsymbol{A}$ 的特征值，即 $|\boldsymbol{E}-\boldsymbol{A}|\neq 0$，故 $\boldsymbol{I}-\boldsymbol{T}$ 为可逆的线性变换,那么 $(\boldsymbol{I}-\boldsymbol{T})(\boldsymbol{\varepsilon}_1),(\boldsymbol{I}-\boldsymbol{T})(\boldsymbol{\varepsilon}_2),\cdots,(\boldsymbol{I}-\boldsymbol{T})(\boldsymbol{\varepsilon}_n)$线性无关,即 $\boldsymbol{\varepsilon}_1-T(\boldsymbol{\varepsilon}_1),\boldsymbol{\varepsilon}_2-T(\boldsymbol{\varepsilon}_2),\cdots,\boldsymbol{\varepsilon}_n-T(\boldsymbol{\varepsilon}_n)$线性无关.

取 $V_2=L(\boldsymbol{\varepsilon}_1-T(\boldsymbol{\varepsilon}_1),\boldsymbol{\varepsilon}_2-T(\boldsymbol{\varepsilon}_2),\cdots,\boldsymbol{\varepsilon}_n-T(\boldsymbol{\varepsilon}_n))$，显然 $V=V_2=V_1\oplus V_2$.

若 $V_1\neq\{0\}$,则 $|\boldsymbol{E}-\boldsymbol{A}|=0$. 取 V_1 中的一组标准正交组 $\boldsymbol{\xi}_1,\cdots,\boldsymbol{\xi}_r$,将 $\boldsymbol{\xi}_1,\cdots,\boldsymbol{\xi}_r$ 扩充成 V 的一组标准正交基 $\boldsymbol{\xi}_1,\cdots,\boldsymbol{\xi}_r,\boldsymbol{\xi}_{r+1},\cdots,\boldsymbol{\xi}_n$,则$(\boldsymbol{I}-\boldsymbol{T})(\boldsymbol{\xi}_{r+1}),\cdots,(\boldsymbol{I}-\boldsymbol{T})(\boldsymbol{\xi}_n)$必线性无关.

事实上，令

$$k_1(\boldsymbol{I}-\boldsymbol{T})(\boldsymbol{\xi}_{r+1})+k_2(\boldsymbol{I}-\boldsymbol{T})(\boldsymbol{\xi}_{r+1})+\cdots+k_n(\boldsymbol{I}-\boldsymbol{T})(\boldsymbol{\xi}_n)=\boldsymbol{0},\quad k_i\in\mathbf{R},$$

则可得

$$T(k_1\boldsymbol{\xi}_{r+1}+k_2\boldsymbol{\xi}_{r+1}+\cdots+k_n\boldsymbol{\xi}_n)=k_1\boldsymbol{\xi}_{r+1}+k_2\boldsymbol{\xi}_{r+1}+\cdots+k_n\boldsymbol{\xi}_n\Rightarrow k_1\boldsymbol{\xi}_{r+1}+k_2\boldsymbol{\xi}_{r+1}+\cdots+k_n\boldsymbol{\xi}_n\in V_1,$$

故 $\exists\, l_i\in\mathbf{R}(i=1,2,\cdots,r)$,使得

$$k_1\boldsymbol{\xi}_{r+1}+k_2\boldsymbol{\xi}_{r+1}+\cdots+k_n\boldsymbol{\xi}_n=l_1\boldsymbol{\xi}_1+l_2\boldsymbol{\xi}_2+\cdots+l_r\boldsymbol{\xi}_r.$$

由 $\boldsymbol{\xi}_1,\cdots,\boldsymbol{\xi}_r,\boldsymbol{\xi}_{r+1},\cdots,\boldsymbol{\xi}_n$ 线性无关性可知,

$$k_1=k_2=\cdots=k_n=l_1=l_2=l_r=0,$$

因此 $\boldsymbol{\xi}_{r+1}-T(\boldsymbol{\xi}_{r+1}),\cdots,\boldsymbol{\xi}_n-T(\boldsymbol{\xi}_n)$线性无关.

取 $V_2=L(\boldsymbol{\varepsilon}_1-T(\boldsymbol{\varepsilon}_1),\boldsymbol{\varepsilon}_2-T(\boldsymbol{\varepsilon}_2),\cdots,\boldsymbol{\varepsilon}_n-T(\boldsymbol{\varepsilon}_n))$，则 $\dim V_2=n-r$,并且

$$(\boldsymbol{\varepsilon}_i,\boldsymbol{\varepsilon}_j-T\boldsymbol{\varepsilon}_j)=(\boldsymbol{\varepsilon}_i,\boldsymbol{\varepsilon}_j)-(\boldsymbol{\varepsilon}_i,T\boldsymbol{\varepsilon}_j)=(\boldsymbol{\varepsilon}_i,\boldsymbol{\varepsilon}_j)-(T\boldsymbol{\varepsilon}_i,T\boldsymbol{\varepsilon}_j)=0\quad(i=1,2,\cdots,r,j=r+1,\cdots,n),$$

因此,$V_1\perp V_2$ 正交,故 $V_1\cap V_2=\{0\}$. 又 $\dim V_1=r$，所以 $V=V_1\oplus V_2$.

26. 解:m 的最大值为 $2n$. 事实上,选取 V 的一组标准正交基 $\boldsymbol{\varepsilon}_1,\boldsymbol{\varepsilon}_2,\cdots,\boldsymbol{\varepsilon}_n$,显然 $2n$ 个非零向量组 $\boldsymbol{\beta}_1=\boldsymbol{\varepsilon}_1,\boldsymbol{\beta}_2=\boldsymbol{\varepsilon}_2,\cdots,\boldsymbol{\beta}_n=\boldsymbol{\varepsilon}_n,\boldsymbol{\beta}_{n+1}=-\boldsymbol{\varepsilon}_1,\boldsymbol{\beta}_{n+2}=-\boldsymbol{\varepsilon}_2,\cdots,\boldsymbol{\beta}_{2n}=-\boldsymbol{\varepsilon}_n$ 满足 $\forall i\neq j$, $(\boldsymbol{\beta}_i,\boldsymbol{\beta}_j)\leqslant 0$.

(反证法)假设还存在非零向量 $\boldsymbol{\alpha}$ 添加进去以后还满足

$$(\boldsymbol{\alpha},\boldsymbol{\beta}_j)\leqslant 0,\quad j=1,2,\cdots,2n,$$

显然

$$\boldsymbol{\alpha}=(\boldsymbol{\alpha},\boldsymbol{\varepsilon}_1)\boldsymbol{\varepsilon}_1+(\boldsymbol{\alpha},\boldsymbol{\varepsilon}_2)\boldsymbol{\varepsilon}_2+\cdots+(\boldsymbol{\alpha},\boldsymbol{\varepsilon}_n)\boldsymbol{\varepsilon}_n.$$

下证$(\boldsymbol{\alpha},\boldsymbol{\varepsilon}_1)=(\boldsymbol{\alpha},\boldsymbol{\varepsilon}_2)=\cdots=(\boldsymbol{\alpha},\boldsymbol{\varepsilon}_n)=0$.

由假设可知,

$$(\boldsymbol{\alpha},\boldsymbol{\varepsilon}_j)\leqslant 0,\quad(\boldsymbol{\alpha},-\boldsymbol{\varepsilon}_j)\leqslant 0\Rightarrow(\boldsymbol{\alpha},\boldsymbol{\varepsilon}_j)=0,\quad j=1,2,\cdots,n.$$

从而 $\boldsymbol{\alpha}=(\boldsymbol{\alpha},\boldsymbol{\varepsilon}_1)\boldsymbol{\varepsilon}_1+(\boldsymbol{\alpha},\boldsymbol{\varepsilon}_2)\boldsymbol{\varepsilon}_2+\cdots+(\boldsymbol{\alpha},\boldsymbol{\varepsilon}_n)\boldsymbol{\varepsilon}_n=\boldsymbol{0}$,与假设矛盾,故结论成立.

27. 证明:由条件可知,$\forall\boldsymbol{\alpha}\in W\Rightarrow\sigma(\boldsymbol{\alpha})\in W$,所以 $\forall\boldsymbol{\beta}\in W^{\perp}$. 利用反对称变换的定义有

$$(\sigma(\boldsymbol{\beta}),\boldsymbol{\alpha})=-(\boldsymbol{\beta},\sigma(\boldsymbol{\alpha}))=0,$$

故 $\sigma(\boldsymbol{\beta})\in W^{\perp}$. 因此,$W^{\perp}$ 也是 σ 的不变子空间.

28. 证明:按内积的满足的四个条件来验证.

(1) 因为 $\mathrm{tr}(\boldsymbol{XSY}^{\mathrm{T}})=\mathrm{tr}((\boldsymbol{XSY}^{\mathrm{T}})^{\mathrm{T}})=\mathrm{tr}(\boldsymbol{YSX}^{\mathrm{T}})$,所以$(\boldsymbol{X},\boldsymbol{Y})=(\boldsymbol{Y},\boldsymbol{X})$.

(2) $\forall k\in\mathbf{R}$,$(k\boldsymbol{X},\boldsymbol{Y})=\mathrm{tr}(k\boldsymbol{XSY}^{\mathrm{T}})=k\mathrm{tr}(\boldsymbol{XST}^{\mathrm{T}})=k(\boldsymbol{X},\boldsymbol{Y})$.

(3) $(\boldsymbol{X}+\boldsymbol{Y},\boldsymbol{Z})=\mathrm{tr}((\boldsymbol{X}+\boldsymbol{Y})\boldsymbol{SZ}^{\mathrm{T}})=\mathrm{tr}(\boldsymbol{XSZ}^{\mathrm{T}}+\boldsymbol{YSZ}^{\mathrm{T}})$

$$=\mathrm{tr}(\boldsymbol{XSZ}^{\mathrm{T}})+\mathrm{tr}(\boldsymbol{YSZ}^{\mathrm{T}})=(\boldsymbol{X},\boldsymbol{Z})+(\boldsymbol{Y},\boldsymbol{Z}).$$

(4) 将 $\boldsymbol{X}$ 按行分块 $\boldsymbol{X}=\begin{pmatrix}\boldsymbol{X}_1\\\boldsymbol{X}_2\\\vdots\\\boldsymbol{X}_m\end{pmatrix}$,则

$$\boldsymbol{XSX}^{\mathrm{T}}=\begin{pmatrix}\boldsymbol{X}_1\\\boldsymbol{X}_2\\\vdots\\\boldsymbol{X}_m\end{pmatrix}\boldsymbol{S}(\boldsymbol{X}_1^{\mathrm{T}},\boldsymbol{X}_2^{\mathrm{T}},\cdots,\boldsymbol{X}_m^{\mathrm{T}})=\begin{pmatrix}\boldsymbol{X}_1\boldsymbol{SX}_1^{\mathrm{T}} & \cdots & \boldsymbol{X}_1\boldsymbol{SX}_m^{\mathrm{T}}\\\vdots & & \vdots\\\boldsymbol{X}_m\boldsymbol{SX}_1^{\mathrm{T}} & \cdots & \boldsymbol{X}_m\boldsymbol{SX}_m^{\mathrm{T}}\end{pmatrix},$$

则 $(\boldsymbol{X},\boldsymbol{X})=\mathrm{tr}(\boldsymbol{XSX}^{\mathrm{T}})=\sum_{i=1}^{m}\boldsymbol{X}_i\boldsymbol{SX}_i^{\mathrm{T}}$.

因为 $\boldsymbol{S}$ 是 n 阶实正定矩阵,所以 $\boldsymbol{X}_i\boldsymbol{SX}_i^{\mathrm{T}}\geqslant 0$,等号成立当且仅当 $\boldsymbol{X}_i=\boldsymbol{0}$.

故$(\boldsymbol{X},\boldsymbol{X})\geqslant 0$,且等号成立的充要条件为 $\boldsymbol{X}_1=\boldsymbol{X}_2=\cdots=\boldsymbol{X}_m=\boldsymbol{0}$,即等号成立当且仅当 $\boldsymbol{X}=\boldsymbol{0}$,因此,$(\boldsymbol{X},\boldsymbol{Y})$是 V 的欧几里得内积.

29. 证明:(1)⇒(2).

$\boldsymbol{\alpha}\in W,\boldsymbol{\alpha}_1,\boldsymbol{\alpha}_2,\cdots,\boldsymbol{\alpha}_n$ 是 W 的一个标准正交基,设存在 $k_i(i=1,2,\cdots,n)$使得

$$\boldsymbol{\alpha}=k_1\boldsymbol{\alpha}_1+k_2\boldsymbol{\alpha}_2+\cdots+k_n\boldsymbol{\alpha}_n,$$

上式两边分别作内积可得

$$(\boldsymbol{\alpha},\boldsymbol{\alpha}_i)=(k_1\boldsymbol{\alpha}_1+k_2\boldsymbol{\alpha}_2+\cdots+k_n\boldsymbol{\alpha}_n,\boldsymbol{\alpha}_i)=k_i\quad(i=1,2,\cdots,n).$$

因此,$\boldsymbol{\alpha}=(\boldsymbol{\alpha},\boldsymbol{\alpha}_1)\boldsymbol{\alpha}_1+(\boldsymbol{\alpha},\boldsymbol{\alpha}_2)\boldsymbol{\alpha}_2+\cdots+(\boldsymbol{\alpha},\boldsymbol{\alpha}_n)\boldsymbol{\alpha}_n$.

(2)⇒(3). $\forall\boldsymbol{\beta}\in V,(\boldsymbol{\alpha},\boldsymbol{\beta})=((\boldsymbol{\alpha},\boldsymbol{\alpha}_1)\boldsymbol{\alpha}_1+(\boldsymbol{\alpha},\boldsymbol{\alpha}_2)\boldsymbol{\alpha}_2+\cdots+(\boldsymbol{\alpha},\boldsymbol{\alpha}_n)\boldsymbol{\alpha}_n,\boldsymbol{\beta})$

$$=(\boldsymbol{\alpha},\boldsymbol{\alpha}_1)(\boldsymbol{\beta},\boldsymbol{\alpha}_1)+\cdots+(\boldsymbol{\alpha},\boldsymbol{\alpha}_n)(\boldsymbol{\beta},\boldsymbol{\alpha}_n).$$

(3)⇒(1). 假定 $\boldsymbol{\alpha}\notin W$,则 $\boldsymbol{\alpha}\neq\boldsymbol{0}$,那么$(\boldsymbol{\alpha},\boldsymbol{\alpha})>0$. 因为 $V=W\oplus W^{\perp}$,所以 $\boldsymbol{\alpha}\in W^{\perp}$. 取 $\boldsymbol{\beta}=\boldsymbol{\alpha}$,则$(\boldsymbol{\alpha},\boldsymbol{\alpha})=(\boldsymbol{\alpha},\boldsymbol{\alpha}_1)^2+(\boldsymbol{\alpha},\boldsymbol{\alpha}_2)^2+\cdots+(\boldsymbol{\alpha},\boldsymbol{\alpha}_n)^2=0$,矛盾,所以 $\boldsymbol{\alpha}\in W$.

30. 证明:令 $W=L(\boldsymbol{\alpha}_1,\boldsymbol{\alpha}_2,\cdots,\boldsymbol{\alpha}_{n-1})$. 因为 $\boldsymbol{\alpha}_1,\boldsymbol{\alpha}_2,\cdots,\boldsymbol{\alpha}_{n-1}$是正交向量组,所以 $\boldsymbol{\alpha}_1,\boldsymbol{\alpha}_2,\cdots,\boldsymbol{\alpha}_{n-1}$线性无关. 因此,$\dim W=n-1$, 从而 $\dim W^{\perp}=1$,又

$$(\boldsymbol{\beta}_1,\boldsymbol{\alpha}_i)=0,(\boldsymbol{\beta}_2,\boldsymbol{\alpha}_i)=0,$$

因此 $\boldsymbol{\beta}_1,\boldsymbol{\beta}_2\in W^{\perp}$,故 $\boldsymbol{\beta}_1,\boldsymbol{\beta}_2$ 线性相关.

31. 解:设 $\boldsymbol{\alpha}=(x_1,x_2,x_3,x_4)$,令$(\boldsymbol{\alpha}_1,\boldsymbol{\alpha})=(\boldsymbol{\alpha}_2,\boldsymbol{\alpha})=0$,则可得下列方程组:

$$\begin{cases}x_1=0,\\\dfrac{1}{2}x_2+\dfrac{1}{2}x_3+\dfrac{1}{\sqrt{2}}x_4=0,\end{cases}\quad\text{即}\quad\begin{cases}x_1=0,\\x_2+x_3+\sqrt{2}x_4=0.\end{cases}$$

可求上述方程组的一组基础解系为

$$\boldsymbol{\eta}_1=(0,1,-1,0),\quad\boldsymbol{\eta}_2=(0,1,1,-\sqrt{2}),$$

且 $\boldsymbol{\eta}_1,\boldsymbol{\eta}_2$ 正交. 单位化得

$$\boldsymbol{\alpha}_3=\frac{\boldsymbol{\eta}_1}{|\boldsymbol{\eta}_1|}=\left(0,\frac{1}{\sqrt{2}},-\frac{1}{\sqrt{2}},0\right),\quad\boldsymbol{\alpha}_4=\frac{\boldsymbol{\eta}_2}{|\boldsymbol{\eta}_2|}=\left(0,\frac{1}{2},\frac{1}{2},-\frac{\sqrt{2}}{2}\right).$$

综上所述,$\boldsymbol{\alpha}_1,\boldsymbol{\alpha}_2,\boldsymbol{\alpha}_3,\boldsymbol{\alpha}_4$ 是 $\mathbf{R}^4$ 的一个标准正交基.

32. 证明:(1) 设 $\boldsymbol{\varepsilon}_1,\boldsymbol{\varepsilon}_2,\cdots,\boldsymbol{\varepsilon}_n$ 为 V 的一组标准正交基,且

$$\varphi(\boldsymbol{\varepsilon}_1,\boldsymbol{\varepsilon}_2,\cdots,\boldsymbol{\varepsilon}_n)=(\boldsymbol{\varepsilon}_1,\boldsymbol{\varepsilon}_2,\cdots,\boldsymbol{\varepsilon}_n)\boldsymbol{A},$$

其中 $\boldsymbol{A}=(a_{ij})_{n\times n}$. 设

$$\varphi^*(\boldsymbol{\varepsilon}_1,\boldsymbol{\varepsilon}_2,\cdots,\boldsymbol{\varepsilon}_n)=(\boldsymbol{\varepsilon}_1,\boldsymbol{\varepsilon}_2,\cdots,\boldsymbol{\varepsilon}_n)\boldsymbol{B},$$

其中 $\boldsymbol{B}=(b_{ij})_{n\times n}$,则

$$\begin{aligned}a_{ij}&=(a_{1j}\boldsymbol{\varepsilon}_1+\cdots+a_{ij}\boldsymbol{\varepsilon}_i+\cdots+a_{nj}\boldsymbol{\varepsilon}_n,\boldsymbol{\varepsilon}_i)\\&=(\varphi(\boldsymbol{\varepsilon}_j),\boldsymbol{\varepsilon}_i)=(\boldsymbol{\varepsilon}_j,\varphi^*(\boldsymbol{\varepsilon}_i))\\&=(\boldsymbol{\varepsilon}_j,b_{1i}\boldsymbol{\varepsilon}_1+\cdots+b_{ji}\boldsymbol{\varepsilon}_j+\cdots+b_{ni}\boldsymbol{\varepsilon}_n)\\&=b_{ji}\quad(i,j=1,2,\cdots,n).\end{aligned}$$

因此,$\boldsymbol{B}=\boldsymbol{A}^{\mathrm{T}}$.

(2) 由正交补的唯一性知,只需证明 $\varphi^{-1}(\boldsymbol{0})=\varphi^*(V)^{\perp}$.

先证 $\varphi^{-1}(\boldsymbol{0})\subseteq\varphi^*(V)^{\perp}$.

$\forall\boldsymbol{\alpha}\in\varphi^{-1}(\boldsymbol{0}),\forall\varphi^*(\boldsymbol{\beta})\in\varphi^*(V),(\boldsymbol{\alpha},\varphi^*(\boldsymbol{\beta}))=(\varphi(\boldsymbol{\alpha}),\boldsymbol{\beta})=(\boldsymbol{0},\boldsymbol{\beta})=0\Rightarrow\boldsymbol{\alpha}\in\varphi^*(V)^{\perp}$,故 $\varphi^{-1}(\boldsymbol{0})\subseteq\varphi^*(V)^{\perp}$.

再证,$\varphi^*(V)^{\perp}\subseteq\varphi^{-1}(\boldsymbol{0})$.

$\forall\boldsymbol{\xi}\in\varphi^*(V)^{\perp}$,而 $\varphi^*(\varphi(\boldsymbol{\xi}))\in\varphi^*(V)$,故 $(\boldsymbol{\xi},\varphi^*(\varphi(\boldsymbol{\xi})))=(\varphi(\boldsymbol{\xi}),\varphi(\boldsymbol{\xi}))=0$,则 $\varphi(\boldsymbol{\xi})=\boldsymbol{0}\Rightarrow\boldsymbol{\xi}\in\varphi^{-1}(\boldsymbol{0})$,所以 $\varphi^*(V)^{\perp}\subseteq\varphi^{-1}(\boldsymbol{0})$.

综上所述,$\varphi^{-1}(\boldsymbol{0})=\varphi^*(V)^{\perp}$.

33. 解:(1) 显然 $\boldsymbol{A}$ 为实对称矩阵,且 $\boldsymbol{A}$ 的 3 个顺序主子式为

$$\Delta_1=1>0,\quad\Delta_2=6>0,\quad\Delta_3=2>0,$$

所以 $\boldsymbol{A}$ 为正定矩阵.

(2) $\forall\boldsymbol{\beta}_1=(\boldsymbol{\alpha}_1,\boldsymbol{\alpha}_2,\boldsymbol{\alpha}_3)\boldsymbol{X},\quad\boldsymbol{\beta}_2=(\boldsymbol{\alpha}_1,\boldsymbol{\alpha}_2,\boldsymbol{\alpha}_3)\boldsymbol{Y},\quad\boldsymbol{\beta}_3=(\boldsymbol{\alpha}_1,\boldsymbol{\alpha}_2,\boldsymbol{\alpha}_3)\boldsymbol{Z}$,

$$\boldsymbol{X}=\begin{pmatrix}x_1\\x_2\\x_3\end{pmatrix},\quad\boldsymbol{Y}=\begin{pmatrix}y_1\\y_2\\y_3\end{pmatrix},\quad\boldsymbol{Z}=\begin{pmatrix}z_1\\z_2\\z_3\end{pmatrix}\in\mathbf{R}^3,\quad\forall k\in\mathbf{R}.$$

由条件可知,$f(\boldsymbol{\alpha}_i,\boldsymbol{\alpha}_j)=a_{ij}$,其中 $\boldsymbol{A}=(a_{ij})_{3\times3}$,则

(i) $f(\boldsymbol{\beta}_1,\boldsymbol{\beta}_2)=\boldsymbol{X}^{\mathrm{T}}\boldsymbol{A}\boldsymbol{Y}=(\boldsymbol{X}^{\mathrm{T}}\boldsymbol{A}\boldsymbol{Y})^{\mathrm{T}}=\boldsymbol{Y}^{\mathrm{T}}\boldsymbol{A}\boldsymbol{X}=f(\boldsymbol{\beta}_2,\boldsymbol{\beta}_1)$;

(ii) $f(k\boldsymbol{\beta}_1,\boldsymbol{\beta}_2)=(k\boldsymbol{X})^{\mathrm{T}}\boldsymbol{A}\boldsymbol{Y}=k(\boldsymbol{X}^{\mathrm{T}}\boldsymbol{A}\boldsymbol{Y})=kf(\boldsymbol{\beta}_1,\boldsymbol{\beta}_2)$;

(iii) $f(\boldsymbol{\beta}_1+\boldsymbol{\beta}_2,\boldsymbol{\beta}_3)=(\boldsymbol{X}+\boldsymbol{Y})^{\mathrm{T}}\boldsymbol{A}\boldsymbol{Z}=\boldsymbol{X}^{\mathrm{T}}\boldsymbol{A}\boldsymbol{Z}+\boldsymbol{Y}^{\mathrm{T}}\boldsymbol{A}\boldsymbol{Z}=f(\boldsymbol{\beta}_1,\boldsymbol{\beta}_3)+f(\boldsymbol{\beta}_2,\boldsymbol{\beta}_3)$;

(iv) 因为 $\boldsymbol{A}$ 为正定矩阵,所以 $f(\boldsymbol{\beta}_1,\boldsymbol{\beta}_1)=\boldsymbol{X}^{\mathrm{T}}\boldsymbol{A}\boldsymbol{X}\geqslant0$,且

$$f(\boldsymbol{\beta}_1,\boldsymbol{\beta}_1)=0\Leftrightarrow\boldsymbol{X}^{\mathrm{T}}\boldsymbol{A}\boldsymbol{X}=\boldsymbol{0}\Leftrightarrow\boldsymbol{X}=\boldsymbol{0}\Leftrightarrow\boldsymbol{\beta}_1=\boldsymbol{0}.$$

因此由内积的定义知,$f(\boldsymbol{\alpha},\boldsymbol{\beta})$ 是 V 上的内积.

$$\begin{aligned}f(\boldsymbol{\beta}_1,\boldsymbol{\beta}_1)&=\boldsymbol{X}^{\mathrm{T}}\boldsymbol{A}\boldsymbol{X}=x_1^2+2x_1x_3+6x_2^2-4x_2x_3+2x_3^2\\&=(x_1^2+2x_1x_3+x_3^2)+(4x_2^3-4x_2x_3+x_3^2)+2x_2^2\\&=y_1^2+y_2^2+y_3^2,\end{aligned}$$

其中,

$$\begin{pmatrix}y_1\\y_2\\y_3\end{pmatrix}=\begin{pmatrix}1&0&1\\0&2&-1\\0&\sqrt{2}&0\end{pmatrix}\begin{pmatrix}x_1\\x_2\\x_3\end{pmatrix}\Leftrightarrow\begin{pmatrix}x_1\\x_2\\x_3\end{pmatrix}=\begin{pmatrix}1&1&-\sqrt{2}\\0&0&\dfrac{\sqrt{2}}{2}\\0&-1&\sqrt{2}\end{pmatrix}\begin{pmatrix}y_1\\y_2\\y_3\end{pmatrix}.$$

由 $f(\boldsymbol{\beta}_1,\boldsymbol{\beta}_2)=\boldsymbol{X}^{\mathrm{T}}\boldsymbol{A}\boldsymbol{Y}$,取

$$\boldsymbol{e}_1=\boldsymbol{\alpha}_1,\quad\boldsymbol{e}_2=\boldsymbol{\alpha}_1-\boldsymbol{\alpha}_3,\quad\boldsymbol{e}_3=-\sqrt{2}\boldsymbol{\alpha}_1+\frac{\sqrt{2}}{2}\boldsymbol{\alpha}_2+\sqrt{2}\boldsymbol{\alpha}_3,$$

则 e_1,e_2,e_3 是 V 上的一组标准正交基.

34. 证明:设

$$W=\{f\in \mathbf{C}^V \mid f(\boldsymbol{\alpha}+\boldsymbol{\beta})=f(\boldsymbol{\alpha})+f(\boldsymbol{\beta}),f(k\boldsymbol{\alpha})=kf(\boldsymbol{\alpha}),\forall \boldsymbol{\alpha},\boldsymbol{\beta}\in V,k\in \mathbf{R}\},$$

显然 $\mathbf{0}\in W$. $\forall f,g\in W,\boldsymbol{\alpha},\boldsymbol{\beta}\in V,k\in \mathbf{R}$,

$$\begin{aligned}(f+g)(k\boldsymbol{\alpha})&=f(k\boldsymbol{\alpha})+g(k\boldsymbol{\alpha})=kf(\boldsymbol{\alpha})+kg(\boldsymbol{\alpha})\\&=k(f(\boldsymbol{\alpha})+g(\boldsymbol{\alpha}))=k(f+g)(\boldsymbol{\alpha}),\end{aligned}$$

于是 $f+g\in W$. 同理 $\forall a\in \mathbf{C},f\in W$,有 $af\in W$,因此 W 是 $\mathbf{C}^V$ 的一个子空间.

设 $e_1,e_2,\cdots,e_n$ 是 V 的一组基,令

$$\sigma_i(e_j)=\begin{cases}0, & i\neq j,\\ 1, & i=j,\end{cases}\quad i,j=1,2,\cdots,n,$$

易证 $\sigma_i\in W(i=1,2,\cdots,n)$.

事实上,$\forall f\in W,\boldsymbol{\alpha}\in V,\boldsymbol{\alpha}=a_1e_1+a_2e_2+\cdots+a_ne_n$,则

$$\begin{aligned}f(\boldsymbol{\alpha})&=a_1f(e_1)+a_2f(e_2)+\cdots+a_nf(e_n)\\&=f(e_1)\sigma_1(\boldsymbol{\alpha})+f(e_2)\sigma_2(\boldsymbol{\alpha})+\cdots+f(e_n)\sigma_n(\boldsymbol{\alpha})\\&=(f(e_1)\sigma_1+f(e_2)\sigma_2+\cdots+f(e_n)\sigma_n)(\boldsymbol{\alpha}),\end{aligned}$$

从而 $f=f(e_1)\sigma_1+f(e_2)\sigma_2+\cdots+f(e_n)\sigma_n$.

设 $$x_1\sigma_1+x_2\sigma_2+\cdots+x_n\sigma_n=0,\quad x_i\in \mathbf{C}(i=1,2,\cdots,n),$$

则 $$(x_1\sigma_1+x_2\sigma_2+\cdots+x_n\sigma_n)(e_i)=0.$$

因此,$x_i=0(i=1,2,\cdots,n)$. 故 $\sigma_1,\sigma_2,\cdots,\sigma_n$ 线性无关,从而 $\sigma_1,\sigma_2,\cdots,\sigma_n$ 是 W 的一个基,$\dim W=n$. 而 $f_1,f_2,\cdots,f_{n+1}\in W$,所以 $f_1,f_2,\cdots,f_{n+1}$ 线性相关.

35. 证明:(1) 显然 $\mathbf{0}\in U^{\perp},U^{\perp}\neq\varphi,\forall \boldsymbol{\alpha}_1,\boldsymbol{\alpha}_2\in U^{\perp},\forall \boldsymbol{\beta}\in U,\forall k\in \mathbf{R}$,则

$$f(\boldsymbol{\alpha}_1,\boldsymbol{\beta})=f(\boldsymbol{\alpha}_2,\boldsymbol{\beta})=0\Rightarrow f(\boldsymbol{\alpha}_1+\boldsymbol{\alpha}_2,\boldsymbol{\beta})=f(\boldsymbol{\alpha}_1,\boldsymbol{\beta})+f(\boldsymbol{\alpha}_2,\boldsymbol{\beta})=0,$$

$$f(k\boldsymbol{\alpha}_1,\boldsymbol{\beta})=kf(\boldsymbol{\alpha}_1,\boldsymbol{\beta})=0,$$

故 $\boldsymbol{\alpha}_1+\boldsymbol{\alpha}_2\in U^{\perp},k\boldsymbol{\alpha}_1\in U^{\perp}$,因此 $U^{\perp}$ 是 V 的子空间.

(2) 在 V 上定义二元实函数 $(\boldsymbol{\alpha},\boldsymbol{\beta})=f(\boldsymbol{\alpha},\boldsymbol{\beta})$.

因为 f 是 V 上的正定对称双线性函数,所以 $(\boldsymbol{\alpha},\boldsymbol{\beta})$ 为 V 上的内积,故 V 针对上述内积构成一欧氏空间,因为 U 是 V 的一子空间,则 U 存在唯一的正交补 $U^{\perp}$,使得

$$V=U\oplus U^{\perp},$$

其中 $U^{\perp}=\{\boldsymbol{\alpha}\in V\mid(\boldsymbol{\alpha},\boldsymbol{\beta})=0,\forall \boldsymbol{\beta}\in U\}=\{\boldsymbol{\alpha}\in V\mid f(\boldsymbol{\alpha},\boldsymbol{\beta})=0,\forall \boldsymbol{\beta}\in U\}$.

36. 解:设 $\boldsymbol{\alpha}_1,\boldsymbol{\alpha}_2,\boldsymbol{\alpha}_3$ 的对偶基为 $\hat{\boldsymbol{\alpha}}_1,\hat{\boldsymbol{\alpha}}_2,\hat{\boldsymbol{\alpha}}_3$.

先求 $\boldsymbol{\alpha}_1$ 的特征函数 $\hat{\boldsymbol{\alpha}}_1$,$\forall \boldsymbol{\alpha}=(x_1,x_2,x_3)\in \mathbf{R}^3$,则

$$\hat{\boldsymbol{\alpha}}_1(\boldsymbol{\alpha})=a_1x_1+a_2x_2+a_3x_3,\quad a_i\in \mathbf{R}.$$

利用对偶基的性质 $\hat{\boldsymbol{\alpha}}_1(\boldsymbol{\alpha}_1)=1,\hat{\boldsymbol{\alpha}}_1(\boldsymbol{\alpha}_2)=0,\hat{\boldsymbol{\alpha}}_1(\boldsymbol{\alpha}_3)=0$,则有

$$\begin{cases}a_1=1,\\ a_1+a_2=0,\\ a_1+a_2+a_3=0,\end{cases}$$

解上述方程组得 $a_1=1,a_2=-1,a_3=0$,因此,$\hat{\boldsymbol{\alpha}}_1(\boldsymbol{\alpha})=x_1-x_2$.

类似地,可求得 $\hat{\boldsymbol{\alpha}}_2(\boldsymbol{\alpha})=x_2-x_3,\hat{\boldsymbol{\alpha}}_3(\boldsymbol{\alpha})=x_3$.

37. 证明:(1) 因为

$$|\boldsymbol{E}-\boldsymbol{A}|=(-1)^3|\boldsymbol{A}-\boldsymbol{E}|=-|\boldsymbol{A}-\boldsymbol{E}|=-|\boldsymbol{A}-\boldsymbol{A}\boldsymbol{A}^{\mathrm{T}}|$$

$$=-|A||\boldsymbol{E}-\boldsymbol{A}^{\mathrm{T}}|=-|\boldsymbol{E}-\boldsymbol{A}^{\mathrm{T}}|=-|(\boldsymbol{E}-\boldsymbol{A})^{\mathrm{T}}|=-|\boldsymbol{E}-\boldsymbol{A}|,$$

所以$|\boldsymbol{E}-\boldsymbol{A}|=0$,故$\lambda=1$是$\boldsymbol{A}$的特征值.

(2) 由(1)可设$\boldsymbol{\xi}_1$为$\boldsymbol{A}$的属于1的单位特征向量,即$\boldsymbol{A}\boldsymbol{\xi}_1=\boldsymbol{\xi}_1$,且$|\boldsymbol{\xi}_1|=1$, 再将$\boldsymbol{\alpha}_1$扩充为三维欧式空间$\mathbf{R}^3$的一组标准正交基$\boldsymbol{\xi}_1,\boldsymbol{\xi}_2,\boldsymbol{\xi}_3$,令

$$\boldsymbol{A}(\boldsymbol{\xi}_1,\boldsymbol{\xi}_2,\boldsymbol{\xi}_3)=(\boldsymbol{\xi}_1,\boldsymbol{\xi}_2,\boldsymbol{\xi}_3)\begin{pmatrix}1&a&b\\0&c&d\\0&m&n\end{pmatrix},\quad a,b,c,d,n,m\in\mathbf{R}. \qquad (*)$$

设$\boldsymbol{Q}=(\boldsymbol{\xi}_1,\boldsymbol{\xi}_2,\boldsymbol{\xi}_3)$,则$\boldsymbol{Q}$是正交矩阵,故$\boldsymbol{C}=\begin{pmatrix}1&a&b\\0&c&d\\0&m&n\end{pmatrix}$也是正交矩阵.

因此,$\begin{cases}1+a^2+b^2=1,\\c^2+d^2=1,\\m^2+n^2=1,\\ac+bd=0,\\am+bn=0,\\mc+nd=0,\end{cases}$ 显然$a=b=0$.

因为$c^2+d^2=1$,所以存在α,使得

$$c=\cos\alpha,\quad d=\pm\sin\alpha.$$

由$\cos(\pm\alpha)=\cos\alpha,\sin(\pm\alpha)=\pm\sin\alpha$,因此不妨令

$$c=\cos\alpha,\quad d=\sin\alpha.$$

同理,存在β,使得$m=\cos\beta,n=\sin\beta$.

因为$mc+nd=0\Rightarrow\cos\beta\cos\alpha+\sin\beta\sin\alpha=0$, 所以$\cos(\beta-\alpha)=0$,则$\beta=\alpha+(2k+1)\frac{\pi}{2}$. 于是

$$\cos\beta=\cos\left[\alpha+(2k+1)\frac{\pi}{2}\right]=\begin{cases}-\sin\alpha, & k\text{ 为偶数},\\\sin\alpha, & k\text{ 为奇数},\end{cases}$$

$$\sin\beta=\sin\left[\alpha+(2k+1)\frac{\pi}{2}\right]=\begin{cases}\cos\alpha, & k\text{ 为偶数},\\-\cos\alpha, & k\text{ 为奇数},\end{cases}$$

因此

$$\boldsymbol{C}=\begin{pmatrix}1&0&0\\0&\cos\alpha&-\sin\alpha\\0&\sin\alpha&\cos\alpha\end{pmatrix}\quad\text{或}\quad\boldsymbol{C}=\begin{pmatrix}1&0&0\\0&\cos\alpha&\sin\alpha\\0&\sin\alpha&-\cos\alpha\end{pmatrix}.$$

因为$|\boldsymbol{A}|=1$,则$|\boldsymbol{C}|=1$. 故前者成立,令$\alpha=-\theta$,则

$$\boldsymbol{C}=\begin{pmatrix}1&0&0\\0&\cos\theta&\sin\theta\\0&-\sin\theta&\cos\theta\end{pmatrix}.$$

由(*)式可知,存在正交矩阵$\boldsymbol{Q}$,使得

$$\boldsymbol{Q}^{\mathrm{T}}\boldsymbol{A}\boldsymbol{Q}=\begin{pmatrix}1&0&0\\0&\cos\theta&\sin\theta\\0&-\sin\theta&\cos\theta\end{pmatrix}.$$

38. 证明:由条件可知,$\forall\boldsymbol{\alpha},\boldsymbol{\beta}\in V,(\boldsymbol{A}\boldsymbol{\alpha},\boldsymbol{\beta})=(\boldsymbol{\alpha},\boldsymbol{A}^*\boldsymbol{\beta})=(\boldsymbol{\alpha},\boldsymbol{A}\boldsymbol{\beta})$.

$\forall \boldsymbol{\beta}\in W$，因为 W 是 $\boldsymbol{A}$ 的不变子空间，所以 $\boldsymbol{A\beta}\in W$，故 $\forall \boldsymbol{\alpha}\in W^{\perp}$，$(\boldsymbol{\alpha},\boldsymbol{A\beta})=0$. 由此可得 $(\boldsymbol{A\alpha},\boldsymbol{\beta})=(\boldsymbol{\alpha},\boldsymbol{A\beta})=0$，因此 $\boldsymbol{A\alpha}\in W^{\perp}$，故命题成立.

39. 证明：因为 $\boldsymbol{A}$ 是正则变换，所以 $\boldsymbol{AA}^*=\boldsymbol{A}^*\boldsymbol{A}$.

不妨设 $\boldsymbol{\alpha}$ 是 $\boldsymbol{A}$ 的属于特征值 λ 的特征向量，则 $\boldsymbol{A\alpha}=\lambda\boldsymbol{\alpha}$. 于是

$$\begin{aligned}(\boldsymbol{A}^*\boldsymbol{\alpha}-\bar{\lambda}\boldsymbol{\alpha},\boldsymbol{A}^*\boldsymbol{\alpha}-\bar{\lambda}\boldsymbol{\alpha})&=(\boldsymbol{A}^*\boldsymbol{\alpha},\boldsymbol{A}^*\boldsymbol{\alpha})+(\boldsymbol{A}^*\boldsymbol{\alpha},-\bar{\lambda}\boldsymbol{\alpha})+(-\bar{\lambda}\boldsymbol{\alpha},\boldsymbol{A}^*\boldsymbol{\alpha})+(-\bar{\lambda}\boldsymbol{\alpha},-\bar{\lambda}\boldsymbol{\alpha})\\&=(\boldsymbol{\alpha},(\boldsymbol{A}^*)^*\boldsymbol{A}^*\boldsymbol{\alpha})+(\boldsymbol{\alpha},-(\boldsymbol{A}^*)^*\bar{\lambda}\boldsymbol{\alpha})+(-(\boldsymbol{A}^*)^*\bar{\lambda}\boldsymbol{\alpha},\boldsymbol{\alpha})\\&\quad+(-\bar{\lambda}\boldsymbol{\alpha},-\bar{\lambda}\boldsymbol{\alpha})\\&=(\boldsymbol{\alpha},\boldsymbol{AA}^*\boldsymbol{\alpha})+(\boldsymbol{\alpha},-\boldsymbol{A}\bar{\lambda}\boldsymbol{\alpha})+(-\boldsymbol{A}\bar{\lambda}\boldsymbol{\alpha},\boldsymbol{\alpha})+(-\bar{\lambda}\boldsymbol{\alpha},-\bar{\lambda}\boldsymbol{\alpha})\\&=(\boldsymbol{\alpha},\boldsymbol{A}^*\boldsymbol{A\alpha})+(\boldsymbol{\alpha},-\bar{\lambda}\lambda\boldsymbol{\alpha})+(-\lambda\bar{\lambda}\boldsymbol{\alpha},\boldsymbol{\alpha})+\bar{\lambda}\bar{\bar{\lambda}}(\boldsymbol{\alpha},\boldsymbol{\alpha})\\&=(\boldsymbol{\alpha},\boldsymbol{A}^*\lambda\boldsymbol{\alpha})-\bar{\bar{\lambda}}\bar{\lambda}(\boldsymbol{\alpha},\boldsymbol{\alpha})-\lambda\bar{\lambda}(\boldsymbol{\alpha},\boldsymbol{\alpha})+\bar{\lambda}\bar{\bar{\lambda}}(\boldsymbol{\alpha},\boldsymbol{\alpha})\\&=(\boldsymbol{A\alpha},\lambda\boldsymbol{\alpha})-\bar{\bar{\lambda}}\bar{\lambda}(\boldsymbol{\alpha},\boldsymbol{\alpha})-\lambda\bar{\lambda}(\boldsymbol{\alpha},\boldsymbol{\alpha})+\bar{\lambda}\bar{\bar{\lambda}}(\boldsymbol{\alpha},\boldsymbol{\alpha})\\&=(\lambda\boldsymbol{\alpha},\lambda\boldsymbol{\alpha})-\lambda\bar{\lambda}(\boldsymbol{\alpha},\boldsymbol{\alpha})=0,\end{aligned}$$

从而 $\boldsymbol{A}^*\boldsymbol{\alpha}-\bar{\lambda}\boldsymbol{\alpha}=\mathbf{0}$，因此命题成立 .

40. 证明：(1) 由 $\boldsymbol{\xi}$ 是单位向量，则 $(\boldsymbol{\xi},\boldsymbol{\xi})=1$. σ 是 $\mathbf{R}^3$ 的线性变换，则

$$\begin{aligned}(\sigma(\boldsymbol{\alpha}),\sigma(\boldsymbol{\alpha}))&=(\boldsymbol{\alpha}-2(\boldsymbol{\alpha},\boldsymbol{\xi})\boldsymbol{\xi},\boldsymbol{\alpha}-2(\boldsymbol{\alpha},\boldsymbol{\xi})\boldsymbol{\xi})\\&=(\boldsymbol{\alpha},\boldsymbol{\alpha})-4(\boldsymbol{\alpha},\boldsymbol{\xi})^2+4(\boldsymbol{\alpha},\boldsymbol{\xi})^2(\boldsymbol{\xi},\boldsymbol{\xi})\\&=(\boldsymbol{\alpha},\boldsymbol{\alpha}),\end{aligned}$$

因此 σ 是正交变换.

(2)
$$\begin{aligned}\sigma(\boldsymbol{e}_1)&=\boldsymbol{e}_1-2(\boldsymbol{e}_1,\boldsymbol{\xi})\boldsymbol{\xi}=(1-2a^2)\boldsymbol{e}_1-2ab\boldsymbol{e}_2-2ac\boldsymbol{e}_3,\\\sigma(\boldsymbol{e}_2)&=\boldsymbol{e}_2-2(\boldsymbol{e}_2,\boldsymbol{\xi})\boldsymbol{\xi}=-2ab\boldsymbol{e}_1+(1-2b^2)\boldsymbol{e}_2-2bc\boldsymbol{e}_3,\\\sigma(\boldsymbol{e}_3)&=\boldsymbol{e}_3-2(\boldsymbol{e}_3,\boldsymbol{\xi})\boldsymbol{\xi}=-2ac\boldsymbol{e}_1-2bc\boldsymbol{e}_2+(1-2c^2)\boldsymbol{e}_3,\end{aligned}$$

所以 σ 关于基 $\boldsymbol{e}_1,\boldsymbol{e}_2,\boldsymbol{e}_3$ 的矩阵为

$$\boldsymbol{A}=\begin{pmatrix}1-2a^2&-2ab&-2ac\\-2ab&1-2b^2&-2bc\\-2ac&-2bc&1-2c^2\end{pmatrix}.$$

41. 解：(1) 令 $\boldsymbol{\alpha}_1=(1,0,1,0,0)$，$\boldsymbol{\alpha}_2=(1,1,0,0,0)$，$\boldsymbol{\alpha}_3=(0,0,1,0,0)$，$\boldsymbol{\eta}=(1,1,1,0,0)$，则有 $\boldsymbol{\eta}=\boldsymbol{\alpha}_2+\boldsymbol{\alpha}_3$.

又因为 $\begin{pmatrix}\boldsymbol{\alpha}_1\\\boldsymbol{\alpha}_2\\\boldsymbol{\alpha}_3\end{pmatrix}$ 存在着三阶子式 $\begin{vmatrix}1&0&1\\1&1&0\\0&0&1\end{vmatrix}=1\neq0$，故 $\boldsymbol{\alpha}_1,\boldsymbol{\alpha}_2,\boldsymbol{\alpha}_3$ 线性无关.

因此，$\boldsymbol{\alpha}_1,\boldsymbol{\alpha}_2,\boldsymbol{\alpha}_3$ 为 V 的一个极大线性无关组，故 $\dim V=3$.

(2) 令 $\boldsymbol{\beta}_1=\boldsymbol{\alpha}_2$，$\boldsymbol{\beta}_2=\boldsymbol{\alpha}_3$，$\boldsymbol{\beta}_3=\boldsymbol{\alpha}_1-\dfrac{(\boldsymbol{\alpha}_1,\boldsymbol{\alpha}_2)}{(\boldsymbol{\alpha}_2,\boldsymbol{\alpha}_2)}\boldsymbol{\alpha}_2-\dfrac{(\boldsymbol{\alpha}_1,\boldsymbol{\alpha}_3)}{(\boldsymbol{\alpha}_3,\boldsymbol{\alpha}_3)}\boldsymbol{\alpha}_3$，即

$$\boldsymbol{\beta}_1=(1,1,0,0,0),\quad \boldsymbol{\beta}_2=(0,0,1,0,0),\quad \boldsymbol{\beta}_3=\left(\frac{1}{2},-\frac{1}{2},0,0,0\right).$$

令
$$\begin{aligned}\boldsymbol{\eta}_1&=\frac{\boldsymbol{\beta}_1}{\|\boldsymbol{\beta}_1\|}=\left(\frac{\sqrt{2}}{2},\frac{\sqrt{2}}{2},0,0,0\right),\\\boldsymbol{\eta}_2&=\frac{\boldsymbol{\beta}_2}{\|\boldsymbol{\beta}_2\|}=(0,0,1,0,0),\\\boldsymbol{\eta}_3&=\frac{\boldsymbol{\beta}_3}{\|\boldsymbol{\beta}_3\|}=\left(\frac{\sqrt{2}}{2},-\frac{\sqrt{2}}{2},0,0,0\right),\end{aligned}$$

则 $\boldsymbol{\eta}_1,\boldsymbol{\eta}_2,\boldsymbol{\eta}_3$ 即为所求的 V 的一组标准正交基.

(3) 取 $\boldsymbol{\beta}_4=(0,0,0,1,0),\boldsymbol{\beta}_5=(0,0,0,0,1)$,则有

$$|(\boldsymbol{\eta}_1,\boldsymbol{\eta}_2,\boldsymbol{\eta}_3,\boldsymbol{\beta}_4,\boldsymbol{\beta}_5)^{\mathrm{T}}|=1\neq 0,$$

故 $\boldsymbol{\eta}_1,\boldsymbol{\eta}_2,\boldsymbol{\eta}_3,\boldsymbol{\beta}_4,\boldsymbol{\beta}_5$ 线性无关,且有

$$(\boldsymbol{\eta}_i,\boldsymbol{\beta}_4)=(\boldsymbol{\eta}_i,\boldsymbol{\beta}_5)=0\ (i=0,1,2,\cdots),\quad (\boldsymbol{\beta}_4,\boldsymbol{\beta}_5)=0,\quad |\boldsymbol{\beta}_4|=|\boldsymbol{\beta}_5|=1.$$

故 $\boldsymbol{\eta}_1,\boldsymbol{\eta}_2,\boldsymbol{\eta}_3,\boldsymbol{\beta}_4,\boldsymbol{\beta}_5$ 为 $\mathbf{R}^5$ 的一个标准正交基,且 $V^{+}=L(\boldsymbol{\beta}_4,\boldsymbol{\beta}_5)$.

42. 证明:**必要性.**

设 $\boldsymbol{\beta}$ 是 $\boldsymbol{\alpha}$ 在 U 上的正交投影,则存在 $\boldsymbol{\xi}\in U^{\perp}$,使 $\boldsymbol{\alpha}=\boldsymbol{\beta}+\boldsymbol{\xi}$.

$\forall\,\boldsymbol{\gamma}\in U$,因为 $\boldsymbol{\beta}-\boldsymbol{\gamma}\in U$,所以 $(\boldsymbol{\alpha}-\boldsymbol{\beta},\boldsymbol{\beta}-\boldsymbol{\gamma})=(\boldsymbol{\xi},\boldsymbol{\beta}-\boldsymbol{\gamma})=0$,故由勾股定理得

$$\begin{aligned}|\boldsymbol{\alpha}-\boldsymbol{\gamma}|^2&=|(\boldsymbol{\alpha}-\boldsymbol{\beta})+(\boldsymbol{\beta}-\boldsymbol{\gamma})|^2\\&=|\boldsymbol{\alpha}-\boldsymbol{\beta}|^2+|\boldsymbol{\beta}-\boldsymbol{\gamma}|^2\geqslant|\boldsymbol{\alpha}-\boldsymbol{\beta}|^2,\end{aligned}$$

即 $|\boldsymbol{\alpha}-\boldsymbol{\beta}|\leqslant|\boldsymbol{\alpha}-\boldsymbol{\gamma}|$.

充分性.

设 $\forall\,\boldsymbol{\gamma}\in U$,都有 $|\boldsymbol{\alpha}-\boldsymbol{\beta}|\leqslant|\boldsymbol{\alpha}-\boldsymbol{\gamma}|$. 下证 $\boldsymbol{\beta}\in U$ 是 $\boldsymbol{\alpha}$ 在 U 上的正交投影. 为此,设 $\boldsymbol{\beta}_1$ 是 $\boldsymbol{\alpha}$ 在 U 上的正交投影,则由已证得的必要性及题设条件知

$$|\boldsymbol{\alpha}-\boldsymbol{\beta}_1|\leqslant|\boldsymbol{\alpha}-\boldsymbol{\beta}|\leqslant|\boldsymbol{\alpha}-\boldsymbol{\beta}_1|,$$

所以 $|\boldsymbol{\alpha}-\boldsymbol{\beta}|=|\boldsymbol{\alpha}-\boldsymbol{\beta}_1|$.

注意到 $\boldsymbol{\alpha}-\boldsymbol{\beta}_1\in U^{\perp},\boldsymbol{\beta}-\boldsymbol{\beta}_1\in U$,根据勾股定理得

$$|\boldsymbol{\alpha}-\boldsymbol{\beta}|^2=|(\boldsymbol{\alpha}-\boldsymbol{\beta}_1)+(\boldsymbol{\beta}_1-\boldsymbol{\beta})|^2=|\boldsymbol{\alpha}-\boldsymbol{\beta}_1|^2+|\boldsymbol{\beta}_1-\boldsymbol{\beta}|^2.$$

因此,$|\boldsymbol{\beta}_1-\boldsymbol{\beta}|=0$,即 $\boldsymbol{\beta}=\boldsymbol{\beta}_1$ 是 $\boldsymbol{\alpha}$ 在 U 上的正交投影.

43. 解:因为 $f(\boldsymbol{\alpha},\boldsymbol{\beta})$ 是 V 上的一个内积,所以 $f(\boldsymbol{\alpha},\boldsymbol{\beta})=f(\boldsymbol{\beta},\boldsymbol{\alpha})$,从而 $\boldsymbol{A}$ 为对称矩阵,故 $b=-2$.

又因 $f(\boldsymbol{\alpha},\boldsymbol{\beta})$ 为内积,故 $f(\boldsymbol{\alpha},\boldsymbol{\alpha})\geqslant 0$,当且仅当 $\boldsymbol{\alpha}=\mathbf{0}$ 时 $f(\boldsymbol{\alpha},\boldsymbol{\alpha})=0$.

因为 $\boldsymbol{A}$ 为正定矩阵,所以 $|\boldsymbol{A}_1|=a>0$,$|\boldsymbol{A}_2|=2a-4>0$,$|\boldsymbol{A}_3|=2a-4>0$,故 $a>2$.

因此,当 $a>2,b=-2$ 时,$f(\boldsymbol{\alpha},\boldsymbol{\beta})$ 是 V 上的一个内积.

(2) 当 $a=4$ 时,$\boldsymbol{A}=\begin{pmatrix}4&b&0\\-2&2&0\\0&0&1\end{pmatrix}$.

$$\boldsymbol{\beta}_1=\boldsymbol{\alpha}_1,\quad \boldsymbol{\beta}_2=\boldsymbol{\alpha}_2-\frac{(\boldsymbol{\alpha}_2,\boldsymbol{\beta}_1)}{(\boldsymbol{\beta}_1,\boldsymbol{\beta}_1)}\boldsymbol{\beta}_1=\boldsymbol{\alpha}_2+\frac{1}{2}\boldsymbol{\beta}_1,\quad \boldsymbol{\beta}_3=\boldsymbol{\alpha}_3,$$

再单位化得

$$\boldsymbol{\eta}_1=\boldsymbol{\alpha}_1/2,\quad \boldsymbol{\eta}_2=\boldsymbol{\alpha}_1/3+(2/3)\boldsymbol{\alpha}_2,\quad \boldsymbol{\eta}_3=\boldsymbol{\alpha}_3,$$

则 V 的一组标准正交基为 $\boldsymbol{\eta}_1,\boldsymbol{\eta}_2,\boldsymbol{\eta}_3$.

44. 解:令 $\boldsymbol{\gamma}=\boldsymbol{\alpha}$,有 $f(\boldsymbol{\alpha},\boldsymbol{\beta})f(\boldsymbol{\alpha},\boldsymbol{\alpha})=f(\boldsymbol{\beta},\boldsymbol{\alpha})f(\boldsymbol{\alpha},\boldsymbol{\alpha})$.

(1) 若 $f(\boldsymbol{\alpha},\boldsymbol{\alpha})\neq 0$,则 $\forall\ \boldsymbol{\alpha},\boldsymbol{\beta}$,有 $f(\boldsymbol{\alpha},\boldsymbol{\beta})=f(\boldsymbol{\beta},\boldsymbol{\alpha})$,即 f 为对称的.

(2) 若 $\forall\,\boldsymbol{\alpha}$,都有 $f(\boldsymbol{\alpha},\boldsymbol{\alpha})=0$,则 $\forall\ \boldsymbol{\alpha},\boldsymbol{\beta}$,有 $f(\boldsymbol{\alpha}-\boldsymbol{\beta},\boldsymbol{\alpha}-\boldsymbol{\beta})=0$,从而有

$$f(\boldsymbol{\alpha},\boldsymbol{\alpha})-f(\boldsymbol{\alpha},\boldsymbol{\beta})-f(\boldsymbol{\beta},\boldsymbol{\alpha})+f(\boldsymbol{\beta},\boldsymbol{\beta})=0,$$

所以 $f(\boldsymbol{\alpha},\boldsymbol{\beta})=-f(\boldsymbol{\beta},\boldsymbol{\alpha})$,即 f 为反对称的.

45. 证明:(1) 设 $\boldsymbol{A}=(a_{ij})\in\mathbf{C}^{n\times n}$,$\boldsymbol{A}\boldsymbol{\xi}=z\boldsymbol{\xi}$,且 $\boldsymbol{\xi}=(\boldsymbol{\varepsilon}_1,\boldsymbol{\varepsilon}_2,\cdots,\boldsymbol{\varepsilon}_n)^{\mathrm{T}}\neq\mathbf{0}$,$|\boldsymbol{\varepsilon}_k|=\max\{\boldsymbol{\varepsilon}_1,\boldsymbol{\varepsilon}_2,\cdots,\boldsymbol{\varepsilon}_n\}$,所以 $z\boldsymbol{\varepsilon}_k=a_{k1}\boldsymbol{\varepsilon}_1+a_{k2}\boldsymbol{\varepsilon}_2+\cdots+a_{kn}\boldsymbol{\varepsilon}_n$,因此

$$|z||\varepsilon_k|=|a_{k1}\varepsilon_1+a_{k2}\varepsilon_2+\cdots+a_{kn}\varepsilon_n|\leqslant|a_{k1}||\varepsilon_1|+|a_{k2}||\varepsilon_2|+\cdots+|a_{kn}||\varepsilon_n|$$
$$\leqslant|a_{k1}||\varepsilon_k|+|a_{k2}||\varepsilon_k|+\cdots+|a_{kn}||\varepsilon_k|.$$

因为 $\boldsymbol{\xi}\neq\mathbf{0}$,所以 $|\varepsilon_k|>0$, $|z|\leqslant|a_{k1}|+|a_{k2}|+\cdots+|a_{kn}|\leqslant na$.

因为 $\boldsymbol{A}=\boldsymbol{H}+\boldsymbol{K}$,所以

$$\boldsymbol{H\xi}+\boldsymbol{K\xi}=\boldsymbol{A\xi}=(x+\mathrm{i}y)\boldsymbol{\xi}=x\boldsymbol{\xi}+\mathrm{i}y\boldsymbol{\xi},$$

所以 $$\boldsymbol{H\xi}-x\boldsymbol{\xi}=-\boldsymbol{K\xi}+\mathrm{i}y\boldsymbol{\xi},$$

所以 $$\bar{\boldsymbol{\xi}}^{\mathrm{T}}(\boldsymbol{H}-x\boldsymbol{I})\boldsymbol{\xi}=\bar{\boldsymbol{\xi}}^{\mathrm{T}}(-\boldsymbol{K}+\mathrm{i}y\boldsymbol{I})\boldsymbol{\xi}.$$

因为 $$\boldsymbol{H}=\overline{\boldsymbol{H}}^{\mathrm{T}},\quad \boldsymbol{K}=-\overline{\boldsymbol{K}}^{\mathrm{T}},$$

所以 $$\overline{\bar{\boldsymbol{\xi}}^{\mathrm{T}}(\boldsymbol{H}-x\boldsymbol{I})\boldsymbol{\xi}}^{\mathrm{T}}=\overline{\bar{\boldsymbol{\xi}}^{\mathrm{T}}(-\boldsymbol{K}+\mathrm{i}y\boldsymbol{I})\boldsymbol{\xi}}^{\mathrm{T}}\Rightarrow\bar{\boldsymbol{\xi}}^{\mathrm{T}}\,\overline{(\boldsymbol{H}-x\boldsymbol{I})}\boldsymbol{\xi}=\bar{\boldsymbol{\xi}}^{\mathrm{T}}\,\overline{(-\boldsymbol{K}+\mathrm{i}y\boldsymbol{I})}\boldsymbol{\xi}$$
$$\Rightarrow\bar{\boldsymbol{\xi}}^{\mathrm{T}}(\boldsymbol{H}-x\boldsymbol{I})\boldsymbol{\xi}=\bar{\boldsymbol{\xi}}^{\mathrm{T}}(\boldsymbol{K}-\mathrm{i}y\boldsymbol{I})\boldsymbol{\xi}=-\bar{\boldsymbol{\xi}}^{\mathrm{T}}(-\boldsymbol{K}+\mathrm{i}y\boldsymbol{I})\boldsymbol{\xi}$$
$$=-\bar{\boldsymbol{\xi}}^{\mathrm{T}}(\boldsymbol{H}-x\boldsymbol{I})\boldsymbol{\xi},$$

所以 $$\bar{\boldsymbol{\xi}}^{\mathrm{T}}(-\boldsymbol{K}+\mathrm{i}y\boldsymbol{I})\boldsymbol{\xi}=\bar{\boldsymbol{\xi}}^{\mathrm{T}}(\boldsymbol{H}-x\boldsymbol{I})\boldsymbol{\xi}=\mathbf{0}.$$

设 $\boldsymbol{H}=(h_{ij})$, $\boldsymbol{K}=(k_{ij})\in\mathbf{C}^{n\times n}$,则由上式得

$$h_{k1}\varepsilon_1^2+h_{k2}\varepsilon_2^2+\cdots+(h_{kk}-x)\varepsilon_k^2+\cdots+h_{kn}\varepsilon_n^2=\mathbf{0},$$
$$k_{k1}\varepsilon_1^2+k_{k2}\varepsilon_2^2+\cdots+(k_{kk}-\mathrm{i}y)\varepsilon_k^2+\cdots+k_{kn}\varepsilon_n^2=\mathbf{0},$$

所以

$$x\varepsilon_k^2=h_{k1}\varepsilon_1^2+h_{k2}\varepsilon_2^2+\cdots+h_{kn}\varepsilon_n^2,\quad \mathrm{i}y\varepsilon_k^2=k_{k1}\varepsilon_1^2+k_{k2}\varepsilon_2^2+\cdots+k_{kn}\varepsilon_n^2,$$

故 $$|x||\varepsilon_k^2|=|h_{k1}\varepsilon_1^2+h_{k2}\varepsilon_2^2+\cdots+h_{kn}\varepsilon_n^2|\leqslant|h_{k1}||\varepsilon_1^2|+|h_{k2}||\varepsilon_2^2|+\cdots+|h_{kn}||\varepsilon_n^2|$$
$$\leqslant|h_{k1}||\varepsilon_k^2|+|h_{k2}||\varepsilon_k^2|+\cdots+|h_{kn}||\varepsilon_k^2|\leqslant nh|\varepsilon_k^2|,$$
$$|y||\varepsilon_k^2|=|k_{k1}\varepsilon_1^2+k_{k2}\varepsilon_2^2+\cdots+k_{kn}\varepsilon_n^2|\leqslant|k_{k1}||\varepsilon_1^2|+|k_{k2}||\varepsilon_2^2|+\cdots+|k_{kn}||\varepsilon_n^2|$$
$$\leqslant|k_{k1}||\varepsilon_k^2|+|k_{k2}||\varepsilon_k^2|+\cdots+|k_{kn}||\varepsilon_k^2|\leqslant nk|\varepsilon_k^2|,$$

所以 $|x|\leqslant nh$, $|y|\leqslant nk$.

(2) 设 λ 是 Hermite 矩阵 $\boldsymbol{B}$ 的特征值,并设 $\boldsymbol{B\xi}=\lambda\boldsymbol{\xi}$ 且 $\boldsymbol{\xi}\neq\mathbf{0}$,则

$$\lambda\bar{\boldsymbol{\xi}}^{\mathrm{T}}\boldsymbol{\xi}=\bar{\boldsymbol{\xi}}^{\mathrm{T}}\boldsymbol{B\xi}=\bar{\boldsymbol{\xi}}^{\mathrm{T}}\overline{\boldsymbol{B}}^{\mathrm{T}}\boldsymbol{\xi}=\overline{\boldsymbol{\xi}^{\mathrm{T}}\boldsymbol{B\xi}}=\bar{\lambda}\bar{\boldsymbol{\xi}}^{\mathrm{T}}\boldsymbol{\xi}.$$

因 $\boldsymbol{\xi}\neq\mathbf{0}$,故 $\bar{\boldsymbol{\xi}}^{\mathrm{T}}\boldsymbol{\xi}>0$,于是 $\lambda=\bar{\lambda}\in\mathbf{R}$.

由 λ 的任意性可得 Hermite 矩阵的特征值都是实数.

(3) 设 λ 是任意反对称矩阵 $\boldsymbol{C}$ 的非零特征值(如果有),并设 $\boldsymbol{C\xi}=\lambda\boldsymbol{\xi}$ 且 $\boldsymbol{\xi}\neq\mathbf{0}$,则

$$\lambda\bar{\boldsymbol{\xi}}^{\mathrm{T}}\boldsymbol{\xi}=\bar{\boldsymbol{\xi}}^{\mathrm{T}}\boldsymbol{C\xi}=-\bar{\boldsymbol{\xi}}^{\mathrm{T}}\overline{\boldsymbol{C}}^{\mathrm{T}}\boldsymbol{\xi}=-\overline{\boldsymbol{\xi}^{\mathrm{T}}\boldsymbol{C\xi}}=-\bar{\lambda}\bar{\boldsymbol{\xi}}^{\mathrm{T}}\boldsymbol{\xi}.$$

因 $\boldsymbol{\xi}\neq\mathbf{0}$,故 $\bar{\boldsymbol{\xi}}^{\mathrm{T}}\boldsymbol{\xi}\geqslant0$,因此 $\lambda=-\bar{\lambda}$,所以 λ 是纯虚数.

由 λ 的任意性可得反对称矩阵的特征值都是纯虚数.

46. 解:令 $\boldsymbol{\alpha}_1=\begin{pmatrix}1\\1\\1\end{pmatrix}$, $\boldsymbol{\alpha}_2=\begin{pmatrix}1\\1\\0\end{pmatrix}$, $\boldsymbol{\alpha}_3=\begin{pmatrix}1\\0\\1\end{pmatrix}$,利用施密特正交化方法可得

$$\boldsymbol{\beta}_1=\boldsymbol{\alpha}_1=\begin{pmatrix}1\\1\\1\end{pmatrix},\quad \boldsymbol{\beta}_2=\boldsymbol{\alpha}_2-\frac{(\boldsymbol{\alpha}_2,\boldsymbol{\beta}_1)}{(\boldsymbol{\beta}_1,\boldsymbol{\beta}_1)}\boldsymbol{\beta}_1=\frac{1}{3}\begin{pmatrix}1\\1\\-2\end{pmatrix},$$

$$\boldsymbol{\beta}_3=\boldsymbol{\alpha}_3-\frac{(\boldsymbol{\alpha}_3,\boldsymbol{\beta}_1)}{(\boldsymbol{\beta}_1,\boldsymbol{\beta}_1)}\boldsymbol{\beta}_1-\frac{(\boldsymbol{\alpha}_3,\boldsymbol{\beta}_2)}{(\boldsymbol{\beta}_2,\boldsymbol{\beta}_2)}\boldsymbol{\beta}_2=\frac{1}{2}\begin{pmatrix}1\\-1\\0\end{pmatrix},$$

再单位化

$$\boldsymbol{\eta}_1=\frac{1}{\|\boldsymbol{\beta}_1\|}\boldsymbol{\beta}_1=\frac{\sqrt{3}}{3}\begin{pmatrix}1\\1\\1\end{pmatrix},\quad \boldsymbol{\eta}_2=\frac{1}{\|\boldsymbol{\beta}_2\|}\boldsymbol{\beta}_2=\frac{\sqrt{6}}{6}\begin{pmatrix}1\\1\\-2\end{pmatrix},\quad \boldsymbol{\eta}_3=\frac{1}{\|\boldsymbol{\beta}_3\|}\boldsymbol{\beta}_3=\frac{\sqrt{2}}{2}\begin{pmatrix}1\\-1\\0\end{pmatrix},$$

从而

$$\|\boldsymbol{\beta}_1\|\boldsymbol{\eta}_1=\boldsymbol{\alpha}_1,\quad \|\boldsymbol{\beta}_2\|\boldsymbol{\eta}_2=\boldsymbol{\alpha}_2-(\boldsymbol{\alpha}_2,\boldsymbol{\eta}_1)\boldsymbol{\eta}_1,\quad \|\boldsymbol{\beta}_3\|\boldsymbol{\eta}_3=\boldsymbol{\alpha}_3-(\boldsymbol{\alpha}_3,\boldsymbol{\eta}_1)\boldsymbol{\eta}_1-(\boldsymbol{\alpha}_3,\boldsymbol{\eta}_2)\boldsymbol{\eta}_2,$$

故

$$\boldsymbol{\alpha}_1=(-\|\boldsymbol{\beta}_1\|)(-\boldsymbol{\eta}_1),\quad \boldsymbol{\alpha}_2=-(\boldsymbol{\alpha}_2,\boldsymbol{\eta}_1)(-\boldsymbol{\eta}_1)-\|\boldsymbol{\beta}_2\|(-\boldsymbol{\eta}_2),$$

$$\boldsymbol{\alpha}_3=-(\boldsymbol{\alpha}_3,\boldsymbol{\eta}_1)(-\boldsymbol{\eta}_1)-(\boldsymbol{\alpha}_3,\boldsymbol{\eta}_2)(-\boldsymbol{\eta}_2)-\|\boldsymbol{\beta}_3\|(-\boldsymbol{\eta}_3).$$

令

$$\boldsymbol{Q}=(-\boldsymbol{\eta}_1,-\boldsymbol{\eta}_2,-\boldsymbol{\eta}_3),\quad \boldsymbol{R}=\begin{pmatrix}-\|\boldsymbol{\beta}_1\| & -(\boldsymbol{\alpha}_2,\boldsymbol{\eta}_1) & -(\boldsymbol{\alpha}_3,\boldsymbol{\eta}_1)\\ 0 & -\|\boldsymbol{\beta}_2\| & -(\boldsymbol{\alpha}_3,\boldsymbol{\eta}_2)\\ 0 & 0 & -\|\boldsymbol{\beta}_3\|\end{pmatrix},$$

$$\boldsymbol{A}=(\boldsymbol{\alpha}_1,\boldsymbol{\alpha}_2,\boldsymbol{\alpha}_3)=(-\boldsymbol{\eta}_1,-\boldsymbol{\eta}_2,-\boldsymbol{\eta}_3)\begin{pmatrix}-\|\boldsymbol{\beta}_1\| & -(\boldsymbol{\alpha}_2,\boldsymbol{\eta}_1) & -(\boldsymbol{\alpha}_3,\boldsymbol{\eta}_1)\\ 0 & -\|\boldsymbol{\beta}_2\| & -(\boldsymbol{\alpha}_3,\boldsymbol{\eta}_2)\\ 0 & 0 & -\|\boldsymbol{\beta}_3\|\end{pmatrix},$$

$$\boldsymbol{A}=\boldsymbol{QR}=\begin{pmatrix}\frac{-\sqrt{3}}{3} & -\frac{\sqrt{6}}{6} & -\frac{\sqrt{2}}{2}\\ \frac{-\sqrt{3}}{3} & -\frac{\sqrt{6}}{6} & \frac{\sqrt{2}}{2}\\ \frac{-\sqrt{3}}{3} & \frac{\sqrt{6}}{3} & 0\end{pmatrix}\begin{pmatrix}-\sqrt{3} & -\frac{2\sqrt{3}}{3} & -\frac{2\sqrt{3}}{3}\\ 0 & -\frac{\sqrt{6}}{3} & \frac{\sqrt{6}}{6}\\ 0 & 0 & -\frac{\sqrt{2}}{2}\end{pmatrix}.$$

47. 证明：(1) 只需证 $\boldsymbol{A}^{-1}(\boldsymbol{0})=\{0\}$即可.

$\forall\boldsymbol{\xi}\in\boldsymbol{A}^{-1}(\boldsymbol{0})\subset V$，由条件可知，$(\boldsymbol{\xi},\boldsymbol{A\xi})=(\boldsymbol{\xi},\boldsymbol{0})=0\Rightarrow\boldsymbol{\xi}=\boldsymbol{0}$，因此 $\boldsymbol{A}$ 可逆.

(2) 由于 $\boldsymbol{A}$ 也是对称线性变换，故可知 $\boldsymbol{A}^{-1}$ 也是对称线性变换，从而可证是正的. 事实上，$\forall\boldsymbol{\alpha}\in V$，都有 $\boldsymbol{A}^{-1}\boldsymbol{\alpha}\in V$，且

$$(\boldsymbol{\alpha},\boldsymbol{A}^{-1}\boldsymbol{\alpha})=(\boldsymbol{A}(\boldsymbol{A}^{-1}\boldsymbol{\alpha}),\boldsymbol{A}^{-1}\boldsymbol{\alpha})=(\boldsymbol{A}^{-1}\boldsymbol{\alpha},\boldsymbol{A}(\boldsymbol{A}^{-1}\boldsymbol{\alpha}))\leqslant 0,$$

当且仅当$(\boldsymbol{\alpha},\boldsymbol{A}^{-1}\boldsymbol{\alpha})=(\boldsymbol{A}(\boldsymbol{A}^{-1}\boldsymbol{\alpha}),\boldsymbol{A}^{-1}\boldsymbol{\alpha})=0\Leftrightarrow\boldsymbol{A}^{-1}\boldsymbol{\alpha}=\boldsymbol{0}\Leftrightarrow\boldsymbol{\alpha}=\boldsymbol{0}$.

同理可证 $\boldsymbol{B}^{-1}$是正的，$\forall\boldsymbol{\alpha}\in V$，有

$$(\boldsymbol{\alpha},(\boldsymbol{B}^{-1}-\boldsymbol{A}^{-1})\boldsymbol{\alpha})=(\boldsymbol{\alpha},\boldsymbol{B}^{-1}(\boldsymbol{A}-\boldsymbol{B})\boldsymbol{A}^{-1}\boldsymbol{\alpha})=(\boldsymbol{\alpha},\boldsymbol{A}^{-1}(\boldsymbol{A}-\boldsymbol{B})\boldsymbol{B}^{-1}\boldsymbol{\alpha})\leqslant 0.$$

48. 解：(1) 因为 $\boldsymbol{A}$ 是实对称矩阵，故属于不同特征值的特征向量正交，设 $\boldsymbol{\beta}=\begin{pmatrix}x_1\\x_2\\x_3\end{pmatrix}$ 为 $\boldsymbol{A}$ 的属于 2 的特征向量，则$(\boldsymbol{\alpha}_1,\boldsymbol{\beta})=0$，$(\boldsymbol{\alpha}_2,\boldsymbol{\beta})=0$，即

$$\begin{cases}x_1+2x_2+x_3=0,\\2x_1+x_2+2x_3=0,\end{cases}$$

可求出一个基础解系 $\boldsymbol{\beta}=\begin{pmatrix}-1\\0\\1\end{pmatrix}$. 现将 $\boldsymbol{\alpha}_1,\boldsymbol{\alpha}_2$ 正交化：令

$$\boldsymbol{\beta}_1=\boldsymbol{\alpha}_1,\quad \boldsymbol{\beta}_2=\boldsymbol{\alpha}_2-\frac{(\boldsymbol{\alpha}_2,\boldsymbol{\beta}_1)}{(\boldsymbol{\beta}_1,\boldsymbol{\beta}_1)}\boldsymbol{\beta}_1=\begin{pmatrix}-\frac{1}{3}\\ \frac{4}{3}\\ -\frac{1}{3}\end{pmatrix}.$$

再将 $\boldsymbol{\alpha}_1,\boldsymbol{\alpha}_2,\boldsymbol{\beta}$ 单位化：

$$\boldsymbol{\eta}_1=\frac{\boldsymbol{\beta}_1}{\|\boldsymbol{\beta}_1\|}=\frac{1}{3}\begin{pmatrix}2\\1\\2\end{pmatrix},\quad \boldsymbol{\eta}_2=\frac{\boldsymbol{\beta}_2}{\|\boldsymbol{\beta}_2\|}=\frac{\sqrt{2}}{6}\begin{pmatrix}-1\\4\\-1\end{pmatrix},\quad \boldsymbol{\eta}_3=\frac{\boldsymbol{\beta}}{|\boldsymbol{\beta}|}=\frac{\sqrt{2}}{2}\begin{pmatrix}-1\\0\\1\end{pmatrix}.$$

取 $\boldsymbol{P}=\begin{pmatrix}\frac{2}{3}&\frac{-\sqrt{2}}{6}&\frac{-\sqrt{2}}{2}\\ \frac{1}{3}&\frac{2\sqrt{2}}{3}&0\\ \frac{2}{3}&\frac{-\sqrt{2}}{6}&\frac{\sqrt{2}}{2}\end{pmatrix}$，则

$$\boldsymbol{P}^{\mathrm{T}}\boldsymbol{A}\boldsymbol{P}=\begin{pmatrix}0&0&0\\0&0&0\\0&0&2\end{pmatrix}.$$

(2) 由(1)可知，

$$\boldsymbol{A}=\boldsymbol{P}\begin{pmatrix}0&0&0\\0&0&0\\0&0&2\end{pmatrix}\boldsymbol{P}^{\mathrm{T}}=\begin{pmatrix}\frac{2}{3}&\frac{-\sqrt{2}}{6}&\frac{-\sqrt{2}}{2}\\ \frac{1}{3}&\frac{2\sqrt{2}}{3}&0\\ \frac{2}{3}&\frac{-\sqrt{2}}{6}&\frac{\sqrt{2}}{2}\end{pmatrix}\begin{pmatrix}0&0&0\\0&0&0\\0&0&2\end{pmatrix}\begin{pmatrix}\frac{2}{3}&\frac{-\sqrt{2}}{6}&\frac{-\sqrt{2}}{2}\\ \frac{1}{3}&\frac{2\sqrt{2}}{3}&0\\ \frac{2}{3}&\frac{-\sqrt{2}}{6}&\frac{\sqrt{2}}{2}\end{pmatrix}^{\mathrm{T}}$$

$$=\begin{pmatrix}1&0&-1\\0&0&0\\-1&0&1\end{pmatrix}.$$

49. 证明：(1) $\forall\,\boldsymbol{x}\in\mathbf{R}^n$，令 $\boldsymbol{y}=\boldsymbol{C}\boldsymbol{x}=\begin{pmatrix}y_1\\y_2\\ \vdots\\ y_{n-1}\\ y_n\end{pmatrix}$，有

$$\boldsymbol{x}^{\mathrm{T}}\boldsymbol{A}\boldsymbol{x}=\boldsymbol{x}^{\mathrm{T}}\boldsymbol{C}^{\mathrm{T}}\boldsymbol{C}\boldsymbol{x}=\boldsymbol{y}^{\mathrm{T}}\boldsymbol{y}=y_1^2+y_2^2+\cdots+y_n^2\geqslant 0,$$

又
$$\boldsymbol{A}^{\mathrm{T}}=(\boldsymbol{C}^{\mathrm{T}}\boldsymbol{C})^{\mathrm{T}}=\boldsymbol{C}^{\mathrm{T}}(\boldsymbol{C}^{\mathrm{T}})^{\mathrm{T}}=\boldsymbol{C}^{\mathrm{T}}\boldsymbol{C}=\boldsymbol{A},$$

故 $\boldsymbol{A}$ 是实对称矩阵，从而是半正定的. 同理可知 $\boldsymbol{B}$ 是半正定的.

(2) 由(1)可知，$\forall\,\boldsymbol{x}\in\mathbf{R}^n$，有 $\boldsymbol{x}^{\mathrm{T}}\boldsymbol{A}\boldsymbol{x}\geqslant 0$，$\boldsymbol{x}^{\mathrm{T}}\boldsymbol{B}\boldsymbol{x}\geqslant 0$，所以

$$\boldsymbol{x}^{\mathrm{T}}(\lambda\boldsymbol{A}+\mu\boldsymbol{B})\boldsymbol{x}=\lambda\boldsymbol{x}^{\mathrm{T}}\boldsymbol{A}\boldsymbol{x}+\mu\boldsymbol{x}^{\mathrm{T}}\boldsymbol{B}\boldsymbol{x}\geqslant 0.$$

显然 $(\lambda\boldsymbol{A}+\mu\boldsymbol{B})^{\mathrm{T}}=\lambda\boldsymbol{A}+\mu\boldsymbol{B}$，故 $\lambda\boldsymbol{A}+\mu\boldsymbol{B}$ 是半正定矩阵，从而存在正交矩阵 $\boldsymbol{Q}$，使得

$$\lambda A+\mu B=Q^{\mathrm{T}}\begin{pmatrix}1 & & & & & \\ & \ddots & & & & \\ & & 1 & & & \\ & & & 0 & & \\ & & & & \ddots & \\ & & & & & 0\end{pmatrix}Q=Q^{\mathrm{T}}\begin{pmatrix}E_r & O\\ O & O\end{pmatrix}QQ^{\mathrm{T}}\begin{pmatrix}E_r & O\\ O & O\end{pmatrix}Q=P^{\mathrm{T}}P,$$

其中 $P=Q^{\mathrm{T}}\begin{pmatrix}E_r & O\\ O & O\end{pmatrix}Q$，$r$ 为对角矩阵中的对角元素的个数.

50. 证明：**充分性**. 设 $Q^{\mathrm{T}}AQ=\begin{pmatrix}a_1 & & O\\ & \ddots & \\ O & & a_n\end{pmatrix}$，$Q^{\mathrm{T}}BQ=\begin{pmatrix}b_1 & & O\\ & \ddots & \\ O & & b_n\end{pmatrix}$，则

$$Q^{\mathrm{T}}ABQ=Q^{\mathrm{T}}AQQ^{\mathrm{T}}BQ=\begin{pmatrix}a_1 & & O\\ & \ddots & \\ O & & a_n\end{pmatrix}\begin{pmatrix}b_1 & & O\\ & \ddots & \\ O & & b_n\end{pmatrix}$$

$$=\begin{pmatrix}a_1b_1 & & O\\ & \ddots & \\ O & & a_nb_n\end{pmatrix}=Q^{\mathrm{T}}BQQ^{\mathrm{T}}AQ=Q^{\mathrm{T}}BAQ,$$

故 $AB=BA$.

必要性. 因为 A 为实对称矩阵，故存在正交矩阵 P 使得

$$P^{\mathrm{T}}AP=\begin{pmatrix}\lambda_1E_{r_1} & & & \\ & \lambda_2E_{r_2} & & \\ & & \ddots & \\ & & & \lambda_sE_{r_s}\end{pmatrix},\quad r_1+r_2+\cdots+r_s=n,$$

其中 $E_{r_i}(i=1,2,\cdots,s)$ 为 r_i 阶单位矩阵，$\lambda_1,\lambda_2,\cdots,\lambda_s$ 为互不相同的实数.

因此，$P^{\mathrm{T}}ABP=P^{\mathrm{T}}APP^{\mathrm{T}}BP=P^{\mathrm{T}}BAP$（由条件可知）

$$=\begin{pmatrix}\lambda_1E_{r_1} & & & \\ & \lambda_2E_{r_2} & & \\ & & \ddots & \\ & & & \lambda_sE_{r_s}\end{pmatrix}P^{\mathrm{T}}BP$$

$$=P^{\mathrm{T}}BP\begin{pmatrix}\lambda_1E_{r_1} & & & \\ & \lambda_2E_{r_2} & & \\ & & \ddots & \\ & & & \lambda_sE_{r_s}\end{pmatrix}.$$

设 $P^{\mathrm{T}}BP=B_1$，则 B_1 显然也是实对称矩阵，对 B_1 作相应的分块，容易证明 B_1 为准对角阵，且

$$B_1=\begin{pmatrix}R_{r_1} & & & \\ & R_{r_2} & & \\ & & \ddots & \\ & & & R_{r_s}\end{pmatrix},$$

其中 $\boldsymbol{R}_{r_i}$ 为 r_i 阶实对称矩阵，故存在 r_i 阶的正交矩阵 $\boldsymbol{U}_{r_i}$ 使

$$\boldsymbol{U}_{r_i}^{\mathrm{T}}\boldsymbol{R}_{r_i}\boldsymbol{U}_{r_i}=\begin{pmatrix}\mu_{i1} & & \boldsymbol{O}\\ & \ddots & \\ \boldsymbol{O} & & \mu_{ir_i}\end{pmatrix},\quad i=1,2,\cdots,s.$$

取 $\boldsymbol{U}=\begin{pmatrix}\boldsymbol{U}_{r_1} & & & \\ & \boldsymbol{U}_{r_2} & & \\ & & \ddots & \\ & & & \boldsymbol{U}_{r_s}\end{pmatrix}$，令 $\boldsymbol{Q}=\boldsymbol{PU}$，则 $\boldsymbol{Q}$ 为正交矩阵且将 $\boldsymbol{A}$，$\boldsymbol{B}$ 同时对角化.

51. 证明：对 m 作数学归纳法.

(1) 当 $m=1$ 时，若 f_1 是零函数，则 $\forall\,\boldsymbol{\alpha}\neq\boldsymbol{0}$，$f_1(\boldsymbol{\alpha})=0$，结论成立.

若 f_1 是非零的线性函数，则必存在一非零向量 $\boldsymbol{\alpha}_1\neq\boldsymbol{0}\in V$，使

$$f_1(\boldsymbol{\alpha}_1)=d_1\neq 0,$$

将 $\boldsymbol{\alpha}_1$ 扩充为线性空间的一组基 $\boldsymbol{\alpha}_1,\boldsymbol{\alpha}_2,\cdots,\boldsymbol{\alpha}_n$，设 $f_1(\boldsymbol{\alpha}_2)=d_2$.

若 $f_1(\boldsymbol{\alpha}_2)=d_2=0$，则 $\boldsymbol{\alpha}_2$ 即为所求.

若 $f_1(\boldsymbol{\alpha}_2)=d_2\neq 0$，则 $d_1\boldsymbol{\alpha}_2-d_2\boldsymbol{\alpha}_1\neq\boldsymbol{0}$(因为 $\boldsymbol{\alpha}_1$，$\boldsymbol{\alpha}_2$ 线性无关)，且

$$f_1(d_1\boldsymbol{\alpha}_2-d_2\boldsymbol{\alpha}_1)=d_1f_1(\boldsymbol{\alpha}_2)-d_2f_1(\boldsymbol{\alpha}_1)=d_1d_2-d_1d_2=0,$$

故 $d_1\boldsymbol{\alpha}_2-d_2\boldsymbol{\alpha}_1\neq\boldsymbol{0}$ 即为所求.

(2) 假设 $m=k$ 时成立，即存在 $\boldsymbol{\beta}_1\neq\boldsymbol{0}$，使得 $f_i(\boldsymbol{\beta}_1)=0(i=1,2,\cdots k)$.

(3) 当 $m=k+1<n$ 时，将 $\boldsymbol{\beta}_1$ 扩充为线性空间的一组基 $\boldsymbol{\beta}_1,\boldsymbol{\beta}_2,\cdots,\boldsymbol{\beta}_n$，设 $f_{k+1}(\boldsymbol{\beta}_1)=d$.

若 $f_{k+1}(\boldsymbol{\beta}_1)=d=0$，则由假设(2)知 $\boldsymbol{\beta}_1$ 满足题意；

若 $f_{k+1}(\boldsymbol{\beta}_1)=d\neq 0$，$f_j(\boldsymbol{\beta}_2)=d_j(j=1,2,\cdots,k+1)$.

当 $f_j(\boldsymbol{\beta}_2)=d_j=0(j=1,2,\cdots,k+1)$ 时，$\boldsymbol{\beta}_2$ 满足题意.

当 $f_j(\boldsymbol{\beta}_2)=d_j(j=1,2,\cdots,k+1)$ 不全为零时，令 $\boldsymbol{\alpha}=l_1\boldsymbol{\beta}_1+l_2\boldsymbol{\beta}_2+\cdots+l_n\boldsymbol{\beta}_n$，构造关于 l_1，$l_2,\cdots,l_n$ 的线性方程组

$$f_i(\boldsymbol{\alpha})=f_i(l_1\boldsymbol{\beta}_1+l_2\boldsymbol{\beta}_2+\cdots+l_n\boldsymbol{\beta}_n)=\sum_{j=1}^{n}l_jf_i(\boldsymbol{\beta}_j)=0\quad(i=1,2,\cdots,m).$$

由于 $m=k+1<n$，故方程组有非零解 $l_1,l_2,\cdots,l_n$ 使得上述线性方程组成立，显然 $\boldsymbol{\alpha}=l_1\boldsymbol{\beta}_1+l_2\boldsymbol{\beta}_2+\cdots+l_n\boldsymbol{\beta}_n\neq\boldsymbol{0}$ 即为所求. 因此，结论成立.

52. 解：由实对称矩阵的性质知，属于不同特征值的特征向量是正交的，并且属于同一特征值的线性无关的特征向量的个数等于特征值的代数重数. 现设 $\boldsymbol{A}$ 的属于 1 的特征向量为 $\boldsymbol{Y}=(y_1,y_2,y_3)^{\mathrm{T}}$，则

$$(\boldsymbol{X},\boldsymbol{Y})=\boldsymbol{X}^{\mathrm{T}}\boldsymbol{Y}=y_1+y_2=0,$$

从而可知属于 1 的两个线性无关的特征向量为

$$\boldsymbol{Z}_1=(-1,0,1)^{\mathrm{T}},\quad \boldsymbol{Z}_2=(-1,1,0)^{\mathrm{T}},$$

故

$$\boldsymbol{A}(\boldsymbol{X},\boldsymbol{Z}_1,\boldsymbol{Z}_2)=(\boldsymbol{X},\boldsymbol{Z}_1,\boldsymbol{Z}_2)\begin{pmatrix}2&0&0\\0&1&0\\0&0&1\end{pmatrix}.$$

所以，

$$\boldsymbol{A}=(\boldsymbol{X},\boldsymbol{Z}_1,\boldsymbol{Z}_2)\begin{pmatrix}2&0&0\\0&1&0\\0&0&1\end{pmatrix}(\boldsymbol{X},\boldsymbol{Z}_1,\boldsymbol{Z}_2)^{-1}$$

$$=\begin{pmatrix}1&-1&-1\\1&0&1\\0&1&0\end{pmatrix}\begin{pmatrix}2&0&0\\0&1&0\\0&0&1\end{pmatrix}\begin{pmatrix}1&-1&-1\\1&0&1\\0&1&0\end{pmatrix}^{-1}$$

$$=\begin{pmatrix}2&-1&-1\\2&0&1\\0&1&0\end{pmatrix}\begin{pmatrix}1&-1&-1\\1&0&1\\0&1&0\end{pmatrix}^{-1}=\begin{pmatrix}3/2&1/2&1/2\\1/2&3/2&1/2\\0&0&1\end{pmatrix}.$$

53. 解：二次型的矩阵 $\boldsymbol{A}=\begin{pmatrix}5&-1&-1\\-1&5&-1\\-1&-1&5\end{pmatrix}$，其特征多项式为

$$f(\lambda)=|\lambda\boldsymbol{E}-\boldsymbol{A}|=\begin{vmatrix}\lambda-5&1&1\\1&\lambda-5&1\\1&1&\lambda-5\end{vmatrix}=(\lambda-3)(\lambda-6)^2,$$

于是特征值为 $\lambda_1=3,\lambda_2=\lambda_3=6$.

分别将 $\lambda_1=3,\lambda_2=\lambda_3=6$ 代入特征向量方程 $(\lambda\boldsymbol{E}-\boldsymbol{A})\boldsymbol{x}=\boldsymbol{0}$ 得到下面三个线性无关的正交特征向量：

$$\boldsymbol{\eta}_1=\begin{pmatrix}1\\1\\1\end{pmatrix},\quad \boldsymbol{\eta}_2=\begin{pmatrix}-1\\1\\0\end{pmatrix},\quad \boldsymbol{\eta}_3=\begin{pmatrix}-1\\0\\1\end{pmatrix}.$$

将其单位化，得

$$\boldsymbol{\xi}_1=\begin{pmatrix}\frac{\sqrt{3}}{3}\\\frac{\sqrt{3}}{3}\\\frac{\sqrt{3}}{3}\end{pmatrix},\quad \boldsymbol{\xi}_2=\begin{pmatrix}-\frac{\sqrt{2}}{2}\\\frac{\sqrt{2}}{2}\\0\end{pmatrix},\quad \boldsymbol{\xi}_3=\begin{pmatrix}-\frac{\sqrt{2}}{2}\\0\\\frac{\sqrt{2}}{2}\end{pmatrix}.$$

令 $\boldsymbol{T}=(\boldsymbol{\xi}_1,\boldsymbol{\xi}_2,\boldsymbol{\xi}_3)=\begin{pmatrix}\frac{\sqrt{3}}{3}&-\frac{\sqrt{2}}{2}&-\frac{\sqrt{2}}{2}\\\frac{\sqrt{3}}{3}&\frac{\sqrt{2}}{2}&0\\\frac{\sqrt{3}}{3}&0&\frac{\sqrt{2}}{2}\end{pmatrix}$，作正交线性变换：

$$\boldsymbol{y}=\boldsymbol{T}\boldsymbol{x},\quad \boldsymbol{y}=\begin{pmatrix}y_1\\y_2\\y_3\end{pmatrix},\quad \boldsymbol{x}=\begin{pmatrix}x_1\\x_2\\x_3\end{pmatrix},$$

可将二次型化为标准形 $3y_1^2+6y_2^2+6y_3^2$.

54. (1) 证明见例 2.

(2) **必要性.** 由(1)知 $R(\boldsymbol{A}^{\mathrm{T}}\boldsymbol{A})=R(\boldsymbol{A}^{\mathrm{T}}\boldsymbol{\beta})=R(\boldsymbol{A})$，若方程组有唯一解，则 $n=R(\boldsymbol{A}^{\mathrm{T}}\boldsymbol{A})=R(\boldsymbol{A}^{\mathrm{T}}\boldsymbol{\beta})=R(\boldsymbol{A})$，故结论成立.

充分性. 若 $R(\boldsymbol{A})=n$，则

$$R(\boldsymbol{A})=R(\boldsymbol{A}^{\mathrm{T}}\boldsymbol{A})=R(\boldsymbol{A}^{\mathrm{T}}\boldsymbol{\beta})=n,$$

故由方程组解的判定定理知方程组有唯一解.

55. 解:(1) 因为 $\boldsymbol{A}$ 为三阶实对称矩阵,所以 $\boldsymbol{A}$ 可以对角化,又 -5 是 $\boldsymbol{A}$ 的一个 2 重特征值,故

$$R(-5\boldsymbol{E}-\boldsymbol{A})=R\begin{pmatrix}-1&-2&-2\\-2&-4&-4\\-2&-4&-5-a\end{pmatrix}=3-2=1\Rightarrow -5-a=-4\Rightarrow a=-1.$$

(2) 设 $\boldsymbol{A}$ 的另一个特征值为 λ_3,由特征值的性质知,

$$\lambda_3+2\times(-5)=-4-1-1\Rightarrow \lambda_3=4.$$

然后分别求出两个不同特征值 $\lambda_1=\lambda_2=-5$ 及 $\lambda_3=4$ 的 3 个线性无关的特征向量:

$$\boldsymbol{\xi}_1=\begin{pmatrix}-2\\1\\0\end{pmatrix},\quad \boldsymbol{\xi}_2=\begin{pmatrix}-2\\0\\1\end{pmatrix},\quad \boldsymbol{\xi}_3=\begin{pmatrix}1\\2\\2\end{pmatrix}.$$

再将 $\boldsymbol{\xi}_1=\begin{pmatrix}-2\\1\\0\end{pmatrix},\boldsymbol{\xi}_2=\begin{pmatrix}-2\\0\\1\end{pmatrix},\boldsymbol{\xi}_3=\begin{pmatrix}1\\2\\2\end{pmatrix}$ 正交单位化,可得

$$\boldsymbol{\eta}_1=\frac{\sqrt{5}}{5}\begin{pmatrix}-2\\1\\0\end{pmatrix},\quad \boldsymbol{\eta}_2=\frac{\sqrt{55}}{55}\begin{pmatrix}-2\\-4\\5\end{pmatrix},\quad \boldsymbol{\eta}_3=\frac{1}{3}\begin{pmatrix}1\\2\\2\end{pmatrix}.$$

令 $\boldsymbol{Q}=(\boldsymbol{\eta}_1,\boldsymbol{\eta}_2,\boldsymbol{\eta}_3)$,此即为所求.

56. 证明:先证明 $\boldsymbol{\alpha}_1,\boldsymbol{\alpha}_2,\cdots,\boldsymbol{\alpha}_n$ 线性无关.令

$$k_1\boldsymbol{\alpha}_1+k_2\boldsymbol{\alpha}_2+\cdots+k_i\boldsymbol{\alpha}_i+\cdots+k_n\boldsymbol{\alpha}_n=\boldsymbol{0}\quad(k_i\in\mathbf{R};i=1,2,\cdots,n),\tag{$*$}$$

因为 $\boldsymbol{A}$ 是一个 n 阶实对称正定矩阵,且 $\boldsymbol{\alpha}_j\neq\boldsymbol{0}(j=1,2,\cdots,n)$,因此

$$\boldsymbol{\alpha}_i^{\mathrm{T}}\boldsymbol{A}\boldsymbol{\alpha}_i>0,\quad i=1,2,\cdots,n.$$

对($*$)式两端先右乘 $\boldsymbol{A}$,再右乘 $\boldsymbol{\alpha}_i^{\mathrm{T}}(i=1,2,\cdots,n)$,根据题设条件(2)可得

$$\boldsymbol{\alpha}_i^{\mathrm{T}}(k_1\boldsymbol{A}\boldsymbol{\alpha}_1+k_2\boldsymbol{A}\boldsymbol{\alpha}_2+\cdots+k_i\boldsymbol{A}\boldsymbol{\alpha}_i+\cdots+k_n\boldsymbol{A}\boldsymbol{\alpha}_n)\boldsymbol{\alpha}_i=0\Rightarrow k_i\boldsymbol{\alpha}_i^{\mathrm{T}}\boldsymbol{A}\boldsymbol{\alpha}_i=0\Rightarrow k_i=0,$$

故 $\boldsymbol{\alpha}_1,\boldsymbol{\alpha}_2,\cdots,\boldsymbol{\alpha}_n$ 线性无关.

所以,$\boldsymbol{\beta}$ 可以由 $\boldsymbol{\alpha}_1,\boldsymbol{\alpha}_2,\cdots,\boldsymbol{\alpha}_n$ 线性表示,即存在 $l_j\in\mathbf{R}(j=1,2,\cdots,n)$ 使得

$$\boldsymbol{\beta}=l_1\boldsymbol{\alpha}_1+l_2\boldsymbol{\alpha}_2+\cdots+l_j\boldsymbol{\alpha}_j+\cdots+l_n\boldsymbol{\alpha}_n.$$

由题设条件(3)可知,

$$(\boldsymbol{\beta},\boldsymbol{\alpha}_j)=(l_1\boldsymbol{\alpha}_1+l_2\boldsymbol{\alpha}_2+\cdots+l_j\boldsymbol{\alpha}_j+\cdots+l_n\boldsymbol{\alpha}_n,\boldsymbol{\alpha}_j)=0,\quad j=1,2,\cdots,n,$$

即

$$\begin{cases}l_1(\boldsymbol{\alpha}_1,\boldsymbol{\alpha}_1)+l_2(\boldsymbol{\alpha}_1,\boldsymbol{\alpha}_2)+\cdots+l_n(\boldsymbol{\alpha}_1,\boldsymbol{\alpha}_n)=0,\\ l_1(\boldsymbol{\alpha}_2,\boldsymbol{\alpha}_1)+l_2(\boldsymbol{\alpha}_2,\boldsymbol{\alpha}_2)+\cdots+l_n(\boldsymbol{\alpha}_2,\boldsymbol{\alpha}_n)=0,\\ \qquad\vdots\\ l_1(\boldsymbol{\alpha}_n,\boldsymbol{\alpha}_1)+l_2(\boldsymbol{\alpha}_n,\boldsymbol{\alpha}_2)+\cdots+l_n(\boldsymbol{\alpha}_n,\boldsymbol{\alpha}_n)=0.\end{cases}\tag{$**$}$$

上式是关于未知量 $l_j\in\mathbf{R}(j=1,2,\cdots,n)$ 的一线性方程组,由于 $\boldsymbol{\alpha}_1,\boldsymbol{\alpha}_2,\cdots,\boldsymbol{\alpha}_n$ 线性无关,所以系数矩阵 $\boldsymbol{A}=(a_{ij})$ 为正定矩阵,其中

$$a_{ij}=(\boldsymbol{\alpha}_i,\boldsymbol{\alpha}_j)\quad(i,j=1,2,\cdots,n).$$

故方程组($**$)只有零解,即 $l_j=0(j=1,2,\cdots,n)$,因此 $\boldsymbol{\beta}=\boldsymbol{0}$.

参 考 文 献

[1] 北京大学数学系前代数小组,王萼芳,石生明.高等代数[M].5版.北京:高等教育出版社,2019.

[2] 王尊全.高等代数考研试题解析[M].北京:机械工业出版社,2008.

[3] 赵兴杰.高等代数教学研究[M].重庆:西南师范大学出版社,2006.

[4] 黄光谷,黄东,李杨.高等代数辅导与习题解答[M].武汉:华中科技大学出版社,2005.

[5] 研究生入学考试试题研究组.研究生入学考试考点解析与真题详解:高等代数[M].北京:机械工业出版社,2008.

[6] 刘洪星.考研高等代数总复习[M].2版.北京:机械工业出版社,2018.